Energiepolitik und Klimaschutz
Energy Policy and Climate Protection

Reihe herausgegeben von

Lutz Mez, Berlin Centre for Caspian Region Studies, Freie Universität Berlin, Berlin, Deutschland

Achim Brunnengräber, Environmental Policy Research Centre, Freie Universität Berlin, Berlin, Deutschland

Diese Buchreihe beschäftigt sich mit den globalen Verteilungskämpfen um knappe Energieressourcen, mit dem Klimawandel und seinen Auswirkungen sowie mit den globalen, nationalen, regionalen und lokalen Herausforderungen der umkämpften Energiewende. Die Beiträge der Reihe zielen auf eine nachhaltige Energie- und Klimapolitik sowie die wirtschaftlichen Interessen, Machtverhältnisse und Pfadabhängigkeiten, die sich dabei als hohe Hindernisse erweisen. Weitere Themen sind die internationale und europäische Liberalisierung der Energiemärkte, die Klimapolitik der Vereinten Nationen (UN), Anpassungsmaßnahmen an den Klimawandel in den Entwicklungs-, Schwellen- und Industrieländern, Strategien zur Dekarbonisierung sowie der Ausstieg aus der Kernenergie und der Umgang mit den nuklearen Hinterlassenschaften.
Die Reihe bietet ein Forum für empirisch angeleitete, quantitative und international vergleichende Arbeiten, für Untersuchungen von grenzüberschreitenden Transformations-, Mehrebenen- und Governance-Prozessen oder von nationalen „best practice"-Beispielen. Ebenso ist sie offen für theoriegeleitete, qualitative Untersuchungen, die sich mit den grundlegenden Fragen des gesellschaftlichen Wandels in der Energiepolitik, bei der Energiewende und beim Klimaschutz beschäftigen.

This book series focuses on global distribution struggles over scarce energy resources, climate change and its impacts, and the global, national, regional and local challenges associated with contested energy transitions. The contributions to the series explore the opportunities to create sustainable energy and climate policies against the backdrop of the obstacles created by strong economic interests, power relations and path dependencies. The series addresses such matters as the international and European liberalization of energy sectors; sustainability and international climate change policy; climate change adaptation measures in the developing, emerging and industrialized countries; strategies toward decarbonization; the problems of nuclear energy and the nuclear legacy.
The series includes theory-led, empirically guided, quantitative and qualitative international comparative work, investigations of cross-border transformations, governance and multi-level processes, and national "best practice"-examples. The goal of the series is to better understand societal-ecological transformations for low carbon energy systems, energy transitions and climate protection.

Reihe herausgegeben von
PD Dr. Lutz Mez
Freie Universität Berlin

PD Dr. Achim Brunnengräber
Freie Universität Berlin

Weitere Bände in der Reihe http://www.springer.com/series/12516

Simon Haas

Transnationale Klima- und Energie-Governance

Die Europäische Union und Nordamerika im Vergleich

Springer VS

Simon Haas
Haselbach, Deutschland

Dissertation, Universität Regensburg 2020
Gefördert durch ein Promotionsstipendium der Hanns-Seidel-Stiftung

ISSN 2626-2827 ISSN 2626-2835 (electronic)
Energiepolitik und Klimaschutz Energy Policy and Climate Protection
ISBN 978-3-658-35569-2 ISBN 978-3-658-35570-8 (eBook)
https://doi.org/10.1007/978-3-658-35570-8

Die Deutsche Nationalbibliothek verzeichnet diese Publikation in der Deutschen Nationalbibliografie; detaillierte bibliografische Daten sind im Internet über http://dnb.d-nb.de abrufbar.

Planung/Lektorat: Stefanie Eggert
Springer VS ist ein Imprint der eingetragenen Gesellschaft Springer Fachmedien Wiesbaden GmbH und ist ein Teil von Springer Nature.
Die Anschrift der Gesellschaft ist: Abraham-Lincoln-Str. 46, 65189 Wiesbaden, Germany

Vorwort

Die vorliegende Arbeit wurde im Wintersemester 2020/2021 von der Fakultät für Philosophie, Kunst-, Geschichts- und Gesellschaftswissenschaften der Universität Regensburg als Dissertation angenommen. Sie entstand in der Zeit von 2015 bis 2020, die vorliegende Literatur konnte bis Januar 2020 berücksichtigt werden.

Im Verlauf einer fünfjährigen Arbeit an einer breit gefassten Fragestellung entwickeln sich mitunter Vorlieben für Nischenthemen, die man vorher nicht vermutet hätte, die aber unabdingbar für eine hartnäckige wissenschaftliche Auseinandersetzung gerade mit auf den ersten Blick sperrigen Gegenständen sind. Diese Begeisterungsfähigkeit für Fragestellungen aller Art verdanke ich wie so vieles meinen Eltern Anna Elisabeth und Josef Haas, denen mein Dank an allererster Stelle zu gelten hat.

Ebenso dankbar bin ich meiner Ehefrau Sabrina für ihre Unterstützung beim Dissertationsprojekt, die Motivation gerade in der Schlussphase und ihre Geduld an zahlreichen Feierabenden und Wochenenden. Den Familienbetrieb komplettiert mein Bruder Dr. Johann Haas, der bei der Lektüre des Manuskripts mit dem unvoreingenommenen Blick des Fachfremden zahlreiche und detaillierte kritische Anmerkungen lieferte.

Mein besonderer Dank gilt meinem Doktorvater, Herrn Professor Dr. Martin Sebaldt für die außerordentlich engagierte Begleitung des Dissertationsprojekts sowie für die Möglichkeit, in der Zeit von Januar 2015 bis zu meinem freiwilligen Ausscheiden im Juni 2017 an seinem Lehrstuhl arbeiten zu dürfen. Herrn Professor Dr. Reinhard Meier-Walser danke ich für seine Tätigkeit als Zweitgutachter und die rasche Erstellung des Gutachtens.

Für unschätzbare fachliche Beiträge danke ich meinen Doktorandenkolleginnen und -kollegen im Promotionskolloquium von Professor Sebaldt, allen voran meinen Lehrstuhlkollegen Dr. Sabine Fütterer-Akili, Dr. Sarah Schmid und Dr.

Andreas Friedel. Ein herzlicher Dank gilt schließlich der Hanns-Seidel-Stiftung, die mich und mein Projekt in der Zeit bis 2017 finanziell wie ideell gefördert hat.

Regensburg
im Februar 2021

Simon Haas

Inhaltsverzeichnis

Abkürzungsverzeichnis

ACE	*Area Control Error*
ACER	*Agency for the Cooperation of Energy Regulators;* Agentur für die Zusammenarbeit der Energieregulierungsbehörden
ADR	*Alternative Dispute Resolution*
AEBIOM	*European Biomass Association*
B	Beschluss (EU-Recht)
BES	*Bulk Electricity System*
CACM	*Capacity Allocation and Congestion Management;* Kapazitätsvergabe und Engpassmanagement
CAP	*Council of Atlantic Premiers*
CARB	*California Air Resources Board*
CCX	*Chicago Climate Exchange*
CEC	*Commission for Environmental Cooperation*
CEER	*Council of European Energy Regulators;* Rat der europäischen Energieregulierungsbehörden
CEFIC	*European Chemical Industry Council*
CEPI	*Confederation of European Paper Industries*
CER	*Canadian Energy Regulator*
CLC	*Commission on Labor Cooperation*
CONEG	*Coalition of Northeastern Governors*
COREPER	*Comité des représentants permanents;* Ausschuss der Ständigen Vertreter
CPVO	*Community Plant Variety Office;* Gemeinschaftliches Sortenamt
CUSFTA	*Canada-United States Free Trade Agreement*
DG CLIMA	Generaldirektion Klimapolitik
DG COMP	Generaldirektion Wettbewerb

DG ENER	Generaldirektion Energie
DG ENV	Generaldirektion Umwelt
DG MOVE	Generaldirektion Mobilität und Verkehr
DG TREN	Generaldirektion Energie und Verkehr
E	Entscheidung (EU-Recht)
ECA	*Agreement on Environmental Cooperation*
EDF	*Électricité de France*
EEA	Einheitliche Europäische Akte
EGKS	Europäische Gemeinschaft für Kohle und Stahl
EHS	Emissionshandelssystem
EMA	*European Medicines Agency;* Europäische Arzneimittelagentur
ENTSO-E	*European Network of Transmission System Operators for Electricity;* Verband Europäischer Übertragungsnetzbetreiber
ENTSO-G	*European Network of Transmission System Operators for Gas;* Verband Europäischer Fernleitungsnetzbetreiber für Gas
EP	Europäisches Parlament
EREF	*European Renewable Energies Federation*
ERGEG	*European Regulators Group for Electricity and Gas*
ERO	*Electric Reliability Organization*
ETSO	*European Transmission System Operators;* Verband Europäischer Übertragungsnetzbetreiber
ETUC	*European Trade Union Congress;* Europäischer Gewerkschaftsbund
EU	Europäische Union
EUA	Europäische Umweltagentur
EuGH	Europäischer Gerichtshof
EURATOM	Europäische Atomgemeinschaft
EUREC	*Association of European Renewable Energy Research Centers*
EWSA	Europäischer Wirtschafts- und Sozialausschuss
FERC	*Federal Energy Regulatory Commission*
FTC	*Free Trade Commission*, Freihandelskommission
GATT	*General Agreement on Tariffs and Trade;* Allgemeines Zoll- und Handelsabkommen
GDF	*Gaz de France*
GW	Gigawatt
GWh	Gigawattstunde/n
ICAO	*International Civil Aviation Organization*; Internationale Zivilluftfahrtorganisation
IEMG	*International Emergency Management Group*

IESO	*Independent Electricity System Operator*
IFIEC	*International Federation of Industrial Energy Consumers*
ISO	*Independent System Operator;* Unabhängiger Netzbetreiber
ITO	*Independent Transmission Operator;* Unabhängiger Übertragungsnetzbetreiber/Unabhängiger Fernleitungsnetzbetreiber
JPAC	*Joint Public Advisory Committee*
MLG	*Multi-Level Governance*
MRO	*Midwest Reliability Organization*
NAAEC	*North American Agreement on Environmental Cooperation*
NAALC	*North American Agreement on Labor Cooperation*
NACEI	*North American Cooperation on Energy Information*
NAEWG	*North American Energy Working Group*
NAFTA	*North American Free Trade Agreement;* Nordamerikanisches Freihandelsabkommen
NDP	*New Democratic Party*
NEB	*National Energy Board*
NEG/ECP	*New England Governors/Eastern Canadian Premiers*
NEMO	*Nominated Electricity Market Operator;* Nominierter Strommarktbetreiber
NEP	*National Energy Program*
NERC	*National Electric Reliability Council* (1968-1981)*; North American Electric Reliability Council* (1981-2007)*, North American Electric Reliability Corporation* (seit 2007)
NESCOE	*New England States Committee on Electricity*
NGO	*Non-Governmental Organization;* Nichtregierungsorganisation
NICE	*Northeast International Committee on Energy*
NPCC	*Northeast Power Coordinating Council*
OMK	Offene Methode der Koordinierung
PCC	*Pacific Coast Collaborative*
PLQ	*Parti Libéral du Québec*
PNWER	*Pacific Northwest Economic Region*
PQ	*Parti Québécois*
RGGI	*Regional Greenhouse Gas Initiative*
RGI	*Renewables Grid Initiative*
RL	Richtlinie (EU-Recht)
RSC	*Regional Security Coordinator;* Regionaler Sicherheitskoordinator
SPP	*Security and Prosperity Partnership*

UCPTE	*Union for the Co-ordination of Production and Transmission of Electricity*; Union für die Koordinierung der Produktion und des Transports von Elektrizität
UCTE	*Union for the Co-ordination of Transmission of Electricity;* Union für die Koordinierung des Transports von Elektrizität
UNFCCC	*United Nations Framework Convention on Climate Change*; Rahmenübereinkommen der Vereinten Nationen über Klimaänderungen
USMCA	*United States-Mexico-Canada Agreement*
VO	Verordnung (EU-Recht)
WCI	*Western Climate Initiative*
WECC	*Western Electricity Coordinating Council*

Abbildungsverzeichnis

Tabellenverzeichnis

Einleitung: Transnationale Koordination im Energiesektor als Gegenstand der Politikforschung

1

1.1 Fragestellung der Studie

Das Projekt der europäischen Integration ist in eine ernsthafte Krise geraten: Wie schon zuvor im Fall der Flüchtlingsmigrationswelle des Jahres 2015 zeigte sich auch nach dem Ausbruch der Covid-19-Pandemie Anfang des Jahres 2020 eine eklatante Kluft zwischen der vielfach konstatierten Notwendigkeit gemeinsam abgestimmten Handelns und der unilateralen Krisenreaktion der Mitgliedstaaten (FAZ 21.03.2020; Jones et al. 2016; Lippert u. Ondarza 2016; Schimmelfennig 2018). Dazu gesellen sich die Sorgen vor einer Marginalisierung der supranationalen Ebene durch einen „neuen Intergouvernementalismus", der sich primär im Aufbau intergouvernementaler Parallelstrukturen infolge der Krise des Euro-Systems äußerte, bis hin zur Befürchtung eines vollständigen Zerfalls der Europäischen Union, sollte die britische Entscheidung zum Austritt aus der Gemeinschaft Nachahmer finden. Den globalen Kontext dieser Krisenerscheinungen bildet ein Diskurs über eine „Abkehr vom Multilateralismus" und eine Rückbesinnung auf rein nationale Nutzenerwägungen, der vor allem seit der Wahl Donald Trumps zum Präsidenten der Vereinigten Staaten von Amerika an Dynamik gewonnen hat (Eilstrup-Sangiovanni u. Hofmann 2019, S. 5–6; Smith 2018, S. 544).

Diese Diskurse rücken die Frage der Notwendigkeit und der Zukunft transnationaler institutioneller Integration von Neuem ins Zentrum und werfen zudem ein neues Licht auf die seit Jahrzehnten andauernden Debatten über die Zukunft des Nationalstaats im Zeitalter der Globalisierung und die politische Problemlösung jenseits des Staates, die zu einer Konjunktur des Konzepts der *Governance*

S. Haas, *Transnationale Klima- und Energie-Governance*, Energiepolitik und Klimaschutz Energy Policy and Climate Protection, https://doi.org/10.1007/978-3-658-35570-8_1

geführt haben (Ba u. Hoffmann 2005; Rosenau 1992; Zürn 1998b). Unabhängig davon, dass verschiedene Verwendungsweisen und Konnotationen dem Begriff einen Ruf der Beliebigkeit eingebracht haben (Grande 2012, S. 577), liegt ihnen die gemeinsame Erkenntnis zugrunde, dass eine umfassende Betrachtung von Regelungsprozessen im transnationalen Raum eine Lösung des Fokus von klassischem staatlichen Regieren voraussetzt. Governance stellt in dieser Hinsicht stets einen Gegenbegriff zu *government* dar. Ausgangspunkt dieser Fachdiskussionen ist das Postulat, dass mit einer zunehmenden transnationalen Vernetzung immer mehr politische Probleme nicht innerhalb einzelner politischer Einheiten entstehen, wirken und zu lösen sind, sondern deren Handlungsbereiche überschreiten. Wie im Folgenden noch detaillierter zu erörtern sein wird, bestehen diesseits und jenseits des Atlantiks tatsächlich drängende Probleme fort, die sich einer rein nationalen Bearbeitung entziehen, weil Abhängigkeiten und Wechselwirkungen nicht vor staatlichen Grenzen halt machen. Zu den wohl gewichtigsten unter diesen transnationalen Problemkomplexen zählt dabei die Energiepolitik.

Eine Auswahl prominenter Krisendiskurse der vergangenen Jahrzehnte mag genügen, um einerseits den Facettenreichtum dieses Politikfelds und andererseits den Grad der transnationalen Abhängigkeiten zu verdeutlichen: Für die Nachkriegsgeneration stand die Energiepolitik im Zeichen des Ölpreisschocks von 1973 und der Proteste gegen die Nutzung der Kernenergie. Die massive Rezession in den industrialisierten Volkswirtschaften als Folge der Förderreduktion durch die Organisation erdölexportierender Länder verdeutlichte den globalisierten Charakter des Energiehandels und die politisch problematische Abhängigkeit demokratisch regierter westlicher Staaten von überwiegend autoritär beherrschten Erdölproduzenten (Painter 2014). Die Versorgungskrise legte darüber hinaus neben der wirtschaftspolitischen ebenso die sicherheitspolitische Dimension der Energiepolitik offen, ebenso wie der jahrelange Konflikt um den Transit von in Russland gefördertem Erdgas durch die Ukraine (Stern 2006; Yegorov u. Wirl 2009). Spielten sich diese Entwicklungen in einem Überschneidungsfeld von Sicherheits- und Wirtschaftspolitik ab, so hob die Antiatomkraftbewegung neben dem Aspekt der Sicherheit – die Proteste gegen die friedliche Nutzung der Kernenergie gründeten auch in einer Opposition gegen die nukleare Abschreckungslogik des Ost-West-Konflikts – zumindest in der Bundesrepublik Deutschland erstmals den der Ökologie an die Spitze der politischen Agenda (Radkau 2012, S. 197–198). Während der von den Kernkraftgegnern gefürchtete katastrophale Effekt eines Super-GAU in seinen Auswirkungen zwar großflächig und je nach Standort auch grenzüberschreitend, aber doch regional begrenzt ist, ist die seit den 1990er Jahren zunehmend thematisierte Veränderung des

Weltklimas ein wahrhaft globales Phänomen. Weil neben der Land- und Forstwirtschaft insbesondere der Energiesektor an der Genese dieses Problems beteiligt ist, kommt der Reduzierung von Treibhausgasemissionen inzwischen weltweit ein hoher Stellenwert bei der Begründung energiepolitischer Entscheidungen zu. Zugleich ist in diesem Politikbereich wie in kaum einem anderen auch in der öffentlichen Diskussion die Einsicht verankert, dass einzelne Staaten eine Problemlösung nicht erzwingen können, sondern dafür internationale Koordination notwendig ist (Becker 11.09.2010; Weissmann 20.11.2012). Neben diesen – hier nur kurz umrissenen – Problembereichen bedingen etwa auch die Vernetzung von Versorgungsinfrastrukturen sowie technologische Neuerungen einen vielfältigen Bedarf für politische Regelung, die über die Grenzen einzelner Nationalstaaten hinausgehen muss (Shaffer 2009, S. 3–5).

Dieser Regelungsbedarf stößt in unterschiedlichen geografischen Räumen auf deutlich differierende institutionelle Umfelder: Während in der Europäischen Union ein weltweit und auch historisch einmaliges Maß an supranationaler Integration vorzufinden ist, fehlen im globalen Kontext, aber auch in anderen kontinentalen Räumen, etwa in Nordamerika, nicht nur in der Energiepolitik vergleichbare Institutionensysteme. In der Zusammenschau mit dem – im weiteren Verlauf noch zu problematisierenden – Postulat global ähnlicher transnationaler Problemstellungen im Energiesektor ergibt sich daraus aus politikwissenschaftlicher Sicht die Frage, welche Effekte grenzüberschreitende Regelsysteme auf die Koordinationsleistung in diesem Politikfeld haben. Diese für diese Studie forschungsleitende Frage beruht auf der Grundannahme, dass Institutionen – verstanden als Gefüge aus handlungsleitenden Regeln – als Rahmen für das Handeln politischer Akteure fungieren und damit Einfluss auf die Art und Weise und möglicherweise auch die Ergebnisse der Koordination nehmen. Aus der oben postulierten Existenz globaler Entwicklungslinien im betrachteten Problemfeld ergibt sich zudem die Frage nach global einheitlichen Tendenzen in der Entwicklung dieser Koordinationslogik – etwa die nach einer von der Globalisierungstheorie wie auch der Forschung zu sogenannten „Neuen Governance-Modi“ konstatierten Zunahme des Einflusses privater Akteure wie Unternehmen und Verbänden auf die politische Steuerung. Eine beobachtete Veränderung der Koordinationslogik in einem gegebenen institutionellen Umfeld könnte damit auch auf globale Entwicklungstendenzen und damit Ursachen außerhalb der jeweiligen institutionellen Struktur zurückzuführen sein.

Die dieser Studie zugrunde liegende Zielsetzung, den Einfluss des institutionellen Rahmens auf die transnationale Governance in der Energiepolitik zu untersuchen, verlangt damit die Beantwortung dreier unterscheidbarer, wenn auch miteinander verknüpfter Fragen:

1) Welchen Einfluss übt das institutionelle Umfeld auf der transnationalen Ebene auf den Umfang und die Logik der Koordination im Energiesektor aus?
2) Welche Konsequenzen für die Steuerungsleistung ergeben sich aus den zu beobachtenden Unterschieden in der Koordinationslogik?
3) Welche globalen Veränderungen in Umfang und Logik der Koordination sind im Zeitverlauf zu beobachten?

Der tatsächliche Einfluss der supranationalen Integration ist dabei insbesondere deshalb von Interesse, weil er theoretisch schwer zu prognostizieren ist. Eine starke Integration kann die Problemlösung einerseits erleichtern, weil ein verlässlicher Regelungsrahmen für Entscheidungsfindung und Entscheidungsdurchsetzung zur Verfügung steht. Andererseits erhöht die Bildung supranationaler Institutionen auch die Wahrscheinlichkeit von Entscheidungsblockaden, weil zusätzliche Akteure mit Vetopotenzial in Entscheidungsprozesse eingebunden werden. Umgekehrt verfügen staatliche und nichtstaatliche Akteure in politisch weniger integrierten Räumen über höhere Flexibilität bei der grenzüberschreitenden Kooperation zur Problemlösung, müssen aber in einem weniger verlässlichen Umfeld agieren.

Die Beantwortung der skizzierten Fragestellung bewegt sich im Überschneidungsfeld von drei großen Forschungstraditionen in der Politikwissenschaft, die sich vergröbernd den drei klassischen Dimensionen der Politik – *politics, polity* und *policy* – zuordnen lassen: der Governance-Forschung, der Forschung zur supranationalen Integration und der Politikfeldanalyse. Den konzeptionellen Ausgangspunkt der Studie bildet dabei die Governance-Debatte: Ausgehend von den eingangs erläuterten Veränderungen der Regelungsumfelder im transnationalen Raum sowie gesellschaftlichen Herausforderungen für staatliche Steuerung richtet sich unter dem Schlagwort der Governance die wissenschaftliche Aufmerksamkeit seit den 1990er Jahren verstärkt auf Veränderungen des Regierens (Benz u. Dose 2010a, S. 16), wobei unabhängig von der jeweils verwendeten präzisen Definition dem Governance-Begriff die implizite Annahme einer Bedeutungszunahme nichthierarchischer Steuerung durch nichtstaatliche Akteure zugrunde liegt (Pierre u. Peters 2000, S. 1). Die Frage nach einer globalen Veränderung von Koordinationslogiken im transnationalen Raum zielt auf eine Überprüfung eben dieser Grundannahmen. Dazu ist es in einem ersten Schritt erforderlich, das reichlich unübersichtliche Feld der Governance-Ansätze zu systematisieren und eine operationalisierbare Typologie solcher Koordinationslogiken zu erarbeiten. Insofern beansprucht die Arbeit auch, einen Beitrag zur Entwicklung der Theorie transnationaler Governance zu leisten.

Der Kern der Fragestellung richtet sich sodann auf die Effekte transnationaler *polities*, also politischer Institutionenordnungen jenseits des Nationalstaates, auf die Struktur und Effektivität von Koordinationsprozessen. Im Gegensatz zum explanativen Fokus der klassischen Theorien supranationaler Integration – die aufgrund des singulären Status der Europäischen Union im Wesentlichen Theorien der europäischen Integration sind (Bieling u. Lerch 2013, S. 11–12) – fragt die hier vorgelegte Studie dabei nicht nach den Ursachen, sondern nach den Effekten der transnationalen Institutionenbildung und weitet darüber hinaus den Fokus von der supranationalen Institutionalisierung in der EU auf alle Formen von Regelsystemen jenseits des Nationalstaats. Die Fragestellung richtet sich schließlich auf die Effekte der Institutionalisierungsdichte auf die Steuerungsleistung des betrachteten Systems. In der Tradition der *policy analysis* erschöpft sie sich damit nicht in der Erklärung und Deskription von Interaktionsmustern auf der *politics*-Ebene, sondern fokussiert die Genese von Entscheidungen und Regeln im Politikfeld Energiepolitik.

1.2 Forschungsstand

In einem 2012 erschienen Beitrag konstatiert Edgar Grande in Bezug auf die Erforschung von Governance-Arrangements außerhalb nationalstaatlicher Regierungssysteme „einen Mangel an großflächigen empirischen Analysen. Damit meine ich empirische Analysen, die gesellschaftliche Regelungsbereiche oder Politikfelder im Ganzen in den Blick nehmen, größere historische Zeiträume abdecken oder Entwicklungen auf bestimmten Handlungsebenen insgesamt erfassen“ (Grande 2012, S. 571). Diese Beobachtung ist zwar mittlerweile nicht mehr ganz neu, scheint aber nichts an Gültigkeit eingebüßt zu haben. Erstens hat die Governance-Forschung insgesamt an Dynamik verloren – Konjunktur hat in der deutschen wie der europäischen Politikwissenschaft angesichts einer Vielzahl von Krisen die Forschung zu fundamentalen Konzepten des demokratischen Nationalstaats wie Rechtsstaatlichkeit, Gemeinwohl, Pressefreiheit oder Identität – und zweitens handelt es sich bei den unter dem Schlagwort Governance vorzufindenden Arbeiten nach wie vor primär um Einzelfallstudien, die zwar die Funktionslogik einzelner Regelungsstrukturen oder -plattformen im Detail analysieren, aber keine Aussagen über politikfeldweite oder globale Entwicklungslinien zulassen. Entsprechend wird die eingangs aufgeworfene Frage nach den Effekten institutioneller Systeme auf Governance-Prozesse und deren Entwicklung im Zeitverlauf in der existierenden Forschung höchstens bruchstückhaft beantwortet. Für den hier angestellten Vergleich zwischen Governance-Strukturen in der Europäischen Union und Nordamerika ist darüber hinaus die Dichte an vorzufindender Literatur recht heterogen.

Analog zum Grad der supranationalen Institutionalisierung sind die standardisierten formalen wie informellen Entscheidungsprozeduren in der Europäischen Union in einer wesentlich größeren Breite und Tiefe erforscht, als das im Allgemeinen für die Institutionen im nordamerikanischen Raum der Fall ist. Dies ist darauf zurückzuführen, dass dort mit Ausnahme des Nordamerikanischen Freihandelsabkommens (NAFTA)[1] kaum sektorübergreifende Institutionen mit entsprechend vereinheitlichten Prozeduren bestehen, die für eine größere Zahl an Forschungsinteressen von Relevanz wären. Wie im Folgenden detaillierter dargelegt, existieren nichtsdestotrotz erhebliche Unterschiede zwischen den für diese Studie relevanten Governance-Arrangements in Nordamerika in Bezug auf ihre politikwissenschaftliche Aufarbeitung.

Die schon erwähnte wissenschaftliche Hausse, die der Governance-Ansatz in den vergangenen Jahrzehnten erfahren hat, führt dazu, dass an theoretischen Konzepten für die eingeführte Fragestellung auf den ersten Blick kein Mangel besteht. Neben einer Vielzahl von unter dem Schlagwort „Governance" firmierenden Konzepten, die keine oder nur eingeschränkte Bezüge zur Forschungsintention der vorliegenden Arbeit aufweisen, existieren unter den Oberbegriffen der *Multi-Level Governance* und der sogenannten *New Modes of Governance* zwei breite Forschungsstränge, die explizit auf diverse Governance-Strukturen im transnationalen Raum abstellen. Auch wenn beide Konzepte in hohem Maße auf den Kontext der Europäischen Union zugeschnitten sind – insbesondere die Forschung zur *Multi-Level Governance* ist als reiner Teilbereich der EU-Forschung zu qualifizieren – stellen sie doch eine breite Palette an Konzepten bereit, die *mutatis mutandis* auch auf andere transnationale Kontexte oder den transnationalen Raum im Allgemeinen übertragbar sind.

Das Konzept der *Multi-Level-Governance* (MLG) ist zunächst aus der Forschung zu Mehrebenensystemen abgeleitet, die mitnichten ein neues Phänomen darstellen, sondern in Form von föderalistischen Strukturen fest in zahlreichen nationalstaatlichen Systemen verankert sind. Einen wesentlichen konzeptionellen Beitrag zur Erforschung der Europäischen Union als neuartiges Mehrebenensystem, das nicht mit herkömmlichen föderalen Systemen gleichzusetzen ist, leistete dabei Gary Marks, der komplexe Wechselwirkungen zwischen supranationaler,

---

[1] Zum 1. Juli 2020 wurde das NAFTA durch das Nachfolgeabkommen USMCA abgelöst. Aufgrund der weithin unveränderten Struktur des Abkommens, insbesondere in Bezug auf den hier im Mittelpunkt stehenden Energiesektor, erscheint es aber legitim, von *einem* Freihandelsabkommen zu sprechen.

nationaler und subnationaler Ebene in der EU-Strukturförderpolitik nachwies (Marks 1992). Während diese und weitere Studien auf dem intellektuellen Boden der Föderalismusforschung stehen (Gollata u. Newig 2017; Heinelt u. Knodt 2008; Marks et al. 1996; Rittberger 2010; Scharpf 1998), machen Marks und Liesbet Hooghe mit der Einführung eines zweiten, in Bezug auf den institutionellen Regelungsrahmen offenen, Typus das MLG-Konzept anschlussfähig zur Forschung zu neuen Governance-Modi (Jessop 2004; Marks u. Hooghe 2004; Piattoni 2010).

Der Begriff der *New Modes of Governance* ist zunächst allgemein anwendbar auf Regelungsstrukturen, die von klassischem staatlichem Regieren abweichen, hat aber insbesondere im Kontext der EU-Forschung eine starke normative Aufladung erfahren. Besonders nach der Veröffentlichung eines Weißbuchs der EU-Kommission im Jahr 2001, das alternative Koordinationsformen unter Beteiligung nichtstaatlicher Akteure als eine Lösung zur Behebung des tiefgreifenden Legitimitätsdefizits der Europäischen Union präsentierte (Europäische Kommission 2001c), sind Regelungsprozesse in der EU eifrig auf solche neuartigen Governance-Modi abgeklopft worden (Bäckstrand 2010; Héritier u. Lehmkuhl 2008; Radaelli 2008; Rhodes u. Visser 2010; Truijens 2019). Wenngleich sich nach einigen Jahren die Erkenntnis kristallisierte, dass zumindest in Bezug auf die Europäische Union „die Reichweite der neuen Formen des Regierens in der Governance-Forschung teilweise erheblich überschätzt worden ist“ (Grande 2012, S. 574), bleibt deren Erforschung ein wichtiger Zweig der wissenschaftlichen Beschäftigung mit transnationalen Institutionen in der EU und darüber hinaus (Saurugger u. Terpan 2016).

Mit Blick darauf, dass für eine unvoreingenommene Beantwortung der Fragestellung ein hinreichend abstraktes Konzept der Governance erforderlich ist, das zwar das Verständnis von Steuerungsprozessen über staatliches Regieren hinaus aufweitet, aber keinen Bias zugunsten nichtstaatlicher Regelung aufweist (Blumenthal 2005, S. 1168), stützt sich das erarbeitete theoretische Modell stark auf den von Renate Mayntz und Fritz Scharpf erarbeiteten „akteurzentrierten Institutionalismus“ und verwandte spieltheoretische Ansätze, deren Grundannahmen sowohl auf nationalstaatliche Regelsysteme als auch auf solche jenseits des Nationalstaats anwendbar sind (Calvert 1995; Dequech 2001; Mayntz 2009a; Mayntz u. Scharpf 1995; Peters 2012; Scharpf 2000; Tömmel 2008). Für eine Systematisierung und Operationalisierung der innerhalb des jeweiligen Rahmens stattfindenden Interaktionen und deren Resultate kann zudem auf die gerade in der deutschsprachigen Politikwissenschaft und politischen Soziologie breit aufgestellte Theorie der Steuerung gesellschaftlicher Systeme zurückgegriffen werden. Diese bietet ebenfalls einen hinreichenden Abstraktionsgrad, um staatliche wie nichtstaatliche Koordinationsprozesse gleichermaßen erfassen zu können. Während die Systemtheorie Niklas Luhmanns (Luhmann 1984, 1995) für die Zwecke der vorliegenden Studie zu allgemein ist, um daraus überprüfbare Aussagen über die Wirkung institutioneller Strukturen auf Koordinationsprozesse abzuleiten, liefern insbesondere Gunther Teubner und Helmut Willke in ihrer stark an Luhmann orientierten Steuerungstheorie (Teubner u. Willke 1987; Willke 2006, 2014) zahlreiche Anhaltspunkte für eine auf die Beantwortung der Fragestellung zugeschnittene konzeptionelle Grundlage. Gemeinsamer Ausgangspunkt der systemtheoretisch konnotierten Steuerungsansätze ist die eingangs vermutete schwindende Steuerungsfähigkeit von Nationalstaaten aufgrund einer wachsenden Komplexität gesellschaftlicher Systeme, aus der Teubner und Willke unter anderem ein Plädoyer für einen Wandel politischer Steuerung hin zu einer „Kontextsteuerung" ableiten (Teubner u. Willke 1987, S. 18; Willke 2014, S. 111). Kompatible steuerungstheoretische Ansätze finden sich darüber hinaus etwa bei Renate Mayntz (1997), Klaus von Beyme (1995) oder Nicolai Dose (2008b).

Wie eingangs erwähnt, kann für eine Beantwortung der Fragestellung nicht auf breite empirische Vergleichsstudien zwischen den kontinentalen Räumen Europa und Nordamerika zurückgegriffen werden. Die vorhandenen – überwiegend schon etwas älteren – komparativen Analysen von Fallbeispielen in den beiden Räumen deuten auf eine fortgesetzte Relevanz staatlicher Steuerung insbesondere in der Infrastrukturregulierung hin. So stellen Clifton et al. (2007a) in ihrem Sammelwerk Regulierungsstrukturen in Bezug auf netzgebundene öffentliche Dienstleistungen in mehreren europäischen und nordamerikanischen Staaten gegenüber und konstatieren, dass trotz des Trends, privaten gegenüber staatlichen Unternehmen eine überlegene Performanz zuzuschreiben, nach wie vor ein Großteil dieser Netzdienstleistungen ganz oder teilweise in staatlicher Hand ist. Die Herausgeber führen diesen Befund primär darauf zurück, dass auch in einem Umfeld der Transnationalisierung und Liberalisierung Regierungen auf Basis wirtschafts- und sicherheitspolitischer Erwägungen die Herausbildung beziehungsweise den Fortbestand nationaler „Champions" fördern (Clifton et al. 2007a, S. 223). Zu einer ähnlichen Schlussfolgerung gelangen auch van den Hoven u. Froschauer (2004) bei ihrem Vergleich nationalstaatlicher Beharrungskräfte gegen Liberalisierungsbestrebungen in Frankreich und Kanada. Einige Autoren vergleichen die Europäische Union nicht mit Nordamerika als kontinentalem Raum, sondern mit den USA als föderalem Mehrebenensystem, so etwa Walker (2017) in seiner Analyse der Rahmenbedingungen für die Energieeffizienzförderung oder Coll-Mayor et al. (2007) in ihrer Arbeit zur Entwicklung sogenannter Smart Grids. Diese Studien weisen jeweils strukturelle Ähnlichkeiten zwischen dem föderalen System der USA und dem Institutionensystem der EU nach.

Darüber hinaus finden sich mehrere generelle Vergleichsstudien zu losen, netzwerkartigen Koordinationsstrukturen in den beiden Räumen, ohne dass daraus spezifische Aussagen zur Governance im Energie- und Klimasektor abzuleiten wären. So findet Éric Montpetit (2009) keine Belege für seine Vermutung, dass Lernprozesse im stärker institutionalisierten System der EU erfolgreicher wären als in losen Netzwerken in Nordamerika. Joachim Blatter (2001, 2004) kommt zu dem – in seiner Eindeutigkeit kritisch zu hinterfragenden – Ergebnis, dass transnationale Netzwerke in Grenzregionen in Nordamerika eine Herausforderung für den Steuerungsanspruch der dortigen Nationalstaaten darstellten, wohingegen ähnliche Arrangements in der EU als zusätzliche Ebene in das bestehende Mehrebenensystem in der EU integriert werden. Von grundsätzlicher Relevanz für die Fragestellung, wenn auch vom Fokus der Studie nicht erfasst, sind daneben transnationale Netzwerke subnationaler Akteure, die vor allem im Bereich der Klimapolitik erhebliche wissenschaftliche Aufmerksamkeit auf sich gezogen haben, aber in den meisten Fällen nicht auf ein kontinentales Umfeld beschränkt sind, sondern zumindest dem Anspruch nach global angelegt sind. Hier kommen bestehende Studien zu deutlich widersprüchlichen Ergebnissen. So schlussfolgern etwa Kern, Bulkeley und Betsill aus mehreren Studien zu Netzwerken aus Städten, dass der Beitrag dieser Plattformen für ein Verständnis der globalen Klimaschutzpolitik unverzichtbar sei (Betsill u. Bulkeley 2004; Kern 2019; Kern u. Bulkeley 2009). Hakelberg (2011) findet in seiner Vergleichsstudie Belege für eine effektive Diffusionsleistung solcher Netzwerke in der EU. Andere Analysen kommen hingegen zu dem Ergebnis, dass die effektive Koordinationsleistung solcher Netzwerke beschränkt ist (Bansard et al. 2017; Krause 2012) beziehungsweise ihre Leistung vor allem in der Interessenaggregation innerhalb klassischer pluralistischer oder korporatistischer Strukturen besteht (Bäckstrand 2008).

Sieht man von vergleichenden Studien ab und richtet den Blick auf Analysen der Governance-Strukturen in den beiden geografischen Großräumen, so sind insbesondere die Entscheidungsprozesse in der Europäischen Union im Allgemeinen und in der EU-Energiepolitik im Besonderen sehr gut wissenschaftlich aufgearbeitet. Gerade der formale Institutionenrahmen, die *polity,* der EU ist in allen Facetten und Entwicklungsschritten tiefgreifend politikwissenschaftlich erforscht, wobei sich die Forschung – abgesehen von den bereits angeführten Arbeiten zur *Multi-Level Governance* und den *New Modes of Governance* – mit Blick auf die verwendeten Methoden und Heuristiken üblicherweise stark an der etablierten Vergleichenden Regierungslehre orientiert. Für die vorliegende Studie sind dabei neben Makroanalysen zum politischen System der EU und zum Vertragsrecht (Griller et al. 2008; Hix u. Høyland 2011; Hofmann 2009; Tömmel 2014) insbesondere Abhandlungen zur institutionellen Eigenlogik der Organe (Burns et al. 2012; Fabbrini u. Puetter 2016; Hartlapp et al. 2014; Hillebrandt u. Novak 2016; Müller 2020; Naurin u. Wallace 2008; Peterson u. Shackleton 2012; Ripoll Servent 2015; Schmidt, Susanne K. 2000) sowie zur Einflussverteilung in den „Methoden“ und „Verfahren“ der Entscheidungsfindung (Dehousse 2011a; Farrell u. Héritier 2007; Magnette u. Nicolaïdis 2004; Moravcsik u. Nicolaïdis 1999) von Relevanz. Weniger wissenschaftliche Aufmerksamkeit als die formalen Verfahren nach der Gemeinschaftsmethode – die zweifelsohne einem Großteil der Entscheidungsprozesse in der EU zugrunde liegt – haben dabei weniger formalisierte Modi der Entscheidungsfindung gefunden, etwa die Offene Methode der Koordinierung, die als Teilbereich der *New Modes of Governance* zu sehen ist (Zeitlin 2011), oder die für den Erfolg von Entscheidungsprozessen im Kodezisionsverfahren inzwischen unabdingbaren informellen „Triloge“ zwischen Kommission, Parlament und Rat, die erst in den vergangenen Jahren stärker in den Mittelpunkt des wissenschaftlichen Interesses an der EU gerückt sind (Brandsma 2019; Greenwood u. Roederer-Rynning 2019; Reh et al. 2013; Reh 2014).

Wenngleich die Institutionalisierung der Energiepolitik der EU sich als „äußerst mühsamer und auch heute noch nicht abgeschlossener Prozess“ (Pollak et al. 2010, S. 63) darstellt, hat dieses Politikfeld doch spätestens seit der Enumeration von Unionsaufgaben im Vertrag von Lissabon (Art. 194 EUV) an Aufmerksamkeit in der EU-Forschung gewonnen. Die Fragestellungen sind dabei überwiegend der klassischen Politikfeldanalyse zuzuordnen, entsprechend bieten die vorhandenen Studien eine nützliche Faktenbasis für die vorliegende komparative Analyse. Die politikwissenschaftliche Befassung mit der EU-Energiepolitik lässt sich dabei nach den Policy-Inhalten drei wesentlichen Forschungssträngen zuordnen, die nur sporadisch in einzelnen Studien zusammengeführt werden: Klimaschutz- und erneuerbare-Energien-Politik, Binnenmarktregulierung und Energiesicherheitspolitik. Zu den für die eingangs erläuterte Fragestellung relevanten Arbeiten, die einen Querschnitt dieser Themenbereiche abbilden, gehören etwa die Monografie von Fischer (2011), der nicht nur die programmatische Entwicklung der EU-Energiepolitik nachzeichnet, sondern auch Interessen und Strategien der beteiligten Akteure analysiert, sowie – mit einem breiteren Fokus – die von Radtke u. Canzler (2020) und Reiche (2005) herausgegebenen Sammelwerke. Eine ähnliche Herangehensweise findet sich auch in den Arbeiten von Geden u. Fischer (2008), Pollak et al. (2010), Schubert et al. (2016) sowie – etwas älteren Datums, aber für die Analyse gleichwohl von Relevanz – bei Matlary (1997). Auch die einzelnen

Stufen der Politikformulierung im betrachteten Politikfeld sind umfassend aufgearbeitet. So untersucht der von Tosun et al. (2015) herausgegebene Sammelband erfolgreiche und gescheiterte Agenda-Setting-Prozesse in der EU-Energiepolitik. Einblicke in die Entscheidungsprozesse innerhalb der Europäischen Kommission gibt Dreger (2014) in seiner auf zahlreiche Interviews gestützten Analyse der Aktivitäten der Kommission im Politikfeld Energie und Klima. Jacob et al. (2020) analysieren den Einfluss populistischer Strömungen auf die Klimaschutzpolitik der Europäischen Union.

Betrachtet man die genannten Teilbereiche der Energiepolitik einzeln, so ist insbesondere die Entscheidungsfindung für die Umsetzung des Kyoto-Protokolls (McLean u. Stone 2012) und die Einrichtung eines Emissionshandelssystems umfassend wissenschaftlich aufgearbeitet. Vor allem die kommissionsinternen Entscheidungsprozesse im Vorfeld des Vorschlags für die erste Emissionshandelsrichtlinie werden durch die Schilderungen von Zapfel (2005, 2007) sowie die bereits genannte Arbeit von Dreger (2014) transparent. Umfassendere Schilderungen der Entscheidungsprozesse finden sich bei Skjærseth u. Wettestad (2008) sowie Boasson u. Wettestad (2013). In jüngster Zeit scheint das politikwissenschaftliche[2] Interesse an diesem Teilbereich der EU-Energiepolitik hingegen etwas abzuflauen, was angesichts der Tatsache, dass die Reform des Emissionshandels zu den umstritteneren Aspekten bei der Weiterentwicklung des entsprechenden Politikrahmens für die Zeit bis 2030 zählte, verwundert.

Auch zur erneuerbare-Energien-Politik der EU und ihrer Mitgliedstaaten finden sich neben Überblicksdarstellungen wie der von Weigt (2009) oder in dem von Mez (2007) herausgegebenen Sammelband zahlreiche Einzelfallstudien (Bürgin 2014; Hildingsson et al. 2012; Johnston et al. 2008; Lauber u. Schenner 2011; Romppanen 2013; Wyns u. Khatchadourian 2016). Einblicke in die Koordinationslogik im EU-Mehrebenensystem in diesem nach wie vor von nationalen Prärogativen gekennzeichneten Politikbereich bieten die Studien von Hirschl (2008), der den Einfluss des EU-Regelungsrahmens auf nationale Policies am Beispiel der deutschen erneuerbare-Energien-Politik analysiert, sowie etwa Jacobs (2012), Brunnengräber (2007), Busch u. Jörgens (2012) und Ohlhorst et al. (2013), die mit ähnlichen Fragestellungen Wechselwirkungen zwischen den nationalen Energiepolitiken von Mitgliedstaaten der EU untersuchen. Mit Blick auf die Klimaschutzpolitik bietet Jänicke (2014) einen Einblick in die

[2] Dafür hat in den vergangenen Jahren die Zahl wirtschaftswissenschaftlicher Arbeiten zu den Effekten des Systems merklich zugenommen (Joltreau u. Sommerfeld 2019; Daskalakis 2018; Koch u. Basse Mama 2019).

Dynamik der Politikformulierung im Mehrebenensystem.[3] Kröger (2015) und Rusche (2015) sowie etwas eingeschränkter Säcker et al. (2015) bieten in ihren Monografien umfassende Darstellungen des bestehenden rechtlichen Rahmens für die erneuerbare-Energien-Förderung in den Mitgliedstaaten der EU. Eine fundierte Bestandsaufnahme – wenngleich schon etwas älteren Datums – bietet das Sammelwerk von Reiche (2005).

Erhebliche politikwissenschaftliche Aufmerksamkeit haben neben der Klima- und erneuerbare-Energien-Politik der EU auch die Bemühungen zur Schaffung integrierter Märkte für Elektrizität und Erdgas erhalten. Die Literatur in diesem Bereich wird von einer institutionenökonomisch geprägten Forschungstradition zur Deregulierung und Re-Regulierung leitungsgebundener Infrastrukturen einerseits und einer rechtswissenschaftlichen Aufarbeitung des gesetzten Rechts andererseits dominiert. Zu ersterer Forschung, die mit der Analyse staatlicher Handlungsmöglichkeiten im Zeitalter einer fortschreitenden Liberalisierung nahe an der Fragestellung der vorliegenden Studie liegt, sind unter anderen die Arbeiten von Bartle (2005) und Eising (2000) zu rechnen, der in seiner Studie zu Liberalisierungsprozessen in Großbritannien, Deutschland und der Europäischen Gemeinschaft den Einfluss nationaler und supranationaler Akteure auf Entscheidungen im Elektrizitätssektor analysiert. Diese Arbeiten in Anknüpfung an die klassische Regulierungs- und Deregulierungsforschung sind dabei überwiegend älteren Datums, während sich die neuere Forschung zum Elektrizitäts- und Erdgassektor überwiegend auf die Arbeit von Regulierungsnetzwerken und den Aufbau sogenannter *agency-governance*-Strukturen auf EU-Ebene konzentriert (Blauberger u. Rittberger 2015; Hustedt et al. 2014; Levi-Faur 2010; Maggetti 2014; Mathieu 2016a; Saerbeck 2014; Tarrant u. Kelemen 2017). Dem Schnittfeld der Themenbereiche Marktregulierung und erneuerbare-Energien-Förderung widmet sich die interdisziplinär angelegte Monografie von Droste-Franke et al. (2012). Auch die juristische Fachliteratur zum EU-Energiebinnenmarkt bietet wichtige Anhaltspunkte, weil sie eine rechtliche Einordnung der Ergebnisse der im Rahmen dieser Studie interessierenden Entscheidungsprozesse erlaubt. Als Referenzwerk in diesem Bereich kann der von Cameron u. Heffron (2016) herausgegebene Sammelband gelten. Nennenswerte Forschungsarbeiten liefern außerdem Cini u. McGowan (2009) sowie Batlle u. Ocaña (2013).

---

[3] Auf die Fülle an Arbeiten, die die einzelstaatliche Politikformulierung im Kontext des europäischen Rahmens und damit verbundene Wechselwirkungen zwischen nationaler und supranationaler Ebene analysieren, (etwa Assmann (2016); Lüpke u. Wietschel (2021); Mez (2016); Newbery (2017) sowie Saerbeck u. Jörgens (2021)) kann hier nicht umfassend eingegangen werden.

In Bezug auf die Energieaußen- und -sicherheitspolitik konzentriert sich die Forschung primär auf das Management der Abhängigkeit von Erdgaslieferungen aus Russland (Barysch 2008; Kopp 2015; Posaner 2020; Youngs 2009), die zuletzt mit der Ukraine-Krise seit dem Jahr 2014 in den Mittelpunkt des Interesses gerückt sind (Godzimirski u. Nowak 2018; Grabau 2016; Schröder 2019). Zu beobachten ist darüber hinaus eine wachsende Aufmerksamkeit für die Rolle Chinas. So beleuchten Hefele et al. (2019) in einem Sammelband potenzielle Konfliktlinien zwischen der EU und China im Wettbewerb um Energieressourcen. Eine umfassende Bestandsaufnahme des rechtlichen Rahmens der Energieaußenpolitik findet sich bei Gemmer (2017). Wiederholt politikwissenschaftlich adressiert wurden zudem die Schwierigkeiten, eine Zielkohärenz zwischen den genannten Teilfeldern der EU-Energiepolitik zu gewährleisten (Brunnengräber u. Haas 2013; Skjærseth et al. 2016; Nilsson et al. 2012).

Im Gegensatz zu dieser breiten Basis in Bezug auf die Europäische Union fällt die Literatur zur Governance in der Energie- und Klimapolitik in Nordamerika eklatant schmaler aus. Dies ist zweifelsohne einerseits auf den niedrigeren Institutionalisierungsgrad und die damit einhergehend zwangsläufig geringere Zahl an Forschungsgegenständen zurückzuführen. Andererseits fallen jedoch auch erhebliche Unterschiede zwischen den vorzufindenden Governance-Strukturen im Hinblick auf ihre politikwissenschaftliche Aufarbeitung ins Auge. So hat das Freihandelsabkommen NAFTA als Rahmen der regionalen Integration gerade in seiner Anfangszeit erhebliche Aufmerksamkeit erhalten (Globerman u. Walker 1993; Hufbauer u. Schott 1994; Randall u. Konrad 1995), wohl auch, weil Befürworter einer stärkeren institutionellen Integration in dem Abkommen die Keimzelle für eine supranationale Organisation nach europäischem Vorbild zu sehen erhofften (Clarkson 2009, S. 100). An der anschließenden Baisse im politikwissenschaftlichen Interesse an der institutionellen Struktur des NAFTA haben auch die Neuverhandlungen nichts zu verändern vermocht, wohl auch, weil deutlich geworden ist, dass das Abkommen zwar – wenn auch nicht im Energiesektor – messbare marktschaffende Effekte gezeitigt hat, aber nicht als Vehikel zur politischen Steuerung geeignet ist (Hufbauer u. Schott 2005, S. 418; Morales 2008, S. 40–41).

Die transnationale Klimaschutzpolitik in Nordamerika zog vor allem gegen Ende der 2000er Jahre politikwissenschaftliches Interesse auf sich, als die Gründung mehrerer Plattformen aus subnationalen oder privaten Akteuren eine Wende zu ambitionierteren nationalen und kontinentalen Klimaschutzbestrebungen erwarten ließ (Selin u. VanDeveer 2009). Allen voran die *Western Climate Initiative* (WCI) aus einer Reihe US-amerikanischer und mexikanischer Bundesstaaten und kanadischer Provinzen und die Konferenz der *New England Governors and Eastern Canadian Premiers* (NEG-ECP) wurden in diesem Zusammenhang Gegenstand einiger wissenschaftlicher Arbeiten (Chaloux u. Paquin 2012; Eckersley 2012; VanNijnatten 2006; VanNijnatten u. Craik 2012; Warren u. Tomashefsky 2009). Die nach wie vor umfassendste empirische Analyse der Arbeit der NEG-ECP-Koferenz, die auch dem Energiesektor breiten Raum einräumt, liefert die Studie von Rausch (2000). Nach dem Ausstieg zahlreicher Mitglieder aus der WCI befassten sich zudem einige Autoren mit den Ursachen dieses rapiden Verfalls, wobei regelmäßig ein parteipolitisch bedingter Wandel der Haltung zum Klimaschutz im Allgemeinen als ausschlaggebend ausgemacht wurde (Klinsky 2013; Rabe 2016; Shurtz 2015). Eine breite theoriebasierte Aufarbeitung von Netzwerken subnationaler Akteure, die über die bloße Enumeration solcher Plattformen (Anderson 2013; Bansard et al. 2014) hinausgeht, sucht man gleichwohl vergeblich. Daneben liefern etwa Clarkson (2008) und Dukert (2007a) Überblicksdarstellungen zur Kooperation im Energiesektor in Nordamerika, die – den Erwartungen der Zeit entsprechend – ebenfalls einen erkennbaren Fokus auf die Klimaschutz- und erneuerbare-Energien-Politik legen. Weitgehend unerforscht blieben bisher auch die Aktivitäten der NAFTA-Umweltkommission (*Commission for Environmental Cooperation*, CEC); eine nennenswerte Ausnahme bilden hier lediglich die Arbeiten von Betsill (2007, 2009).

Ein etwas anderes Bild zeigt sich mit Blick auf die Markt- und Infrastrukturregulierung: Hier kann sich die vorliegende Arbeit auf eine breite Forschungstradition zur Liberalisierung und Re-Regulierung des Elektrizitäts- und Gassektors stützen, die inhaltlich aufgrund ähnlich verlaufender Entwicklungslinien in der Regel zumindest die USA und Kanada, seltener auch Mexiko, abdeckt (Dukert 2000; MacAvoy 2001; Plourde 2005; Stickley 1990). Andererseits ist auch hier die Literatur zu transnationalen Koordinationsprozessen vergleichsweise dünn. So ist etwa die grenzüberschreitende Regulierungsleistung der *North American Electric Reliability Coporation* (NERC) im Spannungsfeld der hierarchischen Aufsicht dreier nationaler Regulierungsbehörden zwar aus technischer Sicht bestens erforscht, aber im Bereich der Politikwissenschaft Gegenstand nur einer Hand voll Arbeiten (Gattinger 2011; Moot 2010; Saunders 2004).

Dieser kurze Abriss macht noch einmal deutlich, dass die transnationale Governance im Energiesektor insbesondere in Nordamerika eklatant untererforscht bleibt. Zwar existieren einige Einzelfallstudien zu bestimmten Governance-Arrangements; diese bleiben aber häufig rein deskriptiv. Hinzu kommt, dass die Performanz solcher Plattformen gerade im Bereich des Klimaschutzes häufig von einem stark normativ geprägten Standpunkt aus analysiert wird. Die eingangs aufgeworfene Frage nach der Struktur und Effektivität von Regelungsprozessen in der Energiepolitik in unterschiedlichen institutionellen

Umfeldern kann auf Basis der vorliegenden Literatur nicht beantwortet werden. Diese Lücke versucht die hier vorgelegte Studie zu schließen.

1.3 Aufbau und Methodik der Studie

Wie bereits angedeutet, soll die Frage nach dem Effekt des institutionellen Regelungsrahmens auf die Koordinationslogik und Koordinationsleistung im Politikfeld Energie durch einen Vergleich der Europäischen Union mit dem nordamerikanischen Raum beantwortet werden. Diese beiden kontinentalen Räume weisen eine relativ ähnliche sozioökonomische Struktur auf: Es handelt sich bei den beteiligten Staaten überwiegend um industrialisierte, westlich geprägte Demokratien. Daraus resultiert auch eine hohe Ähnlichkeit in den zu bearbeitenden Problemstellungen: Beide Räume verfügen über ausdifferenzierte und grenzüberschreitende Übertragungsinfrastrukturen in einem grundsätzlich marktwirtschaftlich organisierten Umfeld. Der Charakter als Industriestaaten bedingt außerdem einen vergleichsweise ausgeprägten Handlungsbedarf im Bereich der Klimaschutzpolitik. Die im ersten Teil des Analysezeitraums ab Beginn der 1990er Jahre in beiden Räumen hohe Abhängigkeit von Energieimporten aus anderen Teilen der Welt hat sich in Nordamerika allerdings seit dem Schieferöl- und Schiefergasboom in Kanada und den USA deutlich reduziert (Dunn u. McClelland 2013).

Der wesentliche Unterschied zwischen den beiden geografischen Räumen besteht hingegen in der unabhängigen Variable, dem Grad der Institutionalisierung: In der Europäischen Union existiert ein ausdifferenziertes supranationales Regelsystem, das – obgleich der Grad an supranationaler Regelungskompetenz politikfeldspezifisch variiert – auf Basis des als Verfassung fungierenden Vertragsrechts präzise Entscheidungsverfahren und Kompetenzen der beteiligten Akteure festlegt. Die organisationale Basis für die Entscheidungsfindung und deren Durchsetzung wird durch ein mit umfangreichen Ressourcen ausgestattetes supranationales System gewährleistet, das in seiner Struktur der gewaltenteiligen Prägung nationaler Regierungssysteme ähnelt. Auf der anderen Seite des Atlantiks ist das Freihandelsabkommen NAFTA der einzige institutionelle Rahmen der transnationalen Integration. Dabei handelt es sich um einen klassischen völkerrechtlichen Vertrag, der zwar die beteiligten Parteien zu einem bestimmten Verhalten – der Schaffung eines gemeinsamen Marktes – verpflichtet, darauf aufbauend aber keine supranationalen Entscheidungsverfahren oder Organisationsstrukturen zur Regulierung dieses Marktes oder zur Weiterentwicklung des

Regelungsrahmens etabliert. Damit eignet sich ein Vergleich der beiden Institutionensysteme im Sinne eines *Most Similar Systems Design*, um den Einfluss des Institutionalisierungsgrades auf die Governance im Energiesektor abzuschätzen. Als möglicher verzerrender Einflussfaktor ist dabei die Differenz in der Zahl der beteiligten Akteure zu berücksichtigen: Während die Europäische Union im Untersuchungszeitraum zwölf bis 28 Nationalstaaten umfasste, sind es in Nordamerika nur drei. Dieser Unterschied wird gleichwohl durch die starke Rolle subnationaler Akteure in der transnationalen Governance in Nordamerika relativiert. Bei der Auswahl konkreter Governance-Plattformen ist eine enge Beschränkung auf transnationale Netzwerke notwendig, die jeweils nur in einem der betrachteten Räume liegen. Insbesondere im Bereich der Klimaschutzpolitik ist eine Tendenz zu losen globalen Arrangements festzustellen: So ging Bäckstrand (2008) schon vor mehr als einem Jahrzehnt von mehreren Tausend mehr oder weniger formalisierten transnationalen Klimanetzwerken aus.

Dass die Energiepolitik zweifelsohne zu den komplexesten und facettenreichsten Politikfeldern gehört, macht für die Studie eine Auswahl inhaltlicher Teilbereiche erforderlich. Um einen möglichst repräsentativen Querschnitt der Regelungsgegenstände abzubilden, wurden dazu die Problemfelder Klimaschutz, erneuerbare Energien sowie Marktregulierung im Elektrizitäts- und Erdgassektor ausgewählt. Die drei Bereiche zeichnen sich durch unterschiedliche Allgemeinheitsgrade sowie Unterschiede in der Handlungslogik aus: Der Klimaschutz schließt den Bereich der Energiepolitik ein, geht aber über diese hinaus. Das Thema weist auf beiden Seiten des Atlantiks hohe Aktualität und institutionelle Dynamik auf. Zugleich ist eine effektive Problemlösung äußerst komplex, weil sowohl die Entstehung als auch die Wirkung des Problems global sind. Eng mit der Klimaschutzpolitik verknüpft, aber sowohl im Hinblick auf die Begründung als auch auf die Instrumente davon verschieden ist die Förderung erneuerbarer Energien. Während die Klimapolitik vor allem auf umwelt- und wirtschaftspolitischen Erwägungen fußt, beinhaltet dieses Handlungsfeld mit Blick auf die Verfügbarkeit von Ressourcen auch eine starke sicherheitspolitische Komponente. Es handelt sich dabei um ein Querschnittsthema, das alle Energieträger und Verbrauchswege einschließt. Aus darstellerischen Gründen werden die Themenbereiche Klimaschutz und erneuerbare Energien in der Studie zusammen behandelt, weil die entsprechenden Policies in der Realität eng miteinander verknüpft sind. Mit den Märkten und Infrastrukturen für einzelne Energieträger unterliegen schließlich klar abgrenzbare Teilbereiche der Energieversorgung unterschiedlichen Mustern der Regulierung. Als Beispiel hierfür wurde die Regulierung im Elektrizitäts- und im Gassektor ausgewählt. Im Gegensatz zum Erdöl, das auf globalisierten Märkten gehandelt wird, tendieren die leitungsgebundenen

Energieträger infrastrukturell bedingt zu monopolistischen Strukturen, was bei der in beiden Räumen angestrebten Liberalisierung eine Regulierung des Marktzugangs erforderlich macht. Zugleich sind die Auswirkungen von Problemen in diesem Bereich wesentlich kurzfristiger als etwa im Bereich der Klimaschutzpolitik: Gerade im Elektrizitätssektor können technische Fehler faktisch in Echtzeit erhebliche Schäden verursachen, was entsprechend besondere Anforderungen an die Regulierung dieser Infrastrukturen stellt (Mayntz 2009b).

Der gewählte Analysezeitraum ist aus forschungspraktischen Gründen nicht trennscharf an jeweils einem festen Datum abgegrenzt, sondern orientiert sich an inhaltlichen Kriterien der analysierten Entscheidungsprozesse. Die Ergebnisse der komparativen Analyse sollen damit weder durch eine Ungleichzeitigkeit der Fallstudien noch durch einen engstirnigen Ausschluss von Entscheidungsprozessen verzerrt werden. Als Beginn des Analysezeitraums wurden die frühen 1990er Jahre gewählt, da sich in dieser Zeit in beiden untersuchten Räumen signifikante Fortschritte in der transnationalen Integration ergaben: In der Europäischen Union begannen 1992 die formalen Rechtsetzungsprozesse zur Regulierung des Energiebinnenmarkts, in Nordamerika trat 1994 das Nordamerikanische Freihandelsabkommen in Kraft. Auch das Ende des Analysezeitraums ist entsprechend fließend definiert: Während in Nordamerika die Amtszeit von US-Präsident Donald Trump nicht mehr systematisch in die Studie einfließen kann, weil die Effekte seiner „*America first*"-Politik auf die transnationale Koordination erst mit Verzögerung empirisch fassbar werden, wurden in der Europäischen Union die 2018 und 2019 abgeschlossenen Legislativverfahren auf Basis des 2016 von der Kommission vorgelegten Energiepakets sehr wohl einbezogen, weil diese im formalisierten Institutionensystem der EU die zentrale energiepolitische Koordinationsleistung des abgelaufenen Jahrzehnts darstellen.

Für die Beantwortung der eingangs formulierten dreigliedrigen Fragestellung ist eine Analyse zum einen des formalen und informellen institutionellen Rahmens, zum anderen der innerhalb dieses Rahmens stattfindenden Entscheidungs- und Koordinationsprozesse und deren Ergebnisse notwendig. Aus letzterer werden die Struktur der Interaktionen, die tatsächlichen Einflusspotenziale von Akteuren unterschiedlicher Provenienz und der Typus der für die Umsetzung eingesetzten Instrumente abgeleitet. Um die Wirkung institutioneller Strukturen und der Verteilung von Einflusspotenzialen auf die an Entscheidungsprozessen beteiligten Akteure für die Governance nachvollziehen zu können, stützt sich die Studie auf qualitative Methoden – zum einen, weil zentrale Merkmale wie die Struktur der Interaktionen einer qualitativen Bewertung bedürfen, und zum anderen, weil die Fallzahlen mit dem Vergleich zweier geografischer Räume und einer begrenzten Zahl von Governance-Plattformen zu gering für einen quantitativen Zugang sind.

Die für die Beantwortung der Fragestellung relevanten Daten wurden mittels einer qualitativen Inhaltsanalyse von Dokumenten und Interviews gewonnen. Die analyseleitenden Kategorien ergaben sich entweder unmittelbar aus den im theoretischen Modell formulierten Kriterien oder wurden auf Basis der theoretischen Vorüberlegungen durch eine Voranalyse induktiv aus den zur Verfügung stehenden Texten zu gewonnen. Letzterer Aspekt betrifft insbesondere die Analyse der Durchsetzungsfähigkeit der am jeweiligen Entscheidungsprozess beteiligten Akteure: In diesem Fall wurde jeweils eine beschränkte Zahl der im spezifischen Fall besonders kontroversen[4] Aspekte identifiziert, anhand derer der Grad der Realisierung der institutionell angelegten Machtpotenziale der einzelnen Akteure bestimmt werden konnte. Die Texte wurden sodann manuell oder – sofern sie digitalisiert vorlagen – mithilfe einer einfachen Textsuchfunktion durchsucht und im Hinblick auf die gebildeten Kategorien ausgewertet, wobei standardmäßig nach Bearbeitung von rund einem Drittel des Materials eine Überprüfung der zugrundeliegenden Kategorienbildung vorgenommen wurde.

Die dafür notwendigen Daten wurden aus einer großen Bandbreite an Dokumenten gewonnen: Neben den bereits erwähnten politikwissenschaftlichen Arbeiten kann besonders im Fall der EU auf eine Fülle öffentlich verfügbarer Aufzeichnungen zurückgegriffen werden. Dazu zählen neben offiziellen Vorlagen und Protokollen der Kommission und des Europäischen Parlaments inbesondere Arbeitsdokumente. Für das inhaltliche Verständnis der informellen Triloge sind hierbei insbesondere die vierspaltigen Arbeitsdokumente mit den Positionen der beteiligten Akteure essenziell. Diese Dokumente sind größtenteils frei im Internet abrufbar, zum Teil wurden sie auch nach Antrag auf Einsichtnahme von den jeweiligen Organen bereitgestellt.[5] Sofern die Einordnung der Konsequenzen einer Entscheidung für die Handlungschancen der relevanten Akteure nicht offensichtlich erschien, wurde zudem auf einschlägige juristische Fachliteratur zurückgegriffen.

---

[4] Anhaltspunkte für die Kontroversität der einzelnen verhandelten Aspekte bot neben in der Presseberichterstattung oder offiziellen Dokumenten wiedergegebenen Äußerungen beteiligter Individuen insbesondere der Zeitpunkt der Einigung: Grundsätzlich wurde davon ausgegangen, dass eine Bestimmung umso umstrittener war, je später im Entscheidungsprozess sich alle beteiligten Akteure auf sie einigten oder sie ablehnten.

[5] Hierbei ist anzumerken, dass die Verfügbarkeit von Dokumenten der Organe der Europäischen Gemeinschaft vor allem für die ersten Jahre des Analysezeitraums prekär ist. Insbesondere Dokumente des Rates konnten häufig auch auf Anfrage nicht beschafft werden. Auch die Nutzbarkeit der Dokumente für den Analysezweck variiert erheblich: Während gerade Protokolle der Plenar- und Ausschusssitzungen des Europäischen Parlaments Aufschluss über die interne Meinungsbildung geben, ist dies bei Dokumenten des Rates nur sehr eingeschränkt der Fall, da hier Sitzungsprotokolle nicht öffentlich zugänglich sind.

Ähnliches gilt auch für einige der analysierten Interaktionsstrukturen in Nordamerika. Allerdings variiert hier die Verfügbarkeit von Informationen deutlich: Während etwa die *Commission for Environmental Cooperation* des NAFTA oder auch die Regulierungsplattform NERC Dokumente nicht nur zu inhaltlichen Aspekten ihrer Arbeit, sondern auch zur Entscheidungsfindung extensiv online verfügbar gemacht haben, sind solche Informationen für Plattformen wie die NEG-ECP-Konferenz oder die Emissionsbörse *Chicago Climate Exchange* nur sehr rudimentär verfügbar. Daneben konnte in vielen Fällen sowohl in der EU als auch in Nordamerika auf interne Dokumente und Veröffentlichungen der jeweils beteiligten Akteure – Regierungen von Staaten und substaatlichen Einheiten, Nichtregierungsorganisationen und Verbänden – zurückgegriffen werden. Ergänzend wurde zudem die einschlägige Medienberichterstattung einbezogen. Diese Datenquellen wurden durch halbstrukturierte[6] Interviews mit an den Entscheidungsprozessen unmittelbar beteiligten Akteuren ergänzt, um die in der Dokumentenanalyse offen gebliebenen Lücken zu schließen.

Im weiteren Verlauf der Arbeit werden zunächst in einem theoretischen Teil die anfangs angestellten Überlegungen zur Governance im Zeitalter der Globalisierung systematisiert, ergänzt und zur Formulierung forschungsleitender Hypothesen genutzt. Diese Hypothesen, die auf transnationale Regelungsprozesse im Allgemeinen anwendbar sind, werden anschließend im Vergleich der beiden Fallbeispiele EU und Nordamerika überprüft. Diese empirische Analyse gliedert sich in drei Teile: In einem ersten Kapitel werden die institutionellen Regelsysteme in den beiden kontinentalen Räumen analysiert und gegenübergestellt. Daran schließen sich die beiden zentralen Analysekapitel zu den Regelungsbereichen Klimaschutz und erneuerbare Energien einerseits und Marktregulierung im Elektrizitäts- und Erdgassektor andererseits an. Diese Analyseergebnisse erlauben schließlich in einem finalen Kapitel die Beantwortung der eingangs aufgeworfenen Forschungsfragen anhand der formulierten Hypothesen sowie einige Schlussfolgerungen für die Theorieentwicklung.

[6] Um eine gewisse Vergleichbarkeit der Aussagen zu gewährleisten, wurden jeweils einige an den forschungsleitenden Hypothesen orientierte Rahmenfragen allen befragten Akteuren gestellt. Darüber hinaus orientierte sich der jeweilige Interviewleitfaden an den nach Analyse der verfügbaren Dokumente verbleibenden Erkenntnislücken. Aufgrund der erwähnten Unterschiede in der generellen Verfügbarkeit von Dokumenten war der Bedarf an Interviews in Bezug auf die Entscheidungsprozesse in Nordamerika deutlich größer als in Bezug auf die Europäische Union.

2 Ein theoretisches Modell transnationaler Governance: Akteure, Strukturen und Prozesse im Staat und darüber hinaus

2.1 Herausforderungen für staatliche Steuerung von ‚oben' und ‚unten'

Insbesondere seit dem weltpolitischen Umbruch durch das Ende des Ost-West-Konflikts beschäftigt die vergleichende Politikwissenschaft und die Forschung zu internationalen Beziehungen eine Debatte, die die Gültigkeit zentraler Grundannahmen ebenso infrage stellt wie etablierte Fachgrenzen. Sie kreist um die Frage, inwieweit sich der Staat als Organisationsmodell und seine Fähigkeit zur Beeinflussung sozioökonomischer Prozesse verändern. Anlass zu dieser Debatte gaben nicht nur die vielfältigen Prozesse der ökonomischen und informationellen Vernetzung, die unter dem Konzept der Globalisierung subsumiert werden (Hirst et al. 2009, S. 102), sondern auch innergesellschaftliche Entwicklungen und neue Legitimationsanforderungen sowie – insbesondere in Europa – die Bildung supranationaler Institutionen. Die notwendige Konsequenz aus diesem Diskurs über staatliche Steuerungsdefizite und neue Problemtypen sind Überlegungen zu Regelungsformen jenseits staatlichen Regierens, auf die im folgenden Abschnitt weiter eingegangen wird.

Analytisch vereinfacht lässt sich von einer Verlagerung von bisher nationalstaatlichen Kompetenzen nach ‚oben' (Globalisierung, supranationale Institutionenbildung) und ‚unten' (wachsende Bedeutung gesellschaftlicher Selbststeuerung und nichtstaatlicher Akteure) sprechen (Blumenthal 2005, S. 1154–1155). Bevor die wesentlichen Argumente dieser Forschungsdiskurse skizziert und

S. Haas, *Transnationale Klima- und Energie-Governance*, Energiepolitik und Klimaschutz Energy Policy and Climate Protection, https://doi.org/10.1007/978-3-658-35570-8_2

anschließend zusammengeführt werden, stellt sich die Frage nach dem Ausgangspunkt dieser Entwicklungen, dem Staat, der angeblich von einer „Zerfaserung" (Hurrelmann et al. 2008, S. 24) bedroht ist.

2.1.1 Der Ausgangspunkt: Politische Steuerung in Staaten der westlichen Hemisphäre

Die Beschäftigung mit der Frage, wie das in der zweiten Hälfte des 20. Jahrhunderts in der westlichen Hemisphäre[1] vorherrschende Modell des Staates konzeptionell zu fassen sei, kreist in der Regel um zwei Schwerpunkte: Zum einen ist dies der – ambivalente – Begriff der *Souveränität,* der in erster Linie auf die Form staatlichen Handelns abstellt, und zum anderen die Definition eines Katalogs genuin staatlicher *Funktionen,* also bestimmter Zwecke des Staatshandelns. Der staatlichen Souveränität wird mitunter eine zunehmende ‚Komplexität' (Grande u. Pauly 2005) bescheinigt, die, so scheint es, allerdings in erster Linie darauf zurückzuführen ist, dass dem Begriff grundsätzlich eine gewisse Ambiguität innewohnt: Zusätzlich zur üblicherweise vorgenommenen Differenzierung in innere und äußere Souveränität (Scharpf 1991, S. 621; Schuppert 2010, S. 9–10) ist es mit Blick auf die für den Kontext der Studie zentrale Rolle der Handlungsfähigkeit sinnvoll, nach formaler und funktionaler Souveränität zu unterscheiden. Während die formale Souveränität sich auf den rechtlichen Anspruch der Unabhängigkeit nach außen und der Monopolisierung der Gewaltausübung nach innen (Weber 1976, S. 822) bezieht, nimmt das Konzept der funktionalen Souveränität die faktische Durchsetzung dieses Anspruchs sowie die Kontrolle sozioökonomischer Prozesse in den Blick. Dass somit in funktionaler Hinsicht innere und äußere Souveränität immer in einem gewissen Maße interdependent sind, ist evident (Pauly u. Grande 2005, S. 12).

Während sich das Konzept der Souveränität größtenteils losgelöst von einem bestimmten Modell des Staates herleiten lässt, muss der zur Disposition gestellte

[1] Der Versuch, einen staatlichen Funktionenkatalog abzuleiten, nimmt im Folgenden dezidiert das sogenannte *OECD-Modell* des Staates zum Ausgangspunkt, im Bewusstsein, dass Staatlichkeit weder im Hinblick auf die strukturelle Ausgestaltung noch auf normative Anforderungen global einheitlich ausgeprägt ist (Risse u. Leibfried 2011, S. 268–269). Dies ist insofern angebracht, als sich die empirische Analyse auf institutionelle Strukturen in zwei Räumen bezieht, die eindeutig diesem Modell zuzurechnen sind. Das in den folgenden Kapiteln skizzierte Governance-Modell ist allerdings abstrakt genug angelegt, um in struktureller Hinsicht auch eine Anwendung auf andere Umfelder zuzulassen.

Funktionenkatalog des Staates aus der Beobachtung einer bestimmten historischen Institution gewonnen werden, die sich in Anlehnung an Leibfried u. Zürn (2006) als *demokratischer Rechts- und Interventionsstaat* charakterisieren lässt und durch vier funktionale Dimensionen gekennzeichnet ist: Die älteste und wohl auch grundlegendste dieser Funktionen ist die Gewährleistung von Sicherheit in einem bestimmten Territorium, ein Aspekt, der in unmittelbarem Zusammenhang mit dem Weber'schen Gewaltmonopol steht. Trotz unterschiedlicher Rechtstraditionen bildet die Rechtsstaatlichkeit als zweite Dimension ein konstitutives Merkmal moderner Staatlichkeit (Leibfried u. Zürn 2006, S. 25–27). Das Adjektiv ‚demokratisch' deutet drittens auf die Funktion der Legitimation politischer Entscheidungen. Zwar kann sich Legitimität aus mehreren Quellen speisen. In der Gegenwart kann aber die Einhaltung bestimmter demokratischer Prinzipien als zentraler Legitimationsaspekt gelten. Dingwerth (2003, S. 76–82) nennt als zentrale Kriterien erstens Selbstbestimmung im Sinne einer Teilnahme der Entscheidungsbetroffenen an der Entscheidungsfindung, zweitens die politische Verantwortlichkeit der Entscheidungsbeteiligten sowie drittens eine diskursive Prägung der politischen Willensbildung.

Abgesehen von der Gewährleistung physischer und rechtlicher Sicherheit lassen sich die meisten der dem modernen Staat zugeschriebenen Aufgaben schließlich in der vierten Dimension moderner Staatlichkeit, dem *Interventionsstaat*[2], verorten, die alle Markteingriffe des Staates im Sinne einer Übernahme ökonomischer Verantwortung für die Wohlfahrt des gesellschaftlichen Kollektivs und der einzelnen Bürger umfasst (Leibfried u. Zürn 2006, S. 30–32; Nullmeier 2009, S. 44–45). Neben der Marktschaffung – der Sicherung des Marktmechanismus durch einen entsprechenden Rechtsrahmen – und bestimmten basalen Dienstleistungen und Infrastrukturen, die im Rahmen einer öffentlichen Daseinsvorsorge traditionell durch den Staat bereitgestellt werden (Neu 2009; Strange 1996, S. 79–80), handelt es sich dabei primär um marktkorrigierende Eingriffe, um negative Wohlfahrtsfolgen des Marktes abzufedern.

Dabei ist zu bemerken, dass sich weder die Daseinsvorsorge noch wohlfahrtsstaatliche Interventionen ausschließlich an allgemein anerkannten Kriterien orientieren können, sondern – wie generell die Performanzbewertung politischer Steuerung – von individuellen und gesellschaftlichen Problemperzeptionen

[2] Majone (1997, S. 141–142) verwendet in Abgrenzung zu seinem prominent gewordenen Konzept des *regulatory state* für den keynesianisch geprägten Interventionsstaat der Nachkriegszeit die Bezeichnung *positive state*.

abhängig sind. Daher sind regional und temporal große Unterschiede in den Ausprägungen des Wohlfahrtsstaats zu konstatieren.[3] In der zweiten Hälfte des 20. Jahrhunderts wurde der interventionsstaatliche Aufgabenbereich in den meisten Staaten der westlichen Hemisphäre um neue Sachbereiche, insbesondere in den Bereichen Familien-, Gesellschafts- und Umweltpolitik ergänzt – verbunden mit durchgängig erweiterten Ansprüchen an die Problemlösungskapazität des Staates in diesen Bereichen (Schmid 2008, S. 712).

Entscheidend an der Konstellation des demokratischen Rechts- und Interventionsstaats ist, dass die vier Dimensionen nicht ohne Weiteres völlig getrennt voneinander denkbar sind. Bereits angesprochen wurde, dass das staatliche Gewaltmonopol die Basis für die Gewährleistung von Rechtssicherheit und für staatliche Interventionen in sozioökonomische Abläufe bildet. Allerdings ist auch physische Gewaltanwendung nicht voraussetzungslos, sondern bedarf einer gewissen Legitimität, um nicht ihre Wirksamkeit zu verlieren. Da sie diese Legitimität zum einen aus den jeweiligen Legitimationsverfahren und zum anderen aus der Sicherheit und Erwartbarkeit rechtsstaatlicher Verfahren zieht, sind die Dimensionen Territorialstaat, demokratischer Nationalstaat und Rechtsstaat in einem engen wechselseitigen Zusammenhang zu sehen, der insgesamt die Basis für staatliche Eingriffe in soziale und ökonomische Prozesse bildet. Umgekehrt entscheidet auch die Output-Performanz des Interventionsstaates über seine Legitimität (Scharpf 2009, S. 182).

Führt man die Ansätze der Souveränität und der Funktionserfüllung zusammen, lässt sich der westliche Nationalstaat des späten 20. Jahrhunderts als eine überaus komplexe und voraussetzungsvolle Institution fassen, die basierend auf dem monopolisierten Potenzial der Gewaltanwendung innerhalb eines definierten Territoriums bestimmte charakteristische Funktionen entweder selbst erfüllt beziehungsweise die Funktionserfüllung steuert oder zumindest den plausiblen Anspruch besitzt, diese Steuerung gegebenenfalls an sich zu ziehen. Abseits der etwas rabulistisch wirkenden Debatte, ob er als ‚Ende' *des* Staates (Ōmae 2008; Strange 1994) oder als Übergang zu einem neuen Staatstypus anzusehen sei, würde ein Verlust einzelner dieser Funktionen beziehungsweise eine Verlagerung auf andere Akteure eine wesentliche Transformation von Regelungsprozessen bedeuten, deren Ergebnis gerade aufgrund der konstatierten Interdependenz der verschiedenen Leistungsdimensionen des Konstrukts Staat nicht trivial ist. Eine

[3] Verwiesen sei hier nur auf den Ansatz von Esping-Andersen, der die empirisch vorzufindende Varianz wohlfahrtsstaatlicher Modelle auf drei Regimetypen – *liberal*, *korporatistisch* und *sozialdemokratisch* – reduziert (Esping-Andersen 1990, S. 26–29).

einfache Substitution staatlicher Leistungen im transnationalen Raum kann damit nicht angenommen werden.

2.1.2 Die Transformation der Umwelt: Transnationale Probleme und Globalisierung

Als zentrale Herausforderung für die Institution Staat erscheinen in den vergangenen Jahrzehnten die Internationalisierung von Wirtschaftsräumen und der Produktionsketten multinationaler Konzerne sowie die Bildung regionaler Wirtschaftsblöcke (Pierre 2013, S. 35–37; Sørensen 2006, S. 192–193). Hinlänglich bekannt sind die Indikatoren, die eine solche Entwicklung nahelegen: die stetig wachsende Bedeutung transnationalen Handels, auch innerhalb von Unternehmensstrukturen, der steigende Anteil ausländischer Direktinvestitionen an der Wirtschaftsleistung der meisten Staaten,[4] die rasant wachsende Zahl multinationaler Unternehmen (Rothkopf 2012, S. 201) sowie die Zunahme der Geschwindigkeit und des Volumens globaler Kommunikationsströme (Price 2002; Wade 1996, S. 62–64). Ebenso anerkannt ist das zunehmende Auftreten ökologischer und anderweitiger Probleme mit globaler oder zumindest großräumiger, die territorialen Grenzen einzelner Staaten überschreitender, Wirkung (Sandler 1998, S. 99–119; Zürn 1998b, S. 14). Höchst umstritten sind hingegen die Reichweite dieser Prozesse und ihre Auswirkungen auf die Handlungsmöglichkeiten der Nationalstaaten: *„Few social science phenomena have been more extensively researched than globalization, yet it is difficult to find a research field with a more divided community of scholars than globalization"* (Pierre 2013, S. 5).[5]

---

[4] Seit 2008, dem Beginn der internationalen Finanzmarktkrise, zeigt sich der Verlauf dieser Entwicklung in vielen Staaten weniger kontinuierlich als in den Jahren zuvor. Auch die Verunsicherung infolge des Handelskonflikts zwischen den USA und China sowie nach der Entscheidung Großbritanniens zum Austritt aus der Europäischen Union haben die Investitionstätigkeit beeinträchtigt. Dennoch kann nach wie vor von einem langfristigen Trend zu einer Zunahme des Bestands ausländischer Direktinvestitionen gesprochen werden (OECD 2019b, S. 20).

[5] Schon die adäquate Terminologie ist Gegenstand energischer Auseinandersetzungen: Während die Debatte seit den beginnenden 1990er Jahren vom Sammelbegriff der *Globalisierung* dominiert wird (Marsh et al. 2006, S. 172), stellt eine Reihe von Autoren die globale Reichweite des Phänomens infrage. Plädiert wird hier für die Verwendung von Begriffen wie *Regionalisierung* (Fernández Jilberto u. Mommen 2002, S. 7; Hirst et al. 2009, S. 3; Rugman 2000, S. 114–116) oder *Denationalisierung* (Zürn 1998b, S. 13).

Ein genereller Verlust staatlicher Steuerungsfähigkeit, der von einer Reihe von Theoretikern nach wie vor als bereits im Gange oder unmittelbar drohend angesehen wird (Altvater 2009; White 2018), begründet sich im Wesentlichen in der Annahme eines regulatorischen *race to the bottom*: Danach befinden sich Staaten in einem Wettbewerb auf einem weitgehend globalisierten Markt (Ōmae 2006, S. 45, 2008, S. 224). Staaten seien, sofern sie nicht an Attraktivität für Investoren verlieren wollen, zur Senkung von Regulierungsstandards gezwungen, was zum Verlust wirtschafts-, sozial- und umweltpolitischer Handlungsspielräume führe (Drezner 2000, S. 53; Gray 1999, S. 115–117). Folgen hat die Globalisierung demnach auch für demokratische Legitimation und Rechtsstaatlichkeit: Die Ausrichtung der Wirtschaftspolitik an den Erfordernissen des Weltmarkts beschneidet die zur Verfügung stehenden Alternativen, was von nicht wenigen als Aushebelung demokratischer Prinzipien verstanden wird (Crouch 2008, S. 43–48). Die Einschränkung staatlicher Handlungsoptionen führt aus dieser Sicht unmittelbar zur Beschneidung demokratischer Wahlalternativen und damit zu einer schrittweisen Entdemokratisierung: „Der Markt löst sich nicht nur aus der Gesellschaft, sondern oktroyiert seine Logik der Politik“ (Altvater u. Mahnkopf 1996, S. 119). Darüber hinaus wird in Zweifel gezogen, ob angesichts der Machtposition großer transnational operierender Unternehmen gegenüber dem Staat noch von einer gleichmäßigen Geltung staatlichen Rechts für alle natürlichen und juristischen Personen auszugehen ist (Camilleri u. Falk 1992, S. 88; Rothkopf 2012, S. 309–311).

Etwas vereinfachend kann von zwei Richtungen gesprochen werden, aus denen diese Position in Zweifel gezogen wird: Erstens werden dem Staat größere Handlungsspielräume bescheinigt als von den Propheten seines Untergangs prognostiziert und zweitens wird auf Möglichkeiten des demokratischen Regierens jenseits bestehender staatlicher Grenzen verwiesen. Den meisten Gegenentwürfen zur These der Hyperglobalisierung ist gemein, dass sie die deterministisch konnotierten Postulate aus den 1990ern aus empirischer Perspektive infrage stellen. Die postulierte Konvergenz regulatorischer Rahmenbedingungen trat nämlich ebenso wenig ein (Schirm 2006, S. 21–22) wie der vorhergesagte Rückbau wohlfahrtsstaatlicher Sicherungssysteme (Helpman 2018; Schmid 2008, S. 718).

> "In the interregnum of the 1990s, when neo-liberal capitalism appeared to be sweeping triumphantly across the globe, it became fashionable to assert that the era of the nation state was over, …" (Hirst et al. 2009, S. 225).

> "But by the end of the 1990s, it had become increasingly obvious that there was something wrong with the 'end of the state' argument. For some reason democratic countries were not cooperating with our theories" (Steinmo 2010, S. 3).

Als Begründung hierfür wird erstens angeführt, dass Staaten in der Lage sind, sich strukturell dem veränderten Umfeld anzupassen, um sich Handlungsspielräume zu bewahren (Pierre 2013, S. 41). Zweitens wird vielfach auf die Bedeutung des von staatlichen Institutionen bereitgestellten Wettbewerbsrahmens für die ökonomische Globalisierung verwiesen. Positive Korrelationen zwischen Globalisierung und interventionsstaatlicher Handlungsfähigkeit könnten darüber hinaus darauf zurückzuführen sein, dass die Offenheit gegenüber internationalen Märkten die Nachfrage in der Bevölkerung nach schützenden Interventionen des Staates verstärkt (Evans 1997, S. 68; Weiss 2003, S. 7). Eine solche Schutzfunktion gegenüber der eigenen Bevölkerung würde nicht nur den Interventionsstaat, sondern auch die demokratische Legitimation des Staatshandelns stärken und damit gerade zu einer Verfestigung des Ausgangsmodells beitragen.

Diese Ansätze implizieren bereits eine gewisse Gestaltungsfreiheit der Nationalstaaten bei der Entwicklung globaler Märkte. Quer liegend zur Debatte über die Auswirkungen der Globalisierung auf die Struktur des Staates hat sich indes auch eine explizite Auseinandersetzung über die Ursachen der Globalisierung beziehungsweise des Globalisierungsdiskurses entwickelt. Der deterministischen Sichtweise der Hyperglobalisten wird entgegnet, dass die Deregulierungstendenzen in vielen Staaten keineswegs das unausweichliche Ergebnis eines technologisch induzierten globalen Marktes seien. Erstens ist demnach infrage zu stellen, ob tatsächlich ein positiver Zusammenhang zwischen Liberalisierung und Wettbewerbsfähigkeit besteht (Pierre 2013, S. 43; Steinmo 2010, S. 3). Zweitens ist zu berücksichtigen, dass es ohne die politischen Entscheidungen über die Liberalisierung des Welthandels und die Deregulierung von Finanzmärkten nicht zu den beobachteten Globalisierungsprozessen gekommen wäre.[6] Statt als natürliche Entwicklung erscheint die Globalisierung aus der Sicht dieses Gegenentwurfs zum technologischen Determinismus der Hyperglobalisten als planvolles politisches Programm, das wie alle politischen Programme lediglich temporären Charakter

[6] Die Diffusion von Liberalisierungspolitiken verliert jegliche Konnotation einer naturwüchsigen Entwicklung, betrachtet man sie aus konstruktivistischer Sicht als Verbreitung eines hegemonialen neoliberalen Diskurses, der seinen Ursprung in der Liberalisierungspolitik der Thatcher- und Reagan-Ära nahm und seither die Wahrnehmung ökonomischer Zwänge entscheidend beeinflusst (Hirst et al. 2009, S. 101–102; Cerny 1997, S. 256). Aus dieser Sicht ist die Globalisierung vor allem ein ideologisches Programm, das die Perzeption der Ursachen und Wirkungen der weltweiten Liberalisierungswelle determiniert und durch die überproportionale Aufmerksamkeit, die dem Thema auch seitens der Sozialwissenschaften entgegengebracht wird, dazu verleitet, die Tragweite der realen Entwicklungen zu überschätzen (Hay 2000, S. 515–517, 2004, S. 38).

besitzt und wieder beendet werden kann (Beck 1998, S. 22).[7] Diese Diskurse sind nur ein Hinweis darauf, dass Regelungsbedarfe im transnationalen Raum nicht naturgegeben sind, sondern als Effekt intentionalen politischen Handelns variieren können.

Die – wie auch immer gearteten – Zwänge zur Anpassung an globale Marktbedingungen lassen sich als prominenter Sonderfall einer Entwicklung subsumieren, die Zürn als Verletzung der Kongruenzbedingung bezeichnet. Dieses Konzept geht von einer überlegenen Steuerungskapazität der Institution Staat gegenüber anderen institutionellen Arrangements aus, die allerdings an ihre Grenzen stößt, wenn die Entstehung und/oder die Wirkung eines Problems räumlich nicht innerhalb des Territoriums eines einzelnen Nationalstaates liegen.[8] Positive und negative Externalitäten, die eine effektive Problemlösung verhindern können, treten dann auf, wenn die Nutzenfunktionen mehrerer Staaten, die als eigennutzorientierte kollektive Akteure im internationalen System konzeptualisiert werden, voneinander abhängig sind (Dose 2003, S. 34–35; Zürn 1998b, S. 17–18).

Im ersten Fall erzeugt eine Aktivität oder Struktur in einem Staat oder einer Gruppe von Staaten A einen positiven, in einem anderen Staat oder einer Gruppe von Staaten B dagegen einen negativen Saldo von Wohlfahrtsgewinnen und Wohlfahrtseinbußen. Daraus folgt, dass A kein Interesse an einer Problemlösung hat beziehungsweise die Situation nicht als Problem interpretiert, während B keinen Zugriff auf die Ursachen des Problems hat. Ein Beispiel für negative Externalitäten sind die Wirkungen von Schadstoffemissionen, die sich oft Hunderte oder Tausende Kilometer entfernt von der Emissionsquelle entfernt entfalten. In diese Rubrik fällt aber auch der oben erläuterte Regulierungswettbewerb zwischen Nationalstaaten: Während Staaten von einer Senkung des Regulierungsniveaus (temporär) profitieren, verursacht eine solche Politik in anderen Staaten Wohlfahrtseinbußen. Die Schwierigkeiten bei der Problemlösung beruhen in diesem Fall also primär auf der Inkongruenz von Problementstehungs- und Problemwirkungsraum.

---

[7] Neue Aufmerksamkeit hat diese Sichtweise im Kontext der isolationistischen Rhetorik von US-Präsident Donald Trump erhalten: Auch die Globalisierung wird aus dieser Perspektive den Nutzenerwägungen von Nationalstaaten unterworfen. Neue Handelsschranken und eine dezidierte Ablehnung des WTO-Regimes haben darüber hinaus zu einer Diskussion darüber geführt, ob die Globalisierung zum Stillstand gekommen sein könnte (Frieden 2019, S. 43–45; Hu u. Spence 2017).

[8] Die wissenschaftlichen Untiefen, die mit einem Fokus auf die Lösung tatsächlicher oder vermeintlicher Probleme verbunden sind, werden in Abschnitt 2.5.1 eingehender erörtert.

Positive Externalitäten zeigen sich aus einer problemorientierten Perspektive dagegen vor allem durch die Inkongruenz von Problemwirkungs- und Problemlösungsstruktur. Sie entstehen dann, wenn sich der Nutzen, der sich aus Anstrengungen zur Problemlösung ergibt, nicht auf den Problemlösungsraum beschränkt, sondern globale Wirkung entfaltet. Es ist zu erwarten, dass eine Problemlösung insbesondere dann erschwert wird, wenn der Nutzen für den einzelnen Staat geringer ist als die Kosten der Problemlösung. Entscheidend ist also der Charakter des produzierten Gutes: Die Produktion nichtrivalisierender Güter kann unter Umständen auch dann einen Nutzen für den produzierenden Staat zur Folge haben, wenn andere Staaten mit profitieren. Dividiert sich hingegen der Nutzen eines Gutes durch die Gesamtheit aller Profiteure, ist ein positiver Nutzensaldo für den Produzenten höchst unwahrscheinlich und damit auch die Bereitstellung – hier: der Beitrag zur Problemlösung – in Abwesenheit einer transnationalen Regelungsstruktur gefährdet.

Während die beiden Mechanismen grundlegende spieltheoretische Konstellationen darstellen, die erklären können, weshalb eine Lösung für ein – möglicherweise allgemein anerkanntes – Problem nicht zustande kommt, scheint das Profil transnationaler Probleme mit Blick auf ihre Lösbarkeit vor allem von zwei weiteren Variablen geprägt zu werden. Die erste davon ist die Zahl der – durch Problementstehung oder Problemwirkung – betroffenen Staaten. Bei einer geringen Zahl beteiligter Staaten sind Konstellationen denkbar, die eine Lösung auf dem Verhandlungsweg – beispielsweise durch Koppelgeschäfte oder Ausgleichszahlungen – erlauben (Scharpf 1992b, S. 65–71).

Zweitens wird die Wahrscheinlichkeit einer tatsächlichen Problemlösung vom funktionalen Zusammenhang zwischen dem Anteil an der Problementstehung der an einer möglichen Lösung beteiligten Staaten und dem Grad der erreichten Verbesserung beeinflusst. Abbildung 2.1 veranschaulicht drei mögliche Zusammenhänge, wobei x den Anteil der beteiligten Staaten an der Problementstehung und $f(x)$ die dadurch erreichte Verbesserung angibt. x_n sei die Gesamtzahl aller an der Problementstehung beteiligten Staaten, y eine vollständige Lösung des Problems. $f_1(x)$ repräsentiert einen linearen Zusammenhang, bei dem jede Zunahme der Teilnehmer an einer Problemlösungsanstrengung einen globalen Nutzen in einer festen Höhe nach sich zieht. Ein Beispiel hierfür ist eine Verpflichtung zur Reduktion schädlicher Emissionen um einen bestimmten Prozentsatz. Schließen sich neue Teilnehmer einer solchen Verpflichtung an, sodass sich der durch sie repräsentierte Anteil an den betreffenden Emissionen verdoppelt, so verdoppelt sich auch die Emissionsreduktion. $f_2(x)$ zeigt einen exponentiellen Zusammenhang, der eine relativ hohe Beteiligungsquote der Problemverursacher erfordert, um überhaupt eine Verbesserung zu erreichen. Dieser Zusammenhang trifft auf alle marktinduzierten Probleme zu, die auf dem Konsum eines leicht zu substituierenden Angebots beruhen. Beispiele hierfür sind die Lieferung von Waffen an eine Bürgerkriegspartei sowie die Bereitstellung von Steueroasen. In beiden Fällen tritt der angestrebte Nutzen erst dann ein, wenn alle Staaten ohne Ausnahme an einem Strang ziehen. Der von $f_3(x)$ symbolisierte logarithmische Zusammenhang besteht im Fall der Bereitstellung eines nichtrivalisierenden Gutes, das einen globalen Nutzen entfaltet, ohne dadurch die Kosten für den Anbieter zu erhöhen – etwa die Entwicklung eines Impfstoffs gegen eine global auftretende Krankheit oder die Finanzierung nicht parallelisierbarer Forschungsbestrebungen.

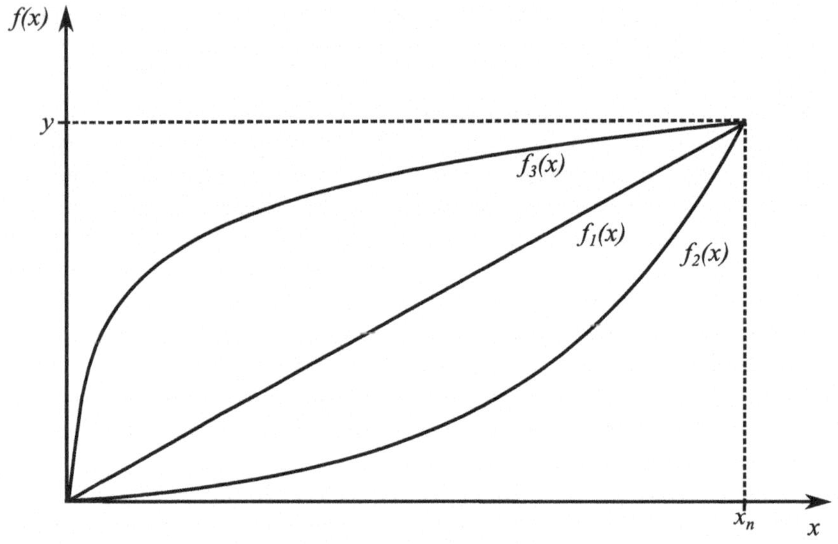

Abbildung 2.1 Funktionale Zusammenhänge zwischen Anteil an der Problementstehung und Problemlösung.

Trifft die These der Denationalisierung zu, so nimmt die relative Bedeutung solcher transnationaler Probleme kontinuierlich zu (Rosenau 1992, S. 3), die „Deckungsgleichheit der Bezugsräume für alle politischen Aufgaben wird mehr und mehr aufgelöst" (Blatter 2000, S. 18). Dazu synchron wächst folglich der Bedarf nach transnationalen Regelungsstrukturen. Dass der Nationalstaat an Relevanz und Kompetenzen verliert, bedeutet – unabhängig von den Ursachen – nun nicht zwangsläufig einen völligen Wegfall der ihm zugeschriebenen Funktionen.

Vielmehr stellt sich die Frage, ob sich jenseits der bestehenden Nationalstaaten neue staatliche Strukturen und Steuerungskapazitäten herausbilden. So konstatiert beispielsweise Giddens, die Globalisierung habe einen entpolitisierten Raum geschaffen, geht aber gleichzeitig in einer funktionalistischen Denktradition von der sukzessiven Verrechtlichung dieser neuen globalen Sphäre und darauf aufbauend von der Herausbildung einer kosmopolitischen Nation aus (Giddens 1999, S. 160–168). Eine ähnliche Haltung vertritt Beck, der bemerkt, das Politische sei durch die Globalisierung „nicht ausgestorben, sondern ausgewandert" (Beck 2002, S. 364). Obgleich dieser funktionalistische Automatismus infrage zu stellen ist (Pierre u. Peters 2000, S. 193; Zürn 1998b, S. 22), ist doch zu bemerken, dass die traditionelle exklusive Sichtweise des Regierens als hierarchische Steuerung durch den Staat schon längere Zeit nicht mehr angemessen ist. Zu berücksichtigen ist neben der Beteiligung nichtstaatlicher Akteure an demokratischen intrastaatlichen Entscheidungsprozessen vor allem die Selbststeuerung autonomer Einheiten im internationalen System im Rahmen einer zunehmenden Zahl internationaler Regime (Beck 1998, S. 30–31; Zürn 1998b, S. 166–169).

Die hier angeführte Etablierung rechtlicher Normen und die Schaffung mehr oder weniger demokratischer Legitimationsmechanismen verweisen auf Perspektiven für eine zumindest teilweise Substitution staatlicher Funktionen in diesen beiden Dimensionen. Gleichwohl könnte sich in solchen Prozessen auch die von Hurrelmann et al. geäußerte Befürchtung eines Ungleichgewichts zwischen den Funktionsdimensionen bestätigen: Wird die Verrechtlichung nicht von einer entsprechenden Ausstattung mit Ressourcen zur Implementation von Bestimmungen begleitet, so ist vor allem die Durchsetzung distributiver und redistributiver Politiken, die ein Steuer- und Abgabensystem voraussetzen, höchst unwahrscheinlich; die Wohlfahrtsdimension bliebe damit auf regulative Eingriffe limitiert. Inwieweit internationales Recht in Abwesenheit einer Absicherung durch staatliches Gewaltpotential überhaupt als verlässlich anzusehen ist, bleibt Gegenstand des Schulenstreits in der Analyse internationaler Beziehungen (Abbott u. Snidal 2000). Zudem bleibt fraglich, inwieweit Legitimationsmechanismen im transnationalen Bereich überhaupt demokratischen Qualitätskriterien genügen können und inwieweit ein Konfliktverhältnis zwischen den Zielen der Effektivität und Legitimität bei einer großen Zahl betroffener Akteure und langen Repräsentationsketten besteht (Zürn 1998a, S. 93–95).

Im Überblick ist also eine erstaunliche Amplitude der Einschätzungen festzustellen, was die Reichweite von Globalisierungsprozessen und deren Auswirkungen auf die Steuerungsfähigkeit des Staates und Problemlösungsmöglichkeiten insgesamt angeht. Diese resultiert, wie Grande und Risse anmerken zum einen daraus, „daß die oben diskutierten Thesen häufig eine empirisch schmale Basis besitzen und eher spekulativen Charakter haben. […] Zum anderen werden die theoretischen Voraussetzungen und Rahmenbedingungen der verschiedenen Thesen nur selten spezifiziert“ (Grande u. Risse 2000, S. 245). Deutlich wird gleichwohl, dass politische Steuerung sich mit einer zunehmenden Komplexität konfrontiert sieht.

Neben dem steigenden Grad an technischer und ökonomischer Vernetzung und der wachsenden Zahl an transnational zu bearbeitenden Problemzusammenhängen haben dazu auch die Auflösung der bipolaren „Weltordnung“ des Kalten Krieges und ein verändertes Verständnis von Staatlichkeit beigetragen. Komplexitätssteigernd wirkt darüber hinaus, dass mangels einer globalen Systemarchitektur über der nationalstaatlichen Ebene vielfach nichtstaatliche Akteure im Rahmen transnationaler Netzwerke in Problemlösungsprozesse einbezogen werden (Cerny 1997, S. 270–271; Scholte 2005, S. 203–210).

2.1.3 Die Transformation der Gesellschaft: Der ohnmächtige Staat?

Der Einfluss von Globalisierung und transnationalen Problemkomplexen kann als nur eine weitere Dimension eines vor allem in der deutschen politischen Soziologie schon länger diagnostizierten Steuerungsversagens des Staates betrachtet werden. Die These einer generellen Limitierung der Steuerungsfähigkeit moderner Staaten hat in Deutschland ihren Ursprung im Scheitern staatlicher Planungsutopien der 1960er und 1970er Jahre (Raab 2002, S. 43–45) und lässt sich in den weiteren Kontext der vor allem in den 1980er Jahren populären Diskussion über ein angebliches „Staatsversagen“ einordnen (Mayntz 1997).[9]

Zunächst wurden konkret beobachtete Veränderungen im intermediären Sektor des politischen Systems unter dem Stichwort der „Unregierbarkeit“ gefasst. Anlass hierzu gaben etwa die Herausbildung Neuer Sozialer Bewegungen, die als Indiz für abnehmendes Vertrauen und schwindende Folgebereitschaft gegenüber der Politik interpretiert wurde, oder die konstatierte Zunahme partikularer Interessenorganisationen, die das staatliche Regierungshandeln im Allgemeinen und die Steuerung einzelner Wirtschaftssektoren im Besonderen zunehmend erschweren

[9] Nicht vernachlässigt werden sollte die ideologische Dimension dieser Debatte: Die wissenschaftlich genährten Zweifel am Lenkungsvermögen des Staates decken sich mit den Ende der 1970er in den USA und Großbritannien beginnenden politischen Bemühungen zur Deregulierung und Privatisierung von Wirtschaftssektoren, die nach Inkrafttreten der Einheitlichen Europäischen Akte auch von der Europäischen Kommission, hauptsächlich in den Bereichen Energie und Telekommunikation, maßgeblich unterstützt wurden (Müller 2008, S. 697–698).

(Mayntz 1997, S. 186–187; Olson 1982, S. 73). In eine ähnliche Richtung zielt auch die Forschung zum Neokorporatismus, die eine wachsende Bedeutung sektorspezifischer „Inseln" der Selbstregulierung („private Interessenregierungen") feststellte, denen allerdings eine entlastende Funktion für das zentrale politische Entscheidungssystem zugeschrieben wird (Streeck u. Schmitter 1996, S. 143). Hinzu kam die vielfach diagnostizierte wachsende Bedeutung öffentlich-privater Netzwerke, die – vor allem in Großbritannien und den USA unterstützt durch Verwaltungsreformen im Rahmen des *New Public Management* – die klassische bürokratische Kontrolle durch das staatliche Steuerungszentrum schwächen (Kjær 2004, S. 32–35). Roderick Rhodes spricht in diesem Zusammenhang von einem Prozess des „*hollowing out of the state*" (Rhodes 1996, S. 661). All diesen Ansätzen ist gemein, dass sie aus beobachteten einzelnen Ereignissen oder Entwicklungstendenzen induktiv einen Niedergang des Staates (Olson 1982) ableiten.

Die politische Soziologie der 1980er Jahre versuchte demgegenüber unter dem Paradigma des Steuerungsversagens, systematisch inhärente Grenzen staatlicher Eingriffe in sozioökonomische Zusammenhänge nachzuweisen (Mayntz 1997, S. 194–195). Die wohl umfassendste theoretische Fundierung für das Postulat eines generellen staatlichen Steuerungsversagens liefert dabei die Theorie autopoietischer Systeme. Folgt man Niklas Luhmann, so sind klassische Formen der politischen Entscheidungsdurchsetzung modernen differenzierten Gesellschaftssystemen nicht mehr angemessen. Jeder Versuch hierarchischer staatlicher Steuerung ist aus dieser Sicht angesichts der Komplexität und Kontingenz der modernen Gesellschaft zum Scheitern verurteilt, weil das politische System nicht in der Lage ist, alle für eine hierarchische Steuerung notwendigen Informationen zu gewinnen, geschweige denn zu verarbeiten (Luhmann 1982, S. 240; Willke 2006, S. 23). Das politische System muss sich also anpassen, um seine Funktion im Gesellschaftssystem weiterhin erfüllen zu können. Voraussetzung dafür ist im Sinne der Systemtheorie, dass die Politik nicht als hierarchische Spitze, sondern als ein funktionales Teilsystem unter vielen verstanden wird, dessen Aufgabe darin besteht, für die übrige Gesellschaft bindende Entscheidungen zu treffen (Luhmann 1982, S. 145; Willke 2014, S. 29). Das offensichtlich resultierende Dilemma versucht Willke zu lösen, indem er unter dem Stichwort der „Kontextsteuerung" für eine Berücksichtigung und Nutzung der Selbststeuerungsfähigkeiten gesellschaftlicher Systeme durch staatliche Steuerungsakteure plädiert. Steuerung kann dann im Wege einer „resonanten Verschränkung (das heißt: einer wechselseitig aufeinander Rücksicht nehmenden Verknüpfung) von Eigenlogik und extern vorgegebenen Möglichkeiten und Restriktionen" erfolgen (Willke 2014, S. 14).

Auch wenn sich die systemtheoretische Extremposition einer völligen Unmöglichkeit staatlicher Lenkung nicht durchgesetzt hat, weil – wie beispielsweise von Beyme (1995, S. 205–206) feststellt – entgegen den Postulaten der Systemtheorie staatliche Steuerung in vielen Fällen erkennbar funktioniert,[10] hat sie doch eine wichtige Erkenntnis zur wissenschaftlichen Beschäftigung mit Regieren und Steuern beigetragen: Erfolgreiche Steuerung muss die Grenzen und Hürden berücksichtigen, die in den jeweiligen Steuerungsformen und Steuerungsobjekten angelegt sind, kann sich nicht auf eine generelle hierarchische Überlegenheit staatlicher Akteure stützen und ist daher auch gezwungen, Rücksicht auf Akteure im Zielsektor zu nehmen.

Stellt man diese Diagnose dem eingangs formulierten Idealmodell des Staates gegenüber, so zeigen sich Einschränkungen in mehreren Dimensionen: Der Staat verliert die Fähigkeit zur demokratischen Legitimation, weil angesichts steigender, aber widersprüchlicher Ansprüche (Unregierbarkeit) beziehungsweise der steigenden Komplexität der Systemumwelt (Systemtheorie) auch die Einigkeit über die Grundlagen dieser Legitimation schwindet. Trifft die Annahme eines Legitimitätsschwunds zu, so ist zugleich auch die Effektivität des staatlichen Gewaltmonopols infrage zu stellen. Aufgrund der zunehmenden Virulenz der genannten Steuerungsprobleme sind auch Einbußen bei der Fähigkeit zur Intervention in sozioökonomische Zusammenhänge zu erwarten. Der Systemtheorie diametral gegenüber steht in dieser Debatte die Auffassung, der Staat werde durch die wachsende Komplexität zwar herausgefordert, bleibe aber abgesehen von geringfügigen Effektivitätsverlusten der alles überragende Steuerungsakteur (Kooiman 2003, S. 118; Pierre u. Peters 2005, S. 5). Bei allen Unterschieden in der Bewertung der Reichweite solcher alternativer Steuerungsformen bleibt als unbestrittenes Destillat der Debatte über einen Niedergang staatlicher Steuerung, dass hierarchisches Regieren im klassischen Sinne auch intranational mit alternativen Steuerungsmechanismen konkurriert.

[10] Von Beyme merkt zum systemtheoretischen Fokus auf die Makroebene etwas bissig an: „Auch ein Bielefelder Makrosoziologe, der beim Arzt handlungsanleitende Hinweise zur Linderung eines Leidens erwartet, würde den Doktor wechseln, wenn er mit ein paar chaos- und fluktionstheoretischen Makroüberlegungen abgespeist würde.“ (Beyme 1995, S. 209).

2.1.4 Die Transformation der Nation? Supranationale Integration und Mehrebenenverflechtung

Der Transfer von Kompetenzen an supranationale Organisationen stellt eine Herausforderung *sui generis* für den traditionellen nationalstaatlichen Steuerungsanspruch dar, die zwar zum Teil eine Reaktion auf Globalisierung und Unregierbarkeit sein mag, aber keinesfalls ausschließlich auf diese Entwicklungen zurückgeführt werden kann.[11] Zwar bestehen nach wie vor Differenzen, was die Einordnung und Erklärung supranationaler Integration betrifft;[12] unumstritten ist inzwischen jedoch, *dass* ein Kompetenztransfer von der nationalen auf die supranationale Ebene stattfindet. Für die zur Debatte stehenden Handlungsspielräume der Institution Staat an sich bliebe ein solcher Prozess folgenlos, handelte es sich tatsächlich nur um eine Verlagerung von Handlungsmöglichkeiten um eine Ebene nach oben, wie etwa eine Ministerialabteilung in der einen Legislaturperiode diesem und in der anderen jenem Ministerium angegliedert wird. Die Geschichte staatlicher Organisation ist durchzogen von Prozessen territorialer Reorganisation, Föderalisierung und Unitarisierung; es wäre denkbar, dass Prozesse supranationaler Integration am Ende zur Genese eines neuen föderalen Staates und damit zur Bewahrung oder Wiederherstellung staatlicher Handlungsspielräume führen (Jachtenfuchs u. Kohler-Koch 2006, S. 22–23; Zürn 1998b, S. 64–65)

Die theoretischen Überlegungen von Scharpf zur Unterscheidung von positiver und negativer Integration lassen allerdings anderes vermuten: Aus spieltheoretischer Sicht zeigt Scharpf auf, dass Schritte negativer Integration, also marktschaffende Maßnahmen unter Rücknahme staatlicher Regulierungen einfacher sind als

---

[11] Als supranational werden im Folgenden in Anlehnung an Majone (2005, S. 43) Arrangements bezeichnet, in denen eine Körperschaft besteht, die über eine gewisse Unabhängigkeit gegenüber der nationalstaatlichen Ebene verfügt und in zumindest einem Sachbereich Entscheidungen treffen kann, die sowohl für die beteiligten Staaten als auch für natürliche und juristische Personen effektiv bindend sind. Da die Europäische Union die einzige nennenswerte Organisation mit solchen supranationalen Zügen darstellt, hat sich der Großteil der Theoriebildung an diesem Beispiel entfaltet. Es besteht jedoch kein Anlass, die Anwendbarkeit der basalen Wirkungszusammenhänge auf eventuelle andere Beispiele infrage zu stellen.

[12] Im Kontext der europäischen Integration werden traditionell Intergouvernementalismus und (Neo-) Funktionalismus als widerstreitende explanative Ansätze gegenübergestellt. Spätestens seit den Integrationsschritten in der zweiten Hälfte der 1980er Jahre kann jedoch als anerkannt gelten, dass sowohl das innenpolitisch formulierte Eigeninteresse unabhängiger Nationalstaaten als auch eine Eigendynamik der Kompetenzverlagerung und *Spillover*-Effekte über Sachbereiche hinweg zu einer Erklärung der beobachteten Integrationsprozesse beitragen (Jachtenfuchs u. Kohler-Koch 2006, S. 11–13; Tömmel 2014, S. 9–13; Sandholtz u. Zysman 1989, S. 98–100).

Maßnahmen zur positiven Integration, also einer supranationalen Regulierung des durch negative Integration entstandenen Marktes (Scharpf 1996, S. 110–115). Die erwarteten Vorteile aus dem Zugang zu einem integrierten Markt machen es wahrscheinlich, dass sich Staaten einer supranational durchgesetzten Marktschaffung unterwerfen. Eine Einigung auf einheitliche Steuer- und Abgabenniveaus und Sozialstandards ist dagegen aufgrund des fortdauernden Standortwettbewerbs unwahrscheinlich[13] (Scharpf 1998, S. 133–139). Daraus folgt fast notwendigerweise, dass die Fähigkeit zur Intervention in soziale und ökonomische Prozesse Schaden nimmt. Erweitert man das Konzept der positiven Integration um die übrigen Dimensionen der Staatlichkeit, so wird deutlich, wie voraussetzungsvoll die Kontinuität staatlicher Handlungsfähigkeit im Prozess der supranationalen Integration ist: Die Schwierigkeiten, die sich bei der Einigung auf einzelne Regulierungsstandards zeigen, dürften sich bei der Einigung auf einen demokratischen Institutionenrahmen und ein einheitliches Rechtssystem, erst recht aber bei der Verlagerung des Potenzials physischer Gewaltanwendung zur Rechtsdurchsetzung, potenzieren. Anhaltspunkte für empirische Belege hierfür finden sich in der Debatte über ein Demokratiedefizit in der Europäischen Union (Jachtenfuchs u. Kohler-Koch 2010, S. 81).

Die Theoriebildung zur Europäischen Union legt noch eine weitere Herausforderung offen, die sich aus der supranationalen Institutionenbildung ergibt: Die Schaffung einer zusätzlichen institutionellen Ebene, die an Entscheidungsprozessen beteiligt wird, kann die Entscheidungskosten erhöhen, wenn die Zahl der regelmäßig an Aushandlungsprozessen beteiligten Akteure zunimmt. Dies ist dann zu erwarten, wenn die einzelnen institutionellen Ebenen nicht jeweils exklusiv für bestimmte Sachbereiche zuständig sind, sondern politische Entscheidungen eine Konsensbildung zwischen Akteuren auf verschiedenen Ebenen erfordern. Darauf deuten sowohl der Vetospieleransatz (Tsebelis 2002, S. 139–143) als auch die Theorie der Politikverflechtung hin (Benz 2009, S. 52–59; Scharpf 1985, S. 337–338). Mit Blick auf die unterstellte institutionelle Eigennutzorientierung

[13] In Bezug auf die Europäische Union stellt Scharpf gleichwohl fest, dass sich diese pauschale Abgrenzung empirisch nicht nachweisen lässt. Vielmehr steht in einigen Bereichen einem Verlust von Fähigkeiten auf nationaler tatsächlich ein entsprechender Zuwachs auf supranationaler Ebene gegenüber, beispielsweise in der Handels- und Landwirtschaftspolitik. In der makroökonomischen Beschäftigungspolitik sowie in der Sozialpolitik scheinen sich die Hypothesen hingegen zu bestätigen (Scharpf 1998, S. 140–141). Die Logik der negativen Integration lässt sich allerdings nicht nur auf die EU anwenden, sondern ist auch am Beispiel von Organisationen wie WTO oder IWF zu beobachten, die erheblichen Einfluss auf die Deregulierungsbestrebungen einzelner Staaten nehmen (Pierre 2013, S. 39–40).

nationalstaatlicher Akteure ist davon auszugehen, dass diese nicht ohne Weiteres auf die Beteiligung an Entscheidungen verzichten werden, weshalb eine starke Mehrebenenverflechtung bei der Schaffung supranationaler Organisationen generell als wahrscheinlich anzusehen ist.

Der Bereich des staatlichen Gewaltmonopols wird durch supranationale Institutionenbildung kaum tangiert. Zwar ist je nach Reichweite der hierarchischen Steuerungseingriffe durch supranationale Akteure eine Neuverteilung der entsprechenden Ressourcen zwischen den staatlichen Ebenen möglich; allerdings ist kein qualitativer Unterschied zu seit langem bestehenden föderalistisch strukturierten Staaten augenfällig, deren Gewaltmonopol nicht infrage gestellt wird (Obinger et al. 2005, S. 42–44). Während sich die Problematik der fehlenden positiven Integration vor allem auf die Dimension des Interventionsstaats auswirkt, weil in einem liberalisierten Marktumfeld Einschnitte in die sozial- und fiskalpolitischen Handlungsspielräume der Nationalstaaten bei gleichzeitig fehlendem Ausbau solcher Handlungsressourcen auf supranationaler Ebene zu erwarten sind, zeigen sich die Auswirkungen der Mehrebenenverflechtung primär in der Legitimationsdimension des Staates: Je komplexer Entscheidungssysteme gestaltet sind, desto unklarer ist die politische Verantwortlichkeit und desto weniger ist das Kriterium der Zurechenbarkeit getroffener Entscheidungen erfüllt (Héritier u. Lehmkuhl 2010, S. 69–70; Kjær 2004, S. 55–56).

2.2 Wandel des Regierens – Neue Formen von Governance

Dieser skizzenhafte Abriss der Diskurse über die Grenzen staatlicher Steuerung verdeutlicht, dass die Institution Staat durch mehrere analytisch voneinander zu trennende, in der Realität aber miteinander verknüpfte Entwicklungen unter Druck geraten ist. Diese Entwicklungen betreffen sowohl staatliche Handlungsspielräume nach ‚außen' als auch solche nach ‚innen': „Anstelle der im frühneuzeitlichen Staatsdenken postulierten Prämissen von äußerer Souveränität und interner Hierarchie ist die staatliche Politik heute also eingebunden in ein immer weiter verzweigtes und immer dichteres Netz von transnationalen und innergesellschaftlichen Abhängigkeiten und Verhandlungsbeziehungen" (Scharpf 1991, S. 623). Nach ‚außen' verliert der einzelne Staat Handlungsfreiheiten im internationalen System, nicht nur, weil er angesichts verschiedener Interdependenzen auf die Kooperation anderer Staaten angewiesen ist, sondern auch aufgrund der wachsenden Konkurrenz durch transnational agierende Unternehmen und NGOs. Trifft die These eines globalisierungsbedingten Konvergenzdrucks zu, so engt dieser zumindest in einigen betroffenen Bereichen auch interventionsstaatliche Gestaltungsspielräume nach ‚innen' ein. Hinzu kommen Legitimationsprobleme und Rufe nach der Verlagerung von Kompetenzen auf substaatliche Einheiten sowie in einigen Fällen auch Kompetenztransfers auf supranationale Institutionen (Benz 2013, S. 69–71).

Dieser Befund wirft die Frage auf, inwieweit staatliche Funktionen in den vier eingangs dargestellten Dimensionen, die aus normativer Sicht wünschenswert erscheinen oder empirisch von der Öffentlichkeit erwartet werden, aber vom Staat aus den dargestellten Gründen nicht – oder nicht mehr – erbracht werden können, durch andere Arrangements bewältigt werden. Steuerung oder Regelung definiert sich mit einer solchen Herangehensweise nicht über den Steuerungsakteur, sondern über ihr funktionales Ergebnis. Um einer solchen geweiteten Perspektive auf Regelungsprozesse konzeptionell Rechnung zu tragen, ist eine Abstraktion von der eingeengten Perspektive auf klassisches staatliches Regieren notwendig. In diesem Zusammenhang hat seit den späten 1990er Jahren der Begriff der Governance eine politikwissenschaftliche Hausse erlebt. Wohnte der ursprünglichen Steuerungstheorie noch eine klare Trennung zwischen dem Steuerungssubjekt Staat und den Steuerungsobjekten Bürger, Gesellschaft und Wirtschaft inne, so kann der Begriff der Governance zumindest im deutschsprachigen Raum[14] als Ergebnis eines schrittweisen Perspektivwechsels begriffen werden, indem er die Entscheidungsbeteiligung nichtstaatlicher und transnationaler Akteure erfasst und mithin die deutliche Unterscheidung zwischen Subjekt und Objekt eines Steuerungsvorgangs aufhebt (Mayntz 2009a, S. 42–44). Dieser Perspektivwechsel reflektiert die oben dargestellten sozioökonomischen und ideellen Wandlungsprozesse ebenso wie die Herausbildung neuer institutioneller Muster auf internationaler Ebene und innerstaatliche Reformen, etwa im Bereich der Verwaltung (*New Public Management*) und den Beziehungen zwischen nationaler und subnationaler Ebene (*Regional Governance*) (Pierre u. Peters 2000, S. 51–66).

Die Frage nach der Beteiligung nichtstaatlicher Akteure und der Relevanz nichthierarchischer Institutionen an Governance-Prozessen stellt sich auch vor dem Hintergrund der Diskussion um die ubiquitären „*New Modes of Governance*". Der Begriff entspringt der EU-Forschung und findet auch vor allem in diesem Bereich Verwendung (Benz 2008, S. 47; Diedrichs et al. 2010; Kimmel 2018), kann aber allgemein auf die im Kontext der oben genannten staatlichen Steuerungsdefizite vermutete zunehmende Bedeutung privater Akteure als Verhandlungspartner des Staates und damit als Vetospieler (Benz 2013,

[14] Im anglophonen Raum wird Governance in vielen Fällen wesentlich staatszentrierter konzeptualisiert.

S. 74) angewandt werden. Neben der zunehmenden Bedeutung nichthierarchischer Steuerungsformen stellt er auch auf den konstatierten Bedeutungsverlust klar umrissener und strukturierter Organisationen und die zunehmende Bedeutung diffuserer Netzwerk- und Koordinationsstrukturen angesichts wachsender Interdependenzen ab (Coen u. Thatcher 2008, S. 50; Frederickson u. Smith 2003, S. 207–208). Diesen Strukturen wird häufig eine der hierarchischen staatlichen Steuerung überlegene Legitimität und Effizienz zugeschrieben, weshalb die Bezugnahme auf neue Governance-Modi in der Literatur häufig normativ konnotiert ist (Conzelmann 2008, S. 12–14).

Die Annahme einer stetig zunehmenden Relevanz oder gar Dominanz neuer Governance-Modi lässt sich theoretisch vor allem in der systemtheoretischen Annahme mangelnder hierarchischer Steuerbarkeit verankern: „In modernen Gesellschaften, die ohne ein Steuerungszentrum funktionieren, muss Politik generell als Management von Interdependenzen verstanden werden" (Benz u. Dose 2010a, S. 21). Diese Schlussfolgerung ist gleichwohl nicht unumstritten. So konstatiert Kettl (2002, S. 128), dass neue Koordinationsmodi klassisches staatliches Regieren zwar ergänzen, aber nicht beeinträchtigen oder verdrängen. „Schließlich verdichten sich in der empirischen Forschung die Hinweise, dass die Reichweite der neuen Formen des Regierens in der Governance-Forschung teilweise erheblich überschätzt worden ist" (Grande 2012, S. 574). Noch vernichtender fällt die Kritik von Pierre und Peters an der Tendenz aus, die Bedeutung staatlichen Regierens infrage zu stellen: *„We believe that this account of recent changes in intergovernmental relations is exaggerated at best, and misleading at worst"* (Pierre u. Peters 2005, S. 80).

Kritik entzündet sich auch an der behaupteten Neuheit dieser Koordinationstypen. Edgar Grande moniert in dieser Hinsicht einen Mangel an „historischer Tiefenschärfe" (Grande 2012, S. 572), weil der Zeitrahmen der Herausbildung und Bedeutungszunahme von den Verfechtern der *New Modes of Governance* in der Regel nicht näher spezifiziert werde. Bartolini hält dem entgegen, dass die als neu deklarierten Prozesse zwar in einigen Politikfeldern seit längerer Zeit nachweisbar seien, die Ausdehnung auf zusätzliche Politikfelder, beispielsweise im Rahmen der Offenen Methode der Koordinierung in der EU, allerdings innerhalb eines klar abgrenzbaren Zeitraums seit den ausgehenden 1990ern anzusiedeln sei (Bartolini 2010, S. 12). Im Gegensatz zum deutschsprachigen ist im anglophonen Raum nach wie vor häufig eine Perspektive auf neue Formen der Governance anzutreffen, die diese primär als administrative Strategie zur Effizienzsteigerung und besseren Partizipation, beispielsweise im Rahmen des *New Public Management*, fasst; hier offenbart sich nach wie vor ein eher staatszentriertes Governance-Konzept (Bevir 2009, S. 10–11). Diese hier aufscheinenden konzeptionellen und analytischen Unschärfen machen einige terminologische Vorbemerkungen unumgänglich, bevor versucht werden kann, ein vom nationalstaatlichen Kontext abstrahierendes Modell des Regierens mit analytisch fassbaren Komponenten zu entwerfen.

2.2.1 Governance-Konzepte

Der Begriff der Governance kann an dieser Stelle nicht eingeführt werden, ohne auf die vielfachen Verwendungsweisen hinzuweisen, die es nötig machen, das Konzept für den Kontext der Arbeit präzise zu definieren. Die Prominenz des Governance-Begriffs hat in den vergangenen Jahren zu einem schwer zu überblickenden Wildwuchs von Perspektiven und Theorieansätzen geführt; deshalb erheben die folgenden Bemerkungen nicht den Anspruch, die Vielzahl der unter der Überschrift „Governance" vorzufindenden Perspektiven abschließend systematisch zu erfassen; sie erscheinen aber notwendig, um den terminologischen Kontext der auf das Erkenntnisinteresse der Arbeit zugeschnittenen Definition von Governance und der darin eingebetteten weiteren theoretischen Überlegungen zu verdeutlichen. Einschlägige Überblicksdarstellungen zählen in der Regel eine ganze Reihe unterschiedlicher Fassungen des Governance-Konzepts auf. Schuppert stellt den Nutzen des Konzepts als interdisziplinärer „Brückenbegriff" (Schuppert 2006, S. 373) in den Fokus und leistet den bisher wohl umfassendsten Überblick über fachspezifische Ansätze: Neben der bereits angedeuteten politikwissenschaftlich-steuerungstheoretischen Perspektive identifiziert er distinkte Sichtweisen auf das Konzept aus den Bereichen Rechtswissenschaft, Regulierungstheorie, Organisationstheorie, Institutionentheorie und Kommunikationstheorie.

Mit der jeweiligen fachlichen Perspektive verknüpft, aber nicht ausschließlich von dieser bedingt sind weiterhin verschiedene Verwendungsweisen und Funktionen des Konzepts, die von differierenden Erkenntnisinteressen, teils aber auch von politischen Aufladungen geprägt sind. Eine trennscharfe systematische Abgrenzung ist dabei kaum möglich, weshalb in der Literatur sehr unterschiedliche enumerative Darstellungen vorzufinden sind (Benz u. Dose 2010a, S. 17–25; Bevir 2009, S. 9–29; Rhodes 1996, S. 652–658; Schuppert 2011, S. 11–43). Zur groben Systematisierung kann die Unterscheidung in eher normativ orientierte Ansätze und solche mit empirischer Zielsetzung dienen. Zu den normativen Ansätzen gehören in erster Linie Konzeptionen erhöhter Effektivität und Legitimität der Problemlösung durch Partizipation aller Stakeholder an Entscheidungsprozessen, verbunden mit der Hoffnung auf eine aktivierende Wirkung neuartiger

Governance-Modi auf die Zivilgesellschaft (Blumenthal 2005, S. 1160; Gbikpi u. Grote 2002, S. 20–24). Eine dezidiert normative Agenda verfolgen darüber hinaus Reformansätze zur verbesserten Bürgerbeteiligung in der öffentlichen Verwaltung sowie das von der Weltbank geprägte Konzept der *Good Governance*, das als Kriterium für Kreditvergabe und Entwicklungszusammenarbeit herangezogen, von Kritikern aber als „Anwendungsfall eurozentristischer Transferpolitik" (Schuppert 2011, S. 41) abgelehnt wird (Poluha u. Rosendahl 2002). In einem empirisch-analytischen Verwendungszusammenhang findet sich der Governance-Begriff neben institutionenökonomischen Modellen zu den Transaktionskosten unterschiedlicher Koordinationsformen – dem eigentlichen Ursprung des modernen Governance-Konzepts – in Ansätzen zur transnationalen Steuerung und Verrechtlichung (Stichwort *Global Governance*) sowie zur Konzeptualisierung verschiedener Beziehungsmuster zwischen Staat und nichtstaatlichen Akteuren.

Führt man sich diese Bandbreite an Definitionen und Konnotationen vor Augen, so erscheint die Kritik am vermeintlich diffusen Charakter des Governance-Begriffs auf den ersten Blick berechtigt, das Konzept *„notoriously slippery"* (Pierre u. Peters 2000, S. 7). Allerdings beeinträchtigt die Vielfalt der Verwendungsweisen nicht notwendigerweise die Anwendbarkeit des Konzepts. Statt auf die Suche nach einem nicht vorhandenen gemeinsamen Nenner sollte sich die Aufmerksamkeit auf die präzise Eingrenzung des auf den jeweiligen Forschungsgegenstand zugeschnittenen Governance-Konzepts richten.

Für das Forschungsinteresse der vorliegenden Studie sind alle drei zuletzt genannten analytischen Aspekte von Relevanz. Im Zentrum steht die Frage, wie sich Koordinationsformen zwischen staatlichen und nichtstaatlichen Akteuren in transnationalen Kontexten konzeptualisieren lassen. Dabei sind mindestens zwei konzeptionelle Fallstricke zu berücksichtigen. Erstens verweist Blumenthal darauf, dass die Untersuchung eines möglichen Wandels von Entscheidungs- und Implementationsmustern, wie ihn die vorangegangenen Unterkapitel nahelegen, nicht a priori von einem Rückzug des Staates ausgehen darf: „Die Vermischung einer strikt analytischen Perspektive von Governance mit der Hypothese eines fundamentalen Wandels von Staatlichkeit und mit Aussagen über den generellen Niedergang staatlicher Steuerungsfähigkeit stellt die größte Hypothek dar, mit der Governance als Analyseperspektive belastet ist" (Blumenthal 2005, S. 1168).

Zweitens ist zu definieren, welche Interaktionsmuster unter dem Terminus Governance subsumiert werden, und gegebenenfalls, welche nicht. In diesem Zusammenhang wird gemeinhin zwischen „engen" und „weiten" Definitionen von Governance differenziert. „Enge" Definitionen zeichnen sich dabei dadurch aus, dass sie klassische staatliche Steuerung – in Anlehnung an die englischsprachige

Literatur auch im deutschen Sprachraum häufig als *government* bezeichnet – ausschließen. So definiert Bartolini (2010, S. 7) Governance als Zwischentypus der Steuerung zwischen reiner Marktkoordination und hierarchischem Regieren im Nationalstaat. Auch Beisheim et al. (2011b, S. 254–257) unterscheiden vier Realtypen der Governance, die sich dadurch auszeichnen, dass der Staat zumindest nicht als alleiniger Steuerungsakteur in Erscheinung tritt. Rosenau (1992, S. 4–5) nennt nichthierarchische Koordinationsformen als Kriterium, um die Verwendung des Governance-Konzepts zu rechtfertigen. Für Rhodes ist die Beteiligung nichtstaatlicher Akteure für das Vorliegen von Governance konstitutiv: „*Governance is broader than government, covering non-state actors*" (Rhodes 2007, S. 1246). Eine noch engere Auffassung vertritt Bevir (2011, S. 2), wenn auch die Kriterien weniger trennscharf erscheinen: Für ihn sind Governance-Strukturen hybride Phänomene, die sich durch die Kombination verschiedener Koordinationstypen, den Einfluss verschiedener hoheitlicher Kompetenzbereiche sowie diverse Stakeholder auszeichnen. Alle drei von dieser Definition erfassten Dimensionen schließen hierarchisches Steuern durch den Staat aus. Im Gegensatz dazu beziehen weite analytische Governance-Definitionen alle Formen der Regelung der jeweils interessierenden Sachverhalte ein.

Will man die Einbindung von Staaten und nichtstaatlichen Akteuren in Regelungsprozesse unter dem Überbegriff der Governance analysieren, stellen sich mithin zwei terminologische Alternativen. Entweder legt man ein enges Verständnis von Governance an, das auf nichtstaatliche und nichthierarchische Erscheinungsformen von Regelungsprozessen abstellt und als Gegenbegriff zum klassischen staatlichen Regieren fungiert, oder man wählt einen umfassenden Governance-Begriff und bildet systematisch entsprechende Subtypen. Diese Alternativen mögen auf den ersten Blick gleichwertig erscheinen; dennoch wird der Begriff der Governance im Folgenden nicht ohne Grund in seiner weiten Fassung verwendet. So sollen die Schwierigkeiten vermieden werden, die sich im Falle einer dichotomen Unterscheidung von Governance und *government* zwangsläufig ergeben, wenn nichtstaatliche und nichthierarchische Komponenten des klassischen staatlichen Regierens dem einen oder anderen Regelungstypus zugeordnet werden müssen. Der verwendete Governance-Begriff schließt damit im Hinblick auf die Beteiligung des Staates alle drei möglichen Alternativen ein: *governance by government, governance with government* und *governance without government* (Zürn 1998b, S. 169–170).

In Anlehnung an Mayntz (2010, S. 37) und Kooiman (2003, S. 4) werden unter dem Begriff Governance im Folgenden also *sämtliche Prozesse der absichtsvollen Lösung kollektiv relevanter Probleme oder Schaffung kollektiv relevanter Chancen im Kontext institutioneller Regelsysteme* subsumiert. Einschränkungen hinsichtlich der Provenienz der beteiligten Akteure (staatlich oder nichtstaatlich) oder der Struktur der Interaktionen zwischen diesen Akteuren werden nicht vorgenommen. Ausgeschlossen bleiben allein Prozesse der zufälligen oder rein wettbewerbsinduzierten Anpassung ohne institutionelle Rahmung. Diese auf die Implementations- und Steuerungsforschung aufbauende Definition stellt damit Probleme (kollektive Sachverhalte) in den Mittelpunkt und betrachtet Akteure und Institutionen ausgehend von ihrer Bedeutung für die funktionale Regelung dieser Sachverhalte (Bartolini 2010, S. 5–6; Dose 2008a, S. 78). Den Ausgangspunkt jeder Analyse von Governance-Strukturen und -Prozessen muss daher eine normative Definition gesellschaftlich relevanter Probleme und Ziele bilden. Aspekte der Legitimität und der demokratischen Partizipation können aus dieser Perspektive zwar auch berücksichtigt werden, besitzen aber keine primäre Relevanz für die Struktur der Analyse von Governance-Prozessen.

Für die vorliegende Arbeit bietet dieser Begriff der Governance zwei wesentliche Vorteile: Durch die Abstraktion von konkreten staatlichen oder nichtstaatlichen Regelungsstrukturen erlaubt er erstens einen Vergleich verschiedener institutioneller Systeme in transnationalen Räumen. Zweitens beseitigt er den Bias zugunsten formaler und hierarchisch-administrativer Strukturen in der Analyse von Problemlösungsprozessen, um angesichts der postulierten Zunahme neuer Modi der Problembearbeitung unvoreingenommen analysieren zu können, welche Institutionenstrukturen und Handlungsmuster der Erfüllung bestimmter Funktionen dienen und welche nicht.

Dieser Fokus auf Problemwahrnehmung und Problemlösung wird vielfach allerdings als schwerstes Defizit der Steuerungs- und Governance-Forschung kritisiert. So beobachtet etwa Greven (2007), dass lange Zeit im Mittelpunkt des politikwissenschaftlichen Interesses stehenden Konzepte wie Machtstrukturen und Machtungleichgewichte, aber auch die Rolle von Ideen weitgehend zu Gunsten der Effektivität von Policies ausgeblendet würden (Greven 2007, S. 334–336): „Der epistemologischen Entdifferenzierung durch die konzeptuelle und begriffliche Übernahme der gouvernementalen Politiksprache und technokratischen Problemlösungsperspektive entspricht innerwissenschaftlich deren Politisierung“ (Greven 2007, S. 337). Politikwissenschaftler werden aus dieser Sicht zunehmend auf die Rolle von Zuarbeitern für die Politik reduziert. Während Greven die Ausbreitung eines Problemlösungs-Bias als aktuelle Entwicklung wahrnimmt, begreifen andere Autoren diesen als der Policy- und Steuerungsforschung inhärent (Mayntz 2001; Töller 2012). So bemerkt etwa Mayntz, die Steuerungstheorie präsupponiere eine Gemeinwohlorientierung politischer Strukturen und Akteure, und meint die Wurzeln dieser Vorstellung in Platons Philosophenkönigtum zu entdecken (Mayntz 2001, S. 18–19, 2009a, S. 49–50).

Aus Sicht des Verfassers lenken diese kritischen Zwischentöne zwar die Aufmerksamkeit auf einen wichtigen theoretischen Fallstrick, delegitimieren aber nicht automatisch das hier formulierte oder ähnliche Forschungsvorhaben. Die von Greven monierte „Politisierung" der Wissenschaft[15] kann als Warnung dienen, im politischen Prozess artikulierte Problemperzeptionen nicht unhinterfragt in ein wissenschaftliches Forschungsvorhaben zu übernehmen. Vielmehr ist es notwendig, Probleme systematisch anhand möglichst intersubjektiv anerkannter Kriterien zu identifizieren beziehungsweise – im Falle kontroverser Sichtweisen auf einen Sachverhalt – ein identifiziertes Problem in den Kontext der entsprechenden politischen Debatte einzubetten (Stockmann u. Meyer 2010, S. 55–56).

Zugleich ist der von Mayntz formulierten Position zu widersprechen, die Analyse der Problemlösungskapazität von Governance gehe zwangsläufig mit der Annahme einer Gemeinwohlorientierung der analysierten Governance-Strukturen einher. Eine solche Gemeinwohlorientierung kann sich aus spezifischen akteurs- und institutionentheoretischen Ansätzen ergeben. Die Problemorientierung stellt allerdings lediglich einen Bezugspunkt für die Analyse der Performanz unterschiedlicher institutionell angelegter Muster bereit, determiniert aber nicht die für die Konzeptualisierung dieser Institutionen und der beteiligten Akteure heranzuziehenden theoretischen Modelle. Anders ausgedrückt ist der Gemeinwohlbeitrag untersuchter Governance-Strukturen und -Prozesse unabhängig sowohl von den Intentionen der beteiligten Akteure als auch von konstitutiven Intentionen des jeweiligen institutionellen Rahmens zu denken.

2.2.2 Multi-Level Governance

Das Governance-Konzept repräsentiert keine homogene, elaborierte Theorie, sondern ist angesichts seiner Vielgestaltigkeit je nach Erkenntnisinteresse mit verschiedenen Theorien kombinierbar: Dazu gehören neben anderen Spieltheorie, Rational-Choice-Institutionalismus, Systemtheorie und Regulierungstheorie (Bevir 2009, S. 16–20) sowie Arbeiten zu transnationalen globalen Politiknetzwerken (Dingwerth 2003; Reinicke 1999; Witte et al. 2000). Vor allem bei

[15] Allein die Tatsache, dass sich eine Reihe einschlägiger Autoren mit diesem Problem auseinandersetzt, ist als Indiz zu sehen, dass die Perspektiven nicht zwangsläufig so düster sind wie von Greven diagnostiziert. Neben den oben bereits genannten widmen sich dieser Problematik unter anderem: Benz et al. 2007; Börzel 2008a; Grande 2012.

der Betrachtung transnationaler und globaler Governance-Arrangements bestehen auch erhebliche Schnittmengen mit der Regimetheorie, weshalb etwa Grande et al. (2006, S. 121) vorschlagen, den Begriff der „transnationale[n] Politikregime“ anstelle des Governance-Begriffs einzuführen. Versucht man das Konzept der Governance im transnationalen Bereich theoretisch zu präzisieren, so stößt man unweigerlich auf einen inzwischen breiten Strang der Forschung zur sogenannten *Multi-Level Governance* (MLG).

Angelehnt an ältere Ansätze zur Erforschung von institutionellen Mehrebenensystemen ist dieses Konzept von seinem Entstehungshintergrund her auf die Struktur der EU zugeschnitten, die aufgrund der Vielfalt der Interaktionsstrukturen zwischen politischen Ebenen und Organisationen mit gängigen Föderalismustypen nicht erfasst werden kann. Entscheidend sind oft nicht formale Strukturen, sondern komplexe Regelungserfordernisse und Interaktionen zwischen nationaler, subnationaler und supranationaler Ebene bei zugleich hoher Autonomie der Mitgliedstaaten in den meisten Politikbereichen (Benz 2010). Der Begriff hat inzwischen allerdings eine erhebliche Bedeutungserweiterung erfahren und wird so breit verwendet, dass er einen Großteil der mit dem oben definierten Governance-Konzept verknüpften Bereiche abdeckt und damit zwar auf verschiedene Kontexte anwendbar, im Gegenzug aber auch ähnlich diffus ist. Ein hohes Maß an Kongruenz besteht vor allem mit dem Begriff der *New Modes of Governance*. Allerdings rückt das MLG-Konzept im Vergleich stärker den Nationalstaat sowie dessen Kompetenzverlust in verschiedenen Dimensionen in den Fokus (Conzelmann 2008, S. 13).

Marks und Hooghe (2004) unterscheiden dabei grundsätzlich zwei Interpretationen des Begriffs, die sie als *Typ I* und *Typ II* bezeichnen. Typ I repräsentiert die klassische Sicht auf Mehrebenensysteme, in denen Interaktionen zwischen jeweils umfassend zuständigen staatlichen Ebenen innerhalb einer dauerhaft angelegten, rechtlich fixierten Institutionenarchitektur stattfinden. Diese Ebenen werden im Sinne einer hierarchischen Beziehung als einander über- beziehungsweise untergeordnet konzeptualisiert. Typ II bezieht sich dagegen auf weitgehend freiwillige Interaktionen innerhalb eines funktional definierten Sachbereichs. Diese Interaktionen können zwar in den von Typ I bereitgestellten formalen Institutionenrahmen eingebettet sein; sowohl Akteure als auch Interaktionen werden allerdings aufgabenspezifisch und nicht nach dem Ebenenkonzept erfasst, weshalb hier keine eindimensionale *top-down*-Struktur wie in der ursprünglichen Vorstellung von Mehrebenensystemen zu erkennen ist (Marks u. Hooghe 2004, S. 17–25). Die eingangs formulierte Fragestellung bezieht sich aus dieser Perspektive auf Existenz und Ausmaß von Arrangements, die dem Typ II zuzuordnen sind, und weniger auf die umfassende Analyse eines nach Ebenen strukturierten

Institutionensystems. Piattoni (2010) inkludiert diese Aspekte in ein mehrdimensionales MLG-Konzept, das als Grundlage einer Rekonzeptualisierung politischer Systeme dienen soll (Piattoni 2010, S. 27–28). Die Vielfalt der Interaktionen zeigt sich demnach in den drei Dimensionen Nationalstaat – internationale Ebene, Zentrum – Peripherie und Staat – Gesellschaft. Das Verdienst dieser Heuristiken ist in der Feststellung zu suchen, dass Steuerungsprozesse jenseits des Nationalstaats nicht in einer einzigen Dimension zwischen ‚oben' und ‚unten' zu fassen sind, sondern als komplexe mehrdimensionale Interaktionsprozesse begriffen werden müssen. Piattonis Ansatz verweist zudem darauf, dass die Interaktionslogik zwischen nationaler und supranationaler Ebene systematisch von derjenigen zwischen nationaler und internationaler Ebene unterschieden werden muss.

Der wesentliche theoretische Wert des MLG-Konzepts ist in der Bereitstellung eines elaborierten Konzepts der Bedeutungszunahme komplexer Entscheidungsmodi und nichtstaatlicher Akteure zu sehen: „*While multi-level governance remains a contested concept, its broad appeal reflects a shared concern with understanding increased complexity, proliferating jurisdictions, the rise of non-state actors, and the related challenges to state power*" (Bache u. Flinders 2004, S. 4–5). Zudem ergeben sich Hinweise für die Konzeptualisierung des institutionellen Rahmens der zu analysierenden Governance-Prozesse und die Hypothesenbildung: Zum einen wird die Bedeutung grenzüberschreitender Kooperationen zwischen subnationalen Einheiten und nichtstaatlichen Akteuren in den Fokus gerückt (Piattoni 2010, S. 37–38). Zum anderen verweist die Literatur zur Multi-Level Governance auf die Bedeutung komplexer Netzwerk- und Verhandlungsarrangements und der Strategien der daran beteiligten Akteure (Pierre u. Peters 2005, 2005, S. 86; Tömmel 2008, S. 26). Solchen netzwerkartigen Koordinationsformen wird dabei von der MLG-Literatur der Vorteil hoher Flexibilität und Problemlösungsfähigkeit zugeschrieben (Benz 2009, S. 51); zugleich werden der mangelnde Verpflichtungscharakter sowie das hohe Vetopotenzial der beteiligten Akteure als mögliche Quellen der Dysfunktionalität solcher Systeme angeführt (Falkner 2011; Scharpf 1998). Diese Einsichten werden in die folgenden theoretischen Überlegungen übernommen; dem Begriff der Multi-Level Governance wird aufgrund seines diffusen, teils mehrdeutigen Charakters und der großen Schnittmenge mit den bereits eingeführten *new modes of governance* allerdings keine zentrale konzeptionelle Rolle eingeräumt.

2.3 Die Relevanz des institutionellen Rahmens

Das hier skizzierte Konzept von Governance weist ebenso wie die eingangs dargelegte Fragestellung der Studie eine starke institutionalistische Prägung auf; das Erkenntnisinteresse richtet sich auf Regelmäßigkeiten in Steuerungsprozessen und beruht auf der Annahme, dass das Steuerungs- und Problemlösungshandeln von Akteuren mit unterschiedlichen Interessen, Einstellungen und Ressourcen vom jeweiligen strukturellen Rahmen zwar nicht determiniert, aber doch entscheidend beeinflusst wird.[16] Diese Grundausrichtung ist letztlich allen Governance-Ansätzen inhärent, stellen doch postulierte Veränderungen institutioneller Rahmenbedingungen in Gestalt eines mehrdimensionalen Bedeutungsverlusts des Staates den Ausgangspunkt des Governance-Diskurses dar. Der damit verbundene Primat institutioneller gegenüber personalen Faktoren soll aber keine voreilige einseitige Auflösung der soziologischen Kontroverse *structure* vs. *agency*[17] bedeuten, sondern ergibt sich aus der Fragestellung und bezieht sich damit im Wesentlichen auf die analytische Vorgehensweise. Zugleich ist der Tatsache Rechnung zu tragen, dass eine explanative Theorie sozialer Prozesse und deren Ergebnisse sowohl personale als auch strukturelle Faktoren berücksichtigen muss. Eine kausale Wirkung von Institutionen kann nur dann sinnvoll postuliert werden, wenn das zugrunde gelegte theoretische Modell des Individuums spezifiziert wird, da selbst ein deterministisches Konzept der Institutionenwirkung das Handeln von Individuen als intervenierenden Faktor einbeziehen muss (Peters 2012, S. 13–14; Schneider u. Janning 2006, S. 38–39).[18]

---

[16] Benz et al. 2007 Entsprechend dem Erkenntnisinteresse, das das funktionale Ergebnis von Steuerungshandeln fokussiert, wird der Begriff der „Institution" im Folgenden möglichst weit gefasst und auf alle formellen oder informellen Regelungsmuster bezogen, die menschliches Handeln strukturieren.

[17] Wie bei vielen Auseinandersetzungen zwischen wissenschaftlichen Schulen scheint sich die Vehemenz der Kontroverse auch hier lange Zeit aus einer bewusst verzerrenden Reduktion der jeweils „gegnerischen" Sichtweise gespeist zu haben, wie sie häufig zur legitimierenden Abgrenzung des eigenen Standpunkts betrieben wird. Tatsächlich haben inzwischen die meisten neoinstitutionalistischen Ansätze die Einflüsse individuellen Handelns theoretisch ebenso integriert wie akteurzentrierte Ansätze die Bedeutung des institutionellen Regelrahmens konzeptionell erfassen. Letztlich handelt es sich bei der vermeintlichen Kontroverse also eher um eine Sache der jeweiligen Forschungsfrage, wobei die jeweils ausgeklammerte unabhängige Variable konstant zu halten ist und damit wieder in der Analyse berücksichtigt werden muss (Dowding 1994).

[18] Auf das zu Grunde gelegte Konzept individueller und kollektiver Akteure wird in Abschnitt 2.4 detaillierter eingegangen.

Seit dem Wiedererwachen des wissenschaftlichen Interesses an der Erforschung von Institutionen in den 1970er und 1980er Jahren sind sowohl die den Institutionen zugeschriebene Rolle als auch die Definition des Institutionenbegriffs Gegenstand wissenschaftlicher Auseinandersetzungen (Ostrom 1986, S. 3–5). In Abgrenzung zum reinen methodologischen Individualismus der Rational-Choice-Theorie und als Reaktion auf methodische Defizite des klassischen Institutionalismus formierten sich neoinstitutionalistische Ansätze in verschiedenen Strömungen, die sich – bezogen auf die nationale Ebene – als normativer Institutionalismus, historischer Institutionalismus und Rational-Choice-Institutionalismus klassifizieren lassen (Peters 2012, S. 20). Von Relevanz für die vorliegende Studie sind darüber hinaus institutionalistische Ansätze in der Analyse internationaler Beziehungen. Diese teilen die Grundannahme der nachfolgend konturierten neoinstitutionalistischen Ansätze, nämlich, dass Institutionen das Handeln der beteiligten Akteure durch ihren Einfluss auf Situationswahrnehmungen und Erwartungen prägen (Keohane 1998). Mit Ausnahme der Regimetheorie, die eine der Wurzeln des verwendeten Governance-Konzepts darstellt und auf die im Weiteren noch zurückgegriffen wird, bieten diese Ansätze allerdings keinen eigenen Mehrwert für die theoretische Fundierung der Studie. Ihre Abgrenzung von Modellen, die sich auf den Nationalstaat beziehen, ist weniger auf eigenständige Annahmen über Kausalzusammenhänge als auf die unterschiedlichen Herangehensweisen in den einzelnen Teildisziplinen zurückzuführen (Grande u. Risse 2000, S. 255).

Die von March und Olsen begründete *normative* Theorie des Institutionalismus fasst Institutionen als Regelsysteme, die nicht notwendigerweise auf politischer Macht beruhen, sondern sich auch aus Normen angemessenen Verhaltens speisen können. Der Begriff der *Regeln* ist dabei weit gefasst: *„By 'rules' we mean the routines, procedures, conventions, roles, strategies, organizational forms and technologies around which political activity is constructed"* (March u. Olsen 1989, S. 22). Kennzeichnend für diesen Theoriestrang ist die Auffassung, dass Regeln selbst dann befolgt werden, wenn dies nicht dem Eigeninteresse des handelnden Individuums im engeren Sinn entspricht. Verantwortlich dafür ist nach March und Olsen eine *logic of appropriateness*, die sie als Gegenbegriff zur *logic of consequentiality* des reinen Eigeninteresses definieren. Das Verhalten eines Individuums ist demnach nicht durch die an rationalen Präferenzen gemessenen Ergebnisse des Handelns, sondern primär durch die Erwartungen an die eigene Rolle in einer gegebenen Situation geprägt (March u. Olsen 1989, S. 21). An den Ausführungen von March und Olsen scheinen zwei Aspekte problematisch: Erstens wird das Konzept der *logic of appropriateness* so vage definiert, dass sich daraus keine falsifizierbaren Hypothesen für eine empirische Überprüfung ableiten lassen (Peters

2012, S. 43). Zweitens wird offenbar nicht trennscharf zwischen dem Begriff der Institution und dem des Akteurs unterschieden; Institutionen werden auch als „*decision makers*" konzeptualisiert (March u. Olsen 1984, S. 738). Da March und Olsen damit individuelle Entscheidungsspielräume innerhalb institutioneller Rahmenbedingungen faktisch ausschließen, stellt Dowding zu Recht die Frage, wie aus ihrer Perspektive Regelverstöße durch Entscheidungsträger und institutioneller Wandel zu erklären seien: „Conventions change because *people* decide to defy them, thus putting pressure upon those around them to accept that defiance" (Dowding 1994, S. 111) .

Unter dem Überbegriff des *historischen* Institutionalismus werden Ansätze subsumiert, die die Wirkung bestehender Institutionen auf die institutionelle Entwicklung betonen. Eine präzise und einheitliche Definition dessen, was unter einer Institution zu verstehen ist, ist damit nicht verbunden. Gleichwohl scheint Pierson in seinem grundlegenden Werk über die Entwicklung von Wohlfahrtsstaaten einen stark auf formale Regelsysteme fokussierten Institutionenbegriff anzulegen (Pierson 1994). Den explanativen Bezugspunkt dieser Ansätze bildet der Begriff der Pfadabhängigkeit: Die Formulierung politischer Programme geschieht in der Regel unter Bezugnahme auf und auf Basis von bereits institutionalisierten Policies und Ideen. Allerdings ergeben sich durch den Fokus auf institutionelle Kontinuitäten Schwächen bei der Erklärung von Policy-Wandel sowie bei der theoretischen Bestimmung des Verhältnisses zwischen Individuum und Institution (Peters 2012, S. 70–75). Die in Ansätzen des historischen Institutionalismus gelegentlich vorzufindende Auffassung, institutioneller Wandel habe seinen Ursprung in der Regel außerhalb des analysierten Institutionengefüges in sogenannten exogenen Schocks,[19] ist infrage zu stellen: Tatsächlich scheinen in vielen Fällen eher politische Konflikte innerhalb der gegebenen Institutionen für Veränderungen verantwortlich zu sein (Lindner u. Rittberger 2003; Peters et al. 2005).

Angesichts der konzeptionellen Defizite dieser beiden Ansätze speist sich der den weiteren Ausführungen zugrunde liegende Institutionenbegriff weitgehend aus dem Rational-Choice-Institutionalismus, insbesondere dem von Renate Mayntz und Fritz W. Scharpf begründeten *akteurzentrierten Institutionalismus*

[19] Dem Konzept kommt zentrale Bedeutung in verschiedenen Theorien des Policy-Wandels zu. Genannt seien hier nur der *Punctuated-Equilibrium*-Ansatz nach (Baumgartner u. Jones 1993), der *Multiple-Streams*-Ansatz nach (Kingdon 2011 [1984]) sowie Sabatiers Theorie der *Advocacy Coalitions* (Sabatier u. Jenkins-Smith 1993). Im Gegensatz zum eher mit dem historischen Institutionalismus kompatiblen Konzept der *punctuated equilibria* beziehen allerdings Kingdon und Sabatier sehr wohl endogene Entwicklungen als Ursachen des Institutionenwandels ein.

(Mayntz u. Scharpf 1995; Scharpf 2000). Dieser Ansatz bietet den Vorteil spezifischer Annahmen über das Individuum, die eine theoretische Präzisierung der Wirkung institutioneller Arrangements auf das Handeln von Akteuren erlauben. Zudem können damit Erkenntnisse aus der Forschung zu rationalem beziehungsweise begrenzt rationalem Verhalten in produktiver Weise in die Theoriebildung einfließen (Dequech 2001, S. 912–914). Entsprechend der Fragestellung ist es sinnvoll, den Begriff der Institution möglichst weit zu fassen, um eine Verzerrung der Analyse in Richtung formaler staatlicher Arrangements zu vermeiden. Im Kontext der Studie soll daher jedes Gefüge stabiler exogener Rahmenbedingungen, die das Interagieren von Akteuren in Problemlösungsprozessen strukturieren, als Institution bezeichnet werden. Eine präzise Abgrenzung dieses Gefüges zu anderen Institutionen kann dabei nicht a priori theoretisch erfolgen, sondern ergibt sich aus dem jeweiligen Analyseinteresse.

In diesem Kontext ist auch die Abgrenzung des Begriffs der Institution von dem der Organisation zu sehen. North (1990, S. 4–5) vergleicht Organisationen mit Spielern oder Teams, die nach den von einem institutionellen Rahmen bereitgestellten Regeln spielen. Als Beispiele für solche Beziehungen nennt er etwa politische Parteien, Parlamente und Regulierungsbehörden im politischen System oder Firmen und Gewerkschaften in einer Volkswirtschaft. Diese eindeutige Zuordnung zur Sphäre der kollektiven Akteure erscheint aber etwas voreilig. Organisationen stellen Gruppen von Akteuren dar, die durch ein inneres Regelsystem und eine von den handelnden Individuen unabhängige Aufgabenverteilung strukturiert sind, nach außen aber in der Regel einheitliche Präferenzen artikulieren (Jones 2001, S. 132–133). Dieser doppelte Charakter legt nahe, dass die Zuordnung von der jeweils gewählten Analyseebene abhängt: Für organisationsinterne Koordinationsprozesse stellt die Organisation das institutionelle Regelsystem dar; in Entscheidungsprozessen in größeren institutionellen Umfeldern treten Organisationen dagegen als Akteure auf. Dasselbe gilt für die Beziehungen zwischen verschiedenen autonomen Ebenen einer Organisation.

Der Fokus auf exogene Rahmenbedingungen grenzt institutionelle Regelsysteme nicht nur von allgemeinen Eigenschaften und Verhaltenstendenzen des Individuums, sondern auch von einfachen Regelmäßigkeiten der Interaktion zwischen Individuen ab. Aus einer spieltheoretischen Perspektive erzeugt auch das Gleichgewichtsverhalten[20] nutzenmaximierender Individuen in basalen spieltheoretischen Situationen wie dem Gefangenendilemma Regelmäßigkeiten, die

[20] Als Gleichgewicht im Sinne der Spieltheorie (auch *Nash-Gleichgewicht*) wird ein Tupel von Strategien bezeichnet, bei dem keiner der beteiligten Spieler durch eine einseitige Abweichung von seiner gewählten Strategie eine Steigerung seiner Auszahlung erreichen kann. Es wird erwartet, dass in jedem nichtkooperativen Spiel, dessen Strategiekonfiguration σ eine

allerdings auch eine rein akteurzentrierte Theorie zu erklären beanspruchen kann. Institutionell bedingt sind aus dieser Perspektive also genau diejenigen Lösungen eines Spiels, die keine Ergebnisse des Gleichgewichtsverhaltens rationaler Spieler auf Basis von Naturgesetzen und allgemeiner Verhaltensgrundsätze sind. Eine Institution zeichnet sich mithin dadurch aus, dass sie die Menge möglicher Gleichgewichtsstrategien beeinflusst (Sened 1991, S. 380–385).

An dieser Stelle wird eine Grauzone zur reinen Rational-Choice-Theorie erkennbar: Die Annahme, dass in wiederholten Spielen die Antizipation des Verhaltens der Mitspieler anhand der beobachteten Ergebnisse eines Spiels das Gleichgewichtsverhalten beeinflusst, ist bereits Bestandteil der Rational-Choice-Theorie (Calvert 1995, S. 64–65). Sened (1991, S. 383) grenzt daher die im Rahmen eines mehrstufigen Spiels aus der Wiederholung generischer spieltheoretischer Situationen entstehenden Normen und Konventionen vom Begriff der Institution ab. Diese Abgrenzung ist allerdings nicht trennscharf, da aus Sicht der Spieltheorie letztlich jede Spielregel auf einem umfassenderen Spiel basiert. Daher erscheint es sinnvoll, auch die ausschließlich zwischen den Beteiligten an einem Spiel in Antizipation künftiger Spiele evolvierenden Regeln unter dem Begriff der Institution zu subsumieren, da auch diese in einer isolierten Betrachtung einer einzelnen Interaktion als exogen vorgegeben gelten können.

Eine Institution kann also als Set von Regeln begriffen werden, die allgemein bekannt sind und deren Einhaltung überwacht und durchgesetzt wird. Entscheidend für das Vorhandensein einer Institution ist der faktische Einfluss auf die Parameter des Interaktionsverhaltens in einer Akteurskonstellation, das heißt, die Regeln können, müssen aber nicht formalrechtlich oder vertraglich fixiert sein und können gegebenenfalls auch geltendem Recht widersprechen (Ostrom 1990, S. 51). Das Handeln in einem institutionellen Rahmen bietet für die beteiligten Akteure den Vorteil der Komplexitätsreduktion angesichts einer begrenzten eigenen Informationsverarbeitungskapazität und eines generell von Unsicherheit geprägten Umfeldes (Dequech 2001, S. 921–922). Die Regelbefolgung kann somit auch dann rational sein, wenn sie in einer einzelnen Situation eine für den einzelnen Akteur optimale Lösung ausschließt, da die Stabilität des Regelsystems und die Erwartbarkeit von Interaktionen langfristige Vorteile versprechen können. Wenn jedoch die Nachteile aus der Regelbefolgung langfristig die Vorteile zu überwiegen scheinen, ist es aus Sicht der Rational-Choice-Theorie

oder mehrere solcher Lösungen beinhaltet, die beteiligten Spieler ein solches Gleichgewicht anstreben (Berninghaus et al. 2010, S. 13).

wahrscheinlich, dass Akteure je nach Interessen, Handlungskapazitäten und Sanktionspotenzial entweder institutionelle Änderungen anstreben oder die Einhaltung der Regeln verweigern (Riker 1980, S. 444–445).

Solange Institutionen allerdings lediglich als Aggregateffekte des nutzenmaximierenden Handelns vollständig rationaler Akteure begriffen werden, ist eine eigenständige Rolle als Explanans politischer Outputs in Abgrenzung zu individuellem Handeln nicht zu legitimieren. Die eigenständige Bedeutung von Institutionen ist somit eng mit dem Postulat einer begrenzten Rationalität individueller Akteure verknüpft. Die Empirie zeigt, dass Menschen zwar grundsätzlich zielorientiert handeln, dabei aber entgegen den Annahmen der Neoklassik in der Regel nicht über eine eindeutige Präferenzrangordnung verfügen und bei komplexen Problemstellungen häufig nicht die für sie nützlichste Strategie wählen. In einer komplexen und unsicheren Umwelt ist es für Individuen zudem unmöglich, alle zu Verfügung stehenden Handlungsalternativen abzuwägen (Simon 1969, S. 32–33, 1985, S. 295–297). Damit wird auch ersichtlich, weshalb die von der Neoklassik postulierte evolutionäre Vervollkommnung der Strategien einzelner Akteure durch die marktbedingte Eliminierung suboptimaler Strategien nicht zwangsläufig zu einem Gleichgewicht führt: Begrenzt rationale Spieler mögen zwar ein Gleichgewicht anstreben; es darf aber nicht vorausgesetzt werden, dass unter den Bedingungen realweltlicher Komplexität die dafür erforderlichen Strategien von jedem beteiligten Spieler erkannt werden können. Damit kann auch nicht angenommen werden, dass sich institutionelle Regelmäßigkeiten ipso facto aus ungesteuertem und nichtkooperativem Handeln ergeben (North 1990, S. 17–21).

Für die Selektion und Beurteilung von Alternativen sind vielmehr bestehende kognitive Schemata und Heuristiken sowie die Nutzung externer Orientierungs- und Interpretationshilfen bedeutsam. Die durch Institutionen geförderten Situationsdeutungen und Vorstellungen angemessenen Verhaltens kanalisieren so die individuelle Wahl von Alternativen und können dazu führen, dass institutionelle Regelsysteme sich selbst perpetuieren. Zusammen mit im Rahmen formalisierter Institutionen häufig vorzufindenden Hürden für Regeländerungen – etwa Mehrheitserfordernissen – bedingt dies ein Beharrungsvermögen und einen Einfluss auf die weitere Entwicklung von Regelsystemen, die sich allein mit individuellen Nutzenabwägungen nicht ausreichend erklären lassen (Dequech 2001, S. 913–914; Jones 2001, S. 86).

Angewandt auf kollektive Entscheidungsprozesse bietet die Ebenendifferenzierung von Kiser u. Ostrom (1982) eine nützliche Heuristik für die analytische Erfassung einzelner Institutionen und ganzer Institutionengefüge. Die Autoren unterscheiden dabei drei Ebenen von Regeln in Entscheidungsprozessen. Auf der untersten Ebene (*operational rules*) sind konkrete Kompetenzzuschreibungen für alltägliche Entscheidungen und Ressourcenallokationen angesiedelt. Die mittlere Ebene (*collective-choice rules*) beinhaltet allgemeine Regeln für Kollektiventscheidungen, die den Regelungsrahmen der operationalen Ebene bereitstellen. Diese Regeln werden wiederum innerhalb eines konstitutionellen Institutionenrahmens (*constitutional-choice rules*) erlassen, der die Entscheidungsberechtigten auf der mittleren Ebene bestimmt (Kiser u. Ostrom 1982, S. 206–209). Diese Ebenendifferenzierung ist von der Einbettung in übergeordnete Institutionen zu unterscheiden: *„All rules are nested in another set of rules that define how the first set of rules can be changed"* (Ostrom 1990, S. 51). Jede Änderung der konstitutionellen Regeln auf einer institutionellen Ebene muss damit innerhalb der geltenden Regeln einer grundlegenderen Ebene erfolgen. Je grundlegender die zu ändernde Regelebene, desto kostspieliger gestaltet sich in der Regel die Veränderung (Ostrom 1990, S. 50–53).

Für die Fragestellung dieser Studie sind solche institutionellen Regelungsstrukturen von doppelter Bedeutung: Im Zentrum steht erstens die Analyse möglicher Veränderungen institutionell bedingter Interaktionsstrukturen zwischen staatlichen und nichtstaatlichen Akteuren in einem spezifischen Politikfeld. Neben den oben skizzierten Einbußen staatlicher Handlungsfähigkeit wird zweitens entsprechend der Logik, dass jede institutionelle Veränderung innerhalb eines konstanten Regelungsrahmens erfolgt, die übergeordnete Struktur transnationaler politischer Integration als unabhängige Variable für die Entwicklung dieser Interaktionsstrukturen angenommen. Die Annahme, dass diese grundlegende institutionelle Ebene konstant sei, erweist sich dabei als Problem für die vergleichende Analyse der institutionellen Entwicklung im betrachteten Politikfeld; ein solches Bild einer einfachen Kausalwirkung wird der Realität aus zwei Gründen nicht gerecht: Erstens unterliegt auch der übergeordnete Regelungsrahmen im Zeitverlauf Veränderungen, die für eine adäquate Einordnung von Entwicklungen auf der untergeordneten Ebene zu berücksichtigen sind. Zweitens ist anzunehmen, dass institutionelle Entwicklungen aufgrund von Rückkopplungsprozessen als iterative Prozesse wechselseitiger Beeinflussung zwischen über- und untergeordneten Ebenen verlaufen (Ostrom 1990, S. 54–55). Eine detaillierte theoretische Berücksichtigung derartiger Dynamiken birgt allerdings die Gefahr, zu einem übermäßig komplexen Gesamtbild zu führen, das den theoretischen Wert des Vergleichs unterschiedlicher institutioneller Strukturen einschränkt.

2.4 Allgemeines Modell der Handlungskoordination

Während die Überlegungen zum Schwund staatlicher Kapazitäten global gültige Veränderungen nahelegen, weisen die Ausführungen zum Einfluss des institutionellen Regelrahmens darauf hin, dass je nach institutionellem Überbau zugleich regionale Unterschiede in transnationalen Governance-Prozessen bestehen. Bevor versucht wird, ein spezifisches Modell dieser Regelungsprozesse zu formulieren, werden im Folgenden zunächst die akteurs- und institutionentheoretischen Grundlagen dieses Modells expliziert.

2.4.1 Akteure

Um soziale Ordnungen analysieren zu können, bedarf es eines analytischen Modells, das ihre realweltliche Komplexität auf ein fassbares Maß reduziert. Die eingangs formulierte Frage nach institutionellen Mustern der Handlungskoordination macht daher eine Unterscheidung verschiedener Typen von Governance erforderlich (Schimank 2002). Die Analyse absichtsvoller Regelungsprozesse, verbunden mit der Frage nach einem möglichen Bedeutungsverlust des Staates, rückt zwei Aspekte solcher Koordinationstypen in den Mittelpunkt. Erstens stellt der Staat ein spezifisches Organisationsgefüge dar, dem bestimmte Akteure mit charakteristischen Handlungskompetenzen zuzurechnen sind. Dabei stellt sich die Frage, inwieweit sich die Bedeutung dieser Akteure in Problemlösungsprozessen verändert hat. Zweitens wird angenommen, dass sich der Staat durch spezifische Verfahren der Handlungskoordination auszeichnet; auch hier ist zu fragen, ob diese Verfahren gegenüber anderen Interaktionstypen an Bedeutung verlieren oder nicht.

Eine solche typologische Unterscheidung von Institutionensystemen auf der Meso-Ebene nach ihrem strukturellen Einfluss auf die Interaktionen der an einem Problemlösungsprozess beteiligten Akteure ist angesichts der realtypischen Vielfalt an Interaktionsformen allerdings nichttrivial, was sich an der Vielzahl der in diesem Kontext vorzufindenden Konzepte zeigt. Eine klare konzeptionelle Trennung der Interaktionsstruktur von der Provenienz der beteiligten Akteure wird dabei nicht immer eingehalten, wie die mitunter nahezu synonyme Verwendung der Unterteilung in Governance *by government*, *with government* und *without government* und jener in *self-governance*, *co-governance* und *hierarchical governance* (Kooiman 2003) belegt. Der Ursprung dieser Vermischung ist offensichtlich in der Befassung mit den Neuen Governance-Modi zu suchen: Die gesteigerte Relevanz nichthierarchischer Interaktionen ist aus dieser Sichtweise unmittelbar mit der Bedeutungszunahme nichtstaatlicher Akteure verknüpft. Trotz der aus naheliegenden Gründen vermuteten engen Verbindung der beiden Aspekte müssen diese aber für eine theoretische Klassifikation klar voneinander getrennt werden, da Entwicklungen in den beiden Dimensionen durchaus unabhängig voneinander erfolgen können: Es ist theoretisch ebenso denkbar, dass staatliche Akteure ihre Handlungsspielräume trotz – oder gerade wegen – veränderter Koordinationsformen aufrechterhalten, wie ein Modus der Handlungskoordination, der eigentlich für den Staat typisch ist, in einem Setting angewandt werden kann, in dem staatliche Akteure keinen oder nur untergeordneten Einfluss besitzen. Bevor auf die Möglichkeiten der strategischen Interaktion zwischen Akteuren in einem institutionellen Setting eingegangen werden kann, ist zunächst der verwendete Begriff des Akteurs zu präzisieren.

2.4.1.1 Die begrenzte Rationalität individueller und komplexer Akteure

Für den Zweck der vorliegenden Analyse von untergeordneter Bedeutung ist die Unterscheidung von individuellen und aggregierten Akteuren. Zwar erfolgen konkret beobachtbare Handlungen immer durch individuelle Akteure; allerdings handeln diese mitunter als Vertreter einer größeren Organisation. In der vorliegenden Arbeit werden solche Körperschaften aus Gründen der Komplexitätsreduktion als einheitliche aggregierte Akteure behandelt, sofern sie eine kohärente Position in die analysierten Entscheidungsprozesse einbringen (Mayntz u. Scharpf 1995, S. 50). Unterschiede zwischen komplexen und individuellen Akteuren werden theoretisch nicht berücksichtigt. Dennoch ist es für ein adäquates Verständnis von Entscheidungsprozessen bedeutsam, ob eingebrachte Präferenzen und Ressourcen von einem individuellen oder einem komplexen Akteur stammen, da in letzterem Fall gegebenenfalls die internen Entscheidungsprozesse der jeweiligen Organisation von Interesse sein könnten.

Kennzeichnend für das Handeln eines menschlichen Individuums ist seine begrenzte Rationalität (*bounded rationality*). Die begrenzte Rationalität wird von Herbert A. Simon als eine Funktion der menschlichen Informationsverarbeitung einerseits und der Komplexität der Umwelt andererseits konzeptualisiert. Die neurophysiologische Architektur des Menschen limitiert dessen Fähigkeit zur Aufnahme und Speicherung von Informationen; einzelne Informationseinheiten werden seriell verarbeitet und bleiben ansonsten nur kurzzeitig abrufbar (Simon 1969, S. 36–40). Bereits diese Kapazitätslimitierung verhindert in Entscheidungssituationen in der Regel die für die Wahl einer optimalen Strategie notwendige Identifikation und Bewertung aller verfügbaren Alternativen. Dabei werden vor allem solche Informationen selektiert, die Ähnlichkeiten mit bereits gespeichertem Wissen aufweisen oder damit kombinierbar sind (Simon 1969, S. 97–98). Darüber hinaus wählen Individuen Informationen nach der Passung zu bestehenden Einstellungen und Überzeugungen aus: Informationen, die vorhandene Grundüberzeugungen stützen, werden eher verarbeitet als solche, die diese infrage stellen würden. Diese Einstellungen und Überzeugungen werden in hohem Maße durch das jeweilige Umfeld beeinflusst und können durch Lernprozesse verändert werden, wobei davon ausgegangen werden kann, dass eine solche Beeinflussung umso schwieriger ist, je grundlegender die von ihr berührte Ebene eines Einstellungssystems ist (Sabatier 1993, S. 132–133; Scharpf 2000, S. 114–115).

Die Findung einer optimalen Strategie in einem gegebenen Handlungsumfeld wird außerdem dadurch behindert, dass die damit zu erreichenden Ziele nicht klar definiert sind. Sowohl Individuen als auch Organisationen verfolgen oft konfligierende Ziele und verfügen entgegen den Modellannahmen der Neoklassik über keine vollständige und transitive Präferenzrangordnung (Dequech 2001, S. 913). Aufgrund der hohen Kosten für die Suche nach einer optimalen Strategie geht die *bounded-rationality*-Theorie davon aus, dass Individuen eine Strategie des „*satisficing*“ verfolgen: Statt die Kosten für die Suche nach der bestmöglichen Lösung auf sich zu nehmen, wird die erste verfügbare Lösung gewählt, die bestimmten Mindestanforderungen genügt. Die verfügbaren Optionen werden damit anhand subjektiv definierter Kriterien in zwei Teilmengen untergliedert und die Suche nach einer Strategie endet mit dem Finden des ersten Elements der besseren Teilmenge (Bendor 2010, S. 5).

Diese kognitiven Aspekte menschlicher Rationalität, die allen individuellen Akteuren gemeinsam sind, stellen die Grundlage für eine Differenzierung verschiedener Handlungsorientierungen dar, die auch motivationale Komponenten beinhalten. Diese Handlungsorientierungen beschränken sich nicht auf mitunter als egoistisch diskreditierte Eigeninteressen an physischem Wohlergehen, Macht, Besitz und sozialer Anerkennung. In Anlehnung an Talcott Parsons könnte vereinfacht zwischen *self-orientation* und *collectivity-orientation* differenziert werden (Parsons 1991 [1951], S. 43–44); diese Unterscheidung ist indes nur auf den ersten Blick trennscharf: Vor allem das Streben nach sozialer Anerkennung mag zu ostentativ an einem Kollektiv orientiertem Handeln motivieren, obwohl die tiefere Motivation im genuinen Eigeninteresse liegt. Analytisch handhabbarer erscheint angesichts der mangelnden empirischen Beobachtbarkeit subjektiver Handlungsorientierungen die von Scharpf (2000) vorgeschlagene Vierer-Systematik aus Interessen, Normen, Identität und Interaktionsorientierungen. Ähnlich wie die bereits genannten, jedem Individuum zu unterstellenden Interessen besitzen auch Normen einen quasi-objektiven Charakter. Sie basieren auf rechtlichen Regeln und normativen Rollenerwartungen des Umfelds, die der von March und Olsen eingeführten *logic of appropriateness* folgen (Mayntz u. Scharpf 1995, S. 54–56). Die Identität stellt eine partielle Lösung für das Problem der logisch inkonsistenten Präferenzkonfiguration dar: Sie bildet ein im Zeitverlauf relativ stabiles Kriterium, das das Aufstellen einer Rangordnung unterschiedlicher Präferenzen erlaubt und so die Kommunikation zwischen Individuum und Umwelt vereinfacht (Scharpf 2000, S. 119; Willke 2006, S. 49–50).

Als komplexe Akteure lassen sich zur analytischen Reduktion der Komplexität Cluster individueller Akteure konzeptualisieren, die gegenüber anderen Akteuren einheitliche Präferenzen formulieren. Es handelt sich dabei also um Organisationen im Sinne des vorhergehenden Unterkapitels, die in einem weiteren institutionellen Umfeld tätig werden. Die Mehrzahl der in Prozessen der Politikformulierung vorzufindenden Akteure ist dieser Kategorie zuzuordnen (Schneider 2009, S. 193–194). Im Hinblick auf die Handlungsfähigkeit und Handlungslogik komplexer Akteure scheint trotz mangelnder Trennschärfe die von Mayntz und Scharpf vorgenommene Untergliederung in kollektive und korporative Akteure nützlich: Die Unterscheidung richtet sich nach dem Vorhandensein einer Leitungsebene, die über bestimmte Handlungsfreiheiten gegenüber den individuellen Mitgliedern einer Organisation verfügt.

Korporative Akteure verfügen über eine solche Leitungsebene; es handelt sich dabei um „formal organisierte Personen-Mehrheiten“ (Mayntz u. Scharpf 1995, S. 49), die über Ressourcen verfügen, die ihren individuellen Mitgliedern nicht zustehen und über deren Einsatz hierarchisch oder majoritär entschieden wird.[21] Korporative Akteure besitzen damit in ihrem Handeln ein hohes Maß an Eigenständigkeit gegenüber ihren Mitgliedern. Ihre Handlungsfähigkeit hängt von der Fähigkeit zur Steuerung des Handelns der eigenen Mitglieder sowie von der Fähigkeit zur internen Willensbildung ab und ist damit variabel (Mayntz u. Scharpf 1995, S. 49–50; Scharpf 2000, S. 101). Diesem Akteurstypus sind staatliche Behörden, Unternehmen und zentralisierte Interessenorganisationen

[21] Die von Scharpf (2000, S. 102–104) getroffene Unterscheidung weicht etwas von dieser Differenzierung ab: Er rechnet auch Organisationen mit zentraler Kontrolle der Handlungsressourcen zu den kollektiven Akteuren, solange die Willensbildung *bottom-up* verläuft. Korporative Akteure wären danach nur solche mit klaren hierarchischen Strukturen, in denen die Mehrzahl der beteiligten Individuen in einem Abhängigkeitsverhältnis gegenüber der Leitungsebene steht, etwa staatliche Bürokratien oder Unternehmen. Da die hauptsächliche Richtung der Willensbildungsprozesse häufig nicht objektiv und eindeutig festzustellen ist, kommt an dieser Stelle der Ansatz von Mayntz u. Scharpf (1995) zur Anwendung, nach dem all diejenigen Akteure zu den kollektiven Akteuren zu zählen sind, in denen die wesentlichen Handlungsressourcen zentralisiert sind.

zuzurechnen. Kollektive Akteure haben zwar die Kontrolle über die Handlungsressourcen nicht oder kaum zentralisiert und verfügen über keine Leitungsebene mit nennenswerten Entscheidungskompetenzen, können jedoch ebenfalls ein hohes Maß an Handlungsfähigkeit entwickeln, wenn ihre Mitglieder individuell gleichgerichtet auf bestimmte Situationen reagieren. Beispiele für kollektive Akteure sind Familien, lockere Netzwerke und durch gemeinsame Merkmale definierte „Quasi-Gruppen" (Mayntz u. Scharpf 1995, S. 51). Die Fähigkeit aggregierter Akteure zu strategischem Handeln wird mithin durch zwei Faktorendimensionen beeinflusst: Zum einen durch den a priori bestehenden Grad der Homogenität von Perzeptionen und Präferenzen, zum anderen durch die Fähigkeit, unterschiedliche Wahrnehmungen und Überzeugungen zu integrieren (Scharpf 2000, S. 107–108). Ist diese Integrationsfähigkeit sehr gering ausgeprägt – beispielsweise durch realisierte Vetorechte aller beteiligten individuellen Akteure – ist eine Aggregation dieser Individuen zu einem komplexen Akteur analytisch wenig sinnvoll; stattdessen sind die beteiligten Individuen gesondert als Akteure zu erfassen.

Der Befund der begrenzten Rationalität trifft nicht nur für individuelle, sondern auch für komplexe Akteure zu. Organisationen können das Problem der seriellen Informationsverarbeitung durch Delegation paralleler Aufgabenwahrnehmung an ihre Mitglieder umgehen. Inwieweit dies zu einer insgesamt verbesserten Informationsverarbeitung beiträgt, hängt von der Struktur interner Kommunikationsprozesse und möglichen Transaktionskosten ab;[22] theoretisch sind Organisationen allerdings in der Lage, Individuen eine näherungsweise rationale Entscheidungsfindung zu ermöglichen (Bendor 2010, S. 28; Jones 2001, S. 132). Die Tatsache, dass sich komplexe aus individuellen Akteuren zusammensetzen, bedingt darüber hinaus, dass sich die Einstellungen und aufmerksamkeitssteuernden Heuristiken der letzteren auf erstere übertragen. Umgekehrt ist davon auszugehen, dass das institutionelle Umfeld einer Organisation zu einer Homogenisierung individueller Perzeptionen beiträgt (North 1990, S. 25).

2.4.1.2 Staatliche und nichtstaatliche Akteure

In der Governance-Literatur spielt in der Regel die Entscheidung zwischen staatlichen und nichtstaatlichen beziehungsweise öffentlichen und privaten Akteuren eine zentrale Rolle, da die Entwicklung der Aufgabenverteilung zwischen diesen Akteursgruppen Aufschluss über die Entwicklung der Institution Staat verspricht: Ein Bedeutungsverlust des Staates müsste sich entweder in einem Bedeutungsverlust staatlicher Organisationen in Entscheidungsprozessen oder im Unterbleiben

[22] Diese Problematik wird in Unterkapitel 2.5 detaillierter erörtert.

der Lösung kollektiv relevanter Probleme niederschlagen. Zunächst ist eine terminologische Festlegung zu treffen: In der Literatur werden die Begriffe „staatlich" und „öffentlich" auf der einen sowie „nichtstaatlich" und „privat" auf der anderen Seite meist austauschbar verwendet. Für das vorliegende Forschungsvorhaben erweist sich die Bezeichnung als staatliche und nichtstaatliche Akteure als angemessener, da sie die im Zentrum des Forschungsinteresses stehende Institution des modernen Nationalstaats betont. Im Gegensatz dazu fokussiert die Unterscheidung zwischen öffentlichen und privaten Akteuren deren Orientierung an öffentlichen beziehungsweise privaten Belangen. Damit müssten Handlungseinstellungen erfasst werden, die nicht dichotom sind, sondern sich auf einem Kontinuum bewegen, wobei die Einordnung einzelner Akteure auf diesem Kontinuum vermutlich nur schwer zu objektivieren sein dürfte (Rothkopf 2012). Nach Börzel (2008b) sind staatliche Akteure solche, die zu hoheitlichem Handeln, also zum Erlass von Gesetzen, zum Fällen von Gerichtsurteilen oder zum Vollzug von Verwaltungsakten befähigt sind. Der Begriff der nichtstaatlichen Akteure lässt sich dann *ex negativo* auf all jene beziehen, die diese Handlungsbefähigung nicht besitzen. Diese dichotome Unterscheidung erscheint auf den ersten Blick trivial, muss angesichts der von der Governance-Forschung postulierten Transformationsprozesse aber problematisiert werden.

Zunächst verschwimmt je nach Definition von Staatlichkeit die klare Abgrenzung der Menge staatlicher Akteure. Wenn die Definition von Staatlichkeit so etwas wie „Funktionalstaaten" (Nullmeier 2009) zulässt, dann müsste auch den sie konstituierenden Akteuren staatlicher Charakter zugeschrieben werden. Durchsucht man die politikwissenschaftliche Literatur nach Kriterien für eine derartige Trennung staatlicher von nichtstaatlichen Akteuren, so wird man primär in der Forschung zur internationalen Politik fündig. Allerdings zeichnen sich in der nach wie vor stark staatszentrierten IP-Forschung NGOs primär dadurch aus, dass sie grenzüberschreitend tätig sind (Reinalda 2011, S. 3–4); Anhaltspunkte für eine abstraktere Konzeptualisierung staatlicher und nichtstaatlicher Akteure ergeben sich daraus nicht.

Grundsätzlich wird die Charakterisierung staatlicher Akteure mit zwei Aspekten verbunden: Zum einen ist dies die institutionelle Zugehörigkeit zum Gebilde des in Abschnitt 2.1.1 konturierten Nationalstaats, zum anderen die Befähigung zum hoheitlichen Handeln. Die wesentliche Problematik besteht nun darin, dass diese beiden Aspekte mitnichten kongruent sind, sondern zwei distinkte dichotome Merkmale darstellen, die unabhängig voneinander auftreten können. Eine reine Orientierung an der Zugehörigkeit zu einem bestehenden Nationalstaat blendet dabei die Herausbildung neuer staatlicher Strukturen aus, eine reine Orientierung an der hoheitlichen Handlungslogik Differenzierungen zwischen so unterschiedlichen Akteuren wie staatlichen Behörden, unabhängigen Regulierungskörperschaften und Interessenorganisationen, die allesamt unter Umständen hoheitliche Aufgaben wahrnehmen können (Czada 1994, S. 47–49). Die Unterscheidung in zwei dichotome Merkmale schlägt sich theoretisch in vier Typen von Akteuren nieder (Tabelle 2.1):

Tabelle 2.1 Typen staatlicher und nichtstaatlicher Akteure

		Institutionelle Zugehörigkeit zum klassischen Nationalstaat	
		Gegeben	Nicht gegeben
Befähigung zum hoheitlichen Handeln	Gegeben	*staatlicher Akteur* Regierungen, Parlamente, staatliche Behörden, Gerichte	*quasi-staatlicher Akteur* nichtstaatliche Behörden, supranationale Organisationen, supranationale Gerichte
	Nicht gegeben	*Nationalstaatliche Organisation ohne hoheitliche Handlungsbefugnis* Öffentliche Stiftungen, öffentliche Unternehmen, staatliche Akteure außerhalb ihres hoheitlichen Handlungsbereichs	*privater Akteur* Verbände, internationale Organisationen, NGOs, Unternehmen

Voraussetzung für die Kategorisierung als „staatlich“ ist, dass ein Akteur sowohl institutionell einem Nationalstaat zuzurechnen ist als auch über die Fähigkeit und Berechtigung zu hoheitlichem Handeln verfügt. Dies trifft auf staatliche oder substaatliche Regierungen und Parlamente, Behörden und Rechtssprechungsorgane zu. Staatliche Unternehmen und Stiftungen sind zwar ebenfalls in der Institutionenstruktur des Nationalstaats verankert, verfügen aber mitunter nicht über hoheitliche Funktionen und werden daher nicht als staatliche Akteure im eigentlichen Sinne bezeichnet. An diesem Punkt wird deutlich, dass eine feste Kategorisierung nicht möglich ist, sondern sich verändert, wenn man den institutionellen Kontext variiert: Staatliche oder substaatliche Organisationen mit hoheitlichen Kompetenzen in einem – per definitionem – territorial begrenzten

Zuständigkeitsbereich verfügen über keine solchen Kompetenzen, wenn sie an Verhandlungen auf einer übergeordneten politischen Ebene oder im internationalen System teilnehmen. Je nach Ebene der Analyse kann ein und derselbe Akteur also einmal als staatlicher Akteur eingeordnet werden und einmal nicht.

Akteure, die hoheitliche Befugnisse ausüben, ohne der Organisationsstruktur eines klassischen Nationalstaats zugerechnet werden zu können, werden im Kontext dieser Arbeit als quasi-staatliche Akteure bezeichnet. In diese Kategorie fallen erstens private Akteure, denen im Rahmen der Rechtsfigur der Beleihung innerhalb eines Nationalstaats oder einer subnationalen Entität Aufgaben „zur selbstständigen Erfüllung in hoheitlicher Form" (Schmidt am Busch 2007, S. 535) übertragen werden. Vor allem in den Bereichen Infrastruktur und Wirtschaftsregulierung erlebt dieses Instrument zumindest in den meisten europäischen Staaten in den vergangenen Jahren eine zunehmende Erweiterung (Schmidt am Busch 2007, S. 534–537). Zweitens können hoheitliche Aufgaben auch durch private Regulierungseinrichtungen im transnationalen Bereich wahrgenommen werden, wenngleich dies aufgrund des zwangsläufig eher freiwilligen Charakters solcher Arrangements vergleichsweise selten der Fall sein dürfte (Cafaggi et al. 2013, S. 10–11). Drittens können auch supranationale Organisationen unter dieser Kategorie subsumiert werden: Sie sind nicht einem klassischen Nationalstaat zuzurechnen, verfügen aber per definitionem über staatsähnliche Eingriffsrechte.

Rein private Akteure zeichnen sich nach dieser Klassifikation dadurch aus, dass sie weder hoheitliche Aufgaben wahrnehmen noch organisatorisch in einen Staat oder eine substaatliche Einheit integriert sind. Zu dieser Kategorie gehören so unterschiedliche Akteure wie internationale Regierungs- und Nichtregierungsorganisationen, private Unternehmen und gesellschaftliche Interessenorganisationen. Intuitiv schiene es an dieser Stelle angemessen, eine weitere Differenzierung nach der Zielsetzung des Handelns vorzunehmen, wie dies etwa Beisheim et al. (2011a, S. 15) mit ihrer Unterscheidung in privatwirtschaftliche und zivilgesellschaftliche Akteure bezwecken: Privatwirtschaftliche Akteure sind danach an der eigenen Nutzenmaximierung, zivilgesellschaftliche Akteure an der Wohlfahrt eines Kollektivs orientiert. Wie oben bereits thematisiert, ergeben sich dabei aber nicht zu überwindende Abgrenzungsprobleme, etwa im Hinblick auf die Größe des Kollektivs, dem das Handeln nützt, oder die Identifikation der tatsächlichen Handlungsmotivation. Die Grenze zwischen den beiden Akteursklassen müsste etwa zwangsläufig durch die Gruppe der Interessenorganisationen gezogen werden, von denen sich zwar einige klar der kollektiven Wohlfahrt verschrieben haben mögen, während andere die Nutzenmaximierung für eine eng begrenzte Klientel verfolgen, die aber auch eine breite Mittelgruppe aufweisen, deren Zuordnung großen Interpretationsspielräumen unterliegt.

Die von einigen Autoren konstatierte herausragende Stellung privater Unternehmen in transnationalen Koordinationsprozessen würde durch eine solche Unterscheidung ohnehin nicht gefasst. Der etwa von Ciepley festgestellte „*governmental*" (Ciepley 2013, S. 140) Charakter moderner Kapitalgesellschaften, ebenso wie die Machtposition solcher Akteure gegenüber nationalstaatlichen Regierungen, der Rothkopf dazu veranlasst, Kapitalgesellschaften als „*supercitizens*" und „*semi-states*" zu bezeichnen (Rothkopf 2012, S. 295–296), ist weniger auf die Zielsetzung, sondern vielmehr auf die Organisations- und Handlungslogik hierarchisch strukturierter Unternehmensbürokratien zurückzuführen. Diese relevantere Subdifferenzierung wurde bereits mit der Abgrenzung von kollektiven und korporativen Akteuren geleistet: Die Potenziale transnational tätiger Unternehmen beruhen zum einen auf den erheblichen ökonomischen Ressourcen und den ihnen von den nationalen Regierungen eingeräumten vertraglichen Rechten, zum anderen darauf, dass ihre Handlungsressourcen durch komplexe institutionelle Strukturen der Aufgabendelegation zentralisiert sind (Ciepley 2013, S. 141–142). Ausschlaggebend ist also der korporative Charakter im oben dargelegten Sinne.

2.4.2 Interaktionsstrukturen

Geht man davon aus, dass sich der Staat durch einen spezifischen Modus der Handlungskoordination auszeichnet, so ist für die Analyse möglicher Veränderungen in der Logik koordinierter Problemlösungsprozesse ein Konzept der Handlungskoordination zu formulieren, das vom formalen staatlichen Institutionenrahmen abstrahiert. Dies wird durch einen Fokus auf basale Interaktionsstrukturen bewerkstelligt, womit zunächst alle Formen der wechselseitigen Beeinflussung zwischen mehreren Akteuren erfasst sind. Damit lassen sich neben formalisierten auch informelle und personale Aspekte und Prozesse konzeptualisieren (Kooiman 2003, S. 12).

Formen der Handlungskoordination lassen sich auf unterschiedlichen Ebenen differenzieren und analysieren (Schimank 2002, S. 156–169): Auf der Mikroebene können individuelle Verhaltensmechanismen analysiert werden, die die Basis verschiedener Interaktionsmuster bilden. Benz und Dose (2010b, S. 252) unterscheiden in dieser Hinsicht *Nachahmung* auf Grundlage von Beobachtung, *Anpassung* auf Grundlage von Beeinflussung und *Vereinbarungen* auf Grundlage von Verhandlungen. Diese Differenzierung kann heuristisch sinnvoll sein, birgt selbst aber keinen explanativen Gehalt, da sich die Verhaltenstypen aus

Interaktionsmustern auf der Mesoebene ableiten und nicht umgekehrt. Auf dieser mittleren Ebene finden sich basale Interaktionsgefüge, auf die im Folgenden als Interaktions*formen* Bezug genommen werden soll, und die die grundlegenden Elemente der zu konstruierenden Klassifikation von Governance-Typen bilden. Auch diese Strukturen lassen sich aber, wie die weiteren Ausführungen zeigen werden, auf unterschiedlichen Generalisierungsniveaus konzeptualisieren. Auf der Makro-Ebene sind schließlich spezifische Governance-*Regime* angesiedelt, die Kombinationen der grundlegenden Interaktionsmuster darstellen (Benz u. Dose 2010b, S. 264–267; Schimank 2002, S. 168–170).

Die reale Komplexität von Koordinationsstrukturen schlägt sich in der Vielfalt der Ansätze zur Klassifikation von Interaktionsformen auf der Mesoebene nieder. So zählen Schneider u. Kenis (1996, S. 19–20) allein acht unterschiedliche Klassifikationen auf, die jeweils zwei bis sechs Typen umfassen. Dabei lässt sich ein zentraler Theoriestrang identifizieren, der von der klassischen institutionenökonomischen Dichotomie aus Markt und Organisation beziehungsweise Markt und Hierarchie (Simon 1991, S. 25–27; Williamson 1975) ausgeht, aber angesichts der hohen Zahl an Interaktionsformen, die sich keinem der beiden Typen zuordnen lassen, einen oder mehrere Zwischentypen entwirft (Powell 1990, S. 299). Seit den 1990er Jahren scheint sich dabei das Netzwerk als dritter Koordinationstypus durchgesetzt zu haben (Bevir 2009, S. 137–138; Schneider u. Kenis 1996, S. 20; Willke 2014, S. 110–113); allerdings werden mitunter eine Reihe alternativer Zwischentypen vorgeschlagen. So unterscheiden Klenk u. Nullmeier (2004, S. 27–39) Hierarchie, Markt, Netzwerk, Assoziation und Gemeinschaft, wobei eine Abgrenzung zwischen den drei letztgenannten Typen nicht ohne weiteres möglich erscheint: Zwar lässt sich die Gemeinschaft anhand des Merkmals einer affektuellen Zusammengehörigkeit von der Assoziation unterscheiden; inwieweit sich allerdings das Netzwerk, basierend auf „Vertrauen, Kooperation, Selbstverpflichtung und Verlässlichkeit" (Klenk u. Nullmeier 2004, S. 34) von diesen beiden trennscharf abgrenzen lässt, vermögen die Autoren nicht deutlich zu machen.

Problematisch an diesen Unterscheidungen ist zudem, dass sie nicht durchgängig basale Interaktionsmodi darstellen, sondern zum Teil bereits spezifische Kombinationen. So ist beispielsweise ein Markt kein grundlegender Interaktionstypus, sondern ein spezifisches Arrangement, das einerseits auf dem Wettbewerb, andererseits auf vertragsmäßigen Übereinkünften der Teilnehmer basiert. Dieser Einsicht trägt Tömmel (2008, S. 26–27) mit ihrer Untergliederung in Hierarchie, Verhandlung, Konkurrenz und Kooperation Rechnung, wobei hier wiederum die Unterscheidung zwischen Verhandlung und Kooperation undeutlich ist. Einen etwas anderen Ansatz verfolgt Lindblom (1980): Er entwirft Autorität, Tausch und Überredung als jeweilige Grundlage der idealtypischen Arrangements Staat, Markt und präzeptorales System. Während die Klassifizierung von Interaktionstypen anhand des Mediums der Interaktion einleuchtet, erscheint die eindimensionale Zuordnung von Governance-Arrangements und Interaktionsformen, wie oben bereits ausgeführt, fragwürdig.

Diese bemerkenswerte Varianz an Ansätzen verdeutlicht, dass alle Klassifikationen von Interaktionsmodi nur *eine* theoretische Reduktion der realtypisch nahezu unendlichen Vielfalt an Wechselbeziehungen zwischen individuellen und aggregierten Akteuren darstellen: *„Markets, hierarchies, and networks are pieces of a larger puzzle that is the economy"* (Powell 1990, S. 301). Die gängigen Unterscheidungen stellen auf die institutionelle Verknüpfung des Handelns verschiedener Akteure ab, orientieren sich dabei aber an realtypischen Arrangements durch den Einbezug einer Reihe von anderen Kriterien, die in entsprechenden Permutationen theoretisch zu einer unüberschaubaren Zahl an Interaktionstypen führen. Beispiele für solche Kriterien sind die normative Basis, Methoden der Konfliktresolution, Operationsmedium, Leitdifferenz oder die Struktur der Akteursbeziehungen (Powell 1990, S. 300; Willke 2014, S. 112). Angesichts der Zielsetzung einer unvoreingenommenen Analyse der Entwicklung von Koordinationsformen erscheint es aber angemessen, Interaktionsformen nicht induktiv, sondern deduktiv zu konzeptualisieren und die Typologisierung trennscharf anhand eines Kriteriums zu vollziehen.

2.4.2.1 Merkmale und Unterscheidungskriterien

Als primäres Unterscheidungskriterium dient in Rückgriff auf die gängigen Typologien und die institutionelle Grundausrichtung des Erkenntnisinteresses der strukturelle Handlungsrahmen des Akteurshandelns, genauer seine institutionelle Kopplung, die die Ausprägungen Hierarchie, Verhandlung und Wettbewerb annehmen kann. Eine *hierarchische* Anlage von Interaktionen bedeutet, dass ein Akteur im Rahmen eines Subordinationsverhältnisses innerhalb einer Institutionenstruktur einseitig das Handeln eines oder mehrerer anderer Akteure beeinflussen kann, ohne seinerseits in seinen Entscheidungen von diesen Akteuren abhängig zu sein (Börzel 2008a, S. 120–121; Scharpf 2000, S. 282). Inwieweit untergeordnete Akteure über die Optionen *exit* und *voice*[23] verfügen beziehungsweise welche Kosten diese Verhaltensweisen jeweils verursachen, hängt von der konkreten

[23] Die Handlungsmöglichkeiten von Akteuren im Falle einer verschlechterten Leistungsbewertung des jeweiligen institutionellen Interaktionsrahmens werden in Anlehnung an Hirschman (1970) systematisiert. Akteure verfügen demnach über die Möglichkeit, eine Interaktionsstruktur zu verlassen (*exit*), Änderungswünsche zu kommunizieren (*voice*) oder trotz Unzufriedenheit loyal zu bleiben (*loyalty*).

institutionellen Ausgestaltung ab. Genau eine solche wechselseitige Beeinflussung des Handelns kennzeichnet den Modus der *Verhandlung*: Bedingt durch den jeweiligen Regelungsrahmen ergeben sich für Akteure mehr oder weniger starke Anreize, nicht völlig unabhängig zu handeln. Andererseits kann aber auch kein Akteur die Entscheidungen oder Entscheidungsprämissen eines anderen einseitig bestimmen (Börzel 2008b, S. 64). Auch im Modus des *Wettbewerbs* erfolgen Entscheidungen nicht völlig unabhängig, da sich jede Aktion eines Akteurs auf die Handlungsprämissen anderer Akteure auswirkt. Allerdings erfolgt eine Anpassung innerhalb autonomer Handlungsstrukturen nicht durch direkte Kommunikation, sondern mittelbar über die Veränderung der jeweiligen Umweltbedingungen (Scharpf 2000, S. 167–168).

Unmittelbar aus der strukturellen Kopplung des Akteurshandelns ergeben sich unterschiedliche Muster der Handlungsadaption, deren Relevanz für die Funktionsweise von Governance-Arrangements unter dem Begriff der *Policy-Diffusion* gefasst werden kann. Die Konzepte Policy-Diffusion beziehungsweise Policy-Transfer werden gemeinhin mit ungesteuerten oder dezentral beeinflussten Lernprozessen in Verbindung gebracht. Den Hintergrund dieser Forschungsströmung bildet die beobachtete zunehmende Konvergenz nationaler Policies und Institutionen, die auf wachsende sozioökonomische Interdependenzen zurückgeführt wird (Dolowitz u. Marsh 2000, S. 6; Holzinger et al. 2007, S. 11–12). Allerdings beschränkt sich die Angleichung politischer Programme und Problemlösungsansätze nicht auf Nachahmungs- und Lernprozesse, sondern ist in jedem Interaktionsrahmen denkbar. In der Literatur zur Policy-Diffusion werden dabei in der Regel vier Mechanismen der Konvergenz unterschieden (Füglister 2012, S. 318–319; Holzinger et al. 2007, S. 12; Ikenberry 1990, S. 99–104):

- *Wettbewerb*: Externalitäten des Handelns eines Akteurs veranlassen einen anderen Akteur zu Anpassung seines Handelns oder mehrere Akteure passen sich ähnlichen funktionalen Zwängen an.
- *Zwang*: Ein Akteur kann eine Anpassung des Handelns eines anderen Akteurs durch direkte Weisung veranlassen.

Während die beiden vorgenannten Mechanismen eine Veränderung von Anreizstrukturen bedingen, führen die folgenden zu einer Veränderung der kognitiven Basis des Handelns:

- *Emulation/Imitation*: Ein Akteur ahmt das Handeln eines anderen Akteurs nach, ohne die zugrundeliegenden Auffassungen über die Effektivität unterschiedlicher Handlungen zu verändern, beispielsweise aufgrund der symbolischen Eigenschaften einer Policy.
- *Lernen*: Das Vorbild eines bestimmten Problemlösungsansatzes veranlasst einen Akteur, seine Auffassungen über Effektivität und Wirkungszusammenhänge unterschiedlicher Policies anzupassen.

Neben unterschiedlichen Modi der Handlungsadaption sind weitere Merkmale in die theoretische Konzeptualisierung der Interaktionsmodi zu integrieren, die für kollektive Problemlösungsprozesse von Relevanz sind. Anhand der dargestellten Modi der Diffusion von Handlungsmustern wird erstens deutlich, dass der Umgang mit *Wissen* in unterschiedlichen Interaktionskonfigurationen von zentraler Bedeutung ist. In einer komplexen und schnell evolvierenden Umwelt sind die Erlangung und Kanalisierung handlungsrelevanter Informationen essenziell für eine adäquate Reaktion auf Problemstellungen. Das Konzept der Wissensgesellschaft verweist dabei auf zwei Parameter, die den Umgang mit Wissen kennzeichnen: Erstens ist dies gerade bei sich schnell verändernden Rahmenbedingungen die Geschwindigkeit der Informationsweitergabe. Zweitens kommt es angesichts einer potenziell unendlichen Fülle an Informationen darauf an, dass Akteure genau diejenigen Informationen erhalten beziehungsweise in die Lage versetzt werden, diejenigen Informationen zu identifizieren, die für ihr Handeln relevant sind (Mackert 2006, S. 30–35; Messner 1995, S. 196–198).

Ein zweites Merkmal, das in die Konzeptualisierung von Interaktionsmodi im Hinblick auf die Regelung kollektiver Sachverhalte einfließen muss, sind die dabei entstehenden *Transaktionskosten*. Jede Koordination von Akteurshandeln ist mit Kosten verbunden: „Es liegt auf der Hand, daß reale Ressourcen erforderlich sind, um eine Institution (oder Organisation) zu schaffen, sie zu betreiben und die Einhaltung ihrer Regeln zu sichern" (Richter u. Furubotn 2003, S. 12). Diese Kosten lassen sich zum einen nach den Phasen von Entscheidungsprozessen in

- Such- und Informationskosten;
- Verhandlungs- und Entscheidungskosten;
- Überwachungs- und Durchsetzungskosten

gliedern (Richter u. Furubotn 2003, S. 41). Transaktionskosten entstehen mithin durch die Einrichtung, Benützung und Veränderung subjektiver und objektiver Institutionen (Richter u. Furubotn 2003, S. 57) sowie durch die Erlangung der dafür relevanten Informationen. Der Aufwand hierfür bezieht sich vor allem auf die Messung der Entscheidungsprämissen und Entscheidungsfolgen (Erlei et al. 2007, S. 69–70). Zum anderen können Transaktionskosten sinnvollerweise in fixe und variable Transaktionskosten unterteilt werden: Fixe Transaktionskosten entstehen durch die Aufrechterhaltung eines institutionellen Regelsystems unabhängig von Zahl und Umfang der Koordinationsprozesse, während variable Transaktionskosten im Rahmen der stattfindenden Interaktionen entstehen (Richter u. Furubotn 2003, S. 58). Transaktionskosten besitzen das Potenzial, einen Regelungsprozess zu verhindern, wenn sie die dadurch zu erwartenden Vorteile übersteigen oder der notwendige Zeitaufwand der Koordination diese verunmöglicht. Es ist davon auszugehen, dass die angesprochenen Modi der Interaktion ein jeweils eigenes Profil an Transaktionskosten aufweisen.

Ein dritter zu berücksichtigender Aspekt ist schließlich die *Verlässlichkeit der Implementation*, die letztlich ausschlaggebend für den Erfolg eines Koordinationsprozesses ist. Das Problem der konkreten Umsetzung politischer Entscheidungen genießt in der Policy-Forschung bereits seit geraumer Zeit hohe Aufmerksamkeit (Pressman u. Wildavsky 1974); gleichwohl ist das Gros der Literatur auf den institutionellen Kontext des Nationalstaats zugeschnitten und fokussiert damit vor allem eine Prinzipal-Agenten-Problematik: Gefragt wird in erster Linie, wie hierarchisch untergeordnete Ebenen zu einer adäquaten Umsetzung von Entscheidungen übergeordneter Ebenen veranlasst werden können (Meyers u. Vorsanger 2003). Aufgrund der engen Kopplung des Konzepts an eine spezifische institutionelle Ordnung ist im Folgenden für die einzelnen Interaktionsstrukturen zu spezifizieren, welche Effekte auf die Verlässlichkeit der Implementation diese erwarten lassen. Dabei kann davon ausgegangen werden, dass – bei konstanter Handlungsorientierung der implementierenden Akteure – die Verlässlichkeit eine Funktion der verfügbaren Zwangsmittel und der verfügbaren Instrumente zur Überprüfung der Implementation darstellt.

2.4.2.2 Hierarchie

Wie oben bereits kurz dargelegt, sind hierarchische Interaktionsstrukturen dadurch gekennzeichnet, dass ein Akteur aufgrund seiner Fähigkeit zur Änderung von Anreizstrukturen oder aufgrund seiner hierarchischen Autorität einseitig das Handeln eines anderen Akteurs determiniert (Scharpf 2000, S. 282). Dieses Verhältnis der Über- beziehungsweise Unterordnung ist an das Vorhandensein einer entsprechenden organisationalen Struktur gebunden. In der politischen Sphäre basiert diese Autorität in erster Linie auf Legitimität (Weber 1976, S. 822). Lindblom (1980, S. 45–46) wendet an dieser Stelle zwar ein, dass Autorität auch allein auf Gewaltanwendung und Gewaltandrohung beruhen kann, wie das Beispiel des Sowjetregimes Stalins zeigt. Willke weist allerdings darauf hin, dass physischer

Zwang nicht jedes beliebige Verhalten hervorrufen kann und in vielerlei Hinsicht anderen Möglichkeiten der Schaffung von Anreizen unterlegen ist (Willke 2014, S. 137–138). In privaten Unternehmen entsteht das auf die innerbetriebliche Struktur begrenzte Subordinationsverhältnis durch einen Arbeitsvertrag (Ciepley 2013, S. 149).

Der hierarchische Zwang bildet damit auch den zentralen Mechanismus der Handlungsadaption in hierarchischen Strukturen: Veränderungen des Problemlösungsverhaltens auf einer hierarchischen Ebene werden durch Weisung einer übergeordneten Ebene determiniert. Für eine adäquate Reaktion auf Probleme ist es daher erforderlich, dass die Akteure auf der übergeordneten Ebene über alle problemrelevanten Informationen verfügen, die auch den Akteuren auf nachgeordneten Ebenen bekannt sind (Scharpf 2000, S. 286–287). Um dies zu gewährleisten, muss eine funktionale Organisationsstruktur zwei Probleme der Kommunikation zwischen ihren Ebenen bewältigen. Erstens ist die institutionelle Kommunikationssteuerung angesichts der begrenzten Informationsverarbeitungskapazität individueller Akteure und der Tatsache, dass in einer hierarchischen Struktur die Menge der Individuen auf der jeweils übergeordneten Ebene kleiner ist als auf der untergeordneten, so anzulegen, dass eine funktionale Filterung problemrelevanter Informationen stattfindet. Zweitens muss das Prinzipal-Agenten-Problem einkalkuliert werden. In einer arbeitsteiligen hierarchischen Beziehung besteht die Gefahr, dass die besser informierten Akteure auf der unteren Ebene die Informationsasymmetrie systematisch zu ihrem eigenen Gunsten ausnutzen (Alparslan 2006, S. 19–23). Diesen Schwierigkeiten kann mit alternativen Anreizinstrumenten, insbesondere mit finanziellen Belohnungsanreizen, oft wirksamer begegnet werden als durch Zwang oder Befehl (Willke 2014, S. 138).

Hierarchisch strukturierte Institutionen können im Vergleich zu anderen Interaktionsformen Transaktionskosten einsparen, da sie die Kontrolle der Handlungen einer großen Zahl von Individuen durch vergleichsweise wenige hierarchisch übergeordnete Individuen ermöglichen. Voraussetzung dafür ist die Bildung von Organisationseinheiten mit einem jeweils zugewiesenen sachlich abgegrenzten Zuständigkeitsbereich. Die Kommunikation verläuft dabei nicht unstrukturiert zwischen allen beteiligten Akteuren oder zwischen gleichgeordneten Organisationseinheiten, sondern primär innerhalb der Organisationseinheiten und jeweils in definierten Kanälen zwischen einer Organisationseinheit und der sie kontrollierenden Instanz. Simon formuliert daher die Erfordernis der annähernden Zerlegbarkeit (*near decomposability*) von Sachverhalten: Die zentralisierte Struktur hierarchischer Organisationen ist vor allem dann effizient, wenn die bearbeitete Materie sinnvoll in Teilmengen zerlegt werden kann, für die jeweils eine organisatorische Einheit zuständig ist (Simon 2002, S. 587–588). Der Zeitbedarf hierarchischer Koordinationsprozesse variiert damit mit der Passung der Organisationsstruktur auf die Problemstruktur: Kann ein Problembereich einer existierenden Organisationseinheit mit klaren Prozeduren zugewiesen werden, so ist eine schnelle Koordination zu erwarten. Mit der Zahl der von einem Problem betroffenen Organisationseinheiten steigt allerdings auch der Zeitaufwand für die Koordination exponentiell an, da in einer rein hierarchischen Konstellation die Kommunikation immer über die unterste hierarchische Ebene erfolgt, die allen beteiligten Organisationseinheiten übergeordnet ist[24] (Messner 1995, S. 175–176).

Die Verlässlichkeit der Implementation hierarchisch getroffener Entscheidungen kann als vergleichsweise hoch gelten, da die hierarchisch übergeordneten Akteure über mehr oder weniger wirksame Zwangsmittel zur Durchsetzung der Entscheidungen verfügen. Dabei ist jedoch zu berücksichtigen, dass trotz dieser Zwangsmittel hierarchisch untergeordnete Akteure immer die strategische Option haben, entgegen der hierarchischen Weisung zu handeln. Die potenzielle Wirksamkeit der Mittel des übergeordneten Akteurs wird dabei durch die Kosten definiert, die diese für den untergeordneten Akteur verursachen. Diese können von ökonomischen Einbußen durch Strafen oder Verlust des Arbeitsplatzes bis hin zur Verletzung der körperlichen Unversehrtheit reichen. Die Überwachung der Durchsetzung steht in einem engen Zusammenhang mit dem Informationsproblem in hierarchischen Strukturen. Angesichts der Prinzipal-Agenten-Problematik benötigen hierarchische Organisationen Mechanismen zur Messung des Handelns untergeordneter durch übergeordnete Akteure; sofern dies der Fall ist, sind die Voraussetzungen für eine effektive Implementation gegeben (Hill u. Lynn 2004, S. 181).

2.4.2.3 Verhandlung[25]

In einer Konstellation der Verhandlung besitzen die beteiligten Akteure einen institutionell bedingten wechselseitigen Einfluss auf die Entscheidungen der jeweils anderen Akteure; dabei ist kein Akteur in der Lage, einseitig das Handeln eines anderen Akteurs zu determinieren. Dem Interaktionstypus der Verhandlung

---

[24] In der Realität entspricht keine Organisation diesem Idealtypus. Vielmehr bilden sich organisationsinterne und organisationsübergreifende Netzwerke, die auch in formal rein hierarchischen Settings eine funktionale Koordination über verschiedene Untereinheiten hinweg erlauben (Chisholm 1989).

[25] Der Begriff Verhandlung beschränkt sich nicht auf den im allgemeinen Sprachgebrauch damit verbundenen Prozess des *bargaining*, der einen Interessenausgleich zwischen mehreren Akteuren bewirken soll, sondern meint eine Form der institutionell bedingten Verknüpfung des Handelns verschiedener Akteure.

kommt dabei aus zwei Gründen ein besonderer theoretischer Stellenwert zu. Erstens wird wie oben erläutert eine Zunahme nichthierarchischer Interaktionen im Rahmen der Neuen Governance-Modi vermutet. Zweitens kann die Verhandlung als breiter Zwischenraum auf einem Kontinuum der direkten Interdependenz des Akteurshandelns zwischen Hierarchie und Wettbewerb konzeptualisiert werden. Daraus ist zu schließen, dass ein Großteil der realen Interaktionen in diesem Modus stattfindet, weshalb es sinnvoll erscheint, anhand der Striktheit der institutionellen Handlungskopplung verschiedene Subtypen zu differenzieren (vgl. Abb. 2.2).

Gleichwohl lassen sich einige Charakteristika identifizieren, die allen Verhandlungstypen gemein sind. Zunächst kann in einer Verhandlungskonstellation nicht davon ausgegangen werden, dass tatsächlich eine Entscheidung zustande kommt. In der Spieltheorie wird dasjenige Ergebnis, das ein Akteur durch einseitiges Handeln mindestens erreichen kann, als Nichteinigungspunkt bezeichnet: Falls eine Entscheidung unter rationalen Akteuren zustande kommt, ist diese aus einer Menge von Ergebnissen zu wählen, die für jeden der beteiligten Akteure besser als der Nichteinigungspunkt sind (Nash 1953, S. 130–131; Scharpf 2000, S. 202–203). Dies setzt allerdings voraus, dass jeder Spieler über eine wohldefinierte Nutzenfunktion verfügt, eine Annahme, die unter den Prämissen beschränkter Rationalität und unvollständiger Information als unrealistisch zu bezeichnen ist. Vielmehr ist der Nichteinigungspunkt als das Ergebnis zu konzeptualisieren, von dem ein Akteur *annimmt*, dass er es ohne Verhandlungsergebnis mindestens erreichen kann.

Die Diffusion von Problemlösungsinstrumenten erfolgt in der Verhandlung nicht im Wege eines unidirektionalen Zwangs, sondern durch wechselseitige Kommunikation. Nach der Logik der Argumentation sind dabei *bargaining* und *arguing* zu unterscheiden (Elster 2000, S. 347–348). Während *bargaining* auf Möglichkeiten der Beeinflussung der Kosten-Nutzen-Abwägungen des Gegenübers basiert und damit strukturell dem hierarchischen Zwang ähnelt, initiiert *arguing* Lernprozesse und wirkt sich damit über ein verändertes Verständnis von Kausalzusammenhängen aus. Eine Sonderform des *bargaining* ergibt sich, wenn zwei Akteure in mehreren Handlungsarenen interagieren, die sich nach den wechselseitigen strukturellen Einflussmöglichkeiten unterscheiden, und ihre Interaktionen über mehrere Arenen hinweg verkoppeln. In diesem Fall können etwa Forderungen in einer Arena mit einer symmetrischen Verhandlungskonstellation mit der Androhung hierarchischen Zwangs in einer anderen Arena verknüpft werden, wodurch dem in der zweiten Arena hierarchisch übergeordneten Akteur auch Einflusschancen in der ersten Arena erwachsen. Diese Form der strukturellen Einflussnahme wird in den folgenden Ausführungen als „Druck" bezeichnet. Da sich

Verhandlungssysteme erheblich im Hinblick auf verursachte Transaktionskosten unterscheiden können, sind pauschale Aussagen zu diesem Aspekt kaum möglich. Allerdings ist generell davon auszugehen, dass die fixen Transaktionskosten umso geringer ausfallen, je niedriger der Grad der Institutionalisierung eines Systems ist.

Der Umgang mit Wissen verweist auf ein zentrales Problem von Verhandlungsstrukturen, das Verhandlungsdilemma. Zwar können nach dem *Coase-Theorem*[26] Verhandlungen Pareto-optimale oder gar Kaldor-optimale[27] (Scharpf 1992a, S. 21) globale Wohlfahrtsergebnisse erzeugen; allerdings ist Verhandlungskonstellationen ein fundamentaler Widerspruch zwischen der kooperativen Logik der Einigung und der kompetitiven Logik der Kosten-Nutzen-Verteilung inhärent (Scharpf 2000, S. 211). Bei Verhandlungen über die Verteilung von Gütern besteht die Gefahr, dass der erste Akteur, der sich kooperativ verhält und einigungsrelevante Informationen preisgibt, übervorteilt wird. Damit ergibt sich in Verhandlungen ein struktureller Anreiz, möglichst viele Informationen vor anderen Verhandlungsteilnehmern zu verbergen, was die Informationskosten erhöht. Ein zweiter Aspekt des Verhandlungsdilemmas bezieht sich auf die vereinbarungsgemäße Implementation: In bestimmten Fällen kann es für einen Akteur rational sein, eine Vereinbarung nicht umzusetzen. Dies ist insbesondere dann der Fall, wenn er dadurch keine Nachteile aus künftigen Interaktionen zu erwarten hat (Scharpf 2000, S. 199–201). Eine entscheidende Rolle kann daher bei institutionell strukturierten Verhandlungen (vgl. Typologie unten) dem Management dieser Verhandlungen zukommen: Je höher die Zahl der beteiligten Akteure und je komplexer die behandelte Materie, desto stärker ist der Einfluss zentraler Akteure, die die Interaktionen und die behandelten Themen strukturieren, auf den Output-Erfolg der Verhandlung (O'Toole u. Meier 2010, S. 323–324).

Für eine präzisere Charakterisierung werden im Folgenden drei Subtypen unterschieden. Der engste institutionelle Rahmen besteht dabei in Zwangsverhandlungssystemen: Als solche werden institutionelle Settings mit einer direkten wechselseitigen Kopplung des Akteurshandelns und ohne die Möglichkeit des einseitigen Handelns bezeichnet. Institutionelle oder funktionale Notwendigkeiten zwingen in diesem Fall die beteiligten Akteure zur Interaktion als Voraussetzung der Zielerreichung. Von der Zwangsverhandlung ist der Typus der freiwilligen Verhandlung abzugrenzen. In diesem Modus besteht kein institutioneller

[26] Der von Ronald H. Coase (1960) formulierte Lehrsatz besagt, dass Marktteilnehmer Externalitätenprobleme durch Verhandlungen Pareto-effizient lösen können, sofern dabei keine nennenswerten Transaktionskosten anfallen.

[27] Zu den unterschiedlichen Konzepten des Wohlfahrtsoptimums vgl. Abschnitt 2.5.1.

Koordinationszwang; die Akteure verfügen über die Möglichkeit des einseitigen Handelns. Abhängig von bestehenden institutionellen Anreizen und Regeln der Interaktion sind allerdings freiwillige Verhandlungen in institutionell strukturierten Feldern[28] von solchen in unstrukturierten Feldern zu unterscheiden.[29] In strukturierten Feldern besteht trotz der Handlungsfreiheiten der Akteure ein mehr oder weniger formalisierter Regelrahmen für Entscheidungsprozesse. In unstrukturierten Feldern erfolgen die Interaktionen dagegen auf ad-hoc-Basis oder im Rahmen minimaler Institutionen.

Zwangsverhandlungen können entweder auf institutionell bedingten Einstimmigkeitserfordernissen oder auf funktionalen Notwendigkeiten beruhen. Kennzeichnend für diesen Typus ist, dass Akteure nicht über die Option des *exit* verfügen. Die invariable Zusammensetzung der Teilnehmer führt in der Regel zu vergleichsweise hohen variablen Transaktionskosten: Da Zeitaufwand und Entscheidungskosten mit zunehmender Akteurszahl exponentiell steigen, ist davon auszugehen, dass sich solche Verhandlungssysteme nur für eine begrenzte Zahl von Teilnehmern eignen. Ein wichtiger Einflussfaktor ist hierbei allerdings die Vereinbarkeit der Zielsetzungen der beteiligten Akteure: Da Akteure, deren Präferenzen nicht mit denen anderer Teilnehmer kompatibel sind, nicht über die Möglichkeit einseitigen Handelns verfügen, steigt mit abnehmender Zielkompatibilität die Blockadewahrscheinlichkeit. Die Anfälligkeit für Informationsasymmetrien bedingt zudem hohe Messkosten. Inwiefern in Zwangsverhandlungssystemen fixe Transaktionskosten anfallen, ist von der Existenz einer institutionalisierten administrativen Unterstützung abhängig. Angesichts der strukturellen Anfälligkeit für Informationsasymmetrien entspricht es der Logik institutionell bedingter Verhandlungsstrukturen mit einer hohen Wiederholungsrate ähnlicher Interaktionen, den Umgang mit Wissen institutionell zu regulieren, um die Informationskosten der einzelnen Akteure zu begrenzen. Solche Informationsroutinen bedingen eine hohe Formalisierung des Informationstransfers und beschränken zusammen mit der

---

[28] Scharpf verwendet in Anlehnung an Dahl und Lindblom den Begriff des Feldes nur für anarchische Akteurskonstellationen. Hier wird der Begriff in einem erweiterten Sinne auf alle nichthierarchischen Interaktionskonstellationen ohne institutionelle Einstimmigkeitserfordernisse bezogen.

[29] Die Übergänge zwischen den drei Subtypen sind fließend. Institutionell definierte Zwangsverhandlungssysteme lassen sich zwar noch präzise gegenüber freiwilligen Verhandlungssystemen abgrenzen; das Vorliegen funktionaler Verhandlungszwänge lässt dagegen bereits Interpretationsspielräume zu. Ähnliches gilt für den Übergang zwischen strukturierten und unstrukturierten Feldern. Hier kann die regelmäßige Wiederholung ähnlicher Interaktionen als Anhaltspunkt für die Existenz eines strukturierten Feldes dienen.

Aussicht auf künftige ähnliche Interaktionen die Kosten der Entscheidungsdurchsetzung, was eine hohe Implementationsreliabilität erwarten lässt.

Unter dem Typus der *freiwilligen Verhandlung in strukturierten Feldern* sind die meisten der im Governance-Diskurs ubiquitären *Netzwerke*[30] zu subsumieren, weshalb die folgenden Ausführungen auf die extensive Literatur zur Logik von Akteursnetzwerken zurückgreifen. Dieser Typus zeichnet sich durch eine lose institutionelle Kopplung auf Basis von Regeln, Routinen und einer hohen Interaktionsfrequenz aus, wobei die beteiligten Akteure stets über die Möglichkeit des *exit* verfügen (O'Toole 1997b; Witte et al. 2000, S. 179). Aufgrund der geringeren formalen Kopplung ist für das Funktionieren solcher freiwilliger Verhandlungen der Aufbau von Vertrauen zwischen den beteiligten Akteuren unerlässlich (6 et al. 2002, S. 118). Da dieser Zeit in Anspruch nimmt, können netzwerkartigen Koordinationsformen nur auf einer hohen Wiederholungshäufigkeit ähnlicher Interaktionen basieren (Chisholm 1989, S. 144). Eine zusätzliche Voraussetzung für die Funktionsfähigkeit von Netzwerken ist die Präsenz von Managern, die die Entwicklung und die Arbeit des jeweiligen Netzwerks vorantreiben (O'Toole 1997a, S. 125–132; Witte et al. 2000, S. 183–185).

Die Diffusion von Problemlösungsansätzen erfolgt in freiwilligen Verhandlungssystemen mangels Möglichkeiten der direkten Handlungssteuerung primär durch gezielte Lernprozesse (*arguing*) und Imitation erfolgreicher Ansätze. Dass in der Literatur zur Policy-Diffusion Netzwerke häufig als günstigste Umgebung für erfolgreiche Diffusionsprozesse erscheinen (Füglister 2012, S. 323), ist auf drei begünstigende Faktoren institutionell strukturierter freiwilliger Verhandlungssysteme zurückzuführen. Erstens trägt die Freiwilligkeit der Interaktionen dazu bei, dass flexibel zwischen erfolgreichen Instrumenten ausgewählt werden kann, wohingegen in Hierarchien und Zwangsverhandlungssystemen die Wahrscheinlichkeit vergleichsweise hoch ist, dass aufgrund unvollständiger Informationen der übergeordneten Ebene beziehungsweise im Wege von Kompromissen suboptimale Ansätze ausgewählt werden. Zweitens begünstigt die Regelmäßigkeit der

[30] Der Begriff des Netzwerks stellt ein zentrales Konzept der Diskussion um neue Governance-Modi dar und schließt sich an eine breite Forschung zu Netzwerken in der staatlichen Policy-Formulierung an (Marsh u. Rhodes 1992; Pappi 1993; Wilks u. Wright 1987). So verwendet Rhodes (1997, S. 29–33, 2007, S. 1246) den Governance- synonym mit dem Netzwerkbegriff. Vielfach wird sowohl in der klassischen Policy-Forschung als auch in der Governance-Literatur eine Bedeutungszunahme netzwerkartiger Koordination in einer immer komplexeren Systemumwelt konstatiert (O'Toole 1997b; Messner 1995). Allerdings ist darauf zu achten, nicht alle Institutionen, die von den Beteiligten oder von Forschern als „Netzwerk" bezeichnet werden unter diesem Verhandlungstypus zu subsumieren. So können sich etwa stärker institutionalisierte Netzwerke auch in die Kategorie der Zwangsverhandlungssysteme einordnen lassen.

Interaktionen Lernprozesse: Handlungsansätze verbreiten sich nicht naturwüchsig, sondern bedürfen der gezielten Verbreitung (Füglister 2012, S. 337; Mintrom 1997, S. 739–740).

Drittens wird Netzwerken ein Vorteil gegenüber anderen Interaktionsstrukturen zugeschrieben, wenn es um den Umgang mit komplexem Wissen geht: Die im Vergleich zu hierarchischen Systemen einfache Kommunikation zwischen den Beteiligten ermöglicht einen adäquaten Umgang mit so genannten *wicked problems*, also interdependenten Problemkomplexen, die von Hierarchien nicht funktional bearbeitet werden können (Kettl 2002, S. 1–5; Messner 1995, S. 175–176; O'Toole 1997b; Reinicke 1999, S. 45–46; Willke 2014, S. 67). Hinzu kommt, dass die schwache Kopplung die Beteiligung von Akteuren mit unterschiedlichen Betätigungsfeldern und Interessen[31] erlaubt und damit Wissen aus verschiedensten Quellen und Fachbereichen zusammengeführt werden kann. Zentral ist dabei allerdings das Vorhandensein entsprechender Informationssysteme, die ein Management dieser Wissensbestände ermöglichen (6 et al. 2002, S. 143–145).

Die Transaktionskosten freiwilliger Verhandlungen in strukturierten Feldern sind als moderat einzustufen. Da in der Regel kein umfangreicher organisatorischer Unterbau benötigt wird, ist davon auszugehen, dass fixe Transaktionskosten zu vernachlässigen sind. Auch variable Transaktionskosten sind nur in begrenzter Höhe zu erwarten, sofern sich zwischen den Beteiligten ein gewisses Maß an Vertrauen etabliert hat: Durch die Möglichkeit des *exit* ist die Blockadeanfälligkeit wesentlich geringer als bei Zwangsverhandlungssystemen; allerdings eignen sich freiwillige Verhandlungen aus diesem Grund auch nicht für die Lösung von Verteilungsfragen (Scharpf 2000, S. 248). Wesentliche Transaktionskosten entstehen primär in Form von Informations- und Messkosten, sofern es die Regeleinhaltung durch andere Akteure zu überwachen gilt. Aufgrund der Dauerhaftigkeit der Interaktionen und des Werts, der dem wechselseitigen Vertrauen zukommt, lassen solche Koordinationsformen eine hohe Verlässlichkeit der Implementation erwarten, sofern die beteiligten Akteure ein Interesse an künftigen Interaktionen haben, da eine Weigerung, die Verhandlungsergebnisse zu implementieren, die eigene Vertrauenswürdigkeit nachhaltig beschädigen würde.

Je geringer der Institutionalisierungsgrad einer Interaktionsstruktur, desto stärker nähern sich Verhandlungen dem Typus des Wettbewerbs an. Verhandlungen in unstrukturierten Feldern unter den Bedingungen minimaler Institutionen haben

[31] Vor allem im transnationalen Bereich ist die Zunahme netzwerkförmiger Koordination normativ konnotiert: Netzwerke sollen zum Abbau des konstatierten Demokratie- und Partizipationsdefizit transnationaler Governance beitragen (Dingwerth 2003).

damit punktuellen Charakter: Weder ist eine häufige Wiederholung einer gegebenen Verhandlungssituation gegeben, noch verfügen die beteiligten Akteure über Mittel, das Verhalten anderer Beteiligter zu kontrollieren. Diese Umfelder eignen sich daher vor allem für limitierte Interaktionen, die keinem der beteiligten Akteure langfristige Kosten verursachen und bei denen eventuelle Transaktionen in einem unmittelbaren zeitlichen Zusammenhang mit der Verhandlungsinteraktion stehen. Ein Beispiel hierfür sind Spot-Verträge, in denen der Gegenstand des Austauschs wohldefiniert ist und keine Verteilungsprobleme zu lösen sind (Scharpf 2000, S. 213). Aufgrund der sporadischen und unstrukturierten Interaktionen sind weder *arguing* noch *bargaining* in größerem Umfang möglich. Damit sind kanalisierte Lernprozesse wesentlich unwahrscheinlicher als in strukturierten Feldern mit regelmäßigen Interaktionen, weshalb Emulation als hauptsächlicher Modus der Diffusion verbleibt.

Fixe Transaktionskosten sind in unstrukturierten Feldern nicht zu berücksichtigen, weil kein Aufwand zur Aufrechterhaltung eines Regelsystems vonnöten ist. Das Fehlen eines straffen Regelungsrahmens führt allerdings dazu, dass mit wachsender Komplexität der Verhandlungsgegenstände Mess- und Durchsetzungskosten exponentiell steigen und Blockaden wahrscheinlich machen (Scharpf 2000, S. 248). Die Implementation von Verhandlungsergebnissen ist in einem institutionell unstrukturierten Umfeld nur insoweit verlässlich, als sie durch die gegebenen Rahmenbedingungen gewährleistet ist. Aus spieltheoretischer Perspektive wird ein Akteur im Fall einmaliger oder sporadischer Interaktionen die Mobilisierung von Ressourcen zur Umsetzung einer Einigung verweigern, wenn dies für ihn perzeptiv mit einem besseren Kosten-Nutzen-Verhältnis verbunden ist, da er keine Auswirkungen auf künftige Interaktionen befürchten muss. Verschärfend kommt hinzu, dass der unregelmäßige Charakter der Interaktionen die Unsicherheit über die Kosten-Nutzen-Strukturen der jeweils anderen Verhandlungsteilnehmer erhöht. Auch können sich keine gruppenbezogenen Einstellungen und Normen entwickeln, die im Sinne einer *logic of appropriateness* eine Implementation wahrscheinlicher machen würden.

2.4.2.4 Wettbewerb[32]

Im Modus des Wettbewerbs existiert keine direkte Kommunikationsbeziehung zwischen den beteiligten Akteuren. Stattdessen erfolgen Interaktionen indirekt über die Anpassung an den Status Quo und damit an Externalitäten des Handelns anderer Akteure, deren Präferenzen allerdings nicht bekannt sind (Scharpf 2000, S. 185–187). Interaktionsfelder und Akteurkonstellationen lassen sich damit auch nicht wie im Fall der ersten beiden Strukturtypen anhand von Kommunikationsbeziehungen identifizieren. Die an einer Wettbewerbskonstellation beteiligten Akteure sind vielmehr dadurch definiert, dass ihre Handlungsprämissen in Bezug auf einen spezifischen Ressourcentypus interdependent sind. Damit ist auch die Diffusion von Problemlösungsansätzen auf die wechselseitige Anpassung an Externalitäten reduziert. Transaktionskosten und Implementation spielen in einem reinen Wettbewerb keine Rolle, weil keine kollektiv umzusetzenden Entscheidungen getroffen werden.

Diese abstrakten Erkenntnisse über den Modus des Wettbewerbs sind für die Realität indes kaum brauchbar. Zu fragen ist vielmehr, zu welchem Grad spezifische Governance-Arrangements einer Wettbewerbslogik folgen und welche Konsequenzen dies hat.

2.4.3 Governance-Regime und Akteursfunktionen

Realtypische Governance-Arrangements werden in der Regel nicht nur von einem einzigen Interaktionstypus geprägt, sondern können aus Kombinationen unterschiedlicher Interaktionsstrukturen bestehen, deren theoretische Modellierung aber aufgrund der Vielzahl an Permutationen schwierig ist (Benz u. Dose 2010b, S. 264). Zur analytischen Erfassung solcher Kombinationen kann davon ausgegangen werden, dass innerhalb eines institutionellen Arrangements verschiedene Interaktionsstrukturen in einem Subordinationsverhältnis zueinander stehen. Börzel (2008b, S. 66) verbildlicht dieses Verhältnis als „Verschachtelung“.[33] Eine

---

[32] Reiner Wettbewerb kann im Kontext der vorliegenden Studie nicht unter den zu analysierenden Governance-Modi subsumiert werden, da eine Menge unverbundener Reaktionen auf externe Gegebenheiten keinen absichtsvollen Koordinationsprozess darstellt. Allerdings können Elemente des Wettbewerbs bewusst in Regelungsprozesse integriert werden, um deren Effizienz zu steigern (Kettl 1993). So stellen Rausch u. Karplus (2014, S. 28) fest, dass marktförmige Koordinationsprozesse in der Klimapolitik unter wohlfahrtsökonomischen Gesichtspunkte die besten Ergebnisse produzieren.

[33] Börzel geht davon aus, dass Interaktionsmodi entweder in einem Rangverhältnis oder gleichgeordnet zueinander stehen können. Letztere Alternative ist allerdings schwerlich in das

Tabelle 2.2 Überblick über die Interaktionsstrukturen

		HIERARCHIE	VERHANDLUNG			WETTBEWERB
			Zwangsverhandlung	Freiwillige Verhandlung in institutionell strukturierten Feldern	Freiwillige Verhandlung in unstrukturierten Feldern	
Institutionelle Handlungskopplung (Primärkriterium)		Einseitige Abhängigkeit	Wechselseitige Abhängigkeit ohne *exit*-Option	Bedingte wechselseitige Abhängigkeit	Weitgehende Unabhängigkeit	Unabhängigkeit, indirekte Beeinflussung
Transaktionskosten	*Fix*	*Hoch:* Einrichtung, Erhaltung und Betrieb einer Organisation; Messkosten (Prinzipal-Agenten-Problem, Teamproduktion)	*Gering*	*Keine*	*Keine*	*Keine*
	Variabel	*gering*: Klar strukturierte Information, Entscheidung, Durchsetzung	*Hoch:* Hohe Entscheidungs- und Kontrollkosten; Moderate Durchsetzungskosten	*Moderat:* Moderate Entscheidungskosten aufgrund freiwilliger TN; Moderate Durchsetzungs- und Kontrollkosten	*Hoch*, mit steigender TN-Zahl und Komplexität werden Mess- und Durchsetzungskosten *prohibitiv hoch*	Prinzipiell *keine*, weil keine Transaktionen stattfinden.
Zeitbedarf		*Gering*	*Hoch* bis *sehr hoch*, abhängig von TN-Zahl und Vereinbarkeit der Zielsetzungen	*Hoch*; insbesondere dauert der Aufbau von Vertrauen	Annahme: VH-Typus ohnehin nur punktuell für begrenzte VH-Gegenstände: *Gering bis mittel*	*Gering*

(Fortsetzung)

Tabelle 2.2 (Fortsetzung)

	HIERARCHIE	**VERHANDLUNG**			**WETTBEWERB**
		Zwangsverhandlung	Freiwillige Verhandlung in institutionell strukturierten Feldern	Freiwillige Verhandlung in unstrukturierten Feldern	
Verlässlichkeit der Implementation/ Mobilisierung von Ressourcen	*Hoch bis sehr hoch*, abhängig von den verfügbaren Zwangsmitteln	*Hoch*: Beteiligung der Stakeholder an Entscheidungen und erwartete zukünftige Interdependenz	*Mittel* bis *hoch*, abhängig vom Institutionalisierungsgrad (erwartete zukünftige Interaktionen)	*Gering*	*Sehr gering*
Umgang mit Wissen	Hohe Formalisierung, starre Informationskanäle, strukturelle Informationsasymmetrie zwischen Prinzipal und Agenten	Hohe Formalisierung, Gefahr der Informationsasymmetrie	Informationen sind durch den institutionellen Rahmen sachlich strukturiert, Weitergabe flexibel	Informationsweitergabe erfolgt punktuell und zufällig; Asymmetrien fallen durch enge Definition des VH-Gegenstands nicht ins Gewicht	Zufällige Wissensaneignung
Diffusionsmechanismus	Zwang	Druck (*bargaining*), Persuasion	Persuasion	Persuasion, zufällige Lernprozesse	Externalitäten
Wohlfahrtseffekte	Abhängig von der Gemeinwohlorientierung des weisungsbefugten Akteurs	Interessensausgleich zwischen Beteiligten	Abhängig vom Verhandlungsgegenstand		Indifferenz gegenüber Gemeinwohl; Tendenz zu einer Pareto-optimalen Ressourcenallokation
Flexibilität	*Gering*	*Gering*	*Hoch*	*Hoch*	*Sehr hoch*

solche Verschachtelung von Interaktionsstrukturen kann sich sowohl innerhalb eines institutionellen Regelsystems auf die von Kiser und Ostrom (1982) entworfenen institutionellen Ebenen als auch auf das Verhältnis einander über- und untergeordneter institutioneller Arrangements beziehen.

Dies wirft die Frage auf, welche Gültigkeit die über die einzelnen Interaktionstypen getroffenen Aussagen angesichts der Kombination verschiedener Interaktionsstrukturen besitzen. Die basale Struktur der Kopplung innerhalb einer Akteurskonstellation wird durch den übergeordneten institutionellen Rahmen zwar nicht beeinflusst. Allerdings ist davon auszugehen, dass die Entscheidungen zielgerichtet handelnder Akteure von antizipieren Rückkopplungseffekten zwischen ihrem Handeln und Interaktionen auf der übergeordneten Ebene beeinflusst werden. Darüber hinaus beeinflusst die Struktur der Kombination verschiedener Interaktionsmodi auch die Performanz der institutionellen Gesamtstruktur. Welche der den Interaktionsformen zugeschriebenen Eigenschaften in einem Governance-Arrangement zur Geltung kommen, ist a priori nicht präzise zu bestimmen und hängt unter anderem vom Entscheidungsspielraum ab, den die übergeordnete Ebene der untergeordneten einräumt. Von Bedeutung ist zudem, auf welchen institutionellen Ebenen welche Interaktionsmodi angesiedelt sind. Beispielsweise ist anzunehmen, dass die Auswirkungen der Verhandlungsstrukturen inhärenten Performanzdefizite auf der *constitutional-choice*-Ebene weniger gravierend als auf der *collective-choice*-Ebene sind, da im Normalfall Entscheidungen über konstitutionelle Regeln weit weniger häufig zu treffen sind als solche innerhalb dieser Regeln.

In der vorzufindenden Governance-Literatur ist eine solche Konstellation am besten anhand von *Verhandlungen im Schatten der Hierarchie* (Benz u. Dose 2010b, S. 264–265; Lehmbruch 2000, S. 27; Scharpf 2000, S. 167–168) erforscht. So weist Börzel (2010, S. 198–200) darauf hin, dass Verhandlungen in der Europäischen Union vor allem im Rahmen der ehemals Ersten Säule (Europäische Gemeinschaft) häufig durch das Drohen eines hierarchischen Durchgreifens der Kommission oder des Europäischen Gerichtshofs beeinflusst werden. Dieses Einbettungsverhältnis kann Effizienzmängel der untergeordneten Interaktionsform abmildern, beispielsweise Entscheidungsblockaden oder Marktversagen, aber auch die Entscheidungen in eine bestimmte Richtung beeinflussen. Auch demokratische Legitimations- und Entscheidungsprozesse sind aus dieser

---

theoretische Modell zu integrieren: Eine Gleichordnung unterschiedlicher Entscheidungsregeln kann als gleichbedeutend mit dem Fehlen jeglicher Entscheidungsregeln und damit mit dem Fehlen einer institutionellen Regelstruktur gesehen werden.

Perspektive als Verschachtelung verschiedener Interaktionsstrukturen zu konzeptualisieren: Demokratische Mehrheitsentscheide stellen eine Sonderform der Zwangsverhandlung dar, für deren Ergebnis nicht die Zustimmung aller Beteiligten erforderlich ist. Dieser Entscheidungsform ist auf der operationalen Ebene demokratischer Staaten in der Regel eine hierarchische Durchsetzung nachgeordnet. Der Mehrheitsentscheid findet wiederum im Schatten eines Wettbewerbs zwischen Parteien oder Personen um Wählerstimmen statt. Diese Verschachtelung verleiht den Entscheidungen Legitimität und ermöglicht gleichzeitig eine effektive Implementation.

2.5 Performanz von Governance-Strukturen

2.5.1 Probleme und Problemlösung: *Output, Outcome, Impact*

Das Konzept der Governance stellt wie oben erläutert auf das funktionale Ergebnis von Steuerungsprozessen ab und ist damit inhärent an der Erfüllung von Funktionen und Lösung von Problemen orientiert (Dose 2008a, S. 79). Anders als der klassische Begriff des Regierens definiert sich Governance nicht über eine spezifische institutionelle Konfiguration, sondern über die allgemeine „*capacity to get things done*“ (Czempiel 1992, S. 250). Gegenstand der Analyse sind dann die strukturellen Bedingungsfaktoren dieser Problemlösungsfähigkeit. Den Ausgangspunkt einer solchen Analyse von Regelungsstrukturen und -prozessen muss zwingend die Definition eines zu regelnden Sachverhalts, mithin eines Problems, bilden. Diese Definition bildet den Bezugspunkt sowohl für die Auswahl der analysierten Regelungsmuster als auch für die Bewertung ihrer Performanz. Für die Beantwortung der Frage nach Zusammenhängen zwischen Governance-Modi und Problemlösungskapazität ist somit zunächst eine Präzisierung des Problembegriffs vonnöten, nicht zuletzt deshalb, weil auch die Struktur des bearbeiteten Problems Einfluss auf die Regelungsfähigkeit hat (Underdal 2002b, S. 22–23).

Der Begriff des Problems ist in der Politikwissenschaft ebenso weit verbreitet wie ambivalent konnotiert. Die wesentliche Schwierigkeit ergibt sich dabei aus dem Fehlen einer allgemein anerkannten Definition und damit verbundener systematischer Kriterien für die Analyse von Problemen (Mayntz 1987, S. 91–92). Da, wie in Abschnitt 2.2.1. ausgeführt, eine unkritische Übernahme von im politischen Prozess formulierten Problemdiagnosen als wesentlicher analytischer Schwachpunkt interpretiert werden kann, ist in der Governance-Forschung eine Reihe von Versuchen unternommen worden, zu einer systematischen Erfassung von Problemen zu gelangen. Vielversprechend erscheint dabei der Ansatz, Probleme aus wohlfahrtsökonomischer Sicht als strukturelle Hindernisse für das Erreichen eines Wohlfahrtsoptimums bei der Allokation von Gütern zu konzeptualisieren. Zwei Konzepte dominieren dabei die normative Ökonomik: Das *Pareto*-Kriterium erfordert eine Verteilung des Gesamtnutzens einer Reallokation, die keinem der beteiligten Akteure Kosten verursacht. Da nach diesem Kriterium keine Form von redistributiven Politiken als optimal für die Gesamtwohlfahrt qualifiziert werden könnte, wird häufig auf das *Kaldor-Hicks*-Kriterium zurückgegriffen: Als Kaldor-effizient kann jede Reallokation von Gütern bezeichnet werden, die es den von ihr profitierenden Akteuren theoretisch ermöglichen würde, die Verluste der anderen Akteure zu kompensieren, also einen gesamtgesellschaftlichen Überschuss generiert (Weimer u. Vining 2011, 55-59; 384-385). An dieser Stelle wird auch deutlich, dass eine normative Prägung des Problembegriffs unumgänglich ist.

Ursachen für eine suboptimale Ressourcenallokation sind erstens in der Konstellation der beteiligten Akteure, zweitens in den Charakteristika einzelner Akteure und drittens in den Charakteristika der zur Disposition stehenden Ressourcen zu suchen. In die erste Kategorie fallen *externe Effekte*, *Inkongruenzen* und *Kollektivgutprobleme* sowie Koordinationsprobleme. In ersterem Fall spiegelt das Kosten-Nutzen-Kalkül von Akteuren nicht die tatsächlichen Kosten und Nutzen ihres Handelns wieder, weil physische Zusammenhänge ihrer Kosten-Nutzen-Funktion mit denen anderer Akteure bestehen, die nicht über Marktmechanismen ausgeglichen werden (Dose 2008b, S. 141–144; Scharpf 2000, S. 125; Underdal 2002b, S. 17–19). In diesen Fällen werden Ressourcen durch den Preismechanismus nicht optimal alloziert; daher ist ein Wohlfahrtsoptimum erst sekundär durch regulierende Eingriffe möglich. *Koordinationsprobleme* liegen dann vor, wenn ein Wohlfahrtsoptimum zwar durch kooperatives Handeln erreichbar wäre, diese Kooperation allerdings Voraussetzungen unterliegt, die nichttrivial sind. In diesem Fall kann die Koordination durch die Schaffung entsprechender institutioneller Rahmenbedingungen vereinfacht werden (Scharpf 2000, S. 125; Underdal 2002b, S. 20).

Eine zweite Kategorie von Problemtypen ist durch Mängel aufseiten der beteiligten Akteure begründet, die zu suboptimalen individuellen Reaktionen auf äußere Gegebenheiten und damit zu einer suboptimalen Güterallokation führen. Ausgehend von der Frage, welche Faktoren zu einer Abweichung vom idealtypischen neoklassischen Modell vollständiger Konkurrenz führen können, unterscheidet Dose dabei Informationsmängel und Anpassungsmängel. Die vollständige Information aller Beteiligten an einem Allokationsprozess als zentrale Voraussetzung des neoklassischen Marktmodells ist in der Realität meist nicht gegeben: *Informationsmängel* können entweder in Form fehlender Informationen oder Ungewissheit – einer unklaren Situationsbewertung trotz Verfügbarkeit der notwendigen Informationen – auftreten (Dose 2008b, S. 150–153). Anpassungsmängel liegen vor, wenn beteiligte Akteure nicht in der Lage sind, schnell auf veränderte Rahmenbedingungen zu reagieren. Dies ist beispielsweise dann der Fall, wenn Anbieter auf einem Markt aufgrund des Zeitbedarfs für Produktentwicklungen nicht auf kurzfristige Nachfrageschwankungen reagieren können (Dose 2008b, S. 158–159).

Schließlich können Probleme auch in der Natur der allozierten Ressourcen wurzeln. Von Bedeutung sind hier insbesondere *Unteilbarkeiten* und *Irreversibilitäten.* Entgegen der neoklassischen Grundannahme vollständiger Konkurrenz sind manche Produktionsfaktoren und Güter nicht unbegrenzt teilbar. Die Unteilbarkeit kann am sichersten anhand der Subadditivität von Produktionsfaktoren erfasst werden: Verursacht die Produktion einer Gesamtmenge durch einen Anbieter geringere Kosten als die Produktion der entsprechenden Teilmengen durch mehrere Anbieter, liegt eine Situation vor, die häufig als natürliches Monopol bezeichnet wird und als solches eine effiziente Ressourcenallokation behindert. Irreversible Ressourcenallokationen ergeben sich primär durch den Verbrauch nicht regenerativer Güter. Solche Irreversibilitäten stellen zwar nicht notwendigerweise ein Hindernis für eine effiziente Ressourcenallokation zu einem bestimmten Zeitpunkt, wohl aber im Zeitverlauf dar (Dose 2008a, S. 84, 2008b, S. 145–146).

2.5.2 Zum Begriff der Performanz

Die Bewertung der Performanz politischer Institutionen ist eine nichttriviale Herausforderung, vor allem, weil es unterschiedliche Herangehensweisen zu vereinen gilt, die jeweils gewichtige, aber sehr verschiedene Gesichtspunkte beleuchten. Auf eine gewisse Tradition kann das von Almond und Powell formulierte Konzept der politischen Produktivität zurückblicken (Almond u. Powell 1996, S. 143–144; Schmidt, Manfred G. 2000, S. 34–35). Mit acht Dimensionen[34] ist es allerdings zu breit für eine im Rahmen dieser Studie durchführbare Performanzbewertung

[34] Almond und Powell unterscheiden drei Ebenen der Leistungsfähigkeit: System (Erhalt des politischen Systems), Prozess (Qualität der Willensbildungsprozesse), Policy (Wohlfahrt, Sicherheit, Freiheit). Auf der Systemebene bestehen die wesentlichen Leistungen in der Aufrechterhaltung und Adaption des Systems; als Leistungen auf der Prozessebene nennen die Autoren Partizipation, Regelbefolgung und Unterstützung sowie prozedurale Gerechtigkeit. Auf der Policy-Ebene sind schließlich Wohlfahrt, Sicherheit und Freiheit angesiedelt (Almond u. Powell 1996, S. 143–144). Schmidt, Manfred G. (2000) erweitert und modifiziert diese Konzeption für eine Anwendung auf die Europäische Union. Problematisch an Schmidts Hypothesen ist, dass die Leistungsfähigkeit vor allem in solchen Bereichen als schwach eingestuft wird (z.B. Wohlfahrtssicherung), in denen den Nationalstaaten eine hohe

und angesichts der Orientierung an bestimmten Problemfeldern in dieser Form auch nicht nötig. Der Nutzen des Ansatzes ist vielmehr darin zu suchen, dass er verdeutlicht, dass neben der Effektivität auch die Legitimität von Entscheidungen einen wichtigen Aspekt der Performanz darstellt. In eine ähnliche Richtung weist auch der eingangs eingeführte Ansatz von Hurrelmann et al., der den Nationalstaat des ausgehenden 20. Jahrhunderts als Orientierungsrahmen nutzt: Die Dimensionen des Territorialstaats, Rechtsstaats und Interventionsstaats können dabei als je eigene Ausprägungen der Effektivität betrachtet werden. Pierre und Peters (2005, S. 3–5) fügen der Effektivität und Legitimität die Fähigkeit zur Prioritätensetzung und die Kohärenz der formulierten Ziele als weitere Komponenten der Performanz hinzu. Diese beiden Aspekte können allerdings als eine Dimension betrachtet werden, da sie jeweils die Fähigkeit zur Bearbeitung von Zielkonflikten voraussetzen. Die zentrale Relevanz der Effektivität und Legitimität wird in allen Ansätzen deutlich; dabei sind beide Begriffe mit erheblichen konzeptionellen Schwierigkeiten behaftet (Levy et al. 1995, S. 291; Lipset 1981, S. 64).

2.5.3 Effektivität

In einer vorläufigen Annäherung kann die Effektivität institutioneller Regelsysteme definiert werden als Beitrag zur Erfüllung des Zwecks, für den die jeweilige Institution geschaffen wurde, beziehungsweise zur Lösung eines definierten Problems, das in den Sachbereich dieser Institution fällt. Eine Analyse der institutionellen Effektivität unter diesen Vorzeichen stößt allerdings auf mehrere Hürden. Erstens erscheint eine eindeutige kausale Zuordnung von Veränderungen im Zielsektor gerade in einer komplexen Umwelt schwierig, zweitens verbleibt unklar, wie mögliche unbeabsichtigte Nebeneffekte, auch in anderen Sektoren, zu berücksichtigen sind, und drittens stellt sich die Frage, in welchem Zeithorizont Effekte einbezogen werden sollen (Young 2004, S. 5–10).

Zur Differenzierung und Einordnung unterschiedlicher Konzepte der Effektivität erscheint daher die Unterscheidung von Output, Outcome und Impact[35] nützlich (Underdal 2002b, S. 5–6). Diese trägt der Erkenntnis Rechnung, dass an zwei Stellen der Wirkungskette zwischen einer Entscheidung und dem dadurch

Leistungsfähigkeit zuzuschreiben ist. In der Gesamtbetrachtung impliziert eine geringe Leistungsfähigkeit damit nicht zwangsläufig Schwächen bei der Problemlösung. Auch aufgrund dieser theoretischen Schwachstelle wird auf eine weitere Verwendung dieser Konzeption im Folgenden verzichtet.

[35] Die Unterscheidung wurzelt in der Systemtheorie Eastons (1965, S. 27–28), der politische Systeme als Reiz-Reaktions-Funktionen konzeptualisiert.

bewirkten Beitrag zu einer Problemlösung mögliche intervenierende Faktoren zu berücksichtigen sind: Erstens folgt aus dem Treffen einer Entscheidung (*Output*) nicht zwangsläufig, dass diese auch in konkrete Verhaltensänderungen übersetzt wird; diese Umsetzung wird als *Outcome* bezeichnet. Zweitens liegen jeder Entscheidung Annahmen über Kausalzusammenhänge zwischen dem angestrebten Outcome und prognostizierten Auswirkungen auf den Zielsektor, dem *Impact*, zugrunde. Je komplexer die Wirkungszusammenhänge in einem Sektor, desto größer ist dabei die Unsicherheit über die Richtigkeit dieser Kausalannahmen.

Die oben eingeführte Definition der Effektivität[36] fokussiert in erster Linie das Impact, was auf den ersten Blick dem Governance-Konzept im Allgemeinen und der Fragestellung der Studie im Besonderen angemessen scheint. Allerdings birgt eine solche Herangehensweise, wie bereits angemerkt, eine Reihe von Schwierigkeiten bei der präzisen Bestimmung dieses Impacts. Aus einer methodologischen Perspektive bedeutet die Messung der Effektivität einer institutionellen Struktur, diese mit einem bestimmten Standard zu vergleichen. Im Hinblick auf die Effizienz von Regulierungen könnte dies beispielsweise die Relation von Kosten und Nutzen sein (Rausch u. Karplus 2014; Rausch u. Mowers 2014). In der Forschung zur Effektivität internationaler Regime im Umweltbereich scheint sich der Ansatz durchgesetzt zu haben, die tatsächliche Entwicklung im Zielsektor (*actual politics*, AP) zu einem kontrafaktischen Zustand in Absenz der untersuchten Problemlösungsstruktur (*no-regime counterfactual*, NR) und einem Wohlfahrtsoptimum (*collective optimum*, CO) in Bezug zu setzen (Helm u. Sprinz 2000, S. 633–637):

$$E = \frac{AP - NR}{CO - NR}$$

Diese Darstellungsweise suggeriert eine Präzision, die das Verfahren in Wirklichkeit nicht beanspruchen kann: Erstens kann das benannte Kontrafaktum nur

[36] Die folgenden Ausführungen zum Thema Effektivität stützen sich vor allem auf die Forschung zu internationalen Regimen, die sich seit den 1990er Jahren verstärkt der Frage der Effektivität dieser Institutionen zugewandt hat. Dieser Literaturstrang ist – explizit oder implizit – primär auf die Impact-Effektivität fokussiert (Helm u. Sprinz 2000; Keohane et al. 1993, S. 8; Ringquist u. Kostadinova 2005; Sprinz 2007; Underdal 2002a). Zur Frage der Impact-Effektivität kann auch auf eine breite Basis an Literatur zur Policy-Evaluation zurückgegriffen werden (Hansen 2005), auch wenn sich diese primär an politische Entscheidungsträger richtet und versucht, Empfehlungen für das jeweilige Policy-Design zu entwickeln. Die Fragestellung ist dennoch eine ähnliche, nämlich die nach der Wirksamkeit bestimmter politischer Interventionen (Stockmann u. Meyer 2010, S. 67). Beiträge zum Thema Steuerungseffektivität liefert darüber hinaus die Forschung zur staatlichen Regulierung in Industrienationen (Mayntz 1997) und Entwicklungsländern (Gisselquist u. Resnick 2014).

spekulativ zustande kommen; für eine gesicherte Bestimmung wäre eine genaue Kenntnis und Gewichtung aller Einflussfaktoren auf den interessierenden Zustand sowie ihres Zusammenwirkens vonnöten (Wälti 2004, S. 609), was nur in den wenigsten Fällen realistisch erscheint. Zweitens existiert – wie weiter oben bereits angeführt – kein allgemein anerkanntes Konzept eines Wohlfahrtsoptimums. Drittens erscheint fraglich, ob diese Größen regelmäßig in einer Weise zu quantifizieren sind, die sinnvolle Vergleiche über verschiedene institutionelle Strukturen und Zeitpunkte hinweg erlaubt. Neben diesen Messproblemen ergibt sich eine weitere Schwierigkeit bei der Vergleichbarkeit der Ergebnisse: Die Effektivität der Problemlösung wird nicht nur von der institutionellen Problemlösungsstruktur, sondern auch von der Struktur des jeweiligen Problems beeinflusst (Grande 2011, S. 70–72; Underdal 2002b).

Angesichts der methodischen Herausforderungen und Unwägbarkeiten, die mit dem zweifelsohne respektablen Versuch verbunden sind, die Effektivität von Regelungsstrukturen im Hinblick auf ihr Impact zu vergleichen, stellt sich die Frage nach einer alternativen Herangehensweise. Das günstigste Verhältnis zwischen analytischem Aufwand und Ertrag scheint dabei bei der Untersuchung des Outputs zu bestehen: Diese bietet den Vorteil, dass für die Analyse von Entscheidungen und Instrumenten (vgl. dazu Abschnitt 2.5.5) etablierte Kriterien zur Verfügung stehen, wenn auch Vergleiche über verschiedene Rechtssysteme hinweg besonderer Sorgfalt bedürfen. Das Output einer institutionellen Struktur lässt sich anhand der Häufigkeit und Dauer von Entscheidungsprozessen sowie an der Bindungswirkung der getroffenen Entscheidungen bewerten. Dabei ist davon auszugehen, dass Zusammenhänge dieser Komponente der Effektivität mit institutionellen Variablen deutlicher und nachvollziehbarer zu analysieren sind als dies bei der Impact-Effektivität der Fall ist (Wälti 2004, S. 609). Anhand der Bindungswirkung und Akzeptanz getroffener Entscheidungen im Kontext des rechtlichen Rahmens und bestehender Anreizstrukturen können aus der Analyse des Outputs zudem Prognosen in Bezug auf wahrscheinliche Outcomes abgeleitet werden.

2.5.4 Legitimität

Die Legitimität einer institutionellen Struktur stellt neben der Effektivität die zweite wesentliche Komponente ihrer Performanzbewertung dar und ist ebenso wie letztere mit erheblichen konzeptionellen Schwierigkeiten behaftet. Die Relevanz der Legitimität für die Gesamtbewertung der Performanz hat dabei einen doppelten normativen Charakter, erstens als Kontrapunkt zur Effektivität; zweitens als Voraussetzung ebendieser. Zum einen stellt in demokratisch verfassten

Gesellschaften die Zustimmung der von Entscheidungen Betroffenen zu diesen Entscheidungen einen eigenständigen Aspekt der Leistungsfähigkeit einer Regelstruktur dar. Zum anderen ist die Legitimität von Regelungsstrukturen auch aus einer funktionalen Perspektive positiv: „By providing justification and social support […], such beliefs will reduce the need for (and the cost of) controls and sanctions that would otherwise be needed to enforce compliance. They should be seen, therefore, as the *functional prerequisite for governments which are, at the same time, effective and liberal*" (Scharpf 2009, S. 173–174).

Die Lipset'sche Definition von Legitimität als „*capacity of the system to engender and maintain the belief that the existing political institutions are the most appropriate ones for the society*" (Lipset 1981, S. 64) verdeutlicht den evaluativen Charakter des Konzepts: Legitimität ist zwar dem Begriff nach eine Eigenschaft einer institutionellen Struktur, die dieser im Grunde aber nicht primär anhand einer Beobachtung der Struktur selbst, sondern lediglich sekundär anhand von Einstellungen der betroffenen Individuen zugeschrieben werden kann. Diese Einstellungen werden wiederum von primär beobachtbaren Eigenschaften des Untersuchungsobjekts beeinflusst. Die Vorstellung einer objektiv feststellbaren Legitimität, wie sie bei Weber (1976, S. 122) im Begriff des „Legitimitätsanspruch[s]" durchscheint, beruht auf der Tatsache, dass gesellschaftliche Leitnormen, die den „Legitimitätsglaube[n]" (Weber 1976, S. 122) der betroffenen Population prägen, eine gewisse Stabilität aufweisen (Kemper 2015, S. 157–158). Damit lassen sich jeweils für einen begrenzten zeitlichen und gesellschaftlichen Kontext vermeintlich objektive Legitimitätskriterien definieren.

Diese Quellen der Legitimität werden gemeinhin grob in Input-Legitimation und Output-Legitimation systematisiert.[37] Der Begriff der Output-Legitimität ist im Kontext der hier verwendeten Terminologie irreführend und auf alle drei genannten Aspekte der Effektivität, ins besondere aber auf Outcome und Impact zu beziehen, da diese in Form der konkreten Umsetzung von Entscheidungen unmittelbar das Handlungsumfeld der von Entscheidungen betroffenen

[37] Gelegentlich wird diese Systematik zur Trias *Input – Throughput – Output* ergänzt (Dingwerth 2003, S. 74–75; Fischer 2007, S. 336–338; Zürn 1998b, S. 233–236). Die Input-Legitimität wird aus dieser Perspektive durch die demokratische Bestimmung der Entscheidungsberechtigten gewonnen, während Throughput-Legitimität auf die partizipative Gestaltung des Entscheidungsprozesses selbst abzielt. Auf diese Subdifferenzierung der Legitimitätsquellen der Entscheidungsfindung wird im Folgenden verzichtet, weil die Aspekte nicht trennscharf voneinander abgrenzbar scheinen. Stattdessen wird mit der Dichotomie Input – Output operiert, wobei sich Input auf alle Aspekte der Entscheidungsfindung und Output auf sämtliche Entscheidungsfolgen bezieht.

Individuen beeinflussen. Die Legitimation erfolgt in diesem Fall über die Akzeptanz einer institutionellen Struktur oder einzelner Entscheidungen auf Basis perzipierter positiver Effekte. Als intersubjektiv nachvollziehbare Kriterien der Output-Legitimation bieten sich daher die bereits eingeführten Konzepte des Wohlfahrtsoptimums an.

Der Begriff der Input-Legitimität ist in der Moderne eng mit dem der Demokratie verknüpft: Im demokratischen Nationalstaat soll die Legitimität von Entscheidungen durch demokratische Institutionen wie Wahlen, erweiterte Partizipationsverfahren und Transparenzregeln sichergestellt werden. Da diese demokratische Legitimität weitgehend an staatliche Organisationsstrukturen geknüpft ist, verschärfen die oben postulierten Auflösungstendenzen die Frage der Input-Legitimation, zumal Demokratie in einem traditionellen Verständnis nur in Verbindung mit der Selbstwahrnehmung als territorial begrenztes Staatsvolk vorstellbar ist (Blatter 2000, S. 19; Kohler-Koch 1998, S. 18–19). In transnationalen Regelsystemen könnten diese Mängel an Input-Legitimität zu einer gesteigerten legitimitätstheoretischen Bedeutung der Effekte dieser Strukturen beitragen (Benz 2008, S. 40; Zürn 1998b, S. 233–234).

Da dies aber nicht a priori postuliert werden kann, muss auch die Input-Legitimität transnationaler Governance analytisch in den Blick genommen werden. Passend zu einem Begriff der Governance, der von nationalstaatlichen Regelungsstrukturen abstrahiert, ist eine Analyse transnationaler institutioneller Strukturen auch auf ein Konzept demokratischer Legitimität angewiesen, das losgelöst vom Nationalstaat gedacht wird. Das Hauptproblem bei der Formulierung eines solchen Konzepts ist dabei, wie Dingwerth (2003, S. 70) bemerkt, dass kein Konsens über die Definition demokratischer Qualität von Entscheidungsprozessen besteht. Je nach gewähltem Ansatz kann damit auch die einer Institution zugemessene Input-Legitimität deutlich variieren.

Dingwerth unterscheidet drei Denkrichtungen: Das Adjektiv „demokratisch" kann erstens auf den Aspekt der Autonomie und Selbstherrschaft bezogen werden. Demokratisch sind demnach Strukturen, in denen gewährleistet ist, dass alle von Entscheidungen betroffenen Akteure regelmäßig an diesen Entscheidungen beteiligt werden (Gbikpi u. Grote 2002, S. 23–24). Diesen Gedanken greifen auch die Konzepte einer „kosmopolitischen Demokratie" (u.a. bei Archibugi 1995, S. 128–129; Giddens 1999) auf, die die Etablierung eines globalen *demos* als Voraussetzung für legitime globale Governance begreifen. Dies kann mutatis mutandis auch auf kleinere transnationale Governance-Strukturen angewendet werden. Ein zweiter Ansatz bezieht die demokratische Legitimität primär auf die Schaffung demokratischer Verantwortlichkeit und den freien Wettbewerb im Rahmen eines Interessenpluralismus. Die Zurechenbarkeit politischer

Positionen und Entscheidungen ist dabei Funktionsvoraussetzung für demokratische Kontrolle und Interessenwettbewerb. In komplexen Mehrebenensystemen scheint dabei angesichts langer Handlungsketten und Netzwerkstrukturen die Verortung der Entscheidungsverantwortlichkeit die größte Legitimitätshürde (Grande 2000, S. 22; Héritier u. Lehmkuhl 2010, S. 69–70; Kjær 2004, S. 55–56). Von entscheidender Relevanz für die Legitimität ist damit die Transparenz von Entscheidungsprozessen gegenüber den Entscheidungsbetroffenen. Zuletzt kann die deliberative Struktur der Kommunikation als Indikator für die demokratische Legitimität herangezogen werden. Legitim sind Entscheidungen aus dieser Perspektive dann, wenn sie das Ergebnis eines verständigungsorientierten Diskurses gleichberechtigter Akteure darstellen (Fishkin 2009, S. 82–85; Habermas 1996, S. 281–284).

Abbildung 2.2 Aspekte der Performanz institutioneller Strukturen.

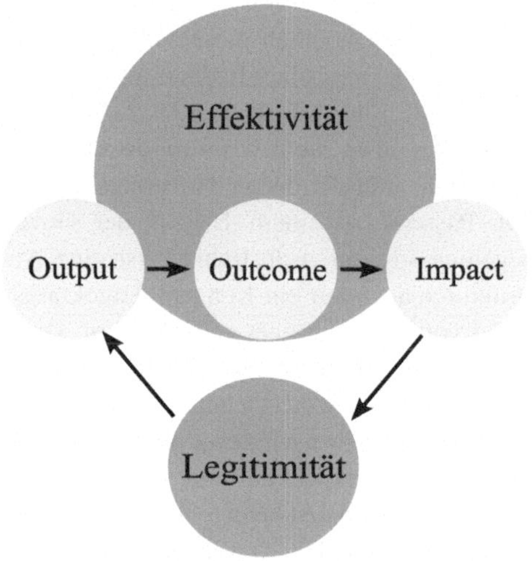

Die Performanz institutioneller Strukturen, zumal solcher im transnationalen Bereich, zeigt sich somit als Konstrukt aus vielfältigen, interdependenten und analytisch in der Summe schwer fassbaren Komponenten. Als nützlich erweist sich die Systematisierung in Output, Outcome und Impact, da diese sowohl Effektivität als auch Legitimität betrifft: Das jeweilige Output an Entscheidungen ist ebenso wie die Umsetzung dieser Entscheidungen in hohem Maße von der Legitimität abhängig. Die Umsetzung und ihre Wirkungen nehmen wiederum ihrerseits Einfluss auf die Legitimität der Entscheidungen und der betreffenden institutionellen Struktur. Bei der Analyse scheint eine Konzentration auf Entscheidungsfindung und Outputs insofern sinnvoll, als hier bei einem engen Kausalzusammenhang zwischen institutioneller Struktur und Effektivität auch vergleichsfähige Aussagen über die Input-Legitimität möglich sind. Zudem lassen sich anhand einer Output-Analyse auch die Annahmen der Governance-Theorie über die Veränderung eingesetzter Instrumente überprüfen.

2.5.5 Output: Entscheidungsfähigkeit und Instrumente

Eine Output-basierte Analyse von Governance-Strukturen kann nach zwei Komponenten gegliedert werden: Berücksichtigt werden erstens die Entscheidungsfähigkeit und zweitens die Natur der eingesetzten Instrumente. Die Entscheidungsfähigkeit lässt sich zunächst relativ einfach anhand der zeitlichen Dauer von Entscheidungsprozessen und der Zahl getroffener Entscheidungen in Relation zur Häufigkeit der Interaktionen erfassen. An dieser Stelle ist aber noch ein weiterer Aspekt von Interesse, der weiter oben bereits kurz angesprochen wurde: Die Kohärenz der innerhalb einer institutionellen Struktur formulierten Ziele. Diese ist insofern von Bedeutung, als die Ansätze zur Bearbeitung einzelner Probleme in Konflikt geraten und sich gegenseitig blockieren können, was die Gesamtperformanz des jeweiligen Governance-Arrangements zu beeinträchtigen droht (Pierre u. Peters 2000, S. 31). Theoretisch ist zu erwarten, dass in einem institutionellen Umfeld, in dem die Akteure, die jeweils mit einem abgegrenzten Problembereich befasst sind, auch zu einseitigem Handeln fähig sind, die Wahrscheinlichkeit geringer ist, dass wesentlich erhöhte Kosten für eine zusätzliche Koordination in Kauf genommen werden. Je größer also der Aufwand für die Bearbeitung von Zielkonflikten ist, desto geringer ist in freiwilligen Verhandlungskonstellationen die Wahrscheinlichkeit, dass diese tatsächlich gelöst werden. In diese Richtung deuten auch vorliegende Analyseergebnisse, die der Hierarchie eine überlegene Fähigkeit zur Gewährleistung von Zielkohärenz zuschreiben (Peters et al. 2000, S. 8; Pressman u. Wildavsky 1974, S. 102–108).

Ein zentraler Bestandteil nahezu aller Ansätze zu neuen Modi der Governance und zu Governance in Mehrebenensystemen ist darüber hinaus die Annahme einer verstärkten Abstützung auf „weiche“ im Gegensatz zu „harten“ Instrumenten. Eine systematische Unterscheidung des „Härtegrads“ von Instrumenten sucht man gleichwohl vergebens. Héritier und Lehmkuhl (2010, S. 57–58) entwerfen eine siebenteilige Klassifikation, nach der die härtesten Instrumente auf Befehl und Kontrolle, die weichsten auf der Best-Practice-Mechanismen basieren. Über die Enumeration verschiedener Beispiele geht diese Unterscheidung aber nicht hinaus. Eine andere Herangehensweise findet sich unter anderem bei Bruijn u. Hufen

(1998, S. 17–18), die nach dem Steuerungsmedium die drei Instrumententypen Regulierung, finanzielle Anreize und Informationstransfer unterscheiden. Implizit wird hier davon ausgegangen, dass Regulierung das härteste und Informationstransfer das weichste Instrument darstellen. Unklar verbleibt dann aber gerade, wie sogenannte „*soft regulations*", also nichtverbindliche Regulierungsmuster einzuordnen sind.

In der Zusammenschau wird erkennbar, worauf die Unschärfe vorliegender Konzepte harter und weicher Instrumente zurückzuführen ist: Mit der Verbindlichkeit der Entscheidungen und dem Medium der Steuerung werden häufig zwei Dimensionen vermengt, ohne dies explizit zu verdeutlichen. Damit verbleibt die analytische Erfassung der Härte von Instrumenten zwangsläufig auf einer subjektiven Ebene. Eine analytisch saubere Systematisierung ist gleichwohl nichttrivial, weil die Dimensionen nicht völlig unabhängig voneinander sind: Auch die Unterscheidung nach Steuerungsmedien enthält letztlich eine Abstufung nach Verbindlichkeit.

Tabelle 2.3 Beispiele für unterschiedliche Instrumente nach Verbindlichkeit und Steuerungsmedium

Verbindlichkeit	*Macht*	*Geld*	*Wissen*
hoch	*hard law* Gesetze Verordnungen Verträge		
↕	*soft law* Richtlinien Kooperative Normsetzung	Finanzielle Anreize und Sanktionen	
gering	Zielvereinbarungen Absichtserklärungen	Forschungsinvestitionen	Best-Practice Monitoring Beratung
	Steuerungsmedium		

Im Folgenden wird daher ein Mittelweg gewählt: Die Härte eines Instruments soll ausschließlich nach der Verbindlichkeit im Sinne der möglichen Kosten einer Nichtbefolgung der durch die Etablierung des Instruments intendierten Handlungsverläufe bestimmt werden. Zusätzlich werden die Instrumente dann nach den Steuerungsmedien Macht, Geld und Wissen differenziert (in Anlehnung an u.a. Willke 2014, S. 30–32). Zur Unterscheidung der Verbindlichkeit machtbasierter Instrumente kann auf eine breite Literatur zu *hard law* und *soft law* in den internationalen Beziehungen (Abbott et al. 2000; Abbott u. Snidal 2000; Mörth 2004; Shaffer u. Pollack 2009) zurückgegriffen werden. Als Indikatoren für die Verbindlichkeit rechtlicher Normen können neben den Sanktionsmöglichkeiten im Falle einer Nichtbefolgung die Präzision der Normen sowie die Existenz einer unabhängigen Judikative dienen (Abbott et al. 2000, S. 402–404; Mörth 2004). Je nach Ausprägung dieser Parameter deckt das Steuerungsmedium Macht die gesamte Bandbreite von harten bis weichen Instrumenten ab. Geldbasierte Instrumente können nach der oben eingeführten Definition ebenfalls erhebliche (Opportunitäts-) Kosten verursachen, reichen in ihrer Verbindlichkeit aber nicht an machtbasierte Instrumente heran, da sie im Gegensatz zur Macht nicht in die körperliche Unversehrtheit von Individuen eingreifen können. Wissensbasierte Instrumente schließlich können *per definitionem* nur weicher Natur sein, da sie keine Entscheidungen im Sinne explizit geforderter Handlungsmuster darstellen, sondern auf eine Verhaltenssteuerung durch veränderte Situationsbewertungen durch autonome Akteure abstellen. Eine geringe Verbindlichkeit ist dabei allerdings nicht automatisch mit geringer Outcome-Effektivität gleichzusetzen.

2.6 Modell transnationaler Governance im Zeitalter der Globalisierung

Die eingangs eingeführte Fragestellung nach Regelungsmustern in der Energiepolitik in der EU und Nordamerika zielt einerseits auf generelle Veränderungen der institutionellen Rahmenbedingungen politischer Koordinationsprozesse angesichts wachsender Herausforderungen für klassische Nationalstaaten, andererseits auf die Wirkung unterschiedlicher institutioneller Rahmenbedingungen für Struktur und Effektivität der Koordination im transnationalen Raum. Neben der generellen Veränderung staatlicher Problemlösungsprozesse wurde der institutionelle Überbau als zweite wesentliche Erklärungsvariable für Governance-Prozesse identifiziert. Basierend auf den vorangegangenen theoretischen Überlegungen werden diese Fragestellungen im Folgenden als Leitfaden für die empirische Analyse präzisiert und ein Modell des Regierens in transnationalen Räumen formuliert, aus dem analyseleitende Hypothesen abgeleitet werden. Entsprechend der Zweiteilung in das Postulat allgemeiner Entwicklungstendenzen und die Frage nach spezifischen Charakteristika unterschiedlich stark integrierter transnationaler Settings werden zunächst vier globale Hypothesen entworfen, bevor jeweils spiegelbildlich angelegte Hypothesen zu Bedingungen starker und schwacher Institutionalisierung aufgestellt werden.

2.6.1 Globale Entwicklungstendenzen

Die Forschung zur schwindenden Interventions- und Legitimationsfähigkeit des Staates legt nahe, dass sich der Umgang mit kollektiven Problemen in den vergangenen Jahren und Jahrzehnten gewandelt hat. Bedingt durch gesteigerten Wettbewerbsdruck gegenüber anderen Staaten – zumindest in einigen Sektoren –, die Ausdehnung von Problemzusammenhängen über nationale Grenzen hinweg, einen allgemeinen Wirksamkeitsverlust staatlicher Steuerung gegenüber einer zunehmend komplexen Gesellschaft und gewandelte Legitimitätskonzeptionen reduzieren sich staatliche Handlungsspielräume in der Gesamtschau in allen vier Dimensionen des souveränen demokratischen Rechts- und Interventionsstaats.

Falls der Staat tatsächlich an klassischer Handlungsfähigkeit eingebüßt hat, ist davon auszugehen, dass erstens staatliche Akteure versuchen, sich Handlungsspielräume zu bewahren, indem sie vor allem in transnationalen Kontexten auf alternative Koordinationsformen zurückgreifen, und zweitens private und quasistaatliche Akteure bestrebt sind, das durch den Rückzug des Staates entstehende Vakuum zu füllen, um ihren eigenen Einfluss auf Regelungsprozesse zu maximieren. Ob dieser Einfluss der Realisierung eigennütziger Interessen dient oder an einer bestimmten Konzeption des Gemeinwohls orientiert ist, ist für die strukturelle Entwicklung unerheblich. Da diese Akteure nicht a priori in eine feste hierarchische Struktur eingebunden sein können, liegt die Schlussfolgerung nahe, dass die Bedeutung von Verhandlungs- und Wettbewerbsstrukturen gegenüber herkömmlichen hierarchischen Settings zunimmt. Als erste globale Hypothese ergibt sich somit:

H_1: *Nichthierarchische Interaktionen unter Beteiligung privater oder quasistaatlicher Akteure gewinnen an Relevanz für Koordinationsprozesse.*

Logisch mit dieser Entwicklung verknüpft ist die Annahme einer wachsenden Bedeutung nichtstaatlicher Akteure. Diese kann entweder auf private Initiativen zurückgehen, die Probleme ohne staatliche Beteiligung zu lösen versuchen, oder auf der Übertragung von Hoheitsrechten auf quasi-staatliche Akteure beruhen. Der Einfluss nichtstaatlicher Akteure kann in zwei Dimensionen gemessen werden. Zum einen ist dies die Zahl nichtstaatlicher Akteure, die an Koordinationsprozessen beteiligt sind. Dieser Aspekt erscheint allerdings erst aussagekräftig, wenn er in einer Synthese mit den von diesen Akteuren wahrgenommenen Funktionen betrachtet wird. Da eine Einbindung nichtstaatlicher Akteure zur Beratung und Informationsgewinnung auch in den Standardmodellen der Interessenvermittlung im klassischen Staat enthalten ist, muss sich ein steigender Einfluss in einer wachsenden Beteiligung in den Leistungsdimensionen Macht und Geld ausdrücken, das heißt die Ressourcen oder die Zustimmung nichtstaatlicher Akteure müssen in zunehmendem Maße eine notwendige Voraussetzung für den Einsatz politischer Instrumente bilden.

***H_2**:* *Private und quasi-staatliche Akteure gewinnen an Einfluss.*

Die eingeengten Gestaltungsspielräume des Nationalstaats infolge des Bedeutungszuwachses transnationaler Problemstellungen und nichtstaatlicher Akteure dürften auch mit einer Tendenz zur Anwendung *weicher* rechtlicher sowie geld- und wissensbasierter Instrumente einhergehen. Dieses Argument basiert einerseits auf dem Fehlen einer Instanz im transnationalen Bereich, die über Kapazitäten zur Rechtsdurchsetzung und Intervention verfügen würde, die mit denen des klassischen Nationalstaats zu vergleichen wären. Durch die fehlende Möglichkeit der von einem Gewaltmonopol gedeckten Rechtsdurchsetzung oberhalb der Ebene des Nationalstaats und die kleiner werdenden Spielräume für distributive und redistributive Politiken schwinden auch die Möglichkeiten der Anwendung harter rechtlicher und umfangreicher finanzieller Instrumente.

Andererseits reduziert sich nach der Logik der Systemtheorie mit steigender Komplexität der zu steuernden Sozialsysteme ohnehin die Effektivität rein hierarchischer Steuerung, weil die Auswirkungen von Steuerungshandeln nicht präzise prognostizierbar sind. Je nach Sensibilität der zu steuernden Systeme für geld- oder wissensbasierte Anreize kann daher entsprechenden Instrumenten eine deutlich überlegene Effektivität zugeschrieben werden. Zugleich ist angesichts der eingeschränkten interventionsstaatlichen Handlungsfähigkeit im transnationalen Raum der Spielraum für geldbasierte Anreize limitiert. Folglich wird angenommen, dass staatliche, quasi-staatliche und private Akteure in transnationalen Settings vermehrt auf weniger verbindliche rechtliche sowie wissensbasierte Instrumente zurückgreifen.

***H_3**:* *Weiche und wissensbasierte Instrumente gewinnen an Bedeutung.*

Der Schwund staatlicher Steuerungsfähigkeit ist dabei keinesfalls mit einem Verschwinden des Staates gleichzusetzen. Unabhängig davon, ob neue Governance-Arrangements auf Betreiben staatlicher Akteure, losgelöst von diesen oder gar gegen diese etabliert werden, ist davon auszugehen, dass der Nationalstaat in der westlichen Welt auf absehbare Zeit eine wichtige Stellung in Regelungsprozessen einnehmen wird. Dies ist vor allem darauf zurückzuführen, dass trotz der dargestellten Verluste die Kapazitäten des demokratischen Rechts- und Interventionsstaats in keiner der vier Leistungsdimensionen von anderen Akteuren auch nur annähernd erreicht werden können, weil sie, wie eingangs ausgeführt, wesentlich von der Kombination dieser Dimensionen und der Monopolisierung von Rechtssetzung und Gewaltanwendung abhängen. Daher ist davon auszugehen, dass vor allem staatliche Prozesse der Legitimation und Implementation von Entscheidungen auch in transnationalen Governance-Arrangements von fortgesetzter Relevanz sind.

H_4: *Neue Governance-Formen ergänzen klassische staatliche Strukturen, ersetzen diese aber nicht.*

Je nach Striktheit des konstitutionellen Institutionenrahmens im transnationalen Raum und Möglichkeiten der Durchsetzung transnationaler Regeln unterscheiden sich die Interaktionsstrukturen und deren Effektivität im Rahmen von Koordinationsprozessen. Daher werden im Folgenden separate theoretische Aussagen über die Funktionslogik von Koordinationsstrukturen in transnationalen Räumen mit starker institutioneller Integration und solchen mit lediglich loser institutioneller Kopplung versucht.

2.6.2 Governance unter Bedingungen starker Institutionalisierung

Der Grad der Institutionalisierung transnationaler Regelungsprozesse spiegelt sich in der Verbindlichkeit und Präzision der Regeln für Entscheidungsprozesse. Diese Aspekte beziehen sich neben den Entscheidungsregeln (Einstimmigkeit, Mehrheitsregeln) primär auf die den beteiligten Akteuren zur Verfügung stehenden Handlungsalternativen sowie auf die Zusammensetzung der Teilnehmer und die Regelmäßigkeit der Interaktion. Von einer starken Institutionalisierung im transnationalen Bereich wird im Folgenden gesprochen, wenn einseitiges Handeln in einem Sachbereich institutionell weitgehend ausgeschlossen wird, mithin also eine hierarchische oder Zwangsverhandlungskonstellation vorliegt, und die Teilnehmer sowie der Modus von Entscheidungen präzise definiert sind. Für die Implementation dieser Entscheidungen bedarf es einer exekutiven Struktur mit ausreichender Ressourcenausstattung. Im Hinblick auf die Effektivität solcher

Strukturen ist von zwei gegenläufigen Kausalmechanismen auszugehen: Einerseits führt der Charakter eines Zwangsverhandlungssystems dazu, dass mit steigender Teilnehmerzahl und Interessendivergenz die Blockadeanfälligkeit exponentiell zunimmt. Andererseits begünstigt die Persistenz der institutionellen Struktur den Aufbau von Vertrauen, was eine Inkaufnahme vorübergehender Nachteile wahrscheinlicher macht und damit den Spielraum für eine Einigung vergrößert. Für die generelle Entscheidungsfähigkeit in dichten supranationalen Regelsystemen ergeben sich damit zwei Teilhypothesen:

H_{5a}: *Zwangsverhandlungen unter Beteiligung einer großen Zahl von Akteuren erschweren die Entscheidungsfindung.*

H_{5b}: *Die Dauerhaftigkeit und Verlässlichkeit der Interaktionsstrukturen in supranationalen Institutionensystemen erleichtern Einigungen.*

Was das Output an Entscheidungen in solchen dichten Regelstrukturen angeht, ist anzunehmen, dass dieses aufgrund der hohen Formalisierung und Regelmäßigkeit der Interaktionsbeziehungen ein hohes Maß an Verbindlichkeit entfaltet. Aufgrund der Möglichkeit der rechtlich fixierten Durchsetzung in Hierarchien oder Zwangsverhandlungssystemen ist zudem davon auszugehen, dass machtbasierte Instrumente umso bedeutender sind, desto strikter die institutionelle Regelstruktur ist. Auch negative finanzielle Anreize sind in solchen Arrangements bei ausreichenden rechtlichen Sanktionsmöglichkeiten als Instrument denkbar. Angesichts der Asymmetrie zwischen negativer und positiver Integration, die dazu führt, dass die Kapazitäten des Interventions- und Steuerstaates zwar auf nationaler Ebene abgebaut, jedoch nicht auf übernationaler Ebene aufgebaut werden, sollten die Möglichkeiten für positive finanzielle Anreize im Bereich jenseits des Nationalstaats dagegen generell limitiert sein. Da die Verhaltenssteuerung auf Basis von Wissen eher diffus erfolgt, dürfte bei Verfügbarkeit zielgenauerer Instrumente diesem Steuerungsmedium nur untergeordnete Bedeutung zukommen. Falls die supranationale Institutionenstruktur mehrere Sachbereiche abdeckt, ist darüber hinaus anzunehmen, dass die Kohärenz der formulierten Ziele vergleichsweise hoch ausfällt, weil Zielkonflikte innerhalb zusammenhängender Entscheidungsstrukturen bearbeitet werden können. Anzunehmen ist auch, dass in einem Setting mit hoher Interaktionsdichte der regelmäßige Austausch zwischen den beteiligten Akteuren wechselseitige Lernprozesse bedingt. Diese Lernprozesse stellen aber nicht die primäre Funktion dieser Arrangements dar, zumal mit zunehmender Regelungsdichte auf der Ebene der Implementation der flexible Einsatz unterschiedlicher Instrumente eingeschränkt wird. Vielmehr ist in stark institutionalisierten Strukturen der Aufbau eines gewissen gemeinsamen Wissensbestandes Voraussetzung für die primäre Regelungsleistung der jeweiligen Plattform.

H_6: *Entscheidungen im Wege supranationaler Gesetzgebung entfalten tendenziell eine hohe Verbindlichkeit. Die Instrumente zur Entscheidungsdurchsetzung basieren dabei primär auf Macht und auf negativen finanziellen Anreizen.*

H_{7a}: *Eine problembereichsübergreifende Institutionenstruktur erleichtert die funktionale Bearbeitung von Zielkonflikten.*

H_{7b}: *Die Diffusion von Ideen in Bezug auf Policy-Instrumente ist in stark institutionalisierten Strukturen Voraussetzung für die Einigung auf kollektiv verbindliche Regeln.*

2.6.3 Governance unter Bedingungen schwacher Institutionalisierung

Wendet man das formulierte theoretische Modell der Interaktionsstrukturen und Outputs auf schwach institutionalisierte Umfelder an, so spiegeln sich die Vor- und Nachteile in Bezug auf die Entscheidungsfindung in ihr Gegenteil. Ein loser Regelrahmen, der den Akteuren auch einseitiges Handeln erlaubt, verhindert hierarchische Koordination und Zwangsverhandlungen. Verhandlungsstrukturen ergeben sich demnach dann, wenn Akteure durch Koordination ein im Vergleich zu einseitigem Handeln besseres Ergebnis erwarten können. Im Umkehrschluss ist damit zu erwarten, dass Akteure auf einseitiges Handeln zurückgreifen, wenn Entscheidungsprozesse für sie dysfunktional verlaufen. Je größer die Flexibilität der Akteure, desto geringer ist die Wahrscheinlichkeit von Entscheidungsblockaden, aber auch das Bindungspotenzial des Schattens der Zukunft. Wenn eine zukünftige Kompensation unsicher ist, werden zielgerichtet handelnde Akteure auch die Inkaufnahme temporärer Nachteile scheuen. Für die Entscheidungsfähigkeit in schwach institutionalisierten Umfeldern folgen damit wiederum zwei gegenläufige Teilhypothesen:

H_{8a}: *Die mit der Freiwilligkeit von Verhandlungen einhergehende Flexibilität begünstigt die Entscheidungsfähigkeit.*

H_{8b}: *Die Instabilität der Interaktionsbeziehungen behindert die Entscheidungsfähigkeit.*

Wenn der Rahmen für eine rechtliche sanktionierte Implementation der getroffenen Entscheidungen ebenso fehlt wie auf *bargaining* basierende Druckmittel in künftigen Interaktionssituationen, existiert keine Möglichkeit, bei einer veränderten Kosten-Nutzen-Kalkulation eines Akteurs dessen Kosten einer Nicht-Implementation zu erhöhen. Damit ist anzunehmen, dass Entscheidungen in freiwilligen Verhandlungsarrangements allgemein eine geringe Verbindlichkeit aufweisen. Angesichts dieser anzunehmenden Tendenz zu weichen Instrumenten gewinnen zudem wissensbasierte Mechanismen an Attraktivität: Eine Umsetzung rechtlich nicht bindender Entscheidungen wird wahrscheinlicher, wenn sie auf dauerhaft veränderten Perzeptionen des betreffenden Akteurs beruht. Daraus ist auch zu folgern, dass die gezielte Diffusion von Innovationen eine wichtige Funktion freiwilliger Verhandlungs- und Netzwerkstrukturen bildet. Dabei ist davon auszugehen, dass für eine strukturierte Bearbeitung komplexer Wissensbestände ein Mindestmaß an institutioneller Regelung erforderlich ist. Eine funktionale Bearbeitung von Zielinkohärenzen ist in lose gekoppelten Strukturen unwahrscheinlicher, da Akteurkonstellationen fallbezogen operieren und ein Ausgleich von Vor- und Nachteilen über verschiedene Problembereiche hinweg auf ähnliche Zuverlässigkeitsprobleme stößt wie ein Ausgleich in der zeitlichen Dimension.

H_9: *Entscheidungen in freiwilligen Verhandlungsstrukturen entfalten tendenziell eine geringe Verbindlichkeit. Die Implementation der Entscheidungen wird dabei von wissensbasierten Instrumenten begleitet.*

H_{10a}: *Die hohe Flexibilität behindert die Bearbeitung von Zielkonflikten.*

H_{10b}: *Angesichts der geringen Verbindlichkeit von Entscheidungen stellt die Diffusion von Innovationen eine wesentliche Funktion von Netzwerkstrukturen dar.*

2.7 Anlage der Analyse

Die nachfolgenden Kapitel der Studie widmen sich der empirischen Überprüfung der theoretisch gewonnenen Hypothesen am Beispiel der kontinentalen Räume (West-) Europa und Nordamerika. Bevor auf den eigentlichen Kernbereich des Analyseinteresses – Governance-Strukturen und -Prozesse in der Energiepolitik – eingegangen werden kann, werden dazu zunächst die institutionellen Architekturen auf der Makroebene in diesen beiden Räumen analysiert. Die Ausführlichkeit dieses einleitenden Kapitels dient einem doppelten Zweck: Erstens soll dadurch die dem Analysekonzept zugrundeliegende Prämisse eines starken Gefälles im Institutionalisierungsgrad der beiden Regionen empirisch untermauert werden.

Zweitens dient dieses einleitende Kapitel der Analyse der Handlungsorientierungen und Natur der wichtigsten Akteure sowie der Untersuchung von allgemeinen Entscheidungsregeln, die nach einzelnen Politikfeldern abzuhandeln erhebliche Redundanzen mit sich bringen würde.

Die nachfolgenden Analysekapitel nehmen im Fall stark institutionalisierter Umfelder einzelne Entscheidungsprozesse, im Fall schwach institutionalisierter Settings hingegen meist ganze Governance-Arrangements und die damit verbundenen Koordinations- und Entscheidungsprozesse in den Blick. Diese Asymmetrie ist sowohl der Darstellbarkeit der Studie als auch den Eigenschaften der Analysegegenstände geschuldet: Im Fall des stark verregelten Systems der Europäischen Union besteht eine Interaktionsplattform mit definierten formalen Einflusspositionen und Entscheidungsmethoden weitgehend unabhängig vom thematischen Gehalt des jeweiligen Entscheidungsprozesses. Die Eigenschaften dieser Interaktionsplattform werden – wie oben erläutert – übergreifend in Abschnitt 3.1 dargestellt. Durch die starke Formalisierung dieser Verfahren lassen sich darüber hinaus einzelne Entscheidungsprozesse zumindest analytisch klar sequenzieren. Hingegen besitzen Governance-Plattformen in schwach institutionalisierten Umfeldern in der Regel eine monothematische Ausrichtung, womit eine enge Verknüpfung zwischen der institutionellen Struktur und dem Inhalt der Governance-Prozesse besteht. Zudem ist gerade im Fall schwach institutionalisierter Netzwerkstrukturen eine klare analytische Abgrenzung verschiedener Entscheidungsverfahren und Implementationsphasen in der Regel nicht möglich, da die Governance in diesen Fällen in einem kontinuierlichen Wechselspiel kommunikativen Austauschs und einseitigen Handelns besteht.

Daraus ergeben sich auch Unterschiede in der analytischen Gliederung der jeweiligen Kapitel. Am Beginn jedes Unterkapitels steht zur besseren Orientierung ein Grobüberblick über den behandelten Entscheidungsprozess oder die Governance-Plattform. In einem ersten Schritt werden anschließend Provenienz, Präferenzen, interne Kohäsion und die durch den institutionellen Rahmen bedingten Handlungsmöglichkeiten der beteiligten Akteure analysiert. Die Rekonstruktion der Ausgangspräferenzen ist erforderlich, um anschließend eine Bewertung der Durchsetzung dieser Präferenzen vornehmen zu können. Dabei ist bei kollektiven Akteuren auch die interne Kohäsion im Hinblick auf die Handlungsziele zu berücksichtigen, da eine innere Spaltung auch die Durchsetzungsmacht des jeweiligen Akteurs beeinflussen kann. Die Handlungsmöglichkeiten der einzelnen Akteure in Relation zu den anderen beteiligten Akteuren ergeben in der Gesamtschau die zugrundeliegende institutionelle Handlungskopplung. Um die im Interaktionsprozess manifestierte reale Einflusskonstellation differenziert bewerten zu können, ist in einem zweiten Schritt die Analyse der tatsächlichen

Durchsetzung der formulierten Präferenzen erforderlich. Dieser erste Analysekomplex erlaubt eine Überprüfung der Hypothesen H_1, H_2, H_7 und H_{10} (vgl. zum Überblick Tabelle 2.2, 2.3, 2.4) sowie im Kontext der anschließenden Bewertung der Entscheidungsperformanz H_5 und H_8. Gesondert betrachtet werden anschließend die Entscheidungsperformanz im Hinblick auf den beobachteten Output sowie das genutzte Dispositiv an Governance-Instrumenten, Letzteres zur Überprüfung der Hypothesen H_6 und H_9. Ein abschließender Test der globalen Hypothesen H_1 bis H_4 ist dabei erst in der Gesamtschau aller analysierten Governance-Prozesse sinnvoll möglich.

Tabelle 2.4 Überblick über die analyseleitenden Hypothesen

Hypothese	**Gegenstand**
Globale Hypothesen	
H_1	Wachsende Relevanz nichthierarchischer Interaktionen
H_2	Zunehmender Einfluss nichtstaatlicher Akteure
H_3	Wachsende Relevanz weicher Instrumente
H_4	Persistenz staatlicher Strukturen trotz neuer Governance-Modi
Governance unter Bedingungen starker Institutionalisierung	
$H_{5a/b}$	Gegenläufige Wirkungslogik: Entscheidungshürden vs. Verlässlichkeit
H_6	Tendenz zu machtbasierten Instrumenten
H_{7a}	Funktionale Bearbeitung von Zielkonflikten
H_{7b}	Policy-Diffusion als Voraussetzung für Governance
Governance unter Bedingungen schwacher Institutionalisierung	
$H_{8a/b}$	Gegenläufige Wirkungslogik: Flexibilität vs. Unsicherheit
H_9	Tendenz zu wissensbasierten Instrumenten
H_{10a}	Keine Bearbeitung von Zielkonflikten
H_{10b}	Policy-Diffusion als primäre Funktion von Governance

Institutionelle Architekturen auf transnationaler Ebene in Europa und Nordamerika

3

3.1 Die institutionelle Architektur der Europäischen Union

Will man die Evolution von Institutionen aus einer institutionalistischen Perspektive analysieren, so ist es eigentlich unumgänglich, eine übergeordnete institutionelle Ebene als unabhängige Variable konstant zu halten. Diese bildet den Regelungsrahmen für die Veränderung der konstitutionellen Ebene (Kiser u. Ostrom 1982) der analysierten Strukturen. Die institutionelle Architektur der EU war im Analysezeitraum allerdings erheblichen Veränderungen unterworfen. Da diese Veränderungen bei der nachfolgenden Analyse einzelner Governance-Arrangements zu berücksichtigen sind, ist es im Folgenden erforderlich, zunächst die institutionellen Rahmenbedingungen für jeden Analysezeitpunkt zu klären und damit auch die wichtigsten Entwicklungsschritte der Europäischen Union seit Anfang der 1990er Jahre nachzuvollziehen. Von Interesse für die Analyse einzelner Governance-Komplexe in der Energiepolitik ist dabei insbesondere der Grad der Institutionalisierung von Regelungsprozessen in diesem Politikfeld sowie die institutionelle Verknüpfung von Problemlösungsprozessen über verschiedene Teilkomplexe hinweg.

Die Entwicklung der institutionellen Makro-Ebene der EU ist grob an der stufenweisen Veränderung des Vertragsrechts festzumachen. Anders als von der begrifflichen Nähe zu „gewöhnlichen" internationalen Verträgen nahegelegt, handelt es sich dabei aus funktionaler Perspektive eher um die Entwicklung einer Verfassung (Majone 1997, S. 156), wenngleich eine explizite Umwidmung an Vorbehalten in der Bevölkerung scheiterte. Diese Konstitutionalisierung des Vertragsrechts wurde seit den 1960er Jahren maßgeblich vom Europäischen

S. Haas, *Transnationale Klima- und Energie-Governance*,
Energiepolitik und Klimaschutz Energy Policy and Climate Protection,
https://doi.org/10.1007/978-3-658-35570-8_3

Gerichtshof (EuGH) befördert und kann mit der schrittweisen Zusammenführung der Gründungsverträge durch den Vertrag von Maastricht und schließlich den Vertrag von Lissabon als weitgehend abgeschlossen gelten (Schmidt 2011, S. 44–45).

Im Analysezeitraum erfolgte insgesamt eine erhebliche institutionelle Weiterentwicklung, die ab Mitte der 1990er Jahre maßgeblich von der territorialen Erweiterung der Union angetrieben wurde. Am Beginn des betrachteten Zeitraums steht der Vertrag von Maastricht, der mit der Schaffung des Vertrags über die Europäische Union erstmals einen Mantelvertrag für die bestehenden Europäischen Gemeinschaften, die neu geschaffene Gemeinsame Außen- und Sicherheitspolitik und die Zusammenarbeit in den Bereichen Justiz und Inneres bereitstellte. Das vorläufige Ende der institutionellen Entwicklung stellt der im Wesentlichen aus dem Verfassungskonvent hervorgegangene Vertrag von Lissabon dar, der die rechtliche Basis für das Institutionensystem der EU in weiten Teilen neu strukturiert.[1]

Der Vertrag über die Arbeitsweise der Europäischen Union nach Lissabon liefert erstmals eine klare Typologie der Zuständigkeiten der supranationalen Ebene. Unterschieden werden danach ausschließliche Zuständigkeiten, geteilte Zuständigkeiten und unterstützende Zuständigkeiten der Europäischen Union. Der Großteil der aufgeführten Sachbereiche ist dabei den geteilten Zuständigkeiten zugeordnet, wobei dem bereits im Vertrag von Maastricht an prominenter Stelle eingeführten Prinzip der *Subsidiarität* eine zentrale Rolle bei der Legitimation von Kompetenzzuschreibungen zukommt (Craig 2010, S. 167–173): Eine supranationale Steuerung durch EU-Gesetzgebung ist demnach an die Voraussetzung geknüpft, dass „die Ziele der in Betracht gezogenen Maßnahmen von den Mitgliedstaaten weder auf zentraler noch auf regionaler oder lokaler Ebene ausreichend verwirklicht werden können, sondern vielmehr wegen ihres Umfangs oder ihrer Wirkungen auf Unionsebene besser zu verwirklichen sind“ (Art. 5 Abs. 3 EUV).[2]

[1] Einen kompakten Überblick über die Entwicklung des Vertragsrechts bieten neben anderen Nugent (2010, S. 55–80) und Wessels (2008a, S. 90–99). Ausführlicher: Craig u. Búrca (2011, S. 155–215).

[2] Auf die Implikationen der Zuordnung der Energiepolitik zum Bereich der geteilten Zuständigkeiten wird in Abschnitt 3.1.3. eingegangen.

3.1.1 Die Akteure

Die für Entscheidungsprozesse in der EU relevanten Akteure lassen sich nicht identifizieren, ohne in die Mühlen des alten Schulenstreits zwischen Intergouvernementalismus und Supranationalismus zu geraten. Die fachwissenschaftliche Debatte über den Charakter der EU-Organe dreht sich im Wesentlichen um die Frage, ob diese lediglich ein Vehikel zur Durchsetzung mitgliedstaatlicher Interessen darstellen – und damit nicht als eigenständige Akteure zu berücksichtigen sind – oder eben über eine eigene Handlungslogik und ein ausgeprägtes institutionelles Eigeninteresse verfügen (Cowles u. Curtis 2004). Erstgenannte Position vertritt der „liberale Intergouvernementalismus", der den europäischen Integrationsprozess als von mitgliedstaatlichen Interessen angetrieben sieht und versucht, alle Entscheidungen als Ergebnis intergouvernementaler *bargaining*-Prozesse zu erklären, wobei von einer asymmetrischen Machtverteilung zwischen den beteiligten Staaten auszugehen ist (Moravcsik 1998, S. 473; Moravcsik u. Schimmelfennig 2009, S. 70–71). In eine ähnliche Richtung zielen Verhandlungstheorien, die Politiken als Ergebnisse von Verhandlungen konzeptualisieren, deren Gesamtnutzen den Gesamtschaden übersteigt (Héritier 1995, S. 6–7) – die EU unterscheidet sich aus dieser Perspektive nicht wesentlich von anderen internationalen Regimen.

Basierend auf den theoretischen Überlegungen zur Relevanz von Institutionen wird im Folgenden eine Gegenposition eingenommen: Die durch das Vertragsrecht geschaffenen Akteure entwickeln ein jeweils eigenes Set an Präferenzen, zumindest ein gewisses institutionelles Eigeninteresse, und versuchen, diese im Policy-Prozess durchzusetzen. Diese Feststellung schließt keineswegs aus, dass die nationalstaatlichen Regierungen maßgebliche Akteure auf EU-Ebene sind, sie erfordert aber, dass für die Erklärung von Policy-Outputs die Organe der EU als unabhängige Variablen beleuchtet werden – sei es in der Rolle von Agenda-Settern, von politischen Unternehmern oder von Vetospielern (Egeberg 2006, S. 3–4; Pierson 1996). Im Folgenden wird folglich als Basis für die Analyse der Interaktionsstrukturen die Entwicklung der maßgeblichen Akteure im Hinblick auf ihre interne Handlungslogik, ihre Interessen und ihr Einflusspotenzial im Zeitverlauf skizziert.

3.1.1.1 Die Mitgliedstaaten

Die Regierungen der Mitgliedstaaten sind für Governance-Prozesse in der EU auf zwei Ebenen relevant: Zum einen bilden sie als „Herren der Verträge", mithin als Verfassungsgeber, das institutionelle Fundament der EU und definieren durch die Ausgestaltung des Vertragsrechts die institutionellen Spielregeln für die nachfolgend zu behandelnden Organe der EU. Zum anderen wirken sie in verschiedenen formellen und informellen Formen an Regelungsprozessen innerhalb dieses Institutionensystems mit. Die Staaten werden trotz mitunter differierender Präferenzen innerhalb der Exekutive oder – im Falle einer vorgeschriebenen Beteiligung des Parlaments – zwischen Exekutive und Legislative als homogene Akteure betrachtet.

Unabhängig vom analysierten Politikfeld ist den Regierungen als rationalen und eigennutzorientierten Akteuren ein Interesse an möglichst weitreichenden Kontrollpositionen im Prozess der Integration zu unterstellen (Dehousse u. Magnette 2012, S. 34). Dieses mit einer generellen Integrationsskepsis gleichzusetzen wäre insofern fehlgeleitet, als aus der Übertragung von Kompetenzen an die Organe der EU perzipierte Vorteile – sei es ökonomischer oder ideeller Natur – erwachsen, die zu einem möglichen Machtverlust ins Verhältnis zu setzen sind. Dass sich Staaten nach ihren Präferenzen in eine eher integrationsfreundliche und eine eher integrationskritische Gruppe unterteilen lassen (Dehousse u. Magnette 2012, S. 28), ist somit entweder auf eine objektiv ungleiche Verteilung der Kosten und Nutzen eines Integrationsschrittes oder auf Unterschiede in deren Bewertung zurückzuführen. Ersteres ist etwa der Fall, wenn die ökonomischen Gewinne beteiligter Staaten aus einer verstärkten Integration aufgrund unterschiedlicher volkswirtschaftlicher Strukturen oder Regulierungsniveaus differieren oder der Übertragung gleicher Kompetenzen auf die EU-Ebene ungleiche Zuwächse an Handlungsspielräumen auf der EU-Ebene gegenüberstehen (Héritier 1995, S. 6). Zweiteres speist sich aus unterschiedlichen Gewichtungen machtpolitischer, ökonomischer und ideeller Faktoren.

Im Hinblick auf die Handlungsmöglichkeiten der Mitgliedstaaten ist es sinnvoll, nach den genannten institutionellen Ebenen zu differenzieren. Bei der Entwicklung des Vertragsrechts befinden sich die Regierungen in einer Verhandlungssituation, in der sie aufgrund des herrschenden Einstimmigkeitszwangs als gleichberechtigte Vetospieler agieren. Ein Verlassen und damit eine Blockade der Verhandlung führt zum Fortbestand des Status quo ante (Beach 2005, S. 29–30). Potenziell sind in dieser Verhandlungskonstellation alle Ergebnisse denkbar; je größer die Zahl der Mitgliedstaaten und je diverser die Präferenzen, desto geringer sind allerdings die Spielräume für eine Abweichung vom bestehenden Vertragsrecht, womit eine erhebliche institutionelle Pfadabhängigkeit naheliegt.

Innerhalb der EU-Organe üben die Mitgliedstaaten zwar auch an verschiedenen Punkten Einfluss aus, sind hier aber an die von ihnen selbst erlassen institutionellen Rahmenbedingungen gebunden. Die zentralen institutionellen Ansatzpunkte für mitgliedstaatlichen Einfluss sind der Europäische Rat (ER) und der Rat der EU; die institutionellen Rahmenbedingungen für die Interessendurchsetzung der einzelnen Mitgliedstaaten haben sich dabei in beiden Organen im Verlauf des Analysezeitraums erheblich verändert. Die formale Institutionalisierung des Europäischen Rates erfolgte zwar erst vergleichsweise spät im Integrationsprozess, beginnend mit der Einheitlichen Europäischen Akte (Art. 2 EEA), die ihm seit dem Vertrag von Maastricht vertragsrechtlich obliegende Aufgabe, die „allgemeinen politischen Zielvorstellungen" für die Entwicklung der EU zu definieren (Art. D EUV Maastricht) nimmt er aber seit Beginn dieses Prozesses wahr. Den Staats- und Regierungschefs ist damit die Festlegung der Rahmenbedingungen des Integrationsprozesses vorbehalten, wobei die Verhandlungen in diesem Gremium immer erstens vom Erfordernis der Einstimmigkeit und zweitens von einem informellen und offenen Gesprächscharakter geprägt waren. Letztgenannter wird durch eine strikte Abschottung von der Öffentlichkeit ebenso wie von den begleitenden Delegationen erreicht (Schoutheete 2012, S. 54). Im Verlauf des Analysezeitraums ist eine Institutionalisierung und Verstetigung der Arbeit des Europäischen Rates zu konstatieren: Seit 2002 finden die Treffen nicht mehr im Land der jeweiligen Ratspräsidentschaft, sondern in Brüssel statt; mit dem Inkrafttreten des Lissabon-Vertrags (Art. 15 Abs. 6 EUV) wurde die Präsidentschaft von der rotierenden Präsidentschaft des Rates der EU entkoppelt und die Position eines ständigen Ratspräsidenten geschaffen.

Über den Rat der EU sind die Regierungen der Mitgliedstaaten direkt und in einem formalisierten Verfahren am Gesetzgebungsprozess der Union beteiligt. Der Rat besteht gegenwärtig aus zehn verschiedenen Konfigurationen der jeweiligen Fachminister, wobei – seit der letzten Vertragsreform mit Ausnahme des Rates für Auswärtige Angelegenheiten – jeweils der zuständige Fachminister der aktuellen Ratspräsidentschaft den Vorsitz innehat (Hayes-Renshaw 2012, S. 70). Die Logik der Verhandlung in diesem Gremium hat sich durch die Einführung und sukzessive Ausweitung des qualifizierten Mehrheitsentscheids im Untersuchungszeitraum erheblich verändert.[3] Hatte Anfang der 1990er Jahre noch jeder Mitgliedstaat aufgrund des Konsensprinzips eine Vetoposition inne, ist es nunmehr möglich, Politiken auch gegen den Willen einzelner Regierungen durchzusetzen und diese im Wege der Implementation durch die Kommission hierarchisch zu einem bestimmten Verhalten zu zwingen. Ziel dieser institutionellen Reform war es, angesichts der erheblich gewachsenen Zahl an Mitgliedstaaten die Gefahr ständiger Blockaden zu bannen. Zwar ist nach wie vor das Bemühen zu beobachten, Entscheidungen durch Einstimmigkeit eine höhere Legitimität zu verleihen (Häge 2013; Mattila 2008, S. 27); gleichwohl sind die Regierungen

[3] Vgl. dazu die Ausführungen im Kapitel zum Rat der EU.

nunmehr darauf angewiesen, Koalitionen mit Gleichgesinnten zu bilden, wenn sie eine bestimmte Politik zuverlässig verhindern wollen.

In der Gesamtschau sind die Regierungen der Mitgliedstaaten damit nach wie vor die prägenden Akteure, die in ihrer Gesamtheit die institutionelle Entwicklung der EU wie auch die Entwicklung von Policies in einzelnen Sektoren lenken können. Neben der Beteiligung an den formal intergouvernementalen Organen nehmen die Regierungen auch über die Besetzung der Kommission und der Spitzen der EU-Bürokratie sowie durch die Beschickung von Fachausschüssen im Rahmen der Komitologie Einfluss auf die Politikformulierung auf EU-Ebene (Plechanovová 2013). Zusätzliche inhaltliche Gestaltungsmöglichkeiten in Bezug auf die Politiken der gesamten Union bieten sich der jeweils amtierenden Ratspräsidentschaft.[4] Nichtsdestotrotz sehen sich die Staaten in ein zunehmend engeres institutionelles System eingebunden, das ihre Handlungsspielräume vor allem in solchen Fällen signifikant einschränkt, in denen Uneinigkeit zwischen den beteiligten Staaten herrscht (Franchino 2006, S. 194).

3.1.1.2 Subnationale Einheiten

Neben den Zentralregierungen der Mitgliedstaaten versuchen auch subnationale Einheiten, Einfluss auf die Politikgestaltung auf EU-Ebene zu nehmen; immerhin wird ein Großteil der EU-Politiken unterhalb der nationalen Ebene implementiert. Als Repräsentationsorgan der subnationalen Ebene dient der 1994 geschaffene Ausschuss der Regionen. Er umfasst 350 Vertreter von Regionen und Kommunen, die für jeweils fünf Jahre vom Rat auf Vorschlag der Kommission ernannt werden (Art. 305 AEUV). Stellungnahmen werden vom Plenum mit einfacher Mehrheit verabschiedet (Art. 22 GO COR) und anschließend den Organen der EU übermittelt. Da der Ausschuss der Regionen im System der EU explizit nur eine beratende Funktion (Art. 300 AEUV) wahrnimmt, haben diese Stellungnahmen keinerlei formale Verpflichtungswirkung für die anderen beteiligten Akteure. Da die Einrichtung des Ausschusses aber der Notwendigkeit einer verbesserten Legitimation der Entscheidungen auf EU-Ebene geschuldet war, wäre es auch widersinnig, dessen Stellungnahmen völlig zu ignorieren (Perathoner 2016, S. 59). Insofern wird der Einfluss dieser Stellungnahme auf die Politikentwicklung im Einzelfall zu analysieren sein. Zwar stehen den Vertretern der Gebietskörperschaften innerhalb des jeweiligen Nationalstaats unterschiedliche Wege der indirekten

[4] Seit der Etablierung des sogenannten Trio-Formats 2006 ist auch die Regierung, die jeweils die Ratspräsidentschaft innehat, nicht mehr völlig frei beim Setzen inhaltlicher Schwerpunkte. Stattdessen wird, um eine gewisse Kontinuität zu gewährleisten, von jeweils drei Mitgliedstaaten, die nacheinander die Präsidentschaft stellen, eine Agenda für 18 Monate erarbeitet (Batory u. Puetter 2013).

Einflussnahme auf die Gestaltung von EU-Politiken zur Verfügung; im Sinne der analytischen Handhabbarkeit werden die Mitgliedstaaten aber als aggregierte Akteure betrachtet.

3.1.1.3 Die Organe der EU

3.1.1.3.1 Die Europäische Kommission

In einschlägigen Einführungswerken wird gemeinhin nicht versäumt, auf den einzigartigen Charakter der Kommission hinzuweisen: „*The European Commission may be the strangest administration ever created*" (Peterson 2012, S. 96). Im Hinblick auf ihre Handlungslogik scheint sich die Kommission allerdings nicht erheblich von nationalen Exekutiven zu unterscheiden, obgleich sich ihre Konstruktion auch an der Struktur der Sekretariate internationaler Organisationen orientiert (Dehousse 2011b, S. 5; Hooghe u. Kassim 2012, S. 176–177): An der Spitze der Kommission steht ein nach fachlichen Ressorts gegliedertes politisches Kollegium aus Kommissaren, dem der Kommissionspräsident vorsteht; diesem nachgeordnet ist ein zumindest de jure zu politischer Neutralität verpflichteter Verwaltungsapparat (Egeberg 2006, S. 1–2).

Der *Kommissionspräsident* nimmt dabei aus mehreren Gründen eine herausgehobene Position ein. Erstens kommt ihm seit dem Vertrag von Lissabon auch formal das Recht zu, die „Leitlinien" (Art. 17 Abs. 6 Buchst. a EUV) für die Aufgabenwahrnehmung der Kommission festzulegen. Zweitens definiert er traditionell die Ressorts für die Mitglieder der Kommission; explizit wurde ihm dieses Recht aber erst durch den Lissabon-Vertrag zugeschrieben (Art. 17 Abs. 6 Buchst. b EUV). In jüngster Zeit deutet die Ressortverteilung darauf hin, dass es den Kommissionspräsidenten Barroso, Juncker und zuletzt von der Leyen gelungen ist, sich auch faktisch dem Druck der großen Mitgliedstaaten zu widersetzen, ihren Kommissaren besonders einflussreiche und prestigeträchtige Ressorts zu verschaffen.[5] Drittens verfügt der Kommissionspräsident mit der Leitung des Generalsekretariats über erhebliche administrative Ressourcen, die vor allem zur horizontalen Koordination der Arbeitsbereiche eingesetzt werden (Nugent 2010, S. 112). Nicht zu vernachlässigen ist schließlich das symbolische Gewicht des Amtes, das sich einerseits aus der Sichtbarkeit des Kommissionspräsidenten, andererseits aus der

[5] Im Kollegium Ursula von der Leyens kommen die drei mit umfangreichen Ressorts ausgestatteten exekutiven Vizepräsidenten nicht aus großen Mitgliedstaaten; allerdings beinhaltet das Personalpaket, das erst zum Vorschlag von der Leyens als Kommissionspräsidentin führte, EU-Spitzenposten für Deutschland (Kommissionspräsidentin), Frankreich (EZB-Präsidentin), Italien (Parlamentspräsident) und Spanien (Außenbeauftragter) (Beisel u. Kolb 03.07.2019).

seit dem Vertrag von Maastricht schrittweise gestärkten demokratischen Legitimation speist. Diese ergibt sich formal primär aus dem aufgewerteten Wahlrecht des Parlaments. Eine zusätzliche Stärkung des Amtes durch eine Personalisierung der Wahlen zum Parlament durch Spitzenkandidaten[6] für den Posten des Kommissionspräsidenten wurde nach den Europawahlen 2019 von den Staats- und Regierungschefs der Mitgliedstaaten abgewendet. Historisch zeigt sich die Bedeutung des Kommissionspräsidenten an prägenden Figuren wie Jean Monnet, Walter Hallstein und Jacques Delors, die – unter jeweils günstigen externen Bedingungen – den institutionellen Entwicklungsprozess der EU maßgeblich gestaltet haben (Nugent 2010, S. 136; Peterson 2012, S. 98–101).

Das *Kollegium der Kommissare* nimmt eine Mittelstellung zwischen supranationaler und intergouvernementaler Logik ein: Zwar fungieren die Kommissare nach Art. 17 Abs. 3 EUV nicht als Vertreter ihres Herkunftsstaates und sind formal völlig unabhängig, schon Art. 17 Abs. 5 fordert aber, dass „das demografische und geografische Spektrum der Gesamtheit der Mitgliedstaaten" durch das Kollegium angemessen repräsentiert wird. Der Gedanke der nationalen Repräsentation ist dabei keineswegs nebensächlich, sondern lässt sich bis zur Gründung der Hohen Behörde der EGKS zurückverfolgen und fand bis zur Erweiterungsrunde 2004 seinen Ausdruck darin, dass Mitgliedstaaten nach ihrer Größe einen oder zwei Kommissare in das Gremium entsenden durften (Peterson 2012, S. 97). In der Realität befinden sich die Kommissare in einem Kräftefeld zwischen den Interessen ihres jeweiligen Herkunftsstaats und denen der supranationalen Kommissionsbürokratie. Die Bindung an die Regierung des Herkunftsstaats wird überdies dadurch deutlich, dass Regierungen überwiegend Kommissare nominieren, die einer an der Regierung beteiligten Partei angehören (Wonka 2008, S. 103–105).

Eine entscheidende Funktion für die Präferenzbildung der Kommissare ist den jeweiligen Kabinetten zuzuschreiben. Jeder Kommissar verfügt über einen solchen Mitarbeiterstab aus hochrangigen Beamten, der als Brücke zwischen der Kommission und den Generaldirektionen und damit auch als Informationsfilter

[6] Basierend auf der durch den Lissabon-Vertrag etablierten Vorgabe an den Europäischen Rat, bei der Nominierung des Kommissionspräsidenten das Ergebnis der Wahlen zum Europäischen Parlament zu berücksichtigen (Art. 17 Abs. 7 EUV), stellten die größeren Parteien bei der Europawahl 2014 erstmals Spitzenkandidaten auf, wobei entgegen der Vorbehalte einiger nationaler Regierungen (Busse 06.05.2014) tatsächlich der Kandidat der konservativen Europäischen Volkspartei, Jean-Claude Juncker, zum Kommissionspräsidenten gewählt wurde. Auch bei den Wahlen 2019 wurden von den meisten im Europäischen Parlament vertretenen Parteien Spitzenkandidaten benannt, von denen jedoch keiner vom Europäischen Rat als Kommissionspräsident vorgeschlagen wurde (Beisel u. Kolb 03.07.2019).

für den jeweiligen Kommissar fungiert. Gleichzeitig führte die Besetzung mit Mitarbeitern aus demselben Mitgliedstaat wie der jeweilige Kommissar zu dem Vorwurf, die Kabinette bildeten bloße Instrumente der Einflussnahme nationaler Regierungen. Die von Romano Prodi und José Manuel Barroso unternommenen Bemühungen, die Kabinette im Hinblick auf ihrer Zusammensetzung zu diversifizieren, indem jeder Kommissar einen Kabinettschef aus einem anderen Mitgliedstaat als seinem eigenen ernennen sollte, wurden unter Jean-Claude Juncker und Ursula von der Leyen nicht weiterverfolgt (Egeberg u. Heskestad 2010; Europäische Kommission 2016a, 2019c; Peterson 2012, S. 112–115). Der Einfluss der *chefs de cabinet* ist dabei erheblich: Substanziell diskutiert werden im Kollegium der Kommissare nur Vorschläge, die nach der wöchentlichen Sitzung der Kabinettschefs noch strittig sind; alle anderen werden lediglich formell verabschiedet (Tömmel 2014, S. 148–151). In der Kommission selbst gilt das Prinzip der kollektiven Verantwortung, das ein Stück weit Schutz gegen nationalstaatliche Vereinnahmung bietet: Alle Kommissare sind verpflichtet, die Haltung der Kommission öffentlich mitzutragen. Formal kommt diese in Abstimmungen mit einfacher Mehrheit zustande; faktisch wird aber versucht, einen Konsens aller Kommissionsmitglieder zu erreichen, um keine Mitgliedstaaten zu überstimmen (Peterson 2012, S. 111; Tömmel 2014, S. 151).

Von zentraler Bedeutung für die Aufgabenwahrnehmung der Kommission ist der ihr zugeordnete *bürokratische Apparat*, der mit 26.000 Angehörigen den größten Teil der Beschäftigten der EU-Organe ausmacht. Die dauerhaft Beschäftigten werden auf Basis eines meritokratischen Systems ausgewählt, das allerdings durch die Notwendigkeit einer proportionalen Vergabe nach Mitgliedstaaten und politischer Einflussnahme der nationalen Regierungen bei der Besetzung von Spitzenpositionen eingeschränkt wird. Die Dienste sind im Gegensatz zum politischen Kollegium durch strikte Neutralität gekennzeichnet. Grundsätzlich kann von einem hohen Maß an fachlicher Kompetenz und Unabhängigkeit in der Bürokratie ausgegangen werden (Hooghe u. Kassim 2012, S. 175; Nugent 2010, S. 116). Die Verwaltung ist in Organisationseinheiten strukturiert, die zumeist unter dem Titel *Generaldirektion* firmieren und häufig dem Ressort eines Kommissars zugeordnet sind, wobei diese Kopplung nicht mit der Struktur nationaler Ministerien gleichzusetzen ist. Weil die bürokratischen Einheiten in der Regel langlebiger sind als die Amtsperioden der Kommission, kommt es je nach Ressortzuschnitt vor, dass ein Generaldirektor zwei oder gar mehreren Kommissaren berichtspflichtig ist oder auch einem Kommissar zwei oder mehrere Generaldirektoren unterstellt sind (Hooghe u. Kassim 2012, S. 181–182).

Für das Politikfeld Energie ist im Zeitverlauf eine Auffächerung der Organisationsstruktur zu konstatieren, bedingt einerseits durch die wachsende Relevanz, die diesem Sachbereich zugemessen wird, andererseits durch die im Wege der Erweiterung der Union gewachsene Zahl an Kommissaren. Über den gesamten Untersuchungszeitraum hinweg spiegeln sich die Bereiche Wettbewerb, Umwelt, Energie und Verkehr sowohl in der Einteilung der Portfolios als auch in der Verwaltungsstruktur: Für Umwelt[7] (DG ENV) und Wettbewerb (DG COMP) waren durchgängig jeweils eine eigene Generaldirektion und ein eigener Kommissar zuständig. Die Bereiche Verkehr und Energie lagen in den Kommissionen Delors III, Santer und Prodi (1993-2004) in der Zuständigkeit jeweils eines einzigen Kommissars; seit 2004 sind diese Zuständigkeitsbereiche getrennt. Anfang 2010 wurde auch die bis dahin noch existierende Generaldirektion Verkehr und Energie (DG TREN) in die Generaldirektionen Mobilität und Verkehr (DG MOVE) und Energie (DG ENER) aufgeteilt. Zugleich wurden die bisher in der DG ENV für die Klimapolitik zuständigen Direktorate sowie einige Aktivitäten aus den Generaldirektionen für Außenbeziehungen sowie Unternehmen und Industrie in eine eigene Generaldirektion Klimapolitik (DG CLIMA) überführt (Europäische Kommission 2010j). Während diese Verwaltungsstruktur nach wie vor Bestand hat, veränderte sich der Ressortzuschnitt auf der Ebene der Kommissare sowohl unter Jean-Claude Juncker als auch mit dem Amtsantritt von Ursula von der Leyen: Waren DG ENER und DG CLIMA unter Juncker einem Kommissar für Energie und Klimapolitik (Miguel Arias Cañete) unterstellt, fällt die Zuständigkeit für die Klimapolitik nun in den Arbeitsbereich des exekutiven Vizepräsidenten Frans Timmermans, für Energie ist wieder eine eigene Kommissarin, die Estin Kadri Simson verantwortlich (Europäische Kommission 2019c). In der Kommission Juncker wurde mit Maroš Šefčovič zudem ein Vizepräsident für den Bereich „Energieunion" bestellt, der ohne zugeordnete größere Verwaltungseinheiten die Arbeit der Kommission im Bereich Energie koordinieren sollte. Hinter dem Projekt „Energieunion" verbarg sich dabei offenkundig die Beseitigung politischer und infrastruktureller Hürden für den seit Ende der 1980er Jahre von der Kommission angestrebten Energiebinnenmarkt (Europäische Kommission 2014m); in den Prioritäten der Kommission von der Leyen findet sich das Projekt allerdings nicht wieder.

Die formalen Handlungsspielräume der Kommission sind vergleichsweise kurz enumerativ darstellbar, die faktischen Handlungsspielräume unterliegen hingegen erstens unbestrittenermaßen konjunkturellen Schwankungen und sind zweitens

[7] In der Kommission der Periode 2019 bis 2024 ist dem Umweltkommissar Virginijus Sinkevičius zusätzlich die Generaldirektion MARE (Maritime Angelegenheiten und Fischerei) unterstellt.

Gegenstand intensiver Debatten. Die formalen Aufgaben der Kommission lassen sich grob in legislative, exekutive und repräsentative Funktionen untergliedern (Hooghe u. Kassim 2012, S. 179–181; Tömmel 2014, S. 93–94): Im Legislativprozess der EU ist die zentrale Prärogative der Kommission ihr Initiativmonopol beim Erlass von Sekundärrecht. Rat und Parlament können als gesetzgebende Organe nur tätig werden, wenn ein Vorschlag aus der Kommission vorliegt (Art. 289, 294 AEUV), allerdings können sie die Kommission zu einer entsprechenden Entwurfsvorlage auffordern (Art. 225, 241 AEUV). Die exekutiven Kompetenzen der Kommission bestehen in erster Linie in der Implementation des Sekundärrechts, wobei, wie die Ausführungen zur abgeleiteten Regelsetzung zeigen werden, diese Aktivitäten in der Realität mit substanziellen eigenen legislativen Kompetenzen einhergehen. Der Großteil der Implementationsaufgaben der Kommission bezieht sich dabei auf die Überwachung der eigentlichen Implementation in den Mitgliedstaaten; vor allem im Bereich des Wettbewerbsrechts, wo häufig eine unmittelbare Verbindlichkeit des EU-Rechts in den Mitgliedstaaten gewährleistet ist, ist die Kommission auch direkt für die Umsetzung verantwortlich. In den Bereich der Exekutivfunktionen fällt auch die Ahndung von Verstößen gegen das Primärrecht („Hüterin der Verträge"); die limitierten Kapazitäten der Kommission führen allerdings dazu, dass nur ein kleiner Teil der mutmaßlichen Verstöße tatsächlich vor den Europäischen Gerichtshof gelangt, während die Mehrzahl informell bereinigt wird (Hooghe u. Kassim 2012, S. 180–181). Die Funktion der externen Repräsentation der Union, die der Lissabon-Vertrag der Kommission überträgt (Art. 17 Abs. 1 EUV), beschränkt sich vor allem auf Handelsbeziehungen. Zwar wird die Kommission durch die Schaffung der Position eines Hohen Vertreters für die Außen- und Sicherheitspolitik, der zugleich einer der Vizepräsidenten der Kommission ist, institutionell enger mit der Gemeinsamen Außen- und Sicherheitspolitik verknüpft. Gleichwohl schließt der Vertrag die Gemeinsame Außen- und Sicherheitspolitik explizit von den Repräsentationsaufgaben der Kommission aus; angesichts des Charakters dieses Politikfelds als Kernbereich nationaler Souveränität ist bisher auch keine verstärkte Kohärenz in der Außenpolitik der europäischen Staaten zu konstatieren (Fröhlich 2014, S. 317–320; Missiroli 2017).

Die zweifellos schärfste Waffe der Kommission ist ihre Möglichkeit, Verstöße gegen das europäische Wettbewerbsrecht, das für Staaten und Privatrechtssubjekte unmittelbar bindend ist, festzustellen und zu ahnden. Dies geschieht in der Regel durch Abstellungs- und Verpflichtungsbeschlüsse, die zum Teil mit hohen Zwangsgeldern versehen sind, wie in den vergangenen Jahren verhängte

Milliardenstrafen etwa gegen das sogenannte LKW-Kartell oder den Suchmaschinenbetreiber Google gezeigt haben.[8] Konkret umfasst das Wettbewerbsrecht dabei vier Teilbereiche: die Kartellkontrolle, Maßnahmen gegen Monopole, die Fusionskontrolle und die Überprüfung staatlicher Beihilfen (Cini u. McGowan 2009, S. 6). Da das EU-Wettbewerbsrecht nationales Recht bricht, können diese Beschlüsse, die wettbewerbsverletzendes Verhalten entweder verhindern oder nachträglich beseitigen sollen, auch gegen den expliziten Willen einer mitgliedstaatlichen Regierung durchgesetzt werden (Mestmäcker u. Schweitzer 2014, S. 534–553). Damit besitzt die Kommission in diesem Bereich hierarchische Weisungsrechte, die in erheblicher Reichweite in nationalstaatliche Politiken eingreifen können.[9]

Umstritten ist, welche Machtposition im Vergleich zu den anderen Akteuren der Kommission aus diesen formalen Zuständigkeiten erwächst. Weitgehend akzeptiert ist dabei die Tatsache, dass die Handlungsfreiheit der Kommission auch von der Präferenzkonfiguration der Mitgliedstaaten abhängt: Ihre Rolle als Agenda-Setter und Vermittler kann sie vor allem dann effektiv ausspielen, wenn in einem Sachbereich unter den Mitgliedstaaten Uneinigkeit oder Unsicherheit herrscht (da Conceição-Heldt 2011). Unterstützend können dabei in vielen Fällen Zuständigkeiten aus dem Wettbewerbsrecht und als „Hüterin der Verträge" genutzt werden (Schmidt, Susanne K. 2000). Abseits der oben skizzierten intergouvernementalistischen Denktradition, die ohnehin von einem *„near total lack of influence by the European Commission"* (Moravcsik u. Schimmelfennig 2009, S. 79) ausgeht, mehren sich in den vergangenen Jahren die Stimmen, die einen Ansehens- und Machtverlust der Kommission konstatieren. *"Compared with its heydays, the Commission's influence is in decline, strongly contrasting with both the EP's empowerment since the early 1990s and the European Council's prominence since the onset of the euro area crisis"* (Wallace u. Reh 2015, S. 78–79).

Dieser Niedergang speist sich je nach Sichtweise aus dem allgemeinen Legitimitätsverlust der EU infolge der verstärkten Integration seit Beginn der 1990er

[8] Als Geldbuße für einen Verstoß gegen das Kartellrecht durch mehrere Hersteller von Lastwagen verhängte die Kommission im Juli 2016 gegen mehrere Unternehmen eine Strafe von insgesamt 2,9 Milliarden Euro (Kirchner 20.07.2016). Im Juni 2017 verhängte die Generaldirektion Wettbewerb eine Geldbuße von 2,4 Milliarden Euro gegen Google – die bislang höchste Wettbewerbsstrafe gegen ein einzelnes Unternehmen (Kirchner 28.06.2017).

[9] So verursachte im Jahr 2019 die Entscheidung, die von den Regierungen in Berlin und Paris explizit befürwortete Fusion zwischen den Zugsparten von Siemens und Alstom zu untersagen, erhebliches Aufsehen und befeuerte eine Debatte über eine Reform des Wettbewerbsrechts – ein Hinweis darauf, dass eine harte Auslegung des Wettbewerbsrechts durch die Kommission auch Folgen für deren Kompetenzausstattung haben könnte (Klimm u. Mühlauer 07.02.2019).

Jahre (Bache et al. 2015, S. 155; Kohler-Koch et al. 2004, S. 207–208), aus einer nachhaltigen Vertrauenskrise nach dem Skandal um die Santer-Kommission (Peterson 2012, S. 101), aus relativen Machtgewinnen für Europäischen Rat und Parlament (Nugent 2010, S. 136) oder aus der schwachen personellen Ausstattung der Kommission in Relation zu ihrem stetig wachsenden Aufgabenportfolio (Wallace u. Reh 2015, S. 78). Dieser Sichtweise widersprechen unter anderen Egeberg (2006, S. 2–5) und Jachtenfuchs (2010, S. 205–206), die eine Stabilisierung der exekutiven Funktionen der Kommission sowie eine verstärkte Emanzipation von einzelstaatlichen Interessen – auch bedingt durch die gestiegene Zahl der Mitgliedstaaten – konstatieren. Zusätzliche Argumente für diese Position liefern jüngst Nugent u. Rhinard (2016, S. 1201–1209) mit Belegen für die fortgesetzte Relevanz der Kommission als eigenständiger Agenda-Setter sowie für eine Stärkung der exekutiven Befugnisse durch eine gesteigerte Bedeutung in der Fiskalpolitik und im Bereich der nichtlegislativen Rechtsakte.

Im Politikfeld Energiepolitik verfügte die Kommission vor dem Inkrafttreten des Vertrags von Lissabon nicht über umfassende und explizite formale Kompetenzen.[10] In den Verträgen von Maastricht bis Nizza fand der Energiebereich nur an zwei Stellen Erwähnung: Erstens wurde das Ziel des Ausbaus europäischer Energieinfrastrukturen formuliert (Art. 129b EGV Maastricht); zweitens sind nach wie vor Vorhaben in der Umweltpolitik, die die Wahl eines Mitgliedstaats zwischen verschiedenen Energieträgern beziehungsweise die Struktur seiner Energieversorgung „erheblich berühren", von einer Beteiligung des Parlaments ausgeschlossen und bedürfen der Einstimmigkeit im Rat (Art 130s Abs. 2 EGV Maastricht, Art. 192 Abs. 2 Buchst. c AEUV). Der dem Politikbereich inhärente Querschnittscharakter bedingte allerdings, dass die Kommission weitere Zuständigkeiten aus dem Wettbewerbs- und Umweltrecht in energiepolitische Handlungsfähigkeit umsetzen konnte, wie an entsprechender Stelle zu zeigen sein wird.

Seit der Vertrag von Lissabon in Kraft ist, unterliegt die Energiepolitik eigentlich nach Art. 194 Abs. 2 AEUV dem Ordentlichen Gesetzgebungsverfahren und damit dem Initiativmonopol der Kommission. In Art. 194 Abs. 1 werden dabei als materielle Zielsetzungen der Energiepolitik ein funktionierender Energiemarkt,

[10] Dies vermag angesichts der Ursprünge der Kommission in der Hohen Behörde der EGKS und der Kommission der Europäischen Atomgemeinschaft zunächst überraschen; allerdings ermöglichten EGKS und Euratom keine kohärente Energiepolitik im Sinne der Fragestellung der Studie. Die EGKS bemühte sich um die Koordination des Niedergangs der Schwerindustrie; EURATOM ist primär mit technischen Aspekten der Atomenergienutzung befasst, während die nationalen Regierungen auf ihre Souveränität in diesem Bereich pochen (Buchan 2010, S. 358).

die Sicherheit der Energieversorgung, die Förderung der Energieeffizienz und erneuerbarer Energiequellen sowie eine verbesserte Interkonnexion der Energienetze festgelegt. Zugleich bedingt das explizit jedem Mitgliedstaat vorbehaltene und nicht genauer umrissene Recht, „die Bedingungen für die Nutzung seiner Energieressourcen, seine Wahl zwischen verschiedenen Energiequellen und die allgemeine Struktur seiner Energieversorgung zu bestimmen" (Art. 194 Abs. 2 AEUV), dass eine Vergemeinschaftung der Energiepolitik und damit ein substanzieller Machtzuwachs der Kommission bisher nicht erfolgt sind (Kelbel 2013, 218-219, 225-226).

Die Europäische Kommission lässt sich damit zusammenfassend als ein Akteur konzeptualisieren, der in einigen Politikbereichen – auch in Teilen der Energiepolitik – über Handlungsmöglichkeiten verfügt, die strukturelle Ähnlichkeiten mit denen nationalstaatlicher Exekutiven aufweisen. Dazu gehören die administrative Gliederung nach fachlichen Ressorts, die Aufgabe der Ausarbeitung von Gesetzesentwürfen sowie die Implementation von Programmen, die teilweise mit hierarchischen Durchgriffsrechten auf die nationale Ebene unterfüttert ist. Andererseits fehlen der Kommission in den meisten Bereichen Fähigkeiten zur direkten Implementation sowie Zuständigkeiten in der Außen- und Sicherheitspolitik, die im Modell des demokratischen Rechts- und Interventionsstaates gerade charakteristisch für Akteure der Exekutive sind. Im Sinne der oben skizzierten Klassifikation lässt sich die Kommission damit als quasi-staatlicher Akteur charakterisieren.

Obwohl innerhalb der Kommission eine komplexe Gemengelage unterschiedlicher Interessen besteht, kann sie aufgrund ihrer klaren hierarchischen Strukturierung und dem Prinzip der kollektiven Verantwortung im Folgenden als homogener Akteur betrachtet werden, dem insgesamt eine Präferenz für eine verstärkte Integration und Verlagerung von Handlungsressourcen auf die supranationale Ebene zugeschrieben werden kann. Dafür spricht sowohl das jedem Akteur zu unterstellende institutionelle Eigeninteresse als auch die Tatsache, dass sowohl auf der Ebene des Kollegiums als auch in der Verwaltung überwiegend Individuen tätig sind, die eine ideelle Verbundenheit mit dem europäischen Integrationsprojekt aufweisen (Conolly u. Kassim 2016, S. 727–728; Nugent 2010, S. 112; Wonka 2008, S. 42).

3.1.1.3.2 Der Europäische Rat

Der Vertrag von Maastricht umreißt erstmals formal die Aufgabe des Europäischen Rates, die dieser allerdings auch in den Jahrzehnten zuvor schon wahrgenommen hatte und nach wie vor wahrnimmt: Ihm obliegt es, die „allgemeinen politischen Zielvorstellungen und Prioritäten" für die Entwicklung der EU zu definieren (Art. D EUV Maastricht). Der Europäische Rat ist wohl dasjenige Gremium, auf das die Kernthese des Liberalen Intergouvernementalismus, die Organe der EU repräsentierten lediglich die Präferenzkonfiguration der Mitgliedstaaten, am ehesten zutrifft. Der ER entscheidet nach wie vor in aller Regel einstimmig (Art. 15 Abs. 4 EUV) und ähnelt damit anderen intergouvernementalen Formaten, deren Teilnehmer gleichberechtigt als Vertreter souveräner Staaten agieren. Damit stellt sich die Frage, inwieweit der Europäische Rat als eigener Akteur im System der EU zu berücksichtigen ist. Eine solche Einordnung wäre nur dann sinnvoll, wenn sich das Ergebnis der Verhandlungen im ER vom Gleichgewichtsergebnis eines nichtkooperativen *bargaining* der beteiligten Staats- und Regierungschefs unterscheidet. Andernfalls wäre eine gesonderte Berücksichtigung des ER redundant, weil ohnehin die Präferenzkonfiguration der Mitgliedstaaten zu analysieren ist.

Diese These mag für die Anfangszeit der EU, als der Europäische Rat ein eher loses Gesprächsformat zwischen den Staats- und Regierungschefs darstellte, plausibel erscheinen. Mit zunehmender Integration des Gremiums in die institutionelle Architektur der EU wird die Bewertung der Akteursqualität allerdings schwieriger. Der Lissabon-Vertrag kann als Abschluss eines Prozesses der Formalisierung gesehen werden, ohne dabei den für das Gremium charakteristischen offenen und informellen Stil zu beschädigen (Nugent 2010, S. 163–165): Der Europäische Rat erhält erstmals den formalen Status eines EU-Organs (Art. 13 EUV), die Mitgliedschaft reduziert sich gegenüber der vorherigen Zusammensetzung (Art. 2 EEA) um die Außenminister im Wesentlichen auf die Staats- und Regierungschefs, den Präsidenten des Rates und den Kommissionspräsidenten (Art. 15 Abs. 2 EUV).

Insbesondere die neu geschaffene Position des Ratspräsidenten als Agenda-Setter und Vermittler sowie die festere Einbindung in das Institutionensystem mit einem fixierten Sitzungskalender könnten Einfluss auf die Entscheidungsfindung im ER nehmen. Schon der rotierenden Präsidentschaft wurde eine entscheidende Rolle bei der Vermittlung und Formulierung von Kompromissen zugeschrieben (Wessels 2008b, S. 30). Die durch den Lissabon-Vertrag etablierte Kontinuität erlaubt erstens dem Ratspräsidenten, eine beständige Agenda zu verfolgen, und ermöglicht zweitens dem Europäischen Rat als Ganzem eine kontinuierliche Bearbeitung von politischen Themen anstelle der zuvor vorherrschenden fallweisen Befassung (Carammia et al. 2016, S. 822). Diese Faktoren erleichtern die Handlungsfähigkeit des Gremiums in einer Union mit mehr als 25 Mitgliedern, schränken aber auch die Freiheit der einzelnen Teilnehmer ein. Damit lässt sich der Europäische Rat nach dem Lissabon-Vertrag als ein kollektiver Akteur mit schwacher interner Steuerung konzeptualisieren, dem trotz eigener Handlungslogik keine genuinen inhaltlichen Präferenzen zuzuschreiben sind; angesichts des

Einstimmigkeitszwangs kann ihm aber eine Neigung zur Stabilität der Rahmenbedingungen unterstellt werden. Eine hierarchische Weisungsbefugnis gegenüber der nationalstaatlichen Ebene besteht anders als bei der Kommission aber nicht, da in Sachfragen jedes Mitglied ein Vetorecht besitzt. Wie im Abschnitt über die Mitgliedstaaten bereits angedeutet, steht dieser Einstimmigkeitszwang der potenziell völligen Handlungsfreiheit des ER bei der Gestaltung der institutionellen Rahmenbedingungen der EU entgegen.

Für Regelungsprozesse in spezifischen Sektoren erscheint der Europäische Rat angesichts seiner Befassung mit den generellen Leitlinien der Integration zunächst von nachrangiger Bedeutung. Allerdings werden die dargestellte Verstetigung der Arbeit des ER und die Verschiebung von Einflusspotenzialen infolge der Staatsschuldenkrise von einigen Wissenschaftlern als Entwicklung des Europäischen Rats zu einem exekutiven Gravitationszentrum der EU interpretiert (Fabbrini 2013, S. 111; Puetter 2016). Diese Entwicklung ist angesichts eines konstatierten Legitimitätsdefizits der institutionellen Ordnung der EU insgesamt auch einer verstärkten Abstützung auf die nationalen Regierungen als Legitimitätsquelle geschuldet und legt den Schluss nahe, dass der Europäische Rat auch in Detailfragen des Politikfelds Energiepolitik Relevanz als Steuerungsakteur erlangt hat. Zieht man für einen Überblick als Indikator für die Rolle des ER in der Energiepolitik die Schlussfolgerungen des Europäischen Rates seit dem Inkrafttreten des Vertrags von Maastricht heran, so scheint sich diese Annahme durch fünf Verschiebungen zu bestätigen:

- Erstens hat schon die bloße Zahl der Bezugnahmen auf das Politikfeld Energiepolitik beginnend mit dem Jahr 2005 erheblich zugenommen.
- Zweitens ist um das Jahr 2008 ein erstaunlich abrupter Wandel in den Adressaten der Einlassungen zu konstatieren: Waren diese zuvor primär an die Regierungen der Mitgliedstaaten gerichtet und damit als eine Art kollektive Selbstverpflichtungen zu verstehen, enthalten Sie nunmehr wesentlich häufiger Aufforderungen an die Organe der EU.
- Drittens sind die Vorgaben in den letzten Jahren erheblich präziser als zu Beginn des Analysezeitraums; in den 1990er Jahren und in der ersten Hälfte der 2000er Jahre waren diese Instruktionen inhaltlich zumeist sehr allgemein gehalten. Seit der zweiten Hälfte der 2000er Jahre häufen sich hingegen Stellungnahmen gegenüber Parlament und Rat zu bestimmten laufenden Gesetzgebungsvorhaben sowie Aufforderungen an die Kommission, solche zu initiieren.
- Viertens hat auch die Breite der Inhalte zugenommen, mit denen sich der Europäische Rat in der Energiepolitik zeitgleich befasst. Auch in den 1990er Jahren

enthielten die Schlussfolgerungen punktuell Passagen zu Themen wie Marktintegration, Energieeffizienz und Klimaschutz. Im Unterschied dazu lässt sich seit etwa 2005 – mit Ausnahme der Jahre 2010 und 2011 – aber feststellen, dass der ER in nahezu allen Sitzungen alle drei analysierten Problembereiche – Klimaschutz, erneuerbare Energiequellen und Marktregulierung – abdeckt.

- Damit geht fünftens einher, dass der Europäische Rat häufiger als früher einzelne Projekte über einen längeren Zeitraum permanent begleitet. Dies lässt sich daran ablesen, dass in den Abschlussdokumenten mehrerer aufeinanderfolgender Ratstreffen erstens der Fortschritt eines Vorhabens evaluiert und zweitens weitergehende inhaltliche Empfehlungen oder Aufforderungen an andere EU-Organe ausgesprochen werden. Beispiele hierfür sind in den vergangenen Jahren die Interkonnexion der Energieinfrastruktur, der Fortschritt der „Energieunion", der energiepolitische Rahmen bis zum Jahr 2030 oder der Beitrag der EU zum Pariser Klimaschutzabkommen.

Diese Ergebnisse sprechen in der Gesamtschau dafür, dass der ER tatsächlich auch im Bereich der Energiepolitik verstärkt in die inhaltliche Gestaltung von Governance-Prozessen involviert ist. Wie weit die Einflussnahme des Gremiums in den einzelnen Problembereichen im Zeitverlauf allerdings geht, muss die Analyse dieser Problembereiche zeigen.

3.1.1.3.3 Der Rat

Wie der Europäische Rat ist auch der Rat der EU über seine gesamte Entwicklung hinweg in einem Spannungsfeld zwischen Intergouvernementalismus und Supranationalismus zu sehen (Tömmel 2014, S. 101). Diese Spannung schlägt sich auch in der institutionellen Ausgestaltung des Organs nieder: Der Rat ist erstens ein intergouvernementales Repräsentationsorgan, dessen Zielsetzung die Verhandlung zwischen Nationalstaaten mit unterschiedlichen Standpunkten ist. Zweitens fungiert er als zweite Kammer einer europäischen Legislative (Lempp 2009, S. 14–15); hier liegt der Fokus auf der Performanz innerhalb des politischen Systems der EU. Die institutionelle Entwicklung des Rats reflektiert dabei einen „Leitideenwandel" (Lempp 2009, S. 505) vom Intergouvernementalismus hin zum Supranationalismus: Insbesondere die Ausweitung des qualifizierten Mehrheitsentscheids zielt auf die Sicherung der Funktionsfähigkeit als Legislativorgan und kann als Entwicklung in Richtung Supranationalismus gesehen werden. Unverändert ist dabei der nichtöffentliche Charakter der Ratssitzungen geblieben, der Entscheidungen für die Politikwissenschaft weitgehend zu einer „black box" macht (Hillebrandt u. Novak 2016).

Die Regelung für eine qualifizierte Mehrheit wurde durch den Lissabon-Vertrag deutlich geändert: Die Verträge von Maastricht bis Nizza schrieben jedem Mitgliedstaat ein festes Stimmgewicht zu (Art. 148 Abs. 2 EGV Maastricht; Art. 205 Abs. 2 EGV Nizza). Seit 2005 existierte dabei ein System der „dreifachen Mehrheit“: Ein Beschluss musste mindestens 169 Stimmen von einer Mehrheit der Mitgliedstaaten erhalten, die mindestens 62 Prozent der Gesamtbevölkerung der EU repräsentierten (Art. 3 Erweiterungsprotokoll Nizza), um als angenommen zu gelten. Der Lissabon-Vertrag vereinfacht das Verfahren durch ein System der „doppelten Mehrheit“: Die Verabschiedung eines Vorschlags erfordert nunmehr die Zustimmung von 55 Prozent der Mitgliedstaaten, die 65 Prozent der Gesamtbevölkerung vertreten (Art. 238 Abs. 3 AEUV). Thomson (2013, S. 1232–1233) zeigt darüber hinaus, dass die überwiegende Mehrheit der Ratsentscheidungen seit der Osterweiterung durch eine Anwendung der neuen Regeln identisch ausgefallen wäre.

Die institutionelle Binnenstruktur des Rates ist hierarchisch angelegt: An der Spitze stehen die gegenwärtig zehn Formationen des Ministerrats, wobei hier dem Rat für Allgemeine Angelegenheiten und dem Rat für Auswärtige Angelegenheiten eine gewisse Führungsfunktion zukommt (Nugent 2010, S. 151). Koordiniert wird die Arbeit des Rates vom Ausschuss der Ständigen Vertreter (COREPER), der eigentlich aus zwei Gremien (COREPER I und II) besteht. Politische Richtungsentscheidungen werden dabei in der Regel maßgeblich von COREPER II vorbereitet. Der Großteil der inhaltlichen Arbeit wird von Ausschüssen und Arbeitsgruppen geleistet, in denen Vertreter der Mitgliedstaaten und der zuständigen Generaldirektion der Kommission sitzen. Eine fachbereichsübergreifende Integrationsfunktion kommt dabei dem COREPER zu (Hayes-Renshaw 2012, S. 72). Die administrative Basis dieser Arbeit wird wiederum durch das Generalsekretariat gelegt, dessen etwa 3500 Mitarbeiter für die Erstellung der Tagesordnungen, die inhaltlichen Prüfung von Policy-Entwürfen und die Dokumentation der Arbeit des Rates zuständig sind (Nugent 2010, S. 145–147).

Obwohl der Rat aus einer spieltheoretischen Perspektive seiner Zusammensetzung nach die Positionen der mitgliedstaatlichen Regierungen repräsentieren sollte, lassen sich seine Entscheidungen weder vor noch nach der Einführung des qualifizierten Mehrheitsentscheids mit klassischen institutionalistischen *bargaining*-Modellen erklären (Steunenberg u. Selck 2006, S. 80–81; Sullivan u. Veen 2009, S. 115); vielmehr ist im Verlauf des Prozesses im Rat eine erstaunliche Konvergenz der Präferenzen festzustellen, die auch mit Tauschgeschäften nicht hinreichend zu erklären ist (Häge 2013, S. 487–488). Bemerkenswert ist, dass diese Konvergenz nicht nur bei der Erarbeitung von Beschlussvorschlägen in der supranationalen Ratsbürokratie zu beobachten ist, sondern auch bei den

Beratungen der Minister selbst. Studien zeigen, dass die Häufigkeit einstimmiger Entscheidungen im Rat trotz steigender Mitgliederzahl nicht abgenommen hat (Häge 2013; Mattila 2008), was auf die Herausbildung einer stabilen Konsenskultur hindeutet. Diese ist allerdings auch rational mit einem *shadow of the future* und herrschenden Reziprozitätsnormen zu erklären: Würde eine Entscheidung einer Minderheit inakzeptabel hohe Kosten verursachen, so müssen die übrigen Teilnehmer damit rechnen, diese in Zukunft durch eigene Kosten wieder ausgleichen zu müssen. Umgekehrt dient die Erwartung eines zukünftigen Nutzens als Anreiz, eine Entscheidung mitzutragen, auch wenn diese kurzfristig Kosten verursacht (Hayes-Renshaw u. Wallace 2006, S. 303–304). Der Rat kann damit in seiner Gesamtheit als quasi-staatlicher Akteur aufgefasst werden, dem nicht a priori inhaltliche Präferenzen unterstellt werden können (Bache et al. 2015, S. 266). Auch eine grundlegende Abneigung gegen die Verlagerung von Kompetenzen auf die EU-Ebene ist nicht festzustellen; dazu trägt auch bei, dass die in der Ratsbürokratie tätigen nationalen Beamten im Zeitverlauf ihr primär national definiertes Rollenverständnis durch eine supranationale Komponente ergänzen (Egeberg 1999, S. 470–471). Die einzige im Zeitverlauf stabile Präferenz des Rates scheint diejenige für eine nationale Kontrolle über die Implementation der auf EU-Ebene beschlossenen Legislativakte zu sein (Franchino 2006, S. 4; Héritier et al. 2013, S. 25–26).

Die primäre Funktion des Rates in der EU liegt in der Legislative: Seit jeher bedürfen alle Gesetzgebungsverfahren in der Gemeinschaftsmethode der Zustimmung des Rates; allerdings sind im Analysezeitraum durch die schrittweise Aufwertung des Parlaments die Bereiche, in denen der Rat über eine exklusive Entscheidungskompetenz verfügte, nahezu vollständig verschwunden (Hayes-Renshaw 2012, S. 87). Über weitgehenden Entscheidungsfreiraum verfügt der Rat nach wie vor im Bereich der Außen- und Sicherheitspolitik; hier ist er nicht von Initiativen der Kommission und der Zustimmung des Parlaments abhängig und kann darüber hinaus auch exekutive Funktionen wahrnehmen. Die zunehmend hochentwickelte Ratsbürokratie erlaubt dem Rat aber auch eine initiierende Funktion: Auf elaborierten Policy-Entwürfen basierende Ratsmeinungen besitzen zwar keinen Gesetzescharakter, können aber von der Kommission nicht einfach ignoriert werden (Bache et al. 2015, S. 258–260). Relativ zu den anderen Organen der EU hat der Rat im Verlauf des Analysezeitraums eher Machtpotenziale eingebüßt: Sowohl die sukzessive Stärkung des Parlaments als auch die zunehmende Befassung des Europäischen Rates mit legislativen Detailfragen haben zu einer Beschneidung seiner Handlungsspielräume beigetragen (Nugent 2010, S. 177–178).

3.1.1.3.4 Das Europäische Parlament

Das Parlament setzt sich aus Abgeordneten zusammen, die in getrennten Wahlen in den einzelnen Mitgliedstaaten bestimmt werden. Die Zahl dieser Abgeordneten entwickelte sich seit Anfang der 1990er Jahre etwas unstet, was einerseits dem Beitritt neuer Mitgliedstaaten und andererseits dem Bemühen um eine Begrenzung der Größe des Parlaments geschuldet war. Nach den Parlamentswahlen 1994 lag sie bei 567, in der aktuellen Legislaturperiode liegt sie nach dem Austritt Großbritanniens bei 705 Abgeordneten (Europäisches Parlament 2020). Zwischenzeitlich umfasste das Parlament aber auch bis zu 785 Mitglieder (Europäisches Parlament 2016d). Die sich aus dem Wahlmodus ergebende enorme Heterogenität führt dazu, dass das Potenzial des EP, als homogener Akteur in Erscheinung zu treten, limitiert ist (Shackleton 2012, S. 131). Angesichts des Fehlens von Parteien auf EU-Ebene leisten die Fraktionen des EP einen wesentlichen Beitrag zur Aggregation der diversen Interessen vertretener nationaler Parteien. Die Tatsache, dass sich die Parteien primär nach inhaltlicher Kongruenz gruppieren (McElroy u. Benoit 2010, S. 396), verleiht den Fraktionen eine gewisse Kohäsion, die bei der Organisation der für viele Entscheidungen notwendigen absoluten Mehrheiten unerlässlich ist (Shackleton 2012, S. 133–134). Ein Großteil der inhaltlichen Koordination im Parlament findet in dessen ständigen Ausschüssen statt (Settembrini u. Neuhold 2009, S. 147–148). Jeder Gesetzesentwurf wird in einem thematisch geeigneten Ausschuss beraten. Für die Ausarbeitung des Ausschussberichts ist jeweils ein *rapporteur* zuständig, der formal vom Ausschuss gewählt wird, in der Realität aber ebenfalls abhängig von Parteizugehörigkeit und Nationalität bestimmt wird (Nugent 2010, S. 202).

Diese Konsensneigung trägt zu einer gewissen Stabilität inhaltlicher Positionen des Parlaments bei, unabhängig von variierenden parteipolitischen Mehrheitsverhältnissen. Das EP vertritt in den meisten Politikbereichen mehrheitlich eine integrationsfreundliche Haltung (Scully et al. 2012, S. 681–682), was nicht zuletzt einem institutionellen Eigeninteresse geschuldet sein dürfte.[11] Bisher war das Parlament dabei stets in der Lage, eine gestärkte Rolle im institutionellen System

[11] Den Umfragedaten der European Parliament Research Group der London School of Economics zufolge spricht sich jeweils eine deutliche Mehrheit der Mitglieder des Europäischen Parlaments für eine Ausweitung der Kompetenzen des EP in den Bereichen Gesetzgebung und Besetzung der Kommission aus. Jeweils etwa 75 Prozent fordern ein Initiativrecht für das Parlament sowie eine vollständige Gleichberechtigung mit dem Rat in der Legislative. Knapp 80 Prozent der befragten Abgeordneten sprechen sich für ein Recht des Parlaments aus, einzelne Kommissare abberufen zu können. Etwa 60 Prozent befürworten zudem, dass das Nominierungsrecht für den Kommissionspräsidenten vom Europäischen Rat auf das Parlament übergeht (Farrell et al. 2011).

der EU als Mittel zur Behebung des Legitimationsdefizits europäischer Politiken zu präsentieren (Costa 2011, S. 62). Im analysierten Themenbereich zeigt sich das Parlament vor allem in der Umwelt- und Klimapolitik als integrationstreibende Kraft und befürwortet mehrheitlich strengere Auflagen in diesem Bereich. Damit einher geht die Bereitschaft, den Mitgliedstaaten erhebliche Mehrkosten aufzubürden (Burns 2005, S. 87).

Die Einflussmöglichkeiten des Parlaments wurden im Analysezeitraum in mehreren Dimensionen immens erweitert. Sonnicksen (2014, S. 28) beobachtete gar eine „Parlamentarisierung" des politischen Systems der EU, die sich insbesondere in der Wahl des Kommissionspräsidenten durch das EP manifestiere. Wurde der Präsidentenposten bis 1994 rein intergouvernemental durch die Staats- und Regierungschefs besetzt, so sieht der Vertrag von Maastricht eine Abstimmung im Parlament vor, allerdings ohne Konsequenzen einer Ablehnung zu definieren (Art. H EUV Maastricht). Der Vertrag von Lissabon formalisiert schließlich die Vetoposition des Parlaments: Wird ein Kandidat abgelehnt, muss der Europäische Rat dem Parlament nach Art. 17 Abs. 2 EUV binnen eines Monats einen neuen Kandidaten zur Wahl vorschlagen (Nasshoven 2011, S. 86–90).[12] Ihren stärksten Ausdruck fand diese „Parlamentarisierung" in der Tatsache, dass bei der Parlamentswahl 2014 erstmals Spitzenkandidaten für das Amt des Kommissionspräsidenten antraten. Dieser Modus basierte darüber hinaus auf einer von Parlamentspräsident Martin Schulz durchgesetzten Lesart des Lissabon-Vertrags (Dinan 2014). Nach dem schnellen Einlenken des Parlaments im interinstitutionellen Streit mit dem Europäischen Rat um die Auswahl der Kommissionspräsidentin im Jahr 2019 muss gleichwohl davon ausgegangen werden, dass es sich bei der beobachteten „Parlamentarisierung" in dieser Hinsicht eher um eine Momentaufnahme handelte.

Unumstritten ist hingegen, dass das Parlament in der Gesamtbetrachtung eine signifikante Stärkung erfahren hat, die sich insbesondere in der schrittweisen Ausweitung des Kodezisionsverfahrens niederschlug: Das Verfahren sichert dem Parlament in den betreffenden Politikbereichen gleichberechtigte Mitsprache mit dem Rat in der Gesetzgebung. Bezog sich diese Mitsprache nach der Schaffung des Verfahrens im Vertrag von Amsterdam primär auf die Verwirklichung

[12] Für einen knappen Überblick über die Veränderung der Wahlverfahren vgl. Sonnicksen 2014, S. 124.

des Binnenmarkts (Gellermann 2003, S. 2217), so wurde dessen Anwendungsbereich mit jeder Vertragsrevision schrittweise erweitert. Die Umbenennung in „Ordentliches Gesetzgebungsverfahren" im Vertrag von Lissabon trägt schließlich der Tatsache Rechnung, dass die Gleichberechtigung von Parlament und Rat inzwischen den „Regelfall der Rechtssetzung" (Gellermann 2003, S. 2217) darstellt. Daneben erkämpfte sich das Parlament Einflussmöglichkeiten im Bereich der abgeleiteten Gesetzgebung (Bergström 2005, 219-223, 241, 270-271; Héritier u. Moury 2010, S. 155–156); allerdings lässt auch die Neuregelung der Komitologie im Vertrag von Lissabon Rat und Kommission Optionen, das Parlament bei der nichtlegislativen Rechtsetzung zu umgehen (Christiansen u. Dobbels 2013, S. 54–55). Weiterhin verfügt das Parlament angesichts des Initiativmonopols der Kommission über kein eigenes Initiativrecht.

Ein dritter zentraler Kompetenzbereich des Parlaments ist schließlich sein Budgetrecht, dessen Wurzeln in die frühen 1970er Jahre zurückreichen (Wessels 2008a, S. 122), das sich aber ebenfalls im Verlauf des Untersuchungszeitraums weiterentwickelt hat: Der Vertrag von Maastricht sah bei der Verabschiedung des Haushalts noch lediglich eine Anhörung des Parlaments durch den Rat vor (Art. 201 EGV Maastricht); von einer Mehrheit der Mitglieder beschlossene Änderungen konnte der Rat mit qualifizierter Mehrheit abschließend zurückweisen (Art. 203 EGV Maastricht). Diese Regelung wurde in den Verträgen von Amsterdam und Nizza beibehalten (Art. 272 EGV Nizza). Erst mit dem Vertrag von Lissabon (Art. 314 AEUV) erlangt das EP eine echte Vetoposition: Eine Ablehnung durch das Parlament führt zunächst zur Einberufung eines Vermittlungsausschusses; kommt dieser nicht zu einem Ergebnis oder wird das Vermittlungsergebnis ebenfalls abgelehnt, so ist die Kommission zur Vorlage eines neuen Entwurfs verpflichtet. Eine Vetoposition kommt dem Parlament darüber hinaus seit dem Vertrag von Maastricht (Art. 228 EGV Maastricht) beim Abschluss von Beitrittsverträgen und Assoziierungsabkommen zu, wobei ein substanzielles Mitspracherecht bei der Ausgestaltung dieser Abkommen erst durch die Verträge von Amsterdam und Nizza geschaffen wurde (Mögele 2003, S. 2473).

In der Gesamtschau kann das Europäische Parlament damit neben der Kommission als zweiter supranationaler Akteur im System der EU beschrieben werden: Nationale Zuordnungen, die gleichwohl weiter von Bedeutung sind, werden innerhalb des Organs von der Strukturierung nach politischen Lagern und einer aus einem institutionellen Eigeninteresse gespeisten generell integrationsfreundlichen Haltung überlagert. Substanzielle Verhandlungsmacht hat das Parlament gleichwohl erst im Verlauf des Analysezeitraums erworben. Durch die Etablierung des Ordentlichen Gesetzgebungsverfahrens besitzt es nunmehr eine primärrechtlich abgesicherte Vetoposition in den meisten Politikbereichen; darüber hinaus bietet die Möglichkeit der endgültigen Blockade eines Haushaltsentwurfs auch ein Druckmittel, das sich potenziell als Hebel in anderen Politikfeldern einsetzen lässt. Direkte hierarchische Weisungsbefugnisse ergeben sich allerdings erst im Zusammenspiel mit Rat und Kommission; anders als die Kommission kann das Parlament nicht selbstständig gegenüber der nationalen Ebene tätig werden.

3.1.1.3.5 Der Europäische Gerichtshof

Die gemeinhin als aktivistisch bewertete Phase des EuGH fällt zwar in die Jahrzehnte vor dem hier betrachteten Analysezeitraum. Gleichwohl ist der Gerichtshof nach wie vor als Spieler in den Politikgestaltungsprozessen auf EU-Ebene präsent, vor allem, weil die Akteure im institutionellen Dreieck aus Kommission, Rat und EP in ihren Überlegungen zu Gesetzgebungsvorhaben die Rechtsprechung des EuGH strategisch berücksichtigen müssen (Schmidt 2011, S. 44). Der EuGH, der landläufig als homogenes Organ dargestellt wird, umfasst drei Institutionen: den Gerichtshof der EU, das Gericht der EU (bis zum Inkrafttreten des Vertrags von Lissabon Gericht Erster Instanz) und das 2004 errichtete Gericht für den öffentlichen Dienst der EU (Shuibhne 2012, S. 149). Von Relevanz für die Politikformulierung ist dabei vor allem der Gerichtshof, der dem Gericht übergeordnet ist und alle politisch sensiblen Sachverhalte entscheidet (Nugent 2010, S. 211). Der Gerichtshof setzt sich aus je einem Richter aus jedem Mitgliedstaat – gegenwärtig 27 Richtern – zusammen. Diese Zusammensetzung ist insofern interessant, als die Richter damit sehr unterschiedlichen Rechtssystemen und Rechtstraditionen entstammen. Zur Seite gestellt sind ihm acht Generalanwälte, die bei komplexen Verfahren eine beratende Funktion einnehmen. Ihre Aufgabe ist jeweils das Verfassen einer Rechtsmeinung, die die Details des Falls berücksichtigt und die zur Verfügung stehenden Optionen aufzeigt, ohne für das Gericht bindend zu sein (Shuibhne 2012, S. 149–150). Wegen der deutlichen Erweiterung der Union Anfang der 2000er Jahre hat dabei mit dem Vertrag von Nizza die Entscheidung in Kammern die Entscheidung im Plenum als Standardmodus des Gerichtshofs abgelöst (Mähner 2011, S. 170–171).

Zentrale Aufgabe des EuGH ist die Überwachung der Einhaltung des EU-Rechts; diese weist wiederum zwei Dimensionen auf: Erstens überprüft der Gerichtshof die Konformität des Sekundärrechts mit dem Vertragsrecht; in diesem Kontext können von den EU-Organen erlassene Legislativakte für nichtig erklärt werden, wenn Sie gültige primärrechtliche Normen verletzen. Entscheidend für das Verhältnis zwischen EU-Ebene und nationaler Ebene ist zweitens die Durchsetzung des EU-Rechts gegenüber den Mitgliedstaaten. Entsprechend der Suprematie des EU-Rechts gegenüber nationalem Recht kann der Gerichtshof nach einer Klage der EU-Kommission oder eines anderen Mitgliedstaats Verstöße gegen den EU-Rechtsbestand feststellen und gegebenenfalls ahnden. Dabei hat er seit dem Vertrag von Maastricht auch die Möglichkeit, Zwangsgelder in von der Kommission vorgeschlagener Höhe zu verhängen (Art. 171 EGV Maastricht; Art. 260 AEUV). Darüber hinaus können nationale Gerichte bei Zweifeln über die Anwendung des EU-Rechts den EuGH um die Auslegung einzelner Rechtsvorschriften bitten (Bache et al. 2015, S. 292–293).

3.1.1.4 Parteien

Politische Parteien zählen nicht zu den primären Akteuren auf EU-Ebene. Zwar existieren dem Namen nach „europäische“ Parteien; dabei handelt es sich aber lediglich um lose Zusammenschlüsse nationaler Parteien, deren einzige Bindungswirkung sich in den Fraktionen im Europäischen Parlament entfaltet. Bei nationalen Parteien handelt es sich in Europa in der Regel um Akteure mit einer klar definierten inneren Führungsstruktur und starker interner Kopplung, die eine Disziplinierung des von der jeweiligen Partei bereitgestellten Personals erlaubt. Parteien im Europäischen Parlament weisen keine kollektive Führungsstruktur auf, sondern koordinieren lediglich gemeinsame Interessen (Lindberg et al. 2010, S. 7–11). Damit ähneln sie weniger den aus den parlamentarischen europäischen Systemen bekannten Parteien, sondern eher den *Stratarchien* (Eldersveld 1964) US-amerikanischer Parteien. Noch weniger ausgeprägt ist diese Integrationsfunktion in den anderen Organen der EU. Zwar zeigen Hagemann u. Hoyland (2010), dass Parteizugehörigkeit und Abstimmungsverhalten im Rat korrelieren; allerdings ist der dahinter liegende Mechanismus eher ungesteuerte ideologische Kongruenz in Sachfragen als eine aktive Koordination, die eine Einordnung europäischer Parteien als korporative Akteure rechtfertigen würde. Die nationalen Parteien integrieren andererseits zu wenige Akteure, um die Politiken der EU beeinflussen zu können. Eine gesonderte Berücksichtigung von Parteien als Akteure in Governance-Prozessen auf EU-Ebene erscheint damit analytisch kaum gewinnbringend.

3.1.1.5 Private Interessenorganisationen

Im Hinblick auf den Einfluss organisierter Interessen auf die Politik der EU sind drei Aspekte von Interesse.

- Erstens ist zu fragen, inwieweit Interessen direkt an Organe der EU herangetragen werden oder die Beeinflussung auf nationaler Ebene stattfindet, mit der

Zielsetzung, durch die Veränderung der Positionen nationaler Akteure indirekt auch die Politik der EU zu beeinflussen.

- Zweitens ist angesichts der Frage nach der gesteigerten Relevanz der neuen Governance-Modi der Institutionalisierungsgrad dieser Beteiligung zu analysieren. Dieser kann von einem mehr oder weniger freien[13] pluralistischen Wettbewerb über formal oder informell bestehende Anhörungsrechte bis hin zu einer Entscheidungsbeteiligung in Form eines Verhandlungsarrangements reichen.
- Drittens ist im Hinblick auf die Einflusspotenziale einzelner Interessenorganisationen zu prüfen, ob wie vermutet Unterschiede in der Durchsetzungsfähigkeit zwischen korporativen und kollektiven Akteuren bestehen.

Der komplexe Mehrebenencharakter transnationaler Governance-Strukturen bringt es mit sich, dass ihre Analyse nicht alle Entscheidungsarenen erfassen kann; diese Schwierigkeit offenbart sich in besonderem Maße beim Einfluss von Interessenorganisationen: Im Gegensatz zu den Parteien haben sich auf dem Gebiet der Interessenorganisationen durchaus schlagkräftige Gruppierungen auf EU-Ebene herausgebildet. Die Zahl der in Brüssel aktiven Interessengruppen hat sich dabei insbesondere seit dem Beginn der Kompetenzakkumulation der EU im Binnenmarktbereich Ende der 1980er Jahre immens erhöht. Diese Entwicklung spiegelt eine wachsende Bedeutung der EU-Organe als Adressaten der Einflussnahme (Bache et al. 2015, S. 309; Bernhagen u. Mitchell 2009, S. 170–171; Greenwood 2011, S. 26). Aktuelle Studien deuten darauf hin, dass die Einflussnahme auf der nationalen Ebene nach wie vor eine zentrale Komponente der Interessenartikulation gegenüber der EU-Ebene bildet. Erstens stellt sie die einzige Möglichkeit dar, auf den Rat als Legislativorgan der EU einzuwirken. Zweitens zeigt Callanan (2011, S. 30–31), dass stabile Beziehungen zu nationalen Akteuren eine Voraussetzung für erfolgreiches Lobbying auf der Ebene der EU bilden. Die Verbreitung des qualifizierten Mehrheitsentscheids hat allerdings dazu geführt, dass eine Einflussnahme über die nationale Ebene in Bezug auf reine EU-Politiken inzwischen weniger erfolgversprechend ist, weil die Staaten damit die Möglichkeit eingebüßt haben, einzelne Vorhaben auf EU-Ebene zu blockieren. Da eine Erfassung des „nationalen Pfads“ im Rahmen dieser Analyse nicht möglich ist, kann im Folgenden ausschließlich der „Brüsseler Pfad“ der Interessenartikulation in den Blick genommen werden.

[13] Das Konzept eines pluralistischen Interessenwettbewerbs schließt nicht aus, dass dieser Wettbewerb bestimmten qualitativen Regeln unterliegt, was beispielsweise die Art und Weise der Einflussnahme auf Entscheidungsträger betrifft (Krick 2014).

Dessen Bedeutungszuwachs lässt sich quantitativ an der Zahl der in Brüssel tätigen Interessengruppen ablesen: Zählte Greenwood (1997, S. 3) noch rund 3000 dieser Organisationen, so listete das zwischenzeitlich eingerichtete gemeinsame Transparenzregister von Kommission und Parlament Ende 2018 11.901 Organisationen auf, die bei der EU als Interessenvertretungen registriert waren (Europäische Kommission 2019d). Das Register unterteilt die Organisationen nach einer Kombination aus Organisationsform und thematischer Verortung in sechs Kategorien. In allen Kategorien sind die aufgeführten Organisationen zum Großteil in ihrem Wirkungsbereich auf einen Mitgliedstaat beschränkt und nutzen die EU-Ebene als Hebel für die Realisierung von auf diesen Staat beschränkten Interessen (Klüver 2010). Verwendet man den Hauptverwaltungssitz in Brüssel als Indikator, um den Anteil der primär auf EU-Ebene tätigen Organisationen abzuschätzen, so lässt sich erkennen, dass sich über die klassischen Verbandstypen hinweg jeweils ein Anteil der genuin europäischen Interessengruppen an der Gesamtzahl der registrierten Gruppen zwischen zehn und zwanzig Prozent ergibt (Tabelle 3.1). Eine Bewertung des Einflusses dieser Gruppen in den analysierten Politikbereichen wird in der Detailanalyse dieser Bereiche vorgenommen.

Hauptsächliche Adressaten der Interessenorganisationen auf der Ebene der EU sind Kommission und Parlament, während die Einflussnahme auf den Rat primär auf der nationalen Ebene stattfindet (Nugent 2010, S. 249–251). Mit dem Kompetenzzuwachs des Europäischen Parlaments hat klassisches Lobbying als Mittel der Beeinflussung von Ausschussmitgliedern, insbesondere des jeweiligen *rapporteurs* und ideologisch freundlich gesonnener Mitglieder des Parlaments, an Bedeutung gewonnen. Die Prozesse der Einflussnahme sind dabei weit weniger formalisiert als die der Kommission (Marshall 2015, S. 327–328). Diese stellt angesichts ihrer Rolle im Gesetzgebungsprozess nach wie vor das zentrale Ziel von Einflussversuchen dar (Greenwood 2011, S. 33) und hat seit Beginn der 2000er Jahre ein formalisiertes Konsultationsinstrumentarium geschaffen, das ihr eine Steuerung des Teilnehmerkreises erlaubt und von eng limitierten Expertenseminaren bis hin zu Konsultationen mit Öffentlichkeitsbeteiligung reicht (Kotzian u. Quittkat 2014). Kontakte zu Interessenorganisationen bestehen dabei innerhalb der Kommission sowohl auf Ebene der Generaldirektionen und Dienste als auch auf der Ebene der Kabinette (Bouwen 2009, S. 25–26).

Diese Selektion durch die Kommission deutet bereits darauf hin, dass die Rolle von Verbänden in der EU nicht nur, wie lange Zeit attestiert (Schmidt 2006, S. 25), einer pluralistischen, sondern mitunter auch einer korporatistischen Logik folgt (Czada 1994, S. 41). Die Kommission hat dabei in doppelter Hinsicht Interesse an einer formalisierten Konsultation: Erstens stützt die dadurch erreichte Transparenz die Legitimität ihres Handelns. Zweitens führt die zentrale Rolle der

Tabelle 3.1 Zahl der Interessenorganisationen insgesamt und mit Hauptverwaltungssitz in Brüssel

Kategorie		*Gesamtzahl der Organisationen*	*Davon mit Hauptsitz in Brüssel*
Kategorie I: Beratungsfirmen/Anwaltskanzleien/selbstständige Berater		1064	201 (18,9 %)
Kategorie II: In-House-Lobbyisten, Gewerbe-, Wirtschafts- und Berufsverbände	Unternehmen und Unternehmensgruppen	2415	72 (3,0 %)
	Gewerbe- und Wirtschaftsverbände	2515	615 (24,5 %)
	Gewerkschaften und Berufsverbände	949	132 (13,9 %)
	Sonstige Organisationen	316	52 (16,5 %)
Kategorie III: Nichtregierungsorganisationen		3104	596 (19,2 %)
Kategorie IV: Denkfabriken, Wissenschafts- und Hochschuleinrichtungen	Denkfabriken und Forschungseinrichtungen	562	75 (13,3 %)
	Hochschuleinrichtungen	321	12 (3,7 %)
Kategorie V: Organisationen, die Kirchen und Religionsgemeinschaften vertreten		59	22 (37,3 %)
Kategorie VI: Organisationen, die lokale, regionale und kommunale Behörden, andere öffentliche oder gemischte Einrichtungen vertreten	Regionale Strukturen	113	15 (13,3 %)
	Andere Behörden auf subnationaler Ebene	102	13 (12,7 %)
	Transnationale Zusammenschlüsse regionaler und subnationaler Behörden	90	21 (23,3 %)
	Andere gesetzlich geschaffene öffentliche oder gemischte Einrichtungen mit Gemeinwohlauftrag	272	20 (7,4 %)

Quelle: Europäische Kommission 2019d, Stand: 31.12.2018

Kommission in der Politikformulierung zu einem Bedarf an Expertenwissen, der wesentlich durch den Austausch mit Interessenorganisationen gedeckt wird (Bouwen 2009, S. 22). Die Möglichkeiten der Einflussnahme hängen damit wesentlich von der Qualität der von den jeweiligen Interessenorganisationen bereitgestellten Expertise ab (Taminiau u. Wilts 2006, S. 128).

Die programmatische Basis für eine solche institutionalisierte Einbindung organisierter Interessen findet sich im Governance-Weißbuch der Kommission von 2001, in dem diese neben einer verstärkten und geregelten Konsultation der Zivilgesellschaft auch die Übertragung von Verantwortung an sektorale Verbände im Wege von Vereinbarungen mit der Kommission ankündigt (Europäische Kommission 2001c, S. 9–12). Das prominenteste Beispiel für die Institutionalisierung der Konsultation ist dabei der Europäische Wirtschafts- und Sozialausschuss (EWSA), der Vertreter von Unternehmen und Arbeitnehmern sowie „sonstiger Interessen" umfasst und eine beratende Funktion einnimmt. Die Anhörung des EWSA ist dabei in einigen Politikbereichen sogar im Vertragsrecht festgeschrieben.[14] Umstritten bleibt gleichwohl, ob der EWSA ebenso wie der Ausschuss der Regionen effektive Instrumente institutionalisierter Partizipation zivilgesellschaftlicher Interessen sind (Tanasescu 2009, S. 46–47) oder aufgrund ihrer mangelnden Repräsentativität (Greenwood 2011, S. 45–46) oder ihres mangelnden Einflusses (Hönnige u. Panke 2013; Neshkova 2010) lediglich zur Bemäntelung eines Partizipationsdefizits auf EU-Ebene dienen. Wie in den einzelnen Kapiteln auszuführen sein wird, finden sich auch in den Teilbereichen der Energiepolitik korporatistische Muster; insbesondere im Bereich der Marktregulierung wurde die Einbindung der Energieversorgungsunternehmen durch die sogenannten Foren-Prozesse und die Netzwerke der Übertragungsnetzbetreiber institutionalisiert.

Für die pauschale Feststellung einer höheren Durchsetzungsfähigkeit korporativer im Vergleich zu kollektiven Akteuren in der Interessenartikulation finden sich nicht ausreichend Belege; allerdings deuten einige vorzufindende Befunde in diese Richtung. So zeigen Schneider u. Baltz (2004, S. 268) für die Einflussnahme über den nationalen Pfad, dass spezialisierte Unternehmensinteressen mit einer höheren Wahrscheinlichkeit durchgesetzt werden können als nicht spezialisierte oder Konsumenteninteressen. Coen (1998, S. 97–98) weist darüber hinaus nach,

[14] Beispielsweise regelt Art. 42 AEUV (Art. 37 EGV Amsterdam/Nizza; Art. 43 EGV Maastricht) die Anhörung des EWSA bei der Gemeinsamen Agrarpolitik der EU. Weiter ist der EWSA unter anderem bei Gesetzgebungsprozessen zur Arbeitnehmerfreizügigkeit (Art. 46 AEUV), zur Niederlassungsfreiheit (Art. 50 AEUV; Art. 44 EGV Amsterdam/Nizza; Art. 54 EGV Maastricht) sowie zur Verkehrspolitik (Art. 91 AEUV; Art. 71 EGV Amsterdam/Nizza; Art. 75 EGV Maastricht) anzuhören.

dass Firmen schneller als andere Interessenorganisationen in der Lage waren, ihre Lobbying-Aktivitäten auf veränderte politische Machtkonstellationen infolge der verstärkten europäischen Integration auszurichten. Die Ergebnisse der Studien von Bouwen und Eising zeigen ebenfalls einen stärkeren Einfluss von Unternehmen im Vergleich zu anderen Lobby-Gruppen, führen diese Tatsache aber darauf zurück, dass Unternehmen über mehr relevantes Expertenwissen als andere Organisationen verfügen (Bouwen 2004; Eising 2007, S. 62–63).

Sowohl die Bemühungen privater Akteure um Einfluss auf den Politikgestaltungsprozess in der EU als auch die Zahl involvierter Akteure haben seit Beginn des Analysezeitraums damit zugenommen. Das Streben der EU-Organe nach gesteigerter Legitimität durch Partizipation deutet zudem auf eine zunehmende Einbindung im Vorfeld der Gesetzgebung hin, wobei aufgrund ihres Initiativmonopols die Kommission die natürliche erste Anlaufstelle für organisierte Interessen darstellt. Nach wie vor bezieht sich ein Großteil des verbandlichen Engagements auf das Anstoßen von Lernprozessen und damit *arguing* auf der Input-Seite des Policy-Prozesses, während Beteiligungen im Wege von Partnerschaften und Vereinbarungen, die Interessenorganisationen mit Implementationsaufgaben und damit auch *bargaining*-Potenzial ausstatten, die Ausnahme darstellen. Dieser Befund ist zwar wenig überraschend, aber insofern bemerkenswert, als ausgerechnet die EU als vermeintlicher Hort der *New Modes of Governance* in ihrem dichten institutionellen Regelwerk privaten Akteuren keine Position einräumt, in der diese zwingenden Einfluss auf andere Akteure ausüben könnten.

3.1.1.6 Ausschüsse und Regulierungsagenturen

Bei der Implementation regulatorischer Politiken in der EU kommt Expertenausschüssen und unabhängigen Regulierungsagenturen eine wichtige Rolle zu. Beiden Akteurstypen ist gemein, dass sie Ausdruck des Bemühens des Rates sind, einerseits exekutive Kompetenzen auf die EU-Ebene zu verlagern, diese aber andererseits nicht vollends der Kommission zu überlassen (Hustedt et al. 2014, S. 146–150). Die Fachausschüsse im Rahmen des Komitologie-Systems (vgl. Abschnitt 3.1.2.2.) werden fallbezogen mit Fachbeamten aus den jeweils zuständigen Ministerien der Mitgliedstaaten besetzt und haben die Aufgabe, die abgeleitete Rechtssetzung durch die Kommission zu kontrollieren (Blom-Hansen 2011, S. 2). Uneinigkeit herrscht über die Bewertung der Präferenzen der Ausschüsse beziehungsweise ihrer Mitglieder. Während beispielsweise Egeberg et al. (2003, S. 31–32) die einzelnen Ausschussteilnehmer als Agenten der Regierungen der Mitgliedstaaten porträtieren, die sich in einem *bargaining*-Prozess sowohl untereinander als auch mit der Kommission befinden, betont Blom-Hansen (2011, S. 46–47) wie zuvor bereits Joerges u. Neyer (1997, S. 297) den deliberativen

Charakter der Ausschussdiskussion, die von der kooperativen Suche nach fachlich besten Lösungen geprägt sei. Aus dieser Perspektive stellen die Ausschüsse damit kollektive Akteure dar; aus der erstgenannten hingegen nicht. Unabhängig von der Perzeption der Interessen zeigt sich empirisch, dass die Ausschüsse nur einen verschwindend geringen Teil der diskutierten Kommissionsvorschläge tatsächlich blockieren. Obwohl zu vermuten ist, dass die Kommission bei der Ausarbeitung dieser Vorschläge mögliche Einwände seitens der Mitgliedstaaten antizipiert, zeigen Ballmann et al. (2002, S. 566–571), dass die Ausschüsse insgesamt eher den Präferenzen der Kommission als denen der Mitgliedstaaten entsprechen. Die präzisen Handlungsmöglichkeiten der Ausschüsse nach den verschiedenen Komitologie-Verfahren werden in Abschnitt 3.1.2.2.3. ausgeführt.

Bedingt durch Defizite im System der Komitologie und die rapide wachsende Bandbreite der Implementationsaufgaben auf EU-Ebene (Hustedt et al. 2014, S. 149; Kaeding u. Versluis 2014) sowie durch einen Ansehensverlust der Kommission als unabhängige Instanz, gewann die Errichtung unabhängiger Regulierungsagenturen nach angloamerikanischem Vorbild für die Verwirklichung einheitlicher Regulierungsmuster für den EU-Binnenmarkt in den 1990er Jahren an Attraktivität (Majone 2002, S. 330–331; Rittberger u. Wonka 2012, S. 5).[15] Allerdings fällt deren Kompetenzausstattung gerade in der Marktregulierung im Vergleich zu den Regulierungsbehörden beispielsweise der USA begrenzt aus, weil einerseits die Kommission in der Lage war, ihre dominante Position in der Marktregulierung zu verteidigen (Levi-Faur 2012, S. 32) und andererseits die Mitgliedstaaten keine bedeutsamen neuen Kompetenzen auf die EU-Ebene verlagern wollten.

Beispiele für genuine sektorale Regulierungsagenturen umfassen so verschiedene Körperschaften wie die Europäische Agentur für Flugsicherheit (EASA), das für Schutzrechte für Pflanzensorten zuständige Gemeinschaftliche Sortenamt (CPVO) oder die Europäische Arzneimittelagentur (EMA). Zwar hängt die Legitimation dieser Agenturen in hohem Maße von der Perzeption unabhängiger fachlicher Expertise ab (Vos 2014, S. 12); je nach Kompetenzausstattung besitzen sie aber sehr wohl hierarchische Weisungsbefugnisse und können damit als quasi-staatliche Akteure auf der supranationalen Ebene klassifiziert werden. Busuioc (2009, S. 611–612) weist allerdings darauf hin, dass die tatsächliche Handlungsautonomie der Führungsebene dieser Agenturen oft in hohem Maße

[15] Die Zahl der Agenturen stieg auch deshalb erst ab Beginn der 1990er Jahre merklich an, weil zuvor eine enge Auslegung der 1958 vom EuGH formulierten „Meroni-Doktrin" eine Delegation von Kompetenzen an unabhängige Agenturen weitgehend verhindert hatte (Hustedt et al. 2014, S. 148).

durch informelle Übereinkünfte mit der Kommission und den Mitgliedstaaten geprägt ist. Angesichts ihrer Fokussierung auf technische Expertise lassen sich kaum verallgemeinerbare Aussagen über politisch-ideologische Präferenzen dieser Akteure treffen. Wonka u. Rittberger (2012, S. 118–125) finden in ihrer Befragung von Mitarbeitern europäischer Regulierungsagenturen etwas überraschend auch keinen Hinweis auf einen – aus institutionellem Eigeninteresse eigentlich zu unterstellenden – Zentralisierungs-Bias.

Ein zweites verwendetes Modell der Vereinheitlichung europäischer Regulierungsmuster, in dem einige Beobachter den Versuch der Kommission sehen, auf Umwegen europäische Regulierungsagenturen zu errichten (Eberlein u. Newman 2008), ist die institutionalisierte Kooperation nationaler Regulierungskörperschaften in sogenannten Europäischen Regulierungsnetzwerken, wie sie seit Ende der 1990er Jahre unter anderem im Finanz-, Energie- und Telekommunikationssektor eingerichtet wurden (Maggetti 2014, S. 481). Die Entstehung dieser Netzwerke ist eng verknüpft mit dem Aufkommen von alternativen Entscheidungsmustern in nicht vergemeinschafteten Politikbereichen, insbesondere der Offenen Methode der Koordinierung (vgl. Abschnitt 3.1.2.3.). Sie ist damit das Ergebnis eines Kompromisses zwischen dem vor allem von der Kommission angemahnten Harmonisierungsbedarf in diesen Politikbereichen und dem Festhalten der Mitgliedstaaten an nationalen Zuständigkeiten (Coen u. Thatcher 2008, S. 56–57). In diesen Netzwerken sind in der Regel hochrangige Vertreter der jeweils zuständigen nationalen Regulierungsbehörden versammelt, weshalb – sofern eine hierarchische Regulierungsbefugnis auf nationaler Ebene besteht – die damit intendierte Governance-Struktur als Hierarchie im Schatten eines Verhandlungssystems mit Einstimmigkeitsprinzip beschrieben werden kann. Levi-Faur (2012, S. 45) weist darauf hin, dass die Regulierungsleistung solcher formalisierten Netzwerke durch informelle und ad-hoc-Netzwerke ergänzt wird, die darüber hinaus unterschiedlich strukturiert sind und unter verschiedenen Bezeichnungen („Ausschuss", „Forum", „Gruppe", „Rat" usw.) firmieren, sodass die Gesamtheit solcher Arrangements nicht präzise zu umreißen ist.[16]

Ein Beispiel besonders enger Kooperation findet sich dabei im Energiesektor: Seit 2003 koordinierten die auf nationaler Ebene für die Regulierung der Elektrizitäts- und Gasmärkte zuständigen Behörden ihre Tätigkeit im Rahmen der *European Regulators Group for Electricity and Gas* (ERGEG); mit der 2009 eingerichteten *Agency for the Cooperation of Energy Regulators* (ACER) wurde für diesen Zweck eine eigene administrative Einheit geschaffen. Zu deren Aufgaben

[16] Eine Übersicht stärker formalisierter Netzwerke findet sich bei Hustedt et al. (2014, S. 200–201), eine etwas umfassendere Aufstellung bei Levi-Faur (2010, S. 32–35).

gehören neben der Bereitstellung einer Kooperationsplattform Marktanalysen und die Evaluation der Implementation getroffener Entscheidungen (ACER 2016c). Ausschlaggebend für das regulatorische Handeln von ACER ist der Regulierungsausschuss, der sich aus ranghohen Vertretern der nationalen Regierungsbehörden zusammensetzt (ACER 2016a). Er verabschiedet zumeist Stellungnahmen und Empfehlungen, kann aber auch einstimmig bindende Beschlüsse erlassen, womit Weisungen der EU-Ebene gegen den Willen einer nationalen Regierungsbehörde nach wie vor ausgeschlossen sind. Zusätzlich existiert seit dem Jahr 2000 mit dem *Council of European Energy Regulators* (CEER) ein loseres Forum für den Austausch bester Praktiken im Regulierungsbereich und die internationale Zusammenarbeit mit Regulierungsagenturen in anderen Weltregionen (CEER 2016).

Im Gegensatz zu den Regulierungsagenturen auf EU-Ebene fällt die Bewertung der Akteursqualität dieser Koordinationsforen damit schwerer (Hustedt et al. 2014, S. 144). Zwar bilden sie lediglich Verhandlungsstrukturen zwischen Teilnehmern mit jeweils eng definiertem Regulierungsauftrag, in denen keiner der beteiligten Akteure gegen seinen Willen zu einer bestimmten Handlung veranlasst werden kann. Andererseits weisen einschlägige Analysen nach, dass die Entscheidungsfindung in solchen Netzwerken nicht durch *bargaining* zwischen Akteuren mit fixen Präferenzen, sondern in einem Prozess vielschichtiger Wechselwirkungen zwischen nationalen und supranationalen Orientierungen stattfindet (Maggetti 2014; Mathieu 2016b, S. 36–37). Damit lassen sich derlei Regulierungsnetzwerke als kollektive Akteure mit loser interner Kopplung beschreiben. Zwar verfügen sie in der Regel über keine direkte hierarchische Weisungsbefugnis; im Folgenden werden sie dennoch als quasi-staatliche Akteure eingeordnet, weil die beteiligten Regulierungsbehörden einmal im Konsens getroffene Entscheidungen unmittelbar hierarchisch implementieren können.

3.1.2 Die Methoden der Entscheidungsfindung in der Europäischen Union

Die Europäischen Gemeinschaften haben in ihrer Geschichte einen zunehmend umfangreichen und komplexen Rechtsbestand akkumuliert, der einerseits funktionale Steuerungsprozesse in einer Union mit stetig wachsender Mitgliederzahl und in immer mehr Kompetenzbereichen ermöglichen, andererseits den jeweils etablierten Akteuren bestehende Kontrollpositionen im institutionellen Kräftefeld der EU sichern sollte (Majone 2002, S. 322). Das EU-Recht unterscheidet sich damit systematisch vom klassischen internationalen Vertragsrecht und stellt effektiv eine Verfassung des politischen Systems der EU bereit, eine Entwicklung, die maßgeblich von der Rechtsprechung des EuGH in den 1960er und 1970er Jahren vorangetrieben wurde (Rittberger u. Schimmelfennig 2006; Schmidt 2011, S. 44–45). Ein Verdienst des Verfassungskonvents und des aus ihm resultierenden Vertrags von Lissabon ist die Neuordnung dieses *acquis communautaire*, die einerseits die bestehende Machtbalance nur graduell verändert, andererseits aber das zugrundeliegende Vertragsrecht grundlegend neu strukturiert. Es gehört zu den Herausforderungen dieser Analyse, diese Veränderungen und ihren Einfluss auf die Koordinationslogik im Politikfeld Energiepolitik im Zeitverlauf abzubilden.

Es erscheint dabei sinnvoll, vor der Analyse sektorspezifischer Governance-Strukturen diejenigen Elemente der Regelung auf EU-Ebene zu analysieren, die sektorübergreifend gelten. Dabei wird zur Übersichtlichkeit nach drei Typen von Entscheidungsverfahren – im EU-Jargon „Methoden“ – unterschieden. Das vorherrschende Verfahren zur Entscheidungsfindung auf der *collective-choice*-Ebene in der EU stellt die Gemeinschaftsmethode dar. Sie zeichnet sich durch hoch formalisierte Entscheidungsregeln, präzise definierte Einflusspositionen für alle beteiligten Akteure und eine differenzierte Normentypologie aus. Um nach dem gesteigerten wissenschaftlichen Interesse zu schließen, ist seit den beginnenden 1990er Jahren ergänzend eine wachsende Bedeutung des so genannten *soft law* zu konstatieren, die sich formal vor allem in der Offenen Methode der Koordinierung (OMK) niederschlägt (Snyder 1994, S. 198–199; Terpan 2015; Trubek u. Trubek 2005). Diese Regelsysteme werden auf der Ebene der *constitutional choice* im Wesentlichen durch die intergouvernementale Methode geschaffen und verändert. Eine Analyse der institutionellen Interaktionsstrukturen in der EU beginnt daher sinnvollerweise auf dieser Ebene.

3.1.2.1 Die intergouvernementale Methode

Die intergouvernementale Methode weist strukturelle Ähnlichkeiten mit Entscheidungsprozessen in anderen internationalen Organisationen auf: Die Entscheidungsprozesse finden in einer Verhandlungsstruktur zwischen formal gleichrangigen Repräsentanten souveräner Staaten statt. Dabei herrscht Einstimmigkeitszwang, womit jede Regierung die Möglichkeit hat, eine Entscheidung zu verhindern. Die intergouvernementale Methode kommt im Wesentlichen in drei Bereichen zur Anwendung: Erstens bei – etappenweise stattfindenden – Änderungen des Primärrechts, zweitens innerhalb des Europäischen Rates und drittens in den nicht vergemeinschafteten Bereichen der Zusammenarbeit in der EU. Je nach institutioneller Rahmung handelt es sich bei der intergouvernementalen Methode um eine Zwangsverhandlung oder um ein freiwilliges Verhandlungssystem in einem institutionell eng strukturierten Feld.

Die Natur der EU-Verträge als völkerrechtliche Abkommen zwischen souveränen Staaten bedingt, dass die Weiterentwicklung des Vertragsrechts einer klassischen intergouvernementalen Logik folgt. Art. 48 EUV gibt vor, dass Änderungen am Vertragsrecht durch eine „Konferenz der Vertreter der Regierungen der Mitgliedstaaten" vereinbart und diese Änderungen von allen Mitgliedstaaten ratifiziert werden müssen. Diese intergouvernementalen Konferenzen stellen in der Praxis ein komplexes mehrstufiges Verhandlungsverfahren auf der Arbeits- und Ministerebene dar, an dessen Ende von den Staats- und Regierungschefs im Europäischen Rat verbleibende Einigungshürden beseitigt werden (Christiansen u. Reh 2009, S. 176). Das gilt auch für den Verfassungskonvent, der lediglich die Vorarbeit für eine intergouvernementale Konferenz leistete (Magnette u. Nicolaïdis 2004, S. 391).

Der oben bereits erwähnte formale und reale Bedeutungszuwachs des Europäischen Rates nach dem Inkrafttreten des Vertrages von Lissabon und der Euro-Krise führte in der EU-Forschung zur Debatte über einen „neuen Intergouvernementalismus", die von der Forderung nach einer „Unionsmethode" durch die deutsche Kanzlerin Angela Merkel auf dem Höhepunkt der Staatsschuldenkrise befeuert wurde (Ponzano 2011). Tatsächlich deutet eine Reihe von Studienergebnissen darauf hin, dass das bereits erwähnte stärkere inhaltliche Engagement des Europäischen Rates sowie neue intergouvernemental geprägte Institutionen insbesondere im Bereich der Finanz- und Fiskalpolitik zu einem realen Bedeutungszuwachs der intergouvernementalen gegenüber der Gemeinschaftsmethode geführt haben (Bickerton et al. 2015, S. 717; Howarth u. Quaglia 2015; Nugent u. Rhinard 2016; Puetter 2014, S. 69–74; Smeets u. Beach 2019).

Nach dem Vertrag von Maastricht waren zudem die zweite und dritte Säule der EU – die Gemeinsame Außen- und Sicherheitspolitik sowie die Polizeiliche und Justizielle Zusammenarbeit von der Gemeinschaftsmethode ausgenommen. Nach der Auflösung der Säulenstruktur im Vertrag von Lissabon wurde im Bereich der Zusammenarbeit bei Polizei und Justiz die Gemeinschaftsmethode eingeführt, für die Außen- und Sicherheitspolitik gilt allerdings weiterhin ein intergouvernementales Verfahren: „Sie wird vom Europäischen Rat und vom Rat einstimmig festgelegt und durchgeführt" (Art. 24 EUV). Neben dem Europäischen Rat, der laut Art. 22 EUV die strategischen Rahmenbedingungen der GASP definiert, ist damit der Rat die entscheidende Arena für die Formulierung gemeinsamer außenpolitischer Standpunkte. Wie Hayes-Renshaw (2012, S. 84–86) bemerkt, könnte die Einbindung der Ratsbürokratie bei der Erarbeitung von Kompromissvorschlägen das intergouvernementale Moment in der GASP etwas abschwächen.

Hinzu kommt, dass der Lissabon-Vertrag erstmals übergreifende Ziele für die Außenpolitik der EU definiert. In der Praxis entscheidet aber weiter die Präferenzkonfiguration der Mitgliedstaaten im Einzelfall, ob die EU auf internationaler Ebene geschlossen auftritt oder nicht (Koutrakos 2017, S. 53).

3.1.2.2 Die Gemeinschaftsmethode

Trotz einer Reihe von Verfahrensänderungen und damit einhergehenden Verschiebungen in der Machtverteilung zwischen den beteiligten Akteuren weist die Gemeinschaftsmethode im Zeitverlauf eine bemerkenswerte Stabilität auf (Dehousse 2011b, S. 3). Zwar wird in der Argumentationslinie des neuen Intergouvernementalismus verschiedentlich ein Niedergang der Gemeinschaftsmethode diagnostiziert. Nichtsdestotrotz bleibt diese das zentrale supranationale Entscheidungsverfahren der EU und unterscheidet sich durch die Tatsache, dass sich Nationalstaaten an Entscheidungen binden, denen sie selbst nicht zugestimmt haben, substanziell von anderen transnationalen Entscheidungsverfahren (Dehousse 2011b, S. 5). Zudem lässt sich die formale Aufhebung der Pfeilerstruktur im Vertrag von Lissabon als Versuch interpretieren, die Gemeinschaftsmethode wieder zu stärken (Bache et al. 2015, S. 200).

Die Methode beruht auf vier Prinzipien, die im Zeitverlauf weitgehend unverändert geblieben sind:

1. Die EU-Kommission besitzt das alleinige Initiativrecht.
2. Die eigentliche Rechtsetzung erfolgt durch den Rat unter Beteiligung des Parlaments. Durch die Ausweitung der Abstimmung mit qualifizierter Mehrheit im Rat und die wachsende Einbindung des Parlaments haben sich in diesem Bereich im Analysezeitraum die größten Verschiebungen ergeben.
3. Die Implementation der getroffenen Entscheidungen erfolgt grundsätzlich durch die Mitgliedstaaten und substaatliche Einheiten.
4. Der EuGH überwacht die Einhaltung der Rechtstaatlichkeit im Verfahren.[17]

3.1.2.2.1 Die Kommission als Initiator und Agenda-Setter

Die Kommission besitzt unter der Gemeinschaftsmethode das alleinige Recht, eine Gesetzesinitiative einzubringen. Unverändert geblieben ist im Untersuchungszeitraum auch die Regelung für Änderungen an der Vorlage im Legislativprozess: Die Kommission kann vor einer Verabschiedung jederzeit Änderungen

[17] Auf den EuGH wird in diesem Abschnitt nicht mehr vertieft eingegangen, weil seine Rolle als Akteur in EU-Entscheidungsprozessen bereits in Abschnitt 3.1.1. hinreichend analysiert wurde. An dieser Stelle sei daher lediglich darauf verwiesen, *dass* der EuGH in Fällen vermuteter Rechtsverstöße als Akteur zu berücksichtigen ist.

vornehmen; der Rat kann einen Kommissionsvorschlag nur einstimmig abändern (Art. 293 AEUV). Allerdings unterliegt dieses Initiativmonopol Einschränkungen: Erstens besitzen Rat und Parlament seit dem Vertrag von Maastricht das formale Recht, die Kommission zur Vorlage von Vorschlägen auffordern (Art. 138b, 152 EGV Maastricht). Diese Vorschriften bedingten im Interesse des institutionellen Gleichgewichts von Anfang an eine faktische Verpflichtung für die Kommission, tatsächlich einen Rechtsetzungsprozess anzustoßen (Hummer 2003, S. 1939), seit dem Jahr 2010 ergibt sich aus einer Rahmenvereinbarung zwischen Kommission und Parlament auch eine formale Vorschlagspflicht innerhalb eines Jahres (RahmenVE 2010, Zf. 16). Zweitens werden mit dem Vertrag von Lissabon einige Ausnahmen eingeführt: Auf eine Vorlage der Kommission kann demnach verzichtet werden, wenn ein Antrag auf ein Legislativverfahren durch eine Gruppe von Mitgliedstaaten, die EZB oder den EuGH erfolgt (Art. 294 Abs. 15 AEUV). Darüber hinaus ist der Handlungsspielraum der Kommission bei der Auswahl der zu bearbeitenden Themen erheblich durch die Richtlinienfunktion des Europäischen Rates eingeschränkt (Bache et al. 2015, S. 203).

Gleichwohl sind die administrativen Ressourcen und interinstitutionellen Beziehungen der Kommission unverzichtbar für die Formulierung kohärenter und sachlich adäquater Policies (Nugent 2010, S. 122). Die formal weitreichenden Blockademöglichkeiten der Kommission sind insgesamt faktisch nicht so weit ausgeprägt, dass der Kommission eine Vetoposition zuzuschreiben wäre. Auch finden sich kaum empirische Beispiele für Situationen, in denen die Kommission ihre formale Machtposition in einem Konflikt gegenüber dem Rat oder dem Parlament ausspielen würde (Thomson u. Hosli 2006). Dennoch verfügt sie mit der ihr zukommenden Verfahrensmacht über signifikante Einflussmöglichkeiten, was den Inhalt und den Zeitpunkt von Initiativen betrifft (Bieber et al. 2016, S. 219).

3.1.2.2.2 Entscheidungsfindung zwischen Rat und Parlament: Vom Konsultationsverfahren zum Ordentlichen Gesetzgebungsverfahren

Während mit dem Initiativrecht der Kommission das erste Strukturelement der Gemeinschaftsmethode weitgehend unverändert geblieben ist, haben sich in der Phase der formalen Verabschiedung von Rechtsakten in zwei Dimensionen wesentliche Änderungen ergeben: Zum einen wurde die Anwendung des durch den Vertrag von Maastricht geschaffenen Kodezisionsverfahrens schrittweise ausgedehnt, wodurch das Europäische Parlament in den meisten Politikfeldern als Vetospieler hinzugekommen ist. Zum anderen wurde die Zahl der Politikbereiche, in denen der Rat mit qualifizierter Mehrheit entscheidet, mit jeder Vertragsrevision erhöht und das Blockadepotenzial einzelner Mitgliedstaaten damit abgeschmolzen. Insgesamt ergibt sich dadurch eine zunehmende Verflechtung der Akteure Rat, Kommission und Parlament, die ursprünglich weitgehend unabhängig voneinander arbeiten konnten (Costa 2011, S. 60–63). Der genaue Einfluss der einzelnen Organe auf den Zuschnitt einzelner Legislativakte ist dabei schwer abzuschätzen, da dieser größtenteils durch informelle Trilog-Verhandlungen zwischen Kommission, Rat und Parlament zustande kommt, die nur teilweise von außen nachvollziehbar sind. Die Entscheidungsfindung im Rahmen der Gemeinschaftsmethode lässt sich damit immer weniger als reine intergouvernementale Verhandlung modellieren, sondern ist nur adäquat zu erfassen, wenn sie als dynamisches Zusammenwirken einer Logik des *bargaining* um Einflusspositionen zwischen Mitgliedstaaten und eigenständigen supranationalen Akteuren und einer Logik des *arguing* über sachlich angemessene Problemlösungen verstanden wird.

Mit dem in der Einheitlichen Europäischen Akte geschaffenen *Kooperationsverfahren* erhielt das Europäische Parlament erstmals substanzielle Mitspracherechte unter der Gemeinschaftsmethode, nachdem sich seine Funktion zuvor auf Stellungnahmen zu Kommissionsentwürfen beschränkt hatte (*Konsultationsverfahren*). Der Legislativprozess nach dem Kooperationsverfahren beinhaltet zwei Lesungen, wobei das Parlament nur in erster Lesung ein Mitspracherecht besitzt: Zunächst verabschiedet der Rat mit qualifizierter Mehrheit einen gemeinsamen Standpunkt zu einer Vorlage der Kommission, der dann dem Parlament zur Abstimmung vorgelegt wird. In zweiter Lesung trifft der Rat eine endgültige Entscheidung. Hat das Parlament die Vorlage mit der absoluten Mehrheit seiner Mitglieder abgelehnt, so benötigt der Rat in jedem Fall Einstimmigkeit, um die Vorlage entgegen der Haltung des Parlaments zu verabschieden (Art. 149 EEA). Inwieweit der Rat damit das Potenzial besitzt, ein Vorhaben gegen den Willen des Parlaments durchzusetzen, oder dem Parlament die Möglichkeit zukommt, dieses zu verhindern, hängt damit fallweise von der Fähigkeit des Rates ab, Einstimmigkeit herzustellen. Je nach Situation findet er sich damit in einer hierarchischen Weisungsposition oder in einer Zwangsverhandlung mit dem Parlament. Der zweite Fall bildet dabei in der Realität die Ausnahme, da der Rat ohnehin eine starke Konsensneigung aufweist und im Fall einer Blockade durch das Parlament ein erhöhter Zustimmungsdruck auf eventuell dissentierende Mitglieder besteht (Hayes-Renshaw u. Wallace 2006, S. 298–304; Mattila 2008, S. 30–33). Die Wahrscheinlichkeit, dass der Rat nicht zu einer einstimmigen Entscheidung und damit das Parlament unter dem Kooperationsverfahren in die Position eines Vetospielers gelangt, ist dabei am höchsten, wenn der Legislativakt inhaltlich auf eine Vertiefung der Integration zielt. Verschiedene Studien weisen nach, dass in der Haltung zur Integration die Hauptkonfliktlinie innerhalb des Rats zu suchen ist (Veen 2011; Zimmer et al. 2005).

Als entscheidend für die Stärkung des Parlaments im Analysezeitraum hat sich das im Vertrag von Maastricht etablierte *Kodezisionsverfahren* (Mitentscheidungsverfahren) erwiesen, das im Ergebnis zu einer Art Zweikammersystem aus EP und Rat in der Legislative der EU führt (Hix u. Høyland 2011, S. 74). Das Verfahren nach dem Vertrag von Maastricht (Art. 189 b EGV Maastricht) wurde durch den Vertrag noch Amsterdam (Art. 251 EGV Amsterdam) noch einmal erheblich modifiziert und vereinfacht, blieb seither aber im Hinblick auf die Entscheidungsposition der beteiligten Akteure weitgehend stabil und hat sich auch durch die nominale Aufwertung zum „Ordentlichen Gesetzgebungsverfahren" (Art. 294 AEUV) im Vertrag von Lissabon nicht entscheidend verändert. Spätestens mit dem Vertrag von Amsterdam ist das Zustandekommen eines Legislativakts nach dem Kodezisionsverfahren von der ausdrücklichen Zustimmung sowohl des Parlaments als auch des Rates abhängig (Schoo 2015). Die nach dem Kodezisionsverfahren zu entscheidenden Tatbestände wurden mit jeder Revision des Vertragsrechts erweitert (Shackleton 2012, S. 130–131), was dazu führte, dass seit dem Inkrafttreten des Lissabon-Vertrags das Konsultationsverfahren als zahlenmäßig dominierendes Entscheidungsverfahren vom Kodezisionsverfahren verdrängt wurde (Europäisches Parlament 2014k, S. 5).[18]

Artikel 189 b EGV in der Fassung des Vertrags von Maastricht errichtete ein recht komplexes Verfahren in drei Phasen,[19] das zwar ostentativ auf eine Gleichberechtigung des Parlaments zielte, dem Rat aber einen gewissen Vorteil beließ, indem dieser nach dem Scheitern der Vermittlung in dritter Lesung seinen ursprünglichen Standpunkt als Rechtsakt verabschieden konnte, sofern das Parlament dem nicht mit der absoluten Mehrheit seiner Mitglieder widersprach (Gellermann 2003, S. 2217). Im Gegensatz zum Kooperationsverfahren besitzt das EP durch das Kodezisionsverfahren in den vom jeweils geltenden Vertragsrecht bestimmten Bereichen über die Möglichkeit, ein Legislativvorhaben endgültig zu

---

[18] Der relative Anteil des Kodezisionsverfahrens an den Legislativverfahren lag in der vierten Wahlperiode des Parlaments von 1994 bis 1999 noch bei 21 Prozent, in den folgenden beiden Perioden betrug er knapp die Hälfte. Auch bedingt durch einen Rückgang der Konsultationsverfahren in absoluten Zahlen nach dem Lissabon-Vertrag folgte in der siebten Wahlperiode ein sprunghafter Anstieg auf 89 Prozent (Europäisches Parlament 2014k, S. 5); in der achten Wahlperiode sank dieser Wert leicht auf knapp 86 Prozent (Europäisches Parlament 2019, S. 6).

[19] Erst der AEUV nach Lissabon spricht explizit von „Lesungen" und strukturiert damit das Verfahren in formaler Hinsicht übersichtlicher. Eine substanzielle Veränderung der Einflussmöglichkeiten von Rat und Parlament erfolgt dadurch aber nicht.

blockieren; die internen Hürden für eine solche Blockade sind mit dem Vertrag von Amsterdam nochmals deutlich gesenkt worden: Benötigte das EP für die Ablehnung eines Entwurfs nach dem Vertrag von Maastricht in zweiter und dritter Lesung jeweils eine absolute Mehrheit, reicht dafür seit dem Vertrag von Amsterdam (Art. 251 Abs. 5 EGV Amsterdam) aus, dass eine einfache Mehrheit *für* den zur Abstimmung stehenden Rechtsakt nicht erreicht wird. Damit sinkt die Wahrscheinlichkeit, dass Rat und Kommission einen Rechtsakt ohne substanzielle Beteiligung des Parlaments durchsetzen können, weil das Parlament die für eine Beteiligung notwendige Mehrheit nicht erreicht. Eine weitere erhebliche Stärkung des Parlaments ergibt sich aus dem Vertrag von Lissabon: Artikel 394 Absatz 3 AEUV bestimmt, dass das Parlament in erster Lesung nicht nur wie vorher eine Stellungnahme zum Entwurf der Kommission abgibt, sondern einen eigenen Standpunkt erarbeitet. Dieser eigenständige Rechtstext bildet nunmehr zumindest formal die Arbeitsgrundlage der ersten Lesung des Rates, der dem Standpunkt des EP zustimmen oder einen eigenen Standpunkt beschließen kann (Schoo 2015).

Die Möglichkeit der Blockade in einzelnen Bereichen bietet dem Parlament auch ein Druckmittel in anderen Bereichen: So könnte das EP einer Forderung in einem Politikfeld, das nicht dem Kodezisionsverfahren unterliegt, Nachdruck verleihen, indem es mit der Blockade eines nach dem Kodezisionsverfahren organisierten Rechtsetzungsprozesses in einem anderen Politikfeld androht. Besonderes Druckpotenzial erwächst aus den Haushaltsbefugnissen[20] des Parlaments: Schon der Maastricht-Vertrag (Art. 203 Abs. 8 EGV Maastricht) erlaubte eine Ablehnung des Haushaltsplans „aus wichtigen Gründen"; mit der Stärkung der finanziellen Unabhängigkeit der Union infolge des Lissabon-Vertrags ging eine Aufwertung des Parlaments zu einem vollwertigen Vetospieler einher (Bieber 2015, Art. 314 AEUV).

Eine solche nichtkooperative Betrachtungsweise wird der Realität allerdings nicht gerecht; die formale Vetoposition des Parlaments schlägt sich nicht in einer signifikant erhöhten Zahl tatsächlicher Blockaden nieder. Mühlböck u. Rittberger (2015, S. 14) führen dies darauf zurück, dass in den meisten Fällen die gemeinsame Orientierung an effizienter Politikformulierung unterschiedliche Präferenzen

[20] Die Subsumption des Verfahrens zur Aufstellung des Haushaltsplans unter dem Ordentlichen Gesetzgebungsverfahren ist formaljuristisch strittig (Bieber 2015), schon weil sein Ergebnis in der Rechtsform von der üblichen EU-Systematik abweicht: Im Gegensatz zum mehrjährigen Finanzrahmen ist der Haushaltsplan keine Verordnung, sondern ein Erlass. Allerdings weicht das Verfahren im Hinblick auf das Machtverhältnis der beteiligten Akteure nicht so erheblich vom Ordentlichen Gesetzgebungsverfahren ab, dass dies eine gesonderte Erfassung im Rahmen dieser Analyse rechtfertigen würde.

und Rollenwahrnehmungen der beteiligten Akteure überlagert. Diese Orientierung begründet sich auch aus deren rationalen Eigeninteresse: Da sowohl Rat als auch Parlament über eine endgültige Vetomöglichkeit verfügen, würde angesichts der Häufigkeit gemeinsamer Beteiligung an Legislativprozessen eine regelmäßige Anwendung solch destruktiver Verhandlungstaktiken zu einer völligen Entscheidungsblockade und damit auch zu einer Delegitimierung des institutionellen Rahmens führen.[21]

In der Praxis äußert sich die Aufwertung des Parlaments primär in einer stärkeren inhaltlichen Beteiligung, die auch durch entsprechende vertragliche Regelungen unterfüttert ist. Im Vergleich zum Kooperationsverfahren sorgt schon die Plattform des Vermittlungsausschusses dafür, dass sich Kommission und Rat inhaltlich vertieft mit der Position des Parlaments auseinanderzusetzen haben. Durch die Formulierung eines eigenen Standpunkts in erster Lesung wurde die inhaltliche Gestaltungsmacht nach dem Lissabon-Vertrag nochmals aufgewertet. Die formalen Vetopositionen von Rat und Parlament und die mit dem komplexen Verfahren verbundenen Entscheidungskosten schaffen für die beteiligten Akteure einen Anreiz, möglichst frühzeitig im Gesetzgebungsprozess eine Einigung zu erzielen. Begünstigt wird dies durch die im Amsterdam-Vertrag geschaffene Möglichkeit, den Rechtsetzungsprozess schon in der ersten Lesung abzuschließen und damit ein protrahiertes Verfahren mit vielen Unwägbarkeiten und hohen Entscheidungskosten zu vermeiden. Diese Tendenz zu frühen Entscheidungen ist quantitativ unäquivok nachweisbar: Der Anteil der Einigungen in der ersten Lesungen an allen Legislativprozessen nach dem Kodezisionsverfahren stieg von 29 Prozent in der fünften Wahlperiode des EP auf 89 Prozent in der achten Wahlperiode; zugleich ging der Anteil der Prozesse, die ein Vermittlungsverfahren benötigten, von 22 Prozent auf null zurück (Schoo 2015).

Diese frühzeitigen Einigungen beruhen auf intensiven Kontakten zwischen Kommission, Parlament und Rat im Rahmen informeller Triloge und markieren einen Trend zur Informalisierung, der die Entwicklung eines zunehmend komplexen institutionellen Entscheidungsrahmens begleitet (Farrell u. Héritier 2003; Reh et al. 2013). In der Regel wird dabei versucht, durch Verhandlungen zwischen dem Berichterstatter des Parlaments, der zuständigen Generaldirektion der

---

[21] Besonders hart wurde etwa um die Kompetenzen des Parlaments im Komitologie-System gerungen: Nach der Einführung des Kodezisionsverfahrens im Maastricht-Vertrag blockierte das EP alle Rechtsetzungsverfahren, die ein Regelungsverfahren bei der Implementation (vgl. dazu das folgende Unterkapitel) beinhaltet hätten, und fror zeitweise sogar das Budget für die Komitologie ein, um vom Rat eine umfassendere Beteiligung an Komitologie-Verfahren zu erzwingen – mit begrenztem Erfolg (Bergström 2005, 221-223, 241-242; Bergström et al. 2007, S. 355–356).

Kommission und des COREPER noch vor der ersten Lesung im Parlament einen Kompromiss zu formulieren, der vom Parlament anschließend formal als eigener Standpunkt verabschiedet und vom Rat in erster Lesung gebilligt wird (Rasmussen 2011, S. 42–43). Diese Vorgehensweise ist auf ein hohes Maß an Kohäsion vor allem im Parlament angewiesen, da für eine funktionale Verhandlungsführung der Berichterstatter glaubwürdig muss, dass der von ihm akzeptierte Text auch vom Plenum verabschiedet wird. Bressanelli et al. (2016, S. 108–109) weisen entsprechend nach, dass mit der Zunahme frühzeitiger Übereinkünfte auch eine Stärkung der Fraktionsdisziplin im EP einhergeht. Darüber hinaus besteht schon länger eine etablierte Interaktionsbeziehung zwischen den Diensten der Kommission und dem Generalsekretariat des Rates: Die informelle Abstimmung von Inhalten zwischen Vertretern der zuständigen Generaldirektionen in Kommission und Rat ermöglicht eine Abstimmung von Kommissionsvorschlägen auf mehrheitsfähige Positionen im Rat und umgekehrt eine unterstützende Funktion der Kommission als angesehene Vermittlungsinstanz bei der Suche nach Konsenslösungen im Rat (Christiansen 2002, S. 13–15).

Die Vereinfachung des Gesetzgebungsverfahrens wurde nachträglich teilweise formalisiert: Erstens verabschiedeten EP, Rat und Kommission 2007 eine Erklärung, in der sie sich zu einer konstruktiven Zusammenarbeit verpflichten, mit dem Ziel, Rechtsakte möglichst in erster Lesung zu verabschieden (Europäisches Parlament, Rat der EU u. Europäische Kommission 2007). In dieser Erklärung werden auch Verfahrensregeln für die Triloge definiert. Beispielsweise wird festgelegt, dass der Vorsitzende des COREPER das Verhandlungsergebnis dem zuständigen Ausschussvorsitzenden des Parlaments schriftlich übermittelt; zudem werden formale Anforderungen an diese Mitteilung spezifiziert (Europäisches Parlament, Rat der EU u. Europäische Kommission 2007, S. 2). Weiterhin verpflichtet sich die Kommission in der 2010 mit dem EP geschlossenen Rahmenvereinbarung, die vom Parlament vorgenommenen Änderungen an ihren Vorschlägen im weiteren Legislativprozess zu berücksichtigen (RahmenVE 2010, Zf. 37). Zur Vereinfachung trägt formal auch die Geschäftsordnung des EP bei, die dessen Spielraum bei der Änderung des Standpunkts in zweiter Lesung auf Fälle beschränkt, in denen der Inhalt des ersten gemeinsamen Standpunkts wiederhergestellt wird, durch die Änderung ein Kompromiss mit dem Rat erreicht wird oder auf veränderte externe Situationsfaktoren reagiert wird (Art. 66 GO EP WP7; Art. 69 GO EP WP8; Art. 68 GO EP WP9). Die Beschleunigung der Legislativverfahren geht naturgemäß mit einer deutlich reduzierten Transparenz einher, weil vielfach Ausgangspositionen der an den Verhandlungen beteiligten Akteure für die

Öffentlichkeit nicht mehr nachvollziehbar sind und damit die politische Verantwortlichkeit für Entscheidungen empfindlich eingeschränkt wird (Brandsma 2019; Reh 2014).

Neben der Kompetenzerweiterung des Parlaments hat sich die Logik der Gemeinschaftsmethode vor allem durch die Ausweitung des qualifizierten Mehrheitsentscheids im Rat verändert. Nach den Vertragsreformen der 1990er Jahre beschränken sich Einstimmigkeitserfordernisse auf konstitutionelle Grundsatzentscheidungen, die bereits erwähnte Außen- und Sicherheitspolitik und Entscheidungen über Abkommen mit Drittstaaten (Hayes-Renshaw u. Wallace 2006, S. 259–260). Entsprechend sieht der Vertrag von Lissabon (Art. 16 Abs. 3 EUV) Abstimmungen mit qualifizierter Mehrheit als Regelfall der Entscheidungsfindung im Rat vor.

3.1.2.2.3 Implementation und abgeleitete Rechtsetzung

Für die eigentliche Implementation des Sekundärrechts sind grundsätzlich die Verwaltungen der Mitgliedstaaten und substaatlicher Einheiten verantwortlich; der EU-Kommission obliegt es in der Regel, diese zu kontrollieren und für Kohärenz zu sorgen, was angesichts der limitierten Kapazitäten der Kommission und der breiten Interpretationsspielräume, die das EU-Recht häufig bietet, mit Schwierigkeiten verbunden ist. Lediglich in einigen Bereichen des schon erwähnten Wettbewerbsrechts ist der Kommission eine unmittelbare Implementation der Regeln möglich (Nugent 2010, S. 128). Hix u. Hoyland (2011, S. 46-47) sprechen daher treffend von einer „dualen Exekutive" aus Kommission und mitgliedstaatlichen Regierungen. Wie nationale Exekutiven ist auch die EU-Kommission im Rahmen der Implementation zur eigenständigen Rechtsetzung berechtigt. Diese Delegation von Rechtsetzungsbefugnissen durch die Legislative folgt derselben Logik und bedingt für die Legislativorgane dasselbe Dilemma wie auf nationaler Ebene: Im Sinne eines klassischen Prinzipal-Agenten-Verhältnisses ist es für die Legislativorgane aufgrund von Unsicherheiten über zukünftige Entwicklungen und der in der Exekutive vorhandenen Expertise in einem Problembereich sinnvoll, Normen mit einem gewissen Allgemeinheitsgrad zu formulieren und die Spezifizierung an die Exekutive zu delegieren (Blom-Hansen 2011, S. 43). Damit werden für den Prinzipal einerseits Entscheidungskosten reduziert, weil nicht auf jede Situationsveränderung mit einem neuen Legislativverfahren reagiert werden muss; andererseits ergeben sich Kosten für die Kontrolle des Agenten, um ein Handeln im Sinne des Prinzipals sicherzustellen, sowie gegebenenfalls Kosten durch nicht intendiertes Handeln des Agenten (Héritier et al. 2013, S. 11–12).

Die Delegation von Rechtsetzungsbefugnissen an die EU-Kommission weist dabei zwei Besonderheiten auf: Erstens besteht juristisch keine hierarchische

Unterscheidung zwischen Rechtsakten des Rats (mit oder ohne Beteiligung des Parlaments) und solchen der Kommission; sowohl Rat und Parlament als auch die Kommission erlassen Rechtsakte in Form von Verordnungen, Richtlinien und Beschlüssen/Entscheidungen. Auch funktional ist eine Unterscheidung zwischen essentiellen und implementierenden Regeln nicht problemlos zu ziehen (Bergström 2005, S. 5). Die quantitative Bedeutung abgeleiteter Rechtsakte ist dabei enorm: Von den im Jahr 2008 gültigen Rechtsakten waren 82 Prozent der Verordnungen und 44 Prozent der Richtlinien delegiert durch die Kommission erlassen (Héritier et al. 2013, S. 69). Im Jahr 2019 wurden gut 70 Prozent der EU-Rechtsakte durch die Kommission erlassen (Europäische Union 2019). Zweitens entstand mit dem Erstarken des Parlaments ein Missverhältnis zwischen seiner Rolle in der Legislative und dem faktischen Ausschluss aus der Kontrolle abgeleiteter Rechtsetzung durch das System der Komitologie.

Das bereits seit Anfang der 1960er Jahre bestehende Ausschuss-System unterlag in seiner Geschichte einem stetigen Wandel; für die hier vorliegende Analyse reicht es allerdings aus, zwischen dem Stand vor und nach dem Vertrag von Lissabon zu differenzieren. Von Beginn an war die Komitologie dabei als Kontrollinstrument der Mitgliedstaaten gegenüber der Rechtsetzung durch die Kommission konstruiert. Die Ausschüsse bestehen aus nationalen Delegationen mit je einer Stimme, wobei jede Delegation im Normalfall aus einem formalen Vertreter und einem ihm begleitenden Experten zum behandelten Sachbereich besteht. Dabei handelt es sich nicht um feste Vertreter, die einen europäischen Korpsgeist herausbilden könnten, sondern um fallbezogene Emissäre, die die Position des jeweiligen nationalen Ministeriums vertreten sollen (Bergström 2005, S. 24–25; Egeberg et al. 2003, S. 31). Zugleich wird der fachlichen Argumentation in den Arbeitsgruppen, in denen der Hauptteil der inhaltlichen Arbeit stattfindet, ein hoher Stellenwert beigemessen, weshalb in der überwiegenden Mehrheit der Fälle eine inhaltliche Einigung mit der Kommission zustande kommt (Bergström 2005, S. 32).

Der Zuschnitt der Prinzipien und Regeln der Komitologie vor dem Vertrag von Lissabon geht auf die entsprechende Entscheidung des Rates (87/373/EWG) aus dem Jahr 1987 zurück, nachdem diese zuvor weitgehend informell gehandhabt worden war. Die Entscheidung definierte drei Verfahrenstypen, ohne allerdings Kriterien für die Auswahl zwischen diesen Typen festzuschreiben (siehe dazu: Bergström 2005, S. 198–201):[22]

[22] Kommission und Parlament drängten auf eine stärkere Formalisierung und verbindliche Kriterien für die einzelnen Verfahren. Der Rat behielt sich hingegen in seiner Entscheidung den

- Verfahren I (*Beratungsverfahren*): Nach diesem Verfahren gibt der einberufene Ausschuss lediglich eine für die Kommission nichtbindende Stellungnahme ab.
- Verfahren II (*Verwaltungsverfahren*): Hier können die von der Kommission beabsichtigten Maßnahmen unmittelbar in Kraft treten; erst danach berät der Ausschuss darüber. Fällt das Votum negativ für die Maßnahme der Kommission aus, kann bei einer Durchführung nach Variante IIa die Kommission entscheiden, ob sie die Maßnahme beibehält oder beendet. Nach der restriktiveren Variante IIb liegt diese Entscheidung beim Rat.
- Verfahren III (*Regelungsverfahren*): Die Kommission muss vor der Implementation einen Ausschuss einberufen und dessen Zustimmung einholen. Kommt diese nicht zustande, muss die Kommission den Vorschlag dem Rat vorlegen.[23] Auch bei diesem Verfahren sind zwei Varianten zu unterscheiden: Nach Variante IIIa fällt das Entscheidungsrecht wieder an die Kommission, wenn der Rat innerhalb eines bestimmten Zeitahmens nicht über den Vorschlag entscheidet. Nach Variante IIIb kann der Rat dieses Zurückfallen der Entscheidungskompetenz mit einfacher Mehrheit unterbinden (*contre-filet*-Verfahren).
- Schließlich sieht die Entscheidung zwei Varianten eines *Verfahrens bei Schutzmaßnahmen* vor, die die Kommission nach einer Vollmacht des Rates ergreift: Nach Variante IVa bleiben die Maßnahmen aufrecht, wenn der Rat sie nicht innerhalb eines im betreffenden Rechtsakt definierten Zeitrahmens mit qualifizierter Mehrheit annulliert. Nach der wiederum restriktiveren Variante IVb enden die Maßnahmen automatisch, wenn der Rat sie nicht innerhalb eines bestimmten Zeitrahmens mit qualifizierter Mehrheit bestätigt, ändert oder annulliert.

Nach einer protrahierten Auseinandersetzung zwischen Kommission, Parlament und Rat in den 1990er Jahren,[24] in deren Verlauf das Parlament mehrere Legislativvorhaben blockierte, griff der zweite Komitologie-Beschluss des Rates (99/468/EG) einige der Bedenken von Parlament und Kommission auf, wenngleich die Forderung des EP nach einer gleichberechtigten Beteiligung an der Kontrolle der Komitologie keineswegs erfüllt wurde: Die Kommission konnte ihre

---

genauen Zuschnitt der Implementationszuständigkeiten im Einzelfall explizit vor (Bergström 2005, S. 197).

[23] Das Regelungsverfahren ähnelt damit der Gemeinschaftsmethode, allerdings ohne Einbezug des Parlaments (Bergström 2005, S. 200).

[24] Das System der Komitologie stellte im Verlauf der Geschichte der Europäischen Gemeinschaften zweifelsohne einen der am härtesten umkämpften Aspekte dar. Detaillierte Darstellungen der interinstitutionellen Auseinandersetzungen in den 1990er Jahren finden sich unter anderem bei Bergström (2005, S. 209–248) sowie Héritier et al. (2013, S. 33–38).

Forderung durchsetzen, die restriktiven Varianten des Verwaltungs- und Regelungsverfahrens abzuschaffen (Héritier et al. 2013, S. 37–38). Die Position des Parlaments wurde hingegen kaum gestärkt; der Beschluss fixierte lediglich dessen verbesserten Informationsrechte, die sich schon aus einer interinstitutionellen Vereinbarung der drei Organe Ende des Jahres 1994 ergeben hatten (Modus Vivendi). Durchsetzen konnten Kommission und Parlament ferner, dass erstmals – wenn auch weit gefasste – Kriterien für die Wahl des jeweiligen Verfahrensmodus definiert wurden (99/468/EG, Art. 2).

Nachdem die Kommission sowohl in ihrem Governance-Weißbuch als auch in einem eigenen Reformentwurf zur zweiten Komitologie-Entscheidung Anfang der 2000er Jahre umfangreiche Vorschläge zur Reform des Komitologie-Systems unterbreitet hatte, verlagerte sich die Debatte in den Verfassungskonvent. Der Entwurf für eine EU-Verfassung nahm die im Konvent vorgeschlagene Normenhierarchie zwischen „Rahmengesetzen" des Rates und des Parlaments einerseits sowie Verordnungen und Entscheidungen der Kommission andererseits nicht auf, regelte aber, dass die Festlegung essenzieller Elemente Parlament und Rat obliegen sollte, während die Regelung nichtessenzieller Elemente an die Kommission delegiert werden konnte, wenn für die Implementation EU-weit einheitliche Bedingungen erforderlich waren (Héritier et al. 2013, S. 40–42). Nach dem Scheitern des Verfassungsprozesses erlangte die Reform des bestehenden Komitologie-Systems neue Salienz für Kommission und Parlament; das EP blockierte die Reform des Lamfalussy-Verfahrens und begann zugleich, Gesetzesvorhaben systematisch mit Erweiterungen zu versehen, die die Delegation an die Kommission beschränkten. Dabei nutzte es die günstige politische Stimmung, nachdem im Verfassungsprozess eine Stärkung der Rechte des Parlaments einen hohen Status auf der Agenda erhalten hatte (Blom-Hansen 2011, S. 88). Das Ergebnis dieser erneuten Auseinandersetzung war 2006 die Einführung des *Regelungsverfahrens mit Kontrolle* (B 2006/512/EG, Art. 5a) für Rechtsakte der Kommission, die auf nach dem Kodezisionsverfahren zustande gekommenen Rechtsakten basieren. Nach diesem Verfahren kann das Parlament Vorschläge der Kommission mit absoluter Mehrheit ablehnen, wenn diese den Grundsätzen des jeweiligen Basisrechtsakts widersprechen (Héritier et al. 2013, S. 44–45).

Nachdem damit bereits ab 2006 in bestimmten Bereichen der abgeleiteten Rechtsetzung das Parlament als Vetospieler hinzugekommen war, stellte der Vertrag von Lissabon diese auf ein völlig neues Fundament:[25] Der Vertrag

[25] Zeitgleich bestehen Teile des alten Komitologie-Systems fort, auch wenn sich Parlament, Rat und Kommission zu einer entsprechenden Anpassung der Basisrechtsakte verpflichtet haben.

unterscheidet grundsätzlich zwischen *delegierten Rechtsakten* (Art. 290 AEUV) und *Durchführungsrechtsakten* (Art. 291 AEUV), wobei nur noch letztere auf das – geringfügig modifizierte – Ausschusssystem gestützt sind. Damit wurde knapp zwei Jahrzehnte nach der Einführung des Kodezisionsverfahrens eine Unterscheidung zwischen Rechtsakten, die die Kommission in ihrem eigenen Kompetenzbereich erlässt, und solchen, die sie als ausführendes Organ im Kompetenzbereich des Parlaments erlässt, getroffen (Ponzano 2008). Nach einer Aushandlungsphase,[26] die von der Unterzeichnung des Vertrags bis Anfang 2011 andauerte, ergibt sich derzeit folgendes System der abgeleiteten Regelsetzung in der EU:

Delegierte Rechtsakte werden von der Kommission erlassen, wenn damit nichtwesentliche Aspekte des Basisrechtsaktes geändert oder ergänzt werden, wobei laut Art. 291 Abs. 1 AEUV „Ziele, Inhalt, Geltungsbereich und Dauer der Befugnisübertragung ausdrücklich festgelegt" sein müssen. Dieses Instrument wurde geschaffen, um mit ähnlich sensiblen Bereichen umzugehen wie das Regelungsverfahren mit Kontrolle, und ist daher auch ähnlich ausgestaltet: Es werden in einem genau definierten Umfang zusätzliche Kompetenzen an die Kommission delegiert; im Gegenzug erhält das Parlament zusätzliche Kontrolloptionen (Hardacre u. Kaeding 2013, S. 12). Die Kontrolle durch das Parlament und den Rat wird sichergestellt, indem entweder die Delegation an sich zurückgenommen werden oder ein delegierter Rechtsakt innerhalb einer bestimmten Frist annulliert werden kann. Die Entscheidung zwischen diesen beiden Optionen ist im jeweiligen Basisrechtsakt getroffen (Art. 290 Abs. 2 AEUV; Hofmann 2009, S. 492).

Die sekundärrechtliche Ausgestaltung erfolgte durch eine Verständigung zwischen Parlament, Rat und Kommission Anfang 2011 (Rat der EU 2011b), die 2016 durch einen Anhang zur interinstitutionellen Vereinbarung über bessere Rechtsetzung (Europäisches Parlament, Rat der EU u. Europäische Kommission 2016) aktualisiert wurde; drei Aspekte verdienen hierbei unter dem Gesichtspunkt der Einflussverteilung zwischen den drei Organen besondere Beachtung: Aus beiden Dokumenten geht eine umfassende Informationspflicht der Kommission gegenüber Rat und EP über geplante delegierte Rechtsakte hervor. Zweitens waren anfangs die Bestimmungen zur Festlegung der Dauer der Delegation umstritten, wobei sich die Kommission mit ihrer Ablehnung pauschaler *sunset*-Klauseln durchsetzen konnte: Zeitlich beschränkte Übertragungen sollen sich der Verständigung zufolge stillschweigend um identische Zeiträume verlängern. Drittens setzten sich in der Verständigung von 2011 Parlament und Kommission mit

[26] Ausführliche Darstellungen der Aushandlungsprozesse finden sich u.a. bei: Brandsma u. Blom-Hansen (2012) sowie Christiansen u. Dobbels (2013).

der Forderung durch, eine Pflicht zur Konsultation nationaler Experten nicht aufzunehmen, weil sie darin die Einführung eines Komitologie-Systems durch die Hintertür befürchteten (Christiansen u. Dobbels 2013, S. 50). Diese Festlegung wird durch die Neufassung 2016 völlig revidiert: Die Kommission ist nunmehr verpflichtet, jeden Entwurf eines delegierten Rechtsakts einem Ausschuss vorzulegen, der sich aus von den Mitgliedstaaten benannten Sachverständigen zusammensetzt. Das System delegierter Rechtsakte ist damit sieben Jahre nach dem Inkrafttreten des Vertrags von Lissabon nahezu identisch mit dem vorherigen Regelungsverfahren mit Kontrolle.

Im Hinblick auf Durchführungsrechtsakte wird das System der Komitologie ohnehin weitgehend beibehalten:[27] „*The new procedures […] are not as different from the past as the new world of Delegated Acts compared with RPS* [Regelungsverfahren mit Kontrolle, Anm. d. Verf.] – *but they do change things*" (Hardacre u. Kaeding 2013, S. 15). Während das alte Beratungsverfahren unverändert für wenig kontroverse, unkomplizierte Vorhaben bestehen bleibt, ersetzt das neue *Überprüfungsverfahren* Verwaltungs- und Regelungsverfahren. Das Abstimmungssystem des alten Regelungsverfahrens wird dabei grundsätzlich beibehalten: Die Kommission benötigt eine Zustimmung des zuständigen Ausschusses mit qualifizierter Mehrheit, um eine Maßnahme umsetzen zu können; das Parlament und nun auch der Rat haben ein Kontrollrecht. Im Falle einer Nichteinigung im Ausschuss kann die Kommission nunmehr allerdings entscheiden, ob sie die Maßnahme implementieren oder dem Ausschuss oder dem Berufungsausschuss einen modifizierten Rechtsakt vorlegen will. Stimmt ein Überprüfungsausschuss mit qualifizierter Mehrheit gegen ein Vorhaben, wird es dem neu geschaffenen Berufungsausschuss vorgelegt, nicht mehr dem Rat (Hardacre u. Kaeding 2013, S. 17–18). Das System der Durchführungsrechtsakte nach der Verordnung von 2011 führte dazu, dass die Kommission in Fällen, in denen weder der befasste Ausschuss noch der Berufungsausschuss zu einer Entscheidung gelangt, selbst über die Inkraftsetzung des von ihr vorgeschlagenen Rechtsaktes entscheiden muss. Da diese Situation mehrfach in aus Sicht der Kommission sensiblen Bereichen wie dem Anbau genetisch veränderter Organismen auftrat, schlug sie 2017 eine Novelle der Ausschussverordnung vor, die in solchen Fällen eine Befassung des Rates auf Ministerebene vorsieht (Europäische Kommission 2017h). Über diesen Vorschlag war zum Zeitpunkt der Fertigstellung dieser Studie noch nicht entschieden.

[27] Sekundärrechtlich geregelt durch VO 182/2011. Der Wechsel vom Instrument des Ratsbeschlusses zu einer von Rat und Parlament gemeinsam erlassenen Verordnung drückt aus, dass sich das Dokument nicht nur an einen beschränkten Adressatenkreis richtet, sondern EU-weit rechtsverbindlich gilt (Héritier et al. 2013, S. 53–54).

Die Unterscheidung zwischen den beiden Typen ist allerdings weniger trennscharf als auf den ersten Blick anzunehmen (Christiansen u. Dobbels 2013, S. 44). Vielmehr haben die Gesetzgeber nach einem Urteil des EuGH aus dem Jahr 2014 (EuGH, 18.03.2014) nahezu völlige Entscheidungsfreiheit; einzige Ausnahme ist die Änderung und Ergänzung von Anhängen, die zwingend den Gebrauch delegierter Rechtsakte erfordert (Brandsma u. Blom-Hansen 2016, S. 536–537).

Insgesamt ist im System der abgeleiteten Rechtsetzung durch die Kommission eine doppelte Entwicklung auszumachen: Erstens wurden seit Beginn des Analysezeitraums die Mitspracherechte des Parlaments deutlich gestärkt, wobei eine formale Blockademöglichkeit erst seit der Etablierung des Regelungsverfahrens mit Kontrolle 2006 existiert. Zweitens – und zu einem Gutteil dieser Stärkung des Parlaments geschuldet – ist eine zunehmende Formalisierung der Verfahren, verbunden mit einer Präzisierung der Rahmenvorgaben im Vertragsrecht, zu konstatieren. Im Zeitverlauf stabil blieb die Tendenz, dass der Großteil der Ausschüsse nach dem Verwaltungsverfahren arbeitete (Bergström 2005, S. 19); entsprechend liegt seit den Veränderungen durch den Lissabon-Vertrag der Schwerpunkt auf dem Überprüfungsverfahren (Europäische Kommission 2019b, S. 4).

3.1.2.2.4 Institutionelles Profil und Output-Performanz

Zusammenfassend schafft die Gemeinschaftsmethode im Allgemeinen und das Kodezisionsverfahren im Besonderen damit eine komplexe Verhandlungsstruktur zwischen Akteuren, deren Präferenzen teilweise schwer zu prognostizieren sind. Zusätzlich verkompliziert wird das Gesamtbild durch das schwer überschaubare System abgeleiteter Rechtsetzung, das als gesonderte Entscheidungsarena zu betrachten ist. Auf der höchsten Abstraktionsebene handelt es sich bei der Gemeinschaftsmethode um eine Verhandlungskonstellation zwischen drei quasistaatlichen Akteuren – Kommission, Rat und Parlament –, wobei keiner der Beteiligten ausgeschlossen werden kann, aber auch nicht alle Akteure über die Möglichkeit verfügen, Entscheidungen zu blockieren. Mithin lässt sich die Konstellation als eine Variante der Zwangsverhandlung[28] mit asymmetrischer wechselseitiger Abhängigkeit klassifizieren. Die Rolle der Kommission blieb

[28] Die Zuordnung zum Typus der Zwangsverhandlung bezieht sich dabei auf den einzelnen Entscheidungsprozess. Grundsätzlich besteht für die einzelnen Mitgliedstaaten – wie das Beispiel des Vereinigten Königreichs illustriert – sehr wohl die Option eines Ausscheidens aus dem gesamten Verhandlungssystem. Für die jeweils analysierte Entscheidungsfindung in einem gegebenen Regelungsbereich spielt diese Möglichkeit aufgrund der hohen Hürden für ein Ausscheiden aus der Union und der unabhängig davon bestehenden rechtlichen Verpflichtungen für die Mitgliedstaaten keine Rolle.

dabei im Zeitverlauf formal weitgehend unverändert und beschränkt sich auf das Einbringen von Vorschlägen und die Bereitstellung relevanter Informationen. Aufgrund der limitierten Informationsverarbeitungskapazität begrenzt rationaler Akteure und der administrativen Ressourcen der Kommission wie auch ihrer Kontakte zu Interessenorganisationen besitzt diese erhebliches Einflusspotenzial durch die Steuerung von Informationsflüssen im Hinblick auf Zeitpunkt und Adressaten. Die Größe dieses „Vorteil[s] des ersten Schritts" (Héritier 1995, S. 10) wird allerdings zunehmend durch die Aktivität des Europäischen Rates im jeweiligen Politikbereich definiert. Der Einfluss des Parlaments beschränkte sich anfangs auf Persuasion, wobei durch die verpflichtende Beteiligung im Rahmen des Konsultations- und Kooperationsverfahrens zumindest ein stetiger und formalisierter Informationskanal bestand, womit gewährleistet war, dass die Präferenzen des Parlaments und damit verbundene Begründungsmuster von den anderen beteiligten Akteuren wahrgenommen werden mussten. Eine Möglichkeit, politische Entscheidungen gegen den Willen anderer Akteure zu beeinflussen, war damit aber nicht verbunden. Seit dem Vertrag von Maastricht verfügt das EP demgegenüber in Bereichen, in denen nach dem Kodezisionsverfahren entschieden wird, über die Möglichkeit, eine Entscheidung endgültig zu blockieren, womit sich Rat und Parlament in einer Konstellation der Zwangsverhandlung mit symmetrischer wechselseitiger Abhängigkeit befinden.

Diese Perspektive auf das Entscheidungssystem der EU lässt allerdings noch keine adäquate Bewertung zu. Die Betrachtung wird dadurch komplex, dass die Regierungen der Mitgliedstaaten an verschiedenen Punkten bedeutsamen Einfluss ausüben, aber formal nicht als eigenständige Akteure in Erscheinung treten. Eine sinnvolle Bewertung des Einflusses nationalstaatlicher Akteure darf daher nicht schematisch den vom Rat geäußerten Standpunkt als Präferenz eines quasi-staatlichen Akteurs auffassen, sondern muss die dahinter liegenden Meinungsbildungs- und Entscheidungsprozesse innerhalb des Rates berücksichtigen, was in der Praxis dadurch erschwert wird, dass die Diskussionsprozesse nichtöffentlich sind. Dabei besitzen einzelne Mitgliedstaaten oder kleine Gruppen von Staaten bedingt durch die standardmäßige Anwendung des qualifizierten Mehrheitsentscheids formal keine Möglichkeit, Vorhaben einseitig zu blockieren. Umgekehrt ist es einer Koalition von Mitgliedstaaten – die Zustimmung des Parlaments vorausgesetzt – möglich, mit einer qualifizierten Mehrheit dissentierende Staaten zu einem bestimmten Handeln zu zwingen. Faktisch ist das Gewicht einer ablehnenden Haltung aber wesentlich höher zu taxieren, da diese in der Regel den anderen Ratsmitgliedern in ihrem Streben nach Einstimmigkeit Veranlassung ist, nach einem Kompromiss zu suchen. Die interne Handlungslogik des Rates ist damit durch zwei Ebenen bedingt: Primär folgt sie einem Streben nach Einstimmigkeit; die mit einem Einstimmigkeitszwang einhergehende Anfälligkeit für nichtkooperative Blockadehaltungen wird aber durch die sekundär drohende Möglichkeit eines qualifizierten Mehrheitsentscheids weitgehend beseitigt. Damit wächst für alle Beteiligten der Anreiz, konstruktiv nach Kompromissen zu suchen, weil eine reine Verweigerungshaltung dazu führen kann, als einzelstaatlicher Akteur ohne Berücksichtigung der eigenen Präferenzen überstimmt zu werden.

Dass sowohl innerhalb des Rates als auch in den Beziehungen zwischen Rat und Parlament das formal angelegte Zwangs- und Blockadepotenzial nicht voll zur Ausprägung gelangt, ist auf die Kosten zurückzuführen, die mit einem solchen Verhalten verbunden sind. Erstens zahlt sich durch die ständige Wiederholung von Entscheidungsprozessen in einer identischen Akteurskonstellation konstruktives Verhalten durch den Aufbau von Vertrauen und einer Reziprozitätslogik aus. Zweitens können die Akteure nicht länger mit einem *permissive consensus* in der Bevölkerung in Bezug auf die europäische Integration rechnen (Kohler-Koch et al. 2004, S. 207–208); häufige Blockaden im Entscheidungssystem oder eine Überlastung des Systems durch protrahierte Entscheidungsprozesse würden damit die Legitimität des institutionellen Gesamtsystems gefährden. Für das Europäische Parlament kam über einen Großteil des Analysezeitraums hinweg verschärfend hinzu, dass es sich erst als gleichwertiger Akteur im Institutionengefüge etablieren musste. Eine zu häufige Anwendung seiner Vetomöglichkeiten hätte dabei die doppelte Gefahr mit sich gebracht, sich erstens als Bremsklotz im Entscheidungsverfahren selbst zu delegitimieren und damit eine weitere Aufwertung aufs zu Spiel setzen und zweitens von Rat und Kommission so weit wie möglich umgangen zu werden. Diese Gesamtkonstellation führt zu einer starken Konsensneigung im System der EU, die als Werthaltung im Sinne einer *logic of appropriateness* wieder eine eigene Bindungswirkung zu entfalten scheint. Die formalen Zwangs- und Blockademöglichkeiten sind mithin primär als eine ultima ratio zu verstehen, deren Drohen gleichwohl die Logik der Verhandlung beeinflusst.

Ähnliches ist auch für das System der abgeleiteten Rechtsetzung durch die Kommission festzustellen, mit dem Unterschied, dass hier bis zum Jahr 2006 kein formales oder faktisches Mitspracherecht des Parlaments bestand. Die Komitologie stellte mithin lange Zeit ein Forum der Verhandlung zwischen mitgliedstaatlichen Fachministerien und den jeweils zuständigen Generaldirektionen der Kommission dar. Seit der Einführung des Regelungsverfahrens mit Kontrolle und verstärkt seit der Neuordnung infolge des Vertrags von Lissabon ist das Parlament hier als gleichberechtigter Verhandlungspartner mit der Möglichkeit, Rechtsakte zu blockieren, zu berücksichtigen. Im Ergebnis ist dabei unverändert geblieben, dass es in der überwiegenden Mehrheit der Fälle zu einem Konsens aller beteiligten Akteure kommt: Dehousse et al. (2014, S. 850) finden in ihrer Analyse der Komitologie-Verfahren im Jahr 2008, dass 73,5 Prozent der insgesamt 2.185 Entscheidungen einstimmig zugunsten des Kommissionsentwurfs ausfielen und nur in einem Fall der vorgeschlagene Rechtsakt abgelehnt wurde. Diese hohe Konsensquote beruht allerdings nicht auf einer einseitigen Durchsetzung der Position der Kommission, sondern ist auf einen iterativen Prozess zurückzuführen, in dessen Verlauf die Kommission durch Konsultation der Ausschussmitglieder bereits vor der Formulierung ihres Erstentwurfs und im Verlauf der Debatte in den Arbeitsgruppen die Rechtsakte inhaltlich mit den Regierungen der Mitgliedstaaten abstimmt (Bergström 2005, S. 24–25).

Insgesamt ist eine hierarchische Komponente zwischen der EU- und der nationalen Ebene im Rahmen der Gemeinschaftsmethode damit schwach ausgeprägt. Zwar unterwerfen sich die Mitgliedstaaten de jure Entscheidungen, denen sie selbst nicht zugestimmt haben. De facto kommt die überwiegende Mehrheit der Entscheidungen aber durch einen in mehrstufigen Verhandlungsprozessen erzielten Konsens aller Beteiligten zu Stande. Gleichwohl ist die Verflechtung zwischen den Ebenen erheblich, wenn auch mit starker politikfeldabhängiger Varianz: So waren einem von Annette Elisabeth Töller erstellten Gutachten zufolge in der 15. und 16. Legislaturperiode des Deutschen Bundestags jeweils etwa die Hälfte der beschlossenen Bundesgesetze im Politikfeld Umwelt und ein Drittel der Gesetze in der Energiepolitik auf Einfluss der EU zurückzuführen; im Politikbereich soziale Sicherung lag dieser Anteil dagegen bei unter zwei beziehungsweise sieben Prozent (Töller 2014, S. 9).

Angesichts der hohen Zahl und der diversen Handlungsorientierungen der beteiligten Akteure ist es durchaus bemerkenswert, dass diese Entscheidungsprozesse in den meisten Fällen in überschaubaren Zeiträumen zu einem Ergebnis führen. Dies ist einerseits darauf zurückzuführen, dass im Zeitverlauf aufgebautes Vertrauen durch die Stabilität der Interaktionsbeziehungen und die hohe Wiederholungsrate das Verhandlungsdilemma abschwächen (Benz 2008, S. 43), was informelle Einigungen im Trilog-Format erst ermöglicht. Andererseits stehen den Akteuren in der EU mit den Diensten der Organe wesentlich umfangreichere administrative Ressourcen für die Vermittlung zwischen unterschiedlichen inhaltlichen Positionen und die Bereitstellung relevanter Informationen zur Verfügung als dies in allen anderen internationalen Organisationen der Fall ist.

Entsprechend bringen Entscheidungen in der EU erhebliche Entscheidungskosten mit sich: Im Jahr 2018 betrugen die Verwaltungsausgaben der EU-Organe 9,9 Milliarden Euro, davon 3,6 Milliarden für die Kommission, 1,9 Milliarden für das Parlament und 573 Millionen für den Rat. Dabei sind noch nicht diejenigen Kosten berücksichtigt, die die einzelnen Mitgliedstaaten für ihre Beteiligung am Verhandlungssystem der EU aufwenden. Die formal lange Dauer von Entscheidungsprozessen kann durch die informellen Triloge zwar abgekürzt werden; dennoch nehmen gerade komplexe Legislativverfahren, die Stellungnahmen des Ausschusses der Regionen, des Wirtschafts- und Sozialausschusses oder nationaler Parlamente einbeziehen, nicht selten drei Jahre in Anspruch (Wessels 2008a, S. 348).

3.1.2.2.5 Die Qualität des Output: Instrumente und Legitimität

Die Relevanz der EU-Politik ist insbesondere im Zusammenhang mit den in den 1980er Jahren einsetzenden Regulierungsreformen und der Vollendung des Binnenmarkts zu sehen. Durch die Re-Regulierung von in vielen Staaten traditionell von staatlichen Unternehmen dominierten Sektoren und die Harmonisierung von Standards erlangte die EU insbesondere im Wettbewerbsbereich Durchgriffsrechte auf die nationale Ebene. Dabei stützt sie sich primär auf regulative und lediglich nachrangig auf distributive Politiken, womit die EU dem von Majone entworfenen Idealtypus des *regulatory state* (Majone 1990, 1997, S. 148–149) relativ nahe kommt (Caporaso 1996, S. 39).[29]

Die erlassenen Rechtsakte lassen sich in fünf Typen untergliedern, wobei – wie oben bereits angesprochen – zwar eine Abstufung nach Verbindlichkeit, nicht aber nach den Urhebern der Rechtsakte vorgenommen wird (Tabelle 3.2). Verordnungen, Richtlinien und Beschlüsse besitzen Gesetzescharakter und sind dem Anspruch nach verbindlich, unterscheiden sich aber hinsichtlich ihrer Adressaten. Während Verordnungen, die einen Großteil der Rechtsetzung der EU ausmachen, unmittelbar auf dem gesamten Unionsgebiet für alle juristischen und natürlichen Personen verbindlich sind, definieren Richtlinien zunächst mehr oder präzise Zielvorgaben, die von den betroffenen Mitgliedstaaten erreicht werden müssen, diesen aber die Umsetzung und die Wahl der entsprechenden Mittel überlassen. Richtlinien bedingen damit zwingend einen eigenen Gesetzgebungsprozess

[29] Majone beobachtet, dass sich in Folge der in den USA und Kanada begonnenen Deregulierungsbestrebungen die Quellen der Staatsmacht von der Steuer- und Ausgabenpolitik auf die Regelsetzung verlagern. Der *regulatory state* ist damit auch ohne umfangreiche budgetäre Kompetenzen handlungsfähig (Majone 1997, S. 146–150). Der Haushalt der EU zeigt diese eingeschränkte Handlungsfähigkeit im Bereich der (Re-)Distribution deutlich: Im Jahr 2015 betrug das Gesamtbudget mit etwa 162 Milliarden Euro nur gut ein Prozent des Bruttoinlandsprodukts der EU (Europäische Kommission 2016d; Eurostat 2016). Gleichwohl ist dieser Fokus auf die EU einseitig, weil die Mitgliedstaaten nach wie vor distributiv und redistributiv tätig sind, wobei die EU-Ebene in das Ausgabenverhalten ihrer Mitgliedstaaten kaum regulierend eingreifen kann.

im jeweils betroffenen Mitgliedstaat und greifen damit oft tiefer in die nationale Politikgestaltung ein als Verordnungen, die de facto nur in vergemeinschafteten Politikbereichen eingesetzt werden (Art. 288 AEUV; Tömmel 2014, S. 121–122). Beschlüsse sind ebenfalls unmittelbar verbindlich, richten sich in der Regel aber an einen bestimmten Adressaten. Empfehlungen und Stellungnahmen stellen schließlich nichtverbindliche Instrumente der EU-Politik dar, wobei Empfehlungen eingesetzt werden, um politische Ziele zu definieren, deren verbindliche Festlegung sich im Legislativprozess der EU nicht durchsetzen lässt, und Stellungnahmen der politischen Lagebeurteilung durch einzelne Organe dienen (Nugent 2010, S. 210–211).

Die Gemeinschaftsmethode stützt sich damit stark auf machtbasierte Instrumente, die das ganze Spektrum an Verbindlichkeitsgraden abdecken: Während Verordnungen, Richtlinien und Entscheidungen in den Bereich des *hard law* einzuordnen sind, dessen Nichtbefolgung mit Sanktionen verbunden ist, entfalten Empfehlungen und Stellungnahmen keine solche Wirkung. Sofern aus solchen weichen Instrumenten effektive Handlungsanreize entstehen, sind diese nicht auf die Vermeidung von Sanktionen, sondern auf stärker situationsabhängige Faktoren wie Erwartungshaltungen im Elektorat oder Verpflichtungen gegenüber gemeinsamen Werthaltungen zurückzuführen. Auch im Bereich des *hard law* kann der Grad der Verbindlichkeit einzelner Normentypen nicht pauschal qualifiziert werden, weil die Verbindlichkeit auch von der Präzision der Bestimmungen bedingt wird, die erheblich variieren kann. Vor allem Richtlinien lassen den Mitgliedstaaten und Regionen meist große, oft nicht präzise definierte Spielräume bei der Implementation, die teilweise nachträglich durch präzisere delegierte oder Durchführungsrechtsakte eingegrenzt werden (Klamert 2015, S. 265). Daneben kommen in der EU in einigen spezifischen Bereichen auch finanzielle Instrumente zum Einsatz, die weitgehend durch das Vertragsrecht definiert sind. Die umfangreichsten Ausgabenposten sind dabei die Gemeinsame Agrarpolitik, die seit den 1960er Jahren den größten Teil des EU-Haushalts ausmacht, die Strukturförderung sowie die Forschungsförderung (Becker 2014, S. 47–50). Diesen Instrumenten ist gemein, dass sie durch die konditionierte Gestaltung der Vergabe Handlungsanreize bei Akteuren generieren, die nach finanziellem Nutzen streben.

3.1.2.3 Die Offene Methode der Koordinierung

Anders als die Verfahren im Rahmen der Gemeinschaftsmethode, die sich als ein komplex geregeltes Konstrukt auf mehreren institutionellen Ebenen präsentieren, ist die Offene Methode der Koordinierung vergleichsweise schwach institutionalisiert. Seit sie im Jahr 2000 in den Schlussfolgerungen des Europäischen

Tabelle 3.2 Zahl erlassener Rechtsakte mit Gesetzescharakter

		1995	2000	2005	2010	2015	2019
Verordnungen	EP und Rat	0	16	19	33	43	89
	Rat	266	177	119	83	87	28
	Kommission	2822	2582	2039	1135	1148	579
Richtlinien	EP und Rat	10	34	26	15	14	33
	Rat	28	10	10	8	5	4
	Kommission	34	39	54	68	19	10
Beschlüsse/Entscheidungen	EP und Rat	6	13	10	42	25	3
	Rat	148	197	226	271	372	364
	Kommission	484	504	440	339	225	324

Quelle: Europäische Union 2019

Rates von Lissabon aus der Taufe gehoben wurde, wurde die OMK stetig weiterentwickelt und flexibel an Politikfelder und Situationserfordernisse angepasst (Tholoniat 2010, S. 94). Dieses Fehlen einheitlicher Verfahrensregeln veranlasste einige Autoren dazu, die OMK nicht als einheitliche Entscheidungsmethode zu fassen, sondern vielmehr im Plural von diversen Offenen Methoden der Koordinierung zu sprechen. Insofern sollen an dieser Stelle lediglich die übergreifenden Charakteristika der OMK herausgearbeitet werden.

Innerhalb der im Rahmen der Lissabon-Strategie des Europäischen Rates erlassenen recht weit gefassten Vorgaben (Rat der EU 2000c, S. 2–3) sind die an Koordinationsprozessen im Rahmen der OMK beteiligten Staaten weitgehend unabhängig in der Festlegung der institutionellen Rahmung ihrer Zusammenarbeit. Formale Voraussetzung ist lediglich ein Mandat des Europäischen Rates. Die OMK ist dabei nicht dazu gedacht, kollektiv verbindlich das Handeln der beteiligten Akteure vorzugeben, sondern soll koordinierte Lernprozesse bei der Erreichung gemeinsam definierter Ziele ermöglichen. Allen OMK-Prozessen ist daher gemein, dass ein für den jeweiligen Prozess eingerichteter Ausschuss aus Vertretern der Mitgliedstaaten und der Kommission Zeitpläne sowie qualitative oder quantitative Indikatoren und Benchmarks für die Erreichung des jeweiligen Ziels definiert. Die Art und Weise der Zielerreichung liegt dabei völlig in der Hand der einzelnen Mitgliedstaaten; diese verpflichten sich mit der Teilnahme an der OMK lediglich zu einer periodischen Evaluation ihrer Policies auf Basis der vordefinierten Kriterien (Zeitlin 2011, S. 135). Ziel dieser Vorgehensweise ist die dezentrale Verbreitung bester Praktiken bei der Lösung allgemein anerkannter Probleme bei fehlender Einigkeit über präzise politische Vorgehensweisen (Tholoniat 2010, S. 95–96).

Die OMK kann damit auf der *collective-choice*-Ebene als freiwillige Verhandlungsstruktur in einem institutionell schwach strukturierten Feld beschrieben werden: Die Teilnahme an OMK-Prozessen ist freiwillig, die Prozessregeln sind darüber hinaus relativ weit gefasst und erlauben eine große Bandbreite an konkreten Verfahrensabläufen. In jedem Fall sind diese Verfahren einerseits von *arguing* und Lernprozessen, andererseits von Wettbewerb geprägt (Benz 2008, S. 49); die Teilnehmer haben innerhalb der OMK keine Möglichkeit, wechselseitig Druck auszuüben. Trotz der Freiwilligkeit der Teilnahme weist die Tatsache, dass sich OMK-Prozesse mit gemeinsam definierten Problemen befassen, darauf hin, dass in der Regel durch den gemeinsamen Problemdruck auch ein bestimmtes Interesse an einer Teilnahme an gemeinsamen Lernprozessen besteht. Die Interaktionshäufigkeit ist dabei in einer isolierten Betrachtung gering: Die vorgesehenen Evaluationen finden in einem jährlichen oder gar mehrjährigen Turnus statt. Eine vom übrigen Institutionensystem der EU losgelöste Betrachtung wird allerdings der Realität nicht gerecht: Die beteiligten Akteure können sich auf feste formale und informelle Kommunikationskanäle zwischen der Kommission und den Mitgliedstaaten sowie der Mitgliedstaaten untereinander stützen; zudem sind je nach Sachbereich die an der OMK beteiligten Akteure auch in andere Entscheidungsprozesse auf EU-Ebene eingebunden und interagieren damit in der Realität meist wesentlich häufiger als eine isolierte Analyse der OMK suggeriert. Dadurch besteht auch eine hohe Wahrscheinlichkeit informeller Lern- und Nachahmungsprozesse durch Deliberation zwischen Fachbeamten und Wissenschaftlern, die parallel zu den formalen Evaluationsmechanismen abläuft (Sabel u. Zeitlin 2010, S. 4).

Der Blick auf die Instrumente der OMK offenbart diese als Paradebeispiel weicher, wissensbasierter Steuerung: Erklärtes Ziel ist es, eine Diffusion erfolgreicher Policies durch Lernen oder Imitation zu bewirken, indem die Wissensbestände der beteiligten Akteure über die Wirksamkeit oder im besten Fall konkrete Wirkungszusammenhänge bestimmter Instrumente systematisch aktualisiert werden. Mit ihrer Anwendung ist zwar die Definition eines konkreten Ziels verbunden; allerdings wendet zur Zielerreichung kein Akteur Zwang gegenüber einem anderen Akteur an. Insofern kann die OMK auch als eine Form der Kontextsteuerung begriffen werden, allerdings nicht zwischen Politik und Gesellschaft, sondern zwischen den Ebenen eines Mehrebenensystems: Die übergeordnete Ebene definiert dabei lediglich grobe Zielvorstellungen und zielt auf Verhaltensänderungen durch Anpassungen des Handlungskontexts infolge von Lernprozessen.

Entgegen der anfänglich in sie gesetzten Hoffnungen hat sich die OMK nicht zu einer bedeutenden Komponente der EU-Politik entwickelt (Tholoniat 2010, S. 96–97). Nach einer Phase der OMK-Euphorie mit entsprechenden Projekten in einer Vielzahl von Sachbereichen beschränkt sich diese Methode in jüngster Zeit auf einige wenige konsolidierte Strukturen in der Wirtschaftspolitik wie die Europäische Beschäftigungsstrategie (Terpan 2015, S. 82–83; Zartaloudis 2014) und OMK-Prozesse in Bereichen wie der Bildungs- und Forschungspolitik (Tamtik 2016; Warleigh-Lack u. Drachenberg 2011). Auch wenn im Bereich der Energiepolitik nicht explizit von einer Anwendung der OMK die Rede ist, lassen sich doch einige Bereiche identifizieren, in denen entsprechende Koordinationsmodi zum Einsatz kommen. Prominentestes Beispiel ist dabei wohl die erneuerbare-Energien-Richtlinie, die sich auf national erarbeitete Aktionspläne stützt (Art. 4 RiL 2009/28/EG). Damit wird die OMK in der Gesamtschau der ursprünglichen Intention gerecht, keine Konkurrenz, sondern eine Ergänzung zur Gemeinschaftsmethode zu bilden, und lässt sich kaum als Argument für das Voranschreiten eines „neuen Intergouvernementalismus" ins Feld führen (Europäische Kommission 2001c, S. 18; Zeitlin 2011, S. 137).

Pauschale Aussagen über die Effektivität dieser Prozesse lassen sich nicht treffen. Auch wenn Zeitlin (2011, S. 144) transnationale Lernprozesse in den meisten OMK-Prozessen feststellt, unterscheiden sich die aufgeführten Studien in den einzelnen Politikbereichen deutlich in ihren Schlussfolgerungen. In Bezug auf die Legitimität der Methode gibt es unterschiedliche Sichtweisen: Eine positive Lesart sieht in ihr eine Möglichkeit, die Legitimität von Entscheidungen zu erhöhen, indem einerseits das Prinzip der Subsidiarität gestärkt und andererseits die Qualität des Outputs erhöht wird – was im Lichte der empirischen Ergebnisse nicht in jedem Fall bestätigt wird (Sabel u. Zeitlin 2010, S. 2–3). Aus der Gegenperspektive entzieht die OMK bisher der nationalen Politik unterliegende Sachbereiche der demokratischen Verantwortlichkeit und führt sie den im EU-Kontext ohnehin oft genug kritisierten technokratischen Aushandlungsstrukturen zu.

3.1.3 Zuständigkeiten und Entscheidungsverfahren in der Energie- und Klimapolitik

Aufgrund der Zuordnung der Energieversorgung zum Kernbereich nationaler Souveränitätsrechte war eine EU-Zuständigkeit für die Energiepolitik lange Zeit nicht primärrechtlich verankert. Zwar standen bei der Gründung der Europäischen Gemeinschaft für Kohle und Stahl und der Europäischen Atomgemeinschaft zwei wichtige Energieträger im Zentrum der Integrationsbemühungen; die anfangs intendierten supranationalen Kompetenzen der Hohen Behörde der EGKS wurden allerdings nie realisiert. Obwohl die Energiepolitik erst mit Art. 194 AEUV im Vertrag von Lissabon erstmals explizit der Gemeinschaftsmethode unterworfen wurde, waren dennoch schon vorher verschiedene Teilbereiche der Energie- und Klimapolitik im Wege der Gemeinschaftsmethode reguliert worden. Die entsprechenden Kompetenzen wurden dabei vor allem aus den Zuständigkeiten der EU-Organe in der Wettbewerbs- und Umweltpolitik abgeleitet. So führte die Zielsetzung der Verwirklichung des Binnenmarkts in der Einheitlichen Europäischen Akte dazu, dass sich die Kommission in den folgenden Jahren verstärkt um eine Ausdehnung der entsprechenden Bestimmungen auf den Energiesektor bemühte, was 1996 und 1998 in Richtlinien zur Vollendung des Elektrizitäts- und Erdgasbinnenmarktes mündete (Geden u. Fischer 2008, S. 28). Aus den umweltpolitischen Befugnissen der EU-Ebene wurde analog die Berechtigung zu Regulierungshandeln im Bereich der erneuerbaren Energien und des Klimaschutzes abgeleitet (Fischer 2011, S. 44).

Mit dem neu geschaffenen Artikel 194 AEUV erhielt die Energiepolitik der EU erstmals eine kohärente primärrechtliche Basis. Artikel 4 AEUV ordnet das Politikfeld dabei explizit dem Bereich der geteilten Zuständigkeiten zu. Eine Stärkung der supranationalen Kompetenzen in der Energiepolitik kann aus dieser neuen Basis aber nicht unbedingt abgeleitet werden (Kelbel 2013, S. 225–226): Der Artikel verlangt eine Orientierung an den Zielen eines funktionierenden Energiemarkts und des Umweltschutzes, mithin an Bereichen, die auch zuvor schon Gegenstand europäischer Rechtsetzung waren. Als neues Ziel der Energiepolitik der EU kommt die Sicherstellung der Versorgungssicherheit hinzu (Art. 194 Abs. 1 Buchst. b). Die Erschließung neuer Handlungsbereiche scheint damit aber nicht verbunden: Da die angesichts der hohen Importabhängigkeit der Union für die Versorgungssicherheit entscheidende Energieaußenpolitik weitgehend den Nationalstaaten vorbehalten bleibt, wird die Zielsetzung von der Kommission vor allem als Begründungsmuster für das Vorantreiben der Netzintegration im Rahmen des Energiebinnenmarktes verwendet (Haas 2015; Kelbel 2013, S. 219). Über das allgemein geltende Prinzip der Subsidiarität hinaus legt der Artikel weiter fest, dass „das Recht eines Mitgliedstaats, die Bedingungen für die Nutzung seiner Energieressourcen, seine Wahl zwischen verschiedenen Energiequellen und die allgemeine Struktur seiner Energieversorgung zu bestimmen", von der Rechtsetzung auf EU-Ebene unberührt bleiben (Art. 194 Abs. 2 AEUV).

3.2 Die institutionelle Architektur auf transnationaler Ebene in Nordamerika

Im Gegensatz zur Europäischen Union stellt der nordamerikanische Raum in der Terminologie Scharpfs ein nahezu idealtypisches Beispiel der negativen Integration ohne begleitende positive Integrationsschritte dar. Mit dem Nordamerikanischen Freihandelsabkommen NAFTA – und dem zum Zeitpunkt der Fertigstellung dieser Studie noch nicht ratifizierten Nachfolgeabkommen USMCA[30] – wurde für eine Vielzahl von Gütern und Dienstleistungen ein gemeinsamer nordamerikanischer Markt geschaffen; Möglichkeiten, diesen Markt über die im Abkommen bereits enthaltenen Bestimmungen hinaus zu regulieren, fehlen aber weitgehend. Zwar existiert außerhalb des Freihandelsabkommens eine Reihe mehr oder minder formalisierter und mehr oder minder großräumiger Plattformen zur Regelung gemeinsamer Probleme. Zum einen bietet aber das Abkommen selbst kaum Raum für Governance-Prozesse, die über die Lösung von Handelsstreitigkeiten hinausgehen. Zum anderen ist es auch keiner anderen Initiative gelungen, eine dauerhaft institutionalisierte transnationale Koordinationsstruktur zur Bearbeitung gemeinsamer Probleme zu etablieren.

Prägendes Element aller formalen und informellen Institutionalisierungsprozesse in Nordamerika ist die hegemoniale Stellung der USA und die damit einhergehende erhebliche Asymmetrie zwischen den Nationalstaaten. So lebten 2018 etwa zwei Drittel der Gesamtbevölkerung Nordamerikas in den Vereinigten Staaten, 82 Prozent der Wirtschaftsleistung entfielen auf die USA (OECD 2019a, 2019c). Auch in den für die vorliegende Arbeit relevanten Problembereichen wird die übermächtige Position der USA deutlich: mehr als vier Fünftel der 2015 in Nordamerika verbrauchten Primärenergie und emittierten Treibhausgase entfielen auf die USA (OECD 2017a, 2017b). Diese Asymmetrie erschwert die Bildung supranationaler Institutionen erheblich, weil sich die basalen Interessen der drei Staaten in Bezug auf die gemeinsame Formulierung bindender Regeln kaum zur Deckung bringen lassen: Während Kanada und Mexiko angesichts der hegemonialen Stellung der USA auf die Wahrung ihrer Souveränität und politischer Unabhängigkeit gegenüber Washington bedacht sind, wäre in den Vereinigten Staaten eine auch nur indirekte Einflussnahme der wesentlich kleineren Nachbarn politisch nicht vermittelbar (Anderson u. Sands 2007, S. 8; Studer-Noguez 2007,

[30] Das NAFTA-Nachfolgeabkommen USMCA wurde am 30. November 2018 von den Regierungschefs der drei nordamerikanischen Staaten unterzeichnet. In den USA wurde die Ratifizierung Ende Januar 2020 abgeschlossen, in Kanada und Mexiko war der Ratifizierungsprozess zu diesem Zeitpunkt noch im Gange (Burfisher et al. 2019, S. 4; Swanson u. Tankersley 29.01.2020).

S. 56). Eine supranationale Regelungsstruktur mit US-Dominanz wäre damit für Kanada und Mexiko, ein Arrangement mit substanziellen Mitspracherechten der kleineren Staaten hingegen für die USA inakzeptabel.

Entsprechend beschränken sich die Governance-Strukturen in Nordamerika auf freiwillige intergouvernementale Verhandlungen in institutionell unterschiedlich stark strukturierten Feldern. Als elaboriertestes Arrangement ist hierbei das Freihandelsabkommen NAFTA/USMCA anzusehen, in dem sich die beteiligten Staaten nicht nur differenzierten Verpflichtungen unterwerfen, sondern auch einen Ministerrat und verschiedene Ausschüsse als dauerhafte Interaktionsplattformen etablieren. Dass die tatsächliche Interaktionshäufigkeit dabei deutlich unter den im Abkommen formulierten Ansprüchen liegt, mag ein Zeichen der abnehmenden Relevanz dieser Governance-Struktur sein (Mestral 2011, S. 658), ändert aber ebenso wenig an der grundlegenden institutionellen Struktur des Abkommens wie die Neuaushandlung und Umbenennung des Abkommens in den Jahren 2018 bis 2020. Darüber hinaus sieht das NAFTA ebenso wie das USMCA eine Reihe bindender und nichtbindender Streitbeilegungsverfahren unter Beteiligung nichtstaatlicher Akteure vor, die formal Ansätze einer Supranationalisierung aufweisen, de facto aber nur geringe Verpflichtungswirkung entfalten und keinen Vorrang gegenüber nationalem Recht beanspruchen können (Mestral 2011, S. 661).

Nachdem eine Weiterentwicklung des NAFTA vor allem wegen hoher institutioneller Hürden lange als wenig aussichtsreich galt, wurde nach den Anschlägen vom 11. September 2001 von den Regierungschefs der drei nordamerikanischen Staaten versucht, durch eine wenig formalisierte Zusammenarbeit gemeinsame Problemlösungsprozesse in den Bereichen Wirtschaft und Sicherheit anzustoßen. Dazu wurde die *Security and Prosperity Partnership* (SPP) ins Leben gerufen, in deren Rahmen die jeweils zuständigen exekutiven Fachbehörden der drei Staaten Lösungen erarbeiten und implementieren sollten. Nachdem im Rahmen der SPP über mehrere Jahre intensive Austauschprozesse vor allem im Bereich der Sicherheitspolitik stattgefunden hatten (Bélanger 2010), ist die Plattform seit dem Amtsantritt von Präsident Barack Obama Anfang 2009 inaktiv (Jiménez 2012, S. 67). Gleichwohl wurde der grundlegende Ansatz der SPP, materielle Nachbesserungen an NAFTA vorzunehmen, auch unter Obama weiterverfolgt. Im Bereich der Handelspolitik waren dies etwa der *North American Competitiveness Workplan* und die *North American Competitiveness and Innovation Conference* (U.S. International Trade Administration 2016). Darüber hinaus fanden auch in der Amtszeit Obamas jährliche Treffen mit dem mexikanischen Präsidenten und dem kanadischen Premierminister – im Rahmen des *North American Leaders' Summit* (NALS) – statt. Auch wenn aufgrund der turnusmäßigen Interaktion eine gewisse Institutionalisierung dieses Gipfeltreffens stattgefunden hat, hängt die tatsächliche Koordinationsleistung wesentlich von der Interessenkongruenz der drei Staats- und Regierungschefs ab. Nachdem eine Beseitigung des NAFTA eines der zentralen Wahlkampfversprechen von US-Präsident Donald Trump gewesen war, setzten die USA eine Neuaushandlung des Abkommens durch, die insbesondere im Bereich der Arbeitnehmerrechte und im Automobilsektor Änderungen erbrachte und mit einer Umbenennung in USMCA einherging. Mit Ausnahme eines teilweisen Rückzugs Kanadas aus den alternativen Streitbeilegungsverfahren ist die basale Instititutionenstruktur des Abkommens dabei jedoch unverändert geblieben (Baker u. Keiser 2019, S. 20). Neben diesen kontinentalen Institutionen findet sich in Nordamerika eine Reihe bilateraler und subnationaler Koordinationsplattformen – insbesondere in den Bereichen Handel und Sicherheit –, auf die im Folgenden nur dann detailliert eingegangen wird, wenn sie für den Themenbereich der vorliegenden Studie von Relevanz sind.

Die geringe Institutionalisierungsdichte in Nordamerika zeigt sich auch anhand des theoretisch eingeführten Ebenenkonzepts: Fast alle wesentlichen institutionellen Plattformen weisen keine ausgeprägte *operational-choice*-Ebene auf, da die Implementation getroffener Entscheidungen nicht gemeinsam, sondern dezentral durch die beteiligten Akteure erfolgt. Zudem gibt etwa das Freihandelsabkommen nur wenig Spielraum für *collective-choice*-Prozesse, die nicht zugleich eine Änderung der konstitutionellen Rahmenbedingungen erforderlich machen. Generell ist bei Kooperationsmechanismen zwischen gleichrangigen Akteuren – sei es auf staatlicher oder substaatlicher Ebene – eine Unterscheidung zwischen der *constitutional-choice-* und der *collective-choice*-Ebene schon deshalb schwierig, weil auf beiden Ebenen meist die identischen Akteure tätig sind.

3.2.1 Das Nordamerikanische Freihandelsabkommen

Mit dem am 1. Januar 1994 in Kraft getretenen Nordamerikanischen Freihandelsabkommen wurde erstmals ein einheitlicher Markt für die meisten Güter und Dienstleistungen in den drei nordamerikanischen Staaten Kanada, USA und Mexiko etabliert. Das NAFTA ist dabei im Wesentlichen als eine geografische Erweiterung des bereits 1987 geschlossenen Freihandelsabkommens zwischen den USA und Kanada zu sehen. Auch der Handel zwischen den USA und Mexiko war bereits vor dem Abkommen teilweise liberalisiert; zu nennen ist an dieser Stelle insbesondere das seit 1965 existierende Maquiladora-Programm, das eine

Freihandelszone im nördlichen Mexiko etablierte und damit kostengünstige Produktionsstandorte für US-amerikanische Unternehmen bereitstellte (Greven 2015, S. 304). Die mit dem NAFTA etablierte Freihandelszone besteht auch unter dem USMCA fort, wenngleich letzteres eine Verfallsklausel beinhaltet und alle sechs Jahre von den beteiligten Parteien erneuert werden muss (Swanson u. Tankersley 29.01.2020).

3.2.1.1 Die Akteure

3.2.1.1.1 Die Mitgliedstaaten

Zentrale Akteure im Nordamerikanischen Freihandelsabkommen sind die Bundesregierungen der drei Mitgliedstaaten; darüber hinausgehend wurden durch das Abkommen nur wenige und vergleichsweise schwache korporative Akteure geschaffen. Als das NAFTA zu Beginn der 1990er Jahre ausgehandelt wurde, lag die Sicherung freier Handelsbeziehungen im ökonomischen Interesse aller drei nordamerikanischen Staaten; gleichwohl wurde darauf geachtet, die Beschränkungen nationaler Souveränitätsrechte möglichst gering zu halten.

Nachdem zu Beginn der 1980er Jahre der Versuch, die enorme einseitige Abhängigkeit der kanadischen Volkswirtschaft vom Handel mit den USA durch eine Stärkung der Binnennachfrage und einen Ausbau anderer Handelsbeziehungen zu verringern, gescheitert war, war die kanadische Regierung angesichts zugleich wachsender protektionistischer Bestrebungen in den USA daran interessiert, die Handelsbeziehungen mit einem Vertrag abzusichern (Anderson 2012, S. 48–49; Morales 2008, S. 32). Als innenpolitische Dimension kam dazu die Hoffnung der Bundesregierung, mit einem internationalen Abkommen Harmonisierungsdruck auf die divergierenden Wirtschaftspolitiken der kanadischen Provinzen auszuüben (Proff 1994, S. 11–16). Obwohl die kanadische Regierung einer nordamerikanischen Freihandelszone prinzipiell ablehnend gegenüberstand, stimmte sie einer Teilnahme am NAFTA doch zu, weil befürchtet wurde, dass der Abschluss eines rein bilateralen Handelsabkommens zwischen den USA und Mexiko mehr Nachteile mit sich bringen würde als ein kontinentales Freihandelsabkommen (Morales 2008, S. 35).

Das Interesse der US-Regierung an einem Freihandelsabkommen – zunächst mit Kanada, dann auch mit Mexiko – ist mit strukturellen Nachteilen der US-amerikanischen Volkswirtschaft zu begründen. Erstens war die Wirtschaft in den Vereinigten Staaten bereits in den 1980er Jahren stark vom tertiären Sektor geprägt und unterlag damit im GATT im Durchschnitt stärkeren Exportbeschränkungen als Volkswirtschaften, die vor allem auf Güterexporte setzten. Zweitens waren seit den späten 1970er Jahren auch die Exporte von Hochtechnologiegütern aufgrund zunehmender Konkurrenz aus Asien und Europa rückläufig.

Das Freihandelsabkommen sollte damit der Erschließung neuer Exportmärkte für Unternehmen aus den USA dienen (Proff 1994, S. 25–27; Villareal u. Fergusson 2013, S. 4). Ebenso wie der mexikanischen war auch der US-Regierung daran gelegen, die neoliberalen Reformen der 1980er Jahre in Mexiko mithilfe des Abkommens extern abzusichern (Greven 2015, S. 305). Wie oben thematisiert, blieb das NAFTA in Washington nicht unumstritten; vielmehr wurde das Abkommen auf beiden Seiten des politischen Spektrums aus unterschiedlichen Gründen infrage gestellt. Im Zuge der Ratifizierung des USMCA wurde dieses zwar sowohl von Republikanern als auch von Demokraten als Verbesserung gegenüber dem NAFTA gelobt, ob die zuvor kritisierten Nachteile durch das neue Abkommen aber beseitigt sind, erscheint mehr als fraglich (Burfisher et al. 2019, S. 12–15; Ciuriak et al. 2019, S. 25–26).

Mexiko war ebenso wie Kanada mit dem Versuch gescheitert, die Unabhängigkeit der eigenen Volkswirtschaft gegenüber den USA zu erhöhen. Zudem stand die Regierung unter erheblichem Druck, mehr ausländische Investitionen anzuziehen. Nach dem Zusammenbruch des Ostblocks konkurrierte Mexiko mit einer erheblichen Nachfrage nach Investitionen in Osteuropa, was die für die Modernisierung der mexikanischen Wirtschaft notwendigen Finanzströme aus dem Ausland deutlich beeinträchtigte (Proff 1994, S. 75–81).

Diese grundlegende Präferenz für eine Freihandelszone kann nach mehr als 20-jährigem Bestehen des Abkommens nicht mehr unterstellt werden. Vor allem in den USA, aber auch in Mexiko gibt es zahlreiche Stimmen, die das Abkommen insgesamt als nachteilig für die eigene Volkswirtschaft einschätzen – daran ändert auch die partielle Reform durch das USMCA wenig. Zwar hat das Abkommen zweifelsohne zu einer Zunahme des transnationalen Handels und zu einer erheblichen Verflechtung der nordamerikanischen Volkswirtschaften geführt (Hill 2014, S. 123); eine vor allem von Mexiko erhoffte ökonomische Konvergenz trat hingegen nicht ein: Das mexikanische Pro-Kopf-Einkommen konnte sich seit Inkrafttreten des NAFTA nicht an das US-amerikanische Niveau annähern. Dies schafft einerseits für US-Unternehmen einen Anreiz, aufgrund der geringeren Lohnkosten Arbeitsplätze nach Mexiko zu verlagern, andererseits besteht für mexikanische Arbeitnehmer der Anreiz, in die USA abzuwandern (Blecker 2014, S. 7–8). Dieses Lohnungleichgewicht wird im USMCA mit der Bestimmung adressiert, dass im Automobilsektor mindestens 40 bis 45 Prozent der verbauten Bestandteile aus Fabriken mit Löhnen von über 16 US-Dollar stammen müssen (US Trade Representative 2019). Eine Beseitigung der grundlegenden ökonomischen Asymmetrie zwischen den USA und Mexiko ist damit aber wohl weniger intendiert als die Wiedergewinnung von Arbeitsplätzen in den Vereinigten Staaten.

3.2.1.1.2 Korporative Akteure im Rahmen von NAFTA und USMCA

Die grundlegende Abneigung gegenüber einer Supranationalisierung ist auch daran zu erkennen, dass durch das NAFTA nur wenige und vergleichsweise schwache korporative Akteure geschaffen wurden, deren Akteursqualität darüber hinaus im Einzelfall diskutabel ist: Wichtigstes Organ im NAFTA ist die aus den für Handel zuständigen Ministern der drei Staaten gebildete Freihandelskommission (*Free Trade Commission*, FTC). Weiterhin sieht das Abkommen in seinen thematischen Unterkapiteln die Bildung von insgesamt mehr als 30 Ausschüssen vor, die sich mit einzelnen Regelungen befassen sollen, in der Praxis aber inaktiv sind (Mestral 2011, S. 665), weshalb im Folgenden nicht näher auf sie eingegangen wird. Von zentraler Bedeutung für die Funktion des Freihandelsabkommens sind hingegen die diversen Mechanismen alternativer Streitbeilegung (*Alternative Dispute Resolution*, ADR), für die entsprechende Gremien etabliert wurden. Das ebenfalls im NAFTA (Art. 2002 NAFTA) vorgesehene Sekretariat kann nicht als korporativer Akteur begriffen werden, da es aus drei unabhängig voneinander arbeitenden nationalen Sektionen gebildet wird (Clarkson u. Rangaswami 2008, S. 103). Die beiden NAFTA-Nebenabkommen zum Arbeits- und Umweltschutz etablierten ebenfalls jeweils eine Organisation zur Überwachung der Regeleinhaltung: Das Arbeitsschutzabkommen (*North American Agreement on Labor Cooperation*, NAALC) wird bislang durch die *Commission on Labor Cooperation* (CLC), das Umweltschutzabkommen (*North American Agreement on Environmental Cooperation*, NAAEC) durch die *Commission on Environmental Cooperation* (CEC) überwacht. Mit dem USMCA wird diese Struktur verändert: Zwar bleibt es bei einem – geringfügig überarbeiteten – Nebenabkommen zum Umweltschutz (*Agreement on Environmental Cooperation*, ECA), die Bestimmungen zum Arbeitsschutz sind unter dem USMCA aber Teil des Hauptabkommens; ihre Einhaltung soll durch einen alle zwei Jahre tagenden Ausschuss überwacht werden (CEC 2018; Norton Rose Fulbright 2018).

Als wichtigstes Organ zur Überwachung der Regelbefolgung schafft Artikel 2001 NAFTA (Artikel 30.1 USMCA) eine Freihandelskommission, die aus jeweils einem Vertreter jedes Mitgliedstaats auf Kabinettsebene besteht und mindestens einmal pro Jahr zusammentritt. Die Kommission trifft Entscheidungen nach dem Einstimmigkeitsprinzip und funktioniert damit nach einer rein intergouvernementalen Logik. Zu ihren Kernaufgaben gehören die allgemeine Überwachung der Einhaltung des Abkommens, die Kontrolle der im Rahmen des Abkommens gebildeten Ausschüsse sowie die Konkretisierung von Bestimmungen im Falle von Auslegungskonflikten. Diese Interpretationsfunktion kann als wichtigste Kompetenz der Kommission betrachtet werden (Kaufmann-Kohler 2011, S. 175–176); wie eng begrenzt sie aber tatsächlich ist, zeigte eine Entscheidung im Jahr 2001, mit der die FTC Regeln für das Tätigwerden von Schiedsgerichten nach Kapitel 11 präzisierte: Zwar werden die Regeln seitdem entsprechend der Interpretation der FTC angewandt, dies allerdings erst nach entschiedenem Widerspruch von Wirtschaftsverbänden, die an die Schiedsgerichte appellierten, die FTC-Richtlinien zu ignorieren (Bélanger 2010, S. 30; Kaufmann-Kohler 2011, S. 192–193). Über dieses Beispiel hinaus beschränken sich die Regelungs- und Koordinationsaktivitäten der FTC auf ein Minimum: Die nach den jeweiligen Sitzungen veröffentlichten Erklärungen bestehen in der Regel aus allgemeinen Absichtserklärungen, den Freihandel in Nordamerika weiter auszubauen. Das letzte dokumentierte konkrete Vorhaben war eine Überprüfung der Arbeit der NAFTA-Ausschüsse und -Arbeitsgruppen in den Jahren 2006 bis 2009, die in die Einsetzung einer neuen Arbeitsgruppe zur Verbesserung der Kommunikation mündete (Government of Canada 2007, 2009). Auch die Vorgabe, mindestens einmal jährlich ein Treffen anzusetzen, wurde zuletzt nicht mehr eingehalten: Während die Kommission bis Ende der 2000er Jahre nahezu durchgängig jährlich zusammentrat, wurden 2008 und 2010 keine Sitzungen abgehalten. Die letzte dokumentierte Sitzung datiert auf das Jahr 2012 (Government of Canada 2012; OAS 2017).

Ähnliches gilt für das im Rahmen des NAFTA etablierte Ausschusswesen, das weitgehend unverändert ins USMCA übernommen wurde: Die Mehrzahl der etwa 20 vom Abkommen eingerichteten Ausschüsse sollte sich eigentlich mit dem Austausch fachlicher Informationen befassen; einzelne Ausschüsse wurden aber auch zur Überwachung der Implementation und zur Weiterentwicklung einzelner Bestimmungen geschaffen (Clarkson 2008, S. 58–59). Tatsächlich waren die lange Zeit aktivsten Ausschüsse derjenige für einen beschleunigten Abbau von Zöllen und der zur Veränderung der Regeln für Herkunftsnachweise, die zuletzt 2001 respektive 2009 zusammentraten (OAS 2017). Auch Gruppen wie das *Telecommunications Standards Sub-Committee*, die primär dem Austausch zwischen staatlichen und privaten Akteuren dienen sollten, tagten in den 1990er Jahren noch relativ häufig, stellten ihre Arbeit aber – auch nach Kritik an ihrer inhärenten Intransparenz – danach überwiegend ein (Clarkson 2008, S. 61). Inzwischen kann von einer fast vollständigen Inaktivität der Ausschüsse gesprochen werden (Mestral 2011, S. 658), die letzte dokumentierte Sitzung war diejenige des 2022-Ausschusses, der sich mit der Arbeit der Schiedsgerichte nach Kapitel 20 befasst, im August 2016 (NAFTA Secretariat 2016).

Als innovativstes Element des Freihandelsabkommens gelten gemeinhin die Verfahren zur alternativen Streitbeilegung, für die das Abkommen unterschiedliche Gremien vorsieht. Insgesamt drei Kapitel beinhalten die Nutzung solcher Verfahren, wobei das auf den Schutz von Investitionen gerichtete Kapitel 14 USMCA (zuvor Kapitel 11 NAFTA) keine Einrichtung eigener Panels bestimmt, sondern lediglich auf bestehende Mechanismen der Weltbank und der Vereinten Nationen verweist (Art. 14.D.3 USMCA). Nach Inkrafttreten des USMCA unterliegt Kanada diesen Regeln zur Streitschlichtung zwischen Investoren und Staaten nicht mehr – die weitreichendste Änderung der Verfahrensregeln im Vergleich zum NAFTA (Baker u. Keiser 2019, S. 6–7). Kapitel 10 des USMCA (Kapitel 19 NAFTA), das Anti-Dumping- und Subventionsmaßnahmen regelt, etabliert „*the most sophisticated of the ADRMs* [alternative dispute resolution mechanisms, Anm. d. Verf.] *instituted by NAFTA*" (Morales 2008, S. 69). Für alle Streitigkeiten, die nicht in den Bereich der erwähnten Mechanismen fallen, legt zudem Kapitel 31 USMCA (Kapitel 20 NAFTA) ein eigenes ADR-Verfahren fest. Der Charakter der Panels nach den beiden letztgenannten Kapiteln ist recht ähnlich, wenngleich Kapitel 10 detailliertere Anforderungen an die Mitglieder und präzisere Verfahrensregeln festlegt. Die Panels bestehen aus fünf Mitgliedern, die im Fall der Beschwerde eines Mitgliedstaats über das regelwidrige Verhalten eines anderen aus einer stetig aktualisierten Kandidatenliste[31] ausgewählt werden. Als Voraussetzung für eine Nominierung verlangen sowohl Kapitel 10 als auch Kapitel 31 USMCA eine umfangreiche Erfahrung im internationalen Handelsrecht; für die Panels nach Kapitel 14 gilt zudem die Anforderung, sie mehrheitlich mit Fachjuristen zu besetzen. Die Auswahl erfolgt durch die am Streit beteiligten Mitgliedstaaten, wobei jede Partei eigenständig zwei Teilnehmer bestimmt und das fünfte Mitglied des Gremiums im Konsens beziehungsweise – falls keine Einigung zustande kommt – durch Los bestimmt wird (Anhang 10-B.1, Art. 31.9 USMCA). Entscheidungen in den Gremien werden nach dem Mehrheitsprinzip getroffen. Diesen Panels ist damit unter allen durch das Nordamerikanische Freihandelsabkommen konstituierten Organisationen am ehesten echte Akteursqualität zuzuschreiben, da sie nicht als bloßes intergouvernementales Verhandlungsforum fungieren, sondern in der Lage sind, Entscheidungen gegen den Willen eines oder mehrerer Mitglieder zu treffen.

Die beiden Nebenabkommen des NAFTA führten zur Schaffung je einer Organisation, die für die Überwachung der Implementation zuständig ist. Diese Organisationen zerfallen dabei wiederum in jeweils mehrere unterscheidbare Akteure. Ähnlich der FTC steht an der Spitze sowohl der CEC als auch der CLC ein Rat aus den zuständigen Fachministern der Mitgliedstaaten oder ihren Vertretern (Art. 9 NAAEC; Art. 9 NAALC). In der Praxis wird der Rat mit den Chefs der jeweiligen obersten Umweltschutzbehörde der Mitgliedstaaten beschickt (Craik 2013,

[31] Im Fall des Kapitel 10 umfasst die Liste 75 Kandidaten, von denen jeder Mitgliedstaat 25 auswählt (Annex 10-B.1 USMCA). Im Fall des Kapitels 31 wird im Konsens eine Liste mit 30 Kandidaten erstellt und aktualisiert (Art. 31.8 USMCA).

S. 217). Obgleich im Rat das Einstimmigkeitsprinzip gilt, ist er nicht befähigt, bindende Entscheidungen zu treffen, sondern beschließt lediglich Empfehlungen und Berichte im Hinblick auf die Implementation des Nebenabkommens. Diese Handlungslogik bleibt auch unter dem USMCA unverändert. Während der Rat der CEC in seiner Arbeit durch ein dauerhaft eingerichtetes Sekretariat mit einem Exekutivdirektor unterstützt wird, setzt sich das Sekretariat der CLC ähnlich dem NAFTA-Sekretariat aus drei *National Administration* Offices (NAOs) zusammen, deren wesentliche Funktion in der Kommunikation der nationalen Exekutiven untereinander besteht (Art. 15, 16 NAALC).[32] Zentrale Aufgabe der Sekretariate ist die Sammlung und Bereitstellung fachlicher Expertise für die Arbeit der Kommission sowie die Vorbereitung jährlicher Berichte und Arbeitspläne, die vom Ministerrat verabschiedet werden (Art.12, 13 NAAEC; Art. 14 NAALC). In der CEC existiert darüber hinaus ein beratender Ausschuss (*Joint Public Advisory Committee*, JPAC), der aus 15 Vertretern privater Interessenorganisationen gebildet wird und dessen Hauptaufgabe nach Art. 16 NAAEC in der fachlichen Beratung des Sekretariats besteht.

3.2.1.2 Institutionelle Handlungskopplung und Instrumente

Wie eingangs bereits erläutert, bieten das NAFTA und das USMCA wenig Raum für gemeinsame Entscheidungsfindung auf der *collective-choice*-Ebene, weil kaum Regelungskompetenzen an transnationale Organe delegiert werden. Sofern Entscheidungen getroffen werden, folgen diese im Wesentlichen einem Grundmuster: Die Entscheidungsfindung selbst erfolgt im Wege intergouvernementaler Verhandlungen mit Einstimmigkeitszwang; jeder der beteiligten Akteure verfügt über die Möglichkeit, ein Ergebnis zu blockieren. Diese Verhandlungen sind überwiegend freiwillig, da nur in wenigen Fällen das zugrundeliegende Abkommen zwingend eine Entscheidung erfordert. Die Ergebnisse der Verhandlungen weisen einen geringen Verbindlichkeitsgrad auf und werden grundsätzlich dezentral durch die einzelnen Mitgliedstaaten implementiert. Die Implementationseffektivität ist dabei in Ermangelung einer dafür zuständigen Bürokratie und der Möglichkeit der Anwendung von Zwangsmitteln gering (Clarkson 2005,

---

[32] Ohnehin schien die *Commission on Labor Cooperation* zuletzt weitgehend inaktiv: Die Website des Nebenabkommens, auf die von den Onlineauftritten nationaler Behörden nach wie vor häufig verwiesen wird, ist nicht mehr existent. Auch verliefen in jüngster Zeit mehrere Beschwerdeverfahren gegen vermutete Verstöße gegen das Abkommen im Sande: Beispielsweise führte eine Beschwerde Mexikos über menschenverachtenden Umgang mit mittelamerikanischen und mexikanischen Bauarbeitern durch US-Firmen nicht einmal zu einem Zusammentreten des Rates der CLC und blieb vom US-Arbeitsministerium schlicht unbeantwortet (Brennan Center 2009).

S. 186). Drei nennenswerte Abweichungen von diesem Muster – bedingt verbindliche Entscheidungen der FTC, Mehrheitsentscheidungen durch ADR-Panels und die Implementationsüberwachung durch das Sekretariat der *Commission on Environmental Cooperation* – werden im Folgenden gesondert behandelt. In der Praxis fällt allerdings bei allen Koordinationsstrukturen die geringe Häufigkeit der Interaktionen ins Auge: Die Freihandelskommission tritt nicht einmal in dem jährlichen Turnus zusammen, den das Abkommen formal fordert, auch die Ausschüsse arbeiten nur sporadisch. Die Panels im Rahmen der alternativen Streitbeilegung werden ohnehin fallspezifisch und in variierender Zusammensetzung gebildet. Auch die Ministerräte der Nebenabkommen treten maximal einmal pro Jahr zusammen. Eine Verstetigung von Kommunikationsbeziehungen, die Grundlage für informelle Institutionalisierungsprozesse wäre, ist dadurch nur bedingt möglich.

Einen ersten Unterschied zum oben formulierten Muster stellen die Entscheidungen der NAFTA-Freihandelskommission dar: Zwar gilt auch hier das Einstimmigkeitsprinzip; die getroffenen Entscheidungen sind aber für Ausschüsse und Schiedsgerichte gegebenenfalls bindend. In Bezug auf Ausschüsse und Arbeitsgruppen kann die FTC neue Aufgaben an bestehende Gremien delegieren oder auch neue einrichten. Letzteres ist bisher allerdings nur einmal – bei der Schaffung eines Ausschusses für Kommunikation – geschehen. Für die Streitschlichtungs-Panels sind in Streitfällen die Auslegungsentscheidungen der FTC maßgeblich; auch dieser Fall trat bisher wie oben dargestellt nur einmal ein. Wichtig ist an dieser Stelle, zu bemerken, dass Entscheidungen der FTC keine direkte Wirkung auf Mitgliedstaaten oder einzelne Personen entfalten, sondern sich ausschließlich auf die Arbeitsweise der Ausschüsse und Schiedsgerichte beziehen, die wiederum nur bedingt verbindliche Entscheidungen treffen können.

Die wohl deutlichste Abweichung vom intergouvernementalen Entscheidungsmuster findet sich im Fall der Panels zur alternativen Streitbeilegung. Als einzige Gremien im institutionellen System des NAFTA entscheiden diese nach dem Mehrheitsprinzip und treffen Entscheidungen, die prinzipiell im Rahmen des NAFTA verbindlich sind, wenn sie auch keinen Vorranganspruch gegenüber nationalem Recht besitzen und nicht durch eine zentrale Stelle implementiert werden. Vielmehr steht es Mitgliedstaaten nach einem erfolglosen Schiedsverfahren frei, Maßnahmen nach den eigenen nationalen Handelsgesetzen zu ergreifen (Morales 2008, S. 55). Bei Streitbeilegungsverfahren nach Kapitel 20 NAFTA/Kapitel 31 USMCA kommt als Besonderheit hinzu, dass die Mitglieder auch kaum nach einer intergouvernementalen Logik agieren können, weil die am Streit beteiligten Regierungen Kandidaten aus den jeweils anderen Mitgliedstaaten für das Panel benennen müssen (Art. 2011 NAFTA; Art. 31.9 USMCA). Die Schiedsverfahren sind damit als Zwangsverhandlung zu betrachten, da nach einer entsprechenden Beschwerde durch einen staatlichen oder privaten Akteur ein solches Verfahren eingeleitet werden muss. An der Verhandlung beteiligt ist – im Falle der Kapitel 10 und 31 – neben dem Beschwerdeführer und seinem Verfahrensgegner ein Panel aus fünf Individuen, die nicht zwingend als Vertreter ihres Herkunftsstaats agieren, wenngleich eine solche Prägung nicht ausgeschlossen werden kann. Im Verfahren selbst steht den gegnerischen Parteien lediglich das Mittel der fachlichen Persuasion zur Verfügung; die Entscheidung selbst wird von den Mitgliedern des Panels getroffen.

Von einer Implementation von Panel-Entscheidungen kann im Fall des Kapitels 10 insofern nicht gesprochen werden, als diese keine bestimmten Handlungen durch die beteiligten Staaten vorgeben, sondern lediglich das Vorgehen eines Staates nach seinen eigenen Gesetzen legitimieren. Anders verhält es sich in den Fällen der Kapitel 14 und 31: Nach Kapitel 14 können Staaten zu Schadenersatzzahlungen an Investoren verurteilt werden, die sie nach den im Abkommen eingegangenen Verpflichtungen auch zu leisten haben. Die entsprechenden Entscheidungen wurden von den verurteilten Staaten bisher befolgt; bis einschließlich 2016 wurden mehr als 440 Millionen US-Dollar an Entschädigungen geleistet (Public Citizen 2016, S. 1). Es darf angenommen werden, dass sich die Regeleinhaltung hier schon aus dem ökonomischen Eigeninteresse der betroffenen Staaten ergibt, nicht als unsicherer Standort für internationale Investitionen erscheinen zu wollen.

Anders verhält es sich mit den Entscheidungen nach Kapitel 31: Auch diese können Verstöße von Mitgliedstaaten gegen das Abkommen feststellen. Allerdings zeigt der Fall des Konflikts über Lkw-Transportdienstleistungen zwischen den USA und Mexiko, dass damit keine rechtliche Bindungswirkung verknüpft ist: Die USA schlossen mexikanische Transportdienstleister unter Verweis auf staatliche Subventionen in Mexiko grundsätzlich von Ausschreibungen in den USA aus, was von einem von Mexiko angerufenen Schiedsgericht einstimmig für unzulässig erklärt wurde (NAFTA Arbitral Panel 2001, S. 92). Gleichwohl haben die USA die vom Panel ausgesprochene Forderung, die vertragswidrige Praxis zu beenden, danach schlicht ignoriert (Morales 2008, S. 50–51) und damit dazu beigetragen, das Vertrauen in die Streitbeilegungsverfahren zu untergraben (Mestral 2011, S. 661). Die Schwäche der Panel-Entscheidungen nach Kapitel 20 NAFTA/Kapitel 31 USMCA zeigt sich schon in der formalen Ausgestaltung: Obgleich ein Verstoß gegen eine von beiden Seiten eingegangene vertragliche Regelung festgestellt wurde, erhält die Schlussfolgerung nicht die Form eines Urteilsspruchs, sondern lediglich Empfehlungscharakter. Ähnliches gilt für die noch immer ungelöste Auseinandersetzung um den Handel mit Nadelhölzern aus Kanada: Kanada weigert sich trotz entsprechender Schiedssprüche, staatliche Subventionen für den Export von Holz abzubauen (Anderson 2012, S. 52).

Die NAFTA-Schiedsgerichte erfüllen nahezu idealtypisch die Merkmale neuer Governance-Modi und können damit auch als Beleg für die Grenzen der Regelungsfähigkeit solcher Arrangements herangezogen werden. In einem rein intergouvernementalen Umfeld, in dem sich formal gleichgestellte Akteure ohne eine hierarchisch übergeordnete Instanz gegenüberstehen, soll durch nichthierarchische Regulierungsinstrumente – namentlich die Abstützung auf Empfehlungen und die Hoffnung auf die Wirkung fachlicher Argumente – eine Lösung von Konflikten zwischen Nationalstaaten erreicht werden. An den Entscheidungen sind private Akteure federführend beteiligt. Die dargestellte Weigerung der USA und Kanadas, Schiedssprüche zu akzeptieren, zeigt, dass sich die Logik einer auf Reziprozität beruhenden wechselseitigen Akzeptanz nichtbindender Schiedssprüche durch nur wenige Fälle der Nichtanerkennung in ihr Gegenteil verkehren kann: Wenn kein Vertrauen auf eine Umsetzung der Entscheidung durch andere Teilnehmer besteht, ergibt sich auch kein Anreiz, selbst Entscheidungen zu befolgen.

Gleichwohl stellen die ADR-Verfahren in der Praxis die mit Abstand aktivste Komponente der Regelungsprozesse im Rahmen von NAFTA dar: 207 solcher Verfahren wurden seit Inkrafttreten des Abkommens bis Ende 2017 abgeschlossen; allerdings ist seit Ende der 2000er Jahre eine abnehmende Tendenz zu verzeichnen. 124 dieser Verfahren betrafen Streitigkeiten zweier Mitgliedstaaten untereinander, davon wurden wiederum 121 nach Kapitel 19 und nur drei nach Kapitel 20 durchgeführt. In 83 Fällen riefen private Investoren nach Kapitel 11 ein Schiedsgericht an, weil sie sich von einem NAFTA-Mitgliedstaat diskriminiert sahen; 36 dieser Verfahren richteten sich gegen Kanada, 24 gegen Mexiko und 23 gegen die USA (Public Citizen 2018) (Abbildung 3.1).

Anders als durch das NAFTA selbst und das Nebenabkommen zum Arbeitsschutz, wird durch das Umweltschutzabkommen NAAEC ein permanentes gemeinsames Sekretariat mit festem Sitz in Montreal eingerichtet; diese Struktur hat auch nach der Neufassung des Abkommens Bestand (CEC 2018). Mit insgesamt etwa 50 Mitarbeitern und einem jährlichen Budget von neun Millionen US-Dollar (CEC 2017a) verfügt das Sekretariat zwar nicht über Ressourcen, die mit denen anderer internationaler Organisationen vergleichbar wären. Allerdings stellt es die einzige dauerhafte transnationale bürokratische Einheit dar, die durch das NAFTA geschaffen wurde und nach wie vor aktiv ist. Im Gegensatz zu anderen NAFTA-Institutionen zeichnet sich die Arbeit der CEC im Allgemeinen und des Sekretariats im Besonderen durch ein hohes Maß an Stetigkeit aus: Seit seiner Gründung dienen durchgängig auf ein bis zwei Jahre angelegte Programme als Grundlage für die Arbeit des Sekretariats; seit dem Jahr 2005

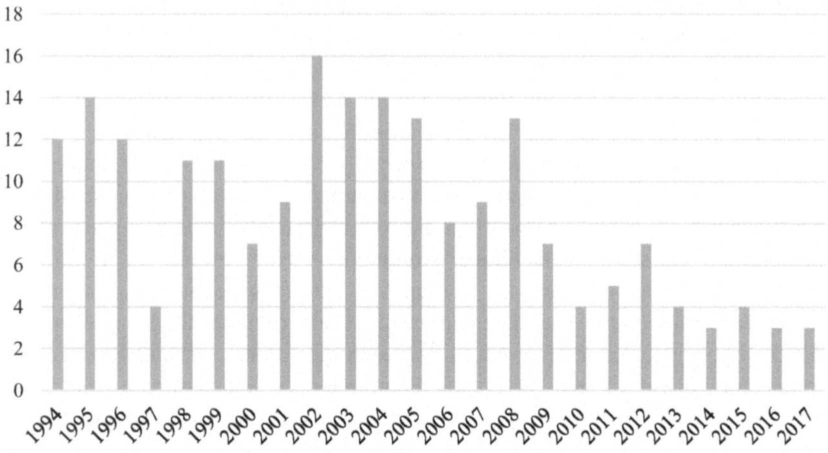

Abbildung 3.1 Alternative Streitschlichtungsverfahren im NAFTA nach Jahren

sollen zudem strategische Pläne im Fünf-Jahres-Rhythmus zu einer verbesserten Kohärenz beitragen (CEC 2017b). Durch das Vorhandensein eines permanenten Mitarbeiterstabs und die auch realisierten regelmäßigen Kontakte der zuständigen Vertreter der mitgliedstaatlichen Regierungen ist damit in der CEC die Voraussetzung für stabile Kommunikationsbeziehungen zwischen den beteiligten staatlichen Akteuren gegeben.

Die Kernaufgaben des Sekretariats bestehen in der Sammlung und Bereitstellung wissenschaftlicher Expertise zur Unterstützung der Umweltpolitik der drei Mitgliedstaaten sowie der Bearbeitung von Beschwerden über vermutete Verstöße gegen das NAAEC, zu denen auf Beschluss des Rates gegebenenfalls entsprechende Tatsachenberichte (*factual records*) erstellt werden. Im Rahmen des jeweiligen jährlichen Arbeitsprogramms kann das Sekretariat darüber hinaus unabhängige Berichte erarbeiten, die nicht der Genehmigung durch den Rat bedürfen. Zu den Leistungen des Sekretariats gehört außerdem die Bereitstellung von Datenbanken und Monitoring-Ergebnissen zu verschiedenen umweltpolitischen Themenbereichen. Obwohl weder das Sekretariat noch die CEC insgesamt über hierarchische Mittel zur Regeldurchsetzung verfügen, belegen Jinnah u. Lindsay (2015) einen Einfluss der durch das Sekretariat intendierten Steuerung durch Wissen auf umweltpolitische Entscheidungen in Nordamerika. In den untersuchten Fällen wurden jeweils auf Empfehlung des Sekretariats zusätzliche Mittel für Umweltschutzprojekte bereitgestellt. Darüber hinaus ist allerdings keine effektive Steuerungsleistung durch das Sekretariat zu konstatieren: Die Berichte über Beschwerden privater Akteure gegen das Handeln mitgliedstaatlicher Regierungen werden von diesen kaum berücksichtigt. De Mestral sieht eine Ursache für dieses Verhalten darin, dass Regierungen versuchten, das durch das NAAEC erlaubte Minimum an supranationaler Aufsicht möglichst nicht durch eine Anerkennung der Berichte des Sekretariats anzuerkennen (Mestral 2011, S. 663).

3.2.1.3 Auswirkungen des NAFTA

Wie eingangs bereits diskutiert, schafft das NAFTA nur in wenigen Ausnahmefällen einen Rahmen für weitergehende Regelungsprozesse und besteht im Wesentlichen in einem Set aus einmalig ausgehandelten vertraglichen Verpflichtungen unter formal gleichberechtigten Partnern. Als problematisch erwies sich dabei die Folge, dass Regeln nicht weiterentwickelt und an neue Erfordernisse angepasst werden konnten, ohne den gesamten konstitutionellen Rahmen neu verhandeln zu müssen. Dies führte dazu, dass ab Mitte der 2000er Jahre angesichts neuer Regelungserfordernisse in vom NAFTA erfassten Themenbereichen auf andere Koordinationsmechanismen wie die *Security and Prosperity Partnership* (vgl. dazu das folgende Unterkapitel) ausgewichen wurde. Zudem bieten weder das NAFTA noch das Nachfolgeabkommen eine echte Handhabe gegen Vertragsverstöße, was die Verbindlichkeit des Abkommens einschränkt. Sobald eine Nichteinhaltung des Abkommens einen größeren Gesamtnutzen verspricht als eine Einhaltung, hat ein Staat keinen Anreiz mehr, seine eingegangenen vertraglichen Verpflichtungen zu erfüllen.

Insgesamt schaffte das NAFTA zumindest zum Zeitpunkt des Vertragsschlusses eine Gleichgewichtslösung, weil es alle beteiligten Akteure als nachteilig erachteten, unilateral von der Einhaltung abzuweichen. Auch ohne hierarchische Zwangsmittel wäre ein Bruch des Abkommens für die beteiligten Staaten mit erheblichen Kosten verbunden: Erstens litte darunter die Glaubwürdigkeit als internationaler Vertragspartner und Standort für Investitionen. Zweitens hätte ein offen vertragsbrüchiger Partner mit wirtschaftlichen Sanktionen der anderen beteiligten Staaten zu rechnen. Diese Ausgangssituation war wohl auch ausschlaggebend für die US-Regierung unter Präsident Donald Trump, das NAFTA nicht wie ursprünglich angekündigt aufzukündigen, sondern auf eine Reform und eine Umbenennung von eher symbolischem Charakter hinzuarbeiten (Rao 01.09.2017).

Ein Grund für die scharfe politische Auseinandersetzung in den USA über einen möglichen Austritt aus dem Abkommen ist in der mangelnden empirischen Überprüfbarkeit der Effekte des NAFTA zu suchen: Weitgehend unumstritten ist, dass das Abkommen zu vertiefter ökonomischer Integration und einem deutlichen Wachstum des transnationalen Handels in Nordamerika geführt hat (Blecker 2014, S. 9; Villareal u. Fergusson 2013, S. 10). Während Befürworter durch das NAFTA eine Steigerung der globalen Wettbewerbsfähigkeit Nordamerikas sehen (Hill 2014, S. 126), argumentieren Gegner, durch das Abkommen seien vor allem Arbeitsplätze im Niedriglohnsektor von den USA nach Mexiko verlagert und das schon vorher bestehende ökonomische Ungleichgewicht zwischen den beiden Staaten nochmals verschärft worden (Gutiérrez-Haces 2008, S. 71). Weitgehende Einigkeit besteht darin, dass ein Großteil der Effekte auf veränderte Handels- und Investitionsstrukturen zwischen den USA und Mexiko zurückzuführen sein dürfte, da die wirtschaftliche Integration zwischen den USA und Kanada bereits vor dem Abkommen sehr stark war (Villareal u. Fergusson 2013, S. 11). Gewerkschaften und andere zivilgesellschaftliche Organisationen kritisieren zudem, dass die Bestimmungen des Kapitels 11 des NAFTA, die ursprünglich vor allem als Schutz für Investoren gegen staatliche Enteignungsmaßnahmen gedacht waren, zu einer Schwächung des Staates gegenüber privaten Investoren geführt hätten (Greven 2015, S. 314).

3.2.2 Die Security and Prosperity Partnership

Zu Beginn der 2000er Jahre gab eine Reihe von Faktoren Anlass zu Überlegungen über eine institutionelle Weiterentwicklung der transnationalen Kooperation in Nordamerika: Erstens führte die vertiefte ökonomische Verflechtung zu Sicherheitsbedenken, die sich insbesondere durch die verstärkte Aufmerksamkeit für terroristische Bedrohungen infolge der Anschläge vom 11. September 2001 noch einmal verschärften. Die USA schlossen in dieser Hinsicht bereits Ende 2001 und Anfang 2002 Grenzschutz-Vereinbarungen mit Kanada und Mexiko, die sich allerdings negativ auf das Handelsvolumen auswirkten (Jiménez 2012, S. 73; Wilson 2014, S. 129). Zweitens wurde vor allem durch Interessenorganisationen in den USA und Kanada Druck aufgebaut, auch die Handelsregeln im NAFTA zu verändern. Vor allem wurde gefordert, Handelshemmnisse weiter zu reduzieren und im Abkommen auch den Energiesektor und die Verkehrsinfrastruktur zu regulieren (Jiménez 2012, S. 74). Eine formale Neuaushandlung des Abkommens wollte die US-Regierung zu diesem Zeitpunkt aber verhindern, weil die dafür notwendige Zustimmung des Kongresses unwahrscheinlich erschien (Anderson u. Sands 2007, S. 9–10). Auf dem trilateralen Gipfel in Waco 2005 wurde daher von den Regierungschefs der drei nordamerikanischen Staaten die *Security and Prosperity Partnership* (SPP) aus der Taufe gehoben, die in 20 Arbeitsgruppen für eine verbesserte Kooperation in den Bereichen der Sicherheits- und Wirtschaftspolitik sorgen sollte. Ziel der SPP war es dabei nicht, ein völkerrechtlich verbindliches Abkommen zu produzieren. Vielmehr sollte dadurch der Rahmen für die Kooperation nationaler Bürokratien verbessert werden, ohne die bestehenden vertraglichen Regelungen verändern zu müssen (Bélanger 2010, S. 30). Die SPP setzte damit explizit auf Netzwerkbildung als Modus transnationaler Governance.

Auch im Rahmen der SPP werden nahezu ausschließlich staatliche Akteure aus den USA, Kanada und Mexiko tätig. Allerdings ist dabei nach den institutionellen Ebenen zu differenzieren: Die SPP war ein intergouvernementales Projekt, das von den Regierungschefs der drei NAFTA-Mitgliedstaaten angestoßen wurde. Im Gegensatz zum NAFTA zeichnete sich die SPP aber durch eine zumindest kurzfristig starke Aktivität auf der *collective-choice*-Ebene aus: Dominante Akteure der intendierten verstetigten Koordination waren die für den jeweiligen Fachbereich zuständigen nationalen Regulierungsbehörden. Eine zentrale Steuerung dieser Aktivitäten war dabei nicht vorgesehen; vielmehr wurden die Verhandlungen in 20 Arbeitsgruppen – zehn im Prosperitäts-Pfeiler und zehn im Sicherheits-Pfeiler – ausgegliedert. Die Handlungsspielräume der beteiligten Behörden unterschieden sich deutlich: Während vor allem kanadische und US-amerikanische Regulierungsbehörden in den Sektoren Energie, Kommunikation und Verbraucherschutz über ein hohes Maß an Handlungsfreiheit verfügen, unterliegen etwa die Regulierungsbehörden für den traditionellen Güterhandel in allen drei Staaten einer strikten Aufsicht durch die jeweilige Legislative (Bélanger 2010, S. 37). Neben den staatlichen Regulierungsbehörden wurden auch private Akteure an prominenter Stelle eingebunden: Der sogenannte *North American Competitiveness Council* versammelte 30 Vorstände bedeutender nordamerikanischer Unternehmen und sollte als zentrales Beratungsgremium der Staats- und Regierungschefs fungieren (Craik u. DiMento 2008, S. 493).

Die SPP war als intergouvernementale Plattform angelegt und damit ein Verhandlungsarrangement, das zwar die Möglichkeit der Kooperation bieten, aber keine für alle Beteiligten durchsetzbaren Entscheidungen produzieren sollte. Die Handlungslogik auf der Ebene der Staats- und Regierungschefs war damit eher *bargaining*geprägt: Von der trilateralen Einigung auf eine engere Abstimmung exekutiver Agenturen versprachen sich alle Beteiligten einen gesteigerten Nutzen. Diese konstitutionelle Ebene war dabei lediglich informell institutionalisiert: Für die SPP existierte keinerlei formales internationales Abkommen. Die Basis der Zusammenarbeit bildete lediglich eine gemeinsame Erklärung der drei Staats- und Regierungschefs (Craik u. DiMento 2008, S. 480). Die *collective-choice*-Ebene sollte hingegen durch ausgeprägtes fachliches *arguing* zwischen den beteiligten Regulierungsagenturen, etwa in Form eines Austauschs bester Praktiken oder der

Vereinbarung gemeinsamer Standards, geprägt sein. Die *operational choice* war wiederum als hierarchische Umsetzung auf nationaler Ebene im Rahmen der den Regulierungsagenturen zur Verfügung stehenden Kompetenzen gedacht (Anderson u. Sands 2007, S. 18). Widerstand gegen diese Form der Governance kam vor allem von politischen Parteien und zivilgesellschaftlichen Organisationen, die die Intransparenz der Verhandlungen und die kaum geregelte Weitergabe personenbezogener Daten zwischen den beteiligten Behörden kritisierten (Council of Canadians 2009).

Tatsächlich blieb die SPP weit hinter den ursprünglich von den Staats- und Regierungschefs geweckten Erwartungen zurück. Als einen der wenigen greifbaren Erfolge nennt Bélanger (2010, S. 33) die Tatsache, dass die NAFTA-Arbeitsgruppe zu Pestiziden 2007 ein neues Klassifikationssystem erarbeitete, nachdem sie in das System der SPP eingegliedert worden war. Folgt man der Darstellung bei Clarkson (2008, S. 441), so war der Großteil der von den Arbeitsgruppen eilig erarbeiteten Vorschläge wenig durchdacht und vor allem in der Erwartung zusammengestellt worden, durch neue Aufgaben im Rahmen der SPP die eigenen Ressourcen ausweiten zu können. Ein weiterer – unter legitimationstheoretischen Gesichtspunkten problematischer – Effekt der SPP war eine deutliche Verbesserung des Zugangs privater Unternehmen zu den Exekutiven der Nachbarstaaten durch ihre Einbindung in den *North American Competitiveness Council* (Clarkson 2008, S. 443). Nach seinem Amtsantritt als US-Präsident Anfang 2009 deutete Barack Obama unter Verweis auf die Legitimitätsprobleme der SPP eine veränderte Herangehensweise an trilaterale Verhandlungen in Nordamerika an; seine Administration verfolgte die SPP entsprechend nicht weiter (Council of Canadians 2009).

3.2.3 Bilaterale Abkommen und Partnerschaften

Neben trilateralen Initiativen, die allesamt jüngeren Datums sind, besteht in Nordamerika eine Reihe bilateraler Abkommen zwischen den USA und einem ihrer Nachbarn. Diese beschränken sich nicht nur auf die bereits in Kapitel 3.2.1. angesprochene Zusammenarbeit im ökonomischen Bereich. Im militärischen Bereich etwa gibt es traditionell eine enge Kooperation zwischen den USA und Kanada (Clarkson 2005, S. 170–171). Bereits 1940 wurde mit dem *Permanent Joint Board on Defence* ein gemeinsames Beratungsgremium geschaffen, das 1947 auch für Friedenszeiten formalisiert wurde und bis in die Gegenwart aktiv ist (Roussel 2010, S. 189). Seit 1957 besteht zudem ein Luftsicherheitsabkommen, das eine gemeinsame Luftabwehr für den Luftraum der beiden Staaten, die *North*

American Aerospace Defense (NORAD), etabliert (Stuart 2007, S. 234). Die weitere Stärkung der militärischen Zusammenarbeit zwischen den USA und Kanada im Zuge des „*War on Terror*" seit dem 11. September 2001 führte gleichzeitig zu einer wachsenden sicherheitspolitischen Distanz Mexikos zu den beiden nördlichen Partnern (Clarkson 2010, S. 286). Im weiteren Sinne gehören zur verstärkten sicherheitspolitischen Zusammenarbeit zwischen den USA und Kanada auch Abkommen wie das *Safe Third Country Agreement*, das einen gemeinsamen Umgang mit Flüchtlingen aus Drittländern festschreibt (Government of Canada 2002). Zwar bestehen auch mit Mexiko einige bereichsspezifische Kooperationsplattformen, etwa die im Zuge von NAFTA gebildete *Border Environment Cooperation Commission* oder die *International Boundary and Water Commission*; insgesamt etablieren die von den USA bilateral abgeschlossenen Verträge und Abkommen aber eine weit engere Zusammenarbeit mit Kanada als mit Mexiko.

3.2.4 Zusammenarbeit substaatlicher und privater Akteure

Anders als auf der nationalen findet sich auf der subnationalen Ebene in Nordamerika eine Reihe aktiver Kooperationsnetzwerke über nationale Grenzen hinweg. Allen diesen Plattformen ist gemein, dass sie in Grenzregionen entstanden sind und damit naturgemäß nur Akteure aus jeweils zwei der drei nordamerikanischen Staaten einschließen. Der Großteil dieser Plattformen findet sich zudem zwischen Akteuren aus den USA und Kanada, da die Grenzregionen jeweils eng verflochtene Wirtschaftsräume mit allen damit einhergehenden ökonomischen, ökologischen und sicherheitspolitischen Problemen bilden (Stuart 2007, S. 144). Der hohe Verflechtungsgrad und die Tatsache, dass es sich bei den meisten Projekten lediglich um einzelfallbezogene Kooperationen handelt, führen dazu, dass das Feld solcher Interaktionsstrukturen unüberschaubar ist und im Rahmen dieser Studie nicht einmal ansatzweise vollständig erfasst werden kann. Eine umfassende Erhebung neueren Datums ist in der Literatur nicht vorzufinden; Van Nijnatten (2006, S. 4) zitiert eine Studie Swansons aus dem Jahr 1976, der mehr als 700 solcher Kontaktplattformen zwischen den USA und Kanada zählt, und geht davon aus, dass sich deren Zahl in den vergangenen Jahrzehnten nochmals deutlich erhöht hat.

Die Voraussetzung für solche Kooperationen bildet die föderale Struktur aller drei Staaten in Nordamerika. Entsprechend der jeweiligen Kompetenzaufteilung zwischen Zentral- und Gliedstaaten können substaatliche Einheiten vor allem in solchen Politikbereichen eng kooperieren, in denen auf beiden Seiten ein hohes Maß an Autonomie gegenüber der zentralstaatlichen Regierung besteht (Anderson

2013, S. 11). In der vergleichsweise stärkeren Zentralisierung des mexikanischen Staates (Braig u. Müller 2008, S. 410) ist daher eine weitere Ursache dafür zu suchen, dass ein Großteil solcher Kooperationen in der US-kanadischen Grenzregion vorzufinden ist. Da die Regulierung der Ressourcennutzung, der Energiegewinnung und des Verkehrssektors von der kanadischen Verfassung nahezu vollständig in die Hand der Provinzen gelegt wird (Rocher u. DiGiacomo 2008, S. 199–200; Winfield 2010, S. 263) und auch die US-Bundesstaaten über erhebliche Autonomie in der Energiepolitik verfügen, bildet die Energie- und Umweltpolitik einen Schwerpunkt solcher Kooperationen auf substaatlicher Ebene. Eine Auflistung der wichtigsten US-kanadischen Plattformen findet sich bei Anderson (2013, S. 19–20); im Folgenden wird diese Form der Kooperation anhand zweier institutionell unterschiedlich strukturierter, aber langfristig stabiler Plattformen exemplifiziert, die auch für die nachfolgende Analyse von Governance-Prozessen in der Energie- und Klimapolitik von Bedeutung sind: der Konferenz der *New England Governors/Eastern Canadian Premiers* (NEG/ECP) und der *Pacific Northwest Economic Region* (PNWER).

3.2.4.1 Kooperation substaatlicher Akteure im atlantischen Nordosten: Die NEG-ECP-Konferenz

Die Kooperation zwischen den neuenglischen US-Bundesstaaten Connecticut, Rhode Island, Massachusetts, New Hampshire, Vermont und Maine einerseits und den ostkanadischen Provinzen Quebec, New Brunswick, Newfoundland and Labrador, Prince Edward Island und Nova Scotia (Abbildung 3.2) andererseits datiert zurück auf ein gemeinsames Abkommen im Jahr 1973 (Rausch 2000, S. 120–121). Ausschlaggebend für die Gründung der seither aktiven Plattform war ein geteiltes Interesse an grenzüberschreitenden Kontakten: Das zu dieser Zeit aktiv nach Unabhängigkeit strebende Quebec versuchte, sich als eigenständiger außenpolitischer Akteur von der Regierung in Ottawa abzugrenzen (Anderson 2013, S. 17); die Premierminister der atlantischen Provinzen waren hingegen an einer konstruktiven Einbindung Quebecs interessiert, weil sie im Fall einer Unabhängigkeit der frankophonen Provinz territorial vom übrigen Gebiet Kanadas abgeschnitten worden wären. In Neuengland herrschte zeitgleich aufgrund großer Unsicherheiten in der Energieversorgung Interesse an Strom- und Erdölimporten aus dem benachbarten Kanada (Rausch 2000, S. 47–50). Angesichts dieser Interessenlage und der relativ hohen Unabhängigkeit substaatlicher Einheiten in der Energie- und Ressourcenpolitik auf beiden Seiten der Grenze war dieses Politikfeld damit als zentraler Gegenstand der Kooperation prädestiniert.

Wie in allen anderen intergouvernementalen Arrangements in Nordamerika bildet auch in der NEG/ECP-Konferenz die einmal jährlich tagende Versammlung der elf beteiligten Regierungschefs das maßgebende Entscheidungsgremium; Entscheidungen bedürfen der Einstimmigkeit. Für die Vorbereitung dieser Treffen und die Überwachung der Implementation von Entscheidungen verfügt die NEG/ECP-Konferenz zudem über mehrere Ausschüsse, von denen dem üblicherweise von persönlichen Mitarbeitern der Regierungschefs besetzte *Coordinating Committee* eine herausragende Rolle bei der Verstetigung der Kooperationsarbeit zugeschrieben wird (Rausch 2000, S. 120). Die übrigen Ausschüsse sind jeweils für einen der für die NEG/ECP-Konferenz zentralen Sachbereiche Umwelt, Energie, Klimaschutz und Handel zuständig und werden mit Fachbeamten auf Abteilungs- oder Behördenleiterebene beschickt (CONEG 2015). Für die administrative Unterstützung waren über lange Zeit eigenständige Sekretariate der beiden Teilorganisationen NEG und ECP zuständig; seit der Integration des NEG-Sekretariats in das der *Coalition of Northeastern Governors* (CONEG) im Jahr 2012 sehen Tomblin u. Colgan (2014, S. 8) einen Niedergang des Informationsaustauschs zwischen den beiden Blöcken.

Die NEG/ECP-Konferenz bildet damit ein freiwilliges und in wesentlichen Zügen informell institutionalisiertes Verhandlungsarrangement, wenngleich ein formales Abkommen den Ausgangspunkt der Zusammenarbeit bildete. Die stattfindenden Interaktionen sind größtenteils informell institutionalisiert, insbesondere die turnusmäßigen Sitzungen der Ausschüsse und der Konferenz der Regierungschefs. Die Governance-Instrumente reichen von gesteuerten Lernprozessen in Form von vereinbaren *best-practice-* Mechanismen über nichtbindende Vereinbarungen und Arbeitsplänen bis hin zu formal bindenden Verträgen, etwa zum Aufbau einer Infrastruktur zur Lieferung von Elektrizität aus Quebec nach Neuengland (CONEG 2017a; HydroQuébec 2017). Rausch bewertet die Effektivität der Netzwerk-Governance im Rahmen der NEG/ECP-Konferenz differenziert: Während vor allem bei der Konstruktion und Regulierung der transnationalen Energieversorgungsinfrastruktur eine effektive Handlungssteuerung erreicht wurde, konnte die Plattform die in sie gesetzten Erwartungen in der Wirtschafts- und Technologiepolitik sowie beim Aufbau gemeinsamer strategischer Ölreserven nicht erfüllen (Rausch 2000, S. 189, 249-263).

3.2.4.2 Kooperation substaatlicher Akteure im Pazifischen Nordwesten: Die PNWER

Eine auf den ersten Blick recht ähnliche, institutionell jedoch anders strukturierte Kooperationsplattform bildet die *Pacific Northwest Economic Region* (PNWER), an der die US-Bundesstaaten Washington, Oregon, Idaho, Montana und Alaska

Abbildung 3.2 Mitglieder der NEG-ECP-Konferenz. (eigene Darstellung).

sowie die kanadischen Provinzen British Columbia, Alberta, Saskatchewan, Yukon und Northwest Territories beteiligt sind (Abbildung 3.3). Die PNWER wurde zur Koordination von Regulierungsaktivitäten in einer Vielzahl von Politikbereichen gegründet, darunter Handel, Infrastruktur, Umwelt, Energie und Landwirtschaft (PNWER 2017b). Die über die Landesgrenzen hinweg hochgradig vernetzte Verkehrs- und Energieinfrastruktur führt zu gemeinsamen Interessen gegenüber den jeweiligen Bundesregierungen (Hale 2011, S. 57); zudem nutzen die stark exportabhängigen kanadischen Provinzen die Koalitionsbildung mit ihren US-Nachbarstaaten, um politische Entscheidungen in Washington zu beeinflussen (Hale 2012, S. 218–219). Daneben besteht im Pazifischen Nordwesten auch eine starke grenzüberschreitende regionale Identität, die sich im Konzept der Region Kaskadien, verbunden mit einem immer wieder aufkommenden Unabhängigkeitsdiskurs, niederschlägt (EIA 2012; Todd 2014, S. 4–8). Im Unterschied zu den anderen bisher behandelten Governance-Plattformen ist die PNWER von Beginn an als öffentlich-private Partnerschaft angelegt, an der neben den Vertretern der Staaten und Provinzen gegenwärtig mehr als 60 in der Region tätige private Unternehmen, Verbände und NGOs beteiligt sind. Darüber hinaus ist die PNWER explizit nicht nur als Kooperationsplattform für die Exekutiven angelegt, sondern bindet auch die Legislativen der beteiligten Staaten und Provinzen ein (PNWER 2017b). Damit ist innerhalb der PNWER von einer breiten Interessenvarianz auszugehen, da neben unterschiedlichen geografischen und parteipolitischen Motivationen politischer Akteure auch materiell und ideell begründete Präferenzen der beteiligten Unternehmen und Interessenorganisationen vertreten sind.

Das im Vergleich etwa zur NEG-ECP-Konferenz breitere Akteursfeld schlägt sich auch in einer komplexeren Entscheidungsarchitektur nieder. Dem Austausch der politischen Akteure untereinander dient eine Delegiertenversammlung, in die jede der zehn beteiligten Gebietskörperschaften ihren Gouverneur oder Premierminister und vier Parlamentsmitglieder entsendet. Spiegelbildlich existiert für die privaten Akteure ein *Private Sector Council*, der als transnationaler Unternehmerdachverband betrachtet werden kann (Hale 2012, S. 163). Auffällig an der Zusammensetzung des Akteursfelds aus dem privaten Sektor – und unter legitimitätstheoretischen Gesichtspunkten problematisch – ist dabei die deutliche Überrepräsentation von Unternehmen und Unternehmensverbänden im Vergleich zu anderen organisierten Interessen (PNWER 2019a). Diese Versammlungen haben keine Entscheidungskompetenz, sondern sind allein auf den wechselseitigen Wissenstransfer der Beteiligten ausgelegt. Fachspezifische Diskussionen zu den einzelnen Politikbereichen erfolgen in 20 Arbeitsgruppen, die je nach Interessenlage mit staatlichen und privaten Akteuren besetzt sind und in der Regel mehrmals jährlich tagen. Als eigentliches Entscheidungsgremium fungiert ein zweimal jährlich tagendes Exekutivkomitee, das sich aus je einem Parlamentsmitglied aus jedem der Staaten und Provinzen, einem Präsidenten und drei Vizepräsidenten sowie zwei Mitgliedern des *Private Sector Council* zusammensetzt. Entscheidungen im Exekutivkomitee erfordern grundsätzlich Einstimmigkeit, womit auch den beteiligten privaten Akteuren eine Vetoposition zukommt. Ausgenommen hiervon sind von den Arbeitsgruppen vorgelegte Pläne, für die für die einzelnen Staaten und Provinzen eine *opt-out*-Möglichkeit besteht, weshalb eine Verabschiedung auch nicht an die Zustimmung aller beteiligten

Akteure gebunden ist. Für die administrative Unterstützung verfügt die PNWER über ein gemeinsames Sekretariat mit Sitz in Seattle; als organisatorische Basis für die Sammlung und Verwendung der finanziellen Mittel dient eine eigene Stiftung (PNWER 2017a, 2017b). Mit Ausnahme der Mittel für die Sekretariatsstruktur existieren aber keine gemeinsam kontrollierten Handlungsressourcen.

Die PNWER bildet damit ein Beispiel für ein vor allem auf Wissenstransfer ausgelegtes freiwilliges Governance-Arrangement. Nach der theoretisch eingeführten Typologie ist die Plattform als freiwillige Verhandlung in einem durch die beschriebene institutionelle Architektur strukturierten Feld einzuordnen. Mit der durchgängigen Aktivität seit dem Gründungsjahr 1991 gehört die Plattform dabei zu den langlebigsten Vertretern dieses Typus. Ein Großteil der Aktivitäten besteht in fachlichen Diskussionen, die dem Ziel dienen sollen, eine harmonisierte grenzüberschreitende Regionalplanung ohne bindende Entscheidungen zu ermöglichen. Wichtigstes Instrument ist dabei die gemeinsame Erstellung von Arbeitsplänen; in den vergangenen Jahren erhielt in diesem Zusammenhang etwa eine Roadmap gegen das Eindringen invasiver Spezies in regionale Binnengewässer öffentliche Aufmerksamkeit (Seattle Times 19.11.2016). Die Beteiligung von Unternehmen und Verbänden in maßgebenden Positionen soll die partizipative Qualität der Governance verbessern, ist aber aus einer demokratietheoretischen Perspektive auch als problematisch zu bewerten, weil der finanzielle Handlungsspielraum der Organisation in hohem Maße von den Beiträgen privater Sponsoren abhängig ist (PNWER 2017a, S. 27).

3.2.4.3 Kooperationen substaatlicher Akteure im Süden und Südwesten

Anders als an der Grenze zwischen den USA und Kanada findet an der Grenze zu Mexiko keine dauerhafte und mehrere Politikbereiche umfassende Kooperation zwischen US-amerikanischen und mexikanischen Bundesstaaten statt. Gleichwohl gibt es auch hier mehrere Kooperationsplattformen, die sich mit der Bearbeitung spezifischer gemeinsamer Probleme befassen. Ein Beispiel für ein derartiges grenzüberschreitendes Kooperationsprojekt zweier Bundesstaaten ist der *New Mexico-Chihuahua Border Master Plan*, der zu einer Verbesserung der grenzüberschreitenden Verkehrsinfrastruktur zwischen New Mexico und dem mexikanischen Bundesstaat Chihuahua beitragen soll. Der Plan wurde im Jahr 2015 auf Anregung des US-Verkehrsministeriums von den Verkehrsbehörden der beiden Bundesstaaten in Auftrag gegeben und von einem binationalen Expertenpanel ausgearbeitet und beinhaltet – obgleich von den Regierungen der beiden Staaten verabschiedet – lediglich Empfehlungen für die Infrastrukturentwicklung.

Abbildung 3.3 Mitglieder der *Pacific Northwest Economic Region.* (eigene Darstellung)

Eine (Selbst-) Verpflichtung der beteiligten Akteure zur Umsetzung dieser Empfehlungen ist damit nicht verbunden (New Mexico Department of Transportation 2015).

Obgleich nicht ausschließlich von substaatlichen Akteuren gebildet, ist an dieser Stelle auch die Zusammenarbeit zwischen dem Staat Kalifornien und Mexiko in der Umweltpolitik aufzuführen. Im Juli 2014 unterzeichneten Vertreter der Regierung Kaliforniens und des mexikanischen Umweltministeriums ein *Memorandum of Understanding* über gemeinsame Anstrengungen in der Klima- und Umweltpolitik (IISD 2014). Wesentliches Ziel dieser Kooperation ist die

Weitergabe von Instrumenten zur Messung und Berichterstattung von Treibhausgasemissionen und zur Förderung erneuerbarer Energien im Wege regelmäßigen fachlichen Austauschs zwischen den jeweils zuständigen Regulierungsbehörden (CalEPA 2016). Aufgrund des wesentlich höheren Entwicklungsstands Kaliforniens in diesem Feld steht zu vermuten, dass damit vor allem Lernprozesse auf mexikanischer Seite intendiert sind. Im Rahmen dieser Kooperationsprozesse bildeten Kalifornien und der mexikanische Bundesstaat Baja California eine Arbeitsgruppe zur Bewältigung der mit der Ablagerung von Feststoffabfall in der Grenzregion verbundenen Probleme (CalEPA 2016, S. 20).

Darüber hinaus gibt es in den beiden großen binationalen Metropolregionen San Diego-Tijuana und El Paso-Juarez jeweils grenzüberschreitende Koordinationsprozesse in einzelnen Problembereichen. Während sich die Zusammenarbeit zwischen El Paso und Ciudad Juarez nach den vorzufindenden Dokumenten auf gelegentliche gemeinsame Stadtratssitzungen zu beschränken scheint, unterzeichneten die Bürgermeister von San Diego und Tijuana im November 2014 ein *Memorandum of Understanding* über eine künftige Zusammenarbeit in den Bereichen Verkehr, Kultur und Polizeiausbildung, das regelmäßige Austauschtreffen der mit diesen Bereich befassten kommunalen Stellen nach sich zog (S.-Diego Bus. J. 13.03.2017; City of San Diego 2014). Die Tatsache, dass dieses Memorandum nach der Wahl eines neuen Bürgermeisters in Tijuana erneuert werden musste, spricht allerdings für eine hohe Abhängigkeit vom jeweils amtierenden politischen Personal und damit ungünstige Voraussetzungen für eine dauerhaft stabile Institutionalisierung (Dibble 13.03.2017). Darüber hinaus arbeiten die beiden Städte seit längerer Zeit beim Management der knappen Wasserressourcen in der Region zusammen (Castro-Ruíz u. Sánchez-Munguía 2008).

Keine der in diesem Abschnitt aufgeführten Kooperationsinitiativen verfügt über nennenswerte eigene Ressourcen, etwa zur Durchführung eigener Forschungsprojekte oder zur Vorbereitung und zum Management von Verhandlungsrunden. Vielmehr handelt es sich dabei größtenteils um fallbezogene Verhandlungen in einem nicht weiter institutionalisierten Umfeld, die sich ausschließlich auf weiche Governance-Formen stützen. Die genannten Plattformen produzieren keine rechtlich bindenden Entscheidungen, sondern beschränken sich auf *arguing*-Mechanismen, die eine lose Handlungskoordination oder wechselseitige Lernprozesse ermöglichen sollen. Der sporadische Charakter der Interaktionen bietet dafür allerdings ungünstige Voraussetzungen. Soweit durch diese Prozesse allerdings tatsächlich eine nutzbringende Verhaltenssteuerung erfolgt, beispielsweise beim gemeinsamen Wassermanagement im pazifischen Südwesten (Castro-Ruíz u. Sánchez-Munguía 2008, S. 185), sind diese in hohem Maße kosteneffizient, da die fixen Transaktionskosten vernachlässigbar und die variablen Transaktionskosten gering sind.

3.2.4.4 Kooperationen zwischen privaten Akteuren

In den meisten genannten Governance-Arrangements spielen private Akteure eine mehr oder weniger einflussreiche Rolle in beratenden Gremien oder als gleichberechtigte Partner. Im institutionell wenig strukturierten Umfeld Nordamerikas finden sich gleichwohl auch mehrere Beispiele einer rein privaten transnationalen Regelung. Die häufigste Art dieser Regelung ist die Standardsetzung innerhalb privater Konzerne oder gegenüber Zulieferunternehmen, um transnationale Lieferketten funktional zu gestalten. Dadurch ergibt sich eine Vereinheitlichung von Standards ohne Beteiligung staatlicher Behörden (Clarkson 2010, S. 282–283). Diese Art der Regelsetzung ist damit teils hierarchisch, da eine übergeordnete Unternehmenseinheit nachgeordneten Einheiten bestimmte Handlungsmuster vorgibt. Zum Teil handelt es sich aber auch nur um eine wettbewerbsförmige Anpassung an bereits bestehende Standards, die keiner expliziten Handlungskopplung bedarf. Daneben gibt es vor allem in der Umwelt- und Klimapolitik mehrere Initiativen, die durch lose Koordination gleichgerichtetes Handeln der beteiligten Akteure befördern wollen. Die Mehrzahl dieser Initiativen zielt auf eine Verbesserung der Transparenz von Umweltwirkungen, zu nennen sind hier etwa das *Investors Network on Climate Risk*, die *Electricity Governance Initiative* oder die *Oil and Gas Climate Initiative*. Der *Chicago Climate Exchange*, die bisher einzige vollständig private Emissionshandelsplattform in Nordamerika, ist Gegenstand der Analyse in Kapitel 4.3.3.

3.3 Gemeinsamkeiten und Unterschiede der untersuchten transnationalen Institutionenstrukturen

Die Ausführungen zu den institutionellen Architekturen untermauern in ihrer Synopse noch einmal die der Anlage der Studie zugrunde liegende Annahme, dass sich bei gleichzeitig hohen sozioökonomischen und infrastrukturellen Ähnlichkeiten die institutionellen Regelungsrahmen in den beiden analysierten Räumen fundamental unterscheiden (Tabelle 3.3): In der Europäischen Union besteht unabhängig von den im Analysezeitraum vollzogenen Integrationsschritten durchgängig ein durch formale Institutionen bedingtes mehrstufiges Zwangsverhandlungssystem, das eine homogene Arena mit einheitlichen Entscheidungsregeln für Governance-Prozesse in einer großen Bandbreite an Politikbereichen bereitstellt. Im Unterschied dazu ist in den Staaten des Nordamerikanischen Freihandelsabkommens eine hohe Diversität an freiwilligen Verhandlungssystemen zu konstatieren, die eine hohe Varianz an Governance-Strukturen produzieren, aber durchgängig wesentlich einfacher konstruiert sind als das Institutionensystem der EU.

Die Einordnung des Institutionensystems der EU als Zwangsverhandlungssystem bezieht sich auf die Gemeinschaftsmethode sowie die Verfahren unter der intergouvernementalen Methode, für die das Primärrecht eine Beteiligung aller Mitgliedstaaten vorgibt, nicht aber auf die Offene Methode der Koordinierung (OMK), nach der den Mitgliedstaaten eine Beteiligung freigestellt ist. Umgekehrt verbietet die Logik der lockeren Koordination zwischen den drei nordamerikanischen Staaten die Anlage einer Plattform als Zwangsverhandlungssystem; die einzige Ausnahme bilden hier die alternativen Streitbeilegungsverfahren (ADR) im Rahmen des NAFTA. Die Institutionenbildung im transnationalen Raum erfolgt in Nordamerika dabei in der Regel anlassbezogen, mit der Konsequenz, dass Entscheidungssysteme der Bearbeitung eines einzelnen Problembereichs oder einer eng begrenzten Zahl von Problembereichen gewidmet sind und nach einer Bearbeitung des Problems oder einem Präferenzwandel der beteiligten Akteure ihre Aktivität häufig wieder einstellen.[33] Entsprechend unterscheidet sich auch die Kompetenzverteilung zwischen staatlichen und nichtstaatlichen Akteuren in diesen Governance-Strukturen. Umgekehrt hat das supranationale Institutionensystem in der EU eine stetige Erweiterung seiner Zuständigkeiten erfahren; der Lissabon-Vertrag zählt sechs Politikbereiche auf, für die die EU die alleinige Zuständigkeit besitzt, sowie 13 weitere, für die eine geteilte Zuständigkeit gilt. Innerhalb dieser Entscheidungsprozesse sind die Rollen der beteiligten Akteure formal klar definiert, wobei nichtstaatliche Akteure in den meisten Fällen auf ein argumentatives Einwirken auf die mit einer Vetoposition ausgestatteten Akteure beschränkt sind. Die EU hebt sich darüber hinaus von der Situation in Nordamerika durch die Konstitution komplexer Akteure auf transnationaler Ebene ab, denen jeweils zentrale Funktionen in den Entscheidungsprozessen zukommen. Wesentliche Unterschiede zwischen den untersuchten kontinentalen Räumen existieren zudem mit Blick auf die eingesetzten Instrumente: Während sich in der EU ein supranationales Rechtssystem entwickelt hat, dessen Einhaltung verbindlich durch den Europäischen Gerichtshof kontrolliert wird, beruht die Governance in

[33] Mit Blick auf die thematische Reichweite bildet die einzige nennenswerte Ausnahme die Security and Prosperity Partnership, der dezidiert eine große Bandbreite an Kooperationsbereichen zugrunde gelegt wurde. Auch diese Initiative erwies sich gleichwohl als kurzlebig.

Nordamerika primär auf nichtverbindlichen Erklärungen und ist damit weniger auf eine Handlungssteuerung durch Recht als auf wechselseitige Lernprozesse ausgerichtet. Die nachfolgenden Kapitel sind nun der eingangs aufgeworfenen Frage gewidmet, wie sich diese eklatanten Unterschiede in der institutionellen Struktur auf die Governance in den Politikbereichen Klimaschutz und erneuerbare Energien sowie Regulierung der Elektrizitäts- und Erdgasmärkte auswirken.

Tabelle 3.3 Zentrale Unterschiede zwischen den transnationalen Institutionensystemen in der EU und Nordamerika

	Europäische Union	**Nordamerika**
Institutionelle Struktur der Koordination	Zwangsverhandlungssystem (Ausnahme: OMK)	Freiwillige Verhandlungssysteme (Ausnahme: ADR)
Entscheidungssystem	Homogene Entscheidungsarena für mehrere Politikfelder	Diverse politikfeldspezifische Entscheidungsarenen
Beteiligte Akteure	Staatliche und nichtstaatliche Akteure in klar zugeordneten Funktionen	Staatliche und nichtstaatliche Akteure in variierenden Funktionen
Rolle transnationaler Organisationen	Transnationale Organisationen mit Akteursqualität	Keine komplexen Akteure
Instrumente	Differenzierte Typologie an rechtsverbindlichen Normen	Überwiegend nichtverbindliche Übereinkünfte; Fokus auf Lernprozesse
Kontinuität	Langfristige institutionelle Entwicklung	Bruchstückhafte institutionelle Entwicklung

Klimaschutz und erneuerbare Energien

4

4.1 Problemanalyse

Das Problem einer durch menschliche Aktivität verursachten Änderung des globalen Klimas wird zwar bereits seit Mitte des vergangenen Jahrhunderts in der Wissenschaft diskutiert, auf die politische Agenda gelangte es allerdings erst Ende der 1980er Jahre. Ursache des Problems sind steigende Konzentrationen bestimmter Gase, die das Verhältnis der von der Atmosphäre absorbierten zur reflektierten Sonnenenergie verändern (Gramelsberger u. Feichter 2011b, S. 15–16). Zu diesen Treibhausgasen zählen insbesondere Kohlendioxid (CO_2), Methan (CH_4) und Stickoxide (NO_x) (Pierrehumbert 2006). Dass zumindest der überwiegende Teil des Anstiegs der globalen Durchschnittstemperatur um etwa 0,8 Grad seit 1880 auf durch menschliche Aktivitäten verursachte Emissionen dieser Gase zurückzuführen ist, kann inzwischen als gesichert gelten (Cubasch u. Kasang 2000, S. 19; Hansen et al. 2010, S. 666).

Die damit einhergehenden Veränderungen des globalen Klimas – definiert als langjähriges statistisches Mittel aller Wetterereignisse – verursachen erhebliche Kosten. Zu den gravierendsten langfristigen Folgen des Klimawandels zählen insbesondere ein Anstieg des Meeresspiegels, eine Häufung extremer Wetterereignisse und damit einhergehend eine Veränderung der Lebensbedingungen für Pflanzen und Tiere, die die Nahrungsmittelgewinnung beeinträchtigt und die Biodiversität reduziert. Der durch Abschmelzen polarer Eisschilde und wärmebedingte Ausdehnung des Wassers verursachte Anstieg des Meeresspiegels wird

S. Haas, *Transnationale Klima- und Energie-Governance*,
Energiepolitik und Klimaschutz Energy Policy and Climate Protection,
https://doi.org/10.1007/978-3-658-35570-8_4

unterschiedlichen Prognosen[1] zufolge bis zum Jahr 2100 30 Zentimeter bis etwa einen Meter im Vergleich zum Jahr 2000 betragen (IPCC 2013, S. 1139). Zu den wesentlichen Auswirkungen des Meeresspiegelanstiegs zählen neben der unmittelbaren Überschwemmung tief liegender Küstengebiete eine Häufung von Überflutungen infolge von Stürmen sowie das Eindringen von Salzwasser in Grundwasserreservoirs. Vor allem in dichtbesiedelten Küstenregionen Ost- und Südostasiens werden diese Effekte durch ein Absinken der Küsten infolge starker Grundwasserentnahme und Erosion verstärkt. Langfristig wird damit die Bewohnbarkeit bisher dicht besiedelter Küstengebiete eingeschränkt beziehungsweise nur unter erheblichen ökonomischen Kosten möglich sein (Nicholls u. Cazenave 2010, S. 1518–1519).

Durch ein gehäuftes Auftreten extremer Wetterereignisse wie Stürme, Starkregen, Trockenheit, extreme Hitze oder Kälte entstehen zum einen unmittelbare Kosten. So verursachten etwa die beiden Winterstürme „Lothar" (1999) und „Kyrill" (2007) in Europa jeweils Schäden in Höhe von mehr als zehn Milliarden US-Dollar (Alcamo u. Olesen 2012, S. 213). In den USA wurden diese Beträge durch die Hurrikane „Katrina" (2005, 160 Mrd. Dollar) und „Harvey" (2017, 125 Mrd. Dollar) bei Weitem in den Schatten gestellt (NOAA 2018). Zum anderen beeinflussen diese Wetterextreme ebenso wie die Erwärmung der Erdoberfläche die Biosphäre und die Verfügbarkeit von Nahrungsmitteln: Durch den Anstieg der durchschnittlichen Wassertemperatur werden sowohl Salzwasser- als auch Süßwasserfischbestände reduziert, während sich Hitze und Trockenheit negativ auf Nutzpflanzen auswirken. In der Folge sind bereits die Preise für Lebensmittel – nach einem jahrhundertelangen Abwärtstrend – seit Mitte der 2000er Jahre global im Steigen begriffen, wobei eine hohe Sensibilität für Dürrekatastrophen erkennbar wird. Eine positive Auswirkung des Klimawandels auf die landwirtschaftliche Produktion ist dabei in wesentlich geringerem Umfang vor allem in höheren Bergregionen erkennbar (IPCC 2014, S. 488–495).

Verantwortlich für diese durch den Klimawandel bedingten globalen Wohlfahrtsverluste scheinen vor allem drei der theoretisch postulierten Mechanismen: Erstens liegt eine Kollektivgutproblematik vor, zweitens werden Kosten externalisiert und drittens bestehen erhebliche Informationsmängel.

Zu 1: Für jeden einzelnen Akteur ist es immer ökonomisch sinnvoll, weniger Kosten für Emissionsreduktionen[2] auf sich zu nehmen als andere Akteure, da der Gesamtnutzen – wenn auch ungleich – unter allen Beteiligten aufgeteilt wird.

[1] Die Prognosen unterscheiden sich auch nach dem zugrunde gelegten Szenario der zukünftigen Entwicklung der Treibhausgasemissionen.

[2] Hier liegt die Annahme zugrunde, dass eine Abstützung auf kohlenstoffintensive Technologien weniger Kosten verursacht als kohlenstoffarme Technologien. Sobald klimafreundliche

Ohne eine hierarchisch übergeordnete Ebene, die in der Lage ist, durch Zwangsmittel die Kosten-Nutzen-Relationen der beteiligten Akteure zu beeinflussen, ist damit eine spieltheoretische Gleichgewichtslösung, bei der keiner der Beteiligten durch ein unilaterales Abweichen vom Status Quo eine Verbesserung seiner individuellen Kosten-Nutzen-Relation erreichen könnte, ausgeschlossen. In einer Verhandlungskonstellation rational-nutzenorientiert handelnder Akteure ist eine Festlegung auf Emissionsreduktionen also aus spieltheoretischer Perspektive inhärent instabil, zumal das Problem nicht nur wenige Staaten, sondern die globale Gesamtheit aller nationalstaatlichen Akteure betrifft.

Zu 2: Das Problem negativer Externalitäten stellt sich beim Klimawandel gleich doppelt, nämlich in einer territorialen und einer zeitlichen Dimension. Zum einen entstehen die höchsten Kosten in Form von Unwetterschäden und Landverlusten durch Überschwemmung und Dürre in Entwicklungsländern, die aufgrund niedriger Treibhausgasemissionen bisher wenig zur Problementstehung beigetragen haben, während die industrialisierten Gesellschaften überproportional von einer kohlenstoffintensiven Wirtschaftsweise profitiert haben, aber einen proportional geringeren Anteil der Kosten zu tragen haben. Zum anderen entstehen die verursachten Kosten erst mit erheblichem zeitlichen Abstand (Lazarus, S. 1174), sodass die verursachenden Akteure in der Regel nicht befürchten müssen, die von ihnen verursachten Kosten zu tragen.

Zu 3: Schließlich wird das Problem auch durch einen Mangel an Informationen verursacht. Zunächst wurde das Problem des Klimawandels durch die Emission von Treibhausgasen seit Beginn der Industrialisierung über Jahrhunderte hinweg erzeugt, ohne dass überhaupt Wissen über dieses Problem bestanden hätte. Nun ist die Tatsache des durch Menschen verursachten Klimawandels weitgehend unumstritten und globale Klimaveränderungen können durch stetig verfeinerte Modellrechnungen immer präziser prognostiziert werden (Gramelsberger u. Feichter 2011a, S. 38–42). Gleichwohl besteht eine erhebliche Unsicherheit bezüglich des Nutzens selbst globaler Emissionsreduktionen. Deutlich wird dies exemplarisch an den zunehmenden Zweifeln am sogenannten Zwei-Grad-Ziel: Während jahrzehntelang davon ausgegangen wurde, dass bei einer globalen Erwärmung um bis zu zwei Grad gegenüber der vorindustriellen Zeit die Klimaveränderungen noch durch Emissionsveränderungen zu kontrollieren seien, mehren sich in jüngster Zeit Analysen, die eine Verselbstständigung des Erwärmungsprozesses durch das Verschwinden von Kohlenstoffspeichern auch schon bei einer Erwärmung um 1,5 Grad befürchten lassen (Vaks et al. 2013).

Wirtschaftsweisen unter Betrachtung aller Aspekte kostengünstiger sind als klimaschädliche, sollte eine Lösung des Problems auch ohne Koordination erfolgen.

4.2 Die Politik der Europäischen Union zu Klimaschutz und erneuerbaren Energien

Die Anfänge EU-weiter Bemühungen um die Bekämpfung des Klimawandels lagen in den 1980er Jahren. 1986 forderte das Europäische Parlament in einer Entschließung verstärkte Maßnahmen zur Reduzierung des Ausstoßes von Treibhausgasen (Europäisches Parlament 1986). Nach der Stärkung der umweltpolitischen Kompetenzen der Union in der Einheitlichen Europäischen Akte gewann die Thematik auch innerhalb der Kommission an Aufmerksamkeit, wenngleich beschränkt auf den Bereich der Umweltpolitik (Jordan u. Rayner 2010, S. 53). Im Zuge der Vorbereitungen auf die Weltklimakonferenz von Rio de Janeiro im Jahr 1992 formulierte die Kommission 1991 erstmals die Zielsetzung, die EU solle eine globale Führungsrolle bei der Bekämpfung des Klimawandels einnehmen (Europäische Kommission 1991). Als Resultat dieses ersten Vorstoßes wurden 1993 zwei Programme zur Förderung erneuerbarer Energien und der Energieeffizienz verabschiedet, die aufgrund der Uneinigkeit der Mitgliedstaaten im Rat allerdings kaum bindende Vorgaben beinhalteten (Boasson u. Wettestad 2013, S. 35). Der Anfangspunkt einer verbindlichen Klimapolitik der Europäischen Union ist somit in den Verhandlungen um das Kyoto-Protokoll und den daraus resultierenden Dynamiken der Politikformulierung zu suchen.

4.2.1 Überblick über die klimapolitischen Maßnahmen der EU seit dem Kyoto-Protokoll

Die Europäische Union entwickelte sich nach der Klimakonferenz von Kyoto zu einem der global aktivsten Akteure in der Klimapolitik. Den Grundstein dieser Aktivitäten bildete die gemeinschaftliche Umsetzung des Kyoto-Protokolls, die insofern bemerkenswert erscheint, als es gelang, eine substanzielle Umverteilung der Reduktionsverpflichtungen relativ effizient auszuhandeln. Unmittelbar nach Abschluss der Kyoto-Konferenz begannen in der Kommission die Vorarbeiten am künftigen „Flaggschiff" der EU-Klimapolitik, dem gemeinschaftlichen Emissionshandelssystem. Mit der Verabschiedung der Emissionshandelsrichtlinie 2003 und dem Start des Systems im Jahr 2005 gelang es, das erste multinationale System zum Handel mit CO_2-Emissionszertifikaten zu etablieren, das in reformierter Form fortbesteht. Neben dem Emissionshandel bilden die EU-Vorgaben zu erneuerbaren Energien und Energieeffizienz die zweite tragende Säule der EU-Klimaschutzpolitik. Aufgrund geschützter nationaler Selbstbestimmungsrechte im Hinblick auf die Zusammensetzung der genutzten Energiequellen beinhalten die Richtlinie zur Förderung der Stromerzeugung aus erneuerbaren Energiequellen im Elektrizitätsbinnenmarkt (2001/77/EG) und die umfassendere Richtlinie zur Nutzung von Energie aus erneuerbaren Quellen (2009/28/EG) kaum bindende Vorgaben, was den Anteil erneuerbarer Energiequellen am Gesamtenergieverbrauch anbelangt. Eine der wenigen Ausnahmen bildet die EU-weit bindende Definition fester Biokraftstoffanteile im Verkehrssektor, die anfangs durch die Richtlinie 2003/30/EG geregelt wurde und nunmehr in die erneuerbare-Energien-Richtlinie integriert ist. Auch die Energieeffizienzrichtlinie beinhaltet mit Ausnahme von Normen für industrielle Großverbraucher keine detaillierten Vorgaben für Einsparungen, sondern setzt Einsparziele, deren Realisierung in der Hand der Mitgliedstaaten liegt. Seit Beginn der 1990er Jahre existiert in der EU zudem ein System zur Überwachung und Berichterstattung von Treibhausgasemissionen, das die Mitgliedstaaten zu definierten Standards der Datenerhebung in den erfassten Sektoren verpflichtet und zuletzt durch die Verordnung (EU) 525/2013 aktualisiert wurde. Daneben bemüht sich die Europäische Union unter anderem um die Reduzierung der Treibhausgasemissionen von Kraftfahrzeugen: Nachdem zunächst Ende der 1990er Jahre entsprechende freiwillige Vereinbarungen mit KfZ-Herstellern abgeschlossen wurden (Wurzel 2006, S. 88–90), sind seit 2009 Emissionsnormen für in der EU zugelassene Neuwagen rechtsverbindlich festgelegt.[3] Spätestens seit Mitte der 2000er Jahre versucht die Kommission, diese Einzelkomponenten durch die Erarbeitung einer jeweils auf eine Dekade angelegten Rahmenplanung für die Klima- und Energiepolitik enger wechselseitig abzustimmen. In diesem Kontext ist auch der zugesagte Beitrag der EU zum Pariser Klimaschutzabkommen von 2015 zu sehen: Die EU verpflichtet sich darin zu einer Reduktion ihrer Treibhausgasemissionen bis zum Jahr 2030 um 40 Prozent gegenüber dem Basisjahr 1990. Anstelle einer Aufteilung dieses Ziels in einzelne nationale Beiträge verweist die Europäische Union darin auf die sektoralen Policies auf Unionsebene, mit denen der zugesagte Wert erreicht werden soll (Rat der EU u. Europäische Kommission 2015). Eine umfassende Analyse aller Einzelentscheidungen in den von der EU erfassten Teilbereichen der Klimaschutzpolitik ist aus Kapazitätsgründen in einer Einzelstudie nicht leistbar. Die folgende Analyse konzentriert sich daher auf das Emissionshandelssystem als „Flaggschiff" der EU-Klimapolitik und die Rechtsetzung der EU im Bereich der Förderung erneuerbarer Energien. Zuvor wird außerdem die gemeinsame Umsetzung des Kyoto-Protokolls

[3] Die erste rechtsverbindliche Regulierung erfolgte für Personenkraftwagen durch die Verordnung (EG) 443/2009, für leichte Nutzfahrzeuge durch die Verordnung (EU) 510/2011. Beide Rechtsakte wurden 2019 durch die Verordnung (EU) 2019/631 abgelöst.

analysiert, die die völkerrechtliche Basis für alle späteren klimapolitischen und die daraus abgeleiteten energiepolitischen Aktivitäten der Union bildet.

4.2.2 Die Genehmigung des Kyoto-Protokolls: Die Verhandlungen um die interne Lastenverteilung bei der Emissionsreduktion

Am 11. Dezember 1997 einigten sich im japanischen Kyoto die Vertreter von 155 Staaten auf ein Zusatzprotokoll zum UN-Rahmenübereinkommen über Klimaänderungen von 1992, das erstmals verbindliche Ziele für die Reduktion bestimmter Treibhausgase vorgab (FAZ 12.12.1997). Das Protokoll verpflichtet die Vertragsparteien zu bestimmten individuellen Emissionsreduktionen im Zeitraum von 2008 bis 2012, verglichen mit dem Basisjahr 1990, sowie zum Erreichen „nachweisbare[r] Fortschritte" bis zum Jahr 2005 (Art. 3 Kyoto-Protokoll). Obwohl selbst formal keine Vertragspartei, nahm die Europäische Union in den Verhandlungen eine zentrale Rolle ein. Vertreten wurde sie dabei von einer „Troika" aus der luxemburgischen Ratspräsidentschaft, ihren niederländischen Vorgängern und ihren Nachfolgern aus Großbritannien, die in trilateralen Gesprächen mit der US-amerikanischen und der japanischen Delegation die Eckpunkte des Abkommens aushandelte (Oberthür u. Ott 2000, S. 126–127).

Als dezisiv für die Umsetzung der Kyoto-Vorgaben innerhalb der EU ist das von der EU in den Verhandlungen durchgesetzte Konzept der „*bubbles*" anzusehen: Es erlaubt Gruppen von Staaten, die eingegangenen Reduktionsverpflichtungen untereinander neu zu verteilen, solange die erreichte Gesamtreduktion der Summe der von den einzelnen Staaten geforderten Reduktionsvolumina entspricht (Art. 4 Kyoto-Protokoll).[4] Von Relevanz sind darüber hinaus die primär von den USA durchgesetzten „Flexibilitätsinstrumente", die eine Kooperation mehrerer Staaten bei der Erreichung der Reduktionsziele erlauben. Artikel 6 ermöglicht es, „Emissionsreduktionseinheiten" im Rahmen einer Projektzusammenarbeit zwischen Staaten zu übertragen (Gemeinsame Umsetzung, *Joint Implementation*); Artikel 12 schafft einen Rahmen für einen sogenannten *Clean Development Mechanism*, der es Industrieländern erlaubt, Unterstützungsleistungen für Entwicklungsländer, beispielsweise in Form von Technologietransfers, als zertifizierte

[4] Durch die offene Formulierung steht diese Möglichkeit theoretisch auch anderen Gruppen von Staaten offen und könnte auch ein Emissionshandelssystem ersetzen (Oberthür u. Ott 2000, S. 191–192).

Emissionsreduktionen anrechnen zu lassen (Oberthür u. Ott 2000, 203, 217–219). Kernstück der Flexibilisierung ist schließlich der Emissionshandel, also die Möglichkeit, überschüssige Emissionsreduktionen als Emissionsrechte an andere Staaten zu verkaufen. Diese Einführung einer marktbasierten Komponente in die Überlegungen zu Klimaschutzmaßnahmen wurde auch für die EU zum Anlass, ein – 1992 noch verworfenes – internes Emissionshandelssystem zu etablieren (Convery 2009, S. 393; Hill 2007).

4.2.2.1 Überblick über den Legislativprozess

Die EU-interne Umsetzung des Kyoto-Protokolls nahm ihren Ausgang in einer Mitteilung der Kommission im Juni 1998, die das Ziel einer kohärenten gemeinsamen Strategie auf der Grundlage des Protokolls und einer von der Kommission in Auftrag gegebenen Studie über die Wirkung der sechs im Protokoll genannten Treibhausgase formulierte. Als Kern dieser Strategie wurde ein Emissionshandelssystem vorgeschlagen, dessen Genese Gegenstand des nächsten Kapitels ist. Die Entscheidung des Rates zur Genehmigung des Kyoto-Protokolls basierte im Wesentlichen auf einer ebenfalls im Juni 1998 getroffenen Lastenteilungsvereinbarung des Rates, die individuelle Ziele zur Emissionsreduktion für die einzelnen Mitgliedstaaten vorgab.

4.2.2.2 Legislative Rechtsetzung

Die Umsetzung des Kyoto-Protokolls erfolgte im Konsultationsverfahren, womit der Rat keine Vetospieler zu berücksichtigen hatte, und war damit stark intergouvernemental geprägt. Auf den ersten Blick mag die Wahl des Verfahrens wenig verwunderlich erscheinen, ist das Konsultationsverfahren doch Standardverfahren bei der Genehmigung internationaler Abkommen. Gleichwohl ist hier zu differenzieren: Das Kyoto-Protokoll wurde von den Mitgliedstaaten der EU einzeln ratifiziert, womit die Umverteilung der Reduktionsverpflichtungen auch als Maßnahme der gemeinsamen Umweltpolitik verstanden werden könnte und folglich dem Kodezisionsverfahren unterläge. Dass dennoch keinerlei Versuche zu verzeichnen waren, diese Verfahrensfestlegung infrage zu stellen, ist auf zwei Aspekte zurückzuführen. Erstens deutet die Tatsache, dass die Lastenteilung (Rat der EU 1998b) nicht auf formalen Vorschlag der Kommission, sondern durch Verhandlungen innerhalb des Rates zu Stande kam, darauf hin, dass die Mitgliedstaaten die Verhandlung als rein intergouvernementale Angelegenheit betrachteten und keine weitere Einmischung der Kommission oder des Parlaments duldeten (Jordan u. Rayner 2010, S. 66). Zweitens war der Inhalt des Legislativprozesses unter allen Akteuren weitestgehend unumstritten, weshalb ein institutioneller

Konflikt über die Wahl des Verfahrens allen beteiligten Akteuren mehr Nachteile als Nutzen verursacht hätte.

Die *Kommission* zeigte sich Ende der 1990er und Anfang der 2000er Jahre generell als Antreiber einer ambitionierten Klimapolitik, bei der unmittelbaren Umsetzung des Protokolls strebte sie aber angesichts der Beschlusshaltung des Rates offensichtlich keine inhaltliche Gestaltungsfunktion an. Dies lässt sich schon daran ablesen, dass der eigentliche Inhalt der Lastenteilung zwischen den Mitgliedstaaten im formalen Vorschlag der Kommission gar nicht wiedergegeben, sondern darin lediglich auf die entsprechende Vereinbarung des Rates verwiesen wird (Europäische Kommission 2001h, S. 17). Aufgrund der großen Unterschiede in der Energieversorgungsinfrastruktur stellte ein einheitliches Reduktionsziel für alle *Mitgliedstaaten* der EU von vornherein keine gangbare Option dar. Diese Erkenntnis spiegelt sich schon in der Verhandlungsposition der EU in Kyoto wider, die die Schaffung von *bubbles* forderte (Lefevere 2005, S. 77). Die Grundzüge der Lastenteilungsvereinbarung wurden bereits vor der Kyoto-Konferenz auf der Tagung des Rates für Umwelt im März 1997 unter niederländischer Präsidentschaft definiert (Rat der EU 1997c).[5] Grundlegend für diesen Meilenstein in den Verhandlungen über eine Lastenteilung war, dass es den Niederländern gelang, mit dem „Triptychon-Ansatz" eine allgemein akzeptierte Berechnungsgrundlage für die Lastenteilung bereitzustellen: Der Ansatz unterteilt die Emissionen nach drei Sektoren und lässt so eine Berücksichtigung unterschiedlicher volkswirtschaftlicher Strukturen bei der Berechnung der Reduktionsziele zu (Lefevere 2005, S. 78–79). Die Verhandlungen innerhalb des Rates sind aufgrund ihres nichtöffentlichen Charakters nicht mehr im Detail nachzuvollziehen; allerdings deutet die Tatsache, dass die Einführung eines als objektiv akzeptierten Berechnungsmodells zum Durchbruch beitrug, darauf hin, dass diese neben dem allgegenwärtigen *bargaining* zwischen den einzelstaatlichen Positionen zu einem gewissen Teil auch von fachlichem *arguing* gekennzeichnet waren.

Das Europäische Parlament und der Ausschuss der Regionen – im Fall eines Dissenses mit dem Rat angesichts fehlender Blockademöglichkeiten ohnehin auf Strategien des *arguing* beschränkt – äußerten keinerlei Einwände gegen die Entscheidung des Rates. Die legislative Entschließung des Parlaments, die ohne Änderungsanträge verabschiedet wurde (Europäisches Parlament 2002e,

---

[5] Oberthür u. Dupont (2011, S. 77–78) weisen darauf hin, dass die effektive Verhandlungsführung durch die niederländische Ratspräsidentschaft zu diesem Zeitpunkt als Glücksfall für die Verabschiedung und Umsetzung des Kyoto-Protokolls zu betrachten ist: Durch die gestärkte Rolle der Ratspräsidentschaft und die mangelnde Kontinuität infolge der halbjährlichen Wechsel wechselten sich in den 1990er Jahren Phasen rapiden Fortschritts in der Klimapolitik mit Phasen der Stagnation ab.

2002g, S. 5), und die Stellungnahme des AdR (Ausschuss der Regionen 2002, S. 2–3) signalisierten im Gegenteil uneingeschränkte Unterstützung für den Vorschlag der Kommission und die Lastenteilungsvereinbarung des Rates. In beiden Dokumenten findet sich darüber hinaus die Aufforderung, für den zweiten Verpflichtungszeitraum des Kyoto-Protokolls ambitioniertere Reduktionsziele zu definieren. Der einstimmig beschlossene Bericht des zuständigen Parlamentsausschusses führt diese Haltung genauer aus: Im Ausschuss herrschte die Auffassung, dass das Kyoto-Protokoll zwar angesichts der Dimension der Klimaproblematik zu wenig ambitioniert, die vorliegende Option aber besser als alle zur Verfügung stehenden Alternativen sei. Gegenüber der genauen Aufteilung der Emissionsquantitäten zeigte sich der Ausschuss indifferent (Europäisches Parlament 2002a, S. 7–8).

4.2.2.3 Abgeleitete Rechtsetzung

Auch über die abgeleitete Rechtsetzung nahm die Kommission keinen eigenen Einfluss auf die Implementation der zugrundeliegenden Ratsentscheidung. Artikel 3 der Entscheidung 2002/358/EG beauftragt die Kommission, auf Basis der vereinbarten relativen Emissionsziele bis 2006 konkrete Emissionsmengen für die Gemeinschaft und die einzelnen Mitgliedstaaten festzuschreiben. Diese Implementationsmaßnahme war erforderlich, weil zum Zeitpunkt der Entscheidung die genauen Emissionsmengen des Basisjahres 1990 erst noch ermittelt werden mussten (Backes et al. 2008, S. 181). Entsprechend definierte die Kommission in ihrer Entscheidung 2006/944/EG die genauen Emissionsmengen, besaß dabei aber angesichts der Vorgaben des Rates keinen eigenen Ermessensspielraum. Folglich wurde der Entwurf der Kommission auch vom zuständigen Komitologie-Ausschuss unverändert angenommen, obwohl das angewandte Regelungsverfahren einer ausreichend großen Gruppe von Mitgliedstaaten eine Blockademöglichkeit eröffnet hätte.[6]

---

[6] Die Entscheidung weicht in nur wenigen Details vom Entwurf der Durchführungsmaßnahme (Europäische Kommission 2006c) ab, der dem Ausschuss vorgelegt wurde. In Ermangelung detaillierter Sitzungsprotokolle lässt sich die Debatte im Ausschuss nicht nachvollziehen. Bemerkenswert ist allerdings angesichts der vorherrschenden Neigung der Komitologie-Ausschüsse zu einstimmigen Entscheidungen, dass in einer formalen Abstimmung ein kleinerer Mitgliedstaat (Stimmgewicht nach dem Nizza-Vertrag: 7) gegen die Durchführungsmaßnahme stimmte und weitere Mitgliedstaaten sich enthielten (Europäische Kommission 2006b).

4.2.2.4 Entscheidungsperformanz und Instrumente

Formal fand der Entscheidungsprozess in einer Verhandlungskonstellation zwischen Kommission, Parlament und Rat statt. Als eigentliches Entscheidungsgremium ist im vorliegenden Fall der Rat anzusehen. Das Europäische Parlament, die Kommission und der Ausschuss der Regionen waren zwar formal beteiligt, schienen aber weder in der Lage noch gewillt, substanzielle Änderungen an der Lastenteilung zu verlangen. Diese Lastenteilung war entscheidend für den Erfolg der Kyoto-Verhandlungen, weil sich dadurch einer der größten industrialisierten Wirtschaftsräume geschlossen zu einer Emissionsreduktion verpflichtete. Durch die Vereinbarung wurden in erheblichem Maße Reduktionsverpflichtungen und damit auch Kosten unter den Teilnehmern neu verteilt. Theoretisch ließen diese Voraussetzungen erwarten, dass eine Einigung unter den 15 Teilnehmern unwahrscheinlich, zumindest aber langwierig und mit hohen Einigungskosten verbunden sein würde, weil es bei einer solchen Teilnehmerzahl schwierig ist, ein Ergebnis zu erreichen, das für alle Beteiligten vorteilhafter als eine Nichteinigung ist.

Die Hypothese H_{5a} bestätigte sich in diesem Fall allerdings nicht: Die Umweltminister der Mitgliedstaaten einigten sich in einer vergleichsweise kurzen Zeitspanne, ohne den Sachverhalt auf der Ebene der Staats- und Regierungschefs im Europäischen Rat behandeln zu müssen.[7] Als entscheidender Faktor wird dafür das Verhandlungsmanagement durch die Ratspräsidentschaften der Niederlande und Großbritanniens angeführt, die eine beschlussfertige, auf technischen Kriterien beruhende und für alle Beteiligten akzeptable Lösung erarbeiteten. Als Erklärung reicht dies aber nicht aus: Aus einer rein ökonomischen Kosten-Nutzen-Betrachtung ist zwar ohne Weiteres nachvollziehbar, dass Staaten, denen nur geringe Emissionsreduktionen zugemutet oder gar Emissionszuwächse gestattet wurden, der erzielten Einigung zustimmten. Die Zustimmung der – zumeist hochindustrialisierten – Staaten, die durch die Lastenteilung deutlich ambitioniertere Reduktionsziele als im Falle einer einzelstaatlichen Ratifizierung des Kyoto-Protokolls akzeptierten, lässt sich aber nur erklären, wenn man voraussetzt, dass diese einer gemeinschaftlichen Lösung einen Eigenwert zuschrieben oder durch die Inkaufnahme von Kosten in diesen Verhandlungen einen zukünftigen Nutzen erwarten konnten. Grundsätzlich lässt sich auch hier die bereits erwähnte Konsenskultur der EU-Institutionen anführen, was tendenziell Hypothese H_{5b}

---

[7] Wie sich die Vorbereitung der Entscheidung im Ausschuss der Ständigen Vertreter gestaltete, ist nicht mehr nachzuvollziehen. In der Presseberichterstattung ist von „zähen Verhandlungen" (Süddeutsche Zeitung 18.06.1998) die Rede. Dass der Sachverhalt nur zweimal im Rat für Umwelt behandelt wurde und nur wenige Monate nach der Kyoto-Konferenz abgeschlossen werden konnte, deutet allerdings darauf hin, dass die Einigung im Vergleich zu anderen Entscheidungen auf EU-Ebene relativ unkompliziert zustande kam.

untermauert. Erstgenannter Erklärungsansatz scheint vor allem auf Großbritannien, die Niederlande und zu einem gewissen Grad auch auf Deutschland zuzutreffen: Die Regierungen dieser drei Staaten präsentierten eine gemeinsame europäische Führungsrolle in der globalen Klimaschutzpolitik wiederholt als erstrebenswertes Ziel (Süddeutsche Zeitung 07.11.1997; Oberthür u. Ott 2000, S. 103; Rayner u. Jordan 2011, S. 99).

De jure ist das so gewählte Instrument in den Bereich des *hard law* einzuordnen: Die beteiligten Akteure einigten sich auf eine rechtsverbindliche Entscheidung und damit auf einen Rechtsrahmen, der basierend auf hierarchischer Durchsetzungsmacht implementiert werden kann, wobei Verstöße durch den Europäischen Gerichtshof geahndet werden können. Dabei sind zwar die Reduktionsverpflichtungen präzise vorgegeben; konkretes Handeln der Mitgliedstaaten wird aber nur bedingt präformiert, weil die Art und Weise der Umsetzung nach dieser Entscheidung zunächst vollständig den Mitgliedstaaten überlassen bleibt. Eine isolierte Betrachtung erscheint allerdings insofern nicht sinnvoll, als die EU diesen rechtlichen Rahmen relativ schnell mit verschiedenen gemeinschaftsverbindlichen Ansätzen zur Reduktion von Treibhausgasen füllte, deren prominentester das Emissionshandelssystem der Union ist.

4.2.3 Das Emissionshandelssystem der EU in den ersten beiden Handelsperioden (2005–2012)

Die Einführung eines Emissionshandelssystems bedeutete für die EU eine Abkehr von ihrer ursprünglich ablehnenden Position einem solchen Instrument gegenüber und brachte die Union in die Position eines globalen Vorreiters im Handel mit Emissionszertifikaten (Convery 2009, S. 392). Zuvor war in der EU vor allem über das Instrument einer CO_2-Steuer diskutiert worden (Europäische Kommission 1992a) – ein Beleg dafür, dass die in Deutschland kürzlich wieder aufgeflammte Debatte über den Modus der CO_2-Bepreisung alles andere als neu ist. Die Entscheidung für ein marktbasiertes Instrument überrascht dabei insofern, als die EU zuvor positive Erfahrungen mit hierarchischer Regulierung bei der Bekämpfung von saurem Regen gesammelt hatte (Hill 2007, S. 395).

4.2.3.1 Überblick über den Legislativprozess

Der Gesetzgebungsprozess zur Einrichtung eines Emissionshandelssystems dauerte formal zwei Jahre von Oktober 2001 bis Oktober 2003, hatte seinen eigentlichen Ausgangspunkt aber in der Festschreibung der Idee des Emissionshandels im Kyoto-Protokoll. In der Kommission wurde ein Emissionshandelssystem daraufhin als gangbare Alternative zur verworfenen CO_2-Steuer identifiziert und in den beiden bereits zitierten Mitteilungen in den Jahren 1998 und 1999 aktiv beworben. Als Basis für Stakeholder-Konsultationen im Rahmen des *European Climate Change Programme* (ECCP) veröffentlichte die Kommission im März 2000 ein Grünbuch, das die wesentlichen Designaspekte eines Emissionshandelssystems identifizierte und erste Bewertungen der Vor- und Nachteile einzelner Optionen vornahm (Europäische Kommission 2000a). Im Anschluss an die Konsultationen legte die Kommission im Oktober 2001 ihren Entwurf für eine Emissionshandelsrichtlinie vor (Europäische Kommission 2002e), der im Laufe des Jahres 2002 von den Organen der EU beraten wurde. Im September 2002 äußerte des Parlament in erster Lesung über 50 Änderungsvorschläge (Europäisches Parlament 2002n); der Rat einigte sich im Dezember unter dänischer Präsidentschaft auf einen gemeinsamen Standpunkt und wies darin einen Großteil der Änderungsanträge des Parlaments zurück (Rat der EU 2002b). Nachdem der Umweltausschuss des Parlaments in zweiter Lesung immer noch 27 Änderungen im Vergleich zum Standpunkt des Rates vorschlug (Europäisches Parlament 2003a), nahmen der Berichterstatter Moreira Da Silva und der Ausschuss der Ständigen Vertreter informelle Verhandlungen auf, die im Juni 2003 abgeschlossen wurden. Am 2. Juli 2003 stimmte das Parlament dem Kompromiss zu, der Rat folgte mit einer einstimmigen Entscheidung am 22. Juli. Am 25. Oktober 2003 trat die Richtlinie 2003/87/EG über ein System für den Handel mit Treibhausgasemissionszertifikaten in Kraft.

Da die Frage der Kompatibilität des Emissionshandelssystems mit anderen im Kyoto-Protokoll enthaltenen „Flexibilisierungsinstrumenten" in den Verhandlungen ausgespart worden war, setzte die Kommission unmittelbar nach der Einigung auf die Richtlinie einen weiteren Legislativprozess in Gang, mit dem Ziel die Emissionshandelsrichtlinie in dieser Hinsicht zu ändern (Europäische Kommission 2003f). Der am 17. März 2004 vom zuständigen Umweltausschuss des Parlaments von Berichterstatter Alexander de Roo vorgelegte Bericht mit insgesamt 21 Änderungsanträgen (Europäisches Parlament 2004a), stellte bereits das Ergebnis interinstitutioneller Verhandlungen zwischen dem Berichterstatter und Vertretern des Rates dar (Flåm 2009, S. 28–29) – in der Klimapolitik der erste Beleg für einen informellen Trilog bereits vor der ersten Lesung. Am 20. April 2004 verabschiedete das Parlament den geänderten Entwurf in erster Lesung (Europäisches Parlament 2004b), am 13. September stimmte der Rat gegen die Stimme Frankreichs dem Standpunkt des Parlaments zu (Rat der EU 2004a, S. 6, 2004e), womit die Richtlinie 2004/101/EG am 27. Oktober 2004 in Kraft treten konnte.

4.2.3.2 Legislative Rechtsetzung

4.2.3.2.1 Beteiligte Akteure

Innerhalb der *Kommission* war es vor allem eine Gruppe von Ökonomen in der Generaldirektion Umwelt, die nach der Aushandlung des Kyoto-Protokolls für das marktbasierte Instrument eines Emissionshandelssystems warb und schnell Umweltkommissarin Ritt Bjerregaard von der Idee überzeugte (Skjærseth u. Wettestad 2008, S. 35–36). Eine ursprüngliche Position der Kommission ist dabei im Detail nicht auszumachen, da sich diese erst im Dialog mit Fachleuten und Interessenvertretern entwickelte: „*When the European Commission started drafting its proposal for a European ETS, nearly all Member States and European institutions were completely unaccustomed to the ideas underpinning the new policy instrument*" (Dreger 2014, S. 29). Daher bestand innerhalb der Kommission zunächst die Notwendigkeit, durch Expertenbefragungen, Studien und Konsultationen mit Stakeholdern notwendiges Fachwissen über zur Verfügung stehende Policy-Optionen und ihre Konsequenzen aufzubauen. Daneben wurden für die federführende DG ENV gezielt Ökonomen angeworben, die bereits über Expertenwissen zu Emissionshandelssystemen verfügten (Dreger 2014, S. 32–33). Die Formulierung der Rahmenbedingungen für das Emissionshandelssystem gestaltete sich mithin als mehrstufiger Prozess, in dem zuerst innerhalb der Kommission die zur Verfügung stehenden Optionen eingegrenzt und in einem Grünbuch kondensiert wurden. Dieses wiederum diente als Basis eines breiten Konsultationsprozesses, in dessen Verlauf sich die Vorstellungen der Kommission präzisierten.

Der Schutz des Binnenmarkts als Basispräferenz der Kommission kommt auch in ihren Vorstellungen zur Gestaltung des Emissionshandelssystems zum Ausdruck: „Auch wenn die Entwicklung des Handels mit Emissionen in der Gemeinschaft ein bedeutender Beitrag zum Schutz der Umwelt durch Begrenzung von Emissionen ist, gilt es unbedingt zu vermeiden, daß Handelsschranken, Beschränkungen der Niederlassungsfreiheit für Unternehmen und Wettbewerbsverzerrungen entstehen, die dem Binnenmarkt Schaden zufügen würden" (Europäische Kommission 2000a, S. 13). Daraus leitete sich für die Kommission ein gewisser Harmonisierungsbedarf ab, der als eigener Erwägungsgrund in die Präambel der Vorlage und unverändert in die endgültige Richtlinie aufgenommen wurde (RL 2003/87/EG, ErwG 7).

Die Kommission tritt zwar nach außen als kollektiver Akteur auf, gerade die formative Phase der Überlegungen zum Emissionshandelssystem war innerhalb der Kommission aber von widerstreitenden Ansätzen gekennzeichnet. Insbesondere Präsident Romano Prodi und die 1999 ins Amt gekommene Umweltkommissarin Margot Wallström strebten eine proaktive Rolle in der Klimapolitik an (Boasson u. Wettestad 2013, S. 42); nach dem Rückzug der USA aus dem

Protokoll gewann dieser Aspekt neue Salienz und wurde von der Kommission gezielt als Argument für die schnelle Einführung eines EHS eingesetzt (Boasson u. Wettestad 2013, S. 60). Der Abstimmungsprozess zwischen den Generaldirektionen der Kommission war dabei von *arguing* geprägt: Die Generaldirektion Unternehmen befürchtete negative Auswirkungen des Emissionshandels auf die Wettbewerbsfähigkeit der Union, plädierte für einen Aufschub der Einführung und setzte zunächst weitere Studien über die Auswirkungen eines EHS durch. Unterstützt wurde sie dabei von der DG Verkehr und Energie sowie der DG Steuern und Zollunion (Dreger 2014, S. 50–51). Peter Zapfel führt dies zum einen auf eine generelle Skepsis der Industriepolitiker gegenüber neuen Regulierungen zurück, zum anderen darauf, dass das Instrument einer Mengenregulierung zu diesem Zeitpunkt noch weitgehend unbekannt war (Interview 2). Die in der Endphase der Formulierung des Kommissionsentwurfs vor der Beratung im Kollegium stattfindende Abstimmung zwischen den Kabinetten war dagegen nach der Darstellung bei Dreger (2014, S. 56) stärker von *bargaining* geprägt, wie die folgenden Ausführungen noch zeigen werden. Der Kommission gelang es aber insgesamt, sich gegenüber den anderen Akteuren als neutraler Mittler im Verhandlungsprozess zu positionieren, indem sie eine zurückhaltende und primär unterstützende Rolle einnahm (Flåm 2009, S. 29).

Innerhalb der *Mitgliedstaaten* ließen sich zu Beginn des Prozesses drei Gruppen identifizieren (Boasson u. Wettestad 2013, S. 59–60): In der ersten Gruppe befanden sich mit Großbritannien und Dänemark zwei entschiedene Verfechter eines Emissionshandelssystems, die beide bereits vor dem Start des EU-Emissionshandels mit eigenen nationalen Systemen experimentierten (Convery 2009, S. 399). Die britische Vorreiterrolle lässt sich dabei auf die Überschneidung einer parteiübergreifenden Präferenz für marktbasierte Instrumente in der Umweltpolitik und der ehrgeizigen klimapolitischen Agenda der 1997 neu ins Amt gekommenen Regierung Blair zurückführen (Smith u. Swierzbinski 2007, S. 133). Dänemark verfolgte bereits seit den frühen 1990er Jahren vergleichsweise ambitionierte Reduktionsziele und hatte zudem in den Jahrzehnten zuvor mit der Regulierung von Schadstoffemissionen durch handelbare Zertifikate Erfahrungen gesammelt (Pedersen 2001, S. 224). Auch die schwedische Regierung sprach sich für ein Emissionshandelssystem aus; Boasson u. Wettestad (2013, S. 68–69) führen diese Unterstützung auf die dominante Rolle des Vattenfall-Konzerns zurück, der sich Marktlagengewinne von der Einführung des Systems erhoffte.

Dieser Gruppe gegenüber standen die Skeptiker unter der Führung Deutschlands. Vor allem das SPD-geführte Wirtschaftsministerium wollte Ende der 1990er und Anfang der 2000er Jahre kurz nach der „ökologischen Steuerreform" zusätzliche Belastungen für heimische Unternehmen vermeiden. Bestimmend für diese Haltung war die hohe volkswirtschaftliche Bedeutung energieintensiver Industrien. Unternehmen aus diesen Sektoren waren bereits größtenteils freiwillige Vereinbarungen mit der Bundesregierung eingegangen, um ermäßigte Sätze bei der Ökosteuer zu erreichen (Convery 2009, S. 402; Süddeutsche Zeitung 19.01.1999). Innerhalb Deutschlands warben vor allem die Industrieverbände BDI und VCI offensiv gegen ein Emissionshandelssystem, unter anderem mit ganzseitigen Anzeigen in großen Tageszeitungen (Skjærseth u. Wettestad 2008, S. 108). Der bei weitem größte Teil der Mitgliedstaaten zeigte sich zu Beginn des Legislativprozesses allerdings unentschieden: Angesichts der fehlenden Erfahrungen mit Emissionshandel und des noch diffusen Charakters der Vorstellungen der Kommission fiel eine Bewertung individueller Vorteile und Risiken schwer (Skjærseth u. Wettestad 2008, S. 103).

Die oben postulierte generell striktere umweltpolitische Haltung des *Europäischen Parlaments* im Vergleich zu anderen Akteuren lässt eine Tendenz zu strengen Emissionsbegrenzungen und starker Zentralisierung erwarten. Im Vorfeld des Entscheidungsprozesses war allerdings – vermutlich aufgrund der fehlenden Vertrautheit mit dem Instrument Emissionshandel – keine klare Positionierung zu diesem Thema zu verzeichnen; erst im Verlauf der Befassung des Umweltausschusses kristallisierte sich eine Präferenz für eine stärkere Zentralisierung als im Kommissionsentwurf vorgesehen heraus. Berichterstatter Jorge Moreira da Silva legte den Schwerpunkt seiner Arbeit darauf, wesentliche Präferenzen von Stakeholdern innerhalb und außerhalb des Parlaments zusammenzuführen und eine breite Mehrheit für den im Ausschuss beratenen Entwurf zu organisieren (Convery 2009, S. 403). Mit Ausnahme des eher zentralistischen Ansatzes positionierte sich das Parlament mit Blick auf die Klimaschutzziele nicht wesentlich ambitionierter als die Kommission. Entsprechend dem konsensorientierten Ansatz Moreira da Silvas wurde die auf seinem Bericht basierende Entschließung mit breiter Mehrheit verabschiedet. Die höchste Zustimmungsrate erhielt die Entschließung aus der Fraktion der Grünen/EFA, wobei sich die ablehnenden Stimmen bei der Europäischen Volkspartei, den Sozialisten und den Liberalen überwiegend auf wenige nationale Parteien konzentrierten. Vor allem die parteiübergreifend skeptische Haltung deutscher Abgeordneter fiel dabei ins Gewicht: 18 von 21 Nein-Stimmen aus der sozialdemokratischen Fraktion und 19 von 25 Nein-Stimmen aus der konservativen Fraktion entfielen auf Deutschland. Daneben stimmten auch die finnischen und die luxemburgischen Abgeordneten mehrheitlich mit Nein (Abbildung 4.1 und 4.2).

Der *Ausschuss der Regionen* war ebenso wie der *Wirtschafts- und Sozialausschuss* nach Art. 175 Abs. 2 EGV Nizza im Legislativverfahren anzuhören. Die Stellungnahmen der beiden Organe spiegeln teils erhebliche Vorbehalte gegen den

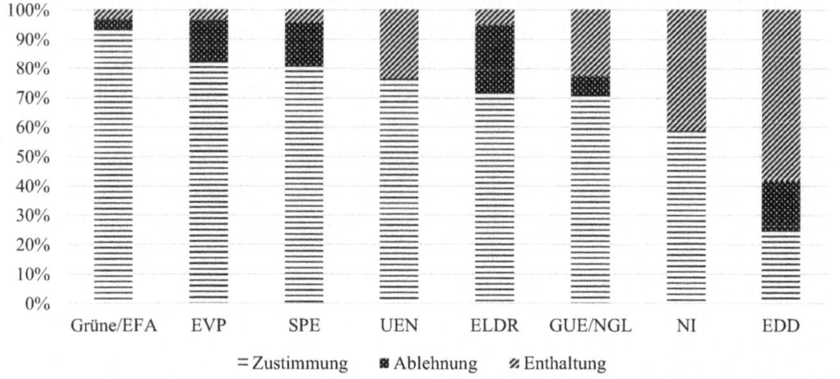

Abbildung 4.1 Abstimmungsergebnis im Europäischen Parlament nach Fraktionszugehörigkeit. (eigene Darstellung auf Basis von: Europäisches Parlament 2002i)

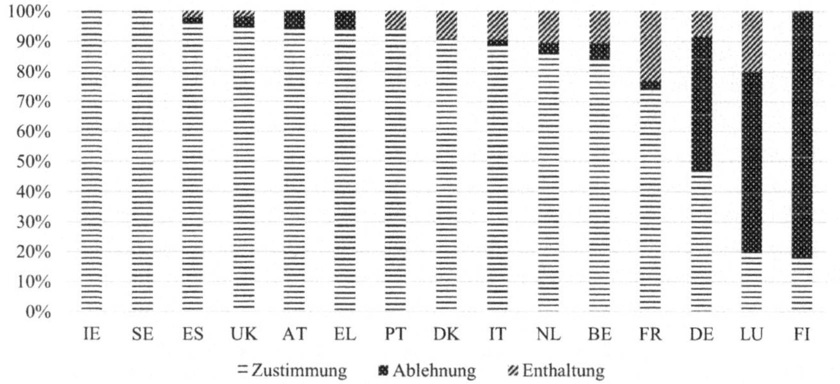

Abbildung 4.2 Abstimmungsergebnis im Europäischen Parlament nach nationaler Zugehörigkeit. (eigene Darstellung auf Basis von: Europäisches Parlament 2002i)

Entwurf der Kommission wider. So warnte der Wirtschafts- und Sozialausschuss vor übermäßigen Belastungen für Unternehmen und negativen Auswirkungen auf die Beschäftigung. Zudem bezweifelte er in seiner Stellungnahme insgesamt die Vereinbarkeit der intendierten Richtlinie mit dem Binnenmarkt (Wirtschafts- und Sozialausschuss 2002). Auch der Ausschuss der Regionen verlangte ein höheres Maß an Freiwilligkeit und geringere Sanktionszahlungen als von der Kommission vorgeschlagen. Zentral erscheint allerdings die Kritik an der Fokussierung auf große Punktquellen und die starke Orientierung des Systems an der nationalen Ebene. Außerdem forderte der AdR einen stärkeren Einbezug subnationaler Einheiten, um die Effektivität des Emissionshandelssystems zu steigern (Ausschuss der Regionen 2002, S. 5–6).

Anders als für die nachfolgenden Änderungen am Emissionshandelssystem ist die Beteiligung *privater Akteure* im Rahmen von Konsultationen kaum öffentlich nachvollziehbar dokumentiert. Boasson u. Wettestad (2013, S. 42) machen eine generell unterstützende Haltung großer Erdöl- und Elektrizitätskonzerne gegenüber einer marktbasierten in Abgrenzung zu einer technologiebasierten Regulierung aus. Im Gegensatz zu einer CO_2-Steuer stellt ein Emissionshandelssystem Unternehmen marktfähige Vermögenswerte zur Verfügung. Unternehmen, die zukünftig aufgrund von Strukturveränderungen und technologischen Entwicklungen ohnehin rückläufige Emissionen erwarteten, erhofften sich vom Emissionshandel sogar Marktlagengewinne (Skjærseth u. Wettestad 2008, S. 75). Zudem konnten die Ölkonzerne BP und Shell auf Erfahrungen mit unternehmensinternen Emissionshandelssystemen verweisen. Unternehmen aus energieintensiven Industriezweigen, insbesondere der chemischen Industrie, standen einem europäischen EHS hingegen eher distanziert gegenüber. Generell abgelehnt wurde von den konsultierten Unternehmen die Versteigerung von Zertifikaten als Zuteilungsmethode (Boasson u. Wettestad 2013, S. 58). Die beteiligten Umweltverände äußerten sich im Konsultationsprozess im Anschluss an die Veröffentlichung des Grünbuchs grundsätzlich positiv; begrüßt wurde vor allem die gesteigerte Transparenz und Vergleichbarkeit der CO_2-Emissionen durch die Notwendigkeit der Emissionsmessung (Convery 2009, S. 402–403). Grundsätzlich war es über den gesamten Untersuchungszeitraum den auf EU-Ebene tätigen Umweltverbänden ein gemeinsames Anliegen, die EU zu einer globalen Führungsrolle im Klimaschutz zu bewegen (Wurzel u. Connelly 2011, S. 218–220).

4.2.3.2.2 Inhaltliche Durchsetzung im Entscheidungsprozess

Mit der Einrichtung des ersten (nahezu) kontinentalen Emissionshandelssystems betrat die EU Neuland. Insofern nimmt es nicht wunder, dass in Bezug auf die Ausgestaltung des Instruments in verschiedenen Dimensionen recht unterschiedliche Ausgangshaltungen der am Policy-Prozess beteiligten Akteure zu verzeichnen waren. Einige der strittigen Punkte wurden bereits im kommissionsinternen Abstimmungsprozess abschließend entschieden, andere unterlagen langwierigen Verhandlungen zwischen den Organen und Mitgliedstaaten. Die Verhandlungen betrafen nicht nur inhaltliche, sondern auch prozedurale Aspekte. Innerhalb des Rats wurde bis Anfang 2002 vor allem vonseiten Deutschlands argumentiert, das Emissionshandelssystem sei der Energiepolitik zuzuordnen und erfordere damit eine einstimmige Entscheidung des Rates. Ausschlaggebend für die Einigung, dass die Richtlinie als umweltpolitisches Vorhaben dem Kodezisionsverfahren unterliegen sollte, war schließlich das Präzedenzfallrecht des EuGH (Skjærseth u. Wettestad 2008, S. 74).

Um bewerten zu können, welche Akteure sich im komplexen mehrstufigen Verhandlungssystem der Europäischen Union in welchem Maß inhaltlich durchsetzen konnten, werden im Folgenden die Entscheidungsprozesse gegliedert nach den wichtigsten Gestaltungsvariablen des Emissionshandelssystems rekonstruiert. Im Gegensatz zu den späteren Revisionen des EHS stand bei der Ersteinführung eine größere Zahl von Elementen des Systems zur Disposition, weshalb insgesamt acht kritische Aspekte zu identifizieren sind:

a) Der Verpflichtungsgrad der Teilnahme einzelner Mitgliedstaaten und volkswirtschaftlicher Sektoren;
b) Der Grad der EU-weiten Harmonisierung der nachfolgend aufgezählten Rahmenbedingungen;
c) Die Zuständigkeit für und die Art und Weise der Definition von Emissionsbegrenzungen;
d) Die Überwachung der Implementation und damit verbundene Möglichkeiten der Sanktionierung von Fehlverhalten;
e) Der Zeitplan für die Implementation;
f) Die Art und Weise der Zuteilung von Emissionsberechtigungen;
g) Die vom EHS erfassten Sektoren und Treibhausgase;
h) Die Kompatibilität des Systems mit anderen Flexibilisierungsinstrumenten nach dem Kyoto-Protokoll.

Grundlegend kann auch bereits das Zustandekommen des Emissionshandelssystems als ein Erfolg der Kommission gewertet werden, der angesichts des Widerstandes der EU gegen das Konzept des Emissionshandels bei den Kyoto-Verhandlungen nicht von Anfang an abzusehen war. Mit ihrem bereits Anfang der 1990er Jahre auf die Agenda gesetzten Vorschlag einer EU-weiten Steuer auf Kohlenstoffdioxid hatte sich die Kommission nicht gegen den Widerstand der Mitgliedstaaten durchsetzen können. Umso wichtiger schien der Emissionshandel für die Generaldirektion Umwelt bei der Erreichung des Ziels einer funktionalen gemeinsamen Klimaschutzpolitik (Dreger 2014, S. 30).

a) Verpflichtungsgrad

Die Frage, ob eine Teilnahme am Emissionshandel freiwillig oder verpflichtend sein sollte, war während der Erstellung des Grünbuchs auch innerhalb der Kommission umstritten. Die Generaldirektion Unternehmen und Industrie (ENTR) plädierte für ein freiwilliges System, konnte sich damit im internen Entscheidungsprozess aber nicht gegen die Präferenz der Generaldirektionen Umwelt und Energie für ein verpflichtendes System durchsetzen (Dreger 2014, S. 51), weshalb der Entwurf der Kommission eine für alle Mitgliedstaaten gleichermaßen verpflichtende Richtlinie vorsah. Auch diese waren zunächst uneins über den Verpflichtungsgrad: Die Mehrheit, angeführt von Großbritannien, argumentierte bei einer Konsultationsrunde Ende 2001 entschieden für ein obligatorisches System. Eine Sperrminorität mit Deutschland an der Spitze forderte ein generell freiwilliges System, zumindest aber eine auf Freiwilligkeit basierende Pilotphase (Skjærseth u. Wettestad 2008, S. 104–107). Die Haltung Deutschlands beruhte dabei auf einem Kompromiss zwischen dem Wirtschaftsministerium, das ein Emissionshandelssystem generell ablehnte, und dem Umweltministerium, das den Kommissionsvorschlag befürwortete (Grassmann 18.09.2001). Auch der Ausschuss der Regionen und der Wirtschafts- und Sozialausschuss sprachen sich wie oben dargelegt gegen ein umfassendes verpflichtendes System aus. Die konsultierten Unternehmensverbände räumten der Frage des Verpflichtungsgrads eine hohe Priorität ein: Ein verpflichtendes System in der Kyoto-Verpflichtungsphase wurde dabei weitgehend akzeptiert; dafür wurde für die erste Handelsperiode ein freiwilliges System gefordert (Europäische Kommission 2001a, S. 1–2).

Dass das System schließlich doch bereits in der Testphase für alle Staaten verpflichtend eingeführt wurde, ist vor allem auf das *bargaining*-Verhalten von Kommission und Parlament zurückzuführen (Dreger 2014, S. 57): Der letztlich geschlossene Kompromiss kam durch Zugeständnisse an die Mitgliedstaaten in anderen Bereichen zustande, während die verpflichtende Teilnahme aller Mitgliedstaaten vor allem zum Schutz des Binnenmarkts sowohl von der Kommission als auch von den befassten Parlamentsausschüssen als nicht verhandelbar betrachtet wurde (Europäisches Parlament 2002n, S. 7). Vor allem die letztlich recht großzügig gehaltenen Bestimmungen zur Gestaltung der Zuteilung von Zertifikaten und die Möglichkeit des zeitweisen Ausschlusses einzelner Anlagen (*opt-out*) dürften es den zunächst skeptischen Mitgliedstaaten erleichtert haben, ein verpflichtendes System zu akzeptieren, weil dadurch übermäßige Kosten für heimische Unternehmen zu verhindern waren.

b) EU-weite Zentralisierung und Harmonisierung
Im Rahmen der Vorüberlegungen innerhalb der Kommission sprachen sich vor allem die Generaldirektionen ENTR und COMP aus Gründen der Kosteneffizienz für eine starke Harmonisierung der Zuteilung und des Monitoring aus (Dreger 2014, S. 51). Entsprechend preist das Grünbuch die am stärksten zentralisierte Lösung („gemeinsames Gemeinschaftssystem") als effizienteste und transparenteste Lösung an und rückt bei der Darstellung flexiblerer Alternativen mit Einstiegs- beziehungsweise Ausstiegsoption die entstehenden Kosten und Nachteile für den freien Wettbewerb in den Fokus (Europäische Kommission 2000a, S. 16–17). Ebenso favorisiert das Dokument eine gemeinschaftliche Aushandlung der individuellen Zuteilungsmengen und droht im Fall differierender nationaler Zuteilungsstrukturen recht unverhohlen eine Intervention der Kommission zum Schutz des Binnenmarkts an (Europäische Kommission 2000a, S. 20). Die Konsultation der Mitgliedstaaten verdeutlichte allerdings eine verbreitete skeptische Haltung gegenüber einem harmonisierten gemeinsamen System, weshalb der endgültige Entwurf der Kommission zwar nichts am intendierten Verpflichtungscharakter veränderte, dem System ansonsten aber eine klar dezentralistische Prägung verlieh (Europäische Kommission 2001i, S. 11–12; Skjærseth u. Wettestad 2008, S. 42), die sich auch in der letztlich verabschiedeten Richtlinie widerspiegelt.

c) Definition von Emissionsobergrenzen
Kernbestandteil dieses dezentralen Charakters war, dass die Mitgliedstaaten ihre jeweiligen Emissionsobergrenzen selbst definieren sollten, wobei sie in dieser Hinsicht rechtlich durch die im Kyoto-Protokoll eingegangenen Verpflichtungen gebunden waren (Mortensen 2004, S. 278). Da der Emissionshandel aber nicht alle Emissionsquellen, sondern lediglich bestimmte Sektoren abdecken sollte, bedeutete diese Regelung grundsätzlich ein hohes Maß an Handlungsfreiheit für die Mitgliedstaaten bei der Zuteilung von Emissionszertifikaten. Der ursprüngliche Kommissionsentwurf enthielt zudem acht Kriterien für die Erstellung Nationaler Allokationspläne; diese wurden vor allem auf Betreiben des Europäischen Parlaments in den interinstitutionellen Verhandlungen ergänzt und verschärft (Europäisches Parlament 2002n, S. 22–23). Nunmehr definiert Anhang III der Emissionshandelsrichtlinie elf dieser Kriterien, unter anderem die Regelung des Eintritts neuer Marktteilnehmer und die Berücksichtigung energieeffizienter Technologien. Wesentlich verantwortlich für die Position des Parlaments war dabei Berichterstatter Jorge Moreira da Silva, der für den letztlich kaum abgeänderten Resolutionsentwurf verantwortlich zeichnete und bereits im Frühjahr 2002 öffentlich für ein deutlich stärker zentralisiertes System als von der

Kommission vorgesehen eingetreten war (Europäisches Parlament 2002b; Skjærseth u. Wettestad 2008, S. 126). Strengere Kriterien für die eigentliche Definition der jeweiligen Obergrenze konnte das Parlament gleichwohl nicht durchsetzen, beispielsweise die Festlegung technologischer Benchmarks für die Emissionen einzelner Anlagentypen (Europäisches Parlament 2002n, S. 22).

Ein weiterer, bereits früh entschiedener, Aspekt der Definition von Emissionsobergrenzen war die Entscheidung zwischen einem *cap-and-trade-* und einem *baseline*-Modell. Während in ersterem Fall eine Obergrenze zentral – im EU-System letztlich auf nationaler Ebene – definiert wird, werden bei einem *baseline*-Modell Zertifikate an solche Unternehmen ausgegeben, die ihre individuellen Reduktionsziele übererfüllen und die Zertifikate dann anderen Unternehmen verkaufen können. Eine *baseline*-Lösung erfordert damit eine präzise definierte Zielsetzung für jede erfasste Anlage in Abhängigkeit von der Produktion (OECD 2016). Die Industrie sprach sich – wie von den von der Kommission konsultierten Experten der US-Umweltschutzbehörde prognostiziert – einhellig gegen absolute Ziele im Rahmen eines *cap-and-trade*-Systems aus (Dreger 2014, S. 33; Europäische Kommission 2001a), konnte sich damit aber nicht gegen Kommission und Mitgliedstaaten durchsetzen, die hohe Messkosten für die Bestimmung der individuellen Emissionsquoten fürchteten.

d) Implementation und Sanktionierung

Der Logik des Rechtsinstruments einer Richtlinie entsprechend erfolgte die Implementation durch die Mitgliedstaaten, bedingt durch die eher losen Vorgaben für die Nationalen Allokationspläne mit einem vergleichsweise hohen Maß an Handlungsfreiheit. Die Überwachung der Implementation durch die Kommission besteht nach der Richtlinie im Wesentlichen in der Kontrolle der Nationalen Allokationspläne, wobei eine Verletzung der in Anhang III spezifizierten Kriterien eine Ablehnung durch die Kommission und damit für den jeweiligen Mitgliedstaat die Verpflichtung zur Überarbeitung nach sich ziehen kann. Erstaunlicherweise kaum umstritten war die Sanktionierung von Verstößen durch individuelle Marktteilnehmer, obwohl die Richtlinie der erste EU-Rechtsakt war, der die Mitgliedstaaten zur Verhängung von Geldstrafen gegen Unternehmen ermächtigte (Zapfel 2005, S. 173). Zudem war mit dieser Festlegung eine wichtige Orientierungsgröße für die Preisbildung auf dem Zertifikatmarkt definiert.[8] Der ursprüngliche Entwurf der Kommission sah eine Strafe in Höhe von 50 Euro (während der Testphase)

[8] Auch diese Bestimmung ist freilich im Kontext der großzügigen Bestimmungen zu den Nationalen Allokationsplänen zu sehen: Regierungen, die darauf bedacht waren, heimischen Unternehmen möglichst keine zusätzlichen Kosten aufzubürden, konnten dies auch durch die entsprechende Zuteilung von Emissionszertifikaten erreichen.

beziehungsweise 100 Euro (ab 2008) oder des doppelten Zertifikatpreises vor, falls die Emissionen einer Anlage über den erworbenen Berechtigungen lagen, wobei die jeweils höhere Strafe angewandt werden sollte (Europäische Kommission 2002e). Gestrichen wurde im Legislativprozess die Klausel, nach der die Sanktion den doppelten Marktpreis der Zertifikate betragen sollte. Unter anderem hatte sich der Wirtschafts- und Sozialausschuss unter Verweis auf die Vertraulichkeit der Transaktionen entschieden gegen eine Orientierung am Marktpreis ausgesprochen (Wirtschafts- und Sozialausschuss 2002, S. 29). Auch das Europäische Parlament sprach sich mit Verweis auf mögliche Planungsunsicherheiten durch variable Sanktionen für eine genau festgelegte Strafe aus (Europäisches Parlament 2002b, S. 30). In den interinstitutionellen Verhandlungen zwischen Parlament, Kommission und Rat wurde schließlich die Geldauflage während der Testphase auf 40 Euro reduziert, die Höhe von 100 Euro für die zweite Phase aber beibehalten (Art. 16 RL 2003/87/EG). Dieses Ergebnis stellt insofern einen Erfolg für die Befürworter eines klimapolitisch ambitionierten Ansatzes dar, als eine Reihe von Mitgliedstaaten unter der Führung Frankreichs im Rat für wesentlich niedrigere Sanktionen eingetreten war (Rat der EU 2002m, S. 17–18). Insgesamt wurde der Kommissionsentwurf in dieser Hinsicht damit erstaunlich wenig modifiziert.

e) Zeitplan

Kennzeichnender Aspekt für das Design des EU-Emissionshandelssystems ist die a priori angelegte zeitliche Gliederung in zwei Phasen: Dem Start des Systems im Jahr 2005 und damit drei Jahre vor dem Inkrafttreten der Kyoto-Verpflichtungen sollte eine dreijährige Testphase folgen, um systematisch Erfahrungen mit dem für alle Beteiligten neuen Instrument zu sammeln. Die zweite Phase erstreckte sich über den ersten fünfjährigen Kyoto-Verpflichtungszeitraum von 2008 bis 2012. Diese Design-Entscheidung wurde bereits in der ersten Mitteilung der Kommission im Jahr 1998 vorgeschlagen und ab diesem Zeitpunkt in keiner Verhandlungsphase ernsthaft infrage gestellt. Auseinandersetzungen gab es lediglich darüber, ob das System in dieser ersten Phase bereits für alle Mitgliedstaaten verpflichtend oder lediglich auf freiwilliger Basis eingeführt werden sollte (Zapfel 2005, S. 165–166). Trotz Bedenken einiger Mitgliedstaaten – darunter Frankreich, Großbritannien und Italien – hielt der Rat dabei an der Verpflichtung fest, bis zu 31. Dezember 2003 erste Umsetzungsmaßnahmen zu ergreifen, um die geplante Einführung im Jahr 2005 nicht zu gefährden (Rat der EU 2003b).

f) Modus der Zuteilung von Zertifikaten

Die Methode der Vergabe von Zertifikaten an die betroffenen Anlagen stellte einen der besonders umstrittenen Aspekte des Emissionshandelssystems dar; grundsätzlich ist dabei zwischen einer Versteigerung der Zertifikate (*auctioning*) und einer kostenlosen Zuteilung, dem sogenannten *grandfathering*, zu unterscheiden. Aus funktionaler Perspektive spricht für eine Versteigerung, dass die Zuteilung dadurch theoretisch effizienter und bedarfsgerechter stattfindet, weil die individuelle Nachfrage nicht von einer zentralen Vergabestelle abgeschätzt werden muss (OECD 2016). Die EU-Kommission konnte darüber hinaus auf negative Erfahrungen des BP-Konzerns mit *grandfathering* in dessen internen Emissionshandelssystem verweisen (Braun 2009, S. 481). Im Grünbuch legte sich die Kommission in dieser Hinsicht zunächst nicht fest: Das Dokument präsentiert eine Versteigerungslösung als die effizientere Option, antizipiert aber auch erheblichen Widerstand vonseiten der Unternehmen (Europäische Kommission 2000a, S. 21–22), der sich wie erwartet einstellte: Interessenverbände aus den betroffenen Sektoren sprachen sich gegenüber der Kommission entschieden für eine vollständig kostenlose Zuteilung aus (Europäische Kommission 2001a, S. 3); auch die Mitgliedstaaten wandten sich – wohl unter dem Druck von Unternehmensinteressen – mehrheitlich gegen eine Versteigerung (Europäische Kommission 2001a, S. 3).

Der Vorschlag der Kommission sah schließlich vor, dass die Zertifikate in der Testphase kostenlos zugeteilt werden sollten und die Entscheidung über die Zuteilungsmethode durch die Kommission im Wege der abgeleiteten Rechtsetzung erfolgen sollte (Europäische Kommission 2002e, S. 36). Diesen Ermessensspielraum für die Kommission bei der Ausgestaltung der Zuteilung in der zweiten Handelsperiode wollten aber weder das Parlament noch eine Mehrheit der Mitgliedstaaten im Rat akzeptieren (Europäisches Parlament 2002n, S. 10–11; Rat der EU 2002m, S. 4). Das Europäische Parlament versuchte demgegenüber in den Verhandlungen mit dem Rat über die endgültige Fassung der Richtlinie, eine Verpflichtung zur Versteigerung von 15 Prozent der Zertifikate in beiden Handelsperioden aufzunehmen, konnte sich mit dieser Forderung aber nicht durchsetzen (Ellerman et al. 2010, S. 61–62). Dass die Richtlinie schließlich den Mitgliedstaaten die Möglichkeit einräumte, in der ersten Phase des EHS fünf Prozent und in der zweiten Phase zehn Prozent der Zertifikate zu versteigern (Art. 10 RL 2003/87/EG), kann dabei kaum als Erfolg des Parlaments gewertet werden, weil sich daraus keinerlei Verpflichtungswirkung für die Mitgliedstaaten ergibt, die eine kostenlose Zuteilung favorisierten. Insgesamt setzten damit die betroffenen Unternehmen und die Mitgliedstaaten ihre Position weitgehend durch, obgleich die von der Kommission als Grundlage für ihre Arbeit herangezogenen Studien aus funktionalen Gründen klar für eine Versteigerung sprachen (Dreger 2014, S. 37). Für Convery (2009, S. 407) stellt die Entscheidung für *grandfathering* sogar einen der zentralen Gründe für das Zustandekommen des Emissionshandelssystems dar.

g) Erfasste Sektoren und Treibhausgase

Innerhalb der Kommission war die Auswahl der erfassten Sektoren bis zuletzt umstritten. Das Grünbuch zählte sechs solcher Sektoren auf:

- Strom- und Wärmeerzeugung;
- Eisen und Stahl;
- Raffinerien;
- Chemische Industrie;
- Glas, Keramik und Baustoffe;
- Papier und Druck (Europäische Kommission 2000a, S. 15–16).

Der Ende 2001 von der Kommission vorgelegte Vorschlag ersetzte diese Sektoren durch die vier „Tätigkeitskategorien" Energieumwandlung und -umformung (Wärmeerzeugung und Raffinerien), Eisenmetallerzeugung und -verarbeitung, Mineralverarbeitende Industrie und sonstige Industriezweige (Zellstoff und Papier) (Europäische Kommission 2002e, S. 42). Gegenüber den im Grünbuch formulierten Vorstellungen fällt dabei in erster Linie das Fehlen der chemischen Industrie ins Auge. Diese Entscheidung fiel erst kurz vor der Abstimmung im Kollegium in der Kommunikation zwischen den Kabinetten und ist wohl vor allem auf den Widerstand von CEFIC und der European Chemical Association zurückzuführen. Dreger zitiert hierzu einen Kommissionsmitarbeiter, der die Exklusion der chemischen Industrie auf die Intervention eines nicht genannten Kommissars zurückführte (Dreger 2014, S. 56). Diese Auswahl ist mithin auf den rein *bargaining*-orientierten Stil der Interessendurchsetzung im Vorfeld der Entscheidung im Kommissionskollegium zurückzuführen. Dieser zeigt sich auch darin, dass die Kommission das Ansinnen des Parlaments, die chemische Industrie doch zu berücksichtigen (Europäisches Parlament 2002n, S. 20), nicht mit einer inhaltlichen, sondern lediglich einer knappen formalen Begründung zurückwies (Europäische Kommission 2002b, S. 14).[9] Die chemische Industrie blieb

[9] Der vom Parlament vorgeschlagene Passus zur Ausdehnung des EHS auf die chemische Industrie beinhaltete für diesen Sektor einen Emissionsschwellenwert von jährlich 50.000 Tonnen, ab dem Anlagen unter das System fallen sollten. Die Kommission verwies auf

damit auch in der letztlich beschlossenen Fassung der Emissionshandelsrichtlinie unberücksichtigt (RL 2003/87/EG, Anhang I).

Das Emissionshandelssystem erfasst de facto nur eines der sechs vom Kyoto-Protojoll regulierten Gase, nämlich Kohlenstoffdioxid. Diese Beschränkung wurde bereits im Grünbuch der Kommission vorgeschlagen (Europäische Kommission 2000a, S. 11–12) und mit zwei wesentlichen Argumenten begründet: Erstens ist CO_2 mengenmäßig das bei Weitem meistemittierte Treibhausgas und zweitens ist die Messung dieser Emissionen vergleichsweise unkompliziert (Zapfel 2005, S. 166). Umstritten war der Fokus auf CO_2 vor allem innerhalb der Kommissionsbürokratie. In der kommissionsinternen Abstimmung setzte sich die Generaldirektion Unternehmen und Industrie mit Nachdruck für eine Erfassung weiterer Treibhausgase ein; allerdings konnte sie diese Forderung aufgrund der zu erwartenden Probleme beim Monitoring nicht durchsetzen. Hier deutet sich erneut die *arguing*-Komponente der Vorabstimmung in den Diensten der Kommission an. In den Vorschlag und die Richtlinie aufgenommen wurde allerdings die Option, das System um zusätzliche Treibhausgase zu erweitern (Dreger 2014, S. 51).

Die von Parlament und Rat ausgehandelten Möglichkeiten der Einbeziehung zusätzlicher Sektoren und Treibhausgase (*opt-in*) ab 2008 sowie des Ausschlusses einzelner Sektoren bis 2007 (*opt-out*) durch einzelne Mitgliedstaaten lockerten die Bestimmungen zur Reichweite des Emissionshandelssystems in beschränktem Maße. Beide Möglichkeiten waren im Kommissionsentwurf nicht enthalten; allerdings war die Möglichkeit eines *opt-out* in den kommissionsinternen Vorentwürfen bis kurz vor der Vorlage des endgültigen Entwurfs vorgesehen, wurde aber kurz vor der Abstimmung im Kollegium ebenso wie die Möglichkeit des *pooling* der Reduktionsverpflichtungen mehrerer Unternehmen aus dem Text entfernt (Skjærseth u. Wettestad 2008, S. 105). Dreger (2014, S. 57) führt dies – gestützt auf Interviews mit Mitarbeitern der Kommission – auf einen strategischen Zug der zuständigen Kommissarin Margot Wallström zurück, die damit Deutschland zur Konzentration auf diese beiden Aspekte zwingen und von anderen Verhandlungsgegenständen ablenken wollte. Das Parlament forderte in seiner Stellungnahme in erster Lesung die Aufnahme einer *opt-out*-Möglichkeit (Europäisches Parlament 2002n, S. 16–17); der Rat übernahm hier die Formulierung des Parlaments weitgehend, fügte aber auf Drängen einiger Mitgliedstaaten unter der Führung Deutschlands und Großbritanniens noch die Möglichkeit eines *opt-in*

---

die mit einer solchen Regelung verbundenen Mängel an Praktikabilität und Rechtssicherheit und lehnte den Änderungsantrag daher in toto ab, obwohl auch eine Annahme mit Änderungen möglich gewesen wäre.

ab 2008 hinzu (Rat der EU 2002j, S. 3, 2002l, S. 15–18); diese Regelung wurde weitgehend unverändert in die endgültige Richtlinie übernommen.

h) Einbeziehung von Kyoto-Flexibilisierungsinstrumenten
Vor allem vonseiten der konsultierten Industrieverbände wurde die Forderung nach einer Verknüpfung des EU-Emissionshandelssystems mit anderen flexiblen Mechanismen nach dem Kyoto-Protokoll laut (Europäische Kommission 2001a, S. 6), mithin nach einer Möglichkeit, im Rahmen des *Clean Development Mechanism* oder der *Joint Implementation* erworbene Zertifikate mit den Reduktionsverpflichtungen des Emissionshandelssystems verrechnen zu können. Eine solche Verknüpfung war zwar im Grünbuch noch nicht vorgesehen, wurde aber bereits vor der Vorlage des endgültigen Entwurfs innerhalb der Kommission diskutiert. Vor allem die Generaldirektion Unternehmen und Industrie und die Generaldirektion Handel bestanden auf einer Aufnahme in den Kommissionsentwurf, konnten sich damit aber nicht durchsetzen: Um die Verhandlungen um die Einführung des Emissionshandelssystems zu beschleunigen, klammerte die Kommission letztlich die Frage der Kompatibilität aus, kündigte aber einen Vorschlag für eine neue Richtlinie an, sobald die eigentliche Emissionshandelsrichtlinie verabschiedet sei (Dreger 2014, S. 51; Europäische Kommission 2002b, S. 13). Diesen legte sie einen Tag nach der Annahme der vom Parlament vorgeschlagenen Änderungen durch den Rat vor.

Als entscheidender Punkt der Einbeziehung zeigte sich schnell die Frage nach einer mengenmäßigen Beschränkung importierter Zertifikate im Emissionshandel. Auseinandersetzungen entwickelten sich ferner über die zeitliche Organisation der Einbeziehung und die Berücksichtigung von Kernkraftwerken und Kohlenstoffsenken.[10] Die Kommission schlug in ihrem Entwurf eine Begrenzung des Anteils importierter Zertifikate bei sechs bis acht Prozent der Gesamtmenge an Zertifikaten vor, nachdem eine feste Grenze von sechs Prozent in den Konsultationen vor Vorlage des Entwurfs auf entschiedenen Widerstand von Unternehmerseite gestoßen war (Flåm 2009, S. 29).[11] Im Rat vertraten in der ersten Befassung mit der Verknüpfung die Mitgliedstaaten mehrheitlich die Position, keine feste

[10] Der Begriff Kohlenstoffsenken bezeichnet Systeme, die der Atmosphäre Kohlenstoffdioxid entziehen und dynamisch binden, insbesondere Wälder und Ökosysteme der Hydrosphäre. Für eine Verrechnung mit Emissionsberechtigungen kommen damit vor allem Aufforstungsprojekte infrage (Essl et al. 2013, S. 264–267).

[11] Konkret sollte die Kommission berechtigt sein, bei Erreichen eines Anteils von sechs Prozent eine Überprüfung einzuleiten und im Anschluss daran eine Höchstgrenze von „zum Beispiel 8 % der Gesamtmenge an Berechtigungen“ festzusetzen (Europäische Kommission 2003f, S. 20).

mengenmäßige Beschränkung für die Übernahme von Projektgutschriften in die Richtlinie aufzunehmen, um eine „Verunsicherung der Unternehmen" zu vermeiden (Rat der EU 2003i); lediglich Deutschland und die Niederlande sprachen sich für den Ansatz der Kommission aus (Flåm 2009, S. 28). Im Parlament herrschte zwar die Forderung nach einer restriktiven Handhabung vor (Lefevere 2003, S. 1), allerdings konnte diese in den interinstitutionellen Verhandlungen gegen den kategorischen Widerstand des Rates nicht aufrechterhalten werden. Auch die Kommission lenkte ein und beschränkte sich im Folgenden darauf, die Verhandlungen möglichst zügig abzuschließen (Flåm 2009, S. 30). Die von Parlament und Rat verabschiedete Richtlinie 2004/101/EG überlässt folglich die Festlegung einer individuellen Obergrenze den Mitgliedstaaten.

Auch mit Blick auf die anderen beiden strittigen Aspekte, gelang es den Mitgliedstaaten im Wesentlichen, ihre Forderungen durchzusetzen. Die von der Kommission vorgeschlagene und ursprünglich auch vom Parlament unterstützte zeitliche Bindung der Einbeziehung an den Kyoto-Verpflichtungszeitraum[12] konnte ebenfalls nicht im Rat durchgesetzt werden, womit eine Verrechnung mit Kyoto-Projektzertifikaten ab Beginn des Emissionshandels möglich wurde. Nicht durchsetzen konnten sich einige – vor allem südeuropäische – Mitgliedstaaten mit ihrer Forderung nach einer Berücksichtigung von Kohlenstoffsenken, wohl auch, weil innerhalb des Rates dafür keine Mehrheit organisiert werden konnte (Skjærseth u. Wettestad 2008, S. 117–118). Vor allem Frankreich hatte sich darüber hinaus dafür eingesetzt, Kernkraftanlagen emissionsmindernd anrechnen zu lassen, war mit dieser Forderung aber ebenfalls nicht erfolgreich.

4.2.3.3 Abgeleitete Rechtsetzung

4.2.3.3.1 Abgeleitete Rechtsetzung in der ersten Handelsperiode

Da die Kommission im Vergleich zu klassischen staatlichen Exekutiven über potenziell weitreichende Rechtsetzungsbefugnisse bei der Implementation verfügt, ist für eine adäquate Bewertung der inhaltlichen Durchsetzung zu analysieren, inwieweit es der Kommission gelang, den Gesamt-Output durch hierarchische Regulierung im Rahmen der abgeleiteten Rechtsetzung an ihre Präferenzen anzunähern. Der formale institutionelle Spielraum, den die Emissionshandelsrichtlinie der Kommission gewährt, ist dabei als relativ eng zu bewerten. Die Richtlinie fordert in vier Bereichen explizit Implementationshandeln der Kommission, wobei in allen vier Fällen nach Art. 23 Abs. 2 RL 2003/87/EG an der

[12] Die Kommission hatte argumentiert, vor dem formalen Inkrafttreten des Kyoto-Protokolls sei der rechtliche Status der unter diesem Protokoll erworbenen Zertifikate ungeklärt, weshalb eine Einbeziehung juristisch erst mit Beginn des Verpflichtungszeitraums möglich sei (Europäisches Parlament 2004a, S. 9).

entsprechenden Entscheidung ein Komitologie-Ausschuss nach dem Regelungsverfahren (Variante IIIa) zu beteiligen ist. Die Mitgliedstaaten sicherten sich durch dieses Verfahren eine relativ starke Kontrollposition gegenüber der Kommission; jede Durchführungsmaßnahme bedarf der Zustimmung einer qualifizierten Mehrheit im entsprechenden Ausschuss.[13]

Substanziellen Einfluss erlangte die Kommission in diesem Zusammenhang primär über die Fähigkeit, Nationalen Allokationsplänen die Genehmigung zu verweigern, stellen diese doch den Hauptteil des hierarchischen Implementationshandelns dar. Artikel 9 der Emissionshandelsrichtlinie, der die Mitgliedstaaten zur Vorlage Nationaler Allokationspläne verpflichtet, gibt der Kommission die Möglichkeit, diese abzulehnen, wenn sie Artikel 10 oder den in Anhang III formulierten Kriterien widersprechen. Auch dafür benötigte die Kommission allerdings die Zustimmung des zuständigen Komitologie-Ausschusses. Unabhängig davon verpflichtete Artikel 9 die Kommission zur Spezifizierung der Kriterien für die Erstellung nationaler Allokationspläne. Diesem Erfordernis kam die Kommission im Januar 2004 mit einer Mitteilung nach (Europäische Kommission 2004d). Diese Mitteilung beschränkte sich in erster Linie auf die juristische Analyse des Kriterienkatalogs; die Kommission unterscheidet dabei systematisch zwischen fakultativen und obligatorischen Elementen der Kriterien. Ein Bemühen der Kommission, durch eine strenge Interpretation der Kriterien die Anforderungen an die Nationalen Allokationspläne zu erhöhen, wird nicht ersichtlich.

Die Bewertung der Nationalen Allokationspläne durch die Kommission entwickelte sich in der Folge gleichwohl zu einem wesentlichen Streitpunkt zwischen der Kommission und den Mitgliedstaaten. Der Prozess gestaltete sich schon deshalb schwierig, weil offenbar einige Mitgliedstaaten die Einreichung ihrer Pläne gezielt verzögerten, um anhand der ersten Bewertungen der Kommission zu sehen, welche Kriterien diese bei der Genehmigung anlegen würde (Zapfel 2007, S. 25). Die zuständige Generaldirektion Umwelt kommunizierte bereits vor der Einreichung der Allokationspläne offen, dass sie nur Pläne akzeptieren würde, die zu einer effektiven Verknappung von Emissionsberechtigungen führen würden (Europäische Kommission 2004d, S. 9). Da die eingereichten Pläne nicht alle den Kriterien entsprachen, lehnte die Kommission im Laufe des Jahres 2004 einige von ihnen ab.

Bei der gerichtlichen Durchsetzung der von ihr formulierten Kriterien für die Nationalen Zuteilungspläne stieß die Kommission gleichwohl an ihre Grenzen:

[13] Konkret wurde der durch die Entscheidung 93/389/EWG über ein System zur Beobachtung der Emissionen von CO_2 und anderen Treibhausgasen eingerichtete Regelungsausschuss mit dieser Aufgabe betraut; später wurden Durchführungsmaßnahmen der Kommission im Ausschuss für Klimaänderung beraten.

Zwar gelang es der Kommission, Italien und Finnland im Wege erfolgreicher Vertragsverletzungsverfahren vor dem Europäischen Gerichtshof zur Umsetzung der Emissionshandelsrichtlinie zu zwingen (EuGH, C-107/05; C-122/05), gleichzeitig waren aber mehrere Mitgliedstaaten mit ihren Klagen gegen die Ablehnung ihrer Allokationspläne durch die Kommission erfolgreich. So erklärte das Gericht Erster Instanz im November 2005 die Ablehnung des Nationalen Allokationsplans des Vereinigten Königreichs aufgrund der zu hohen Gesamtmenge an Zertifikaten für nichtig (GEI, T-178/05). Polen und Estland klagten gegen die Auflage der Kommission, das von ihr entworfene PRIMES-Modell für die Berechnung der Obergrenzen zu verwenden und bekamen Recht (Dreger 2014, S. 64). Insgesamt wurde die Kommission durch die Gerichte in der Gesamtschau deutlich in ihrer Fähigkeit eingeschränkt, über die Steuerung der Nationalen Allokationspläne eine Verknappung der Zertifikatmenge zu erreichen.

Die Emissionshandelsrichtlinie sieht mit der Überwachung und Berichterstattung der Emissionen (Art. 14), der Einrichtung eines standardisierten Registrierungssystems (Art. 19 Abs. 3) und der Formulierung eines Fragebogens als Leitfaden für die Erstellung nationaler Berichte (Art. 21) drei weitere Bereiche vor, in denen die Regulierung durch die Kommission präzisiert werden sollte. Das Monitoring und die Berichterstattung über die jährlichen Emissionen durch die jeweiligen Anlagenbetreiber stellt einen zentralen Baustein des auf kostenlosen Zuteilungen beruhenden Emissionshandelssystems dar, bildet es doch die Basis für die Zuteilung von Zertifikaten des jeweiligen Folgejahres. Die von der Kommission formulierten Leitlinien sollten nach der Richtlinie bis September 2003 vorliegen; die Tatsache, dass die entsprechende Entscheidung 2004/156/EG erst Ende Januar 2004 erlassen werden konnte, deutet bereits auf einen protrahierten Entscheidungsprozess im Komitologie-Verfahren hin. Aus den verfügbaren Dokumenten[14] wird ersichtlich, dass entsprechend den oben skizzierten Präferenzen die Kommission für eine vergleichsweise starke Harmonisierung des Systems und strikte Vorgaben für die Betreiber von Anlagen plädierte, während einige Mitgliedstaaten größere Flexibilität einforderten.

Der Vorschlag der Kommission beinhaltet ein sektorspezifisch standardisiertes Ebenenkonzept zur Berechnung der Treibhausgasemissionen, das die Anlagenbetreiber zur Anwendung der präzisesten verfügbaren Berechnungsmethode verpflichten soll; gleichzeitig wird ihnen aber die Möglichkeit offengelassen, anstelle der Berechnung ihre Emissionen durch Messung anhand definierter Methoden

[14] Das Verfahren kann nicht von Beginn an nachvollzogen werden, weil das online verfügbare Komitologie-Register nur bis August 2003 zurückreicht und die nötigen Dokumente auch nicht durch entsprechende Anfragen zu beschaffen waren.

zu ermitteln (Europäische Kommission 2003c). Im zuständigen Komitologie-Ausschuss war bis zum Schluss insbesondere der verpflichtende Charakter der Ebenenauswahl (das heißt der Wahl des Präzisionsgrads der Berechnungsmethode) umstritten, weshalb der endgültige Vorschlag der Kommission neben einigen nichtsubstanziellen Änderungen eine Übergangsregelung in der ersten Handelsperiode vorsah, die die Mindestanforderungen an die Ebenenauswahl aufweichte (Europäische Kommission 2003d, S. 5). Diese Version fand die Zustimmung einer Mehrheit der Ausschussmitglieder.[15] Die Kommission konnte somit zwar einen weitgehend harmonisierten Modus der Ermittlung von Emissionen und damit ein hohes Maß an Vergleichbarkeit durchsetzen, gleichzeitig offenbaren die Komitologie-Dokumente vor allem für die Schlussphase des Verfahrens auch erfolgreiches *bargaining* durch die Mitgliedstaaten, das das Resultat der Verhandlungen ihren Präferenzen für erhöhte Flexibilität annäherte.

Art. 19 Abs. 3 RL 2003/87/EG fordert von der Kommission zudem den Erlass einer Verordnung über ein standardisiertes und sicheres Registrierungssystem für die Emissionszertifikate, Art. 21 verpflichtet sie zur Erstellung eines Fragebogens als Leitfaden für die jährlichen Berichte der Mitgliedstaaten. Beide Aspekte sind primär technischer Natur und geben der Kommission kaum Spielraum, das Outcome im Sinne der tatsächlich emittierten Menge an Berechtigungen oder anderer marktrelevanter Größen zu beeinflussen. Entsprechend war die Befassung mit diesen Durchführungsrechtsakten im Rahmen der Komitologie kaum von *bargaining* geprägt; die durch die Kommission vorgenommenen Spezifikationen wurden mit lediglich marginalen Änderungen akzeptiert (Europäische Kommission 2005a).[16]

4.2.3.3.2 Abgeleitete Rechtsetzung in der zweiten Handelsperiode

Die Nationalen Allokationspläne für die zweite Handelsperiode von 2008 bis 2012 sollten bis zum 30. Juni 2006 bei der Kommission eingereicht werden, was erneut mit erheblichen Verzögerungen geschah (Europäische Kommission 2006h). Ein spezifisches Muster bei der Zusammensetzung der Gruppe von Staaten, die dieser rechtlichen Anforderung aus der Emissionshandelsrichtlinie nicht nachkamen, ist dabei nicht zu erkennen; zu den Staaten, gegen die die Kommission aus diesem Grund ein Vertragsverletzungsverfahren einleitete, gehörten mit der Tschechischen Republik und Ungarn zwei neu beigetretene osteuropäische Staaten, mit

[15] Bei der Abstimmung mit qualifizierter Mehrheit stimmte ein Mitgliedstaat mit dem Stimmgewicht 10 gegen den Entwurf der Kommission (Europäische Kommission 2003d, S. 6). Dieser Staat lässt sich allerdings aufgrund des Kompromisscharakters der verabschiedeten Regelung und diverser im Vorfeld geäußerter Vorbehalte nicht zuverlässig identifizieren.

[16] Die entsprechenden Rechtsakte sind Verordnung 2216/2004/EG der Kommission (Registrierungssystem) und Entscheidung 2005/381/EG der Kommission (Fragebogen).

Österreich, Dänemark, Italien und Spanien aber auch EG-Gründungsmitglieder und Staaten aus Süd-, Mittel- und Nordeuropa (Europäische Kommission 2006e).

Als Orientierungsmaßstab für die Bewertung der quantitativen Vorgaben in den Nationalen Allokationsplänen diente die Entscheidung 2006/944/EG der Kommission, die entsprechend der Kyoto-Lastenteilungsvereinbarung des Rates den Mitgliedstaaten Emissionsmengen für den Kyoto-Verpflichtungszeitraum zuweist (vgl. Abschnitt 4.2.2). Bei der Erstellung der Nationalen Allokationspläne im Jahr 2006 achtete die Kommission besonders auf eine Beschränkung der emittierten Mengen entsprechend den Kyoto-Vorgaben; außerdem sollte durch die Vereinfachung der Übertragung von Zertifikaten auf künftige Phasen des Emissionshandelssystems der Preis stabilisiert werden (Boasson u. Wettestad 2013, S. 63).

Substanziellen Einfluss auf die Implementation nahm die Kommission im Bereich der Einbeziehung von Kyoto-Projektzertifikaten: Die Richtlinie 2004/101/EG beinhaltet entgegen der ursprünglichen Präferenz der Kommission keine Obergrenze für die Menge importierter Zertifikate. Bei der Genehmigung der Nationalen Allokationspläne definierte die Kommission hingegen als Kriterium einen maximalen Anteil von zehn Prozent solcher Projektzertifikate, wobei sie einen höheren Anteil unter Berücksichtigung der allgemeinen Klimaschutzanstrengungen des jeweiligen Staates nicht kategorisch ausschloss. Als Rechtsgrundlage für dieses Vorgehen diente der Kommission das durch die Richtlinie 2004/101/EG geschaffene 12. Kriterium für die Erstellung Nationaler Allokationspläne, das eine Vereinbarkeit der im jeweiligen Allokationsplan definierten Obergrenze für Projektzertifikate mit den Kyoto-Verpflichtungen des jeweiligen Staates fordert (Europäische Kommission 2006e). Die Dokumentation der Entscheidungsprozesse im Rahmen der Komitologie ist auch in diesem Fall lückenhaft, sodass nicht mehr nachvollzogen werden kann, wie die Kommission eine qualifizierte Mehrheit der Mitgliedstaaten dazu brachte, diese Regelung zu akzeptieren, hatte doch noch zwei Jahre zuvor eine Mehrheit im Rat eine Obergrenze kategorisch abgelehnt.[17]

Bei der Genehmigung der Nationalen Allokationspläne war dabei ein bemerkenswerter „Schatten der Hierarchie“ zu beobachten: Deutschland passte sein im

---

[17] Dem Verfasser erscheinen zwei Erklärungsansätze plausibel: Entweder bestand aus Sicht der Mitgliedstaaten kein Bedarf nach einer Einbeziehung eines Anteils von mehr als zehn Prozent an Projektzertifikaten oder sie erachteten die Argumentation der Kommission als juristisch ausreichend stichhaltig, um eine hierarchische Durchsetzung über den EuGH befürchten zu müssen. Nachdem der erste Ansatz durch die gerade im Vorlauf der zweiten Handelsperiode steigende Nachfrage nach solchen Zertifikaten widerlegt wird, erscheint die zweite Erklärung als die plausiblere.

Sommer 2007 verabschiedetes Zuteilungsgesetz für den Zeitraum 2008 bis 2012 an die Forderung der Kommission an, keine nachträglichen Veränderungen an der Zuteilung vorzunehmen (§4 ZuG 2012). Diese Entscheidung war der herrschenden Unsicherheit angesichts eines anhängigen Verfahrens vor dem Gericht Erster Instanz geschuldet, das letztlich allerdings die Position der deutschen Regierung bestätigte und nachträgliche Änderungen zuließ (Backes et al. 2008, S. 192): Nach dem deutschen Nationalen Allokationsplan konnten Betriebe die Zuteilung der Zertifikate nach der prognostizierten Produktionsentwicklung anstelle vergangener Produktionszahlen beantragen. Im Falle geringerer Produktionszahlen sollten diese Zertifikate ex post gelöscht werden. Die Kommission hatte diese Bestimmung, die schließlich zur Löschung von 58 Millionen Zertifikaten führte, im Interesse der Planungssicherheit für die Marktteilnehmer abgelehnt (Backes et al. 2008, S. 182; Ellerman et al. 2010, S. 47; GEI, T-374/04). Grundsätzlich bestätigte das Gericht aber die Kompetenz der Kommission, Nationale Allokationspläne abzulehnen, sowie die von ihr erlassenen entsprechenden Leitlinien (Backes et al. 2008, S. 201).

Neben der Prüfung der Nationalen Allokationspläne erließ die Kommission im Wege der abgeleiteten Rechtsetzung darüber hinaus eine Verordnung zur Veränderung der Registrierungsverordnung von 2004 (VO 916/2007), die insbesondere die Kompatibilität des EU-Registrierungssystems mit anderen flexiblen Instrumenten im Rahmen des UNFCCC verbessern sollte. Diese Verordnung über ein Registrierungssystem wurde von der Kommission in der zweiten Handelsperiode noch zwei weitere Male ersetzt, zunächst durch die Verordnung (EG) 994/2008, dann durch die Verordnung (EU) Nr. 920/2010. VO 994/2008 trug der Einbeziehung des Luftverkehrs Rechnung und wurde weitgehend unverändert vom zuständigen Ausschuss für Klimaänderung nach dem Regelungsverfahren angenommen. Die einzige nennenswerte Änderung betrifft die Festlegung von Verfahrensregeln für die Implementation: Nach dem Kommissionsentwurf sollte diese der Kommission obliegen, der Ausschuss übertrug diese Zuständigkeit hingegen einer Arbeitsgruppe der nationalen Registrierungsbehörden und sicherte sich mit dem Recht, vor einer Inkraftsetzung eigens über die Verfahrensregeln abzustimmen, eine weitere Kontrollposition über die Implementation (Europäische Kommission 2008b). Hier zeigt sich auch in diesem Politikfeld der in Abschnitt 3.1. behandelte Trend zur Governance durch Regulierungsagenturen, die zu einer Harmonisierung beitragen sollen, ohne die Rolle der supranationalen Organe zu stärken. Bemerkenswert erscheint in diesem Fall, dass die notwendige qualifizierte Mehrheit nur knapp erreicht wurde (Europäische Kommission 2008d), wobei angesichts der geringen Zahl an Änderungsvorschlägen unklar bleibt, aus welchem Grund mehrere Mitgliedstaaten gegen die Maßnahme stimmten oder sich enthielten. VO 920/210 sollte die bestehende Dopplung der technischen Infrastrukturen für Emissionshandelszertifikate und Kyoto-Zertifikate beseitigen, indem sie das vorgesehene Register an die technischen Anforderungen für Kyoto-Zertifikate anpasste (Europäische Kommission 2010c). Wohl, weil dadurch den Mitgliedstaaten erhebliche Kosteneinsparungen entstanden, wurde der entsprechende Änderungsvorschlag der Kommission im Komitologie-Verfahren ohne Gegenstimme angenommen (Europäische Kommission 2010i).

Zudem ersetzte die Kommission die Entscheidung über Leitlinien zur Überwachung und Berichterstattung von Treibhausgasemissionen (2004/156/EG) vollständig, weil vonseiten der Mitgliedstaaten und der Industrie Effizienzmängel beim bisherigen System kritisiert worden waren (Europäische Kommission 2005b). Die neue Entscheidung 2007/589/EG etablierte unter anderem eine Fallback-Option mit Mindestunsicherheitsschwellen als alternative Methode der Berichterstattung und lockerte die Anforderungen für kleinere Anlagen mit einem jährlichen Ausstoß von unter 25.000 Tonnen CO_2. Trotz der Änderung wurden insbesondere vonseiten energieintensiver Industrien weiterhin hohe administrative Kosten der Überwachung und Berichterstattung kritisiert (CEFIC 2007b). Eine weitere Änderung während der zweiten Handelsperiode wurde nach dem Beschluss über die Einbeziehung des Luftverkehrs nötig. Diese bestand insbesondere in zwei neuen Anhängen zur Entscheidung. Die Änderungen wurden nach einer Konsultationsrunde mit Stakeholdern aus der Luftfahrtindustrie Ende 2008 in enger Abstimmung mit Experten der mitgliedstaatlichen Regierungen ausgearbeitet und im Februar 2009 im Ausschuss für Klimaänderung nach kurzer Diskussion mit breiter Mehrheit – bei Enthaltung Polens – beschlossen.[18]

4.2.3.4 Handlungskopplung und Einflusspotenziale der beteiligten Akteure

In der Gesamtschau zeigt sich der Entscheidungsprozess zur Einführung des Emissionshandelssystems im Kodezisionsverfahren als das theoretisch erwartete auf Reziprozität basierende *bargaining* in einem Verhandlungssystem mit ungleich verteilten Einflusschancen. Nach einer anfänglichen Lernphase, in der sich alle Akteure mit den Implikationen eines Emissionshandelssystems vertraut machen mussten, sind weitgehend klare Ausgangspräferenzen der Verhandlungsteilnehmer zu identifizieren, die in verschiedenen Dimensionen ein hohes Maß an Diversität aufweisen. Im mehrstufigen Verhandlungssystem verfügten zum einen der Rat als Ganzes und größere Gruppen der in ihm vertretenen Mitgliedstaaten,

[18] Rechtsakt: Entscheidung 2009/339/EG.

zum anderen das Europäische Parlament über die Möglichkeit, das Vorhaben endgültig zu blockieren. Die Kommission wirkte mit dem ihr eigenen Repertoire aus der Möglichkeit, Druck auszuüben, und der Fähigkeit zur Persuasion mit fachlich fundierten Argumenten. Am Prozess beteiligt war ferner eine Reihe von Interessenverbänden,[19] die in unterschiedlichem Umfang zur Ausübung von Druck auf die Mitgliedstaaten in der Lage waren und darüber hinaus argumentativ auf Kommission und Parlament einwirkten.

Die Kommission, deren interne Entscheidungsprozesse über weite Strecken von *arguing* dominiert waren, profilierte sich als politischer Unternehmer im Entscheidungsprozess und setzte ihre Ausgangspräferenz für ein verpflichtendes Emissionshandelssystem nach dem *cap-and-trade*-Modell unter weitgehendem Schutz des Binnenmarkts durch gezielte Netzwerkbildung um. Diese Rolle als Manager des Entscheidungsprozesses erwies sich an verschiedenen Stellen als entscheidend, beispielsweise trug die Abtrennung der Frage nach einer Verknüpfung mit Kyoto-Projektmechanismen dazu bei, die Verabschiedung der eigentlichen Emissionshandelsrichtlinie zu beschleunigen. Bedeutsam war auch die Fähigkeit der Kommission, angesichts der Fülle an zu treffenden Designentscheidungen den Fokus der Verhandlungsteilnehmer auf bestimmte Aspekte des geplanten Systems zu lenken. Einerseits wurde die Einigung dadurch erleichtert, andererseits kann damit eine Reihe sekundärer Aspekte wie etwa die zeitliche Einteilung der Handelsperioden als von der Kommission vorentschieden betrachtet werden. Die im Kommissionsentwurf für die ursprüngliche Richtlinie vorgesehenen Kompetenzen der Kommission, allen voran für die Entscheidung über die Allokationsmethode, wurden in den Verhandlungen zwischen Parlament und Rat allerdings weitgehend beschnitten.[20]

---

[19] Die Einflussnahme durch Interessenverbänden wird in diesem wie in den folgenden Analysekapiteln zur Europäischen Union lediglich punktuell illustriert; eine Detailanalyse der – oftmals wenig transparenten – Aktivitäten der Interessenvertreter bedeutete aus kapazitären Gründen einen Konflikt mit dem temporal und thematisch breiten Fokus der Analyse.

[20] Wie diese Kompetenzansprüche zu interpretieren sind, verbleibt unklar. Zapfel (2005, S. 172) stellt die Formulierung im Kommissionsentwurf als Versuch dar, nach der Testphase fachliche Erkenntnisse über die Funktionalität unterschiedlicher Allokationsmethoden in die weitere Gestaltung des Emissionshandelssystems einfließen zu lassen. Angesichts der Tatsache, dass diese Darstellung von einem Kommissionsbeamten stammt, sollte die Sichtweise allerdings nicht unhinterfragt übernommen werden. Denkbar ist vielmehr auch, dass die weitreichenden Kompetenzansprüche der Kommission als eine *bargaining*-Taktik dienten, um im Verlauf des Entscheidungsprozesses zumindest einige Befugnisse zur abgeleiteten Rechtsetzung zu erhalten.

Dasselbe gilt für die im Rahmen der Einbeziehungsrichtlinie vorgesehene Kompetenz der Kommission, eigenständig eine Obergrenze für importierte Zertifikate zu definieren. Im direkten Anschluss daran ist zu vermerken, dass die Kommission im analysierten Fall ihre Kompetenzen zur abgeleiteten Rechtsetzung nur beschränkt zur Durchsetzung ihrer Präferenz für eine Verknappung der Zertifikatmenge nutzen konnte, schon weil sich ihre entsprechenden Befugnisse nach der Emissionshandelsrichtlinie fast ausschließlich auf sekundäre technische Aspekte beschränken, die keine Beeinflussung der Emissionsbegrenzung erlauben. Eine bemerkenswerte Ausnahme hiervon ist die Implementation der von der Kommission a priori präferierten Obergrenze für die Einbeziehung von Kyoto-Projektzertifikaten bei der Prüfung der Nationalen Allokationspläne. In beschränktem Maße konnte sich die Kommission bei der Prüfung der Nationalen Allokationspläne vor allem in der zweiten Handelsperiode darüber hinaus auf die Vorgaben des Kyoto-Protokolls stützen.

Die auf die Wahrung nationaler Handlungsspielräume bedachten *Mitgliedstaaten* erwiesen sich als dominierende Akteure und konnten ihre Positionen mit Ausnahme der Forderung nach einem auf Freiwilligkeit basierenden System weitgehend durchsetzen. Dadurch konnte auch die Gruppe der Anfangs skeptischen Staaten von der Zustimmung zum Emissionshandelssystem überzeugt werden. Schon der letztlich vorgelegte Entwurf der Kommission berücksichtigte die im Konsultationsprozess geäußerte Präferenz für ein relativ dezentrales System und rückt damit deutlich von den noch im Grünbuch skizzierten Vorstellungen ab. Kern dieses dezentralen Charakters ist dabei zweifelsohne die Möglichkeit der Mitgliedstaaten, ihre Emissionsobergrenzen im Rahmen der Nationalen Allokationspläne weitgehend eigenständig festzulegen. Hinzu kommt die Möglichkeit, einzelne volkswirtschaftliche Sektoren bis 2007 einseitig vom Emissionshandel auszunehmen. Noch deutlicher trat das Beharren auf nationalen Entscheidungsspielräumen in der Frage der Einbeziehung der Kyoto-Projektmechanismen zutage, als die Mitgliedstaaten vor allem unter Verweis auf Unternehmensinteressen nahezu alle von Kommission und Parlament geforderten Restriktionen in der Einbeziehungsrichtlinie blockierten. Gleichwohl mussten sich die Mitgliedstaaten bei der Frage einer Obergrenze der Logik supranationaler Verrechtlichung beugen und gestanden der Kommission entgegen ihren Präferenzen die Beschränkung auf einen Anteil von 10 Prozent zu. Auch im Bereich der abgeleiteten Rechtsetzung im Wege der Komitologie ist das Streben der Nationalstaaten zu erkennen, sich Kontrollpositionen zu sichern und den Spielraum der Kommission für eigenständige Entscheidungen einzuschränken.

Das *Europäische Parlament* wurde seinem Ruf als *environmental champion* der EU teilweise gerecht und konnte sich mit seiner Forderung nach einem restriktiveren und stärker zentralisierten System in Einzelaspekten durchsetzen, wenngleich die endgültige Richtlinie – umso mehr in der Gesamtschau mit der 2004 verabschiedeten Einbeziehungsrichtlinie – eher die Handschrift des insgesamt auf die Handlungsfreiheit der Einzelstaaten bedachten Rates trug. Trotz seiner formalen Möglichkeit, das Legislativvorhaben zu blockieren, konnte das Parlament damit insgesamt das Emissionshandelssystem kaum mehr prägen als die konsultierten Wirtschaftsverbände, denen im formalen Entscheidungsverfahren kein Mitspracherecht zukommt. Ein Grund für die mangelnde Berücksichtigung einiger Forderungen des Parlaments könnte die fehlende innere Einigkeit in Verbindung mit den nach dem Nizza-Vertrag nach wie vor hohen Anforderungen für die Blockade eines Legislativverfahrens sein: So lässt sich aus den Ergebnissen der gesonderten namentlichen Abstimmungen in erster Lesung (Europäisches Parlament 2002h, 2002k) kein klares Muster im Sinne einer durchgängig restriktiven Haltung einer deutlichen Mehrheit ablesen, ebenso wenig – mit Ausnahme der Grünen – erkennbare Fraktionsorientierungen. Diese Ergebnisse sprechen dafür, dass sich das eingeschränkte Vetopotenzial des Parlaments im Legislativverfahren auch in einer mangelnden Berücksichtigung seiner inhaltlichen Positionen niederschlug.

Der konsultierte *Ausschuss der Regionen* konnte sich mit seiner Forderung nach einer stärkeren Berücksichtigung subnationaler Einheiten in der Richtlinie kein Gehör verschaffen. Die Forderungen des Wirtschafts- und Sozialausschusses, Belastungen für Unternehmen zu vermeiden, spiegeln sich zwar in der Richtlinie wider, allerdings darf getrost bezweifelt werden, dass es die Stellungnahme des WSA war, die die übrigen Akteure zu überzeugen vermochte. In den entsprechenden Ausführungen der Kommission ist davon jedenfalls nicht die Rede; vielmehr wird auf die eingegangenen Stellungnahmen im Rahmen der Konsultationsrunden des ersten *European Climate Change Programme* verwiesen.

Organisierte Interessen nahmen an verschiedenen Punkten des Entscheidungsprozesses formal und informell Einfluss. Auffällig ist dabei, dass der breite Widerstand konsultierter Unternehmen und einiger Mitgliedstaaten gegen ein verpflichtendes System in der ersten Handelsperiode nicht erfolgreich war. Die Kommission beharrte bei ihrer Verhandlungsführung auf diesem verpflichtenden Charakter. Im Gegenzug konnten sich die Unternehmen aus den erfassten Sektoren mit der Forderung nach einer kostenlosen Zuteilung der Zertifikate gegen die erklärten Präferenzen sowohl der Kommission als auch einer Mehrheit im Parlament durchsetzen. Ein instruktives Beispiel für die direkte Einflussnahme von Unternehmensverbänden in der Kommission ist darüber hinaus die kurzfristige

Nichtberücksichtigung der chemischen Industrie im Vorschlag der Kommission, die nach der zitierten Darstellung bei Dreger wohl auf das direkte Einwirken auf einen Kommissar oder dessen Umfeld durch Interessenvertreter zurückzuführen ist. Insgesamt zeigt sich – wenngleich durch das Mehrebenenkonstrukt der EU eine höhere Zahl an Ansatzpunkten zur Einflussnahme besteht – kein systematischer Unterschied zur Interessenartikulation in nationalstaatlichen Umfeldern: Akteure mit unterschiedlichen Ressourcenausstattungen und Mobilisierungschancen versuchen, politische Entscheidungsträger mit argumentativem Druck zu einem bestimmten Handeln zu bewegen. Eine strukturell neue Form der Beteiligung, wie von der Governance-Theorie postuliert, ist damit in diesem Bereich nicht zu konstatieren.

Die Einordnung von Handlungskopplung und realisierten Einflusspotenzialen erfordert damit mehrere Differenzierungen: Die analysierten Interaktionen fanden in einer Zwangsverhandlungskonstellation statt, wobei nicht alle Akteure über die Möglichkeit zur Blockade des Entscheidungsprozesses verfügten. Angesichts der hohen Hürden und der hohen Kosten für eine Blockade durch das Europäische Parlament oder die Kommission kommt im Rahmen des Kodezisionsverfahrens nach dem Nizza-Vertrag den im Rat vertretenen nationalstaatlichen Akteuren das stärkste Blockadepotenzial zu. Dass diese – wie dargelegt – ihre Präferenzen weitgehend verwirklichen konnten, stützt die These einer positiven Korrelation zwischen Vetomöglichkeit und inhaltlicher Verhandlungsmacht. Gleichwohl lässt sich der Entscheidungsprozess nicht als bloßes *bargaining* zwischen Vetospielern beschreiben, auch nichtstaatliche Akteure nahmen durch *arguing* und indirekt durch Druck auf nationalstaatliche Akteure Einfluss auf den Output. Die Kommission als wichtigster quasi-staatlicher Akteur beeinflusste das Ergebnis über *arguing*, aber auch durch geschicktes Management der Verhandlungen. Insgesamt ist angesichts fehlender Erfahrungen mit dem Instrument Emissionshandel die Bedeutung von *arguing*- und Lernprozessen nicht zu vernachlässigen: Die beteiligten Akteure mussten ihre Präferenzen im Hinblick auf die Ausgestaltung des Systems größtenteils erst im Verlauf der Verhandlungen definieren.

4.2.3.5 Entscheidungsperformanz

Die oben dargelegten Unterschiede in den Ausgangspräferenzen der beteiligten Akteure, die hohe Zahl dieser Akteure und das Fehlen einer *exit*-Option stellen theoretisch hohe Hürden für eine Entscheidung in einem Verhandlungssystem dar. Entsprechend gestaltete sich der Entscheidungsprozess langwierig und komplex: Setzt man die erste Mitteilung der Kommission zum Emissionshandel als Beginn an, nahm dieser bis zur Zustimmung des Parlaments mehr als fünf Jahre in Anspruch – ein im Vergleich zur üblichen Dauer von Gesetzgebungsprozessen auf nationalstaatlicher Ebene beträchtlicher Zeitraum. Dass angesichts der Einigungshürden überhaupt eine Entscheidung zustande kam, scheint im Wesentlichen auf drei Aspekte zurückzuführen: die eingeübte Konsenskultur im stark institutionalisierten System der Europäischen Union, das Verhandlungsmanagement durch die Kommission und die Ratspräsidentschaft sowie die Nutzung informeller Verhandlungskanäle.

Die Konsensneigung im europäischen Institutionensystem lässt sich vor allem im Rat der EU beobachten: Zwar verfügten zu Beginn des Entscheidungsprozesses die Staaten, die einem Emissionshandelssystem ablehnend gegenüberstanden, über eine Sperrminorität. Allerdings wurde die Errichtung des Systems nicht blockiert, sondern der Vorschlag der Kommission so lange modifiziert, bis er für alle beteiligten Akteure akzeptabel war. Die Kommission präsentierte sich als neutrale Vermittlerin, die durch das Management der Verhandlungen zwischen Parlament und Rat diese aber sehr wohl in die von ihr gewünschte Richtung lenkte. Überragende Bedeutung kam dem Management und der Anleitung durch die Kommission auch in der Implementationsphase bei der Erstellung der Nationalen Allokationsläne zu: „*…it is doubtful that the EU ETS would have emerged at all had it not been for the facilitating and educational role that the Commission assumed…*" (Ellerman et al. 2010, S. 41). Die Funktion des Verhandlungsmanagements wurde gleichwohl nicht allein durch die Kommission wahrgenommen. Skjærseth u. Wettestad (2008, S. 110–114) schreiben der dänischen Ratspräsidentschaft bei der Aushandlung eines gemeinsamen Standpunktes des Rates 2002 eine entscheidende Rolle zu: Der Vorbildcharakter des dänischen Emissionshandelssystems in Verbindung mit der geschickten Verhandlungsführung hätten wesentlich zu einer Einigung beigetragen. Dazu zählte auch, dass die dänische Regierung geschickt die gesteigerte öffentliche Aufmerksamkeit für den Klimawandel nach dem Elbehochwasser in Deutschland nutzte, um ein verbindliches Emissionshandelssystem als Problemlösungsansatz zu präsentieren. Schließlich wurde die Entscheidungsfindung durch informelle Verhandlungen zwischen dem zuständigen Berichterstatter des Parlaments und dem Ausschuss der Ständigen Vertreter beschleunigt: Die vom Umweltausschuss des Parlaments in zweiter Lesung formulierten Einwände wurden nicht im Plenum beschlossen, was aller Wahrscheinlichkeit nach eine dritte Lesung einschließlich Einberufung eines Vermittlungsausschusses erfordert und das Verfahren nochmals erheblich verlängert hätte. Stattdessen wurden die bestehenden Streitpunkte informell ausgeräumt und der daraus resultierende Kompromiss von Parlament und Rat in zweiter Lesung beschlossen. Der in der Hypothese H_{5a} formulierte Wirkungszusammenhang wird damit zwar deutlich erkennbar – die hohe Zahl der Akteure mit Blockademöglichkeit im Zwangsverhandlungssystem stellt die Entscheidungsfindung vor hohe

Hürden –, führt aber nicht zu prohibitiv hohen Entscheidungskosten. Ausschlaggebend dafür sind etablierte Interaktionsstrukturen im System der EU, verbunden mit der Gewissheit einer hohen Zahl an zukünftigen Entscheidungssituationen und einer starken Konsensnorm, die auf die beteiligten Akteure einen starken Einigungsdruck ausüben. Insofern überwindet der in H_{5b} postulierte Zusammenhang die durch H_{5a} prognostizierten Schwierigkeiten.

4.2.3.6 Die Kombination von Steuerungsmedien im Instrument des Emissionshandels

Das generelle Ziel des Emissionshandelssystems ist es, durch eine Verknappung der Emissionsberechtigungen eine Reduktion der Gesamtemissionen zu erreichen (Mortensen 2004, S. 276). In Bezug auf die Wirkrichtung unterscheidet sich dieses Instrument damit nicht von einer CO_2-Steuer. Der entscheidende Unterschied zwischen den beiden Instrumenten ist dabei, dass der Preis der Treibhausgasemissionen in einem Emissionshandelssystem in einem Markt gebildet, bei einer Steuer hingegen hierarchisch festgelegt wird. Das marktbasierte Instrument soll dazu führen, dass die angepeilten Emissionsreduktionen möglichst kostengünstig vollzogen werden (Aldy u. Stavins 2011, S. 6; Ellerman et al. 2010, S. 32). Das Prinzip des Emissionshandels, die Wettbewerbslogik des Marktes für die politische Steuerung zu nutzen, kann als Modus der Kontextsteuerung durch eine „resonante Verschränkung" von Steuerungslogik und Eigenlogik des zu regulierenden Systems im Sinne Willkes verstanden werden.

Die Steuerung durch ökonomische Anreize ist schon seit den 1980er Jahren Teil des konzeptionellen Instrumentariums der EU-Umweltpolitik (Favoino et al. 2000, S. 39–40; Knill 2004, 55–57, 68). Der Rückgriff auf weiche Instrumente der Kontextsteuerung ist explizit in den Diskurs um Neue Governance-Modi eingebettet und soll neben einer Reduzierung als illegitim empfundener staatlicher Interventionen zu einer optimalen Allokation ökonomischer Ressourcen, zu einer möglichst effizienten Implementation sowie zur Schaffung von Anreizen für die technologische Entwicklung beitragen (Holzinger et al. 2006, S. 404–405; Lefevere 2005, S. 82–83). Lefevere (2005, S. 85) weist darauf hin, dass die Wahl der Klimaproblematik als Experimentierfeld für solche Instrumente nicht zufällig sei: Die Anwendung neuer Governance-Verfahren sei vor allem in Politikfeldern wahrscheinlich, die bisher nicht oder unzureichend reguliert wurden.

Die Funktion des Instruments Emissionshandel beruht auf dem Steuerungsmedium Geld; beeinflusst werden soll die Kosten-Nutzen-Kalkulation der Anlagenbetreiber. Die Nachfrage wird dabei durch *hard law*, nämlich die hierarchische Verpflichtung, ausreichend Emissionsberechtigungen vorzuweisen, sowie die angedrohte Strafe für überschüssige Emissionen generiert. Die Zertifikate werden für die Unternehmen damit zu einem Produktionsgut, das mit den entsprechenden Kosten verbunden ist. Sobald die Kosten für den Produktionsfaktor „Emissionsberechtigungen" diejenigen für eine entsprechende Emissionsreduktion übersteigen, ist von zielgerichtet handelnden Akteuren zu erwarten, dass sie diese Emissionsreduktion realisieren, um damit die Produktionskosten möglichst niedrig zu halten und einen möglichst hohen Gesamtnutzen zu erzielen. Da es sich bei den Adressaten des Instruments ausschließlich um größere Unternehmen mit einer entsprechenden Controlling-Bürokratie handelt, ist die Annahme eines rationalen monetären Kosten-Nutzen-Kalküls mit relativ klar identifizierbaren Kosten und Nutzen in diesem Fall realistisch. Die Erreichung des gewünschten Impact, also einer bestimmten Reduktion der Gesamtemissionen in den vom Emissionshandel erfassten Sektoren, wird durch die Beschränkung der Zertifikatemenge vorgegeben. Die Realisierung einer gesamtökonomischen Transformation ist allerdings davon abhängig, dass der Preis der Emissionsberechtigungen ausreichend hoch ist, um die Einsparung der Emissionen rentabel zu machen.

Das Emissionshandelssystem der ersten und zweiten Phase war zwar der Konzeption nach als wettbewerbsbasiertes Instrument gedacht; allerdings war die staatliche Regulierung erheblich. Das zentrale hierarchische Element des Systems bildeten dabei die Nationalen Allokationspläne; über die Zuteilung der Emissionsberechtigungen wurde innerhalb der einzelnen Mitgliedstaaten entschieden. Dabei offenbarten sich die theoretisch postulierten Schwächen hierarchischer Steuerung, wenngleich die unten dargestellten Defizite der Zuteilungsmethode weniger auf den Charakter der Steuerung, sondern vielmehr auf vielfach fehlenden politischen Willen zurückzuführen waren, heimischen Unternehmen signifikante Kosten zu verursachen. Dieses Verhalten lässt sich als Defizit der „Verschachtelung" von Regulierungsmodi im Emissionshandelssystem interpretieren: Innerhalb der hierarchisch vorgegebenen Struktur des Emissionshandelssystems verfügen die Mitgliedstaaten über weitreichende Handlungsfreiheiten bei der hierarchischen Regulierung, was sie einem gegenseitigen Wettbewerb aussetzt, die Kosten für Unternehmen am jeweiligen Standort möglichst niedrig zu halten. Als strukturelles Kernproblem der hierarchischen Steuerung *innerhalb* der Nationalstaaten erwies sich die theoretisch prognostizierte Schwierigkeit, in einem komplexen und unsicheren Umfeld für eine effektive Steuerung ausreichendes Wissen zu generieren: Die für die Allokation zuständigen staatlichen Stellen verfügten nicht über die notwendigen Informationen, um auf Ebene der vom Emissionshandelssystem betroffenen Sektoren, geschweige denn auf der Ebene einzelner Anlagen, den tatsächlichen Bedarf an Zertifikaten zuverlässig abzuschätzen (Ellerman et al. 2010, S. 37–38). Insgesamt bestätigt sich damit Hypothese H_6 weitestgehend:

In Bezug auf die Einrichtung und Durchführung des Emissionshandels entfaltete die Entscheidung eine hohe Verbindlichkeit, wenngleich den Mitgliedstaaten als Adressaten der Richtlinie erhebliche Handlungsspielräume bei der konkreten Ausgestaltung der Allokation bleiben. Die Wirkungslogik des Emissionshandels beruht auf einem negativen geldbasierten Anreiz: Wenn Anlagenbetreiber ihre Emissionen nicht reduzieren, sind sie verpflichtet, entweder entsprechende Zertifikate zu erwerben oder Strafzahlungen zu leisten.

Eine Steuerung durch *Wissen* ist im Instrument Emissionshandel auf der *operational-choice*-Ebene nicht vorgesehen, spielt aber im Bereich der *constitutional choice* – bei der Entwicklung und Weiterentwicklung – eine zentrale Rolle. Innerhalb des Emissionshandelssystems kann eine Diffusion erfolgreicher Praktiken nur eingeschränkt erfolgen, weil die Makrostruktur des Instruments weitgehend zentral definiert ist. Emulationsverhalten lässt sich gleichwohl bei der Ausgestaltung der Nationalen Allokationspläne nachweisen, wenn Mitgliedstaaten bei der Erstellung ihrer eigenen Allokationspläne das Feedback der Kommission auf die Pläne anderer Staaten berücksichtigten. Auf einer höheren institutionellen Ebene sind Lernprozesse durch die Zweiphasengliederung systematisch einbezogen: Die erste Handelsperiode war explizit als Lernphase gedacht, auf deren Basis Anpassungen für den Kyoto-Verpflichtungszeitraum vorgenommen werden konnten. Zudem bestätigt sich die Hypothese einer Policy-Diffusion durch systematische Lernprozesse in schwach institutionalisierten Umfeldern: Die Idee eines Emissionshandelssystems in der EU beruhte zunächst auf dem institutionalisierten Kontakt in einem internationalen Umfeld zwischen der EU-Kommission und den US-amerikanischen Verhandlungsteilnehmern bei der Kyoto-Konferenz und der nachfolgend im Abkommen kodifizierten Flexibilisierungsoption. Im Verlauf der Ausarbeitung des Systemdesigns versuchte die Europäische Kommission systematisch, durch intensive Kontakte mit den USA die Erfahrungen mit dem dortigen SO_2/NO_X-Handelssystem für das eigene System nutzbar zu machen (Wettestad 2015, S. 352). Hier zeigen sich sowohl die gezielt gesteuerte Verbreitung fachlicher Informationen als auch die bedarfsorientierte Aneignung des für die Umsetzung eines Programms notwendigen Wissens in Netzwerken.

Als möglicher Vorteil der institutionellen Integration mehrerer Politikbereiche wurde in H_{7a} die Fähigkeit zur Lösung von Zielkonflikten postuliert. Tatsächlich stellt das letztlich errichtete Emissionshandelssystem ein *trade-off* zwischen verschiedenen politischen Zielen dar. Die dem Emissionshandel inhärente Zielsetzung einer kosteneffizienten Erreichung von Emissionsreduktionen wurde durch den Schutz des Binnenmarkts und die Vermeidung hoher Kosten für Unternehmen ergänzt. Vor allem bei der kommissionsinternen Abstimmung spielte die Gewährleistung der Wettbewerbsfreiheit eine übergeordnete Rolle, die sich auch in den Ausführungen im Grünbuch widerspiegelt und der Kommission als Hauptargument für die umfassende und verpflichtende Einführung des Emissionshandelssystems diente. Andererseits nutzte die weitgehende Flexibilität der Mitgliedstaaten bei der Erstellung der Nationalen Allokationspläne in erheblichem Maße den Unternehmen, da diese unter Verweis auf mögliche Kostennachteile jeweils eine großzügigere Allokationspraxis verlangen konnten. Entsprechend wurde eine solche flexible Gestaltung auch von den Unternehmensverbänden entschieden gefordert. Die dadurch effektiv bewirkte Ausweitung der Zertifikatemenge weist darauf hin, dass die Berücksichtigung solcher ökonomischen Interessen bei der Gestaltung eines umweltpolitischen Instruments letztlich zu einer Beschneidung des angestrebten ökologischen Nutzens führt.

4.2.3.7 Folgen

Die ersten beiden Handelsperioden des EU-Emissionshandelssystems werden in der Wissenschaft nahezu einhellig als gescheitert qualifiziert (Egenhofer 2013, S. 361; Kuch 2015, S. 158–159), wenngleich diese Diagnose mit Verweis auf die mangelnden Erfahrungswerte und den experimentellen Charakter der ersten Phase vielfach relativiert wird. Nach der Einrichtung des Systems stiegen die Zertifikatpreise zunächst im Jahr 2005 stark an, fielen ab Anfang 2006 aber ebenso rapide wieder. Auf einen weiteren Preisanstieg in der ersten Jahreshälfte 2008 auf rund 30 Euro pro Zertifikat folgte ein erneuter Verfall; ab Anfang 2009 pendelten die Preise um 15 Euro (MacDonald 2016). Die mangelnde Harmonisierung des Systems schlug sich in stark variierenden Nationalen Allokationsplänen nieder, was innerhalb der Kommission aufgrund der wettbewerbsverzerrenden Wirkung kritisch beurteilt wurde. Die Kommission versuchte der Variation durch die Publikation eines Non-Papers mit Leitlinien für die Aufstellung der Allokationspläne zu begegnen (Europäische Kommission 2003e), allerdings ohne messbaren Erfolg (Dreger 2014, S. 63; Ellerman et al. 2010, S. 34).

Aufgrund von Datenproblemen bei der exakten Berechnung der Quantität an benötigten Zertifikaten pro Anlage und der Tendenz der meisten Mitgliedstaaten, Wettbewerbsnachteile für ihre heimische Industrie zu vermeiden, wurden in den ersten Phasen des Emissionshandelssystems mehr Zertifikate zugeteilt als für den Status quo ante (!) an Emissionen benötigt worden wären. Damit wurde das zentrale Ziel einer Verknappung von Emissionsberechtigungen und damit eines marktbasierten Anreizes zur Emissionsreduktion verfehlt (Zapfel 2007, S. 32). Die Kernfrage bei der Revision des Systems zur dritten Handelsperiode war damit, ob es gelingen würde, diese Defizite zu beheben.

4.2.4 Das Emissionshandelssystem der EU in der dritten Handelsperiode (2013–2020)

4.2.4.1 Überblick über den Legislativprozess

Die Funktionsweise des Emissionshandelssystems nach 2013 sollte sich fundamental von den Vorgängerphasen unterscheiden. Die wohl bedeutendste Veränderung ist dabei der merkliche Bedeutungszuwachs der Versteigerung von Zertifikaten gegenüber der kostenlosen Zuteilung. Darüber hinaus wurde das Instrument deutlich zentralisiert. Der formale Entscheidungsprozess für die Revision des Emissionshandelssystems dauerte von Januar bis Dezember 2008; die wesentlichen Designelemente des neuen Systems wurden aber schon in den Jahren zuvor intensiv zwischen Kommission, Mitgliedstaaten und Interessenvertretern diskutiert. Das generelle Ziel einer Überarbeitung des Emissionshandels war dabei schon in der ursprünglichen Emissionshandelsrichtlinie angelegt (Skjærseth u. Wettestad 2010, S. 105–106).

Im November 2006 legte die Kommission einen Bericht über die Implementation der Richtlinie vor, der bereits wesentliche Aspekte der anstehenden Revision identifizierte und umfangreiche Stakeholder-Konsultationen ankündigte (Europäische Kommission 2006a). Zuvor war eine umfassende Befragung von Interessenorganisationen und Regierungen der Mitgliedstaaten erfolgt, auf deren Basis von privaten Beratungsfirmen die Auswirkungen auf die internationale Wettbewerbsfähigkeit der Union analysiert werden sollten (Europäische Kommission 2006f, 2006i). Im Jahr 2007 erfolgten vier Konsultationsrunden im Rahmen des *European Climate Change Programme* (Europäische Kommission 2007a), bevor die Kommission in ihrem Klima- und Energiepaket im Januar 2008 formal einen Vorschlag zur Änderung der Emissionshandelsrichtlinie vorlegte (Europäische Kommission 2008h). Im Verlauf des Jahres 2008 wurden im Rahmen interinstitutioneller Verhandlungen zwischen Kommission, Rat und Parlament Änderungen am Kommissionsentwurf ausgehandelt, die im Dezember 2008 zunächst vom Europäischen Rat (Rat der EU 2008ak) und vom Europäischen Parlament beschlossen wurden (Europäisches Parlament 2008l). Nach der Verabschiedung durch den Rat wurde die Richtlinie 2009/29/EG am 23. April 2009 von den Präsidenten des Rates und des Parlaments unterzeichnet.

Kurz vorher fand auch der Entscheidungsprozess zur Einbeziehung des Luftverkehrs in den Emissionshandel der EU mit der Richtlinie 2008/101/EG seinen Abschluss.[21] Das Ziel einer solchen Erweiterung des Emissionshandelssystems

[21] Die Einbeziehung des Luftverkehrs in das Emissionshandelssystem fällt zeitlich nahezu mit der dritten Handelsperiode zusammen: Zwar wurde dieser Sektor schon ab 2012 und damit ein

war in der Kommission spätestens seit dem Jahr 2004 präsent; 2005 und 2006 fanden Konsultationen von Experten und Interessenorganisationen zur konkreten Ausgestaltung statt (Europäische Kommission 2005c). Ende 2006 legte die Kommission schließlich einen Vorschlag für eine Richtlinie vor (Europäische Kommission 2006j), der vom Parlament in seiner legislativen Entschließung in erster Lesung im November 2007 in einigen Punkten verschärft, vom Rat in seinem gemeinsamen Standpunkt jedoch wieder deutlich abgeschwächt wurde (Europäisches Parlament 2007a; Rat der EU 2008b). Nach Verhandlungen zwischen dem Rat und dem Europäischen Parlament im Sommer 2008 wurde der dabei geschlossene Kompromiss im Juli vom Parlament und im Oktober 2008 vom Rat verabschiedet (Europäisches Parlament 2008a; Rat der EU 2008g). Am 19. November 2008 wurde die Richtlinie von den Präsidenten des Rates und des Europäischen Parlaments unterzeichnet.

4.2.4.2 Legislative Rechtsetzung

4.2.4.2.1 Beteiligte Akteure

Die *Kommission* legte zu Beginn des Verhandlungsprozesses unterschiedlich starke Präferenzen im Hinblick auf einzelne Designelemente des Emissionshandelssystems an den Tag. Außer Frage stand angesichts der negativen Erfahrungen in der Testphase, dass das überarbeitete System wesentlich stärker zentralisiert sein sollte als in den ersten beiden Phasen. Zudem herrschte unter den beteiligten Dienststellen weitgehend Einigkeit darüber, dass die Versteigerung von Zertifikaten an Bedeutung gewinnen solle. Damit waren die entscheidenden Elemente der Revision des Systems innerhalb der Kommission weithin unumstritten. Andere Aspekte – beispielsweise die Frage, welche Sektoren einzubeziehen seien – wurden weitgehend von der für die Revision des Emissionshandelssystems zuständigen Arbeitsgruppe des ECCP bestimmt, womit in hohem Maße Stakeholder die im Richtlinienentwurf formulierte Position der Kommission determinierten (Dreger 2014, S. 65–66).

Während der Überarbeitung für die dritte Phase ergaben sich erhebliche Veränderungen in der Haltung einer Reihe von *Mitgliedstaaten*: Der Klimaschutz gewann insgesamt an Aufmerksamkeit und Bedeutung auf der politischen Agenda (Oberthür u. Dupont 2011, S. 86); die Umfrage der Kommission im Jahr 2006 erbrachte eine breite Unterstützung für eine stärkere Zentralisierung und Harmonisierung, aber auch für einen Bedeutungszuwachs der Versteigerung von

Jahr vor Beginn der eigentlichen dritten Phase vom Emissionshandel erfasst; allerdings deckte sich der entsprechende Entscheidungsprozess zeitlich mit demjenigen zur Reform Systems und ist damit vor dem Hintergrund einer weitgehend ähnlichen Präferenzkonfiguration zu sehen.

Zertifikaten (Europäische Kommission 2006i, S. 47–53). Damit einher ging ein deutlich gewachsenes Problembewusstsein in der Bevölkerung (Wettestad 2015, S. 349). Wegweisende Bedeutung kommt der Tagung des Europäischen Rates im März 2007 zu, auf der die immer wieder referenzierten „20-20-20"-Ziele[22] beschlossen wurden, die der Kommission und dem Rat als Richtschnur für die Verabschiedung des Energie- und Klimaschutzpakets Ende 2008 dienten (Rat der EU 2007b, S. 20–21).

Trotz des einstimmigen Votums des Europäischen Rates bestanden erhebliche Differenzen über die konkrete Ausgestaltung des Emissionshandels. Boasson u. Wettestad (2013, S. 65–69) veranschaulichen die Verschiebungen als Ablösung des in der ersten Phase konstatierten Nord-Süd-Gegensatzes durch einen Ost-West-Gegensatz: Bedingt durch den Beitritt von zwölf neuen Mitgliedstaaten, die einer starken Klimapolitik auf EU-Ebene überwiegend skeptisch gegenüberstanden und die gleichzeitige – zum Teil parteipolitisch bedingte – Umorientierung von Spanien, Portugal und Italien veränderten sich die Konfliktlinien im Rat. Die Mitgliedstaaten akzeptierten mehrheitlich Versteigerungen als Allokationsmodus, ein großer Teil sprach sich dabei aber für eine für die Staaten freiwillige Lösung aus; eine solche böte den Vorteil größerer Flexibilität. Im Hinblick auf Begrenzungen für den Import von Zertifikaten aus anderen Kyoto-Mechanismen zeigten sich die Staaten hingegen in zwei Gruppen gespalten (Europäische Kommission 2006i, S. 60). Zu beachten ist dabei, dass die jeweilige Haltung der Regierung wiederum häufig von dominanten Unternehmen beeinflusst war; beispielsweise ist die nahezu durchgängige Opposition Polens auf die Marktdominanz von Kohleunternehmen zurückzuführen, die dem Emissionshandelssystem generell strikt ablehnend gegenüber standen (Boasson u. Wettestad 2013, S. 70).

Das *Europäische Parlament* tendierte insgesamt zu einer ambitionierteren Klimapolitik, mithin zu stärkerer zentraler Kontrolle und strikteren Emissionsbegrenzungen, als die Mehrzahl der übrigen Akteure. Treibende Kraft in den Trilog-Verhandlungen war dabei die Berichterstatterin des Umweltausschusses, Avril Doyle, die in ihrer Begründung der Stellungnahme des Parlaments kritisierte, die internationale Klimapolitik habe bisher „kläglich versagt", und entschiedene Anstrengungen zur Einhaltung des zwei-Grad-Ziels einforderte (Europäisches Parlament 2008d, S. 77). Eine ähnliche Haltung kam auch in den Redebeiträgen in der Aussprache zum erreichten Kompromissvorschlag zum Ausdruck:

[22] Die Ziele umfassen eine Reduktion der CO_2-Emissionen um 20 Prozent gegenüber dem Basisjahr 1990, eine Verbesserung der Energieeffizienz um 20 Prozent sowie das Erreichen eines Anteils erneuerbarer Energien an der Stromproduktion von 20 Prozent bis zum Jahr 2020.

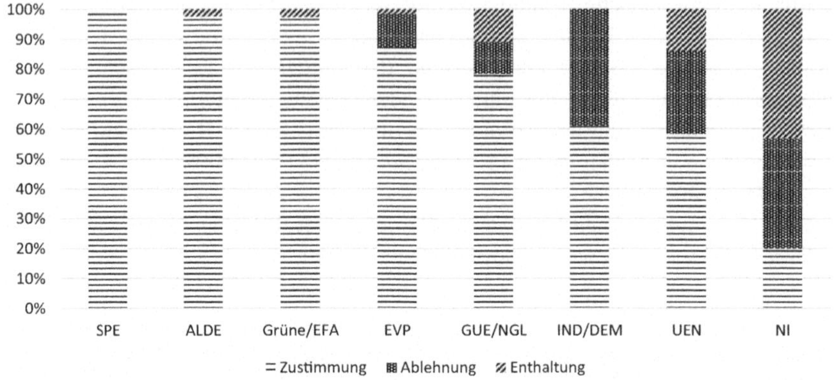

Abbildung 4.3 Abstimmungsergebnis im Europäischen Parlament nach Fraktionszugehörigkeit. (eigene Darstellung auf Basis von: Europäisches Parlament 2008k)

Eine Mehrzahl der Redner äußerte den Wunsch nach stärkeren Emissionsreduktionen als im Entwurf vorgesehen (Europäisches Parlament 2008f). Gegen die Reform des Emissionshandelssystems stimmten letztlich nur 60 von 699 Abgeordneten (Abbildung 4.3), unter ihnen vor allem Angehörige EU-skeptischer Fraktionen sowie eine größere Gruppe von EVP-Abgeordneten, mehrheitlich aus Deutschland. Eine Aussage über den Anteil derjenigen Abgeordneten, die ein restriktiveres Emissionshandelssystem bevorzugt hätten, ist damit freilich nicht zu treffen. Gleichwohl lässt das Ergebnis auf eine insgesamt breite Unterstützung für das Instrument des Emissionshandels schließen, zumal die deutschen EVP-Abgeordneten laut eigenem Bekunden primär gegen eine von ihnen empfundene Vernachlässigung des EP-Plenums bei den interinstitutionellen Verhandlungen protestierten (Europäisches Parlament 2008k, 2008l).

Private *Interessenorganisationen* wurden bereits lange vor dem formalen Entscheidungsprozess in die Überlegungen der Kommission eingebunden, beispielsweise im Rahmen einer internetbasierten Umfrage zur Funktion des Emissionshandelssystems Ende 2005 (Europäische Kommission 2006f, S. 1). Weiterhin fand eine umfassende Beteiligung staatlicher und privater Akteure im Rahmen von Stakeholder-Konsultationen des ECCP im Frühjahr und Sommer 2007 statt. Die konsultierten *Unternehmensverbände* signalisierten durchweg Unterstützung für eine Fortführung des Instruments Emissionshandel und artikulierten größtenteils auch keine Einwände gegen eine stärkere Harmonisierung; deutlichen Widerstand gab es hingegen vor allem vonseiten der energieintensiven Industrien gegen eine

Versteigerung der Zertifikate (Boasson u. Wettestad 2013, S. 63–65; Europäische Kommission 2006i, S. 47–51). Außerdem sprach sich eine Mehrzahl der befragten Unternehmen gegen Beschränkungen beim Import von Zertifikaten aus flexiblen Instrumenten des Kyoto-Protokolls aus (Europäische Kommission 2006i, S. 63). Diese Präferenzen entsprechen dem nach dem theoretischen Modell zu erwartenden Kosten-Nutzen-Kalkül zielorientiert handelnder Akteure: Schon im Vorfeld der ersten Handelsperiode hatten die Unternehmen größtenteils eine marktbasierte Variante als kosteneffektivere Lösung gegenüber einer hierarchischen Regulierung favorisiert. Da eine Versteigerung von Zertifikaten höhere Gesamtkosten als eine kostenlose Allokation erwarten lässt, insbesondere aber größere Unsicherheiten mit sich bringt, lehnten die Unternehmen eine *auctioning*-Lösung mehrheitlich ab. Umgekehrt ergeben sich mit wachsender Flexibilität beim Import von Zertifikaten vermehrt Möglichkeiten zu Kosteneinsparungen. Die *Umweltverbände* plädierten grundsätzlich für eine strengere Regulierung von Emissionen. Entsprechend sprachen sie sich jeweils weit überwiegend für ein stärker zentralisiertes Emissionshandelssystem aus, in dem Zertifikate überwiegend durch Versteigerung vergeben werden sollten (Europäische Kommission 2006i, 47, 53). Außerdem sprachen sich die Umweltverbände im Gegensatz zu den Unternehmen für eine Beschränkung des Imports von Zertifikaten aus Flexibilisierungsinstrumenten aus (Europäische Kommission 2006i, S. 63) (Abbildung 4.4).

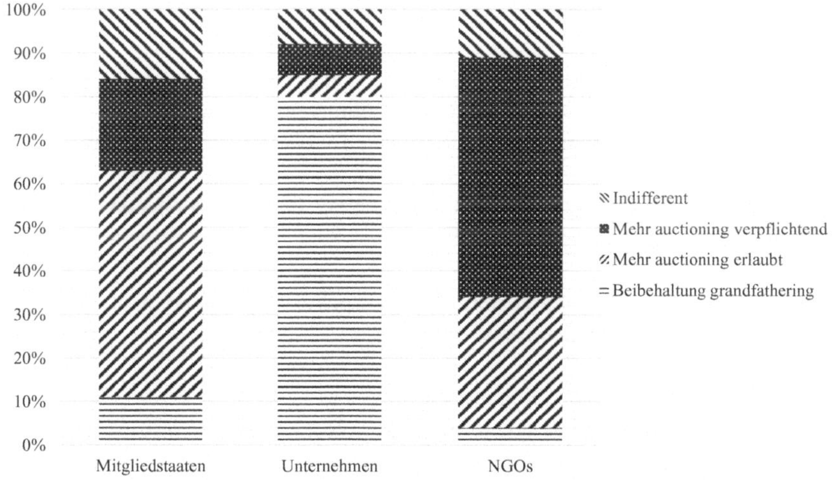

Abbildung 4.4 Haltung zur Entscheidung zwischen auctioning und grandfathering. (Eigene Darstellung auf Basis von: Europäische Kommission 2006i, S. 47)

Grundsätzlich erfolgte die Entscheidung nach dem Kodezisionsverfahren mit den oben dargestellten Vetopositionen für das Europäische Parlament und eine Sperrminorität im Rat. Die Offenheit der Kommission für *arguing* durch Verbände eröffnete auch diesen vor allem in Bereichen, in denen die Präferenzen der Kommission zu Beginn des Entscheidungsprozesses noch nicht präzise definiert waren, Einflusschancen. Eine ungewöhnliche Veränderung der Spielregeln ergab sich allerdings 2008 durch die Festlegung der französischen Ratspräsidentschaft, über das Emissionshandelssystem zusammen mit den anderen Bestandteilen des Energiepakets auf dem Herbsttreffen des Europäischen Rates 2008 zu entscheiden. Damit verfügte jeder einzelne Mitgliedstaat über die Möglichkeit, die Klima- und Energiepolitik der Union zu blockieren (Boasson u. Wettestad 2013, S. 65).

4.2.4.2.2 Inhaltliche Durchsetzung im Entscheidungsprozess

Da die Reform des Emissionshandelssystems auf ein bestehendes System aufbaute, ist es nicht verwunderlich, dass die Zahl der umstrittenen Aspekte 2008 und 2009 kleiner war als bei der erstmaligen Einrichtung des Systems. Zur Disposition standen vor allem Elemente des Systems, die von einigen oder allen Akteuren als dysfunktional perzipiert wurden. Im Übrigen wirkte eine institutionelle Pfadabhängigkeit; 2003 und 2004 getroffene grundlegende Designentscheidungen wurden nicht mehr infrage gestellt. Der 2008 vorgelegte Vorschlag der Kommission sah gegenüber dem System in den ersten beiden Handelsperioden zwei erhebliche Änderungen vor:

a) Erstens sollte das reformierte System wesentlich stärker zentralisiert sein. Die jeweiligen nationalen Obergrenzen sollten nicht dezentral in den Allokationsplänen festgelegt, sondern von einer EU-weiten Obergrenze abgeleitet werden.
b) Zweitens sollte die Versteigerung die kostenlose Zuteilung als hauptsächlicher Zuteilungsmodus ablösen.

Darüber hinaus waren zwei weitere Designaspekte Gegenstand nennenswerter Debatten im Entscheidungsprozess:

iii) Erfasste Sektoren und Treibhausgase;
iv) Einbeziehung von Zertifikaten aus anderen Kyoto-Flexibilisierungsinstrumenten.

a) Zentralisierung der Emissionsbegrenzung
Für die Führungsebene in den Generaldirektionen der Kommission hatte die Europäisierung der Entscheidung über eine Emissionsobergrenze Priorität, weil die dezentrale Allokation aus Sicht der Kommission zu Fehlanreizen geführt hatte (Dreger 2014, S. 74–75): Der durch die nationale Zuständigkeit über die Zuteilung induzierte Wettbewerb hatte zu einer dysfunktionalen Inflation der Zertifikatemenge geführt. Unterstützt wurde die Kommission dabei von Studien, die einer solchen gemeinsamen Obergrenze überlegene Kosteneffektivität und Prognostizierbarkeit bescheinigten. Insgesamt konnte die Kommission damit mit überzeugenden faktenbasierten Argumenten für eine Zentralisierung der Allokation werben (Dreger 2014, S. 76–77). Wie bei der Darstellung der Präferenzen der beteiligten Akteure bereits angeführt, kamen im Hinblick auf eine stärkere zentrale Harmonisierung des Systems in der dritten Handelsperiode die Präferenzen der am Entscheidungsprozess beteiligten Akteure größtenteils zur Deckung, wenn auch die Einzelaspekte dieser Harmonisierung durchaus Konflikten unterlagen. Die Mitgliedstaaten akzeptierten mehrheitlich eine stärkere zentrale Koordination durch die Kommission; einige von ihnen – allen voran Großbritannien – forderten diese sogar mit Nachdruck (Boasson u. Wettestad 2013, S. 63; Rat der EU 2008ad, S. 5). Im Verlauf des ECCP-Konsultationsprozesses im Vorfeld der Vorlage durch die Kommission drängten auch die beteiligten Wirtschaftsverbände auf eine deutlich stärkere Harmonisierung der Rahmenbedingungen, um ein „*level playing field*“ für Investitionen in der EU zu erreichen (u. a. CEFIC 2007a, S. 3; Eurelectric 2007, S. 14; IFIEC Europe 2007a, S. 2).

Kernelement der intendierten Zentralisierung war, dass nach dem Vorschlag der Kommission eine Emissionsobergrenze und damit die Quantität der zugeteilten Zertifikate zentral festgelegt werden sollten (Ellerman et al. 2010, S. 80). Der Entwurf sah eine Reduzierung der Treibhausgasemissionen in den betroffenen Sektoren bis 2020 um 21 Prozent gegenüber dem Basisjahr 2005 vor (Europäische Kommission 2008h, S. 16). Dieser Wert wurde auch in der endgültigen Richtlinie übernommen (RL 2009/29/EG, ErwG 14). Da eine gemeinschaftliche Obergrenze auch eine zentrale Kontingentierung der Zertifikatsmengen erfordert, ließ diese Herangehensweise Widerstand vonseiten der Mitgliedstaaten erwarten, deren bestehendes Alleinentscheidungsrecht über die Zuteilung damit beschnitten würde. Vor diesem Hintergrund mag es überraschen, dass eine zentrale Festlegung von Emissionsobergrenzen weder von Mitgliedstaaten noch vonseiten der Industrie offen abgelehnt wurde, was eine deutliche Abweichung von den Positionen darstellt, die im Entscheidungsprozess zur ersten Handelsperiode zutage traten. Die einzige plausible Erklärung für diese Beobachtung ist wohl eine breite Akzeptanz für die Diagnose, dass der Emissionshandelsmechanismus in den ersten beiden Perioden versagt hatte (Skjærseth u. Wettestad 2010, S. 109). Umweltverbände wie das *Climate Action Network Europe* sprachen sich entsprechend unter Verweis auf Funktionsdefizite in den ersten beiden Handelsperioden mit Nachdruck für eine Zentralisierung der Quotendefinition aus (Climate Action Network Europe et al. 2007, S. 8). Auch Verteilungskonflikte über die spezifischen Emissionsmengen für jeden Mitgliedstaat sind nicht bekannt.

Der Vorschlag der Kommission sah eine Verteilung der Zertifikate proportional zu den Emissionswerten des Jahres 2005 und zusätzlich definierte Zuschläge für bestimmte Mitgliedstaaten „im Interesse der Solidarität und des Wachstums in der Gemeinschaft" (Europäische Kommission 2008h, S. 41) vor. Die Gesamtmenge der Zertifikate sollte dabei ab 2012 jährlich linear um 1,74 Prozent reduziert werden (Europäische Kommission 2008h, S. 24–25). Diese Regelung wurde praktisch unverändert in die endgültige Richtlinie übernommen; weder Rat und Parlament noch die beteiligten Ausschüsse artikulierten Bedenken. Die einzige Änderung betrifft die Kompetenz, den Reduktionsfaktor nach der dritten Handelsperiode zu überprüfen. Der Vorschlag der Kommission schrieb diese Kompetenz der Kommission zu und forderte eine Überprüfung bis 2025; das Parlament verlangte hingegen eine Überprüfung schon im Jahr 2020 (Europäisches Parlament 2008u, S. 28). Der Rat verlangte demgegenüber in seinem Gemeinsamen Standpunkt eine Änderung der Richtlinie im Kodezisionsverfahren für eine Anpassung des Faktors; diese Bestimmung wurde auch in den Trilog-Gesprächen aufrechterhalten und findet sich unverändert in der endgültigen Richtlinie (Rat der EU 2008w, S. 55).

b) Methode der Zuteilung

Ungleich größer fielen die Differenzen im Hinblick auf die Frage aus, ob die Zertifikate künftig kostenlos zugeteilt oder versteigert werden sollten. Innerhalb der Kommissionsbürokratie bestand ein breiter Konsens, dass ein vollständiger Übergang zur Versteigerung aus Effektivitäts- und Effizienzgründen wünschenswert wäre (Dreger 2014, S. 66). Die Mitgliedstaaten zeigten sich in dieser Hinsicht gespalten, Einigkeit bestand aber allgemein darüber, den Anteil des *auctioning* zu erhöhen (Rat der EU 2008ac, S. 12). Im bereits erwähnten ECCP-Konsultationsprozess im Jahr 2007 sprachen sich die Umweltverbände entschieden für einen vollständigen Übergang zum *auctioning* aus (Climate Action Network Europe et al. 2007, S. 10–14). Die Interessenvertreter der energieintensiven Industrien plädierten hingegen in einer gemeinsamen Stellungnahme, die kostenlose Zuteilung von Zertifikaten im Interesse der Wettbewerbsfähigkeit der

EU als Industriestandort beizubehalten (IFIEC Europe 2007a).[23] Auch der Metall-Dachverband Eurometaux setzte sich mit intensivem Lobbying dafür ein, dass die Metallindustrie auch nach 2012 kostenlos CO_2-Zertifikate zugeteilt bekommen sollte (Nørgaard et al. 2014, S. 498). Allerdings bestand in dieser Frage keine sektorübergreifende Einigkeit auf Seiten der Unternehmen. Einige Energieversorgungsunternehmen, unter ihnen der deutsche E.ON-Konzern (E.ON 2007), sprachen sich aus Effizienzgründen explizit für eine Ausweitung des *auctioning* aus.

Der Vorschlag der Kommission stellte wie zu erwarten eine radikale Kehrtwende gegenüber dem bestehenden System dar und sah vor, die kostenlose Zuteilung bis 2020 stufenweise vollständig durch ein Versteigerungsmodell zu ersetzen, wobei die Elektrizitätsbranche und Bereiche der Kohlenstoffspeicherung von 2013 an vollständig der Versteigerung von Zertifikaten unterliegen sollten (Europäische Kommission 2008h, S. 27–28). „*In the debate, between January and December 2008, the principle of eventual auctioning was never called into serious question*" (Ellerman et al. 2010, S. 76). Auseinandersetzungen gab es lediglich darüber, welche Sektoren in welchem Ausmaß der Versteigerung von Zertifikaten unterliegen sollten und inwieweit die Mitgliedstaaten zu einer bestimmten Verwendung der Versteigerungserlöse verpflichtet werden könnten. Im Rat kristallisierte sich dabei schnell die Haltung heraus, dass ein Versteigerungsanteil von 100 Prozent allein im Energiesektor zustimmungsfähig sei (Rat der EU 2008f, S. 16–17). Im Verlauf der interinstitutionellen Verhandlungen wurde dieser Regelung eine Ausnahme für Energieversorgungsunternehmen in modernisierungsbedürftigen Netzen neu hinzugefügt; für solche Anlagen sollte der Anteil kostenlos zugeteilter Zertifikate bis 2020 erst schrittweise von 70 Prozent auf null Prozent reduziert werden (Art. 10c RL 2009/29/EG). Von dieser Regelung profitierten vor allem Unternehmen in Polen und anderen osteuropäischen Beitrittsstaaten (Wettestad u. Jevnaker 2016, S. 29). Ein genauer Anteil der zu versteigernden Zertifikate wird in der Richtlinie nicht definiert und war auch im Kommissionsentwurf nicht intendiert; vielmehr hängt dieser Anteil erheblich von der nachträglich zu treffenden Auswahl der vom Problem der *carbon leakage* – gemeint ist damit die mögliche Verlagerung emissionsintensiver

---

[23] Die Warnung vor ungleichen Wettbewerbsbedingungen infolge des Emissionshandelssystems durchzieht die Stellungnahmen nahezu aller Interessenorganisationen aus energieintensiven Sektoren. Als zusätzliches Beispiel sei hier nur der Beitrag der European Cement Association angeführt, der kaum Vorschläge zur konkreten Ausgestaltung eines Emissionshandelssystems beinhaltet und primär eine Reduzierung regulatorischer Beschränkungen auf EU-Ebene zugunsten weltweiter Bemühungen fordert (The European Cement Association 2007).

Produktionsanlagen in Drittländer außerhalb des EU-Emissionshandels – betroffenen Sektoren ab. In den nicht von Ausnahmeregeln betroffenen Sektoren sollte der Versteigerungsanteil von 2013 von 2020 von 20 Prozent auf 70 Prozent erhöht werden (Art. 10a Abs. 7 RL 2009/29/EG); dies stellt eine Abschwächung gegenüber dem Vorschlag der Kommission dar, der im Jahr 2020 einen Wert von 100 Prozent vorgesehen hatte (Europäische Kommission 2008h, S. 28). Dieser Ansatz war allerdings im Rat nicht durchzusetzen: Zwar unterstützten mehrere Mitgliedstaaten den Vorschlag der Kommission; eine größere Gruppe plädierte allerdings auch dafür, den Versteigerungsanteil über die gesamte Handelsperiode stabil bei 20 Prozent zu belassen. Der letztlich beschlossene lineare Anstieg des Versteigerungsanteils geht auf einen Kompromissvorschlag der französischen Ratspräsidentschaft zurück, der auch in den Trilog-Verhandlungen aufrechterhalten wurde (Rat der EU 2008w, S. 86, 2008y, S. 3).

Widerstand gegen eine zentrale Regelung der Verwendung gab es vonseiten einiger Mitgliedstaaten, die argumentierten, die Entscheidung über die Verwendung der Versteigerungserlöse falle in die jeweilige nationale Zuständigkeit (Rat der EU 2008f, S. 16–17). Gleichwohl wurden die diesbezüglichen Vorgaben in den interinstitutionellen Verhandlungen verschärft: Während der Kommissionsvorschlag eine zweckgebundene Verwendung von 20 Prozent der Erlöse vorsah, beispielsweise für die Erforschung erneuerbarer Energien oder Technologien zur Kohlenstoffabscheidung, drängten das Parlament und die französische Ratspräsidentschaft mit der Unterstützung mehrerer Mitgliedstaaten auf einen Anteil von 50 Prozent – eine Bestimmung, dic in dieser Form auch in der endgültigen Richtlinie durchgesetzt wurde (Europäisches Parlament 2008u, S. 32; Rat der EU 2008y, S. 5).

c) Erfasste Sektoren und Treibhausgase

Eine wesentliche Veränderung zum bisherigen Emissionshandelssystem stellte die Einbeziehung des Luftverkehrs mit der Richtlinie 2008/101/EG dar. Die ursprüngliche Emissionshandelsrichtlinie hatte diesen Sektor noch nicht abgedeckt, weil die Zuständigkeit für Emissionsreduktionen im Kyoto-Protokoll der Internationalen Zivilluftfahrtsorganisation ICAO übertragen worden war. Die Initiative der Kommission zur Einbeziehung in das Emissionshandelssystem stellte letztlich eine Reaktion auf die als unzureichend wahrgenommene Regulierung durch die ICAO dar (Petersen 2008). Die europäischen Fluggesellschaften wehrten sich zunächst entschieden gegen die Einbeziehung und führten als Hauptargument mögliche Wettbewerbsnachteile gegenüber Konkurrenten aus Drittländern an (Wegener 2009, S. 286), akzeptierten im Verlauf des Konsultationsprozesses allerdings angesichts der verbreitet befürwortenden Haltung im Rat und im Europäischen Parlament eine Einbeziehung als Prämisse (Europäische Kommission 2006g, S. 3). Angesichts dieses weitgehenden Einvernehmens über die Integration des Flugverkehrs an sich konzentrierten sich die Verhandlungen zwischen den EU-Organen auf zwei sekundäre Aspekte, zum einen den Zeitpunkt der Einführung, zum anderen den Anteil versteigerter Zertifikate.

Der Vorschlag der Kommission sah eine stufenweise Einbeziehung vor: Innereuropäische Flüge sollten ab Anfang des Jahres 2011 dem Emissionshandel unterliegen, Flüge zwischen der EU und Drittstaaten ab 2012 (Europäische Kommission 2006j, S. 13). Das Parlament lehnte in erster Lesung diese Abstufung ab und verlangte eine vollständige Einbeziehung ab 2011 (Europäisches Parlament 2007a, S. 7). Die Mitgliedstaaten im Rat sprachen sich ebenfalls von Anfang an mit deutlicher Mehrheit gegen eine stufenweise Einbeziehung aus (Rat der EU 2007e, S. 3). Was den Zeitpunkt der Einführung anbelangte, zeigten sich die Regierungen allerdings gespalten: Während eine größere Gruppe auf eine Einführung erst im Jahr 2013 drängte, sprachen sich auch einige Mitgliedstaaten für den vom Parlament geforderten Start im Jahr 2011 aus (Rat der EU 2007d, S. 2). Im Gemeinsamen Standpunkt einigten sich die Mitgliedstaaten auf das Jahr 2012 als einheitliches Startdatum, was auch von der Kommission im Vorfeld der interinstitutionellen Verhandlungen akzeptiert wurde (Europäische Kommission 2008c; Rat der EU 2008b, S. 24). Die Vertreter des Parlaments konnten sich mit ihrer ambitionierten Haltung in den Verhandlungen nicht durchsetzen, weshalb auch die endgültige Richtlinie die einheitliche Einbeziehung ab 2012 vorsieht – eine Abschwächung gegenüber dem Vorschlag der Kommission. Im Hinblick auf die Zuteilung der Zertifikate beabsichtigte die Kommission, einen Anteil der Zertifikate zu versteigern, der dem durchschnittlichen Versteigerungsanteil aller Nationalen Allokationspläne entsprach (Europäische Kommission 2006j, S. 17). Ein solcher variabler Anteil versteigerter Zertifikate wurde vom Parlament zurückgewiesen: Der Umweltausschuss schlug eine feste Versteigerungsquote von 50 Prozent vor, stieß damit aber vor allem beim Ausschuss für Industrie, Forschung und Energie auf Widerstand. Die legislative Entschließung reduzierte diesen Wert deshalb auf 25 Prozent (Europäisches Parlament 2007a, S. 14, 2007b, S. 19). Der Rat beschloss in seinem Gemeinsamen Standpunkt demgegenüber eine Quote von nur zehn Prozent (Rat der EU 2008b, S. 24). Der in die Richtlinie übernommene Kompromiss sieht schließlich einen Anteil versteigerter Zertifikate von 15 Prozent vor, obwohl die Kommission bis zuletzt für 20 Prozent eintrat (Europäische Kommission 2008g, S. 4). Unumstritten war hingegen, dass die Zuteilung der entsprechenden Zertifikate nicht im Rahmen der Nationalen Allokationspläne, sondern zentral durch die Kommission erfolgen sollte, was mit Blick auf die allgemein akzeptierte Notwendigkeit einer stärkeren Zentralisierung kaum überrascht.

Das Argument der *carbon leakage* gab den Vertretern der Industrie in den Konsultationsrunden zur allgemeinen Emissionshandelsrichtlinie ein wichtiges Druckpotenzial an die Hand, was dazu führte, dass die Kommission von Anfang an in Erwägung zog, Sektoren, die dieser Gefahr in besonderem Maße unterliegen, von der Versteigerung der Zertifikate auszunehmen (Dreger 2014, S. 67–72). Auch einige Mitgliedstaaten, allen voran Polen und Estland, äußerten vehement entsprechende Befürchtungen und nutzten diese als Argument für eine größere Flexibilität der Einzelstaaten bei der Implementation des Systems (Europäische Kommission 2008e, S. 3). Die Protokolle der im Rahmen des ECCP geführten Diskussionen legen nahe, dass die Verhandlungen zwischen den Organen der EU, Mitgliedstaaten und anderen Stakeholdern über das Problem der *carbon leakage* in hohem Maße *arguing*-basiert verliefen. Die Vertreter von Umweltverbänden drangen auf eine präzise und operationalisierbare Definition des Begriffs; die Diskussion zwischen Kommission und Unternehmensverbänden drehte sich hingegen in erster Linie um die Auswahl geeigneter quantifizierbarer Indikatoren für die Bestimmung des Anreizes für Unternehmen, Investitionen in Drittländer zu verlagern (Europäische Kommission 2008e, 2008f).

Der Kommissionsentwurf sah schließlich vor, dass die Kommission ab 2010 alle drei Jahre eine Liste der von der Versteigerung ausgenommenen Sektoren festlegen sollte, unter Beteiligung eines Ausschusses nach dem Regelungsverfahren mit Kontrolle (Europäische Kommission 2008h, S. 28). Rat und Parlament schränkten hier trotz dieser restriktiven Bestimmung im Hinblick auf die Komitologie die Kommission in ihrer Handlungsfreiheit noch einmal deutlich ein: In den Erörterungen des Rates wurde von Beginn an von den meisten Mitgliedstaaten der Wunsch nach stärkerer Kontrolle über die Definition dieser Sektoren durch die Kommission formuliert. So forderten Estland und Italien, die Liste dieser Sektoren bereits in der Richtlinie abschließend festzulegen – was der Umweltausschuss des Parlaments strikt ablehnte (Europäisches Parlament 2008d, S. 77); eine deutlich größere Gruppe von Staaten verlangte in der Richtlinie präzisere Kriterien für die Auswahl der Sektoren (Rat der EU 2008al, S. 13). Auch das Parlament schlug in seiner Stellungnahme einen umfangreicheren Kriterienkatalog und damit einen gegenüber dem Kommissionstext deutlich eingeengten Handlungsspielraum der Behörde bei der Festlegung der Sektoren vor (Europäisches Parlament 2008d, S. 54–56). Mit Blick auf die von der französischen Ratspräsidentschaft angestrebte Verabschiedung im Europäischen Rat im Dezember 2008 wurde im November intensiv über die präzisen quantitativen Kriterien verhandelt. Auf Drängen einer Gruppe von Mitgliedstaaten wurde zudem die Möglichkeit für die Kommission aufgenommen, diese quantitativen Kriterien durch ebenfalls vorgegebene qualitative Maßstäbe zu ergänzen (Rat der EU 2008h, S. 40–41). Erst kurz vor Abschluss der Trilog-Verhandlungen wurde als zusätzliche Sicherung im Sinne der Mitgliedstaaten zudem festgelegt, dass die Kommission zusätzlich zum Komitologie-Verfahren das entsprechende Verzeichnis erst nach Einbeziehung des Europäischen Rates erlassen kann. Um sechs Monate verkürzt wurde gegenüber dem Kommissionsvorschlag zudem die Frist für die Festlegung der von *carbon leakage* betroffenen Sektoren, weil unter den Mitgliedstaaten und im Parlament breites Einvernehmen bestand, dass eine schnellere Festlegung mit Blick auf die Planungssicherheit für Unternehmen wünschenswert sei (Rat der EU 2008x, S. 7).

Ansonsten blieb die Auswahl der erfassten Sektoren im Vergleich zu den ersten beiden Handelsperioden relativ stabil; die Unterteilung nach Tätigkeitskategorien wurde beibehalten (RL 2009/29/EG, Anhang I). Zusätzlich einbezogen wurden die Aluminiumindustrie und bestimmte Sektoren der petrochemischen Industrie, nachdem Vertreter dieser Industriezweige aufgrund der geringen Kosten im Vergleich zu anderweitigen Reduktionen von Treibhausgasemissionen aktiv für einen Einbezug in das Emissionshandelssystem geworben hatten (Dreger 2014, S. 67). Die vom Emissionshandel erfassten Treibhausgase wurden bei der Revision lediglich marginal verändert. Im Rahmen des ECCP warben vor allem Umweltverbände für eine fallbezogene Erfassung weiterer Treibhausgase (Climate Action Network Europe et al. 2007, S. 18). Die beteiligten Unternehmensverbände lehnten eine solche Einbeziehung unter Verweis auf Kostensteigerungen und vorhandene Regulierungen mehrheitlich ab. Einbezogen wurden schließlich perfluorierte Kohlenwasserstoffe aus der Aluminiumindustrie und Distickstoffoxid aus der Produktion bestimmter Säuren (RL 2009/29/EG, Anhang I). Diese Änderungen wurden ohne Ausnahme von der Kommission auf Basis der Stakeholder-Konsultationen vorgeschlagen und unverändert von Rat und Parlament in die endgültige Richtlinie übernommen.

d) Einbeziehung von Zertifikaten aus anderen Kyoto-Flexibilisierungsinstrumenten
Die Verknüpfung mit den Flexibilisierungsmechanismen des Kyoto-Protokolls bleibt in der dritten Handelsperiode bestehen; gegenüber der zweiten Periode ergaben sich keine wesentlichen Veränderungen, beispielsweise im Hinblick auf die qualitativen Anforderungen an die vorzuweisenden Zertifikate.[24] Die einzige

[24] Der Umweltausschuss des Parlaments konnte sich mit seiner Forderung nicht durchsetzen, höhere Qualitätsanforderungen an die importierten Zertifikate zu stellen (Wettestad u. Jevnaker 2016, S. 28).

nennenswerte Neuerung in der Ausgestaltung der Verknüpfung ist die Möglichkeit, in der zweiten Handelsperiode erworbene Zertifikate in der dritten Handelsperiode anrechnen zu lassen. Beim Übergang von der ersten auf die zweite Handelsperiode war diese Möglichkeit noch nicht gegeben (Skjærseth u. Wettestad 2010, S. 107). Diese Möglichkeit war bereits im Vorschlag der Kommission vorgesehen und wurde im formalen Entscheidungsprozess nicht verändert. Auch die bestehende Obergrenze wurde trotz gegenteiliger Lobby-Bemühungen von Unternehmensverbänden nicht verändert; einzig im Falle einer Verschärfung des Reduktionsziels auf 30 Prozent bis 2020 sollte maximal die Hälfte der notwendigen Emissionsreduktionen durch importierte Zertifikate abgedeckt werden können (Art. 8 RL 2009/29/EG); diese Option wurde im Rahmen der Verhandlungen zwischen Rat und Parlament in die Richtlinie aufgenommen.

4.2.4.3 Abgeleitete Rechtsetzung und nachträgliche Anpassung des Systems

Die Richtlinie 2009/29/EG sieht vor, dass eine Reihe von Sachverhalten durch die Kommission detaillierter geregelt wird, wobei durch die Ergänzung der Verfahrensvorschriften zur Komitologie[25] nun auch dem Europäischen Parlament im Rahmen des Regelungsverfahrens mit Kontrolle eine bedingte Blockademöglichkeit[26] zukommt. Dass die Zahl der Aspekte, die über die Komitologie geregelt werden sollten, im Vergleich zu den ersten beiden Handelsperioden zunahm, ist dabei nicht zuletzt darauf zurückzuführen, dass angesichts des Zeitdrucks durch den anstehenden Klimagipfel in Kopenhagen mehrere strittige Punkte in den Bereich der abgeleiteten Rechtsetzung ausgelagert wurden (Interview 2). Die

[25] Die gestärkte Rolle des Europäischen Parlaments, die durch die Einführung des Regelungsverfahrens mit Kontrolle im Komitologie-Beschluss des Rates von 2006 ermöglicht wird, wurde durch VO 219/2009 für eine Reihe von Politikbereichen realisiert, indem die in den jeweiligen Basisrechtsakten vorgesehenen Verfahrensvorschriften zur Komitologie entsprechend geändert wurden. Im Fall der Emissionshandelsrichtlinie bedeutete dies konkret, dass der Erlass der Leitlinien für die Überwachung und Berichterstattung und der Verordnung über ein Registrierungssystem künftig dem Regelungsverfahren mit Kontrolle unterliegen sollte. Für die in der Richtlinie 2009/29/EG neu hinzugekommenen Kompetenzen der Kommission in Bezug auf den Ablauf der Versteigerung von Zertifikaten (Art. 10 Abs. 4) und die Ausnahme bestimmter Sektoren (Art. 10a Abs. 1) gilt ebenfalls das Regelungsverfahren mit Kontrolle.

[26] Wie oben erläutert, besitzt das Parlament unter dem Regelungsverfahren mit Kontrolle kein uneingeschränktes Recht zur politischen Ablehnung von Maßnahmen der Kommission. Eine Ablehnung kann vielmehr nur mit einer Kompetenzüberschreitung der Kommission, einem inhaltlichen Widerspruch zu den Zielen des Basisrechtsakts oder einem Verstoß gegen die Prinzipien der Verhältnismäßigkeit oder Subsidiarität begründet werden (Art. 5 B 2006/512/EG).

Gegenstände der abgeleiteten Rechtsetzung lassen sich dabei für die dritte Handelsperiode nach ihrer Tragweite für das Gesamtsystem und ihrer Konflikthaftigkeit in zwei Gruppen unterteilen: Zum einen regelte die Kommission einige sekundäre Aspekte mit vergleichsweise geringfügige Anpassungen im Rahmen der Komitologie, konnte dabei aber aufgrund der präzisen Vorgaben in der Richtlinie kaum eigene Präferenzen umsetzen. Dazu zählten insbesondere

a) Die Schaffung eines EU-weiten Emissionsregisters;
b) Die Festlegung von Leitlinien für die Überwachung und Berichterstattung in Bezug auf Treibhausgasemissionen;
c) Die Einrichtung einer EU-weiten Versteigerungsplattform;
d) Die Festlegung der vom Risiko der *carbon leakage* betroffenen Sektoren und Teilsektoren, wenngleich sich die beiden letztgenannten Bereiche als erheblich konfliktbeladener erwiesen als die erstgenannten.

Zum anderen versuchte die Kommission aufgrund zu Tage tretender Probleme des Systems, durch abgeleitete Rechtsetzung erhebliche Anpassungen an diesem vorzunehmen, konnte diese Vorhaben aber nicht ohne substanzielle Einbindung der Mitgliedstaaten und des Parlaments und teils auch Änderungen am zugrunde liegenden Rechtsakt umsetzen. In diese Kategorie lassen sich

e) Die Beschränkung der Einbeziehung des Luftverkehrs in den Emissionshandel sowie
f) Die Entscheidung über eine verzögerte Versteigerung – das sogenannte *back-loading* – im Jahr 2013

einordnen. Ohne Beteiligung eines Ausschusses legte die Kommission im Beschluss 2010/384/EU die Gesamtmenge der EU-weit zu versteigernden Zertifikate für das Jahr 2013 fest. Die Vorgaben in Artikel 9 der Emissionshandelsrichtlinie gewährten ihr dabei keinerlei substanziellen Entscheidungsspielraum; der entsprechende Beschluss führt lediglich die von der Kommission gesammelten Informationen über die im Rahmen der Nationalen Allokationspläne zugeteilten Zertifikate zusammen und kalkuliert auf dieser Basis die Gesamtmenge.

a) Schaffung eines gemeinschaftsweiten Registers

Im Rahmen der Zentralisierung der Zuteilung von Zertifikaten ersetzt die reformierte Emissionshandelsrichtlinie die bisherigen einzelstaatlichen durch ein EU-weites Register. Entsprechend oblag es der Kommission, die bisherige Regelung zur Harmonisierung der einzelstaatlichen Register durch eine Verordnung zur Schaffung eines gemeinschaftsweiten Registers zu ersetzen. Darüber hinaus musste dieses Register für die getrennt zugeteilten Zertifikate im Luftverkehrssektor ausgelegt sein. Politische Streitpunkte ergaben sich dabei nicht; die von der Kommission vorgeschlagenen Anpassungen sind überwiegend technischer Natur (Europäische Kommission 2011k). Entsprechend spiegeln die verfügbaren Aufzeichnungen der Diskussionen im Ausschuss für Klimaänderung fachliches *arguing* in Bezug auf sekundäre Aspekte des Emissionshandelssystems wider;[27] der geringfügig veränderte Entwurf der Kommission wurde ohne Gegenstimme angenommen (Europäische Kommission 2011n) und trat als Verordnung (EU) Nr. 1193/2011 in Kraft, nachdem das Parlament zur vorgegebenen Frist keine Stellungnahme abgegeben hatte. Gleiches gilt für die Neufassung der Registerverordnung im Jahr 2013: Die Novelle war notwendig geworden, um das Register an die Buchungsanforderungen nach der aktualisierten Lastenteilungsvereinbarung anzupassen. Die Kommission führte die noch bestehenden Bestimmungen der Verordnung (EU) 920/2010 und die Verordnung (EU) 1193/2010 zusammen; der zuständige Ausschuss brachte einige technische Änderungen ein und beschloss die Neufassung nach der ersten Beratung (Europäische Kommission 2013f, 2013x).[28]

b) Leitlinien für die Überwachung und Berichterstattung

Bei der von der Richtlinie geforderten Überarbeitung der Vorgaben zur Überwachung und Berichterstattung drängten die Vertreter der Mitgliedstaaten im Ausschuss für Klimaänderung vor allem auf eine Verbesserung der Effizienz und eine Beseitigung der von Anlagenbetreibern kritisierten Redundanzen, brachten also in erster Linie von Unternehmen formulierte Änderungswünsche ein. Aus fachlicher Sicht wurde zudem unter anderem eine präzisere Definition des Begriffs „Biomasse" gefordert (Europäische Kommission 2011g). Entsprechend der verfügbaren Niederschrift arbeitete die Kommission die von den Mitgliedstaaten geforderten Änderungen zur Zufriedenheit der meisten Anwesenden in ihren Entwurf ein, der dann gegen die Stimmen einer Delegation beschlossen wurde (Europäische Kommission 2011h). In einer späteren Sitzung des Ausschusses für Klimaänderung wurde die von der Kommission erarbeitete Vorlage für Überwachungspläne der Anlagenbetreiber, die angesichts stark veränderter Anforderungen den Betreibern

[27] Zur Einordnung des Status der diskutierten Aspekte mag folgendes Beispiel dienen: Einer der drei wesentlichen von den Mitgliedstaaten vorgebrachten Veränderungswünsche betraf die Dauer der Wartefrist bei bestimmten Transaktionen zwischen Besitzkonten und Versteigerungen von Zertifikaten. Statt der von der Kommission vorgeschlagenen 24 Stunden setzten die Vertreter der Mitgliedstaaten eine Frist von 26 Stunden bis zum endgültigen Abschluss der Transaktion durch (Europäische Kommission 2011d, 2011e, S. 1).

[28] Rechtsakt: Verordnung (EU) Nr. 389/2013.

das Erstellen der Pläne erleichtern sollte, diskutiert und ohne formale Abstimmung einstimmig gebilligt (Europäische Kommission 2012b). Gemeinsam mit der Überwachung und Berichterstattung wurde auch eine neue Verordnung zur Prüfung von Treibhausgasemissionsberichten der Anlagenbetreiber und Tonnenkilometerberichten der Fluggesellschaften beraten. Diese Verordnung sollte die Akkreditierung von Prüfstellen für diese Berichte vereinheitlichen und damit eine Harmonisierung des Binnenmarkts für derartige Prüfdienstleistungen bewirken. Der entsprechende Entwurf der Kommission wurde vom zuständigen Ausschuss ohne Diskussion einstimmig gebilligt (Europäische Kommission 2011h, S. 2). Das Parlament erhob gegen beide Entwürfe keine Einwendungen; diese konnten damit als Verordnung (EU) 600/2012 (Prüfung und Akkreditierung) und (EU) 601/2012 (Überwachung und Berichterstattung) in Kraft treten. VO 601/2012 wurde 2014 nochmals geringfügig verändert: VO 206/2014 harmonisierte die Werte für die den einzelnen Treibhausgasen zugeschriebenen Treibhauspotenziale mit den Vorgaben der UN-Rahmenkonvention; in VO 743/2014 wurden in Umsetzung einer entsprechenden Bestimmung in der VO 601/2012 die Anforderungen für die Mindesthäufigkeit der Analysen zur Emissionsüberwachung überarbeitet. Beide Rechtsakte wurden vom zuständigen Komitologie-Ausschuss nach jeweils einmaliger Behandlung ohne inhaltliche Änderungen einstimmig gebilligt (Europäische Kommission 2013i, 2014b).

c) Versteigerung von Zertifikaten

Einen politisch wesentlich sensibleren Bereich tangieren die Befugnisse der Kommission im Hinblick auf die Regulierung der Versteigerung von Zertifikaten. Mit der Reform des Emissionshandels löste die Versteigerung die kostenlose Zuteilung als Standardmodus der Vergabe von Zertifikaten ab, weshalb die Kommission hier nicht auf bestehende Erfahrungen und Bestimmungen aufbauen konnte. Während die Setzung des technischen Rahmens für die Versteigerung als sekundärer Aspekt betrachtet werden kann, berührt die Festlegung der vom Problem der *carbon leakage* betroffenen und daher von der Versteigerung auszunehmenden Sektoren den inhaltlichen Kern des Emissionshandelssystems. Hinzu kam in der dritten Handelsperiode die Entscheidung über das so genannte *backloading* zur Reduzierung der auf dem Markt befindlichen Zertifikate, das ebenfalls über die Regulierung der Versteigerung durch die Kommission umgesetzt wurde.

Den Kern der Regulierung der Versteigerung bildet die Festlegung des „zeitlichen und administrativen Ablauf[s]“ (Art. 10 Abs. 4 RL 2003/87/EG)[29] durch die Kommission. Der Kommission kam damit einerseits die Aufgabe zu, die

[29] In der Fassung der Richtlinie 2009/29/EG.

technischen Rahmenbedingungen für eine zentrale Versteigerungsplattform festzuschreiben, andererseits, über die zeitliche Organisation der Versteigerung von Zertifikaten zu entscheiden. Für den Erlass der Maßnahme galt das Regelungsverfahren mit Kontrolle. Noch vor Inkrafttreten der reformierten Emissionshandelsrichtlinie präsentierte die Kommission Anfang 2009 im zuständigen Komitologie-Gremium erste Überlegungen; als Kriterien für eine Versteigerungsplattform formulierten die Vertreter der Mitgliedstaaten dabei Effizienz, Kosteneffektivität und Vermeidung von negativen Effekten auf den sekundären Zertifikatemarkt (Europäische Kommission 2009b).

Nachdem die Menge der zu versteigernden Zertifikate bereits durch die Richtlinie 2009/29/EG festgelegt war, wurde fast ein Jahr lang darüber diskutiert, ob den Mitgliedstaaten eine *opt-out*-Möglichkeit eingeräumt werden sollte, um ihnen den Betrieb einer jeweils eigenen Versteigerungsplattform zu erlauben. Die Kommission hatte zwar auf Basis der Erfahrungen mit den Nationalen Zuteilungsplänen für eine einheitliche Herangehensweise plädiert (Interview 2), die *opt-out*-Möglichkeit auf Wunsch Deutschlands, Großbritanniens, Spaniens und Polens aber in den Verordnungsentwurf aufgenommen; die Vertreter von 14 anderen Mitgliedstaaten lehnten eine solche Möglichkeit unter Verweis auf mögliche Gefahren für die Wettbewerbsgleichheit ab (Europäische Kommission 2011b, 2011c, 2011c). In den folgenden Sitzungen wurde ein Kompromissvorschlag erarbeitet, wonach jede einzelne *opt-out*-Plattform im Komitologieverfahren zu genehmigen war (Europäische Kommission 2010d, 2010e); diese Bestimmung wurde in die endgültige Verordnung übernommen. Damit sicherten sich die Mitgliedstaaten, die dem Betrieb individueller Auktionsinfrastrukturen skeptisch gegenüberstanden, eine Kontrollposition bei der Einrichtung dieser Auktionsplattformen.[30] Beide Seiten waren in diesem Fall zu Zugeständnissen gezwungen, weil beide Gruppen von Staaten zumindest über eine Sperrminorität verfügten. Ähnliches galt für die Frage der Aufteilung der Kosten für die gemeinsame Auktionsaufsicht. Die Staaten, die der *opt-out*-Möglichkeit kritisch gegenüberstanden, setzten noch kurz vor der Abstimmung eine Präzisierung in der Verordnung durch: Zusätzliche Monitoring-Kosten durch ein *opt-out* müssen nunmehr von denjenigen Staaten beglichen werden, die sie verursachen (Europäische Kommission 2010f). Am 14. Juli 2010 – und damit zwei Wochen nach der in der Richtlinie gesetzten Frist – billigte der Ausschuss für Klimaänderung die Verordnung

[30] In der Konsequenz wurde aber keine der vorgeschlagenen Auktionsplattformen vom Ausschuss für Klimaänderung abgelehnt. Allerdings erfolgte beispielsweise im Fall der britischen Auktionsplattform eine Modifikation auf Basis vorheriger Konsultationen im Ausschuss (Europäische Kommission 2012c).

einstimmig; diese trat, nachdem Parlament und Rat keine Einwände formuliert hatten, am 12. November 2010 als Verordnung (EU) Nr. 1031/2010 in Kraft.

Während die Festlegung der Rahmenbedingungen der Versteigerung damit von *bargaining* auf Basis vor allem finanzieller Eigeninteressen der Mitgliedstaaten geprägt war, ist die nachfolgende Änderung der Versteigerungsverordnung als ein Beispiel für das Vorherrschen von *arguing* und Persuasion durch die Kommission bei der Regelung sekundärer Elemente im Rahmen der Komitologie anzusehen. Die EU-Kommission schlug Anfang 2011 vor, Versteigerungen von Zertifikaten für die Jahre 2013 und 2014 bereits 2012 vorzunehmen, um einen reibungslosen Übergang zwischen den Handelsperioden zu gewährleisten („*early auctioning*“). Bei den Vertretern der Mitgliedstaaten im Ausschuss für Klimaänderung fand sie dabei zunächst kaum Unterstützung; diese äußerten beharrlich Zweifel an der Notwendigkeit der Maßnahme und verwiesen auf den finanziellen Aufwand durch die Beschaffung übergangsweiser Versteigerungsplattformen. Als problematisch sah eine Mehrheit der Mitgliedstaaten zudem die vorgeschlagene Versteigerung von Termin- anstelle von Spotverträgen an (Europäische Kommission 2011b, 2011c). Bei der grundsätzlichen Frage der Notwendigkeit frühzeitiger Versteigerungen konnte die Kommission allerdings auf die einhellige Feststellung von Finanzanalysten und Unternehmensverbänden verweisen, dass eine Einrichtung ohne Übergangslösung erhebliche Risiken für den Zertifikatemarkt berge (Europäische Kommission 2010k, 2011c). Eine Mehrheit der Mitgliedstaaten ließ sich nach mehrmonatigen Verhandlungen schließlich von dieser Notwendigkeit des *early auctioning* überzeugen, im Gegenzug rückte die Kommission von der Versteigerung von Termingeschäften ab (Europäische Kommission 2011e). Der entsprechend geänderte Vorschlag wurde im Juli 2011 vom Ausschuss für Klimaänderung mit zwei Enthaltungen gebilligt (Europäische Kommission 2011f, 2011m).[31]

d) Carbon Leakage

Politisch sensibel war auch die Festschreibung der Sektoren, die einem erhöhten *carbon-leakage*-Risiko unterliegen. Zwar sind die Kriterien, nach denen diese bestimmt werden, bereits in der Emissionshandelsrichtlinie festgelegt, im Verlauf der Diskussionen über den entsprechenden Kommissionsbeschluss kristallisierten sich nichtsdestotrotz zwei strittige Aspekte heraus: Zum einen musste der Beschluss die Berechnung der durch die Versteigerung entstehenden Kosten regeln, die als Basis für die Bestimmung des Verlagerungsrisikos dient, zum anderen stand zur Debatte, inwieweit ganze Sektoren oder nur Teilsektoren von der

[31] Rechtsakt: Verordnung (EU) Nr. 1210/2011.

Versteigerung ausgenommen werden sollten (Europäische Kommission 2009k). Umweltverbände und einige Mitgliedstaaten kritisierten in den Stakeholder-Konsultationen am ursprünglichen Entwurf der Kommission, dass zur Berechnung der Kosten eine Versteigerungsquote von 100 Prozent angenommen wurde, was angesichts der fortbestehenden teilweisen kostenlosen Zuteilung unrealistisch war und die Zahl der ausgenommenen Sektoren deutlich erhöht hätte. Die Kommission passte in der Folge den Entwurf an und setzte für den Zeitraum 2013 bis 2014 eine Versteigerungsquote von 75 Prozent an. Zudem wurden im überarbeiteten Entwurf verstärkt Teilsektoren anstelle ganzer Sektoren berücksichtigt.

Vertreter der Industrie versuchten, diese Veränderungen durch Einwirkung auf die Mitglieder des zuständigen Komitologie-Ausschusses zu verhindern (BusinessEurope 2009), allerdings ohne Erfolg: Die auf der neuen Berechnungsmethode basierende Liste von Sektoren wurde im Dezember 2009 vom Ausschuss für Klimaänderung gebilligt; Parlament und Rat erhoben keine Einwände (Europäische Kommission 2009c).[32] In der Gesamtschau ist die letztlich beschlossene Fassung damit deutlich restriktiver im Hinblick auf die kostenlose Zuteilung von Zertifikaten als der eher unternehmensfreundliche Erstentwurf der Kommission. Im Gegenzug nahm die Kommission in den schließlich vom Ausschuss angenommenen Entwurf die Bestimmung auf, die Liste der Sektoren noch im Lauf des Jahres 2010 einer erneuten Revision zu unterziehen (Europäische Kommission 2009e, S. 8). Die von der Kommission im Frühjahr 2011 im Ausschuss für Klimaänderung vorgelegten Änderungen waren allerdings nur marginal: Insgesamt fünf Sektoren und Teilsektoren sollten der Liste hinzugefügt werden. Im Ausschuss wurden dabei wenige fachliche Argumente gegen diese Erweiterung vorgebracht – unter anderem bemängelte eine Delegation, dass die Kommission entgegen den Bestimmungen der Emissionshandelsrichtlinie qualitative vor quantitativen Kriterien berücksichtigt habe, – der Entwurf der Kommission aber unverändert zur Abstimmung gestellt und mit einer Gegenstimme angenommen (Europäische Kommission 2011d). Auch Parlament und Rat erhoben im Regelungsverfahren mit Kontrolle keine Einwände gegen die Ergänzung der *carbon-leakage*-Liste.[33] Bei der jährlichen Überprüfung der Liste durch die Kommission wurde diese auch im Jahr 2012 geringfügig verändert. Auch in diesem Fall erfolgten weder durch den Ausschuss noch durch Parlament oder Rat Einwände; die Veränderung erfolgte auf Basis der zu diesem Zeitpunkt bereits weitgehend akzeptierten Berechnungsmethodik der Kommission (Europäische Kommission 2012a).[34]

[32] Rechtsakt: Beschluss 2010/2/EU.

[33] Rechtsakt: Beschluss 2011/745/EU.

[34] Rechtsakt: Beschluss 2012/498/EU.

Da sich die 2010 und 2011 festgelegte Liste nur auf die ersten beiden Jahre der dritten Handelsperiode bezog, mussten bis Ende 2014 die von einem Risiko der Emissionsverlagerung betroffenen Sektoren neu definiert werden. Die Kommission stand dabei unter erheblichem Druck vonseiten organisierter Unternehmensinteressen: Unter Verweis auf die fortdauernde ökonomische Krise und notwendige langfristige Planungssicherheit für Unternehmen wurden weiter gefasste quantitative Kriterien für die Berücksichtigung von Sektoren, eine verstärkte Anwendung qualitativer Kriterien wie der Marktposition der betroffenen Unternehmen und eine längerfristige Festschreibung der Sektoren gefordert (BusinessEurope 2013b; IFIEC Europe 2013a). Letzterer Forderung kam die Kommission nach, indem sie eine Liste für den Zeitraum von 2015–2019 vorlegte. Gestützt auf aktualisierte Daten, aber unter Anwendung derselben Berechnungsmethoden wie 2009 und 2010 wurde die Liste erheblich ausgeweitet. Anders als von der Industrie und einer Reihe von Mitgliedstaaten gefordert (Europäische Kommission 2014c), wurde weder die Anwendung qualitativer Kriterien merklich ausgeweitet, noch wurden zusätzliche Sektoren berücksichtigt, die die quantitativen Kriterien nicht erfüllten (Europäische Kommission 2014g, 2014h). Der in dieser Hinsicht unveränderte Entwurf wurde vom zuständigen Komitologie-Ausschuss mit einer Enthaltung angenommen (Europäische Kommission 2014d). Im Europäischen Parlament scheiterte ein Entschließungsantrag gegen die Liste knapp im Umweltausschuss (Europäisches Parlament 2014a), auch der Rat erhob keine Einwände. Damit trat die überarbeitete Liste im November 2014 als Anhang zum Beschluss 2014/746/EU in Kraft. Die Generaldirektion Klimapolitik der Kommission konnte damit ihre Auslegung der *carbon-leakage*-Bestimmungen in der Emissionshandelsrichtlinie sowohl gegen breiten Widerstand aus der Industrie als auch gegen eine Reihe von Mitgliedstaaten durchsetzen.

e) Beschränkung der Einbeziehung des Luftverkehrs

Eine substanzielle nachträgliche Anpassung des Systems, die nicht ausschließlich über das Komitologie-System umgesetzt wurde, ist die weitgehende Aussetzung des Emissionshandels für den Luftverkehrssektor. Die Einbeziehung des Luftverkehrs führte international zu erheblicher diplomatischer Verstimmung: So drohte im Februar 2012 eine Gruppe von etwa 30 Staaten, unter ihnen die USA, Russland und China, mit Sanktionen gegen europäische Fluggesellschaften, sollten alle Verbindungen in die EU dem Emissionshandel unterliegen (Harvey 23.02.2012). Die Generaldirektion Klimapolitik der Kommission beharrte zunächst kompromisslos auf der Einbeziehung, sah sich im Verlauf des Jahres 2012 aber zunehmendem Druck durch Unternehmen aus dem Luftfahrtsektor und Mitgliedstaaten ausgesetzt. So weigerten sich indische und chinesische Fluggesellschaften, unterstützt von der jeweiligen nationalen Regierung, der Europäischen Kommission ihre Emissionsdaten mitzuteilen. Dass China als Reaktion auf die Maßnahmen der EU Bestellungen beim Flugzeughersteller Airbus mit einem Volumen von elf Milliarden US-Dollar temporär suspendierte, veranlasste vor allem Deutschland und Frankreich dazu, bei der Kommission auf eine Aussetzung der Einbeziehung hinzuwirken (Lewis 12.05.2013). Unter anderem intervenierte der französische Präsident François Hollande im Oktober 2012 persönlich bei Kommissionspräsident José Manuel Barroso und warnte vor einem drohenden Stellenabbau in der europäischen Luftfahrtindustrie (Lewis u. Volcovici 10.12.2012).

Die internationale Dimension des Emissionshandels für den Luftverkehr wurde im Verlauf des Jahres 2012 in allen Sitzungen des Ausschusses für Klimaänderung behandelt, wobei die Vertreter der Kommission bis Mitte Oktober eine Anpassung des Systems ablehnten und stattdessen eine Verhandlungslösung anstrebten. Erst Mitte Oktober wurde im Ausschuss erstmals die Möglichkeit diskutiert, im Fall konkreter Beschlüsse der Internationalen Zivilluftfahrtorganisation zu einem künftigen internationalen Emissionshandelssystem die Einbeziehung des Luftverkehrs auszusetzen (Europäische Kommission 2012d). Da sich eine solche Lösung nicht abzeichnete, wie auch einige Mitglieder im Komitologie-Ausschuss anmerkten (Europäische Kommission 2012d, S. 3), ist zu vermuten, dass die Generaldirektion Klimapolitik eher nach einem gesichtswahrenden Ausweg suchte, trotz ihrer lange kategorisch ablehnenden Haltung das Emissionshandelssystem zu lockern (Vihma u. van Asselt 2014, S. 6). Die abrupte Aussetzung des Emissionshandels für alle internationalen Flüge („*stopping the clock*"), die von Klimaschutz-Kommissarin Connie Hedegaard am 12. November 2012 nach einer Telefonkonferenz mit den Regierungen der Mitgliedstaaten verkündet wurde (Europäische Kommission 2012l), war entsprechend weniger den Ergebnissen der ICAO-Tagung als der bevorstehenden Verabschiedung des *Thune Bill* in den USA geschuldet, der US-Fluggesellschaften die Teilnahme am EU-Emissionshandel verbot. Die Aussicht auf einen zugespitzten internationalen Konflikt und der Druck aus den Mitgliedstaaten, der von einem Interviewpartner als „unerträglich" (Interview 1) beschrieben wurde, veranlasste Kommissarin Hedegaard schließlich zum Einlenken. Nach dieser Entscheidung unterlagen, zunächst befristet auf ein Jahr, nur noch Flüge, die innerhalb des Europäischen Wirtschaftsraumes starteten und landeten, dem Emissionshandel. Insgesamt zeigt dieser Fall, dass eine Änderung bestehender EU-Gesetzgebung gegen die Präferenzen der Kommission – das nötige Beharrungsvermögen vorausgesetzt – zwar schwierig sein kann, ein kompromissloser Ansatz für die Kommission aber bei ausreichendem Druck durch Mitgliedstaaten und Unternehmen letztlich kaum durchzuhalten ist.

Zur formalrechtlichen Umsetzung der faktisch bereits getroffenen Entscheidung unterbreitete die Kommission am 20. November 2012 einen Vorschlag für eine Entscheidung im Kodezisionsverfahren (Europäische Kommission 2012k). In den Trilog-Verhandlungen Anfang 2013 wurde deutlich, dass weder das Europäische Parlament noch der Rat wesentliche Veränderungen am Kommissionsentwurf wünschten. Im Rat sprach sich lediglich Polen für eine Aussetzung des Emissionshandels auch für innereuropäische Flüge aus (Rat der EU 2013a). Entsprechend wurde der Vorschlag an verschiedenen Stellen präzisiert, nicht aber inhaltlich verändert (Rat der EU 2013c): Die Umsetzung der entsprechenden Bestimmungen der Emissionshandelsrichtlinie wurde ausgesetzt und die Zahl der zu versteigernden Zertifikate für den Luftverkehrssektor entsprechend reduziert. Das Europäische Parlament nahm den geänderten Vorschlag im April 2013 mit einer deutlichen Mehrheit von etwa drei Vierteln seiner Mitglieder an. Das Abstimmungsergebnis wies dabei einen deutlichen Zusammenhang mit der Fraktionszugehörigkeit auf (Abbildung 4.5): Von den 114 Gegenstimmen stammten 84 von den Fraktionen der Vereinigten Europäischen Linken und der Grünen/EFA, die nahezu geschlossen gegen den Vorschlag stimmten. Nennenswerte Gegenstimmen kamen darüber hinaus von Mitgliedern der EFD-Fraktion und von fraktionslosen Abgeordneten (Europäisches Parlament 2013f, S. 26–28). Auch der Rat billigte die Abweichung (Rat der EU 2013b, S. 17), die am 25. April 2013 als Beschluss 377/2013/EU Rechtskraft erlangte. Parallel zum laufenden Kodezisionsverfahren setzten sich die Beratungen im Ausschuss für Klimaänderung fort. Beispielsweise erarbeitete die Kommission Anfang 2013 auf Anregung einiger Experten im Ausschuss präzise Richtlinien für Fluggesellschaften, um diesen eine rechtskonforme Abwicklung der ausstehenden Transaktionen zu ermöglichen (Europäische Kommission 2013g).

Angesichts des breiten internationalen Widerstands schien eine Wiederaufnahme des Emissionshandels für internationale Flüge nach dem einjährigen Moratorium unwahrscheinlich. Die Kommission konzentrierte sich folglich nach der Änderung der Emissionshandelsrichtlinie darauf, eine koordinierte Herangehensweise der Mitgliedstaaten an die im Oktober anstehende ICAO-Tagung sicherzustellen (Europäische Kommission 2013h, S. 2). Zwar wurden Fortschritte bei der Einrichtung eines ICAO-weiten Emissionsreduktionssystems als Bedingung für eine weitere Aussetzung präsentiert; basierend auf der Bewertung der ursprünglichen *stop-the-clock*-Entscheidung darf aber auch hier angenommen werden, dass die Bindung an die Entscheidung der ICAO für die EU-Organe den einzigen gesichtswahrenden Ausweg bot, die dauerhaft fehlende Durchsetzbarkeit der Einbeziehung internationaler Flüge nicht eingestehen zu müssen.

Entsprechend stellte die Kommission nach der Tagung der ICAO Anfang Oktober 2013 substanzielle Fortschritte bei der Einrichtung eines globalen Systems fest, obwohl das Abschlussdokument wieder keine bindenden Beschlüsse beinhaltete (ICAO 2013), und legte einen Richtlinienvorschlag für eine Verlängerung des Moratoriums vor.

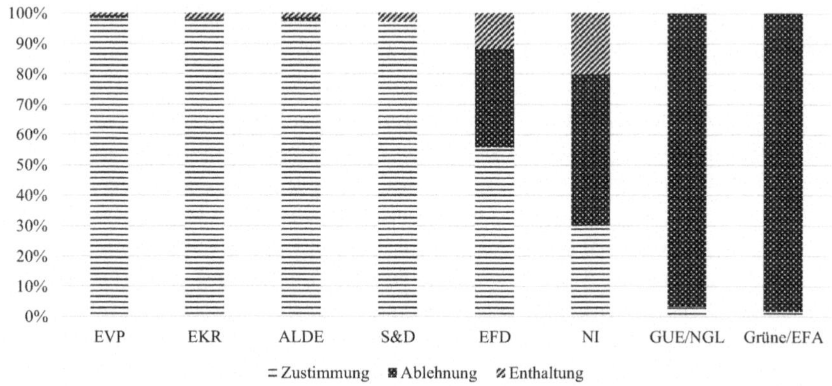

Abbildung 4.5 Abstimmungsergebnis im Europäischen Parlament nach Fraktionszugehörigkeit. (eigene Darstellung auf Basis von: Europäisches Parlament 2013f)

Dieser sah vor, Flüge zwischen dem EWR und Drittländern auch 2013 nicht zu erfassen und von 2014 bis 2020 lediglich Emissionen für diejenigen Flugstrecken dem Emissionshandel zu unterwerfen, die über dem Gebiet des EWR zurückgelegt werden (Europäische Kommission 2013ae, S. 8). Der Umweltausschuss des Parlaments forderte in seinem Anfang 2014 vorgelegten Bericht demgegenüber, diese Frist auf den Zeitraum von 2014 bis 2016 zu begrenzen und die Aussetzung 2016 abhängig von Fortschritten der ICAO bei der Einrichtung eines marktbasierten Emissionsreduktionsmechanismus erneut zu prüfen. Zudem wollte der Umweltausschuss die Mitgliedstaaten zu einer Verwendung der Versteigerungserlöse zur Bekämpfung des Klimawandels oder Förderung energieeffizienter Technologien verpflichten (Europäisches Parlament 2014b, S. 7). Dieser Standpunkt war auch innerhalb des Europäischen Parlaments höchst umstritten. So forderte etwa der Ausschuss für Industrie, Forschung und Energie in seinem Bericht, die generelle Aussetzung für Flüge aus Drittstaaten bis mindestens 2016 fortzusetzen (Europäisches Parlament 2014b, S. 32). Entsprechend wurde in den nachfolgenden Trilog-Verhandlungen der Zeitrahmen bis 2016 zwar beibehalten, allerdings wurde die Anforderung der Vorlage von Zertifikaten für Teilstrecken ersatzlos gestrichen; damit wurde faktisch die Situation nach der *stop-the-clock*-Entscheidung bis Ende 2016 verlängert. Auch sollte – wie im Kommissionsvorschlag – die Verwendung der Versteigerungserlöse den Mitgliedstaaten freigestellt bleiben; im Gegenzug wurde eine Berichtspflicht über die Mittelverwendung eingeführt (Rat der EU 2014c, S. 7–14).

Auch in diesem Fall konnte der Umweltausschuss also seine Präferenz für rechtsverbindliche Klimaschutz-Bestimmungen nicht durchsetzen, was nicht zuletzt auf die fehlende Einigkeit im Parlament zurückzuführen sein dürfte: Weder die Berücksichtigung von Teilstrecken über dem EWR noch die Zweckbindung der Versteigerungserlöse wurde von den Vertretern des Rates in den informellen Verhandlungen akzeptiert. Stattdessen wurde mit der Berichtspflicht ein wissensbasiertes Instrument eingeführt. Der Umweltausschuss lehnte in der Folge das Ergebnis der Trilog-Verhandlungen, das der Vorsitzende Mathias Groote in der Aussprache als „Kniefall vor Kräften, die man nicht genau definieren kann" bezeichnete, ab (Europäisches Parlament 2014f). Entsprechend fiel auch das Abstimmungsergebnis im Plenum weniger eindeutig aus als ein Jahr zuvor: Zwar wurde der Kompromiss letztlich von einer deutlichen Mehrheit gebilligt, bei den getrennten Abstimmungen über sechs Einzelaspekte war die Zahl der Gegenstimmen aber teils signifikant höher (Europäisches Parlament 2014g, S. 2–3). Das Abstimmungsverhalten korrelierte wiederum stark mit der Fraktionszugehörigkeit (Abbildung 4.6); im Vergleich zur Abstimmung im Jahr zuvor fällt lediglich die etwas geringere Homogenität in der Fraktion der Sozialdemokraten ins Auge (Europäisches Parlament 2014h, S. 23–24).

Kurz vor Ablauf des in der geänderten Emissionshandelsrichtlinie definierten Moratoriums beschloss die ICAO im Oktober 2016 die Einrichtung eines marktbasierten Mechanismus zur Kompensation von Emissionssteigerungen ab dem Jahr 2020 (ICAO 2016). Als Reaktion darauf legte die Kommission Anfang 2017 einen Vorschlag für eine Verordnung vor, der eine Fortsetzung der bisherigen Praxis vorsieht und eine Umsetzung des ICAO-Mechanismus auf EU-Ebene ermöglichen sollte. Außerdem verpflichtet der Vorschlag die Kommission, einen Bericht darüber vorzulegen, wie das marktbasierte System der ICAO mit dem bestehenden EU-Emissionshandel verknüpft werden kann. (Europäische Kommission 2017g).

Die Mitgliedstaaten im Rat brachten keine wesentlichen Änderungswünsche am Vorschlag der Kommission an. Skepsis gab es lediglich mit Blick auf die mittelfristig intendierte Verknüpfung des ICAO-Mechanismus mit dem EU-Emissionshandel. Darüber hinaus verlangte der Rat, die von der Kommission vorgeschlagene Anwendung des allgemeinen linearen Reduktionsfaktors auf den

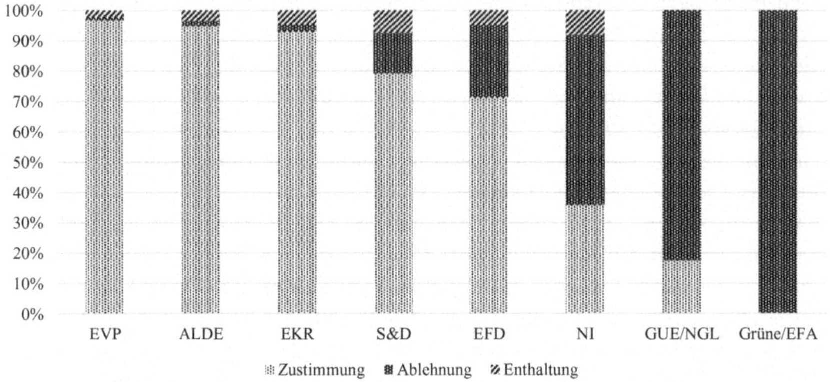

Abbildung 4.6 Abstimmungsergebnis im Europäischen Parlament nach Fraktionszugehörigkeit. (eigene Darstellung auf Basis von: Europäisches Parlament 2014h)

Luftverkehr von der ebenfalls vorgesehenen Fortschrittsberichterstattung durch die Kommission abhängig zu machen (Rat der EU 2017t, S. 3). Das Europäische Parlament verlangte in seiner Position für die Trilog-Verhandlungen einen geringeren Startwert für die Menge der ab 2021 ausgegebenen Zertifikate (Europäisches Parlament 2017e, S. 14–15) sowie ein Auslaufen der Ausnahmeregelungen am 31. Dezember 2020 (Europäisches Parlament 2017e, S. 19). Darüber hinaus forderte der Text des Parlaments wesentlich striktere Vorgaben für den Bericht der Kommission über die Umsetzung des marktbasierten Mechanismus der ICAO (Europäisches Parlament 2017e, S. 23).

Die Trilog-Verhandlungen spiegeln in diesen Punkten das bekannte *bargaining* wider: Während der Rat die vom Parlament verlangte Reduzierung der Ausgangsmenge im Jahr 2021 strikt ablehnte, einigten sich die Verhandler auf ein mögliches Ende der Ausnahmeregelungen zum 31. Dezember 2023 – allerdings abhängig von der Überprüfung des ICAO-Mechanismus durch die Kommission. Zwischenzeitlich hatte er Rat für ein Auslaufen im Jahr 2027 plädiert (Rat der EU 2017u, S. 39). Wie vom Parlament gefordert, einigte man sich zudem auf qualitative Anforderungen an die Berichterstattung durch die Kommission, allerdings beziehen sich die Kriterien nunmehr stärker auf die prozeduralen Anforderungen des ICAO-Mechanismus und weniger auf die vom Parlament ursprünglich fokussierte Umweltwirkung (Rat der EU 2017s, S. 24). Nach zwei Trilog-Verhandlungsrunden stimmten Parlament und Rat dem Kompromisstext Mitte Dezember 2017 zu (Europäisches Parlament 2017f, S. 2–3; Rat der EU 2017a).[35]

f) Backloading

Im Hinblick auf die Regulierung des zeitlichen und administrativen Ablaufs der Versteigerung erfolgte eine weitere substanzielle nachträgliche Anpassung des Emissionshandelssystems nicht ausschließlich im Rahmen der Komitologie, sondern auch durch eine Änderung des Basisrechtsakts unter Beteiligung des Parlaments und des Rates. Das reformierte Emissionshandelssystem der dritten Handelsperiode geriet in eine ernsthafte Krise, lange bevor die Änderungen überhaupt in Kraft traten: Die 2008 einsetzende globale Wirtschaftskrise führte aufgrund des Produktions- und des damit verbundenen Emissionsrückgangs zu einem Überangebot an Zertifikaten und zu einem langfristigen Preisverfall, auch weil überschüssige Zertifikate aus der zweiten auf die dritte Handelsperiode übertragen werden konnten (Aldy u. Stavins 2011, S. 11). Darüber hinaus bremste das Scheitern der Klimakonferenz von Kopenhagen 2009 die Ambitionen der EU, stärkere Emissionsreduktionen anzustreben (Interview 1). Zugleich verhinderte die Gleichzeitigkeit der Wirtschafts- und Staatsschuldenkrise und der Besorgnis über mögliche Versorgungsengpässe aufgrund von Gaslieferblockaden durch Russland eine erhöhte Aufmerksamkeit für die sich anbahnenden Schwierigkeiten (Wettestad u. Jevnaker 2016, S. 85). Unmittelbar nach dem Beginn der dritten Handelsperiode bestand für die Akteure auf EU-Ebene damit erheblicher Handlungsdruck, das System erneut zu überarbeiten. Der Ende 2011 vom Parlament in die Verhandlungen über die neue Energieeffizienzrichtlinie eingebrachte Vorschlag, die Menge der emittierten Zertifikate generell zu reduzieren und ambitioniertere Emissionsreduktionsziele zu definieren, scheiterte am Widerstand einer Gruppe von Mitgliedstaaten unter der Führung Polens (Europäisches Parlament 2012, S. 235; Rat der EU 2012, S. 132–133).

Die einzige strukturelle Änderung des Emissionshandelssystems im Verlauf der dritten Handelsperiode, die Einführung der Möglichkeit des sogenannten *backloading* durch die Kommission, ist zugleich ein Beispiel für die Komplexität europäischer Entscheidungsprozesse und zeigt, dass die Ziehung einer analytischen Trennlinie zwischen legislativer und abgeleiteter Rechtsetzung nicht immer trivial ist. Vor allem aus dem Elektrizitätssektor wurden Anfang 2012 Forderungen an die Kommission laut, Maßnahmen zur Stabilisierung des Zertifikatmarktes zu ergreifen (Eurelectric 2012). Diese stießen in der Generaldirektion

[35] Rechtsakt: Verordnung 2017/2392.

Klimapolitik auf offene Ohren, wobei sich innerhalb der Kommission vor allem die Generaldirektion Unternehmen gegen eine nachträgliche Intervention in das System aussprach (Wettestad 2014, S. 72). Bis Mitte 2012 setzte sich die Generaldirektion Klimapolitik durch; die Kommission schlug formal eine Verknappung der Zertifikate durch eine Verzögerung von Versteigerungen – das sogenannte *backloading* – vor.

Der Zustimmung im Kollegium der Kommissare war ein zäher kommissionsinterner Entscheidungsprozess vorausgegangen, wobei vor allem Industrieverbände mit Nachdruck versuchten, eine Vorlage durch die Kommission zu verhindern (Interview 1; BusinessEurope 2013c). Ungeklärt war dabei allerdings die rechtliche Grundlage für ein solches Handeln der Kommission, weshalb diese eine zweigleisige Strategie wählte (Weinberg 2015, S. 187): Zum einen schlug sie dem zuständigen Komitologie-Ausschuss eine entsprechende Änderung der Verordnung 1031/2010 über die Ausgestaltung der Versteigerung von Zertifikaten vor. In der entsprechenden Sitzung im November 2012 verlangten die meisten Mitglieder des Ausschusses für Klimaänderung allerdings zusätzliche Bedenkzeit (Europäische Kommission 2012e), weshalb die Kommission dieses Vorhaben zunächst zurückstellte.

Zum anderen unterbreitete sie zur Schaffung einer eindeutigen rechtlichen Basis einen Vorschlag zur Änderung der Emissionshandelsrichtlinie, der der Kommission allgemein die Anpassung des Zeitplans der Versteigerungen erlaubt hätte (Interview 2). Ende 2012 erschien es dabei vor allem fraglich, ob eine qualifizierte Mehrheit der Mitgliedstaaten den *backloading*-Vorschlag der Kommission unterstützen würde. Tatsächlich war es im April 2013 aber das Europäische Parlament, das die Reformbemühungen zunächst blockierte, weil vor allem Vertreter der Europäischen Volkspartei die Handlungsfreiheit der Kommission bei nachträglichen Eingriffen in den Zertifikatmarkt möglichst eng beschränken wollten, vermutlich aber auch, um eine stärkere Einbindung des Parlaments bei der strukturellen Überarbeitung des Emissionshandelssystems zu erzwingen (Europäisches Parlament 2013d; Wettestad u. Jevnaker 2016, S. 45–46). Zugleich setzten sich Verbände vor allem aus dem Bereich der energieintensiven Industrien weiterhin beharrlich gegen jede Form der Verschärfung des Emissionshandels ein (Interview 1).[36] Trotz dieses Widerstands kam es in den folgenden Monaten zunächst

[36] In formalen Konsultationen sowohl der Kommission als auch des Parlaments argumentierten die Verbände gegen alle im Raum stehenden Vorschläge zur Verschärfung der Regeln als Wettbewerbsnachteile für die vertretenen Unternehmen (u. a. IFIEC Europe 2013b; Eurofer 2013). Darüber hinaus sind auch direktere Lobby-Aktivitäten dokumentiert: So verschickten die meisten großen Unternehmensverbände, etwa BusinessEurope oder die *Conferation of European Paper Industries* (CEPI) Anfang 2013 Briefe an Mitglieder des Europäischen

zu Verhandlungen zwischen der Kommission und dem Umweltausschuss des Parlaments, in denen die Bedingungen für ein Eingreifen der Kommission spezifiziert wurden: Der Kommission sollte einmalig in der dritten Handelsperiode ein Aufschub der Versteigerung von 900 Millionen Zertifikaten gestattet werden, unter der Voraussetzung, dass dadurch keine erheblichen Auswirkungen auf einzelne Industriesektoren zu erwarten seien (Europäisches Parlament 2013i). Diese Fassung erhielt im Juli 2013 die Zustimmung des Plenums und wurde als Grundlage für Verhandlungen mit dem Rat an den Umweltausschuss zurückverwiesen (Europäisches Parlament 2013h) (Abbildung 4.7).

Eine Zustimmung der Mitgliedstaaten war nach wie vor nicht gesichert; allerdings galt die veränderte parteipolitische Konstellation in Deutschland nach der Bundestagswahl 2013 der Kommission als positives Signal, weil zuvor vor allem die FDP eine deutsche Unterstützung für den *backloading*-Vorschlag der Kommission verhindert hatte (Wettestad u. Jevnaker 2016, S. 49). In den Trilog-Verhandlungen im November wurde der Änderungsvorschlag des Parlaments weitgehend übernommen und noch einmal verschärft. Während der Vorschlag des Parlaments der Kommission hinsichtlich der Mengenbeschränkung für die dritte Handelsperiode mit dem Verb „sollte" noch einen gewissen Handlungsspielraum lässt, heißt es in der letztlich verabschiedeten Fassung: „Die Kommission nimmt nicht mehr als eine derartige Anpassung für eine Anzahl von maximal 900 Millionen Zertifikaten vor" (Art. 1 B 1359/2013/EU). Diese Fassung wurde von Parlament und Rat Mitte Dezember 2013 verabschiedet, wobei im Rat Polen als einziger Mitgliedstaat gegen den Beschluss stimmte (Rat der EU 2013i). Bei der Abstimmung im Parlament lassen sich mehrere Tendenzen erkennen: Zunächst zeigt sich ein klarer Zusammenhang zwischen Fraktionszugehörigkeit

---

Parlaments, in denen eine stärkere Berücksichtigung der Positionen der energieintensiven Industrien sowie eine Plenardebatte im Parlament zum Thema *backloading* gefordert wurden (Confederation of European Paper Industries 2013; BusinessEurope 2013d), vermutlich auch mit Blick auf die bekannte skeptische Haltung der EVP-Fraktion gegenüber Änderungen am System. BusinessEurope dokumentiert darüber hinaus eine Reihe weiterer Briefe, mit denen Mitglieder der Kommission oder des Parlaments von schädlichen Auswirkungen des *backloading*-Vorschlags auf die Europäische Wirtschaft überzeugt werden sollten (BusinessEurope 2013a, 2013c, 2013e).

Die informelle Einflussnahme auf die Kommission erfolgte nach Aussagen eines Interviewpartners (Interview 1) nicht primär über die eigentlich zuständige Generaldirektion Klima und Kommissarin Hedegaard, wenngleich diese und ihr Kabinett in der Phase der informellen Verhandlungen mit dem Parlament das Ziel intensiver Lobbying-Aktivitäten waren. Vielmehr waren die Hauptadresse der *backloading*-skeptischen Verbände den Aussagen zufolge Industriekommissar Tajani und die ihm zugeordnete Generaldirektion, die innerhalb der Kommission die stärkste Opposition gegen die Pläne Hedegaards darstellten.

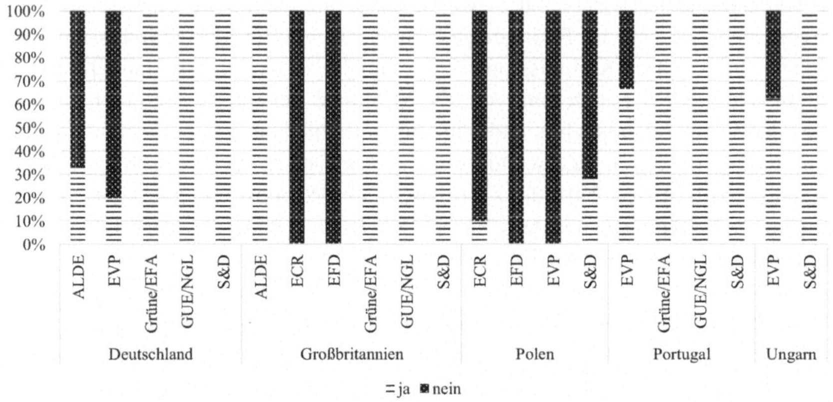

Abbildung 4.7 Abstimmungsergebnis im Europäischen Parlament nach ausgewählten Mitgliedstaaten und Fraktionszugehörigkeit. (eigene Darstellung auf Basis von: Europäisches Parlament 2013e)

und Abstimmungsverhalten. So stimmten etwa die Fraktionen Die Grünen/EFA vollständig und S&D nahezu geschlossen für den *backloading*-Vorschlag, die EU-kritischen Fraktionen EKR und EFD nahezu einheitlich dagegen. Darüber hinaus ist eine Korrelation zwischen der Verteilung der Ja- und Nein-Stimmen innerhalb der Fraktionen und der nationalen Zugehörigkeit der Abgeordneten zu erkennen: So stimmten etwa die polnischen Abgeordneten der S&D-Fraktion mehrheitlich gegen den Vorschlag, obwohl die Fraktion insgesamt mit mehr als 90 Prozent ihrer Stimmen dafür votierte.

Anfang Januar 2014 brachte die Kommission erneut einen Vorschlag zur Änderung der Versteigerungsverordnung im Komitologie-System ein, der die Vorgaben der geänderten Richtlinie berücksichtigte und eine über drei Jahre verteilte Gesamtreduktion um 900 Millionen Zertifikate vorsah. Der Ausschuss für Klimaänderung stimmte der Änderung mehrheitlich zu (Europäische Kommission 2014l).[37] Das Parlament, dem nach dem Regelungsverfahren mit Kontrolle

[37] Angesichts der Tatsache, dass Polen im Rat gegen den *backloading*-Vorschlag gestimmt hatte, lässt die Anzahl von 27 Gegenstimmen vermuten, dass auch die polnische Delegation im Komitologie-Ausschuss der Linie der polnischen Regierung folgte. Neben Polen besitzt nur Spanien ein Stimmgewicht von 27.

ein Überprüfungsrecht zustand, erhob keine Einwände (Europäisches Parlament 2014e).[38] Zwei Jahre, nachdem die Kommission die Notwendigkeit eines Markteingriffs konstatiert hatte, konnte dieser damit vollzogen werden.

4.2.4.4 Handlungskopplung und Einflusspotenziale der beteiligten Akteure

Die Durchsetzung der *Kommission* im Verhandlungssystem ist erneut insofern schwer zu bewerten, als ihre Ausgangspräferenzen nicht völlig zu klären sind; zu einem gewissen Anteil nimmt die Kommission in fast allen Belangen eine vermittelnde Rolle zwischen den übrigen beteiligten Akteuren ein. Diese Mediationsfunktion trotz formal vorhandener Blockademöglichkeiten lässt sich auch mit den aus einer Blockade resultierenden institutionellen Kosten für die Kommission erklären: Häufige Blockaden würden ein Funktionsversagen des EU-Systems bewirken und damit auch der Kommission ihre institutionelle Basis entziehen. Zugleich hatte die Kommission mit den Mängeln, die sich in der ersten Handelsperiode offenbart hatten, gewichtige Argumente für eine Aufwertung ihrer Rolle im überarbeiteten Emissionshandelssystem. Diese Mängel waren auch verantwortlich für den hohen Grad an Einigkeit innerhalb der Kommission, was die Präferenz für eine stärkere Zentralisierung und einen höheren Anteil des *auctioning* an der Allokation anbelangte. Ähnliche Standpunkte wurden in der Kommission auch schon im Jahr 2000 vertreten; bei der Durchsetzung halfen in diesem Fall die durch den anstehenden Gipfel von Kopenhagen geschaffene Dringlichkeit, die sowohl vom Rat als auch vom Parlament weitgehend akzeptiert wurde, als auch eine generell veränderte Haltung zu einer Zentralisierung des Systems im Rat (Boasson u. Wettestad 2013, S. 64–66). Zwar war eine Versteigerungslösung in der von der Kommission ursprünglich intendierten Schärfe gegen den Willen eines Großteils der Mitgliedstaaten und Unternehmen nicht durchsetzbar; andere Design-Entscheidungen wie die Festlegung einer Emissionsobergrenze und der definierte Reduktionsfaktor wurden dagegen aus dem Kommissionsvorschlag unverändert in die novellierte Richtlinie übernommen.

Wie auch bei der Ausarbeitung der ursprünglichen Emissionshandelsrichtlinie zeigte sich, dass die Aushandlungsprozesse innerhalb der Kommission sowie zwischen Vertretern der Kommission und Stakeholdern zunächst primär auf *arguing* basierten und erst in der letzten Phase der Ausarbeitung des Vorschlags *bargaining*-Prozesse auf Ebene der Generaldirektoren und Kabinette einsetzten. Letztlich beruhen wesentliche Elemente der Richtlinie, insbesondere die Auswahl der erfassten Sektoren und Treibhausgase, auf dieser fachlichen Abwägung durch

[38] Rechtsakt: Verordnung (EU) Nr. 176/2014 der Kommission.

die Kommission, wobei in der Gesamtschau in hohem Maße Unternehmensinteressen Rechnung getragen wurde, aber auch die beteiligten Umweltverbände ihren Argumenten für eine Abdeckung zusätzlicher Treibhausgase Geltung verschaffen konnten.

Wie schon für die ersten beiden Handelsperioden, zeigt die Analyse der abgeleiteten Rechtsetzung, dass der Austausch zwischen der Kommission und den Vertretern der Mitgliedstaaten im Komitologie-System überwiegend auf fachlichen Argumenten basierte. Änderungswünsche wurden überwiegend mit empirisch fundierten Fakten begründet. Dies bedeutet nicht, dass die Kommission nicht mit Nachdruck eigene Positionen verfochten hätte; dies wurde unter anderem bei der Festlegung der Methodik für die Berechnung des *carbon-leakage*-Risikos erkennbar. Auffällig ist auch für die abgeleitete Rechtsetzung in der dritten Handelsperiode, dass die Auslegung des Sekundärrechts durch die Kommission nur in Einzelfällen von den Experten der Mitgliedstaaten angezweifelt wurde. In den beiden Fällen einer substanziellen nachträglichen Anpassung des Systems wurde diese jeweils durch eine Änderung der Emissionshandelsrichtlinie im Kodezisionsverfahren bewerkstelligt, weil der Kommission die juristische und politische Autorität für eine Durchsetzung über die abgeleitete Rechtsetzung fehlte.

So zeigt das Beispiel *backloading*, dass die Möglichkeiten der Kommission, im politisch sensiblen und sowohl zwischen den Mitgliedstaaten als auch unter den Interessenorganisationen umstrittenen Bereich des Emissionshandels durch abgeleitete Rechtsetzung eigenen Einfluss geltend zu machen, limitiert sind. Der Versuch, die Änderung eines abgeleiteten Rechtsakts über das Komitologie-System dafür zu nutzen, sich weitgehende Befugnisse zur Regulierung des Marktes für Emissionszertifikate anzueignen, scheiterte am Widerstand sowohl der Mitgliedstaaten als auch des Europäischen Parlaments. Auch die Aussetzung des Emissionshandels für den internationalen Luftverkehr stellte eine schwere Niederlage für die Kommission dar, die trotz wachsenden Drucks durch Mitgliedstaaten und Interessenverbände über Monate hinweg keinerlei Kompromissbereitschaft gezeigt hatte.

Obwohl eine einheitliche Position der *Mitgliedstaaten* in keinem der analysierten Entscheidungsprozesse auszumachen war, erwies sich der Rat auch in der dritten Handelsperiode als das Machtzentrum im Verhandlungssystem der EU. Alle wesentlichen inhaltlichen Entscheidungen wurden durch *bargaining* innerhalb des Rates präformiert. Bemerkenswert ist auch die Festlegung auf eine Abstimmung im Europäischen Rat, die in einer klaren Abweichung von den üblichen Legislativprozeduren alle Mitgliedstaaten mit einer Vetomöglichkeit ausstattete und als Anzeichen eines oben angedeuteten neuen Intergouvernementalismus gedeutet werden kann, wenngleich das Verfahren in dieser Form bislang ein Einzelfall geblieben ist. Zwar bestand diese klar intergouvernementale Ausgangslage nur bei der Überarbeitung der Emissionshandelsrichtlinie; die starke informelle Konsensnorm bedingte aber wiederum eine weit stärkere Berücksichtigung einzelstaatlicher Interessen als dies eine reine Betrachtung der Vetopotenziale vermuten ließe. Entgegen einer rein spieltheoretischen Betrachtung der Ausgangsinteressen führte die Konsensneigung aber auch dazu, dass die einer Zentralisierung des Systems skeptisch gegenüberstehenden Staaten der Reform letztlich zustimmten. Damit bestätigt sich erneut, dass im stark institutionalisierten System der EU die Hypothese H_{5b} zugrundeliegenden Wirkmechanismen die in H_{5a} postulierten Entscheidungshemmnisse zumindest teilweise aufzuheben vermögen.

Bei der abgeleiteten Rechtsetzung ist das *bargaining* im Ausschuss für Klimaänderung besonders offensichtlich für die *opt-out*-Regelung bei der Wahl der Versteigerungsplattform dokumentiert. Generell ist zu konstatieren, dass sich bei politisch umstrittenen Fragen der Charakter der Verhandlungen von fachlicher Persuasion zu interessenorientiertem *bargaining* verlagert. Die Verzögerung der Entscheidung über den *backloading*-Vorschlag deutet zudem darauf hin, dass der Ausschuss die politisch sensible Entscheidung dem Rat überlassen wollte. Auch dass die einem nachträglichen Markteingriff in Form des *backloading* anfangs ablehnend gegenüberstehenden Mitgliedstaaten in langwierigen Verhandlungen dazu bewegt werden konnten, einem solchen zuzustimmen, ist nicht zuletzt auf koordiniertes *arguing* durch die Kommission und durch die Green Growth Group im Ministerrat zurückzuführen (Interview 1).

Das *Europäische Parlament* vertrat bei der Änderung der Emissionshandelsrichtlinie ein ambitioniertes klimapolitisches Programm, was auch in der Tatsache deutlich wird, dass die Möglichkeit eines 30-Prozent-Ziels explizit auf Drängen des Parlaments in die Richtlinie aufgenommen wurde. Einmal mehr zeigt die Fallstudie aber auch die beschränkte Durchsetzungsfähigkeit des Parlaments, die vor allem in denjenigen Fällen erkennbar wurde, in denen sich Uneinigkeit innerhalb des Parlaments abzeichnete. Zwar führte in allen analysierten Fällen der Umweltausschuss die interinstitutionellen Verhandlungen für das Parlament; dessen Maximalforderungen wie etwa die nach einem 50-prozentigen Anteil an versteigerten Zertifikaten beim Emissionshandel im Luftverkehr widersprachen aber zum Teil deutlich den Positionen anderer Ausschüsse und bewirkten keine erkennbaren inhaltlichen Verschiebungen der Verhandlungsergebnisse in Richtung der Position des Parlaments.

Gleiches gilt für die Forderung nach einem früheren Anlaufdatum für die Einbeziehung des Luftverkehrs – stattdessen wurde effektiv ein späteres Anlaufdatum vereinbart – und die nach der Anwendung qualitativer Kriterien für die

Einbeziehung von Projektzertifikaten. Innerhalb des Parlaments wurde bei der Änderung der Richtlinie 2008 auch Kritik an der Tatsache laut, dass in den Trilog-Verhandlungen allein die Haltung des Umweltausschusses vertreten worden sei, weil das Plenum erst am Ende des Entscheidungsprozesses mit der Emissionshandelsrichtlinie befasst wurde.[39] Im Hinblick auf das Abstimmungsverhalten der Abgeordneten ergab die Analyse, dass dieses sowohl mit der Fraktions- als auch der nationalen Zugehörigkeit in einem engen Zusammenhang steht. Dass ein Einfluss der Staatsangehörigkeit vor allem im Fall der *backloading*-Entscheidung erkennbar war, die innerhalb des Rates kontrovers diskutiert wurde, deutet darauf hin, dass die Bindungswirkung der Fraktionen umso geringer ist, je ausgeprägter die nationale Dimension einer Auseinandersetzung ist. Diese Spaltungslinien haben bei den analysierten Entscheidungen dazu beigetragen, dass das Parlament sein theoretisches Vetopotenzial nur eingeschränkt realisieren konnte, mit deutlich erkennbaren negativen Effekten auf die Verhandlungsmacht der Volksvertretung. Durchsetzen konnte sich das Parlament vor allem in solchen Fällen, in denen seine Präferenzen mit denen des Rates in Einklang gebracht werden konnten, etwa im Hinblick auf die Schaffung von Kontrollmechanismen gegenüber der Kommission. Hier realisierte sich eine hierarchische Über- und Unterordnung im Sinne eines Prinzipal-Agenten-Verhältnisses zwischen Rat und Parlament einerseits und Kommission andererseits.

Private Interessenorganisationen waren an allen Entscheidungen beteiligt, wobei vor allem Unternehmensverbände, die sowohl über die nationale als auch über die europäische Schiene arbeiteten, Ergebnisse zu ihren Gunsten beeinflussen konnten. Die von Umweltverbänden in Konsultationen geäußerten Präferenzen konnten vor allem in solchen Fällen durchgesetzt werden, in denen eine vorherige Übereinstimmung mit der Kommission oder einer größeren Gruppe von Mitgliedstaaten bestand, beispielsweise im Fall der Erfassung zusätzlicher Treibhausgase. Der heftige Widerstand der energieintensiven Industriezweige gegen die Versteigerung von Zertifikaten zeigte teilweise Wirkung und führte zu einer aufschiebenden Regelung. Die Tatsache, dass eine deutliche Mehrheit der befragten Stakeholder für einen Bedeutungszuwachs der Versteigerung plädierte, dürfte die argumentative Position der Gegner dabei geschwächt haben. Gleichwohl konnten die Unternehmen an anderer Stelle nicht durchdringen, beispielsweise mit der Forderung nach einem höheren Anteil von Zertifikaten aus Kyoto-Flexibilisierungsmechanismen. Mit Blick auf den Einfluss privater Akteure bei der

[39] Der EVP-Abgeordnete Markus Pieper kritisierte in seinem – letztlich abgelehnten – Antrag auf Rücküberweisung an den zuständigen Ausschuss die mangelnde Durchsetzung von Standpunkten des Parlaments: „…das, was wir heute entscheiden sollen, ist eins zu eins das Papier des Rates“ (Europäisches Parlament 2008i).

backloading-Entscheidung ergibt sich ein gemischtes Bild: Zwar bestand durch die zeitgleich stattfindenden Konsultationen zur Klimapolitik bis 2030 ein stetiger Kommunikationskanal zwischen der Kommission und organisierten Interessen. Nach der Präsentation des Kommissionsvorschlags richteten sich fortgesetzte Einflussversuche vor allem an die nationale Ebene und das Europäische Parlament (Interview 1). Vor allem die Vertreter der energieintensiven Industrien mussten bei dem Versuch, eine Straffung des Emissionshandelssystems unter allen Umständen zu verhindern, allerdings eine deutliche Niederlage hinnehmen. Wirkung zeigte hingegen der von Unternehmen der Luftfahrtbranche systematisch aufgebaute Druck, den Emissionshandel für den Luftverkehr auszusetzen. Von einem systematischen Einflussgewinn privater Akteure – wie in Hypothese H_2 postuliert – kann gleichwohl in der Gesamtschau erneut nicht die Rede sein. Zwar haben Verbände im Mehrebenen-Verhandlungssystem der EU im Vergleich zu nationalstaatlichen Settings mehr Arenen der Einflussnahme zur Verfügung, diese Einflussnahme unterscheidet sich aber nicht strukturell von pluralistischen Arrangements innerhalb von Nationalstaaten. Eine Beteiligung in Form kooperativer Rechtsetzung ist in der Klimaschutzpolitik der EU nicht zu verzeichnen.

4.2.4.5 Entscheidungsperformanz

Die Entscheidung zur Revision des Emissionshandelssystems in den Jahren 2007 und 2008 konnte deutlich schneller erfolgreich abgeschlossen werden als die ursprüngliche Einrichtung des Systems. Was aus Äußerungen von Vertretern aller beteiligten Organe hervorgeht, ist der vergleichsweise reibungslose und zügige Verlauf der Trilog-Verhandlungen, der in nur wenigen Treffen eine Einigung auf 79 Änderungen am Kommissionsentwurf erlaubte.[40] Dies erscheint zunächst umso erstaunlicher, als die Interaktionskonstellation theoretisch eine Einigung deutlich unwahrscheinlicher machte: Erstens war die Zahl der beteiligten Akteure mit Blockademöglichkeit durch die Osterweiterung noch einmal deutlich gestiegen, zweitens wurde durch die frühe Festlegung auf eine Abstimmung im Europäischen Rat jede Mitgliedsregierung mit einer Vetomöglichkeit ausgestattet. Neben dem Management durch die Kommission, die den Prozess durch umfangreiche Studien und Konsultationsrunden vorbereitete, scheinen vor allem die weitgehend vorstrukturierte Thematik, das hohe Maß an Einigkeit unter den beteiligten Akteuren und der Zeitdruck durch den anstehenden UN-Klimagipfel in Kopenhagen ausschlaggebend für die angesichts des erheblichen

[40] So heißt es im Protokoll eines ECCP-Treffens über den Beitrag der Berichterstatterin Doyle: „Ms. Doyle [...] emphasised the unprecedented cooperation across political groups that is currently taking place in order to prepare the EP report..." (Europäische Kommission 2008e, S. 1).

Zentralisierungsschritts relativ unkomplizierte Einigung gewesen zu sein: Anders als in den Jahren 1999 bis 2003, als alle wesentlichen Eigenschaften des Systems verhandelt werden mussten, waren die relevanten Ansatzpunkte 2007 und 2008 identifiziert und unter den beteiligten Akteuren weitgehend unumstritten. Zudem herrschte Einigkeit darüber, die EU vor den internationalen Klimaverhandlungen als globalen Vorreiter in der Klimapolitik zu positionieren. Der Verlauf der Verhandlungen deutet dabei in vielerlei Hinsicht auf eingeübte Praktiken der Kompromissfindung durch *bargaining*, exemplarisch zeigt sich dies an der Festlegung der Versteigerungsquote der Zertifikate für den Luftverkehr. Beschleunigt wurde die Einigung darüber hinaus dadurch, dass eine Reihe noch nicht geklärter Aspekte in den Bereich der abgeleiteten Rechtsetzung ausgelagert wurde, weshalb mehrere Elemente des Emissionshandelssystems erst im Rahmen der Komitologie geklärt wurden.

Die nachträglichen Anpassungen des Emissionshandelssystems ab 2012 ließen hingegen eine sehr wohl vorhandene Blockadeanfälligkeit des EU-Systems bei unvereinbaren Interessen der mit Vetomacht ausgestatteten Akteure erkennen. Zunächst weigerte sich die Kommission 2012 monatelang, die Einbeziehung internationaler Flüge auszusetzen, obwohl ein Großteil der übrigen Akteure angesichts drohender ökonomischer Einbußen vehement eine solche Maßnahme forderte. Mangelnde Handlungsfähigkeit zeigte sich auch im Fall des *backloading*. Die Kosten standen dabei in einem deutlich ungünstigeren Verhältnis zum erreichten Nutzen als bei den anderen analysierten Entscheidungen: Aufgrund der Spaltung des Rates und des vehementen Widerstands organisierter Interessen erforderte die Entscheidung über eine eng begrenzte Nachjustierung des Systems mehr als zwei Jahre und zahllose Verhandlungsrunden in unterschiedlichen Foren.

Während die Entscheidungsprozesse zumindest bis zum Jahr 2012 als weitgehend effektiv beschrieben werden können, erscheint die Legitimität des Gesamtverfahrens unter demokratietheoretischen Gesichtspunkten zweifelhaft. Zwar wurde durch breite Konsultationsprozesse sichergestellt, dass alle wesentlichen gesellschaftlichen Interessen an der Entscheidungsfindung beteiligt wurden. Die Transparenz der wesentlichen Entscheidungsschritte ist allerdings deutlich eingeschränkt: Weder ist öffentlich nachvollziehbar, welche Abstimmungsprozesse zwischen den beteiligten Akteuren die Gestalt des Kommissionsvorschlags geprägt haben, noch bestand Einblick in die Verhandlungen zwischen Rat, Parlament und Kommission über die endgültige Richtlinie. Der Interessenausgleich zwischen den Organen, der dem Vertragstext nach in mehreren Stufen und im Licht der Öffentlichkeit stattfindet, wird so zur bloßen Formalie, während die eigentliche inhaltliche Auseinandersetzung in nichtöffentlichen Verhandlungsrunden stattfindet. Verschärfend kommt hinzu, dass – wie im analysierten Fall auch von Abgeordneten kritisiert – der die Verhandlungen führende Berichterstatter die Sichtweise eines Ausschusses und damit nicht zwangsläufig die des Parlamentsplenums vertrat.

4.2.4.6 Das Instrument des Emissionshandels in der dritten Handelsperiode

Die Natur des Instruments Emissionshandel blieb im Vergleich zu den ersten beiden Handelsperioden unverändert: Als primäres Steuerungsmedium dient Geld; die Kosten-Nutzen-Erwägungen der vom Emissionshandelssystem erfassten Unternehmen sollen durch ökonomischen Wettbewerb in einem hierarchisch regulierten Umfeld zu einer kosteneffizienten Reduktion von Emissionen führen. Die hierarchisch-regulatorische Komponente ist dabei stärker ausgeprägt als in den ersten beiden Handelsperioden; die Zwischenebene eines Wettbewerbs hierarchisch regulierender Nationalstaaten im Schatten der hierarchischen Regulierung durch EU-Recht entfällt nunmehr durch die zentrale Setzung einer Obergrenze. Damit soll die Erreichung des zentralen Ziels einer effektiven Verknappung von Emissionsberechtigungen gefördert werden. Dass diese Verknappung allerdings auch in der dritten Handelsperiode lange nicht eintrat, war in erster Linie auf das Überangebot an derartigen Berechtigungen infolge der Wirtschaftskrise zurückzuführen, das von der zweiten auf die dritte Handelsperiode übertragen wurde. Die nachträgliche Verknappung der Zertifikate im Rahmen des *backloading* stellt darüber hinaus einen hierarchischen Eingriff in den Markt dar, der von einigen Akteuren als unzulässige Beeinträchtigung der Wettbewerbsfreiheit und der Rechtssicherheit kritisiert wurde.

4.2.4.7 Folgen

Das Emissionshandelssystem wurde effektiv implementiert; in der EU existiert spätestens seit der zweiten Handelsperiode ein funktionierender Markt für Emissionszertifikate. Auch die Zentralisierung zur dritten Handelsperiode wurde wie geplant umgesetzt: Die Kommission legte eine zentrale Emissionsobergrenze fest, auf deren Basis Berechtigungen versteigert und kostenlos zugeteilt werden. Die Einrichtung einer zentralen und mehrerer einzelstaatlichen Versteigerungsinfrastrukturen sowie eines zentralen Registers für Zertifikate erfolgte wie in den entsprechenden Rechtsakten vorgesehen. Durch die Setzung dieser Emissionsobergrenze wird im Gegensatz zum System der ersten und zweiten Phase auch sichergestellt, dass die angestrebte Emissionsreduktion erreicht wird; dadurch wird ein wesentlicher angestrebter Impact des Systems erreicht. Weniger erfolgreich wirkt das System bisher allerdings beim intendierten Strukturwandel hin zu einer kohlenstoffarmen Wirtschaft: Wie die von der Kommission in Auftrag gegebene Evaluationsstudie konstatiert, verhindern dauerhaft niedrige Preise auf dem Zertifikatmarkt, dass Anreize für Investitionen in CO_2-arme Technologien generiert werden. Zwar werden Investitionen in CO_2-Einsparungen getätigt; diese beziehen sich allerdings meist auf kleinere Einsparungen und bedingen keinen tiefer greifenden technologischen Wandel (Europäische Kommission 2015b, S. 51). Finanzanalysten zufolge bedürfte es langfristig eines Zertifikatpreises von über 30 Euro, um einen signifikanten technologischen Wandel anzustoßen; tatsächlich lag der Preis zwischen Ende 2011 und Mitte 2018 durchgängig unter zehn Euro und blieb trotz eines erheblichen Anstiegs im Jahr 2018 fast immer unter 30 Euro (Bloomberg 20.02.2017, 07.02.2020; MacDonald 2016). Dadurch wächst auch der Anreiz für einzelne Mitgliedstaaten, gegebenenfalls eigene Programme zur Förderung dieses technologischen Wandels anzustoßen, was von der Kommission im 2013 vorgelegten Grünbuch als mögliche Gefahr für den Binnenmarkt identifiziert wurde (Europäische Kommission 2013p, S. 5). Wie die EU-Kommission in dieser Hinsicht das 2019 vorgelegte „Klimapaket" der deutschen Bundesregierung beurteilt, bleibt abzuwarten.

4.2.5 Das Emissionshandelssystem der EU in der vierten Handelsperiode (ab 2021)

4.2.5.1 Überblick über den Legislativprozess

Bereits kurz nach Beginn der dritten Handelsperiode starteten die Generaldirektionen Klima und Energie der Kommission im März 2013 mit einem Grünbuch den Konsultationsprozess zur Fortschreibung der Klima- und Energiepolitik der EU bis zum Jahr 2030 (Europäische Kommission 2013p). Im Rahmen der daran anschließenden öffentlichen Konsultation gingen allein von registrierten Verbänden und öffentlichen Körperschaften mehr als 400 Stellungnahmen zum Grünbuch ein. Im Januar 2014 legte die Kommission eine Mitteilung vor, in der sie wesentliche Rahmenbedingungen der Klima- und Energiepolitik im Allgemeinen und des Emissionshandels im Besonderen bis zum Jahr 2030 skizzierte (Europäische Kommission 2014f). Zusammen mit der Mitteilung wurde auch ein bereits ausgearbeiteter Vorschlag für die Einrichtung einer Marktstabilitätsreserve präsentiert. Auf seinen Tagungen im März 2014 und Juni 2014 definierte der Europäische Rat erste Leitlinien der auf Basis der Mitteilung der Kommission auszuarbeitenden Energie- und Klimapolitik und forderte eine weitere Ausarbeitung des Pakets (Europäischer Rat 2014a, 2014b). Im Oktober 2014 beschloss der Europäische Rat schließlich detailliertere Leitlinien für das Emissionshandelssystem nach 2020; insbesondere bestätigte er die von der Kommission vorgeschlagenen Reduktionsziele und kündigte eine Beibehaltung kostenloser Zuteilungen und der Berücksichtigung von *carbon-leakage*-Risiken an (Europäischer Rat 2014c). Darauf aufbauend legte die Kommission im Mai 2015 einen Vorschlag für eine Reform des Emissionshandels für die vierte Handelsperiode vor. Bereits im Oktober 2015 beschlossen Parlament und Rat die Einführung der von der Kommission vorgeschlagenen Marktstabilitätsreserve zum Jahr 2019.

Am 15. Dezember 2016 beschloss der Umweltausschuss des Europäischen Parlaments seinen Bericht zur Reform des Emissionshandelssystems. Aus dem Umweltausschuss und dem Beteiligten ITRE-Ausschuss waren zu diesem Zeitpunkt 729 Änderungsanträge zum Vorschlag der Kommission formuliert worden (Europäisches Parlament 2016a). Das Plenum des Parlaments stimmte am 15. Februar 2017 dem Bericht mit einigen Änderungen zu; insgesamt wurden 139 Abänderungen am Vorschlag der Kommission vorgenommen. Anschließend wurde der Bericht mit dem Auftrag zu Verhandlungen mit dem Rat an den Ausschuss zurücküberwiesen (Europäisches Parlament 2017a, 2017h, S. 8–15). Der Rat einigte sich am 28. Februar 2017 auf eine gemeinsame Position (Rat der EU 2017d). In sechs Trilogrunden und mehreren Treffen auf Fachebene zwischen April und November 2017 einigten sich Rat, Parlament und Kommission auf einen Kompromisstext (Rat der EU 2017n), dem das Parlament am 6. Februar 2018 zustimmte (Europäisches Parlament 2018g, S. 3). Der Rat billigte den Text am 27. Februar 2018 (Rat der EU 2018s); dieser trat am 8. April 2018 als Richtlinie (EU) 2018/410 in Kraft.

4.2.5.2 Legislative Rechtsetzung

4.2.5.2.1 Beteiligte Akteure

Die Ausgangspräferenzen der *Kommission* sind im Detail schwer zu klären. Der Anfang 2014 formulierte Rahmen für die Energie- und Klimapolitik bis 2030 bleibt im Hinblick auf die konkrete Ausgestaltung des Emissionshandelssystems vergleichsweise vage; es wird lediglich ein Emissionsreduktionsziel von 43 Prozent in den vom Emissionshandel erfassten Sektoren vorgeschlagen und daraus ein neuer jährlicher Reduktionsfaktor errechnet. Dies deckt sich mit Aussagen eines Kommissionsmitarbeiters, wonach für die Kommission die Definition der Emissionsmenge im Zentrum stand und andere Aspekte wie Vergabemodi und Ausgleichsmechanismen zwischen den Mitgliedstaaten verhandelbar waren (Interview 2).

In der 2013 einsetzenden Diskussion über den EU-Rahmen für die Klima- und Energiepolitik bis 2030 zeigten sich die *Mitgliedstaaten* gespalten: Während sich in der so genannten *Green Growth Group* unter der Führung Großbritanniens

13 Mitgliedstaaten formierten und in enger Abstimmung mit der Generaldirektion Klimapolitik für eine deutliche Verschärfung der Klimaschutzziele der EU eintraten (Interview 1; Green Growth Group 2014a), wandten sich vor allem osteuropäische Staaten unter der Führung Polens mit Vehemenz gegen ehrgeizigere Vorgaben in den Bereichen Emissionsreduktionen und erneuerbare Energien und verwiesen auf die im Lissabon-Vertrag garantierte Unabhängigkeit der Mitgliedstaaten in der Festlegung des jeweiligen Energiemix (Rat der EU 2016c, S. 13–14). Zwar unterstützten auch diese Staaten in ihren Beiträgen zum Konsultationsprozess im Anschluss an die Veröffentlichung des Grünbuchs grundsätzlich das Ziel einer Reduktion von Treibhausgasemissionen; allerdings wurde vor allem von Polen, Tschechien und Estland die Wettbewerbsfähigkeit der europäischen Unternehmen und das Ziel einer „Reindustrialisierung" Europas nach der Wirtschaftskrise in den Mittelpunkt gerückt (Europäische Kommission 2013j, 2013k, 2013l). Dieses Auseinanderklaffen der nationalen Positionen zwischen dem Wunsch nach einer Straffung und dem nach einer Lockerung des Emissionshandelssystems zeigt sich weiterhin. Weitgehende Einigkeit bestand von Anfang an lediglich über die weitere Berücksichtigung des Risikos der Verlagerung von CO_2-Emissionen. Entsprechend herausfordernd war es für vier aufeinanderfolgende Ratspräsidentschaften, bis zum Februar 2017 eine Position für die Verhandlungen mit dem Parlament festzulegen, die von nahezu allen Mitgliedstaaten mitgetragen werden konnte (Rat der EU 2017y, S. 4).

Die Position des *Europäischen Parlaments* wurde im Wesentlichen vom Umweltausschuss formuliert, wohingegen der ITRE Ausschuss trotz entschiedenen Drängens auf eine stärkere Einbindung nur die Zuständigkeit für die Aspekte einer übergangsweisen kostenlosen Zuteilung von Zertifikaten und eines Modernisierungsfonds für veraltete Infrastrukturen übertragen bekam (Europäisches Parlament 2016c). In seiner Stellungnahme drängte das Parlament auf eine restriktivere Regulierung des Zertifikatemarktes als von der Kommission vorgesehen. So sollte der jährliche Reduktionsfaktor ab 2024 von 2,2 Prozent auf 2,4 Prozent angehoben werden. Zudem verlangte das Parlament, im Jahr 2021 800 Millionen Zertifikate aus der Marktstabilitätsreserve zu löschen (Europäisches Parlament 2017a, S. 31–35). In einigen Punkten schwächte das Parlament den Vorschlag der Kommission aber auch ab: So wird der Richtwert für die Verringerung der kostenlosen Zuteilung weniger streng definiert als im Kommissionsentwurf (Europäisches Parlament 2017a, S. 46), außerdem wurde der Schwellenwert für die Anwendung qualitativer Kriterien bei Ausnahmen wegen des Risikos der Emissionsverlagerung gesenkt (Europäisches Parlament 2017a, S. 58). Das Parlament billigte 138 Änderungen am Vorschlag der Kommission und stimmte dem Gesamttext mit knapper Mehrheit zu (Europäisches Parlament

2017h, S. 7–12) (Abbildung 4.8 und 4.9); die Aussprache zeigte dabei eine deutliche Spreizung der Ausgangspräferenzen: Während etwa Abgeordnete der EVP hohe Belastungen für Unternehmen monierten, sprachen sich Abgeordnete der Grünen für wesentlich ambitioniertere Reduktionsziele und weniger Ausnahmen aus (Europäisches Parlament 2017b, S. 55–66). Das Ergebnis spiegelt eine starke parteipolitische Spaltung des Parlaments in seiner Haltung zum Vorschlag der Kommission und den vorgeschlagenen Änderungen: Während Konservative und Liberale ebenso wie eine Mehrheit der Sozialdemokraten für eine beschränkte Reform des bestehenden Systems stimmten, wandten sich die Grünen und die linke GUE/NGL ebenso wie die rechten und EU-skeptischen Fraktionen nahezu einhellig gegen die zur Abstimmung gestellte Position – wenn auch aus gegensätzlichen Gründen: Während insbesondere die Grünen unter Verweis auf das 2015 geschlossene Pariser Klimaschutzabkommen mangelnden Ehrgeiz bei den diskutierten Klimaschutzmaßnahmen monierten, warnten die Fraktionen am rechten Rand des Spektrums vor einer „Deindustrialisierung" Europas durch das System (Europäisches Parlament 2017b, S. 55–61).

Der *Ausschuss der Regionen* plädierte wenig überraschend für ein erweitertes Mitspracherecht substaatlicher Einheiten. Konkret forderte der Ausschuss, dass mindestens 20 Prozent der Versteigerungserlöse durch die Regionen verwaltet werden sollten (Ausschuss der Regionen 2016, S. 1). Der *Wirtschafts- und Sozialausschuss*, dessen Kernpräferenz in der Bewahrung von Arbeitsplätzen und der industriellen Wettbewerbsfähigkeit besteht, legte in seiner Stellungnahme den Fokus auf die Beibehaltung von *carbon-leakage*-Ausnahmeregelungen. Zudem forderte der Ausschuss die Setzung strikter Rahmenbedingungen für das Handeln der Kommission (Wirtschafts- und Sozialausschuss 2015, S. 2, 8).

Die Beiträge der *Unternehmensverbände* zum Konsultationsprozess im Anschluss an die Veröffentlichung des Grünbuchs 2013 spiegeln wider, dass die Unternehmen größtenteils zu der Überzeugung gelangt waren, dass ein Emissionshandelssystem das effizienteste und für sie kostengünstigste Instrument der Klimaschutzpolitik darstellt (Interview 1). Damit verband sich auch die Hoffnung auf einen dauerhaft stabilen Regulierungsrahmen für Investitionen in kohlenstoffarme Technologien (Europäische Kommission 2013c, S. 4, 2013e). Im Mittelpunkt der von den Unternehmen formulierten Anforderungen an ein zukünftiges Emissionshandelssystem stand die Vermeidung zusätzlicher Kosten für die Unternehmen. Diese Forderung mag zwar auf ökonomischen Eigeninteressen beruhen, gewann durch entsprechendes Framing als notwendiger Beitrag zur Erhaltung der Wettbewerbsfähigkeit europäischer Wirtschaftsstandorte aber argumentative Durchschlagskraft vor allem gegenüber den Mitgliedstaaten, die nach

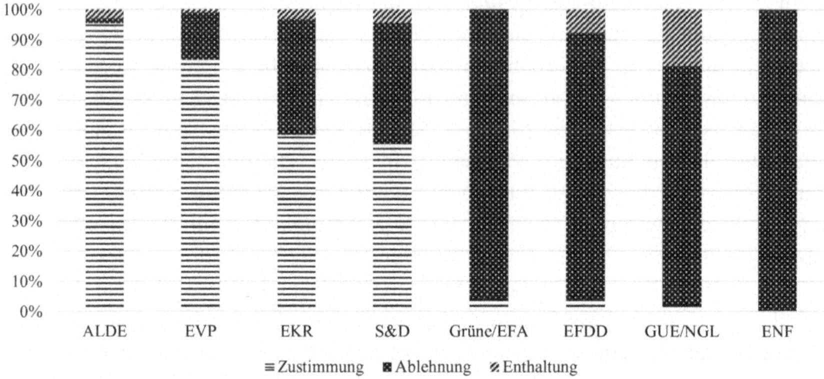

Abbildung 4.8 Abstimmungsergebnis im Europäischen Parlament nach Fraktionszugehörigkeit. (eigene Darstellung auf Basis von: Europäisches Parlament 2017g)

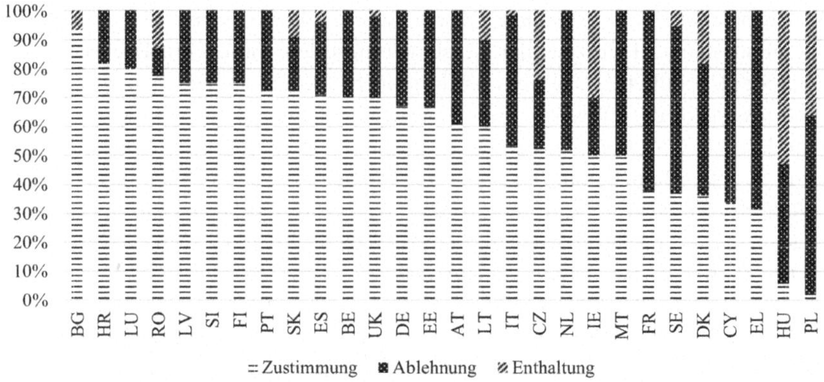

Abbildung 4.9 Abstimmungsergebnis im Europäischen Parlament nach nationaler Zugehörigkeit. (eigene Darstellung auf Basis von: Europäisches Parlament 2017g)

wie vor mit einer hohen Arbeitslosigkeit infolge der Wirtschaftskrise zu kämpfen hatten (Europäische Kommission 2013c, S. 4, 2013d, S. 1, 2013ad, S. 3–4).

Ähnlich argumentierte auch der Europäische Gewerkschaftsbund, fügte aber noch die Forderung nach verstärkten staatlichen Investitionen in energieeffiziente und CO_2-arme Technologien hinzu (Europäische Kommission 2013ac). Im Fokus bei der Vermeidung zusätzlicher Kosten stand für die meisten analysierten Beiträge von Unternehmensverbänden die Beibehaltung der kostenlosen Zuteilung für *carbon-leakage*-gefährdete Sektoren. Im Zentrum der Beiträge von *Umwelt- und Klimaschutzverbänden* stand die Forderung nach Maßnahmen, die eine effektive Verknappung der Emissionszertifikate und damit höhere Preise gewährleisten sollten (Europäische Kommission 2013y, 2013aa, 2013ab). Die *Climate Alliance* kritisierte darüber hinaus, dass Kosteneffizienz als einziges Gütekriterium für ein Klimaschutz-Instrument nicht ausreiche und weitere regulatorische Maßnahmen zur Reduzierung von Treibhausgasemissionen ergriffen werden müssten (Europäische Kommission 2013aa, S. 4–5).

4.2.5.2.2 Inhaltliche Durchsetzung im Entscheidungsprozess

Die für die anstehende vierte Handelsperiode diskutierten Design-Entscheidungen beziehen sich im Wesentlichen auf Variablen des Emissionshandelssystems, die auch in der dritten Handelsperiode Gegenstand von Auseinandersetzungen waren:

a) Neben der Setzung jährlicher Emissionsobergrenzen und dem Modus der Zuteilung ist dies vor allem die Steuerung der auf dem Markt befindlichen Menge an Zertifikaten, für die bereits vor der eigentlichen Reform der Emissionshandelsrichtlinie eine dauerhafte *Marktstabilitätsreserve* beschlossen wurde. Über andere früher umstrittene Aspekte wie etwa eine möglichst weitgehende Harmonisierung des Systems bestand hingegen von Anfang an Einigkeit unter den beteiligten Akteuren (Rat der EU 2016e, S. 5). Weitere umstrittene Aspekte waren:
b) Das unionsweite Reduktionsziel für das Jahr 2030;
c) Leistungen an wirtschaftsschwache Mitgliedstaaten;
d) Die Definition eines sektorübergreifenden Korrekturfaktors;
e) Die Methode der Zuteilung;
f) Der Umgang mit dem Problem der *carbon leakage*.

a) Marktstabilitätsreserve

Zeitgleich zu den Bemühungen um die Realisierung des *backloading* wurde in der Kommission an der Fortschreibung der Klima- und Energiepolitik über das Jahr 2020 hinaus gearbeitet. Perspektivisch sollte der Prozess zu einer generellen Überarbeitung des Emissionshandelssystems führen; die Kommission verband mit der Veröffentlichung des ersten Entwurfs für einen Rahmen der Energie- und Klimapolitik bis 2030 (Europäische Kommission 2014f) aber auch die Intention, kurzfristig zu einer strukturellen Alternative zur ad-hoc-Lösung *backloading* zu gelangen: Das von der Kommission vorgelegte Maßnahmenpaket beinhaltete einen Vorschlag zur Einrichtung einer Marktstabilitätsreserve, mit der die Steuerung der auf dem Markt befindlichen Menge an Emissionszertifikaten geregelt werden sollte. Konkret sollten ab 2021 bei einer Menge von über 833 Millionen Zertifikaten auf dem Markt jährlich 12 Prozent der Zertifikate in die Reserve gestellt und bei einer Menge von unter 400 Millionen Zertifikaten 100 Millionen aus der Reserve freigegeben werden (Europäische Kommission 2014q, S. 7).

Die von der Kommission vorgeschlagene Einrichtung der Reserve im Jahr 2021 hätte zusätzliche Maßnahmen erforderlich gemacht, um eine Überangebot im Jahr 2020 zu vermeiden, wenn die vom *backloading* betroffenen 900 Millionen Zertifikate versteigert werden würden (Europäische Kommission 2014f, S. 10). Daher plädierten einige Staaten aus der *Green Growth Group* 2014 für eine frühere Einführung der Marktstabilitätsreserve und fanden dabei Unterstützung in der Generaldirektion Klima der Kommission (Green Growth Group 2014b). Zwar unterstützte der Europäische Rat auf seinem Treffen im Oktober 2014 die Einrichtung eines „Instrument[s] zur Stabilisierung des Markts“ (Europäischer Rat 2014c, S. 3); die konkrete Ausgestaltung dieses Instruments war unter den Mitgliedstaaten aber höchst umstritten. Auf einer Tagung des Rates für Umwelt im Dezember 2014 ließen sich drei, zahlenmäßig etwa gleich große, Gruppen identifizieren: Die erste Gruppe befürwortete eine Einführung der Marktstabilitätsreserve vor dem Jahr 2021 („*fast-tracking*“) und eine direkte Überführung der zurückgestellten Zertifikate in die Reserve. Eine zweite Gruppe unterstützte die von der Kommission vorgeschlagene Einführung ab dem Jahr 2021, lehnte aber eine Überführung der *backloading*-Zertifikate ab. Die dritte Gruppe schließlich hatte noch keine Stellung zu den diskutierten Vorschlägen bezogen (Rat der EU 2014b, S. 4).

Der ITRE-Ausschuss des Parlaments gelangte im Januar 2015 aufgrund erheblicher interner Differenzen nicht zu einer gemeinsamen Haltung, wobei sich innerhalb des Ausschusses Lager nach mitgliedstaatlicher Zugehörigkeit bildeten (Wettestad u. Jevnaker 2016, S. 56). Der Entwurf einer Stellungnahme hatte vorgesehen, die Untergrenze bei 500 Millionen statt 400 Millionen Zertifikaten anzusetzen. Zudem wurden eine Reihe von Änderungsanträgen eingebracht, die die Wettbewerbsfähigkeit der Industrie sicherstellen sollten, unter anderem eine Ausweitung der Ausnahmeregelungen für *carbon leakage* (Europäisches Parlament 2014d).[41] Der Umweltausschuss unterstützte hingegen im Februar 2015 in seiner mit deutlicher Mehrheit beschlossenen Stellungnahme die Einführung einer

[41] Verfasser der Stellungnahme war Antonio Tajani, der als Industriekommissar in den Jahren 2012 bis 2014 einer der wesentlichen kommissionsinternen Gegner des *backloading*-Vorschlags war (Interview 1).

Marktstabilitätsreserve und schlug zwei erhebliche Änderungen am Kommissionsvorschlag vor: Erstens sollten die 900 Millionen zurückgestellten Zertifikate direkt in die Reserve überführt werden; zweitens sollte diese bereits mit Beginn des Jahres 2019 eingeführt werden (Europäisches Parlament 2015a, S. 9–12).

Vor der ersten Lesung im Parlament sollte wiederum in Trilog-Verhandlungen eine Einigung mit Rat und Kommission erzielt werden; diese verzögerte sich allerdings, weil im Rat vor allem das Datum der Einführung nach wie vor umstritten war. Während acht westeuropäische Staaten unter der Führung Deutschlands, Frankreichs und Großbritanniens für eine Einrichtung der Reserve zum 1. Januar 2017 warben, bestand eine Sperrminorität mit Polen an der Spitze auf dem 1. Januar 2021 als Startdatum (Wettestad u. Jevnaker 2016, S. 57). Nach langwierigen Verhandlungen im Ausschuss der Ständigen Vertreter stimmte dieser Ende April 2015 schließlich einem Kompromissvorschlag der lettischen Ratspräsidentschaft zu, der als Basis für die entscheidende Runde der interinstitutionellen Verhandlungen am 5. Mai 2015 diente (Rat der EU 2015a, S. 11–12). Die wesentlichen Eckpunkte dieses Vorschlags wurden dabei bestätigt, auch weil dieser ein hohes Maß an Übereinstimmung mit dem Bericht des Umweltausschusses aufwies: Die Marktstabilitätsreserve sollte zum 1. Januar 2019 eingeführt und noch nicht zugeteilte Zertifikate direkt in die Reserve eingestellt werden. Eine Ausnahme wurde für die zehn Prozent der Zertifikate eingefügt, die nach Artikel 10 Absatz 2 der Emissionshandelsrichtlinie für einkommensschwache Staaten reserviert sind: Sie bleiben von der Reserve ausgenommen (Rat der EU 2015f, S. 2–4).

Diese Einigung war möglich geworden, weil im Rat Tschechien und Litauen aus der Koalition um Polen ausgeschert waren und den Kompromiss mittrugen (Wettestad u. Jevnaker 2016, S. 58). Das Europäische Parlament stimmte dem Entwurf am 8. Juli 2015 mit einer Mehrheit von knapp zwei Dritteln seiner Mitglieder zu (Europäisches Parlament 2015d, S. 4–5). Das Abstimmungsverhalten folgte dabei angesichts des Streits zwischen den Mitgliedstaaten neben der Fraktionszugehörigkeit auch nationalen Linien (Abbildung 4.10). So stimmten die polnischen, bulgarischen und rumänischen Abgeordneten mehrheitlich gegen den Vorschlag. Erkennbar ist in diesen Fällen aber auch ein klarer Zusammenhang zwischen nationaler und Fraktionszugehörigkeit. So stimmten die polnischen EVP-Abgeordneten geschlossen gegen den Entwurf, während die rumänischen EVP-Abgeordneten ebenso geschlossen dafür votierten. Zu bemerken ist hier, dass aus beiden Staaten diejenigen Abgeordneten, die der jeweiligen nationalen Regierungspartei angehörten, gegen das Vorhaben stimmten. Die Gegenstimmen aus westeuropäischen Ländern kamen überwiegend von EU-skeptischen Fraktionen. Der Rat stimmte dem Kompromisstext gegen die Stimmen von Bulgarien,

Kroatien, Zypern, Ungarn, Polen und Rumänien zu (Rat der EU 2015b); am 9. Oktober 2015 trat der Beschluss (EU) 2015/1814 über die Einrichtung einer Marktstabilitätsreserve in Kraft.

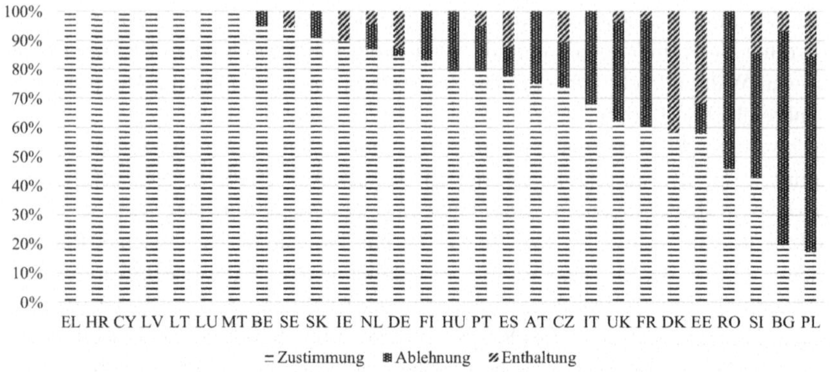

Abbildung 4.10 Abstimmungsverhalten im Europäischen Parlament nach nationaler Zugehörigkeit. (eigene Darstellung auf Basis von: Europäisches Parlament 2015c)

Im Zuge der Reform der Emissionshandelssystems für die vierte Handelsperiode kam es in zwei Punkten zu einem Ausbau der Möglichkeiten zur Reduzierung des Zertifikateangebots durch die Marktstabilitätsreserve: Zum einen wurde die Zuführungsquote vorübergehend von 12 auf 24 Prozent verdoppelt, zum anderen wurde eine Vorgabe zur Löschung überschüssiger Zertifikate eingeführt. Beide Regelungen wurden vom Parlament erstmals gefordert (Europäisches Parlament 2017a, S. 90–91) und waren im Rat zunächst umstritten: Vor allem Frankreich, Luxemburg, die Niederlande und Schweden forderten mit Nachdruck einen Löschungsmechanismus und schlugen eine Obergrenze von 500 Millionen Zertifikaten für die Marktstabilitätsreserve vor (Rat der EU 2017g). Mehrere Mitgliedstaaten forderten zudem weitere Instrumente, um die Zuführung zur Marktstabilitätsreserve zu erhöhen. Ihnen stand jedoch eine Gruppe von Staaten gegenüber, die jegliche Änderung an der Marktstabilitätsreserve ablehnten (Rat der EU 2017y, S. 5). Als Kompromiss einigten sich die Mitgliedstaaten in ihrer allgemeinen Ausrichtung darauf, die vom Parlament vorgeschlagene Verdopplung der Zuführung in den Jahren 2020 bis 2023 zu akzeptieren. Während der Umweltausschuss des Parlaments lediglich allgemein ab 2021 eine Obergrenze für die Reserve gefordert hatte, legte der Rat als Referenzmenge die Zahl der jeweils im Vorjahr versteigerten Zertifikate fest. Beginnend im Jahr 2024 sollten alle überschüssigen Zertifikate ihre Gültigkeit verlieren (Rat der EU 2017d, S. 43). Diese Obergrenze liegt über die gesamte vierte Handelsperiode hinweg deutlich über dem von einigen Regierungen geforderten Wert von 500 Millionen. In den Trilog-Verhandlungen einigte man sich auf eine Einführung der vom Rat vorgeschlagenen Obergrenze bereits im Jahr 2023 – ein Jahr früher als vom Rat und zwei Jahre später als vom Umweltausschuss des Parlaments gefordert (Rat der EU 2017p, S. 178). Die vom Rat eingebrachte Verdopplung der Zuführung bis zum Jahr 2023 wurde von den Verhandlern des Parlaments akzeptiert und ebenso wie die ausgehandelte Obergrenze von Parlament und Rat auch formal beschlossen (Abbildung 4.11).

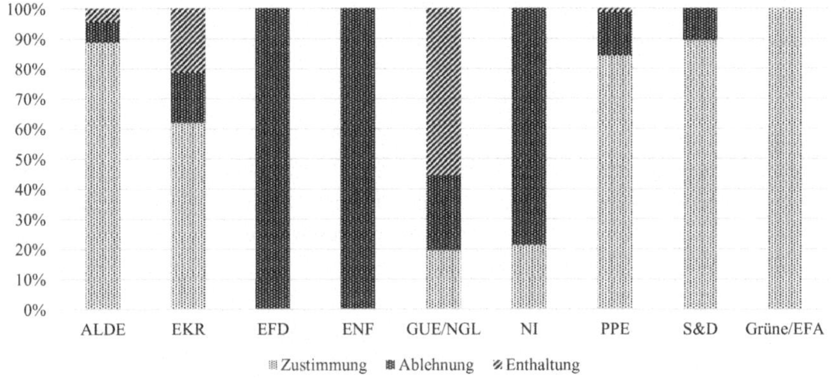

Abbildung 4.11 Abstimmungsverhalten im Europäischen Parlament nach Fraktionszugehörigkeit. (eigene Darstellung auf Basis von: Europäisches Parlament 2015c)

b) Emissionsreduktionsziel 2030 und jährlicher Reduktionsfaktor

Die Mitteilung der Kommission aus dem Jahr 2014 formulierte ein Emissionsreduktionsziel von 40 Prozent bis 2030 insgesamt und von 43 Prozent in den vom EHS erfassten Sektoren. Die Kommission errechnete aus dieser Zielsetzung eine Erhöhung des jährlichen Reduktionsfaktors von 1,74 auf 2,2 Prozent. Über diese Aspekte konnte im Europäischen Rat im Oktober 2014 Einvernehmen erzielt werden. Diese Übereinkunft kann als klassische Paketlösung im Sinne der Verhandlungstheorie gelten: Einerseits gaben die mitteleuropäischen Staaten unter Führung Polens ihren Widerstand gegen eine Verschärfung der

Energie- und Klimapolitik auf; andererseits profitieren vor allem diese Staaten von den beschlossenen Maßnahmen zur Unterstützung einkommensschwacher rund modernisierungsbedürftiger Volkswirtschaften. Der Reduktionsfaktor von 2,2 Prozent war folgerichtig auch Teil des Kommissionsvorschlags für die Neufassung der Richtlinie und wurde im Entscheidungsprozess nicht mehr verändert. Zwar hatte der Umweltausschuss des Parlaments in seinem Bericht eine Erhöhung des linearen Reduktionsfaktors auf 2,4 Prozent vorgesehen (Europäisches Parlament 2016b, S. 11); diese Bestimmung wurde aber vom Plenum in gesonderter Abstimmung mit knapper Mehrheit abgelehnt (Europäisches Parlament 2017h, S. 9). Im Vorfeld der Plenarsitzung war von Unternehmensverbänden entschiedener Widerspruch gegen diese Verschärfung laut geworden (BusinessEurope 2017; VCI 2016). In den Trilogen wurde schließlich als Zugeständnis an die ambitionierteren Mitgliedstaaten und das Parlament eine allgemeine Bestimmung neu in die Richtlinie aufgenommen, wonach die Rahmenbedingungen des Emissionshandels „im Lichte der internationalen Entwicklungen" einer fortlaufenden Überprüfung unterliegen sollen (Rat der EU 2017h, S. 166; Art. 1 Abs. 37 RL 2018/410).

c) Leistungen an einkommensschwache Mitgliedstaaten

Zu den Unterstützungsmaßnahmen für einkommensschwache und unterstützungsbedürftige Volkswirtschaften, die vom Europäischen Rat gefordert wurden, gehört erstens eine neue Reserve mit den Versteigerungserlösen von zwei Prozent aller Zertifikate, die der Steigerung der Energieeffizienz und der Modernisierung von Energieinfrastrukturen in Staaten mit einer pro-Kopf-Wirtschaftsleistung von unter 60 Prozent des EU-Durchschnitts zugeführt werden sollten. Zweitens sollten weiterhin zehn Prozent der zu versteigernden Zertifikate für Staaten mit einem Bruttoinlandsprodukt von unter 90 Prozent des EU-Durchschnitts reserviert werden (Europäischer Rat 2014c, S. 1–3).[42] Der Vorschlag der Kommission übernahm diese quantitativen Rahmenbedingungen unverändert (Europäische Kommission 2015f, S. 19). Innerhalb des Rates war allerdings hoch umstritten, wie über die Verteilung der Mittel aus dem Modernisierungsfonds entschieden werden sollte: Während die Schlussfolgerungen des Europäischen Rates vom Oktober 2014 vorsahen, nur die begünstigten Mitgliedstaaten gemeinsam mit der Europäischen Investitionsbank (EIB) über die Mittelverwendung entscheiden zu lassen (Europäischer Rat 2014c, S. 3), schlug die Kommission ein Verfahren

[42] Stand 2019 fallen acht Staaten in die Gruppe mit einer Pro-Kopf-Wirtschaftsleistung von weniger als 60 Prozent des EU-Durchschnitts, nämlich Bulgarien, Rumänien, Lettland, Polen, Ungarn, Litauen, Estland und die Slowakei. Zu den Staaten mit einer Wirtschaftsleistung von weniger als 90 Prozent des EU-Mittels gehören außer den bereits genannten noch Tschechien, Griechenland, Portugal, Slowenien, Malta, Zypern und Spanien (Eurostat 2020).

mit einem eigens einzurichtenden Investitionsbeirat und einem Verwaltungsausschuss vor, an dem auch ein Vertreter der Kommission sowie drei für die Dauer von jeweils fünf Jahren gewählte Vertreter anderer Mitgliedstaaten beteiligt sein sollten (Europäische Kommission 2015f, S. 24). Diese Änderung ging auf den entschiedenen Widerspruch der nicht begünstigten Mitgliedstaaten zurück, deren jeweiliger Anteil an den Emissionszertifikaten durch den Modernisierungsfonds gemindert würde und die deshalb ein Mitspracherecht bei der Mittelverwendung einforderten (Interview 2).

Das Europäische Parlament behielt die von der Kommission vorgeschlagenen Instrumente bei und schlug ergänzend die Einrichtung eines Transitions-Fonds vor, in den zwei Prozent der insgesamt erzielten Versteigerungseinnahmen fließen sollten und der besonders von kohlenstoffintensiven Industrien abhängige Regionen beim Übergang zu einer kohlenstoffarmen Wirtschaft unterstützen sollte (Europäisches Parlament 2017a, S. 34–35). Mit Blick auf den Modernisierungsfonds pochte das Parlament allerdings auf eine stärkere Rolle der begünstigten Mitgliedstaaten bei der Mittelvergabe und sah für die übrigen Staaten lediglich eine beratende Funktion vor (Europäisches Parlament 2017a, S. 70).

Im Rat beharrten insbesondere die Visegrád-Staaten sowie Rumänien und Bulgarien auf der im Europäischen Rat getroffenen Regelung, die Entscheidung über die Verwendung der Mittel aus dem Modernisierungsfonds allein den begünstigten Staaten zu überlassen (Rat der EU 2015d, S. 3, 2016a, S. 3). Im Gegenzug traten vor allem westeuropäische Mitgliedstaaten – unter ihnen das Vereinigte Königreich, Belgien und der niederländische Ratsvorsitz in der ersten Jahreshälfte 2016 – entschieden dafür ein, bei der Verwaltung des Modernisierungsfonds auch nichtbegünstigten Mitgliedstaaten ein Mitspracherecht einzuräumen und Kriterien für die Vergabe von Mitteln aus dem Fonds bereits in der Richtlinie festzuschreiben – ein Ansinnen, dem wiederum die bereits erwähnte Visegrád-plus-zwei-Gruppe vehement entgegentrat (Rat der EU 2016b, S. 16, 2016e, S. 11–12). Der in mehreren Verhandlungsrunden entlang dieser Konfliktlinien entstandene Kompromiss – wesentliche Fortschritte gehen dabei auf Vorschläge des slowakischen Ratsvorsitzes in der zweiten Jahreshälfte 2018 zurück – sieht ein gegenüber dem Kommissionsvorschlag vereinfachtes Verwaltungsverfahren vor: Demnach ist der zu bildende Investitionsausschuss nur zu konsultieren, wenn die abgerufenen Mittel nicht für Investitionen in Stromerzeugung aus erneuerbaren Energien, Energieeffizienz oder die Modernisierung von Elektrizitätsnetzen investiert werden sollen. Im Gegenzug sollen auch die nichtbegünstigten Staaten drei Mitglieder des Ausschusses bestimmen. Zudem wird explizit festgeschrieben, dass die geförderten Projekte vom jeweiligen Mitgliedstaat selbst vorgeschlagen werden müssen (Rat der EU 2016d, S. 5, 2017d, S. 32–34).

Diese Ausrichtung wurde auch in den Trilogen nicht mehr infrage gestellt. Auf Drängen des Parlaments wurde in den Verhandlungen aber explizit festgeschrieben, dass Mittel aus dem Fonds nicht zur Förderung von Anlagen verwendet werden dürfen, die Energie aus der Verbrennung fester fossiler Brennstoffe gewinnen. Zudem wurde die Möglichkeit gestrichen, Ausnahmen von den genannten enger definierten Verwendungszwecken – vermutlich mit Rücksicht auf den Standpunkt des Parlaments ergänzt um Energiespeicherung – auf Basis von Einzelfallentscheidungen zuzulassen. Stattdessen optierten die Verhandler für eine quantitative Schwelle: Demnach müssen mindestens 70 Prozent der Mittel aus dem Fonds für diese Zwecke verwendet werden (Rat der EU 2017n, S. 40).

d) Sektorübergreifender Korrekturfaktor

Zu einem Reizpunkt entwickelte sich die mögliche Anwendung eines sektorübergreifenden Korrekturfaktors (*Cross-Sectoral Correction Factor,* CSCF). Dieses Instrument wurde bereits zur dritten Handelsperiode eingeführt und sollte sicherstellen, dass durch eine regelkonforme kostenlose Zuteilung von Zertifikaten nicht die anvisierte Gesamtmenge an Emissionsberechtigungen überschritten wird. Im Rat bestand weitgehende Einigkeit darüber, dass durch die Gestaltung der Regeln für die kostenlose Zuteilung die Anwendung eines CSCF vermieden werden sollte (Rat der EU 2017y, S. 4). Einige Industrieverbände forderten sogar, den Korrekturfaktor gänzlich aus der Richtlinie zu streichen (Europäische Kommission 2015e, S. 2). Die erste Entschließung des Parlaments sah vor, gegebenenfalls einen Korrekturfaktor von bis zu fünf Prozentpunkten auf den Versteigerungsanteil anzuwenden, um Unternehmen vor einem Risiko der CO_2-Verlagerung zu schützen (Europäisches Parlament 2017a, S. 10). Auch die Position des Rates räumte diese Möglichkeit ein, beschränkte aber die Reduzierung des Versteigerungsanteils auf maximal zwei Prozentpunkte (Rat der EU 2017d, S. 5) – jede weitere notwendige Reduzierung beträfe damit die kostenlose Allokation. Dass der Rat einen wesentlich geringeren Wert wählte als das Parlament, ist auf Bedenken von Mitgliedstaaten zurückzuführen, die durch eine Anwendung dieser Regelung einen Wegfall von Versteigerungserlösen befürchteten (Interview 3). In den interinstitutionellen Verhandlungen einigten sich die beteiligten Akteure schließlich auf eine mögliche Reduzierung des Versteigerungsanteils um drei Prozentpunkte. Im Gegenzug nahm das Parlament allerdings von seiner ursprünglichen Forderung Abstand, bis zu 200 Millionen Zertifikate zu löschen, falls die Korrektur des Versteigerungsanteils nicht notwendig werden sollte (Rat der EU 2017n, S. 3).

e) Methode der Zuteilung

In der Generaldirektion Klima der Kommission herrschte zwar weiter eine grundsätzliche Präferenz für einen möglichst hohen Versteigerungsanteil; allerdings sah man angesichts des zu erwartenden Beharrens auf kostenlose Allokationsmethoden davon ab, eine Erhöhung gegenüber der dritten Handelsperiode vorzuschlagen. Im Ergebnis blieb der Versteigerungsanteil im Wesentlichen unverändert. Der Kommissionsvorschlag intendierte einen Anteil von 57 Prozent (Europäische Kommission 2015f, S. 19). Dieser entspricht dem ex post ermittelten tatsächlichen Versteigerungsanteil in der dritten Handelsperiode und wurde von den übrigen Akteuren im weiteren Entscheidungsprozess auch nicht mehr verändert – wenngleich einige Delegationen im Rat auf einen etwas niedrigeren Wert drängten (Rat der EU 2017q, S. 2). Der Ausschuss der Regionen schlug neben einem Mitspracherecht der Regionen bei der Verwendung der Versteigerungserlöse eine ambitioniertere Versteigerungsquote vor (Ausschuss der Regionen 2016, S. 1–3). Beide Forderungen wurden im weiteren Verhandlungsprozess nicht explizit berücksichtigt. Eine kostenlose Zuteilung sollte weiterhin an Unternehmen in vom Problem der *carbon leakage* betroffenen Sektoren sowie in bestimmten Staaten an den Stromsektor zur Modernisierung der Energieinfrastruktur erfolgen (Europäische Kommission 2015f, S. 12). Das Parlament übernahm in seiner Entschließung diese Bestimmung, ergänzte aber die Klausel, die Ausnahmeregelung für Stromerzeuger am 31.12.2030 zu beenden (Europäisches Parlament 2017a, S. 60). In den Trilogen gehörte diese Bestimmung zu den umstrittensten Aspekten; die Ratspräsidentschaft versuchte mehrfach, mit anderweitigen Zugeständnissen das Parlament zu einem Verzicht auf ein festes Enddatum zu bewegen (Rat der EU 2017o, S. 122). In diesem Punkt setzte das Parlament aber seine Haltung durch – das Jahr 2030 als Enddatum wurde schließlich auch vom Rat akzeptiert (Rat der EU 2017n, S. 37).

Um Produktionssteigerungen von Unternehmen adäquat zu berücksichtigen, sah der Vorschlag der Kommission vor, im Wege der abgeleiteten Rechtsetzung die Vergabe zusätzlicher Zertifikate an Unternehmen mit Produktionszunahme zu regeln. Das Europäische Parlament schränkte hier in seiner Stellungnahme den Handlungsspielraum der Kommission erheblich ein, indem es quantitative Vorgaben für zu berücksichtigende Produktionszuwächse und -rückgänge präzisierte (Europäisches Parlament 2017a, S. 43). Auch der Rat machte entsprechende Vorgaben, setzte aber als Schwellenwert eine Produktionsveränderung von 15 Prozent statt – wie das Parlament – zehn Prozent an und nahm zudem auch Produktionsrückgänge als Kriterium für eine Anpassung der Zuteilungsmenge auf (Rat der EU 2017d, S. 26). Über diese Festlegungen konnte in den Trilog-Verhandlungen vergleichsweise schnell Einvernehmen erzielt werden, sodass der Entwurf des Rates in dieser Hinsicht weitgehend unverändert in den Rechtsakt übernommen wurde (Rat der EU 2017o, S. 111–112).

f) Carbon Leakage
Wie bereits 2007 und 2008 stand die Frage der kostenlosen Zuteilung an vom Risiko der *carbon leakage* betroffene Sektoren im Mittelpunkt des Interesses von Unternehmensverbänden und Mitgliedstaaten. Dass entsprechende Ausnahmeregelungen fortbestehen sollten, war weithin unumstritten. Die von der Kommission vorgeschlagene und letztlich umgesetzte Reduzierung der vollständig kostenlosen Zuteilung war gleichwohl Gegenstand heftiger Auseinandersetzungen. Im Vorfeld der Vorlage des Kommissionsvorschlags sprach sich BusinessEurope entschieden für eine Ausweitung der *carbon-leakage*-Liste und detailliertere Vorgaben in der überarbeiteten Emissionshandelsrichtlinie aus, um Wettbewerbsnachteile durch das Emissionshandelssystem auszugleichen und einen stabilen Rechtsrahmen für die Unternehmen zu gewährleisten (BusinessEurope 2014). Bei den Mitgliedstaaten herrschte weithin Einigkeit darüber, dass eine kostenlose Zuteilung auch über das Jahr 2020 hinaus bestehen bleiben sollte (Europäischer Rat 2014c, S. 2). Die Kommission behielt in ihrem Vorschlag die Berücksichtigung der *carbon leakage* entsprechend bei, überarbeitete allerdings die Methode zur Bestimmung der betroffenen Sektoren. Durch eine stärkere Differenzierung nach Handels- und Emissionsintensität sollten vor allem solche Sektoren ausgefiltert werden, die durch den Emissionshandel entstehende Kosten auf ihre Kunden abwälzen können (Europäische Kommission 2015c, S. 37–38). Durch eine Reduzierung der kostenlosen Zuteilung würde auch das Risiko der Anwendung eines sektorübergreifenden Korrekturfaktors vermindert.

Konkret beinhaltete der Vorschlag der Kommission die Vorgabe, eine vollständig kostenlose Zuteilung nur noch für solche Sektoren vorzunehmen, in denen das Produkt aus Handels- und Emissionsintensität einen Wert von 0,2 überschreitet. Zwischen einem Wert von 0,18 und 0,20 sollten die bereits in der dritten Handelsperiode angewandten qualitativen Kriterien für Ausnahmen herangezogen werden können. Alle anderen Sektoren – mit Ausnahme der Stromerzeugung, die aus physikalischen Gründen keiner wesentlichen *carbon-leakage*-Gefahr unterliegen kann – sollten 30 Prozent der benötigten Zertifikate kostenlos erhalten (Europäische Kommission 2015f, S. 22–23). Das Parlament schlug vor, den Schwellenwert für die Anwendung qualitativer Kriterien auf 0,12 abzusenken, nahm aber ansonsten keine wesentlichen Änderungen am Ansatz der Kommission vor (Europäisches Parlament 2017a, S. 58).

Im Rat war nicht nur dieser Schwellenwert umstritten; auch der Vorschlag der Kommission, binär zwischen Sektoren mit 100-prozentiger und solchen mit

30-prozentiger kostenloser Zuteilung zu differenzieren, stieß auf den Widerstand mehrerer Mitgliedstaaten. So sprachen sich unter anderen Großbritannien, Frankreich, Belgien und die Visegrád-Staaten für einen Mehrebenenansatz aus (Rat der EU 2015c, 2015d, S. 2, 2016b, S. 5). Die befassten Ausschüsse des Parlaments, die Kommission und die Regierungen der Mitgliedstaaten sahen sich dabei aber massiver Opposition von Industrieverbänden gegen einen solchen Mehrebenenansatz gegenüber, die vor einer „Diskriminierung" einzelner Sektoren warnten (Banks 29.04.2016; cepi 2016; Interview 3). Formal wurde deshalb im Kompromisspapier des Rates kein Ebenenansatz gewählt; allerdings wurde durch eine Absenkung des Schwellenwerts für eine Anwendung qualitativer Kriterien auf 0,16 und eine zusätzliche Ausnahme für Sektoren mit einer Emissionsintensität von über 1,5 Kilogramm CO_2 pro Euro Bruttowertschöpfung die im Kommissionsvorschlag enthaltene relativ klare Zweiteilung aufgeweicht (Rat der EU 2017d, S. 27–28). Dieser Ansatz wurde vergleichsweise früh in den Trilogen sowohl von der Kommission als auch vom Europäischen Parlament akzeptiert; lediglich der Schwellenwert für die Anwendung qualitativer Kriterien wurde als Zugeständnis an das Parlament auf 0,15 gesenkt (Rat der EU 2017m, S. 110). In der letzten Trilog-Verhandlungsrunde wurde zudem vereinbart, in der zweiten Hälfte der vierten Handelsperiode die kostenlose Zuteilung an die zweite Gruppe schrittweise von 30 Prozent auf null zu reduzieren, wie von mehreren Mitgliedstaaten gefordert und auch vom Umweltausschuss des Parlaments unterstützt. Im Gegenzug verzichtete das Parlament auf seine Forderung nach einer Grenzanpassungsabgabe (Europäisches Parlament 2017a, S. 57–58; Interview 3). Zudem war das Parlament mit seinem Vorstoß erfolgreich, die Regeln zu Vermeidung von *carbon leakage* als „Übergangsmaßnahmen" zu titulieren, was für die vierte Handelsperiode zunächst keine rechtliche Bindungswirkung entfaltet, aber als Rahmensetzung für die weitere Entwicklung des Emissionshandelssystems zu verstehen ist (Europäisches Parlament 2017a, S. 56).

4.2.5.3 Handlungskopplung und Einflusspotenziale der beteiligten Akteure

Die *Kommission* trat auch bei den Entscheidungen zur zweiten Reform des Emissionshandelssystems innerhalb des Mehrebenen-Verhandlungssystems der EU primär als Agenda-Setter und Verhandlungsmanager in Erscheinung, konnte in dieser Rolle gleichwohl zentrale Präferenzen durchsetzen, insbesondere die von der Generaldirektion Klima vehement befürwortete Erhöhung des linearen Reduktionsfaktors von 1,74 auf 2,2 Prozent. Die Möglichkeit der Behörde, durch eine Zurückziehung des ursprünglichen Vorschlags den Entscheidungsprozess zu beenden, hätte angesichts der allseitigen Präferenz für eine Weiterentwicklung des Emissionshandelssystems kein ernsthaftes Drohpotenzial beinhaltet und hatte auch keine nachweisbaren Auswirkungen auf den Verhandlungsprozess. Dass entscheidende Designelemente der letztlich beschlossenen Richtlinie schon im Vorschlag der Kommission enthalten waren – etwa die generelle Anlage der Marktstabilitätsreserve, die Ausgleichszahlungen an ostmitteleuropäische Staaten über den neu eingerichteten Modernisierungsfonds und die neue Methodik bei der Bestimmung der von *carbon leakage* betroffenen Sektoren – ist dabei eher auf die sorgfältige Abwägung aller beteiligten Interessen schon vor der Vorlage des Vorschlags als auf eine überlegene Durchsetzungsfähigkeit der Kommission zurückzuführen.

Mit Blick auf die Beteiligung der *Mitgliedstaaten* fällt auf, wie eng der Europäische Rat die Entscheidungsprozesse begleitete und in allen Entscheidungsphasen die Leitlinien für das weitere Vorgehen definierte. Mit den in den Schlussfolgerungen der Tagung von Oktober 2014 enthaltenen Vorgaben wurde der Gestaltungsspielraum aller anderen Akteure in einem bisher in der Klimapolitik nicht bekannten Maßen eingeschränkt. Die Kommission und der Rat orientierten sich in ihren Entscheidungen klar an den Vorgaben des Europäischen Rates, insbesondere im Hinblick auf die finanziellen Leistungen an einkommensschwache Mitgliedstaaten (Interview 2). Die Reform des Emissionshandelssystems stellt damit einen deutlichen Beleg für einen Kulturwandel hin zu einer stärker intergouvernemental ausgerichteten Interaktionslogik in der EU dar. Obgleich die Verhandlungen innerhalb des Rates Elemente von *arguing* enthielten – etwa mit Blick auf eine adäquate Methode zur Bestimmung des *carbon-leakage*-Risikos –, basierten die zentralen Konfliktlinien auf einer *bargaining*-Logik: Als entscheidend erwiesen sich sowohl bei der Einrichtung der Marktstabilitätsreserve als auch bei der Reform der Emissionshandelsrichtlinie Ausgleichszahlungen an die einer ambitionierten Klimaschutzpolitik traditionell skeptisch gegenüberstehenden ostmitteleuropäischen und südosteuropäischen Mitgliedstaaten.

Bei einer Betrachtung auf Ebene der EU-Organe wird auch ein deutlicher Einfluss des *Europäischen Parlaments* auf das Verhandlungsergebnis sichtbar, der angesichts eines eingeschränkten Einigungsspielraums durch gravierende Interessendivergenzen unter den Mitgliedstaaten nicht unbedingt zu erwarten gewesen wäre. Die Bedeutung des Parlaments als Vetospieler im Institutionensystem der EU wird dabei schon an der Tatsache deutlich, dass es sechs informelle Triloge und mehrere Verhandlungsrunden auf Fachebene brauchte, um zu einer Einigung zu gelangen. Inhaltlich wird der Einfluss des Parlaments unter anderem in der Verdopplung der Zuführungsquote und der Obergrenze für die Marktstabilitätsreserve, dem institutionellen Design des Modernisierungsfonds, dem Enddatum für Sonderregelungen für Stromerzeuger in modernisierungsbedürftigen Netzen sowie den *carbon-leakage*-Regeln erkennbar. Deutlich wird durch die Analyse der Abstimmungsergebnisse aber auch, dass das Parlament stärker als bei den vorherigen Entscheidungen nach nationalstaatlichen Linien abstimmte. Insofern sind für ein adäquates Verständnis des Entscheidungsprozesses neben den EU-Organen auch organübergreifende Koalitionen zu beachten, die sich nach ihrer Haltung zu einer stringenteren Klimaschutzpolitik definierten.

Wie in den vorherigen Entscheidungsprozessen kam es auch bei der zweiten Überarbeitung des Emissionshandelssystems zu einer formalen Beteiligung *privater Interessenorganisationen* im Rahmen offizieller Konsultationsrunden sowie zu einer nicht präzise nachvollziehbaren informellen Einflussnahme auf die unmittelbar am Entscheidungsprozess beteiligten Akteure. Erneut war allerdings keine Einbindung privater Akteure im Sinne einer kooperativen Entscheidungsfindung gegeben, mithin auch keine Anhaltspunkte für eine Bestätigung der Hypothese H_2 in der EU-Klimapolitik. Es ist davon auszugehen, dass der entschiedene Widerstand sowohl nationaler als auch europäischer Industrieverbände gegen einen ebenenbasierten Ansatz bei den *carbon-leakage*-Bestimmungen maßgeblich dazu beitrug, dass die von einer Reihe von Mitgliedstaaten vorgeschlagene Herangehensweise nicht durchgesetzt werden konnte. Keinen Erfolg hatten die Verbände hingegen mit ihrer Forderung nach einer Ausweitung der kostenlosen Zuteilung im Rahmen der *carbon-leakage*-Regeln. Ebenfalls ohne Effekt blieb die Forderung nach einer Abschaffung des sektorübergreifenden Korrekturfaktors.

4.2.5.4 Entscheidungsperformanz

Bei einer Performanzbewertung des hier analysieren Entscheidungsprozesses sticht zuerst dessen erhebliche Dauer ins Auge: Von den ersten Konsultationen bis zur abschließenden Einigung durch die Organe vergingen annähernd fünf Jahre. Dies ist umso bemerkenswerter, als vor allem sekundäre Elemente des Emissionshandelssystems angepasst wurden, während der institutionelle Rahmen im Vergleich zu den vorherigen Perioden weitgehend unverändert blieb. Dabei wurde zäh um Aspekte gerungen, die 2008 noch im Interesse einer schnellen Einigung in den Bereich der abgeleiteten Rechtsetzung verlagert worden waren. Dass eine umfassende Neuaufstellung der Klimaschutzpolitik der EU – wie sie die ursprüngliche Schaffung des Emissionshandels bedeutet hatte – unter diesen Voraussetzungen kaum noch zu realisieren wäre, ist keine allzu gewagte Spekulation. In der Gesamtschau überwiegt in diesem Fall deutlich die in Hypothese H_{5a} postulierte Wirkungslogik: Divergierende Präferenzen in mehreren Dimensionen bei einer großen Zahl beteiligter Akteure in einem Mehrebenensystem bedingen einen schwierigen und langwierigen Charakter der Entscheidungsfindung. Mehr denn je sind unter diesen Bedingungen die Verhandlungsvorbereitung durch die Kommission und das Management der Verhandlungen im Rat entscheidend für eine Einigung auf EU-Ebene. Dies wurde bei den Diskussionen über die Reform des Emissionshandels insbesondere daran erkennbar, dass der Fortschritt der Verhandlungen erheblich vom jeweiligen Ratsvorsitz abhängig war: So ermöglichte der lettische Ratsvorsitz in der ersten Jahreshälfte 2015 mit mehreren aufeinanderfolgenden Kompromissvorschlägen eine Einigung auf eine gemeinsame Haltung im Rat, während ein Kompromiss bei den zuvor festgefahrenen Verhandlungen über den Modernisierungsfonds offenbar dem Vorstoß der slowakischen Ratspräsidentschaft in der zweiten Hälfte des Jahres 2018 geschuldet war, eine Differenzierung des Verwaltungsverfahrens nach den Eigenschaften der vorgeschlagenen Projekte vorzunehmen. Dieser Befund stellt zugleich die Funktionalität des Prinzips des rotierenden Ratsvorsitzes infrage und zieht andererseits in Zweifel, ob das Generalsekretariat des Rates in einer Union mit 27 Mitgliedstaaten über ausreichende Kapazitäten und ein ausreichendes Mandat für ein adäquates Management der Verhandlungen verfügt.

4.2.5.5 Das Instrument des Emissionshandels in der vierten Handelsperiode

Während die basale Funktionslogik des Emissionshandels im Vergleich zur vorherigen Handelsperiode erneut unverändert bleibt, wird die hierarchische Regulierung des Zertifikatemarktes erneut intensiviert. Insbesondere die als Reaktion auf ein offensichtliches Marktversagen neu geschaffene Marktstabilitätsreserve stellt einen weiteren hierarchischen Eingriff in diesen Markt dar: Durch eine nachträgliche Verknappung des Angebots ist es der Kommission nunmehr möglich, den Marktpreis für Zertifikate künstlich zu erhöhen. Im Kontext der Reform wurde auch erstmals die Diffusion anderer Instrumente thematisiert: Die Kommission nutzte in ihrem Grünbuch die Tatsache, dass einzelne Mitgliedstaaten eigene Maßnahmen zur Emissionsreduktion ergriffen hatten, als Argument für eine Stärkung des EU-Emissionshandels, um Verzerrungen im Binnenmarkt zu vermeiden (Europäische Kommission 2013p, S. 5). Die generelle Neigung vor allem der Kommission, einzelstaatliches Handeln im Interesse einheitlicher Rahmenbedingungen im Binnenmarkt auszuschließen, bestätigt für die EU Hypothese H_{7b}, wonach in stark institutionalisierten Settings Hindernisse für die Diffusion von Instrumenten bestehen. Erneut nicht bestätigt wird in diesem Kontext Hypothese H_3: Zwar bleibt der Emissionshandel ein wettbewerbs- und geldbasiertes Instrument, allerdings wird das System des Emissionshandels zunehmenden hierarchischen Restriktionen unterworfen. Die Interaktionslogik der beteiligten Akteure folgt innerhalb eines klar strukturierten hierarchischen Settings primär ökonomischen Kalkülen, während der Erwerb und die Diffusion von Wissen angesichts der in einem inzwischen stark verregelten Rahmen geringen Unsicherheit nur noch von untergeordneter Bedeutung sind.

4.2.6 Die EEE-Richtlinie 2001

Mit der Richtlinie 2009/28/EG besteht erstmals eine proaktive EU-Politik zu erneuerbaren Energien, die von den Mitgliedstaaten eine teils erhebliche Steigerung ihrer Bemühungen zum Ausbau der Nutzung erneuerbarer Energien verlangt (Boasson u. Wettestad 2013, S. 79). Der Beginn einer rechtlichen Steuerung des Ausbaus der Elektrizität aus erneuerbaren Energiequellen (EEE) auf EU-Ebene ist mit der Verabschiedung der Richtlinie 2001/77/EG zur Förderung der Stromerzeugung aus erneuerbaren Energiequellen im Elektrizitätsbinnenmarkt und der Biokraftstoffrichtlinie 2003/30/EG anzusiedeln. Daher wird im Folgenden auch der Entscheidungsprozess zur ersten EEE-Richtlinie analysiert. Vor 1997 bestand die entsprechende Politik der EU vor allem in nichtbindenden Zielsetzungen und minimaler finanzieller Unterstützung für Technologieförderung (zu nennen ist hier vor allem das Programm ALTENER), während die Mitgliedstaaten unterschiedliche Herangehensweisen an die Förderung erneuerbarer Energien entwickelten. Anders als im Bereich des Emissionshandels stieß die Kommission bei dem Versuch, eine gemeinsame europäische Politik im Bereich der erneuerbaren Energien zu entwerfen, auf wesentliche Hindernisse: Erstens verfügt die EU über keine Zuständigkeiten, was die Zusammensetzung des jeweiligen nationalen Energiemix betrifft. Zweitens existierten Ende der 1990er Jahre bereits höchst unterschiedliche nationale Förderkonzepte. Diese reichten von der gesetzlichen Festschreibung bestimmter Quoten über die Versteigerung von Kapazitäten im Rahmen sogenannter Tender-Modelle bis hin zur Regulierung fester Einspeisevergütungen für Energieproduzenten (Langniß 2003, S. 54–56).

4.2.6.1 Überblick über den Legislativprozess

Die EU-Politik zur Förderung erneuerbarer Energien ist eine logische Konsequenz der nach der Konferenz von Kyoto angestrebten Führungsrolle in der Klimaschutzpolitik (Weigt 2009, S. 17–18). Die Europäische Kommission nutzte ihre prominente Rolle im Kyoto-Verhandlungsprozess, um sich als Impulsgeber in der erneuerbare-Energien-Politik zu profilieren und legte ein Weißbuch zur Förderung erneuerbarer Energiequellen vor, in dem sie die Einführung marktbasierter Instrumente zur Förderung erneuerbarer Energien forderte und diese als einen

Eckpfeiler der Umsetzung der Kyoto-Vorgaben präsentierte (Europäische Kommission 1997, S. 44). Nach einer Konsultationsrunde auf Basis des Weißbuchs legte die Kommission im Mai 2000 einen Richtlinienentwurf vor (Europäische Kommission 2000d), der die Mitgliedstaaten auf die Festlegung nationaler Zielsetzungen für den Anteil erneuerbarer Energien an der Stromerzeugung zum Jahr 2010 verpflichten und die Basis für eine Harmonisierung der Förderstrukturen legen sollte. Im September 2000 gaben der Europäische Wirtschafts- und Sozialausschuss und der Ausschuss der Regionen ihre Stellungnahmen zum Vorschlag ab. Im November 2000 verabschiedete das Europäische Parlament seine Stellungnahme zu dem Vorhaben, die insgesamt wesentlich striktere Vorgaben für die Mitgliedstaaten vorsah, als die Kommission dies in ihrem Vorschlag intendiert hatte (Europäisches Parlament 2000a). Im März 2001 legte der Rat einen Gemeinsamen Standpunkt fest, wobei er zwar rund ein Drittel der Änderungsanträge des Parlaments übernahm, die von der Kommission vorgesehenen Verpflichtungen für die Mitgliedstaaten insgesamt aber an entscheidenden Stellen abschwächte (Rat der EU 2001d). Das Europäische Parlament stimmte diesem Gemeinsamen Standpunkt nicht zu, sondern formulierte in seiner legislativen Entschließung im Juni 2001 zehn Änderungsanträge (Europäisches Parlament 2001a). Entsprechend wurde ein formelles Vermittlungsverfahren eingeleitet, wobei sich Rat und Parlament nach nur einer Sitzung auf eine Verabschiedung der vom Parlament formulierten Änderungswünsche einigten (Europäische Kommission 2001e). Nach der Billigung des Parlamentsstandpunkts in zweiter Lesung durch den Rat Anfang September trat die Richtlinie 2001/77/EG am 27. Oktober 2001 in Kraft.

4.2.6.2 Legislative Rechtsetzung

4.2.6.2.1 Beteiligte Akteure

Innerhalb der *Kommission* betrieb vor allem die Generaldirektion Energie die Forcierung des Ausbaus erneuerbarer Energien und der Energieeffizienz als Konsequenz aus den Kyoto-Verpflichtungen. Die Generaldirektion Wettbewerb plädierte darüber hinaus für eine stärkere Liberalisierung der Energiemärkte als Impuls für den Ausbau erneuerbarer Energiequellen (Boasson u. Wettestad 2013, S. 41, 84). Die Europäische Kommission verfolgte mit dem Vorhaben einer Richtlinie zur Förderung erneuerbarer Energien zwei wesentliche Zielsetzungen, die auch innerhalb der Kommission weitgehend unumstritten waren: Zum einen sollte die nach dem Abschluss der Kyoto-Verhandlungen einsetzende Dynamik genutzt werden, um die Europäische Union weiter als Vorreiter auf dem Gebiet des Klimaschutzes und sauberer Energien zu positionieren. Zum anderen fürchtete die Kommission wettbewerbsverzerrende Effekte durch die unterschiedlichen nationalen Fördersysteme (Europäische Kommission 1999). Ursprünglich beabsichtigte die Generaldirektion Wettbewerb daher die verpflichtende Harmonisierung der Förderstrukturen unter Festlegung auf ein Quotenmodell; diese Idee erwies sich allerdings bereits in der Vorabstimmung mit den Mitgliedstaaten als nicht durchsetzbar (Jacobs 2012, S. 30).

In einer Stellungnahme im Jahr 1997 hatte sich das *Europäische Parlament* im Gegensatz zur Kommission bereits tendenziell für ein gemeinsames Modell mit Einspeisevergütungen ausgesprochen (Jacobs 2012, S. 29–30). In seiner Entschließung zum Vorschlag der Kommission sprach sich das Parlament mit großer Mehrheit für eine ambitioniertere erneuerbare-Energien-Politik auf EU-Ebene aus (Abbildung 4.12 und 4.13). Insbesondere forderte es verbindliche Vorgaben für den jeweiligen Anteil erneuerbarer Energien an der nationalen Bruttostromerzeugung, deren Einhaltung durch die Kommission überwacht werden sollte (Europäisches Parlament 2000a, S. 60). Zudem strebte das Parlament in seiner ersten Stellungnahme eine stärkere Harmonisierung der Fördermodelle an: Die auf einem Bericht des ITRE-Ausschusses basierende Entschließung sah einen *best-practice*-Mechanismus vor, auf dessen Basis besonders effektive Fördermodelle EU-weit Anwendung finden sollten (Europäisches Parlament 2000a, S. 62). Dabei zeigte sich ein deutlicher Zusammenhang zwischen Fraktionszugehörigkeit und Abstimmungsverhalten: Während Sozialdemokraten, Linke, Grüne und Liberale jeweils zu über 90 Prozent für das im Ausschussbericht formulierte ambitionierte Modell stimmten, lag der entsprechende Anteil bei den konservativen und integrationsskeptischen Gruppen bei deutlich unter 50 Prozent. Von den Abgeordneten der EVP stimmten dem Bericht sogar nur knapp 28 Prozent zu, während 63 Prozent sich der Stimme enthielten – das Gros der überhaupt ausgesprochenen Enthaltungen. Lediglich die spanischen und österreichischen EVP-Abgeordneten stimmten geschlossen für die Entschließung (Europäisches Parlament 2000b).

Die *Mitgliedstaaten* hatten sehr unterschiedliche Herangehensweisen an die Förderung erneuerbarer Energien entwickelt. In Deutschland, Dänemark und Spanien waren in den Jahren zuvor Einspeisevergütungsmodelle eingerichtet worden. Hingegen betrieben die Niederlande, das Vereinigte Königreich, Finnland und Schweden hauptsächlich Technologieförderung, die etablierte Energieversorgungsunternehmen begünstigte. Die übrigen Mitgliedstaaten hatten zum Zeitpunkt des Kommissionsvorschlags noch keine zentralen Förderstrukturen etabliert (Langniß 2003, S. 127–133). Einigkeit bestand innerhalb des Rates allerdings darüber, keine Harmonisierung der Fördermethoden auf EU-Ebene zuzulassen, da die meisten Staaten innenpolitische Turbulenzen als Folge einer Änderung der meist erst vor kurzem etablierten Förderstrukturen fürchteten (Meyer 2003, S. 666). Entsprechend betonte der Rat für Energie in seinen Schlussfolgerungen im Juni

1999 das Prinzip der Subsidiarität bei der Förderung erneuerbarer Energien (Rat der EU 1999, S. 4).

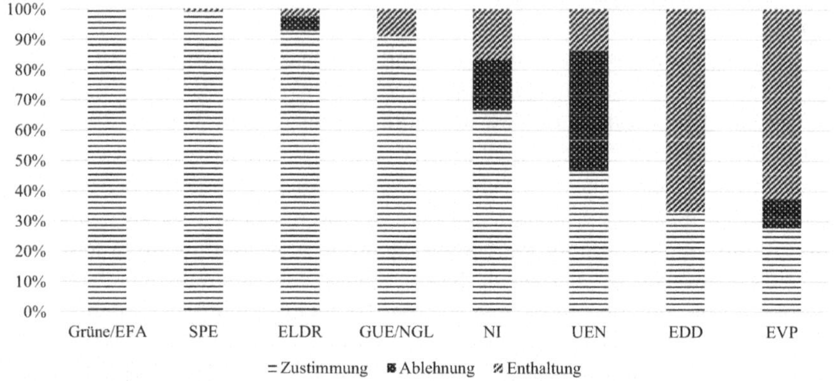

Abbildung 4.12 Abstimmungsergebnis im Europäischen Parlament nach Fraktionszugehörigkeit. (eigene Darstellung auf Basis von: Europäisches Parlament 2000b)

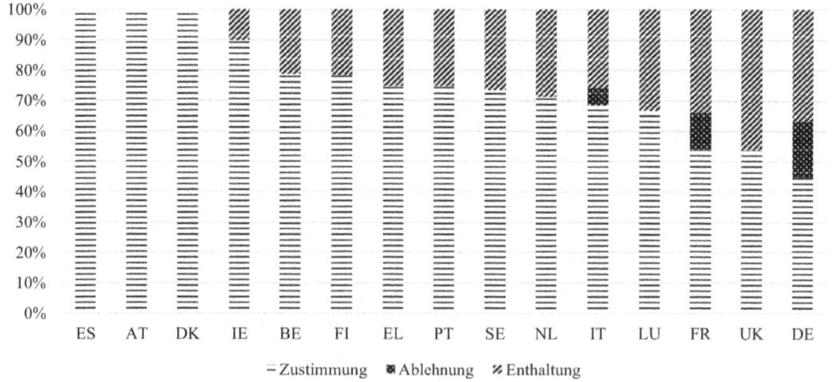

Abbildung 4.13 Abstimmungsergebnis im Europäischen Parlament nach nationaler Zugehörigkeit. (eigene Darstellung auf Basis von: Europäisches Parlament 2000b)

Der *Wirtschafts- und Sozialausschuss* unterstützte zwar die allgemeine Zielsetzung eines verstärkten EU-weiten Ausbaus erneuerbarer Energien, lehnte eine

Festlegung verbindlicher Zielwerte sowohl für die EU als Ganzes als auch für die einzelnen Staaten aber ab (Europäischer Wirtschafts- und Sozialausschuss 2000, S. 6). Auch der *Ausschuss der Regionen* unterstützte in seiner Stellungnahme die allgemeine Zielsetzung des Kommissionsentwurfs und sprach sich auch für die Festschreibung verbindlicher Zielwerte aus. Vorgeschlagen wurden einige formale Änderungen und Klarstellungen, beispielsweise im Hinblick auf das Verhältnis zwischen nationalen Fördersystemen und dem EU-Wettbewerbsrecht (Ausschuss der Regionen 2000).

Interessenorganisationen reagierten größtenteils positiv auf die Perspektive einer EU-weiten Regulierung erneuerbarer Energien. Größere Energieversorgungsunternehmen erhofften sich Vorteile von einem Ende der 1990er Jahre von der Kommission bevorzugten Quotenzertifikatsystem und unterstützten die Kommission daher beim Vorhaben einer Harmonisierung der Fördersysteme (Boasson u. Wettestad 2013, S. 85). Auch Umweltverbände und Unternehmen aus dem erneuerbare-Energien-Sektor begrüßten eine aktivere Rolle der Kommission bei der Förderung erneuerbarer Energien und gründeten zur verbesserten Koordinierung ihrer Aktivitäten auf EU-Ebene 1999 das *European Renewable Energy Council* (EREC) (Boasson u. Wettestad 2013, S. 84).

4.2.6.2.2 Inhaltliche Durchsetzung im Entscheidungsprozess

Zwischen den beteiligten Akteuren bestanden teils erhebliche Differenzen in Bezug auf die Ausgestaltung einer EU-weiten Regulierung der Nutzung erneuerbarer Energien. Die inhaltlichen Auseinandersetzungen bezogen sich insbesondere auf

a) Die rechtliche Basis des intendierten Rechtsakts;
b) Die Definition nationaler Richtziele und Berichtspflichten;
c) Den Grad der Harmonisierung der nationalen Förderrichtlinien;
d) Die Regulierung des Netzzugangs für Strom aus erneuerbaren Energiequellen.

a) Rechtliche Basis

Der Vorschlag der Kommission hatte als rechtliche Basis der Richtlinie Artikel 95 EGV vorgesehen (Europäische Kommission 2000c, S. 1). Die Richtlinie wäre damit im Wettbewerbsrecht der EU verankert worden, was der Kommission weitreichende Durchgriffsrechte bei der Implementation der Richtlinie ermöglicht hätte. Zwischen Parlament und Rat herrschte demgegenüber Einigkeit, die Richtlinie im Umweltrecht der Union zu verankern, was von der Kommission schließlich auch akzeptiert wurde (Europäische Kommission 2001f, S. 2). Diese

Präferenzen stehen im Einklang mit der theoretisch formulierten Annahme, dass alle an einer institutionalisierten Verhandlungskonstellation beteiligten Akteure versuchen, für sich möglichst umfangreiche Kontrollpositionen zu realisieren. Als primärrechtliche Basis der Richtlinie wurde folglich Art. 175 EGV gewählt,[43] der die Verfahren in der Umweltpolitik regelt.

b) Nationale Richtziele und Berichtspflichten

Eine zweite wesentliche Änderung im Vergleich zum Vorschlag der Kommission betrifft den Verpflichtungsgrad der nationalen Richtziele, wobei hier ein klarer Antagonismus zwischen dem Europäischen Parlament und dem Rat zutage trat. Die im Anhang der Richtlinie aufgeführten nationalen Zielwerte für das Jahr 2010 wurden vom Rat zwar nur marginal verändert. Die im Kommissionsvorschlag intendierte Verbindlichkeit dieser Richtwerte wurde dagegen erheblich abgeschwächt: Der Kommissionsvorschlag sah vor, dass die Mitgliedstaaten alle fünf Jahre in einem Bericht ihre nationalen Zielsetzungen für den Anteil erneuerbarer Energien an der Stromerzeugung definieren sollten. Diese Zielsetzungen sollten mit den in der Richtlinie enthaltenen Richtwerten vereinbar sein, andernfalls war zwingend vorgesehen, dass die Kommission dem Parlament und dem Rat geeignete Vorschläge mit verpflichtenden Maßnahmen unterbreiten sollte (Europäische Kommission 2000c, S. 3). Das Parlament verschärfte in erster Lesung diese Bestimmungen insoweit, als die staatlich festgelegten Ziele rechtlich bindend sein und der Überwachung durch die Kommission unterliegen sollten (Europäisches Parlament 2000a, S. 24).

Die im Gemeinsamen Standpunkt des Rates vorgenommenen Veränderungen folgen einer exakt entgegengesetzten Logik: Eine Mehrheit der Mitgliedstaaten befürchtete, dass die Prüfung der Berichte durch die Kommission zu einer rechtlichen Bindungswirkung der Richtziele führen würde, was ebenfalls mehrheitlich abgelehnt wurde (Rat der EU 2000b, S. 3). Sämtliche Bestimmungen, die eine rechtliche Bindung staatlichen Handelns bei der Förderung erneuerbarer Energien bedeutet hätten, wurden daher entfernt. Die einzelstaatlichen Zielsetzungen sollten die Referenzwerte der Richtlinie lediglich „berücksichtigen", gestrichen wurde auch die Verpflichtung der Kommission, verbindliche Maßnahmen vorzuschlagen (Rat der EU 2001d, S. 3–4). Der Standpunkt des Rates wurde weitestgehend in die endgültige Richtlinie übernommen; in zweiter Lesung setzte das Parlament allerdings durch, dass ein Passus, der der Kommission ermöglichte, verbindliche

[43] Die Unterschiede zwischen Art. 95 und Art. 175 EGV beziehen sich wie erläutert nur auf die Kompetenzen der Kommission bei der Implementation der Gesetzgebung. Beide Artikel erfordern bei der Rechtsetzung das Kodezisionsverfahren.

Zielsetzungen vorzuschlagen, wieder in den Text aufgenommen wurde (Europäisches Parlament 2001a, S. 3). Weitestgehend aufrechterhalten und damit prägend für den Gehalt der Richtlinie wurden die entsprechenden Berichtspflichten für die Mitgliedstaaten und die Kommission. So müssen die Mitgliedstaaten ein Jahr nach Inkrafttreten der Richtlinie und danach alle fünf Jahre der Kommission einen Bericht vorlegen, in dem sie nationale Pläne für die Förderung erneuerbarer Energien formulieren (Art. 3 Abs. 2 RL 2001/77/EG). Zudem müssen sie erstmals zwei Jahre nach Inkrafttreten der Richtlinie und danach alle zwei Jahre über die erreichten Fortschritte berichten (Art. 3 Abs. 3 RL 2001/77/EG), ebenso wie über die Fortschritte beim Abbau regulatorischer Hemmnisse bei der Marktintegration erneuerbarer Energiequellen (Art. 6 RL 2001/77/EG). Die Ergebnisse dieser Berichte werden wiederum von der Kommission alle zwei Jahre in einem Fortschrittsbericht zusammengefasst (Art. 3 Abs. 4 RL 2001/77/EG).

Verhandelt wurde zudem über die konkreten von der Kommission vorgeschlagenen Richtwerte. Diese Verhandlungen wurden allerdings nicht innerhalb des Rates, sondern jeweils zwischen den einzelnen Mitgliedstaaten und der Kommission geführt. Im Ergebnis wurden die Zielwerte für Finnland, die Niederlande und Portugal geringfügig nach unten korrigiert. Der jeweilige Verweis auf die mangelnde Berücksichtigung von Eigenschaften der einzelnen nationalen Energiesysteme deutet dabei auf das Vorherrschen der *arguing*-Komponente in diesen Verhandlungen hin (Rat der EU 2000a, S. 7). Die so ausgehandelten Zielwerte blieben in der Richtlinie gegenüber dem Gemeinsamen Standpunkt unverändert. Ein Versuch der Einflussnahme des Parlaments auf diese Werte in den interinstitutionellen Verhandlungen ist nicht dokumentiert.

c) Harmonisierung der Förderrichtlinien

Eine wesentliche Motivation der Kommission für ihr Tätigwerden im Bereich der Förderung erneuerbarer Energien bestand in der Unzufriedenheit insbesondere der Generaldirektion für Wettbewerb mit der Varianz an nationalen Förderstrukturen. Vom Ziel einer effektiven Harmonisierung dieser Strukturen musste sie sich allerdings schon vor der Präsentation des Vorschlags verabschieden. Die neu ins Amt gekommene Energiekommissarin Ignacia de Loyola de Palacio unternahm 1999 einen letzten Versuch, eine Harmonisierung basierend auf einem Quotenmodell voranzutreiben, stieß damit aber sowohl bei den Mitgliedstaaten als auch bei Umwelt- und Unternehmensverbänden auf erheblichen Widerstand: Ein entsprechender kommissionsinterner Entwurf gelangte an die Öffentlichkeit und wurde vor allem von deutscher Seite entschieden abgelehnt (Rusche 2015, S. 30). In ihrem Vorschlag sah die Kommission deshalb zunächst keine Harmonisierung der Förderansätze vor, ließ aber die Möglichkeit offen, fünf Jahre nach Inkrafttreten der Richtlinie einen Vorschlag für einen einheitlichen Gemeinschaftsrahmen für die Förderung erneuerbarer Energien vorzulegen (Europäische Kommission 2000c, S. 4). Diese Möglichkeit blieb auch nach den von Parlament und Rat vorgenommenen Änderungen erhalten, stieß aber im Rat auf sehr unterschiedliche Resonanz: Während einige Staaten unter der Führung Deutschlands für eine längere Frist plädierten oder vor einer Einschränkung vertragsrechtlich zugesicherter Handlungsspielräume warnten, warb eine Gruppe unter der Führung Großbritanniens und der Niederlande für eine raschere Vereinheitlichung, um Verzerrungen im Energiebinnenmarkt zu vermeiden (Gummer u. Moreland 2000; Rat der EU 2000a, S. 9, 2000b, S. 6–7). Als Kompromiss einigten sich die Mitgliedstaaten darauf, den Auftrag an die Kommission zur Vorlage eines entsprechenden Vorschlags im Grundsatz unverändert zu belassen, für eine mögliche Harmonisierung aber Übergangsfristen von mindestens sieben Jahren vorzugeben, um Planungssicherheit für Investoren zu gewährleisten (Rat der EU 2001e, S. 11–12). Eingeführt wurde zudem die Formel, wonach eine gemeinschaftsweiter Rahmen geographischen und technologischen Unterschieden Rechnung tragen müsse – eine hinreichend unpräzise Formulierung, um im Zweifel breite nationale Handlungsspielräume bei der Förderung erneuerbarer Energien zu erhalten. Das Parlament konnte seine Forderung nach einer Orientierung an erwiesenermaßen effizienten Förderinstrumenten (Europäisches Parlament 2000a, S. 29) nicht im endgültigen Richtlinientext unterbringen (Art. 4 RL 2001/77/EG).

d) Netzzugang erneuerbarer Energien

In einem weiteren Punkt widersetzte sich der Rat einer Einschränkung der staatlichen Handlungsspielräume: Der Entwurf der Kommission ebenso wie die Stellungnahme des Parlaments wollten vorschreiben, dass Strom aus erneuerbaren Energiequellen beim Netzzugang Vorrang zu gewähren sei. Diese Bestimmung erwies sich im Rat als nicht durchsetzbar. Schon bei der ersten Befassung mit dem Vorschlag der Kommission zweifelte eine Mehrheit der Delegationen an, dass eine solche Festlegung überhaupt technisch umsetzbar wäre (Rat der EU 2000b, S. 12). Im weiteren Verlauf wurde die Verpflichtung zu einem vorrangigen Netzzugang durch die zur allgemeinen Gewährung eines Netzzugangs ersetzt. Weitere Einschränkungen dieser Pflicht, wie sie etwa vom Vereinigten Königreich gefordert worden waren, wurden hingegen nicht vorgenommen. Stattdessen einigten sich die Delegationen darauf, den Mitgliedstaaten die Möglichkeit einer vorrangigen Behandlung einzuräumen (Rat der EU 2000a, S. 12). Diese Bestimmung wurde auf Drängen des Europäischen Parlaments in zweiter Lesung allerdings noch einmal verschärft: Übertragungsnetzbetreiber mussten nun nach dem in den endgültigen Rechtsakt übernommenen Passus erneuerbaren Energiequellen Vorrang einräumen, sofern der Betrieb des Elektrizitätssystems dies zuließ (Europäisches Parlament 2001b; Art. 7 Abs. 1 RL 2001/77/EG).

4.2.6.3 Handlungskopplung und Einflusspotenziale der beteiligten Akteure

Auch im Fall der erneuerbaren Energien zeigen sich die unterschiedlichen Einflusspotenziale der Akteure im Verhandlungssystem der EU. Dabei wird ein weiteres Mal deutlich, dass die im Rat versammelten Regierungen der Mitgliedstaaten über das größte Durchsetzungspotenzial verfügen. Zwar kann der Rat als Organ auch faktisch nicht hierarchisch handeln, sondern muss die Präferenzen der quasi-staatlichen Akteure Kommission und Parlament berücksichtigen. Das Einigungsergebnis liegt allerdings deutlich näher an der Position des Rates als an der des Parlaments. Im Zentrum der mitgliedstaatlichen Interessen stand auch in diesem Fall offenkundig das Beharren auf der eigenen nationalen Entscheidungsfreiheit, die durch verbindliche EU-Vorgaben zu Ausbauzielen eingeschränkt worden wäre. Bemerkenswert ist erneut, dass die Akteure trotz teils deutlicher Abweichungen des Ergebnisses von ihren präferierten Positionen nicht von ihrem formal vorhandenen Blockadepotenzial Gebrauch machten. Vor allem Kommission und Parlament müssen in dieser Konstellation erstens die dominierende Rolle der Mitgliedstaaten als Herren der Verträge anerkennen und zweitens die für sie aus einer Blockade entstehenden Kosten berücksichtigen. Entsprechend akzeptierte die Kommission, dass weder eine Regelung unter dem Wettbewerbsrecht noch eine Vereinheitlichung der Förderstrukturen durchsetzbar waren. Das Parlament – obwohl mit deutlicher Mehrheit für verbindliche Regelungen beim Ausbau erneuerbarer Energien – erklärte sich in zweiter Lesung weitgehend mit dem Standpunkt des Rates einverstanden und setzte überwiegend kosmetische Änderungen durch. Einzige Ausnahme war dabei die deutliche Verschärfung der Vorgaben für die Gewährung des Netzzugangs für Strom aus erneuerbaren Energiequellen.

4.2.6.4 Entscheidungsperformanz

Angesichts der Tatsache, dass mit der Richtlinie zu erneuerbaren Energien ein neues Politikfeld regulatorisch erschlossen wurde und zwei Lesungen für das Rechtsetzungsverfahren erforderlich waren, kann der formale Entscheidungsprozess mit einer Dauer von gut einem Jahr als vergleichsweise zügig bezeichnet werden, wobei zwar keine Harmonisierung der Förderstrukturen, aber doch des Netzzugangs für erneuerbare Energien erreicht wurde. Als wesentlicher begünstigender Faktor erwies sich einmal mehr die Vorarbeit der Kommission, die in der internen Abstimmung und in Konsultationsrunden mit Mitgliedstaaten und Interessenverbänden auslotete, welche regulatorischen Optionen sinnvoll und zustimmungsfähig waren und dabei insbesondere von ihrer ursprünglichen Präferenz für eine weitgehende Vereinheitlichung der Förderstrukturen Abstand nahm. Die Entscheidung setzte zudem einen grundlegenden Einigungswillen aller Beteiligten voraus. Die Mitgliedstaaten zeigten sich von Beginn an widerwillig, überhaupt eine rechtliche Verpflichtung zur Integration erneuerbarer Energien in den Energiemarkt einzugehen; dennoch stimmten sie letztlich einer Richtlinie zu, die sie zumindest zur Marktintegration erneuerbarer Energien verpflichtete. Die Abgeordneten des Europäischen Parlaments wollten ursprünglich mit großer Mehrheit verpflichtende Ausbauziele für erneuerbare Energien durchsetzen, gaben sich aber aus den genannten Gründen schließlich mit freiwilligen Selbstverpflichtungen der Mitgliedstaaten zufrieden.

4.2.6.5 Die Kombination von Instrumenten in der Richtlinie

Die Richtlinie beinhaltet kaum verpflichtende hierarchische Regelungen; die enthaltenen Ziele für den jeweiligen nationalen Anteil erneuerbarer Energien stellen lediglich nichtbindende Richtwerte für eine jeweils eigenständige nationale Energiepolitik dar. Entsprechend sind auch keine finanziellen Sanktionen für ein Nichterreichen der Ziele vorgesehen. Die im Rechtsakt enthaltenen Verpflichtungen beziehen sich nahezu ausschließlich auf von den Mitgliedstaaten und der Kommission zu erstellende Berichte zum Ausbau erneuerbarer Energien. Die Richtlinie stützt sich damit auf Wissen als primäres Steuerungsmedium, indem Fortschritte bei der Förderung erneuerbarer Energien und dabei verwendete Instrumente öffentlich gemacht werden. Zwei Mechanismen erscheinen dabei von Relevanz: Zum einen wird durch die Veröffentlichung der Fördermaßnahmen und ihrer Effekte sowie die Zusammenfassung dieser Berichte durch die Kommission die Verbreitung bester Praktiken erleichtert. Erkenntnisse, dass mit dem deutschen Modell fester Einspeisevergütungen das effektivste Förderinstrument die bei Weitem größte Verbreitung in der EU fand, deuten auf einen Erfolg dieser Strategie hin (Kitzing et al. 2012, S. 195–196; Strunz et al. 2017, S. 15–16). Zum anderen ermöglicht die Veröffentlichung der Ergebnisse auch eine Strategie des *shaming* durch die Kommission, die in ihren Berichten den einzelnen Mitgliedstaaten explizit bescheinigte, „auf Kurs“ oder „nicht auf Kurs“ zu sein (Europäische Kommission 2004b, S. 15).

4.2.6.6 Folgen

Die Implementation der Richtlinie durch die Nationalstaaten blieb hinter den Erwartungen zurück. In einem ersten Bericht zu den Auswirkungen der Richtlinie urteilte die Kommission, nur vier Mitgliedstaaten – Dänemark, Deutschland,

Finnland und Spanien – seien in ihrer Gesetzgebung zu regenerativen Energien und ihrer Umsetzung „auf dem richtigen Kurs“ (Europäische Kommission 2004b, S. 15). Die übrigen Mitglieder hatten entweder keinerlei Anstrengungen zur Steigerung des Anteils erneuerbarer Energien an der Stromerzeugung unternommen (Griechenland und Portugal) oder waren trotz unternommener Anstrengungen im Begriff, die in der Richtlinie formulierten Zielsetzungen zu verpassen (Europäische Kommission 2004b, S. 14–16). Noch düsterer fiel die Bewertung im zweiten Fortschrittsbericht 2007 aus: Bei acht Mitgliedstaaten sah die Kommission nur noch geringe Chancen, das Ausbauziel bis 2010 zu erreichen; bei acht weiteren seien zum Teil intensive Anstrengungen erforderlich, um die Vorgaben der Richtlinie einzuhalten. Insbesondere die Mehrzahl der 2004 neu beigetretenen Staaten legte laut diesem Bericht bei der Umsetzung der Richtlinie wenig Ehrgeiz an den Tag (Europäische Kommission 2007d, S. 7–10). Die Bilanz der Richtlinie fällt umso ernüchternder aus, zieht man in Betracht, dass mit Ausnahme Finnlands diejenigen Mitgliedstaaten, die im Begriff waren, die Vorgaben der Richtlinie einzuhalten, ihre Förderprogramme schon vor Inkrafttreten der Richtlinie eingerichtet hatten (Weigt 2009, S. 21–30).

4.2.7 Die erneuerbare-Energien-Richtlinie 2009

4.2.7.1 Überblick über den Legislativprozess

Nur ein Jahr nach dem ersten Fortschrittsbericht für die Richtlinie 2001/77/EG formulierte die Kommission Ende 2005 in einer Mitteilung erste Leitlinien für eine überarbeitete Richtlinie. Dabei brachte sie zum einen erneut eine stärkere Harmonisierung der nationalen Förderstrukturen ins Spiel, zum anderen forderte sie den Abbau administrativer Hemmnisse für den Ausbau erneuerbarer Energiequellen (Europäische Kommission 2005d, S. 11–13). Im März 2006 präsentierte die Kommission ein Grünbuch, das ein umfassendes Konzept für die künftige Energiepolitik der Union beinhaltete. Als übergeordnetes Ziel erscheint darin die Vollendung des Energiebinnenmarkts; der Ausbau erneuerbarer Energien wird darin erstmals nicht nur mit dem Ziel des Klimaschutzes, sondern auch mit dem Ziel der Verbesserung der Versorgungssicherheit begründet (Europäische Kommission 2006d). Federführend bei beiden Dokumenten war die Generaldirektion Verkehr und Energie. Nach einem formalen Konsultationsprozess in der zweiten Jahreshälfte 2006 präsentierte die Kommission im Januar 2007 mehrere aufeinander abgestimmte Mitteilungen mit Vorschlägen für die Förderung erneuerbarer Energien, eine Reform des Emissionshandelssystems und eine eigene

Energieeffizienzrichtlinie (Eikeland et al. 2016, S. 60). Die darin enthaltenen markanten 20-20-20-Ziele (vgl. Abschnitt 4.2.4.) wurden bereits im März 2007 vom Europäischen Rat gebilligt.

Dass der Europäische Rat die Kommission tatsächlich ermuntern würde, eine Richtlinie zur Förderung erneuerbarer Energien auszuarbeiten, kam für viele Beobachter überraschend und reflektierte den bereits im vorhergehenden Kapitel konstatierten Einstellungswandel auf Seiten der Staats- und Regierungschefs im Hinblick auf die Relevanz gemeinsamer Bemühungen in der Energie- und Klimapolitik (Dreger 2014, S. 110). Im Januar 2008 präsentierte die Kommission im Kontext ihres Energiepakets einen entsprechenden Richtlinienentwurf (Europäische Kommission 2008i). Bis Ende September 2008 erarbeiteten der Industrie- und der Umweltausschuss des Europäischen Parlaments dessen Stellungnahme, die als Basis für die nachfolgenden Trilog-Verhandlungen mit dem Rat diente. Dessen Position für die informellen Verhandlungen wurde Anfang November vom Ausschuss der Ständigen Vertreter finalisiert (Rat der EU 2008f). Nachdem die Triloge Anfang Dezember 2008 abgeschlossen waren, stimmte das Parlament dem ausgehandelten Kompromiss am 17. Dezember 2008 mit einer Mehrheit von mehr als vier Fünfteln zu (Europäisches Parlament 2008m, S. 2). Nachdem die tschechische Ratspräsidentschaft der formalen Abstimmung im Rat zunächst keine Priorität einräumte, wurde die Richtlinie Ende März 2009 vom Ausschuss der Ständigen Vertreter und am 6. April 2009 auf der Tagung des Rates für Justiz und Inneres gebilligt (Rat der EU 2009a, 2009f) und trat nach der Unterzeichnung durch die Präsidenten des Parlaments und des Rates am 5. Juni 2009 als Richtlinie 2009/28/EG in Kraft.

Die Richtlinie wurde in den folgenden Jahren mehrfach punktuell geändert; von Bedeutung erscheint insbesondere die Verschärfung der Nachhaltigkeitskriterien für Biokraftstoffe in Bezug auf indirekte Landnutzungsänderungen. Dazu legte die Kommission im Oktober 2012 auf Basis einer Zusammenfassung von Studienergebnissen einen Vorschlag für eine synchrone Änderung der erneuerbare-Energien-Richtlinie und der Biokraftstoffrichtlinie vor (Europäische Kommission 2012m). Das Europäische Parlament verabschiedete im September 2013 in erster Lesung seine Stellungnahme, die den Ansatz der Kommission zur Begrenzung von Biokraftstoffen aus problematischen Quellen aufweichte (Europäisches Parlament 2013c). Aufgrund erheblicher Differenzen zwischen den Mitgliedstaaten erreichte der Rat erst Ende 2014 eine politische Einigung (Rat der EU 2014d). Nach zwei informellen Trilog-Runden und einer weiteren internen Konsultation der Fraktionen des Parlaments wurde Ende März 2015 ein Kompromiss zwischen Rat und Parlament erreicht (Rat der EU 2015g), der nachfolgend vom Plenum des Europäischen Parlaments und vom Rat verabschiedet wurde

(Europäisches Parlament 2015b; Rat der EU 2015h). Die resultierende Richtlinie (EU) 2015/1513 trat Anfang Oktober 2015 in Kraft.

4.2.7.2 Legislative Rechtsetzung

4.2.7.2.1 Beteiligte Akteure

Der Entscheidungsprozess fand im Kodezisionsverfahren nach dem Nizza-Vertrag statt. Die damit verbundenen Veto- und Verhandlungspositionen der beteiligten Akteure wurden oben bereits näher erläutert. Im Fall der erneuerbare-Energien-Richtlinie ist zusätzlich zu bemerken, dass sich insbesondere die französische Ratspräsidentschaft in der zweiten Hälfte des Jahres 2008 und das Europäische Parlament einem erheblichen Zeitdruck ausgesetzt sahen: Ebenso wie die Emissionshandelsrichtlinie wurde die EE-Richtlinie als Signal für den Ende 2009 anstehenden Weltklimagipfel in Kopenhagen verstanden. Die französische Regierung befürchtete, dass die tschechische Ratspräsidentschaft in der ersten Jahreshälfte 2009 eine Einigung verzögern würde. Im Europäischen Parlament bestand Einigkeit darüber, den Prozess vor den Parlamentswahlen im Juni 2009 abzuschließen, da andernfalls ein völliger Neustart der parlamentarischen Beratungen erforderlich gewesen wäre (Müngersdorff 2009, S. 38). Bei beiden Vetospielern kann damit in diesem Fall eine Bereitschaft vorausgesetzt werden, im Verhandlungsprozess bestimmte Einbußen in Kauf zu nehmen, um die mit einer Verzögerung der Entscheidung verbundenen Kosten zu vermeiden.

Innerhalb der *Kommission* bestand Einigkeit darüber, die Förderung erneuerbarer Energien verbindlicher als bisher zu regeln, allerdings gab es zunächst unterschiedliche Auffassungen über die konkrete Ausgestaltung der Richtlinie. Während sich insbesondere die Generaldirektion Umwelt für ein marktbasiertes Instrument ähnlich dem Emissionshandelssystem aussprach, plädierte die Generaldirektion Verkehr und Energie für die Einbeziehung hierarchischer Elemente und setzte sich damit weitgehend durch (Dreger 2014, S. 113). Umstritten war außerdem, ob die Richtlinie wie von der Generaldirektion für Verkehr und Energie gefordert einen festen Zielwert für den Anteil von Biokraftstoffen im Verkehrssektor enthalten sollte. Vor allem die Generaldirektion Umwelt meldete angesichts der Unsicherheiten in Bezug auf die ökologischen Effekte Bedenken an, konnte sich damit aber nicht durchsetzen: Wie von DG TREN gefordert, enthielt der Vorschlag der Kommission einen Zielwert von zehn Prozent für Biokraftstoffe (Müngersdorff 2009, S. 12). Als Grundlage für die interne Entscheidungsfindung diente den Dienststellen der Kommission eine Reihe wissenschaftlicher Berichte, etwa auf Basis des OPTRES-Projekts zu unterschiedlichen Förderstrukturen für Elektrizität aus erneuerbaren Energien (Ragwitz et al. 2007) oder zu den Auswirkungen einer stärkeren Nutzung nachwachsender Rohstoffe auf die Lebensmittelmärkte (Wobst et al. 2007). Nach außen trat die Kommission trotz der Beteiligung einer Reihe von Dienststellen weitgehend geschlossen auf. Boasson und Wettestad betonen die Bedeutung der reibungslosen Zusammenarbeit zwischen den für Energie und Umwelt zuständigen Kommissaren und Generaldirektoren und beobachten eine Stärkung der Kommission als politischer Unternehmer nach 2005, obwohl Präsident Barroso bis 2007 nicht als treibende Kraft in der Energiepolitik galt (Boasson u. Wettestad 2013, S. 51).

Die im Rat vertretenen *Mitgliedstaaten* unterschieden sich deutlich in ihren Positionen zu der von der Kommission vorgeschlagenen Richtlinie: Während vor allem Deutschland, das Vereinigte Königreich und Spanien teils vehement für ambitioniertere Ausbauziele eintraten, wollte eine Reihe osteuropäischer Staaten unter Führung Polens zu Beginn des Entscheidungsprozesses keinerlei verpflichtende Ausbauziele akzeptieren. Die französische Ratspräsidentschaft reagierte darauf mit einer Aufteilung einzelner Sachverhalte auf verschiedene Arbeitsgruppen des Rates, wobei sich mit den besonders umstrittenen Zielen für den Verkehrssektor eine ad-hoc-Arbeitsgruppe aus den Stellvertretern der Ständigen Vertreter befasste (Rat der EU 2008v). Bemerkenswert ist die Verlagerung von Entscheidungen vom Ministerrat in den Europäischen Rat, in dem vor allem Deutschland und Großbritannien eine Führungsrolle bei der Verabschiedung der 20-20-20-Ziele einnahmen. Das Drängen auf eine rasche Verabschiedung des Klima- und Energiepakets war dabei – wie oben erläutert – dem Wunsch einer Mehrheit der Regierungen geschuldet, zum Klimagipfel in Kopenhagen Ende 2009 einen signifikanten Beitrag der EU zu den globalen Klimaschutzbemühungen präsentieren zu können.

Im *Europäischen Parlament* waren die Handlungsmöglichkeiten des Plenums wie bei allen anderen Projekten im Energie- und Klimapaket des Jahres 2008 deutlich eingeschränkt, da das Verfahren durch die Aushandlung eines Kompromisstextes in Trilog-Verhandlungen noch vor der Behandlung im Plenum wesentlich abgekürzt wurde. Diese Tatsache wurde auch in der Aussprache kritisiert; so bemängelte der spanische Abgeordnete Alejo Vidal-Quadras, „dass sich viele Mitglieder in diesem Haus von einem guten Teil der Aussprache zu einem Maßnahmenpaket ausgeschlossen fühlen, [das] sicherlich das wichtigste Paket in dieser Wahlperiode ist“ (Europäisches Parlament 2008j). Mit Verweis auf die mit einer Ablehnung einhergehenden Verzögerungen und Unwägbarkeiten plädierte aber eine überwiegende Mehrheit der Redner für eine Zustimmung. Letztlich stimmten 635 der anwesenden 685 Abgeordneten für die Richtlinie (Europäisches Parlament 2008m) (Abbildung 4.14 und 4.15). Die Gegenstimmen und Enthaltungen stammten fast ausschließlich von fraktionslosen Abgeordneten und Mitgliedern der integrationsskeptischen Fraktion Unabhängigkeit/Demokratie.

Auch der Blick auf die nationale Zuordnung zeigt einen umfassenden Konsens – die geringsten Zustimmungsraten waren mit jeweils rund zwei Dritteln unter den Abgeordneten aus Tschechien und Zypern zu verzeichnen. Federführend bei der Formulierung der Stellungnahme des Parlaments war der Ausschuss für Industrie, Forschung und Energie, wobei der zuständige Berichterstatter Claude Turmes eine verstärkte Kooperation mit dem Umweltausschuss durchsetzte: Der Umweltausschuss sollte primär für den Bereich der Biokraftstoffe verantwortlich sein. Müngersdorff (2009, S. 19) führt dies gestützt auf eine Interviewstudie darauf zurück, dass Turmes als Biokraftstoff-Skeptiker darauf hoffte, dass der Umweltausschuss strengere Kriterien als der Industrieausschuss formulieren würde.

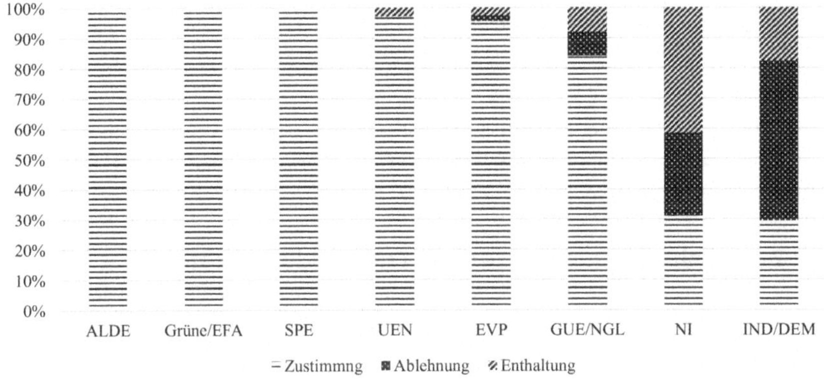

Abbildung 4.14 Abstimmungsergebnis im Europäischen Parlament nach Fraktionszugehörigkeit. (eigene Darstellung auf Basis von: Europäisches Parlament 2008k)

Die am Entscheidungsprozess beteiligten *privaten Akteure* unterschieden sich deutlich in ihren Haltungen zur Förderung erneuerbarer Energien. Im Vorfeld des Kommissionsvorschlags fanden mehrere Konsultationsrunden mit Vertretern der Mitgliedstaaten, der Industrie, Verbraucherorganisationen und NGOs statt. Eine mit dem ECCP vergleichbare dauerhafte Konsultationsplattform existierte hingegen nicht. Die erneuerbare-Energien-Industrie setzte sich durch intensives Lobbying für verbindliche EU-weite Ziele ein, wenngleich die Erfolgsaussichten als eher gering eingeschätzt wurden, weil mit Eurelectric und Eurochambres

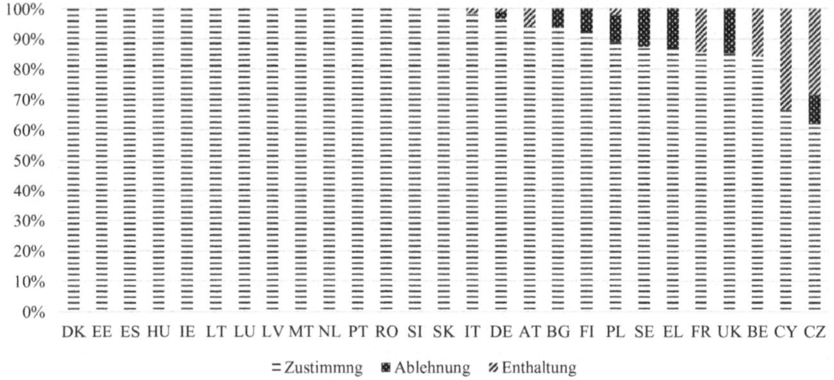

Abbildung 4.15 Abstimmungsergebnis im Europäischen Parlament nach nationaler Zugehörigkeit. (eigene Darstellung auf Basis von: Europäisches Parlament 2008k)

zwei Schwergewichte unter den Industrieverbänden nachdrücklich gegen verbindliche Ausbauziele eintraten (Eurelectric 2007, S. 5–6; Eurochambres 2007, S. 3; Gullberg 2013, S. 619–620).

4.2.7.2.2 Inhaltliche Durchsetzung im Entscheidungsprozess

Anders als die Richtlinie 2001/77/EG bezieht sich die neu gefasste EE-Richtlinie nicht ausschließlich auf den Elektrizitätssektor, sondern erfasst auch Heizwärme und Biokraftstoffe im Verkehrssektor (Wettestad et al. 2012, S. 72). Die Diskussionen zwischen den Mitgliedstaaten und den Organen der EU kreisten dabei um fünf zentrale Aspekte:

a) Die Aufteilung des EU-weiten Ausbauziels auf nationale Ziele und deren Verbindlichkeit;
b) Die Möglichkeit eines mit dem Emissionshandelssystem vergleichbaren Zertifikatehandels;
c) Die von der Richtlinie erfassten Sektoren;
d) Instrumente für die zentrale Kontrolle der Umsetzung;
e) Nachhaltigkeitskriterien für Biokraftstoffe.

Nach dem entsprechenden Legislativvorschlag der Kommission im Oktober 2012 wurde ferner über

f) Möglichkeiten zur Verbesserung der Treibhausbilanz von Biokraftstoffen

beraten. Insbesondere der Aspekt der indirekten Landnutzungsänderung war bei den Verhandlungen im Jahr 2008 zwar bereits thematisiert worden, wurde aber aufgrund des Zeitdrucks und unter Verweis auf eine ungesicherte Forschungslage vertagt.

a) Zielsetzungen und Verbindlichkeit
Die Ausgestaltung der Setzung des Ausbauziels und dessen Umsetzung auf nationaler Ebene wurden größtenteils durch den Vorschlag der Kommission präformiert. Nach der entsprechenden Festlegung durch den Europäischen Rat wurde das Ziel, gemeinschaftsweit bis 2020 einen Anteil erneuerbarer Energien von 20 Prozent zu erreichen, im Entscheidungsprozess nicht mehr infrage gestellt. Unumstritten war nach der entsprechenden Festlegung des Europäischen Rates auch, dass dieses Ausbauziel nach Entwicklungspotenzial und Wirtschaftsleistung unterschiedlich auf die Mitgliedstaaten aufgeteilt werden sollte (Rat der EU 2007b, S. 21). Die Definition der nationalen Zielsetzungen war innerhalb der Kommission hoch umstritten und unterlag Einmischungen vonseiten des Kabinetts von Energiekommissar Andris Piebalgs und des Generaldirektors. Fachliche Unterstützung erfuhr dieser Prozess durch die Kalkulation der Effizienz unterschiedlicher Verteilungen mithilfe ökonometrischer Modelle (Dreger 2014, S. 115). Nach der Veröffentlichung des Vorschlags wurde die von der Kommission entworfene Aufteilung nicht mehr verändert, da bei dem resultierenden Nullsummenspiel jede Verringerung des Ausbauziels für einen Staat zur Erhöhung der Ziele anderer Staaten geführt hätte, wozu keine Bereitschaft bestand. Angesichts des von der Kommission vorgelegten Vorschlags scheuten die Beteiligten die Kosten einer Neuverhandlung und klammerten die Aufteilung der Ausbauziele aus den Verhandlungen aus. Dieses Ergebnis setzt allerdings ein ausreichend entwickeltes Verhandlungsmanagement durch die Kommission voraus, das bereits im Vorhinein die Nichteinigungspunkte aller Verhandlungsteilnehmer eruiert und auf dieser Basis eine entsprechende Vorlage ausarbeitet. Wichtig für den Erfolg des Vorschlags war insbesondere der Einbezug der ökonomischen Stärke eines Staates in die Berechnung der Ausbauziele. Dieser kam vor allem den wirtschaftlich schwächeren osteuropäischen Staaten entgegen, die der Richtlinie mehrheitlich ablehnend gegenüberstanden. Zudem wurde die Zustimmung von Staaten, die ihr von der Kommission vorgeschlagenes nationales Ausbauziel für zu hoch erachteten, durch Abstriche bei der Verbindlichkeit gesichert (Rat der EU 2008an, S. 15).

So wurde die Methode zur Berechnung des Anteils erneuerbarer Energien am Energieverbrauch verändert: Wurde in der Richtlinie 2001/77/EG noch der Primärenergieverbrauch als Bezugsgröße verwendet, so wird nun der Bruttoendenergieverbrauch herangezogen (Art. 1 RL 2009/28/EG). Dieses Konzept wurde eigens für die Richtlinie definiert und seine Verwendung mit Messproblemen beim Primärenergieverbrauch begründet. Im Ergebnis fällt mit dieser Berechnungsmethode der Anteil erneuerbarer Energieträger aber fast automatisch höher aus, weil die bei fossilen Energieträgern deutlich höheren Umwandlungsverluste größtenteils unberücksichtigt bleiben. Unter anderem fließt der Verbrauch großer erdölbasierter Industriesektoren kaum mehr in die Berechnung ein. Vor allem die Niederlande und Polen hatten im Rat und in den Trilogen auf diese Regelung gedrängt und gehören zu den wesentlichen Profiteuren, weil es für sie damit leichter ist, einen höheren rechnerischen Anteil erneuerbarer Energien zu erreichen (Skjærseth et al. 2016, S. 79). Daneben wurde die Erreichung der oben erläuterten nationalen Ausbauziele weitgehend den Mitgliedstaaten selbst überlassen; anders als in den vorhergehenden Richtlinien wurden diese Ausbauziele aber verpflichtend festgeschrieben. Diese Festlegung wurde schon Anfang 2007 von den Staats- und Regierungschefs im Europäischen Rat getroffen und im Verlauf des Entscheidungsprozesses nicht mehr infrage gestellt. Maßgeblich dafür verantwortlich waren neben einer geschlossen auftretenden Kommission die Regierungschefs Deutschlands und Großbritanniens, Angela Merkel und Tony Blair, die im Europäischen Rat eine Vorfestlegung auf den verbindlichen Charakter der Ziele erreichten (Boasson u. Wettestad 2013, S. 88).

b) Zertifikatehandel

In Bezug auf die rechtliche Ausgestaltung der Ausbauziele bestand innerhalb der Kommission – vor allem in den Generaldirektionen für Energie und Wettbewerb –eine klare Präferenz für ein verpflichtendes System zum Handel mit Zertifikaten. Ein solches System wurde auch von einem Großteil der konsultierten Unternehmensverbände gefordert (Jacobsson et al. 2009). Da allerdings schon in der Vorabstimmung deutlich wurde, dass die Mitgliedstaaten einer solchen Regelung nicht zustimmen würden, wurde diese aus dem letztlich präsentierten Vorschlag wieder entfernt (Skjærseth et al. 2016, S. 73). Dieser sah stattdessen vor, dass die bereits in der Richtlinie 2001/77/EG enthaltenen Regeln für Herkunftsnachweise für Strom aus erneuerbaren Quellen, die allein der Zertifizierung gegenüber den Verbrauchern dienten, auf andere Formen erneuerbarer Energien ausgedehnt werden sollten. Darüber hinaus sollten Staaten die Möglichkeit erhalten, sich überschüssige Herkunftsnachweise aus anderen Staaten, die ihre Ausbauziele aus der Richtlinie bereits erfüllt haben, auf die eigenen Ausbauziele anrechnen zu lassen (Europäische Kommission 2008i, S. 30–33).

Im Rat kristallisierten sich von Beginn an zwei gegensätzliche Haltungen zu einem solchen Handel mit Herkunftsnachweisen heraus: Während eine Gruppe von Staaten für eine möglichst flexible Handhabung plädierte und letztlich das von der Kommission ursprünglich favorisierte umfassende Handelssystem forderte (Rat der EU 2008l, 2008u), pochte ein zweites Lager unter der Führung Deutschlands und Frankreichs auf eine restriktive Regelung, die vor allem zwei Punkte umfassen sollte: Berechtigungen sollten erstens nur zwischen Staaten und nicht auf Unternehmensebene übertragen werden können. Zweitens sollten nur solche Staaten Kapazitäten verkaufen dürfen, die ihr jeweiliges Ausbauziel bereits erreicht haben (Rat der EU 2008n, 2008o, 2008t). Zudem wurde eine Opt-out-Möglichkeit gefordert, um eine mögliche Beeinträchtigung nationaler Förderstrukturen durch den Handel mit Herkunftsnachweisen zu verhindern (Rat der EU 2008m, 2008r, 2008an, S. 18).

Den Bedenken dieser zweiten Gruppe folgend trennte die französische Ratspräsidentschaft in ihrem letztlich weitgehend unverändert verabschiedeten Kompromissvorschlag den statistischen Transfer erneuerbarer Energiekapazitäten zwischen Mitgliedstaaten von der Frage der Zertifizierung gegenüber Verbrauchern ab: Herkunftsnachweise sollten ausschließlich der Zertifizierung dienen und nicht zwischen Staaten gehandelt werden können. Dafür wurden Möglichkeiten der Kooperation zwischen Mitgliedstaaten neu in den Text aufgenommen: Zum einen sollten Staaten Energie aus erneuerbaren Quellen statistisch auf andere Staaten transferieren können, wenn dadurch das eigene Ausbauziel nicht gefährdet würde. Zum anderen wurde die Möglichkeit zu gemeinsamen Projekten unter Beteiligung mehrerer Staaten geschaffen (Rat der EU 2008ap, S. 13–14). Aufgrund der engen Vorabstimmung zwischen dem Rat und dem ITRE-Ausschuss des Parlaments schlug jener in seinem Bericht weitgehend äquivalente Regeln vor (Europäisches Parlament 2008e, S. 93–100). Diese auch in der endgültigen Richtlinie realisierte Lösung schloss das von der Kommission und von einigen Mitgliedstaaten präferierte EU-weite Zertifikatehandelssystem endgültig aus.

c) Erfasste Sektoren

Die Kommission gelangte schnell zu der Auffassung, dass es einfacher sein würde, ein einheitliches Ausbauziel für alle Sektoren als getrennte Ziele für Elektrizität, Wärmegewinnung und Verkehr durchzusetzen, da damit ein höheres Maß an Freiheit für die Mitgliedstaaten verbunden ist (Boasson u. Wettestad 2013, S. 88). Trotz ökologischer Bedenken gegenüber Biokraftstoffen wurde dabei an dem bereits in der Biokraftstoffrichtlinie enthaltenen eigenständigen Zehn-Prozent-Ziel für den Verkehrssektor in jedem einzelnen Mitgliedstaat festgehalten. Auch der Europäische Rat bekräftigte dieses Ziel auf seiner Frühjahrstagung 2007 (Rat der EU 2007b, S. 21). Angesichts der vor allem vom Umweltausschuss des Parlaments schon im Vorfeld geäußerten Bedenken bezog sich der Vorschlag der Kommission allerdings nicht ausschließlich auf Biokraftstoffe, sondern forderte allgemein einen zehnprozentigen Anteil erneuerbarer Energien am Energieverbrauch im Verkehrssektor (Europäische Kommission 2008i, S. 26).

Mehrere Mitgliedstaaten zeigten sich darüber hinaus skeptisch gegenüber einem festgelegten Anteil im Verkehrssektor und sprachen sich für einen Ansatz aus, der das Zehn-Prozent-Ziel an Voraussetzungen – etwa die ausreichende Marktverfügbarkeit von Biokraftstoffen – knüpfte (Rat der EU 2008a). Diese Position fand im Rat allerdings keine Mehrheit. Der Umweltausschuss des Parlaments, der die Position des Parlaments in Bezug auf Biokraftstoffe maßgeblich mitbestimmte, forderte in seiner Stellungnahme weitere Maßnahmen, um den Biokraftstoffanteil zu begrenzen, unter anderem Mindestanteile für Elektrizität und Wasserstoff aus erneuerbaren Energiequellen (Europäisches Parlament 2008d, S. 224), konnte dies aber nur teilweise durchsetzen. Nach der Endfassung der Richtlinie wird Energie aus erneuerbaren Quellen, die für den Antrieb von Elektrofahrzeugen verwendet wird, allerdings rechnerisch stärker gewichtet als Biokraftstoffe (Art. 3 Abs. 4 RL 2009/28/EG).

d) Zentrale Kontrolle

Die Richtlinie gibt der Kommission eine Reihe von Kontrollmöglichkeiten, um die Erreichung des 20-Prozent-Ziels bis 2020 zu sichern. Als zentrales Kontrollinstrument sah bereits der Vorschlag der Kommission Nationale Aktionspläne vor, die von jedem Mitgliedstaat vorzulegen sind und detaillierte Angaben zum Ausbaustand erneuerbarer Energien und den jeweiligen nationalen Strategien zur Erreichung dieser Ziele enthalten müssen (Europäische Kommission 2008i, S. 27). Darüber hinaus blieb der Kommissionsvorschlag allerdings relativ vage, was Inhalt und Aufbau der Aktionspläne betrifft. Auf Betreiben des Parlaments wurde in den Trilog-Gesprächen die Bestimmung in die Richtlinie aufgenommen, die Kommission solle bis zum 30. Juni 2009 eine Vorlage für einen Nationalen Aktionsplan veröffentlichen. Zudem setzte der ITRE-Ausschuss des Parlaments die Aufnahme von Minimalkriterien für Nationale Aktionspläne als eigenen Anhang VI der Richtlinie durch (Europäisches Parlament 2008e, S. 74), womit die Überwachungsmöglichkeiten der Kommission gegenüber den Mitgliedstaaten noch einmal deutlich gestärkt wurden (Howes 2010, S. 142). Darüber hinaus wurden auf Vorschlag des Europäischen Parlaments oder des Rates einige sekundäre

Aspekte des von der Kommission vorgesehenen Systems verändert: So wurden auf Drängen mehrerer insbesondere osteuropäischer Mitgliedstaaten die nicht verpflichtenden Zwischenziele für die ersten beiden Zweijahresperioden leicht gesenkt und die Kommission ermächtigt, im Fall eines geringfügigen Verfehlens dieser Ziele auf eine Aktualisierung des jeweiligen Plans zu verzichten (Rat der EU 2008s, S. 5, 2008p, S. 5, 2008l, S. 7, 2008ap, S. 10–11). Zudem wurde auf Vorschlag des Parlaments, das eine gegenüber dem Kommissionsvorschlag verbesserte Information der Öffentlichkeit forderte (Europäisches Parlament 2008e, S. 75), festgelegt, dass die Nationalen Aktionspläne auf einer neu einzurichtenden Transparenzplattform veröffentlicht werden müssen. Im Kern wurde das von der Kommission vorgeschlagene System der zentralen Kontrolle damit nicht verändert, womit die Richtline 2009/28/EG erstmals verbindliche Ausbauziele für die Mitgliedstaaten festschreibt. Die für das Jahr 2020 angepeilten Ausbauziele selbst wurden im Vergleich zum Vorschlag der Kommission in den Beratungen nicht mehr verändert, obgleich einzelne Mitgliedstaaten monierten, ihr jeweiliges Ziel sei zu hoch angesetzt. Eine entscheidende Rolle bei dieser Festlegung dürften die Flexibilisierungsmöglichkeiten – insbesondere die Möglichkeit der Übertragung von Energiemengen zwischen Mitgliedstaaten – gespielt haben (Rat der EU 2008an, S. 15).

e) Nachhaltigkeitskriterien für Biokraftstoffe

Erhebliche Präferenzunterschiede zwischen den beteiligten Akteuren bestanden im Hinblick auf die Nachhaltigkeitskriterien für Biokraftstoffe. Die Kommission hatte in ihrem Vorschlag bereits eine Reihe solcher Kriterien in Bezug auf die ökologischen Auswirkungen des Anbaus von Biomasse formuliert, die sich an den Vorgaben der bestehenden Biokraftstoffrichtlinie 2003/30/EG orientierten (Europäische Kommission 2008i, S. 37–39):

- Die Verwendung von Biokraftstoffen sollte zu einer Verminderung der Treibhausgasemissionen um 35 Prozent gegenüber konventionellen Kraftstoffen führen.
- Der Anbau der für die Produktion verwendeten Pflanzen sollte nicht auf Gebieten mit hoher Biodiversität oder hohem Kohlenstoffbestand – etwa Wäldern oder Torfgebieten – erfolgen.
- Der Anbau dieser Pflanzen sollte die für im Rahmen der Gemeinsamen Agrarpolitik geförderte Landwirtschaftsbetriebe geltenden Umweltvorschriften einhalten.
- Zur Überprüfung der Einhaltung der Kriterien schlug die Kommission ein von den Mitgliedstaaten zu etablierendes Massenbilanzsystem vor.

Sowohl der Industrie- als auch der Umweltausschuss des Parlaments forderten in ihren Änderungsanträgen wesentlich strengere Kriterien, insbesondere im Hinblick auf die Auswirkungen der Biokraftstoffproduktion auf die Verfügbarkeit von Nahrungsmitteln, den Schutz des Grundwassers und die Einhaltung sozialer Standards (Europäisches Parlament 2008d, S. 129–135). Wirtschaftsverbände und einige Mitgliedstaaten machten hingegen Befürchtungen geltend, die Wettbewerbsfähigkeit der europäischen Industrie würde erheblich unter zu strikten Kriterien leiden. Innerhalb des Rates bildeten sich dabei drei Lager: Während Deutschland, Dänemark und Schweden die strikten Regeln der Kommission unterstützten (Rat der EU 2008o, S. 3–4), sprach sich eine Gruppe von Staaten unter der Führung Polens und Frankreichs für eher lockere Kriterien aus, um die Erreichung des Ausbauziels im Verkehrssektor nicht durch rechtliche Hürden zu gefährden (Rat der EU 2008n, S. 5, 2008q, S. 3). Die größte Gruppe der Mitgliedstaaten, allen voran das Vereinigte Königreich und Italien, nahm eine Mittelposition ein, wobei insbesondere mögliche Wechselwirkungen der Entwicklung von Biokraftstoffen mit Lebensmittelmärkten häufig thematisiert wurden (Rat der EU 2008k, S. 4, 2008r).

Aufgrund der Komplexität des Themas und der Divergenz der mitgliedstaatlichen Positionen wurden die Verhandlungen über die Nachhaltigkeitskriterien in die bereits erwähnte Arbeitsgruppe des Ausschusses der Ständigen Vertreter ausgelagert, wobei auch hier nicht in allen Punkten Kompromisse gefunden werden konnten. Vergleichsweise unkompliziert kam dabei offenbar ein auf einfachem *bargaining* basierender Kompromiss über einen höheren Wert für Treibhausgaseinsparungen zustande: Während der ITRE-Ausschuss des Parlaments einen Einstiegswert von 45 Prozent und eine Erhöhung im Jahr 2015 auf 60 Prozent gefordert hatte (Europäisches Parlament 2008e, S. 129), lehnte eine Mehrheit der Mitgliedstaaten einen höheren Einstiegswert strikt ab; auch eine spätere Anhebung des Zielwerts stieß auf Gegenwehr im Rat (Rat der EU 2008an, S. 20). Entsprechend einigten sich die Vertreter der Mitgliedstaaten auf eine Beibehaltung der von der Kommission vorgeschlagenen Einstiegswerts von 35 Prozent und eine Anhebung auf 50 Prozent zum 1. Januar 2017 – zwei Jahre später als vom Parlament vorgeschlagen, aber früher als von einigen Delegationen im Rat gefordert (Rat der EU 2008ab, S. 2, 2008am, S. 38). Eine im Rat ebenfalls erwogene Möglichkeit der Überprüfung dieser Werte durch die Kommission wurde von ebendieser unter Verweis auf die dadurch generierte Unsicherheit für Investoren abgelehnt (Rat der EU 2008an, S. 20). In den Trilogen setzten die Vertreter des Parlaments als geringfügige Verschärfung durch, dass für neue Produktionsanlagen ab 2018 der ursprünglich für alle Anlagen geforderte Wert von 60 Prozent gilt. Auf Drängen des Parlaments und mehrerer Mitgliedstaaten wurden zudem die Listen mit Gebieten mit hoher Biodiversität und Kohlenstoffbestand ergänzt und präzisiert sowie eine Berichtspflicht der Kommission in Bezug auf die Einhaltung sozialer Standards durch Drittstaaten eingefügt. (Rat der EU 2008j, S. 119–121). Ergänzt wurde ferner eine Berichtspflicht der Kommission in Bezug auf die Effekte indirekter Landnutzungsänderungen – ein Aspekt, der ebenfalls vom Umweltausschuss des Parlaments auf die Agenda gesetzt wurde (Rat der EU 2008i, S. 144–145). Auch das von der Kommission vorgeschlagene Massenbilanzsystem zur Überprüfung der Einhaltung der Kriterien wurde im Kern unverändert beschlossen; lediglich das Monitoring der Auswirkungen dieses Systems durch die Kommission wurde auf Veranlassung des Rates gestärkt (Rat der EU 2008j, S. 132).

Nachdem es nicht gelang, im Rat in allen Bereichen Einigkeit über präzise Kriterien herzustellen, wurde die Entscheidung darüber in den Bereich der abgeleiteten Rechtsetzung verlagert (Skjærseth et al. 2016, S. 80): Die Kommission sollte genaue Definitionen für Grünland mit hoher Biodiversität sowie stark degradierte oder kontaminierte Flächen erarbeiten und im Regelungsverfahren mit Kontrolle verabschieden. Die Mitgliedstaaten und das Parlament gaben damit ihre im Kodezisionsverfahren vorhandenen Kontrollpositionen nicht auf, dennoch wurde die Verabschiedung der Richtlinie ermöglicht. Auch hier waren vermutlich der Zeitdruck im Vorfeld der Klimakonferenz von Kopenhagen und das allseitige Interesse an einer zügigen Verabschiedung der Richtlinie ausschlaggebend für diese Form der Einigung. Im Hinblick auf die Berechnung des Beitrags von Biokraftstoffen zum Treibhauseffekt – ein ebenfalls hochkomplexer Aspekt – gelang es hingegen, in den Verhandlungen zwischen den Mitgliedstaaten und den folgenden Trilogen Einigkeit über die Berechnungsformel herzustellen. In den Trilog-Verhandlungen setzte das Europäische Parlament gegenüber dem Rat und der Kommission zudem eine Überprüfungsklausel für die Biokraftstoffziele mit Blick auf das Treibhausgas-Einsparpotenzial und die Auswirkungen auf die globale Nahrungsmittelversorgung durch – ein zuvor nicht erwarteter Verhandlungserfolg des Parlaments (Müngersdorff 2009, S. 38).

f) Verbesserung der Treibhausgasbilanz von Biokraftstoffen

Das Problem der indirekten Landnutzungsänderung[44] (*Indirect Land Use Change*, ILUC) war bereits in den Verhandlungen zu Richtlinie 2009/28/EG thematisiert worden, allerdings ohne konkrete Folgen für den Inhalt der Rechtsetzung. Mit der Richtlinie (EU) 2015/1513 sollen diese Effekte bei der Anrechnung von Biokraftstoffanteilen berücksichtigt werden – allerdings in geringerem Umfang als von der Kommission intendiert. Auf Basis ihrer in der Richtlinie niedergelegten Berichtspflicht unterbreitete die Kommission im Oktober 2012 einen Vorschlag für eine Novellierung der erneuerbare-Energien-Richtlinie und der Biokraftstoffrichtlinie, in dem sie neben der Anpassung einiger sekundärer Elemente eine Begrenzung des anrechenbaren Anteils von aus „Getreide und sonstigen stärkehaltigen Pflanzen, Zuckerpflanzen und Ölpflanzen" hergestellten Biokraftstoffen auf fünf Prozent des Energieverbrauchs im Verkehrssektor – mithin die Hälfte des bis 2020 zu erreichenden Anteils erneuerbarer Energien – und die stärkere Gewichtung bestimmter organischer Abfallprodukte vorschlug (Europäische Kommission 2012m, S. 16). In dieser Hinsicht sollten etwa Algen, Stroh und Klärschlamm mit dem Vierfachen ihres Energiegehalts in die Berechnung des Anteils erneuerbarer Energieträger einfließen (Europäische Kommission 2012m, S. 24–25).

Diese von der Kommission anvisierten Vorgaben waren innerhalb des Parlaments und des Rates jeweils heftig umstritten. Vor allem einige mittel- und osteuropäische Mitgliedstaaten, die in den Jahren zuvor die Produktion von Rohstoffpflanzen mit hohem ILUC-Risiko forciert hatten, wandten sich entschieden gegen eine Deckelung des Anteils bei fünf Prozent (Rat der EU 2013e, 2013g; Ziedler u. Melke 12.09.2013). Mehrere westeuropäische Staaten unter der Führung Deutschlands und des Vereinigten Königreichs unterstützten hingegen den Ansatz der Kommission, plädierten aber für eine differenziertere Berücksichtigung der aufgeführten Rohstoffklassen, weil etwa in der Praxis die negativen Klimaeffekte der Produktion von Ölpflanzen weit ausgeprägter seien als die der Produktion von Getreide (Rat der EU 2013f, S. 3). Zugleich sahen sich die mit dem Thema befassten Ausschüsse im Europäischen Parlament erheblichem Druck insbesondere durch Landwirtschaftsverbände ausgesetzt, die vorgesehene Begrenzung abzulehnen (Rat der EU 2013d, S. 2). Während etwa einige Vertreter der Grünen im Ausschuss auf einen Höchstanteil von vier oder gar drei

[44] Als indirekte Landnutzungsänderung wird in diesem Zusammenhang das Phänomen bezeichnet, dass durch den Anbau von Rohstoffpflanzen für die Biokraftstoffgewinnung auf bisher insbesondere für die Lebensmittelproduktion genutzten Flächen neue Flächen für die agrarische Nutzung erschlossen werden. Dies führt häufig zu einer Beeinträchtigung von Kohlenstoffsenken durch die Biokraftstoffproduktion, obwohl die Rohstoffpflanzen selbst auf ökologisch unbedenklichen Flächen produziert werden (Wicke et al. 2012, S. 88).

Prozent setzten (Europäisches Parlament 2013b, S. 98–101), sprachen sich Abgeordnete der EVP gegen eine solche Obergrenze aus und plädierten stattdessen für nach Jahren gestaffelte Mindestwerte für sogenannte fortschrittliche Biokraftstoffe (Europäisches Parlament 2013b, S. 87). Der Umweltausschuss votierte schließlich für einen Grenzwert von 5,5 Prozent für die als problematisch eingestuften Energiepflanzen (Europäisches Parlament 2013a, S. 71); in Nachverhandlungen mit dem ITRE-Ausschuss und der ALDE-Fraktion, die beide einer Deckelung grundsätzlich skeptisch gegenüberstanden, einigte sich die Berichterstatterin des ENVI-Ausschusses, Corinne Lepage, auf einen Wert von sechs Prozent sowie eine Untergrenze für fortschrittliche Biokraftstoffe von 2,5 Prozent (Europäisches Parlament 2013c, S. 52). Auch die von der Kommission vorgeschlagene vierfache Gewichtung von fortschrittlichen Biokraftstoffen wurde vom Parlament abgelehnt. Die EVP-Fraktion unterstützte diesen Kompromiss nicht, weshalb der Standpunkt des Parlaments letztlich nur mit einer knappen Mehrheit von 356 Ja-Stimmen zu 327 Nein-Stimmen und 14 Enthaltungen angenommen wurde (Europäisches Parlament 2013g, S. 68–69). Das Abstimmungsergebnis zeigt eine vergleichsweise starke Kohäsion der Fraktionen: Mit Ausnahme der EU-skeptischen EFD-Fraktion und der Linken stimmten alle Parlamentsgruppen zu über 90 Prozent einheitlich ab. Wesentlich diffuser ist die Zuordnung nach nationaler Herkunft, wobei die überdurchschnittlichen Ablehnungsraten bei Abgeordneten aus den ostmitteleuropäischen Staaten, die der Neuregelung negativ gegenüberstanden, ins Auge fallen. Ein annähernd homogenes Abstimmungsverhalten legten dabei allerdings nur die Parlamentarier aus Polen an den Tag (Abbildung 4.16 und 4.17).

Im Rat erwies sich auch die Deckelung des Anteils der genannten Energiepflanzen auf sechs Prozent als nicht durchsetzbar – obgleich der Anteil in den meisten Mitgliedstaaten ohnehin deutlich unter diesem Wert lag (Ziedler u. Melke 12.09.2013). Obwohl eine Reihe vor allem westeuropäischer Mitgliedstaaten den von der Kommission angestrebten Zielwert von fünf Prozent unterstützten, führte die grundsätzliche Opposition gegen eine Deckelung im Rat zu einer Einigung auf einen Maximalwert von sieben Prozent und einer zusätzlichen qualitativen Beschränkung der von diesem Grenzwert erfassten Biokraftstoffe (Rat der EU 2013h, S. 4, 2014d, S. 25). Zwar stellte die Kommission in ihrer Stellungnahme zum Standpunkt des Rates den aus einer solchen Festlegung resultierenden Nutzen für die Nachhaltigkeit infrage, erhob aber keine formalen Einwände, um das Legislativvorhaben nicht grundsätzlich zu gefährden (Rat der EU 2014a, S. 1–2). In den informellen Trilogen rückten die Verhandlungsführer des Rates nicht von der sieben-Prozent-Grenze für ILUC-Kraftstoffe ab, sodass – anders als sonst häufig – in Bezug auf das zentrale Ziel der Richtlinie kein numerischer Kompromiss zwischen den beteiligten Organen zustande kam und der Standpunkt des

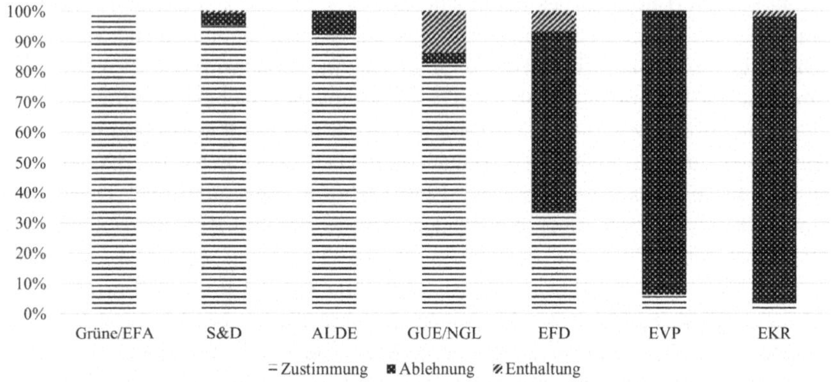

Abbildung 4.16 Abstimmungsergebnis im Europäischen Parlament nach Fraktionszugehörigkeit. (eigene Darstellung auf Basis von: Europäisches Parlament 2013g)

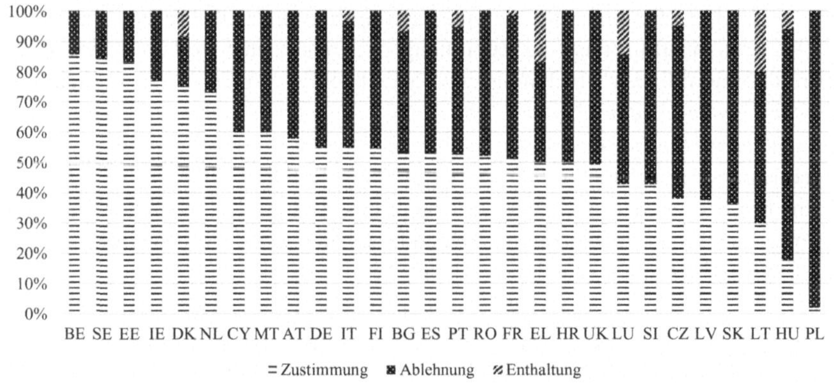

Abbildung 4.17 Abstimmungsergebnis im Europäischen Parlament nach nationaler Zugehörigkeit. (eigene Darstellung auf Basis von: Europäisches Parlament 2013g)

Rates unverändert in die endgültige Richtlinie übernommen wurde (Rat der EU 2015e, S. 71; Art. 3 Abs. 4 RL 2015/1513). Der von den litauischen und italienischen Ratspräsidentschaften 2013 und 2014 vorgeschlagene Mindestwert von einem Prozent für fortschrittliche Biokraftstoffe fand ebenfalls keine Zustimmung im Rat und wurde durch einen Richtwert von 0,5 Prozent für eine Selbstverpflichtung der Mitgliedstaaten ersetzt (Rat der EU 2014d, S. 25–26). Auch diese

Bestimmung wurde in den Trilog-Verhandlungen letztlich von Kommission und Parlament akzeptiert (Rat der EU 2015g, S. 34–35). Vergleichsweise unkompliziert gestaltete sich dagegen die Einigung auf die ebenfalls zunächst umstrittene mehrfache Zählung von fortschrittlichen Biokraftstoffen. Zwar stieß die von der Kommission vorgeschlagene Regelung im Rat auf Widerstand, weil Mitgliedstaaten mit einer ambitionierten Haltung zum Ausbau erneuerbarer Energiequellen die damit verbundene Reduzierung des Ausbauziels bemängelten (Rat der EU 2013g). Statt einer vierfachen verständigten sich die Mitgliedstaaten auf eine doppelte Gewichtung – eine Festlegung, die auch in den Beratungen des Parlaments in erster Lesung bereits Unterstützung gefunden hatte und deshalb in den Trilogen rasch allgemein akzeptiert wurde (Rat der EU 2015e, S. 122).

Die langgezogene Auseinandersetzung über lediglich einen Teilaspekt der Nachhaltigkeitskriterien, die in eine lediglich marginale Veränderung des Status quo ante mündete, verdeutlicht einen gravierenden Paradigmenwechsel im analysierten Politikfeld: Der breite Konsens über eine ambitionierte Förderpolitik, die noch Ende der 2000er Jahre zu beobachten war, wurde in der ersten Hälfte der 2010er Jahre von einer zunehmenden Polarisierung innerhalb des Rates und des Parlaments abgelöst.

4.2.7.3 Abgeleitete Rechtsetzung

Wesentliche Kompetenzen zur abgeleiteten Rechtsetzung ergeben sich aus der Richtlinie vor allem in Bezug auf Biokraftstoffe. Zu bemerken ist, dass die Richtlinie – anders als beispielsweise die Emissionshandelsrichtlinie – die Kommission in den meisten Fällen nicht zum Erlass abgeleiteter Rechtsakte verpflichtet. Stattdessen eröffnet sie an mehreren Stellen Möglichkeiten zur Änderung nichtwesentlicher Inhalte, die dem Richtlinientext nach vor allem auf eine Anpassung an den technischen Fortschritt zielen.

Artikel 18 Absatz 3 fordert von der Kommission die Festlegung von Informationspflichten für die Bewertung der Übereinstimmung von Brennstoffen aus Biomasse mit den Nachhaltigkeitskriterien, deren Erfüllung für die Anerkennung als Biokraftstoff erforderlich ist. Für diese Festlegung ist das Beratungsverfahren vorgesehen, womit die Vertreter der Mitgliedstaaten über keinerlei Blockademöglichkeit gegenüber den von der Kommission vorgeschlagenen Maßnahmen verfügen. Bei der Beratung dieser Festlegung im Jahr 2010 zeigte sich, dass auch die behandelte Materie keine Auseinandersetzungen im *bargaining*-Stil nahelegte. Der Beschluss verursacht den Mitgliedstaaten keine nennenswerten Kosten, sondern fasst lediglich größtenteils bereits zuvor bestehende Berichtspflichten aus verschiedenen Rechtsakten zusammen. Zudem richten sich die Informationspflichten nicht an die Mitgliedstaaten selbst, sondern müssen von diesen gegenüber privaten Unternehmen im Energiesektor durchgesetzt werden. Entsprechend spiegelt die Niederschrift einen primär fachlichen Austausch wider. Hauptgegenstand des Treffens war augenscheinlich die Information der Mitgliedstaaten über den Inhalt des intendierten Beschlusses. An einer Stelle wurde von einem Mitgliedstaat eine Präzisierung in Bezug auf erfasste Müll- und Rückstandsarten gefordert, die von der Kommission in den Entwurf übernommen wurde. Dieser erfuhr nach einmaliger Beratung eine einstimmige Billigung durch das Gremium[45] (Europäische Kommission 2010a).

Umstrittener gestaltete sich die Festlegung von Kriterien und geographischen Gebieten für die Bestimmung von Grünland mit großer biologischer Vielfalt. Diese Definition ist von Bedeutung für die Produktion von Biokraftstoffen, da die auf solchen Flächen gewonnene Biomasse nicht die Nachhaltigkeitskriterien der Richtlinie erfüllt. Anders als bei der Definition der Informationspflichten verfügten in diesem Fall sowohl Mitgliedstaaten als auch das Parlament über eine Vetomöglichkeit, da Artikel 17 Absatz 3 der Richtlinie 2009/28/EG das Regelungsverfahren mit Kontrolle verlangt. Bei der ersten Beratung im zuständigen Ausschuss im März 2013 konnten sich Kommission und Mitgliedstaaten nicht auf einen Verordnungstext einigen, sondern vereinbarten zunächst weitere schriftliche Konsultationen (Europäische Kommission 2013a, S. 2). Auch bei der zweiten Beratung im Dezember 2013 kam keine Einigung über einen Text zustande. Hauptgegenstand der Diskussion war erneut, dass Ausschussmitglieder weitere Präzisierungen gegenüber dem Entwurf der Kommission forderten. Auch in diesem Fall wurde weniger auf Eigeninteressen basierendes *bargaining* als vielmehr fachliches *arguing* erkennbar: Die geforderten Klarstellungen bezogen sich primär auf rechtliche Anknüpfungspunkte an die Agrar- und Umweltpolitik der Union (Europäische Kommission 2013b, S. 1–2). Die Kommission änderte den Verordnungsentwurf entsprechend den formulierten Einwänden (Europäische Kommission 2014j); der Ausschuss genehmigte Anfang 2014 den geänderten Vorschlag der Kommission gegen die Stimmen eines Mitgliedstaats (Europäische Kommission 2014k). Auch das Parlament brachte keine Einwände vor.[46]

Im Kontext der Nachhaltigkeitskriterien sollte die Kommission darüber hinaus Definitionen für die Bestimmung stark degradierter oder kontaminierter Flächen erlassen. Ein entsprechender Vorschlag wurde erstmals Ende 2014 im zuständigen Ausschuss beraten, wobei unter den Mitgliedern heftig umstritten war, ob die Definitionen für diese Flächen enger oder weiter gefasst werden sollten als von der Kommission vorgeschlagen. So forderten einige Mitgliedstaaten höhere

[45] Rechtsakt: Beschluss 2011/13/EU.

[46] Rechtsakt: Verordnung (EU) Nr. 1307/2014.

Grenzwerte für die Salzkonzentration in degradierten Böden; an anderer Stelle wurde die vorgeschlagene Definition kontaminierter Flächen als zu eng kritisiert (Europäische Kommission 2014a). Trotz einer zwischenzeitlich schriftlich weitergeführten Diskussion konnte auch bei der folgenden Sitzung ein Jahr später kein Konsens über einen Verordnungstext erreicht werden, was bei den Vertretern der Kommission erkennbar auf Unmut stieß (Europäische Kommission 2015a). Angesichts der stark divergierenden Ansichten im Ausschuss und mit Blick auf die zu diesem Zeitpunkt laufenden Vorbereitungen für eine Reform der erneuerbare-Energien-Regulierung nach 2020 wurde das Legislativvorhaben von der Kommission anschließend nicht mehr weiterverfolgt. Die Richtlinie gibt der Kommission außerdem die Möglichkeit, die Werte für den Energiegehalt von Kraftstoffen und für den Beitrag von Biokraftstoffen zur Minderung des Treibhauseffekts in den Anhängen III und V der Richtlinie an den wissenschaftlichen und technischen Fortschritt anzupassen. In beiden Fällen erfolgte allerdings keine Änderung.

Darüber hinaus räumen mehrere Artikel der Kommission die Möglichkeit ein, unter bestimmten Voraussetzungen Ausnahmen von den in der Richtlinie formulierten Kriterien für die Herstellung von Biokraftstoffen zu genehmigen. Als wesentlich erwies sich die in Artikel 18 Absatz 4 eingeräumte Möglichkeit, im Beratungsverfahren Zertifikate aus freiwilligen Übereinkünften anstelle staatlicher Überprüfungssysteme als Nachweis für die Erfüllung der Nachhaltigkeitskriterien anzuerkennen. Damit konnte die Kommission formal weitgehend unabhängig über die Anerkennung solcher Zertifizierungssysteme entscheiden und nutzte die Möglichkeit, den Charakter der Zertifizierung entscheidend zu verändern: Während dem Text der Richtlinie nach die Zertifizierung durch staatliche Stellen als die Regel und diejenige durch private Netzwerke als mögliche Ausnahme erscheint, erfolgt die Zertifizierung in der Realität fast ausschließlich durch freiwillige private Netzwerke aus Unternehmen, Instituten und Nichtregierungsorganisationen (Romppanen 2013, S. 341). Insgesamt 14 solcher Programme waren zum Zeitpunkt der Fertigstellung dieser Studie anerkannt (Europäische Kommission 2020). Die Beratungen im zuständigen Ausschuss für die Nachhaltigkeit von Biokraftstoffen und anderen flüssigen Brennstoffen zur Anerkennung der einzelnen Programme[47] erfolgten größtenteils konsensorientiert. Nach der Anerkennung der ersten sieben Zertifizierungsplattformen, die im Jahr 2011 einstimmig gebilligt wurde, wurden die weiteren Verfahren schriftlich durchgeführt (Europäische Kommission 2011a). Die Kommission nahm dabei mehrfach auf

[47] Die Anerkennung jedes einzelnen freiwilligen Zertifizierungsprogramms erfolgte jeweils im Wege eines Beschlusses der Kommission.

Wunsch von Ausschussmitgliedern kleinere Änderungen am Text des jeweiligen Beschlusses vor, auch wenn dies im Beratungsverfahren formal nicht notwendig war (Europäische Kommission 2012j). Dieser Befund ist ein weiterer Hinweis auf den deliberativen Charakter der vor allem technischen Entscheidungen im Komitologie-System.

Zusammenfassend ist auch im Politikfeld erneuerbare Energien im Ausschussverfahren überwiegend faktenbasiertes *arguing* zu erkennen. Insbesondere im Beratungsverfahren, in dem die Ausschussmitglieder über keine Blockademöglichkeit verfügen, lassen sich die von der Kommission vorgenommenen Änderungen an ihren ursprünglichen Vorschlägen ausschließlich auf Persuasion zurückführen. Auffällig ist auch, dass die von den Mitgliedstaaten vorgebrachten Änderungsanträge in den Entscheidungsprozessen im Regelungsverfahren durchweg deutlich umfangreicher sind als im Beratungsverfahren. Ob dies darauf zurückzuführen ist, dass die Mitgliedstaaten in diesem Verfahren Änderungswünsche generell für aussichtsreicher halten oder darauf, dass das Verfahren schon beim Erlass des Basisrechtsakts vor allem für ohnehin umstrittene Materien vorgesehen wird, muss ungeklärt bleiben. Der protrahierte Charakter einiger Entscheidungen deutet aber auch darauf hin, dass die Komitologie für die Realisierung handfester Interessen genutzt wird: Eine ausreichend große Zahl von Mitgliedstaaten, die kein Interesse an der Regelung eines Sachverhalts haben, kann eine Entscheidung potenziell beliebig lange hinauszögern und damit die im Basisrechtsakt intendierte Präzisierung der Bestimmungen unterlaufen. Dass dies im vorliegenden Fall der Nachhaltigkeitskriterien zutrifft, steht angesichts der Auseinandersetzungen um die Ausgestaltung des Basisrechtsakts zu vermuten.

4.2.7.4 Handlungskopplung und Einflusspotenziale der beteiligten Akteure

Die Bedeutung der Agenda-Setting-Rolle der *Kommission* im institutionellen Umfeld einer Zwangsverhandlung wurde bei der Aushandlung der Richtlinie 2009/28/EG in mehreren Punkten deutlich. Von entscheidender Relevanz war, wie oben dargelegt, zweifelsohne die Festlegung der nationalen Ausbauziele anhand einer von der Mehrheit der Beteiligten als objektiv anerkannten Systematik, durch die vermutlich langwieriges *bargaining* um die Lastenverteilung vermieden wurde. Das zentrale Interesse der Kommission beim Vorschlag einer Neufassung der erneuerbare-Energien-Regulierung richtete sich auf den Erlass verbindlicherer Regeln für die staatliche Förderung; dieses Ziel konnte die Kommission mit der Festschreibung bindender Ausbauziele für die Mitgliedstaaten erreichen. Weitere Design-Elemente der Richtlinie wurden durch den Vorschlag der Kommission im Wesentlichen präformiert, etwa die Nationalen Aktionspläne als Instrument zur

Kontrolle der Implementation und die Qualifizierung von Biokraftstoffen durch Nachhaltigkeitskriterien. Neben dieser inhaltlichen Durchsetzung eigener Präferenzen nahm die Kommission wiederum durch ihr Verhandlungsmanagement wesentlichen Einfluss auf den Erfolg des Entscheidungsprozesses. Eine saubere Trennung dieser beiden Aspekte ist dabei in den meisten Punkten nicht möglich, da angesichts der umfangreichen informellen Vorabstimmung mit Rat, Parlament und Interessenorganisationen die Ausganspräferenzen der Kommission nicht präzise nachvollzogen werden können. Wie defensiv die Behörde ihre Rolle als potenzieller Vetospieler im Verhandlungssystem der EU interpretiert, wurde am Beispiel der Novellierung der erneuerbare-Energien-Richtlinie in den Jahren 2012 bis 2015 deutlich: Obgleich die von Rat und Parlament vorgenommenen Änderungen die ursprüngliche Intention der Kommission konterkarierten, zog diese ihren Vorschlag nicht zurück und erhob auch keine inhaltlichen Einwände.

Bei der Ausgestaltung der Richtlinie wurden vor allem denjenigen Mitgliedstaaten umfangreiche Zugeständnisse abgerungen, die sich ursprünglich gegen eine verbindliche Zieldefinition gewandt hatten. Dass diese – vor allem ostmitteleuropäischen – Staaten in Bezug auf die Gesamtverbindlichkeit der Richtlinie schließlich einlenkten, ist wohl zum einen auf die für sie relativ günstigen Ausbauziele und zum anderen auf den Druck durch nahezu alle größeren westeuropäischen Staaten zurückzuführen, die entschieden für verbindliche und ambitionierte Ziele eintraten. Darüber hinaus kam die Veränderung der Berechnungsmethode für den Anteil erneuerbarer Energien im Verlauf der interinstitutionellen Verhandlungen einer faktischen Abschwächung der Zielsetzungen gleich. Insgesamt ist die verbindliche Festlegung von Anteilen erneuerbarer Energien bemerkenswert, weil der EU-Ebene mit der Durchsetzung dieser Vorgaben faktisch ein – eng beschränktes – Eingriffsrecht in die Zusammensetzung des jeweiligen nationalen Energiemix gewährt wird, was durch das Energie-Kapitel des Lissabon-Vertrags eigentlich grundsätzlich ausgeschlossen wurde. Im Bereich der Nachhaltigkeitskriterien für Biokraftstoffe behielten hingegen – trotz einer ähnlichen Fraktionenbildung im Rat – die Gegner verbindlicher Regelungen in der Gesamtschau die Oberhand. Dieser Befund könnte Ergebnis einer Paketlösung in den informellen Verhandlungen sein, ein solcher Zusammenhang war allerdings nicht zu verifizieren.

Das umweltpolitische Profil des *Europäischen Parlaments* wurde durch den stärkeren Einbezug des Umweltausschusses geschärft; allerdings konnte die damit vor allem beabsichtigte Straffung der Vorgaben für Biokraftstoffe letztlich nicht realisiert werden. Insgesamt scheint der inhaltliche Einfluss des Parlaments in diesem Fall gleichwohl stärker als bei den Entscheidungen zur Emissionshandelsrichtlinie; insbesondere gelang es den Verhandlungsführern des Parlaments, die zentrale hierarchische Kontrolle in mehreren Punkten zu stärken. Im Hinblick auf die Nationalen Aktionspläne erreichte das Parlament erstens eine Präzisierung der Vorgaben für die Pläne und zweitens erweiterte Kontrollmöglichkeiten für die Kommission. Die sowohl vom ITRE- als auch vom ENVI-Ausschuss unterstützten strikteren Nachhaltigkeitskriterien für Biokraftstoffe konnte das Parlament allerdings nur in einigen Punkten realisieren: Zwar wurde der Richtlinie eine Überprüfungsklausel hinzugefügt, was nicht zuletzt dem im Rat perzipierten Zeitdruck geschuldet war; die teilweise Verlagerung der Festlegung präziser Kriterien in den Bereich der abgeleiteten Rechtsetzung bedeutete aber eine erhebliche Schwächung der Gesamtverbindlichkeit dieser Kriterien.

Der in Hypothese H_{5a} angenommene Zusammenhang zwischen einer Blockademöglichkeit und der Berücksichtigung der eigenen Positionen im Verhandlungsprozess bestätigt sich damit auf den ersten Blick; allerdings ist die Durchsetzung des Parlaments insofern interessant, als das Drohpotenzial eines Vetos bei den Mitgliedstaaten aufgrund der Einstimmigkeitsregel im Europäischen Rat wesentlich stärker ausgeprägt war. Beim Europäischen Parlament ist außerdem fraglich, ob sich tatsächlich die erforderliche absolute Mehrheit der Mitglieder gefunden hätte, um das Vorhaben zu blockieren. Ein linearer Zusammenhang zwischen Vetomöglichkeit und inhaltlicher Durchsetzung ist damit nicht zu erkennen.

Inwieweit private Interessenorganisationen die Entscheidung durch Persuasion beeinflussen konnten, ist im Nachhinein nicht eindeutig zu klären. Gullbergs (2013, S. 624–625) Schlussfolgerung, die Verbände der erneuerbare-Energien-Industrie hätten durch gezieltes Lobbying substanziell zur Verabschiedung bindender Ausbauziele beigetragen, erscheint insofern zweifelhaft, als ökonomisch wesentlich stärkere Industriezweige mit ihrer Forderung nach freiwilligen Zielen nicht durchdringen konnten. Gewandelte Einstellungen zumindest einiger mitgliedstaatlicher Regierungen in Bezug auf erneuerbare Energien stellen in diesem Fall ein mindestens ebenso plausibles Explanans dar, womit im Sinne explanativer Parsimonie ein Einfluss der EE-Industrie vernachlässigt werden kann. Inwieweit EE-Verbände und Umweltorganisationen über die nationale Schiene zu diesem Einstellungswandel beigetragen haben, liegt außerhalb der analytischen Reichweite dieser Studie. Privaten Akteuren kommt unter der erneuerbare-Energien-Richtlinie außerdem eine zentrale Rolle auf der *operational-choice*-Ebene zu: Netzwerke privater Akteure stellen für die Zertifizierung von Biokraftstoffen notwendiges Wissen bereit. Diese Abstützung auf Netzwerke in einem hierarchisch regulierten Umfeld kann damit als einziger nennenswerter Anwendungsfall neuer Governance-Modi in der Regulierung erneuerbarer Energien durch die EU gelten.

4.2.7.5 Entscheidungsperformanz

Mit Blick auf das Zustandekommen der Entscheidung und die dafür benötigte Zeitdauer scheint erneut der in Hypothese H_{5b} postulierte Zusammenhang dominiert zu haben: Trotz der durch die Verhandlungskonstellation mit einer Vielzahl von Akteuren bestehenden Einigungshürden ermöglichte eine Reihe von Faktoren eine zügige und reibungslose Verabschiedung der Richtlinie: Für den Rechtsetzungsprozess wurde nur eine Lesung benötigt; von der ersten Mitteilung der Kommission bis zum Inkrafttreten der Richtlinie vergingen wenig mehr als zwei Jahre. Dieses Ergebnis ist in Relation zur thematischen Breite der behandelten Materie und zu den vor allem von den Mitgliedstaaten in Kauf genommenen Einschränkungen ihrer Handlungsspielräume zu sehen. Zu den begünstigenden Faktoren zählt fallspezifisch neben der bereits thematisierten starken informellen Konsensnorm im EU-System und dem Management der Verhandlungen durch die Kommission auch die Tatsache, dass bei allen wesentlichen Akteuren Interesse an einer schnellen Einigung bestand und dafür auch Abstriche beim Verhandlungsergebnis in Kauf genommen wurden. Inwieweit es einer strikten spieltheoretischen Logik zuwiderläuft, dass Regierungen, die eine verbindliche Regelung strikt ablehnten, einer solchen schließlich doch zustimmten, statt sie zu blockieren, ist nicht abschließend zu klären, da das Kosten-Nutzen-Kalkül dieser Regierungen nicht im Detail nachvollzogen werden kann. Auch in diesem Fall wurde der Entscheidungsprozess durch einen informellen Trilog abgekürzt und eine aufgrund der unterschiedlichen Positionen ansonsten notwendige zweite Lesung damit vermieden.

Wie oben bereits thematisiert, erscheint besonders bemerkenswert, dass trotz der theoretisch postulierten Schwierigkeit der Lösung von Verteilungsfragen in einem Verhandlungssystem die Verteilung der Ausbauziele – und der damit verbundenen Kosten – kein wesentlicher Streitpunkt in den Verhandlungen war. In diesem Fall kehrte sich damit die theoretisch postulierte Logik gewissermaßen um: Die Schwierigkeit der Aushandlung einer Verteilung führte nicht zu einer Verlangsamung, sondern zu einer Beschleunigung des Entscheidungsprozesses, weil keiner der Beteiligten das von der Kommission vorgeschlagene Konstrukt nochmals neu verhandeln wollte.

4.2.7.6 Instrumente

Die erneuerbare-Energien-Richtlinie stützt sich bei ihrer zentralen Intention des Ausbaus erneuerbarer Energiequellen auf hierarchische Regulierung mittels vergleichsweise präziser und rechtsverbindlicher Vorgaben. Dies ist insbesondere in Abgrenzung zu den in der Klimaschutzpolitik umgesetzten und auch für die erneuerbare-Energien-Politik vorgeschlagenen Marktmechanismen zu sehen

(Boasson u. Wettestad 2013, S. 80). Die Verbindlichkeit ergibt sich aus den verpflichtend vorgeschriebenen Ausbauzielen für die Einzelstaaten in Verbindung mit präzisen Vorgaben für die Implementation über Nationale Aktionspläne. Angesichts der oben thematisierten Schwierigkeiten der Durchsetzung supranationalen EU-Rechts aufgrund beschränkter Zwangsmittel ist der Grad der Bindewirkung de facto dennoch geringer zu taxieren als derjenige von Gesetzen in Nationalstaaten mit einem funktionierenden Verwaltungsapparat. Trotz dieser Verbindlichkeit ergeben sich für die Mitgliedstaaten breite Handlungsspielräume, was die Verteilung des Ausbauziels auf unterschiedliche Sektoren und die verwendeten Förderinstrumente betrifft. Entgegen der in der Richtlinie formulierten Intention ist die Verbindlichkeit darüber hinaus im Bereich der Nachhaltigkeitskriterien für Biokraftstoffe eingeschränkt, da die von der Richtlinie geforderte Präzisierung der Kriterien durch die Kommission in Teilbereichen bis heute nicht erfolgt ist.

Neben Macht nutzt die Richtlinie wiederum Wissen als Steuerungsmedium. Zum einen werden – ähnlich wie in der Vorläufer-Richtlinie – verschiedene Berichtspflichten für die Mitgliedstaaten und die Kommission definiert, die den EU-Organen die Kontrolle der Implementation ermöglichen sollen. Einer ähnlichen Zielsetzung folgt auch die Zertifizierung von Biokraftstoffen durch überwiegend private Dienstleister. Mit der Einrichtung einer eigenen Transparenzplattform soll zudem durch öffentliche Kontrolle Druck auf die Regierungen der Mitgliedstaaten aufgebaut werden, ihre angepeilten Ausbauziele zu erreichen. Eine Bedeutungszunahme weicher Instrumente kann damit aber noch nicht konstatiert werden: Vielmehr ist im Vergleich zur ersten erneuerbare-Energien-Richtlinie eine deutliche Stärkung der hierarchischen Komponente der Regulierung festzustellen. In der Rückschau erscheint vielmehr die von der Richtlinie 2001/77/EG intendierte weiche Steuerung als Wegbereiter einer stärkeren Institutionalisierung und Aneignung hierarchischer Kompetenzen auf EU-Ebene.

4.2.7.7 Folgen

Ähnlich wie im Fall des Emissionshandels beendete die beginnende Wirtschaftskrise den anfänglichen Optimismus im Hinblick auf die Förderung erneuerbarer Energien. Zwar legten die Mitgliedstaaten ein vergleichsweise hohes Maß an Engagement an den Tag und reichten ihre Nationalen Aktionspläne rechtzeitig bei der Kommission ein (Klessmann 2015, S. 89). Vor allem in Spanien und einigen osteuropäischen Staaten führten Förderkürzungen aber zu deutlichen Wachstumseinbrüchen im erneuerbare-Energien-Sektor (Fischer 2015, S. 14). Nach einer Phase eher trüber Ausblicke für die Entwicklung erneuerbarer Energiequellen (Europäische Kommission 2013z, S. 4–5) scheint in jüngster Zeit das Erreichen des gesamteuropäischen Ausbauziels für das Jahr 2020 wieder realistisch: Der jüngste Fortschrittsbericht der Kommission prognostiziert zwar, dass einige – vor allem westeuropäische – Staaten ihre nationalen Ziele nicht erreichen werden; dafür haben aber insbesondere die skandinavischen Staaten ihre Vorgaben für das Jahr 2020 bereits übererfüllt (Europäische Kommission 2019a, S. 9). Fortschritte werden dabei insbesondere im Wärme- und Elektrizitätssektor erzielt, während das Ausbauziel im Verkehrssektor vermutlich deutlich verfehlt wird (Europäische Kommission 2019a, S. 4). Dass der Ausbau erneuerbarer Energiequellen wieder an Fahrt gewonnen hat, scheint dabei aber weniger auf wieder verstärkte staatliche Förderung zurückzuführen als auf die Tatsache, dass vor allem Elektrizität aus Windenergie zunehmend auch ohne staatliche Unterstützung konkurrenzfähig ist (EIA 2017c, S. 7–8; Fraunhofer ISE 2013, S. 16). Für Aufmerksamkeit sorgte in dieser Hinsicht Spanien. Das Land konnte Anfang 2016 darauf verzichten, wie angekündigt Subventionen für Windenergie wieder einzuführen, weil die ausgeschriebenen Projekte auch ohne staatliche Förderung realisiert werden konnten (Sorge 19.01.2016).

4.2.8 Die erneuerbare-Energien-Richtlinie 2018

4.2.8.1 Überblick über den Legislativprozess

Das Grünbuch zur Klima- und Energiepolitik, das die Kommission im März 2013 vorlegte, signalisierte den offiziellen Beginn des Entscheidungsprozesses zur Überarbeitung der erneuerbare-Energien-Richtlinie. Für das Jahr 2030 wurde darin ein Anteil erneuerbarer Energien von 30 Prozent anvisiert (Europäische Kommission 2013p, S. 3). Am 5. Februar 2014 verabschiedete das Europäische Parlament unabhängig von dem von der Kommission intendierten Verfahren eine Resolution, in der es eine ambitioniertere Politik im Hinblick auf erneuerbare Energien und Klimaschutz forderte und das Energie- und Klimapaket der Kommission als „kurzsichtig und unambitioniert“ kritisierte (Europäisches Parlament 2014c, S. 13). Ende Oktober 2014 einigte sich der Europäische Rat auf den Rahmen für die Energie- und Klimapolitik, wobei die Zustimmung Polens bis zuletzt als unsicher galt (Fischer 2014). Als Reaktion auf eine entsprechende Aufforderung durch den Europäischen Rat legte die Kommission im November 2016 im Rahmen ihres umfassenden Energiepakets 2030 auch einen Vorschlag für eine Neufassung der erneuerbare-Energien-Richtlinie vor (Europäische Kommission 2017d; Zeit Online 23.11.2016).

Nach Stellungnahmen des Wirtschafts- und Sozialausschusses (Europäischer Wirtschafts- und Sozialausschuss 2017) und des Ausschusses der Regionen (Ausschuss der Regionen 2017) und umfangreichen Beratungen in der Gruppe Energie des Rates einigten sich die Mitgliedstaaten im Dezember 2017 auf eine Allgemeine Ausrichtung (Rat der EU 2017v). Auf Basis dieser Ausrichtung und der Stellungnahme des Europäischen Parlaments von Januar 2018 (Europäisches Parlament 2018h, S. 11) nahmen Vertreter von Rat, Parlament und Kommission ab März 2018 Verhandlungen im Trilog-Format auf. Nach insgesamt fünf Verhandlungsrunden und mehreren Treffen auf Arbeitsebene erreichten die Organe Mitte Juni einen Kompromiss (Rat der EU 2018j), dem Parlament und Rat im November und Dezember 2018 auch formal zustimmten (Europäisches Parlament 2018e; Rat der EU 2018r). Am 24. Dezember 2018 trat die Richtlinie (EU) 2018/2001 in Kraft. Die Richtlinie ist im Kontext des Energiepakets eng mit dem durch die Verordnung (EU) 2018/1999 etablierten Governance-System für die Energieunion verknüpft.

4.2.8.2 Legislative Rechtsetzung

4.2.8.2.1 Beteiligte Akteure

Die *Europäische Kommission* zeigte sich in ihrem Grünbuch vergleichsweise offen, was konkrete Ausbauziele für erneuerbare Energien betrifft. Die Generaldirektion Energie schien insbesondere bestrebt, eine möglichst weitgehende Harmonisierung der Förderinstrumente durchzusetzen, wobei in der DG das Modell fester Einspeisevergütungen, das sich zwischenzeitlich in einem Großteil der EU durchgesetzt hatte, nach wie vor abgelehnt wurde. Bereits im November 2013 hatte die Kommission versucht, mit einer Mitteilung und mehreren Arbeitspapieren die Mitgliedstaaten davon zu überzeugen, von Einspeisevergütungen auf andere Fördersysteme umzusteigen (Europäische Kommission 2013n). Nachdem diese Mitteilungen keinen messbaren Effekt auf das Verhalten der Mitgliedstaaten hatten, machte die Generaldirektion die Harmonisierung der Förderstrukturen zu einer Priorität bei der Neufassung der Richtlinie (Rusche 2015, S. 186–187). Widerstand gegen diese Herangehensweise gab es innerhalb der Kommissionsbürokratie aus der Generaldirektion Wettbewerb, die sich gegen eine Beschneidung ihrer Kompetenzen unter dem Beihilferecht im Energiesektor zur Wehr setzte (Fischer 2017, S. 256).

Wie im Bereich der Klimapolitik zeigten die *Mitgliedstaaten* in ihrer Haltung zur Förderung erneuerbarer Energien gespalten; in der Green Growth Group plädierten vor allem Deutschland und Dänemark für eine Fortschreibung des bisherigen Rechtsrahmens mit ambitionierteren Ausbauzielen bis 2030 (Green Growth Group 2014a), während Großbritannien zwar für ehrgeizige Emissionsminderungsziele eintrat, aber verbindliche Ziele für den Ausbau erneuerbarer Energien vermeiden wollte (Fischer 2015, S. 16). Auf der anderen Seite des Spektrums sprachen sich die Staaten der Visegrád-Gruppe unter der Führung Polens gegen ambitionierte Ausbau- und Emissionsminderungsziele aus und verlangten eine stärkere Berücksichtigung der wirtschaftlichen Situation der Einzelstaaten und des Energiepreisniveaus (Geden u. Fischer 2014, S. 11).

Mit seiner Resolution zur Klima- und Energiepolitik im Februar 2014 erlaubte das *Europäische Parlament* einen differenzierten Blick auf seine interne Präferenzkonstellation vor dem Beginn eines Entscheidungsprozesses. Die Entschließung spiegelt eine umweltpolitisch sehr ambitionierte Haltung wider: Mit Blick auf die Entwicklung erneuerbarer Energiequellen fordert das Parlament in dieser Entschließung ein Ausbauziel von mindestens 30 Prozent für das Jahr 2030 – die Mitteilung der Kommission, die ein Ausbauziel von 27 Prozent ankündigte, lag den Abgeordneten zum Zeitpunkt der Abstimmung bereits vor. Außerdem verlangten die Parlamentarier, weiterhin verbindliche individuelle Entwicklungsziele für die Mitgliedstaaten festzuschreiben und die Einzelstaaten zu Investitionen in Forschung und Entwicklung zu verpflichten (Europäisches Parlament 2014c, S. 13–15). Schließlich kommt in der Resolution auch eine Präferenz für eine stärkere Zentralisierung der Förderpolitik zum Ausdruck: Die EU solle künftig unter dem Beihilferecht stärker regulieren können, welche Fördermaßnahmen zulässig sind (Europäisches Parlament 2014c, S. 16). Diese ehrgeizige Haltung erfuhr gleichwohl nicht die ungeteilte Zustimmung der Abgeordneten: Von den anwesenden 630 Abgeordneten stimmten 341 für den Entwurf, 263 dagegen, 26 enthielten sich. Die für die Blockade eines Rechtsetzungsvorhabens notwendig absolute Mehrheit der Abgeordneten wurde damit deutlich verfehlt (Europäisches Parlament 2014j, S. 33). Bei der Auswertung der namentlichen Abstimmungen fällt erneut ein hohes Maß an Kohäsion innerhalb der Fraktionsgruppen auf, wenngleich in Einzelfällen nationale Loyalitäten die Fraktionsdisziplin in den Hintergrund zu drängen scheinen. So stimmten die polnischen und maltesischen Mitglieder der S&D-Fraktion gegen den Entwurf, obwohl die Fraktion ansonsten fast einstimmig dafür votierte. Auf der anderen Seite stammen die positiven Stimmen aus der EVP-Fraktion vor allem aus Mitgliedstaaten der *Green Growth Group*, etwa Schweden, Portugal und Frankreich (Abbildung 4.18 und 4.19).

Die überwiegende Mehrheit der konsultierten *Unternehmensverbände* kritisierte große Unterschiede in den nationalen Fördersystemen und plädierte entsprechend für eine stärkere Harmonisierung der Förderung erneuerbarer Energien (Europäische Kommission 2013c, 2013r, 2013s). Außerdem fokussierten insbesondere die Industrieverbände die vergleichsweise hohen Kosten erneuerbarer Energien und forderten wahlweise eine Deckelung dieser Kosten oder ein Ende der Bevorzugung erneuerbarer Energien in den Elektrizitätsnetzen (Europäische Kommission 2013d, 2013s, 2013ad). Entgegengesetzte Forderungen stellte nachvollziehbarerweise die erneuerbare-Energien-Industrie: Der Branchenverband

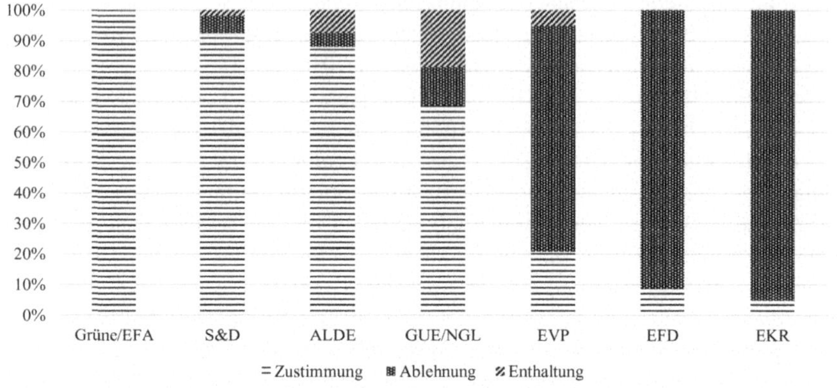

Abbildung 4.18 Abstimmungsergebnis im Europäischen Parlament nach Fraktionszugehörigkeit. (eigene Darstellung basierend auf: Europäisches Parlament 2014i)

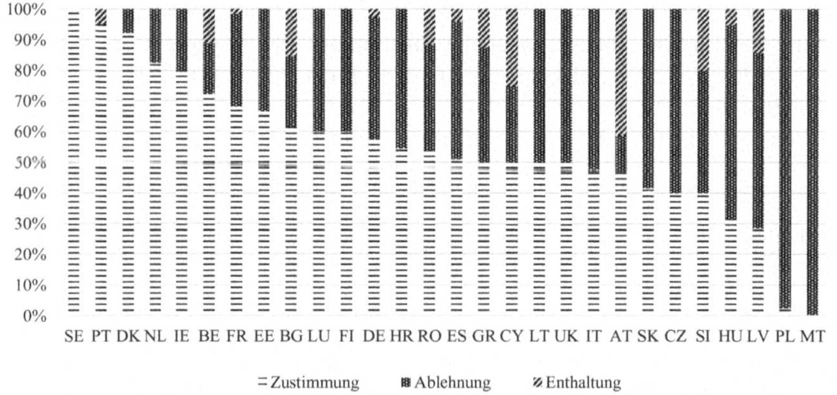

Abbildung 4.19 Abstimmungsergebnis im Europäischen Parlament nach nationaler Zugehörigkeit. (Eigene Darstellung auf Basis von: Europäisches Parlament 2014i)

EREF sprach sich für eine Beibehaltung der für jeden Mitgliedstaat verbindlich definierten Ausbauziele und eine deutliche Verschärfung der Sanktionsmöglichkeiten beim Verfehlen dieser Ziele aus. Darüber hinaus forderte EREF eine Beibehaltung des priorisierten Netzzugangs für erneuerbare Energien (Europäische Kommission 2013q). Die Forderungen der erneuerbare-Energien-Industrie deckten sich erwartungsgemäß weitgehend mit denen der großen Umweltverbände, die ebenfalls für ambitionierte und verbindliche Ausbauziele eintraten. Gleichwohl legten diese einen zusätzlichen Fokus auf die Formulierung schärferer Nachhaltigkeitskriterien (Europäische Kommission 2013t, 2013y, S. 8).

4.2.8.2.2 Inhaltliche Durchsetzung im Entscheidungsprozess

Auch bei der jüngsten Überarbeitung der erneuerbare-Energien-Richtlinie standen die Aspekte im Mittelpunkt der Auseinandersetzung, die bereits 2007 und 2008 unter den beteiligten Akteuren umstritten waren:

a) Erstens wurde um die Definition eines Ausbauziels für erneuerbare Energien und die Verbindlichkeit dieses Ziels gerungen;
b) Zweitens wollten vor allem die Kommission und große Industrieverbände eine Harmonisierung nationaler Förderstrukturen erreichen, was bei den Regierungen der Mitgliedstaaten auf Gegenwehr stieß, und
c) Drittens drängte die Kommission auf weitere Maßnahmen zur Flexibilisierung der jeweils nationalen Förderstrukturen, nachdem das Instrument der statistischen Transfers entgegen den Wünschen der Kommission nur sporadisch genutzt worden war.
d) Viertens bestanden erhebliche Differenzen über die Ausgestaltung der Nachhaltigkeitskriterien für Biokraftstoffe fort.

Obwohl der Vorschlag der Kommission eine gegenüber der Vorgängerrichtlinie in großen Teilen veränderte Struktur beinhaltete und Teile der Regelungen in die Richtlinie über die Governance der Energieunion auslagerte, blieben die Auseinandersetzungen über die Regelungsinhalte und damit verbunden die Spielräume für Neuerungen weitgehend unverändert.

a) Ausbauziel und Verbindlichkeit

Als die Kommission nach jahrelanger Vorabstimmung im Januar 2014 ihr Energie- und Klimapaket für den Zeitraum bis 2030 vorlegte, enttäuschte sie vor allem die Befürworter einer ambitionierten erneuerbare-Energien-Politik: Für 2030 wird darin ein Anteil erneuerbarer Energien von 27 Prozent angepeilt und damit ein Wert „am unteren Ende des Spektrums der Verhandlungspositionen" (Fischer 2015, S. 18). Zudem sah die Mitteilung vor, das EU-weite Ziel nicht mehr auf verbindliche individuelle Ziele für die Mitgliedstaaten herunterzubrechen (Europäische Kommission 2014f, S. 5); stattdessen visierte die Kommission in ihrem Richtlinienvorschlag eine „Partnerschaft" mit den Mitgliedstaaten beim Ausbau erneuerbarer Energien im Rahmen der Governance der Energieunion an

(Europäische Kommission 2017d, S. 3): Die Mitgliedstaaten sollen ihre nationalen Beiträge zum Gesamtziel der Union eigenständig definieren und der Kommission mitteilen, ohne dass diese ein Prüfungs- oder Ablehnungsrecht besitzt. Im Falle eines drohenden Nichterreichens des Gesamtziels sollten die im Vorschlag der neuen Governance-Verordnung vorgesehenen Mechanismen greifen. Hintergrund war offenbar, dass in den Konsultationen im Vorfeld mehrere größere Mitgliedstaaten – insbesondere Frankreich, Großbritannien und Polen – entschiedenen Widerstand gegen eine weitere Anhebung verbindlicher Zielwerte angekündigt hatten (Riegert 30.11.2016).

Mit Blick auf das unionsweite Ausbauziel untermauerte das Europäische Parlament einmal mehr seine ehrgeizige Haltung bei der Entwicklung erneuerbarer Energiequellen und forderte in seiner Stellungnahme einen EU-weiten Anteil von 35 Prozent am Bruttoendenergieverbrauch bis zum Jahr 2030. Zudem forderte das Parlament im Gegensatz zum Vorschlag der Kommission, zur Erreichung des Gesamtziels wie bisher verbindliche nationale Einzelziele zu definieren (Europäisches Parlament 2017c, S. 11). Die Elektrizitätswirtschaft hatte gegenüber dem ITRE-Ausschuss darauf gedrängt, im Interesse der Flexibilität der Unternehmen den von der Kommission vorgeschlagenen Wert von 27 Prozent beizubehalten (Eurelectric 2017), während sich die erneuerbare-Energien-Branche entschieden für ein Ausbauziel von 35 Prozent oder mehr einsetzte (EREF et al. 2017).

Unter den Mitgliedstaaten zeigte sich eine grundsätzlich positive Haltung gegenüber dem neuen Governance-Ansatz der Kommission und ebenso wie in den vorherigen Konsultationen eine verbreitete Ablehnung in Bezug auf das Ansinnen des Parlaments, verbindliche oder auch nur indikative Ziele für die einzelnen Staaten zu definieren (Rat der EU 2017w, S. 6). Der von der Kommission vorgeschlagene Zielwert von 27 Prozent stand im Verlauf der Beratungen im Rat offenbar nicht zur Disposition und wurde unverändert in die allgemeine Ausrichtung übernommen (Rat der EU 2017v, S. 54). In den Trilogen wurde das unionsweite Ausbauziel als Teil des übergreifenden Kompromisspakets und Zugeständnis an das Europäische Parlament auf 32 Prozent angehoben – angesichts der Tatsache, dass an der im Vergleich zur Vorgängerrichtlinie deutlich eingeschränkten Verbindlichkeit aber nicht gerüttelt wurde, ein zwar quantitativ vorzeigbarer, aber primär symbolisch bedeutsamer Erfolg des Parlaments: Während das Parlament im Fall des Nichterreichens des gemeinsamen Ausbauziels eine verpflichtende Berücksichtigung von in der Governance-Verordnung festgelegten nationalen Zielwerten gefordert hatte, ist diese Passage im Kompromisstext und in der finalen Richtlinie als reine Kann-Bestimmung gehalten (Rat der EU 2018c, S. 4, 2018j, S. 58, 2018o, S. 119–120; Art. 3 Abs. 1-2 RL 2018/2001).

b) Harmonisierung der nationalen Förderstrukturen
In ihrem Vorschlag unternahm die Kommission den Versuch, wenn auch nicht – wie von der DG Energie bevorzugt – einheitliche Förderregeln, so doch verbindliche Mindeststandards für die nationalen Fördersysteme für Elektrizität aus erneuerbaren Energiequellen vorzugeben. Insbesondere sollte die Förderung kosteneffizient sein, Wettbewerbsverzerrungen vermeiden und zur Netzintegration erneuerbarer Energien beitragen (Europäische Kommission 2017d, S. 54). Am Grundsatz der marktbasierten Förderung nahm das Europäische Parlament keine Änderungen vor, fügte in seiner Entschließung aber ausführlichere Regelungen für Ausschreibungen ein und verlangte eine Ausrichtung der Förderung an der Maximierung der Einspeisung aus erneuerbaren Energiequellen sowie eine erweiterte Berichtspflicht für die Mitgliedstaaten und die Kommission über die Effekte der Förderung. Zudem forderte das Parlament Ausnahmen für Kleinanlagen und Demonstrationsprojekte und formulierte Bedingungen für Einschränkungen des Technologiewettbewerbs (Europäisches Parlament 2017c, S. 74–80). Die vom ITRE-Ausschuss formulierten Regeln deckten sich weitgehend mit den Präferenzen einer Mehrheit der Mitgliedstaaten im Rat, die ebenfalls auf Ausnahmen vom grundsätzlichen Erfordernis der Marktorientierung drängten und eine Förderung in Form einer vergleichsweise weit definierten „Marktprämie“ vorschlugen (Rat der EU 2017r, S. 54–55, 2017v, S. 55–56). Entsprechend gelang in den Trilogen vergleichsweise früh eine Einigung auf einen Kompromisstext, der die ohnehin nicht besonders weit auseinanderliegenden Forderungen von Parlament und Rat zusammenführte (Rat der EU 2018e, S. 115–122; Art. 4 RL 2018/2001). In der Kommission gab es dagegen weiter Vorbehalte gegen die eingeführten Ausnahmeregelungen; dieser Aspekt gehörte zu den wenigen Punkten, die die Kommission als Reaktion auf die Ergebnisse der Trilog-Verhandlungen explizit kritisierte (Rat der EU 2018a, S. 1).

Daneben formulierte die Kommission in ihrem Vorschlag ehrgeizige Ziele für die Vereinfachung von Genehmigungsverfahren für Anlagen zur Erzeugung erneuerbarer Energien: Die Mitgliedstaaten sollten für Antragsteller, die Anlagen zur Erzeugung von Energie aus erneuerbaren Quellen und die zugehörige Übertragungs- und Verteilungsstruktur errichten oder betreiben wollen, jeweils eine einzige zentrale Anlaufstelle für die Genehmigung einrichten. Zudem sollte die Dauer solcher Verfahren auf drei Jahre begrenzt werden – im Fall der Erneuerung bestehender Erzeugungsanlagen (Repowering) auf ein Jahr (Europäische Kommission 2017d, S. 68). Das Europäische Parlament unterstützte die Forderung der Kommission und forderte verschärfend, für Anlagen mit einer Nennleistung von bis zu einem Megawatt die Genehmigungsdauer ebenfalls auf ein Jahr zu beschränken. Bei den Beratungen in den Gremien des Rates stieß hingegen insbesondere die Vorgabe einer zentralen Anlaufstelle von Beginn an auf entschiedenen Widerstand, weil sie einen erheblichen Eingriff in die administrativen Strukturen der Mitgliedstaaten bedeutet hätte (Rat der EU 2017w, S. 6). Entsprechend bestand in den Ratsgremien schon früh Konsens, die Vorgabe einer zentralen Anlaufstelle auf die Möglichkeit der Beibehaltung mehrerer Stellen auszuweiten (Rat der EU 2017l, S. 94); in seiner allgemeinen Ausrichtung forderte der Rat zudem Möglichkeiten für die Mitgliedstaaten, die Genehmigungsdauer in bestimmten Fällen zu erhöhen; auch für die Genehmigung von Repowering-Anlagen sollte ein Zeitrahmen von drei Jahren bestehen (Rat der EU 2017v, S. 74–75). Diese Ausrichtung wurde auch in den Trilogen weitgehend durchgehalten; lediglich die erlaubte Zeitdauer für Repowering-Genehmigungen wurde mit einer beschränkten Möglichkeit für Ausnahmen auf ein Jahr reduziert (Rat der EU 2018e, S. 164–169; Art. 16 RL 2018/2001).

c) Flexibilisierung der Förderung von Elektrizität aus erneuerbaren Energien
Im Bereich der transnationalen Flexibilisierung der Förderung von Elektrizität aus erneuerbaren Energien gab es bei der Neufassung kaum Veränderungen im Vergleich zur Vorgängerrichtlinie, obwohl die Kommission eine deutliche Ausweitung der Zusammenarbeit angestrebt hatte. Entgegen den Erwartungen der Kommission wurden die in der Richtlinie 2009/28/EG vorgesehenen Instrumente zur Kooperation zwischen Mitgliedstaaten bei der Entwicklung erneuerbarer Energiequellen im Stromsektor nur in wenigen Fällen genutzt (Caldés et al. 2018, S. 20–22). Der Vorschlag der Kommission sah deshalb vor, dass Mitgliedstaaten verpflichtet werden sollten, ihre Förderung für Anlagen zu öffnen, die in anderen Mitgliedstaaten errichtet werden, nämlich zwischen 2021 und 2025 jeweils mindestens zehn Prozent und zwischen 2026 und 2030 jeweils mindestens 15 Prozent der jährlich neu geförderten Kapazität (Europäische Kommission 2017d, S. 54–55). Die Kooperationsmechanismen selbst sollten im Vergleich zur Vorgängerrichtlinie im Kern unverändert bleiben. Das Europäische Parlament übernahm den Ansatz der Kommission grundsätzlich, billigte aber den Vorschlag des ITRE-Ausschusses, die Mindestwerte auf acht respektive 13 Prozent abzusenken (Europäisches Parlament 2017c, S. 81).

Unter den Mitgliedstaaten erwies sich diese verbindliche Regelung hingegen als nicht durchsetzbar. Zwar versuchte die estnische Ratspräsidentschaft zunächst, eine weniger strikte Version der von der Kommission vorgeschlagenen Bestimmungen als Basis für einen Kompromiss einzubringen – insbesondere wurden die angepeilten Prozentsätze auf fünf respektive zehn Prozent gesenkt (Rat der EU 2017l, S. 65) –, auch dieser Ansatz fand aber nicht genügend Unterstützung unter den Mitgliedstaaten. Die allgemeine Ausrichtung des Rates sieht schließlich vor, dass die Mitgliedstaaten wie bisher frei darüber entscheiden können, ob sie bei der Förderung erneuerbarer Energien mit anderen Staaten zusammenarbeiten, und dem Text der Richtlinie nach lediglich dazu angehalten werden, Kooperationen anzustreben (Rat der EU 2017v, S. 57). In den Trilog-Verhandlungen wurde zunächst über eine mögliche Verschärfung dieser Vorgaben diskutiert (Rat der EU 2018e, S. 123–124), im Zuge des übergreifenden Kompromisses, der ein ambitionierteres Gesamtziel beinhaltete, als von Kommission und Rat gefordert, einigten sich die Verhandler schließlich allerdings auf eine noch unverbindlichere Regelung als vom Rat vorgeschlagen: Die Teilnahme an Kooperationsmechanismen ist nunmehr als reine Kann-Bestimmung formuliert (Rat der EU 2018c, 2018j, S. 63–64).

In Bezug auf die bereits in der Vorgängerrichtlinie eingeführten Herkunftsnachweise beabsichtigte die Kommission in ihrem Vorschlag eine Ausweitung von Elektrizität aus erneuerbaren Quellen auf Gas, Wärme und Kälte aus erneuerbaren Energiequellen (Europäische Kommission 2017d, S. 69–71). Zudem forderte die Kommission, für Elektrizitätsmengen, deren Produktion staatlich gefördert ist, die entsprechenden Herkunftsnachweise nicht den Anlagenbetreibern auszustellen, sondern diese zu versteigern. Diese Festlegung stieß auf Widerstand sowohl vonseiten der Umweltverbände als auch der Energieunternehmen und erwies sich in den interinstitutionellen Verhandlungen als zentraler Streitpunkt. Zahlreiche Umweltverbände kritisierten ein mögliches „Greenwashing" von aus nicht erneuerbaren Quellen erzeugter Energie, während Verbände aus dem Energiesektor darauf drängten, dass weiterhin Förderung und Zertifizierung von erneuerbaren Energien weiterhin getrennt erfolgen sollten (Eurelectric u. Solar Power Europe et al. 2018; Lofsnaes 2017; Rasch 2018). Der ITRE-Ausschuss des Parlaments entschärfte die von der Kommission vorgeschlagene Bestimmung in mehrfacher Hinsicht: Erstens sollte sie nur für Anlagen gelten, die nach dem Inkrafttreten der Richtlinie in Betrieb genommen würden. Zweitens sollte nur auf eine Ausstellung der Nachweise verzichtet werden, wenn dadurch die Anlagenbetreiber doppelt entschädigt würden. Drittens verlangte das Parlament im Falle einer solchen doppelten Entschädigung eine unverzügliche Entwertung des Nachweises anstelle einer Versteigerung (Europäisches Parlament 2017c, S. 107). Auch zahlreiche Mitgliedstaaten brachten Einwände gegen die von der Kommission vorgeschlagene Regelung vor: Zum einen wollten sich mehrere Regierungen nicht auf die Versteigerung von Zertifikaten verpflichten lassen, zum anderen lehnte der Rat ebenso wie das Parlament einen Ausschluss der Ausstellung von Herkunftsnachweisen im Falle einer bestehenden staatlichen Förderung ab. Vielmehr sollte die staatliche Förderung mit dem Marktwert von Herkunftsnachweisen verrechnet werden (Rat der EU 2017v, S. 78–79). Die von den Energieverbänden kritisierte

Vermischung von Förderanreizen und Zertifizierung wurde dabei aber ebenso wie vom Parlament nicht grundsätzlich infrage gestellt.

In den Trilogen drängte offenbar vor allem die Kommission darauf, zumindest eine Möglichkeit zur Versteigerung nicht zugeteilter Herkunftsnachweise vorzusehen. Während der Rat in seiner allgemeinen Ausrichtung noch eine solche Möglichkeit vorgesehen hatte, wurde diese vom Parlament strikt abgelehnt und im Verlauf der Verhandlungen verworfen (Rat der EU 2018j, S. 89–90). Wie sowohl vom Parlament als auch von den Mitgliedstaaten gefordert, wurde außerdem die Bestimmung beseitigt, wonach eine staatliche Förderung die Ausstellung eines Herkunftsnachweises ausschließen sollte. Stattdessen wurde – wie von den Mitgliedstaaten im Rat vereinbart – festgelegt, dass bei der Förderung der Marktwert erhaltener Herkunftsnachweise zu berücksichtigen ist.

d) Nachhaltigkeitskriterien für Biokraftstoffe

An der grundlegenden Intention der Regulierung von Biokraftstoffen änderte der Vorschlag der Kommission nichts: Biokraftstoffe sollen weiterhin bestimmte ökologische Voraussetzungen erfüllen, um als solche anerkannt zu werden. An mehreren Stellen intendierte die Kommission dabei aber umfassendere und strengere Vorschriften: So wurden nicht nur umfangreiche neue Nachhaltigkeitskriterien für forstwirtschaftliche Biomasse und höhere Vorgaben im Hinblick auf das Treibhausgas-Einsparpotenzial vorgeschlagen, die Kommission forderte auch eine veränderte Berechnung des Biokraftstoffanteils, die sich auf fortschrittliche Biokraftstoffe fokussierte und den anrechenbaren Anteil von Biokraftstoffen aus Futterpflanzen bis 2030 von sieben Prozent auf 3,8 Prozent reduzierte (Europäische Kommission 2017a, S. 100–101, 2017d, S. 57). Während das Regime der Nachhaltigkeitskriterien im Großen und Ganzen mit einigen von der Kommission vorgeschlagenen Änderungen beibehalten wurde, entwickelte sich die Berechnung des Biokraftstoffanteils zu einem wesentlichen Streitpunkt in den interinstitutionellen Verhandlungen (Rat der EU 2018o, S. 2), was zu einer nochmals deutlichen Steigerung der Komplexität der Regelungen beitrug.

So wurden die von der Kommission geforderten Kriterien für forstwirtschaftliche Biomasse – im Wesentlichen qualitative Anforderungen an die Forstnutzung und die Voraussetzung, dass das jeweilige Ursprungsland das Pariser Klimaabkommen ratifiziert haben muss – mit nur wenigen vom Rat eingebrachten Ausnahmeregelungen übernommen (Europäische Kommission 2017d, S. 83–85). Mit Blick auf die Einsparung von Treibhausgasemissionen forderte die Kommission konkret bei Biokraftstoffen ab 2021 einen Wert von 70 Prozent sowie bei der Elektrizitäts-, Wärme- und Kälteerzeugung einen Wert von 80 Prozent ab 2021 und 85 Prozent ab 2026, jeweils für zu diesem Zeitpunkt neu in Betrieb genommene Anlagen (Europäische Kommission 2017d, S. 85). Das Parlament senkte diese ambitionierten Anforderungen auf 65 Prozent für Biokraftstoffe sowie 70 Prozent respektive 80 Prozent für die übrigen Formen der Energieerzeugung zu den identischen Jahreszahlen wie im Kommissionentwurf (Europäisches Parlament 2017c, S. 148). Insbesondere letzterer Wert erwies sich in den Trilogen als höchst umstritten, nachdem der Rat in seiner allgemeinen Ausrichtung für das Jahr 2026 einen Wert von lediglich 75 Prozent gefordert, dafür aber mit Blick auf Biokraftstoffe den Ansatz der Kommission unverändert übernommen hatte (Rat der EU 2017v, S. 105). Im Rahmen des abschließenden Kompromisspakets einigten sich die Verhandler schließlich aber auf die in der Position des Parlaments festgelegten Zielwerte für die Emissionserspamis (Rat der EU 2018j, S. 122–123; Art. 29 Abs. 10 RL 2018/2001).

Wie schon bei der vorgehenden Änderung der Richtlinie 2009/28/EG erwies sich weniger die Festlegung eines Gesamtziels für den Einsatz von erneuerbaren Energien im Verkehrssektor als vielmehr das Verhältnis zwischen fortschrittlichen Biokraftstoffen und Biokraftstoffen der ersten Generation als entscheidender Streitpunkt innerhalb des Rates sowie zwischen Rat und Parlament. Die EU-Kommission hatte vorgeschlagen, den Anteil fortschrittlicher Biokraftstoffe am Gesamtenergieverbrauch des Verkehrssektors in jedem Mitgliedstaat schrittweise von mindestens 1,5 Prozent im Jahr 2021 auf mindestens 6,8 Prozent im Jahr 2030 zu steigern und im Gegenzug die Obergrenze für den Anteil von Biokraftstoffen aus Futterpflanzen von sieben Prozent auf 3,8 Prozent zu senken (Europäische Kommission 2017a, S. 100–101). Das Europäische Parlament forderte in seinem Standpunkt ein Ausbauziel von zwölf Prozent erneuerbarer Energien im Verkehrssektor bis zum Jahr 2030 sowie eine Differenzierung der Regeln für Biokraftstoffe der ersten Generation: So sollten Ausnahmeregelungen für als unbedenklich zertifizierte Biokraftstoffe gelten; dafür sollte der Anteil anderer Biokraftstoffe bis 2030 auf null Prozent sinken. Zudem forderte das Parlament, bereits 2021 die Anerkennung von Palmöl-basierten Kraftstoffen als Biokraftstoffe zu beenden (Europäisches Parlament 2017c, S. 85–86).

In den Vorbereitungsgremien des Rates lehnte eine Reihe von Mitgliedstaaten unter Verweis auf die Gewährleistung von der Investitionssicherheit den schrittweisen Abbau des Anteils konventioneller Biokraftstoffe ab; zudem äußerten insbesondere nord- und westeuropäische Mitgliedstaaten Unverständnis über den ihrer Ansicht nach zu geringen Stellenwert der Elektromobilität im Vorschlag der Kommission (Rat der EU 2017l, S. 2). Die Kompromissposition des Rates orientierte sich angesichts offenbar stark divergierender Präferenzen am existierenden Rahmen der Biokraftstoffregulierung: Basierend auf einem Gesamtziel für den Verkehrssektor von 14 Prozent bis zum Jahr 2030 – ein Kompromiss zwischen ambitionierteren Forderungen nach bis zu 20 Prozent auf der einen und einem eher konservativen Wert von zwölf Prozent auf der anderen Seite – forderte der Rat eine Beibehaltung der Obergrenze von sieben Prozent für konventionelle Biokraftstoffe, verbunden mit dem Anreiz, im Fall einer individuellen Senkung der Obergrenze auch das Gesamtziel für den jeweiligen Mitgliedstaat um den entsprechenden Prozentsatz senken zu können. Als Zielwert für fortschrittliche Biokraftstoffe forderte der Rat drei Prozent im Jahr 2030, mit einem ersten verbindlichen Zwischenziel von einem Prozent im Jahr 2025 (Rat der EU 2017v, S. 92). Zudem wurden im Verlauf der Beratungen zwischen den Mitgliedstaaten Bestimmungen für die Anrechnung von mit Elektrizität aus erneuerbaren Energiequellen hergestellten Kraftstoffen – sogenannten E-Fuels – eingefügt (Rat der EU 2017v, S. 95–96).

In den Trilogen wurde das vom Rat geforderte Ausbauziel von 14 Prozent offenbar noch vergleichsweise unproblematisch akzeptiert; die Einzelregelungen für konventionelle und fortschrittliche Biokraftstoffe sowie der Umgang mit E-Fuels wurden hingegen erst im Rahmen des abschließenden Kompromisspakets geklärt: Für den Anteil fortschrittlicher Biokraftstoffe gelten fortan Mindestwerte von 0,2 Prozent im Jahr 2021, einem Prozent im Jahr 2025 und 3,5 Prozent im Jahr 2030 – eine lediglich marginale Abweichung von der Position des Rates (Rat der EU 2018j, S. 107; Art. 25 Abs. 1 RL 2018/2001). Mit Blick auf konventionelle Biokraftstoffe gelang ein Kompromiss zwischen den Positionen des Rates und des Parlaments: Zwar gilt grundsätzlich weiterhin wie vom Rat gefordert die in der Richtlinie (EU) 2015/1513 festgelegte Obergrenze von sieben Prozent für den anrechenbaren Anteil dieser Kraftstoffe. Zugleich schreibt die vereinbarte neue Regelung aber fest, dass der Anteil nicht mehr als einen Prozentpunkt über den realen Anteil im jeweiligen Mitgliedstaat im Jahr 2020 steigen darf – was in den meisten Staaten den Anteil faktisch deutlich unter sieben Prozent begrenzt (Rat der EU 2018j, S. 108; Art. 26 Abs. 1 RL 2018/2001). Zudem sinkt der anrechenbare Anteil von Biokraftstoffen mit besonders hohem ILUC-Risiko bis 2030 auf null – ein Zugeständnis an das Parlament, das dafür die Forderung nach einem vollständigen Ausstieg aus der Nutzung von Palmöl fallen ließ (Rat der EU 2018j, S. 109; Art. 26 Abs. 2 RL 2018/2001).

4.2.8.3 Handlungskopplung und Einflusspotenziale der beteiligten Akteure

Auffallend am Verhandlungsergebnis im bekannten Verhandlungssystem der EU ist im Fall der Neufassung der erneuerbare-Energien-Richtlinie die vergleichsweise schwache Durchsetzung der Präferenzen der *Kommission*, die auch auf teils diffuse Präferenzen innerhalb der Behörde zurückzuführen sein dürfte: So spiegelte sich die vor allem von der Generaldirektion für Energie bevorzugte umfassende Harmonisierung der Förderregeln im letztlich vorgelegten Vorschlag nur noch ansatzweise wider; die vorgeschlagenen Regeln wurden im Verlauf der Beratungen zudem erheblich aufgeweicht, sodass die Richtlinie im Endergebnis keinen nennenswerten Harmonisierungsschritt bedeutet. Zudem vertrat die Kommission im Verlauf der interinstitutionellen Verhandlungen offenbar keine durchgehend einheitliche Position; nach dem vielfach als ambitionslos kritisierten Vorschlag, der im Wesentlichen auf der vom Europäischen Rat definierten Linie blieb, unterstützten die Vertreter der Kommission in den Trilogen stärker die ehrgeizigeren Zielsetzungen des Europäischen Parlaments (Europäisches Parlament 2018f).

Ähnlich wie im Fall der Überarbeitung der Emissionshandelsrichtlinie ist auch anhand der erneuerbare-Energien-Richtlinie ein deutlich gestiegener Einfluss des *Parlaments* im bekannten Verhandlungssystem der EU zu erkennen: Wurde im Kontext des Energie- und Klimapakets der Jahre 2008 und 2009 noch kritisiert, das Parlament habe den Text des Rates einfach „abgenickt", so setzten die Verhandler des Parlaments im vorliegenden Fall in den Trilogen nicht nur ein deutlich höheres Ausbauziel für erneuerbare Energien, sondern auch eine Reihe von Detailregelungen etwa zum System der Herkunftsnachweise und den Nachhaltigkeitskriterien für Biokraftstoffe durch.

Dass das Parlament im System der EU erkennbar als ernstzunehmender Verhandlungspartner etabliert ist, ändert gleichwohl nichts an der Tatsache, dass für zentrale Weichenstellungen weiterhin eine dominante Position der Mitgliedstaaten zu konstatieren ist. Zwar spiegelt sich der Standpunkt des Parlaments in deutlich stärkerem Maße im endgültigen Richtlinientext wider, als dies noch bei den vorhergehenden Entscheidungsprozessen der Fall war. Die Dezentralisierung der erneuerbare-Energien-Regulierung als prägendes Strukturelement der Neufassung ist aber auf die Haltung der Staats- und Regierungschefs der Mitgliedstaaten zurückzuführen und wurde von den Verhandlern des Rates auch entschieden gegen Versuche des Parlaments verteidigt, die zentrale Festlegung von Ausbauzielen beizubehalten. Auch mit Blick auf die Öffnung von Förderprojekten und die Ablösung konventioneller durch fortschrittliche Biokraftstoffe weichen die gefundenen Formelkompromisse in ihrer Substanz kaum von der allgemeinen Ausrichtung des Rates ab. Angesichts der teils weit auseinander liegenden inhaltlichen Positionen und der bekannten Blockadepotenziale der beteiligten Akteure waren die entscheidenden Verhandlungen im Trilog-Format stark *bargaining*-geprägt: Der letztlich ausgehandelte Richtlinientext stellt eine klassische Paketlösung dar, wobei die Verhandler des Europäische Parlaments ihre

Zustimmung zu einer Reihe von ursprünglich abgelehnten Aspekten von einem Gesamtausbauziel von über 30 Prozent abhängig machten, was der Volksvertretung einen zumindest in der öffentlichen Wahrnehmung viel beachteten Erfolg bescherte.

4.2.8.4 Entscheidungsperformanz

Im Gegensatz zu den schleppenden Entscheidungsprozessen zur Änderung der erneuerbare-Energien-Richtlinie von 2009 und der Emissionshandelsrichtlinie wurde die mit erheblichen strukturellen Änderungen einhergehende Neufassung der erneuerbare-Energien-Richtlinie im Rahmen eines umfassenden Legislativpakets zum Energiesektor vergleichsweise zügig ausgehandelt. Wenngleich zwischen den ersten Richtungsvorgaben des Europäischen Rates und der abschließenden Einigung auf die Gestalt des Rechtsakts annähernd vier Jahre lagen, wurden die zentralen Streitpunkte zwischen den Mitgliedstaaten und zwischen den Organen der EU im Rahmen des formalen Legislativprozesses binnen etwa eineinhalb Jahren ausgeräumt. Dies ist zum einen darauf zurückzuführen, dass wie vom Europäischen Rat in seiner Tagung vom Oktober 2014 vorgegeben, auf Basis des Kommissionsvorschlags ein System mit weitreichenden Freiräumen für die einzelnen Mitgliedstaaten konstruiert wurde, das weniger ambitionierten Mitgliedstaaten kaum Anlass zu einer Blockade im Rat bot. Zum anderen spiegelt der inhaltliche Verlauf der Verhandlungen eine deutliche *bargaining*-Orientierung aller beteiligten Akteure wider: Sowohl der Rat als auch das Parlament demonstrierten die Bereitschaft und die Fähigkeit, durch Zugeständnisse an die jeweils andere Seite zu einer Paketlösung zu gelangen. Insofern dominiert in diesem Fall der in Hypothese H_{5b} postulierte Wirkungszusammenhang. Unterstützend wirkten im hier analysierten Fall offensichtlich die bereits erwähnten weiten Handlungsspielräume für die einzelnen Mitgliedstaaten sowie die Tatsache, dass ein allseitiges Interesse an der Demonstration von Handlungsfähigkeit in der Energiepolitik bestand. Infrage zu stellen ist dabei, inwieweit das in die Governance-Verordnung eingebettete neue System zur Umsetzung des Ausbauziels die Kriterien demokratischer Legitimität erfüllt: Die Tatsache, dass sich sogar eine Reihe von Ratsdelegationen bei der Prüfung der entsprechenden Passagen im Kommissionsvorschlag zusätzliche Prüfungszeit ausbedang, weil das vorgeschlagene System „komplex und umständlich“ (Rat der EU 2017l, S. 2) sei, bietet Anlass zu begründetem Zweifel, ob ein derartiges System die Kriterien der Transparenz und der politischen Verantwortlichkeit erfüllt.

4.2.8.5 Instrumente

Im Vergleich zu den Vorgängerrichtlinien bedeutet die Richtlinie (EU) 2018/2001 insgesamt eine Reduzierung der Verbindlichkeit des Ausbaus erneuerbarer Energiequellen. Das Instrument der nationalen Zielpfade, wie es in der Governance-Verordnung vorgegeben ist, ist wesentlich unverbindlicher als die zuvor eingesetzten fixen nationalen Zielsetzungen. Zwar bleibt die Steuerung im Kern machtbasiert, weil die EU-Mitgliedstaaten in ihrer Gesamtheit grundsätzlich de jure auf die Erreichung eines definierten Ausbauziels verpflichtet werden. Die umfangreichen Spielräume für die einzelnen Staaten machen die Erreichung dieses Ziels aber de facto zum Gegenstand eines neuen *bargainings* zwischen den am EU-Verhandlungssystem beteiligten Akteuren – womit eine hierarchische Durchsetzung des beschlossenen Gesamtausbauziels ausgeschlossen ist. Zwar ist in der Governance-Verordnung eine Berechnungsgrundlage für das Ambitionsniveau der Beiträge der einzelnen Mitgliedstaaten enthalten; die Kommission kann auf dieser Basis aber lediglich Empfehlungen aussprechen und kein spezifisches Ziel juristisch durchsetzen. Zwar wird das Gesamtziel von einer Reihe verbindlicher Regelungen – etwa zur Genehmigung von Erzeugungsanlagen und zum Einsatz von Biokraftstoffen im Verkehrssektor – flankiert. In der Substanz der Richtlinie, die schon der Namensgebung nach auf einen Ausbau erneuerbarer Energiequellen zielt, ist aber unzweifelhaft eine Schwächung des Steuerungsmediums Macht zugunsten des Steuerungsmediums Wissen zu konstatieren: Das Governance-System beinhaltet umfangreiche Pflichten zur Berichterstattung durch die Mitgliedstaaten, wobei sowohl diese Berichte als auch die Fortschrittsbewertungen und Empfehlungen der Kommission auf einer öffentlich zugänglichen Plattform veröffentlicht werden. Ziel dieser Praxis ist zum einen die Erzeugung öffentlichen Drucks durch die Herstellung von Transparenz, zum anderen die Verbreitung bester Praktiken etwa bei der Förderung erneuerbarer Energien und der Energieeffizienz. Hier zeigen sich strukturelle Ähnlichkeiten zur Offenen Methode der Koordinierung, eine machtbasiere Rechtsdurchsetzung unter Rückgriff auf die Jurisdiktion des Europäischen Gerichtshofs ist aber nur eingeschränkt möglich. Bei oberflächlicher Betrachtung bestätigt sich damit Hypothese H_3, allerdings ist diese Entwicklung weniger einem globalen Trend zu neuen Governance-Modi als vielmehr einem Rückschritt im supranationalen Integrationsprozess aufgrund der spezifischen Interessenkonstellation zwischen den Mitgliedstaaten der EU im Bereich der Energie- und Klimapolitik geschuldet.

Die Einbettung der erneuerbare-Energien- und Energiebinnenmarktrechtsetzung in den Rahmen des Governance-Systems ist zugleich ein Beleg für Hypothese H_{7a}: Durch die synchrone Aushandlung der Regelungen im Bereich Klimaschutz, erneuerbare Energien, Elektrizitäts- und Gasnetze sowie Wettbewerb im Binnenmarkt wurden bewusst Konflikte zwischen den Zielen Preisstabilität, Versorgungssicherheit und Nachhaltigkeit adressiert. Zugleich zeigt die schon erwähnte zunehmende Komplexität des Regelungsrahmens auch die Grenzen einer solchen Bearbeitung von Zielkonflikten auf.

4.2.9 Charakter und Effektivität der Politik zu Klimaschutz und erneuerbaren Energien in der Europäischen Union

Die analysierten Entscheidungsprozesse in der europäischen Klimaschutz- und erneuerbare-Energien-Politik fanden im oben bereits eingehend dargestellten Zwangsverhandlungssystem nach der Gemeinschaftsmethode mit den bekannten Einflusspositionen der beteiligten Akteure statt, wobei sowohl im Bereich des Emissionshandelssystems als auch in der erneuerbare-Energien-Governance ein zunehmender inhaltlicher Einfluss des Europäischen Parlaments in dem zum Ende der 2010er Jahre fest institutionalisierten Format der informellen Triloge zu konstatieren ist. Die kontinuierliche Fortschreibung der Governance auf EU-Ebene auch zwischen den größeren Reformschritten – im System der abgeleiteten Rechtsetzung beziehungsweise durch im Kodezisionsverfahren erlassene isolierte Änderungen der einschlägigen Richtlinien – verdeutlicht die Stabilität des institutionellen Rahmens, unabhängig von zwischenzeitlichen Änderungen des Vertragsrechts. Im Ergebnis verfügt die Europäische Union am Beginn des dritten Jahrzehnts des 21. Jahrhunderts über ein ausdifferenziertes System zum Handel mit Emissionszertifikaten, einschließlich Instrumenten zur Steuerung des Zertifikatemarktes, und einen – wenn auch lockeren – gemeinsamen Regelungsrahmen für die Förderung erneuerbarer Energien. Auffällig ist dabei die Tendenz zu wettbewerbsbasierten Steuerungsanreizen, die zuvorderst im Instrument des Emissionshandels in Erscheinung tritt, aber insbesondere auf Drängen der Kommission auch die Regulierung der erneuerbare-Energien-Förderung prägt. Ins Auge sticht weiterhin die mit der jüngsten Novelle erfolgte Abnahme der Verbindlichkeit des Regulierungsrahmens für den Ausbau erneuerbarer Energiequellen, die verdeutlicht, dass eine Fortschreibung der supranationalen Governance nicht mit einer linear zunehmenden Verrechtlichung gleichzusetzen ist.

Die vergleichsweise hohe Output-Performanz – Entscheidungsprozesse münden durchweg in formal rechtsverbindliche Normen, deren Umsetzung durch die Kommission und den Europäischen Gerichtshof kontrolliert wird – wird durch eine lange Entscheidungsdauer und eine oft geringe Präzision der verabschiedeten Rechtsakte erkauft: Wenngleich die Etablierung der informellen Triloge

Entscheidungen zweifelsohne beschleunigt hat, beträgt die Dauer der analysierten Entscheidungsprozesse durchweg mehrere Jahre, was angesichts oft rapider Entwicklungen der Steuerungsobjekte als äußerst schwerfällig zu bewerten ist. Offensichtlich wurde dies vor allem in der schleppenden Reaktion auf das Überangebot an Emissionszertifikaten infolge der Wirtschaftskrise ab 2008 sowie in der zögerlichen Änderung des Regelungsrahmens für Biokraftstoffe, nachdem erhebliche ökologische Kosten der 2001 eingeführten Vorgaben deutlich geworden waren. Zudem führt insbesondere das Beharren der Mitgliedstaaten auf nationale Handlungsspielräume zu inhaltlicher Unbestimmtheit, die sich etwa in einer über lange Zeit geringen Impact-Effektivität des Emissionshandels und der bereits genannten reduzierten Verbindlichkeit im Bereich erneuerbare Energien niederschlägt. Die Umsetzung der auf EU-Ebene getroffenen Entscheidungen in nationales Recht erfolgte in einer Reihe von Fällen nur zögerlich, wobei nach der Einleitung von Vertragsverletzungsverfahren durch die Kommission in den wenigsten Fällen ein Urteil der EU-Judikative erfolgte, da der jeweilige Konflikt zwischen Kommission und Mitgliedstaat einvernehmlich beigelegt werden konnte.

Obwohl die Einflussnahme durch Interessenorganisationen durch die Analyse nicht systematisch abgebildet werden konnte, wurde doch die Breite der Lobbying-Aktivitäten im Umfeld der Kommission und des Parlaments deutlich. Gleichwohl erwies sich der inhaltliche Einfluss auch großer und schlagkräftiger Dachverbände angesichts oft geringer Einigungsspielräume zwischen Rat und Parlament mitunter als gering: In mehreren der analysierten Entscheidungsprozesse konnte etwas BusinessEurope keine seiner zentralen Forderungen an die Trilog-Verhandler durchsetzen. Die *bargaining*-Logik innerhalb des Rates und gegenüber dem Parlament in den Trilogen wird besonders in den jüngsten Novellen der Emissionshandels- und erneuerbare-Energien-Richtlinie deutlich, wohingegen sich die Verhandlungen im Ausschusssystem der Kommission als primär von *arguing* geprägt erwiesen (Tabelle 4.1).

4.3 Die Politik zu Klimaschutz und erneuerbaren Energien in Nordamerika

Die Klimapolitik in Nordamerika zeichnet sich durch weitgehend fehlende Kohärenz, sowohl in internationaler als auch in intranationaler Perspektive, aus. Healy et al. (2014, S. 129) bezeichnen die entsprechenden Policies der Zentralregierungen als „incomplete, patchy, and differently directed". Entsprechend besitzen auch die transnationalen Kooperationsprojekte vor allem fragmentarischen Charakter.

Tabelle 4.1 Charakter und Effektivität der EU-Governance in den Bereichen Klimaschutz und erneuerbare Energien

Maßgebliche Akteure	Bundesregierungen, supranationale Organisationen, transnationale Verbände
Interaktionstypus	Zwangsverhandlung
Stabilität des institutionellen Rahmens	Hoch
Dauer von Entscheidungsprozessen	Hoch
Steuerungsmedium	Macht, Geld (Wettbewerb)
Output-Performanz	Mittel bis hoch
Zuverlässigkeit der Implementation	Mittel bis hoch

Das regulatorische Vakuum in der Klimapolitik auf nationaler Ebene hat allerdings die Herausbildung subnationaler Regulierungsmuster begünstigt, die teilweise auch transnational vernetzt sind (Craik u. DiMento 2009, S. 198; Schreurs 2008). Auf der subnationalen Ebene wurde der Emissionshandel zum am weitesten verbreiteten Instrument der Klimaschutzpolitik: Zum Zeitpunkt der Analyse verfügten 12 US-Bundesstaaten und kanadische Provinzen über Marktmechanismen zur Begrenzung von Treibhausgasemissionen. Lediglich zwei subnationale Einheiten – Alberta und British Columbia – erhoben eine eigene Emissionssteuer. Auf der nationalen Ebene gibt es lediglich in Mexiko eine Steuer auf Emissionen, zudem ist die Regierung in Mexiko-Stadt bestrebt, ein Emissionshandelssystem einzurichten (Lopez-Velarde et al. 2019; Schachar 16.08.2016).

4.3.1 Die intergouvernementale Ebene: Klimaschutz- und erneuerbare-Energien-Politik im Rahmen des NAFTA

Kanada, die USA und Mexiko waren im Analysezeitraum in eine Reihe internationaler Verpflichtungen zur Reduktion von Treibhausgasemissionen eingebunden. Trotz der Weigerung der USA, das Kyoto-Protokoll zu ratifizieren, bildeten die Verpflichtungen aus der UNFCCC die formale Grundlage für internationales Handeln in der Klimapolitik (Craik u. DiMento 2009, S. 205). Später wurde dieser internationale Rechtsrahmen ergänzt durch die nationalen Zielsetzungen im Rahmen des Pariser Klimaabkommens von 2015, das von den USA unter Präsident Donald Trump allerdings wieder aufgekündigt wurde. Die nordamerikanischen Staaten sind keine dezidierten trilateralen Verpflichtungen zu Emissionsreduktionen eingegangen, allerdings wurden im Rahmen der Arbeit der auch unter dem

USMCA fortbestehenden *Commission for Environmental Cooperation* (CEC) die sich aus dem Begleitabkommen zum Umweltschutz ergebenden Pflichten auch auf den Klimaschutz bezogen.

Neil Craik (2013, S. 217–219) schreibt der CEC einen „hybriden" Charakter zu und deutet damit an, dass die Organisation in Fragen der Durchsetzung des zugrundeliegenden NAFTA-Umweltabkommens über Akteursqualität verfügt, in anderen umwelt- und klimapolitischen Bereichen aber vor allem als heterogenes deliberatives Netzwerk zu konzeptualisieren ist. Wie im Überblickskapitel zu den Institutionen in Nordamerika erläutert, verfügt die CEC über ein thematisch weitgefasstes Mandat zur Überwachung der Umweltschutzbestimmungen im NAFTA. Die Rolle des Klimaschutzes auf der umweltpolitischen Agenda der CEC wurde dabei stets vom jeweiligen Maß an klimapolitischem Ehrgeiz der drei Mitgliedsregierungen bestimmt. In Anlehnung an Craik (2013, S. 226) erscheint es sinnvoll, die Arbeit der CEC anhand ihrer Aktivität im Politikfeld Klimaschutz in vier Phasen zu gliedern, die sich grob an den Amtszeiten der US-Präsidenten orientieren: Von der Gründung der CEC bis zum Jahr 2000 diente die Kommission als Vehikel, um Kooperationsprojekte im Rahmen der Kyoto-Flexibilisierungsmechanismen zu entwickeln. Bis zum Jahr 2009 blieb die CEC in diesem Politikfeld dann hingegen weitgehend inaktiv, gefolgt von einer Phase stetig wachsender Aufmerksamkeit für das Thema bis zum Ende der Amtszeit Barack Obamas. Mit dem Beginn der Präsidentschaft Donald Trumps in den USA und der weitgehenden Marginalisierung der Umweltschutzagentur EPA verschwand der Klimaschutz wieder von der Agenda der Kommission. Aufgrund des ohnehin beschränkten umweltpolitischen Auftrags und der geringen Mittelausstattung der CEC spielte die Förderung erneuerbarer Energiequellen bisher keine Rolle.

4.3.1.1 Überblick über die Kooperations- und Entscheidungsprozesse

Bereits kurz nach Gründung der CEC beschloss der Ministerrat in einer Absichtserklärung 1995 eine vergleichsweise enge Kooperation: Die Resolution 95-06 nennt eine ganze Reihe von Feldern, in denen die drei Staaten künftig kooperative Projekte beabsichtigten (CEC 1995c). Zudem wurde eine Arbeitsgruppe eingesetzt, die weitere Möglichkeiten der Kooperation, unter anderem bei der Entwicklung klimaneutraler Technologien, ausloten sollte (CEC 1995b). Darauf aufbauend entwickelte das Sekretariat der CEC einen Arbeitsplan, in dessen Fokus die Schaffung eines gemeinsamen Emissionshandelssystems stand (Craik 2013, S. 226). Nach der Verabschiedung des Kyoto-Protokolls intendierten die Teilnehmer eine Kooperation auf Basis der im Protokoll vorgesehenen Flexibilisierungsmechanismen. Dazu wurde eine Studie über die Voraussetzungen an einer

Teilnahme an einem internationalen Emissionshandelssystem in Auftrag gegeben (CEC 1998b, S. 87).

Implementiert wurde dieses breitgefächerte Arbeitsprogramm dagegen nicht einmal ansatzweise. In den Jahren 2000 bis 2009 kam der Klimaschutzpolitik in der CEC allenfalls marginale Bedeutung zu. Beispielsweise umfasste das Projekt der CEC zur Harmonisierung der Erfassung von Luftverschmutzung auch die Messung von Treibhausgasemissionen. 2005 wurde zudem ein Projekt zur Schaffung eines gemeinsamen nordamerikanischen Marktes für erneuerbare Energien angestoßen (Craik 2013, S. 228). Ab 2009 rückte der Klimawandel wieder verstärkt in den Fokus und zählte im strategischen Plan für die Jahre 2010 bis 2015 zu den drei Prioritäten der Kommission (CEC 2010d, S. 8). Darauf aufbauend konzipierte das Sekretariat der Kommission bisher fast 30 mehrjährige Projekte, die sich überwiegend mit der Sammlung und der Verbesserung des Austauschs von Informationen zur Reduktion von Treibhausgasemissionen und zur Anpassung an die Folgen des Klimawandels befassten (CEC 2016). Konkrete Anstrengungen zur Emissionsreduktion wurden ausschließlich in solchen Bereichen vereinbart, in denen das NAFTA Auswirkungen auf Treibhausgasemissionen hat, nämlich im grenzüberschreitenden Warenverkehr auf der Straße und zu Wasser.

Außerhalb des Institutionenrahmens des NAFTA vereinbarten die Staats- und Regierungschefs Kanadas, der USA und Mexikos im Jahr 2016 die „*North American Climate, Clean Energy, and Environment Partnership*“, die insbesondere ambitionierte Ziele zum Ausbau erneuerbarer Energiequellen und eine Selbstverpflichtung der beteiligten Regierungen zur Steigerung der Nachhaltigkeit staatlicher Aktivitäten beinhaltete (Government of Canada 2016). Eine dezidierte Weiterbearbeitung der formulierten Ziele oder gar messbare Erfolge dieser Initiative sind angesichts des Wechsels im Weißen Haus von Barack Obama zu Donald Trump, der die umweltpolitische Agenda seines Vorgängers nicht weiterführte, nicht erkennbar.

4.3.1.2 Beteiligte Akteure

Die Bundesregierung der *USA*, die in der CEC durch die EPA vertreten ist, verfügt zwar über eine lange Tradition gesamtstaatlicher Luftreinhaltepolitik; eine kohärente Klimaschutzpolitik hat sich dagegen bisher nur in Ansätzen entwickelt, was auf mehrere Faktoren zurückzuführen ist: Erstens sind die Kompetenzen des Bundes in der Energiepolitik begrenzt, zweitens existiert eine einflussreiche Koalition organisierter Interessen, die gegen eine Reduzierung des Verbrauchs fossiler Brennstoffe eintritt, und drittens erlaubte auch die parteipolitische Konstellation zwischen Kongress und Präsidenten seit den 1990er Jahren nur selten legislatives Handeln im Sinne des Klimaschutzes (Healy et al. 2014, S. 134; Hunter 2010,

S. 79; Richert 2012, S. 139–140). Ob die Exekutive nach dem 1990 novellierten *Clean Air Act* die Autorität zur Regulierung von Treibhausgasen besitzt, war zunächst umstritten. Nachdem der Oberste Gerichtshof der USA bereits 2007 im Verfahren *Massachusetts v. Environmental Protection Agency*, diese Frage eindeutig positiv beantwortet hatte, dauerte es bis zum Jahr 2015, bis mit dem *Clean Power Plan* der Obama-Administration ein signifikanter Schritt zur Regulierung von Treibhausgasemissionen auf Bundesebene unternommen wurde (Hunter 2010, S. 91; Trabish 2016), der – wiederum aufgrund der bekannten parteipolitischen Entwicklungen – seit Anfang 2017 allerdings umgehend wieder rückabgewickelt wurde (Friedman u. Plumer 09.10.2017).

Auf internationaler Ebene zeigen die USA traditionell eine starke Abneigung gegen bindende Reduktionsverpflichtungen, was auch mit den vergleichsweise hohen legislativen Hürden für die Ratifizierung internationaler Verträge zu begründen ist. Dafür war auch zu Zeiten der Administration von Präsident George W. Bush, die eine Ratifizierung des Kyoto-Protokolls ablehnte, durchgehend eine Bereitschaft zu nichtbindenden internationalen Partnerschaften zur Technologieentwicklung und zum Wissenstransfer erkennbar (Hunter 2010, S. 80–81). Erst mit dem Pariser Abkommen 2015 akzeptierten die USA ein vergleichsweise verbindliches Emissionsreduktionsziel von 17 Prozent bis 2025 und 26 bis 28 Prozent bis 2030 (UNFCCC 2015c). Dass das Abkommen angesichts der ablehnenden Haltung im Kongress als Exekutivabkommen und nicht als völkerrechtlicher Vertrag gestaltet werden musste, bedingte dabei eine große Handlungsfreiheit der Exekutive bei der Befolgung des Abkommens, die in die Aufkündigung des Abkommens durch Präsident Donald Trump mündete (White House 2017).

Die Haltung der *kanadischen Bundesregierung* zum Klimaschutz war stets von realpolitischen Zwängen einerseits und der jeweiligen parteipolitischen Orientierung andererseits geprägt. Die starke Abhängigkeit der kanadischen Volkswirtschaft vom Erdölsektor und die engen Handelsbeziehungen zu den USA bedingen einen Primat wirtschaftspolitischer Überlegungen: Klimaschutzmaßnahmen sollen keinesfalls die Erdölbranche oder die Wettbewerbsfähigkeit exportorientierter Unternehmen schädigen. Zugleich verhindern unterschiedliche volkswirtschaftliche Strukturen auf der Ebene der Provinzen, dass die Bundesregierung und substaatliche Regierungen zu einer gemeinsamen Haltung in der Klimapolitik gelangen (Healy et al. 2014, S. 135). Die Versuche mehrerer Regierungen der Liberalen Partei von den 1990ern bis 2006, trotzdem eine nationale Klimastrategie auf Basis freiwilliger Übereinkünfte zu entwickeln, blieben erfolglos; die nachfolgende konservative Regierung unter Stephen Harper sprach sich zunächst sogar explizit gegen eine eigene Klimaschutzpolitik aus, verabschiedete 2010 aber dennoch Effizienzstandards für Fahrzeuge, die sich an den entsprechenden

Regulierungen in den USA orientierten (Healy et al. 2014, S. 137–138). Folglich sind auch die auf internationalen Klimakonferenzen von Kanada formulierten Emissionsziele weniger ambitioniert als die der meisten anderen vergleichbar entwickelten Staaten: Auf der Klimakonferenz von Kopenhagen 2009 verpflichtete sich Kanada, seine Treibhausgasemissionen bis 2020 im Vergleich zum Basisjahr 2005 um 17 Prozent zu reduzieren (UNFCCC 2010); im Pariser Klimaabkommen von 2015 wurde das Reduktionsziel auf 30 Prozent bis zum Jahr 2030 festgelegt (UNFCCC 2015a).

Im Gegensatz zu seinen beiden nördlichen Partnern verfolgt *Mexiko* zumindest seit der Verabschiedung des Kyoto-Protokolls eine vergleichsweise kohärente gesamtstaatliche Klimapolitik. So gehörte das Land zu den ersten Unterstützern des *Clean Development Mechanism* des Kyoto-Protokolls. 2007 verabschiedete die Bundesregierung eine nationale Klimastrategie, die eine Priorisierung verschiedener Klimaschutzmaßnahmen und ein konkretes Emissionsreduktionsziel von 110 Millionen Tonnen bis zum Jahr 2020 enthielt (Healy et al. 2014, S. 138). 2014 führte der Staat eine Steuer auf Kohlenstoffdioxidemissionen ein und arbeitet seit 2015 auch an der Konzeption für ein Emissionshandelssystem – ein Prozess, bei dem das Land unter anderem von der deutschen Gesellschaft für Internationale Zusammenarbeit (GIZ) unterstützt wurde (GIZ 2020; Prat 2020). Auf der Pariser Klimakonferenz 2015 verpflichtete sich Mexiko zu einer Reduzierung seiner Treibhausgasemissionen um 25 Prozent bis zum Jahr 2030, ein für Schwellenländer ambitionierter Wert (UNFCCC 2015b). Dieser Befund erscheint vor allem aufgrund der hohen Abhängigkeit der mexikanischen Staatsfinanzen von den Einnahmen des staatlichen Ölkonzerns PEMEX auf den ersten Blick erstaunlich, ist aber durchaus rational erklärbar: Erstens war Mexiko als nichtindustrialisiertes Land nach dem Kyoto-Protokoll nicht zu Emissionsreduktionen verpflichtet, konnte aber im Rahmen des CDM ausländische Investitionen in klimafreundliche Technologien anwerben. Zweitens dient die Klimaschutzpolitik Mexikos auch der Lösung wesentlich kurzfristigerer Umweltprobleme: Beispielsweise leidet das Land unter einer starken Luftverschmutzung und fortschreitender Abholzung von Wäldern, denen mit Maßnahmen zum Klimaschutz begegnet werden soll (Etcheverry 2013, S. 161–163; Healy et al. 2014, S. 135).

Weil die Regierungen der Mitgliedstaaten nicht als homogene Akteure betrachtet werden können, ist auch die Implementation einstimmig im Rat der CEC getroffener Entscheidungen nicht gesichert: Wie VanNijnatten u. Craik (2012, S. 181) konstatieren, tendieren die Umweltminister dazu, innerhalb ihrer jeweiligen Regierung eine klimapolitisch vergleichsweise ambitionierte Haltung einzunehmen. Gleichwohl können sie diese in internationalen Verhandlungen nicht effektiv vertreten, wenn sie dazu nicht die Unterstützung anderer Ministerien haben. Solche für die Klimaschutzpolitik entscheidenden Ressorts – etwa für Wirtschaft, Handel oder Energie – sind an den Verhandlungen in der CEC aber grundsätzlich nicht beteiligt.

4.3.1.3 Inhaltlicher Verlauf der Entscheidungs- und Koordinationsprozesse

Auch in der ersten der drei oben skizzierten Phasen der CEC-Klimapolitik, die von einem hohen Maß an Aktivität in diesem Politikfeld geprägt war, wurde von Anfang an der begrenzte Aktionsradius der Kommission deutlich. Obwohl der Rat in seiner Absichtserklärung Ende 1995 eine große Bandbreite an möglichen kooperativen Aktivitäten identifizierte, betont die Resolution unmissverständlich den nichtbindenden Charakter entsprechender Zusagen. Ein Großteil der Resolution bezieht sich ohnehin nicht auf internationales hierarchisches Handeln, sondern auf den Austausch von Informationen über Regulierungsinstrumente zur Reduzierung von Treibhausgasen und die Weitergabe einschlägiger Forschungsergebnisse und technologischer Neuerungen – jeweils unter Vermeidung verbindlicher Zusagen.[48] Die Ankündigungen möglicher gemeinsamer Projekte – etwa in der Bildung zum Thema Klimaschutz – sind zudem explizit auf solche Bereiche beschränkt, in denen die Kooperation im gemeinsamen Interesse aller drei Partner liegt (CEC 1995c). Auch die Zielsetzungen der 1995 eingesetzten Arbeitsgruppe, die eine langfristige Agenda für die trilaterale Kooperation in der Klimaschutzpolitik erarbeiten sollte, blieben überwiegend vage (CEC 1995a, S. 21).

Entsprechend konzentrierte sich die Arbeit der CEC in den folgenden Jahren auf die Bereitstellung von Wissen: In den Jahren 1996 und 1997 wurde etwa ein Bericht über die wahrscheinlichen Effekte des Klimawandels auf Wasserressourcen in Nordamerika erarbeitet, der mit einem sechsstelligen Betrag aus dem Budget der CEC finanziert wurde (CEC 1996a, S. 48). Ähnliches gilt für zwei Machbarkeitsstudien in Bezug auf mögliche gemeinsame Windenergieprojekte in Mexiko (CEC 1996b). In diesem Fall zeigte sich aber auch die Begrenztheit des Spielraums für gemeinsames Handeln: Obwohl in mehreren Ratstreffen vereinbart, verzögerten sich die Beiträge der USA und Kanadas zur Finanzierung der Studien um mehrere Monate, was auch einen Aufschub für die entsprechenden Projekte bedeutete (CEC 1995d, S. 1–2). Ab 1997 nahm die oben erwähnte

---

[48] Die Aufzählung möglicher Kooperationsbereiche folgt dem Einleitungssatz: „*The Parties intend that the forms of cooperation under this Statement may include the following*" (CEC 1995c) – eine Formulierung, die erkennbar auf minimale Verbindlichkeit zielt.

Arbeitsgruppe darüber hinaus ein mögliches nordamerikanisches Emissionshandelssystem in den Blick (CEC 1998a, S. 22); bis 2001 wurden aufbauend auf die Bestimmungen des Kyoto-Protokolls und des NAFTA Designoptionen erarbeitet (CEC 2002). In regulatorische oder distributive Maßnahmen wurden diese Planungen und Machbarkeitsstudien angesichts eines offensichtlich schwindenden Interesses an der Klimaschutzpolitik aber nicht umgesetzt: Bereits ab Mitte 1998 spielte der Problembereich in den Diskussionen der Ratsmitglieder keine prominente Rolle mehr. Eine etwas anders geartete Strategie verfolgte das Sekretariat der CEC im Bereich der Förderung der Energieeffizienz. Hierzu wurden keine neuen fachlichen Informationen gesammelt, sondern in einem Leitfaden alle Möglichkeiten für Unternehmen und Privatpersonen zusammengeführt, in ihrem jeweiligen Heimatstaat entsprechende finanzielle Förderungen zu erhalten (CEC 1997, S. 17). Das Sekretariat zielte damit nicht auf die Schaffung neuer, sondern auf die bessere Nutzung bestehender Instrumente im nationalstaatlichen Rahmen.

In der Folgezeit führte das erlahmende Interesse der Mitgliedstaaten an einer aktiven Klimaschutzpolitik allerdings dazu, dass auch dem Sekretariat kaum Handlungsmöglichkeiten in diesem Bereich zur Verfügung standen, weil der Rat keine entsprechenden Mittel bewilligte (Craik u. DiMento 2009, S. 210–211). In den Jahren 2000 bis 2009 konzentrierte sich die Arbeit der CEC in diesem Politikfeld auf die Sammlung von Wissen zum Thema erneuerbare Energien, etwa in Form der Erstellung einer Datenbank für erneuerbare-Energien-Projekte in Nordamerika (CEC 2004) und einer Studie zu Finanzierungsmöglichkeiten für die Erschließung regenerativer Energien (CEC 2006). Diese Entwicklung ist offenkundig darauf zurückzuführen, dass das Interesse der Mitgliedstaaten an der Entwicklung erneuerbarer Energiequellen unabhängig von der Ablehnung einer aktiven Klimaschutzpolitik hoch war (Craik u. DiMento 2009, S. 211).

Dass dem Klimaschutz ab 2009 in den trilateralen Verhandlungen in Nordamerika wieder eine erhöhte Bedeutung beigemessen wurde, zeigte sich bereits in der Abschlusserklärung des *North American Leaders' Summit* im August 2009: Die drei Regierungschefs veröffentlichten eine eigene Erklärung zu Klimaschutz und sauberer Energie, in der sie vor allem einen besseren Informations- und Erfahrungsaustausch in der Klimaschutzpolitik forderten (White House 2009). Diese Leitlinien fanden Eingang in die Diskussion über den strategischen Plan der CEC für den Zeitraum von 2010 bis 2015, in dem der Rat den Klimaschutz zu einer der drei Prioritäten der Kommission erklärte (CEC 2010c, S. 4–5). Konkret forderte der Plan erstens Maßnahmen für eine Verbesserung der Vergleichbarkeit von Emissionsdaten, genauer eine Analyse und Bewertung der bestehenden nationalen Emissionskataster, und zweitens einen verstärkten Austausch zwischen nationalen Experten über beste Praktiken in der Klimaregulierung (CEC 2010d,

S. 8–9). Auch das Beratergremium JPAC befasste sich nach der Erklärung der Regierungschefs verstärkt mit dem Klimaschutz und appellierte mehrmals an die Mitgliedstaaten, die institutionellen Kapazitäten der CEC bei der Koordinierung gemeinsamer Anstrengungen auszubauen – notwendigerweise verbunden mit einer Aufstockung des Budgets der Organisation (CEC 2009, 2010a, 2013f). Der Rat signalisierte demgegenüber zwar allgemeine Zustimmung zu verstärkten Anstrengungen in der Klimaschutzpolitik, lehnte bindende Zusagen aber ab (CEC 2010b, S. 4). Auch im strategischen Plan für die Jahre 2015 bis 2020 bildet der Klimaschutz wieder eine der drei Prioritäten des Rates, wobei die darin umrissenen Zielsetzungen eine Fortschreibung des vorangehenden Plans darstellen (CEC 2015c, S. 7).

Aufbauend auf den von den Mitgliedstaaten auf ministerieller Ebene im strategischen Plan fixierten Prioritäten wurden in den jeweils auf zwei Jahre angelegten Arbeitsplänen (*operational plans*) konkrete Projekte einschließlich der dafür zur Verfügung stehenden Finanzmittel festgelegt. Die Ausarbeitung dieser Arbeitspläne erfolgte jeweils in einem mehrstufigen Verhandlungsprozess, der ausweislich der zur Verfügung stehenden Dokumente von einer Kombination aus *arguing* und *bargaining* zwischen den Vertretern der Mitgliedsregierungen dominiert war: Auf Basis der im strategischen Plan definierten Prioritäten konzipierte das Sekretariat jeweils eine größere Zahl an Projekten, unter denen die Vertreter der Umweltminister eine Auswahl trafen (CEC 2013a, S. 3). Diese sollte anhand eines Katalogs operationalisierbarer Kriterien erfolgen; die Reaktionen auf fachliche Einwände des JPAC zeigen allerdings, dass Entscheidungen häufig explizit mit unterschiedlichen Interessenlagen in den beteiligten Staaten begründet wurden (CEC 2011b, 2013e). Im Rahmen der Konsultation von Arbeitsgruppen bei den Projekten im Klimaschutzbereich scheinen zwar auch fachliche Argumente berücksichtigt worden zu sein, diese mussten im Konfliktfall aber hinter nationale Nutzenerwägungen zurücktreten.

Das Ziel der durchgeführten Projekte bestand dabei überwiegend in der Sammlung und Bereitstellung von Wissen, wobei sich vier Typen des Wissensmanagements durch die CEC unterscheiden lassen. Erstens wurden empirische Studien durchgeführt, mit dem Ziel, neue empirische Daten zu generieren. Beispielsweise wurden in einer Studie wasserbasierte Kohlenstoffsenken in Nordamerika erfasst, analysiert und Strategien zu ihrem Erhalt konzipiert (CEC 2013b). Zweitens führte das Sekretariat bestehende Daten aus den Mitgliedstaaten zusammen. In diesem Bereich wurde unter anderem eine nordamerikanische Emissionsdatenbank eingerichtet, die zum ersten Mal die Berechnung der Treibhausgasemissionen der drei Staaten standardisierte und der Öffentlichkeit über eine interaktive Internetplattform zugänglich ist (CEC 2013d). Drittens dienten einige Projekte lediglich der Verbesserung der Kommunikation zwischen nationalen Experten, ohne dass das Sekretariat dabei selbst Wissensmanagement betrieben hätte. So wurde unter anderem eine Kooperationsplattform für den Schutz von Ökosystemen im Rio-Bravo-Becken ins Leben gerufen (CEC 2013c). Viertens förderte die CEC gezielt prototypische Technologien, um Nutzeneffekte für staatliche und private Akteure zu demonstrieren, etwa bei der Vermeidung von Emissionen im Schifffahrtssektor (CEC 2015b). Unter finanziellen Gesichtspunkten nahm die Bedeutung von Klimaschutz-Projekten innerhalb der Arbeit der CEC zu: Die jährlichen Projektmittel in diesem Bereich wurden zwischen 2011 und 2015 von 470.000 auf 1.040.000 US-Dollar erhöht. Insgesamt wurden in diesem Zeitraum von 15,9 Millionen Dollar zur Verfügung stehender Projektmittel 4,2 Millionen Dollar für den Bereich Klimaschutz verwendet (CEC 2011a, S. 6–7, 2013a, S. 4–5, 2015a, S. 8). Auch im Zeitraum von 2016 bis 2020 blieb dieser Fokus bei den Mitteln für gemeinsame Projekte erhalten, wenngleich sich der inhaltliche Schwerpunkt von der Mitigation in Richtung Adaptation verlagerte (CEC 2019, S. 12).

4.3.1.4 Handlungskopplung und Entscheidungsperformanz

Im Bereich der Klimaschutzpolitik lässt sich die CEC damit überwiegend als lose intergouvernementale Netzwerkstruktur klassifizieren, obwohl sie mit dem Nordamerikanischen Freihandelsabkommen und dem angeschlossenen Umweltabkommen in einen fest institutionalisierten Rahmen eingebettet ist. Mit dem Sekretariat verfügt die CEC über einen eigenen dauerhaften korporativen Akteur, der aber gegenüber den Mitgliedstaaten über keinerlei machtbasierte Steuerungsoptionen verfügt, sondern auf Wissen als Steuerungsmedium beschränkt bleibt. Ähnliches gilt für das JPAC als – von den Mitgliedsregierungen beschickte – Vertretung organisierter Interessen (Craik 2013, S. 217). Die Kommission bietet den beteiligten Nationalstaaten damit ein Forum zum Austausch von Informationen und zur Identifikation möglicher Kooperationsfelder; die tatsächliche Implementation kooperativer Projekte hängt aber maßgeblich davon ab, wie stark die Präferenzen der beteiligten Akteure zur Deckung gebracht werden können: Sind alle drei Mitgliedstaaten an einer aktiven Klimaschutzpolitik interessiert, nutzen sie die CEC zur Unterstützung kooperativer Projekte. Ist dies nicht der Fall, erlauben es trotz des institutionellen Rahmens weder die beschränkten Kompetenzen des Sekretariats noch ein eventueller Schatten zukünftiger Interaktionen, die Regierungen zu einem Handeln entgegen ihren Präferenzen zu motivieren. Die beteiligten Akteure verfügen damit zwar nicht über eine *exit*-Option aus der CEC als Ganzes (ohne damit das nordamerikanische Freihandelsabkommen insgesamt aufzukündigen), sie können aber wie dargestellt einzelne Projekte ohne erkennbare größere Kosten aufkündigen. Eine Folge davon sind die beobachteten starken Schwankungen in der Intensität der Zusammenarbeit im Zeitverlauf. In der Klimaschutzpolitik ist die CEC damit weniger eine Regulierungsbehörde als eine Forschungsstelle, deren Aufgabe es ist, fachliche Informationen zum Thema Umwelt- und Klimaschutz zu generieren und zu sammeln, um Lernprozesse bei den beteiligten Akteuren zu fördern. Die Möglichkeiten, eigenständig Wissen zu produzieren, sind dabei wiederum beschränkt: Erstens ist das Sekretariat in den meisten Fällen auf Daten angewiesen, die ihm von den Mitgliedstaaten oder von Verbänden bereitgestellt werden (Clarkson 2008, S. 126). Zweitens ist das Sekretariat – wie oben gezeigt – bei der Auswahl der Forschungsfelder der Budgethoheit des Rates unterworfen, weshalb eine Steuerung durch Wissen gegen den Willen der Mitgliedstaaten höchstens eingeschränkt möglich ist.

Die hybride Struktur der CEC verhindert dabei, dass der Vorteil lose gekoppelter Verhandlungsstrukturen, Koalitionen von Akteuren mit gleichen Präferenzen zu ermöglichen, zum Tragen kommt: Aufgrund des Einstimmigkeitszwangs bei der Genehmigung des Budgets können nicht einfach zwei Partner im Rahmen der CEC kooperieren, während der dritte das Arrangement verlässt. Stattdessen führt der Ausstieg eines der drei Mitgliedstaaten aus einem Projekt oder einem ganzen Politikbereich zu einer vollständigen Handlungsblockade in diesem Bereich.

4.3.1.5 Instrumente

Da sich die wenigen supranationalen Kompetenzen der CEC vor allem auf unmittelbare Umweltfolgen des NAFTA beziehen, ist die Kommission in der Klimaschutzpolitik auf weiche, informationsbasierte Steuerung beschränkt (Craik 2013, S. 219). Die Organisation ist mit einem jährlichen Budget von neun Millionen US-Dollar zwar nicht in der Lage, effektive geldbasierte Steuerung betreiben zu können. Die gezielte Finanzierung von Studien in den prioritären Bereichen ist mit dieser Mittelausstattung aber möglich. Die Arbeit der CEC beschränkt sich im Kern darauf, Wissen über das Klima und Möglichkeiten des Klimaschutzes zu generieren, zu sammeln und weiterzuverbreiten. Diese Bereitstellung von Informationen soll dazu dienen, das Verhalten der Teilnehmer in Richtung des dem Handeln der CEC zugrundeliegenden Ziels – in diesem Fall einer Reduzierung von Treibhausgasemissionen – zu lenken, ohne dabei die Handlungsfreiheit der einzelnen beteiligten Akteure einzuschränken. Seit der Wiederbelebung der klimapolitischen Anstrengungen der Kommission im Jahr 2009 wurden zu diesem Zweck eine Vielzahl wissenschaftlicher Studien veröffentlicht und mehrere Datenbanken erstellt. Auffällig ist dabei die Persistenz dieser Plattformen, obgleich seit dem Antritt der Trump-Administration in den USA die Klimaschutzaktivitäten der Kommission auf politischer Ebene faktisch zum Erliegen gekommen sind. Zur Handlungslogik der Organisation gehört dabei auch, dass sich die Lernprozesse in einer Verhaltensänderung der beteiligten Staaten in Form hierarchischer oder geldbasierter Steuerung niederschlagen. Inwieweit die dargestellten Bemühungen zur Erleichterung des Informationszugangs sowohl für staatliche als auch private Akteure zu einer effektiven Handlungssteuerung bei diesen Akteuren beigetragen haben, kann in Rahmen dieser Analyse nicht bewertet werden.

4.3.2 Zusammenarbeit zwischen subnationalen Akteuren

Die im Vergleich zum europäischen Fallbeispiel und zu globalen Klimaschutzbemühungen magere Bilanz der internationalen Zusammenarbeit und nationaler Anstrengungen auf dem Gebiet des Klimaschutzes in Nordamerika hat die Herausbildung subnationaler Initiativen in diesem Politikfeld begünstigt. Neben zahlreichen internationalen Kooperationen, deren bekannteste wohl die *Regional Greenhouse Gas Initiative* im Nordosten der USA ist, haben sich subnationale Akteure in mehreren Fällen auch über nationale Grenzen hinweg vernetzt. Chaloux u. Paquin (2012) sprechen mit Blick auf diese Plattformen von einer etablierten Tradition der „Paradiplomatie" im Umwelt- und Energiebereich.[49] Mit der Konferenz der *New England Governors/Eastern Canadian Premiers* (NEG/ECP) und der *Western Climate Initiative* (WCI) werden im Folgenden die zwei bedeutsamsten dieser Initiativen analysiert, wobei sich die Plattformen in zwei zentralen Punkten unterscheiden: Erstens ist die Klimaschutzpolitik bei den NEG/ECP nur eines unter mehreren behandelten Politikfeldern, während sie in der WCI den zentralen inhaltlichen Pfeiler bildete. Zweitens weist die NEG/ECP-Initiative eine erhebliche Stabilität im Zeitverlauf auf, während die WCI nach nur wenigen Jahren wieder zerfiel. Dass solche regionalen Kooperationsinitiativen vor allem in den Küstenregionen zu finden sind, ist im Übrigen wohl kein Zufall, sondern primär darauf zurückzuführen, dass auch die wirtschaftliche Leistung und damit der Energieverbrauch an den Küstenregionen konzentriert ist (Nelson u. Rae 2016).

4.3.2.1 Die Kooperation im atlantischen Nordosten (NEG-ECP)

4.3.2.1.1 Überblick über die Kooperations- und Entscheidungsprozesse

Da die Energie- und Umweltpolitik von Beginn an eine zentrale Rolle in der Arbeit der NEG-ECP-Konferenz eingenommen hatte, ist es angesichts der weitgehenden Inaktivität der kanadischen und US-amerikanischen Bundesregierung in diesem Bereich kaum verwunderlich, dass ab der Jahrtausendwende auch der

---

[49] Vgl. dazu auch Chaloux 2017, S. 241–242.

Klimaschutzpolitik ein immer höherer Stellenwert eingeräumt wurde (Chaloux u. Paquin 2012, S. 219). Zwar thematisierte die Konferenz das Problem des Klimawandels bereits Anfang der 1990er Jahre und gab eine Studie in Auftrag, die die zu erwartenden Auswirkungen auf die Region untersuchen sollte (Rausch 2000, S. 165). Ein Versuch eines aktiven regulatorischen Eingreifens erfolgte aber erst zehn Jahre später, was auch darauf zurückzuführen ist, dass das Netzwerk bis Ende der 1990er Jahre mit der Erarbeitung einer gemeinsamen Regulierung von Säureentsorgung und Quecksilberverunreinigung ausgelastet war (Selin u. VanDeveer 2005, S. 357).

Auf ihrer Konferenz im Jahr 2000 beauftragten die Gouverneure und Premiers schließlich den Umwelt- und den Energieausschuss der Konferenz mit der Ausarbeitung eines *Climate Change Action Plan*, der auf der jährlichen Konferenz im Jahr 2001 von den beteiligten Akteuren beschlossen wurde (NEG-ECP 2001). Nachdem das für das Jahr 2010 gesetzte Reduktionsziel ausweislich des eingerichteten regionalen Emissionskatasters erreicht worden war, beauftragten die Regierungschefs im Jahr 2012 das Climate Change Steering Committee mit der Ausarbeitung einer neuen Klimaschutzstrategie (CAP 2012c). Diese wurde bei der jährlichen Konferenz 2013 verabschiedet (CONEG 2013a) und bildete die Grundlage für einen neuen *Climate Change Action Plan* mit definierten Reduktionszielen bis zum Jahr 2030, der von den Ausschüssen für Umwelt und Klimawandel erarbeitet und im August 2017 von den Gouverneuren und Premiers beschlossen wurde (CONEG 2017a).

Die Erschließung erneuerbarer Energien war aufgrund der starken Abhängigkeit der Region von Energieimporten schon lange vor dem Klimaschutz Gegenstand von Kooperationsprojekten, insbesondere in Form von Lieferverträgen für Elektrizität aus Wasserkraft aus Quebec und Neufundland und Labrador nach Neuengland (Rausch 2000, S. 256–261). Mit einiger Verzögerung nach der Verabschiedung des *Climate Change Action Plan* gelangte Mitte der 2000er Jahre der Ausbau erneuerbarer Energiequellen als Möglichkeit der Vermeidung von Treibhausgasemissionen im Elektrizitätssektor erneut auf die Agenda der Konferenz: 2006 verabschiedeten die Gouverneure und Premiers eine Resolution, die einen Ausbau erneuerbarer Energiequellen um mindestens zehn Prozent bis zum Jahr 2020 verlangte und zu diesem Zweck eine neue Arbeitsgruppe einsetzte (CAP 2006, S. 2). Auf Basis dieser Resolution wurden bis 2007 konkrete Empfehlungen für den Ausbau erneuerbarer Energien erarbeitet (CAP 2007). Weitere quantitative Vorgaben zum Ausbau erneuerbarer Energien machte die Konferenz seither nicht mehr; stattdessen wurde mehrfach ein verbesserter Austausch von Wissen und bester Praktiken vereinbart: Auf der jährlichen Tagung im Jahr 2011 wiesen die Regierungschefs den Energieausschuss der Konferenz an, den Austausch von Informationen in Bezug auf die Nutzung von Biomasse zu verbessern (CAP 2011a). Zuletzt erklärte die Konferenz 2013, den Informationsaustausch im Bereich emissionsarmer Technologien ausbauen zu wollen (CAP 2013).

4.3.2.1.2 Beteiligte Akteure

Zwar ist unbestreitbar, dass die beteiligten substaatlichen Akteure angesichts der geographischen Lage der Region am Atlantik und den zu befürchtenden negativen Auswirkungen des Klimawandels auf Wirtschaftszweige wie Landwirtschaft, Fischerei und den Tourismus ein grundsätzliches Interesse an einer Bekämpfung von Klimaveränderungen haben (Chaloux u. Paquin 2012, S. 224). Der Klimawandel unterscheidet sich aber entsprechend der im Theoriekapitel eingeführten Problemsystematik von den vorher durch die Konferenz regulierten Umweltproblemen wie saurem Regen, Luftverschmutzung und Gewässerverunreinigung vor allem dadurch, dass schon die genauen Auswirkungen von Klimaveränderungen im Allgemeinen, umso mehr aber die Effekte einer regionalen Klimaschutzpolitik kaum absehbar sind (Chaloux u. Paquin 2012, S. 222). Den Kosten von Regulierungsmaßnahmen zur Mitigation steht für die beteiligten Akteure in einem derart kleinteiligen regionalen Umfeld generell kein messbarer Nutzen gegenüber. Im Gegensatz dazu sind Kooperationsgewinne bei der Adaptation an die Folgen der Klimaveränderungen möglich, weshalb in diesem Bereich generell ein Interesse an einer Nutzung des institutionellen Rahmens für gemeinsame Maßnahmen unterstellt werden kann.

Die Tatsache, dass alle beteiligten Staaten und Provinzen aufbauend auf den *Climate Change Action Plan* zügig eigene Klimaschutzpläne entwickelten, wird von Chaloux u. Paquin (2012, S. 226) sowie von Vertretern der beteiligten Einheiten (Interview 10, 11) als bedeutsamer Erfolg der Kooperationsplattform gewertet, deutet aber auch darauf hin, dass die Präferenzen der Akteure im Politikfeld Klimaschutz recht ähnlich waren. Tatsächlich sind alle an der NEG-ECP-Konferenz beteiligten Staaten und Provinzen innerhalb der USA und Kanadas der Gruppe der klimapolitisch ambitionierten Einheiten zuzurechnen; dies gilt weitgehend unabhängig von der parteipolitischen Prägung der jeweiligen Regierung. Die Bandbreite der Regulierung reicht dabei von nichtbindenden und mit geldbasierten Anreizen arbeitenden Aktionsplänen – etwa in Massachusetts (Government of Massachusetts 2015), New Hampshire (Government of New Hampshire 2009), Prince Edward Island (Government of Prince Edward Island 2018) und Neufundland und Labrador (Government of Newfoundland and Labrador 2011) – bis hin zu bindenden gesetzlichen Regelungen für die Emissionsreduktion, wie sie in Maine (Government of Maine 2019a) und Connecticut (Government of

Connecticut 2019) bestehen. Ende 2019 verfügten darüber hinaus alle beteiligten substaatlichen Einheiten entweder über ein eigenes System zur CO_2-Bepreisung oder waren Teil eines großflächigeren Emissionshandelssystems. So sind alle Staaten Neuenglands Teil der *Regional Greenhouse Gas Initiative*, die Provinz Quebec ist Teil eines gemeinsamen Emissionshandelssystems mit dem Staat Kalifornien (vgl. Abschnitt 4.3.2.2.), jeweils mehrere Bundesstaaten der Region gehören zudem Koalitionen zur Reduzierung von Emissionen im Verkehrssektor an.

In Bezug auf den Ausbau erneuerbarer Energiequellen besteht aufgrund der hohen Abhängigkeit von Elektrizität aus Wasserkraft bei allen Akteuren in der Region ein Interesse daran, dass Wasserkraft trotz ökologischer Bedenken als erneuerbare Energiequelle anerkannt wird. Dies kommt auch mehrfach in entsprechenden Resolutionen der Konferenz zum Ausdruck (CAP 2009a). Zugleich schafft die in allen beteiligten Staaten und Provinzen hohe Quote an regenerativen Energien bei der Erzeugung von Elektrizität gemeinsame Schwierigkeiten im Vergleich zu klassischen Emissionsreduktionsstrategien: Einsparungen können in erster Linie im Verkehrssektor erreicht werden, wo die Reduktion von Emissionen gemeinhin als wesentlich aufwendiger als im Elektrizitätssektor gilt (Mertins-Kirkwood 2019, S. 27).

Im Vergleich zu den anderen analysierten transnationalen Arrangements in Nordamerika fällt mit Blick auf die NEG-ECP-Konferenz die vergleichsweise geringe Präsenz *organisierter Interessen* auf: Zwar werden Verbände bei der Vorbereitung von Aktionsplänen konsultiert, ein eigener Beratungsausschuss wie im Fall der CEC oder eine weitergehende systematische Einbindung wie in der WCI oder der hier nicht im Detail untersuchten Pacific Northwest Economic Region (PNWER) existiert hingegen nicht. Entsprechend bezeichnete ein Interviewpartner den Einfluss organisierter Interessen auf die Formulierung des jüngsten Klimaschutzaktionsplans als „äußerst begrenzt" (Interview 11).

4.3.2.1.3 Inhaltlicher Verlauf der Entscheidungsprozesse

Die Diskussionen in den Foren der NEG-ECP-Konferenz im behandelten Politikfeld lassen sich im Wesentlichen vier inhaltlichen Kategorien zuordnen:

a) Im Kern der Koordination steht die Definition allgemeiner Emissionsreduktionsziele und entsprechender Indikatoren;
b) Beraten wurde zudem über Instrumente zur Förderung erneuerbarer Energiequellen;

c) Weil die Emissionen im Elektrizitätssektor in der Region von Anfang an ohnehin vergleichsweise gering waren, richtete sich die Aufmerksamkeit verstärkt auf spezifische Maßnahmen im Verkehrssektor;
d) Neben solchen Maßnahmen der Mitigation nehmen Bemühungen zur Adaptation an die Folgen des Klimawandels eine entscheidende Rolle in der Klimapolitik im atlantischen Nordosten ein.

Auffallend ist dabei, dass die offiziellen Resolutionen der NEG-ECP-Konferenz zwar – in der Regel breit definierte – Ziele vorgeben, nicht aber spezifische Instrumente zur Erreichung dieser Ziele.

a) Emissionsreduktion
Der Verlauf der inhaltlichen Debatten im Vorfeld der Verabschiedung des regionalen Klimaschutzplans im Jahr 2001 ist ex post nicht mehr präzise nachvollziehbar, offensichtlich ist aber, dass die Fachbeamten aus den Umweltbehörden der beteiligten Staaten und Provinzen die bestehenden institutionellen Strukturen nutzten, die in den 1990er Jahren zur gemeinsamen Bekämpfung sauren Regens und der Quecksilberbelastung etabliert worden waren (Selin u. VanDeveer 2016, S. 98; Smith u. Trip 2005): Innerhalb *des Northeast International Committee on Energy* (NICE) wurden verfügbare wissenschaftliche Daten zusammengetragen und im Rahmen eines Workshops Anfang 2001 für alle Beteiligten akzeptable Zielsetzungen ausgelotet (NEG-ECP 2000, 2001, S. 4). Insofern repräsentiert das von den Gouverneuren und Premiers im August 2001 verabschiedete Dokument offenkundig die Schnittmenge der Präferenzen der beteiligten Akteure. Konkret beinhaltet das Dokument in neun Handlungsbereichen überwiegend Empfehlungen an die beteiligten substaatlichen Einheiten; lediglich die Einrichtung eines regionalen Emissionskatasters wird verpflichtend vorgegeben (NEG-ECP 2001, S. 8). Der Aktionsplan beinhaltet auch konkrete Emissionsreduktionsziele, ohne allerdings Zielwerte für die einzelnen Bundesstaaten und Provinzen zu definieren oder einen Mechanismus für die Überprüfung der Zielerreichung festzulegen: Bis 2010 sollten die Emissionen in der Region auf den Wert des Jahres 1990 sinken, 2020 sollten sie zehn Prozent unter diesem Wert liegen (NEG-ECP 2001, S. 6).[50] Zudem strebten die unterzeichnenden substaatlichen Einheiten laut Aktionsplan

[50] Diese Festlegung quantifizierter Emissionsziele stellt allerdings bereits eine Ausnahme unter freiwilligen Netzwerken subnationaler Einheiten dar: Wie eine internationale Vergleichsstudie von Bansard et al. (2017) belegt, begnügt sich eine Mehrheit solcher Plattformen mit rein qualitativen Anforderungen an ihre jeweiligen Mitglieder.

die Einrichtung eines detaillierteren Emissionsregisters[51] als Basis für ein späteres regionales Emissionshandelssystem. 2007 wurde zudem mit einer Resolution ein langfristiger Zielkorridor spezifiziert: Bis zum Jahr 2050 sollten die Emissionen in der Region um 75 bis 85 Prozent gegenüber dem Basisjahr 2001 reduziert werden (CAP 2007, S. 2).

Eine weitere quantitative Festlegung erfolgte im Jahr 2015, als ein Reduktionsziel für das Jahr 2030 von 35 bis 45 Prozent gegenüber dem Basisjahr 1990 definiert wurde (CAP 2015). Die Klima-Resolution des Jahres 2015 gab auch den Anstoß für einen umfassenden Diskussionsprozess, der „zusätzliche Strategien, Policies und Maßnahmen" (CAP 2015, S. 2) identifizieren sollte, um das gesteckte Ziel für das Jahr 2030 zu erreichen, und der in einer Fortschreibung des *Climate Change Action Plan* im Jahr 2017 mündete. Dazu wurde Anfang 2016 vom *Climate Change Steering Committee* der Konferenz eine Arbeitsgruppe von Regierungsmitarbeitern aus den elf beteiligten Einheiten eingerichtet, die in sechs breiten Handlungskategorien ein Tableau an möglichen Maßnahmen für einen Aktionsplan erarbeitete. Dieses wiederum bildete den Ausgangspunkt für die Auswahl von Einzelmaßnahmen in Unterausschüssen zu den festgelegten Handlungskategorien (CONEG 2017b, S. 1–2).

Der daraus entstandene Klimaaktionsplan deckt die sechs ursprünglich identifizierten Handlungsfelder Energieproduktion und -übertragung, Energieverbrauch, Verkehr, natürliche Ressourcen, Vorbildfunktion des Staates sowie Querschnittsthemen ab. Im Vergleich des endgültigen Plans mit den von den Fachbeamten beratenen Arbeitspapieren fällt allerdings der geringe Detailgrad des beschlossenen Dokuments ins Auge. Hatte etwa der Vorschlag des zuständigen Unterausschusses noch vorgesehen, das bestehende Emissionskataster jährlich zu aktualisieren und durch zusätzliche Indikatoren zu erweitern, heißt es im beschlossenen Aktionsplan lediglich knapp, das Emissionskataster solle weiterhin genutzt werden, um den „Fortschritt bei der Erreichung der regionalen Emissionsreduktionsziele zu bewerten" (CONEG 2017a, S. 7, 2017b, S. 6). Fallengelassen wurde darüber hinaus eine Reihe konkreter Vorschläge zur Einrichtung von Datenbanken und Registern für die Sammlung von Informationen, etwa über Strategien zur Förderung erneuerbarer Energien oder die Treibhausgasemissionen staatlicher Einrichtungen. In der Konsequenz beinhaltet der 2017 verabschiedete Aktionsplan damit anders als sein Vorgänger aus dem Jahr 2001 keine substanziellen

[51] Während ein Emissionskataster lediglich die Gesamtemissionen in einer administrativen Einheit in einem bestimmten Zeitraum erfasst, beinhaltet ein Emissionsregister detaillierte Angaben zu einzelnen Emissionsquellen, in der Regel auf jährlicher Basis. Die reliable Messung der jährlichen Emissionen ist auch eine wesentliche Voraussetzung für funktionierende Instrumente der Treibhausgasbepreisung.

messbaren Zielsetzungen für die beteiligten Staaten und Provinzen, sondern listet lediglich mögliche Bereiche für künftiges gemeinsames Engagement auf. Die Festlegung inhaltlicher Details wurde wiederum den an der Erarbeitung beteiligten Ausschüssen übertragen. Dieser Ansatz wurde auch in den folgenden Jahren weiterverfolgt. So sollte nach einer Resolution zum Thema Adaptation im Jahr 2018 eine entsprechende Expertengruppe im Umweltausschuss (COE) der Plattform eingerichtet werden (CONEG 2018). Als Grund für diesen Mangel an inhaltlicher Präzision wurde von den befragten Teilnehmern zum einen ein generell schwierigeres politisches Klima für Klimaschutzmaßnahmen angeführt (Interview 10, 11). Ein weiterer Beweggrund dürfte aber auch gewesen sein, dass die im Vergleich zum Jahr 2001 wesentlich spezifischeren Regelungen in den einzelnen beteiligten Einheiten eine Festlegung auf eine regulatorische Schnittmenge erschwerten (Interview 11).

b) Förderung erneuerbarer Energien

Aufgrund der extensiven Nutzung der Wasserkraft in den Staaten und Provinzen an der Atlantikküste besitzen erneuerbare Energien seit jeher eine erhebliche Relevanz für die Stromerzeugung in der Region. Das gemeinsame Engagement für die Förderung erneuerbarer Energiequellen entspringt damit zwei Motiven: Zum einen ergibt sich die Präferenz für den Ausbau von nicht-fossilen Energien aus den definierten Klimaschutzzielen. Zum anderen besteht aufgrund der erheblichen ökonomischen Relevanz der Wasserkraft ein starkes Interesse daran, dass diese Energiequelle im nationalen und internationalen Kontext trotz verbreiteter ökologischer Bedenken weiterhin vollumfänglich als erneuerbar anerkannt wird (CAP 2009a, S. 2).[52] Konkrete Ziele über die allgemeine Zusage der Förderung erneuerbarer Energien hinaus hat die NEG-ECP-Konferenz in den vergangenen Jahrzehnten dabei aber nicht formuliert. Im Mittelpunkt stand ähnlich wie im Politikfeld Klimaschutz der fachliche Austausch der zuständigen Regierungsstellen. So wurden entweder im Umfeld der jährlichen Konferenz der Regierungschefs oder im Rahmen des Energieausschusses NICE regelmäßig Foren veranstaltet, an denen Regierungsvertreter auf verschiedenen Ebenen mit Experten und Vertretern von Interessenorganisationen zusammentrafen. Hinzu kommt, dass das NICE zu den am regelmäßigsten tagenden Organen der NEG-ECP-Konferenz gehört, dessen Mitglieder sich zumindest vierteljährlich persönlich treffen und auch darüber hinaus in Austausch stehen (Interview 10).

[52] Dies ist insofern bedeutsam, als erneuerbare Energiequellen in Nordamerika trotz intraregionaler Unterschiede generell restriktiver als in Europa definiert werden (Rowlands 2009, S. 152–153).

Eine Angleichung der Förderpraktiken für erneuerbare Energien lässt sich trotz dieses intensiven Erfahrungsaustausches aber nicht nachweisen: Während in allen Neuengland-Staaten das in den USA gängige *Renewable-Portfolio-Standard*-Modell angewandt wird, das allen Energieversorgern einen bestimmten Anteil von Elektrizität aus erneuerbaren Energiequellen an der verkauften Strommenge vorgibt, existiert dieses Modell in den Atlantikprovinzen Kanadas nur in Nova Scotia. Verbreitet sind in Kanada hingegen unterschiedliche Ausschreibungsmodelle, bei denen Förderaufträge an den Bieter mit der geringsten Angebotssumme vergeben werden. Mehrere Provinzen verfolgen keine gezielte Förderpolitik für den Privatsektor, sondern bauen stattdessen den Anteil erneuerbarer Energien an der Stromerzeugung durch die Erschließung von Wasserkraftpotenzialen durch staatliche Stromversorger aus (NEB 2016). Dennoch wuchs zwischen 2001 und 2015 die Produktion von Energie aus erneuerbaren Quellen in der Region um zwölf Prozent, wobei insbesondere die Stromproduktion aus Solar- und Windenergie überproportional stark zulegte (CONEG 2017a, S. 2).

c) Regulierung von Emissionen im Verkehrssektor

Wie oben bereits angedeutet, ergibt sich aus der traditionell bedeutsamen Rolle der Wasserkraft für die Stromerzeugung im atlantischen Nordosten ein stärkerer Fokus auf Emissionsreduktionen außerhalb des Elektrizitätssektors, um gesamtwirtschaftliche Klimaschutzziele zu erreichen. In diesem Zusammenhang richtete sich die Aufmerksamkeit bei der transnationalen Kooperation schon früh auf den Verkehrssektor. Dabei konzentrierten sich die Bemühungen der NEG-ECP-Plattform wie auch in anderen Politikbereichen auf die systematische Diffusion von Wissen. So veranstalteten die beteiligten Jurisdiktionen in regelmäßigen Abständen Fachtagungen unter Beteiligung von Unternehmen und Think Tanks aus der Region, die etwa die Entwicklung alternativer Antriebe und den Einsatz regenerativer Energien im Verkehrssektor zum Thema hatten (CAP 2012a). Konkrete Beschlüsse oder auch nur Empfehlungen für das Handeln der subnationalen Regierungen gingen daraus aber nicht hervor.

Formale Grundlage für die Aktivitäten im Verkehrssektor ist der 2008 beschlossene *Transportation and Air Quality Action Plan*, der ähnlich wie die allgemeinen Emissionsreduktionsziele keine bindenden Vorgaben für die beteiligten Staaten und Provinzen beinhaltet, sondern vielmehr eine Sammlung an besten Praktiken darstellt, die von den Fachbeamten in einem eigens dafür eingerichteten Ausschuss aggregiert wurden (CAP 2008c, S. 1). Wie der Titel des Dokuments bereits impliziert, stellte neben der Reduktion von Treibhausgasemissionen auch die Verbesserung der Luftqualität eine zentrale Begründung für den Einsatz nicht-fossiler Antriebstechnologien im Verkehrssektor dar (CAP 2008c,

S. 2). Der Aktionsplan gibt eine Reihe konkreter Ziele für die Entwicklung des Verkehrssektors vor, die Umsetzung wird allerdings wiederum den Staaten und Provinzen überlassen. So sollten der Anteil öffentlicher Verkehrsmittel an den zurückgelegten Personenmeilen bis zum Jahr 2020 verdoppelt und zugleich durch Preismechanismen die Nutzung kohlenstoffarmer Antriebsformen deutlich gesteigert werden (CAP 2008c, S. 11–18). Zugleich bezieht der Aktionsplan bereits systematisch die Vorbereitung auf die Folgen von Klimaveränderungen für die Verkehrsinfrastruktur ein.

Im Jahr 2012 wurde der für den Verkehrsaktionsplan zuständige Ausschuss mit einer Fortschreibung des Dokuments beauftragt. Dazu wurden nach Tätigkeitsbereichen gegliederte Unterausschüsse gebildet, die den aktualisierten Plan bis zur Konferenz der Regierungschefs im Jahr 2013 erarbeiteten. Das Nachfolgedokument ändert zwar nichts an der grundlegenden Struktur des Aktionsplans von 2008; es fällt aber ins Auge, dass die Zielsetzungen erheblich unpräziser gefasst sind. So ist nunmehr nicht mehr von einer Verdopplung des Anteils öffentlicher Verkehrsmittel an den zurückgelegten Personenmeilen, sondern nur noch von einer Verbesserung der Leistung des öffentlichen Verkehrs die Rede (CONEG 2013b, S. 14). Dies war offenbar zum einen den Nachwirkungen der Wirtschaftskrise von 2008 geschuldet, die ökonomische Einschnitte zum Zwecke der Klimaschutzpolitik schwerer durchsetzbar machte. Zum anderen war deutlich geworden, dass das zuvor formulierte Ziel auch mit einer ambitionierten Förderpolitik schwer zu erreichen sein würde (Interview 10).

d) Adaptation an Folgen des Klimawandels

In allen beteiligten Bundesstaaten und Provinzen ist die Anpassung an die Folgen des Klimawandels Gegenstand bindender gesetzlicher Regelungen. Im Zentrum steht dabei in der Regel die Resilienz von Infrastrukturen in Küstennähe, die durch einen steigenden Meeresspiegel gefährdet werden. Hinzu kommt in der überwiegend stark bewaldeten Region an der Atlantikküste die Vorbeugung gegen eine Ausbreitung von Vegetationsbränden (Georgetown Climate Center 2019). Während die Adaptation im *Climate Change Action Plan* der NEG-ECP-Konferenz von 2001 lediglich eine untergeordnete Rolle spielte (NEG-ECP 2001, S. 15), hat die Beachtung der Klimafolgen in den Diskussionen und Resolutionen in der Zwischenzeit deutlich zugenommen. So wurde 2008 nach einem im Vorjahr veranstalteten Ministertreffen zum Thema Klima und Energie erstmals eine Resolution verabschiedet, die sich ausschließlich mit diesem Thema befasste und von einer Strategie zur Adaptation begleitet wurde (CAP 2008b). Als zentrales Instrument auf der Ebene der Konferenz diente erneut ein verbesserter Informationsaustausch zwischen den beteiligten Regierungen im behandelten

Politikbereich. In den folgenden Jahren entwickelte sich in der Region ein breiter Konsens darüber, die Mittel für die Adaptation in den beteiligten Bundesstaaten und Provinzen deutlich aufzustocken (CAP 2009b; Interview 10).

Über den Austausch von Wissen hinaus besteht mit der *International Emergency Management Group* (IEMG) in der Region zudem ein fester Mechanismus zur Zusammenarbeit im Fall von auch durch den Klimawandel bedingten Notlagen. Die IEMG wurde 1998 als Forum zur Zusammenarbeit der für Katastrophenhilfe zuständigen Behörden der an der NEG-ECP-Konferenz beteiligten Bundesstaaten und Provinzen gegründet. Neben regelmäßigen Treffen zum Informationsaustausch erlangt die IEMG vor allem in konkreten Notlagen Relevanz, wenn der von ihr ausgearbeitete Mechanismus zur Inanspruchnahme gegenseitiger Hilfe in der Atlantikregion greift: In diesen Fällen sind Standardprozeduren für die Anforderung, Bereitstellung und Führung von Einsatzkräften festgelegt (IEMG 2017). Obgleich in den vergangenen Jahren mehrere Wirbelstürme die Region trafen, ist allerdings kein Fall der Zusammenarbeit im Rahmen der IEMG dokumentiert.

4.3.2.1.4 Handlungskopplung und Einflusspotenziale der beteiligten Akteure

Das System der NEG-ECP-Konferenz ist explizit nicht auf die Ausübung hierarchischen Zwangs oder ökonomischen Drucks ausgerichtet, die eine institutionelle Verkopplung der Aktionen beteiligter Akteure induzieren würden. Vielmehr besteht durch die räumliche Nähe und große infrastrukturelle Vernetzung der Region ein hohes Maß an ökonomischer und ökologischer Interdependenz, die einen stabilen Rahmen für das freiwillige Verhandlungssystem der NEG-ECP bildet. Hinzu kommt ein inzwischen hohes Maß an informeller Institutionalisierung, das die transnationale Zusammenarbeit in Klima- und Energiefragen zu einem „ungeschriebenen Gesetz" (Interview 10) macht. Aus dieser Verankerung in der politischen Tradition der Region erwächst für die Akteure wiederum politischer Druck zur zumindest symbolischen Teilnahme an der Plattform, weil ein Bruch mit der lange gepflegten Kooperation höhere Kosten befürchten lassen würde als deren Weiterführung. Wie theoretisch postuliert, wird in meist langfristiger persönlicher Zusammenarbeit aufgebautes Vertrauen der Akteure sowohl auf der politischen als auch auf der Arbeitsebene als unterstützender Faktor wahrgenommen, wobei der Aufbau von Vertrauen dadurch erleichtert wird, dass zumindest im Politikfeld Klimaschutz in der NEG-ECP keine Verteilungsfragen zu lösen sind, sondern die Zusammenarbeit in den beteiligten Ausschüssen und Arbeitsgruppen als „kooperative Suche nach besten Lösungen" (Interview 10) wahrgenommen wird. Als begünstigender Faktor wurde von einem Interviewpartner auch die hohe personelle Stabilität angeführt: „Das Gute am [Politikfeld] Klimaschutz ist, dass die Vertreter nicht allzu oft wechseln" (Interview 11). Der im Falle der *Western Climate Initiative* (vgl. Abschnitt 4.3.2.2.) konstatierte überproportionale Einfluss größerer administrativer Einheiten bei dieser Wissensakquisition kann für die NEG-ECP-Konferenz nicht untermauert werden.

Obwohl die Zusammenarbeit im Rahmen der NEG-ECP-Konferenz ein hohes Maß an Regelmäßigkeit aufweist, sind Schwankungen in der Intensität der Interaktionen zu beobachten: Wie bereits bemerkt, konstatieren Tomblin u. Colgan (2014, S. 2) einen Niedergang der Kooperation nach der administrativen Eingliederung des US-amerikanischen Teils der Konferenz in die *Coalition of Northeastern Governors* (CONEG). Dieser Befund ist in der Rückschau im Politikfeld Klimaschutz in dieser Eindimensionalität nicht zu bestätigen: Zwar ist die Intensität der Abstimmung seit der Verabschiedung des letzten Aktionsplans im Jahr 2017 zurückgegangen, die Erarbeitung des Plans in den Jahren 2015 bis 2017 war hingegen mit einer hohen Interaktionsdichte in den beteiligten Unterausschüssen verbunden, die sich teils mehrmals im Monat trafen (Interview 10, 11). Auch die jährlichen Konferenzen der Regierungschefs mit jeweils wechselnden inhaltlichen Schwerpunkten werden nicht infrage gestellt.

4.3.2.1.5 Entscheidungsperformanz

Eine rein quantitative Betrachtung ihres Outputs bescheinigt der NEG-ECP-Struktur eine hohe Performanz: Die Zusammenkünfte der Gouverneure und Premiers produzieren mit großer Regelmäßigkeit jedes Jahr vier bis sechs Resolutionen, die sich in ihrer überwiegenden Mehrzahl mit den Themenbereichen Energie, Handel, Verkehr, Umweltschutz und Klimawandel befassen.[53] Das Ausschusssystem der Plattform mit einer Reihe permanenter Gremien und der etablierten Praxis der Einrichtung von Sonder- und Unterausschüssen sowie standardisierten Beteiligungsformen für Interessenorganisationen stellt dazu eine effektive Struktur zur Vorbereitung und wechselseitigen Abstimmung dieser Dokumente bereit. Wie theoretisch für derartige freiwillige Arrangements vermutet und im folgenden Abschnitt genauer ausgeführt, entfalten diese Resolutionen faktisch keine formaljuristische Verbindlichkeit. Dass die in den Resolutionen aufgeführten Maßnahmen explizit keine rechtlichen Auflagen für die beteiligten Einheiten mit sich bringen, sondern metaphorisch als „Speisekarte" verstanden werden, aus der die beteiligten Akteure die jeweils gewünschten und durchsetzbaren Maßnahmen auswählen können, ist eine wesentliche Voraussetzung

[53] So wurde bei neun der zehn Treffen in den Jahren 2009 bis 2018 jeweils eine Resolution zur Klimapolitik verabschiedet (CAP 2019).

für die vergleichsweise reibungslose Zusammenarbeit, weil dadurch Anreize für konfliktorientiertes *bargaining* vermieden werden (Interview 10).

Trotz der juristischen Unverbindlichkeit bilden die Diskussionen der Konferenz für die beteiligten Bundesstaaten und Provinzen in der Praxis einen relevanten Orientierungsrahmen bei der Formulierung der jeweils eigenen Klimaschutzpolitik (Interview 10, 11). So berichtete einer der Interviewpartner, bei der Formulierung eines Klimaschutzaktionsplans in seiner Provinz die darin enthaltenen Instrumente „Punkt für Punkt" mit den im NEG-ECP-Aktionsplan formulierten Zielen abgeglichen und unter anderem die zeitliche Sequenzierung der Zielsetzungen aus denjenigen der NEG-ECP-Konferenz abgeleitet zu haben (Interview 10). In vielen einschlägigen Plänen und Gesetzen wird die Bezugnahme auf den jeweils geltenden Aktionsplan ausdrücklich als Erwägungsgrund aufgeführt. So nimmt der Climate Change Action Plan der Provinz Newfoundland and Labrador aus dem Jahr 2011 explizit Bezug auf den NEG-ECP-Aktionsplan als Grundlage für die Emissionsreduktionsziele bis 2020 (Government of Newfoundland and Labrador 2011), ebenso die Klimaschutzpläne von Prince Edward Island (Government of Prince Edward Island 2018, S. 5), Maine (Government of Maine 2019b, S. 8) und Massachusetts (Government of Massachusetts 2020). Die Provinz Quebec verfolgt ihre Klimaschutzpolitik hingegen weitgehend unabhängig von den NEG-ECP-Zielsetzungen: Das im Klimaschutzplan für das Jahr 2020 formulierte Reduktionsziel von 20 Prozent gegenüber dem Basisjahr 1990 ist deutlich ambitionierter als die Vorgaben der NEG-ECP, die im Übrigen auch keine Erwähnung in dem Dokument finden (Government of Quebec 2013, S. 1). Primärer Bezugspunkt der Policy-Entwicklung ist vielmehr das im Rahmen der *Western Climate Initiative* (vgl. Abschnitt 4.3.3.) entwickelte Emissionshandelssystem (Benoit u. Côté 2015, S. 46).

Insgesamt bestätigt das Fallbeispiel NEG-ECP den in Hypothese H_{8a} formulierten Wirkungszusammenhang: Die Flexibilität, die sich aus der Freiwilligkeit des Verhandlungsarrangements ergibt, befördert das Zustandekommen gemeinsamer Resolutionen, weil die beteiligten Akteure sich dadurch nur bedingt in ihrem zukünftigen Handeln einschränken lassen. Interessant am Fall der NEG-ECP ist dabei insbesondere die Frage, weshalb die in Hypothese H_{8b} konstatierte und in anderen Fällen freiwilliger Verhandlungen empirisch beobachtete Instabilität hier nicht zu beobachten ist. Als stabilisierender Faktor, der die Region von anderen analysierten Fällen – etwa der Western Climate Initiative – unterscheidet, ist dabei wie oben angemerkt insbesondere die enge ökonomische und infrastrukturelle Interdependenz und der sich daraus ergebende strukturelle Bedarf nach gemeinsamer Regulierung anzuführen, der seit den 1970er Jahren einen Anreiz zu Aufrechterhaltung der institutionellen Struktur der NEG-ECP-Konferenz bildet und damit auch einen stabilen Rahmen für die Bearbeitung klimapolitischer Problemstellungen bereitstellt. Daneben ist die ebenfalls bereits diskutierte und von den befragten Teilnehmern bestätigte informelle Institutionalisierung der Zusammenarbeit im Sinne einer *logic of appropriateness* anzuführen.

4.3.2.1.6 Instrumente

Im Hinblick auf die verwendeten Instrumente sind zwei verschachtelte Ebenen zu betrachten: Erstens ist zu analysieren, mit welchen Mitteln das Handeln der an der Verhandlungskonstellation beteiligten Akteure – mithin der hier behandelten subnationalen Einheiten – gesteuert wird. Zweitens ist von Interesse, mit welchen Instrumenten diese Akteure wiederum die im Rahmen der Verhandlung getroffenen Entscheidungen implementieren. Die erste Ebene ist im Fall der NEG-ECP-Konferenz von nichtbindenden Vereinbarungen und Handlungsoptionen geprägt, die häufig keinen präskriptiven Charakter aufweisen. Alle einschlägigen Resolutionen und die Klimaaktionspläne der Jahre 2001 und 2017 betonen explizit, dass die Dokumente nichtbindende Absichtserklärungen darstellen, die keinerlei rechtliche Verpflichtungen für die beteiligten Regierungen nach sich ziehen. Der wenig verbindliche Charakter wird schon am Umfang der einschlägigen Resolutionen deutlich: Die Auflistung von Maßnahmen im Climate Change Action Plan von 2001 umfasst zehn, die in der Fortschreibung von 2017 lediglich vier Seiten. Mit dem dadurch erreichten minimalen Präzisionsgrad ist die verbindliche Festschreibung zu implementierender Maßnahmen nur schwerlich möglich. Die konkreten Vereinbarungen im Rahmen der NEG-ECP-Konferenz zielen insbesondere auf den Austausch und die Bereitstellung von Wissen: In diese Kategorie fallen etwa die Einrichtung eines regionalen Emissionskatasters und die gemeinsamen Bemühungen zur Steigerung der öffentlichen Aufmerksamkeit für die mit dem Klimawandel verknüpften Probleme und Wirkungszusammenhänge. Grundsätzlich ist die Diffusion von regulatorischem Wissen zur Erreichung der von den beteiligten Akteuren prinzipiell unterstützten Ziele geringerer Treibhausgasemissionen und verbesserter Anpassung an die Folgen des Klimawandels als wesentliche Funktion der NEG-ECP-Plattform zu betrachten (Interview 10), was Hypothese H_{10b} untermauert.

Auf der intrajurisdiktionalen Ebene können die transnational formulierten Empfehlungen theoretisch durch machtbasierte Instrumente umgesetzt werden. Der Blick auf die Praxis in den einzelnen Staaten und Provinzen zeigt allerdings, dass diese in der Klimaschutz- und erneuerbare-Energien-Politik primär auf geldbasierte Anreize sowie die sowohl im Aktionsplan 2001 als auch im

Nachfolgedokument enthaltenen wissensbasierten Steuerungsmodi setzen. Insgesamt bestätigen diese Befunde die in Hypothese H_9 erwartete Tendenz solcher Plattformen zu weichen Steuerungsformen.

4.3.2.2 Die Kooperation im Westen: Die Western Climate Initiative

4.3.2.2.1 Überblick über die Kooperations- und Entscheidungsprozesse

Um die Regierung von Kalifornien als zentralen Akteur bildete sich im Westen der USA und Kanadas ein Netzwerk, das durch die *Western Climate Initiative* (WCI) und weitere Abkommen teilweise formalisiert wurde, sich insgesamt aber als größtenteils instabil erwiesen hat. Die drei Westküstenstaaten Kalifornien, Washington und Oregon unterzeichneten 2003 – gestützt auf etablierte Strukturen trilateraler Kooperation in der Umweltpolitik – eine Absichtserklärung zur Schaffung der *West Coast Governors' Global Warming Initiative*, die zunächst durch eine verstärkte Zusammenarbeit der jeweiligen exekutiven Energieregulierungsbehörden implementiert werden sollte (Rabe 2016, S. 110; Warren u. Tomashefsky 2009, S. 56). Der Wunsch weiterer Bundesstaaten und einiger kanadischer Provinzen nach einer regionalen Harmonisierung der Klimaschutzpolitik führte 2007 zur Gründung der *Western Climate Initiative* durch Kalifornien, New Mexiko, Oregon und Washington; binnen eines Jahres traten der Initiative außerdem die US-Bundesstaaten Arizona, Montana und Utah sowie die kanadischen Provinzen British Columbia, Manitoba, Ontario und Quebec bei. Weitere 13 subnationale Einheiten, darunter auch vier mexikanischen Bundesstaaten, erhielten Beobachterstatus (Shurtz 2015, S. 104).

Das Ziel der Einrichtung eines regionalen Marktes für Emissionszertifikate sollte durch die Schaffung harmonisierter Rahmenbedingungen für Emissionsbegrenzungen erreicht werden. Dazu wurden mehrere Ausschüsse und Arbeitsgruppen eingerichtet, die sich jeweils mit Einzelaspekten der Einrichtung eines Emissionshandelssystems befassten. Als erstes Ergebnis wurde im Oktober 2007 ein gemeinsames Reduktionsziel beschlossen: Bis zum Jahr 2020 sollten die Treibhausgasemissionen in der Region um 15 Prozent gegenüber dem Basisjahr 2005 gesenkt werden (WCI 2007a). Die von den Ausschüssen erarbeiteten einzelnen Empfehlungen wurden zunächst in öffentlichen Konsultationsrunden Interessenorganisationen zur Stellungnahme vorgelegt, bevor sie im September 2008 gebündelt als erste Leitlinien für ein Emissionshandelssystem beschlossen wurden. Dieses Dokument empfahl unter anderem eine gemeinsame Eröffnung des Emissionshandels zum 1. Januar 2012 (WCI 2008b). Die Entwicklung eines solchen regionalen Systems scheiterte allerdings daran, dass die Mehrzahl der beteiligten Staaten und Provinzen aus verschiedenen Gründen die Schaffung eines Emissionshandelssystems nicht weiterverfolgte (Houle et al. 2015; Klinsky 2013,

S. 152). Zwar bewiesen die Ausschüsse auch in den Jahren 2009 und 2010 ein hohes Maß an Aktivität bei der Ausarbeitung und Abstimmung detaillierterer Bestimmungen für ein Emissionshandelssystem (WCI 2009b); die Implementation dieser Regelungen durch die beteiligten Staaten und Provinzen unterblieb aber in den meisten Fällen.

Lediglich Kalifornien etablierte zum vereinbarten Zeitpunkt Anfang 2012 ein Emissionshandelssystem; die kanadischen Provinzen Quebec und Ontario folgten 2013 und 2017. Die Konstruktion der drei Systeme folgte jeweils den im Rahmen der WCI ausgearbeiteten Empfehlungen. Nach dem Start der Systeme in Quebec und Ontario wurden die bestehenden Emissionshandelssysteme durch ein Abkommen der beteiligten substaatlichen Akteure miteinander verknüpft und so ein Emissionsmarkt für einen Wirtschaftsraum mit mehr als 60 Millionen Einwohnern und einer Wirtschaftsleistung von etwa 3,5 Billionen US-Dollar geschaffen (CARB 2013, 2017). Zur Verwaltung und technischen Unterstützung wurde 2011 die Organisation WCI Incorporated gegründet (CARB 2014). Damit ergeben sich innerhalb der WCI zwei sehr unterschiedliche Institutionalisierungsniveaus: Während sie für diejenigen Staaten und Provinzen, die kein Emissionshandelssystem implementiert haben, maximal als Plattform zum losen Erfahrungsaustausch dient, bietet sie für die am Emissionshandel beteiligten Akteure ein weitgehend verbindliches Regelsystem für die Verknüpfung ihrer Emissionshandelssysteme.

Nichtsdestotrotz verfolgte auch Kalifornien weiterhin weniger stark institutionalisierte Ansätze zum Erfahrungsaustausch und zur losen Koordination in der Klimaschutzpolitik. Bereits in den Jahren 2008 und 2009 – als die WCI noch aktiv war – veranstaltete Gouverneur Arnold Schwarzenegger Konferenzen mit Regierungschefs substaatlicher Einheiten aus mehreren Staaten. Diese Konferenzen mündeten jeweils nicht in ein bindendes Abkommen oder definierte Implementationsverpflichtungen, sondern produzierten nichtbindende Absichtserklärungen zur Reduzierung von Treibhausgasemissionen und Aufforderungen an die jeweiligen Zentralregierungen, entschiedener gegen den Klimawandel vorzugehen (Donner 21.12.2008). Diese Praxis unregelmäßiger Treffen und der Schaffung schwach institutionalisierter Netzwerke[54] wurde auch unter Schwarzeneggers Nachfolger Edmund G. Brown beibehalten (Friedman 06.07.2017). Daneben wurden auch in unregelmäßigen Abständen Treffen im Rahmen des *Pacific Coast Collaborative* zur Koordination in der Klimaschutzpolitik genutzt:

---

[54] Die Zusammenarbeit zwischen Kalifornien und Baden-Württemberg mündete 2015 in die Gründung der Initiative „*Under2*", der zwischenzeitlich mehr als 200 substaatliche Einheiten aus allen Kontinenten angehören (Under2 2017).

2010, 2013 und 2016 beschlossen die beteiligten Gouverneure und Premierminister jeweils Aktionspläne zur Emissionsreduktion und zur Anpassung an die Folgen des Klimawandels (PCC 2010, 2013, 2016).

Abbildung 4.20 Vollmitglieder der WCI. (eigene Darstellung)

4.3.2.2.2 Beteiligte Akteure

An der WCI waren ausschließlich staatliche Akteure, nämlich die Exekutiven subnationaler Einheiten aus Kanada, den USA und – als Beobachter – Mexiko, beteiligt (Abbildung 4.20). Das Akteursfeld zeichnete sich dabei durch ein hohes

Maß an Heterogenität im Hinblick auf die ökonomische Ausgangslage und die klimapolitischen Ambitionen und Vorerfahrungen aus. Mit dem Staat Kalifornien hatte das Netzwerk einen eindeutig identifizierbaren zentralen Akteur: Während die NEG-ECP-Konferenz trotz offensichtlicher Machtungleichgewichte ihre Programme im Klimaschutzbereich gemeinsam entwickelte, bildete den Ausgangspunkt der WCI die Suche Kaliforniens nach Kooperationspartnern für die eigene ambitionierte klimapolitische Agenda (Rabe 2013, S. 91–92). Die Positionen und Interessen der beteiligten Staaten erwiesen sich als komplex und von einer Vielzahl an Faktoren beeinflusst. Als entscheidende Einflussvariablen sind parteipolitische Orientierungen in Legislative und Exekutive, die volkswirtschaftliche Relevanz fossiler Energieträger sowie Einstellungen in der Bevölkerung zum Klimawandel im Allgemeinen und zum Instrument des Emissionshandels im Besonderen auszumachen (Houle et al. 2015; Klinsky 2013).

In *Kalifornien* verfolgte die Exekutive im Untersuchungszeitraum unabhängig von der Parteizugehörigkeit des Gouverneurs eine ambitionierte Klimaschutzpolitik, während sich in der Legislative schon bei der Verabschiedung des *Global Warming Solutions Act* 2006 eine deutliche parteipolitische Spaltung offenbarte: Die Abgeordneten und Senatoren der Republikaner stimmten nahezu einhellig gegen das Gesetz, die Vertreter der Demokraten nahezu einhellig dafür (California Legislative Information 2006). Aufgrund der durchgängig stabilen Mehrheit der Demokraten zeigte Kalifornien innerhalb der WCI die geringste Volatilität bei der Implementation der Zielsetzungen. Die Haltung der Legislative spiegelt dabei auch die Verteilung der Einstellungen in der Bevölkerung wider: Bei einem Referendum im Jahr 2010 stimmten die Wahlberechtigten mit einer Mehrheit von 61 Prozent gegen einen Gesetzgebungsvorschlag, der die Implementation des *Global Warming Solutions Act* deutlich behindert hätte (Rabe 2016, S. 111–112). Zudem ist in Kalifornien das Vertrauen in die wissenschaftliche Expertise zum Problem des Klimawandels im Vergleich zu anderen US-Bundesstaaten mit am höchsten (Marlon et al. 2017). Volkswirtschaftlich bestehen in Kalifornien angesichts schwacher Öl-, Gas- und Kohleindustrien einerseits kaum Hindernisse für die Regulierung von Emissionen; andererseits generiert die starke Abhängigkeit von Energieimporten zusätzliche Anreize für den Ausbau erneuerbarer Energiequellen, der in der Regel zu einer Emissionsminderung führt (Houle et al. 2015, S. 62).

Ähnliche Voraussetzungen waren zum Zeitpunkt der Gründung der WCI auch in *Washington* und *Oregon* anzutreffen: Beide Staaten wurden von Gouverneuren der Demokratischen Partei regiert, die schon vor der Gründung der WCI einer aktiven Klimaschutzpolitik hohe Priorität eingeräumt hatten (State of Oregon 2008; United States Senate 2009). Aufgrund der ökonomisch vernachlässigbaren

Rolle fossiler Energien und der hohen Kapazitäten für Stromerzeugung aus Wasserkraft bestand in beiden Staaten darüber hinaus ein wirtschaftliches Interesse an einer gesteigerten Nachfrage nach emissionsarmen Energieressourcen im Westen Nordamerikas (Klinsky 2013, S. 150). Auch die Haltungen einer Bevölkerungsmehrheit zur Klimaforschung und zur Notwendigkeit politischer Maßnahmen zum Klimaschutz ähneln denjenigen in Kalifornien (OVB 2013; Plan Washington 2016). Gleichwohl sprachen sich die Legislativen in beiden Staaten mehrheitlich gegen die Einführung eines Emissionshandelssystems aus und verhinderten damit eine Umsetzung der von den Exekutiven ausgehandelten Policies (Rabe 2013, S. 94).

Auch in *New Mexico* mündeten die weitreichenden klimapolitischen Ambitionen der Exekutive unter Gouverneur Bill Richardson nicht in eine affirmative Haltung des Staates insgesamt zum Emissionshandel, obwohl sich die Einstellungen in der Bevölkerung zum Klimawandel und zur Regulierung von Emissionen nicht wesentlich von denen in den oben genannten Staaten unterscheiden (Howe et al. 2015). Ausschlaggebend dafür war der Wechsel im Gouverneursamt Anfang des Jahres 2011: Die Republikanerin Susana Martinez stoppte kurz nach ihrem Amtsantritt die Implementation des Ende 2010 beschlossenen Gesetzespakets zur Etablierung eines Emissionshandelssystems und entließ das gesamte *Environmental Improvement Board*, kurz nachdem dieses den WCI-Vorgaben entsprechende Regulierungen erlassen hatte (Rabe 2016, S. 111). Angesichts der wachsenden Bedeutung des Erdgassektors in New Mexico (EIA 2017e) und der angespannten Arbeitsplatzlage infolge der Wirtschaftskrise fielen die Warnungen vor schädlichen Effekten des Emissionshandels auf die Volkswirtschaft auch bei den Demokraten in Senat und Repräsentantenhaus des Staates auf fruchtbaren Boden (Interview 4): Im November 2011 erklärte New Mexico schließlich formal seinen Rückzug aus der WCI (Craig 18.11.2011; Houle et al. 2015, S. 60).

Ähnlich war die Lage in *Arizona*: Gouverneurin Janet Napolitano strebte eine aktive Klimaschutzpolitik und eine Beteiligung am Emissionshandel im Rahmen der WCI an, konnte diese Position aber nicht nachhaltig durchsetzen. Die von den Republikanern dominierte Legislative des Staates stand dem WCI-Programm von Beginn an ablehnend gegenüber und setzte zunächst einen Ausschuss zur Klärung der fachlichen Grundlagen des Emissionshandels ein (del Puerto 03.06.2009). Nachdem Napolitano von Präsident Barack Obama in das Amt der Heimatschutzministerin berufen worden war, untersagte ihre Nachfolgerin Jan Brewer unter Verweis auf befürchtete ökonomische Nachteile durch eine Emissionsobergrenze Anfang 2010 per Exekutivanordnung jede weitere Beteiligung Arizonas an der WCI (Bhanoo 11.02.2010; Rabe 2016, S. 110). Dieser Schritt entsprach einer überwiegend ablehnenden Haltung in der Bevölkerung gegenüber bindenden Emissionsregulierungen (Howe et al. 2015), lässt sich aber nicht mit der wirtschaftlichen Rolle fossiler Brennstoffe begründen: Arizona verfügt über keine industriellen Kapazitäten zum Abbau oder zur Verarbeitung von Erdöl oder Erdgas und lediglich kleinere Kohlevorkommen (EIA 2017a). Entsprechend äußerte auch die Mehrzahl der Wirtschaftsvertreter in den regelmäßig durchgeführten Konsultationen keine prinzipiellen Vorbehalte (Interview 3).

Noch schwächer war das Interesse an einer Beteiligung an einem Emissionshandelssystem im Rahmen der WCI in *Montana* und *Utah*. Die Gouverneure der beiden Staaten, Brian Schweitzer und Jon Huntsman, hatten eine Beteiligung an der Initiative von Anfang an damit begründet, damit möglicherweise Einfluss auf die Klimaschutzpolitik der Staaten an der Westküste nehmen zu können, die wichtige Abnehmer für fossile Brennstoffe aus den beiden Staaten sind (Klinsky 2013, S. 150; Shurtz 2015, S. 105). Montana gehört zu den wichtigsten Steinkohleproduzenten in den USA, während in Utah sowohl der Erdöl- und Erdgas- als auch der Kohlesektor erhebliche volkswirtschaftliche Bedeutung besitzen (EIA 2017d, 2017f). Während sich die Legislative Montanas weitgehend neutral gegenüber den Klimaschutzplänen der Exekutive verhielt, verabschiedeten Senat und Repräsentantenhaus in Utah im Jahr 2010 eine Resolution, die den Gouverneur unter Verweis auf befürchtete schädliche Effekte auf die wirtschaftliche Entwicklung dazu drängte, aus der WCI auszutreten. Vor diesem Hintergrund führten wachsender interner Widerstand gegen eine Emissionsobergrenze und die Tatsache, dass auch das Engagement der übrigen Teilnehmer der Initiative zu schwinden begann, zu einem raschen Ende der Beteiligung dieser Staaten (Klinsky 2013, S. 152–154).

Etwas andere Voraussetzungen herrschten in den beteiligten kanadischen Provinzen. Zum einen ist die Akzeptanz der empirischen Fakten zum Klimawandel in der kanadischen Bevölkerung deutlich stärker ausgeprägt als in der US-amerikanischen. Zum anderen herrscht anders als in den USA auch keine starke parteipolitische Polarisierung in Bezug auf die Klimaschutzpolitik. Gleichwohl wurde auch in Kanada die Programmatik der WCI nicht ohne weiteres umgesetzt, wobei der Provinz *Quebec* eine Vorreiterrolle zukam. Wie Houle et al. (2015, S. 57–58) argumentieren, war ein breiter Konsens unter den Eliten in der Provinz ausschlaggebend für die Unterstützung eines Emissionshandelssystems trotz der überwiegend skeptischen Haltung in der Bevölkerung. Trotz zwischenzeitlicher Regierungswechsel zwischen der *Parti Libéral du Québec* (PLQ) und der *Parti Québécois* (PQ) unterstützten die Abgeordneten beider Parteien im Parlament jeweils einstimmig die Umsetzung des Emissionshandelssystems. Das System wurde zu Jahresbeginn 2013 eingeführt und ein Jahr später mit dem kalifornischen

System verknüpft (Government of Quebec 2017). Strukturelle Voraussetzung für den vergleichsweise geringen Widerstand ist dabei die volkswirtschaftlich marginale Rolle des Erdöl- und Erdgassektors in der Provinz, verbunden mit der Hoffnung auf Entwicklungschancen für die erheblichen Kapazitäten in der Stromerzeugung aus Wasserkraft (Houle et al. 2015, S. 63; Purdon et al. 2014, S. 41).

Auch *Ontario* beteiligte sich am gemeinsamen Emissionshandelssystem, allerdings mit zeitlicher Verzögerung und aufgrund parteipolitisch bedingter Volatilität nur kurzfristig. Bereits 2008 unterzeichneten die Premierminister von Quebec und Ontario, Jean Charest und Dalton McGuinty, eine Absichtserklärung, die die Einrichtung eines gemeinsamen Emissionshandelssystems ankündigte (Houle et al. 2015, S. 57). Die Regierung McGuinty unternahm nach der Vollendung des WCI-Programms aber zunächst keine konkreten Schritte zu dessen Umsetzung, sondern verschob die Einrichtung eines solchen Systems auf unbestimmte Zeit (Powell 23.11.2011), während innerhalb der Provinz ein Programm zur Förderung emissionsarmer Energiequellen und der Elektromobilität implementiert wurde (Government of Ontario 2009). Erst unter McGuintys Nachfolgerin Kathleen Wynne gelangte ein Emissionshandelssystem wieder auf die politische Agenda und wurde Anfang 2017 offiziell eingeführt (Government of Ontario 2017). Ende November 2017 wurde das System mit einer Verordnung mit dem bestehenden Systemen Kaliforniens und Quebecs harmonisiert, was einen Beitritt zu Beginn des Jahres 2018 erlaubte (29.11.2017). Dieser Schritt war gleichwohl innerhalb Ontarios nicht unumstritten: Wynnes Nachfolger Douglas Ford von der Progressiv-Konservativen Partei der Provinz, der die Opposition gegen das Emissionshandelssystem bereits zu einem zentralen Thema seines Wahlkampfs gemacht hatte, kündigte kurz nach seinem Amtsantritt 2018 einen Ausstieg aus dem Emissionshandel an (Government of Ontario 2018). Auch die Bevölkerung der Provinz befürwortete einer Umfrage zufolge zwar mehrheitlich Emissionsbegrenzungen, das konkret implementierte Emissionshandelssystem wird aber nur von einer Minderheit unterstützt (Jones 27.08.2017). Ebenso wie in Quebec spielt auch in Ontario die Erdöl- und Erdgasindustrie keine volkswirtschaftlich bedeutsame Rolle (NEB 2017a, 2017b), weshalb Widerstand organisierter Interessen aus diesem Bereich keine machtpolitische Wirkung entfalten konnte.

Auch *British Columbia* verfolgte zunächst eine ambitionierte Klimaschutzpolitik, führte im Jahr 2008 unter Premierminister Gordon Campbell eine Steuer auf CO_2 ein und strebte zudem die Einrichtung eines Emissionshandelssystems nach den Vorgaben der WCI an (Shurtz 2015, S. 116). Zwar gelang es Campbell, trotz des auf eine Rücknahme der Steuer gerichteten Wahlkampfs der oppositionellen *New Democratic Party* (NDP) 2009 im Amt zu bleiben und die Steuer aufrechtzuerhalten. Gegen die Einführung des Emissionshandels regte sich aber angesichts des rapide expandierenden Erdgassektors in British Columbia entschiedener Widerstand organisierter Unternehmensinteressen, der die Pläne letztlich zum Erliegen brachte (Houle et al. 2015, S. 59). Diese Entwicklung ist insofern bemerkenswert, als Umfragen zufolge eine Mehrheit der Bevölkerung der Einführung eines solchen Instruments positiv gegenübersteht (Houle et al. 2015, S. 56).

Im Gegensatz zu den anderen an der WCI beteiligten Provinzen hat *Manitoba* bisher weder ein Emissionshandelssystem noch eine Steuer auf Treibhausgasemissionen eingeführt. Zwar wurden von der NDP-Regierung unter Premierminister Gary Doer 2008 ehrgeizige Klimaschutzziele verabschiedet; nach dem Wechsel an der NDP-Parteispitze und im Premiersamt zu Greg Selinger wurden diese Ziele aber angesichts einer stark wachsenden Erdölindustrie deutlich verfehlt (Government of Canada 2017, S. 12), wenngleich Manitoba formal Teil der WCI und der Entwicklung eines Emissionshandelssystems verpflichtet blieb. Ende 2015 veröffentlichte die Exekutive einen neuen Plan zur Reduzierung von Treibhausgasemissionen, der unter anderem die Schaffung eines in die WCI integrierten Emissionshandelssystems vorsah (Ena 07.12.2015). Dieses Vorhaben wurde aber nach dem Regierungswechsel 2016 vom neuen Premier Brian Pallister von der progressiv-konservativen Partei abgebrochen (Rabson u. Kusch 03.10.2016). Dieser Schritt trägt der Tatsache Rechnung, dass neben den meisten großen Industrieunternehmen auch eine deutliche Mehrheit der Bevölkerung Manitobas gegen eine verpflichtende Regulierung von Emissionen ist (Government of Manitoba 2011; Pursaga 05.07.2017).

Organisierte Privatinteressen konnten an mehreren Punkten auf den Designprozess einwirken, waren aber nicht mit Blockademöglichkeiten an den Entscheidungsprozessen beteiligt. Die WCI organisierte regelmäßige zentrale Treffen und Webinare für Stakeholder aus allen beteiligten Staaten und Provinzen, die als Konsultationsforen dienten und quantitativ erheblichen Zuspruch fanden (Interview 5). Vor allem Vertreter energieintensiver Industrien sowie die Kohleindustrie sprachen sich dabei entschieden gegen die Einführung eines Preissignals auf Treibhausgasemissionen aus (Interview 5,6). Als wichtigster Ansatzpunkt der Einflussnahme für Akteure, die ein Emissionshandelssystem verhindern wollten, dienten dabei die Parlamente der substaatlichen Einheiten, deren Zustimmung für die Einführung eines Emissionshandelssystems in den meisten Fällen vonnöten war (Interview 6). Umgekehr tendierten offenbar Interessenorganisationen, die die Arbeit der WCI-Gremien nicht rundheraus verhindern, sondern konstruktiv begleiten wollten, dazu, innerhalb der WCI-Beteiligungsforen mitzuwirken. Zudem wurden systematisch global tätige Nichtregierungsorganisationen und Think Tanks mit Fachwissen im Bereich des Emissionshandels konsultiert (Interview 6).

4.3.2.2.3 Inhaltlicher Verlauf der Entscheidungsprozesse

In ihrer gemeinsamen Erklärung zur Schaffung der WCI setzen sich die Teilnehmer zwei zentrale Ziele:

a) Die Entwicklung eines regionalen Emissionsreduktionsziels und
b) Die Entwicklung eines marktbasierten Instruments zur Umsetzung der dafür notwendigen Emissionsbegrenzungen, wozu auch die Einrichtung eines regionalen Emissionsregisters gehörte (WCI 2007b, S. 2).

Ziel war es dabei nicht, Entscheidungen im Sinne bindender Verpflichtungen für alle Teilnehmer zu generieren. Vielmehr ging es um die Erarbeitung technischer Rahmenbedingungen für die Schaffung eines harmonisierten Emissionsmarktes. Da aufgrund der Neuheit des Instruments bei allen Teilnehmern die Expertise zum Thema Emissionshandel begrenzt war, ging es in den gebildeten Ausschüssen zunächst weniger um einen Aushandlungsprozess zwischen vordefinierten Präferenzen, sondern um die Sammlung von Fachwissen über verschiedene Designoptionen und die Evaluierung dieser Optionen (Stephan 2009, S. 21). Gleichwohl mussten insbesondere bei der Zurechnung von Emissionen zu den beteiligten substaatlichen Einheiten auch Verteilungsfragen gelöst werden.

a) Emissionsreduktionsziel

Bereits zu einem vergleichsweise frühen Zeitpunkt im Designprozess einigten sich die beteiligten Partner auf ein Emissionsreduktionsziel von 15 Prozent bis 2020 im Vergleich zum Basisjahr 2005 (WCI 2008a, S. 60). Diese Festlegung erforderte nur geringe Verhandlungsanstrengungen, da der Zielwert von 15 Prozent etwa dem Durchschnitt der von den einzelnen Staaten bereits beschlossenen Emissionsreduktionsversprechen entsprach. Die Festlegung bezog sich damit vor allem auf eventuell neu eintretende Staaten, für die diese Emissionsgrenze eine Mindestanforderung darstellen sollte (Interview 5).

b) Entwicklung eines Emissionshandelssystems

Anders als die NEG-ECP-Konferenz, die zwar ein regionales Emissionsreduktionsziel formulierte, aber keine Vorgaben in Bezug auf Minderungsziele einzelner Staaten und Provinzen machte, beabsichtigten die WCI-Partner detaillierte Emissionsobergrenzen für alle beteiligten subnationalen Einheiten. Diesem Entschluss lagen unter anderem die negativen Erfahrungen der EU mit der dezentralen Festlegung von Zertifikatmengen zugrunde, über die der zuständige Ausschuss im Rahmen der Konsultation externer Experten detailliert informiert wurde (WCI 2009a). Die Reduktionsziele selbst waren dabei nicht Gegenstand der Verhandlungen, da sie sich aus den von den beteiligten Staaten und Provinzen individuell formulierten Klimaschutzzielen ergaben. Für die intendierte Verknüpfung der einzelnen Zertifikatemärkte musste aber über die Kalkulation der Emissionen verhandelt werden.

Dabei entwickelte sich die Diskussion über die Zuordnung von Emissionen beim grenzüberschreitenden Handel von Elektrizität bei der Verteilung der Zertifikatemengen unter den beteiligten substaatlichen Einheiten zu einem Paradebeispiel für distributives *bargaining*. Konkret beharrte vor allem Kalifornien als größter Importeur von Elektrizität (EIA 2017b) darauf, dass die durch die Erzeugung dieser Elektrizität generierten Emissionen denjenigen Staaten zugerechnet werden sollten, in denen die entsprechenden Kraftwerke standen. Dagegen strebten die Nettoexporteure unter den beteiligten Staaten und Provinzen, allen voran Arizona,[55] eine Regelung an, die die Emissionen aus der Stromerzeugung regional dem Stromverbrauch zugeordnet hätte (Interview 3). Die anfänglichen Design-Empfehlungen beinhalteten das etwas widersinnig anmutende Konzept des „*first jurisdictional deliverer*“, demzufolge beim Stromimport aus Gebieten außerhalb der WCI der importierende Netzbetreiber in der WCI entsprechende Emissionszertifikate erwerben musste, beim Stromhandel innerhalb der WCI aber ausschließlich der Punkt der Stromerzeugung ausschlaggebend sein sollte (WCI 2008a, S. 21). Diese Konstruktion wurde in den Verhandlungen zwar schnell wieder verworfen, aufgrund der unmittelbar tangierten wirtschaftlichen Interessen aller Beteiligten und mangels verfügbarer Verhandlungsmasse für eventuelle Koppelgeschäfte gelang es aber nicht, eine Einigung in diese Frage zu erzielen (Interview 3).

Die Diversität der beteiligten substaatlichen Einheiten führte dazu, dass das Arbeitsprogramm der WCI sehr unterschiedlich implementiert wurde. So kann New Mexico als derjenige Staat betrachtet werden, der am ehrgeizigsten dem Vorbild Kaliforniens nacheiferte und versuchte, ein ähnliches Gesetzespaket zum Klimaschutz auf den Weg zu bringen. Allerdings beinhalteten die von New Mexico verabschiedeten Regeln auch Vorgaben, die mit den Zielsetzungen der

[55] Kalifornien bezieht seine Elektrizitätsimporte zu etwa gleichen Teilen aus Arizona und Nevada einerseits und der Nordwest-Netzregion andererseits. Da die in Washington, Oregon und Montana erzeugte Elektrizität aber im Gegensatz zu der aus Arizona größtenteils aus emissionsarmer Wasserkraft stammt, besaß die Verteilungsfrage für diese Staaten keine ähnlich hohe Priorität wie für Arizona (EIA 2017b).

WCI in Konflikt standen, etwa ein Verbot der Versteigerung von Zertifikaten[56] – die entsprechende Arbeitsgruppe der WCI hatte einen verpflichtenden Versteigerungsanteil von zehn bis 25 Prozent vorgeschlagen (WCI 2008b, S. 8). In Washington und Oregon gerieten die Gesetzgebungsprozesse hingegen schnell ins Stocken. Seit dem Jahr 2010 sind keine Bemühungen mehr erkennbar, die im Rahmen der WCI vereinbarten Schritte zu einem Emissionshandelssystem weiter umzusetzen. Auch für die nähere Zukunft ist ein solcher Schritt dort nicht zu erwarten; allerdings wird in Washington von einigen Akteuren die Einführung einer Emissionssteuer angestrebt (Interview 6). Den drastischsten Schritt unternahm im Februar 2010 die Gouverneurin von Arizona, Jan Brewer, die per Exekutivanordnung jede Beteiligung ihres Staates an einem Emissionshandelssystem untersagte (Bhanoo 12.02.2010). Nach dieser Entscheidung verabschiedeten sich auch die übrigen beteiligten Staaten sukzessive von der Zielsetzung eines gemeinsamen Emissionshandelssystems (Rabe 2013, S. 93–94) (Abbildung 4.21).

4.3.2.2.4 Handlungskopplung und Einflusspotenziale der beteiligten Akteure

Die WCI stellt ein Paradebeispiel für ein schwach verkoppeltes Netzwerk dar und kann im Sinne der eingangs entwickelten Systematik als freiwilliges Verhandlungsarrangement in einem institutionell schwach strukturierten Feld konzeptualisiert werden: Der Initiative lag zunächst kein bindendes Abkommen, sondern lediglich eine Absichtserklärung der beteiligten Akteure zugrunde. Diese Erklärung entfaltete kaum strukturierende Wirkung für die weitere Kooperation; vielmehr mussten die Teilnehmer über jede weitere Aktion von neuem ein Übereinkommen erzielen. Dabei verfügte jeder Akteur stets über eine *exit*-Option, die – wie die Beispiele der ausgetretenen Staaten und Provinzen zeigen – auch nicht mit hohen Kosten verbunden war. Die beteiligten Akteure verfügten über keinerlei Zwangs- oder Blockademittel, mit denen sie das Handeln anderer Akteure beeinflussen konnten.

Allerdings kann von einem informellen Vertrauensverhältnis zwischen den Vertretern der beteiligten substaatlichen Akteure ausgegangen werden, das diese in ihrem Selbstverständnis deutlich von den konsultierten nichtstaatlichen Akteuren abgrenzte und einen stabilisierenden Effekt auf das Arrangement hatte:

---

[56] In New Mexico wurden die WCI-Vorgaben zunächst auf Basis exekutiver Anordnungen des *Air Quality Improvement Board* umgesetzt. Diese Behörde verfügte aber nicht über die notwendigen Kompetenzen, um eine Versteigerung von Zertifikaten zu beschließen. Das dafür notwendige Gesetz wurde von der Legislative allerdings nicht mehr beschlossen, bevor sich New Mexico unter der neuen Gouverneurin Susana Martinez aus der WCI zurückzog (Interview 4).

Abbildung 4.21 Teilnehmer am WCI-Emissionshandel. (eigene Darstellung)

Erstens existierte zu Beginn der Initiative bereits eine langjährige Tradition umweltpolitischer Kooperation zwischen Kalifornien, Oregon und Washington (Rabe 2013, S. 92). Mit Montana, Utah und New Mexico hatten diese Staaten zuvor zwar kaum zusammengearbeitet, im Rahmen der West Coast Governors' Initiative existierten aber zumindest lose persönliche Bekanntschaften zwischen den Fachbeamten der meisten der beteiligten US-Bundesstaaten[57] (Interview 4).

[57] In den Interviews wurde darüber hinaus mehrfach auf eine freundschaftliche persönliche Beziehung der beteiligten Gouverneure und Premierminister verwiesen, die das Zustandekommen der WCI überhaupt erst ermöglicht habe (Interview 4, 5).

Die hohe Interaktionsdichte innerhalb der ersten drei Jahre des Bestehens der WCI generierte zudem enge interpersonale Beziehungen: Die Steuerungsgruppe aus den jeweils für die WCI zuständigen Beamten und Experten aus den beteiligten Staaten und Provinzen trat insbesondere in der Zeit der Erarbeitung der Design-Empfehlungen nahezu monatlich zusammen (Interview 4, 7). Auch die Ausschüsse tagten meist regelmäßig in ähnlich kurzen Abständen (WCI 2012). Durch diese enge und dauerhafte Zusammenarbeit war zwischen den Mitgliedern der jeweiligen Arbeitsgruppen der Aufbau von vertrauensbasierten Netzwerken und differenzierten Einblicken in die Motive und Interessen der jeweils anderen Beteiligten möglich (Interview 3, 7). In den geführten Interviews äußerten Teilnehmer einhellig die Einschätzung, dass dieses stabile Vertrauensverhältnis die Kompromissfindung erleichtert habe (Interview 3-7). Gleichwohl konnten auf diese Weise wie dargestellt nicht alle Konflikte gelöst werden.

Das Management der Verhandlungen erfolgte durch eine Steuerungsgruppe, in der im Rahmen von „*partner meetings*" die Agenda für die Ausschüsse und Arbeitsgruppen vorgegeben wurde. Die Entscheidungen dieses Gremiums erfolgten im Konsens der Vertreter aller aktiv beteiligten Staaten und Provinzen. Auch für die Koordinationsleistung dieses Gremiums war ein Vertrauensverhältnis zwischen den beteiligten Individuen entscheidend. Zudem äußerten die Teilnehmer die Einschätzung, dass die Vertreter der ökonomisch und nach Einwohnerzahl stärksten Einheiten, Kalifornien und Quebec, bemüht waren, die Gleichberechtigung aller Partner betonten, um Sorgen vor einer möglichen Bevormundung von vornherein zu zerstreuen (Interview 4, 5). In diesem Rahmen war eine Zusammenarbeit von Akteuren mit gleichgerichteten Präferenzen möglich; die geringe interne Kohäsion einiger beteiligter Staaten und Provinzen im Hinblick auf die Zielrichtung in der Klimaschutzpolitik führte aber zu einem schnellen Auseinanderbrechen der Akteurskoalition durch parteipolitische Wechsel[58] in einigen der beteiligten Staaten sowie durch verbreitete Schwierigkeiten, für die durch die Exekutiven ausgehandelten Regeln die Zustimmung der Legislativen zu erhalten (Interview 6).

---

[58] Die erwähnten Wechsel im Gouverneursamt wurden von den interviewten Beteiligten durchweg als Hauptursache für das Auseinanderbrechen der WCI identifiziert. Zwar sei eine vollumfängliche Umsetzung in allen beteiligten subnationalen Einheiten nicht erwartet worden, mit der Einrichtung eines regionalen Emissionshandelssystems sei aber fest gerechnet worden: „We had a reasonable expectation that it would become reality" (Interview 4). Als zusätzlicher externer Faktor, der den Bemühungen zum Klimaschutz politische Unterstützung entzog, ist zudem die anbrechende Wirtschaftskrise zu nennen.

4.3.2.2.5 Entscheidungsperformanz

Die Initiative war von Anfang an nicht darauf angelegt, hierarchisch durchsetzbare Entscheidungen zu produzieren; allerdings setzt die Einrichtung eines gemeinsamen Marktes für Emissionszertifikate ein gewisses Maß an regulatorischer Harmonisierung voraus und bedarf damit auch der Befolgung gemeinsamer Regeln durch alle beteiligten Akteure. Angesichts der heterogenen Präferenzen der elf ursprünglich beteiligten Akteure und der geringen Institutionalisierungstiefe verlief schon die Einigung auf solche gemeinsamen Regeln nicht ohne Hürden. Beispielsweise brauchte die WCI mehr als vier Jahre, um ihre endgültigen Leitlinien für die Emissionsberichterstattung festzulegen; zu diesem Zeitpunkt war die Zahl der teilnehmenden Akteure durch den Austritt der meisten US-Bundesstaaten aber bereits von elf auf fünf geschrumpft. Defizite in der Entscheidungsperformanz zeigen sich vor allem in Verteilungsfragen. Wie am Beispiel der Zuteilungsregeln für Zertifikate dargestellt, verhinderten die allen Akteuren zur Verfügung stehende Blockade- und *exit*-Möglichkeit sowie die angesichts der monothematischen Anlage der WCI fehlende Verfügbarkeit von Koppelgeschäften eine Lösung dieses Verteilungskonflikts. Dieser Zusammenhang ist ein deutlicher Beleg für den in Hypothese H_{8b} vermuteten negativen Einfluss schwacher Institutionalisierung auf die Entscheidungsfähigkeit eines Arrangements.

Durchaus erfolgreich war die WCI aber in der Erarbeitung eines gemeinsamen regulativen Rahmens, für den ein komplexer Bestand an Fachwissen aus den beteiligten substaatlichen Einheiten und von externen Akteuren zusammengeführt werden musste: Dies betraf neben der Zuteilung von Zertifikaten und der allgemeinen Funktion eines Zertifikatemarkts unter anderem die Kalkulation von Kompensationen und die Anerkennung von Zertifikaten aus anderen Systemen, die Überwachung und Berichterstattung von Emissionen sowie Möglichkeiten der Regeldurchsetzung in einem operierenden System (WCI 2010b).

Rabe (2013, S. 92–93) bemerkt in seiner vergleichenden Analyse von WCI und RGGI, dass die Einigung auf gemeinsame Zielsetzungen und Vorgehensweisen im Nordosten der USA wesentlich schneller verlief als im Westen. Zwar konnte innerhalb der Arbeitsgruppen der *Western Climate Initiative* ein gemeinsamer Politikrahmen erarbeitet werden, der aber in der Folge aufgrund der fehlenden Verbindlichkeit und divergierender Interessen von der überwiegenden Mehrzahl der Akteure nicht umgesetzt wurde. Die Implementation der ausgehandelten Regeln erwies sich als kritischer Punkt in der Entwicklung der WCI (Interview 4-6), wobei fehlende institutionelle Anreize zur Implementation neben veränderten externen Rahmenbedingungen und internen parteipolitischen Spannungen entscheidend zum weitgehenden Scheitern der WCI beitrugen.

4.3.2.2.6 Instrumente

Die intendierte Funktionsweise der WCI war die einer hierarchischen Implementation im Schatten eines lose gekoppelten Verhandlungssystems: Aufgrund der begrenzten wechselseitigen Beeinflussungsmöglichkeiten auf Basis von Macht oder Geld waren die Teilnehmer der WCI im Wesentlichen auf *arguing* als Interaktionsmodus beschränkt, das Instrumentarium auf dieser Ebene basierte, wie in Hypothese H_{10b} vermutet, vor allem auf der Diffusion von Wissen. Mit den Arbeitsgruppen und Konsultationsrunden wurde zu diesem Zweck eine umfangreiche Infrastruktur geschaffen, die auch nachweisbar zur Weitergabe von Regulierungswissen beitrug: So flossen über die Konsultation von Fachverbänden und Vertretern der EU-Kommission sowie der britischen Regierung Erkenntnisse aus der Einrichtung des EU-Emissionshandelssystems in die Planungen über ein WCI-weites Emissionshandelssystem ein (Interview 6, 7). Zudem fanden die im Rahmen der WCI erarbeiteten Methoden zur Messung und Berechnung von Emissionen sowie zur Berechnung von CO_2-Kompensationen auch in einigen Staaten und Provinzen Anwendung, in denen kein Emissionshandelssystem implementiert wurde (Interview 5, 6). Zumindest für den Fall der Provinz British Columbia ist darüber hinaus belegt, dass Unternehmen die in den WCI-Arbeitsgruppen erstellten langfristigen Emissionsreduktionspläne auch ohne eine Implementation des weiteren WCI-Regelungsrahmens umsetzen, um sich für ein mögliches künftiges Emissionshandelssystem zu wappnen (Interview 5).

Auf die grundlegende Wirkungsweise des Instruments Emissionshandel wurde im Abschnitt 4.2.3 bereits genauer eingegangen. Basierend auf Erkenntnissen aus der Einführung des Emissionshandels in der EU wurde beim WCI-Design allerdings Wert auf eine im Vergleich zum EU-Emissionshandelssystem stärkere Rolle staatlicher machtbasierter Regulierung gelegt: Während in der EU für einmal ausgegebene Zertifikate nahezu völlige Marktfreiheit gilt und damit auch die Preisbildung im freien Wettbewerb erfolgt, beinhaltete das intendierte WCI-Emissionshandelssystem eine Preisuntergrenze (WCI 2010a, S. 7).

4.3.3 Private Klimaschutzbestrebungen: Der Chicago Climate Exchange

4.3.3.1 Überblick über die Kooperations- und Entscheidungsprozesse

Mit dem Chicago Climate Exchange (CCX) wurde in den 2000er Jahren in Abwesenheit einer stringenten Emissionsreduktionspolitik auf nationalstaatlicher Ebene in Nordamerika der weltweit erste Versuch unternommen, ein rein privates Emissionshandelssystem einzurichten. Die Emissionsbörse wurde von der im Jahr 2000 von Richard Sandor gegründeten Gesellschaft Climate Exchange PLC betrieben und handelte ab 2003 neben Berechtigungen für den Ausstoß von CO_2 auch Zertifikate für Fluorkohlenwasserstoffe, perfluorierte Kohlenwasserstoffe, Lachgas, Methan und Schwefelhexafluorid (UNFCCC 2005). Öffentliche Aufmerksamkeit erlangte die Plattform vor allem durch die frühzeitige Einbindung des früheren US-Vizepräsidenten und Präsidentschaftskandidaten Al Gore. Ziel des CCX war es nicht, ein möglichst umfassendes und dauerhaftes Emissionshandelssystem zu etablieren, sondern die Realisierbarkeit von marktbasierten Emissionsreduktionsmechanismen zu testen, Erfahrungen für ohnehin erwartete Emissionsregulierungen zu sammeln und zugleich politisch für einen wettbewerbsbasierten Ansatz statt hierarchischer Standardsetzung zu werben (Kollmuss et al. 2008, S. 66; Sandor 2006, S. 399; Yang 2006, S. 274). Der geografische Bezugsraum war dabei a priori auf Kanada, die USA und Mexiko beschränkt; aus den drei Staaten beteiligten sich schließlich rund 120 Unternehmen sowie eine Reihe anderer korporativer Akteure wie Städte und Universitäten mit einem Emissionsvolumen von etwa 680 Millionen Tonnen CO_2-Äquivalenten bei der Gründung des Arrangements (UNFCCC 2005). 2006 etablierte der CCX gemeinsam mit der Börse von Montreal den „Montreal Climate Exchange“ als kanadischen Handelsplatz (Hendrickson u. Chun 2007). Nachdem der ursprünglich auf die Jahre 2003 bis 2006 angelegte Handel um eine weitere Handelsperiode bis zum Jahr 2010 verlängert worden war, stellte die Emissionsbörse 2010 ihre Aktivitäten ein (Kirkland 03.05.2010).

4.3.3.2 Beteiligte Akteure

Die Teilnehmer am Chicago Climate Exchange repräsentierten ein diverses Akteursfeld: Neben Vollmitgliedern, zu denen primär Unternehmen und einige Städte zählten, gehörten dazu auch teilnehmende Mitglieder, die beispielsweise Kompensationsmöglichkeiten bereitstellten, aber selbst keine Verpflichtung zur Emissionsreduktion eingingen, sowie assoziierte Mitglieder, die kaum Emissionen verursachten, aber aus anderen Gründen am CCX teilnahmen; zu letzteren zählten unter anderem Umweltorganisationen (Yang 2006, S. 275). Diese Diversität der Mitglieder lässt auch eine Bandbreite an Motivlagen vermuten, die diese zur Teilnahme an der Emissionsbörse veranlasste. So weisen unter anderen Gans u. Hintermann (2013) sowie Boulatoff et al. (2012) nach, dass Unternehmen von der Teilnahme an einem freiwilligen Emissionshandelssystem wie dem CCX eine geringfügige, aber statistisch signifikante Steigerung ihres Gewinns und ihres Börsenwerts erwarten können. Diese Effekte sind dabei offenbar neben dem bereits erwähnten Erwerb regulatorischen Wissens auf eine positive Reaktion von Kunden auf Instrumente der *Corporate Environmental Responsibility* zurückzuführen (Gans u. Hintermann 2013, S. 303–305), was die Beteiligung auch großer börsennotierter Unternehmen wie Ford, Sony, Intel, Motorola oder Bayer am CCX erklärt (ICE 2011).

Die Beteiligung von Städten und anderer Gebietskörperschaften lässt sich demgegenüber primär mit dem in den 2000er Jahren verbreiteten politischen Streben nach einer subnationalen Klimaschutzpolitik als Surrogat für die vielfach als unzureichend empfundenen Bemühungen auf nationaler Ebene erklären. Neben der Stadt Chicago handelte es sich dabei überwiegend um Städte in den klimapolitisch traditionell ambitionierten US-Bundesstaaten[59] an der Westküste – etwa Oakland und Berkeley in Kalifornien oder Portland in Oregon –, während die ebenfalls mit der US-amerikanischen oder kanadischen Klimapolitik unzufriedenen Staaten im atlantischen Nordosten auf US-amerikanischer Seite im Rahmen der RGGI ein eigenes Emissionshandelssystem realisierten beziehungsweise im Rahmen der NEG-ECP-Kooperation ein solches zumindest zeitweise anstrebten (Betsill u. Rabe 2009, S. 216). Eine vergleichbare Motivlage dürfte auch die beteiligten Umweltverbände und Denkfabriken bewogen haben, dem CCX beizutreten: Auch diesen Akteuren kann ein Interesse unterstellt werden, einerseits den eigenen Entschluss zur Einsparung von Treibhausgasemissionen zu demonstrieren und andererseits die Akteurskoalition für intensivierte Bemühungen in der Klimaschutzpolitik in Nordamerika zu unterstützen, wie etwa die Verlautbarung des *World Resources Institute* zu seinem Beitritt zum CCX zeigt (WRI 2003).

4.3.3.3 Inhaltlicher Verlauf von Entscheidungsprozessen

Die Plattform wurde zunächst von einer beschränkten Zahl an Akteuren um den Unternehmer Richard Sandor und seinen Kollegen Michael Walsh gegründet, die auch über die Governance-Struktur des Handelssystems entschieden. Diese Rahmensetzung auf der *constitutional-choice*-Ebene, die angesichts des grundlegend wettbewerbsbasierten Charakters des Arrangements der einzige auf Verhandlung basierende Entscheidungsprozess war, ist nicht mehr präzise nachzuvollziehen. Allerdings dürfte für die Motivation Sandors und der übrigen Gründungsmitglieder der oben bereits erläuterte experimentelle Charakter des Systems für ein später erwartetes nationales Emissionshandelssystem ausschlaggebend gewesen sein. Darauf deutet auch hin, dass Sandor und weitere Gründer des CCX 2008 ein Patent auf ein System zum Handel mit Emissionszertifikaten anmeldeten (USPTO

[59] Eine Teilnahme kanadischer oder mexikanischer Städte am Chicago Climate Exchange ist nicht dokumentiert.

2008). Richard Sandor selbst beschreibt den Prozess der Konstruktion des Handelssystems als schrittweisen Lernprozess, in dessen Verlauf unter anderem die genaue Definition der an der Börse zu handelnden Papiere geklärt werden musste (Sandor 2006, S. 399–402).

Das Ergebnis dieses Entscheidungsprozesses war eine komplexe institutionelle Architektur, die den Handel von Zertifikaten auf dem vom CCX bereitgestellten Internetmarktplatz regelte: Während die Zuteilung einfacher Zertifikate anhand der in einem Emissionsregister gesammelten Daten und des einheitlichen Reduktionsziels vergleichsweise unkompliziert war, betraf ein Großteil des Regelwerks die Anerkennung von Zertifikaten aus Kompensationsmechanismen. Über die Verifizierung von Projekten, aus denen solche Zertifikate generiert werden konnten, entschied ein eigener ständiger Ausschuss aus zwölf Vertretern von Mitgliedern des CCX. Diese Entscheidungen wurden wiederum von einem Gremium externer Auditoren überprüft (Kollmuss et al. 2008, S. 67; Sandor 2006, S. 401). Der Prozess der Anerkennung solcher Projekte galt allerdings im Vergleich zu anderen Kompensationsmechanismen als unambitioniert, unter anderem weil darin nicht zwischen einer (vorherigen) Validierung und einer (nachträglichen) Verifizierung unterschieden wurde, sondern jeweils beide Schritte synchron von den identischen Gremien vollzogen wurden (Kollmuss et al. 2008, S. 67).

4.3.3.4 Handlungskopplung und Performanz

Mit Blick auf die Handlungskopplung der am CCX beteiligten Akteure ist zwischen Vollmitgliedern einerseits sowie assoziierten und teilnehmenden Mitgliedern andererseits zu unterscheiden: Während alle Mitglieder an dem die Emissionsbörse konstituierenden Verhandlungsarrangement beteiligt waren, standen nur die Vollmitglieder innerhalb des Zertifikatemarktes auch in einem Wettbewerbsverhältnis zueinander. Dabei kam den Gründungsmitgliedern mit ihren Entscheidungen auf der *constitutional-choice*-Ebene eine gegenüber später beigetretenen Akteuren überlegene Einflussposition zu, wenngleich in den ständigen Ausschüssen der Plattform eine beschränkte Weiterentwicklung des basalen Regelsystems erfolgte (Sandor 2006, S. 401). Diese grundlegende Regelsetzung erfolgte – insbesondere unter Berücksichtigung der global nur spärlichen Erfahrungen mit dem Instrument des Emissionshandels – vergleichsweise zügig, was wohl nicht zuletzt dem beschränkten Kreis an beteiligten Akteuren geschuldet war.

Die Geschäfte des CCX führte ein Exekutivkommittee, dessen Aufgabe neben der Besetzung der übrigen Ausschüsse darin bestand, die Regeln gegenüber den Mitgliedern zu implementieren. Eine effektive Durchsetzung der Regeln im Sinne von Sanktionen gegen Mitglieder, die ihre Reduktionsverpflichtungen nicht eingehalten hätten, ist dabei nicht dokumentiert. Angesichts der Tatsache, dass der Import von großen Mengen an Zertifikaten aus Kompensationsprojekten schnell zu einem rapiden Preisverfall an der CCX-Börse führte, wäre die Inkaufnahme eines Sanktionsrisikos für die meisten beteiligten Unternehmen gegenüber einem Zukauf der benötigten Emissionsberechtigungen auch die offensichtlich nachteiligere Option gewesen. Die andauernde Preisflaute und das in der zweiten Hälfte der 2000er Jahre weitgehend zum Erliegen gekommene Handelsgeschehen an der Emissionsbörse gelten auch als wesentliche Faktoren für die vollständige Einstellung des Handels im Jahr 2010 (Gronewold 03.01.2011).

Mit Blick auf die Handlungskopplung derartiger privater Arrangements ist damit eine weitere Ebene zu beachten: Würden sich freiwillige Governance-Systeme durchsetzen, so stünden diese wiederum in einem Wettbewerbsverhältnis zueinander. Vor allem Unternehmen, die auf eine Verbesserung ihrer Marktposition durch ostentative *Corporate Environmental Responsibility* zielen, hätten damit die Möglichkeit, das jeweils kostengünstigste Handelssystem auszuwählen. Für die privaten Emissionsbörsen bedeutet dies wiederum einen Anreiz, ihre Governance-Regeln im Interesse einer attraktiven Wettbewerbsposition möglichst wenig restriktiv zu gestalten. Dass ohne eine wiederum übergeordnete Regulierung oder Zertifizierung dieser Emissionshandelssysteme damit global eine effektive Verringerung des Treibhausgasausstoßes erreicht werden kann, darf gestützt auf die Erfahrungen mit dem *Chicago Climate Exchange* bezweifelt werden.

4.3.3.5 Instrumente

Yang argumentiert, dass der CCX aufgrund des Vertragscharakters der Teilnahme an der Emissionsbörse keinesfalls ausschließlich als weiches Arrangement zu verstehen sei. Zwar sei das ursprüngliche Eingehen einer Reduktionsverpflichtung freiwillig; die nachfolgende Einhaltung dieser Verpflichtung aber keinesfalls, da es sich bei der CCX um ein System aus privaten Verträgen handele, deren Verletzung wiederum durch die anderen Vertragspartner zivilrechtlich verfolgt werden könne: „*CCX commitments may be made voluntarily, but they become legally binding once assumed*“ (Yang 2006, S. 278). Innerhalb dieses formalrechtlichen Rahmens entspricht die Wirkungslogik des Chicago Climate Exchange dem bereits erläuterten Prinzip des Emissionshandels: Sofern die Teilnehmer die von ihnen eingegangene Reduktionsverpflichtung im Rahmen der jährlich sinkenden Emissionsobergrenze nicht erfüllen konnten, konnten sie auf dem durch den CCX etablierten Markt Emissionszertifikate erwerben und damit den überschüssigen Treibhausgasausstoß kompensieren (Kollmuss et al. 2008, S. 66). Lässt man mögliche ethische und marketingbezogene Überlegungen der Akteure beiseite, entscheidet damit der Preis der Zertifikate über den Anreiz zur Emissionsreduktion. Da der letztlich realisierte Preis aufgrund der hohen Verfügbarkeit importierter Zertifikate aus Emissionskompensationsmechanismen und eines äußerst beschränkten Wettbewerbs um die gehandelten Zertifikate maximal sieben US-Dollar, zumeist aber rund vier Dollar oder weniger betrug (Gans u. Hintermann 2013, S. 294; Sabbaghi u. Sabbaghi 2011), ist von einem höchstens geringfügigen Anreiz zu Investitionen in die Verringerung von Treibhausgasemissionen auszugehen. Vor allem mit Blick auf die Impact-Performanz bestätigt dieser Niedergang Hypothese H_{8b}: Das wenig ehrgeizige Reduktionsziel und die weit gefassten Regeln für den Import von Zertifikaten führten zu einem Marktgeschehen, das keine nennenswerte Steuerungswirkung auf das Handeln der beteiligten Akteure entfalten konnte.

4.3.4 Charakter und Effektivität der Politik zu Klimaschutz und erneuerbaren Energien in Nordamerika

Die Analyse belegt, dass im Untersuchungszeitraum eine Reihe überwiegend vergleichsweise schwach institutionalisierter Netzwerke in Nordamerika bestand, deren Ziel eine Reduktion von Treibhausgasemissionen oder ein Ausbau erneuerbarer Energiequellen war. Eine hohe Effektivität kann dieser Koordination aber in keinem der beiden Problemfelder bescheinigt werden. Mit Blick auf die Stabilität des institutionellen Rahmens ist eine deutliche Variationsbreite zu konstatieren, von institutionell dauerhaft verankerten Plattformen wie der *Commission for Environmental Cooperation* (CEC) – die in ihrer Anlage freilich eher einem trilateral finanzierten Forschungsinstitut ähnelt – und der NEG-ECP-Konferenz aus US-Bundesstaaten und kanadischen Provinzen im atlantischen Nordosten über aktive, aber kurzlebige Arrangements wie die *Western Climate Initiative* (WCI) oder die Emissionsbörse *Chicago Climate Exchange* (CCX) bis hin zu Initiativen wie der *North American Climate, Clean Energy, and Environment Partnership* des Jahres 2016, deren Deklaration zumindest keine nach außen sichtbaren Koordinationsleistungen zur Folge hatte.

Mit der Kurzlebigkeit vieler Institutionen und der geringen Interaktionsdichte der meisten anderen geht eine insgesamt geringe Effektivität der Koordination einher, die sich nicht nur in der Inexistenz effektiv verbindlicher Vereinbarungen – die in einem schwach institutionalisierten, auf Persuasion basierenden Umfeld ohnehin nicht zu erwarten sind –, sondern auch in häufig nur geringfügigem

Policy-Lernen[60] zwischen den beteiligten Akteuren niederschlägt. Belege für den geringen Effektivitätsgrad sind neben den weiter vorhandenen Policy-Divergenzen innerhalb der analysierten Plattformen etwa das Scheitern mehrerer Anläufe für ein umfassendes transnationalen Emissionshandelssystem, sowohl durch die Bundesregierungen im Rahmen der CEC als auch auf subnationaler Ebene, sowie die bereits erwähnte Kurzlebigkeit der Mehrzahl der transnationalen Initiativen in diesem Sektor. Neben der fehlenden Stabilität des institutionellen Rahmens scheint für die häufig geringe Effektivität der sektorspezifische Charakter der Governance-Netzwerke entscheidend: Übereinkünfte innerhalb der analysierten Governance-Plattformen beruhen mitunter auf ähnlichen Präferenzen der beteiligten für Klimaschutz zuständigen Fachbeamten, die diese aber häufig innerhalb der eigenen Regierung nicht durchsetzen konnten. Wie vor allem die Beispiele der Kooperationen zwischen subnationalen Akteuren zeigen, sind daher Einigungen auch zwischen einer Reihe von Akteuren vergleichsweise einfach möglich. Ungleich schwieriger ist es demgegenüber, die vereinbarten Policies auch zu implementieren (Tabelle 4.2).

Tabelle 4.2 Charakter und Effektivität der Politik zu Klimaschutz und erneuerbaren Energien in Nordamerika

Maßgebliche Akteure	Bundesregierungen, substaatliche Regierungen, private Unternehmen
Interaktionstypus	Freiwillige Verhandlung in gering bis mittel strukturierten Feldern
Stabilität des institutionellen Rahmens	Gering bis mittel
Dauer von Entscheidungsprozessen	Gering
Steuerungsmedium	Wissen
Output-Performanz	Mittel bis hoch
Zuverlässigkeit der Implementation	Überwiegend gering

[60] Eine Ausnahme von dieser Feststellung bildet die NEG-ECP-Konferenz, für die in den geführten Interviews explizit der Wissenstransfer zwischen den Vertretern der beteiligten Einheiten als zentrale Funktion bestätigt wurde. Auch im Fall der WCI erfolgte ein rapider Wissenstransfer, der aufgrund der schnellen personellen Wechsel infolge der parteipolitischen Verschiebungen in vielen beteiligten Bundesstaaten aber nicht nachhaltig war.

Marktregulierung im Elektrizitäts- und Erdgassektor

5

5.1 Problemanalyse

Der Energiemarkt weist im Vergleich zu anderen Gütermärkten einige Besonderheiten auf, die sich auf die Anstrengungen zur Deregulierung und Liberalisierung niederschlagen: Erstens bedingt die Leitungsgebundenheit von Energieträgern wie Elektrizität und Gas Unteilbarkeiten und führte zur Herausbildung natürlicher Monopole, da es für potenzielle Konkurrenten nicht rentabel wäre, ein bestehendes Leitungsnetz zu duplizieren (Eisner et al. 2000, S. 239). Zweitens stellt die mangelnde Speicherbarkeit[1] von Elektrizität besondere Anforderungen an Produzenten und Netzbetreiber in Bezug auf die Reaktion auf Nachfrageschwankungen, was bei der Regulierung von Netzen zur Gewährleistung der Versorgungssicherheit zu berücksichtigen ist. Drittens besitzt die Energieversorgung zentrale Bedeutung für die nationale Souveränität, sodass Regierungen einem vollständigen Rückzug des Staates aus der Steuerung von Energiemärkten gemeinhin ablehnend gegenüberstehen (Cameron 2007, S. 21–25; Pollak u. Slominski 2011, S. 94).

[1] Im Elektrizitätssektor wirken sich Netzfehler faktisch sogar in Echtzeit aus, da der Stromfluss sich auf alle verfügbaren Verbindungen umgekehrt proportional zum elektrischen Widerstand verteilt. Die Folge einer fehlerhaften Netzsteuerung sind häufig sogenannte *loop flows*, also ungeplante physische Stromflüsse in benachbarte Netze, die zu einer Überlastung der Infrastruktur führen können (Skånlund 2013, S. 1). Im Gassektor besteht die Schwierigkeit der Netzkonstruktion dagegen vor allem in der Bereitstellung adäquater Speicherkapazitäten im Bereich der Verteilungs- und Versorgungsnetze, um die starken jahreszeitlichen Nachfrageschwankungen auszugleichen (Green 2009, S. 286).

S. Haas, *Transnationale Klima- und Energie-Governance*,
Energiepolitik und Klimaschutz Energy Policy and Climate Protection,
https://doi.org/10.1007/978-3-658-35570-8_5

Seit den 1970er und 1980er Jahren sind gleichwohl in nahezu allen westlichen Demokratien erhebliche Veränderungen in der Regulierung großtechnischer Infrastrukturen festzustellen, die unter den Schlagworten *Liberalisierung* und *Deregulierung* subsumiert werden. Den Ausgangspunkt dieser Entwicklung bildeten in den meisten OECD-Staaten staatlich sanktionierte Monopole oder Oligopole im Betrieb von Verkehrs-, Telekommunikations- und Energieinfrastrukturen. Prägendes Strukturmerkmal war dabei die vertikale Integration: Bezogen auf den Energiesektor bedeutete dies, dass Produktion, Betrieb von Übertragungs- und Verteilungsnetzen[2] sowie der Verkauf an die Endkunden in der Hand jeweils eines Unternehmens liegen (Squicciarini et al. 2010, S. 1). Eng verknüpft mit den Trends der Liberalisierung und Deregulierung ist eine Tendenz zur Privatisierung: Während in den meisten westlichen Staaten mit Ausnahme der USA über den Großteil des 20. Jahrhunderts hinweg netzgebundene Dienstleistungen wie Elektrizität, Telekommunikation, Wasserversorgung und Verkehr in der Hand staatlicher Unternehmen waren, setzte sich ab den 1970er Jahren in der Wirtschaftswissenschaft und in internationalen Institutionen wie der Weltbank und dem Internationalen Währungsfonds zunehmend die Einschätzung durch, dass private Unternehmen grundsätzlich eine überlegene Performanz aufweisen. In der Folge wurden trotz verschiedentlicher Einwände, dass die dabei angelegten Kriterien ein inhärentes Bias zugunsten privater Unternehmen aufwiesen (Héritier 2002; Parker 2004), zahlreiche zuvor staatliche Unternehmen ganz oder teilweise privatisiert (Clifton et al. 2007b, S. 8–9).

Durch die globale Diffusion der neoliberalen Idee einer überlegenen Effizienz liberalisierter und marktbasierter Strukturen setzte sich zunehmend die Auffassung durch, die Kosten der durch diese Infrastrukturen erbrachten Leistungen würden erheblich sinken, wenn diese in einem freien Wettbewerb erbracht würden. Hauptgrund für diese Annahme ist, dass in einem strikt regulierten Umfeld ohne Wettbewerbsdruck für Energieversorger kein Anreiz besteht, möglichst kosteneffizient zu wirtschaften (Batlle u. Ocaña 2013, S. 141–142; Eberlein u. Grande 2005, S. 151). Zugleich lassen wettbewerbsbasierte Strukturen höhere Innovationsraten erwarten (Cameron 2007, S. 5–6). Entscheidend für diese Wende war zum einen die Erkenntnis, dass nicht der ganze Elektrizitäts- beziehungsweise Erdgassektor ein natürliches Monopol darstellt, sondern lediglich der Betrieb

---

[2] Übertragungsnetze – im Gassektor in Deutschland zumeist als Fernleitungsnetze bezeichnet – dienen dem Transport großer Mengen an Elektrizität oder Erdgas über weite Strecken. Im Elektrizitätssektor zählen dazu Höchstspannungsleitungen von großen Kraftwerken zu Umspannwerken, im Gassektor Pipelines mit einem hohen Transportvolumen. Verteilernetze dienen demgegenüber der Abnahme der Energie aus Übertragungsnetzen und der Verteilung in einem begrenzten regionalen Gebiet (BMWi 2016).

von Übertragungs- und Verteilungsnetzen. Erzeugung und Verkauf von Energie lassen sich hingegen ebenso wie das Management von Netzengpässen und die Bereitstellung von Ausgleichskapazitäten ohne Wohlfahrtsverluste wettbewerblich organisieren (Jaccard 1995, S. 584; Stoft 2002, S. 17). Zum anderen erfordert die Deregulierung netzbasierter Dienstleistungen moderne Kommunikationstechnologien, die eine kurzfristige Koordination der Netznutzung erlauben (Stoft 2002, S. 13).

Aus dieser Perspektive stellen monopolistische oder oligopolistische Strukturen ein Wohlfahrtshindernis und damit ein zu lösendes Problem dar, weil durch die mangelnde Wettbewerbsfreiheit die Preisbildung weitgehend durch die Anbieterseite gesteuert werden kann (Mayntz 2009b, S. 129; Stoft 2002, S. 12). In der Folge wurden vielfach neue Regulierungsmuster geschaffen, die auf die Sicherung möglichst freier Wettbewerbsbedingungen trotz der technisch bedingten Hindernisse zielten.[3] Ziel dieser Regulierung ist es dabei stets, allen Marktteilnehmern einen diskriminierungsfreien Zugang zu Übertragungs- und Verteilungsnetzen zu gewährleisten. Eng damit verknüpft ist in der Regel die Entflechtung vertikal integrierter Versorgungsunternehmen, da auch im Falle eines rechtlich zugesicherten freien Netzzugangs Möglichkeiten der Wettbewerbsverzerrung innerhalb solcher Unternehmen bestehen – beispielsweise durch die Manipulation von Entgeltkategorien oder Übertragungskapazitäten (Cabau 2010, S. 87–88). Zur Durchsetzung dieser Regeln wurden in den meisten Staaten neue Regulierungsagenturen mit unterschiedlichen Graden der Autonomie gegenüber der jeweiligen nationalen Regierung gegründet (Grande 2011, S. 59–60).

Die zugrundeliegende neoliberale Perspektive ist allerdings nicht unumstritten. Gegner des Neoliberalismus argumentieren, eine bloße marktschaffende Regulierung führe zu einer Verschärfung ökonomischer Ungleichheiten und vernachlässige damit die sozialstaatliche Dimension moderner Staatlichkeit (Geden u. Fischer 2008, S. 76; Mittra et al. 1995). Anders als das Problem des Klimawandels, das nach naturwissenschaftlichen Kriterien empirisch fassbar und weithin unumstritten ist, ist das der Marktregulierung in Europa und Nordamerika zugrundeliegende Problem damit Gegenstand ideologischer Auseinandersetzungen und nicht intersubjektiv anerkannt. So konstatiert etwa Levi-Faur (2003, S. 730) auf der Grundlage einer Analyse von Liberalisierungsprozessen in Europa und Nordamerika im Hinblick auf das Liberalisierungsparadigma einen Prozess

[3] Ein Großteil der Forschung zur Marktregulierung befasst sich aus einer Prinzipal-Agenten-Perspektive mit der Delegation von Kompetenzen an Regulierungsagenturen (Coen 2005, S. 2). Diese Perspektive ist für die Fragestellung der vorliegenden Studie nur insoweit von Interesse, als unterschiedliche Grade der Unabhängigkeit der Regulierungsakteure von der Exekutive zu unterschiedlichen Kombinationen idealtypischer Interaktionsstrukturen führen.

des „*bandwagoning*“: Für politische Akteure ist es nutzbringender, die vorherrschende liberalisierungsfreundliche Meinung zu unterstützen als sich gegen eine Liberalisierung zu stellen. Wie oben bereits diskutiert, kann die Problemlösungsfähigkeit institutioneller Strukturen aber auch analysiert werden, wenn der Problemcharakter umstritten ist. Bei der Analyse der Entscheidungsprozesse ist allerdings zu beachten, dass derlei ideologische Auseinandersetzungen die Entscheidungsperformanz beeinträchtigen können.

5.2 Marktregulierung in der Europäischen Union

5.2.1 Die ersten Binnenmarktrichtlinien 1996 und 1998

5.2.1.1 Überblick über die Legislativprozesse

Obwohl der Energiesektor ursprünglich nicht Teil des in der Einheitlichen Europäischen Akte formulierten Binnenmarktkonzepts war,[4] arbeitete die Generaldirektion für Verkehr und Energie der Kommission unter Federführung des Energiekommissars António José Cardoso e Cunha verstärkt auf die Errichtung eines Energiebinnenmarkts hin und stieß dabei auf ein generell liberalisierungsfreundliches Klima in den Mitgliedstaaten (Eising 2000, S. 199; Matlary 1997, S. 19–20). 1987 führte die Kommission zunächst eine umfassende Bestandsaufnahme von Hindernissen für einen Energiebinnenmarkt durch (Europäische Kommission 1990). In der Folge wurden 1990 und 1991 mit drei Richtlinien zur Preistransparenz im Energiesektor (RL 90/377/EWG) und zur Regelung des Strom- und Erdgastransits in großen Netzen (RL 90/547/EWG; RL 91/296/EWG) erste Grundlagen für eine weitere Integration und Liberalisierung des Energiesektors in der Europäischen Gemeinschaft gelegt.[5]

1992 legte die Kommission je einen Richtlinienvorschlag für einen Elektrizitäts- und einen Erdgasbinnenmarkt[6] vor (Europäische Kommission 1992b, 1992c). Das Europäische Parlament formulierte in seiner Legislativen

[4] Der Energiebinnenmarkt unterliegt nach wie vor nicht den allgemeinen Binnenmarktregeln der EU. Die entsprechenden Artikel in den Verträgen werden jeweils durch spezifischere Regeln für den Energiemarkt verdrängt, aktuell durch Art. 194 AEUV (Kahl 2009, Zf. 618).

[5] Anlass für eine gemeinschaftsweite Regelung des Energietransits war eine Auseinandersetzung zwischen Frankreich und Spanien: Letzteres blockierte Ende der 1980er Jahre Stromlieferungen des französischen Energieversorgers EDF nach Portugal (Eising 2000, S. 199–201).

[6] Da die Rechtsetzungsverfahren zum Elektrizitäts- und Erdgasbinnenmarkt in der EU stets in hohem Maße parallel verlaufen, werden Entscheidungen im Folgenden zusammen analysiert.

Stellungnahme in erster Lesung insgesamt mehr als 200 Änderungsanträge zu den beiden Vorschlägen (Europäisches Parlament 1993c, 1993d), die in dem abgeänderten Vorschlag der Kommission fast vollständig zurückgewiesen wurden (Europäische Kommission 1993a, 1993b). Auch der Rat übernahm in seinen jeweiligen Gemeinsamen Standpunkt kaum Änderungswünsche des Parlaments; aufgrund tiefgreifender Meinungsverschiedenheiten zwischen den Mitgliedstaaten kam es in den folgenden Jahren ohnehin zu einem Patt zwischen Liberalisierungsbefürwortern und -gegnern, das erst nach langwierigen Verhandlungen aufgelöst werden konnte: Im Juni 1996 einigte sich der Rat auf einen Gemeinsamen Standpunkt zum Elektrizitätsbinnenmarkt (Rat der EU 1996b), nachdem bereits Ende 1995 eine informelle Einigung zu wichtigen Grundsatzfragen erzielt werden konnte (Matlary 1997, S. 50). Dieser wurde im Dezember desselben Jahres mit wenigen Änderungen vom Parlament angenommen, denen der Rat wenige Tage später zustimmte (Europäisches Parlament 1996). Am 19. Februar 1997 trat die Richtlinie 96/92/EG schließlich in Kraft. Noch länger dauerten die Verhandlungen zwischen den Mitgliedstaaten zum Erdgasbinnenmarkt: Erst Ende 1997 einigte sich der Rat auf einen Gemeinsamen Standpunkt (Rat der EU 1997b, 1998a), der vom Parlament im April 1998 ohne Änderungen gebilligt wurde (Europäisches Parlament 1998) und am 10. August 1998 als Richtlinie 98/30/EG in Kraft trat.

5.2.1.2 Legislative Rechtsetzung

5.2.1.2.1 Beteiligte Akteure

Die Legislativprozesse zu den beiden Binnenmarktrichtlinien fanden nach dem Inkrafttreten des Maastricht-Vertrages nach dem Kodezisionsverfahren statt (Europäische Kommission 1993c, S. 82). Der *Kommission* kann ein doppeltes Interesse an der Vollendung des Energiebinnenmarktes unterstellt werden: Erstens herrscht in der Behörde, wie oben dargestellt, eine starke ideologische Präferenz für die Liberalisierung von Märkten. Zweitens stellten die Binnenmarkt-Bestrebungen für die Kommission eine „Eintrittskarte in die Energiepolitik der Mitgliedstaaten“ (Fischer 2011, S. 55) dar und boten damit die Möglichkeit eines schrittweisen Ausbaus der eigenen Handlungsmöglichkeiten. Die Kommission verfügte mit ihren Kompetenzen nach dem Wettbewerbsrecht über erhebliches Druckpotenzial gegenüber den Regierungen der Mitgliedstaaten: Zwar konnte nur ein Teil der bei der Verabschiedung der Binnenmarktrichtlinien geltenden Wettbewerbsregeln auf den Energiesektor angewandt werden. Durch eine schärfere Interpretation ihrer bestehenden wettbewerbsrechtlichen Befugnisse konnte

Wo nicht explizit auf den Elektrizitäts- oder Erdgassektor Bezug genommen wird, gelten Entscheidungen und Regelungen für beide Sektoren gleichermaßen.

die Generaldirektion für Wettbewerb der Kommission den Mitgliedstaaten aber in anderen Bereichen durch das Verhängen hoher Geldstrafen gegen volkswirtschaftlich relevante Unternehmen im Energiesektor oder die Einleitung von Vertragsverletzungsverfahren vor dem Europäischen Gerichtshof hohe Kosten verursachen. Letzterer hatte seit Anfang der 1990er Jahre mehrmals die Position der Kommission bei Verfahren wegen Wettbewerbsverstößen im Energiesektor gestützt (Cameron 2007, S. 68–69). Bereits Ende der 1980er Jahre hatte die Kommission in Briefen an die Regierungen von Mitgliedstaaten deutlich gemacht, dass die DG COMP notfalls auf eine aggressivere Anwendung des Wettbewerbsrechts zurückgreifen werde, um nationale Monopole von Energieversorgungsunternehmen aufzubrechen (Eikeland 2011a, S. 18). 1991 kündigte die Generaldirektion schließlich Vertragsverletzungsverfahren gegen zehn der zwölf Mitgliedstaaten wegen wettbewerbswidriger Import- und Exportmonopole im Energiesektor an; 1994 erhob sie Klage gegen einige dieser Mitgliedstaaten. Dieses Vorgehen war innerhalb der Kommission allerdings nicht unumstritten: Die ebenfalls für die Binnenmarktintegration zuständige Generaldirektion für Verkehr und Energie drängte auf ein konsensuelles Vorgehen und versuchte, eine breite Koalition für eine Marktliberalisierung zu schmieden. Auch in Bezug auf die Wahl der Rechtsgrundlage herrschte Uneinigkeit zwischen den Generaldirektionen: Währen die DG COMP einen Komitologie-Rechtsakt bevorzugte, drängte die DG TREN auf eine Richtlinie im Wege des Kodezisionsverfahrens und setzte sich damit schließlich auch durch (Eising 2000, S. 215–216).

Die Haltung der *Mitgliedsstaaten* zur Liberalisierung war Mitte der 1990er Jahre in vielen Fällen von einer engen Verbindung zwischen der nationalen Regierung und den großen Energieversorgungsunternehmen des jeweiligen Landes geprägt. Daraus leitete sich eine starke Präferenz für einen Erhalt des Status Quo ab (Cameron 2016, S. 8; Eising 2000, S. 188). Deutschland und Frankreich standen einer vollständigen Liberalisierung ablehnend gegenüber, weil diese eine radikale Veränderung bestehender Marktstrukturen – der gesetzlich fixierten Monopole von EDF und GDF in Frankreich und der oligopolistischen Struktur mit vier großen regionalen Energieversorgern in Deutschland – bedeutet hätte (Danwitz 2006, S. 426–430). Allerdings befürwortete auch Frankreich eine teilweise Öffnung des Elektrizitätssektors, um die vorhandenen Überkapazitäten der französischen Atomkraftwerke für Stromexporte in Nachbarländer nutzen zu können (Eising 2000, S. 200). Großbritannien kann im Gegensatz dazu als derjenige Mitgliedstaat gelten, in dem die Liberalisierung des Elektrizitäts- und Gassektors am weitesten fortgeschritten war: Mitte der 1980er Jahre war für beide Sektoren jeweils eine eigene Regulierungsagentur gegründet worden, die zudem bei der Lizenzvergabe die Vorgaben der obersten Kartellbehörde des Landes berücksichtigen musste. Im Stromsektor war eine weitgehende Trennung von Erzeugung und Netzbetrieb bereits Ende der 1980er Jahre verwirklicht; im Gassektor bestand dagegen trotz der formalen Marktliberalisierung eine monopolähnliche Stellung von British Gas fort (Green 2009, S. 289–290). Infolgedessen befürwortete das Vereinigte Königreich entsprechende Liberalisierungsmaßnahmen auf EU-Ebene, verbunden mit der Hoffnung auf Marktchancen für die bereits deregulierten britischen Energieversorgungsunternehmen (Böllhoff 2005, S. 24–26; Rat der EU 1992b, S. 3). Zu diesem liberalisierungsfreundlichen Lager waren schon Ende der 1980er Jahre auch Irland und Portugal zu zählen (Eising 2000, S. 200). Im Laufe der 1990er Jahre unterstützte auch Italien nach dem Ende der Ersten Republik eine Liberalisierung des Energiemarktes und arbeitete auf ein Ende der Monopolstellung der Staatskonzerne Enel und Eni hin (Deloitte 2015). Spanien stand der von der Kommission angestrebten Liberalisierung des Stromsektors offen gegenüber, da mit der Trennung von Elektrizitätsproduktion und -verteilung einerseits und dem Betrieb von Übertragungsnetzen andererseits eine der wichtigsten Voraussetzungen dieser Liberalisierung in Spanien bereits erfüllt war. Dagegen hegte die spanische Regierung Vorbehalte gegen weitreichende Liberalisierungsschritte im Gassektor, der in Spanien vom vertikal integrierten Monopolisten Gas Natural dominiert wurde (Green 2009, S. 285).

Das *Europäische Parlament* kann nur insoweit als homogener Akteur im Verhandlungsprozess betrachtet werden, als ein institutionelles Eigeninteresse an einem substanziellen Beitrag zur Ausgestaltung der Richtlinie innerhalb der Volksvertretung allgemein akzeptiert war: Das Parlament wollte angesichts der im Vertrag von Maastricht neu erworbenen Einflussmöglichkeiten unter Beweis stellen, dass es auch bei einem komplexen Regulierungsunterfangen zu inhaltlichen Beiträgen in der Lage war. In Bezug auf die Zielsetzung des Rechtsetzungsverfahrens gab es innerhalb des Parlaments allerdings verschiedene Spaltungslinien: Erstens zeigten sich die Angehörigen der konservativen Fraktion liberalisierungsfreundlicher als die sozialdemokratischen Abgeordneten. Zweitens konstatiert Eising (2000, S. 226), dass die Präferenzen der Abgeordneten in hohem Maße vom Status quo in ihrem jeweiligen Herkunftsstaat geprägt waren. Letzteres ist dabei wohl nicht zuletzt auf enge Kontakte vieler Abgeordneter zu den großen Energieversorgern ihrer jeweiligen Herkunftsstaaten zurückzuführen.

Unter den *privaten Interessenorganisationen* sprachen sich vor allem die Gewerkschaften gegen das von der Kommission propagierte Binnenmarkt-Konzept mit Deregulierung, Privatisierung und Restrukturierung aus (Geden u. Fischer 2008, S. 64). Die Gewerkschaften im Energiesektor befürchteten als Folge des gesteigerten Wettbewerbs einen Verlust von Arbeitsplätzen und einen

Abbau von Arbeitsschutz- und Gesundheitsstandards und forderten im Falle einer Marktliberalisierung entsprechend flankierende sozialpolitische und regulatorische Maßnahmen, um diese Negativfolgen abzumildern (EurWORK 1999). Auch die Mehrzahl der großen Energieversorgungsunternehmen sah durch die Liberalisierungsbestrebungen ihre bisherige Marktposition und ihre Geschäftsmodelle gefährdet und offenbarte daher eine deutliche Präferenz für den Erhalt des Status quo. Dieser Widerstand resultierte in einer grundlegenden Neugestaltung der Verbändelandschaft auf EG-Ebene: Mit Eurelectric und Eurogas wurden 1989 und 1990 erstmals Dachverbände der Elektrizitäts- und Gaswirtschaft institutionalisiert, die sich in der Folge zu den zentralen Ansprechpartnern der Kommission entwickelten. Zu beachten ist allerdings, dass diese Dachverbände vor allem in ihrer Anfangszeit große Schwierigkeiten hatten, die heterogenen Interessen ihrer Mitgliedsverbände und -unternehmen zu bündeln (Eising 2000, S. 205–206). Deutliche Unterschiede in den Präferenzen in Bezug auf eine Marktliberalisierung zeigten sich von Anfang an bei den kommunalen Energieversorgern: Während deutsche, österreichische und italienische Kommunalunternehmen Kosten durch den drohenden Wegfall gesetzlich festgelegter Konzessionsabgaben befürchteten, erhofften sich insbesondere französische und spanische Unternehmen Nutzenpotenziale durch Expansionsmöglichkeiten und günstigere Einkaufspreise (Eising 2000, S. 208). Ein Großteil der Unternehmen außerhalb des Elektrizitäts- und Gassektors plädierte hingegen für eine Vertiefung der Marktintegration, in der Hoffnung auf eine gesteigerte Effizienz der Energieversorgung durch erhöhten Wettbewerb und daraus resultierende sinkende eigene Energiekosten (Eikeland 2011a, S. 17).

5.2.1.2.2 Inhaltliche Durchsetzung im Entscheidungsprozess

Die von der Kommission vorgeschlagenen Texte der Energiebinnenmarktrichtlinien wurden im Verlauf des Entscheidungsprozesses so weitgehend modifiziert, dass die in Kraft getretenen Richtlinien kaum noch Kongruenzen mit den Kommissionsvorschlägen aufweisen. Die Durchsetzung der eigenen Präferenzen in den zentralen inhaltlichen Streitpunkten wird wiederum als Indikator für die Durchsetzungsmacht der beteiligten Akteure im Entscheidungssystem der EU herangezogen. Zu den zentralen Streitpunkten gehörten

a) Das Ausmaß, in dem Betreiber Dritten Zugang zu ihren Netzen gewähren sollten;
b) Vorgaben für die Entflechtung vertikal integrierter Energieversorgungsunternehmen;
c) Die Frage einer verpflichtenden Einrichtung nationaler Regulierungsbehörden;

d) Die Definition von Energieversorgungsleistungen als öffentliche Dienstleistungen und damit verbundene Pflichten der Netzbetreiber;
e) Die vom Parlament vorgeschlagene Einrichtung eines Elektrizitäts- und Gasrates.

Als wichtigste *bargaining*-Arena kann dabei unzweifelhaft der Rat gelten: Grundsätzlich unterschiedliche Ansichten der Mitgliedstaaten zu einer Liberalisierung des Strom- und Gasmarktes führten dazu, dass die Entscheidungsprozesse jeweils über Jahre hinweg vollständig blockiert waren (Süddeutsche Zeitung 22.06.1996).

a) Netzzugang Dritter und Marktöffnung
Zwar bestand in den beiden von der Kommission eingesetzten Expertengruppen weitgehende Einigkeit über das grundlegende Ziel der Marktfreiheit; zur konkreten Ausgestaltung der Liberalisierung gab es aber deutlich differierende Haltungen: Während die Kommission von Anfang an der Auffassung war, dass ein freier Netzzugang und eine freie Wahl des Strom- oder Gasversorgers durch industrielle Großverbraucher und lokale Versorgungsunternehmen unabdingbar waren, um effektive Liberalisierungsschritte auf Großhandelsmärkten zu erreichen, sprachen sich fast alle großen Energieversorger und eine Mehrheit der Mitgliedstaaten gegen eine solche Regulierung des Netzzugangs aus (Eising 2000, S. 213; Rat der EU 1992a, S. 4).

Die Kommission schlug nichtsdestotrotz entsprechende Regelungen vor, die für Übertragungs- beziehungsweise Fernleitungsnetze und Verteilungsnetze im Elektrizitäts- und Erdgassektor identisch sein sollten. Diese sahen eine Aushandlung der Bedingungen des Netzzugangs zwischen Erzeugern oder Kunden einerseits und Netzbetreibern andererseits vor, wobei die Preise und Bedingungen im Vorhinein veröffentlicht werden und eine Reihe von Bedingungen – insbesondere die der Nichtdiskriminierung – erfüllen sollten (Europäische Kommission 1992b, S. 7–9, 1992c, S. 6–8). Diese Marktöffnung sollte sich nach dem Kommissionsvorschlag auf Kunden mit einem jährlichen Verbrauch von mehr als 100 GWh Strom beziehungsweise 25 Millionen Kubikmetern Erdgas und bestimmte Verteilungsunternehmen beziehen (Europäische Kommission 1992b, S. 5, 1992c, S. 4).

Das Parlament strich in seiner Stellungnahme die von der Kommission vorgeschlagenen Artikel zum Netzzugang völlig[7] und wollte es stattdessen den Mitgliedstaaten freistellen, von ihren Übertragungs- und Verteilungsnetzbetreibern

[7] Der Ausschuss für Energie, Forschung und Technologie erarbeitete einen weitgehend neuen Text für die Richtlinie, beließ aber zunächst die von der Kommission vorgeschlagene Pflicht

einen freien Netzzugang zu verlangen (Europäisches Parlament 1993c, S. 69, 88–89, 119–120). Begründet wurde die Ablehnung vom federführenden Ausschuss für Energie, Forschung und Technologie damit, dass die durch eine Regulierung des Netzzugangs verursachten Eingriffe in das Eigentumsrecht der Netzbetreiber nicht mit der Rechtsprechung des EuGH vereinbar seien (Europäisches Parlament 1993b, S. 5). Auch eine feste Marktöffnungsquote lehnte das Parlament ab. Allerdings entwickelte das Parlament in seiner Stellungnahme erstens ein neues System der Ausschreibung neuer Produktions- und Übertragungskapazitäten im Elektrizitätssektor und wollte es Mitgliedstaaten ermöglichen, den Strom- und Gasversorgungsunternehmen Aufgaben von allgemeinem Interesse zu übertragen (Europäisches Parlament 1993c, S. 80–84, 115) – eine Regelung, die eng an die etatistischen Versorgungsmodelle Frankreichs und Belgiens[8] angelehnt war. Zweitens sollte es industriellen Großverbrauchern möglich sein, direkte Lieferverträge mit Energieerzeugern abzuschließen, wozu auch ein ausgehandelter Netzzugang erforderlich wäre (Europäisches Parlament 1993c, S. 90).

Die Kompromisssuche zwischen den Mitgliedstaaten im Rat überlagerte die Überlegungen von Kommission und Parlament und führte zu einer völligen Neugestaltung der Bestimmungen zum Netzzugang, insbesondere in der Elektrizitätsbinnenmarktrichtlinie. Da Frankreich aufgrund der erwähnten Verankerung der Energieversorgung als öffentliche Dienstleistung strikt gegen eine verpflichtende Marktöffnung war, entwickelte die Regierung in den Jahren 1994 und 1995 für den Elektrizitätssektor das sogenannte Alleinabnehmermodell: Dieses lässt zwar theoretisch einen begrenzten Wettbewerb der Stromerzeuger zu, legt aber den Betrieb der Netzinfrastruktur, die Koordination der Energieproduktion und die Sicherstellung einheitlicher Preise in die Hand eines einzelnen Akteurs, des Alleinabnehmers (Lovei 2000, S. 2; Rat der EU 1994c, S. 3–8). Da die gleichzeitige Realisierung dieser recht unterschiedlichen Modelle eine sehr ungleichmäßige Marktöffnung bedeutet hätte, gab es innerhalb des Rates erheblichen Widerstand gegen das französische Modell (Rat der EU 1994a, S. 11, 1994b, S. 4).

Im Zentrum der Verhandlungen stand im Folgenden das Prinzip der Reziprozität der Marktöffnung: Die übrigen Mitgliedstaaten und die Kommission befürchteten durch das Alleinabnehmermodell Nachteile für ihre Elektrizitätswirtschaft aufgrund einer einseitigen Marktöffnung. Erstens wurden daher vor allem auf

zur Benennung eines Übertragungsnetzbetreibers (Europäisches Parlament 1993a, S. 27). Auch diese Bestimmung wurde bei der Abstimmung im Plenum aber gestrichen.

[8] Der Berichterstatter des Ausschusses, der Belgier Claude Desama, orientierte sich bei der Abfassung der Stellungnahme explizit am belgischen Energieversorgungsmodell.

Druck Deutschlands Reziprozitätsregeln[9] in der Richtlinie festgeschrieben, nach denen ein Mitgliedstaat Energieversorgern aus einem Drittstaat nur dann Zugang zu seinem Markt gewähren muss, wenn auch dieser seinen Markt entsprechend öffnet (Green 2009, S. 292). Zweitens setzte die Kommission unter Bezugnahme auf grundlegende Prinzipien gleicher Wettbewerbsbedingungen anspruchsvolle Voraussetzungen für die Anwendung des Alleinabnehmermodells durch.[10] Erst Ende 1995 einigte sich der Rat auf einen Beschluss zum Netzzugang im Elektrizitätssektor, der Frankreich die Möglichkeit einräumte, sein Alleinabnehmermodell durchzusetzen, der gleichzeitig aber durch komplizierte Reziprozitätskriterien eine gleichmäßige Marktöffnung gewährleisten sollte (Rat der EU 1995).

Im Ergebnis erlaubten die ersten Energiebinnenmarktrichtlinien damit für den Stromsektor drei und für den Gassektor zwei Modelle des Netzzugangs: Der *Netzzugang auf Vertragsbasis* zielt auf die Gewährleistung der Marktfreiheit durch die Mitgliedstaaten ab, Energieversorger und für den freien Markt zugelassene Abnehmer sollten die Bedingungen des Netzzugangs frei mit den Netzbetreibern aushandeln (Art. 17 Abs. 1–3 RL 96/92/EG; Art. 15 RL 98/30/EG). Diese Vorgaben ähnelten stark dem Kommissionsvorschlag und galten ebenso für beide Sektoren wie diejenigen für einen staatlich *geregelten Netzzugang:* In diesem Fall sollten staatliche Stellen die Bedingungen und Tarife für den Netzzugang allgemeinverbindlich regulieren, wobei die ökonomischen Effekte dieser Regulierung denjenigen des Netzzugangs auf Vertragsbasis mindestens gleichwertig sein sollten (Art. 17 Abs. 4 RL 96/92/EG; Art. 16 RL 98/30/EG). Ausschließlich für den Stromsektor galt hingegen zusätzlich das oben dargestellte *Alleinabnehmermodell* (Art. 18 RL 96/92/EG).

Im Vergleich zum Vorschlag der Kommission wurde zudem in den Verhandlungen im Rat die Marktöffnungsquote ausgeweitet, was ebenfalls auf einen

[9] Diese Reziprozität wird über die Wahlfreiheit für Stromabnehmer in bestimmten Größenordnungen gewährleistet: Die Mitgliedstaaten mussten nach der Richtlinie Kriterien für die Zulassung von Abnehmern für die freie Anbieterwahl definieren, für die mehrere Mindestgrenzen definiert waren. Sie konnten einem Unternehmen aber die Wahl eines Anbieters aus einem Drittland untersagen, wenn nach den Zulassungskriterien des Drittlandes der Abnehmer keine Wahlfreiheit besessen hätte (Art. 19 Abs. 5 RL 96/92/EG).

[10] Entscheidend ist dabei die Bestimmung, wonach zur freien Anbieterwahl berechtigte Stromabnehmer auf Basis von Verträgen mit Energieerzeugern den Alleinabnehmer verpflichten konnten, die vertraglich vereinbarten Strommengen beim gewählten Versorger einzukaufen. Die mit dieser Regelung erzielten Ergebnisse sollten ökonomisch gleichwertig mit denen eines freien Netzzugangs sein (Art. 3 Abs. 1, Art. 18 Abs. 2 RL 96/92/EG). Aufgrund dieser anspruchsvollen Voraussetzungen entschied sich im Ergebnis auch Frankreich gegen eine Implementation des Alleinabnehmermodells und optierte stattdessen für einen freien Netzzugang (Green 2009, S. 291–292; Jones 2010a, S. 16).

bargaining-Erfolg der dem Alleinabnehmermodell kritisch gegenüberstehenden Mitgliedstaaten zurückzuführen sein dürfte: Zusätzlich zu allen Abnehmern mit einem Jahresverbrauch von mehr als 100 GWh Strom beziehungsweise 25 Millionen Kubikmetern Erdgas – wie von der Kommission vorgeschlagen – mussten die Mitgliedstaaten einen Anteil ihres Marktes für den freien Wettbewerb öffnen, der im Elektrizitätssektor dem EU-weiten Anteil von Großverbrauchern mit über 40 GWh jährlich entsprach (Art. 19 RL 96/92/EG) und im Gassektor 20 % des jeweiligen nationalen Gesamtverbrauchs betrug (Art. 18 RL 98/30/EG).[11] Diese Quoten erhöhte sich drei und sechs Jahre nach Inkrafttreten der Richtlinien nochmals. Im Endeffekt sollte damit jeweils etwa ein Drittel des nationalen Verbrauchs an Strom und Erdgas dem freien Wettbewerb unterliegen (Green 2009, S. 292).

b) Entflechtung

Die Binnenmarktrichtlinien formulierten erstmals Vorgaben für die Entflechtung vertikal integrierter Energieversorgungsunternehmen; allerdings blieben diese vor allem im Erdgassektor auf Drängen der Mitgliedstaaten relativ unverbindlich. In der Kommission wurde seit Ende der 1980er Jahre eine vollständige Trennung des Betriebs von Übertragungsnetzen von der Energieproduktion als wichtigste Voraussetzung für die Gewährleistung freien Wettbewerbs betrachtet. Daher bevorzugte die Kommission angesichts der Dominanz vertikal integrierter Energieversorgungsunternehmen eine eigentumsrechtliche Entflechtung der entsprechenden Unternehmensbereiche (Eikeland 2011a, S. 26). Ein solch weitreichender Eingriff in die bestehenden Marktstrukturen erschien allerdings erstens politisch nicht durchsetzbar und wäre zweitens auch mit dem Prinzip der Subsidiarität nicht vereinbar gewesen, solange die Möglichkeit bestand, das Ziel eines diskriminierungsfreien Netzzugangs auch mit geringeren Eingriffen in nationale Wirtschaftspolitiken zu erreichen (Cabau 2010, S. 90). Entsprechend schlug die Kommission 1992 gleichlautende Vorschriften für den Elektrizitäts- und Gassektor vor, die erstens eine buchhalterische Entflechtung und zweitens eine vollständige Entflechtung des Managements von Energieversorgung und Netzbetrieb erforderten (Europäische Kommission 1992b, S. 10, 1992c, S. 8).

Das Europäische Parlament ersetzte die im Vorschlag der Kommission entworfenen Entflechtungsbestimmungen weitgehend durch unspezifischere Regeln,

[11] Die Berechnung der Marktöffnungsquote stellte einen der am stärksten umstrittenen Aspekte der Verhandlungen dar. Die exakte Berechnungsmethode geht auf einen Vorschlag Frankreichs zurück (Rat der EU 1996c). Die schrittweise Ausweitung der Quote war darin allerdings zunächst nicht enthalten; sie entsprang dem Drängen insbesondere Deutschlands und Großbritanniens, die allerdings in den Verhandlungen einen Zielwert von einer Gigawattstunde als Berechnungsgrundlage verfochten hatten (Rat der EU 1996a, S. 3).

in den Ausschüssen wurden dafür sehr detaillierte Bestimmungen zur Gewährleistung der Transparenz der Rechnungslegung erarbeitet, die vom Plenum ohne Änderungen verabschiedet wurden: Die Rechnungsunterlagen der Erzeugungs-, Übertragungs- und Verteilungsunternehmen sollten durch unabhängige Rechnungsprüfer geprüft werden und einem uneingeschränkten Einsichtsrecht staatlicher Regulierungsbehörden unterliegen (Europäisches Parlament 1993a, S. 43–44, 1993d, S. 95, 125).

Auch in dieser Hinsicht wurden die Änderungswünsche des Parlaments in den Verhandlungen im Rat aber nicht berücksichtigt. Die Minister akzeptierten vergleichsweise früh im Entscheidungsprozess die fachlichen Argumente der Kommission für die Notwendigkeit der Entflechtung; allerdings sprach sich eine breite Mehrheit der Mitgliedstaaten gegen die von der Kommission geforderte vollständige Entflechtung des Managements aus. Die Trennung der Rechnungslegung von Energieversorgung und Netzbetrieb in vertikal integrierten Unternehmen wurde hingegen akzeptiert. Entsprechend schwächte die Kommission nach den ersten Beratungen ihren Vorschlag ab und forderte eine formale Trennung der Verwaltung sowie die verpflichtende Entrichtung von Gebühren für die Netznutzung (Europäische Kommission 1993a, S. 8, 30). In der Elektrizitätsbinnenmarktrichtlinie konnte diese im Vergleich zum Kommissionsvorschlag recht unspezifische Vorgabe durchgesetzt werden (Art. 7 Abs. 6, Art. 14 RL 96/92/EG); im Bereich des Erdgasbinnenmarkts herrschte unter den Mitgliedstaaten allerdings weitgehend Einvernehmen, lediglich eine buchhalterische Entflechtung zu fordern (Rat der EU 1997a, S. 2). Diese Vorgabe war darüber hinaus weitgehend ineffektiv, weil die Richtlinie keine Verpflichtung zur Identifikation eines Übertragungsnetzbetreibers vorsah, sodass Mitgliedstaaten die Struktur vertikal integrierter Energieversorger auch vollkommen unangetastet lassen konnten (Cabau 2010, S. 89).

c) Nationalstaatliche Regulierungsbehörden

Die Binnenmarktrichtlinien verpflichten die Mitgliedstaaten nicht zur Einrichtung nationaler Energieregulierungsbehörden; allerdings sehen sie die Schaffung von Schiedsstellen vor, die Streitigkeiten zwischen Marktteilnehmern in Bezug auf die Anwendung der Richtlinien beilegen sollten. Obwohl die Kommission – wie in Abschnitt 5.2.5. eingehender erläutert – ein institutionelles Eigeninteresse an der Übertragung von Kompetenzen an unabhängige Regulierungsbehörden hat, sahen ihre Richtlinienvorschläge keine derartigen Stellen vor. Die Idee unabhängiger Schiedsstellen wurde erstmals vom Europäischen Parlament in den Entscheidungsprozess eingebracht, allerdings in Bezug auf die vom Parlament favorisierten langfristigen Lieferverträge für Elektrizität und Erdgas, die letztlich nicht die Zustimmung des Rates fanden (Europäisches Parlament 1993c, S. 90, 1993d, S. 121). Die Kommission übernahm das Konzept in ihrem abgeänderten Vorschlag, wandte es darin aber auf den vom Parlament zurückgewiesenen verhandelten Netzzugang an (Europäische Kommission 1993a, S. 7). Diese Herangehensweise wurde auch vom Rat mit breitem Einvernehmen mitgetragen und fand weitgehend unverändert Eingang in die Endfassungen der Richtlinien (Art. 20 Abs. 3 RL 96/92/EG; Art. 21 Abs. 2, Art. 23 Abs. 3 RL 98/30/EG).

Ähnliches gilt für die in der Elektrizitätsbinnenmarktrichtlinie vorgesehene unabhängige Stelle für die Konzeption und Durchführung von Ausschreibungen für neue Erzeugungs- und Übertragungsinfrastrukturen. Die Kommission hatte eine solche Organisation in ihrem Vorschlag nicht vorgesehen, weil darin ein harmonisiertes Genehmigungsverfahren ohne Ausschreibungen angelegt war. Als Reaktion auf Anregungen aus dem Kreis der Vertreter der Mitgliedstaaten, die die von der Kommission entworfene Regelung als zu eng ablehnten, nahm die Kommission ein Ausschreibungsverfahren einschließlich der erwähnten Agentur in ihren abgeänderten Vorschlag auf (Europäische Kommission 1993a, S. 28). Auch diese Regelung wurde vom Rat weitgehend unverändert übernommen (RL 96/92/EG Art. 6 Abs. 5).

d) Öffentliche Dienstleistungen

Sowohl der Rat als auch das Parlament wollten den Kommissionsvorschlag durch eine Festschreibung öffentlicher Dienstleistungspflichten für Energieversorger ergänzen und begründeten dies mit möglichen gemeinwohlschädlichen Auswirkungen des Wettbewerbs (Europäisches Parlament 1993c, S. 89, 1993d, S. 120). Die Kommission berücksichtigte diesen Wunsch in ihrem abgeänderten Vorschlag, lehnte einen Großteil der weitgehenden Änderungswünsche des Parlaments in dieser Hinsicht aber ab (Europäische Kommission 1993a, S. 7). Im Ergebnis unterscheiden sich insbesondere die Regelungen für Verteilungsnetze deutlich von denen für Übertragungs- und Fernleitungsnetze. Den Mitgliedstaaten ist es dabei explizit freigestellt, Verteilungsnetzbetreiber auf Grundsätze öffentlicher Dienstleistungen zu verpflichten (Art.7, 10 RL 96/92/EG). Diese Regelungen entsprechen in großen Teilen der Herangehensweise des Parlaments, den Mitgliedstaaten einen großen Spielraum bei der Regulierung von Energieerzeugern und Netzbetreibern zu lassen.

e) Elektrizitäts- und Gasrat

Das Europäische Parlament beabsichtigte in seiner Stellungnahme außerdem die Bildung eines „Elektrizitäts- und Gasrates" in jedem Mitgliedstaat, der sich aus Vertretern der Unternehmen und Gewerkschaften im Energiesektor zusammensetzen und weitreichende Koordinationsbefugnisse bei der Umsetzung aller relevanten Aspekte der Richtlinien haben sollte (Europäisches Parlament 1993c, S. 76, 111). Dieser Vorschlag wurde in den weiteren Beratungen des Rates aber nicht mehr aufgenommen und findet sich auch in den letztlich in Kraft getretenen Richtlinientexten nicht wieder.

5.2.1.3 Implementation durch die Kommission

Ein eigenständiges Handeln der Kommission im Rahmen abgeleiteter Rechtsakte ist in den Richtlinien nicht vorgesehen. Daher blieb die Behörde bei der Implementation der Richtlinien weitgehend auf ihre reinen Überwachungsfunktionen beschränkt und konnte sich kaum eigene Gestaltungsspielräume eröffnen. Während die Kommission bei der reinen Implementation der Binnenmarktrichtlinien nicht über eigene hierarchische Durchsetzungsmöglichkeiten verfügte, nutzte sie in Einzelfällen ihre wettbewerbsrechtlichen Befugnisse, um die Marktliberalisierung voranzutreiben. Im Jahr 2001 knüpfte sie ihre Zustimmung zur teilweisen Übernahme des Energieversorgers EnBW durch den französischen Monopolisten EDF an die Auflage einer teilweisen Marktöffnung in Frankreich: Das Unternehmen musste insgesamt sechs Gigawatt an Erzeugungskapazität und seine Stimmrechte beim Stromerzeuger CNR an Mitbewerber veräußern. Damit gelang es der Kommission, den bisher monopolisierten französischen Strommarkt teilweise zu öffnen, ohne den Aufwand und die Risiken eines Vertragsverletzungsverfahrens gegen den französischen Staat eingehen zu müssen (Schumann 2003, S. 340–341).

Während die meisten Mitgliedstaaten die Erdgasbinnenmarktrichtlinie wie vorgesehen[12] bis zum 10. August 2000 in nationales Recht umsetzten, kamen Deutschland, Frankreich und Luxemburg den Vorgaben nicht nach, weshalb die Kommission gegen diese Staaten Vertragsverletzungsverfahren einleitete (Europäische Kommission 2001 g, S. 4). Die Verfahren gegen Deutschland – wegen einer nur teilweisen Umsetzung der Richtlinie – und gegen Luxemburg – wegen Nichterfüllung seiner Berichtspflichten – wurden von der Kommission nach der Stufe der begründeten Stellungnahme eingestellt (EFTA 2002, S. 4). Frankreich wurde dagegen von der Kommission vor dem Europäischen Gerichtshof verklagt, der im November 2002 eine Vertragsverletzung Frankreichs feststellte (EuGH, C-259/01). Weitergehende Maßnahmen der Kommission in Form eines Bußgeldes

[12] Art. 29 RL 98/30/EG schreibt vor, dass die Mitgliedstaaten die erforderlichen Umsetzungsmaßnahmen zwei Jahre nach Inkrafttreten der Richtlinie getroffen haben müssen.

waren allerdings nicht mehr erforderlich, weil Frankreich der Aufforderung zur Implementation bis Januar 2003 nachkam (Chaumeil 2005).

5.2.1.4 Handlungskopplung und Einflusspotenzial der beteiligten Akteure

Die Analyse der Entscheidungsprozesse zeichnet trotz der eingeschränkten Verfügbarkeit von Dokumenten ein deutliches Bild von *bargaining*-dominierten Verhandlungen in einem Zwangsverhandlungssystem. Die wichtigsten am Interessenausgleich beteiligten Akteure waren dabei zweifelsohne die *Mitgliedstaaten,* wobei der strukturelle Vorteil der an einer Beibehaltung des regulatorischen Status quo interessierten Staaten dazu führte, dass die Richtlinien letztlich nur eine geringe Abweichung von diesem Status quo bedingten. Das Übergewicht der Mitgliedstaaten gegenüber Kommission und Parlament in den Verhandlungen zeigt sich auch darin, dass die Texte beider Binnenmarktrichtlinien kaum noch dem Vorschlag der Kommission ähneln und nur wenige vom Europäischen Parlament vorgeschlagene Passagen einbeziehen, sondern größtenteils den zähen Verhandlungen im Ministerrat entspringen.

Die *Kommission* trat im Entscheidungsprozess als ein politischer Unternehmer in Erscheinung, der vehement für eine signifikante Liberalisierung des Elektrizitäts- und Gasmarktes eintrat, damit aber angesichts divergierender Präferenzen der Mitgliedstaaten und heftigen Widerstands vor allem vonseiten Deutschlands und Frankreichs gegen eine Marktliberalisierung nur teilweise erfolgreich war (Eikeland 2011a, S. 19). Insbesondere in Bezug auf die Entflechtung, den Netzzugang Dritter und die freie Anbieterwahl durch Endkunden konnte die Kommission ihre ursprünglichen ambitionierten Vorstellungen nicht durchsetzen. Stattdessen gestanden die Richtlinien den Mitgliedstaaten große Handlungsspielräume bei der Wahl zwischen verschiedenen Modellen zu, die teilweise keine signifikanten Abweichungen vom monopolistischen Status quo darstellten. Trotzdem kann ein Einfluss der Kommission als Agenda-Setter und Verhandlungsteilnehmer mit einer deutlichen Präferenz für die Errichtung eines Energiebinnenmarkts nicht bestritten werden: Mit der bloßen Präferenzkonfiguration der Mitgliedstaaten, unter denen mit Deutschland und Frankreich die beiden einflussreichsten einer Marktliberalisierung anfangs ablehnend gegenüberstanden, ließe sich die Verabschiedung der Binnenmarktrichtlinien nicht erklären. Zudem sind einige punktuelle Erfolge der Kommission zu vermerken. So gelang es ihr bei der Gestaltung des Alleinabnehmermodells, dieses unter argumentativer Bezugnahme auf die Gewährleistung gleicher Wettbewerbsbedingungen so anspruchsvoll zu gestalten, dass sich auch Frankreich für eine Gewährleistung des Netzzugangs anstelle des Alleinabnehmermodells entschied. Darüber hinaus nutzte die Kommission ihre Handlungsmöglichkeiten nach dem Wettbewerbsrecht für Koppelgeschäfte mit einzelnen Unternehmen. Allerdings hängen diese Einflussmöglichkeiten erstens von konkreten Wettbewerbsverstößen oder Fusionsvorhaben ab, zweitens machte die Kommission von dieser Möglichkeit nur zurückhaltend Gebrauch, weshalb auf diesem Weg keine flächendeckende Marktliberalisierung möglich war.

Das *Europäische Parlament* konnte hingegen trotz seines neu gewonnenen Status als Vetospieler im Kodezisionsverfahren und weitreichender Änderungen an den Kommissionsvorschlägen in erster Lesung keinen substanziellen Einfluss auf die Gestalt der Richtlinien nehmen. Weder das vorgeschlagene Ausschreibungsverfahren für neue Produktions- und Vergabekapazitäten noch die Einrichtung eines Elektrizitäts- und Gasrates noch die detaillierten Regelungen für die Transparenz der Rechnungslegung als wichtigste eigene Beiträge des Parlaments wurden vom Rat auch nur ansatzweise berücksichtigt. Lediglich die Vorgaben zu öffentlichen Dienstleistungspflichten berücksichtigen inhaltlich die Änderungswünsche des Parlaments, decken sich aber auch mit den Änderungsforderungen der französischen Regierung. Insofern ist auch hier eine gänzlich eigenständige Durchsetzungsmacht des Parlaments infrage zu stellen. Insgesamt liegt die Vermutung nahe, dass der vom Plenum übernommene überambitionierte Ansatz des Ausschusses für Energie, Forschung und Technologie, nicht nur Änderungen am Vorschlag der Kommission vorzunehmen, sondern in wesentlichen Teilen einen vollständig neuen Richtlinientext zu formulieren, die argumentative Verhandlungsposition des Parlaments geschwächt hat. Mit Blick auf nachfolgende Entscheidungsprozesse, in denen sich das Verhalten des Parlaments deutlich von dem hier analysierten Fallbeispiel unterschied, kann hier offenbar ein Lernprozess im Umgang mit den neu erworbenen Kompetenzen nach dem Kodezisionsverfahren konstatiert werden.

5.2.1.5 Entscheidungsperformanz

Angesichts der deutlich differierenden Präferenzen aller am Entscheidungsprozess beteiligten Akteure schien zu Beginn dieses Prozesses das Zustandekommen einer Entscheidung alles andere als gesichert. Dass mit den beiden Richtlinien im Endergebnis ein – wenn auch limitierter – Schritt zur Harmonisierung des Regulierungsrahmens für die Strom- und Gasmärkte in der Union gelang, ist im Lichte der Analyse erstens der starken Präferenz der Kommission für eine weitreichende Marktintegration und zweitens den institutionell bedingten Fähigkeiten der Behörde zur Vermittlung und zur Ausübung von Druck auf die anderen beteiligten Akteure geschuldet. Gleichwohl nahm der Entscheidungsprozess eine enorme Zeitspanne in Anspruch. Rechnet man die ersten nach außen gedrungenen

Bestrebungen der Kommission in Richtung eines Energiebinnenmarkts hinzu, so dauerte es bis zur Verabschiedung der Elektrizitätsbinnenmarktrichtlinie neun und bis zur Verabschiedung der Erdgasbinnenmarktrichtlinien mehr als zehn Jahre. Der in den langwierigen Verhandlungen erzielte Kompromiss stellte auch keine einschneidende Veränderung des rechtlichen Rahmens für die Energiemärkte dar. So kritisiert etwa Cameron (2016, S. 7) die Richtlinientexte als „*watered down*", „*poorly drafted*" und „*unlikely to make any fundamental changes in the way that the energy markets were organized*".

5.2.1.6 Instrumente

Die in den beiden Energiebinnenmarktrichtlinien entworfenen Instrumente beruhen auf einer machtbasierten Logik: Sie beinhalten eine rechtliche Verpflichtung für die Mitgliedstaaten zu einem bestimmten Handeln, die über den Europäischen Gerichtshof einklagbar und durch finanzielle Sanktionen bewehrt ist. Die wiederum machtbasierte Implementierung dieser Rahmenregeln durch die Mitgliedstaaten soll der Konzeption nach zu einer Optimierung des Gesamtwohlfahrtsergebnisses durch effizientere Güterallokation im Wettbewerb führen. Im Sinne der theoretisch eingeführten Systematik ist der Verpflichtungsgrad der machtbasierten Instrumente allerdings als gering zu bewerten. Erstens werden den Mitgliedstaaten explizit breite Handlungsspielräume für die Umsetzung in nationales Recht belassen, etwa bei der Wahl zwischen unterschiedlichen Netzzugangsmodellen oder durch die großzügige Definition von Untergrenzen für die Marktöffnungsquoten. Zweitens sind die Regeln im Ergebnis häufig recht unpräzise, was wiederum den Grad der Verbindlichkeit negativ beeinflusst. So legen die Richtlinien keine überprüfbaren Kriterien für die Freiheit des Netzzugangs fest und enthalten auch keine Bestimmungen in Bezug auf die Konstitution der dafür einzurichtenden Schiedsstellen, etwa konkrete Unabhängigkeitserfordernisse gegenüber der politischen Ebene. Diese können demnach sowohl in staatlicher als auch in privater Hand liegen beziehungsweise als staatliche Stellen sowohl als eigene Behörde als auch als Teil eines bestehenden Ministeriums angelegt sein. Im Ergebnis sind die Mitgliedstaaten damit bei der Regelung des Netzzugangs als Kernelement der Marktliberalisierung in ihrem Handeln kaum gebunden. Zu beachten ist neben dieser formaljuristischen Wirkung allerdings, dass der langwierige Entscheidungsprozess auch eine persuasive Dimension aufweist: Das eindringliche Werben der Kommission und die protrahierten Verhandlungen im Rat trugen zu einer verbreiteten Anerkennung der überlegenen Effizienz und verbesserten Versorgungssicherheit eines gemeinsames europäischen Marktes im Vergleich zu fragmentierten nationalen Energiemärkten bei, der sich die Mitgliedstaaten in den nachfolgenden Regelungsprozessen kaum entziehen konnten.

5.2.2 Die Beschleunigungsrichtlinien 2003

5.2.2.1 Überblick über die Legislativprozesse

Nachdem in den Generaldirektionen für Wettbewerb und Energie erstens Unzufriedenheit mit der geringen Reichweite der ersten Binnenmarktrichtlinien herrschte und zweitens eine unzureichende und inhomogene Umsetzung derselben bemängelt wurde, begannen in der Kommission bereits kurz nach der Verabschiedung der Erdgasbinnenmarktrichtlinie die Vorarbeiten für ein neues Richtlinienpaket (Cameron 2016, S. 8; Howarth u. Sadeh 2010, S. 928; Pollak u. Slominski 2011, S. 96). In Fortschrittsberichten zum Elektrizitäts- und Erdgasbinnenmarkt, die in den Jahren 1999 und 2000 vorgelegt wurden, bemängelte die Kommission vielfache strukturelle Hürden für die Vollendung des Binnenmarkts, unter anderem fehlende Regeln für das Engpassmanagement und nicht ausreichend entwickelte transnationale Interkonnektoren der Übertragungsinfrastrukturen (Europäische Kommission 2000b). Im März 2001 legte die Kommission entsprechende Vorschläge für die Überarbeitung der Richtlinien[13] sowie für eine Verordnung für den Netzzugang im Elektrizitätssektor und zwei begleitende Entscheidungen vor (Europäische Kommission 2001g). Zugleich verfolgte sie als alternative Strategie der Harmonisierung die gezielte Netzwerkbildung nationaler Regulierungsbehörden und privater Übertragungsnetzbetreiber (Eikeland 2011a, S. 20; Abschnitt 5.2.5.) Der Rat signalisierte in einer ersten Aussprache über den Legislativvorschlag unter bestimmten Voraussetzungen generelle Zustimmung zu einer Neuregelung (Rat der EU 2001a), ebenso die Staats- und Regierungschefs auf der Tagung des Europäischen Rates im März 2001 (Rat der EU 2001f, S. 3). Auch der Wirtschafts- und Sozialausschuss unterstützte grundsätzlich die Vorschläge der Kommission, brachte aber eine Reihe von Vorschlägen an, die auf eine schnellere Vollendung des Binnenmarktes zielten. Zugleich forderte der Ausschuss Ausgleichsmaßnahmen für Mitgliedstaaten und Bevölkerungsgruppen, die durch die Marktliberalisierung benachteiligt würden (Europäischer Wirtschafts- und Sozialausschuss 2001, S. 4–9). Auf seiner Tagung im März 2002 forderte der Europäische Rat das Parlament und den Rat mit Nachdruck dazu auf, durch

[13] In ihrem ersten Vorschlag beabsichtigte die Kommission, die Regelungen für den Binnenmarkt in einer einheitlichen Richtlinie zusammenzuführen. Entsprechend legte sie nur einen Vorschlag zur Aufhebung der beiden Binnenmarktrichtlinien vor. In der zweiten Lesung wurde der Vorschlag allerdings wieder in zwei getrennte Verfahren aufgespalten.

eine schnelle Verabschiedung der Richtlinien eine Marktöffnung im Elektrizitäts- und Erdgassektor zu beschleunigen (Rat der EU 2002o, S. 14–15). Das Europäische Parlament formulierte ebenfalls im März 2002 in seiner Stellungnahme mehr als 180 Änderungsanträge, die teilweise ambitioniertere Liberalisierungsziele enthielten als von der Kommission vorgeschlagen (Europäisches Parlament 2002j). Nach monatelangen intensiven Verhandlungen im Rat gelang es der italienischen Ratspräsidentschaft im November 2002, eine politische Einigung auf einen Gemeinsamen Standpunkt zu erzielen (Rat der EU 2002a). Anschließend scheint es zu informellen Verhandlungen zwischen dem zuständigen Parlamentsausschuss und COREPER gekommen zu sein, wobei in offiziellen Dokumenten nur auf das daraus resultierende Kompromisspaket, nicht aber auf den Verlauf der Verhandlungen eingegangen wird.[14] In zweiter Lesung wurden dabei 20 Änderungen an der Erdgasbinnenmarktrichtlinie und 25 Änderungen an der Elektrizitätsbinnenmarktrichtlinie vorgenommen. Das Parlament stimmte den so geänderten Texten am 4. Juni 2003 zu, der Rat am 16. Juni 2003 (Europäisches Parlament 2003d, S. 3–4; Rat der EU 2003a, S. 36–37). Am 16. Juli 2003 trat das Legislativpaket in Kraft.[15]

Im Dezember 2003 legte die Kommission analog zur Verordnung 1228/2003/EG einen Vorschlag für eine Verordnung über Netzzugangsbedingungen im Gassektor vor (Europäische Kommission 2003 g). Das Europäische Parlament akzeptierte in seiner legislativen Entschließung im April 2004 den Verordnungsvorschlag im Kern, formulierte aber 41 Änderungsanträge, die von der Kommission größtenteils als annehmbar bewertet wurden (Rat der EU 2004f, S. 3). Der Rat übernahm einige dieser Änderungen, beschnitt in seinem Gemeinsamen Standpunkt Ende November 2004 aber vor allem die Reichweite der Harmonisierung des Netzzugangs (Rat der EU 2005b, S. 12–13). Im Januar und Februar 2005 kam es zu informellen Trilogen zwischen Vertretern der für Energie zuständigen Generaldirektion der Kommission, der Arbeitsgruppe Energie des Rates und des zuständigen Parlamentsausschusses, in deren Verlauf neun Abänderungen am Gemeinsamen Standpunkt des Rates ausgehandelt wurden (Rat der EU 2005c). Das Parlament stimmte diesem Kompromiss Anfang März 2005 zu; der Rat billigte den Text Mitte Juli desselben Jahres (Europäisches Parlament 2005, S. 2; Rat der EU 2005a, S. 14). Am 23. November 2005 trat die Verordnung (EG) 1775/2005 in Kraft.

---

[14] Anders als bei den analysierten späteren Trilogen sind in diesem Fall auch keine Zwischenstände verfügbar, aus denen sich der Verlauf der Verhandlungen rekonstruieren ließe.

[15] VO (EG) 1228/2003; E 1229/2003/EG; E 1230/2003/EG; RL 2003/54/EG; RL 2003/55/EG.

5.2.2.2 Legislative Rechtsetzung

5.2.2.2.1 Beteiligte Akteure

Die federführenden Generaldirektionen der *Kommission,* DG TREN und DG COMP, zeigten sich unzufrieden mit der ungleichmäßigen Marktöffnung und daraus resultierenden stark differierenden Angebotsbedingungen für Strom- und Gasverbraucher (Europäische Kommission 2000b, S. 2–4, 2001d, S. 35–37) und arbeiteten weiter auf eine deutlich stärkere Liberalisierung des europäischen Energiemarkts hin. Allerdings bestanden auf der politischen Ebene der Behörde aufgrund der skeptischen Haltung einiger Mitgliedstaaten erhebliche Widerstände gegen zu weitreichende Liberalisierungsschritte. Das Potenzial der Kommission, durch Androhung wettbewerbsrechtlicher Maßnahmen Druck auf die Mitgliedstaaten auszuüben, das bereits in Abschnitt 5.2.1. diskutiert wurde, hatte sich bis zur Verabschiedung der Beschleunigungsrichtlinien nicht wesentlich geändert. Die Erweiterung der wettbewerbsrechtlichen Handlungsmöglichkeiten durch Verordnung (EG) 1/2003 führte allerdings dazu, dass der Kommission bei der Implementation der Richtlinien größere Handlungsspielräume zur Verfügung standen.

Die vom *Europäischen Parlament* in erster Lesung formulierten Änderungswünsche[16] waren wesentlich begrenzter als im Vorfeld der ersten Binnenmarktrichtlinien: Der vom ITRE-Ausschuss unter Federführung von Claude Turmes und Bernhard Rapkay verfasste Bericht forderte zwar insgesamt striktere Bestimmungen in den Bereichen Netzzugang und Entflechtung, als dies von der Kommission vorgesehen war. Als Richtschnur für ihre Forderungen diente den Abgeordneten aber offensichtlich der Vorschlag der Kommission, während das Parlament knapp ein Jahrzehnt zuvor noch versucht hatte, einen völlig neuen Richtlinientext in den Entscheidungsprozess einzubringen. Deutlich über den Kommissionstext hinaus ging der Standpunkt des Parlaments insbesondere in seinen Forderungen nach umfangreicheren Bestimmungen für den Verbraucherschutz (Europäisches Parlament 2002c, S. 28–34).

Unter den *Mitgliedstaaten* führte Deutschland weiterhin das Lager derjenigen Staaten an, die einer Liberalisierung skeptisch gegenüberstanden und die Verlagerung von Regulierungskompetenzen auf die EU-Ebene weitgehend vermeiden wollten. Auch Frankreich war weiter diesem Lager zuzurechnen. Zudem schlossen sich dieser Gruppe auch die meisten der osteuropäischen Staaten an, die am 1. Mai 2004 der EU beitreten sollten und im Legislativprozess bereits konsultiert wurden (Eikeland 2011a, S. 15). Als verbreitetes inhaltliches Argument gegen

[16] Eine Aufschlüsselung des Abstimmungsergebnisses nach nationaler und Fraktionszugehörigkeit ist anhand der vorliegenden Dokumente nicht mehr möglich.

eine vollständige Marktöffnung wurde von diesen Staaten die Sorge vorgebracht, dass es in einem völlig freien Wettbewerb zu Unterinvestitionen in kritische Infrastrukturen kommen könnte (Europäische Kommission 2002d, S. 15). Ferner darf aber unterstellt werden, dass zumindest in der Mehrzahl der liberalisierungsskeptischen Staaten erhebliche ökonomische Interessen an der Bewahrung des jeweiligen monopolistischen oder oligopolistischen Status quo bestanden. Ebenso wie im Vorfeld der ersten Binnenmarktrichtlinien drängte Großbritannien auf eine weitere Liberalisierung und forderte unter anderem eine vollständige Entflechtung von Energieerzeugung und Netzbetrieb (Howarth u. Sadeh 2010, S. 928).

Die Haltung der *privaten Interessenorganisationen* bei den Konsultationen Ende des Jahres 2000 ist mangels präziser Dokumentation[17] nicht mehr im Detail nachvollziehbar. Aus den vorhandenen Dokumenten wird allerdings deutlich, dass mit Ausnahme der unmittelbar strukturell betroffenen Unternehmen der Erdgas- und – zu einem geringeren Grad – Elektrizitätswirtschaft die befragten Unternehmensverbände auf eine stärkere Marktöffnung und striktere Entflechtungsbestimmungen drängten. Vor allem die Interessenvertretungen industrieller Großabnehmer von Elektrizität und Gas monierten die deutlichen Unterschiede zwischen den Mitgliedstaaten im Hinblick auf die Wettbewerbsfreiheit und forderten eine gleichmäßige Marktöffnung (Europäische Kommission 2001g, S. 6, 2002d, S. 14–15). Weitgehend unumstritten war in der Privatwirtschaft zudem die Forderung nach der Schaffung unabhängiger nationaler Energieregulierungsbehörden (Europäische Kommission 2001g, S. 7).

5.2.2.2.2 Inhaltliche Durchsetzung im Entscheidungsprozess

Die Elektrizitäts- und Erdgasbinnenmarktrichtlinie sowie die begleitenden Verordnungen regeln eine Vielzahl technischer Details der Bereitstellung und Übertragung von Energie. Ziel der hier vorgelegten Analyse ist es nicht, das Zustandekommen aller Einzelbestimmungen aufzuschlüsseln. Um die tatsächliche Durchsetzungsfähigkeit einzelner Akteure im Kontext des institutionellen Interaktionsrahmens bewerten zu können, sollen vielmehr diejenigen Aspekte beleuchtet werden, die von zentraler Relevanz für die Weiterentwicklung des Energiebinnenmarkts und politisch besonders umstritten waren. Dazu zählen erneut insbesondere

a) Der Netzzugang Dritter;
b) Der Grad der Marktöffnung;
c) Die Entflechtung von Energieversorgung und Netzbetrieb;

[17] Die Stellungnahmen der konsultierten Interessengruppen waren ursprünglich in zusammengefasster Form öffentlich verfügbar gemacht worden, konnten nunmehr aber auch durch die Kommission nicht mehr beschafft werden.

d) Die Einführung robuster Verbraucherschutzbestimmungen;
e) Die Einrichtung und Kompetenzausstattung nationaler Regulierungsbehörden;
f) Regelungen für grenzüberschreitende Strom- und Erdgasnetze.

Ins Auge sticht dabei in der Gesamtbetrachtung, wie asymmetrisch die Durchsetzung der Präferenzen der einzelnen EU-Organe über die genannten Sachbereiche verteilt ist.

a) Netzzugang Dritter
Die entscheidende Änderung im Vorschlag der Kommission gegenüber den Vorgängerrichtlinien bestand in der vollständigen Abschaffung des Netzzugangs auf Vertragsbasis. Die Kommission begründete diese Forderung damit, dass die Fortschritte bei der Wettbewerbsentwicklung auf Basis dieses Konzepts gering waren (Gräper u. Schoser 2010, S. 30). Zudem wird in der Begründung des Kommissionsvorschlags darauf verwiesen, dass die konsultierten Interessenorganisationen sich ausnahmslos gegen diese Option ausgesprochen hatten. Entsprechend schlug die Kommission für den Elektrizitäts- und den Gassektor gleichlautende Regeln vor, die weitgehend kongruent mit denen für den geregelten Netzzugang aus dem ersten Richtlinien waren (Europäische Kommission 2001g, S. 56, 63–64).

Das Europäische Parlament fügte gegenüber dem Kommissionsvorschlag auf Antrag der EVP- und der ELDR-Fraktion im Plenum in die Erdgasbinnenmarktrichtlinie einen zusätzlichen Absatz ein, der eine Fortführung des Netzzugangs auf Vertragsbasis im Erdgassektor – nicht aber im Elektrizitätssektor – ermöglichen sollte (Europäisches Parlament 2002f, S. 11, 2002 m, S. 15). Anders als von der Kommission vorgeschlagen, sollten nach dem Standpunkt des Parlaments in beiden Sektoren die Mitgliedstaaten entscheiden können, ob die endgültigen Tarife für den Netzzugang oder lediglich die der Berechnung der Tarife zugrundeliegende Methodik einer Genehmigungspflicht durch eine unabhängige Regulierungsstelle unterliegen sollten (Europäisches Parlament 2002l, S. 23, 2002m, S. 16). Für den Elektrizitätssektor wurde zudem eine Verpflichtung für die Netzbetreiber vorgeschlagen, nicht genutzte Kapazitäten den Netzbenutzern zugänglich zu machen (Europäisches Parlament 2002l, S. 22). Für die von der Kommission vorgeschlagene Regel, wonach ein Netzbetreiber den Zugang aus Kapazitätsgründen verweigern könnte, forderte das Parlament eine Verschärfung: Im Falle einer Verweigerung sollte der Übertragungsnetzbetreiber verpflichtet sein, Maßnahmen zur Kapazitätssteigerung vorzuschlagen (Europäisches Parlament 2002l, S. 23, 2002m, S. 16).

Auch von den Vertretern der Mitgliedstaaten wurden sowohl das Ziel einer weiteren Marktöffnung als auch der Zusammenhang zwischen einer stärkeren

Regulierung des Netzzugangs Dritter und einem gesteigerten Wettbewerb auf dem Energiemarkt grundsätzlich anerkannt (Rat der EU 2001a, 2001c, S. 3, 2001f). Obwohl der Netzzugang damit nicht zu den umstrittensten Aspekten der Regulierung gehörte, wurde im Rat um einzelne Regelungen hart gerungen. So lehnte eine Mehrheit der Mitgliedstaaten zunächst die von der Kommission vorgeschlagene zwingende Übertragung der Regulierungsaufgaben an eine unabhängige Behörde ab; dieses Erfordernis wurde nach Verhandlungen mit der Kommission und auf Druck des liberalisierungsfreundlichen Lagers unter den Mitgliedstaaten allerdings letztlich doch in den Gemeinsamen Standpunkt des Rates und gegenüber der ersten Lesung unverändert in die endgültige Richtlinie übernommen (Rat der EU 2001g, S. 16, 2002f, S. 8, 2003e, S. 34, 2003f, S. 35; Art. 20 Abs. 1 RL 2003/54/EG; Art. 18 Abs. 1 RL 2003/55/EG).

Aus dem Standpunkt des Parlaments in erster Lesung übernahm der Rat als Kompromiss die Regelung, zumindest die den Netzzugangstarifen zugrundeliegende Methodik durch eine unabhängige Regulierungsbehörde regulieren zu lassen (Rat der EU 2002r, S. 12, 2003e, S. 34, 2003f, S. 35). Zudem wurde auf Basis der vom Parlament geforderten Ausnahmen für den Bau neuer Erdgasleitungsinfrastrukturen auf Antrag Italiens auch vom Rat ein entsprechender Passus vorgeschlagen (Rat der EU 2002r, S. 12).

Zudem meldeten mehrere Mitgliedstaaten grundlegende Vorbehalte gegen eine Veröffentlichungspflicht für die Netzzugangstarife an; allerdings beharrte die Kommission sowohl in der interinstitutionellen Abstimmung als auch in ihrem abgeänderten Vorschlag auf dieser Veröffentlichung (Rat der EU 2002e, S. 13, 2002f, S. 8), die vom Rat im Gemeinsamen Standpunkt vorgeschlagene Veröffentlichung der Berechnungsmethoden lehnte die Kommission ab (Europäische Kommission 2002c, S. 33, 48). In den Trilog-Verhandlungen in zweiter Lesung setzten Parlament und Rat trotz fachlicher Einwände der Kommission eine aufgeweichte Regelung durch, nach der es den Mitgliedstaaten freigestellt wurde, eine Veröffentlichung der Tarife oder lediglich eine Veröffentlichung der den Tarifen zugrundeliegenden Berechnungsmethoden zu verlangen (Art. 20 RL 2003/54/EG; Art. 18 RL 2003/55/EG).

Auf Druck mehrerer Mitgliedstaaten, allen voran Frankreichs, einigte man sich im Rat, dass im Erdgassektor weiterhin die Möglichkeit eines Netzzugangs auf Basis langfristiger Verträge bestehen sollte (Rat der EU 2002c, S. 17). Auch das Parlament hatte eine ähnliche Bestimmung vorgeschlagen. Obwohl die Kommission diese Regelung unter Verweis auf die Gefahr von Wettbewerbsverzerrungen strikt ablehnte (Europäische Kommission 2002c, S. 15), wurde die im Gemeinsamen Standpunkt des Rates vorgeschlagene Formulierung in den Trilogen durchgesetzt und findet sich in identischer Form in der endgültigen Richtlinie

(Art. 18 Abs. 3 RL 2003/55/EG). Die vom Parlament eingebrachte Regelung, wonach im Falle der Verweigerung des Netzzugangs aus Kapazitätsgründen der Netzbetreiber jeweils zur Unterbreitung von Vorschlägen zur Behebung von Kapazitätsengpässen verpflichtet werden sollte, wurde vom Rat und nachfolgend auch im abgeänderten Vorschlag der Kommission nur in stark aufgeweichter Form übernommen: Die Entscheidung über die Auferlegung entsprechender Informationspflichten sollte effektiv den Mitgliedstaaten vorbehalten bleiben (Europäische Kommission 2002c, S. 33; Rat der EU 2003e, S. 35, 2003f, S. 39). Zudem setzte die Kommission durch, dass die Netzbetreiber der anfragenden Stelle die Kosten für die Auskunft in Rechnung stellen konnten (Europäische Kommission 2002c, S. 10).

Nachdem der Rat und die Kommission einen Großteil der substanziellen Änderungsvorschläge des Parlaments zumindest in abgeschwächter Form übernommen hatten, blieben als wesentlicher Streitpunkt im Hinblick auf den Netzzugang in den informellen Gesprächen im Mai 2003 lediglich die konkreten Bedingungen für die Verweigerung des Netzzugangs aus Kapazitätsgründen – ein auf den ersten Blick nachrangiger Aspekt, der gleichwohl erheblichen Einfluss auf die konkrete Bindungswirkung der Richtlinie entfalten konnte. Der ITRE-Ausschuss des Parlaments versuchte, die bereits in erster Lesung vorgeschlagenen, von Rat und Kommission aber gestrichenen verschärften Regeln für die Verweigerung im Erdgassektor erneut einzuführen (Europäisches Parlament 2003c, S. 15). Der Rat lehnte in seiner Ausgangsposition für den Trilog diese Verschärfung erneut ab; als Kompromiss fügte er stattdessen zusätzliche Kompetenzen der Kommission zur Verhinderung des Missbrauchs einer marktbeherrschenden Stellung ein (Rat der EU 2003g, S. 36). Diese Regelung wurde vom Rat im Trilog unverändert durchgesetzt, einschließlich der von der Kommission in der zwischenzeitlichen institutionellen Abstimmung vorgeschlagenen Möglichkeit, die Kosten für die Bereitstellung von Informationen in Rechnung stellen zu können (Art. 21 Abs. 2 RL 2003/55/EG).

Im Ergebnis wurde damit der Netzzugang auf Vertragsbasis aus der ersten Strombinnenmarktrichtlinie als Möglichkeit weitgehend abgeschafft. Die eingeführten Regelungen orientierten sich primär am Modell des geregelten Netzzugangs in den ersten Binnenmarktrichtlinien; auf Druck der Mitgliedstaaten und des Parlaments blieb allerdings die Möglichkeit langfristiger Lieferverträge im Erdgassektor erhalten. Im Vergleich zu den ersten Richtlinien wurden darüber hinaus – wie von der Kommission in ihrem Vorschlag vorgesehen – mögliche Gründe für eine Ablehnung des Netzzugangs deutlich präzisiert. Elektrizitäts- und Erdgasbinnenmarktrichtlinie ähneln einander in dieser Hinsicht stark.

b) Marktöffnung
Nachdem die Vorgängerrichtlinien bereits quantitative Mindestziele für eine teilweise Öffnung des Elektrizitäts- und Erdgasmarktes beinhaltet hatten, schlug die Kommission nun eine vollständige Öffnung für den Wettbewerb bis zum 1. Januar 2005 vor; gewerbliche Kunden sollten bereits ab dem 1. Januar 2003 ihren Elektrizitätslieferanten beziehungsweise ab 1. Januar 2004 ihren Gaslieferanten frei wählen können (Europäische Kommission 2001g, S. 57, 63–64). Das Parlament unterstützte diesen Zeitrahmen (Europäisches Parlament 2002l, S. 22, 2002m, S. 16–17). Im Rat wurde dieser Aspekt lange kontrovers verhandelt; der Gemeinsame Standpunkt sah schließlich für beide Sektoren eine Marktöffnung für alle Nicht-Haushaltskunden zum 1. Januar 2004 und eine vollständige Öffnung zum 1. Juli 2007 vor (Rat der EU 2003e, S. 35, 2003f, S. 45). Die Kommission betonte in ihrem geänderten Vorschlag, dass eine solche zeitliche Verschiebung, die das Ziel einer vollständigen Marktöffnung nicht infrage stellte, den Geist ihres Vorschlags nicht verletze (Europäische Kommission 2003a, S. 6). Kommission und Parlament erhoben in der Folge keine Einwände gegen diese Festlegung, die in zweiter Lesung nicht mehr geändert wurde. Mit der freien Anbieterwahl für Privatkunden erbrachten die Beschleunigungsrichtlinien damit den ersten auch für eine breite Bevölkerungsmehrheit spürbaren Effekt der Marktliberalisierung und zugleich einen zentralen Fortschritt im von der Kommission intendierten Liberalisierungsprozess gegenüber dem ersten Binnenmarktpaket.

c) Entflechtung
Eine erhebliche Veränderung gegenüber den Vorgängerrichtlinien ergab sich auch aus den Entflechtungsbestimmungen des neuen Richtlinienpakets. Die Trennung zwischen verschiedenen Geschäftsbereichen vertikal integrierter Energieunternehmen gehörte erneut zu den umstrittensten Aspekten der Regulierung. Als Voraussetzung für eine effektive Entflechtung wurde durch die Richtlinie 2003/55/EG nun auch im Gassektor die Benennung von Fernleitungsnetzbetreibern verpflichtend vorgeschrieben. Diese Bestimmung wurde von der Kommission vorgeschlagen und ausweislich der verfügbaren Dokumente im Verhandlungsprozess nicht mehr ernsthaft infrage gestellt (Europäische Kommission 2001g, S. 61). Obwohl die zuständigen Generaldirektionen innerhalb der Kommission im Vorfeld des Entscheidungsprozesses eine vollständige eigentumsmäßige Trennung von Erzeugung, Verkauf und Netzbetrieb favorisierten, wurde bei der Abstimmung mit den Mitgliedstaaten deutlich, dass eine solche Regelung nicht durchsetzbar sein würde (Cabau 2010, S. 90). Entsprechend legte der Vorschlag der Kommission den Fokus auf eine rechtliche Entflechtung. Die Kommission schlug für die Entflechtung von Übertragungs- und Verteilernetzbetreibern im Elektrizitäts- und

Gassektor gleichlautende Entflechtungsbestimmungen vor, die eine Trennung des Übertragungsnetzes von anderen Tätigkeitsbereichen hinsichtlich „Rechtsform, Organisation und Entscheidungsgewalt" ermöglichen sollten. Dazu wurden vier Kriterien formuliert (Europäische Kommission 2001g, S. 55–56, 61–62)

- Eine Beschäftigung von Mitarbeitern in mehreren Geschäftsfeldern sollte ausgeschlossen sein;
- Mitarbeiter eines Tätigkeitsbereichs sollten keine ökonomischen Interessen an der Entwicklung anderer Bereiche haben;
- Die autonome Kontrolle der Netzbetreiber über ihren Geschäftsbereich sollte gewährleistet sein;
- Netzbetreiber sollten ein eigenes Übereinstimmungsprogramm auflegen, um gegenüber den Regulierungsbehörden nichtdiskriminierendes Verhalten nachzuweisen.

Aus den Vorgängerrichtlinien übernahm die Kommission zudem weitgehend die Bestimmungen zur Entflechtung der Rechnungslegung, fügte aber einen Passus mit qualitativen Anforderungen an die Buchführung ein (Europäische Kommission 2001g, S. 56, 63). Die Regeln für die Entflechtung der Verwaltung blieben im Vergleich zum ersten Richtlinienpaket unverändert.

Das Europäische Parlament folgte in erster Lesung im Hinblick auf die Entflechtung fast vollständig den Empfehlungen des ITRE-Ausschusses und entschärfte die von der Kommission formulierten Kriterien in zweifacher Hinsicht: Erstens wurde das Erfordernis der Kontrolle über Vermögenswerte durch die Netzbetreiber aufgeweicht. Während die Kommission eine „volle Kontrolle" über die Vermögenswerte forderte, verlangt der die legislative Entschließung in den meisten Fällen[18] lediglich „ausreichende Entscheidungsbefugnisse", um den Betrieb des Netzes sicherzustellen (Europäisches Parlament 2002c, S. 42, 46, 99, 2002l, S. 17–19, 2002m, S. 12–14). Für den Erdgassektor strich das Parlament zudem die Anforderung eines Übereinstimmungsprogramms (Europäisches Parlament 2002c, S. 99, 101–102). Die übrigen von der Kommission vorgeschlagenen Regelungen wurden vom Parlament hingegen übernommen. Allerdings vereinfachte das Parlament die Bestimmungen zur Entflechtung der Rechnungslegung im Elektrizitätssektor, indem es eine Trennung in zwei breitere Tätigkeitskategorien – Übertragung und Verteilung einerseits sowie Erzeugung und Versorgung

[18] Diese Regelung war auf Übertragungs- und Verteilernetzbetreiber im Elektrizitätssektor sowie auf Fernleitungsnetzbetreiber, nicht aber auf Verteilernetzbetreiber im Gassektor bezogen.

andererseits – statt wie von der Kommission vorgesehen eine getrennte Buchführung für alle einzelnen Tätigkeitsbereiche verlangte (Europäisches Parlament 2002l, S. 21). Für den Erdgassektor wurde die von der Kommission vorgeschlagene Trennung in insgesamt fünf Tätigkeitsbereiche hingegen unverändert beibehalten (Europäisches Parlament 2002m, S. 14).

In den Gremien des Rates wurden erhebliche Differenzen zwischen den Mitgliedstaaten deutlich, was die Reichweite der Entflechtung anbelangte. Dabei stellten sich vor allem Deutschland und Frankreich gegen strenge Entflechtungsbestimmungen; mit Ausnahme weniger Kompromisse konnten sie diese Präferenzen aber nicht realisieren. Deutschland, Frankreich und die Niederlande äußerten Vorbehalte gegen das Erfordernis einer rechtlichen Entflechtung, die Mehrheit der Mitgliedstaaten, angeführt von Großbritannien, beharrte dagegen mit Nachdruck auf dem Standpunkt, dass eine effektive Entflechtung nur mit einer rechtlichen Trennung der Geschäftsbereiche erreicht werden konnte (Rat der EU 2002c, S. 2, 2002e, S. 7, 2002h, S. 3). Diese letztere Gruppe setzte sich innerhalb des Rates durch; die Gemeinsamen Standpunkte übernehmen in dieser Hinsicht gleichlautend für beide Sektoren im Wesentlichen die Formulierung aus dem Kommissionsvorschlag (Rat der EU 2003e, S. 24,29, 2003f, S. 25, 29). Auch eine von Deutschland und Frankreich geforderte befristete Ausnahme aller Verteilernetzbetreiber von diesen Regeln wurde von einer Mehrheit innerhalb des Rates abgelehnt; als Kompromiss setzten die beiden Staaten aber sowohl in den Gemeinsamen Standpunkten als auch in den endgültigen Richtlinien durch, dass Mitgliedstaaten kleinere Verteilernetzbetreiber mit weniger als 100.000 Kunden von den Entflechtungsbestimmungen ausnehmen konnten (Rat der EU 2002h, S. 3, 2002v, S. 2, 2003e, S. 30, 2003f, S. 31).

Eine Mehrheit der Mitgliedstaaten lehnte a priori die von der Kommission vorgeschlagene Formulierung einer vollen Kontrolle der Netzbetreiber über die für den Netzbetrieb und die Netzentwicklung erforderlichen Ressourcen ab (Rat der EU 2002e, S. 7). Die öffentlich verfügbaren Dokumente zeugen in dieser Hinsicht von einer regen Debatte innerhalb der Arbeitsgruppe Energie; gleich mehrfach wurde der entsprechende Passus völlig revidiert. Die Gemeinsamen Standpunkte enthielten schließlich eine gegenüber dem Kommissionsvorschlag aufgeweichte Regelung, die in den endgültigen Richtlinien lediglich nochmals präzisiert wurde: Ein Netzbetreiber sollte zwar über unabhängige Entscheidungsbefugnisse verfügen, zugleich wurden aber dezidiert Kontrollrechte des jeweiligen Mutterunternehmens festgeschrieben (Rat der EU 2003e, S. 25, 30, 2003f, S. 26, 30).

Mehrere Mitgliedstaaten, darunter Deutschland und Frankreich, äußerten erhebliche Vorbehalte gegen das von der Kommission vorgesehene Übereinstimmungsprogramm und wollten dieses zumindest gegen für die Unternehmen weniger aufwändige Regelungen, etwa eine generelle Berichtspflicht über nichtdiskriminierendes Verhalten, ersetzen (Rat der EU 2002e, S. 8, 2002q, S. 9, 2002t, S. 11). Auch in dieser Hinsicht konnten sich die beiden Staaten aber nicht gegen die Mehrheit der anderen Mitgliedstaaten durchsetzen: Die Gemeinsamen Standpunkte übernahmen in allen wesentlichen Punkten die Regelungen aus dem Kommissionsvorschlag (Rat der EU 2003e, S. 25, 30, 2003f, S. 26, 30). In Bezug auf die Entflechtung der Rechnungslegung übernahm der Rat nach entsprechender Debatte in der Arbeitsgruppe Energie die vom Parlament vorgeschlagene Änderung, im Elektrizitätssektor in nur zwei voneinander zu trennende Tätigkeitskategorien zu unterscheiden (Rat der EU 2002t, S. 16). Intensiv debattiert wurde zudem über die von Deutschland vorgeschlagene Regelung, bei der Buchführung danach zu unterscheiden, ob Kunden für die freie Anbieterwahl zugelassen waren oder nicht (Rat der EU 2002d, S. 15). Diese Bestimmung fand gegen den Widerstand Frankreichs Eingang in den Gemeinsamen Standpunkt und unverändert in die endgültige Richtlinie (Rat der EU 2003e, S. 34).

Die Kommission hatte bereits während der Beratungen im Rat ihre Zustimmung zu den meisten der vom Rat beabsichtigten Änderungen signalisiert (Rat der EU 2002h, S. 3); die vom Rat verabschiedete aufgeweichte Regelung der unabhängigen Kontrolle der Übertragungs- und Verteilernetzbetreiber über die für den Netzbetrieb notwendigen Ressourcen lehnte sie allerdings ab (Europäische Kommission 2002c, S. 44). Auch der ITRE-Ausschuss des Parlaments befasste sich in zweiter Lesung mit diesem Erfordernis und schlug vor, zwar die Formulierung des Rates weitgehend zu übernehmen, aber die Vorschrift einer unabhängigen Rechnungsprüfung zur Vermeidung von Quersubventionen einzuführen (Europäisches Parlament 2003b, S. 17–19, 2003c, S. 11–13). Dieser Kompromissvorschlag wurde in den informellen Trilog-Verhandlungen von Rat und Kommission mit geringfügigen Änderungen akzeptiert (Rat der EU 2003h, S. 15–17). In Bezug auf alle übrigen Aspekte der Entflechtung wurden in zweiter Lesung die Formulierungen der Gemeinsamen Standpunkte aus der ersten Lesung übernommen.

Im Ergebnis wurden damit Bestimmungen für die Entflechtung festgeschrieben, die wesentlich robuster als diejenigen des ersten Binnenmarktpakets waren. Kern dieser neuen Regeln war dabei der Katalog spezifischer Kriterien für die rechtliche Entflechtung, der trotz intensiver Debatten im Rat gegenüber dem Kommissionsvorschlag kaum abgeschwächt wurde. Ausschlaggebend für diesen Erfolg der Kommission war, dass sich diejenigen Mitgliedstaaten, die für starke Entflechtungsbestimmungen eintraten, im Rat gegenüber den eher integrationsskeptischen Regierungen Deutschlands und Frankreichs behaupten konnten.

d) Gemeinwirtschaftliche Verpflichtungen und Verbraucherschutz
Beide Binnenmarktrichtlinien führen jeweils den Grundsatz einer gemeinwirtschaftlichen Verpflichtung im Energiesektor ein. Dieser war bereits im Entwurf der Kommission angelegt, wurde aber vom Parlament in erster Lesung deutlich ausgeweitet und präzisiert. So forderte das Parlament besondere Schutzbestimmungen für nichtgewerbliche und kleine gewerbliche Verbraucher, Maßnahmen zum Schutz vor einem Ausschluss von der Strom- und Gasversorgung sowie Mindestanforderungen für die Preistransparenz in Werbepublikationen der Energieversorger (Europäisches Parlament 2002c, S. 27–32). Diese Forderungen decken sich mit dem fast zeitgleich vom Europäischen Rat gefassten Entschluss, weitere Maßnahmen zur Stärkung der Verbraucherrechte und der Versorgungssicherheit in die Richtlinie aufzunehmen (Rat der EU 2002o, S. 15). Der Text des Parlaments wurde nachfolgend im jeweiligen Gemeinsamen Standpunkt des Rates zwar modifiziert und gekürzt; die Substanz in Bezug auf Verbraucherrechte und Transparenz wurde aber im Wesentlichen[19] erhalten (Rat der EU 2003c, S. 5–6, 2003d, S. 5–6). In zweiter Lesung wurden schließlich nur noch wenige sekundäre Elemente geändert. Im Ergebnis stärkt die Richtlinie die Endverbraucher im Vergleich zur Vorgängerrichtlinie deutlich, indem sie die Stromversorgung zur öffentlichen Dienstleistung erklärt und einen universellen Anspruch auf Stromversorgung für bestimmte Gruppen von Verbrauchern deklariert (Cameron 2007, S. 128–129).

[19] Der einzige nennenswerte Aushandlungsprozess zwischen gegensätzlichen Positionen bezog sich auf die Definition der Gruppe von Endkunden, die besonders durch staatliche Vorschriften geschützt werden sollten. Während der Vorschlag der Kommission sich auf alle Endkunden bezogen und die Entschließung des Parlaments unspezifisch von „Verbraucher[n]" gesprochen hatte, verlangten Deutschland, Österreich und die Niederlande eine Beschränkung der Bestimmung auf nichtgewerbliche Endkunden. Die italienische Regierung wollte hingegen auch gewerbliche Kunden einbeziehen. Als Ergebnis sehen der Standpunkt des Rates und auch die endgültige Richtlinie einen Kompromiss vor: Mitgliedstaaten können die für nichtgewerbliche Verbraucher erlassenen Regelungen fakultativ auch auf Kleinunternehmen mit bis zu 50 Mitarbeitern und einem Jahresumsatz von bis zu 10 Millionen Euro ausdehnen (Rat der EU 2002u, S. 10, 2003c, S. 6).

e) Einrichtung nationaler Regulierungsbehörden
Nachdem in den ersten Binnenmarktrichtlinien entgegen den Forderungen der Kommission die Einrichtung von Energieregulierungsbehörden nicht verpflichtend vorgeschrieben, sondern lediglich nicht weiter spezifizierte „Mechanismen“ zur Kontrolle der Elektrizitäts- und Erdgasmärkte gefordert worden waren, schlug die Kommission für die Beschleunigungsrichtlinien erneut eine Verpflichtung zur Schaffung eigener Regulierungsbehörden vor. Diese sollten in alleiniger Zuständigkeit ein in der Richtlinie definiertes Mindestmaß an Funktionen wahrnehmen. Die Kommission definierte in ihrem Vorschlag dazu fünf Aufgabenbereiche für Regulierungsbehörden im Elektrizitätssektor, die sich in nahezu identischer Form auch im Vorschlag für den Erdgassektor wiederfinden (Europäische Kommission 2001g, 57–58, 65–66):

- Festlegung von Bedingungen und Tarifen für den Netzzugang;
- Festlegung von Tarifen für den grenzüberschreitenden Stromhandel;
- Regeln für Management und Kapazitätszuweisungen im grenzüberschreitenden Stromhandel;
- Kapazitätsmechanismen;
- Gewährleistung der Einhaltung der Schutzbestimmungen für Endkunden.

Ein ähnlicher Aufgabenzuschnitt war für den Erdgassektor vorgesehen, lediglich die Festsetzung von Tarifen für den grenzüberschreitenden Handel wurde hier nicht zwingend vorgegeben.

Das Parlament ergänzte in seiner Stellungnahme die Bestimmungen zu den Regulierungsbehörden gegenüber dem Kommissionsvorschlag deutlich. Hauptsächlich sollten damit die im Vorschlag bereits angelegten Befugnisse dieser Behörden, insbesondere im Erdgassektor, präzisiert und ausgebaut werden. So sollten im Erdgassektor die nationalen Regulierungsbehörden auch für die Überwachung der Entflechtung der Rechnungslegung und die Setzung von Bedingungen für Lastausgleichsleistungen verantwortlich sein. Zudem sieht die Stellungnahme des Parlaments explizit Durchsetzungsbefugnisse der Behörden im Fall der Nichtbefolgung durch die regulierten Energieunternehmen vor, die im Kommissionsvorschlag nicht enthalten waren. Im Gegensatz zur Kommission wollte das Parlament aber keine Beschränkung auf eine einzige nationale Regulierungsbehörde vornehmen, sondern gestattet in seiner Stellungnahme auch die Verteilung der Kompetenzen auf mehrere unabhängige Behörden. Diese sollten aber nicht nur – wie von der Kommission vorgeschlagen – von den regulierten Unternehmen, sondern auch von der jeweiligen nationalen Regierung unabhängig sein (Europäisches Parlament 2002l, S. 23–26, 2002m, S. 17–19). Das Parlament schlug zudem die Einrichtung einer Gruppe europäischer Energieregulierungsbehörden vor, die für eine Harmonisierung des Handelns der nationalen Regulierungsstellen sorgen sollten (Europäisches Parlament 2002 l, S. 26). Vom ITRE-Ausschuss vorgeschlagene noch weitergehende Regelungen, etwa zur Gewährleistung der effektiven Entflechtung der Rechnungslegung, wurden vom Plenum hingegen abgelehnt (Europäisches Parlament 2002c, S. 54–56).

Die Arbeitsgruppe Energie des Rates nahm dabei sehr früh im Entscheidungsprozess eine entscheidende Einschränkung der Kompetenzen der Behörden vor: Eine autoritative Genehmigungsbefugnis sollte nur noch für die Tarife[20] für den nationalen Netzzugang und die Festlegung von Lastausgleichsleistungen bestehen; für alle weiteren Bereiche des Netzzugangs und der Entflechtung sollten die Behörden nur noch eine Überwachungsfunktion besitzen, verbunden mit der allgemein gehaltenen Aufgabe, für ein Funktionieren des Wettbewerbs zu sorgen (Rat der EU 2002p, S. 15, 2002s, S. 15–16). Diese Festlegung war gleichwohl nicht unumstritten: Österreich, Großbritannien und Italien drängten darauf, das Erfordernis einer Genehmigung a priori auch für die Regulierung grenzüberschreitender Strom- und Gasflüsse und das Engpassmanagement zu beziehen (Rat der EU 2002n, S. 17–18), fanden dafür aber keine Mehrheit unter den Mitgliedstaaten. Weitgehende Einigkeit scheint hingegen darüber bestanden zu haben, dass – anders als vom Parlament gefordert – eine Unabhängigkeit der Regulierungsbehörden von den Regierungen der Mitgliedstaaten nicht vorgeschrieben werden sollte.

Neben der Erwähnung der Lastausgleichsleistungen übernahm der Rat aus der Stellungnahme des Parlaments zudem die explizite Festschreibung von Durchsetzungsbefugnissen. Aus dem Text des Parlaments weitgehend übernommen wurde auch die Bestimmung, wonach die Regulierungsbehörden als Schiedsstellen bei Beschwerden gegen Netzbetreiber fungieren sollten; allerdings entfielen in den Gemeinsamen Standpunkten dafür die Befugnisse der Regulierungsbehörden zur präventiven Durchsetzung der Regeln zum Schutz der Endkunden (Rat der EU 2003e, S. 39, 2003f, S. 48). Auch die verpflichtende Vorgabe der Einrichtung einer EU-weiten Koordinationsgruppe der Regulierungsbehörden fand bei den Mitgliedstaaten keine Unterstützung. Insgesamt wurde der von der Kommission vorgeschlagene Funktionenkatalog von Parlament und Rat von vier auf acht Zuständigkeitsbereiche erweitert, wobei eine hierarchische Regulierungsfunktion – wie oben erläutert – nur noch für zwei dieser Bereiche vorgeschrieben wurde.

[20] Zu einem späteren Zeitpunkt wurde entsprechend der oben erläuterten Regeln für den Netzzugang die Option aufgenommen, die Regulierung auf die den Tarifen zugrundeliegende Berechnungsmethode zu beschränken.

In den Trilogverhandlungen vor der zweiten Lesung im Plenum des Parlaments wurde der Standpunkt des Rates in den zentralen Punkten nicht mehr entscheidend verändert. Dies war schon der Tatsache geschuldet, dass der ITRE-Ausschuss nur noch wenige Änderungsanträge formulierte, die überwiegend sekundäre Aspekte der Kompetenzausstattung der Regulierungsbehörden betrafen (Europäisches Parlament 2003b, S. 22–25, 2003c, S. 18–19; Rat der EU 2003h, S. 20–23). Im Ergebnis wurde damit die Einrichtung nationaler Regulierungsstellen für den Elektrizitäts- und Gassektor einschließlich robuster Regulierungskompetenzen erstmals verpflichtend vorgeschrieben, wenngleich die Befugnisse zur unabhängigen hierarchischen Durchsetzung von Regeln schwächer ausfielen als von der Kommission in ihrem Vorschlag vorgesehen. Zudem konnten die aufgeführten Kompetenzen nach wie vor horizontal oder vertikal unter verschiedenen Regierungsbehörden aufgeteilt sein.

f) Grenzüberschreitender Netzzugang

Da die Binnenmarktrichtlinien primär auf die Schaffung liberalisierter nationaler Märkte zielten, beabsichtigte die Kommission, zur Herstellung eines europaweiten Binnenmarktes auch die transnationale Konnexion von Energienetzen einem harmonisierten Regelwerk zu unterwerfen. Dazu konnte sie auf die Ergebnisse des Florenz-Forums und des Madrid-Forums zurückgreifen; entsprechend den unterschiedlichen technischen und infrastrukturellen Anforderungen der beiden Sektoren[21] sollte jeweils ein eigener Rechtsakt erlassen werden. Die Kommission wählte dazu in ihren Vorschlägen das Instrument einer Verordnung, weil sie aufgrund des transnationalen Charakters des Regulierungsgegenstandes eine direkte Wirkung des Rechtsakts auf die betroffenen Unternehmen als wünschenswert erachtete. Dagegen erhob sich in den Reihen der Mitgliedstaaten aber insbesondere im Hinblick auf die Erdgasbinnenmarktverordnung erheblicher Widerstand. Vor allem Deutschland bestand zunächst auf der Form einer Richtlinie, um die durch die kurz zuvor erlassene Richtlinie bereitgestellten Spielräume für die nationale Umsetzung nicht nachträglich zu beschneiden. Dabei wurde von mehreren Regierungen auch darauf verwiesen, dass den durch die Foren verabschiedeten Leitlinien nicht alle beteiligten Akteure zugestimmt hätten (Rat der EU 2004c, S. 2, 2004d, S. 2). Eine Mehrheit der Mitgliedstaaten akzeptierte aber diese

---

[21] Die Verordnung zum grenzüberschreitenden Stromhandel nimmt insbesondere die Netzbelastung durch physikalische Stromflüsse (*loop flows*) und die entsprechende Tarifierung in den Blick; die Erdgasverordnung konzentriert sich auf Mindestanforderungen für den gleichberechtigten Netzzugang angesichts der im Erdgassektor vorherrschenden langfristigen Lieferverträge (Europäische Kommission 2001 g, S. 75, 2003g, S. 2–3).

Rahmensetzung der Kommission, weshalb im Ergebnis in beiden Fällen am Instrument einer Verordnung festgehalten wurde.

Ein Großteil der im Kommissionsentwurf vorgeschlagenen Regelungen wurde im Entscheidungsprozess weitgehend unverändert belassen; dabei handelte es sich überwiegend um technische Bestimmungen für den Netzzugang, die auf der Arbeit der Regulierungsforen beruhten. Zwei Konfliktlinien im Entscheidungsprozess sind allerdings unter dem Gesichtspunkt der Durchsetzungschancen der beteiligten Akteure von Interesse: Erstens setzte der Rat präzisierte und limitierende Regeln in Bezug auf Ausnahmen für neue Elektrizitätsinfrastrukturen durch. Zweitens wurde zwischen der Kommission einerseits sowie Rat und Parlament andererseits hart um Änderungsbefugnisse der Kommission gerungen.

Ausnahmen von den Bestimmungen der Verordnung für neue Verbindungsleitungen waren im Entwurf der Kommission noch nicht angelegt. Allerdings drängte früh im Abstimmungsprozess eine Gruppe von Mitgliedstaaten um Großbritannien und Italien darauf, solche Ausnahmen vorzusehen, um Anreize für Investitionen zu gewährleisten (Rat der EU 2002g, S. 7). Dagegen gab es wiederum erhebliche Vorbehalte bei liberalisierungsfreundlichen Mitgliedstaaten, die dadurch eine Aushebelung der Binnenmarktrichtlinie befürchteten (Rat der EU 2002k, S. 5). Entsprechend wurden im Verlauf der Beratungen zwischen den Mitgliedstaaten die Ausnahmen auf Gleichstrom-Übertragungsleitungen beschränkt und die Überprüfungsbefugnisse der Kommission bei entsprechenden Entscheidungen der Mitgliedstaaten deutlich ausgeweitet. Die Kommission akzeptierte diese Änderungen im Abstimmungsprozess zwischen den Organen und kündigte an, die Bestimmungen so restriktiv wie möglich auszulegen (Rat der EU 2002i, S. 2). Im informellen Trilog zum Binnenmarktpaket wurden die vom Rat im Gemeinsamen Standpunkt formulierten Ausnahmeregeln nicht mehr diskutiert und fanden infolgedessen unverändert Eingang in die Endfassung der Verordnung (Art. 7 VO 1228/2003).

Wie in dem oben theoretisch modellierten Spiel um Kontrollpositionen antizipiert, entwickelten sich in beiden Fällen die Befugnisse der Kommission zur abgeleiteten Rechtsetzung zu einem zentralen Gegenstand der Auseinandersetzung zwischen den Organen der EU. Dabei ging es um die nachträgliche Festsetzung und Änderung von Leitlinien für die Regeln und Gebühren des Netzzugangs sowie – im Fall der Elektrizitätsverordnung – um die Festsetzung der Höhe von Ausgleichszahlungen für die Nutzung von Übertragungsnetzen. Anders als bei einer Orientierung an Kontrollpositionen zu erwarten, waren es dabei weniger das Parlament, sondern primär die Mitgliedstaaten, die den Spielraum der Kommission und des zuständigen Ausschusses einschränkten wollten. Dies deutet darauf hin, dass die Mitgliedstaaten offenbar der Kommission ein gewisses

Maß an Gestaltungsfreiheit im Komitologie-System zuschrieben, das sie a priori beschränken wollten.[22] Eine vom Parlament bei der Elektrizitätsverordnung ins Spiel gebrachte Befristung der Befugnisse der Kommission auf vier Jahre wurde von Kommission und Rat aber nicht akzeptiert (Europäisches Parlament 2002d, S. 16). Konkret schränkte der Rat die Handlungsfreiheit der Kommission beim Erlass von Leitlinien in zwei Dimensionen ein: In der Elektrizitätsverordnung drängte eine Mehrheit der Mitgliedstaaten auf die Anwendung des Regelungsverfahrens anstelle des von der Kommission vorgeschlagenen Beratungsverfahrens bei der Festsetzung der Höhe von Ausgleichszahlungen (Rat der EU 2001b, S. 6). Mit Blick auf den Vorschlag für die Erdgasverordnung äußerten einige Mitgliedstaaten die Befürchtung, die Kommission könnte den Charakter der im Anhang enthaltenen Leitlinien durch Hinzufügungen vollständig verändern (Rat der EU 2004b, S. 2). Daher wurde der Kommission in der endgültigen Verordnung zwar eine Befugnis zur Änderung bestehender, nicht aber zum Erlass neuer Leitlinien zugestanden (Art. 9 Abs. 2 VO 1775/2005).

5.2.2.3 Abgeleitete Rechtsetzung und Implementation

Wie schon das erste Binnenmarktpaket boten auch die Beschleunigungsrichtlinien keine Ansatzpunkte für abgeleitete Rechtsetzung durch die Kommission. Lediglich im Rahmen der Verordnungen zum Netzzugang fiel der Kommission die Aufgabe zu, Regeln für die konkrete Ausgestaltung des Rechtszugangs zu präzisieren und zu aktualisieren. In Bezug auf die Erdgasverordnung strebte die Kommission bis zum Inkrafttreten des dritten Binnenmarktpakets keine solche Änderung an. Die Leitlinien für den Ausgleich zwischen Übertragungsnetzbetreibern im Elektrizitätssektor wurden erst kurz vor Inkrafttreten der Nachfolgeverordnung im Jahr 2010 aktualisiert. Dabei stützten sich die Kommission und der zuständige Komitologie-Ausschuss in erheblichem Maße auf die Expertise der Übertragungsnetzbetreiber im ENTSO-E (Europäische Kommission 2009l, S. 1). Der von der Kommission auf dieser Basis erarbeitete Vorschlag, der die Abwicklung der Ausgleichsleistungen im Sinne einer regulierten Selbstregulierung dem Netzwerk der Übertragungsnetzbetreiber übertrug, wurde vom Ausschuss im Kern unverändert übernommen (Europäische Kommission 2009d, S. 4–9; VO 838/2010).

Die Umsetzung der Beschleunigungsrichtlinien durch die Mitgliedstaaten erfolgte im Vergleich zu den ersten Binnenmarktrichtlinien schleppend (Green

[22] Dieser Befund widerspricht wiederum der in Abschnitt 3.1.2. formulierten Annahme, die Mitgliedstaaten würden zu einer Ausdehnung der Komitologie-Befugnisse tendieren, um das Parlament vom Entscheidungsprozess auszuschließen, während ihre eigene Verhandlungsposition angesichts der Entscheidungsregeln im Regelungsverfahren nicht tangiert wäre.

2009, S. 294). Bereits im Oktober 2004 richtete die Kommission formelle Aufforderungsschreiben an insgesamt 18 Mitgliedstaaten, die sie noch nicht über die nationalen Umsetzungsmaßnahmen benachrichtigt hatten (Europäische Kommission 2004e). Gegen sechs von ihnen erhob sie im Jahr 2005 Klage vor dem Europäischen Gerichtshof; allerdings stellte dieser nur bei Luxemburg und Spanien jeweils sowohl im Elektrizitäts- als auch im Gassektor Verstöße gegen EU-Recht fest (EuGH, C-353/05; C-354/05; C-357/05; C-358/05). Trotz des mäßigen Erfolgs dieser Maßnahme leitete die Kommission im Jahr 2009 noch vor Inkrafttreten des dritten Binnenmarktpakets weitere Vertragsverletzungsverfahren gegen zahlreiche Mitgliedstaaten ein, denen sie eine mangelhafte Implementierung der Beschleunigungsrichtlinien vorwarf. Im Elektrizitätssektor betrafen die Verfahren 25 Mitgliedstaaten; im Erdgassektor 21 (Europäische Kommission 2010b, S. 3).

Während die Kommission damit im Wege von Vertragsverletzungsverfahren keine einschneidenden Verhaltensänderungen bei den Mitgliedstaaten bewirken konnte, gewann im Vorfeld der Verabschiedung des dritten Energiebinnenmarktpakets die Umsetzung der bestehenden Binnenmarktregeln durch die Generaldirektion Wettbewerb an Bedeutung für die weitere Marktintegration. Cameron (2016, S. 9) bewertet den Zeitraum zwischen der Verabschiedung der Beschleunigungsrichtlinien und der Verabschiedung des dritten Energiepakets gar als entscheidend für die Entwicklung des Energiebinnenmarkts. Ausschlaggebend für die Fortschritte in den Jahren 2005 bis 2007 war eine Reihe von Vorstößen der DG COMP. Zunächst sammelte sie im Rahmen einer großangelegten Marktuntersuchung 2005 und 2006 umfangreiche Daten, die erhebliche Wettbewerbsbeschränkungen und Defizite bei der Entwicklung des Binnenmarktes belegten (Europäische Kommission 2007c). Der voluminöse Abschlussbericht der Untersuchung diente erstens als Legitimation für eine rigorosere Handhabung des wettbewerbsrechtlichen Instrumentariums und zweitens als Ausgangspunkt für die Ausarbeitung des dritten Legislativpakets zum Energiebinnenmarkt.

Dabei griff die Kommission verstärkt auf Art. 9 VO 1/2003 zurück, der es ihr erlaubt, ein Wettbewerbsrechtsverfahren gegen ein Unternehmen gegen eine Verpflichtungszusage dieses Unternehmens einzustellen (Pollak u. Slominski 2011, S. 97). Solche Verpflichtungszusagen können von der Kommission für rechtsverbindlich erklärt und damit in den EU-Rechtsbestand überführt werden. Dabei nutzte die Kommission ihre starken hierarchischen Handlungsmöglichkeiten nach dem Wettbewerbsrecht für Koppelgeschäfte mit einzelnen großen Energieversorgern. So nahm die DG COMP direkt Unternehmen mit marktbeherrschender Stellung ins Visier und übte mit ihren hierarchischen Möglichkeiten Druck auf sie aus, ihre Übertragungsnetzsparte zu verkaufen und damit die zu erwartenden Strafzahlungen zu verringern (Eikeland 2011a, S. 28). Erfolgreich war sie damit unter anderem im Fall der deutschen Energieversorger Eon und RWE: Gegen beide Konzerne hatte die Kommission Untersuchungsverfahren eingeleitet, die jeweils belastbare Belege für einen erheblichen Missbrauch einer marktbeherrschenden Stellung geliefert hatten. Dabei wurden jeweils andere Teile des vertikal integrierten Unternehmens durch den Netzbetreiber gegenüber externen Unternehmen begünstigt.[23] Sowohl Eon als auch RWE erklärten sich in formellen Verpflichtungszusagen dazu bereit, ihre Übertragungsnetzsparte beziehungsweise zusätzlich – im Fall von Eon – einen Teil ihrer Stromerzeugungskapazitäten zu veräußern (Europäische Kommission 2008a, 2009f; Scholz u. Purps 2010, S. 42). Zeitgleich verfolgte die Kommission ein mutmaßliches Marktteilungsabkommen zwischen Eon Ruhrgas und der französischen GDF Suez und verhängte 2009 ein Bußgeld von jeweils 553 Millionen Euro. Laut Kommission hatten Eon und GDF 1975 beim Bau der Megal-Pipeline aus Russland ein Marktteilungsabkommen getroffen und eine im Jahr 2004 geschlossene Vereinbarung zur Beendigung dieses Abkommens nie in die Tat umgesetzt (Europäische Kommission 2009g). Obwohl die Kommission auch Rückschläge[24] hinnehmen musste, gelangen ihr mit dieser Strategie der Kopplung von Handlungsarenen mit unterschiedlichen Handlungsbefugnissen signifikante Fortschritte bei der Marktöffnung.

In mehreren Staaten erwiesen sich auch die infolge der Beschleunigungsrichtlinien mit neuen Kompetenzen ausgestatteten Regulierungsbehörden als klare Verbündete der DG COMP. So initiierten 2008 und 2009 unter anderem die Regulierungsstellen in Deutschland, Spanien und Italien groß angelegte Marktuntersuchungen. Im Fall Italiens wurde als Resultat dieser Untersuchung der Energiekonzern Eni dazu gebracht, seine Gasspeicherkapazitäten zu verkaufen (Scholz u. Purps 2010, S. 44–45).

5.2.2.4 Handlungskopplung und Einflusspotenziale der beteiligten Akteure

Auch im Fall der Beschleunigungsrichtlinien zeigte sich trotz der jeweils vorhandenen Vetomöglichkeiten eine sehr ungleiche Verteilung der Durchsetzungsmacht

[23] Bei Eon betrafen die Untersuchungen die Elektrizitäts-, bei RWE die Erdgassparte.

[24] Beispielsweise blockierte die Kommission die Übernahme des portugiesischen Gasversorgers Gas de Portugal durch den Konkurrenzen Energias de Portugal und wollte letzteren zu Liberalisierungsschritten bewegen. Das Gericht Erster Instanz gab allerdings dem Einspruch von Energias de Portugal recht und erklärte das Fusionsverbot durch die Kommission für unbegründet (GEI, T-87/05; Green 2009, S. 296–297).

zwischen den Organen der EU. Die *Kommission* nahm im formalen Legislativprozess erneut die Rolle des Agenda-Setters und politischen Unternehmers mit einer deutlichen Präferenz für eine Vertiefung der Marktintegration ein. Trotz empirischer Belege für die mangelnde Reichweite der ersten Richtlinien und Zustimmungsbekundungen vonseiten der meisten Mitgliedstaaten konnte sie ihre Präferenzen in den Verhandlungen über die endgültige Gestalt der Richtlinien in zentralen Punkten erneut nicht durchsetzen. Dies betraf insbesondere die für die Liberalisierung zentralen Bereiche des nichtdiskriminierenden Netzzugangs und der Entflechtung vertikal integrierter Unternehmen. Hier blieben etwa mit der Möglichkeit langfristiger Lieferverträge im Gassektor und der Gestattung bestimmter Eingriffsrechte des Mutterunternehmens bei Übertragungsnetzbetreibern aus Sicht der Kommission Wettbewerbshindernisse bestehen, die sie mit der Neufassung der Binnenmarktrechtsetzung eigentlich beseitigen wollte. Dass die Kommission ihre formal vorhandene Vetomöglichkeit auch in diesem Fall nicht nutzte, obwohl sie beide Aspekte in ihrem abgeänderten Vorschlag noch strikt abgelehnt hatte, ist zum einen auf die bereits konstatierte *arguing*-Neigung der Behörde zurückzuführen, zum anderen darauf, dass die durch die letztlich verwirklichten Richtlinien erreichten Liberalisierungsschritte gegenüber dem Status quo ante aus Sicht der Kommission eine Verbesserung darstellten.

Darüber hinaus gelang der Generaldirektion für Wettbewerb bei der Umsetzung der Richtlinie ab 2005 ein bedeutsamer Liberalisierungsschub: Zunächst präsentierte sie mit dem Bericht über die Marktuntersuchung Anfang 2007 umfangreiche Belege für schwerwiegende Wettbewerbsverstoße und den schleppenden Verlauf der Marktintegration. Dadurch erlangte sie erstens für das nachfolgende dritte Binnenmarktpaket einen argumentativen Vorteil gegenüber Kritikern weiterer Integrationsschritte. Zweitens bildete der Bericht die Basis für die Androhung von Vertragsverletzungsverfahren gegen Mitgliedstaaten und Kartellverfahren gegen einzelne Energieversorgungsunternehmen (Riley 2008, S. 73–74). Im Bereich der abgeleiteten Rechtsetzung konnte die Behörde mangels entsprechender Befugnisse in den Rechtsakten keine eigenen Akzente setzen.

Das *Europäische Parlament* konnte im Vergleich zu den Entscheidungsprozessen zum ersten Richtlinienpaket in deutlich mehr Punkten seine Präferenzen verwirklichen. Das gilt insbesondere für die im Vergleich zum Kommissionsvorschlag gestärkten Bestimmungen zum Verbraucherschutz und zu den öffentlichen Dienstleistungen. Auch mit Blick auf Details der Regulierung geht ein deutlich größerer Teil der Richtlinientexte auf das Parlament zurück als sieben beziehungsweise fünf Jahre zuvor: So stammt etwa die Kompromissformel in Bezug auf die Zuständigkeit der Regulierungsbehörden für die Festlegung von Netzzugangstarifen aus der Feder des ITRE-Ausschusses, ebenso wie mehrere der vom Rat übernommenen Regelungen in Bezug auf die nationalen Regulierungsbehörden. Dieser Befund deutet darauf hin, dass das Parlament gegenüber der Verabschiedung der ersten Binnenmarktrichtlinien, die kurz nach der Erweiterung seiner formalen Mitwirkungsmöglichkeiten im Kodezisionsverfahren erfolgte, bei den anderen beteiligten Akteuren an fachlicher und machtpolitischer Akzeptanz gewonnen hatte. Die Tatsache, dass die Änderungsvorschläge in erster Lesung weit weniger weitreichend waren als im Fall des ersten Richtlinienpakets, zeugt auch davon, dass die Einschätzung der eigenen Durchsetzungschancen im ITRE-Ausschuss in der Zwischenzeit realistischer geworden war.

Der *Rat* als Verhandlungsforum der mitgliedstaatlichen Regierungen zeichnete erneut für die überwiegende Mehrheit der substanziellen Änderungen an den Kommissionsvorschlägen verantwortlich. Dies wird schon allein daran deutlich, dass der Rat als Arbeitsgrundlage für seinen jeweiligen Gemeinsamen Standpunkt nicht etwa den Text des Parlaments heranzog, sondern den Standpunkt auf Basis des Kommissionsvorschlags unter Berücksichtigung der Änderungsanträge des Parlaments erarbeitete. Im informellen Trilog vor der zweiten Lesung wurden verschwindend wenige substanzielle Änderungen am Gemeinsamen Standpunkt des Rates vorgenommen. Dass die Mitgliedstaaten in ihrem Bestreben, die Kontrolle über den Integrationsprozess zu behalten, größtenteils erfolgreich waren, zeigt sich am deutlichsten daran, dass sie insbesondere in Bezug auf die Netzzugangsverordnungen den Handlungsspielraum der Kommission zur nachträglichen Änderung von Rahmenbedingungen durch das System der Komitologie deutlich restriktiver gestalten konnten, als von der Kommission in ihren Vorschlägen gewünscht. Deutlich wurde auch die ablehnende Haltung der Mitgliedstaaten gegenüber von den nationalen Regierungen unabhängigen Regulierungsbehörden, deren Vernetzung der Kommission einen alternativen Weg der supranationalen Integration geboten hätte (Hustedt et al. 2014, S. 146–147).

5.2.2.5 Entscheidungsperformanz

Ähnlich wie im Fall des ersten Binnenmarktpakets dürfte auch in diesem Fall eine Allianz der Kommissionsbürokratie mit den liberalisierungsfreundlich gesinnten Mitgliedstaaten dafür verantwortlich gewesen sein, dass mit den Richtlinien und Verordnungen zum Elektrizitäts- und Erdgasbinnenmarkt verpflichtende Entscheidungen zu einer weiteren Marktliberalisierung zustande kamen. Dass mit der angestrebten vollständigen Marktöffnung und robusten Regeln für die Entflechtung vertikal integrierter Unternehmen sowie für die Etablierung von Regulierungsbehörden durchaus signifikante Liberalisierungsschritte rechtlich vorgeschrieben wurden, ist dabei vor allem darauf zurückzuführen, dass sich die Präferenzkonfiguration der Mitgliedstaaten in der Zwischenzeit zugunsten einer Marktliberalisierung verschoben hatte. Gleichwohl wurden in umstrittenen Bereichen – wie etwa verpflichtenden Netzzugangsbestimmungen – Differenzen zwischen den Mitgliedstaaten durch Kompromisse überbrückt, die diesen große Handlungsspielräume beließen und entsprechend nicht zu einer nennenswerten Harmonisierung durch verbindliche Regeln beitragen konnten. Diese sorgsame Interessenabwägung zwischen einer Vielzahl beteiligter Akteure bedingte zudem eine für die EU charakteristische relativ lange Entscheidungsdauer: Der formale Entscheidungsprozess zum Richtlinienpaket nahm mit zwei Lesungen zwar nur gut zwei Jahre in Anspruch, dem Vorschlag der Kommission waren allerdings mindestens noch einmal zwei Jahre an Vorabstimmungen und Konsultationen vorausgegangen. Noch länger zog sich der Erlass der Stromnetzverordnung hin: Wegen gravierender Differenzen zwischen den Mitgliedstaaten legte die Kommission den entsprechenden Vorschlag erst Ende 2003 vor; das formale Entscheidungsverfahren nahm dann nochmals gut eineinhalb Jahre in Anspruch.

5.2.2.6 Instrumente

Die dreistufige Wirkungslogik der Binnenmarktrichtlinien ist bereits in Bezug auf das vorherige Fallbeispiel erläutert worden: Die verabschiedeten Regeln stellten eine machtbasierte Verpflichtung für die Mitgliedstaaten dar, durch machtbasiertes Handeln eine wettbewerbsbasierte Optimierung der Gesamtwohlfahrt anzustreben. Grundsätzlich wiesen die in den Jahren 2001 bis 2005 verabschiedeten Regeln damit unverändert einen mittleren Verpflichtungsgrad auf. Zwei Änderungen gegenüber dem ersten Binnenmarktpaket sind gleichwohl zu bemerken. Erstens sollte die verpflichtende Einrichtung nationaler Regulierungsbehörden die Implementation der Binnenmarktregeln auf der nationalen Ebene befördern. Nichtsdestotrotz räumten die Richtlinien den Mitgliedstaaten großen Spielraum bei der Definition der Kompetenzen dieser Behörden ein: Ihre Durchsetzungsbefugnisse waren größtenteils so vage definiert, dass Mitgliedstaaten, die nicht an einer rigiden Umsetzung des Binnenmarkts interessiert waren, rechtlich in die Lage versetzt wurden, weitgehend durchsetzungsschwache Behörden zu errichten. Zudem wurden robuste Vorgaben für die Unabhängigkeit der Behörden von der politischen Ebene im Rat erfolgreich abgewehrt. Eine zweite Änderung gegenüber der ersten Phase der Binnenmarktrechtsetzung ist die Ergänzung der Richtlinien durch Verordnungen. Diese erlaubt in den regulierten Bereichen des grenzüberschreitenden Energiehandels eine direkte machtbasierte Durchsetzung der Wettbewerbsregeln durch die EU-Ebene gegenüber den regulierten Unternehmen.

5.2.3 Das dritte Binnenmarktpaket 2009

5.2.3.1 Überblick über die Legislativprozesse

Als Ausgangspunkt des dritten Gesetzespakets zur Energiemarktregulierung kann die institutionelle Krise der EU im Jahr 2005 gesehen werden: Nach dem Scheitern des Verfassungsvertrags und der Ablehnung des ersten Besetzungsvorschlags für das Kommissionskollegium unter Präsident José Manuel Barroso versuchten die Staats- und Regierungschefs der Mitgliedstaaten auf ihrem Gipfeltreffen in Hampton Court, einen positiveren EU-Diskurs zu befördern, und wählten die Energiepolitik als zentrales Handlungsfeld aus (Fischer 2011, S. 88–89; Rat der EU 2006, S. 4–5). Auch die Kommission drängte auf eine Weiterentwicklung des legislativen Rahmens für den Binnenmarkt: Das Anfang 2006 vorgelegte Grünbuch beinhaltete eine Reihe von Vorschlägen für eine weitere Marktintegration im Energiesektor (Europäische Kommission 2006d). Im Frühjahr 2007 nahm der Europäische Rat den Abschlussbericht der von der DG COMP durchgeführten Marktuntersuchung zum Anlass, im Rahmen seines auf zwei Jahre angelegten Energieaktionsplans die Kommission zur Vorlage von Vorschlägen für eine Weiterentwicklung des Energiebinnenmarkts aufzufordern (Rat der EU 2007b, S. 16–17). Im September 2007 legte die Kommission in einem umfassenden Legislativpaket Vorschläge zur Änderung der Elektrizitäts- und Erdgasbinnenmarktrichtlinien (Europäische Kommission 2007e, 2007f) sowie für begleitende Verordnungen über Netzzugangsbedingungen (Europäische Kommission 2007g, 2007h) und für die Schaffung einer EU-Energieregulierungsagentur (Europäische Kommission 2007i) vor.

Der Rat signalisierte in einer ersten Befassung entsprechend den Vorgaben des Europäischen Rates zwar generelle Zustimmung zu einer Weiterentwicklung des Energiebinnenmarkts. Vor allem diejenigen Teile der Vorschläge, die auf weitreichende Veränderungen von Markt- und Regulierungsstrukturen zielten, erwiesen sich aber als höchst umstritten (Rat der EU 2007a, S. 47–48). Der Ausschuss der Regionen unterstützte in seiner Stellungnahme im April 2008 die grundlegende Zielrichtung der Kommissionsvorschläge, forderte aber eine stärkere Einbindung subnationaler Einheiten in die Netzregulierung (Ausschuss der Regionen 2008). Auch der Wirtschafts- und Sozialausschuss äußerte sich wenig später zwar grundsätzlich positiv, kritisierte aber einerseits die zu geringe Reichweite der Liberalisierungsvorschläge und forderte andererseits Ausgleichsmaßnahmen für erwartete negative beschäftigungspolitische Effekte der Liberalisierung – ein Ausdruck interner Spannungen zwischen Arbeitgeber- und Arbeitnehmerseite (Europäischer Wirtschafts- und Sozialausschuss 2008).

Das Europäische Parlament nahm in seinen Stellungnahmen im Juni und Juli 2008 an den beiden Richtlinienentwürfen insgesamt fast 300 Änderungen und an den begleitenden Rechtsakten mehr als 150 Änderungen vor (Europäisches Parlament 2008n, S. 11–13, 2008p, S. 5–9). Nachdem die Kommission die Abänderungen durch das Parlament teilweise in ihren Vorschlag übernommen hatte, einigte sich der Rat Anfang Oktober 2008 jeweils auf einen Gemeinsamen Standpunkt zu den fünf Legislativverfahren. Dieser Standpunkt wurde von der Kommission größtenteils akzeptiert (Europäische Kommission 2009i), enthielt aber nur wenige der vom Parlament geforderten Änderungen. Entsprechend traten die Vertreter des federführenden ITRE-Ausschusses und des Rates in informelle Verhandlungen im Trilog-Format ein, die nach sechs Treffen Ende März 2009 in Kompromisstexte für die fünf Legislativvorhaben mündeten (Rat der EU 2009h, S. 2). Diese wurden am 22. April 2009 jeweils mit großer Mehrheit und ohne Änderungen vom Parlament gebilligt (Europäisches Parlament 2009f, S. 9–10). Ende Juni 2009 verabschiedete auch der Rat einstimmig die Rechtsakte,[25] die am 2. August 2009 schließlich in Kraft traten (Rat der EU 2009b, S. 18). Zeitgleich zur Verabschiedung des dritten Energiepakets wurde in der Kommission auf Anregung der Gruppe der europäischen Regulierungsbehörden für Elektrizität und Erdgas (ERGEG) ein Vorschlag für eine Transparenzverordnung für Großhandelsmärkte erarbeitet, der Ende 2010 offiziell vorgelegt wurde (Europäische Kommission 2010m). Mitte 2011 einigten sich Rat und Parlament in einem informellen Trilog auf einen gemeinsamen Entwurf (Rat der EU 2011c). Dieser wurde im September 2011 vom Parlament und im Oktober 2011 vom Rat gebilligt (Europäisches Parlament 2011b, S. 3; Rat der EU 2011a, S. 17).[26]

5.2.3.2 Legislative Rechtsetzung

5.2.3.2.1 Beteiligte Akteure

Die *Kommission* nutzte erneut ihr wettbewerbsrechtliches Instrumentarium als Drohkulisse, um die Mitgliedstaaten zur Annahme weiterer Liberalisierungsschritte zu drängen: So kündigte Kommissionspräsident José Manuel Barroso 2005 kurz nach seinem Amtsantritt eine proaktivere Anwendung des Wettbewerbsrechts im Energiesektor an (Eikeland 2011b, S. 250). In der Folge verschärfte die Kommission tatsächlich, wie in Abschnitt 5.2.2.3. dargelegt, ihr

---

[25] VO (EG) 713/2009; VO (EG) 714/2009; VO (EG) 715/2009; RL 2009/72/EG; RL 2009/73/EG.

[26] Rechtsakt: VO (EU) 1227/2011.

regulatorisches Vorgehen gegen mutmaßliche Fälle von Wettbewerbsverzerrungen. Voraussetzung dafür war die schon erwähnte Änderung des wettbewerbsrechtlichen Rahmens mit der Verordnung (EG) 1/2003, die die Anwendung der Wettbewerbsregeln nach Art. 81 und 82 EGV „modernisierte" (Cini u. McGowan 2009, S. 7). Die Verordnung schuf neue Möglichkeiten der Zusammenarbeit zwischen der Kommission und nationalen Wettbewerbsbehörden und stärkte die Befugnisse der Kommission, umfangreiche Sektoruntersuchungen durchzuführen (Cameron 2007, S. 280–281). In Bezug auf einen Energiebinnenmarkt favorisierten alle beteiligten Generaldirektionen innerhalb der Kommission einen vollendeten Binnenmarkt mit einem hohen Maß an Interkonnexion und hohem Handelsvolumen zwischen nationalen oder regionalen Netzen (Zimmermann u. Talus 2008, S. 13). Die Präferenzen der Kommission waren damit im Vergleich zu den vorhergehenden Legislativprozessen weitgehend stabil: Die Generaldirektionen für Energie und Wettbewerb[27] bevorzugten eine möglichst vollständige Marktliberalisierung und die Schaffung eines einzigen kohärenten Energiebinnenmarktes. Daher pochten sie insbesondere auf eine verpflichtende eigentumsrechtliche Entflechtung von Energieproduktion und Netzbetrieb, die Schaffung der infrastrukturellen Voraussetzungen für den Binnenmarkt in Form verbesserter Interkonnexion der geografisch weiter stark an nationalen Grenzen orientierten Netze sowie eine Zentralisierung regulativer Zuständigkeiten – letzteres deckt sich auch mit dem jedem Akteur zu unterstellenden institutionellen Eigeninteresse (Eikeland 2011a, S. 24).

Die Haltung der Regierungen vieler *Mitgliedstaaten* war nach wie vor von einer engen Verbindung zu großen nationalen Energieversorgern geprägt. So unterstützten Deutschland und Frankreich Mitte der 2000er Jahre aktiv die Expansionsbestrebungen von Eon und EDF in ausländischen Märkten (Howarth u. Sadeh 2010, S. 928). Während im Westen der Union seit Mitte der 1990er Jahre das Ziel einer Marktliberalisierung generell an Unterstützung gewonnen hatte, standen die 2004 beigetretenen mittel- und osteuropäischen Staaten dem Binnenmarktprojekt zu einem großen Teil ablehnend gegenüber. Dies war einerseits auf die verbreitet monopolistische Struktur nationaler Energiemärkte zurückzuführen – wobei die Monopolisten in vielen Fällen auch nach der postsozialistischen Systemtransformation noch ganz oder teilweise in staatlicher Hand waren –,

[27] Die enge Zusammenarbeit der beiden Generaldirektionen wurde besonders bei der Durchführung der umfangreichen Energiemarktuntersuchung 2005 bis 2007 deutlich (Eikeland 2011a, S. 27).

zum anderen auf die im Osten der EU stärker verbreitete Sorge um die Versorgungssicherheit (Jamasb u. Pollitt 2005, S. 26). Die nationalen Energieregulierungsbehörden zeigten eine klare Präferenz für weitreichende regulatorische Maßnahmen zur Marktliberalisierung. Die ERGEG und das CEER begrüßten kurz nach der Veröffentlichung der Marktuntersuchung durch die Kommission Anfang 2007 deren Initiative und drängten auf starke legislative Maßnahmen, um den Energiebinnenmarkt weiter voranzutreiben (ERGEG u. CEER 2007).

In seinen mit deutlicher Mehrheit beschlossenen Entschließungen in erster Lesung setzte sich das *Europäische Parlament* erneut für eine Stärkung der Verbraucherschutzbestimmungen ein. Unter anderem fordern die Standpunkte zum Elektrizitäts- und Erdgasbinnenmarkt jeweils eigene Regelungen für besonders schutzbedürftige und einkommensschwache Kunden sowie für Kleinunternehmen (Europäisches Parlament 2008r, S. 17, 2008t, S. 17). Im Übrigen positionierte sich das Parlament mit der Forderung nach einer forcierten Harmonisierung der Energiebinnenmarktregeln an der Seite der Kommission. Bei der Entflechtung vertikal integrierter Unternehmen verschärfte das Parlament etwa die von der Kommission vorgeschlagenen ohnehin vergleichsweise rigiden Regeln nochmals und verlangte insbesondere erweiterte Berichtspflichten der Mitgliedstaaten gegenüber der Kommission sowie präziser definierte Regeln für die Abgrenzung von Netzbetreibern und Energieerzeugern (Europäisches Parlament 2008r, S. 25–26, 2008t, S. 21–22). Unterstützung für ihre generelle Stoßrichtung auf eine stärker harmonisierte Regulierung erhielt die Kommission zudem mit Blick auf die Einrichtung einer Agentur für die Zusammenarbeit der Energieregulierungsbehörden: Im Gegensatz zum Vorschlag der Kommission, der für die Agentur fast ausschließlich koordinierende Aufgaben in Bezug auf die eigenständig agierenden nationalen Regulierungsbehörden vorsah, forderte das Parlament eigene regulatorische Kompetenzen die Agentur in Bezug auf die grenzüberschreitende Zusammenarbeit der Netzbetreiber (Europäisches Parlament 2008s, S. 10–11).

In Bezug auf diese Positionierung wurden aber auch deutliche Spaltungslinien innerhalb des Parlaments erkennbar (Abbildung 5.1 und 5.2): So wandten sich bei der Abstimmung über die Elektrizitätsbinnenmarktrichtlinie insbesondere konservative und sozialdemokratische Abgeordnete aus Deutschland und Frankreich sowie Österreich und der Tschechischen Republik gegen den Standpunkt der Mehrheit und verwiesen auf Sorgen um den Fortbestand von Energieunternehmen im Fall einer Umsetzung der vorgeschlagenen Entflechtungsbestimmungen. Zu ihnen gesellte sich nahezu die gesamte Fraktion Unabhängigkeit/Demokratie. Auf der anderen Seite des politischen Spektrums stimmte auch die Fraktion der Linken fast geschlossen gegen den Textentwurf und machte Befürchtungen um die Versorgungssicherheit für benachteiligte Kunden im Fall einer erzwungenen Marktöffnung geltend. Ähnliche Überlegungen bewogen offenbar auch eine überwiegende Mehrheit der Abgeordneten Griechenlands, wo sich öffentliche Energieversorger nach wie vor den Strommarkt aufteilten, gegen den Vorschlag zum Elektrizitätsbinnenmarkt zu votieren (Europäisches Parlament 2008g).

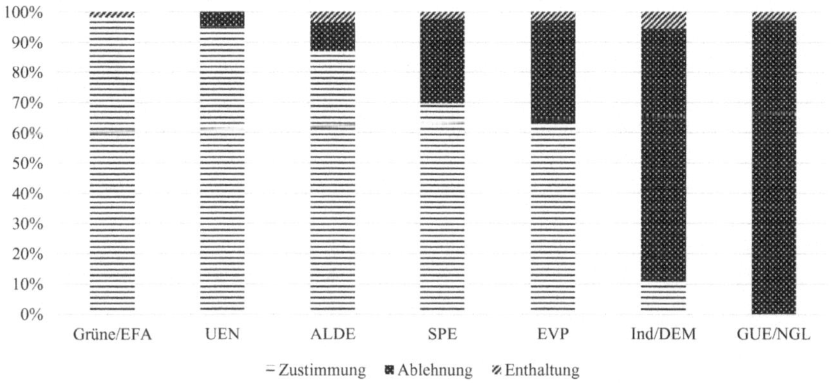

Abbildung 5.1 Abstimmungsergebnis im Europäischen Parlament zur Elektrizitätsbinnenmarktrichtlinie nach Fraktionszugehörigkeit. (eigene Darstellung auf Basis von: Europäisches Parlament 2008o)

Bei der wenige Wochen später folgenden Abstimmung über den Standpunkt zum Erdgasbinnenmarkt war der Zusammenhang zwischen Abstimmungsverhalten und Fraktionszugehörigkeit noch stärker ausgeprägt als mit Blick auf den Elektrizitätsbinnenmarkt: Während erneut die Fraktionen der Linken sowie Unabhängigkeit/Demokratie mit deutlicher Mehrheit gegen den Entwurf stimmten, bewogen die im Vergleich zum Strombinnenmarkt weniger strikten Entflechtungsbestimmungen und längeren Übergangsfristen offenbar mehr Abgeordnete der konservativen und sozialdemokratischen Fraktionen zu einer Zustimmung. Ebendiesen Mangel an Verbindlichkeit machte die Fraktion der Grünen geltend, die sich bei der Abstimmung geschlossen enthielt (Europäisches Parlament 2008h) (Abbildung 5.3 und 5.4).

Unter den *privaten Interessenorganisationen* waren es die industriellen Großverbraucher, vertreten durch den Verband IFIEC, die sich seit Beginn des Binnenmarktprozesses am entschiedensten für einen stärkeren Wettbewerb auf dem Energiemarkt einsetzten und dafür insbesondere eine deutliche Verschärfung der Entflechtungsbestimmungen forderten (Europäische Kommission 2004a;

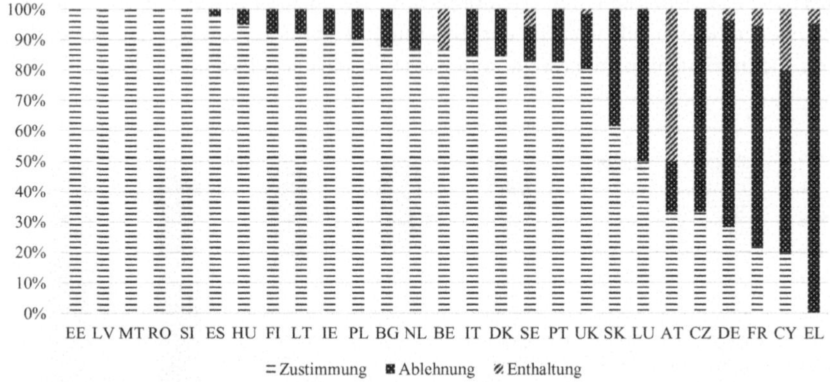

Abbildung 5.2 Abstimmungsergebnis im Europäischen Parlament zur Elektrizitätsbinnenmarktrichtlinie nach nationaler Zugehörigkeit. (eigene Darstellung auf Basis von: Europäisches Parlament 2008o)

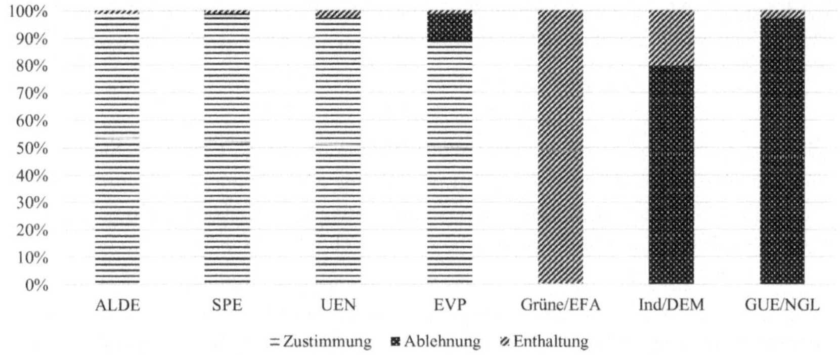

Abbildung 5.3 Abstimmungsergebnis im Europäischen Parlament zur Erdgasbinnenmarktrichtlinie nach Fraktionszugehörigkeit. (eigene Darstellung auf Basis von: Europäisches Parlament 2008q)

IFIEC Europe 2007b). Aufgrund der fragmentierten Verbändelandschaft in Brüssel herrschte allerdings aufseiten der industriellen Energieverbraucher keine einhellige Unterstützung für eine starke Liberalisierung. So plädierte etwa BusinessEurope dafür, weiter langfristige Lieferverträge zu festen Bedingungen zuzulassen (Eikeland 2008, S. 39). In Bezug auf die Kompetenzen einer

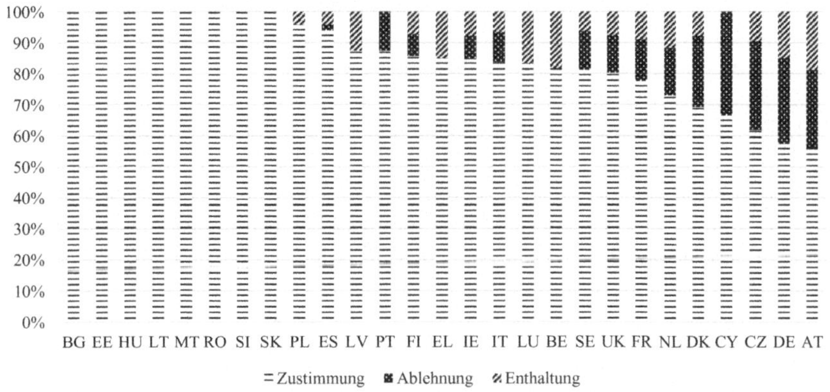

Abbildung 5.4 Abstimmungsergebnis im Europäischen Parlament zur Erdgasbinnenmarktrichtlinie nach nationaler Zugehörigkeit. (eigene Darstellung auf Basis von: Europäisches Parlament 2008q)

Regulierungsagentur auf EU-Ebene war zudem ein deutlicher Gegensatz zwischen Energieerzeugern und Netzbetreibern auszumachen: Während erstere für eine Stärkung von ACER eintraten, wollten letztere mehr Kompetenzen bei den geplanten Netzwerken der Übertragungsnetzbetreiber, ENTSO-E und ENTSO-G, bündeln. In dieser Hinsicht lieferten sich die jeweiligen Verbände einen regelrechten Lobbying-Wettkampf beim Europäischen Parlament (Jevnaker 2014, S. 935). Der Europäische Gewerkschaftsbund ETUC drängte hingegen auf eine stärkere Berücksichtigung der arbeitsmarktpolitischen Folgen einer Marktöffnung sowie auf erweiterte Schutzregeln für Verbraucher (ETUC 2008, S. 5).

5.2.3.2.2 Inhaltliche Durchsetzung im Entscheidungsprozess

Nachdem mit der Umsetzung des zweiten Richtlinienpakets ein freier Netzzugang und eine freie Anbieterwahl weitgehend realisiert worden waren, verschoben sich 2008 und 2009 gegenüber den vorhergehenden Entscheidungsprozessen die Schwerpunkte der Debatte:

a) Im Bereich des Netzzugangs Dritter wurden die bestehenden Regeln nur punktuell nachgeschärft. Weitergehende Veränderungen erbrachten hingegen die Verhandlungen in den Bereichen
b) Entflechtung vertikal integrierter Unternehmen;
c) Zulassung von Energieerzeugern;

d) Regulatorische Harmonisierung durch Schaffung einer europäischen Regulierungsagentur;
e) Konstitution der nationalen Regulierungsbehörden;
f) Verbraucherschutz sowie
g) Befugnisse der Kommission im Rahmen der abgeleiteten Rechtsetzung.

Am deutlichsten trat die Spannung zwischen der Bewahrung nationaler Handlungsspielräume und dem Streben nach europäischer Harmonisierung dabei mit Blick auf die Kompetenzausstattung einer Regulierungsagentur auf EU-Ebene sowie die Entflechtungsregeln zutage.

a) Netzzugang Dritter
Die Regeln für den Netzzugang im engeren Sinne wurden nur noch geringfügig nachgeschärft. Erstens wurden auf Betreiben des Parlaments im Elektrizitätssektor die Kriterien für die Verweigerung des Netzzugangs durch die Netzbetreiber präzisiert, eine Änderung, die vom Rat weitgehend akzeptiert wurde und daher nahezu unverändert Eingang in die endgültige Richtlinie fand (Europäisches Parlament 2008r, S. 39; Art. 32 Abs. 2 RL 2009/72/EG). Zweitens wurde auf Wunsch der Kommission festgelegt, dass von den Mitgliedstaaten oder den nationalen Regulierungsbehörden die Kriterien für den Zugang zu Speicheranlagen im Erdgassektor genauer definiert werden müssen, als dies nach den Vorgängerrichtlinien erforderlich war. Wie nach den Vorgängerrichtlinien ist ein Netzzugang auf Vertragsbasis im Erdgassektor weiterhin möglich; dabei ist allerdings zu beachten, dass die potenziell diskriminierende Wirkung solcher Lieferverträge durch die auch im Erdgassektor verschärften Entflechtungsbestimmungen eingeschränkt wird (Gräper u. Schoser 2010, S. 60).

Wenngleich die Grundregeln für den Netzzugang im Vergleich zu den Beschleunigungsrichtlinien damit weitgehend unverändert blieben, führt das dritte Binnenmarktpaket doch eine Reihe neuer Bestimmungen ein, die darauf zielen, Möglichkeiten zur Diskriminierung von Netznutzern weiter einzuschränken. Insbesondere wurden in dieser Hinsicht die Vorgaben für den Modus Operandi der Übertragungs- und Verteilernetzbetreiber deutlich präzisiert. Diese größtenteils vom Rat formulierten Bestimmungen beziehen sich zwar überwiegend auf technische Anforderungen, besitzen partiell aber auch Relevanz für den Zugang Dritter. Zunächst forderte das Parlament für den Elektrizitätssektor, die bereits in den Beschleunigungsrichtlinien enthaltene Möglichkeit der Überprüfung der von den Netzbetreibern angewandten Kriterien für die Kapazitätsvergabe für verbindlich zu erklären (Europäisches Parlament 2008r, S. 32). Diese Bestimmung wurde allerdings vom Rat nicht akzeptiert und in den interinstitutionellen Verhandlungen erheblich abgeschwächt: Eine regulatorische Überprüfung ist demnach nur Pflicht, wenn die nationale Regulierungsbehörde mit den entsprechenden gesetzlichen Vollmachten dafür ausgestattet ist (Rat der EU 2009m, S. 91). Damit bleibt die Entscheidung über die Handlungsspielräume der Netzbetreiber in dieser Hinsicht – anders als vom Parlament gefordert – weiter in der nationalen Verantwortung der Mitgliedstaaten (Art. 15 Abs. 2 RL 2009/72/EG). Hinzu kommen in beiden Sektoren verstärkte Informationspflichten der Netzbetreiber gegenüber den Netznutzern, die vom Rat im Zuge der Festlegung allgemeiner Pflichten für die Netzbetreiber ausgehandelt (Rat der EU 2008ah, S. 22, 2008ae, S. 22) und von den anderen Organen in den nachfolgenden Verhandlungen nicht mehr infrage gestellt wurden.

b) Entflechtung

Die Kommission machte nach wie vor die Verflechtung von Energieversorgung und Netzbetrieb als wichtigste Quelle wettbewerbsverzerrender Marktdominanz aus und strebte daher wie in den vorangegangenen Legislativprozessen eine Eigentumsentflechtung an. Anders als im Fall des ersten und zweiten Binnenmarktpakets sahen die beteiligten Generaldirektionen dieses Mal aber offenbar eine realistische Chance, eine solche Entflechtung auch verpflichtend in den Richtlinien festzuschreiben: Die Vorschläge der Kommission sahen eine eigentumsrechtliche Trennung von Elektrizitäts- beziehungsweise Erdgasversorgung und Netzbetrieb als Standardvariante der Entflechtung vor (Europäische Kommission 2007e, S. 32–33, 2007f, S. 33–35). Als Alternative nahm die Kommission in ihren Vorschlag das Modell eines unabhängigen Netzbetreibers (*Independent System Operator,* ISO) auf (Europäische Kommission 2007e, S. 36–37, 2007f, S. 38–39). Auch in dieser Variante wird eine strukturelle Trennung der Energievermarktung vom Netzbetrieb erreicht: Zwar kann das Übertragungsnetz im Eigentum des Energieversorgers verbleiben, falls es dies bei Inkrafttreten der Richtlinie war und die nationale Regierung dem zustimmt; der Betrieb und alle dafür relevanten Entscheidungen müssen aber einem vom Energieversorger unabhängigen Unternehmen übertragen werden. Die Benennung des unabhängigen Netzbetreibers bedarf zudem der Zustimmung der Kommission.

Das Europäische Parlament lehnte in seinem Standpunkt die von der Kommission vorgeschlagene Option eines unabhängigen Netzbetreibers sowohl im Elektrizitäts- als auch im Gassektor als aufgrund zu hoher Regulierungskosten nicht praktikabel ab (Europäisches Parlament 2008b, S. 161, 2008r, S. 32, 2008 s, S. 27). Der Vorschlag der Kommission wurde im Hinblick auf die Entflechtung damit deutlich verschärft; das Parlament strebte seinem Standpunkt zufolge eine vollständige eigentumsrechtliche Trennung von Energieproduktion und Netzbetrieb als verbindliche Vorgabe an und signalisierte damit den Wunsch nach einem harten Kurs bei der Entflechtung vertikal integrierter Energieunternehmen. Im Rat erwies sich eine solche Herangehensweise jedoch als nicht konsensfähig.

Erstens forderten die Mitgliedstaaten Sonderregeln für staatliche Energieversorgungsunternehmen: Mit der Schaffung getrennter öffentlicher Einrichtungen für Netzbetrieb und Energieversorgung sollten die Entflechtungsanforderungen als erfüllt gelten; ein Staat sollte damit nicht zum Verkauf einer Komponente der Energieversorgung gezwungen werden können (Rat der EU 2007c, S. 11, 2008ae, S. 17). Eine deutlich tiefgreifendere Änderung gegenüber dem Kommissionsvorschlag stellt die von den Mitgliedstaaten im Gemeinsamen Standpunkt beschlossene Option des Unabhängigen Übertragungsnetzbetreibers/Fernleitungsnetzbetreibers (*Independent Transmission Operator,* ITO) dar, die die von der Kommission in ihrem Vorschlag intendierte zwingende strukturelle Trennung zwischen Netzbetrieb und Energieversorgung aushebelt: Im Gegensatz zu dem von der Kommission entworfenen ISO-Modell, bei dem der Betrieb des Netzes an einen vom Eigentümer vollständig getrennten Akteur ausgelagert wird, erlaubt das ITO-Modell den Netzbetrieb innerhalb eines Konzerns, sofern das Netz in eine rechtlich eigenständige Gesellschaft ausgegliedert wird und bestimmte Unabhängigkeitsbestimmungen eingehalten werden. Dazu gehören insbesondere die Inkompatibilität von Tätigkeiten für den ITO und andere Teile eines vertikal integrierten Unternehmens sowie der Nachweis, dass der ITO über eigenständige Entscheidungsbefugnisse verfügt, was Betrieb, Wartung und Entwicklung des Netzes betrifft. Wie dieser Nachweis zu erbringen ist, wurde vom Rat allerdings nicht expliziert (Rat der EU 2008c, S. 57).

Das Konzept des Unabhängigen Übertragungsnetzbetreibers wurde von einer Gruppe von acht Mitgliedstaaten um Deutschland und Frankreich formuliert und nach einer Einigung auf Ministerebene – versehen mit marginal strikteren Unabhängigkeitsbestimmungen – in den Text des Rates übernommen. Die Mehrheit der Mitgliedstaaten favorisierte zwar eine Eigentumsentflechtung als beste Option und war lediglich zu einer Anwendung des ITO-Konzepts auf den Gassektor bereit (Rat der EU 2008aa, S. 3, 2008aq, S. 2). Angesichts der Tatsache, dass eine Verabschiedung mit qualifizierter Mehrheit gegen den Widerstand der Achtergruppe schon formal nicht möglich gewesen wäre, vermutlich aber auch, weil eine solche Abstimmung gegen den entschiedenen Willen zweier Schwergewichte unter den Mitgliedstaaten eine eklatante Abweichung von der informellen Konsensnorm im Rat dargestellt hätte, fand das Konzept schließlich Eingang in die Gemeinsamen Standpunkte des Rates (Rat der EU 2008c, S. 65–68, 2008d, S. 65–68). Nicht mehr zu klären ist der Ursprung des Artikel 9 Absatz 9 beider Gemeinsamen

Standpunkte, der Mitgliedstaaten auch alternative Entflechtungsregeln erlaubt, unter der Voraussetzung, dass diese „wirksamer" seien als die Optionen ISO und ITO und vor Inkrafttreten der Richtlinie bereits bestanden (Rat der EU 2008c, S. 47, 2008d, S. 47). Diese im Nachhinein als „ITO plus" bezeichnete Möglichkeit wurde erst vergleichsweise spät in den Entwurfstext des Rates aufgenommen und im Gegensatz zu den übrigen Modellen keinen detaillierteren Bedingungen unterworfen.

Obwohl damit die von der Kommission in ihrem Vorschlag angestrebte strukturelle Entflechtung nicht mehr zwingend vorgegeben war, akzeptierte die Kommission die vom Rat vorgeschlagenen Regeln in dieser Hinsicht (Europäische Kommission 2009i, 2009j). Der ITRE-Ausschuss im Europäischen Parlament, das in erster Lesung eine Alternative zur verpflichtenden eigentumsrechtlichen Entflechtung noch abgelehnt hatte, akzeptierte zwar nun grundsätzlich die Optionen ISO, ITO und ITO plus, verlangte aber insbesondere in Bezug auf das von den Mitgliedstaaten eingebrachte ITO-Modell eine Reihe von Änderungen, die im Wesentlichen zu einer Verschärfung der Trennungsanforderungen gegenüber den Gemeinsamen Standpunkten des Rates geführt hätten (Europäisches Parlament 2009a, S. 9–12, 2009b, S. 11–13). In den Trilogen konnte das Parlament allerdings keine dieser Änderungen durchsetzen, sodass die Bestimmungen in der endgültigen Richtlinie vollständig den vom Rat formulierten Vorgaben entsprechen.

Damit wurde die Vorgabe einer strukturellen Trennung von Netzbetrieb einerseits und Energieproduktion und -verkauf andererseits auf Betreiben des Rates beseitigt (Jones 2010b, S. 8). Gleichwohl bleibt die von der Kommission intendierte Stoßrichtung auf eine vollständige eigentumsrechtliche Entflechtung: Erstens gelten die Vorschriften für die Optionen ISO, ITO und ITO plus nur im Sinne einer Bestandsgarantie; eine neue Verflechtung zuvor getrennter Unternehmensbereiche ist nach der Richtlinie nicht mehr zulässig. Zweitens weist Cabau (2010, S. 102) darauf hin, dass diese Optionen nach den dritten Energiebinnenmarktrichtlinien als Abweichung von der Norm einer eigentumsrechtlichen Entflechtung gelten und damit bei der juristischen Prüfung möglicher Diskriminierungsfälle eng auszulegen sind.[28]

[28] Auch die zuständige Generaldirektion der Kommission weist in einer Auslegungsnote darauf hin, dass bei der Anwendung die von der Richtlinie intendierte effektive Vermeidung von Interessenkonflikten als Maßstab zu dienen habe (Europäische Kommission 2010h, S. 4). Auch dies zielt auf eine enge Auslegung der Optionen ISO und ITO.

c) Zulassung von Energieerzeugern

Die ersten und zweiten Energiebinnenmarktrichtlinien hatten den Mitgliedstaaten noch verhältnismäßig breite Spielräume bei der Definition von Kriterien für die Zulassung von Stromerzeugern und damit auch Möglichkeiten für die Diskriminierung ausländischer Unternehmen gelassen. Der Vorschlag der Kommission beinhaltete zwar umfangreiche neue Regeln für die Zertifizierung von Übertragungs- und Verteilernetzbetreibern, aber gegenüber den Vorgängerrichtlinien keine Änderung der Regelungen in Bezug auf die Elektrizitätserzeuger. Das Europäische Parlament nahm in seiner legislativen Entschließung dagegen eine entscheidende Änderung am Kommissionsentwurf vor: Neben der Berücksichtigung kleiner und dezentraler Elektrizitätserzeuger folgte der Standpunkt dem Ausschussbericht und sah vor, den bereits in der Richtlinie von 2003 enthaltenen, neun nicht verbindliche Punkte umfassenden Kriterienkatalog für die Zulassung für verbindlich zu erklären und durch Vorgaben zu Klimaschutz und erneuerbaren Energien zu ergänzen (Europäisches Parlament 2008b, S. 43, 2008r, S. 23).

In den Beratungen in den Gremien des Rates spielte der Passus zunächst keine Rolle und wurde auch nach der Verabschiedung des Standpunkts des Parlaments im Gemeinsamen Standpunkt des Rates gegenüber dem Kommissionsvorschlag unverändert belassen (Rat der EU 2008c, S. 39). Auch im Verlauf von sechs Trilog-Verhandlungsrunden Anfang 2009 lehnte der Rat trotz anderweitiger Zugeständnisse gegenüber dem Parlament bis zuletzt verpflichtende Vorgaben für die Mitgliedstaaten in Bezug auf die Zulassung von Stromerzeugern ab (Rat der EU 2009g, S. 47–48). Erst im letzten Trilog einigten sich die Vertreter der Organe im Zuge einer Paketlösung auf einen Kompromiss: Die Mitgliedstaaten sollten verpflichtet werden, den aufgezählten Kriterien Rechnung zu tragen; anders als vom Parlament in erster Lesung vorgesehen, war der Katalog zulässiger Kriterien damit aber nicht abschließend (Rat der EU 2009c, S. 32). Entsprechend der Einigung zwischen den Institutionen fand dieser Kompromisstext unverändert Eingang in die Richtlinie. Im Erdgassektor unterblieb hingegen wie in den Vorgängerrichtlinien eine ähnliche Harmonisierung: Artikel 4 gibt lediglich Kriterien für den Fall vor, *dass* ein MGS ein Zulassungsverfahren implementieren will.

d) Regulatorische Harmonisierung

Nachdem mit den Beschleunigungsrichtlinien bereits eine deutliche Liberalisierung der Elektrizitäts- und Erdgasmärkte erreicht worden war, lag der Fokus des dritten Energiepakets auf der Harmonisierung des regulatorischen Rahmens für einen kohärenten Binnenmarkt (Cameron 2016, S. 9). In ihrer Mitteilung zum Energiebinnenmarkt entwarf die Kommission Anfang 2007 drei Szenarien einer solchen weiteren Harmonisierung:

(1) Eine graduelle Weiterentwicklung des bestehenden Ansatzes: In diesem Szenario würden der Informationsaustausch und die Handlungskoordination zwischen den nationalen Energieregulierungsbehörden gestärkt, ohne jedoch hierarchische Befugnisse auf die EU-Ebene zu übertragen.
(2) „ERGEG +“: Im zweiten Szenario würde die bestehende Gruppe der Energieregulierungsbehörden (vgl. Abschnitt 5.2.5.) formalisiert und mit einer begrenzten Weisungsbefugnis gegenüber den nationalen Regulierungsbehörden ausgestattet.
(3) Die Einrichtung einer einzigen Regulierungsagentur: Der von der Kommission favorisierte Ansatz sah die Einrichtung einer Regulierungsagentur auf EU-Ebene vor, die nicht nur eine Weisungsbefugnis gegenüber den nationalen Fachbehörden besitzen, sondern auch deren Aufgaben übernehmen und direkt regulierend in den Strom- und Gasmarkt eingreifen sollte (Europäische Kommission 2007b, S. 15–16).

Obwohl die Kommission auch im Grünbuch ihre Präferenz für die Einrichtung einer solchen „*super agency*“ (Zimmermann u. Talus 2008, S. 13) hatte erkennen lassen, wurde bereits in der Vorabstimmung mit den Mitgliedstaaten deutlich, dass dieser Ansatz nicht durchsetzbar war. Entsprechend ähnelte die von der Kommission formal vorgeschlagene Agentur stark dem „ERGEG +“-Modell: Die ACER sollte primär die Zusammenarbeit der nationalen Regulierungsbehörden steuern, in Einzelfällen auch zu bindenden Entscheidungen diesen gegenüber befähigt sein, aber Übertragungs- und Verteilungsnetzbetreiber nicht direkt regulieren können (Europäische Kommission 2007i, S. 31).

Der Vorschlag der Kommission sah für drei Punkte explizit eigenständige hierarchische Handlungsmöglichkeiten der geplanten Agentur vor: Erstens sollte die ACER „Einzelfallentscheidungen in technischen Fragen“ der Marktregulierung treffen können, zweitens sollte ihr die Regulierung grenzüberschreitender Infrastrukturen zufallen und drittens sollte sie über die Gewährung von Ausnahmeregelungen für den Bau neuer Netzinfrastrukturen entscheiden können – eine Kompetenz, die nach den zweiten Binnenmarktrichtlinien noch allein der nationalen Ebene zugefallen war (Europäische Kommission 2007i, S. 31–32). Neben einer Reihe weicher Steuerungsinstrumente – etwa dem Erlass nichtverbindlicher Leitlinien für die regionale Zusammenarbeit der Regulierungsbehörden – sollte die Agentur zudem in verschiedenen Fällen über die Möglichkeit verfügen, bei der Feststellung von Dysfunktionalitäten der Marktregulierung durch die Vorlage entsprechender Berichte ein Eingreifen der Kommission zu aktivieren. Zudem sah der Vorschlag der Kommission an mehreren Punkten eine

Kompetenz zur Überwachung der Zusammenarbeit von Netzbetreibern und Regulierungsagenturen vor. Als Leitungsgremium sah der Kommissionsvorschlag einen Verwaltungsrat vor, der sich je zur Hälfte aus von der Kommission und von den Mitgliedstaaten benannten Mitgliedern zusammensetzen sollte und innerhalb der Agentur vor allem administrative Funktionen ausüben sollte. Die eigentlichen Regulierungsentscheidungen sollte ein Regulierungsrat treffen, der sich aus je einem Vertreter der nationalen Regulierungsbehörden zusammensetzen und mit Zweidrittelmehrheit entscheiden sollte (Europäische Kommission 2007i, S. 33–34).

Das Europäische Parlament verlangte in seinem mit deutlicher Mehrheit verabschiedeten Standpunkt eine gegenüber dem Kommissionsvorschlag erheblich ausgeweitete Kompetenzausstattung der ACER, vor allem im Hinblick auf direkte Durchgriffsmöglichkeiten gegenüber Netzbetreibern. Unter anderem sollte die Agentur für die Genehmigung der Investitionspläne der Netzbetreiber zuständig sein, selbst Leitlinien für die Harmonisierung der Netzregulierung erlassen können und insbesondere bei der Regulierung grenzüberschreitender Verbindungsnetze mit robusten hierarchischen Handlungsmöglichkeiten einschließlich der eigenständigen Verhängung von Sanktionen ausgestattet sein (Europäisches Parlament 2008s, S. 8–9). Darüber hinaus sah der Standpunkt des Parlaments für die Agentur umfangreiche Planungsaufgaben bei der EU-weiten Entwicklung von Energiespeichern und der Vorbeugung von Versorgungskrisen vor (Europäisches Parlament 2008s, S. 11). Das von Berichterstatter Giles Chichester für den ITRE-Ausschuss ausgearbeitete Modell ähnelte damit deutlich mehr dem von der Kommission ursprünglich favorisierten Konzept einer zentralen *super agency* als dem eines institutionalisierten Netzwerks nationaler Regulierungsbehörden. Die im Kommissionsvorschlag enthaltenen Berichtspflichten gegenüber der Kommission wurden im Standpunkt des Parlaments durchgehend um solche gegenüber dem Parlament und dem Rat ergänzt.

Unter den Mitgliedstaaten war eine solche einschneidende Verlagerung von Regulierungskompetenzen auf die europäische Ebene jedoch nicht mehrheitsfähig. Vielmehr herrschte weitgehende Einigkeit, dass eine neugegründete Agentur – oder eine anderweitige Koordinationsplattform – über die Optimierung der Zusammenarbeit der bestehenden Regulierungsbehörden hinaus maximal in eng begrenzten Einzelbereichen agieren sollte (Rat der EU 2007f, S. 10). Einige Mitglieder äußerten sogar grundsätzliche Bedenken gegen die Einrichtung einer Agentur. Als Begründung führte diese Gruppe unter anderem an, dass die von der Kommission vorgesehenen Entscheidungen etwa über Ausnahmeregelungen politischer Natur seien und daher nicht einer supranationalen Regulierungsagentur überlassen werden könnten (Rat der EU 2008aq, S. 6). Mit Blick auf die

Kompetenzausstattung der Agentur standen sich im Rat zwei größere Blöcke an Mitgliedstaaten gegenüber: Während einerseits mehrere Mitgliedstaaten die Handlungsmacht der Agentur gegenüber den nationalen Regulierungsbehörden eher beschneiden und direkte Regulierungsbefugnisse gegenüber Netzbetreibern ausschließen wollten, forderten andere eine starke harmonisierende Wirkung der Agentur auf das Regulierungshandeln und insbesondere in Bezug auf grenzüberschreitende Netze direkte Durchsetzungsbefugnisse gegenüber den Netzbetreibern (Rat der EU 2008aq, S. 6).

Konkret drängten einige Mitgliedstaten darauf, bei der Gewährung von Ausnahmeregelungen für neue Infrastrukturen eine Entscheidungsbeteiligung der betroffenen nationalen Regulierungsbehörden festzuschreiben (Rat der EU 2007f, S. 7). In den Gemeinsamen Standpunkten des Rates zu den Netzzugangsverordnungen im Strom- und Gassektor wurden die Entscheidungsbefugnisse in Bezug auf Ausnahmen – anders als in den Vorschlägen der Kommission und ähnlich wie in den Vorgängerverordnungen – weitgehend den nationalen Regulierungsbehörden zugeschrieben. Die geplante EU-Agentur sollte zwar eine letztinstanzliche Entscheidungsbefugnis in diesen Fragen besitzen, diese aber nur nach Anrufung durch eine oder mehrere nationale Regulierungsstellen ausüben können (Rat der EU 2009d, S. 19, 2009e, S. 40–41). In Bezug auf das Erdgasnetz sollte diese Kompetenz zudem auf grenzüberschreitende Infrastrukturen beschränkt bleiben (Rat der EU 2008d, S. 103). Die Möglichkeit zu Einzelfallentscheidungen in technischen Fragen wurde per se offenbar nicht infrage gestellt; allerdings drängte gleichzeitig eine breite Gruppe unter den Mitgliedstaaten erfolgreich darauf, die Handlungsspielräume der Kommission zur eigenständigen Gestaltung der den Entscheidungen zugrundeliegenden Leitlinien möglichst gering zu halten. Eine eventuelle Verlagerung echter Regulierungsbefugnisse von der nationalen auf die supranationale Ebene blieb damit weiter in der Kontrolle der Mitgliedstaaten. In Bezug auf die Regulierung grenzüberschreitender Infrastrukturen legte sich die Arbeitsgruppe Energie des Rates schon vergleichsweise früh im Entscheidungsprozess darauf fest, dass die Agentur in diesem Feld nicht selbst regulatorisch tätig werden, sondern lediglich über die Modalitäten des Netzzugangs und der Verwaltung dieser Infrastrukturen entscheiden sollte (Rat der EU 2008ag, S. 5). Diese Kompetenz wurde im weiteren Verlauf der Beratungen noch einmal beschnitten, indem sie auf solche Fälle beschränkt wurde, in denen die beteiligten nationalen Regulierungsbehörden nicht in Abstimmung untereinander zu einer Einigung kommen. Zudem wurde im weiteren Verlauf der Beratungen in einem eigenen Artikel inhaltlich deutlich präzisiert, welche Modalitäten in den Zuständigkeitsbereich der Regulierungsbehörden fallen sollten (Rat der EU 2008af, S. 7). Zusätzlich zu diesen Änderungen an eng definierten Handlungsmöglichkeiten der

ACER engte der Rat an mehreren Stellen durch juristische Präzisierungen den möglichen Handlungsspielraum der Agentur ein.

In Bezug auf die Einwirkungsmöglichkeiten der nationalen Ebene auf die EU-Regulierungsagentur fokussierten die Diskussionen im Rat zudem die Zusammensetzung der von der Kommission konzipierten Gremien. So plädierte eine größere Gruppe von Staaten für ein größeres Gewicht der Mitgliedstaaten bei der Besetzung des Verwaltungsrates (Rat der EU 2008aq, S. 6). Innerhalb des Rates war auch die Stimmgewichtung im Regulierungsrat umstritten: Größere Mitgliedstaaten plädierten für eine Stimmgewichtung innerhalb des Regulierungsrates (Rat der EU 2008ai, S. 5). Im Gemeinsamen Standpunkt konnten die Mitgliedstaaten in dieser Hinsicht keine Einigung erzielen, weshalb der Text an dieser Stelle die genaue Zahl der Mitglieder und damit der Stimmen im Regulierungsrat offenließ (Rat der EU 2009d, S. 23).

Obwohl der Gemeinsame Standpunkt die eigenständigen Handlungsbefugnisse der Agentur gegenüber dem Kommissionsvorschlag noch einmal einschränkte und diese Tatsache von der Kommission auch kritisch angemerkt wurde, akzeptierte die Behörde in ihrer Erklärung zum Gemeinsamen Standpunkt alle vom Rat vorgenommenen Änderungen. Im Vorfeld der zweiten Lesung versuchte die DG TREN gleichwohl, nochmals unter Verweis auf sich rasch ändernde Marktsituationen argumentativ zu begründen, weshalb aus ihrer Sicht eine größere Handlungsfreiheit der geplanten Agentur im Zusammenwirken mit der Kommission sinnvoll wäre (Europäische Kommission 2009h, S. 5–6). In den vor der zweiten Lesung stattfindenden informellen Trilogen brachte der ITRE-Ausschuss des Europäischen Parlaments eine Reihe seiner vom Rat nicht berücksichtigten Änderungsanträge aus der ersten Lesung nochmals ein[29] und zielte damit erneut auf die Ansiedlung robuster regulatorischer Befugnisse auf EU-Ebene und eine effektive Kontrolle der Agentur durch das Parlament. Insbesondere verlangte der Ausschuss erneut eigenständige Entscheidungsbefugnisse der Agentur gegenüber den Netzbetreibern, vor allem in Bezug auf grenzüberschreitende Infrastrukturen, sowie die Möglichkeit der ACER, eigenständig „wirksame Sanktionen“ zu verhängen (Europäisches Parlament 2009c, S. 24). Diese Forderungen wurden vom Rat in den interinstitutionellen Verhandlungen aber erneut weitgehend blockiert. Zwar verständigten sich die Verhandlungsteilnehmer auf eine Reihe von Änderungen gegenüber dem Gemeinsamen Standpunkt, insbesondere bei der Formulierung der Erwägungsgründe. Alle Änderungsforderungen des Parlamentsausschusses,

[29] Insgesamt formulierte der Ausschuss 75 Änderungsanträge – eine gerade vor dem Hintergrund der relativen Kürze des Verordnungstextes im Vergleich zu den anderen Entscheidungsprozessen zum dritten Binnenmarktpaket auffallend hohe Zahl.

die die autonomen hierarchischen Handlungsbefugnisse der Agentur erweitert hätten, wurden aber entweder zur Gänze als nicht akzeptabel abgewiesen oder in Kompromissformulierungen faktisch revidiert.[30]

In der Gesamtschau ähnelt die letztlich realisierte Kompetenzausstattung der ACER damit weitgehend dem von der Kommission in ihrem Vorschlag unterbreiteten Konzept. Angesichts der Tatsache, dass die Präferenz der Kommission für eine zentrale europaweite Regulierungsagentur aktenkundig ist, kann damit aber nicht von einer überlegenen Durchsetzungsmacht der Kommission im Entscheidungsprozess ausgegangen werden. Vielmehr deutet der Befund darauf hin, dass die zuständige Generaldirektion für Energie bei der Ausarbeitung des Vorschlags das tatsächlich durchsetzbare Maß an regulatorischer Harmonisierung realistisch eingeschätzt hatte. Das Europäische Parlament konnte seine ambitionierten Vorstellungen einer zentralen europäischen Regulierungsagentur dagegen nicht einmal ansatzweise realisieren. Im Gegenteil wurde das letztlich umgesetzte Modell im Hinblick auf die Kontrollmöglichkeiten der ACER gegenüber dem Vorschlag der Kommission in mehreren Punkten noch einmal leicht abgeschwächt. Auch in den informellen Trilogen vor der Verabschiedung in zweiter Lesung erreichte der zuständige Ausschuss gegenüber dem Rat lediglich kosmetische Änderungen am Gemeinsamen Standpunkt.

Eine deutliche Ausweitung ihrer Überwachungskompetenzen erfuhr die Agentur durch die Verordnung 1227/2011, die den Insiderhandel auf Großhandelsmärkten für Strom und Gas eindämmen sollte. Die Verordnung intendiert einen zentralisierten Informationsfluss in Bezug auf das Marktgeschehen auf Großhandelsmärkten: Sie schreibt detailliert Meldepflichten für Marktteilnehmer fest und konzentriert die Befugnisse zur Sammlung und Verarbeitung dieser Informationen bei der ACER. Der Agentur kommt demnach insbesondere die Aufgabe zu, durch die Analyse der ihr zur Verfügung gestellten Daten mögliche Marktverzerrungen zu identifizieren und diese Informationen der Kommission und den nationalen Regulierungsbehörden zur Verfügung zu stellen. Einmal jährlich muss die ACER dazu der Kommission einen Bericht vorlegen. Der Vorschlag der Kommission war dabei sowohl unter den Mitgliedstaaten als auch im ITRE-Ausschuss

[30] Beispielsweise wurde mit Blick auf die allgemeinen Aufgaben der Agentur zwar die Forderung des ITRE-Ausschusses berücksichtigt, die Vorgaben nicht als Kann-, sondern als Soll-Bestimmungen zu fassen. Inhaltlich wurde dafür die vom Ausschuss vorgesehene Entscheidungsfunktion entfernt. Stattdessen wurden die Aufgaben auf nichtbindende Stellungnahmen und Empfehlungen reduziert. Die vom Ausschuss erneut aufgenommene Fähigkeit zur Verhängung von Sanktionen wurde von der Ratspräsidentschaft von Anfang an als „nicht akzeptabel" markiert und in den Verhandlungen blockiert (Rat der EU 2009k, 2009l, 2009j).

des Parlaments[31] in seinen Grundzügen weitgehend unumstritten (Rat der EU 2011f, S. 2). Eine Mehrheit der Mitglieder im Parlamentsausschuss versuchte aber erneut, ähnlich wie im Fall der Aushandlung der ACER-Verordnung, die hierarchischen Handlungsfähigkeiten auf der supranationalen Ebene deutlich zu stärken. Dazu gehörten unter anderem umfangreiche Kompetenzen der Kommission zum Erlass abgeleiteter Rechtsakte sowie eine Ausweitung des durch die Verordnung etablierten Regulierungsregimes auf den Markt für Emissionszertifikate (Europäisches Parlament 2011a, S. 19–44). Diese weitreichenden Änderungen fanden im Rat allerdings keine Unterstützung; die Mitgliedstaaten orientierten sich bei ihren Beratungen weitgehend am Vorschlag der Kommission und forderten als einzige substanzielle Änderung der geplanten Handlungsbefugnisse der Agentur, direkte hierarchische Steuerungsmöglichkeiten gegenüber den nationalen Regulierungsbehörden zur Harmonisierung des regulatorischen Handelns nicht zuzulassen (Rat der EU 2011d, S. 27). In dieser Hinsicht wurde die Formulierung des Rates wortgleich in die endgültige Verordnung übernommen (Art. 16 Abs. 1 VO 1227/2011). In den informellen Trilogen gelang es dem Parlament zwar, einige der geforderten Befugnisse der Kommission zur abgeleiteten Rechtsetzung gegenüber dem Rat durchzusetzen, die Kompetenzausstattung der ACER blieb davon im Wesentlichen aber unberührt (Rat der EU 2011e). Damit wurden zwar die Kompetenzen der Agentur im Bereich der Steuerung durch Informationen deutlich gestärkt, die von der Kommission versuchte Ausstattung mit Fähigkeiten zur indirekten hierarchischen Regulierung wurde von den Mitgliedstaaten aber erneut verhindert (Heffron 2016, S. 55).

e) Nationale Regulierungsbehörden

Neben der Kompetenzgestaltung der ACER regelt das dritte Binnenmarktpaket auch die Verteilung regulatorischer Kompetenzen auf nationaler Ebene neu: Während diese nach den Beschleunigungsrichtlinien noch auf mehrere nationale Stellen verteilt werden konnten, fordern die dritten Binnenmarktrichtlinien die Benennung jeweils einer nationalen Regulierungsbehörde[32] für den Energiesektor. Die präzise Kompetenzausstattung dieser Regulierungsbehörden war

[31] Weil die endgültige Verordnung bereits vor der ersten Lesung im Parlament in informellen Trilogen ausgehandelt wurde, kann keine Position des Parlaments im Sinne eines vom Plenum beschlossenen Standpunkts identifiziert werden. Die Haltungen im ITRE-Ausschuss sind allerdings anhand der öffentlich verfügbaren Berichtsentwürfe und Änderungsanträge im Vorfeld der Trilog-Verhandlungen gut nachvollziehbar.

[32] Die spezifischen Kompetenzen dieser Behörden sind in Art. 35–37 RL 2009/72/EG und Art. 39–41 RL 2009/73/EG ausführlich geregelt. Sie umfassen insbesondere die Marktöffnung und den Abbau von Handelsbeschränkungen für Elektrizität und Erdgas, die Ermöglichung

dabei erheblich umstritten, wobei die wesentliche Konfliktlinie zwischen dem Rat einerseits und der Kommission sowie dem Europäischen Parlament andererseits verlief: Während sich die Mitgliedstaaten im Rat gegen die verpflichtende Übertragung von Aufgaben an unabhängige Regulierungsstellen wehrten, versuchten die anderen beiden Organe genau dies durchzusetzen.

Der Vorschlag der Kommission enthielt für den Elektrizitäts- und Erdgassektor weitgehend gleichlautende Aufzählungen von harmonisierten Aufgaben und Pflichten der nationalen Regulierungsbehörden, verbunden mit der Vorschrift an die Mitgliedstaaten, jeweils „eine einzige Regulierungsbehörde" für den Energiebereich zu benennen (Europäische Kommission 2007e, S. 40, 2007f, S. 45). Die von der Kommission vorgesehenen Aufgaben umfassten sowohl recht allgemein gehaltene Zuständigkeiten – etwa die Gewährleistung eines funktionierenden Wettbewerbs – als auch spezifische Überwachungs- und Berichtspflichten sowie die Verpflichtung, Entscheidungen der ACER und der Kommission umzusetzen (Europäische Kommission 2007e, S. 41–43, 2007f, S. 46–47). Für eine wirksame Wahrnehmung dieser Aufgaben forderte die Kommission Mechanismen zur Informationssammlung, zum Erlass bindender Entscheidungen und zur Durchsetzung dieser Entscheidungen, insbesondere die Möglichkeit der Regulierungsbehörden zur Verhängung von Sanktionen gegen Marktteilnehmer im Falle der Nichtbefolgung der Wettbewerbsregeln (Europäische Kommission 2007e, S. 44, 2007f, S. 48).

Das Europäische Parlament übernahm aus den Vorschlägen der Kommission die Verpflichtung zur Errichtung einer zentralen nationalen Regulierungsbehörde, ebenso die Mehrzahl der von der Kommission vorgeschlagenen Aufgaben und Befugnisse, fügte letzteren aber noch eine Reihe weiterer Kompetenzen hinzu (Europäisches Parlament 2008r, S. 39, 2008t, S. 50)[33]: So sollten die Regulierungsbehörden unter bestimmten Bedingungen die Netzzugangsgebühren im Stromsektor selbst festlegen können und besondere Überwachungsbefugnisse erhalten, um etwaige restriktive Vertragspraktiken wie Exklusivitätsbestimmungen auf Großhandelsmärkten zu identifizieren (Europäisches Parlament 2008r, S. 43–45, 2008t, S. 55). Entsprechend der vom Parlament geforderten stärkeren Kontrolle über die Investitionen in die Netzinfrastruktur sollten die nationalen

---

einer möglichst kosteneffizienten Netzentwicklung, die Entwicklung funktionierender regionaler Märkte innerhalb der EU sowie die enge Zusammenarbeit mit der ACER und den Regulierungsbehörden anderer Mitgliedstaaten. Vgl. dazu ferner: Heffron 2016, S. 55.

[33] Aufgrund der unterschiedlichen Schwerpunktsetzungen der Berichterstatter weichen die vom Parlament geforderten Regelungen für den Elektrizitäts- und den Erdgassektor – anders als im Vorschlag der Kommission – deutlich voneinander ab.

Regulierungsbehörden zudem die Kompetenz zur Genehmigung der Investitionspläne der Übertragungs- und Fernleitungsnetzbetreiber besitzen (Europäisches Parlament 2008r, S. 45, 2008t, S. 53). Nachdem das Parlament gegenüber dem Kommissionsentwurf erweiterte Möglichkeiten für langfristige Lieferverträge gefordert hatte, beinhaltete sein Entwurf auch in dieser Hinsicht Befugnisse der Regulierungsbehörden (Europäisches Parlament 2008r, S. 45, 2008t, S. 54). Darüber hinaus forderte der Standpunkt des Parlaments ein Einspruchsrecht der Regulierungsbehörden bei der Ernennung von Mitgliedern der Geschäftsführung von Übertragungsnetzbetreibern im Stromsektor (Europäisches Parlament 2008r, S. 46). Für den Erdgassektor schrieb das Parlament zudem umfangreiche Überwachungs- und Sanktionsbefugnisse der Regulierungsbehörde gegenüber Unabhängigen Übertragungsnetzbetreibern fest (Europäisches Parlament 2008t, S. 56–57).

Der Rat signalisierte trotz Bedenken einiger Mitgliedstaaten gegen die umfassende Festschreibung der Kompetenzen nationaler Regulierungsbehörden schon früh im interinstitutionellen Abstimmungsprozess grundsätzlich Einverständnis für die von der Kommission vorgeschlagenen Aufgaben und Pflichten, strebte dabei aber eine entscheidende Änderung an: Die Mitgliedstaaten verlangten, die Aufgaben nicht zwingend einer einzigen Behörde übertragen zu müssen, da eine solche Festlegung zu sehr in ihre jeweilige nationale Verwaltungsorganisation eingreife (Rat der EU 2008aq, S. 8). Entsprechend beinhalteten die Gemeinsamen Standpunkte zwar die Bestimmung, auf nationaler Ebene eine einzige Regulierungsbehörde errichten zu müssen; der Bestand weiterer Regulierungseinrichtungen auf subnationaler Ebene wurde aber explizit nicht ausgeschlossen (Rat der EU 2008c, S. 98, 2008d, S. 110, 2008ao, S. 6). Zusätzlich wollte es der Rat den Mitgliedstaaten freistellen, Überwachungsaufgaben auch an andere Behörden zu delegieren, wobei die Ergebnisse dieser Überwachung der jeweiligen nationalen Regulierungsbehörde übermittelt werden sollten (Rat der EU 2008c, S. 105–106, 2008d, S. 118–119).

Auch in anderer Hinsicht wurden die von der Kommission vorgeschlagenen Bestimmungen vom Rat geringfügig aufgeweicht. So einigten sich die Vertreter der Mitgliedstaaten in der Arbeitsgruppe Energie und im Ausschuss der Ständigen Vertreter, das von der Kommission vorgesehene Verbot jeglicher Weisungen anderer Regierungsstellen gegenüber der jeweiligen nationalen Regulierungsbehörde durch ein Verbot lediglich direkter Weisungen zu ersetzen – eine Modifikation, die auch der ITRE-Ausschuss des Parlaments in seinen Standpunkt zum Elektrizitätsbinnenmarkt übernahm (Europäisches Parlament 2008r, S. 40; Rat der EU 2008z, S. 2). Die von der Kommission und vom Parlament geforderten Zuständigkeiten beim Verbraucherschutz wurden vom Rat aus dem Zuständigkeitskatalog der nationalen Regulierungsbehörden mit der Begründung entfernt, dass dafür bereits andere Regulierungsstellen zuständig seien und eine Duplizierung von Strukturen vermieden werden sollte (Rat der EU 2008c, S. 105, 2008d, S. 117, 2008ao, S. 6). Entsprechend der vom Rat eingeführten Option des Unabhängigen Übertragungsnetzbetreibers (ITO) beinhalteten die Gemeinsamen Standpunkte auch detaillierte Regulierungsbefugnisse gegenüber solchen Netzbetreibern, die im Wesentlichen die von der Kommission vorgeschlagenen Befugnisse in Bezug auf Unabhängige Netzbetreiber spiegelten (Rat der EU 2008c, S. 109–111, 2008d, S. 122–123).

Die Kommission billigte in ihren Stellungnahmen zu den Gemeinsamen Standpunkten die Texte des Rates grundsätzlich, da diese trotz einiger Abschwächungen der Intention des Vorschlags, unabhängige und mit effektiven Durchsetzungsbefugnissen ausgestattete Regulierungsbehörden zu schaffen, folgten (Europäische Kommission 2009i, S. 4–5, 2009j, S. 4). Zugleich stellte sich die Kommission im Vorfeld der Trilog-Verhandlungen hinter die Forderungen des Parlaments nach stärkeren Regulierungsbefugnissen in Bezug auf langfristige Lieferverträge und zum Verbraucherschutz (Europäische Kommission 2009i, S. 6, 2009j, S. 5–6). Nachdem die Kommission keine grundsätzlichen Einwände gegen die Gemeinsamen Standpunkte vorgebracht hatte, gelang es dem Rat allerdings, seine Positionen in den Trilogen weitgehend durchzusetzen und die vom Parlament geforderte zusätzliche Kompetenzausstattung fast durchgängig zu verhindern. So wurden zwar die vom Parlament geforderten Überwachungsbefugnisse in Bezug auf restriktive Vertragspraktiken in die endgültigen Richtlinientexte übernommen (Art. 37 Abs. 1 Buchst. k RL 2009/72/EG; Art. 41 Abs. 1 Buchst. k RL 2009/73/EG; Rat der EU 2009i, S. 135, 2009m, S. 142–143), sowohl eine striktere Kontrolle über die Investitionspläne als auch die zusätzlichen Überwachungsbefugnisse in Bezug auf Unabhängige Netzbetreiber und die personellen Eingriffsmöglichkeiten bei Netzbetreibern im Stromsektor konnten vom Parlament aber nicht durchgesetzt werden (Rat der EU 2009i, S. 133–136, 2009m, S. 140–145).

Im Überblick zeigt sich damit auch bei der Anlage der nationalen Regulierungsbehörden, dass der Vorschlag der Kommission mit einigen Abschwächungen auf Wunsch der Mitgliedstaaten, die auf nationalen Prärogativen beharrten, weitgehend in die endgültigen Rechtsakte überführt wurde. Dem Europäischen Parlament gelang es dagegen nicht einmal ansatzweise, die in erster Lesung geforderten Kompetenzerweiterungen für die nationalen Regulierungsbehörden gegenüber den anderen Akteuren durchzusetzen.

f) Verbraucherschutz

Die dritten Energiebinnenmarktrichtlinien präzisieren und erweitern die Schutzrechte der Endverbraucher im Vergleich zu den Beschleunigungsrichtlinien noch einmal deutlich (Art. 3 RL 2009/72/EG; Art. 3 RL 2009/73/EG), wobei die veränderten Regelungen nahezu ausschließlich dem Text des Parlamentsstandpunkts in erster Lesung entstammen, die in den Verhandlungen auf Drängen des Rates in einigen Aspekten abgeschwächt wurden. So wurde im Stromsektor die Sorgepflicht der Mitgliedstaaten zur Gewährleistung der Versorgung verbindlicher gefasst als dies zuvor der Fall war; ein vom Parlament ebenfalls gefordertes pauschales Verbot des Ausschlusses besonders bedürftiger Kunden von der Versorgung im Winter wurde dagegen vom Rat abgelehnt (Rat der EU 2009g, S. 37). Weitgehend in die endgültigen Richtlinien übernommen wurden auch die vom Parlament formulierten Passagen zu verstärkten Maßnahmen gegen Energiearmut. Die Mitgliedstaaten lehnten dabei aber eine Pflicht zur verbindlichen Definition des Begriffs „Energiearmut" ab[34] (Rat der EU 2009i, S. 41, 2009 m, S. 54), was als empfindliche Beschränkung der effektiven Verbindlichkeit dieser Bestimmungen zu werten ist. Aufgewertet wurde auf Betreiben des Europäischen Parlaments auch das Recht der Endkunden auf freie Wahl des Strom- beziehungsweise Erdgaslieferanten, das auch ein Recht auf einen Versorgerwechsel binnen maximal drei Wochen einschließt – das Parlament hatte eine solche Regelung nur für den Stromsektor und mit einer maximalen Zeitspanne von zwei Wochen gefordert (Europäisches Parlament 2008r, S. 18). Das Parlament setzte außerdem verbesserte Auskunftsrechte für Endkunden in Bezug auf Rechtsbehelfe und Streitbeilegungsverfahren durch; wie in den Standpunkten des Parlaments vorgesehen liegt die Informationspflicht im Elektrizitätssektor bei den Versorgungsunternehmen, im Erdgassektor dagegen bei einer vom jeweiligen Mitgliedstaat einzurichtenden zentralen Informationsstelle (Europäisches Parlament 2008r, S. 19, 2008t, S. 18). Ein vom Europäischen Parlament geforderter Preismechanismus, um Anreize zur Energieeinsparung zu generieren, wurde hingegen nicht übernommen. Anders als andere vom Parlament vorgeschlagene Verbesserungen bei den Verbraucherrechten wurde dieser Aspekt auch in den Gemeinsamen Standpunkten des Rates nicht berücksichtigt. In den Trilog-Verhandlungen einigten sich die Organe schließlich darauf, lediglich eine entsprechende Empfehlung der Mitgliedstaaten an die Energieversorgungsunternehmen festzuschreiben (Rat der EU 2009g, S. 41, 2009i, S. 42).

[34] Stattdessen sollte ein weitergefasstes Konzept des „besonders schutzbedürftigen Kunden" definiert werden, das Energiearmut zwar berücksichtigen kann, aber nicht zwingend berücksichtigen muss.

g) Befugnisse der Kommission im Rahmen der abgeleiteten Rechtsetzung
In den Vorschlägen der Kommission waren an insgesamt 20 Stellen Befugnisse für die Auslegung der jeweiligen Bestimmungen durch Leitlinien der Kommission vorgesehen, die diese im Regelungsverfahren mit Kontrollen erlassen können sollte. Die von der Kommission intendierte Reichweite dieser Leitlinien variierte dabei erheblich und war in einigen Fällen durch präzise Bestimmungen eng begrenzt. Insbesondere in Bezug auf die Ausgestaltung der Entflechtungsvorschriften und Eingriffsmöglichkeiten der ACER bei der Regulierung grenzüberschreitender Infrastrukturen sowie die Arbeitsweise nationaler Regulierungsbehörden hätten die von der Kommission vorgeschlagenen Regelungen aber Spielräume für substanzielle Einflussnahme über die abgeleitete Rechtsetzung gelassen (Europäische Kommission 2007e, S. 36, 38, 40, 45–46, 2007f, S. 37, 40–42, 50).

Das Europäische Parlament lehnte in seinen Standpunkten die vorgeschlagenen Befugnisse für das Komitologie-System nahezu durchgängig ab und begründete dies in den meisten Fällen mit der aus einer Verlagerung in die abgeleitete Rechtsetzung resultierenden Unsicherheit in Bezug auf die Geltung des jeweiligen Rechtsakts (Europäisches Parlament 2008b, S. 68, 2008c, S. 46, 75) beziehungsweise dem grundlegenden Charakter der zu ändernden Aspekte (Europäisches Parlament 2008c, S. 102). An mehreren Stellen kritisierte der federführende Ausschuss allerdings auch explizit, die „Einflussnahme des Parlaments" solle „durch das vorgeschlagene Komitologieverfahren eingeschränkt werden" (Europäisches Parlament 2008b, S. 100, 2008c, S. 84). Da das vorgeschlagene Verfahren in allen Fällen identisch ist, lassen diese Äußerungen auf grundlegende Bedenken des Parlaments gegenüber einer Verlagerung von Befugnissen in den Bereich der abgeleiteten Rechtsetzung schließen, zumal in den Begründungen des Ausschusses auch eine ausdrückliche Präferenz für das Kodezisionsverfahren zum Ausdruck kommt (Europäisches Parlament 2008b, S. 68, 2008c, S. 76).

Insbesondere die Breite der von der Kommission vorgeschlagenen Befugnisse stieß bei den Beratungen der Vertreter der Mitgliedstaaten auf Ablehnung, mehrere Delegationen forderten auch eine vollständige Streichung einzelner Befugnisse (Rat der EU 2008aq, S. 5). Bei den Verhandlungen im Rat wurde daher erstens die Zahl der Fälle, in denen eine abgeleitete Rechtsetzung vorgesehen war, geringfügig reduziert und zweitens die Reichweite der verbliebenen Rechtsetzungsmöglichkeiten in den meisten Fällen enger definiert (Rat der EU 2008aj, S. 8). So strich der Rat in seinen Gemeinsamen Standpunkten die Möglichkeiten zum Erlass von Leitlinien im Hinblick auf die Entflechtung von Verteilernetzbetreibern und die Aufgabenwahrnehmung der nationalen Regulierungsbehörden (Rat der EU 2008c, S. 89, 2008d, S. 90, 2008aa, S. 8). Im

Vergleich zum Kommissionsvorschlag wurde zudem die Reichweite möglicher Leitlinien in Bezug auf die Eingriffsmöglichkeiten der ACER (Rat der EU 2008c, S. 115, 2008d, S. 128) sowie die Harmonisierungsbefugnisse der Kommission beim grenzüberschreitenden Netzzugang (Rat der EU 2008e, S. 43–44, 2009e, S. 43–44) deutlich reduziert.

Das vom Rat in seinen Gemeinsamen Standpunkten formulierte Dispositiv an Befugnissen für die Komitologie wurde in den Trilog-Verhandlungen aufrechterhalten und fand vollständig unverändert Eingang in die endgültigen Rechtsakte. Zwar entspricht die Beschneidung der Befugnisse gegenüber dem Kommissionsvorschlag in ihrer Tendenz den Präferenzen des Parlaments; gleichwohl wurden in mehreren Bereichen Kompetenzen für die Komitologie festgeschrieben, in denen das Parlament diese explizit unter Verweis auf die Aufrechterhaltung seiner Mitspracherechte abgelehnt hatte.

5.2.3.3 Abgeleitete Rechtsetzung und Implementation

5.2.3.3.1 Abgeleitete Rechtsetzung

Die Binnenmarktrichtlinien sehen eine Reihe von Fällen vor, in denen die präzise technische Ausgestaltung der Marktintegration durch Netzkodizes erfolgen soll, die vom jeweils zuständigen Komitologie-Ausschuss erlassen werden. Nachdem der Energiebinnenmarkt auch nach Inkrafttreten des dritten Binnenmarktpakets weit von einer Vollendung entfernt war (Buchan 2012; Eikeland 2011a, S. 33; Howarth u. Sadeh 2010, S. 923), versuchte die Kommission, die Netzkodizes als Instrument zu nutzen, um aktiver wesentliche Wettbewerbshindernisse zu beseitigen. Die Regelwerke wurden dabei jeweils in einem definierten Kooperationsverfahren von der Kommission, ACER und den ENTSOs erarbeitet (vgl. Abschnitt 5.2.5.) und erst nach Abstimmung mit den betroffenen Interessenorganisationen im Ausschuss präsentiert (Europäische Kommission 2013m).

Obgleich die formale Festschreibung der Kodizes in der abgeleiteten Rechtsetzung von den Richtlinien nicht zwingend vorgegeben war – möglich wäre auch die Einigung auf entsprechende Leitlinien innerhalb der ENTSOs gewesen – wurden bis 2017 in nahezu allen von den Richtlinien vorgegebenen Sachbereichen Verordnungen und Beschlüsse der Kommission erlassen.[35] Auf diesem Weg erfolgt eine

[35] Die Rechtsakte im Elektrizitätssektor: VO 774/2010 und VO 838/2010 über einen Ausgleichsmechanismus zwischen den Übertragungsnetzbetreibern; VO 543/2013 über die Übermittlung und Veröffentlichung von Daten in Strommärkten; VO 2015/1222 über Kapazitätsvergabe und Engpassmanagement (CACM); VO 2016/631 über den Netzanschluss für Stromerzeuger; VO 2016/1388 über den Lastanschluss; VO 2016/1447 über den Netzanschluss für Hochspannungsgleichstromsysteme; VO 2016/1719 über die langfristige

erkennbare inkrementelle Integration der Energienetze, wobei die Übertragungsnetzbetreiber im Gegensatz zu den meisten Mitgliedstaaten in diesem Prozess eine treibende Rolle einnehmen. Die Verläufe der Entscheidungsprozesse in den Ausschüssen sind aufgrund der äußerst eingeschränkten Verfügbarkeit relevanter Dokumente zwar nicht präzise nachvollziehbar, insbesondere ist in der Regel nicht erkennbar, welche Mitgliedstaaten welche Positionen vertreten. Aus den verfügbaren Quellen sind aber bestimmte Strukturmuster erkennbar, die im Folgenden am Beispiel der Verordnung 2015/1222 über die Kapazitätsvergabe und das Engpassmanagement im Elektrizitätssektor (CACM) verdeutlicht werden.

Im Fall der CACM-Verordnung wurde den Überblicksaufzeichnungen der Kommission zufolge primär über die Benennung sogenannter nominierter Strommarktbetreiber (NEMOs), die für die Abwicklung des Handels an Strombörsen verantwortlich sind, und die Rolle der nationalen Regulierungsbehörden und der ACER bei der Regulierung der Kapazitätsvergabe debattiert (Europäische Kommission 2014n, 2014o). Dabei meldeten die Mitgliedstaaten vor allem in Bereichen Bedenken gegenüber dem Entwurf der Kommission an, in denen nationale Entscheidungsspielräume eingeschränkt werden sollten:[36] So wurden auf Drängen mehrerer Teilnehmer die Möglichkeiten zur Ablehnung eines möglichen NEMO durch den jeweiligen Staat erweitert. Erkennbar wurde zudem eine Präferenz für kleinere territoriale Strukturen bei der regionalen Marktintegration, als dies von der Kommission vorgesehen war. Die ebenfalls umstrittene Möglichkeit

---

Kapazitätsvergabe; VO 2017/1485 über den Übertragungsnetzbetrieb; VO 2017/2195 über den Systemausgleich; VO 2017/2196 über Notzustand und Netzwiederaufbau.

Die Rechtsakte im Erdgassektor: B 2010/685 über Informationspflichten für Fernleitungsnetzbetreiber; B 2012/490 über Leitlinien für Engpassmanagementverfahren; VO 984/2013 über die Kapazitätszuweisung in Fernleitungsnetzen; VO 312/2014 über die Gasbilanzierung in Fernleitungsnetzen; VO 2015/703 über Interoperabilität und Datenaustausch; B 2015/715 zur Präzisierung von Veröffentlichungspflichten der ACER; VO 2017/459 über die Kapazitätszuweisung in Fernleitungsnetzen (ersetzt VO 984/2013); VO 2017/460 über harmonisierte Fernleitungsnetzentgeltstrukturen.

[36] Eine ähnliche Logik ist auch an mehreren anderen Entscheidungsprozessen zu beobachten, allen voran an demjenigen zu einer Verordnung über den Übertragungsnetzbetrieb: Die Mitgliedstaaten setzten in diesem Fall gegenüber dem ursprünglichen Vorschlag der Kommission durch, dass Eingriffsrechte der Kommission und der ACER beschränkt wurden, die Umsetzungsbefugnisse auch von anderen staatlichen Behörden als den Regulierungsbehörden wahrgenommen werden durften und in mehreren Bereichen alternative Verfahren für die Regulierung des Übertragungsnetzbetriebs zugelassen wurden (Europäische Kommission 2016b, 2016c). Beispiele für eine Ausweitung nationaler und Beschränkung supranationaler Befugnisse im Verlauf des Entscheidungsprozesses finden sich im Erdgassektor etwa in den Entscheidungsprozessen zum Beschluss 2012/490 und zur Verordnung 984/2013 (Europäische Kommission 2011i, 2011j, 2013o, S. 4).

zur Einleitung einer Veränderung der Gebotszonen, innerhalb derer der Stromhandel keinen Kapazitätsbeschränkungen unterliegt, durch die ACER oder Nationale Regulierungsagenturen wurde hingegen trotz der Kritik einer größeren Fraktion von Mitgliedstaaten in die endgültige Verordnung übernommen (Europäische Kommission 2014p). Neben der Wahrung der Handlungsspielräume staatlicher Akteure finden sich an mehreren Stellen auch Hinweise auf Bemühungen im Ausschuss, die vorgegebenen Spielräume für die Übertragungs- und Fernleitungsnetzbetreiber möglichst breit zu halten. So wurden in den Fällen der Verordnung 543/2013, des Beschlusses 2010/685 und der Verordnung 2015/703 insbesondere Informationspflichten der Netzbetreiber gegenüber dem von der Kommission eingebrachten Vorschlag reduziert (Europäische Kommission 2010l, S. 2, 2012f, 2014e).

Diese Aufzählung soll nicht darüber hinwegtäuschen, dass ein Großteil der im Ausschussverfahren verhandelten inhaltlichen Änderungen technischer Natur war und damit auf *arguing*-Prozesse zurückzuführen ist. Nichtsdestotrotz basierte eine Reihe qualitativ relevanter Änderungen offenkundig auf dem Wunsch nach der Durchsetzung einzelstaatlicher Interessen, insbesondere des Schutzes nationaler Übertragungs- und Fernleitungsnetzbetreiber und möglichst weitreichender Befugnisse nationaler Behörden.

5.2.3.3.2 Implementationshandeln der Kommission

Die Umsetzung des dritten Binnenmarktpakets durch die Mitgliedstaaten verlief schleppend. Die Kommission verfolgte dabei eine doppelte Strategie: Zum einen wird in den jährlichen Berichten zur Umsetzung des Binnenmarkts (bis 2014) respektive zum Stand der Energieunion (seit 2015) öffentlich auf Versäumnisse bei der Implementation hingewiesen, um so offensichtlich den Druck für die Mitgliedstaaten zu erhöhen. Zum anderen leitete die Kommission gegen insgesamt 18 Mitgliedstaaten, die die Energiebinnenmarktrichtlinien aus ihrer Sicht nicht oder unzureichend implementiert hatten, ein oder mehrere Vertragsverletzungsverfahren ein. Wie in den meisten Politikbereichen wurde der Großteil dieser Verfahren nach einem förmlichen Aufforderungsschreiben oder einer mit Gründen versehenen Stellungnahme der Kommission beigelegt, in insgesamt 16 Fällen reichte die Kommission aber Klage vor dem EuGH ein.[37] Auch in der überwiegenden

[37] Die Verfahren richteten sich 2011 gegen Bulgarien und Rumänien wegen fehlender oder unzureichender Umsetzung der Erdgasbinnenmarktrichtlinie (Europäische Kommission 2011l), 2012 gegen Slowenien und Polen wegen mangelhafter Umsetzung der Strombinnenmarktrichtlinie (Europäische Kommission 2012i) sowie gegen das Vereinigte Königreich, Irland, Polen und Finnland wegen unzureichender Umsetzung der Erdgasbinnenmarktrichtlinie (Europäische Kommission 2012g, 2012h). 2013 ging die Behörde gegen Bulgarien,

Mehrheit dieser Fälle wurde der Rechtsstreit vor einem Urteil beigelegt und die entsprechende Klage von der Kommission zurückgezogen; bisher kam es lediglich in zwei Fälle zu einem Urteil des Gerichtshofs: Im Juni 2014 wiesen die Richter eine Klage der Kommission gegen die Praxis der Kapazitätsvergabe im Erdgasnetz in Bulgarien ab (EuGH, C-198/12), im September 2015 stellte der EuGH einen Verstoß Polens gegen die in der Erdgasbinnenmarktrichtlinie festgelegten Regeln für die Marktfreiheit im Gassektor fest (EuGH, C-36/14). Inwieweit die hohe Zahl an Einigungen zwischen Kommission und beteiligten Mitgliedstaaten auf ein Einlenken des jeweiligen Staates oder begrenzte Ressourcen der Kommission zur Verfolgung einer Vielzahl von Verfahren zurückzuführen ist, kann im Rahmen der vorgelegten Analyse nicht systematisch nachvollzogen werden.

5.2.3.4 Handlungskopplung und Einflusspotenziale der beteiligten Akteure

Das enge institutionelle Korsett des Kodezisionsverfahrens band wie in den anderen analysierten Fällen die beteiligten Akteure in ein Zwangsverhandlungssystem ein, wobei die demonstrierten unilateralen Handlungsmöglichkeiten der Kommission zusätzlichen Einigungsdruck generierten. Trotz der Vielzahl an beteiligten Vetospielern und deutlich differierender Präferenzen in Bezug auf den Grad der Marktöffnung und die Entflechtung von integrieren Energieversorgern ermöglichten die eingeübten Verhandlungsprozeduren und die Kompromissorientierung eine vergleichsweise rasche Entscheidungsfindung.

Die *Kommission* verfügte angesichts ihrer Kompetenzen nach dem Wettbewerbsrecht über ein Drohpotenzial, das die anderen Akteure, insbesondere die Mitgliedstaaten, zu Zugeständnissen bewegte. Dieser Schatten der Hierarchie gehörte neben dem Drängen einer größeren Gruppe von Mitgliedstaaten auf eine beschleunigte Liberalisierung zu den wichtigsten Bedingungsfaktoren für den mit dem dritten Binnenmarktpaket erfolgten Integrationsschritt (Eberlein 2016, S. 82–83). Dies bedeutet freilich nicht, dass die Kommission ihre Präferenz für eine vollständige Marktintegration und eine starke zentralisierte Regulierungsinstanz unverändert durchsetzen konnte. Schon die Vorschläge trugen dem Kriterium der Durchsetzbarkeit im Rat Rechnung und wurden im weiteren Entscheidungsprozess vor allem mit Blick auf die Modelle der Entflechtung und die Verbraucherschutzvorgaben nochmals signifikant verändert. Wie in den anderen

Estland und das Vereinigte Königreich (Europäische Kommission 2013u), Polen (Europäische Kommission 2013w) und Rumänien (Europäische Kommission 2013v) vor. 2014 folgte ein weiteres Verfahren gegen Irland (Europäische Kommission 2014i), 2018 schließlich gegen Deutschland und Ungarn (Europäische Kommission 2018b).

analysierten Fällen unternahm die Kommission auch beim dritten Binnenmarktpaket trotz der ihr formal zur Verfügung stehenden Möglichkeit keinen Versuch, substanzielle Änderungen an dem vom Rat in erster Lesung formulierten Text zu verlangen, obgleich dieser die in der Präferenzrangfolge der Kommission zentralen Entflechtungsbestimmungen in erheblichem Maße abschwächte.

Durch den Rückgriff auf ihre wettbewerbsrechtlichen Befugnisse gelang es der Kommission darüber hinaus, die mangelhafte Implementation der Richtlinien durch die Mitgliedstaaten teilweise auszugleichen, indem sie einzelne Unternehmen mit marktbeherrschender Stellung in den Blick nahm und diese zu bindenden Verpflichtungszusagen veranlasste. Außerdem versuchte die Kommission, ihre Ressourcen auch zur gezielten Produktion und Verbreitung von Informationen einzusetzen. Das eindrucksvollste Beispiel für diese Art der Steuerung ist zweifelsohne die umfassende Untersuchung des Energiesektors von 2005 bis 2007, die in einen nahezu 400 Seiten starken Abschlussbericht mündete und damit einerseits die Perzeption eines bestehenden Handlungsdrucks durch die übrigen Akteure verstärkte und andererseits der Kommission eine Begründung für eine entschiedenere Durchsetzung des Wettbewerbsrechts lieferte (Scholz u. Purps 2010, S. 38). Zu diesen Versuchen zählt aber auch eine Reihe von Mitteilungen wie das Strategiepapier „Energie 2020“ (Europäische Kommission 2010g), in dem die durch den Lissabon-Vertrag gestärkten energiepolitischen Kompetenzen der Kommission durchscheinen.

Das *Europäische Parlament* offenbarte trotz seiner Vetoposition und der in der Plenardebatte deutlich gewordenen Unterstützung für die vom ITRE-Ausschuss erarbeiteten Standpunkte eine insbesondere im Vergleich zum Rat schwache Durchsetzungsmacht. Vor allem in Bereichen, die die Aufteilung von Handlungskompetenzen zwischen nationaler und supranationaler Ebene betreffen, etwa bei der Schaffung von Regulierungsbehörden, wurde der Rechtsetzungsprozess von Kommission und Rat dominiert, während das Parlament allenfalls geringfügige Änderungen durchsetzen konnte. Es darf angenommen werden, dass die ungeschmälerte Durchsetzung der vom Parlament vorgeschlagenen Verbraucherschutzbestimmungen, die gegenüber den Mitgliedstaaten im Vergleich zu den Vorgängerrichtlinien ein deutlich höheres Maß an Verbindlichkeit aufweisen, das wesentliche Zugeständnis des Rates an das Parlament darstellten, um dessen Zustimmung für das Binnenmarktpaket zu erhalten.[38]

---

[38] Die Errungenschaften der zuständigen Berichterstatter im Bereich des Verbraucherschutzes spielten bei der Aussprache im Plenum vor der Verabschiedung der Binnenmarktrichtlinien in zweiter Lesung eine zentrale Rolle in der Argumentation der meisten Redner, die für eine Annahme des Kompromisstextes plädierten (Europäisches Parlament 2009d, o.S., 2009e, o.S.).

Trotz einzelner Erfolge von Kommission und Parlament bei der Durchsetzung ihrer Präferenzen stellte auch im Fall des dritten Energiebinnenmarktpakets der *Rat* das entscheidende Verhandlungsforum dar. Dies zeigt sich erneut allein daran, dass Struktur und Text der endgültig verabschiedeten Rechtsakte in weiten Teilen der Abstimmung im Rat entsprangen. Ein weiteres Mal wurde in den hier analysierten Entscheidungsprozessen auch das Beharren der Mitgliedstaaten auf Kontrollpositionen und ein Widerstand gegen die Abgabe endgültiger Entscheidungskompetenzen deutlich. Dies zeigte sich insbesondere in den Diskussionen über eine europäische Energieregulierungsagentur, die auf Drängen einer Mehrheit der Mitgliedstaaten letztlich primär als Verhandlungsforum der nationalen Regulierungsstellen ausgelegt wurde. Deutlich wurde das Festhalten an Kontrollpositionen darüber hinaus in der Ablehnung von Kompetenzen der Kommission im Bereich der abgeleiteten Rechtssetzung sowie in den Änderungen der Kompetenzen der nationalen Regulierungsbehörden im Vergleich zum Kommissionsvorschlag.

5.2.3.5 Entscheidungsperformanz

Wie in den zuvor analysierten Fällen führten die Entscheidungsvorbereitung durch die Kommission sowie das Management der Verhandlungen durch die Kommissions- und Ratsbürokratie dazu, dass trotz einer hohen Zahl an Vetospielern und weit auseinanderliegenden Positionen eine Entscheidung in Form eines umfangreichen Richtlinien- und Verordnungspakets zustande kam, das erstens den Grad der Verbindlichkeit der Binnenmarktvorschriften steigerte und zweitens mit der ACER einen – wenn auch schwachen – zentralen Regulierungsakteur etablierte. Es darf angenommen werden, dass das eingangs erläuterte Bemühen um Handlungsfähigkeit sowie die bereits in Abschnitt 4.2. angesprochene generell integrationsfreundliche Haltung einer Mehrheit der Mitgliedstaaten im Bereich der Energie- und Klimapolitik in der zweiten Hälfte der 2000er Jahre dazu beitrugen, dass der formale Legislativprozess in rund eineinhalb Jahren abgeschlossen werden konnte. Die zwischen den Akteuren geschlossenen Kompromisse bedeuten freilich auch, dass die Binnenmarktregeln noch erhebliche Handlungsfreiräume für die einzelnen Mitgliedstaaten ließen. Trotz des umfangreichen und detaillierten Outputs in relativ kurzer Zeit wurde der von der Kommission und den Binnenmarktbefürwortern intendierte Impact – eine Vollendung des Energiebinnenmarkts – damit nicht erreicht.

Trotz erheblicher Anstrengungen der Kommission und schrittweiser Veränderungen des institutionellen Rahmens scheint eine Vollendung des Binnenmarkts im Energiesektor noch in weiter Ferne. Im Elektrizitätssektor verhindert erstens die nach wie vor geringe Interkonnexion der Teilnetze trotz einer effektiven Bekämpfung von Diskriminierung, dass Wettbewerb entsteht. Ein weiteres Wettbewerbshindernis besteht in den nationalen Preisregulierungen für den zunehmenden Anteil von aus erneuerbaren Energien erzeugtem Strom (Europäische Kommission 2017f, S. 3–5). Im Gassektor blockieren langfristige Lieferverträge und die fortgesetzte Protektion nationaler Champions durch die mitgliedstaatlichen Regierungen einen freien Wettbewerb in einem integrierten europäischen Markt.

5.2.3.6 Instrumente

Die dreistufige Wirkungslogik der Binnenmarktregulierung wurde auch im dritten Legislativpaket beibehalten: Die Richtlinien und Verordnungen schaffen einen machtbasierten ordnungsrechtlichen Rahmen, der von den Mitgliedstaaten und nationalen Regulierungsbehörden machtbasiert implementiert werden soll, um über eine Steigerung des Wettbewerbs im Energiesektor eine Verbesserung der Gesamtwohlfahrt zu erreichen. Mit der Schaffung der ACER wurde dieses Arrangement um eine zusätzliche Ebene ergänzt, die die Implementation des EU-Rechtsrahmens durch die nationalen Regulierungsbehörden harmonisieren soll und dazu in bestimmten Fällen eigene machtbasierte Durchsetzungsmöglichkeiten besitzt. Der Verpflichtungsgrad der Regeln auf der ersten Ebene wurde gegenüber dem zweiten Binnenmarktpaket dabei erhöht; die Möglichkeiten der Mitgliedstaaten, sich der intendierten Marktliberalisierung zu entziehen, wurden weiter eingeschränkt. Dies gilt neben den verschärften Entflechtungsbestimmungen insbesondere für die Regeln für die Zulassung von Energieerzeugern und die Verpflichtung, die regulatorischen Zuständigkeiten auf nationaler Ebene bei einer Regulierungsagentur zu bündeln. Den Verpflichtungscharakter dieser Regeln belegen auch die zahlreichen von der Kommission eröffneten Vertragsverletzungsverfahren vor dem Europäischen Gerichtshof, die die betroffenen Mitgliedstaaten in den meisten Fällen zu einer Korrektur des beanstandeten Verhaltens veranlassten. Ergänzt wird das supranationale *hard law* der Richtlinien und Verordnungen durch kooperative Normsetzungsverfahren bei der Umsetzung der Netzverordnungen unter Beteiligung der in den ENTSOs organisierten Netzbetreiber, der nationalen Regulierungsbehörden und der ACER, die teilweise ebenfalls in verbindliche Rechtsetzung im Rahmen der Komitologie münden.[39]

[39] Zur Funktionslogik der ENTSOs und der Regulierungsnetzwerke vgl. Abschnitt 5.2.5.

5.2.4 Das vierte Energiepaket 2019

5.2.4.1 Überblick über den Legislativprozess

Vor dem Hintergrund wachsender Sorgen um die Energieversorgungssicherheit in Europa aufgrund sicherheitspolitischer Konflikte mit Russland schlug die Kommission unter dem Titel „Energieunion" eine weitere Harmonisierung der EU-Energiepolitik und Vertiefung der Marktintegration vor. Die zugrundeliegende Idee hatte der damalige polnische Ministerpräsident Donald Tusk im April 2014 erstmals formuliert; die Kommission legte daraufhin im September 2016 das bisher umfangreichste Vorschlagspaket im Bereich der Energiepolitik vor, das Neufassungen der Gesetzgebung in Bezug auf den Energiebinnenmarkt, ACER, erneuerbare Energien und Energieeffizienz beinhaltete. Ein Jahr später schlug die Behörde außerdem eine begrenzte Reform der Erdgasbinnenmarktrichtlinie vor, die eine Anwendung der bestehenden Binnenmarktregeln auch auf Verbindungsleitungen zwischen der EU und Drittstaaten ermöglichen sollte.

Entsprechend dem Umfang des Vorschlagspakets benötigten die beteiligten EU-Organe schon mehrere Monate für die inhaltliche Bewertung der Kommissionsvorschläge (Rat der EU 2017w, S. 2). Nach umfangreichen Beratungen legten der ITRE-Ausschuss des Parlaments und die zuständige Arbeitsgruppe im Rat Ende 2017 und Anfang 2018 abschließende Stellungnahmen zu den einzelnen Vorschlägen der Kommission vor. Im Anschluss daran fanden ab Juli 2018 jeweils mehrere Triloge statt, die – mit Ausnahme der Neufassung der Gasbinnenmarktrichtlinie – im November und Dezember 2018 zum Abschluss gebracht wurden. In Bezug auf die Neufassung der erneuerbare-Energien- und Energieeffizienzrichtlinie war bereits einige Monate zuvor eine Einigung zwischen den Institutionen erzielt worden. Das Parlament stimmte den erzielten Kompromissen am 26. März 2019 zu, der Rat am 22. Mai.[40] Die Überarbeitung der Erdgasbinnenmarktrichtlinie war wegen ihrer Auswirkungen auf die Gaspipeline Nord Stream 2 vor allem zwischen Frankreich und Deutschland umstritten. Nach einer entsprechenden Einigung im Rat handelten Vertreter von Rat, Parlament und Kommission Mitte Februar in einem Trilog-Treffen den endgültigen Text der Richtlinie aus, der bis Mitte April 2019 von Parlament und Rat gebilligt wurde.[41]

[40] Die Novellen der Strombinnenmarktregeln und der ACER-Verordnung wurden im Juni 2019 als RL 2019/944 und VO 2019/943 sowie VO 2019/942 im Amtsblatt veröffentlicht.

[41] Die Neufassung wurde im April 2019 als RL 2019/692 im Amtsblatt veröffentlicht.

5.2.4.2 Legislative Rechtsetzung

5.2.4.2.1 Beteiligte Akteure

Die *Kommission* nutzte die Aufmerksamkeit für das Problem der externen Versorgungssicherheit, die die Ukraine-Krise und die Ausführungen Donald Tusks generiert hatten, um unter dem Schlagwort der Energieunion eine Vertiefung der Marktintegration und ambitioniertere Ausbauziele für erneuerbare Energiequellen anzustreben. Der Marktintegration kam in diesem Begründungszusammenhang eine doppelte Bedeutung zu: Erstens sollte durch die Kohärenz des EU-Markts die Position im globalen Wettbewerb gestärkt werden, zweitens sollte eine stärkere Interkonnexion der Strom- und Gasnetze mehr Reaktionsmöglichkeiten auf mögliche Versorgungskrisen bieten (Szulecki et al. 2016, S. 552). Der seit 2014 amtierende Kommissionspräsident Jean-Claude Juncker erklärte die Energieunion zu einer seiner wichtigsten Prioritäten (Europäische Kommission 2014m). Ein weiterer Schwerpunkt der Weiterentwicklung des Energiebinnenmarkts sollte demnach auf besseren Bedingungen für Endverbraucher liegen, um die Legitimität der EU-Energiepolitik in der Bevölkerung zu steigern. Die bereitwillige Adaption des neuen Begründungsmusters für die seit Jahrzehnten bestehende Liberalisierungsagenda der Kommission, deutet darauf hin, dass die Behörde als politischer Unternehmer eine neue Gelegenheitsstruktur gezielt nutzen wollte, um ihrem Ziel einer verstärkten Binnenmarktintegration näherzukommen (Haas 2015).

Die heterogene Agenda der Energieunion führte im Vergleich zu vorhergehenden Entscheidungsprozessen zu veränderten Konfliktlinien unter den *Mitgliedstaaten:* Insbesondere die Staaten Ostmitteleuropas unter der Führung Polens drängten auf einen raschen Ausbau der Erdgasinfrastruktur, um die Abhängigkeit von Importen aus Russland zu reduzieren – was insofern eine Abweichung von der bisherigen Politik der Regierung in Warschau darstellte, als der Realisierung des Energiebinnenmarkts dort zuvor nachgeordnete Bedeutung zugewiesen worden war (Szulecki et al. 2016, S. 557–558). Für Deutschland spielte die Versorgungssicherheit mit Erdgas dagegen eine weit geringere Rolle, die Bundesregierung priorisierte stattdessen in Kooperation mit Frankreich die Integration erneuerbarer Energien im Elektrizitätsbinnenmarkt, wobei insbesondere das Konzept der ökologischen Modernisierung als Synergie zwischen ökologischem und ökonomischem Nutzen Eingang in die Agenda der Kommission fand (Cox u. Dekanozishvili 2015, S. 170). Nichtsdestotrotz zeigte sich bei der Mehrheit der Mitgliedstaaten ein starkes Beharren auf nationalen Entscheidungsbefugnissen in der Energiepolitik.

Das *Europäische Parlament* stützte den Ansatz der Kommission, dem Ausbau des Wettbewerbs auf dem Energiebinnenmarkt Vorrang zu geben und staatliche Regulierungen wie Preisober- und -untergrenzen abzuschaffen oder – soweit nötig

– zu harmonisieren. Die entsprechenden Berichte wurden im ITRE-Ausschuss jeweils mit einer deutlichen Mehrheit von zwei Dritteln oder mehr verabschiedet (Europäisches Parlament 2018a, S. 199, 2018b, S. 25, 2018c, S. 203, 2018d, S. 77). Dazu zählen aus Sicht des Ausschusses auch bestehende Förderstrukturen für erneuerbare Energien (Europäisches Parlament 2018a, S. 118). Der Ausschuss drängte in seinem Bericht zudem auf nochmals gestärkte Verbraucherrechte in Form verkürzter Fristen für den Anbieterwechsel (Europäisches Parlament 2018a, S. 119). Der entsprechende Bericht des ITRE-Ausschusses unterstützt darüber hinaus den Vorschlag der Kommission, die Kompetenzen der ACER zur direkten Regulierung grenzüberschreitender Energiemärkte in Europa signifikant auszubauen (Europäisches Parlament 2018d, S. 57–58). Bei den Abstimmungen im ITRE-Ausschuss war dabei eine vergleichsweise starke Kohäsion innerhalb der Fraktionen[42] zu konstatieren (Abbildung 5.5): Während Konservative, Sozialdemokraten, Grüne und Liberale jeweils mit großer Mehrheit oder einstimmig zustimmten, stellten sich die integrationsskeptischen Fraktionen ENF und EFDD gegen die ausgehandelte Position oder enthielten sich. Ein anderes Bild zeigte sich lediglich bei der Aushandlung der Haltung des Parlaments zur Governance-Verordnung (Abbildung 5.6): Der von den Grünen-Abgeordneten Claude Turmes und Michèle Rivasi ausgearbeitete Bericht wurde im ITRE-Ausschuss lediglich mit knapper Mehrheit beschlossen, weil sich die Abgeordneten der EVP mit der Begründung zu strikter Vorgaben für die einzelnen Staaten nahezu geschlossen gegen den Entwurf stellten (Europäisches Parlament 2017d, S. 196–197). Erst, nachdem im Zuge eines Kompromisses die von den Mitgliedstaaten zu erreichenden Meilensteine gegenüber dem vom Ausschuss vorgelegten Text reduziert worden waren, billigte eine deutliche Mehrheit von knapp drei Vierteln des Plenums den überarbeiteten Standpunkt des Parlaments für die interinstitutionellen Verhandlungen (Europäisches Parlament 2018i, S. 135–136). Zahlreiche Gegenstimmen kamen dabei insbesondere von Abgeordneten aus Polen, Tschechien und dem Vereinigten Königreich, aber auch Deutschland und Frankreich (Abbildung 5.7 und 5.8).

Private Interessenorganisationen wurden im Zuge der kommissionsinternen Vorbereitung ausführlich konsultiert. Eine deutliche Mehrheit der Unternehmen sowie Wirtschafts- und Umweltverbände forderte dabei eine Flexibilisierung der Nachfrage im Elektrizitätssektor durch Preissignale, die die jeweils aktuelle

---

[42] Eine Aufschlüsselung nach nationaler Zugehörigkeit wäre angesichts der Tatsache, dass aus den meisten Staaten weniger als fünf Abgeordnete im ITRE-Ausschuss vertreten sind, nicht aussagekräftig.

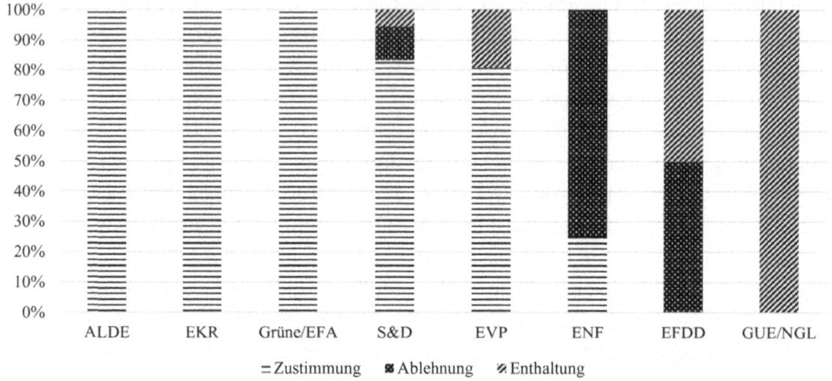

Abbildung 5.5 Abstimmungsergebnis im ITRE-Ausschuss des Europäischen Parlament zur Elektrizitätsbinnenmarktrichtlinie nach Fraktionszugehörigkeit. (eigene Darstellung auf Basis von: Europäisches Parlament 2018a, S. 203)

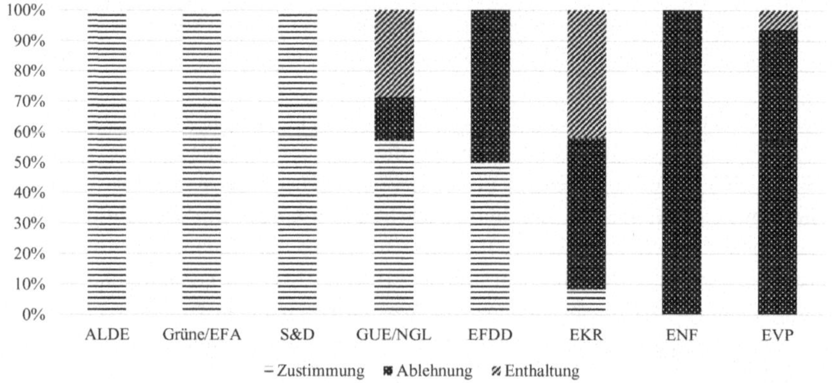

Abbildung 5.6 Abstimmungsergebnis im ITRE-Ausschuss des Europäischen Parlaments zur Governance-Verordnung nach Fraktionszugehörigkeit. (eigene Darstellung auf Basis von: Europäisches Parlament 2017d, S. 196–197)

Knappheit der Ressourcen widerspiegeln (BusinessEurope 2015, S. 3; Europäische Kommission 2015d, S. 1; WWF 2015, S. 1). Während fast alle Interessenorganisationen auf bessere Rahmenbedingungen für eine möglichst vollständige

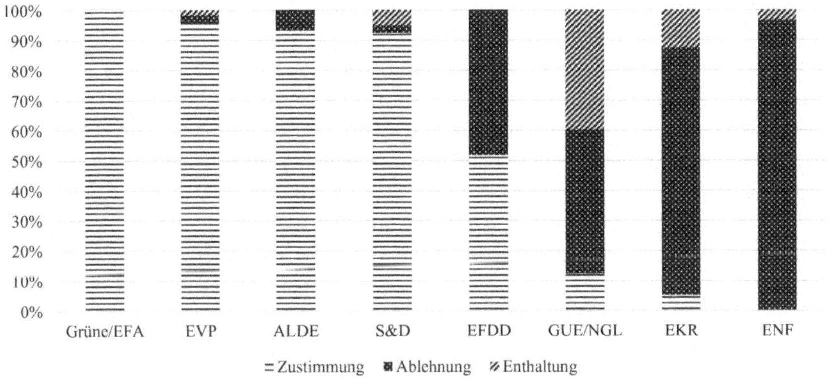

Abbildung 5.7 Abstimmungsergebnis im Plenum des Europäischen Parlaments zur Governance-Verordnung nach Fraktionszugehörigkeit. (eigene Darstellung auf Basis von: Europäisches Parlament 2018i)

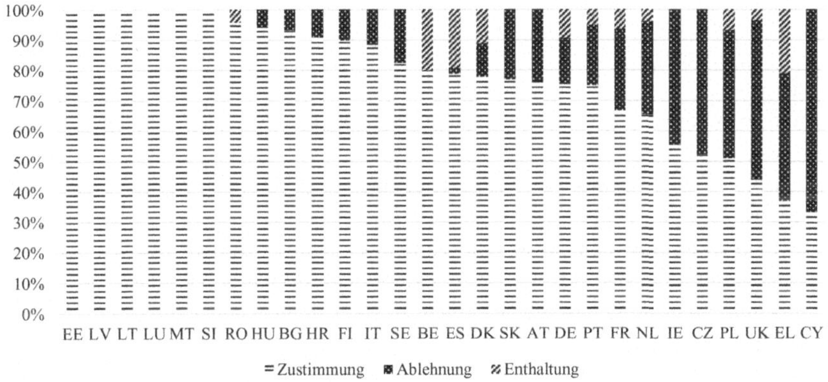

Abbildung 5.8 Abstimmungsergebnis im Plenum des Europäischen Parlaments zur Governance-Verordnung nach nationaler Zugehörigkeit. (eigene Darstellung auf Basis von: Europäisches Parlament 2018i)

Integration erneuerbarer Energiequellen in den Binnenmarkt drängten, unterschieden sich die Standpunkte in Bezug auf die weitere Förderung erneuerbarer Energien deutlich: Während Umweltverbände und die Vertreter der Unternehmen in diesem Sektor, aber auch die Dachorganisation BusinessEurope auf eine

Fortsetzung von Fördermöglichkeiten drängten, plädierten insbesondere konventionelle Stromerzeuger für eine Beendigung der Sonderstellung regenerativer Energien im Strommarkt (BusinessEurope 2015, S. 9; Eurelectric 2015, S. 7; Europäische Kommission 2015d, S. 2). Eine Mehrheit der konsultierten Interessenorganisationen sprach sich nach Angaben der Kommission außerdem für eine Beibehaltung regionaler Koordinationsansätze aus (Europäische Kommission 2015d, S. 2).

5.2.4.2.2 Inhaltliche Durchsetzung im Entscheidungsprozess

Im Vergleich zu den vorherigen Binnenmarktreformen zielen die von der Kommission vorgeschlagenen Änderungen überwiegend auf neue Aspekte; während das zweite und dritte Binnenmarktpaket noch stärker die Energieversorger in den Blick nahm, beziehen sich die neuen Regeln, die im Verlauf der Entscheidungsprozesse 2016 bis 2019 diskutiert wurden,

a) auf eine verbraucherseitige Flexibilisierung der Nachfrage und verbesserten Verbraucherschutz;
b) eine flexible Steuerung der Stromnachfrage;
c) den Modus der Festlegung von Gebotszonen im Stromgroßhandel;
d) Möglichkeiten der Mitgliedstaaten zur Ausgestaltung von Kapazitätsmechanismen;
e) eine Ausweitung der Gasbinnenmarktregeln auf Pipelines aus Drittstaaten sowie
f) den von der Kommission vorgeschlagenen Ausbau der Kompetenzen der ACER.
g) Die wohl einschneidendste Veränderung betrifft die Governance selbst: Mit der Verordnung über die Governance der Energieunion wurde erstmals ein rechtsverbindlicher und kohärenter Rahmen für die Energie- und Klimaschutzpolitik der EU geschaffen.

Trotz der Einbettung in den breiteren Diskurs über die Energie- und Klimapolitik der EU blieben die Debatten über die Weiterentwicklung des Energiebinnenmarkts stark von der Orientierung der Kommission an einem möglichst vollständigen Wettbewerb geprägt.

a) Marktbasierte Strompreise und Verbraucherschutz

Mit der vierten Strombinnenmarktrichtlinie werden die schon in den Vorgängerrichtlinien rechtsverbindlichen und einklagbaren Verbraucherrechte noch einmal erweitert. Hinzu kommen neue Bestimmungen zum Verbot regulatorischer Eingriffe in die Preisbildung, die im Entscheidungsprozess zwischen den beteiligten Akteuren aber erheblich umstritten waren. Die Kommission ließ in ihrem Vorschlag die bisherige Kategorie der „zugelassenen Kunden" mit Anspruch auf freie Anbieterwahl wegfallen, die nach dem vollständigen Inkrafttreten der dritten Strombinnenmarktrichtlinie ohnehin obsolet geworden war. Entsprechend sieht der Vorschlag eine Verpflichtung für die Mitgliedstaaten vor, allen Kunden die freie Wahl eines Anbieters zu ermöglichen. Die umfangreichen Bestimmungen zu Freiheiten der Mitgliedstaaten zur Festlegung von Verbraucherschutzverpflichtungen sollten nach dem Willen der Kommission teilweise wegfallen. Mit dem Verbot jeglicher Eingriffe in die freie Preisbildung sollten Maßnahmen zum Schutz vor Energiearmut „auf andere Weise als durch öffentliche Eingriffe in die Festsetzung der Stromversorgungspreise" erfolgen. Lediglich bereits bei Inkrafttreten der Richtlinie bestehende Preisregulierungen sollten für eine Übergangsphase von fünf Jahren weiterhin erlaubt sein (Europäische Kommission 2017b, S. 66). Auch beim Anbieterwechsel strebte die Kommission eine erneute Ausweitung der Verbraucherrechte an: Der bereits nach der Richtlinie 2009/72/EG bestehende Anspruch auf einen Anbieterwechsel innerhalb von drei Wochen sollte bestehen bleiben, allerdings sollten Gebühren für diesen Wechsel nur noch in wenigen Ausnahmefällen zulässig sein (Europäische Kommission 2017b, S. 76).

Der ITRE-Ausschuss des Parlaments übernahm nach eingehenden Beratungen – insgesamt diskutierte das Gremium mehr als 1300 Änderungsanträge zum ursprünglichen Berichtsentwurf – den Vorschlag der Kommission in Bezug auf die Verbraucherrechte inhaltlich weitgehend und forderte darüber hinausgehend ein Recht der Verbraucher auf gleichzeitige Lieferverträge mit mehreren Anbietern (Europäisches Parlament 2018a, S. 33). Zudem wurden in dem Bericht des Ausschusses im Gegensatz zum Kommissionsvorschlag präzise Kriterien für weitere Eingriffe in die freie Preisbildung formuliert (Europäisches Parlament 2018a, S. 34). Mit Blick auf den Anbieterwechsel forderte der ITRE-Ausschuss gegenüber dem Kommissionsvorschlag noch einmal erweiterte Verbraucherrechte: Der technische Vorgang des Anbieterwechsels sollte binnen 24 Stunden abzuschließen sein.[43] Zudem führt der Ausschussbericht erstmals ein explizites Recht auf kollektiven Anbieterwechsel ein, um eine Bündelung der Verhandlungsmacht von Verbrauchern zu erlauben (Europäisches Parlament 2018a, S. 43–45).

[43] Dieser Vorschlag wurde von mehreren Ausschussmitgliedern in ähnlicher Form eingebracht und findet sich auch im vorläufigen Standpunkt des Rates wieder. Der genaue Ursprung der Idee ist anhand der verfügbaren Dokumente nicht mehr nachvollziehbar.

In der zuständigen Arbeitsgruppe des Rates rangen die Mitgliedstaaten mehrere Monate lang um eine Kompromissposition (Rat der EU 2017x, S. 2), die von der Kommission vorgeschlagenen Bestimmungen zum Verbraucherschutz und zum Anbieterwechsel waren dabei aber vergleichsweise wenig umstritten und wurden von den Mitgliedstaaten ohne substanzielle Änderungen übernommen. Mit Blick auf das Verbot von Eingriffen in die freie Preisbildung wurden vor allem die Bedingungen für mögliche Ausnahmen vergleichsweise früh im Diskussionsprozess deutlich umformuliert und damit zusätzliche Ansatzpunkte für Mitgliedstaaten für eine Abweichung von der Norm des Eingriffsverbots geschaffen (Rat der EU 2017i, S. 68). Mit Blick auf den Anbieterwechsel übernahm der Rat die von der Kommission vorgeschlagene zeitliche Beschränkung auf drei Wochen, allerdings verbunden mit der Möglichkeit für die Mitgliedstaaten, einen kürzeren Zeitraum vorzuschreiben (Rat der EU 2017c, S. 54). Auch die im Parlamentsbericht vorgesehene Beschränkung des technischen Wechselvorgangs auf 24 h findet sich im vorläufigen Standpunkt des Rates wieder, wenngleich mit zwei Einschränkungen: Die Regel sollte erst ab dem Jahr 2025 gelten und nur, soweit der jeweilige Mitgliedstaat eine positive Kosten-Nutzen-Relation konstatiert. Zudem sollte sich das Verbot von Wechselgebühren nur auf Privathaushalte und Kleinunternehmen und nicht auf alle Stromkunden erstrecken. Auch die vom Parlament geforderte Möglichkeit, kollektive Verträge auszuhandeln, wurde vom Rat in seinem Beratungsergebnis systematisch eingeführt (Rat der EU 2017c, S. 54–55).

In den insgesamt sechs Verhandlungsrunden zwischen den Vertretern der EU-Organe bestand vergleichsweise früh Einigkeit über die grundsätzlichen Ziele der freien Anbieterwahl und der freien Preisbildung; die entsprechenden Formulierungen in den Artikeln 3 und 5, auf die sich die Verhandlungsteilnehmer einigten, vereinen dabei Elemente des Parlamentsberichts mit solchen des Ratsentwurfs. Mit Blick auf die bedingte weitere Zulässigkeit von Eingriffen in die freie Preisbildung setzten sich dabei die Mitgliedstaaten gegen die Präferenzen von Kommission, Parlament und Wirtschaftsverbänden durch und blockierten auch erfolgreich die Festlegung eines Enddatums für solche Eingriffe (BusinessEurope 2018, S. 2; Eurelectric 2018, S. 1; Rat der EU 2018d, S. 77–79). Lediglich was die präzisen Bedingungen des Rechts auf Anbieterwechsel anbelangte, scheint es ein prolongiertes *bargaining* zwischen den Teilnehmern gegeben haben: Während das Parlament eine technische Realisierung des Wechsels binnen 24 Stunden ab 2022 vorschreiben wollte, sah der Rat dies ab 2025 und mit deutlich eingeschränkter Verbindlichkeit für die Mitgliedstaaten vor. Eine in den Trilogen vorübergehend diskutierte Einführung im Jahr 2023 zu den Bedingungen des Rates wurde vom

Parlament nicht akzeptiert. In einer vorläufigen Einigung setzten die Verhandler des Parlaments eine für alle Mitgliedstaaten verbindliche Regelung ab 2027 durch; der abschließende Kompromiss legte dann das Jahr 2026 als spätesten Umsetzungstermin fest (Rat der EU 2018g, S. 107, 2019c, S. 96).[44]

b) Steuerung der Stromnachfrage

Ein gegenüber den Vorgängerrichtlinien völlig neues Element, das durch den Vorschlag der Kommission in die Diskussion eingebracht wurde, ist die dynamische Steuerung der Stromnachfrage: Erstens schlug die Kommission vor, die Stromanbieter dazu zu verpflichten, dynamische Stromtarife anzubieten, in deren Rahmen der jeweilige Verbrauchspreis kurzfristig anhand aktueller Marktbedingungen definiert wird (Europäische Kommission 2017b, S. 76). Hintergrund dieser Forderung sind starke Angebotsschwankungen durch den zunehmenden Anteil erneuerbarer Energien an der Stromerzeugung. Durch eine preisgesteuerte Anpassung der Nachfrage an das Angebot sollen diesem Ansatz zufolge Belastungen für die Netzinfrastruktur reduziert werden (Europäische Kommission 2017b, S. 5). Zur Bereitstellung der technischen Infrastruktur für eine solche Nachfragesteuerung sollte die Richtlinie nach dem Willen der Kommission zweitens die Mitgliedstaaten stärker als zuvor zur Förderung intelligenter Messsysteme – sogenannter Smart Meter – verpflichten. Schon die Richtlinie 2009/72/EG beinhaltete eine Empfehlung zur Einführung solcher Systeme, laut Kommissionsvorschlag sollten die Mitgliedstaaten nun die Einführung von Messsystemen „gewährleisten" (Europäische Kommission 2017b, S. 81). Zur Stärkung der Marktmacht der Verbraucher beinhaltete der Vorschlag der Kommission zudem die Verpflichtung für Elektrizitätsversorger, ihren Kunden den Zusammenschluss zu Einkaufsgemeinschaften – sogenannten Aggregatoren – zu ermöglichen (Europäische Kommission 2017b, S. 66–67). Diese Bestimmung wurde von Parlament und Rat nicht grundsätzlich infrage gestellt und findet sich in weitgehend unveränderter Form in der endgültigen Richtlinie (Art. 15 RL 2019/944; Europäisches Parlament 2018a, S. 46–47; Rat der EU 2017z, S. 68).

Das Parlament schloss sich der grundsätzlichen Verpflichtung der Energieversorger zum Angebot dynamischer Tarife an, schlug aber mehrere Zusatzbestimmungen zum Schutz der Verbraucher vor überhöhten Zahlungen vor: Ein Wechsel in einen dynamischen Stromtarif sollte nicht ohne explizite Zustimmung des Kunden möglich sein, zudem sollten die Mitgliedstaaten für „einen angemessenen Schutz" vor unerwarteten Preisänderungen sorgen (Europäisches Parlament

[44] Die betreffenden Bestimmungen finden sich in der Richtlinie 2019/944 in den Artikeln 3 bis 5 und 11.

2018a, S. 42). Den Vorschlag der Kommission zur Einführung von Smart Metern übernahm der ITRE-Ausschuss in der Substanz unverändert (Europäisches Parlament 2018a, S. 62).

Die Mitgliedstaaten unterstützten im Grundsatz die Flexibilisierung der Nachfrage, forderten aber weitere Handlungsfreiheiten für Staaten und Energieversorger als von Kommission und Parlament vorgesehen. Während die Einführung von Smart Metern auch unter den Mitgliedstaaten weitgehend unumstritten gewesen zu sein scheint (Rat der EU 2017c, S. 67, 2017x, S. 67), schwächte der Rat unter maltesischem und estnischem Vorsitz die Bestimmungen zum Angebot dynamischer Stromtarife merklich ab. Hatten Kommission und Parlament noch eine entsprechende Pflicht für alle Anbieter verlangt, ist im vorläufigen Standpunkt des Rates nur noch davon die Rede, dass die Mitgliedstaaten dynamische Tarife ermöglichen und Kunden, die bereits über ein Smart Meter verfügen, einen dynamischen Tarif auswählen können – bei EU-weit freier Anbieterwahl weder eine hohe Hürde noch eine Garantie für einen verbraucherfreundlichen Preiswettbewerb (Rat der EU 2017c, S. 54).

In den Trilogen einigte man sich Ende 2018 auf einen Kompromiss in Bezug auf das Angebot dynamischer Stromtarife, der auch in den endgültigen Richtlinientext übernommen wurde: Alle Stromanbieter, die mindestens 200.000 Kunden beliefern, müssen Verbrauchern mit installiertem Smart Meter dynamische Tarife anbieten (Rat der EU 2018h, S. 105). Die Bestimmungen für die Einführungen von Smart Metern wurden um von Parlament und Rat vorgeschlagene sekundäre Elemente, etwa zum Datenschutz, ergänzt, blieben im Vergleich zum Kommissionsvorschlag aber in ihrer primären Wirkungsrichtung unverändert (Rat der EU 2019c, S. 115–122).[45]

c) Festsetzung der Gebotszonen

Eine wesentliche Neuerung in der Stromnetzverordnung sollte nach dem Willen der Kommission darin bestehen, dass die Gebotszonen, innerhalb derer Elektrizität ohne infrastrukturelle Engpässe frei gehandelt werden kann, nicht mehr wie bisher durch die beteiligten Mitgliedstaaten oder ihre nationalen Regulierungsbehörden, sondern abschließend durch die Kommission definiert werden sollten. Die Methodik der Überprüfung sollte dazu von der ACER festgelegt werden (Europäische Kommission 2017f, S. 54). Der ITRE-Ausschuss des Parlaments lehnte diese neue Kompetenz für die Kommission ab und schrieb die Befugnis zur Neukonfiguration von Gebotszonen allein den beteiligten Mitgliedstaaten zu.

[45] Die betreffenden Bestimmungen finden sich in der Richtlinie 2019/944 in den Artikeln 11 und 19 bis 22.

Die Kommission sollte lediglich eine Vermittlungsfunktion übernehmen, falls die Mitgliedstaaten zu keiner Einigung gelangen, auch das aber ohne Möglichkeit der Letztentscheidung (Europäisches Parlament 2018c, S. 39–41).

Im Rat erwies sich ein zwischenzeitlich von der maltesischen Ratspräsidentschaft vorgelegter Kompromissvorschlag, der eine Konsultation der betroffenen Mitgliedstaaten durch die Kommission vorgesehen hatte, als nicht durchsetzbar (Rat der EU 2017k, S. 55). Stattdessen erarbeitete die zuständige Arbeitsgruppe unter estnischer Ratspräsidentschaft ein mehrstufiges Verfahren, nach dem die Entscheidungskompetenz über die Gebotszonen zunächst bei den Mitgliedstaaten oder den nationalen Regulierungsbehörden liegen sollte und erst im Falle der Nichteinigung auf eine neue Gebotszonenkonfiguration oder einen Aktionsplan zur Reduktion von Engpässen auf die Kommission übergehen sollte (Rat der EU 2017b, S. 50–55). Die von der Kommission vorgesehene feste Orientierung der Gebotszonengrenzen an technischen Engpässen versah der Rat mit zusätzlichen Ausnahmeregeln (Rat der EU 2017b, S. 50). Dieser Ansatz wurde in den Trilog-Beratungen im Wesentlichen unverändert übernommen (Rat der EU 2018f, S. 339–341).[46]

d) Kapazitätsmechanismen

Erstmals geregelt werden durch die neue Strombinnenmarktverordnung auch sogenannte Kapazitätsmechanismen, also Maßnahmen der Mitgliedstaaten zur Bereitstellung ausreichender Reservekapazität für den Fall von Versorgungsengpässen. Durch die Förderung solcher Kraftwerkskapazitäten droht grundsätzlich eine Beeinflussung des Wettbewerbs, weshalb die Kommission präzise Bedingungen für solche Kapazitätsmechanismen anstrebte. So sollte die jeweilige nationale Regulierungsbehörde auf Basis von von ENTSO-E erarbeiteten und von der ACER genehmigten Methoden einen Zuverlässigkeitsstandard erarbeiten, anhand dessen die konkret benötigte Reservekapazität ermittelt werden soll. Kapazitätsmechanismen sollten zudem – sofern technisch realisierbar – für Anbieter aus benachbarten Staaten offen sein und nur nach Konsultation mit Nachbarstaaten eingeführt werden können. Die Kommission sah außerdem eine Obergrenze für die CO_2-Intensität der bereitgehaltenen Erzeugungskapazitäten von 550 g/kWh vor. Diese Obergrenze sollte mit Inkrafttreten der Verordnung für neu geschaffene und fünf Jahre nach Inkrafttreten für alle Kapazitäten gelten (Europäische Kommission 2017f, S. 64–66).

[46] Die relevanten Bestimmungen finden sich in der Verordnung 2019/943 in den Artikeln 14 und 15. Der vom Rat vorgeschlagene Prozess zur Erstellung gemeinsamer Aktionspläne zur Beseitigung von Engpässen wurde in einer begleitenden Fachgruppe im Rahmen der Trilog-Verhandlungen in einen eigenen Artikel ausgelagert.

Der ITRE-Ausschuss des Parlaments übernahm in seinem Bericht die von der Kommission vorgeschlagenen Regeln für die Kapazitätsmechanismen weitgehend, plädierte aber für eine Stärkung der internationalen Zusammenarbeit: Kapazitätsmechanismen sollten sich nicht an den Grenzen der Mitgliedstaaten, sondern an Gebotszonengrenzen orientieren (Europäisches Parlament 2018c, S. 62). Zudem formulierte das Parlament ausführlichere Bedingungen für die Zulässigkeit von Kapazitätsmechanismen, unter anderem, dass diese nur vorübergehend sein dürften. Der Bericht des Ausschusses differenziert außerdem anders als der Vorschlag der Kommission nach der Art des Kapazitätsmechanismus und sieht zusätzliche Regeln für Kapazitätsmechanismen vor, die keine strategischen Reserven sind (Europäisches Parlament 2018c, S. 66). Bei der Festlegung der CO_2-Obergrenze schlug der ITRE-Ausschuss eine alternative Kalkulationsmethode und einen Wert von 200 kg CO_2 pro kW installierter Leistung und Jahr vor (Europäisches Parlament 2018c, S. 65).

Der Rat forderte in seinem vorläufigen Standpunkt an mehreren Stellen gegenüber dem Kommissionsvorschlag erweiterte Spielräume für die Mitgliedstaaten und erhielt dabei auch argumentative Unterstützung von den Übertragungsnetzbetreibern (ENTSO-E 2017, S. 3). So sollte der jeweilige Zuverlässigkeitsstandard nicht nur von der unabhängigen Regulierungsbehörde, sondern auch von der Regierung oder anderen Behörden definiert werden können (Rat der EU 2017b, S. 73). Zudem sollte es den Mitgliedstaaten möglich sein, bei der Zulassung von ausländischen Anbietern für die Kapazitätsmechanismen zusätzliche Bedingungen zu formulieren (Rat der EU 2017b, S. 74). Auch die CO_2-Obergrenze wurde vom Rat gegenüber den Ansätzen von Kommission und Parlament deutlich gelockert: So sollte der Grenzwert von 550 g CO_2 pro kWh erst ab 2025 für neue Kapazitäten und ab 2030 für solche gelten, die bereits vor Inkrafttreten der Verordnung bestehen. Diese Festlegung kam nach Angaben aus Kreisen des Rates auf Druck Polens zustande, das auf einer weiteren staatlichen Subventionierung seiner Kohlekraftwerke bestand (Becker 19.12.2017). Als zusätzlicher Grenzwert sollte in beiden Fällen ein Wert von 700 kg CO_2 pro kW installierter Leistung und Jahr gelten – das 3,5-Fache des vom Parlament vorgeschlagenen Wertes (Rat der EU 2017b, S. 80).

In den Trilogen wurde eine Einigung über die Kapazitätsmechanismen erst vergleichsweise spät erreicht (Rat der EU 2018i, S. 158–195). Das Parlament setzte dabei mehrere seiner Bedingungen für die Gestaltung von Kapazitätsmechanismen durch, unter anderem gegen den entschiedenen Widerstand der Elektrizitätswirtschaft (Eurelectric 2018, S. 2) den Grundsatz der zeitlichen Beschränkung sowie zusätzliche Voraussetzungen für Kapazitätsmechanismen, bei denen es sich nicht um strategische Reserven handelt; zusammen mit weiteren vom Rat formulierten Grundsätzen wurden diese Regeln in zwei neuen Artikeln zusammengefasst (Rat der EU 2019d, S. 88–92). Erst im letzten Trilog gelang eine Einigung auf die Emissionsgrenzwerte für Kapazitätsmechanismen: Ab Inkrafttreten der Verordnung gilt ein Grenzwert von 550 g CO_2 pro kWh, für bereits bestehende Anlagen gilt diese Regelung ab dem Jahr 2025. Diese Festlegung entspricht fast vollständig dem Vorschlag der Kommission. Zusätzlich wurde der vom Parlament geforderte jährliche Grenzwert auf 350 kg pro kW installierter Leistung und Jahr festgelegt – zwischen den vom Parlament geforderten 200 kg und den vom Rat geforderten 700 kg (Rat der EU 2019d, S. 92). Wie immer in solchen Fällen des quantitativen *bargaining* ist davon auszugehen, dass beide Seiten ihre Forderungen mit Blick auf die Verhandlungen härter angelegt haben als dies ihren ursprünglichen Präferenzen entsprochen hätte.

e) Bedingungen für Erdgaspipelines

Im November 2017 schlug die Kommission eine begrenzte Änderung der Erdgasbinnenmarktrichtlinie 2009/73/EG vor. Der Vorschlag der Kommission (Europäische Kommission 2017c) spezifiziert etwa mit Blick auf die Entflechtung und die Zusammenarbeit der Regulierungsbehörden Regeln und Ausnahmen; entscheidend für den Gehalt der Novelle ist aber die damit implizit verbundene Annahme, dass auch Verbindungsleitungen, die aus Drittstaaten in das Gebiet der EU führen, den Regeln des Erdgasbinnenmarkts im Hinblick auf Entflechtung, Netzzugang, Transparenz und Preisregulierung unterworfen sind. Dazu zählt die Kommission in der Begründung ihres Vorschlags auch Offshore-Pipelines, nach dem Ende der Planungen für die South-Stream-Pipeline (Spiegel Online 02.12.2014) durch das Schwarze Meer beziehen sich diese Regelungen in absehbarer Zukunft ausschließlich auf die Pipelines Nord Stream und Nord Stream 2, die durch die Ostsee Erdgas aus Russland nach Deutschland leiten.

Der ITRE-Ausschuss nutzte den Vorschlag der Kommission für weitergehende Forderungen nach einer Reform der Erdgasbinnenmarktregeln. So enthält der Bericht die Maßgabe, Biogas und synthetisches Gas aus erneuerbaren Quellen müsse gleichberechtigten Zugang zum Gasnetz erhalten (Europäisches Parlament 2018b, S. 8). Mit Blick auf den Inhalt des Kommissionsvorschlags präzisiert der Bericht des Ausschusses den Geltungsbereich der Binnenmarktregeln für Offshore-Leitungen: Diese sollten in den Hoheitsgewässern und den Ausschließlichen Wirtschaftszonen der Mitgliedstaaten gelten (Europäisches Parlament 2018b, S. 9). Zudem verlangte das Parlament, dass Ausnahmen für neu errichtete Verbindungsleitungen für höchstens fünf Jahre von den Bestimmungen ausgenommen werden dürften (Europäisches Parlament 2018b, S. 12).

Im Rat wurde von Beginn an die Geltung der Binnenmarktregeln für Offshore-Leitungen besonders eingehend diskutiert (Rat der EU 2018q, S. 2–3). Zudem äußerte eine Reihe von Mitgliedstaaten die Sorge, durch die Ausweitung der Binnenmarktregeln könnte die Umsetzung existierender internationaler Abkommen gefährdet werden (Rat der EU 2018p, S. 2). Während einige Mitgliedstaaten Ausnahmen für bestehende Abkommen oder eine Beschränkung der Regeln auf für den Gasbinnenmarkt besonders relevante Infrastrukturen forderten, sprachen sich andere strikt gegen eine solche Einschränkung aus; mehrere Kompromissvorschläge der bulgarischen und österreichischen Ratspräsidentschaften im Jahr 2018 – unter anderem der Vorschlag, bestimmte Verbindungsleitungen als vorgelagerte Rohrleitungsnetze zu betrachten und damit größtenteils von den Binnenmarktregeln auszunehmen, – führten nicht zu einer Lösung (Rat der EU 2018b, S. 7–8). Hintergrund dieser Blockade war offenbar, dass Deutschland mit der Unterstützung Frankreichs versuchte, eine Anwendung der Binnenmarktregeln auf die Gaspipeline Nord Stream 2 zu verhindern. Im Februar 2019 wich Frankreich allerdings von dieser Haltung ab und drohte, die von der Kommission vorgeschlagene verpflichtende Ausweitung der Binnenmarktregeln auf Offshore-Pipelines zu akzeptieren (Spiegel Online 07.02.2019). In einem eilig ausgehandelten Kompromiss erklärte sich Deutschland bereit, einen Prüfungsvorbehalt der Kommission zu akzeptieren; im Gegenzug wurde der Text um eine schon länger diskutierte Ausnahmemöglichkeit ergänzt, die von demjenigen Mitgliedstaat genehmigt werden kann, auf dessen Territorium die Pipeline an das Leitungsnetz der EU angebunden ist (Rat der EU 2019a, S. 12). Im kurz darauf folgenden Trilog mit Kommission und Parlament wurden keine substanziellen Änderungen am Entwurf des Rates mehr vorgenommen (Rat der EU 2019b).

f) Kompetenzen der ACER

Die von der Kommission vorgeschlagene Neufassung der ACER-Verordnung beinhaltet vor allem neue Kompetenzen der Agentur im Zusammenhang mit grenzüberschreitenden Regulierungsaufgaben, die sich aus Änderungen der Richtlinie und Verordnung zum Strombinnenmarkt sowie aus den im Rahmen der abgeleiteten Rechtsetzung erlassenen Netzkodizes ergeben. Wie in der ersten ACER-Verordnung wurden aber keine direkten Regulierungsaufgaben vorgesehen; vielmehr lassen sich die Änderungen als Stärkung und Ausweitung der Koordinierungsfunktion der ACER gegenüber den nationalen Regulierungsbehörden zusammenfassen. Insbesondere sollten der Agentur die von mehreren nationalen Regulierungsstellen formulierten Bedingungen oder Methoden für die Umsetzung von Netzkodizes zur Genehmigung vorgelegt werden (Europäische Kommission 2016e, S. 43). Außerdem sollte die Agentur die Aufgabenerfüllung durch die Nominierten Strommarktbetreiber überwachen (Europäische Kommission 2016e, S. 48). Der Kommissionsvorschlag sah zudem die Möglichkeit vor, im Regulierungsrat der Agentur Unterausschüsse für regionale Fragen aus den Vertretern der betroffenen nationalen Agenturen zu bilden (Europäische Kommission 2016e, S. 47–48).

Der ITRE-Ausschuss des Parlaments akzeptierte die von der Kommission vorgeschlagenen neuen Funktionen der ACER weitgehend. Sowohl der Parlamentsausschuss als auch die zuständige Arbeitsgruppe des Rates wandten sich allerdings gegen die von der Kommission vorgesehenen Befugnisse der Agentur in Bezug auf die regionale Zusammenarbeit. Beide Organe strichen die Möglichkeit zur Bildung regionaler Untereinheiten des Regulierungsrats (Europäisches Parlament 2018d, S. 33; Rat der EU 2017j, S. 36–37), die entsprechenden Passagen wurden auch nicht in die endgültige Verordnung übernommen. Zudem forderten sowohl das Parlament als auch der Rat, die Prüfungs- und Genehmigungsbefugnis der ACER für die kooperative Implementation der Netzkodizes durch mehrere Regulierungsbehörden auf solche Fälle zu beschränken, in denen alle Regulierungsagenturen der EU an der Implementation beteiligt sind (Europäisches Parlament 2018d, S. 27–28; Rat der EU 2017f, S. 19). Vor dem Hintergrund der fragmentierten Netzstruktur ist dies eine deutliche Einschränkung gegenüber den von der Kommission intendierten Regulierungsbefugnissen der Agentur. In den vier Trilog-Verhandlungsrunden setzte dabei der Rat seinen Text nahezu unverändert durch, der die von der Regulierungsbefugnis betroffenen Materien zusätzlich präzisiert und Bedingungen für die gemeinsame Entscheidungsfindung nationaler Regulierungsbehörden formuliert (Rat der EU 2018k, S. 22–23).[47]

g) Governance der Energieunion

Als eine Art Klammer der im Energiepaket 2016 enthaltenen Vorschläge fungierte der Verordnungsvorschlag für die Governance der Energieunion. Ziel der Verordnung sollte sein, die Planungs- und Berichtspflichten der Mitgliedstaaten in der Energie- und Klimapolitik in integrierten Plänen und Berichten zu bündeln, die fünf Dimensionen der Energie- und Klimapolitik der EU abdecken:

1. Verringerung der CO_2-Emissionen;
2. Energieeffizienz;
3. Sicherheit der Energieversorgung;

[47] Das in den endgültigen Verordnungstext übernommene Einstimmigkeitserfordernis reduziert die Wahrscheinlichkeit einer Einigung unter den Regulierungsbehörden und erhöht damit wiederum die Einflusschancen der ACER.

4. Energiebinnenmarkt;
5. Forschung, Innovation und Wettbewerbsfähigkeit.

Neben der besseren inhaltlichen Abstimmung der teils inkohärenten Energie- und Klimapolitiken auf nationaler und EU-Ebene nennt die Kommission als Hauptzweck dieses Ansatzes die Reduzierung von Verwaltungsaufwand im Sinne des Ziels der „besseren Rechtsetzung" (Europäische Kommission 2017e, S. 2). Der Vorschlag basiert auf den Schlussfolgerungen des Europäischen Rates von Oktober 2014, die die EU-Organe auffordern, „ein zuverlässiges und transparentes Governance-System ohne unnötigen Verwaltungsaufwand zu entwickeln" (Europäischer Rat 2014c, S. 9).

Zentrales Instrument der von der Kommission vorgeschlagenen Verordnung sind integrierte Nationale Pläne für die Energie- und Klimapolitik, die die Mitgliedstaaten alle zehn Jahre erarbeiten sollten, mit der Möglichkeit einer Revision nach fünf Jahren. Der Vorschlag der Kommission spezifiziert eine Reihe von Zielen, die in den Plänen enthalten sein sollten, jedoch im Grad ihrer Präzision von Dimension zu Dimension variieren. Ein erster Entwurf dieser integrierten Pläne sollte bis zum 1. Januar 2018 vorliegen (Europäische Kommission 2017e, S. 28–33). Zur Messung der Implementation sieht der Vorschlag der Kommission alle zwei Jahre zu erstellende integrierte Fortschrittsberichte vor, die im Anschluss von der Kommission bewertet werden sollten (Europäische Kommission 2017e, S. 37–43). Ergänzt wird dieser Planungsrahmen durch auf 50 Jahre angelegte langfristige Strategien zur Emissionsminderung, die von jedem Mitgliedstaat laut Kommissionsvorschlag am 1.1.2020 erstmals vorgelegt werden sollten (Europäische Kommission 2017e, S. 36). Die Kommission sollte im Fall von ihr konstatierter mangelnder Fortschritte bei der Umsetzung nationaler Maßnahmen oder der Energieunion insgesamt dazu befugt sein, Empfehlungen an die Mitgliedstaaten auszusprechen (Europäische Kommission 2017e, S. 46–48). Darüber hinaus verweist die Kommission in ihrem Vorschlag auf die Möglichkeit, im Wege der abgeleiteten Rechtsetzung eine gemeinsame Finanzierungsplattform für die Förderung erneuerbarer Energiequellen zu schaffen (Europäische Kommission 2017e, S. 47).

Weder vonseiten des Parlaments noch im Rat wurden grundsätzliche Bedenken gegenüber einem einheitlichen Governance-System für die Energiepolitik der EU laut. Auf den Widerstand der Mitgliedstaaten stieß allerdings der verbindliche Charakter der im Vorschlag vorgesehenen Empfehlungen der Kommission, der bei einer strengen Auslegung eine erhebliche Stärkung der supranationalen Kontrolle über die nationalen Energiepolitiken bedeutet hätte. Während Kommission und Parlament forderten, der jeweils betroffene Staat müsse einer Empfehlung „umfassend" Rechnung tragen, schwächte die zuständige Arbeitsgruppe die Formulierung ab: Die Mitgliedstaaten sollten die Empfehlungen „gebührend" berücksichtigen (Rat der EU 2017aa, S. 76). Diese Regelung, die den Grad der Verbindlichkeit gegenüber den Nationalstaaten wesentlich reduziert, setzte der Rat auch im abschließenden Trilog Ende Juni 2018 durch – geringfügig verschärft durch die vom Parlament ausgehandelte Maßgabe, jede Abweichung von einer Empfehlung der Kommission sei zu begründen (Rat der EU 2018l, S. 198).

Neben der grundsätzlichen Frage der rechtlichen Bindungswirkung stand der Modus der Zielerreichung in den Feldern erneuerbare Energien und Energieeffizienz im Zentrum der Debatten zwischen den beteiligten Akteuren. Zunächst wurde das von der Kommission vorgeschlagene und vom Rat akzeptierte verbindliche Ausbauziel, bis 2030 einen Anteil erneuerbarer Energien von 27 % am Bruttoendenergieverbrauch zu erreichen, auf Druck des Parlaments auf 32 % deutlich nach oben korrigiert (Rat der EU 2018l, S. 83).[48] Dazu wird in der Verordnung ein „indikativer Zielerreichungspfad" festgelegt. Diese Vorgabe, die eine progressive Steigerung der einzelnen nationalen Beiträge und des unionsweiten Ausbauziels beinhaltet, wurde auf Druck des Rates aufgenommen, nachdem sowohl Kommission als auch Parlament für lineare Zielpfade plädiert hatten (Europäische Kommission 2017e, S. 29; Europäisches Parlament 2017d, S. 48). Das Parlament akzeptierte in den Trilogen schließlich eine progressive Berechnung, erreichte aber, dass die vom Rat vorgeschlagenen Referenzwerte für die Jahre 2022, 2025 und 2027 angehoben wurden (Rat der EU 2018l, S. 83, 2018m, S. 2).

Eine weitere Auseinandersetzung zwischen Mitgliedstaaten und Parlament in Bezug auf die Zielerreichung drehte sich um die Maßnahmen, die die Kommission im Fall einer Lücke zwischen der Summe der nationalen Beiträge und dem verbindlichen EU-weiten Ziel (einem sogenannten *ambition gap*) ergreifen kann. Auch hier setzte sich der Rat insoweit durch, als keine hierarchischen Eingriffsrechte der Kommission zugelassen wurden (Rat der EU 2018l, S. 179–192). Das Parlament erreichte allerdings die Festschreibung präziserer Kriterien für die Ermittlung des jeweils angemessenen nationalen Beitrags zum Ausbauziel bei den erneuerbaren Energien (Rat der EU 2018n, S. 5); im Bereich der Energieeffizienz konnte das Parlament hingegen keine vergleichbaren Bewertungsmaßstäbe durchsetzen. Die von der Kommission ursprünglich vorgesehene grundsätzliche Pflicht der Mitgliedstaaten zu Korrekturmaßnahmen im Fall einer *ambition gap* entfällt.

[48] Die Verhandlungen fanden parallel zu denen über die Neufassung der EE-Richtlinie statt, wo der Wert analog dazu ebenfalls angehoben wurde.

Die Mitgliedstaaten im Rat hatten bereits in der ersten Befassung mit dem Verordnungsvorschlag angedeutet, dass sie den 1. Januar 2018 als Frist zur Einreichung der ersten Planentwürfe und darauf aufbauend den 1. Januar 2019 als Frist für die Einreichung der endgültigen Pläne als zu früh ablehnten (Rat der EU 2017w, S. 8), im vorläufigen Standpunkt des Rates wird als Datum stattdessen der 31. Dezember 2018 genannt (Rat der EU 2017aa, S. 42). Auch die Fristen zur Aktualisierung der Pläne verlängerte der Rat; der von den langfristigen Strategien erfasste Zeitraum wurde von 50 auf 30 Jahre verkürzt (Rat der EU 2017aa, S. 48). Auch der ITRE-Ausschuss des Parlaments betrachtete die Fristen als zu kurzfristig und verlängerte sie um jeweils sechs Monate gegenüber dem Kommissionsvorschlag (Europäisches Parlament 2017d, 42, 65). In den Trilog-Verhandlungen beharrten Kommission und Parlament zunächst entschieden auf den jeweils geforderten Daten, stimmten aber in der letzten Verhandlungsrunde der vom Rat geforderten Regelung zu (Rat der EU 2018m, S. 4).

5.2.4.3 Handlungskopplung

In den Verhandlungen zum dritten Energiepaket tritt der auf dem Potenzial einer einseitigen Handlungsblockade basierende Einfluss des Parlaments wesentlich deutlicher zutage als in den vorhergehenden Entscheidungsprozessen. In den Trilog-Verhandlungen erwiesen sich damit Rat und Parlament als zentrale Akteure, die durch teils monatelanges Beharren auf konträren Positionen ihre formale Verhandlungsmacht auch faktisch zur Anwendung brachten. Die Lösung dieser Konflikte erfolgte teilweise auf Arbeitsebene und ging mit inhaltlich komplexen Regelungen einher. Diese Komplexität der Materien im Binnenmarktrecht und bei der Governance der Energieunion zeigt dabei auch die Grenzen des formalen Kodezisionsverfahrens auf: Ohne die direkten Verhandlungsgespräche zwischen den beteiligten Akteuren in den informellen Trilogen wären derart komplexe Abwägungsentscheidungen nur schwer vorstellbar. Trotz intensiver Lobby-Aktivitäten ist ein Einfluss organisierter Interessen auf die inhaltliche Ausgestaltung der Rechtsakte in den Schlussphasen der Verhandlungen erneut nicht erkennbar; inwieweit Interessenverbände die Positionsbestimmung der an den Verhandlungen beteiligten Akteure a priori beeinflusst haben, lässt sich im Rahmen der vorgelegten Analyse nicht nachvollziehen.

Die *Kommission* trat in den Verhandlungen über die endgültige Gestalt der Rechtsakte in den Hintergrund. Auch in der Gesamtschau scheinen die zuständigen Generaldirektionen ihre Präferenzen in geringerem Maße durchgesetzt zu haben als dies in den vorhergehenden Entscheidungsprozessen der Fall war. Zwar nutzte die Behörde das Konzept der Energieunion, um mit der Begründung wachsender Versorgungssicherheit die Integration der Elektrizitäts- und Gasmärkte voranzutreiben. In ihrer Rolle als Agenda-Setter war sie dabei aber in erheblichem Maße durch die Aktivitäten des Europäischen Rates eingeschränkt, der in seinen Schlussfolgerungen von Oktober 2014 sehr detaillierte Vorgaben für die Ausgestaltung der novellierten Rechtsakte – einschließlich der Governance-Verordnung – machte. Inhaltlich zeigte sich die vergleichsweise geringe Durchsetzungsfähigkeit der Kommission etwa am Beispiel der weiterhin erlaubten staatlichen Eingriffe in die Freiheit der Preisbildung im Energiebinnenmarkt sowie der im Vergleich zum Kommissionsvorschlag deutlich geschwächten supranationalen Kontrolle der integrierten nationalen Energie- und Klimapläne.

Das *Europäische Parlament* wurde in den analysierten Entscheidungsprozessen einmal mehr seiner Rolle als „Champion" des Umwelt- und Verbraucherschutzes gerecht, indem es in diesen Bereichen konsistent strengere Vorgaben einforderte als von der Kommission und den Mitgliedstaaten vorgesehen. Auch wenn die letztlich verabschiedeten Rechtsakte quantitativ zum weit überwiegenden Teil vom Generalsekretariat des Rates formuliert wurden, konnte das Europäische Parlament seine Vetoposition nutzen, um das Ergebnis in qualitativer Hinsicht signifikant in Richtung seiner Präferenzen zu verschieben. Dies gilt etwa für die Regeln zum Anbieterwechsel im Elektrizäts- und Gassektor sowie die verschärften klimapolitischen Vorgaben in der Governance-Verordnung. Anders als im Fall des dritten Energiepakets beschränkt sich dieser Befund aber nicht auf die Bereiche Umwelt- und Verbraucherschutz. Vielmehr konnte das Parlament auch in zentralen Bereichen der Strombinnenmarktverordnung, der ACER-Verordnung und mit Blick auf die Governance-Regeln für die Energieunion Rat und Kommission Zugeständnisse abringen.

Der Streit um die Regeln für die Pipeline Nord Stream 2 zeigt aber auch exemplarisch, welche zentrale Rolle Auseinandersetzungen insbesondere zwischen großen *Mitgliedstaaten* in Entscheidungsprozessen nach der Gemeinschaftsmethode einnehmen. Die Bedenken des ITRE-Ausschusses gegen umfangreiche Ausnahmen von der Neufassung der Erdgasbinnenmarktrichtlinie und Vorschläge für eine Ausweitung auf Biogas und synthetisches Gas spielten in den Beratungen keine Rolle mehr, weil die inhaltliche Auseinandersetzung durch einen auch sicherheitspolitisch motivierten Streit um die Erdgaspipeline überlagert wurde. Auch in der Gesamtschau wird der entscheidende Einfluss der mitgliedstaatlichen Regierungen auf die Entscheidungsprozesse erkennbar: Erstens gaben die Staats- und Regierungschefs der Kommission einen vergleichsweise engen Rahmen für die Ausgestaltung ihres Legislativpakets vor, zweitens gelang es dem Rat, in den meisten inhaltlich umstrittenen Punkten seine gemeinsame Position durchzusetzen. Interessant ist dabei auch die Beobachtung, dass aufgrund der Konstruktion des mehrstufigen Verhandlungssystems der Grad der Kontroversität eines Vorschlags innerhalb des Rates keinen Einfluss auf die Durchsetzungschancen gegenüber Parlament und Kommission hat.

5.2.4.4 Entscheidungsperformanz

Im Vergleich zu den dritten Binnenmarktrichtlinien fällt bei dem 2016 von der Kommission vorgelegten Paket zunächst die deutlich längere Dauer der Entscheidungsprozesse ins Auge: Zwischen den Vorschlägen der Kommission und der endgültigen Verabschiedung der Rechtsakte lagen mehr als zweieinhalb Jahre; hinzuzurechnen ist der Zeitraum ab Oktober 2014, als mit den Vorgaben des Europäischen Rates bereits wesentliche Rahmenbedingungen der künftigen gemeinsamen Energie- und Klimapolitik abgesteckt waren. Diese Tatsache ist zum einen der Komplexität der Vorschläge geschuldet: Obwohl die Reformen der Binnenmarktrechtsetzung und der Marktregulierung im Vergleich zu den vorhergehenden Novellierungen limitiert waren, wurde mit der Governance-Verordnung eine höchst komplexe Basis für die übrigen Bereiche der Energie- und Klimapolitik geschaffen, ein Prozess, der aufgrund seiner Querverbindungen zu diesen Bereichen auch die übrigen Entscheidungsprozesse verlangsamte.

Zum anderen traten Konflikte zwischen den Mitgliedstaaten über die künftige Ausrichtung der Energie- und Klimapolitik der EU offen zutage. So konnte anders als bei früheren Entscheidungsprozessen trotz langwieriger Verhandlungen bei mehreren Rechtsakten kein Konsens unter den Mitgliedstaaten im Rat gefunden werden. Von acht Rechtsakten des 2016er Energiepakets wurden nur drei einstimmig im Rat verabschiedet, vor allem ost- und südosteuropäische Staaten stimmten häufig gegen die Bestimmungen oder enthielten sich. Damit wird die Bruchlinie zwischen Osten und Westen der EU, die insbesondere in der Migrationspolitik zu einer Belastungsprobe für den Fortbestand der Union zu werden scheint, in Ansätzen auch in der Energiepolitik erkennbar. Dieser Mangel an Konsensbereitschaft schlägt sich in einer inhaltlichen Aufweichung des generierten Output nieder: Etwa bei der supranationalen Kontrolle der Energieunion oder der Zusammenarbeit bei der Steuerung der Energienetze führte das Beharren auf nationalen Entscheidungsvorrechten zu einer deutlich reduzierten Verbindlichkeit, die die Erreichung der formulierten Ziele gefährdet und damit die Sinnhaftigkeit der aufwendigen Entscheidungsprozesse insgesamt in Zweifel zieht. An diesem Beispiel werden auch die Grenzen des ausgefeilten Verhandlungssystems der Europäischen Union ersichtlich: Zwar erlauben das formale Regelsystem und die jahrelang eingeübte Verhandlungspraxis der beteiligten Akteure eine Bearbeitung auch komplexer Materien unter Beteiligung einer großen Zahl an Vetospielern. Eine gemeinsame Governance ist aber an weitere Voraussetzungen geknüpft, etwa das

Vorhandensein einer generellen Konsensorientierung sowie eine gewisse Schnittmenge der Präferenzen der beteiligten Akteure. Erodieren diese Voraussetzungen, beeinträchtigt dies auch die Steuerungsleistung des Gesamtsystems.

5.2.4.5 Instrumente

In Bezug auf die Binnenmarktrechtsetzung erbrachte das vierte Energiepaket keine wesentlichen Änderungen an den eingesetzten Instrumenten und dem daraus resultierenden mittleren Verpflichtungsgrad: Das durch die vorhergehenden Richtlinien und Verordnungen eingeführte Regulierungsmodell einschließlich der Netzwerkagentur ACER wurde nur punktuell geändert und durch präzisere Vorgaben in seiner Verbindlichkeit gestärkt. Dies gilt insbesondere mit Blick auf Verbraucherrechte und die Freiheit der Preisbildung. Im Vergleich zu den Vorgängerrechtsakten wird im jüngsten Energiepaket zudem das Element der wissensbasierten Steuerung durch enger verregelte kooperative Regelungsprozesse unter Beteiligung der ENTSOs gestärkt. Einige Bereiche – die Regeln für Kapazitätsmechanismen, die Konfiguration von Gebotszonen und die Einrichtung regionaler Sicherheitskoordinatoren –, die zuvor in die abgeleitete Rechtsetzung ausgelagert waren, werden nun unmittelbar in der Strombinnenmarktverordnung geregelt und eine Beteiligung des ENTSO-E insbesondere bei der Gebotszonenkonfiguration explizit festgeschrieben.

Einen Bruch mit der zuvor festgestellten Tendenz einer Stärkung der machtbasierten supranationalen Kontrolle des nationalstaatlichen Handelns stellt allerdings die Governance-Verordnung dar: Während zuvor die Verbindlichkeit der obersten machtbasierten Ebene in der schon skizzierten dreistufigen Wirkungskette inkrementell erhöht worden war, wird diese Ebene durch die teilweise Umstellung auf eine wissensbasierte Steuerung in Form von Berichten sowie die vergleichsweise schwachen und unpräzise definierten Kontrollmöglichkeiten der Kommission in Bezug auf die nationalen Pläne für die Energie- und Klimapolitik nun geschwächt. Vor allem die Tatsache, dass im Fall einer *ambition gap* anders als von Kommission und Parlament gefordert kein verbindlicher Mechanismus greift, beeinträchtigt – wie bereits im Kapitel zur erneuerbare-Energien-Richtlinie diskutiert – die Funktion der Governance-Verordnung als Klammer für eine kohärente Energiepolitik der Europäischen Union in erheblichem Maße.

5.2.5 Verwaltungsnetzwerke und Foren-Prozesse

Um nach dem Privatisierungs- und Liberalisierungsschub der 1970er bis 1990er Jahre ein Funktionieren der neu entstandenen Marktstrukturen zu gewährleisten, wurden in vielen europäischen Staaten nach nordamerikanischem Vorbild Regulierungsbehörden geschaffen, deren Unabhängigkeit von der nationalen Regierung allerdings variierte. Diese Kompetenzdelegation beruhte dabei auf zwei zentralen Motiven: Erstens trägt die Schaffung unabhängiger Agenturen zur Erwartungssicherheit für Unternehmen und Verbraucher bei, die keine schnellen Veränderungen von Regulierungsmustern infolge parteipolitischer Wechsel befürchten müssen. Zweitens können aber auch politische Akteure durch die Delegation möglicherweise unpopulärer Entscheidungen an Regulierungsagenturen vermeiden, selbst politischen Schaden zu nehmen. Eine ähnliche Interessenlage trug nach der Verabschiedung der ersten Energiebinnenmarktrichtlinien dazu bei, auch den Aufbau gemeinsamer regulatorischer Kompetenzen voranzutreiben, wobei sich in diesem Fall ein erhoffter Effizienzgewinn durch die Harmonisierung von Regulierungsstrukturen zu obigen Motiven gesellte (Coen u. Thatcher 2008, S. 52). Eine solche regulatorische Kooperation hatte im Kontext der Binnenmarktintegration schon vorher als Katalysator einer EU-weiten Harmonisierung funktioniert (Egan 2009, S. 163–164).

5.2.5.1 Überblick über Koordinationsplattformen und Entscheidungsprozesse

Die Evolution der Regulierungszusammenarbeit lässt sich etwas vergröbernd als Prozess der schrittweisen Institutionalisierung eines Mehrebenensystems beschreiben, das nach der eingangs eingeführten Heuristik von Marks und Hooghe dem Typ II und damit „neuen“ Governance-Modi zuzurechnen ist: Zunächst wurden Ende der 1990er Jahre weitgehend informelle „Foren“ aus staatlichen und privaten Akteuren gebildet, darauf aufbauend formierten sich Netzwerke staatlicher Regulierungsbehörden, die mit zunehmender Entscheidungskompetenz ausgestattet wurden. Schließlich wurde mit der Verordnung (EG) 713/2009 eine europäische Energieregulierungsagentur (ACER) mit begrenzten zentralisierten Befugnissen gegründet. Die Unterscheidung zwischen den unterschiedlichen Verwaltungsnetzwerken in diesem Politikfeld war – einhergehend mit der flexiblen Netzwerkstruktur – dabei nicht durchgängig trennscharf: So berichteten die Arbeitsgruppen des privat organisierten Rates der europäischen Energieregulierungsbehörden (CEER) gleichzeitig auch der der Kommission zugeordneten Gruppe der europäischen Regulierungsbehörden für Elektrizität und Erdgas (ERGEG). Vor der Schaffung der ACER aus der ERGEG veröffentlichten die beiden Organisationen zudem einen gemeinsamen Jahresbericht (Hustedt et al. 2014, S. 202–203). Zugleich stellt die Regulierungszusammenarbeit im Energiesektor ein interessantes Beispiel für Rückkopplungsprozesse im Mehrebenensystem der Europäischen Union dar: Während die schrittweise Institutionalisierung der

Kooperation als *bottom-up*-Prozess erscheint, bei dem ein Netzwerk aus nationalen Behörden kooperativ an supranationalen Regulierungen mitwirkt, ist die Existenz dieser Regulierungsbehörden das Ergebnis eines *top-down*-Prozesses, nämlich der Binnenmarktrechtssetzung der EU.[49]

Um nach der Verabschiedung der ersten Binnenmarktrichtlinien die Implementation des Binnenmarkts durch Regulierungsmaßnahmen zu beschleunigen, wurden 1998 und 1999 mit dem „Florenz-Forum" für Elektrizität und dem „Madrid-Forum" für Erdgas zwei Plattformen ins Leben gerufen, die dem fachlichen Austausch zwischen Kommission, nationalen Regulierungsbehörden, nationalen Regierungen, Übertragungsnetzbetreibern und Energieversorgungsunternehmen dienen sollten (Buchan 2010, S. 366; Cameron 2007, S. 102). Zu diesem Zweck treffen sich diese Akteursgruppen in der Regel zweimal jährlich, um über – meist rein technische – Vorschläge zu beraten. Ziel dieser Beratungen ist einerseits, das Regulierungshandeln nationaler Behörden zu optimieren und zu harmonisieren, was bis zu einer möglichen vollständigen Harmonisierung des EU-weiten Regulierungsrahmens insbesondere für die angestrebte zunehmende transnationale Vernetzung der Übertragungsinfrastrukturen notwendig ist. Andererseits sucht die Kommission fachliche Beratung bei der Implementation der bestehenden und der Entwicklung künftiger Binnenmarktregeln (Cameron 2007, S. 102–103). Umstritten ist dabei, inwieweit der Rückgriff auf diese Art der „experimentellen" Governance eher funktionalen Notwendigkeiten oder machtpolitischen Erwägungen folgt (Blauberger u. Rittberger 2015; Tarrant u. Kelemen 2017). Die Tatsache, dass die Kommission bei der Netzregulierung mit der Schaffung der ACER ursprünglich eine Regulierungsagentur mit zentralen hierarchischen Durchgriffsmöglichkeiten schaffen wollte und erst auf Druck der Mitgliedstaaten das letztlich realisierte netzwerkartige Modell vorschlug, ist dabei allerdings ein deutliches Indiz für ein Primat machtpolitischer Faktoren.

Darüber hinaus bildeten die Foren-Prozesse die Basis für die Bildung von Verbänden der Übertragungsnetzbetreiber im Elektrizitäts- und Gassektor: 1999 wurde zunächst der Verband Europäischer Übertragungsnetzbetreiber (ETSO) als

[49] Zum juristischen Hintergrund der Entstehung nationaler Regulierungsbehörden im Energiesektor vgl. Cameron 2007, S. 97–98; Heffron 2016, S. 52–53.

Anzumerken ist auch, dass schon die enge Kooperation zwischen CEER und ERGEG eine solche Kombination von *bottom-up*- und *top-down*-Prozessen darstellt: Während die CEER als freiwillige Vereinigung nationaler Regulierungsagenturen fungiert, ist die ERGEG ein durch eine formale Entscheidung ins Leben gerufenes Beratungsorgan der Kommission (Maggetti u. Gilardi 2011, S. 834).

Dachverband regionaler Verbände im Elektrizitätssektor gegründet und im Rahmen des dritten Binnenmarktpakets 2009 in den Verband ENTSO-E mit unmittelbarer Mitgliedschaft von 41 Übertragungsnetzbetreibern überführt (ENTSO-E 2015c; Art. 4 VO 714/2009). Ebenfalls im Rahmen des dritten Binnenmarktpakets wurde mit ENTSO-G auch ein Verband europäischer Fernleitungsbetreiber im Erdgassektor gegründet (Art. 4 VO 715/2009).[50] Die Kooperation der Übertragungsnetzbetreiber führte im Elektrizitätssektor zu signifikanten Integrationsschritten. Insbesondere harmonisierten die Betreiber im Rahmen des ETSO die Regeln für grenzüberschreitenden Handel und errichteten auf Basis der Transparenzanforderungen aus der Elektrizitätsbinnenmarktrichtlinie von 2003 eine gemeinsame Transparenzplattform (Zimmermann u. Talus 2008, S. 16). Ein Teil der Ergebnisse der Kooperation der Übertragungsnetzbetreiber hat dabei Eingang in die abgeleitete Rechtsetzung gefunden (vgl. 5.2.3.).

Aufgrund fehlender gesamteuropäischer Netzinfrastrukturen verfolgte die EU-Kommission ab Anfang der 2000er Jahre im Elektrizitätssektor zudem den Ansatz, die Integration regionaler transnationaler Märkte zwischen Ländern voranzutreiben, deren Infrastrukturen ohnehin stärker verknüpft sind. Präzisiert wurde diese Strategie in einem Arbeitspapier der Kommission Anfang März 2004 (Europäische Kommission 2004c), in dem sie einen zweistufigen Ansatz beschrieb: Zunächst sollten die Staaten einer Region einen marktbasierten Mechanismus für die Vergabe grenzüberschreitender Übertragungskapazitäten und das Engpassmanagement definieren; darauf aufbauend sollten sie eine engere Kooperation, beispielsweise im Rahmen einer gemeinsamen Strombörse, eingehen (Europäische Kommission 2004c, S. 10). Auf Basis dieses Strategiepapiers gründeten Kommission und CEER 2004 sogenannte „Mini-Foren" auf regionaler Ebene, die in Zusammensetzung und Auftrag dem Florenz-Forum entsprachen (Squicciarini et al. 2010, S. 5). Im November 2006 verlieh die Kommission mit dem Beschluss 2006/770/EG dem regionalen Ansatz erstmals eine rechtliche Basis. Darin werden sieben Gruppen von Mitgliedstaaten mit teils überlappenden Zugehörigkeiten umrissen, innerhalb derer jeweils eine harmonisierte Methode für das Engpassmanagement entwickelt werden sollte. Um auch die Zusammenarbeit der Regulierungsagenturen auf den regionalen Ansatz abzustimmen, gründete 2006 auch die ERGEG regionale Initiativen (Squicciarini et al. 2010, S. 8). Dieser Ansatz ist inzwischen fest in der Governance des Elektrizitätsbinnenmarkts verankert, auch wenn die Kommission seit der Verabschiedung des dritten

[50] Insbesondere die Kommission trieb die Formalisierung der Kooperation von Übertragungsnetzbetreibern voran, um den rechtlichen Status der Verhandlungsergebnisse zu klären (Jevnaker 2014, S. 934).

Binnenmarktpakets verstärkt auf eine beschleunigte Zentralisierung der Regulierung hinarbeitet: So erfolgen beispielsweise Kapazitätsberechnung und Sicherung der Netzstabilität im Rahmen von ENTSO-E und die Netzentwicklung diesen regionalen Strukturen. Die rechtliche Basis dafür bilden die Elektrizitätsverordnung 714/2009 sowie abgeleitete Verordnungen, etwa zur Kapazitätsvergabe (VO 2015/1222; VO 2016/1719). Im Gegensatz dazu stützte sich die Kommission bei der Regulierung des Erdgasmarktes von Anfang an stärker auf zentrale Instrumente (Rangoni 2019, S. 71).

5.2.5.2 Beteiligte Akteure

Die *Kommission* verfügt zwar über keine Kompetenzen zur Marktregulierung im engeren Sinne; ihr kommt jedoch in doppelter Hinsicht die Funktion einer übergeordneten Regulierungsinstanz zu. Erstens besitzt die Kommission auf Basis der dritten und vierten Energiebinnenmarktrichtlinien bestimmte Steuerungsmöglichkeiten im Hinblick auf die Kooperation nationaler Energieregulierungsbehörden und die Zusammenarbeit mit der ACER. Zweitens übernimmt die Behörde – vor allem die Generaldirektion Wettbewerb – insgesamt eine Monitoring- und Steuerungsfunktion bei der Entwicklung des Energiebinnenmarkts. In diesem Kontext ist auch zu sehen, dass die Kommission ab Ende der 1990er Jahre gezielt die Entstehung loser Verhandlungsarrangements zwischen nationalen Regulierungsakteuren förderte, um auf alternativem Wege eine regulatorische Harmonisierung zu erreichen (Cameron 2007, S. 99; Eberlein 2008, S. 77). Neben einer Vereinheitlichung von Regulierungsstrukturen war die Kommission vor allem zu Beginn der Binnenmarktintegration auch an der technischen Expertise der in den Netzwerken versammelten Akteure interessiert: Aufgrund der im Vergleich zu den meisten nationalstaatlichen Bürokratien limitierten Ressourcen griff sie insbesondere im Hinblick auf technische Fragen des Netzzugangs auf das Fachwissen von Energieversorgern und Übertragungsnetzbetreibern zurück (Schumann 2003, S. 334).

Die *nationalen Energieregulierungsbehörden* sind überwiegend Produkte der EU-Rechtssetzung zum Energiebinnenmarkt. Grundlegendes Konstruktionsprinzip ist dabei eine organisatorische Trennung vom Handlungsbereich gewählter Politiker. Auch wenn die Daten von Thatcher (2002, S. 958–959) zeigen, dass nur wenige Positionen in den Behörden mit parteipolitisch aktivem Personal besetzt werden, besitzen gewählte Politiker in der Regel erhebliche Spielräume bei der Auswahl der Mitarbeiter und können so zumindest indirekt Einfluss auf die Arbeit der Regulierungsbehörden ausüben. Die Behörden sind damit stets zu einem bestimmten Grad Agenten des jeweiligen Nationalstaats, weshalb sie aufgrund differierender struktureller Zwänge und politisch-ideologischer Prägungen nicht als homogener kollektiver Akteur darstellbar sind. Einen gewissen Harmonisierungsdruck bewirkt dabei die Tatsache, dass den Regulierungsbehörden ein erhebliches Interesse an der Teilnahme an EU-weiten Regulierungsarrangements gemein ist: Wie Maggetti (2014, S. 493) anhand quantitativer Analysen und auf Basis von Interviews mit Teilnehmern konstatiert, wirkt sich die Mitgliedschaft in einem solchen europäischen Netzwerk signifikant positiv auf die eigene Kompetenzausstattung der Regulierungsbehörden aus. Diesen Effekt führt Maggetti darauf zurück, dass die Perspektive einer stärkeren europäischen Integration bei den auf nationale Eigenständigkeit bedachten Regierungen die Bereitschaft erhöht, Regulierungsbefugnisse an nationale anstelle europäischer Agenturen zu delegieren.

Den *Übertragungsnetzbetreibern* kommt eine zentrale Rolle bei der Marktintegration zu, stellen doch der Ausbau der Netzinfrastruktur und der ungehinderte Zugang von Versorgern und Kunden unabdingbare Voraussetzungen für einen freien Handel mit Strom und Gas dar (Nowak 2010). Das Kerninteresse der Übertragungsnetzbetreiber besteht dabei darin, Belastungen in Form von Kapazitätsungleichgewichten zu minimieren, da die Vorbereitung für solche Ungleichgewichte und notwendige stabilisierende Eingriffe den Betreibern Kosten verursachen. Dies gilt insbesondere im Stromsektor. Entsprechend forderten sowohl ENTSO-E als auch einzelne Netzbetreiber bei der Konsultation der Kommission über das künftige Energiemarktdesign im Jahr 2015, die Preise für die Netznutzer künftig flexibel an der jeweils aktuellen Ressourcensituation im Netz auszurichten, um Engpässen durch eine monetäre Steuerung von Angebot und Nachfrage besser vorzubeugen (Amprion 2015, S. 3–4; ENTSO-E 2015b, S. 2–3; National Grid 2015, S. 4; RGI 2015, S. 3). Zugleich ist zu beobachten, dass die Übertragungs- und Fernleitungsnetzbetreiber den Prozess der Marktintegration insgesamt gezielt unterstützen, was wohl vor allem darauf zurückzuführen ist, dass dieser Prozess mit einer Stärkung der Rolle von Übertragungsnetzbetreibern und neuen Ertragsmodellen einhergeht. Die Übertragungsnetzbetreiber sind über Koordinationsplattformen auf EU-Ebene lose vernetzt. Durch das dritte Binnenmarktpaket wurde diese Vernetzung zwar durch die Bildung der ENTSOs stärker formalisiert. Durch die weitgehend gleichgerichteten Präferenzen der Netzbetreiber war die interne Kohäsion dieser Akteursgruppe aber auch zuvor bereits hoch, sodass die institutionelle Reform keine signifikante Verhaltensänderung bewirkte.

5.2.5.3 Inhaltlicher Verlauf der Koordinationsprozesse

5.2.5.3.1 Foren-Prozesse

Bei den Foren in der EU-Energiepolitik handelt es sich um informelle Konsultationsplattformen, die formal keine regulatorischen Kompetenzen besitzen, effektiv aber vor allem in der ersten und zweiten Phase durchaus Einfluss auf die Governance des Energiebinnenmarkts genommen haben (Thatcher u. Coen 2008, S. 813): Die wesentliche Leistung der Foren-Prozesse bestand in der Sammlung und Analyse von Daten aus verschiedenen Regulierungs- und Infrastruktursystemen, die den nationalen Regulierungsbehörden und der Kommission als Basis zur Weiterentwicklung von Regulierungsmustern dienten und damit der Herstellung eines fachlichen Dialogs zwischen regulierenden und regulierten Akteuren (Eberlein 2008, S. 79). Teilnehmer an den Foren sind neben der Kommission, nationalen Behörden und Übertragungsnetzbetreibern auch Energieversorger, Kunden und Energiebörsen. Diese Vernetzung diente als Grundlage für die Schaffung spezifischerer Akteursnetzwerke wie der ETSO, der Union für die Koordinierung des Transports von Elektrizität (UCTE)[51] und des CEER (Jong 2004, S. 15). Der inhaltliche Schwerpunkt in diesen ersten Jahren, die von einer hohen Aktivität der Foren gekennzeichnet waren, lag auf der Regulierung des Netzzugangs, der in dieser Zeit als Schlüssel zur Vollendung des Energiebinnenmarkts galt (Europäische Kommission 2001b, 2002a; Hancher u. del Guayo 2006, S. 243). Auch die Idee der Stärkung regionaler Kooperation im Elektrizitätssektor entstand auf dem Forum in Florenz (Jong 2004, S. 26). Der Großteil der inhaltlichen Arbeit der Foren erfolgte dabei in themenspezifischen gemeinsamen Arbeitsgruppen von Kommission, CEER, Mitgliedstaaten und Netzbetreibern (Europäische Kommission 2001b, S. 1, 2003b, S. 3). Trotz des losen Netzwerkcharakters weist die institutionelle Plattform der Foren eine hohe Stabilität auf: Auch gut 20 Jahre nach der Gründung findet nach wie vor jährlich jeweils ein Treffen statt. Grund dafür dürfte die Einbettung in die Institutionenstruktur der EU sein, die die beteiligten Akteure in verschiedenen Bereichen zur Zusammenarbeit zwingt und damit einen fortgesetzten informellen Austausch begünstigt.

Die konkreten inhaltlichen Beiträge der Foren zur Marktregulierung stammen dabei überwiegend aus den ersten Jahren ihrer Existenz. Auf dem Florenzer Forum im Jahr 2000 einigten sich die Teilnehmer etwa auf Prinzipien für Kompensationszahlungen zwischen Übertragungsnetzbetreibern und für das Engpassmanagement bei grenzüberschreitenden Stromflüssen. Die freiwillige Umsetzung dieser Leitlinien durch die Netzbetreiber blieb zwar deutlich hinter den Erwartungen der Kommission zurück (Jong 2004, S. 28), allerdings nutzte sie die Behörde als wichtigste Basis für ihren Vorschlag für eine Verordnung über Netzzugangsbedingungen für den grenzüberschreitenden Stromhandel (Europäische Kommission

[51] Die UCTE ging aus der schon 1951 geschaffenen Union für die Koordinierung von Produktion und Transport von Elektrizität (UCPTE) hervor (Jong 2004, S. 15) und ging im Zuge des dritten Binnenmarktpakets im ENTSO-E auf.

2001g, S. 14–15), die 2003 in Kraft trat (VO 1228/2003). Jong (2004, S. 33) führt das Missverhältnis zwischen einstimmig verabschiedeten Regeln und der mangelhaften Regeldurchsetzung auf interne Interessensdivergenzen bei den beteiligten Akteuren zurück: Während die neu gegründeten Verbände ETSO und CEER in den Foren ihre Leistungsfähigkeit demonstrieren wollten und die Verabschiedung von Regeln vorantrieben, waren die Netzbetreiber und Regulierungsagenturen, die diese Verbände konstituierten, in unterschiedlichen infrastrukturellen und politischen Umfeldern teilweise nicht willens oder in der Lage, diese Regeln konsistent umzusetzen.

Eine analoge Entwicklung war – mit einigen Jahren Verzögerung – auch im Erdgassektor zu konstatieren: Auf dem Madrider Forum im Februar 2002 einigten sich die Teilnehmer auf Leitlinien für eine gute Praxis für den Zugang Dritter zum Erdgasnetz und nahmen damit im Wesentlichen den Vorschlag einer im Jahr zuvor beauftragten Arbeitsgruppe aus Kommission, CEER und nationalen Regierungen an (Europäischer Wirtschafts- und Sozialausschuss 2002). Auch in diesem Fall konstatierte die Kommission aber in einem Umsetzungsbericht „eine deutlich unzulängliche Einhaltung der Leitlinien" (Europäische Kommission 2003g, S. 3) und integrierte die auf dem Forum erarbeiteten Leitlinien in ihren Vorschlag für eine Netzzugangsverordnung, die 2005 in Kraft trat (VO 1775/2005). In den folgenden Jahren war auf beiden Foren eine Veränderung in der Struktur des *arguing* festzustellen: Wurden in den ersten Jahren in erster Linie Vorschläge diskutiert, die von Arbeitsgruppen im Rahmen der Foren erarbeitet worden waren, konzentriert sich die Diskussion spätestens seit 2005 auf die Implementation der bereits verabschiedeten Binnenmarktregeln und Vorschläge der Kommission für neue Regeln. Damit gleicht die *arguing*-Logik der Foren der konventioneller Konsultationsprozesse in der Frühphase von Rechtssetzungsprozessen nach der Gemeinschaftsmethode.

5.2.5.3.2 Zusammenarbeit der Regulierungsagenturen

Insgesamt scheint die Relevanz der Foren-Prozesse für die Bereitstellung von Informationen für die Regulierung auf EU-Ebene durch die stärkere Institutionalisierung der Zusammenarbeit der Regulierungsagenturen einerseits und der Übertragungsnetzbetreiber andererseits abgenommen zu haben. Diese Annahme wird unter anderem durch eine abnehmende Häufigkeit der Treffen beider Foren gestützt (Europäische Kommission 2018c). Dass insbesondere seit der Gründung von ERGEG der fachliche Input durch nationale Regulierungsbehörden Einfluss auf die EU-Rechtsetzung zum Energiebinnenmarkt hat, ist durch mehrere entsprechende Fälle belegt. Insbesondere die von den nationalen Regulierungsbehörden im Rahmen von ERGEG und CEER Mitte der 2000er Jahre ausgearbeiteten

Leitlinien beeinflussten nicht nur nachweisbar – wenn auch in unterschiedlichem Maße – das Regulierungshandeln der einzelnen Behörden (Europäische Kommission 2007h, S. 11), sondern fanden auch Eingang in die Vorschläge zum dritten Binnenmarktpaket. Dazu gehörten unter anderen die Regeln für den Zugang zu Speicheranlagen in der Erdgasnetznetzverordnung. Diese basierten auf einem Vorschlag von ERGEG, nachdem die auf dem Madrid-Forum beschlossenen nichtverbindlichen Leitlinien aus Sicht der Regulierungsagenturen unzureichend umgesetzt worden waren (Europäische Kommission 2007h, S. 21). 2007 teilten ERGEG und der Ausschuss der Europäischen Wertpapierregulierungsbehörden der Kommission mit, dass sie die Notwendigkeit sahen, auf den neu entstandenen Großhandelsmärkten für Strom und Gas regulatorische Maßnahmen zur Gewährleistung von Transparenz und zum Schutz vor Marktmissbrauch zu gewährleisten. Die Regulierungsagenturen arbeiteten dazu nichtbindende Leitlinien aus, die die Kommission in ihren Vorschlag für eine Transparenzverordnung als Ergänzung zum dritten Binnenmarktpaket einarbeitete (Europäische Kommission 2007b, S. 17, 2010m, S. 5; VO 1227/2011). Eine ähnliche Entstehungslogik weist auch der von der Kommission 2006 über das Komitologie-System erlassene Beschluss 2006/770/EG zum Engpassmanagement bei Interkonnektoren auf, der auf von ERGEG entwickelten Leitlinien basiert (Cameron 2007, S. 109).

5.2.5.3.3 Zusammenarbeit im Rahmen der ACER

Die Kooperationslogik bei der Vernetzung der Regulierungsagenturen änderte sich durch die Etablierung der ACER nicht grundlegend: Nach wie vor stehen die Regulierungsstellen in einem nichthierarchischen, auf fachlicher Argumentation basierenden Austauschverhältnis. Allerdings wurden die Zusammenarbeit durch ACER im Vergleich zu den Vorgängerplattformen stärker verregelt und formalisiert sowie ein neuer Akteur auf EU-Ebene mit eigenen – wenngleich begrenzten – Durchsetzungsbefugnissen geschaffen, dessen Regulierungshandeln auf der weitgehend nichthierarchischen Kooperation nationaler Behörden basiert.[52] Diese Mehrebenen-Koordinationslogik hat sich auch durch die Neufassung der ACER-Verordnung nicht geändert.

Die Regulierungstätigkeit der ACER wird vom Regulierungsrat wahrgenommen, der sich aus „ranghohen Vertretern“ der nationalen Regulierungsbehörden zusammensetzt (Art. 14 VO 713/2009). Der Regulierungsrat tritt grundsätzlich

---

[52] ACER gehört damit zum relativ jungen Typus der „*networked agencies*“ auf EU-Ebene und stellt nach der Analyse von Iborra et al. (2018, S. 280) die weitaus komplexeste dieser Institutionen dar.

etwa einmal pro Monat zusammen und verabschiedet Stellungnahmen, Empfehlungen und Entscheidungen der Agentur, die in der Praxis weitgehend vom Direktor und den Mitarbeitern der Agentur formuliert werden (ACER 2016d, S. 9; Stefan u. Petri 2018, S. 529). Sowohl nichtbindende Stellungnahmen und Empfehlungen als auch die vergleichsweise seltenen bindenden Entscheidungen der Agentur werden dabei im Regulierungsrat mit einer Mehrheit von zwei Dritteln der anwesenden Mitglieder beschlossen (ACER 2016d, S. 11); in der Praxis zeigt sich allerdings, dass die weit überwiegende Mehrheit der Entscheidungen im Konsens erfolgt.

Die Befugnis zur Entscheidung über die Regulierung grenzüberschreitender Infrastrukturen in Fällen des Konflikts zwischen nationalen Regulierungsagenturen kam bisher nicht zur Anwendung. In der Praxis sind vor allem zwei Aufgaben der ACER relevant: Erstens definiert die Agentur mit dem Erlass von Rahmenleitlinien den jeweiligen Ausgangspunkt für die Diskussion über Netzkodizes, die bisher überwiegend letztlich als abgeleitete Rechtsakte kodifiziert wurden. Die von der Kommission angeforderten Rahmenleitlinien werden anschließend mit dem zuständigen ENTSO abgestimmt und bilden die Grundlage für die in Abschnitt 5.2.3.3. behandelten Komitologie-Verfahren (ENTSO-E 2016; Stefan u. Petri 2018, S. 535–536). Zweitens gibt die ACER gegenüber der Kommission, nationalen Regulierungsagenturen oder Netzbetreibern Stellungnahmen zu individuellen regulatorischen Fragen ab. Dass diese Stellungnahmen keinerlei rechtliche Bindungswirkung besitzen, zeigte sich beispielhaft in einer Klage der österreichischen Regulierungsbehörde gegen eine Stellungnahme der ACER im Jahr 2015, die das Gericht der EU mit der Begründung abwies, die Stellungnahme sei nicht justiziabel (EuG, T-671/15).

5.2.5.3.4 Zusammenarbeit der Übertragungsnetzbetreiber

Im Zuge der Bemühungen der Kommission, für die technische Regulierung des Energiebinnenmarkts aufgrund fehlender zentraler Kompetenzen die Vernetzung relevanter Akteure zu forcieren, entstanden Ende der 1990er Jahre aus den Regulierungsforen die Plattformen ETSO (Elektrizität) und GTE (Gas) (Buchan 2010, S. 366). Diese Vernetzung verfolgte außerdem das Ziel, die Übertragungsnetzbetreiber im nationalen Kontext von anderen Teilen integrierter Energieunternehmen abzuheben und damit die Entflechtung voranzutreiben (Eberlein 2016, S. 79). ETSO war dabei stärker als GTE an der Erarbeitung der technischen Rahmenregeln für die Netzregulierung beteiligt (Rangoni 2019, S. 71); entsprechend den Rechtssetzungsvorhaben der Kommission wurden themenspezifische Arbeitsgruppen eingerichtet, die sich auf einheitliche Vorschläge zu technischen Details der Regulierung einigen sollten. Im Zentrum stand dabei bis zur Schaffung der

ENTSOs die Einigung auf einen einheitlichen Mechanismus für Kompensationszahlungen zwischen den entflochtenen Netzbetreibern. Die ursprünglich für 2007 angestrebte Überarbeitung des 2002 eingeführten Provisoriums verzögerte sich allerdings aufgrund tiefgreifender Differenzen zwischen den beteiligten Übertragungsnetzbetreibern (Cornwall 2008, S. 122). Erst im Jahr 2009 konnte unter dem Druck der anstehenden Verabschiedung der novellierten Netzverordnung eine Einigung erzielt werden, die im Folgenden in einer Verordnung der Kommission kodifiziert wurde (VO 838/2010; ETSO 2009).

Mit der Schaffung der ENTSOs auf Basis der Netzverordnungen des Jahres 2009 ist eine deutliche Zunahme der Aktivitäten sowohl im Elektrizitäts- als auch im Gassektor zu verzeichnen. Den Netzwerken kommt eine Schlüsselrolle bei der Ausarbeitung der Netzkodizes[53] in Kooperation mit der ACER sowie bei der Überwachung der Implementation zu. Zu den regelmäßigen Aufgaben der ENTSOs zählt zudem die Erstellung langfristiger Netzentwicklungspläne. Die inhaltliche Arbeit erfolgt dabei überwiegend in fachspezifischen Steuerungsgruppen, die sich aus Vertretern der Übertragungsnetzbetreiber zusammensetzen (ENTSO-E 2019; ENTSO-G 2019). Die internen Abstimmungsprozesse sind dabei für externe Beobachter nicht nachvollziehbar; allerdings deutet die Tatsache, dass die ENTSOs auf Konsultationen der Kommission und Rahmenleitlinien der ACER regelmäßig zügig reagieren, auf ein hohes Maß an interner Kohärenz und funktionale Entscheidungsprozeduren hin. Beide ENTSOs können sich dabei auf die Arbeit eines zentralen Sekretariats und gemeinsame Ressourcen für die Bereitstellung entscheidungsrelevanter Daten stützen (Hirth et al. 2018).

5.2.5.3.5 Regionale Kooperation im Elektrizitätssektor

Aufbauend auf den Vorstoß der Kommission, die Marktliberalisierung in infrastrukturell a priori eng verkoppelte Regionen besonders voranzutreiben, bildete sich eine Reihe formaler und informeller regionaler Initiativen, die durch die Netzverordnungen des dritten Binnenmarktpakets und darauf aufbauende abgeleitete Rechtsakte teilweise rechtlich sanktioniert wurden. Von Bedeutung ist die regionale Zusammenarbeit dabei insbesondere bei der Kapazitätsplanung, dem Day-Ahead- sowie Intraday-Handel an gemeinsamen Strombörsen und der Gewährleistung der Netzstabilität. Zu den am weitesten entwickelten freiwilligen regionalen Plattformen gehört das 2005 gegründete „Pentalaterale Energieforum", das Vertreter von staatlichen Behörden, Übertragungsnetzbetreibern und Strombörsen aus Belgien, Deutschland, Frankreich, Luxemburg, den Niederlanden, Österreich und der Schweiz versammelt (Pentalaterales Energieforum 2007).

[53] Auf den Inhalt der Netzkodizes wurde bereits in Abschnitt 5.2.3. näher eingegangen.

Das Forum trieb bereits in den 2000er Jahren die Schaffung eines einheitlichen Marktes über eine gemeinsame Strombörse voran: 2008 wurde dazu die Börse EPEX Spot in Paris gegründet. Mit Nord Pool Spot besteht eine analoge Einrichtung in Nordeuropa bereits seit 2002 (Palle 2013, S. 7), weitere nationale und transnationale Strombörsen wurden in den folgenden Jahren eingerichtet. Mit der abgeleiteten Verordnung zu Kapazitätsvergabe und Engpassmanagement (2015/1222, CACM-Verordnung) ist die Benennung eines Marktbetreibers zwingend vorgeschrieben. Die in der CACM-Verordnung vorgesehene Marktkopplung[54] stellt dabei einen wesentlichen Fortschritt in der von der Kommission seit der Verabschiedung des dritten Binnenmarktpakets betriebenen Schaffung eines einheitlichen gesamteuropäischen Preisbildungsmechanismus auf Termin- und Sportmärkten dar (Europäische Kommission 2018a, S. 4–5).

Während im Bereich des Stromhandels der regionale Ansatz damit Schritt für Schritt einem gesamteuropäischen Modell weicht, bleibt die regionale Gliederung in den Bereichen Systemstabilität und -reliabilität sowie der langfristigen Kapazitätsplanung vorerst bestehen. Die regionale Zusammenarbeit im Bereich der Systemstabilität wurde dabei von den Übertragungsnetzbetreibern ohne gesetzgeberisches Eingreifen der EU-Institutionen harmonisiert: Im Dezember 2015 unterzeichneten die europäischen Übertragungsnetzbetreiber und ENTSO-E eine Vereinbarung zur Schaffung sogenannter Regionaler Sicherheitskoordinatoren (*Regional Security Coordinators,* RSCs), die in definierten Räumen für die Überwachung der Netzstabilität zuständig sind, ohne dabei selbst über Rechte zum Eingriff in Netze zu verfügen (ENTSO-E 2018b). Dieser einheitlichen Regelung war eine gleichgerichtete Entwicklung in mehreren Regionen vorangegangen: 2008 etablierten jeweils Gruppen von Übertragungsnetzbetreibern TSCNET in Mitteleuropa und Coreso in Nordwesteuropa als Sicherheitskoordinatoren, die in der Folge von weiteren angrenzenden Netzbetreibern beauftragt wurden. 2015 wurde in Südosteuropa mit SCC ein eigener Sicherheitskoordinator gegründet, bevor Anfang 2016 mit dem Inkrafttreten der Vereinbarung auch die Netzbetreiber im Baltikum (Baltic RSC) und in Nordeuropa (Nordic RSC) solche Akteure etablierten und die Arbeitsweise der Koordinatoren harmonisiert wurde (ENTSO-E 2018b; IEA 2014, S. 136–137). Die einhellige Art und Weise dieser Regelung spricht dafür, dass das gleichgerichtete Handeln der Akteure auf

[54] Der Begriff der Marktkopplung beschreibt einen Prozess, mittels dessen die bestehenden Day-Ahead- und Intraday-Teilmärkte für Elektrizität durch Kopplungsanbieter verknüpft und damit einem einheitlichen Preisbildungsmechanismus unterworfen werden sollen. Vorgänger des in der CACM-Verordnung etablierten Modells war die von den Strombörsenbetreibern gegründete freiwillige Initiative zur regionalen Preiskopplung (*price coupling of regions,* PCR) (Europäische Kommission 2018a, S. 4; ENTSO-E 2018a, S. 6).

strukturelle Zwänge – namentlich einen erhöhten Aufwand für die Gewährleistung der Netzstabilität –, verbunden mit der Koordinationsleistung von ENTSO-E, zurückzuführen ist.

Sowohl geographisch als auch in Bezug auf die Koordinationslogik weicht die regionale Gliederung der Kapazitätsberechnung deutlich vom Modell der RSCs ab: Bereits die Stromnetzverordnung 714/2009 definiert sieben geographisch überlappende Planungsregionen, die durch eine besonders starke infrastrukturelle Vernetzung charakterisiert sind und in denen die Übertragungsnetzbetreiber gemeinsame Verfahren zur Kapazitätsberechnung und zum Management von Netzengpässen erarbeiten müssen, um den Betrieb einheitlicher Strommärkte überhaupt zu ermöglichen (ENTSO-E 2015d, S. 3). Auch die Gliederung dieser Regionen wird von der CACM-Verordnung in die Hände der Übertragungsnetzbetreiber gelegt, allerdings mit einem Genehmigungsvorbehalt durch die nationalen Regulierungsbehörden und gegebenenfalls[55] ACER. Dieser Modus der Verhandlung im Schatten der Hierarchie führte zu einer zügigen Neugliederung der Kapazitätsberechnungsregionen durch die Übertragungsnetzbetreiber im Rahmen von ENTSO-E (ENTSO-E 2015a), die allerdings von der ACER 2016 in einem wichtigen Punkt verändert wurde: Statt der von den Netzbetreibern gemeinsam vorgeschlagenen Regionen Mittel-Westeuropa und Mittel-Osteuropa forderte die Agentur die Schaffung einer Kernregion, die 13 Staaten von Frankreich bis Rumänien umfasst (ACER 2016b, S. 3–4). Die Governance der Kernregion, die seit dieser Entscheidung von den Übertragungsnetzbetreibern umgesetzt wird, liegt dabei primär bei der ACER, weil sich die beteiligten nationalen Regulierungsbehörden in den meisten Fällen nicht auf einen einheitlichen Regulierungsrahmen einigen können.

5.2.5.4 Entscheidungsperformanz

Die im Zuge der Binnenmarktliberalisierung geschaffenen losen Koordinationsplattformen waren überwiegend erfolgreich darin, trotz einer hohen Zahl an Teilnehmern in relativ kurzer Zeit auch technisch präzise Regeln zu erarbeiten. Die Entscheidungskosten waren dabei als gering einzuordnen: Die Foren und die Netzwerke der Regulierungsagenturen und Netzbetreiber verfügten über keine oder nur wenig umfangreiche zentrale Strukturen mit eigenem Personal; auch der Personalaufwand der beteiligten Akteure ist als gering einzustufen. Dem

[55] Die Agentur kann nach Art. 9 Abs. 11 VO 2015/1222 einen Beschluss über eine Reihe von Geschäftsbedingungen und Methoden erlassen, sofern die zuständigen Regulierungsbehörden nicht innerhalb einer Frist von sechs Monaten zu einer gemeinsamen Regelung finden oder sie die Agentur um eine Entscheidung bitten.

vergleichsweise problemlosen Output stand aber eine unzureichende Regeleinhaltung gegenüber: Die freiwilligen Regulierungsmuster wurden vor allem von denjenigen Akteuren befolgt, die ohnehin ein Interesse an der Marktintegration hatten. Die für die Erreichung eines einheitlichen Binnenmarktes notwendige Harmonisierung der Rahmenregeln wurde damit nicht erreicht. Das dritte Energiepaket gab der Kommission dann Instrumente, um einen Großteil der erarbeiteten Regeln rechtsverbindlich zu machen und über die ACER die Implementation sicherzustellen.

Schon zu Beginn des Marktintegrationsprozesses erwiesen sich Foren als effektiv, wenn es darum ging, regulatorische Rahmenbedingungen zu erarbeiten, also sektorale Expertise in politische Inhalte zu übersetzen. Gleichwohl scheiterte die Durchsetzung dieser Regeln häufig an Verteilungskonflikten zwischen den Mitgliedstaaten. Die sektoralen Governance-Formen zeigten sich also nicht in der Lage, den Mangel an hierarchischem Durchsetzungsvermögen der Kommission auszugleichen (Eberlein 2008, S. 78–79). Dieser Befund war für die Kommission ein wesentlicher Anlass, beim dritten Binnenmarktpaket eine deutlich stärkere Institutionalisierung der transnationalen Zusammenarbeit im Rahmen der ENTSOs und einer Energieregulierungsagentur vorzuschlagen (Europäische Kommission 2009a, S. 12). Gleichwohl produzierten diese Arrangements eine Reihe von Vorschlägen, die von der Kommission in Legislativvorschläge eingearbeitet wurden und damit Beiträge zur Weiterentwicklung des Sekundärrechts leisteten. Nicht zu unterschätzen ist dabei die Tatsache, dass die Kommission mit wichtiger Expertise zur Energiepolitik versorgt wurde (Hancher u. del Guayo 2006, S. 261). Zudem bildeten die Foren-Prozesse die Basis für eine weitere Institutionalisierung der Regulierungszusammenarbeit in der EU (Eberlein 2008, S. 79).

Einer ähnlichen Logik folgte auch die Vernetzung der Regulierungsagenturen: Die Netzwerke nationaler Behörden bis zur Gründung von ACER erbrachten in den 2000er Jahren eine Reihe vergleichsweise detaillierter Leitlinien für Bereiche, in denen die Marktintegration hinter den Erwartungen der Kommission zurückgeblieben war. Die Einigung auf gemeinsame Leitlinien innerhalb von ERGEG und CEER ging allerdings ebenfalls nicht mit einer gleichmäßigen Umsetzung dieser Leitlinien durch die beteiligten Regulierungsbehörden einher. Die Möglichkeit der ACER, im Fall von Konflikten zwischen nationalen Regulierungsbehörden bei grenzüberschreitenden Regulierungsfragen hierarchisch einzugreifen, trägt hier zu einer Harmonisierung bei, wie das Beispiel der Kapazitätsberechnungsregionen anschaulich zeigt. Darüber hinaus sind gleichwohl kaum Fälle einer supranationalen Intervention bekannt; vielmehr scheint die gewünschte Harmonisierung in den meisten Fällen bereits durch die Zusammenarbeit nationaler Regulierungsbehörden erreicht zu werden.

Die Zusammenarbeit der Übertragungsnetzbetreiber im Rahmen der Regulierungsforen und der daraus hervorgegangenen Netzwerke hatte zunächst fragmentarischen und unsystematischen Charakter. Das Erfordernis EU-weit einheitlicher Regeln verhinderte dabei die flexible Bildung von Koalitionen bei der Umsetzung der ersten Netzkodizes. Entsprechend nahmen die Beratungsprozesse viel Zeit in Anspruch, die dann gefundenen Kompromisse wurden anschließend meist unzureichend implementiert, sofern sie nicht nachträglich formalrechtlich fixiert wurden. Die Schaffung einer gesetzlichen Grundlage für die Kooperation mit den Netzverordnungen 714/2009 und 715/2009 führte zu einer deutlichen Verstetigung der inhaltlichen Arbeit dieser Netzwerke und einer Steigerung des Implementationserfolgs. Dabei ist die Arbeit der ENTSOs eng mit der Tätigkeit der ACER verkoppelt: Die Vorschläge für Netzkodizes müssen sich an Rahmenleitlinien der Agentur orientieren und von den ENTSOs innerhalb eines von ihr vorgegebenen Zeitrahmens ausgearbeitet werden (Art. 6 VO 714/2009; Art. 6 VO 715/2009). Zudem verfügt die Kommission in Abstimmung mit dem jeweils zuständigen Komitologie-Ausschuss explizit über die Möglichkeit, die Netzkodizes – in der vom ENTSO vorgeschlagenen oder veränderter Form – rechtsverbindlich zu machen (Art. 7 Abs. 3 VO 714/2009; Art. 7 Abs. 3 VO 715/2009). Die Vereinheitlichung der Verfahren bei der Gewährleistung der Netzstabilität im Elektrizitätssektor zeigt darüber hinaus, dass die Leistung der Netzwerke nicht auf Bereiche beschränkt ist, in denen die Harmonisierung durch rechtsverbindliche Instrumente vorgegeben ist.

5.2.5.5 Instrumente

Die Netzwerkplattformen, die im Zusammenhang mit der Implementierung der Energiebinnenmarkt-Gesetzgebung der EU ins Leben gerufen wurden, ergänzten zunächst die begrenzten „harten" rechtlichen Implementationsbefugnisse der Kommission nach den Binnenmarktrichtlinien durch *soft law*. Als Steuerungsmedium dient dabei überwiegend Wissen; sofern das Steuerungsmedium Macht zum Einsatz kommt, handelt es sich primär um Leitlinien und Vereinbarungen mit geringer oder keiner effektiven Bindungswirkung: Vor allem am Beispiel der Foren-Prozesse zeigte sich, dass die Regeleinhaltung primär bei denjenigen Akteuren stark ausgeprägt ist, deren Präferenzen sie ohnehin entspricht. Andere Akteure ließen sich durch die beschlossenen Leitlinien und Empfehlungen nicht zu einer Verhaltensänderung bewegen. Mit der Schaffung der ACER und die verpflichtende Beteiligung der Netzbetreiber an europäischen Netzwerken wurden die verbindlichen Elemente der institutionellen Ordnung im Energiesektor zwar gestärkt; der Verhandlungscharakter bleibt vor allem im Bereich der Zusammenarbeit der Regulierungsbehörden aber dominant (Egeberg u. Trondal 2012, S. 107).

Mit Blick auf die Wirkungslogik der Instrumente in den schwach institutionalisierten Netzwerken sind zwei Ebenen zu unterscheiden: Innerhalb der jeweiligen Interaktionskonstellation ist das primäre Steuerungsmedium Wissen. Die beteiligten Regulierungsbehörden und Unternehmen können gegenseitig weder Zwang noch Druck ausüben, sondern können ihr Verhalten wechselseitig nur über die gezielte Weitergabe von Informationen in Bezug auf Regulierungshandeln beeinflussen (Coen u. Thatcher 2008, S. 50). Trotzdem sind auch solche auf die Informationsweitergabe angelegten Netzwerke nicht frei von machtpolitischen Dynamiken. So weisen Maggetti u. Gilardi (2011, S. 833) darauf hin, dass Vertreter großer Mitgliedstaaten in den europäischen Regulierungsnetzwerken durchsetzungsfähiger sind als die kleinerer Staaten. Ist innerhalb der Verwaltungsnetzwerke aber einmal eine Einigung gefunden worden, kann diese von den durch die Binnenmarktgesetzgebung geschaffenen Regulierungsagenturen im Rahmen ihrer Befugnisse auf der nationalen Ebene machtbasiert zuverlässig implementiert werden, wobei sie zur Durchsetzung auf die jeweiligen nationalstaatlichen Rechtssysteme und Zwangsmittel zurückgreifen können.

Entsprechend der Zielsetzung der Vollendung des Energiebinnenmarkts kommt dem regulierten Wettbewerb auch in den Regulierungsnetzwerken eine zentrale Rolle zu. Über die von den Binnenmarktrichtlinien vorgegebenen Bereiche des Netzzugangs und der Entflechtung vertikal integrierter Unternehmen wird dies vor allem in der Einrichtung regionaler Strombörsen augenfällig: Durch die Einrichtung transnationaler Handelsplätze und die damit einhergehende Verknüpfung bestehender Wettbewerbsräume soll eine Intensivierung des Wettbewerbs erreicht werden, der zugleich einer doppelten hierarchischen Kontrolle durch die regionale Koordinationsplattform und das EU-Energiebinnenmarktrecht unterliegt.

5.2.6 Charakter und Effektivität der Marktregulierung in der Europäischen Union

Die theoretisch prognostizierten widerstreitenden Wirkmechanismen eines stark institutionalisierten Zwangsverhandlungssystems werden auch aus den Analyseergebnissen zur Marktregulierung in der EU offensichtlich: Einerseits wurde der Rechtsrahmen für EU-weite Elektrizitäts- und Erdgasmärkte seit Beginn der

1990er-Jahre kontinuierlich weiterentwickelt und durch die Herausbildung eines parallelen Mehrebenensystems der *„agency governance"* aus nationalen Regulierungsbehörden und der EU-Agentur ACER ergänzt. Andererseits bedingen fortgesetzte Verteilungskonflikte zwischen den Mitgliedstaaten und die Protektion jeweils führender nationaler Energieversorger, dass die Liberalisierung und Re-Regulierung der Energiemärkte auch mehr als 30 Jahre nach der Formulierung dieses Ziels durch die Kommission nicht abgeschlossen ist. Ähnlich wie im Politikbereich Klimaschutz und erneuerbare Energien nahmen darüber hinaus die größeren Reformschritte bis zu ihrer Verabschiedung jeweils mehrere Jahre in Anspruch.

Die verpflichtende Gründung nationaler Regulierungsstellen Anfang der Nullerjahre und ihre Vernetzung in der Agentur ACER sowie der im Vergleich zur Klimapolitik stärkere Rückgriff auf netzwerkartige Governance-Formen führte in der Marktregulierung zu einem breiten Akteursfeld, das an den Steuerungsprozessen unmittelbar beteiligt ist. Diese Tatsache ist erstens dem gerade in der technischen Regulierung des Stromsektors virulenten Wissensproblem nationalstaatlicher und supranationaler Akteure geschuldet, das wesentlich für die Gründung der Regulierungsforen aus Netzbetreibern und Regulierungsakteuren sowie die Institutionalisierung der Netzwerke ENTSO-E und ENTSO-G war. Zweitens ist die parallele Governance-Architektur ein Resultat des anfänglichen Missverhältnisses zwischen dem Anspruch EU-weit einheitlicher Marktregeln und dem Fehlen zentralisierter Regulierungskompetenzen für die Implementation dieser Regeln. In Ermangelung solcher „harten" Instrumente setzte die Europäische Kommission ab Ende der 1990er Jahre auf eine vergleichsweise lockere Koordination zwischen den relevanten Stakeholdern auf dem Florenz-Forum und Madrid-Forum, die als freiwillige Verhandlung in strukturierten Feldern zu klassifizieren ist. Diese Foren, deren primärer Steuerungsmodus der Austausch von Wissen ist, stellten aus Sicht der Kommission allerdings lediglich eine Übergangslösung hin zu einer stärker institutionalisierten Architektur dar, die 2009 mit der Gründung der ACER und der rechtsverbindlichen Einrichtung der ENTSOs zumindest partiell erreicht wurde. Zugleich versuchte die Kommission, über ihre wettbewerbsrechtlichen Befugnisse die Marktöffnung und die Entflechtung vertikal integrierter Energieversorgungsunternehmen voranzutreiben. Die theoretisch prognostizierte Wirkung eines „Schattens der Hierarchie" zeigte sich dabei sowohl in den untersuchten Fällen der Rechtssetzung nach der Gemeinschaftsmethode als auch an den Beispielen „experimenteller" Governance nur bedingt: Trotz der Drohung der Kommission mit der Anwendung ihrer Befugnisse nach dem Wettbewerbsrecht gelang es den Mitgliedstaaten, die vorgeschlagenen Entflechtungsbestimmungen bei der Verabschiedung des dritten Binnenmarktpakets deutlich aufzuweichen.

Während die Schaffung des Binnenmarkts sowohl mit Blick auf den Erlass der einschlägigen Rechtsakte als auch auf die Umsetzung derselben durch die Mitgliedstaaten als schwerfällig zu bewerten ist, ist die Performanz der Regulierung des neu geschaffenen Marktes höher: Das seit 2009 institutionalisierte System produziert nicht nur technische Standards zu den wesentlichen Aspekten des Netzbetriebs im Elektrizitäts- und Erdgassektor, sondern überwacht auch zuverlässig deren Umsetzung. Dies ist allerdings nicht nur auf die Eigenschaften des Institutionensystems zurückzuführen, sondern auch auf ein strukturell bedingtes gemeinsames Interesse der beteiligten Akteure an einem Erfolg der Steuerung: Anders als etwa im Bereich Klimaschutz sind beim Betrieb von Energieinfrastrukturen die Folgen von Steuerungsdefiziten sowohl lokal als auch temporal unmittelbar mit diesem verkoppelt, was ein Mindestmaß an Kooperation bei der Regelumsetzung für alle beteiligten Akteure attraktiv macht (Tabelle 5.1).

Tabelle 5.1 Charakter und Effektivität der Marktregulierung in der Europäischen Union

Maßgebliche Akteure	Bundesregierungen, nationale Regulierungsbehörden, supranationale Organisationen, transnationale Verbände, Energieunternehmen
Interaktionstypus	Zwangsverhandlung, freiwillige Verhandlung in strukturierten Feldern
Stabilität des institutionellen Rahmens	Mittel bis hoch
Dauer von Entscheidungsprozessen	Hoch
Steuerungsmedium	Macht, Geld, Wissen
Output-Performanz	Mittel bis hoch
Zuverlässigkeit der Implementation	Mittel bis hoch

5.3 Marktregulierung in Nordamerika

5.3.1 Die Voraussetzungen der Deregulierung und Re-Regulierung seit den 1990er Jahren

Anders als in der Europäischen Union, wo nach Nationalstaaten fragmentierte und stark regulierte Energiemärkte den Ausgangspunkt der Marktregulierung seit Mitte der 1990er Jahre bildeten, war die Liberalisierung der Märkte für Elektrizität und Gas in Nordamerika zu diesem Zeitpunkt zumindest in einzelnen Regionen weit fortgeschritten. Struktureller Ausgangspunkt dieser Entwicklungen ist die Tatsache, dass sowohl Kanada als auch Mexiko Energierohstoffe in erheblicher Menge für den Export bereitstellen können, während die US-Ökonomie trotz der sogenannten Schiefergasrevolution grundsätzlich auf Energieimporte angewiesen ist (Bradley u. Watkins 2003, S. 2; Gattinger u. Aguirre 2016, S. 420; Schneiker 2010, S. 85–87).

Vor allem zwischen den USA und Kanada bestand von Anfang an eine hohe Interdependenz der Energienetze: So lieferten schon die ersten Kraftwerke an den Niagara-Fällen Strom in beide Staaten (Stuart 2007, S. 181). Die großen Industriezentren im Norden der USA werden seit den 1940er Jahren mit Erdöl und Erdgas aus Kanada versorgt (Clarkson 2008, S. 183). Die ausgeprägten Befugnisse substaatlicher Einheiten in der Energiepolitik beförderten dabei in den Regionen mit besonders hoher infrastruktureller Interdependenz an der Ost- und Westküste jeweils die Kooperation zwischen US-Bundesstaaten und kanadischen Provinzen. Zusätzlich angetrieben wurde diese negative Integration der Elektrizitäts- und Gasmärkte zwischen Kanada und den USA durch die seit den 1970er Jahren verbreitete Vorstellung einer überlegenen Effizienz deregulierter Energiemärkte (Hale 2013, S. 500; Morales 2008, S. 178; Plourde 2005, S. 56–64).[56] Zwar zielte in den 1980er Jahren das kanadische National Energy Program (NEP) vorübergehend darauf ab, eine möglichst hohe Unabhängigkeit aller Teilbereiche des kanadischen Energiesektors von den USA zu gewährleisten. Das bilaterale Handelsabkommen zwischen den USA und Kanada (CUSFTA) beseitigte dann aber wesentliche Handelsschranken im Energiesektor zwischen Kanada und den USA: Das Abkommen verbot bereits weitgehend Preisregulierung auch gegenüber staatseigenen Elektrizitätsversorgern, sodass durch das NAFTA keine entscheidenden Veränderungen

[56] Bereits in den 1970er Jahren erfolgte eine weitgehende Deregulierung der Erdölversorgung, bis Mitte der 1980er Jahre wurde zunächst in den USA, dann auch in Kanada die staatliche Kontrolle des Erdgasmarktes deutlich reduziert. Erst ab 1992 wurde dagegen von der US-Regulierungskommission FERC auf eine Entflechtung und Deregulierung im Elektrizitätssektor hingearbeitet (Plourde 2005, S. 71).

in der Governance-Struktur mehr zu konstatieren waren (Clarkson 2008, S. 189; Dukert 2007b, S. 60).

Mexiko willigte demgegenüber im NAFTA lediglich in eine begrenzte Liberalisierung der grenzüberschreitenden Energieströme ein, beharrte aber auf der staatlichen Kontrolle der Energieerzeugung und -versorgung (Morales 2008, S. 171). Die weitreichende Marktliberalisierung im Strom-, Erdgas- und Erdölsektor, die im Jahr 2013 begonnen wurde und das Potenzial zu einer stärkeren Integration Mexikos in einen nordamerikanischen Markt birgt, beruhte demgegenüber auf innenpolitischen Motiven: Die Regierung erhofft sich von ausländischen Investitionen Verbesserungen bei der Versorgungssicherheit, die zuvor unter jahrzehntelanger Unterinvestition gelitten hatte (IEA 2017, S. 9–10). Kritiker sehen in der verstärkten Aktivität insbesondere US-amerikanischer Investoren in Mexiko hingegen einen „neokolonialistischen" Akt zum Nachteil Mexikos, dessen gesamtwirtschaftliche Entwicklung durch das NAFTA eher behindert denn gefördert werde (Béjar 2014, S. 87–88; Zepeda et al. 2009, S. 17–18).

5.3.2 Intergouvernementale Governance im Rahmen des NAFTA

Trotz der zunehmenden Marktintegration präsentieren sich die trilateralen Verhandlungen zwischen den Bundesregierungen Kanadas, der USA und Mexikos überwiegend als freiwillige Verhandlungen in einem institutionell schwach strukturierten Feld: Die von den Institutionen des NAFTA und darin eingebetteter trilateraler Initiativen wie der Energiearbeitsgruppe NAEWG, der *Security and Prosperity Partnership* (SPP) oder dem *North American Leaders Summit* bereitgestellten Foren werden von den Akteuren selektiv genutzt, wobei alle Beteiligten stets über die Möglichkeit des *exit* verfügen. Gemeinsame Entscheidungen bedürfen der Zustimmung aller beteiligten Akteure; eine Möglichkeit, andere Akteure über die Instrumente der ADR-Mechanismen hinaus zur Implementation einer Entscheidung zu veranlassen, existiert nicht. Entsprechend dem Charakter eines schwach strukturierten Feldes ist eine Unterscheidung zwischen den Ebenen *constitutional choice* und *collective choice* oft nicht trennscharf möglich, weil die Foren der Verhandlung für einzelne Entscheidungsprozesse ad hoc generiert oder modifiziert werden, die Ebene der *operational choice* unterliegt in jedem Fall vollständig der Kontrolle des jeweiligen Nationalstaats.

Durch die vielfältigen Ausnahmen für den mexikanischen Energiesektor konnte das Energiekapitel im NAFTA im Wesentlichen als bilaterale Vereinbarung zwischen den USA und Kanada betrachtet werden, eine Fortschreibung der

Regelungen im CUSFTA (Bradley u. Watkins 2003, S. 4). Kern der rechtlich bindenden marktschaffenden Bestimmungen des NAFTA waren dabei das Verbot von Mindest- und Höchstpreisen beim grenzüberschreitenden Handel mit Energie (Art. 603 NAFTA) sowie das Verbot von Exportsteuern auf Erdöl, Erdgas und Elektrizität (Art. 604 NAFTA). Das zum 1. Juli 2020 in Kraft getretene Nachfolgeabkommen USMCA soll demgegenüber zu einer stärkeren Integration des mexikanischen Marktes in einen nordamerikanischen Energiemarkt führen. Die zuvor breit gefassten Ausnahmeregeln wurden auf die Bestimmung reduziert, dass die Erdöl- und Erdgasvorkommen im mexikanischen Hoheitsgebiet im Alleineigentum des Staates Mexiko stehen (Art. 8.1 USMCA). Damit wird die Liberalisierung des mexikanischen Energiesektors völkerrechtlich abgesichert.

Die trilateralen Verhandlungen im Energiesektor zeichneten sich im Analysezeitraum durch vier wesentliche Merkmale aus, die die theoretischen Annahmen über schwach institutionalisierte Governance-Arrangements weitgehend untermauern: ein geringes Maß an Konstanz der Koordinationsprozesse, eine Beschränkung auf Persuasion als wesentliches Mittel der wechselseitigen Beeinflussung, damit einhergehend erhebliche Beharrungskräfte der eigentlich politisch und ökonomisch schwächeren Akteure Kanada und Mexiko sowie ein schwaches Output mit geringer Verbindlichkeit in der Implementation.

Zunächst sticht schon bei einer oberflächlichen Betrachtung der Koordinationsprozesse die Tatsache ins Auge, dass die Interaktionsrate erheblichen Schwankungen unterliegt: Phasen hoher Interaktionsdichte kurz nach Inkrafttreten des NAFTA, Mitte der 2000er Jahre und gegen Ende der Präsidentschaft Barack Obamas wechselten sich mit solchen weitgehender Abwesenheit erkennbarer Koordinationsprozesse ab. Ein Grund für die mangelnde Konstanz ist dabei darin zu suchen, dass durch das NAFTA zwar eine negative Integration im Sinne der Schaffung eines gemeinsamen Marktes erfolgt, daraus aber kein Zwang zur regulatorischen Koordinierung zwischen den beteiligten Staaten resultiert (Díaz-Bautista et al. 2008, S. 75; Morales 2008, S. 42).

Eine erste Wiederbelebung der Versuche, den durch das NAFTA geschaffenen kontinentalen Markt zu regulieren, war die *North American Energy Working Group* (NAEWG), die die fachlichen Voraussetzungen für eine regulatorische Harmonisierung schaffen sollte. Die NAEWG war eine Folge der in der von US-Vizepräsident Dick Cheney 2001 vorgelegten *National Energy Policy* aufgestellten Forderung nach einer stärkeren Institutionalisierung der Steuerung von Investitionen in die transnationale Energieinfrastruktur, mit dem Ziel, die Energieversorgungssicherheit der US-Wirtschaft zu erhöhen. Nach der Schaffung der SPP im Jahr 2005 wurde sie in eine SPP-Arbeitsgruppe überführt und dadurch zumindest in der öffentlichen Wahrnehmung aufgewertet (Clarkson 2008, S. 202;

Morales 2008, S. 173; O'Keefe 2011, S. 103). Die NAEWG war dabei ausschließlich als Konsultationsforum für Experten und Fachpolitiker aus den drei Staaten angelegt: „*...the NAEWG exchanges views and shares information on factors affecting the North American energy sector, including policies and programs, market developments, anticipated demand, and future sources of supply*" (NAEWG 2006, S. 2). Ziel war es damit explizit nicht, einen gemeinsamen rechtsverbindlichen Rahmen für die Governance der Energiemärkte zu schaffen. Die Treffen von hochrangingen Beamten der drei Energieministerien fanden auch nicht nach einem festen Zeitplan, sondern in unregelmäßigen Abständen statt und orientierten sich an gemeinsam definierten Projekten, insbesondere die Vorlage zweier umfassender Berichte über die Situation der Energieversorgung in Nordamerika sowie mehrerer thematisch enger gefasster Berichte zu spezifischen Teilsektoren (NAEWG 2006, S. 89–90). Die beiden 2002 und 2006 vorgelegten umfassenden „*Energy Pictures*" führten zentrale Informationen zu den Bereichen Energieversorgung und -nachfrage, Zustand der Infrastruktur und regulatorische Strukturen in den drei Staaten zusammen. Nach einer Phase vergleichsweise hoher Aktivität fanden nach dem Jahr 2007 keine Treffen der NAEWG mehr statt, auch eine systematische Evaluation möglicher Konsequenzen aus den gemeinsam formulierten Schlussfolgerungen erfolgte nicht. Eine weitergehende Analyse der Interaktionen innerhalb der Arbeitsgruppe ist nicht möglich, weil weder die Inhalte der Verhandlungen noch die genaue Zusammensetzung der Teilnehmer öffentlich wurden – ein Mangel an Transparenz, der vielfach kritisiert wurde (Dukert 2007a, S. 159; Gattinger 2010, S. 152; Gluszek 2014, S. 12). Gleichwohl deuten die offensichtliche Ausrichtung der NAEWG und ihrer Unterausschüsse auf die Identifikation und Analyse von Problemen des Energiemarktes sowie der ostentative Verzicht auf regulatorische Empfehlungen darauf hin, dass die internen Interaktionen stärker durch fachliche Deliberation als durch interessenbasiertes *bargaining* geprägt waren (Dukert 2007a, S. 152).

Nach dem faktischen Ende der SPP und der NAEWG sind zunächst keine weiteren Bemühungen für eine stärkere trilaterale Kooperation im Energiesektor bekannt (Wood 2014, S. 5). Erst im Februar 2014 vereinbarten die Staats- und Regierungschefs der drei nordamerikanischen Staaten auf ihrem Gipfel in Toluca, dass ihre Energieminister bei einem Treffen Bereiche für eine stärkere regulatorische Kooperation in der Energiepolitik identifizieren sollten (Baker u. Malkin 19.02.2014). Aus deren Treffen Ende 2014 ging eine Reihe von Initiativen hervor. Zunächst wurde in einem *Memorandum of Understanding* die Einrichtung einer *North American Cooperation on Energy Information* (NACEI) vereinbart, die im Wesentlichen ähnliche Aufgaben wie die eingestellte NAEWG erfüllen sollte: die Sammlung öffentlich verfügbarer Informationen über Energiehandel und -infrastruktur sowie die Festlegung einer harmonisierten Terminologie für Energiedaten (NACEI 2015). Die NACEI verfügt dabei über keinerlei eigene Ressourcen, etwa ein Sekretariat, sondern wird durch die Zusammenarbeit der relevanten Behörden und Abteilungen aus den drei nordamerikanischen Staaten gebildet. Anfang 2015 wurde darüber hinaus die Einrichtung einer *Working Group on Climate Change and Energy* beschlossen, deren zentrale Aufgabe es sein sollte, einen Arbeitsplan für eine Steigerung der Wettbewerbsfähigkeit und mehr Klimafreundlichkeit im Energiesektor auszuarbeiten (Department of Energy 2015). Als Ergebnis dieser neuen Kooperationsinitiative vereinbarten US-Präsident Barack Obama, der kanadische Premierminister Justin Trudeau und der mexikanische Präsident Enrique Peña Nieto Mitte des Jahres 2016 auf einem Gipfeltreffen in Ottawa einen Aktionsplan für Klimaschutz und saubere Energien (The White House 2016). Seit dem Amtsantritt von US-Präsident Donald Trump Anfang des Jahres 2017 sind die genannten Initiativen jedoch erneut überwiegend inaktiv; das letzte bekannte trilaterale Treffen der Energieminister fand im November 2017 statt (Department of Energy 2017). Eine Ausnahme bildet hier der 2011 von US-Präsident Barack Obama und dem kanadischen Premierminister Stephen Harper ins Leben gerufene bilaterale *Regulatory Cooperation Council,* in dem sich Beamte aus Washington und Ottawa mit Blick auf den Energiesektor auf der Arbeitsebene weiter vergleichsweise eng abstimmen (Interview 9). Generell erweisen sich die überwiegend informellen Beziehungen auf der Arbeitsebene als weit stabiler als die auf politischer Ebene angestoßenen Initiativen: Sofern mit Blick auf die eng vernetzte Infrastruktur Koordinierungsbedarf besteht, können beide Seiten auf über Jahre aufgebaute enge persönliche Kontakte zwischen den jeweils zuständigen Behörden zurückgreifen (Gattinger 2012, S. 463; Hale 2012, S. 311; Interview 9). Entsprechend der wesentlich stärkeren infrastrukturellen Vernetzung zwischen den USA und Kanada bezieht sich diese Feststellung bisher primär auf Interaktionen zwischen den Bundesregierungen der beiden nördlichen Staaten; abzuwarten bleibt, welche Konsequenzen die stärkere Liberalisierung des Handels mit Mexiko auf solche informellen Netzwerkstrukturen haben wird.

Ein zweiter Wesenszug der intergouvernementalen Governance in Nordamerika ist das Fehlen jeglicher verbindlichen Vereinbarungen über die marktschaffende Regulierung im NAFTA hinaus. Alle genannten Ansätze beziehen sich ausschließlich auf eine Steuerung durch Wissen: Die im Rahmen der NAEWG gemeinsam erarbeiteten Berichte waren Synopsen der Expertise aus den Energieministerien und nationalen Regulierungsagenturen, die Berichte vermieden aber explizit die Formulierung konkreter Handlungsempfehlungen. Gleiches gilt für die 2014 vereinbarte NACEI, deren Fokus gegenüber der NAEWG noch einmal reduziert ist: Erstens beinhaltet die Initiative keinen systematischen kommunikativen Austausch zwischen den drei Regierungen, der über die Sammlung von Informationen hinaus Lernprozesse ermöglichen würde. Zweitens sind die im Rahmen der NACEI gesammelten Daten im Vergleich zur NAEWG von deutlich geringerer thematischer Bandbreite: Während die Teilnehmer an der NAEWG etwa auch Informationen zu erwarteten Angebots- und Nachfrageentwicklungen zusammentrugen und analysierten, beschränkt sich die NACEI auf technische Daten.

Trotz der von allen Seiten anerkannten Vorteile eines integrierten nordamerikanischen Energiemarktes für die Versorgungssicherheit und die Wettbewerbsfähigkeit stellt das Fehlen einheitlicher Regulierungsmuster weiterhin ein zentrales Integrationshindernis dar. Mit Blick auf die Ressourcenausstattung der Akteure ist dabei das Paradox zu beobachten, dass die USA ihre Präferenz für eine regulatorische Integration (Nuclear Regulatory Commission 2001, S. 718) – zumindest im Bereich formaler völkerrechtlicher Vereinbarungen – gerade deshalb nicht durchsetzen konnten, weil sie den anderen beiden Staaten im Hinblick auf ihre Ressourcen bei Weitem überlegen sind. Wie in Abschnitt 3.2 erläutert, führt die regionale Hegemonie der Vereinigten Staaten in Kanada und Mexiko zu verbreitetem gesellschaftlichem und politischem Widerstand gegen supranationale Institutionen, der sich in Kanada etwa im National Energy Program der 1980er Jahre manifestierte (Cohen 2007, S. 448; Hale 2013, S. 500; Hufbauer u. Schott 2005, S. 395).

Die Implementierung der Liberalisierungsbestimmungen des NAFTA in Bezug auf den Energiemarkt durch die beteiligten Staaten erfolgte weitgehend zuverlässig, weil sich alle Seiten durch die Umsetzung ökonomischen Nutzen erhofften und ein einseitiger Bruch der Vereinbarungen das Abkommen insgesamt gefährdet hätte: In Bereichen wie Marktzugang, staatlichem Beschaffungswesen und Eigentumsrechten bewirkte das Abkommen eine messbare Disziplinierung der beteiligten Staaten (Morales 2008, S. 69). Die kanadische Regulierungsbehörde war bereits durch das CUSFTA dazu gezwungen, bestehende Preis- und Mengenregulierungen auf Importe und Exporte von Elektrizität und Erdgas zu beseitigen (Díaz-Bautista et al. 2008, S. 75; van den Hoven u. Froschauer 2004, S. 1080–1081). Obwohl der mexikanische Energiesektor vom NAFTA nur am Rande betroffen war, wurden nach Abschluss des Abkommens und begrenzten strukturellen Reformen im Elektrizitätssektor mehrere Interkonnektoren zwischen dem Süden der USA und dem Norden Mexikos neu gebaut, um die infrastrukturelle Basis für eine verstärkte Integration der Elektrizitätsmärkte zu schaffen (T&DWorld 2011). Im Gegensatz dazu führten die Versuche, den durch NAFTA geschaffenen kontinentalen Markt zu regulieren, nicht zu umsetzbaren Bestimmungen.

5.3.3 Governance durch regulatorische Spillover-Effekte

Bei der Regulierung des Energiesektors kommt der US-amerikanischen *Federal Energy Regulatory Commission* (FERC) eine zentrale Rolle zu. Die Agentur wurde 1977 etabliert und genießt im politischen System der USA vergleichsweise umfangreiche Handlungsspielräume, wobei sich ihre regulatorischen Kompetenzen auf Großhandelsmärkte und Übertragungsnetze, nicht aber auf Endverbrauchermärkte erstrecken (Bélanger 2010, S. 34–37). Die Kommission selbst besteht in der Regel aus fünf vom Präsidenten ernannten und vom Senat bestätigten Mitgliedern, die an der Spitze einer Regulierungsbehörde mit rund 1.500 Mitarbeitern stehen (FERC 2019a) und mit Mehrheit entscheiden. Handlungsleitendes Prinzip der Arbeit der Kommission ist dabei das Streben nach möglichst niedrigen Endverbraucherpreisen bei gleichzeitig hoher Versorgungssicherheit. Obwohl die politische Prägung der Kommissare im Zeitverlauf variiert, kann der Kommission seit Anfang der 1980er Jahre insgesamt eine Präferenz für eine möglichst weitgehende Liberalisierung als Strategie zur Erreichung dieser Ziele unterstellt werden (Nillesen u. Pollitt 2019, S. 2; Vany u. Walls 1994, S. 79). Über Jahrzehnte bestand in der FERC eine starke informelle Norm, überparteilich zu agieren und Entscheidungen auf der Basis inhaltlichen *arguings* zu treffen. Diese Norm prägte sich auch in der informellen Konvention aus, freiwerdende Sitze alternierend mit Anhängern der beiden großen Parteien zu besetzen, sowie in der verbindlichen Bestimmung, dass nicht mehr als drei Mitglieder derselben Partei angehören dürfen (FERC 2019a). Im Zuge der allgemeinen parteipolitischen Polarisierung in den USA wurde jedoch auch diese Norm in jüngster Zeit aufgeweicht, die Entscheidungen der Regulierungsagentur sind zunehmend von parteipolitischen Konflikten gekennzeichnet (Grandoni 02.10.2019; Maize 19.09.2019). Neben den Entscheidungen im eigentlichen Kerngremium der FERC sind auch die Entscheidungsvorbereitungsprozesse in der Regulierungsbehörde von pluralistischem *arguing* geprägt: Den Beschlüssen der Kommission geht ein mehrstufiger Konsultationsprozess voraus, in dessen Verlauf der Text der jeweiligen Entscheidung in der Regel erheblich modifiziert wird. Im Zusammenhang mit Regulierungsvorhaben, die Kanada betreffen, tauscht sich die FERC dabei in der Regel auch mit der kanadischen Regulierungsbehörde aus (CER 2004; Interview 9) – vor allem aufgrund des weitgehend informellen Charakters war ein detaillierterer Einblick in Struktur und Umfang dieser Interaktionen nicht möglich.

Nach dem 1992 verabschiedeten *US Energy Act* forcierte die FERC die Entflechtung vertikal integrierter Unternehmen sowohl im Strom- als auch im Gassektor. Schon Mitte der 1980er Jahre hatte die FERC mit mehreren Beschlüssen eine Deregulierung und Liberalisierung des Erdgassektors vorangetrieben (Makholm 2015, S. 111; Stickley 1990, S. 355–360). Diese Schritte führten aufgrund der hohen Abhängigkeit kanadischer Energieversorger vom Exportmarkt USA auch im Nachbarland zu Anpassungen an die Regulierungsmuster der FERC, obgleich sich Kanada ausdrücklich nicht der Autorität der US-Agentur unterworfen und diese ihre Kompetenzen auf die USA beschränkt sieht (Saunders 2004, S. 2). In Mexiko spielte die FERC-Regulierung aufgrund der relativen Abschottung des mexikanischen Energiemarktes einerseits und der monopolistischen Stellung staatlicher Energieunternehmen andererseits zunächst keine Rolle. Zwar setzte die Regierung Peña Nieto ab 2013 eine teilweise Liberalisierung des Energiesektors durch und stärkte dafür die Kompetenzen der Energieregulierungskommission; die quasi-monopolistische Rolle des weiterhin vertikal integrierten Energieversorgers CFE wurde dadurch bisher aber faktisch nicht angetastet (FERC 2018a, S. 7; Ibarra-Yunez 2015, S. 22–24).

Im Untersuchungszeitraum sind mit Blick auf ihre transnationalen Effekte vor allem die Orders 888, 2000 und 1000 für den Elektrizitätssektor sowie die Order 636 für den Erdgassektor von Relevanz. Mit der Order 888 und der begleitenden Order 889 strebte die FERC auf Basis des *US Energy Act* von 1992 eine weitgehende Liberalisierung des Zugangs zu Übertragungsnetzen an (Lanthier 2007, S. 193). Dazu machte die Kommission eine Reihe von Vorgaben zur Entflechtung vertikal integrierter Stromunternehmen. Diese Vorgaben waren eng am Modell eines unabhängigen Übertragungsnetzbetreibers (ISO) orientiert, schrieben dieses aber formal nicht zwingend vor (FERC 1996, S. 6). Erklärtes Ziel der Order 888 war es, die in vielen US-Bundesstaaten bestehenden Monopole staatlicher Energieunternehmen zu brechen und dadurch einen Wettbewerb verschiedener Stromproduzenten zu ermöglichen (Clarkson 2008, S. 190). Aufbauend auf die Formierung mehrerer ISOs versuchte die FERC im Jahr 1999 mit der Order 2000, den Übertragungsnetzbetrieb in insgesamt drei *Regional Transmission Organizations* (RTOs) zu bündeln (FERC 1999, S. 99–100). Der Erfolg dieses Unterfangens war gemischt: Zwar erfüllten die bestehenden ISOs im Zeitverlauf die von der FERC formulierten Anforderungen an einen RTO, die erhoffte geografische Konsolidierung trat aber nur in wenigen Fällen ein (FERC 2019b; Helman et al. 2008, S. 179).

Obwohl das NAFTA in seinem Energiekapitel unter Bezugnahme auf das GATT eigentlich explizit die Anwendung nationaler Regulierungsmuster auf

Produzenten in Drittstaaten ausschließt (Art. 606 NAFTA), sahen sich die kanadischen Stromexporteure in diesem Fall dennoch einem Anpassungsdruck ausgesetzt: Als vertikal integrierte Stromversorgungsunternehmen waren sie zugleich Eigentümer von Übertragungsleitungen auf US-amerikanischem Boden und mussten damit den hoheitlichen Bestimmungen der FERC folgen, die ihre regulatorischen Kompetenzen sehr weit auslegte (Blue 2009, S. 343–344). Binnen relativ kurzer Zeit schlossen sich Anfang der 2000er Jahre die stromexportierenden kanadischen Provinzen – British Columbia, Alberta, Manitoba, Ontario, Quebec und New Brunswick – entweder einem US-ISO an oder etablierten nach den Regeln der FERC einen eigenen unabhängigen Übertragungsnetzbetreiber, um die Anforderungen der FERC zu erfüllen und weiter problemlos Strom in die USA exportieren zu können (Clarkson 2008, S. 190–191; IESO 2019): In Ontario spaltete der *Energy Competition Act* 1998 Ontario Hydro in fünf Teilgesellschaften auf und etablierte Hydro One Inc. als eigenständige Übertragungsnetzgesellschaft. Auch in British Columbia wurde der staatliche Monopolist BC Hydro 2003 aufgespalten und die BC Transmission Corporation als eigenständiger Übertragungsnetzbetreiber geschaffen. Zudem gründete BC Hydro mit Powerex einen formal unabhängigen Stromhändler, der Elektrizität von BC Hydro und anderen Produzenten kauft und in den USA vermarktet (Lanthier 2007, S. 194–195). Auch wenn in beiden Fällen die Regierungen jeweils selbst eine Deregulierungsagenda verfolgten, war die FERC-Regulierung ein wichtiger Motivationsfaktor und darüber hinaus eine häufig angeführte Rechtfertigung in der Öffentlichkeit. Sowohl Manitoba als auch Quebec erhielten ihre jeweiligen integrierten Energieversorger als Gesamtgesellschaften, etablierten aber intern unabhängige Übertragungsnetzabteilungen, um den Anforderungen der FERC zu entsprechen (Cohen 2007, S. 443). Manitoba Hydro gliederte seine Übertragungsnetzsparte 2001 in den Mid-Continent ISO ein, an dem insgesamt 15 US-Bundesstaaten partizipieren. Das Eigentum an den Übertragungsnetzen verbleibt aber bei dem kanadischen Energieversorger (Manitoba Hydro 2018). Dass die Anpassung an die Regulierung der FERC nicht zufällig erfolgte, legen auch formelle Äußerungen der betroffenen kanadischen Energieversorger und Übertragungsnetzbetreiber nahe, die ihr Handeln explizit mit Anforderungen der US-Regulierungsbehörde begründen (BC Hydro 2002, S. 4; Hydro One 2006, S. 3; NB Power 2014).

Einer ähnlichen Logik folgte die Regulierung im Erdgassektor, wenngleich die Deregulierung hier einem stärkeren Einfluss der kanadischen Bundesebene unterlag. Die nationale Regulierungsbehörde NEB[57] lockerte ab 1984 schrittweise

[57] 2019 wurde das *National Energy Board* (NEB) per Gesetz durch den neu geschaffenen *Canadian Energy Regulator* (CER) abgelöst.

die Kontrolle über den Export von Erdgas und schuf damit schon vor Abschluss des US-kanadischen Freihandelsabkommens die Voraussetzungen ein weitgehend freies Marktgeschehen in diesem Sektor (Farrell u. Forshay 1994, S. 390–391; Stickley 1990, S. 336–340). Zentral für den grenzüberschreitenden Handel war die Forderung der FERC nach einem offenen Zugang zu Transportkapazitäten, die sich zunächst in Order 436 und anschließend – nach einer gerichtlichen Zurückweisung bestimmter Passagen – in Order 500 vom 14. August 1987 findet (Stickley 1990, S. 360).

Die endgültige Entflechtung von Transport und Eigentum am transportierten Erdgas erfolgte dann durch Order 636 im Jahr 1992 (MacAvoy 2001, S. 4). Darüber hinaus verpflichtete die FERC mit der Order 636 alle Pipelinebetreiber zur Gewährung diskriminierungsfreien Netzzugangs sowie zu einem Mindestangebot an Dienstleistungen, etwa im Bereich der Gasspeicherung (Joskow 2013, S. 339; Salazar 2007, S. 174). Im Unterschied zu den Elektrizitätsnetzen, die zu einem Großteil unter der Kontrolle der einzelnen Bundesstaaten standen, wurden zu diesem Zeitpunkt bereits mehr als zwei Drittel des in den USA verbrauchten Erdgases über Staatengrenzen hinweg transportiert und unterlagen damit der Jurisdiktion der FERC (Alger u. Toman 1990, S. 264). Das Handeln der FERC beruhte zum einen auf einem legislativen Umsteuern im *US Energy Act,* ergab sich zum anderen aber auch aus einer stetig wachsenden Unzufriedenheit mit der bisherigen Performanz der Gasversorgung: Die Integration von Förderung, Transport und Verkauf von Erdgas hatte zu einer zersplitterten Struktur weitgehend unverbundener Einzelnetze geführt, die wiederum im Fall von Nachfragespitzen in kalten Wintern wiederholt Versorgungsengpässe nach sich gezogen hatte (Finnoff et al. 2004, S. 243–244; Vany u. Walls 1994, S. 78–79). Daraus folgte zwar nicht rechtlich zwingend eine Entflechtung von Pipelinebetrieb und Erdgashandel auch in Kanada. Allerdings mussten die kanadischen Erdgasversorger, allen voran der Marktführer TransCanada, sowohl ihre grenzüberschreitenden Pipelines als auch ihre Leitungsnetze innerhalb der USA von Erdgasförderung und -verkauf trennen, wenn sie weiterhin Gas in die USA verkaufen wollten. In der Konsequenz trennten die meisten kanadischen Gasversorger ihr gesamtes Leitungsnetz von Produktion und Vertrieb ab, womit die von der FERC erlassenen Regeln auch in diesem Fall weitgehende Auswirkungen auf Kanada hatten (Clarkson 2008, S. 186). Die internen Entscheidungsprozesse in den Unternehmen sind zwar nicht mehr nachvollziehbar und wurden nach Kenntnis des Verfassers auch nicht systematisch analysiert. Allerdings ist davon auszugehen, dass Effizienzerwägungen ausschlaggebend dafür waren, dass nicht nur eine geografisch eingeschränkte Entflechtung erfolgte.

Obwohl die FERC nicht über formale hierarchische Regulierungsmacht in Kanada verfügt, nutzt sie damit die Möglichkeit, über die hohe ökonomische Abhängigkeit energiereicher kanadischer Provinzen vom Exportmarkt USA Druck auf staatliche und private Akteure in Kanada auszuüben. Damit erfolgt eine gewisse Harmonisierung der Regulierung durch einseitige Anpassung, weil die FERC in denjenigen Bereichen, in denen sie über effektive hierarchische Regelsetzungsbefugnisse verfügt, die Rahmenbedingungen für einen für die kanadischen Exporteure existenziell wichtigen Markt definiert und für diese ein Beharren auf eigenen Regulierungsmustern ungünstiger wäre als eine Übernahme der FERC-Regeln. Diese Kombination aus Hierarchie und Wettbewerb erlaubt zwar eine kosteneffizientere Koordination, als dies unter Bedingungen der Verhandlung möglich wäre, weil die Regulierungsentscheidungen durch einen vergleichsweise kleinen Akteurskreis getroffen werden. Aufgrund der mangelnden politischen Legitimierung des Regulierungshandelns in Kanada wird dieses Muster allerdings vielfach als imperialistisch kritisiert (Cohen 2007; Saunders 2004).

5.3.4 Governance auf substaatlicher Ebene

5.3.4.1 Governance im atlantischen Nordosten

Die Energiepolitik bildete den eigentlichen Ausgangspunkt der Zusammenarbeit der Gouverneure Neuenglands und der Premierminister der atlantischen Provinzen (NEG-ECP). Wie in Abschnitt 3.2.4 bereits ausgeführt, teilten die beteiligen Akteure ein Interesse an der Steuerung der ohnehin bestehenden Interdependenz und der Nutzung der Ressourcen der jeweils anderen Seite (Rausch 2000, S. 249–250). Die Erdölknappheit der 1970er Jahre bedingte in der Region verstärkte Anstrengungen bei der gemeinsamen Entwicklung regenerativer Energien, für deren Koordination 1975 das *Northeast International Committee on Energy* (NICE) eingerichtet wurde, das seither regelmäßig tagt (CONEG 2015, S. 3). Bereits in den 1980er Jahren handelten die mehrheitlich in Staatsbesitz befindlichen Energieversorgungsunternehmen der Region langfristige wechselseitige Lieferverträge aus: Zwar ist der Nordosten der USA ein Nettoimporteur, im Winter wird jedoch in der Regel mehr Elektrizität nach Kanada exportiert als importiert (EIA 2019). Die starke transnationale infrastrukturelle Vernetzung der Region – allein auf dem Gebiet der NEG-ECP-Staaten gibt es 15 grenzüberschreitende Elektrizitäts- und sechs Erdgasübertragungsleitungen zwischen den USA und Kanada (NACEI 2019) – bedingte im Zuge der Liberalisierungsbestrebungen der FERC einen Bedarf zur regionalen Koordination der Umsetzung der FERC-Anordnungen. Auf US-amerikanischer Seite wurde der *New England*

Power Pool (NEPOOL) als freiwillige Koordinationsplattform der Stromversorger als unabhängiger Netzbetreiber ISO New England institutionalisiert. Auf kanadischer Seite passten die Provinzen ihrer Regulierungsmuster entsprechend an, um weiter Elektrizität in die USA exportieren zu können. Für die wechselseitige Abstimmung dieses Transformationsprozesses wurde innerhalb der NEG-ECP-Plattform eine *Regional Transmission Group* aus Fachbeamten der zuständigen Ministerien und Behörden gebildet (Rausch 2000, S. 263).

Auch nach der regulatorischen Liberalisierung der Elektrizitäts- und Gasmärkte spielt der Themenbereich Energie eine prominente Rolle in den Koordinationsprozessen innerhalb des NEG-ECP-Forums. Die Regierungschefs beschränken sich bei ihren jährlichen Gipfeltreffen dabei darauf, gemeinsame Absichtserklärungen abzugeben und Schwerpunkte für die Arbeit des *Northeast International Committee on Energy* (NICE) festzulegen. Wie im Bereich der Klima- und erneuerbare-Energien-Politik beschränkt sich die Koordinationsleistung dabei jenseits der grundlegenden vertraglichen Vereinbarungen über Energielieferungen auf nichtverbindliche Zieldefinitionen und die Weitergabe von Wissen. Dazu wurden vom Energieausschuss der Plattform regelmäßig themenspezifische Arbeitsgruppen von Fachbeamten aus den beteiligten substaatlichen Regierungen eingesetzt sowie Foren unter Beteiligung von regionalen Regulierungsbehörden und Marktteilnehmern veranstaltet (CAP 2006, 2011b, 2012b, 2014). Diese Arbeitsgruppen tagen dabei nicht in einem bestimmten Rhythmus, sondern treten typischerweise in der Zeit kurz nach ihrer Einrichtung gehäuft zusammen und werden nach der Erarbeitung eines abschließenden Berichts an den Ausschuss nur noch bei Bedarf – oder gar nicht mehr – aktiviert (Interview 10). Der Informationsaustausch erfolgt dabei nicht nur auf der Ebene der Ministerialbeamten, sondern zieht auch systematisch die unabhängigen Energieregulierungsbehörden mit ein. So wurde 2008 ein dauerhaftes Forum für die Zusammenarbeit der für den Lastausgleich im Elektrizitätsnetz zuständigen Stellen eingerichtet – ein Arbeitsbereich, der mit dem Ausbau erneuerbarer Energiequellen an Relevanz gewinnt (CAP 2008a).

Augenfällig ist daneben die zeitweise enge Abstimmung zwischen dem NICE und dem *New England States Committee on Electricity* (NESCOE) gegen Ende der 2000er und in der ersten Hälfte der 2010er Jahre, mit der eine starke Orientierung der NEG-ECP-Arbeit an der Governance in Neuengland einherging: So wurde der Prozess zur Einrichtung eines gemeinsamen Systems zur Steuerung der Beschaffung erneuerbarer Energien in Neuengland über Jahre hinweg eingehend durch das NICE analysiert – mit dem erklärten Ziel, dieses auch in den kanadischen Provinzen anzuwenden (CAP 2012b, 2014). Das System wurde zwar letztlich nicht realisiert, der Vorreitercharakter der Neuengland-Staaten innerhalb der NEG-ECP-Konferenz wurde daran aber ebenso deutlich wie im Fall der

Angleichung der Verifikationsmechanismen für Energie aus erneuerbaren Quellen in den ostkanadischen Provinzen an die Standards des Netzbetreibers NEPOOL oder die Anerkennung der Infrastrukturentwicklung im Erdgassektor durch das NESCOE als beste Praxis (CAP 2013).

Im Wesentlichen bestätigt das Fallbeispiel der NEG-ECP-Konferenz damit auch im Bereich der Energiemarktregulierung die in Hypothese H_9 formulierte Funktionslogik schwach institutionalisierter Verhandlungsarrangements: Die zentrale Leistung der Plattform besteht in der Bereitstellung von Wissen für die daran beteiligten Akteure, auf die Formulierung rechtsverbindlicher Standards wird bewusst verzichtet. Systematische Lernprozesse zwischen den beteiligten Individuen werden dabei durch die vergleichsweise hohe Interaktionsdichte erleichtert. Dass damit die in Hypothese H_{8b} vermutete Instabilität nicht zum Tragen kommt, ist – wie bereits in Abschnitt 4.3. erläutert – wohl primär der starken strukturellen Interdependenz in der Region geschuldet, die eine Beteiligung an gemeinsamen Regelungsprozessen für alle substaatlichen Akteure attraktiv macht.

5.3.4.2 Governance im pazifischen Nordwesten

Ähnlich wie im atlantischen Nordosten genießt auch im pazifischen Nordwesten der Energiesektor aufgrund der starken transnationalen infrastrukturellen Vernetzung einen hohen Stellenwert auf der Agenda der interregionalen Zusammenarbeit. Im Zentrum der Arbeit der *Pacific Northwest Economic Region* (PNWER) steht der Austausch von Informationen zwischen Abgeordneten aus den beteiligten Bundesstaaten, Provinzen und Territorien einerseits und Akteuren des privaten Sektors andererseits, wobei – wie in Abschnitt 3.2.4.2. bemerkt – die vertretenen privaten Akteure einseitig von Energieunternehmen dominiert werden. Auch das in die PNWER eingebettete *Legislative Energy Horizon Institute,* dessen Aufgabe die Vermittlung von Grundkenntnissen über Energiemärkte und -infrastrukturen an Abgeordnete ist, wird primär von Energieversorgungsunternehmen getragen (PNWER 2019b). Ohne die damit zweifellos verbundenen Fragen demokratischer Legitimität weiter diskutieren zu wollen, stellt die PNWER im Vergleich mit anderen transnationalen Governance-Foren damit in doppelter Hinsicht einen Ausnahmefall dar: Erstens sind private Akteure federführend an der transnationalen Koordination beteiligt und zweitens – hier ist die Ausnahmestellung noch ausgeprägter – wird die politische Ebene nicht primär durch die Exekutive, sondern durch Vertreter der Legislative repräsentiert.

Eine verlässliche Bewertung der Aktivitäten der PNWER in den ersten beiden Jahrzehnten seit ihrer Gründung im Jahr 1991 ist ex post aufgrund der eingeschränkten Verfügbarkeit von Dokumenten und des überwiegend informellen Charakters eines Großteils der Interaktionen schwierig. Im Zeitraum seit 2010 bezog sich die Koordination primär auf die Planung von Strom- und Erdgasnetzen und hierbei insbesondere auf Lösungen für die Integration von Solar- und Windstrom ins Elektrizitätsnetz. Darüber hinaus erarbeitete die Arbeitsgruppe für Energie und Umwelt im Jahr 2014 eine Roadmap für energieeffiziente Gebäude, deren Implementation seither regelmäßig Gegenstand der Koordination innerhalb dieser Arbeitsgruppe ist (PNWER 2014a). An der Erarbeitung der Roadmap waren federführend Unternehmen aus der Bau- und Energiebranche aus der gesamten Region beteiligt, die die notwendige Expertise bereitstellten (PNWER 2018). Die Verhandlungsprozesse im Rahmen der PNWER sind damit notwendigerweise von einer *arguing*-Logik geprägt, die bisweilen auch Züge klassischen Lobbyings annehmen kann (Alper 1996): Die Plattform dient der Weitergabe bester Praktiken und der Persuasion einerseits von Unternehmen in der transnationalen Region untereinander, andererseits von privaten an staatliche Akteuren. Dabei besteht fast notwendigerweise eine Informationsasymmetrie zwischen Vertretern des privaten und solchen des öffentlichen Sektors, weil den privaten Akteuren keine Fachbeamten, sondern Abgeordnete mit einem breiten inhaltlichen Aufgabenspektrum gegenüberstehen.

Der lose Verhandlungscharakter der PNWER führt dazu, dass sowohl die Entscheidungsprozesse als auch die Entscheidungen selbst einfach strukturiert sind: Die Interaktionen beschränken sich auf wenige Termine im Jahr; entsprechend sind auch die resultierenden Entscheidungen von geringer Komplexität. So umfasst die Roadmap für energieeffiziente Gebäude – immerhin einer der zentralen Referenzpunkte für die Arbeit der Arbeitsgruppe für Energie und Umwelt – lediglich vier Seiten (PNWER 2014b). Während die Aktivitäten der PNWER eine Vielzahl an zeitlich und thematisch klar abgegrenzten Projekten umfassen, scheint die Plattform nicht für längerfristige Planungsprozesse geeignet zu sein. So wurde eine 2004 bis 2005 angestoßene umfassende Energieplanungsinitiative für die Gesamtregion zwar anfänglich mit großen Ankündigungen verfolgt (PNWER 2005); weder die intendierte technische Plattform zur Zusammenführung der Planungsaktivitäten der einzelnen Staaten und Provinzen noch der angekündigte ständige Planungsausschuss wurden aber letztlich realisiert. Das einzige Beispiel für die inzwischen längerfristige Bearbeitung eines Projektziels im Energiesektor ist die genannte Roadmap für energieeffiziente Gebäude.

In diesem Fall kommt damit – trotz der in der Gesamtschau zu konstatierenden Stabilität des institutionellen Arrangements – der in Hypothese H_{8b} konstatierte negative Einfluss der schwachen Institutionalisierung auf die Performanz der Governance-Plattform zum Tragen. Zwar sollen Strukturen wie das gemeinsame Energieinstitut einer Verstetigung von Lernprozessen und Wissensbeständen bei staatlichen und privaten Akteuren dienen. Eine zentrale Schwierigkeit der öffentlich-privaten Kooperation in der PNWER ist allerdings die starke Position von Vertretern der Legislativen im Vergleich zu den Exekutiven der beteiligten substaatlichen Einheiten. Eine hierarchische Implementation getroffener Absprachen einschließlich der Bereitstellung dafür benötigter Ressourcen ist damit nur über Umwege möglich. Hinzu kommt, dass die Verfügbarkeit von fachkundigem Personal in der Legislative gegenüber der Exekutive per se eingeschränkt ist und seine Verweildauer in höherem Maße politischen Zyklen unterliegt.

5.3.5 Governance durch private Akteure: Die North American Electric Reliability Corporation (NERC)

Im Zuge der ersten Liberalisierungsbestrebungen ab Ende der 1960er Jahre formierte sich in den USA 1968 das *National Electric Reliability Council* (NERC) als freiwilliger Zusammenschluss vertikal integrierter Energieversorger zur Sicherstellung der Stabilität des Elektrizitätsgroßhandelssystems.[58] Dieser freiwillige Ansatz stieß mit der fortschreitenden Entflechtung seit Ende der 1990er Jahre allerdings an seine Grenzen: Um gegenüber neuen Marktakteuren einen Kostenvorteil zu erlangen, reduzierten verbleibende vertikal integrierte Unternehmen ihre Investitionen in die Netzinfrastruktur und verstießen damit gegen die freiwilligen Reliabilitätsstandards der NERC. Zusammen mit dem zunehmenden Koordinierungsaufwand durch die steigende Zahl an Akteuren und die steigende Fluktuation der Einspeisung führte diese Tatsache 2003 im Nordosten der USA und der kanadischen Provinz Ontario zu einem katastrophalen Stromausfall, der zwei Tage lang mehr als 50 Millionen Menschen betraf (IEA 2008, S. 155–156). Als Reaktion darauf wurde im *Energy Policy Act* von 2005 die Zertifizierung einer für die Reliabilität des Stromnetzes zuständigen Organisation (*Electric Reliability Organization,* ERO) durch die FERC vorgeschrieben (Energy Policy Act of 2005, Sec. 1211). Die FERC etablierte daraufhin eine eigene Stelle für diese Aufgabe und die erweiterte Überwachung der Netzreliabilität (FERC 2018b) und definierte ausführliche eigene Anforderungen für die Zertifizierung der ERO (FERC 2006b). Als einziger Bewerber um die Zertifizierung wurde im Folgenden die NERC als ERO benannt, wobei die auf einer breiten Mitgliederbeteiligung basierende Governance-Struktur der NERC trotz Bedenken in Bezug auf die Unabhängigkeit der Regelsetzung weitgehend aufrechterhalten wurde (FERC 2006a, S. 5–12).

[58] 1981 wurde nach dem Beitritt kanadischer Provinzen die Bezeichnung in *North American Electric Reliability Council* geändert; das Akronym NERC wurde beibehalten.

Als Reaktion auf die neu geschaffenen US-Regulierungsstrukturen und mit Blick auf den transnationalen Charakter der NERC etablierte auch die nationale kanadische Regulierungsbehörde NEB die Institution eines ERO und übertrug der NERC diese Aufgabe (MacArthur 2017, S. 81; NERC 2007). Die im Vergleich zu den USA stärkere Rolle der subnationalen Ebene in der Elektrizitätsregulierung in Kanada machte darüber hinaus Vereinbarungen in Bezug auf die regulatorische Übernahme von Reliabilitätsstandards der NERC mit den einzelnen Provinzen nötig (Carpentier 2013, S. 27) – de jure werden daher für die USA sowie für jede einzelne kanadische Provinz jeweils eigene Reliabilitätsstandards erlassen, die jedoch de facto zum weit überwiegenden Teil kongruent sind.[59] Auch die Nomenklatur der Standards ist in allen Gebieten im Zuständigkeitsbereich der NERC identisch. In Mexiko umfasst der geografische Zuständigkeitsbereich der NERC lediglich ein kleines Gebiet im Norden des Bundesstaats Baja California, das technisch Teil des kalifornischen Elektrizitätsnetzes ist und entsprechend den in Kalifornien geltenden Regulierungsstandards unterliegt (NERC 2019b).

5.3.5.1 Die Institutionenstruktur der NERC

Die NERC agiert als korporativer Akteur, der sich wiederum fast ausschließlich aus privaten Akteuren zusammensetzt. Für die administrative und fachliche Unterstützung beschäftigt die NERC in ihrer Zentrale in Atlanta knapp 200 Mitarbeiter (NERC 2019d, S. 26–37). Die Mitgliedschaft in der Organisation ist freiwillig, durch die Zertifizierung als ERO ist die NERC in der Definition ihrer konstitutionellen Regeln aber nicht mehr unabhängig, sondern unterliegt der Aufsicht der FERC und des NEB. Da die durch die NERC in ihrer Funktion als ERO erarbeiteten Regeln für alle betroffenen Akteure am Elektrizitätsmarkt bindend sind, besteht für Unternehmen zudem ein starker Anreiz, durch Mitgliedschaft in der NERC eine Beteiligung an den regulatorischen Entscheidungen zu erreichen; insgesamt sind rund 1.500 Unternehmen aus dem Elektrizitätssektor in der NERC vertreten (FERC 2007, S. 1; Hilt 2018, S. 3). Die Governance-Struktur der NERC stellt sich als im nordamerikanischen Vergleich recht komplexes Mehrebenensystem dar und ist in der Zertifizierung durch die FERC detailliert enthalten; eine Änderung dieser Struktur durch die Mitglieder ohne Genehmigung durch die Regulierungsbehörde würde entsprechend für die NERC das Risiko beinhalten, den Status als ERO zu verlieren und durch eine andere Organisation ersetzt zu werden. Mitglieder der NERC sind neben Energieversorgern und Netzbetreibern unterschiedlicher Größenordnungen und Energiegroßverbrauchern auch die

[59] Aufgrund technischer Unterschiede erfolgt die Standardsetzung in einigen Bereichen allerdings getrennt nach den regionalen Untergliederungen der NERC.

Regierungen von Bundesstaaten und Provinzen sowie regionale Koordinationsplattformen, die wiederum zum Teil grenzüberschreitend angelegt sind (NERC 2019b):

- Der *Western Electricity Coordinating Council* (WECC) umfasst elf Bundesstaaten im Westen der USA sowie die kanadischen Provinzen British Columbia und Alberta;
- Die *Midwest Reliability Organization* (MRO) agiert in acht Bundesstaaten im mittleren Westen, in Teilen von Texas sowie in den Provinzen Saskatchewan und Manitoba;
- Als einzige regionale Organisation der NERC ist die *Texas Reliability Entity* auf Teilgebiete einer einzigen substaatlichen Einheit beschränkt;
- Der Zuständigkeitsbereich der *SERC Reliability Corporation* erstreckt sich auf 13 Bundesstaaten im Südosten der USA;
- Die Organisation *Reliability First* überwacht die Netzreliabilität in acht US-Bundesstaaten südlich der Großen Seen und in Teilgebieten weiterer Bundesstaaten.
- Das *Northeast Power Coordinating Council* (NPCC) ist für sieben US-Bundesstaaten im Nordosten und die kanadischen Provinzen Ontario, Quebec, New Brunswick und Nova Scotia.

Zwar haben alle Mitglieder der NERC ein gemeinsames Interesse an hoher Netzreliabilität, aufgrund der hohen Diversität an in der NERC vertretenen Teilsektoren ist aber mitnichten von einer Interessenkongruenz in Bezug auf einzelne Regulierungsaspekte auszugehen. Da nahezu alle stimmberechtigten Mitglieder private Unternehmen sind, ist ihnen jeweils ein Interesse daran zu unterstellen, die eigenen Kosten für die Erreichung des Ziels der Netzreliabilität möglichst gering zu halten. Die Entscheidungsstruktur der NERC ist dabei – betrachtet man sie isoliert von der regulatorischen Aufsicht durch die FERC – nicht geeignet, negative Externalitäten innerhalb des Gesamtsektors auszuschließen.

Die NERC verfügt über eine stark formalisierte Entscheidungsstruktur mit mehreren Ausschüssen mit klar definierten Zuständigkeiten, die in einer Satzung festgelegt sind (NERC 2018). An der Spitze der regulatorischen Struktur der NERC steht ein elfköpfiger Treuhänderausschuss (*Board of Trustees*), dessen zentrale Aufgabe es ist, über die von Industrieexperten und den Mitarbeitern der NERC unter Beteiligung der betroffenen Mitglieder ausgearbeiteten Standards für den Elektrizitätsnetzbetrieb zu entscheiden (NERC 2019f, S. 15). Für eine Zustimmung des Treuhänderausschusses ist jeweils eine einfache Mehrheit erforderlich (NERC 2018, S. 11). Die Mitglieder des Treuhänderausschusses verfügen zwar überwiegend über fachliche Erfahrung im Übertragungsnetzbereich, dürfen aber während ihrer Tätigkeit für die NERC nicht für ein von NERC-Regeln betroffenes Unternehmen tätig sein (NERC 2019a). Die erlassenen Standards sind gleichwohl eng an die Präferenzen der NERC-Mitglieder und damit der regulierten Unternehmen im Elektrizitätssektor gekoppelt: Bevor ein Standard zur Abstimmung im Treuhänderausschuss gestellt wird, benötigt er einer Mehrheit unter den abstimmenden Mitgliedern des betroffenen Teilsektors. Alle Mitglieder der NERC sind dazu anhand ihres Tätigkeitsprofils jeweils einem von zehn Teilsektoren zugeordnet (NERC 2011d). Die Entscheidungen auf der *constitutional-choice*-Ebene der NERC trifft ein Mitgliederausschuss (*Member Representatives Committee*), dem jeweils zwei Vertreter von NERC-Mitgliedern aus jedem Teilsektor angehören. Dabei muss der Anteil kanadischer Vertreter dem Anteil der kanadischen Nettostromerzeugung im Bereich der NERC entsprechen. Die Vertreter werden von den Mitgliedern des jeweiligen Teilsektors für eine Amtszeit von zwei Jahren gewählt und besitzen formal keine Möglichkeit zur Beeinflussung der regulatorischen Tätigkeit, sondern entscheiden über die Zusammensetzung des Treuhänderausschusses und über die Satzung der NERC (NERC 2018, S. 14–15). Daneben existiert eine Reihe von Ausschüssen, die – mit Ausnahme der Unterausschüsse des Treuhändergremiums – von den Mitgliedern der NERC durch Wahl besetzt werden und eingegrenzte inhaltliche Zuständigkeiten haben, allen voran der Standard-Ausschuss, der die Erarbeitung von Reliabilitätsstandards überwacht (NERC 2019g).

Für die Erarbeitung der technischen Standards, die im Zentrum der Arbeit der NERC stehen, bestehen detaillierte Verfahrensregeln: Die inhaltliche Ausgestaltung der Regulierung erfolgt durch Experten, die vom Standard-Ausschuss für den jeweiligen Regelsetzungsprozess benannt werden. Diese Standard-Entwicklungsteams bestehen aus Vertretern unterschiedlicher Teilsektoren der NERC und weisen innerhalb der jeweiligen Sachbereiche eine hohe personelle Stabilität auf: Für die Weiterentwicklung eines Standards werden in der Regel dieselben Industrievertreter benannt, die schon zuvor an seiner Ausarbeitung beteiligt waren. Diese Expertenteams tagen während der Erarbeitungsphase etwa einmal pro Monat (NERC 2011a, S. 4). Die Schritte des Erarbeitungsprozesses sind in den Verfahrensregeln der NERC präzise definiert und beinhalten mehrere konsekutive Stakeholder-Konsultationen, deren Abschluss die formale Abstimmung unter den betroffenen Mitgliedern bildet (NERC 2019f, S. 12) – eine Kontrolle durch die Vertreter anderer Teilsektoren innerhalb der NERC erfolgt damit nicht.

Bei der Standardsetzung in Nordamerika steht stärker als in Europa die Resilienz des Elektrizitätsnetzes gegen Naturkatastrophen sowie militärische oder terroristische Angriffe im Mittelpunkt. Neben dem Lastausgleich, technischen

Standards für die Infrastruktur und Frequenzstandards für Verbindungen zwischen Übertragungsnetzen stehen daher der Schutz kritischer Infrastrukturen und die Reaktion auf Notfallereignisse im Zentrum der regulatorischen Aktivität der NERC (NERC 2019c). Die NERC befindet sich dabei seit ihrer Benennung als ERO in einer protrahierten Auseinandersetzung mit der FERC darüber, wie streng die Reliabilitätsstandards sein müssen, insbesondere im Hinblick darauf, welche Sicherheitsreserven im Netz vorgehalten werden müssen und wie umfangreich die Vorsorge für externe Ereignisse wie Naturkatastrophen zu sein hat (Moot 2010, S. 318–319; Schneider u. Trotta 2018, S. 360–363). Schon bei der Prüfung der ersten von der NERC erarbeiteten Standards im Jahr 2007 genehmigte die FERC lediglich 83 von 107 vorgeschlagenen Regeln und forderte für in den übrigen Bereichen Nachbesserungen durch die NERC, die allerdings mit teils großer zeitlicher Verzögerung implementiert wurden (FERC 2007, S. 1).

Wie groß die Entscheidungsfreiheit der NERC bei der Regulierung ist, ist dabei umstritten. Carpentier (2014) argumentiert, dass die NERC durch ihre weitgehenden Freiheiten bei der Zuordnung von Unternehmen zu Teilsektoren über erhebliche Spielräume bei der Implementation der von der FERC und dem kanadischen NEB verlangten Reliabilitätsanforderungen verfügt. Andererseits sprechen der Detailgrad der von der FERC formulierten Anforderungen und die Tatsache, dass die Kommission auch eben diese Sektorenzuordnung zum Kriterium für die Genehmigung von Reliabilitätsstandards macht (Carpentier 2014, S. 29) für eine effektive hierarchische Kontrolle der NERC. Zudem ist eine strikte Kontrolle der verhängten finanziellen Sanktionen durch die FERC zu beobachten: Die Regulierungsbehörde verlangt jeweils eine detaillierte Begründung der Sanktionen und verändert diese auch im Fall einer von der NERC abweichenden Beurteilung des Falles (Grover 2009). Auch daran wird deutlich, dass sich das regulatorische Handeln der NERC stets im Schatten eines möglichen hierarchischen Eingreifens durch die staatliche Regulierungsbehörde bewegt.

5.3.5.2 Entscheidungsprozesse innerhalb der NERC

Mit Blick auf die Entscheidungsprozesse innerhalb der NERC, von denen im Folgenden drei exemplarisch dargestellt werden,[60] wird deutlich, dass diese von einer Kombination aus fachlichem *arguing* und interessenorientiertem *bargaining* geprägt sind: Einerseits wird in den meist langwierigen Diskussions- und Konsultationsprozessen, die der Veröffentlichung eines Standards vorausgehen, nach der

---

[60] Für die US-amerikanischen NERC-Mitglieder gelten gegenwärtig (Stand: Januar 2020) 97 Reliabilitätsstandards aus 14 Sachbereichen – für die Akteure in den jeweiligen kanadischen Provinzen gelten mit geringfügigen Abweichungen identische Standards.

besten fachlichen Lösung für ein alle Beteiligten betreffendes Problem gesucht; andererseits wird aber auch ein Bestreben der beteiligten Unternehmen erkennbar, die Kosten für diese Problemlösung möglichst gering zu halten. Eine ähnliche Logik wird auch in den Interaktionen zwischen NERC und FERC deutlich: Zwar fordert die FERC unter Verweis auf ihre hierarchischen Regulierungsbefugnisse teils mit Nachdruck die Einhaltung ihrer Vorgaben ein, sie zeigt sich bei der Genehmigung von Standards aber auch responsiv gegenüber fachlichen Argumenten vonseiten der NERC oder einzelner Marktakteure.

Bei den untersuchten Entscheidungsprozessen zeigte sich dabei, dass die ersten, jeweils von einer Arbeitsgruppe aus Vertretern betroffener Unternehmen erarbeiteten Entwürfe als Reaktion auf die standardisierten Konsultationsprozesse teils deutlich modifiziert wurden. Unabhängig vom jeweiligen Regulierungsgegenstand weisen die NERC-Standards eine analoge Struktur auf: Sie formulieren einzelne operationalisierbare Anforderungen und definieren für jede dieser Anforderungen ex negativo Schweregrade von wiederum operationalisierbaren Regelverstößen (*Violation Severity Levels*). Seit der Veröffentlichung der ersten bindenden Standards im Jahr 2007 gestaltet sich die Policy-Formulierung in der Praxis dabei als iterativer Prozess: Sofern von der NERC erlassene Standards von der FERC genehmigt werden, fordert diese zumeist Nachbesserungen, die von der NERC in einem neuen Standardsetzungsprojekt adressiert werden und nach in der Regel mehreren Jahren zu einer Neufassung der betreffenden Regel führen. Grundsätzlich zeigt die jeweils zuständige Arbeitsgruppe dabei ein hohes Maß an Responsivität gegenüber den Kommentaren der Stakeholder: Jeder einzelne Kommentar wird bei der Überarbeitung des Entwurfs gewürdigt; in der Mehrzahl der analysierten Fälle erfolgte dabei auch eine Änderung des Entwurfstextes. Für die Analyse ausgewählt wurden Standards aus drei unterschiedlichen Sachbereichen:

a) Abweichungen im Netzbetrieb und Lastausgleich;
b) Kommunikation;
c) Cybersicherheit.

Mit der Fallauswahl wird zum einen die Bandbreite der Regulierungsgegenstände mit unterschiedlichen technologischen Profilen abgebildet. Zum anderen wurden Standardsetzungsprozesse ausgewählt, in denen jeweils mehrmalige Nachforderungen der FERC implementiert werden mussten, um damit die Interaktionsbeziehungen zwischen den beiden Organisationen besser analytisch zu erfassen.

a) Abweichungen im Netzbetrieb
Im Bereich der Messung und Berichterstattung von kritischen Abweichungen im Netzbetrieb zeigt sich dieses Muster etwa beim Standard BAL-001–2: Im Jahr 2010 rief die NERC als Reaktion auf die Forderung der FERC nach präziseren Definitionen als in dem 2007 mit Einschränkungen genehmigten Vorgängerstandard BAL-001–1 ein Projekt zur Überarbeitung des Standards und des eng damit verbundenen Standards BAL 002–1 ins Leben. Ein *drafting team* aus Industrievertretern arbeitete anschließend bis Mitte 2012 einen ersten Entwurfstext aus. Dessen Kernstück ist die Operationalisierung eines *Area Control Error* (ACE), der im Bereich der jeweils zuständigen regionalen Einheit innerhalb definierter Zeiträume innerhalb eines begrenzten Abweichungskorridors liegen muss (FERC 2015b, S. 4). Die in den Konsultationsphasen eingegangenen Kommentare stellen in ihrer überwiegenden Mehrheit eine inhaltliche Auseinandersetzung mit technischen Detailfragen dar; sowohl von Energieversorgern als auch von Netzbetreibern wurde dabei eine zu enge Definition einer problematischen Frequenzabweichung kritisiert, die – wie argumentiert wurde – zu einer Überforderung beim Lastausgleich im Netz führen würde (NERC 2012a). In den späteren Entwurfsversionen wurde die Formel für die Berechnung des ACE den Forderungen entsprechend angepasst; die Zustimmung unter den betroffenen NERC-Mitgliedern stieg im Verlauf der Überarbeitung von knapp zwei Dritteln bei der ersten Abstimmung auf über 90 % bei der Schlussabstimmung (NERC 2013a, 2013b). Die FERC äußerte daraufhin in einem ersten öffentlichen Regelungsvorschlag (*Notice of Proposed Rulemaking*) Bedenken, dass erlaubte Abweichungen vom ACE zu unerwünschten Elektrizitätsflüssen führen könnten (FERC 2015b, S. 12–13). Die in der nachfolgenden Konsultationsphase eingegangenen Kommentare konnten diese Vorbehalte nicht ausräumen, weshalb die FERC in der endgültigen Genehmigung des Standards eine stetige Überwachung solcher *loop flows* sowie eine detaillierte Information über das Ergebnis dieser Überwachung nach zwei Jahren forderte (FERC 2015b, S. 22).

b) Kommunikation
Ein ähnliches Bild zeigt sich auch an der Erarbeitung des Standards COM-001, der Anforderungen an Ressourcen zur interpersonalen Kommunikation definiert, die von Übertragungs- und Verteilungsnetzbetreibern sowie von den Lastausgleichsstellen (*Balancing Authorities*) und Stromerzeugern bereitgehalten werden müssen. Der von der NERC in ihrem ersten Standard-Paket im Jahr 2007 beschlossene Standard COM-001–0 wurde von der FERC unter der Auflage genehmigt, die Regeln neben Übertragungsnetzbetreibern und Koordinierungsstellen auch auf Stromerzeuger und Verteilernetzbetreiber zu beziehen, sowie

zusätzliche Anforderungen für Kommunikationstechnologien in Notfallsituationen und die Überwachung der Regeleinhaltung zu formulieren (FERC 2007, S. 141–142).

Das von der NERC daraufhin angestoßene Projekt zur Überarbeitung des Standards benötigte bis zur Wiedervorlage bei der FERC rund sieben Jahre (FERC 2015a, S. 5). In diesem Zeitraum wurde der Standard in mehreren Schritten erheblich modifiziert. In mehreren aufeinanderfolgenden Konsultationsrunden wurden insbesondere unbillige Belastungen, vor allem für kleinere Marktakteure, und vage Formulierungen in den Anforderungen kritisiert. Zudem wehrten sich die konsultierten Akteure entschieden dagegen, gegebenenfalls interne Kommunikationspraktiken offenlegen zu müssen (NERC 2009c, S. 10, 2010, S. 17). Die Zustimmungsraten in den Abstimmungen zum Abschluss jeder Konsultationsrunde bewegten sich um 50 %. Im Verlauf der Erarbeitung wurden als Reaktion auf die Kommentare an verschiedenen Stellen Anforderungen und Definitionen präzisiert; der Katalog an Einzelanforderungen und entsprechenden Maßnahmen wurde von ursprünglich vier durch Ergänzungen und Segmentierungen in spezifischere Anforderungen auf elf erweitert (NERC 2009c, 2010). Eine wesentliche Abschwächung der Anforderungen erfolgte dabei nicht; vielmehr wurden diese an einigen Stellen – etwa in Bezug auf den Turnus der durchzuführenden Fähigkeitsüberprüfung – gegenüber dem ersten Entwurf unter Verweis auf Forderungen der FERC noch verschärft (NERC 2011c, S. 4–5). In der Schlussabstimmung erhielt der Standard die Stimmen von 75 % der betroffenen NERC-Mitglieder (NERC 2012e).

Nach dem Beschluss durch den NERC-Treuhänderausschuss veröffentlichte die FERC im September einen Regelungsvorschlag, der vorsah, die von der NERC erarbeiteten Regeln nicht nur auf die Betreiber, sondern auch auf die Eigentümer von Stromerzeugungs- und Übertragungsinfrastrukturen anzuwenden. Nachdem in der nachfolgenden Konsultationsphase eine Reihe von Argumenten gegen diese Ausweitung vorgebracht wurde, sah die Kommission in ihrer endgültigen Verordnung davon ab (FERC 2015a, S. 16–21). Anders verhielt sich die FERC mit Blick auf die von ihr ebenfalls beanstandeten mangelnden Anforderungen an interne Kommunikationsfähigkeiten: Obwohl die betroffenen Akteure auf aus ihrer Sicht funktional äquivalente Regelungen verwiesen, verpflichtete die FERC die NERC zu einer entsprechenden Überarbeitung des Standards (FERC 2015a, S. 22–26). Diese beschränkte Änderung wurde von der NERC zügig vorgenommen und von der zuständigen Abteilung der FERC in einem Schreiben, jedoch ohne formale Verordnung gebilligt (FERC 2016b).

c) Cybersicherheit

Eine wesentlich umfangreichere Interaktion zwischen der Regelsetzungstätigkeit der NERC und der Überwachung der FERC zeigt sich in dem für die Netzreliabilität zentralen Bereich des Schutzes kritischer Infrastrukturen: Hier ist wegen regelmäßiger Nachbesserungsforderungen der FERC inzwischen (Stand Januar 2020) die siebte Generation an Standards in Kraft. Das erste Paket an Standards zum Schutz kritischer Infrastrukturen reichte die NERC im August 2006 bei der FERC ein, darunter auch den Standard CIP-003, der Vorgaben für das Sicherheitsmanagement in Cybersystemen beinhaltet. Während die FERC das Paket insgesamt billigte, verpflichtete sie die NERC zu einer Reihe von Nachbesserungen, die bereits im veröffentlichten *Notice of Proposed Rulemaking* formuliert worden waren und im Verlauf der Konsultationsphase nicht ausgeräumt werden konnten. Insbesondere bemängelte die FERC mehrere Bestimmungen, die den betroffenen Unternehmen Spielraum bei der Auslegung der Standards gaben, darunter das Konzept der „vernünftigen unternehmerischen Beurteilung" (*reasonable business judgment*) (FERC 2008, S. 39–40). Außerdem forderte die FERC eine häufigere Zertifizierung der Implementation sowie insbesondere präzisere und umfassendere Leitlinien für die Einhaltung der Cybersicherheitsstandards (FERC 2008, S. 97–98).

Auf diese Vorgaben der FERC reagierte die NERC zunächst mit zwei beschränkten Revisionen, die nur wenige der Forderungen der Regulierungskommission berücksichtigten (NERC 2009a, 2009b).[61] Erst im Jahr 2012 folgte die NERC in der nunmehr vierten Generation der Standards der FERC-Anweisung, die Regeleinhaltung operationalisierbar zu machen, indem sie den einzelnen Anforderungen Sicherheits- und Risikoniveaus zuordnete (NERC 2011b, S. 5–8). Diese vergleichsweise zögerliche Umsetzung der regulatorischen Vorgaben stieß in der FERC offenbar auf erhebliche Unzufriedenheit: Mit der Genehmigung der vierten Generation im Jahr 2012 stellte sie der NERC ein Ultimatum bis zum Ende des ersten Quartals 2013 für die Vorlage der bereits in Arbeit befindlichen fünften Generation. Zudem sollte die NERC bereits in der Zwischenzeit quartalsweise Bericht über den Arbeitsfortschritt erstatten (FERC 2012, S. 2).

Der Entscheidungsprozess innerhalb der NERC zog sich offenbar vor allem deshalb in die Länge, weil unter den beteiligten Akteuren erhebliche fachliche Differenzen, etwa mit Blick auf die Definition elektronischer Systeme mit geringen Auswirkungen auf die Sicherheit des Elektrizitätssystems (*low-impact BES*

[61] Die internen Entscheidungsprozesse bis zur vierten CIP-Generation sind nicht nachvollziehbar, weil entscheidende Dokumente, insbesondere zur Konsultation der betroffenen NERC-Mitglieder nicht mehr zu beschaffen sind.

cyber systems) sowie die notwendigen Sicherheitsvorgaben für diese Klasse von Systemen, bestanden (NERC 2012f, S. 40, 2012 g, S. 32). Protrahierte Diskussionen gab es auch über die Vorgaben für die Benennung eines hochrangigen Beauftragten für die Cybersicherheit in den einzelnen Unternehmen – die entsprechenden Bestimmungen wurden im Verlauf der Beratungen deutlich erweitert und präzisiert (NERC 2012b, S. 11–13, 2012 g, S. 32). Hinzu kamen Auseinandersetzungen über den Verpflichtungscharakter einzelner Bestimmungen, insbesondere in Bezug auf die von den jeweiligen Sicherheitsregeln abgedeckten Bereiche (NERC 2012f, S. 41–42). Während der Standard in dieser Hinsicht im Verlauf der Erarbeitung mehrfach modifiziert und präzisiert wurde, erhielt die mit der Ausarbeitung betraute Arbeitsgruppe die Verpflichtung zur Implementation der Regeln trotz vorgebrachter Bedenken unter Verweis auf die Vorgaben der FERC aufrecht (NERC 2012f, S. 40–41). Nach vier Überarbeitungsrunden erhielt der Standard bei der Schlussabstimmung knapp 93 % der gewichteten Stimmen, nachdem die ersten Entwürfe bei Probeabstimmungen eine einfache Mehrheit noch deutlich verfehlt hatten (NERC 2012c, 2012d). Die FERC genehmigte den Standard im Jahr 2013 mit der Maßgabe, in einer nachgebesserten Version den Nachweis dokumentierter Vorgaben um spezifischere Kriterien für die Umsetzung dieser Vorgaben zu ergänzen – ein Kritikpunkt, den die Regulierungskommission schon in ihrem Regelungsvorschlag formuliert hatte und trotz Gegenargumenten vonseiten der NERC auch in ihrer finalen Genehmigung aufrecht erhielt (FERC 2013, S. 61–63). In den vorhergehenden Standards war diese Formulierung von der FERC dagegen noch nicht beanstandet worden.

Diese von der FERC verlangte Änderung wurde von der zuständigen Arbeitsgruppe der NERC zügig in den Entwurf für den überarbeiteten Standard integriert und im weiteren Entscheidungsprozess für die sechste CIP-Generation nicht mehr infrage gestellt (NERC 2014a, S. 1). Die übrigen Diskussionen innerhalb der NERC bezogen sich auf sekundäre technische Aspekte, insbesondere die Kompatibilität der Bestimmungen in CIP-003 mit den übrigen CIP-Standards (NERC 2014b, S. 6–9). Obwohl in den der FERC zugegangenen Kommentaren eine Mehrzahl der Akteure aus der Elektrizitätswirtschaft den von der NERC erarbeiteten Kriterien bescheinigt, durch physische und elektronische Kontrollen ein adäquates Schutzniveau zu garantieren (FERC 2016a, S. 17), bemängelte die Kommission in ihrer Order 822 im Jahr 2016 fehlende Maßnahmen zur Sicherung gegenüber tragbaren elektronischen Speichermedien in *low-impact*-Systemen. Zudem forderte die FERC eine Verpflichtung zur aktiven Überwachung der entsprechenden Sicherungsmaßnahmen (FERC 2016a, S. 21–22). Verlangt wurde außerdem eine Präzisierung technischer Definitionen. Explizit mit Blick auf die lange Dauer vorheriger Entscheidungsprozesse gab die FERC für die entsprechende Überarbeitung des Standards einen Zeitraum von einem Jahr vor (FERC 2016a, S. 44).

Der Regelsetzungsprozess zur erneuten Überarbeitung der CIP-Standards begann bereits vor dem Inkrafttreten der FERC-Genehmigung. Während über technische Definitionen für dem Umgang mit tragbaren Speichermedien ausführlich diskutiert wurde, scheint die von der FERC angeordnete Aufnahme von Regeln für solche Medien an sich nicht umstritten gewesen zu sein (NERC 2015, S. 13–17). Entsprechend den FERC-Vorgaben reichte die NERC den überarbeiteten Standard im März 2017 zur Genehmigung bei der FERC ein. Diese formulierte in ihrem Regelungsvorschlag Nachbesserungsforderungen in zwei Bereichen: Die NERC sollte präzisere Kriterien für elektronische Zugangskontrollen erarbeiten und spezifische Regeln für elektronische Speichermedien Dritter erlassen (FERC 2018c, S. 9). Mit Blick auf den ersten Aspekt änderte die FERC nach der Konsultationsphase ihren Standpunkt und machte die zunächst geforderten präzisierten Kriterien nicht mehr zur Auflage (FERC 2018c, S. 16–17). In Bezug auf Regeln für externe Speichermedien blieb die Regulierungsbehörde aber bei ihrer ursprünglichen Auffassung und verlangte von der NERC eine entsprechende Neufassung des Standards (FERC 2018c, S. 23–24).

5.3.5.3 Output-Performanz

Bei den Entscheidungsprozessen der NERC handelt es sich zwar de jure um ein freiwilliges Verhandlungsarrangement in einem institutionell stark strukturierten Feld; de facto ist die NERC allerdings als Zwangsverhandlungssystem zu klassifizieren, weil sich die Akteure auch ohne Mitgliedschaft in der NERC deren Standards unterwerfen müssten, eine echte *exit*-Option ist somit nicht gegeben. Die Performanz bei der Erarbeitung von Standards ist dabei als eingeschränkt zu bewerten: Beispielsweise vergingen zwischen der Forderung der NERC nach Nachbesserungen am Reliabilitätsstandard für den Lastausgleich und dem Inkrafttreten des überarbeiteten Standards fast neun Jahre (FERC 2015b, S. 2–4). Rechnet man die Zeit für die Reform der Standardsetzung hinzu, so benötigte das nordamerikanische Regulierungssystem in den meisten Bereichen rund ein Jahrzehnt von der Diagnose gravierender Defizite in der Folge des großen Stromausfalls des Jahres 2003 bis zur Finalisierung von Reliabilitätsstandards, die von der FERC als effektiv bewertet werden. Dieser Befund kann zum einen als Bestätigung der Hypothese H_{5a} gewertet werden, da mitunter die hohe Zahl von Akteuren mit divergenten Interessen eine Einigung erschwerte. Zum anderen ist die lange Dauer der Entscheidungsprozesse in diesem Fall aber auch einem mangelnden Interesse der beteiligten Akteure an einer zügigen Regulierung geschuldet: Wie die Vorgeschichte des großen Stromausfalls zeigt, streben die an der NERC beteiligten Akteure nach möglichst unverbindlichen Regeln, um ihre Kosten zu minimieren. Entsprechend kommt eine Verzögerung strengerer Standards den betroffenen Unternehmen zumindest nicht ungelegen.

Dass es überhaupt zu einer inkrementellen Verschärfung der Reliabilitätsstandards kam, ist auf den von der FERC und den kanadischen Regulierungsbehörden bereitgestellten Schatten der Hierarchie zurückzuführen. Die Analyse der Entscheidungsprozesse konnte schlüssig belegen, dass die Aktivitäten der NERC in den untersuchten Fällen jeweils Reaktionen auf Anordnungen der FERC darstellten – angesichts der Tatsache, dass die Standards nahezu unverändert auch in Kanada angewandt werden, stellt die deutliche Orientierung der NERC an den Vorgaben der US-Regulierungskommission damit einen weiteren Beleg für regulatorische Spillover-Effekte dar. Die Überwachungstätigkeit der staatlichen Regulierungsbehörden beschränkt sich dabei nicht auf die *collective-choice*-Ebene, sondern bezieht auch das Implementationshandeln der NERC ein: Für die Umsetzung der NERC-Standards sind auf der Ebene unterhalb der NERC zunächst die regionalen Untergliederungen und letztlich einzelne Netzbetreiber zuständig, die von der NERC als *Balancing Authorities* anerkannt sind. Die NERC verfügt dazu über die Möglichkeit zur finanziellen Sanktionierung von Verstößen gegen die Reliabilitätsstandards (NERC 2019e, S. 39–40). Auf Druck der FERC wurden die Verfahren zur Festlegung von Sanktionen durch die NERC so modifiziert, dass eine Einflussnahme durch die von der Sanktionierung betroffenen Marktteilnehmer ausgeschlossen ist (Schneider 2016, S. 436). Zwischen dem Inkrafttreten der ersten verbindlichen Standards im Jahr 2007 und dem Jahr 2018 verhängte die NERC in den USA und Kanada finanzielle Sanktionen für die Nichteinhaltung von Standards in Höhe von rund 45 Millionen US-Dollar; die FERC überprüft diese Sanktionen und änderte die Strafe in Einzelfällen (Hilt 2018, S. 3). In diesen Zahlen noch nicht berücksichtigt ist eine Strafe in Höhe von zehn Millionen US-Dollar, die die NERC Anfang 2019 gegen eine Gruppe von Unternehmen wegen Verstößen gegen die Cybersicherheitsstandards verhängte (Montalbano 01.02.2019). Die NERC produziert damit nach der oben eingeführten Systematik *soft law* auf der Basis kooperativer Normsetzung: Die von den Marktakteuren ausgearbeiteten Regeln werden von staatlichen Regulierungsakteuren sanktioniert und damit für alle betroffenen Akteure verbindlich. Als Steuerungsmedium dienen – wie in Hypothese H_6 prognostiziert – negative finanzielle Anreize. Das Outcome der NERC-Regulierung wird in der Literatur trotz der erwähnten inhärenten Hürden für die Entscheidungsfindung vorsichtig positiv bewertet: Alrich (2018, S. 228) konstatiert, dass das regulatorische Handeln der NERC zu einer effektiven Verbesserung der Cybersicherheit des Elektrizitätsnetzes beigetragen habe. Auch mit Blick auf die Zahl der festgestellten Verstöße gegen NERC-Standards ist eine signifikante Verbesserung festzustellen: Wurden im Jahr 2012 noch 459 Verstöße registriert, so reduzierte sich dieser Wert nahezu stetig und lag im Jahr 2017 bei 183 (Hilt 2018, S. 5).

5.3.6 Charakter und Effektivität der Marktregulierung in Nordamerika

In der Gesamtbetrachtung fällt auf, dass mit Ausnahme der grundlegenden marktschaffenden Regelungen des NAFTA keine dauerhafte trilaterale Institutionenbildung in Nordamerika stattgefunden hat; stattdessen beschränkt sich transnationale Governance auf bilaterale Foren, primär zwischen Akteuren aus den USA und Kanada. Mehrere Initiativen für eine stärkere trilaterale Koordination der Problemlösung in diesem Sachbereich versandeten jeweils vergleichsweise kurz nach ihrer Gründung. Auf subnationaler Ebene bildet analog zum Politikfeld Klimaschutz die NEG-ECP-Konferenz eine Ausnahme von der ansonsten weitgehenden Inexistenz transnationaler Regulierungsbestrebungen. Anders als in der Klimaschutzpolitik erzeugen die physischen Eigenschaften der Versorgungsinfrastruktur insbesondere im Elektrizitätssektor allerdings einen unmittelbaren Koordinationsdruck, weil Probleme allen beteiligten Akteuren nahezu in Echtzeit hohe Kosten verursachen können. Diese strukturellen Zwänge bilden einen relativ stabilen Handlungsrahmen, der sowohl in der NEG-ECP-Region als auch übergreifend im Rahmen der privat organisierten NERC die Basis für eine jahrzehntelang stetige Koordination sowie die regulatorische Anpassung der Nachbarstaaten an US-Standards bildete.

Die analysierten Governance-Strukturen unterscheiden sich deutlich sowohl in ihrer institutionellen Anlage als auch in der Reichweite des Regulierungsanspruchs, was sich erkennbar auf das jeweilige Output auswirkt: Während der Energieausschuss der NEG-ECP-Konferenz auf eine lose Koordination auf Basis der vertraglich fixierten wechselseitigen Lieferverpflichtungen ausgerichtet ist, besteht die Funktion der NERC in der Setzung technischer Detailstandards für die Energieinfrastruktur im Schatten der hierarchischen Aufsicht durch die Regulierungsbehörden auf Bundesebene. Entsprechend variiert auch die Dauer von Entscheidungsprozessen erheblich: Die nicht verbindlichen und relativ detailarmen Absichtserklärungen der NEG-ECP-Konferenz werden im Rahmen weniger Treffen auf Fachebene vorbereitet, hingegen benötigen die technischen Standards der NERC trotz der einschlägigen Vorgaben durch die Regulierungsbehörden NEB/CER (Kanada) und FERC (USA) jeweils mehrere Jahre bis zur Finalisierung und durchlaufen dabei ein komplexes mehrstufiges Verfahren. Anders als im

Bereich der Klimaschutzpolitik stützt sich die transnationale Marktregulierung in Nordamerika nicht nur auf wissensbasierte Instrumente, sondern setzt auch hierarchische Macht und Geld zur Steuerung ein: Die staatlichen Vorgaben an die NERC sind etwa mit der latenten Drohung eines verstärkten regulatorischen Eingreifens des Staates verbunden, zudem sind sowohl die Standards der NERC als auch die vertraglichen Verpflichtungen im Rahmen des NAFTA und der substaatlichen NEG-ECP-Konferenz mit Geldstrafen bewehrt. Dieser engere institutionelle Rahmen bedingt eine im Vergleich zum Politikfeld Klimaschutz insgesamt höhere Verlässlichkeit der Implementation, wenngleich auch diese variiert (Tabelle 5.2).

Tabelle 5.2 Charakter und Effektivität der Marktregulierung in Nordamerika

Maßgebliche Akteure	Bundesregierungen, Regulierungsbehörden, substaatliche Regierungen, private Unternehmen
Interaktionstypus	Freiwillige Verhandlung in strukturierten Feldern, Zwangsverhandlung, Hierarchie
Stabilität des institutionellen Rahmens	Mittel bis hoch
Dauer von Entscheidungsprozessen	Variiert
Steuerungsmedium	Macht, Geld, Wissen
Output-Performanz	Mittel bis hoch
Zuverlässigkeit der Implementation	Variiert

Ergebnisse und theoretische Schlussfolgerungen

6

6.1 Ergebnisse der Analyse

6.1.1 Globale Entwicklungen im Analysezeitraum

6.1.1.1 Neue Governance-Modi

Ausgangspunkt der Überlegungen zu einer strukturellen Veränderung staatlicher Steuerung war die Annahme aus der Forschung zu sogenannten *New Modes of Governance*, dass nichthierarchische Interaktionen unter Beteiligung privater oder quasistaatlicher Akteure an Relevanz für Steuerungsleistung im transnationalen Raum gewinnen (H_1). Empirische Erkenntnisse, die diese These eines Veränderungsprozesses stützen, ergaben sich im Analysezeitraum aber nur ansatzweise und nicht auf breiter Basis. Zwar ist vor allem im Bereich der Strom- und Gasnetzregulierung sowohl in Europa als auch in Nordamerika ein erkennbarer und teils zunehmender Einfluss privater Akteure zu verzeichnen (vgl. Abschnitt 6.1.1.2.), die Abstützung auf nichthierarchische, netzwerkartige Strukturen in Mehrebenensystemen, die gemeinhin als konstitutiv für Neue Governance-Modi angesehen wird, unterliegt hingegen Schwankungen. Dieser Befund widerspricht den sich aus der Systemtheorie und der Globalisierungsforschung ergebenden Annahmen einer unidirektionalen Entwicklung und ist insbesondere in der Europäischen Union damit zu erklären, dass lose gekoppelte Strukturen strategisch als Ansatzpunkte für eine Institutionalisierung genutzt und sukzessive durch stärker formalisierte Arrangements abgelöst wurden. Als Hintergrund dieser Aussage ist dabei stets

S. Haas, *Transnationale Klima- und Energie-Governance*, Energiepolitik und Klimaschutz Energy Policy and Climate Protection, https://doi.org/10.1007/978-3-658-35570-8_6

zu beachten, dass sowohl in der EU als auch in Nordamerika die Interaktionen auf der *constitutional-choice*-Ebene als Verhandlungen angelegt und damit nichthierarchisch sind.

Bei den analysierten Arrangements im Politikfeld Klima und erneuerbare Energien in beiden kontinentalen Räumen ist zudem eine Präferenz für das wettbewerbsbasierte Instrument Emissionshandel gegenüber anderen Steuerungsformen zu erkennen. Daneben unterscheidet sich der Modus der Einbindung privater Akteure in diesem Politikbereich überwiegend nicht systematisch von bekannten pluralistischen und korporatistischen Mustern der Beteiligung organisierter Privatinteressen. So nutzt in der EU eine Vielzahl an Interessenverbänden die zur Verfügung stehenden Kanäle der Einflussnahme auf nationale Regierungen, die Europäische Kommission und das Europäische Parlament, um diese – zumeist mittels Persuasion, in einzelnen Fällen aber auch unter expliziter Ausübung von Druck – von ihren jeweiligen Präferenzen zu überzeugen. Die Kommission nutzt dafür ein zunehmend formalisiertes und in Teilen transparentes Instrumentarium an Konsultationsmechanismen, was klassisches Lobbying außerhalb dieser formalen Kanäle aber nicht ausschließt, wie in den analysierten Politikbereichen etwa das Beispiel der Aussetzung des Emissionshandels für den Luftverkehr zeigt. Im Parlament ist Lobbying im Vorfeld von Entscheidungen in Ausschüssen oder in Plenum der primäre Modus der Einflussnahme. Diese Aktivitäten sind zwar weniger transparent; die in der Studie dokumentierten Fälle deuten aber darauf hin, dass davon ausgegangen werden kann, dass die schlagkräftigeren Verbände der von einer Entscheidung betroffenen Sektoren jeweils auf jeden einzelnen beteiligten Abgeordneten einzuwirken versuchen. Hinzu kommt die Bündelung von Arbeitnehmer- und Arbeitgeberinteressen im Wirtschafts- und Sozialausschuss. Ähnliche Strukturen zeigte auch die Analyse von Governance-Plattformen in Nordamerika, etwa bei der Konsultation von Unternehmen und Verbänden durch die NEG-ECP-Konferenz und die WCI oder im Fall beratender Ausschüsse wie dem *Joint Public Advisory Committee* der CEC. Im Falle der EU war im Analysezeitraum dabei höchstens eine Weiterentwicklung der Beteiligungsinstrumente im Sinne einer Transparenzsteigerung festzustellen. So ist das gemeinsame Transparenz-Register von Kommission und Parlament darauf angelegt, die mit den beiden Organen in Kontakt tretenden Interessenorganisationen offenzulegen. Zudem wird verstärkt auf die öffentliche Verfügbarkeit von in Konsultationsprozessen getroffenen Äußerungen geachtet. Eine Qualifizierung als „Neue“ Art der Governance lässt diese Veränderung sekundärer Elemente aber nicht zu. Der einzige dokumentierte Anwendungsfall „Neuer“ Governance-Modi im Bereich Klima und erneuerbare Energien in der Europäischen Union ist die Zertifizierung nachhaltiger Biokraftstoffe durch Netzwerke privater Akteure.

Primäres Steuerungsmedium ist in diesem Fall Wissen, das von privaten Forschungsinstitutionen und Verbänden für den hoheitlichen Akt der Zertifizierung bereitgestellt wird.

Einen abweichenden Befund ergab die Analyse im Bereich der Markt- und Infrastrukturregulierung in beiden untersuchten kontinentalen Räumen: Der durch die Prozesse der Marktliberalisierung induzierte steigende Regulierungsbedarf konnte in Ermangelung ausreichender Informationen offenbar nicht von staatlichen oder quasi-staatlichen Akteuren gedeckt werden. Im Ergebnis wurde die Aufgabe der Netzregulierung im Elektrizitäts- und in der EU auch im Erdgassektor zunächst Netzwerken privater Akteure übertragen, die anschließend aber in beiden Räumen rechtlich zunehmend formalisiert wurden. Der in den Anfangsjahren der NERC und im Rahmen der Foren-Prozesse in der EU praktizierte Ansatz entspricht nahezu dem theoretischen Idealtypus der *New Modes of Governance*: Aufgrund der von bestehenden hierarchischen Strukturen nicht mehr zu bearbeitenden Komplexität des Regulierungsgegenstandes erfolgt die Steuerung primär wissensbasiert und in organisatorisch nicht klar umrissenen, netzwerkartigen Strukturen. Sowohl in Nordamerika als auch in der EU war dieser Zustand aber nicht von Dauer: Während in den USA und Kanada die hierarchische Kontrolle der NERC durch die FERC als Konsequenz aus dem Stromausfall des Jahres 2003 deutlich intensiviert wurde, waren die Foren-Prozesse in der EU von der Kommission a priori als Vehikel für die Schaffung eines stärker institutionalisierten Regelungsrahmens angelegt. Auch die 2009 formalisierten Netzwerke der Übertragungsnetzbetreiber regulieren sich nicht selbst, sondern stellen gemeinsam mit der Agentur für die Zusammenarbeit der Energieregulierungsbehörden das notwendige Wissen für die über das Ausschusssystem der Kommission verbindlich erlassenen Netzkodizes bereit.

6.1.1.2 Relevanz nichtstaatlicher Akteure

Aus der übergreifenden Hypothese einer zunehmenden Relevanz „Neuer“ Governance-Modi ergab sich logisch die Annahme eines Bedeutungszuwachses nichtstaatlicher und quasi-staatlicher Akteure für die Governance (H_2). Die Frage nach einer Einflusszunahme nichtstaatlicher Akteure ist differenziert zu beantworten: Zwar erbrachte die Studie keine Belege für eine generelle Zunahme der Kontrolle über die Steuerungsmedien Macht und Geld durch nichtstaatliche Akteure. Zugleich ist aber – wie oben bemerkt – insbesondere im Bereich der Marktregulierung sowohl in der EU als auch in Nordamerika eine verstärkte Übertragung regulatorischer Kompetenzen auf private Organisationen zu konstatieren. Im Zuge der Marktliberalisierung war auf beiden Seiten des Atlantiks tatsächlich ein wachsender institutioneller Einfluss privater Akteure zu beobachten, wobei dieser Prozess in Nordamerika wesentlich früher einsetzte als in der EU und zu Beginn des Analysezeitraums weitgehend abgeschlossen war. Dieser Einfluss zeigt sich in Nordamerika grundsätzlich in den alternativen Streitbeilegungsverfahren des NAFTA, wenngleich diesem Aspekt im behandelten Politikfeld bislang keine Bedeutung zukommt.

In dieser Studie nachgewiesen wurde hingegen das faktische Veto-, zumindest aber Verzögerungspotenzial der NERC gegenüber den Weisungen der FERC. In der EU war eine derart langfristige Weigerung der Implementation regulatorischer Vorgaben nicht zu beobachten, was wohl primär auf den stringenteren institutionellen Rahmen für die Arbeit der ENTSOs zurückzuführen ist. Wenngleich sich der Modus der Steuerung im Verlauf der Integration von rein wissensbasierten Instrumenten in Richtung formalisierter hierarchischer Modi verschob, bleibt die fachliche Beteiligung von Netzbetreibern im Elektrizitäts- und Gassektor ein wichtiger Pfeiler insbesondere der Netzregulierung. Mit der Formalisierung der Netzwerke der Netzbetreiber, ENTSO-E und ENTSO-G, ging auch eine Stärkung der Einflusspotenziale dieser Akteure in der Marktregulierung einher: Fungierten die vergleichsweise schwach institutionalisierten „Foren" Anfang der 2000er Jahre neben ihrer Rolle als Katalysatoren der Selbstregulierung vor allem als Berater der EU-Kommission, so sind die ENTSOs seit dem dritten, noch stärker aber seit dem vierten Binnenmarktpaket über Verfahren der kooperativen Normsetzung direkt an der Netzregulierung beteiligt.

Einen Sonderfall bildet in der EU die Relevanz quasi-staatlicher Akteure, die in Nordamerika keine Entsprechung findet. Aus der schrittweisen Integration ergab sich eine Stärkung der Kommission und des Parlaments als supranationale Akteure, die sich auch im analysierten Politikfeld niederschlug. In Bezug auf die Kommission war dabei im Analysezeitraum keine gravierende Verschiebung von Machtpotenzialen festzustellen. Wie diskutiert, ist vielmehr eine graduelle Verlagerung von Einflusspotenzialen zurück zu nationalstaatlichen Akteuren zu konstatieren, beispielsweise in Form einer verstärkten Steuerung durch den Europäischen Rat, wenn auch die Kommission gerade in jüngster Zeit ein Bemühen zeigt, sich insbesondere im Bereich der Klimaschutzpolitik wieder als Agenda-Setter zu positionieren.

Dem gegenüber steht eine deutlich erkennbare institutionelle Stärkung des Europäischen Parlaments im Verlauf des Analysezeitraums, die im Bereich der Binnenmarktregulierung am greifbarsten wird: Während die Vorschläge des Parlaments bei der Formulierung der ersten Elektrizitäts- und Erdgasbinnenmarktrichtlinien noch brüsk übergangen wurde, konnte der verhandelnde Industrieausschuss im Fall des jüngsten Binnenmarktpaketes eine Reihe von Forderungen gegen die Vertreter der Mitgliedstaaten durchsetzen. Ein zentrales Indiz für diese Stärkung ist auch, dass sich die durchgesetzten Änderungen nicht nur auf Umwelt- und Verbraucherschutz als traditionelle Kernthemen des Parlaments bezogen, sondern etwa auch auf die Kompetenzen der EU-Energieregulierungsagentur ACER und die Regulierung von Strom- und Erdgasnetzen.

Andererseits kann auch die von Eising (2000, S. 190) konstatierte Stärkung staatlicher Akteure gegenüber privaten Interessenorganisationen im Mehrebenen-Verhandlungssystem der EU durch die vorliegende Analyse nicht nachvollzogen werden. Sowohl in der Klimaschutzpolitik und der Regulierung erneuerbarer Energien als auch in der Strom- und Gasmarktregulierung ist eine systematische und substanzielle Einbeziehung organisierter Interessen zu beobachten, die sich ihrer Struktur nach nicht wesentlich von pluralistischen Einbindungsmustern in nationalstaatlichen Systemen unterscheidet. Eine mögliche Erklärung für diesen abweichenden Befund bietet die deutlich vergrößerte Ressourcenausstattung und Schlagkraft europäischer Dachverbände wie Eurelectric im Vergleich zur Situation Ende der 1990er Jahre.

6.1.1.3 Relevanz weicher und wissensbasierter Instrumente

Neben der vermuteten stärkeren Rolle nichtstaatlicher Akteure ist die zunehmende Relevanz „weicher" Instrumente ein weiterer Ausfluss des in Hypothese H_1 konstatierten Wirkungszusammenhangs. Demnach führen die eingeengten Spielräume für hierarchische Governance bei einer Zunahme von Problemstellungen im transnationalen Raum und von für hierarchische Systeme nicht mehr fassbarer Komplexität zu einem Bedeutungszuwachs von Instrumenten mit geringer rechtlicher Verbindlichkeit (H_3). Diese Annahme findet sich in den analysierten Politikbereichen bestätigt, wenngleich nicht von einer linearen Bedeutungszunahme „weicher" Steuerungsmodi zulasten klassischer hierarchischer Steuerung ausgegangen werden kann. Ergänzend wurde an allen Fallbeispielen erkennbar, dass die Sammlung des relevanten Steuerungswissens für die behandelten Probleme eine zentrale Rolle für die Governance einnahm.

Als entscheidend erwies sich die wissensbasierte Steuerung vor allem in den losen transnationalen Netzwerkstrukturen in Nordamerika. Sowohl den NAFTA-basierten Arrangements auf nationaler Ebene wie der CEC oder der SPP als auch den Netzwerken subnationaler Akteure ist beziehungsweise war die systematische Weitergabe relevanten Handlungswissens als Steuerungsmodus inhärent. Hinweise auf die theoretisch vermutete überlegene Effektivität rein wissensbasierter Instrumente ergab die Analyse allerdings nicht. Zwar erlaubt die mit fehlenden hierarchischen und ökonomischen Verpflichtungen einhergehende Flexibilität eine individuelle Implementation durch die beteiligten Akteure. Die mit einem losen institutionellen Rahmen einhergehende Instabilität führte aber vielfach dazu, dass die Ziele des jeweiligen Netzwerks gar nicht oder nur unzureichend implementiert wurden.

Als effektiver erwiesen sich demgegenüber die Strukturen in der EU, wo nichthierarchische Instrumente in einen stark institutionalisierten Rahmen eingebettet und teilweise durch hierarchische Handlungsmöglichkeiten ergänzt werden. Auch hier war im Analysezeitraum ein Bedeutungszuwachs „weicher" Steuerungsmodi zu verzeichnen: So wurde mit dem geld- und wettbewerbsbasierten Instrument Emissionshandel bewusst ein neuer Governance-Modus für die EU-Klimapolitik nutzbar gemacht, der mit der auf die Erprobung des Instruments ausgelegten ersten Handelsperiode zudem eine wissensbasierte Komponente auf der *constitutional-choice*-Ebene aufwies. Vor allem in der Frühphase der Binnenmarktregulierung kam der systematischen Akquisition von Fachwissen ebenfalls eine entscheidende Bedeutung zu: Zentrale Aufgabe der Regulierungsforen war es, die Kommission bei der weiteren Gestaltung der Binnenmarktintegration zu beraten.

Insgesamt deutet die Studie auf zwei wesentliche Bedingungsfaktoren für weiche Instrumente hin: Zum einen sind dies fehlende machtbasierte Handlungsmöglichkeiten. Dieser Zusammenhang wird insbesondere im Bereich der EU-Marktregulierung deutlich, wo zunächst eher weiche schrittweise durch verbindlichere Instrumente ersetzt wurden. Auch im Bereich der Förderung erneuerbarer Energien wurde der zunächst kaum verbindliche Rahmen der Richtlinie 2001/77/EG im Jahr 2009 durch ein wesentlich stärker harmonisiertes Modell ersetzt. Das Beispiel der jüngsten erneuerbare-Energien-Richtlinie macht deutlich, dass dabei nicht von einer unidirektionalen Institutionalisierung auszugehen ist, in deren Verlauf die Nutzung weicherer Instrumente stetig abnimmt, sondern dass im Ringen um Einflusspotenziale durchaus bestehende Handlungspotenziale der supranationalen Ebene wieder schwinden können. In der Folge greifen Akteure dann wieder verstärkt auf weiche Instrumente zurück. Ein zweiter Bedingungsfaktor für weiche Instrumente ist wie theoretisch postuliert die zunehmende sozioökonomische Komplexität: Fehlendes Wissen bei staatlichen oder quasi-staatlichen Steuerungsakteuren schafft für diese einen Anreiz, im Interesse der Erreichung eines Steuerungsziels auf Instrumente zu Aggregierung von Wissen zu setzen. Dieser Zusammenhang wurde auf beiden Seiten des Atlantiks insbesondere im Bereich der technisch anspruchsvollen Regulierung von Übertragungsinfrastrukturen im Elektrizitäts- und Erdgassektor erkennbar.

6.1.1.4 Relevanz staatlicher Steuerungsstrukturen

Trotz der Anreize für eine Etablierung neuartiger Governance-Strukturen, wurde eingangs davon ausgegangen, dass diese klassische staatliche Strukturen nicht ersetzen, weil die Leistungen des demokratischen Rechts- und Interventionsstaats in keiner seiner Leistungsdimensionen von anderen Akteuren substituiert werden können (H_4). Tatsächlich war in keinem der analysierten Fallbeispiele ein ausgeprägter Rückzug staatlicher Akteure aus dem Regulierungshandeln zu beobachten. Vielmehr bestätigt sich die Kernannahme der Multi-Level-Governance-Forschung, dass Steuerung im transnationalen Raum als mehrdimensionaler Interessenausgleich zu denken ist. Die Beziehungen zwischen staatlichen und privaten Regulierungsakteuren werden dadurch komplexer als in rein nationalen Arrangements, unterscheiden sich aber nicht systematisch von bekannten korporatistischen Mustern der Beleihung.

Weder in Nordamerika noch in der EU, wo ein dezidiert supranationaler Institutionenrahmen besteht, ist im Analysezeitraum ein nennenswerter Schwund nationalstaatlicher Handlungsspielräume festzustellen. Zwar hat sich das Europäische Parlament als supranationales Organ im Zeitverlauf als ernstzunehmender Verhandlungsteilnehmer etabliert. Erstens spricht aber die nach wie vor inhaltlich dominante Position des Rates gegen die Annahme eines Schwundes nationalstaatlicher Handlungsfähigkeit; dies wird zweitens durch eine zunehmend aktive Rolle des Europäischen Rates als rein intergouvernementales Verhandlungsforum in den Rechtsetzungsprozessen untermauert.

Im Bereich der Klimapolitik sind, obwohl der Klimaschutz ein relativ neues Phänomen darstellt und nennenswerte Governance-Strukturen in diesem Bereich sich erst seit Ende der 1990er Jahre herausgebildet haben, in allen untersuchten Fällen staatliche Akteure tätig, die zumindest einen hierarchischen Rahmen für die Regulierung bereitstellen. Die großen Unterschiede zwischen den einzelnen Mitgliedstaaten der EU und des NAFTA mit Blick auf das klimapolitische Ambitionsniveau widerlegen dabei die These eines uniformen Drucks zur Deregulierung durch den globalen Wettbewerb.

In der Europäischen Union bestehen einzelstaatliche Umwelt- und Klimapolitiken parallel zum EU-Emissionshandel fort. Die staatliche Politik wird durch diesen zwar in ihren Handlungsspielräumen eingeschränkt, bedingt aber nach wie vor in erheblichem Maße die Erfolgschancen der gesamteuropäischen Klimapolitik. Die EU greift in ihrer Klimapolitik folglich den verwendeten Instrumenten nach auf neue Governance-Modi zurück. In Bezug auf die beteiligten Akteure ist dergleichen aber nicht festzustellen. Zwar existiert, wie in Kapitel 3.1. argumentiert, in der EU ein Entscheidungsmodus, der sich in verschiedener Hinsicht von klassischem staatlichen Regieren unterscheidet und der mit der Kommission und dem Europäischen Parlament quasistaatliche Akteure einbindet. Eine wesentliche Veränderung dieses Entscheidungsmodus, die sich aus einem Bedeutungsverlust der Nationalstaaten ergeben würde, ist in den vergangenen Jahrzehnten gleichwohl nicht zu konstatieren. Auch im Bereich der abgeleiteten Rechtsetzung ergab die Analyse keinen merklichen Verlust von Handlungschancen durch die beteiligten Nationalstaaten. Zwar sind die Verhandlungen im Ausschussystem der EU – soweit durch die Analyse nachvollziehbar – überwiegend von fachlichem *arguing* geprägt, das wiederum inhaltlich stark durch die Vorarbeit der Kommission präformiert wird. Dieser Befund ist aber primär dem in hohem Maße technischen Charakter der Verhandlungen in diesen Foren geschuldet. Sobald durch die Beratungen Handlungsspielräume oder ökonomische Ressourcen einzelner Mitgliedstaaten berührt werden, ist auch in diesem Bereich interessenorientiertes *bargaining* prägend für die Koordination. Auch das regelmäßig festzustellenden Bestreben der Kommission, Regelungsgegenstände in den Bereich der abgeleiteten Rechtsetzung zu verlagern, war in den meisten Fällen nur beschränkt erfolgreich: Die Zahl der entsprechenden Regelungsbereiche wurde in den interinstitutionellen Verhandlungen gegenüber dem Kommissionsvorschlag jeweils deutlich reduziert.

Auch in Nordamerika sind staatliche Akteure die treibenden Kräfte in der Klimaschutzpolitik, wenn auch hier die substaatliche Ebene eine wesentlich aktivere Rolle spielt als nationale Regierungen. Dies ist zum einen auf eine im Vergleich zu den Staaten der EU andere Kompetenzaufteilung zwischen nationaler und subnationaler Ebene, zum anderen auf die in Ermangelung eines kohärenten institutionellen Rahmens hohe Flexibilität bei der Bildung von Koalitionen aus klimapolitisch ambitionierten Akteuren zurückzuführen. Ähnlich wie in der EU ist auch in Nordamerika, insbesondere in den USA und Kanada, eine Tendenz zur intergouvernementalen Kooperation festzustellen, die weniger dem globalen Charakter des Problems als dem Streben nach der Vermeidung von Wettbewerbsnachteilen geschuldet ist – ein Beleg für die Annahme aus der Globalisierungsforschung, dass staatliche Akteure sich durch Kooperation an veränderte Umfeldbedingungen anpassen. Gleichwohl verhinderte die Instabilität von klimaschutzorientierten Akteurskoalitionen in den meisten Fällen eine dauerhafte Institutionalisierung solcher transnationalen Ansätze.

Im Bereich der Marktregulierung war eine negative Integration sowohl in der EU als auch in Nordamerika erfolgreich. Während in den USA und Kanada damit zu Beginn ein Rückzug staatlicher Regulierungsakteure einherging, der als Konsequenz aus dem großflächigen Stromausfall des Jahres 2003 zu korrigieren versucht wird, ist in der EU keine derartige „Deregulierung" festzustellen – eher ist das Gegenteil der Fall: Wie vielfach in der Regulierungsliteratur konstatiert, bedarf erst die Sicherstellung des Wettbewerbs in solchen Sektoren des umfassenden staatlichen Eingreifens (Böllhoff 2005, S. 15). Dass anstelle nationaler

Exekutiven im engeren Sinne auf beiden Seiten des Atlantiks von diesen eingesetzte unabhängige Regulierungsagenturen für dieses Eingreifen verantwortlich sind, mag die demokratische Legitimität der Governance infrage stellen; an der Tatsache, dass es staatliche Akteure sind, die die Regulierungsleistung erbringen, ändert dies jedoch nichts.

6.1.2 Effekte starker und schwacher Institutionalisierung

6.1.2.1 Wirkungslogik transnationaler Verhandlungssysteme

Im Zentrum der Frage nach dem Einfluss des institutionellen Umfelds auf die Performanz von Verhandlungssystemen im transnationalen Raum stand die Vermutung einer gegenläufigen Wirkungslogik des Institutionalisierungsgrades: In stark institutionalisierten Umfeldern mit Zwangsverhandlungscharakter ist zwar mit einer hohen Blockadeanfälligkeit zu rechnen (H_{5a}), dafür sollten aufgebautes Vertrauen und die Kalkulation mit zukünftigen Interaktionen Einigungen auch in schwierigen Fragen begünstigen (H_{5b}). Umgekehrt ist aufgrund der sich aus schwach institutionalisierten Plattformen ergebenden Flexibilität mit geringeren Einigungshürden (H_{8a}), aber auch mit einer geringeren Verlässlichkeit zu rechnen (H_{8b}). Die Analyse erbrachte dabei differenzierte Einblicke in das Dispositiv an intervenierenden Variablen, die darüber entscheiden, welcher der beiden vermuteten Kausalmechanismen jeweils zum Tragen kommt.

6.1.2.1.1 Das Zwangsverhandlungssystem der EU

Die analysierten Entscheidungsprozesse in der EU gleichen aufgrund ihrer Formalisierung eher innerstaatlichen Legislativverfahren, auch wenn sie klassischen Ansprüchen an staatliche Gewaltenteilung nicht genügen, sondern auf den Ausgleich der Präferenzen aller beteiligten Akteure ausgerichtet sind. Die in den analysierten Fällen angewendete Gemeinschaftsmethode der EU konstituiert dabei ein Zwangsverhandlungssystem mit einer Vielzahl an Vetospielern: Zwar ist den beteiligten Nationalstaaten in den analysierten Politikbereichen jeweils auch unilaterales Handeln möglich, eine *exit*-Option aus den von der Kommission formal eingeleiteten Rechtsetzungsprozessen besteht aber explizit nicht; zudem muss sich die jeweilige nationale Energie- und Klimapolitik an dem von der EU vorgegebenen Rahmen orientieren. Die Zahl der Vetospieler ist dabei nicht präzise zu quantifizieren. Durch die Ausweitung der qualifizierten Mehrheitsentscheide im Rat kommt nicht mehr jedem der 27 Mitgliedstaaten eine Vetoposition zu, vielmehr hängt die Zahl der für eine Blockade notwendigen Akteure von der Größe der mit „Nein“ stimmenden Staaten ab. Ein Vergleich der Abstimmungsergebnisse im Rat im Zeitverlauf zeigt zudem, dass die in Kapitel 3.1. konstatierte Konsensneigung des Rates zwar im Grundsatz weiter fortbesteht, der Luxemburger Kompromiss in einer engen Auslegung aber stillschweigend aufgekündigt wurde: Vor allem in den 2010er Jahren erfolgte fast keine Abstimmung in der Energie- und Klimaschutzpolitik der EU einstimmig, sondern fast immer gegen die ablehnenden Stimmen mindestens eines – zumeist ostmitteleuropäischen – Mitgliedstaates, womit auch informell keine Vetoposition einzelner Staaten festzustellen ist.

Zu den Vetospielern im Rat kommt ein erstarktes Europäisches Parlament, dessen Fraktionen eine im Zeitverlauf tendenziell zunehmende Kohäsion dazu genutzt haben, jeweils im Vorfeld von interinstitutionellen Verhandlungen ihr bedingtes Vetopotenzial in effektive Verhandlungsmacht gegenüber dem verhandelnden Berichterstatter umzumünzen. Diese gewachsene Rolle des Parlaments lässt sich in der Energie- und Klimaschutzpolitik auf zwei wesentliche Faktoren zurückführen: Erstens wurde der institutionell bedingte Einfluss des Parlaments im Analysezeitraum durch den Vertrag von Lissabon noch einmal qualitativ gestärkt, zweitens machte die Analyse inhaltliche und strategische Lernprozesse deutlich. Die Europäische Kommission hat hingegen – obwohl de jure zu einem Abbruch des Rechtsetzungsprozesses in der Lage – ihr Vetopotenzial im Untersuchungszeitraum de facto nicht genutzt.

Trotz dieser institutionellen Hürden verliefen die untersuchten Entscheidungsprozesse in der EU erfolgreich: In allen analysierten Fällen resultierten die Verhandlungen in einer Änderung gegenüber dem Status quo ante, mit der Intention einer Lösung des zuvor identifizierten Problems. Gleichwohl tragen die Zahl der beteiligten Akteure und deren Beharren auf Kontrollpositionen dazu bei, dass die Verhandlungen mitunter ein für das Individuum kaum mehr überschaubares Maß an Komplexität annehmen und einen erheblichen Ressourcenaufwand erfordern. Die fehlende Flexibilität des komplexen Verhandlungssystems zeigte darüber hinaus vor allem im Politikfeld Klimaschutz Effekte: Obwohl das aus der 2008 beginnenden Wirtschafts- und Finanzkrise resultierende Überangebot von Zertifikaten im gemeinsamen Emissionshandelssystem bereits Anfang der 2010er Jahre als Problem identifiziert wurde, dauerte es nahezu ein Jahrzehnt, bis wirksame Instrumente zum Abbau solcher Überangebote implementiert werden konnten – ein Zeitraum, in dem der intendierte Steuerungsanreiz faktisch nicht zur Geltung kommen konnte. Dass gleichwohl eine stetige Entwicklung des Regelungsrahmens in der EU-Klima- und Energiepolitik möglich war, ist im Wesentlichen auf vier Faktorenkomplexe zurückzuführen:

a) Eine nach wie vor ausgeprägte informelle Konsensnorm unter den beteiligten Akteuren;
b) Ein hochentwickeltes System des Verhandlungsmanagements durch die Kommission und das Ratssekretariat;
c) Die zunehmende Abstützung auf informelle Triloge im Vorfeld der ersten Lesung;
d) Als Ergebnis der ausgeprägten Kompromissnorm bei teils weit auseinanderliegenden Präferenzen erwiesen sich ferner in vielen Fällen eine deutlich reduzierte inhaltliche Verbindlichkeit und breite Handlungsspielräume für die Mitgliedstaaten als begünstigende Faktoren.

Gerade die Entscheidungsprozesse zur Reform des Emissionshandels und der erneuerbare-Energien-Förderung bis zum Jahr 2030 belegen aber auch, dass auch fest institutionalisierte Verhandlungsstrukturen an ihre Grenzen stoßen, wenn die Präferenzen der beteiligten Akteure zu weit auseinanderliegen und ein integrationsfreundlicher Grundkonsens nicht vorhanden ist. Dass für die Effektivität von Zwangsverhandlungen die institutionelle Einbettung ausschlaggebend ist, zeigen in der EU ferner die Versuche der privaten Regelsetzung durch die Netzbetreiber in der EU vor der Formalisierung durch die ENTSOs: Die Netzwerke sollten EU-weit einheitliche Regeln produzieren, eine Bildung flexibler Koalitionen anhand kongruenter Präferenzen war schon durch infrastrukturelle Zwänge faktisch ausgeschlossen. Trotz Aufforderungen durch die EU-Kommission produzierten die Netzwerke aber kein substanzielles Output beziehungsweise konnten keine verlässliche Implementation der ausgehandelten Regeln sicherstellen. Erst die Formalisierung der Zusammenarbeit durch das dritte Binnenmarktpaket und die formale Sanktionierung der Ergebnisse als rechtsverbindliche Netzkodizes erbrachten in dieser Hinsicht eine Änderung.

a) Konsensnorm im System der EU

Alle analysierten Entscheidungsprozesse deuten auf ein ausgeprägtes Konsensstreben sowie eine lange eingeübte Praxis der Kompromissfindung bei den beteiligten Akteuren hin: So lagen etwa in der Frühphase der Energiebinnenmarktgesetzgebung und bei der Weiterentwicklung des Emissionshandels in den 2010er Jahren die Ausgangspositionen der Mitgliedstaaten, der Kommission und des Parlaments so weit auseinander, dass a priori kein Einigungspunkt erkennbar war. Eine Einigung war jeweils nur durch eine allseitige Bereitschaft zu Zugeständnissen – in der Regel im Rahmen von Paketlösungen – möglich. Obgleich im Zeitverlauf eine deutlich abnehmende Tendenz zu einstimmigen Entscheidungen im Rat zu konstatieren war, war doch in allen analysierten Fällen das Bemühen erkennbar, zu einem Konsens zu gelangen. Dies spiegelt sich insbesondere in den zahlreichen Versuchen des Ratssekretariats und der Ratspräsidentschaft wider, inhaltliche Vorbehalte auch einzelner Staaten auszuräumen beziehungsweise zum Ausgleich zu bringen. Die merklich steigende Zahl der Enthaltungen bei Abstimmungen im Rat deutet dabei darauf hin, dass umgekehrt ein starker informeller Druck besteht, dem gefundenen Kompromiss auch zuzustimmen oder diesen zumindest nicht abzulehnen.

b) Verhandlungsmanagement durch Kommission und Ratsbürokratie
Erkennbar wird in der Analyse auch die Bedeutung des Verhandlungsmanagements durch die Kommission und das Sekretariat des Rates, die nur bedingt in Zusammenhang mit der Institutionalisierungsdichte steht. Die zentrale Managementleistung der Kommission, den jeweiligen Vorschlag bereits im Vorfeld des formalen Entscheidungsprozesses mit den beteiligten Akteuren zu koordinieren, konnte dabei allerdings nur punktuell nachvollzogen werden. Sie wird besonders in solchen Fällen deutlich, in denen anhand von vorherigen Strategiepapieren Ausgangspräferenzen der federführenden Generaldirektionen festzumachen sind, etwa mit Blick auf die Gestaltung des Emissionshandels in den ersten beiden Handelsperioden und die Kompetenzausstattung der ACER. Der Vorteil dieses Vorgehens liegt in der gesteigerten Ressourceneffizienz: Vorschläge, denen die Kommission keine Erfolgsaussicht in den Verhandlungen einräumt, können modifiziert oder gänzlich weggelassen werden. Darüber hinaus wurde an mehreren Punkten der Studie deutlich, wie die Kommission durch die Veränderung des Entscheidungskontextes zum Erfolg des Entscheidungsprozesses beitrug, etwa durch die Abspaltung besonders umstrittener Themenbereiche im Fall der ersten Emissionshandelsrichtlinie oder des zweiten Binnenmarktpakets.

Dies bedeutet gleichwohl nicht, dass die Kommission in den Verhandlungen ausschließlich die Rolle eines neutralen Mittlers einnehmen würde. Vielmehr nutzte sie in fast allen analysierten Fällen erkennbar ihre Position als Agenda-Setter, um Legislativprozesse entsprechend ihren Präferenzen zu steuern. Vor allem bei Verteilungsfragen – etwa im Fall der Festschreibung nationaler Einzelziele in den Bereichen erneuerbare Energien und Klimaschutz – ist dabei ein institutioneller Lock-in-Effekt zu beobachten: Von den von der Kommission vorgeschlagenen Verteilungslösungen kann im Rahmen von *bargaining*-Prozessen nur schwer abgewichen werden, weil die Verteilung in diesen Feldern jeweils ein Nullsummenspiel darstellt. Ihre formal bestehenden Blockademöglichkeiten nutzte die Kommission dagegen in keinem einzigen Fall. Selbst in Legislativprozessen, deren Ausgang der ursprünglichen Intention der Kommission zuwiderlief, zog sie ihren Vorschlag nicht zurück – öffentlichkeitswirksam erkennbar wurde dies etwa im Fall der Novellierung der Erdgasbinnenmarktrichtlinie in den Jahren 2017 bis 2019.

Die Leistung der Ratsbürokratie liegt demgegenüber in der inhaltlichen Aufbereitung und prozeduralen Steuerung der Verhandlungen in den Arbeitsgruppen des Rates. Das Ratssekretariat strukturiert die Diskussionen durch die Zusammenfassung von Zwischenständen und die Identifikation kritischer Aspekte, während es regelmäßig in den Händen des rotierenden Ratsvorsitzes liegt, die Verhandlungen durch Kompromissvorschläge am Laufen zu halten. Interessanterweise ließ die Analyse – wiewohl angesichts der beschränkten Fallzahl nur beschränkt aussagekräftig – keine inhaltliche Überlegenheit größerer Mitgliedstaaten bei der Findung von Kompromissen erkennen. Vielmehr gab in mehreren Fällen gerade das Verhandlungsmanagement durch kleinere Mitgliedstaaten in der Position des Ratsvorsitzes entscheidende Impulse für die Kompromissfindung. Allerdings zeigen die Entscheidungsprozesse in der Energie- und Klimapolitik Mitte der 2010er Jahre, dass die Positionen der Mitgliedstaaten nicht beliebig weit auseinander liegen können, ohne die Funktionalität der Verhandlungen grundlegend zu gefährden. Ein entscheidender Aspekt für das Management der Verhandlungen ist dabei die Zerlegung der Verhandlungsgegenstände in immer kleinere Teilaspekte: Galt zunächst die Verbreitung informeller Triloge als wesentlicher Schritt für die Gewährleistung effektiver Verhandlungen zwischen den Organen der EU, so zeigt sich in jüngster Zeit eine zunehmende Tendenz, die eigentlichen Trilog-Verhandlungsrunden durch teils eine Vielzahl zusätzlicher Treffen auf Fachebene zu entlasten. Kritische Aspekte müssen im Rat zusätzlich durch den Ausschuss der Ständigen Vertreter oder den Rat selbst beraten werden. Diese steigende Komplexität der Verhandlungskonstellation deutet auch den gegenüber den ersten analysierten Entscheidungsprozessen deutlich gewachsenen Ressourcenaufwand an, der mit der Vertiefung der Integration in den behandelten Politikbereichen einhergeht.

c) Informelle Triloge

Die Verlagerung der entscheidenden inhaltlichen Abstimmung zwischen Kommission, Parlament und Rat in die Trilog-Verhandlungen bereits vor der ersten Lesung bedeutete zweifelsohne einen erheblichen Effizienzgewinn. Im Vergleich zu den protrahierten Entscheidungsprozessen insbesondere im Vorfeld der ersten Energiebinnenmarktrichtlinien in den 1990er Jahren waren ab dem 2008 verabschiedeten Energiepaket deutlich beschleunigte Verfahren in den Verhandlungen zwischen den Organen zu beobachten. Diese Feststellung gilt umso mehr, wenn die stetig zunehmende Komplexität der Entscheidungsmaterie in die Betrachtung mit einbezogen wird. Der Preis dafür ist allerdings ein Transparenzverlust, der angesichts des ohnehin weithin kritisierten Legitimitätsdefizits der Europäischen Union eine gemischte Bilanz des Trilog-Formats bedingt. So blieben die Triloge auch nach eingehender Dokumentenanalyse für die vorliegende Studie weitgehend eine *black box*: Zwar wird inhaltlich deutlich, dass in den meisten Fällen der Rat einen Großteil seiner Forderungen gegen das Parlament durchsetzen kann. Eine Erklärung dieses Befundes durch einen Einblick in die Aushandlungsprozesse wird durch die eingeschränkte Verfügbarkeit der Verhandlungsdokumente aber verwehrt. Gefundene Paketlösungen lassen sich damit bis auf wenige Ausnahmefälle allenfalls plausibel erahnen, empirisch nachvollziehbar werden die Entscheidungsprozesse damit aber nicht.

d) Inhaltliche Effekte

Die theoretisch prognostizierten negativen Effekte der Zwangsverhandlungskonstellation mit einer Vielzahl an Vetospielern kommen im Fall der EU neben den vergleichsweise langen Entscheidungsprozessen vor allem in Form mangelnder inhaltlicher Präzision zum Tragen. So zeigte sich in fast allen analysierten Entscheidungsprozessen in der Klimaschutz- und erneuerbare-Energien-Politik wie bei der Binnenmarktregulierung, dass die Mitgliedstaaten im Interesse der Wahrung nationaler Entscheidungsspielräume gegenüber den Ansätzen der Kommission und des Europäischen Parlaments weniger verbindliche Formulierungen durchsetzten, die in der Konsequenz eine größere Bandbreite bei der Implementation des EU-Regelungsrahmens erlauben.

6.1.2.1.2 Freiwillige Verhandlungssysteme in Nordamerika

Dieses komplexe Verhältnis zwischen begünstigenden und blockierenden Effekten des Institutionalisierungsgrades zeigt sich *mutatis mutandis* auch in der Energie- und Klimapolitik in Nordamerika: Vor allem die Beispiele der Kooperationen zwischen subnationalen Akteuren belegen, dass angesichts der geringen Verbindlichkeit des institutionellen Regelungsrahmens Einigungen auch zwischen Akteuren mit unterschiedlichen Präferenzen vergleichsweise einfach möglich sind. Verwiesen sei hier nur auf die Verabschiedung von Design-Richtlinien für ein Emissionshandelssystem durch die *Western Climate Initiative* und die vielfachen Resolutionen der NEG-ECP-Konferenz zum Thema Klimaschutz und erneuerbaren Energien. Bindende Regelungen sind innerhalb dieses Rahmens hingegen nur schwer möglich und in den meisten Fällen auch nicht beabsichtigt. Ausschlaggebend für die Output-Performanz dieser Strukturen ist, dass die verabschiedeten Texte für die Teilnehmer keine formale Bindungswirkung entfalten und die Kosten einer Zustimmung damit meist geringer sind als die Kosten einer Aufkündigung der Governance-Plattform. Zudem stellen monothematische Arrangements wie die WCI oder der *Chicago Climate Exchange* Koalitionen der Willigen dar, in denen sich ohnehin nur Akteure mit ähnlich gerichteten Präferenzen versammeln.

Bestätigt wird durch die Analyse auch in mehreren Fällen die erwartete geringe Stabilität des jeweiligen Interaktionsrahmens. So war in Nordamerika anders als in der EU, wo durch die Vernetzung nationaler Regulierungsagenturen eine parallele Governance-Struktur etabliert wurde, ein ähnliches Vorhaben im Rahmen der *Security and Prosperity Partnership* nur in isolierten Teilbereichen erfolgreich: Auch für eine eher informelle Vernetzung der Regulierungsakteure fehlte ein langfristig stabiler institutioneller Rahmen. Vielmehr erwies sich für die Aktivität der SPP ähnlich wie für die WCI und die *Commission for Environmental Cooperation* im Rahmen des NAFTA ein synchrones Interesse aller beteiligten staatlichen Einheiten an der jeweiligen Interaktion als ausschlaggebend. Eine institutionelle Beharrungskraft konnte sich aufgrund dieser – überwiegend parteipolitisch bedingten – Volatilität nicht entwickeln. Dass die Lebensdauer schwach institutionalisierter Arrangements, die vor allem auf einen losen Informationsaustausch und wechselseitige Lernprozesse ausgelegt sind, vergleichsweise gering ist, ist dabei auf beiden Seiten des Atlantiks festzustellen. Entweder werden diese Arrangements im Laufe der Zeit in formalisierte Strukturen überführt – wie etwa im Fall der Regulierungsnetzwerke in der EU – oder sie zerfallen nach einer relativ kurzen Zeitdauer wieder.

Aufschlussreich für die Analyse des Zusammenhangs zwischen dem Institutionalisierungsgrad und der Dauerhaftigkeit und Performanz einer Struktur erscheint dabei ein Vergleich zwischen erfolgreicheren und weniger erfolgreichen Arrangements dieses Typus. So stellt die NEG-ECP-Konferenz die einzige freiwillige Verhandlungsplattform in Nordamerika dar, die über Jahrzehnte hinweg gleichbleibend aktiv war.[1] Vergleicht man die NEG-ECP-Plattform mit der ähnlich strukturierten WCI, so fällt als erster qualitativer Unterschied der Grad der informellen Institutionalisierung ins Auge, der auch durch die geführten Interviews untermauert wird. Im Fall der NEG-ECP-Konferenz führte die starke Verankerung in der politischen Tradition der Region dazu, dass die Kooperation im Politikfeld

[1] Erfolgreich war zudem die Einrichtung eines gemeinsamen Emissionshandelssystems in Kalifornien und Quebec, die zwar vor dem Hintergrund des Auseinanderbrechens der WCI zu sehen ist, aber dennoch insofern bemerkenswert, als die Errichtung eines gemeinsamen Zertifikatemarktes weit höhere Anforderungen an die Verbindlichkeit des Regelungsrahmens, also der im Verhandlungssystem getroffenen Entscheidungen, stellt, als ein Emissionshandelssystem in nur einer politischen Einheit, da die Marktteilnehmer eine gewisse Rechtssicherheit, vor allem in Bezug auf die emittierten Zertifikatemengen, benötigen.

Klimaschutz auch parteipolitische Wechsel und Veränderungen in der Grundhaltung zum Klimaschutz überstehen konnte. Ein Verlassen der Konferenz würde für eine beliebige substaatliche Regierung ein erhebliches Maß an öffentlichem Unverständnis und damit Kosten verursachen. Die faktische Flexibilität innerhalb dieser Plattform besteht für die Teilnehmer damit zwar in Bezug auf die Implementation der verabredeten Policies, nicht aber auf die Beteiligung an der Plattform.

Hingegen stellte die WCI für die beteiligten politischen Einheiten nur eine Kooperationsplattform unter mehreren dar, die zudem durch ihre monothematische Ausrichtung auf das Politikfeld Klimaschutz für die Öffentlichkeit in den meisten beteiligten Bundesstaaten und Provinzen von nachranginger Bedeutung war. Bedingt durch die hohe geografische, infrastrukturelle und sozioökonomische Ähnlichkeit der meisten substaatlichen Einheiten im atlantischen Nordosten sowie das hohe Maß an infrastruktureller Interdependenz ergibt sich in dieser Region zudem eine generell ausgeprägte Homogenität der Interessen der beteiligten Akteure. Dagegen waren unter den an der WCI beteiligten Bundesstaaten und Provinzen von Beginn an erhebliche Divergenzen erkennbar: Während etwa Kalifornien auf eine möglichst rasche Etablierung eines Emissionshandelssystems drängte, erhofften sich Montana und Utah lediglich ein Mitspracherecht, um die Vermarktung fossiler Brennstoffe zu fördern, was einen dauerhaften Verbleib dieser beiden Staaten in der WCI von vornherein unwahrscheinlich machte. Nicht zu vernachlässigen ist in diesem Zusammenhang aber auch der Grad der Verbindlichkeit des Arrangements: Während, wie oben angemerkt, für die Mitglieder der NEG-ECP-Konferenz die Kosten eines Verbleibs in der Plattform stets geringer sind als die einer Aufkündigung, weil die Entscheidungen der Konferenz keinen Handlungszwang für die Beteiligten nach sich ziehen, bringt die Einrichtungen eines gemeinsames Emissionsmarktes erhebliche vertragliche Verpflichtungen für die beteiligten Akteure mit sich, die in der Regel auch nicht ohne größere Kosten wieder aufgekündigt werden können. Ein letzter unterscheidender Faktor ist schließlich der Grad der politischen Stabilität in Bezug auf den diskutierten Policy-Bereich. Von den am WCI-Prozess beteiligten Akteuren wurden parteipolitische Wechsel, die zu einer veränderten Haltung gegenüber der Klimaschutzpolitik an sich führten, als zentrale Erklärung für den weitgehenden Zerfall der Plattform in einer für die Erreichung des gemeinsam formulierten Ziels kritischen Phase angeführt. Die NEG-ECP-Konferenz konnte sich im Unterschied dazu institutionell konsolidieren, ohne mit einer vergleichbaren Krise konfrontiert zu sein.

6.1.2.2 Logik der eingesetzten Steuerungsinstrumente

In Bezug auf das Output von Governance-Arrangements wurde theoretisch davon ausgegangen, dass die Verbindlichkeit der institutionellen Regelungsstruktur mit der Verbindlichkeit der eingesetzten Instrumente korreliert, mithin stark institutionalisierte Governance-Systeme zu verbindlichen macht- und geldbasierten Instrumenten greifen (H_6) und schwach institutionalisierte Plattformen primär mit Persuasion und anderen wissensbasierten Instrumenten arbeiten (H_9). Diese Zuordnung, die auf den ersten Blick fast tautologisch erscheint und auch im Lichte der durchgeführten Prozessanalysen in der Tendenz zu bestätigen ist, trifft tatsächlich nicht in dieser Eindimensionalität zu. Vielmehr ist auch dem jeweiligen Regulierungsgegenstand ein Einfluss auf die „Härte" der eingesetzten Instrumente zuzuschreiben.

Die Hypothese einer zumindest de jure hohen Verbindlichkeit durch machtbasierte[2] Instrumente in stark institutionalisierten Systemen bestätigt sich für nahezu alle analysierten Entscheidungsprozesse in der Europäischen Union. Der in den betrachteten Fallbeispielen überwiegend in Form von Richtlinien geschaffene Regulierungsrahmen bildet einen Schatten der Hierarchie für die eingebetteten Interaktionsstrukturen und ist mit erheblichen finanziellen Sanktionen bewehrt, über deren Anwendung mit dem Europäischen Gerichtshof eine unabhängige Judikative wacht.[3] Wie bereits im vorhergehenden Abschnitt diskutiert, variiert die Verbindlichkeit der EU-Rechtsakte mit ihrer Präzision: Nimmt man die von der Europäischen Kommission und dem Parlament formulierten Forderungen als Maßstab, so ist in fast allen Fällen eine gegenüber diesen Vorstellungen reduzierte Verbindlichkeit aufgrund der Forderungen von Mitgliedstaaten nach erweiterten Handlungsspielräumen zu konstatieren.

Die empirische Analyse zeigte auch, dass analog zu den Interaktionsstrukturen mit Blick auf die eingesetzten Instrumente ineinander verschachtelte Ebenen zu beachten sind. In der Energie- und Klimapolitik der Europäischen Union als im Analysezeitraum weitgehend neu erschlossenen Politikfeldern fällt ins Auge,

---

[2] Inwieweit juristische Instrumente im System der EU als machtbasiert zu klassifizieren sind, ist insofern diskutabel, als die Einhaltung des Rechts anders als in klassischen Nationalstaaten nicht letztlich durch Gewalt abgesichert ist. Angesichts des eingangs konstatierten auch in Nationalstaaten präsenten hohen Abstraktionsgrads des Rechts von der ihm zugrundeliegenden Gewaltandrohung wird das Recht der Europäischen Union im Kontext der Analyse dennoch als machtbasiert betrachtet.

[3] In der Praxis ist die Durchführung von Vertragsverletzungsverfahren freilich langwierig und für die Kommission mit erheblichem Ressourcenaufwand verbunden, sodass eine lückenlose Rechtsgeltung nicht zuverlässig gewährleistet werden kann.

dass die zumindest ihrem Anspruch nach rechtsverbindlichen Richtlinien und Verordnungen durch wettbewerbs- und wissensbasierte Instrumente ergänzt werden. Dies ist im Fall des wettbewerbsbasierten Instruments Emissionshandel sowie in den beschränkten Wettbewerbselementen der erneuerbare-Energien-Förderung der Annahme einer überlegenen Effizienz wettbewerbsbasierter Instrumente geschuldet. Im Fall wissensbasierter best-practice-Mechanismen, etwa in der Frühphase der Netzregulierung im Binnenmarkt oder nach der neuen erneuerbare-Energien-Richtlinie, gründete sich die Wahl dieser Instrumente aber häufig auf dem Fehlen einer Rechtsgrundlage für machtbasiertes Handeln.

Das weitgehende Scheitern der best-practice-basierten Setzung allgemein gültiger Regeln in der Stromnetzregulierung in der EU in den 2000er Jahren, das die Grundlage für eine stärkere Verrechtlichung der Zusammenarbeit der Netzbetreiber bildete, weist ebenso wie die Intensivierung der hierarchischen Aufsicht über die Netzregulierung durch die FERC in Nordamerika darauf hin, dass in diesem Regelungsbereich – anders als etwa in der Klimaschutzpolitik – ein Bedarf für harte Instrumente besteht. Dieser ist insbesondere damit zu begründen, dass die Einheitlichkeit geltender Standards eine notwendige Voraussetzung für den Betrieb elektrischer Netze ist, deren Fehlen praktisch in Echtzeit zu erheblichen negativen Konsequenzen für alle beteiligten Akteure führen kann. Daher entfaltet die Infrastrukturregulierung in beiden kontinentalen Räumen selbst im System der durch Nachbarstaaten schlicht übernommenen Standards in Nordamerika und innerhalb des lose gekoppelten Verhandlungssystems der NEG-ECP-Konferenz eine hohe Verbindlichkeit. Im Gegensatz zur weichen Regelsetzung in der Klimaschutzpolitik erfolgt die Infrastrukturregulierung durch rechtsverbindliche Abkommen beziehungsweise die verbindliche Implementation der übernommenen Standards.

Unabhängig von der Ausgestaltung des rechtlichen Rahmens ist sowohl in der EU als auch in Nordamerika festzustellen, dass bei der Konstruktion neuer Governance-Strukturen das Problem der Akquise des notwendigen Steuerungswissens in einer zunehmend komplexen Systemumwelt systematisch berücksichtigt wird: Unterstützende wissensbasierte Strukturen umfassen etwa Lernprozesse im Vorfeld der Einrichtung von Emissionshandelssystemen (vgl. Abschnitt 6.1.2.4.), aber auch die gerade erwähnte regulierte Selbstregulierung in Form der ENTSOs beziehungsweise der NERC. Dies folgt der von Willke postulierten Logik der Kontextsteuerung; allerdings ist der hierarchische Eingriff sowohl in der EU gegenüber den ENTSOs als auch in Nordamerika gegenüber der NERC stärker als von Willke als funktional betrachtet: Die sektoralen

Governance-Netzwerke sind nicht nur in einen von der Politik geschaffenen institutionellen Rahmen eingebettet, sie unterliegen auch der hierarchischen Aufsicht politischer Akteure.

Der wesentliche Unterschied zwischen den beiden Systemen zur Setzung von Netzkodizes liegt dabei in der Stringenz der Durchsetzung der hierarchischen Komponente: Während in der EU die unter Mitwirkung der ENTSOs und der ACER erarbeiteten Standards über das Ausschusssystem erlassen werden und damit ex ante der hierarchischen Kontrolle durch staatliche und quasistaatliche Regulierungsakteure unterliegen, führt die nachträgliche Kontrolle der Netzkodizes in Nordamerika durch die FERC zu einer schleppenden inkrementellen Entwicklung dieser Standards. Theoretisch nicht prognostiziert wurde die transnationale Wirkung der FERC-Regulierung: In Absenz einer supranationalen Regulierungsinstanz erfolgt eine einseitige Anpassung der Nachbarländer an die durch den regionalen Hegemon USA gesetzten Standards durch das nutzenmaximierende Verhalten transnational tätiger Unternehmen. Die Regierungen Kanadas und Mexikos könnten eine solche Anpassung zwar de jure durch eigenes Regulierungshandeln unterbinden, allerdings nur unter erheblichen ökonomischen Kosten.

In der Klimaschutzpolitik wurde in Nordamerika hingegen das erwartete Vorherrschen „weicher" und wissensbasierter Instrumente bestätigt. So gibt es keine transnational gültigen, für Nordamerika spezifischen rechtlichen Vorgaben für die Verringerung von Treibhausgasemissionen oder den Ausbau erneuerbarer Energien. Lediglich im Rahmen der *Western Climate Initiative* wurde der Versuch unternommen, einen rechtsverbindlichen vertraglichen Rahmen für den Handel mit Emissionszertifikaten zu schaffen – ein in seiner Wirkungslogik wiederum nur beschränkt verbindliches Instrument. Im Übrigen beschränken sich die Steuerungsinstrumente im transnationalen Raum auf strukturiertes *arguing* – die Weitergabe von für die Regulierung relevantem Wissen. Als Beispiele seien hier etwa die Projekte der *Commission for Environmental Cooperation* oder die verschiedenen Foren zu den Themenkomplexen Klimaschutz und erneuerbare Energien im Rahmen der Netzwerke subnationaler Akteure genannt.

6.1.2.3 Bearbeitung von Zielkonflikten

In den theoretischen Vorüberlegungen zur Performanz institutioneller Strukturen wurde angenommen, dass stark institutionalisierte, problembereichsübergreifende Governance-Plattformen aufgrund ihrer Fähigkeit zur Bearbeitung von Zielkonflikten ein kohärenteres Output erzeugen als schwach institutionalisierte Plattformen (H_7/H_{10a}). Auch dieser Zusammenhang wird in seiner Tendenz durch die Analyse untermauert, wenngleich auch deutlich wird, dass die Fähigkeit zur

Bearbeitung von Zielkonflikten nicht mit der tatsächlichen Bearbeitung dieser Konflikte gleichzusetzen ist.

So fehlte in der EU lange Zeit eine übergreifende Strategie für die Vielzahl von Einzelinitiativen in der Energie- und Klimaschutzpolitik, wobei der Fokus der EU-Kommission primär auf der Herstellung des Energiebinnenmarktes lag, während das Europäische Parlament die Aspekte der Nachhaltigkeit und des Verbraucherschutzes in den Mittelpunkt seiner Bemühungen rückte. Angesichts der wachsenden Bedeutung der Klimapolitik wurde mit dem Grünbuch 2006 erstmals ein konzeptioneller Überbau geschaffen, der beanspruchte, die Ziele Versorgungssicherheit, Wettbewerbsfähigkeit und Umweltverträglichkeit gegeneinander abzuwägen (Geden und Fischer 2008, S. 39–40). Gleichwohl wird aus der Analyse zumindest schlaglichtartig auch ersichtlich, dass die Generaldirektionen der Kommission mitunter konfligierende Agenden verfolgen, wobei der Anspruch der Kommission, nach außen als homogener Akteur aufzutreten, für eine gewisse Vereinheitlichung durch ressourcenaufwändige kommissionsinterne Abstimmungsprozesse sorgte. Eine substanzielle Lösung von Zielkonflikten ist damit aber noch nicht garantiert: Beispielsweise umfasste der Energieaktionsplan 2007 eine Fülle von Maßnahmen mit unterschiedlichen Zielrichtungen, ohne dass durch eine Priorisierung der Maßnahmen ein aktiver Ausgleich zwischen diesen Zielen versucht wurde.

In den Entscheidungsprozessen zum dritten Binnenmarktpaket sowie den Richtlinien zu Emissionshandel und erneuerbaren Energien 2008 und 2009 waren es vor allem die Berichterstatter des Parlaments, die versuchten, in den einzelnen Rechtsakten Bezüge zu den Zielen der anderen Entscheidungsprozesse herzustellen. Eine systematische Berücksichtigung der Ziele des Klimaschutzes in der Binnenmarktgesetzgebung und umgekehrt ist im Endergebnis jedoch nicht festzustellen. So lehnten es die Mitgliedstaaten bei den Verhandlungen 2008 und 2009 strikt ab, bei der Zulassung von Stromerzeugern die Nachhaltigkeit im Allgemeinen und den Klimaschutz im Besonderen als Kriterien zu berücksichtigen. Enger war bereits beim zweiten, 2009 finalisierten Energie- und Klimapaket die inhaltliche Abstimmung zwischen Emissionshandel- und erneuerbare-Energien-Richtlinie. Eine Hürde stellte hierbei aber dar, dass für das Emissionshandelssystem die Generaldirektion Umwelt und für die erneuerbare-Energien-Richtlinie die Generaldirektion Energie zuständig war.

Generell ist aber zu bemerken, dass mit der Bündelung von Vorschlägen im Politikfeld Energie und Klima in den „Energiepaketen" eine zunehmende Kohärenz der Vorschläge in den unterschiedlichen Politikbereichen verbunden ist: Bei der Vorlage der Vorschläge im Herbst 2016 wurden von der Kommission erstmals systematisch inhaltliche Verknüpfungspunkte zwischen den Vorschlägen aufgelistet und analysiert (Rat der EU 2017e). Überhaupt stellte das Energiepaket für die Jahre 2021 bis 2030 unter dem Schlagwort der „Energieunion" einen dezidierten Schritt zu einer verstärkten Integration der Einzelziele dar, dessen Erfolg aber abzuwarten sein wird: Die Governance-Verordnung überträgt die Verantwortung für die Kohärenz im Wesentlichen den Mitgliedstaaten, deren Erfolg wiederum über die Integrierten Nationalen Energie- und Klimapläne durch die EU-Kommission überwacht wird.

In Nordamerika bedingt dagegen das Fehlen eines einheitlichen institutionellen Rahmens für die diversen Teilbereiche der Energie- und Klimaschutzpolitik wie vermutet, dass es auf transnationaler Ebene keine erkennbaren Bemühungen gibt, Zielkonflikte zwischen diesen Teilbereichen zu adressieren und zu lösen. Insbesondere im Politikfeld Klimaschutz beeinträchtigt die monothematische Ausrichtung der Governance-Plattformen erkennbar deren Performanz: Der sektorspezifische Charakter der meisten Netzwerke erfasst nicht die Bandbreite an ökonomischen Aspekten, die für eine Transformation der Wirtschaftsweise notwendig wären, die wiederum Voraussetzung für eine effektive und dauerhafte Reduktion von Treibhausgasemissionen ist. Dies zeigt sich vor allem am Beispiel der trilateralen CEC, in der die Umweltminister der drei nordamerikanischen Staaten zwar mitunter ambitionierte Ziele formulieren, diese aber innerhalb der jeweils eigenen Regierung nicht durchzusetzen vermögen. Damit bestätigt sich auch die theoretisch prognostizierte Asymmetrie der transnationalen Integration: Während im Rahmen des NAFTA zwar eine negative Integration erfolgt ist, ist eine positive regulatorische Integration höchstens in Ansätzen zu erkennen.

Dennoch zeigt die Analyse, dass Zielkonflikten auch in losen Netzwerkstrukturen eine Bedeutung für die Koordination zukommt. In solchen lose gekoppelten Verhandlungsarrangements – etwa der NEG-ECP-Konferenz, aber auch der *Pacific Northwest Economic Region* – werden Zielkonflikte primär von den individuellen Beteiligten adressiert und in den Entscheidungen berücksichtigt. Grund dafür ist offensichtlich die Tatsache, dass die beteiligten (sub-) staatlichen Akteure selbst in mehreren Problembereichen politische Verantwortung tragen und daher ein Interesse an einem Ausgleich von Zielkonflikten in die Verhandlungen einbringen.

6.1.2.4 Diffusion von Instrumenten

Die Erleichterung von Lernprozessen in Bezug auf Policy-Instrumente wurde in der Theorie als zentrale Funktion freiwilliger Verhandlungen angenommen, wobei davon auszugehen ist, dass sich die Strukturierung dieser freiwilligen Interaktionen durch einen institutionellen Regelungsrahmen positiv auf die Leistung im Bereich der Verarbeitung insbesondere komplexer Wissensbestände auswirkt (H_{10b}). Im Gegensatz dazu wurde für stark institutionalisierte Systeme davon ausgegangen, dass der Diffusion von Instrumenten durch Lernprozesse und Persuasion lediglich untergeordnete Bedeutung zukommt, weil der Fokus der Governance auf verbindliche Regeln erstens die Flexibilität des individuellen Handelns der beteiligten Akteure einschränkt und zweitens ohnehin eine Einigung auf Instrumente und damit eine gewisse Einheitlichkeit des Wissensstandes voraussetzt. Entsprechend sind in stark institutionalisierten Arrangements Lernprozesse nicht Gegenstand, sondern Voraussetzung der Koordination (H_{7b}). Diese Annahmen werden durch die Analyse sowohl für das supranationale System der EU als auch für die schwach institutionalisierten Arrangements in Nordamerika in der Tendenz bestätigt, wenngleich in letzterem Fall die Lebensdauer vieler Governance-Strukturen nicht ausreichend war, um strukturierte Lernprozesse überhaupt zu ermöglichen.

In der EU zeigt die Analyse die Bedeutung einer systematischen Sammlung von Expertise sowohl im Bereich der Energiebinnenmarktregulierung als auch in der Klimaschutzpolitik, hier wiederum insbesondere bei der Konstruktion des Emissionshandelssystems. In beiden Fällen wurde dieser Wissenserwerb primär durch die Europäische Kommission geleistet, was im Fall des Emissionshandels von Anfang an eine Informationsasymmetrie zugunsten der Kommission generierte, im Fall der Marktregulierung hingegen zunächst eine Informationsasymmetrie zugunsten der nationalen Regierungen und – sofern bereits vorhanden – ihrer Regulierungsagenturen ausglich. Die Sammlung von Expertise für die Konstruktion des Emissionshandelssystems lässt dabei empirisch drei unterscheidbare Strategien erkennen: Erstens wurden umfassend Fachleute konsultiert, die Erfahrungen mit vergleichbaren *cap-and-trade*-Systemen in Nordamerika sowie innerhalb einzelner Unternehmen gesammelt hatten, zweitens wurde gezielt eine begrenzte Zahl solcher Fachleute für die zuständige Abteilung der Kommission angeworben und drittens war die erste Handelsperiode dezidiert als Phase des experimentellen Lernens mit dem für die Europäische Union neuen Instrument angelegt: Noch vor dem Beginn des Kyoto-Verpflichtungszeitraums sollte der Handel mit Emissionszertifikaten erprobt werden, um gegebenenfalls zum Beginn der zweiten Handelsperiode nochmals nachsteuern zu können. Im Bereich der Binnenmarktregulierung erfolgte die Wissenssammlung dagegen primär über den Modus der Konsultation in Netzwerken: Ziel der Foren-Prozesse war neben der nichtverbindlichen Koordination der Übertragungsnetzbetreiber und Regulierungsagenturen insbesondere die Übersetzung sektoraler Expertise in Vorschläge für harmonisierte Policies zur Regulierung gesamteuropäischer Elektrizitäts- und Erdgasnetze.

Einer ähnlichen Logik gehorcht in Nordamerika die Setzung von Netzstandards durch die NERC, wenngleich hier die Netzbetreiber selbst stärker als Steuerungsakteure auftreten als in der Europäischen Union, womit der Weitergabe von Steuerungswissen an staatliche Akteure im Vergleich eine geringere Bedeutung zukommt. Im Gegensatz zur Infrastrukturregulierung, die auch in schwach institutionalisierten Umfeldern eine gewisse Verbindlichkeit beanspruchen muss, zeigt sich, dass der Austausch von Informationen und die Initiierung gemeinsamer Lernprozesse im Politikfeld Klimaschutz wie theoretisch prognostiziert die Kernfunktion der untersuchten Governance-Strukturen darstellt. Hypothese H_{10b} kann insofern als bestätigt angesehen werden. Diese Bestrebungen im Rahmen der *Commission for Environmental Cooperation*, der *Western Climate Initiative* und der NEG-ECP-Konferenz waren jeweils auch zumindest beschränkt erfolgreich – eine Berücksichtigung in den Policies der beteiligten staatlichen oder substaatlichen Einheiten konnte aber nur für die Konferenz der Gouverneure Neuenglands und der ostkanadischen Premiers belegt werden. Im Fall der WCI gilt dasselbe nur für die verbliebenen Teilnehmer am gemeinsamen Emissionshandel, Kalifornien und Quebec. Für die übrigen ursprünglich beteiligten Akteure ergaben sich aus der Kooperation nur rudimentäre Lerneffekte, weil sie die Plattform bereits vor der Implementationsphase wieder verließen und entsprechend nicht an einer Evaluation des gemeinsam konstruierten Instruments beteiligt waren. Positiv gewendet, erlaubt die geringe Verbindlichkeit eine flexible Auswahl von Kooperationspartnern mit ähnlich gelagerten Präferenzen. Am deutlichsten wird dies am Beispiel des erwähnten gemeinsamen Emissionsmarktes von Kalifornien und Quebec – eine unter geographischen Gesichtspunkten nicht unmittelbar naheliegende Verknüpfung. Auch das seiner Wirkungslogik nach wettbewerbsbasierte Instrument des Emissionshandels im privaten *Chicago Climate Exchange* zielte primär auf eine Steuerung durch Wissen: Die von den Gründern ausgegebene zentrale Intention der Emissionsbörse waren die Sammlung von Expertise für ein erwartetes staatliches Emissionshandelssystem sowie der Nachweis der Praktikabilität privater Emissionssteuerung. Wesentlich eingeschränkter ist demgegenüber die Reichweite wissensbasierter Instrumente im Rahmen der trilateralen CEC: Zwar zielen die vom Sekretariat der Organisation in Auftrag gegebenen Studien auf eine Sammlung von Expertise auch zum Thema Klimaschutz. Eine ausdrückliche Berücksichtigung dieser Ergebnisse durch den Rat der CEC oder gar die beteiligten Bundesregierungen ist hingegen nicht dokumentiert. Überhaupt waren die klimapolitischen Bestrebungen auf Bundesebene im Analysezeitraum äußerst beschränkt. Dieser Primat der substaatlichen Ebene in der Klimaschutzpolitik hat laut Chaloux u. Paquin (2012, S. 220) inzwischen dazu geführt, dass sich in subnationalen Netzwerken mehr Expertise konzentriert als bei zentralstaatlichen Umweltregulierungsbehörden.

6.2 Theoretische Schlussfolgerungen

Ziel der theoretischen Vorüberlegungen war die Formulierung eines Modells der transnationalen Governance im Zeitalter der Globalisierung, das eine hypothesengeleitete Analyse von Koordinationsprozessen in der Europäischen Union und Nordamerika erlaubt sowie generell auf unterschiedliche institutionelle Umfelder im transnationalen Raum anwendbar ist. Die Analyse zeigte dabei die Praktikabilität des verwendeten breiten, von klassischem nationalstaatlichem *government* abstrahierenden, Konzept der Governance und bestätigte die wesentlichen spieltheoretischen Rahmenannahmen. Insbesondere die erarbeiteten Typologien von Interaktionsformen und Steuerungsinstrumenten erwiesen sich als tragfähige Basis für eine hinreichend trennscharfe empirische Erfassung der für die Studie zentralen unabhängigen und abhängigen Variablen. Es zeigte sich aber auch, dass die spieltheoretisch hergeleiteten Zusammenhänge zwischen der Handlungskopplung und der Performanz der Governance einer Nachschärfung durch zusätzliche intervenierende Variablen bedürfen.

6.2.1 Verlust an hierarchischer Steuerungsfähigkeit und Kontextsteuerung

Das systemtheoretische Postulat einer wachsenden Komplexität der Regulierungsgegenstände als Anlass für einen Strukturwandel hierarchischer Steuerung durch den Nationalstaat wird durch die Analyse im Grundsatz untermauert, allerdings zeigt sich der Schwund an hierarchischer Steuerungsfähigkeit nicht in der theoretisch vermuteten Schärfe. Vielmehr hat die empirische Analyse eine erhebliche Fähigkeit staatlicher und quasi-staatlicher Akteure gezeigt, die Steuerungsleistung durch die gezielte Nutzung von Expertise aus den jeweiligen gesellschaftlichen Subsystemen an veränderte Rahmenbedingungen anzupassen und so die mit großem Abstand wichtigsten Regulierungsakteure zu bleiben. Am supranationalen System der Europäischen Union wird deutlich, dass die eingangs eingeführte Konstellation des demokratischen Rechts- und Interventionsstaats trotz der Einführung einer zusätzlichen Steuerungsebene in der Dimension der Interventionsstaatlichkeit auf der Ebene der einzelnen Nationalstaaten erhalten bleibt und durch entsprechende Kontrollpositionen auf EU-Ebene institutionell abgesichert wird.

Dies ist umso bedeutsamer, als die anderen drei Leistungsdimensionen im System der EU nicht oder nur rudimentär angelegt sind – auch die formulierten Kriterien objektiver Legitimität werden trotz der demokratischen Legitimation des Europäischen Parlaments wie dargestellt nur eingeschränkt erfüllt. Im nur schwach institutionell strukturierten Umfeld Nordamerikas ist angesichts der geringfügigen Regelungsleistung der analysierten Plattformen erst recht keine nennenswerte ‚Zerfaserung' von Nationalstaaten zu konstatieren.

Die konstatierte Anpassungsfähigkeit staatlicher Steuerung bedeutet gleichwohl nicht, dass die Bilanz dieser von Willke geforderten Kontextsteuerung uneingeschränkt positiv ausfiele: So mag im Fall des Emissionshandels die „resonante Verschränkung" des Steuerungsimpulses mit der wettbewerbsbasierten Operationslogik von Unternehmen zu einer effizienten Güterallokation führen. Die Analyse hat aber zugleich auch gezeigt, dass die politische Genese dieses Steuerungsimpulses im transnationalen Raum voraussetzungsvoll ist: Der regulatorische Rahmen für das intendierte Wettbewerbssystem muss in Absenz einer hierarchisch regulierenden Instanz in Verhandlungen festgelegt werden, was eine hinreichend rasche Reaktion auf festgestellte Defizite des Steuerungsanreizes verhindert.

Im Bereich der Marktregulierung zeigt das Beispiel der von der FERC überwachten NERC, dass die bloße Kontextsteuerung vor allem dort an ihre Grenzen stößt, wo die Interessen nichtstaatlicher Akteure der Steuerungsintention eines staatlichen Akteurs dezidiert entgegengerichtet sind. Die kooperative Normsetzung zwischen NERC und FERC führt nur aufgrund einer klaren hierarchischen Aufsicht, in der wiederum die Prinzipal-Agenten-Problematik voll zum Tragen kommt, zu einer – zudem äußerst schleppenden – Problemlösung. Die gemeinwohlschädlichen Effekte einer sektoralen Selbstregulierung, die in dem großen Stromausfall des Jahres 2003 im Nordosten Nordamerikas jedermann vor Augen geführt wurden, werden durch den Schatten der Hierarchie nicht vollständig beseitigt. Das stärker hierarchisierte Regulierungssystem der EU operiert in dieser Hinsicht erfolgreicher.

Überhaupt belegt die Analyse, dass Steuerung vor allem in solchen Fällen effektiv funktioniert, in denen staatliche Akteure oder Akteure mit quasistaatlichen Befugnissen eine hierarchische Komponente der Steuerung bereitstellen, die im jeweiligen Governance-Regime mit anderen Interaktionsformen kombiniert sein kann. Solche Kombinationen von Interaktionsmodi wurden für die Studie in Anlehnung an die Arbeit von Tanja Börzel als ‚Verschachtelung' konzeptualisiert. Die Ergebnisse zeigen, dass dadurch auch der von einigen Autoren etwas diffus postulierte ‚mehrdimensionale' Charakter von Mehrebenen-Governance-Strukturen im transnationalen Raum systematisch fassbar wird.

So ergab die Analyse, dass eine primär auf weichen Instrumenten basierende, nichthierarchische Steuerung durch nichtstaatliche Akteure im analysierten Politikfeld nur in äußerst beschränktem Maße effektiv wirkt, sofern sie nicht durch klassische staatliche Steuerungsmodi ergänzt wird. Sofern eine Plattform flexibel genug ist, nur Akteure mit ähnlichen Präferenzen zu integrieren, kann dabei auch die Hierarchie als untergeordneter Interaktionsmodus effektiv wirken, etwa wenn mehrere staatliche Akteure die Entscheidungen eines gemeinsamen Verhandlungsarrangements individuell implementieren oder – wie im Fall von Entscheidungen in der EU – Verhandlungsergebnisse durch einen supranationalen Akteur gegenüber den Verhandlungsteilnehmern durchgesetzt werden können.

Der Vergleich des Emissionshandelssystems der EU mit den in Nordamerika angestrebten transnationalen Emissionsbörsen etwa belegt, dass ein Wettbewerb im Schatten der Hierarchie – trotz der Einbettung der Hierarchie in ein Verhandlungsarrangement – als Steuerungsinstrument wesentlich effektiver funktioniert als ein Wettbewerb im Schatten der Verhandlung. Allerdings zeigt das Beispiel des EHS auch, dass Wettbewerb im Schatten der Hierarchie zu dysfunktionalen Nebenwirkungen führen kann: Die mangelnde Harmonisierung in der ersten und zweiten Handelsperiode induzierte eine nicht intendierte zusätzliche Ebene des Wettbewerbs zwischen den Mitgliedstaaten, die wiederum die Effektivität der Regulierung des eigentlich gewollten Wettbewerbs um Emissionszertifikate beeinträchtigte. Zudem kann wie erläutert die Einbettung der hierarchischen Regulierung in das im transnationalen Kontext zwangsläufig vorhandene Verhandlungssystems zu dysfunktional langen Reaktionszeiten führen.

Das Beispiel des EU-Emissionshandels in der dritten Handelsperiode zeigt damit auch, dass die Funktionalität der Hierarchie als untergeordneter Interaktionsmodus eine gewisse Homogenität der Präferenzen auf der übergeordneten Ebene der Verhandlung voraussetzt. Im Fall einer Handlungsblockade im Zwangsverhandlungssystem der EU sind die Reaktionsmöglichkeiten der hierarchisch regulierenden supranationalen Ebene auf neue Problemlagen stark eingeschränkt. Nichtsdestotrotz fungiert die Institutionalisierungstiefe grundsätzlich als korrigierende Variable: In stark institutionalisierten Settings – etwa der EU, aber auch etwas eingeschränkter in der NEG-ECP-Konferenz – zeigen sich Akteure tatsächlich eher bereit, auch Entscheidungen umzusetzen, die ihren aktuellen Präferenzen zuwiderlaufen.

6.2.2 Effekte des Institutionalisierungsgrades

Die Synthese der Analyseergebnisse für die beiden kontinentalen Räume zeigt, dass dieser Grad der Institutionalisierung, die für das Forschungsinteresse dieser Studie zentrale Einflussvariable, im untersuchten Politikfeld erkennbar positiv mit der Steuerungsleistung des jeweiligen Systems korreliert. Zwar wurde systematisch nur das Output in Form der auf der *operational-choice*-Ebene eingesetzten Steuerungsinstrumente in die Performanzbewertung mit einbezogen; die fallweise Betrachtung von Outcome und Impact legt aber nahe, dass die Qualität des Output einen zuverlässigen Indikator für die Gesamtperformanz darstellt. Analog zur festgestellten Relevanz der Hierarchie lässt sich auf Basis dieser fragmentarischen Befunde konstatieren, dass präzise und rechtsverbindliche Regeln entscheidend für den Erfolg der Umsetzung von Entscheidungen sind. Die Effektivitäts- und Effizienzeinbußen durch institutionelle Zwänge wurden in der Europäischen Union in den meisten Fällen durch diese Zuverlässigkeit der Implementation aufgewogen.

Die Analyse demonstriert aber auch, dass das Verhältnis zwischen der Institutionalisierungstiefe als Explanans und der Performanz als Explanandum durch eine Vielzahl intervenierender Variablen wesentlich komplexer ist, als dies klassische Rational-Choice-Ansätze wie die Vetospielertheorie suggerieren. Noch relativ einfach im Kontext eines nichtkooperativen spieltheoretischen Ansatzes darstellbar ist das Verhältnis des Verbindlichkeitsgrades des institutionellen Regelungsrahmens zum Verbindlichkeitsgrad der Entscheidungen auf der *collective-choice*-Ebene: Je verbindlicher die angestrebten Entscheidungen einer Governance-Plattform, desto verbindlicher müssen auch die Regeln zur Teilnahme am Verhandlungsarrangement sein. Andernfalls besteht für Akteure die Möglichkeit, im Fall einer negativen Kosten-Nutzen-Abschätzung für Entscheidungen auf der *collective-choice*-Ebene die Implementation der Entscheidung durch ein Ausscheiden aus der Verhandlungsplattform als Ganzes zu unterlaufen. Die Beispiele verbindlicher Regeln durch lose Netzwerke in der Infrastrukturregulierung im Stromsektor belegen dabei, dass an die Stelle formaler Regeln auf der *constitutional-choice*-Ebene auch sachliche Zwänge treten können, die eine hohe Homogenität des Akteurshandelns in einem Politikbereich bedingen. Umgekehrt können ausschließlich auf die Diffusion von Wissen angelegte Plattformen auch in einem weniger verregelten Umfeld – unter bestimmten Voraussetzungen – performant sein.

Die auch von Scharpf (2000, S. 296) konstatierten Defizite der nichtkooperativen Spieltheorie zeigen sich im Licht der Analyseergebnisse vor allem darin, dass das Mehrebenensystem der EU trotz starker Verregelung und einer Vielzahl von

Akteuren mit Vetoposition eine vergleichsweise höhere Performanz als schwach institutionalisierte Arrangements aufweist. Neben dem spieltheoretisch erfassten „Schatten der Zukunft" wirken dafür auch Normen und Kriterien institutioneller Identität sowie ein ausgefeiltes Management der Verhandlungen als begünstigende Effekte der starken Institutionalisierung. Die Wirkung solcher informeller Normen konnte in Nordamerika vor allem für die NEG-ECP-Konferenz nachgewiesen werden.

Im Fall der EU zeigt insbesondere der konstatierte Machtzuwachs des Europäischen Parlaments im Zeitverlauf, dass die Korrelation zwischen Vetoposition und Verhandlungsmacht weit weniger eindeutig ist, als es die bloße spieltheoretische Betrachtungsweise nahelegt. Zunächst haben die institutionellen Hürden einer Handlungsblockade und damit die Wahrscheinlichkeit eines Vetos entscheidenden Einfluss auf das damit einhergehende Drohpotenzial. Die inkrementelle Senkung der Hürden für eine Blockade im Verlauf der Entwicklung des Kodezisionsverfahrens sowie Präzendenzfälle, in denen das Parlament durch eine institutionelle Blockade seine Machtposition real entfaltete, haben zu einer stärkeren Anerkennung des Parlaments als Akteur im Institutionengefüge der EU geführt – allerdings jeweils mit einer erkennbaren Verzögerung gegenüber der vertragsrechtlichen Stärkung, die nur durch institutionelle Lernprozesse der beteiligten Akteure zu erklären ist.

Daneben beeinflussen weitere Faktoren, die nicht oder nur mittelbar in der institutionellen Ordnung der EU begründet sind, das Kräftegefüge in den Verhandlungen zwischen den Organen. Dazu gehören Abhängigkeiten und Machtstrukturen in anderen Arenen, speziell die Zugehörigkeit der Abgeordneten des Parlaments zu nationalen Parteien, ebenso wie die ideell bedingte Konsensorientierung, die ebenfalls tief in der informellen Institutionenordnung der Union verankert ist. Angesichts der mehrfach konstatierten Komplexität der Verhandlungsmaterie zeigt sich aber auch ein Einfluss der Ressourcen zur inhaltlichen Bewältigung der Verhandlungen auf die Durchsetzungschancen: Die Tatsache, dass ein Großteil der Texte der analysierten Rechtsakte vom Generalsekretariat des Rates entworfen wurde, ist – dieser Befund hat sich auch in den geführten Interviews erhärtet – darauf zurückzuführen, dass das Sekretariat und damit verbunden die Ministerialbürokratien der Mitgliedstaaten über ungleich umfangreichere personelle Ressourcen zur fachlichen Analyse und Weiterentwicklung von Rechtstexten verfügen als die Abgeordneten des Parlaments mit einer limitierten Zahl an Mitarbeitern.

Dieses Beispiel belegt, dass eine effektive Energie- und Klimaschutzpolitik im transnationalen Raum neben der durch formale Institutionen oder langfristig etablierte informelle Normen bereitgestellten Verlässlichkeit insbesondere ausreichende Ressourcen für die Abwicklung der Verhandlungen über naturgemäß komplexe Materien benötigt. Daneben ist die fortgesetzte Dominanz des Rates in den interinstitutionellen Verhandlungen ebenso wie das Scheitern rein privat begründeter Initiativen auf beiden Seiten des Atlantiks ein Beleg für die schon eingangs konstatierte unverzichtbare Rolle staatlicher Akteure für Steuerungsprozesse sowohl in schwach als auch in stark institutionalisierten Räumen. Umgekehrt führt diese – durch einen Renationalisierungsdiskurs möglicherweise wieder neu gestärkte – Position der Nationalstaaten (oder substaatlicher Akteure mit entsprechenden konstitutionell zugewiesenen Handlungsressourcen) bei zu großen Interessendivergenzen sowohl in stark als auch in schwach institutionalisierten Settings zu einem Steuerungsversagen: Während freiwillige Verhandlungssysteme in solchen Fällen zerfallen, neigt das auf Kompromisse konditionierte Zwangsverhandlungssystem der EU zu einer inhaltlichen Abschwächung der getroffenen Entscheidungen in Bezug auf deren Verbindlichkeit und die der eingesetzten Instrumente.

Eine Lösung für diese Steuerungsdefizite ist nichttrivial und angesichts der konstatierten Mängel neuer Governance-Modi im Hinblick auf Performanz und Dauerhaftigkeit nicht in der Substitution staatlicher Leistungen durch nichtstaatliche Akteure zu suchen. Ein funktionaler Beitrag solcher Akteurskonstellationen und netzwerkartiger Interaktionsformen ist insbesondere in der Bereitstellung des notwendigen Steuerungswissens zu erwarten. Für eine Optimierung der Performanz und Dauerhaftigkeit von Governance-Strukturen vielversprechender erscheint zumindest fallbezogen die Kombination der Vorteile starker und schwacher Institutionalisierung, wie sie etwa in der EU unter dem Schlagwort „Europa der zwei Geschwindigkeiten" diskutiert wird. Theoretisch könnte eine Kombination von flexibler Koalitionsbildung unter ambitionierten Staaten mit einem stark institutionalisierten Verhandlungssystem und hierarchischen Implementationsmechanismen wie in der Europäischen Union vor allem in der Klima- und erneuerbare-Energien-Politik zu einem verbesserten Impact führen, weil damit ein höheres Ambitionsniveau der Ziele in diesem Politikfeld realisierbar wäre. Bei der Regulierung von Elektrizitäts- und Erdgasnetzen ist ein solcher Ansatz hingegen per definitionem kontraproduktiv, weil aus infrastrukturellen Interdependenzen ein weitaus stärkerer unmittelbarer Koordinationsdruck für die beteiligten Akteure entsteht als in der Klimaschutzpolitik und flexible Koalitionen damit eher Schaden als Nutzen verursachen würden. Hier scheint der in der EU praktizierte Ansatz der kooperativen Normsetzung dem nordamerikanischen Modell der staatlich sanktionierten privaten Regelsetzung deutlich überlegen. In der Klimapolitik ist andererseits auch in schwach institutionalisierten Umfeldern die

Einführung einer rechtsverbindlichen Komponente denkbar – etwa durch die vertragsbasierte Gründung einer gemeinsamen Organisation. Ein Ausschluss einer exit-Option ist dabei weder in stark noch in schwach institutionalisierten Umfeldern sinnvoll, weil dadurch die Hürden einer Beteiligung für die meisten Akteure prohibitiv hoch gesetzt würden. Angesichts der globalen Virulenz des Problembereichs Klimaschutz ergibt sich daraus in logischer Konsequenz das Ziel einer möglichst weltweiten Ausgestaltung einer solchen flexiblen Koalition mit rechtsverbindlicher Komponente. Mit dem Emissionshandelssystem der Europäischen Union und vergleichbaren Ansätzen in Nordamerika sind die konzeptionellen und organisationalen Grundsteine dafür gelegt.

Literatur- und Quellenverzeichnis

Sekundärliteratur

6, Perri, Diana Leat, Kimberly Seltzer, und Gerry Stoker. 2002. *Towards Holistic Governance.* The New Reform Agenda. Basingstoke: Palgrave.

Abbott, Kenneth W., Robert O. Keohane, Andrew Moravcsik, Anne-Marie Slaughter, und Duncan Snidal. 2000. The Concept of Legalization. *Int. Org.* 54: 401–419.

Abbott, Kenneth W., und Duncan Snidal. 2000. Hard and Soft Law in International Governance. *Int. Org.* 54: 421–456.

Alcamo, Joseph, und Jørgen E. Olesen. 2012. *Life in Europe under climate change.* Chichester/Hoboken (NJ): Wiley.

Aldy, Joseph E., und Robert N. Stavins. 2011. *The Promise and Problems of Pricing Carbon.* Theory and Experience. Washington D.C. http://www.rff.org/RFF/Documents/RFF-DP-11-46.pdf. Zugegriffen: 12.03.2015.

Alger, Dan, und Michael Toman. 1990. Market-based regulation of natural gas pipelines. *J. Regul. Econ.* 2: 263–280.

Almond, Gabriel A., und G. Bingham Powell. 1996. *Comparative Politics Today.* A World View. Glenview/New York: Harper Collins.

Alparslan, Adem. 2006. *Strukturalistische Prinzipal-Agent-Theorie.* Wiesbaden: Deutscher Universitäts-Verlag.

Alper, Donald K. 1996. The idea of Cascadia: Emergent transborder regionalisms in the pacific northwest-western Canada. *J. Borderlands Stud.* 11: 1–22.

Alrich, Tom. 2018. How can we effectively regulate grid security? *Cyber Secur.* 2: 228–237.

Altvater, Elmar. 2009. Globalisierung und Korruption. In ders.: *Privatisierung und Korruption. Zur Kriminologie von Globalisierung, Neoliberalismus und Finanzkrise,* 4–24. Hamburg: Anders.

Altvater, Elmar, und Birgit Mahnkopf. 1996. *Grenzen der Globalisierung.* Ökonomie, Ökologie und Politik in der Weltgesellschaft. Münster: Westfälisches Dampfboot.

Anderson, Greg. 2012. The Uncertain Politics of North American Economic Integration. In *Our North America. Social and Political Issues Beyond NAFTA*, Hrsg. Julián Castro Rea, 45–66. Farnham/Burlington, VT: Ashgate.

S. Haas, *Transnationale Klima- und Energie-Governance,*
Energiepolitik und Klimaschutz Energy Policy and Climate Protection,
https://doi.org/10.1007/978-3-658-35570-8

Anderson, Greg. 2013. Expanding the Partnership? State and Provinces in U.S.-Canada Relations. *Can.-Am. Public Policy:* 1–43.

Anderson, Greg, und Christopher Sands. 2007. *Negotiating North America: The Security and Prosperity Partnership.* Washington D.C. https://www.hudson.org/content/researchattachments/attachment/680/hudson_negotiating_north_america_final.pdf. Zugegriffen: 24.08.2017.

Archibugi, Daniele. 1995. From the United Nations to Cosmopolitan Democracy. In *Cosmopolitan Democracy. An Agenda for a New World Order*, Hrsg. Daniele Archibugi, und David Held, 121–162. Cambridge (UK): Polity Press.

Assmann, Lukas. 2016. *Europäisierung der Energiewende.* Die grenzüberschreitende Förderung erneuerbarer Energien am Beispiel deutscher Gesetze für Biogas und Biomethan. Tübingen: Mohr Siebeck.

Ba, Alice D., und Matthew J. Hoffmann. 2005. *Contending perspectives on global governance.* Coherence contestation and world order. London: Routledge.

Bache, Ian, Simon John Bulmer, Stephen George, und Owen Parker. 2015. *Politics in the European Union.* Oxford: Oxford University Press.

Bache, Ian, und Matthew V. Flinders. 2004. Themes and Issues in Multi-level Governance. In dies.: *Multi-Level Governance,* 1–14. Oxford/New York: Oxford University Press.

Backes, Chris, Kurt Deketelaere, Marjan Peeters, und Marijke Schurmans. 2008. The underestimated possibility of ex post adjustments: some lessons from the initial greenhouse gas emissions trading scheme. In *Climate change and European emissions trading. Lessons for theory and practice*, Hrsg. Michael G. Faure, und Marjan Peeters, 178–207. Cheltenham, UK/Northampton, MA: Edward Elgar.

Bäckstrand, Karin. 2008. Accountability of Networked Climate Governance: The Rise of Transnational Climate Partnerships. *Glob. Environ. Politics* 8: 74–102.

Bäckstrand, Karin. 2010. *Environmental politics and deliberative democracy.* Examining the promise of new modes of governance. Cheltenham: Edward Elgar.

Baker, John S., und Lindsey Keiser. 2019. NAFTA/USMCA Dispute Settlement Mechanisms and the Constitution. *U. Miami Inter-Am. Law Rev.* 50: 1–57.

Ballmann, Alexander, David Epstein, und Sharyn O'Halloran. 2002. Delegation, Comitology, and the Separation of Powers in the European Union. *Int. Org.* 56: 551–574.

Bansard, Jennifer S., Philipp Pattberg, und Oscar E. Widerberg. 2014. *Subnational climate networks, who they are and what they do* Conference Paper. „Beyond 2015: Exploring the Future of Global Climate Governance". Amsterdam. https://www.indiaeu-climategovernance.org/Reports/Subnational-networks_Bansard.pdf. Zugegriffen: 01.03.2020.

Bansard, Jennifer S., Philipp H. Pattberg, und Oscar Widerberg. 2017. Cities to the rescue? Assessing the performance of transnational municipal networks in global climate governance. *Int. Environ. Agreements* 17: 229–246.

Bartle, Ian. 2005. *Globalisation and EU Policy-Making.* The Neo-Liberal Transformation of Telecommunications and Electricity. Manchester/New York: Manchester University Press.

Bartolini, Stefano. 2010. New Modes of European Governance. An Introduction. In *New Modes of Governance in Europe. Governing in the Shadow of Hierarchy*, Hrsg. Adrienne Héritier, und Martin Rhodes, 1–18. New York: Palgrave Macmillan.

Barysch, Katinka. 2008. *Pipelines, Politics and Power.* The Future of EU-Russia Relations. London: Centre for European Reform.

Batlle, Carlos, und Carlos Ocaña. 2013. Electricity Regulation: Principles and Institutions. In *Regulation of the power sector*, Hrsg. Ignacio J. Pérez-Arriaga, 125–150. London/Heidelberg/New York: Springer.

Batory, Agnes, und Uwe Puetter. 2013. Consistency and diversity? The EU's rotating trio Council Presidency after the Lisbon Treaty. *J. Eur. Public Policy* 20: 95–112.

Baumgartner, Frank R., und Bryan D. Jones. 1993. *Agendas and Instability in American Politics*. Chicago: University of Chicago Press.

Beach, Derek. 2005. *The dynamics of European integration*. Why and when EU institutions matter. Basingstoke/New York: Palgrave Macmillan.

Beck, Ulrich. 1998. Wie wird Demokratie im Zeitalter der Globalisierung möglich? – Eine Einleitung. In ders.: *Politik der Globalisierung*, 7–66. Frankfurt am Main: Suhrkamp.

Beck, Ulrich. 2002. *Macht und Gegenmacht im globalen Zeitalter*. Neue weltpolitische Ökonomie. Frankurt am Main: Suhrkamp.

Becker, Peter. 2014. *Das Finanz- und Haushaltssystem der Europäischen Union*. Grundlagen und Reformen aus deutscher Perspektive. Wiesbaden: Springer VS.

Beisheim, Marianne, Tanja A. Börzel, Philipp Genschel, und Bernhard Zangl. 2011a. Einleitung: Der staatliche Beitrag zu Governance in Räumen konsolidierter und begrenzter Staatlichkeit. In dies.: *Wozu Staat? Governance in Räumen begrenzter und konsolidierter Staatlichkeit*, 11–34. Baden-Baden: Nomos.

Beisheim, Marianne, Tanja A. Börzel, Philipp Genschel, und Bernhard Zangl. 2011b. Governance jenseits des Staates. Das Zusammenspiel staatlicher und nicht-staatlicher Governance. In dies.: *Wozu Staat? Governance in Räumen begrenzter und konsolidierter Staatlichkeit*, 251–266. Baden-Baden: Nomos.

Béjar, Alejandro Alvarez. 2014. Economic Integration and Energy in Mexico, Before and After NAFTA. *Int. J. Political Econ.* 43: 82–99.

Bélanger, Louis. 2010. Governing the North American Free Trade Area: International Rule Making and Delegation in NAFTA, the SPP, and Beyond. *Latin Am. Policy* 1.

Bendor, Jonathan B. 2010. *Bounded Rationality and Politics*. Berkeley: University of California Press.

Benoit, Jean-Yves, und Claude Côté. 2015. Essay by The Québec Government on Its Cap-and-Trade System and the Western Climate Initiative Regional Carbon Market: Origins, Strengths and Advantages. *UCLA J. Environ. Law Policy* 33: 42–60.

Benz, Arthur. 2008. Entwicklung von Governance im Mehrebenensystem der EU. In *Die Europäische Union. Governance und Policy-Making*. PVS Sonderheft 40, Hrsg. Ingeborg Tömmel, 36–57. Wiesbaden: VS.

Benz, Arthur. 2009. *Politik in Mehrebenensystemen*. Wiesbaden: VS.

Benz, Arthur. 2010. The European Union as a loosely coupled multi-level system. In *Handbook on Multi-Level Governance*, Hrsg. Henrik Enderlein, Sonja Wälti, und Michael Zürn, 214–226. Cheltenham, UK/Northampton, MA: Edward Elgar.

Benz, Arthur. 2013. Ein Gegenstand auf der Suche nach einer Theorie. Ein Versuch, den Wandel des Staates zu begreifen. In *Verabschiedung und Wiederentdeckung des Staates im Spannungsfeld der Disziplinen*, Hrsg. Andreas Voßkuhle, Christian Bumke, und Florian Meinel, 59–79. Berlin: Duncker & Humblot.

Benz, Arthur, und Nicolai Dose. 2010a. Governance – Modebegriff oder nützliches sozialwissenschaftliches Konzept? In dies.: *Governance – Regieren in komplexen Regelsystemen. Eine Einführung*, 13–36. Wiesbaden: VS.

Benz, Arthur, und Nicolai Dose. 2010b. Von der Governance-Analyse zur Policy-Theorie. In dies.: *Governance – Regieren in komplexen Regelsystemen. Eine Einführung,* 251–276. Wiesbaden: VS.

Benz, Arthur, Susanne Lütz, Uwe Schimank, und Georg Simonis. 2007. Einleitung. In dies.: *Handbuch Governance. Theoretische Grundlagen und empirische Anwendungsfelder,* 9–25. Wiesbaden: VS Verlag für Sozialwissenschaften.

Bergström, Carl-Fredrik. 2005. *Comitology.* Delegation of Powers in the European Union and the Committee System. Oxford/New York: Oxford University Press.

Bergström, Carl-Fredrik, Henry Farrell, und Adrienne Héritier. 2007. Legislate or Delegate? Bargaining Over Implementation and Legislative Authority in the EU. *West Eur. Politics* 30: 338–366.

Bernhagen, Patrick, und Neil J. Mitchell. 2009. The Determinants of Direct Corporate Lobbying in the European Union. *EU Politics* 10: 155–176.

Berninghaus, Siegfried K., Karl-Martin Ehrhart, und Werner Güth. 2010. *Strategische Spiele.* Eine Einführung in die Spieltheorie. Berlin, Heidelberg: Springer.

Betsill, Michele M. 2007. Regional Governance of Global Climate Change:. The North American Commission for Environmental Cooperation. *Glob. Environ. Politics* 7: 11–27.

Betsill, Michele M. 2009. NAFTA as a Forum for CO2 Permit Trading? In *Changing Climates in North American Politics. Institutions, Policymaking, and Multilevel Governance,* Hrsg. Henrik Selin, und Stacy D. VanDeveer, 161–179. Cambridge (MA)/London: The MIT Press.

Betsill, Michele M., und Harriet Bulkeley. 2004. Transnational Networks and Global Environmental Governance: The Cities for Climate Protection Program. *Int. Stud. Q.* 48: 471–493.

Betsill, Michele, und Barry G. Rabe. 2009. Climate Change and Multilevel Governance: The Evolving State and Local Roles. In *Toward sustainable communities. Transition and transformations in environmental policy,* Hrsg. Daniel A. Mazmanian, und Michael E. Kraft, 201–225. Cambridge, MA: MIT Press.

Bevir, Mark. 2009. *Key Concepts in Governance.* London: SAGE.

Bevir, Mark. 2011. Governance as Theory, Practice, and Dilemma. In ders.: *The SAGE Handbook of Governance,* 1–16. Los Angeles/London: SAGE.

Beyme, Klaus von. 1995. Steuerung und Selbstregelung. *J. Sozialforschung* 35: 197–217.

Bickerton, Christopher J., Dermot Hodson, und Uwe Puetter. 2015. The New Intergovernmentalism. European Integration in the Post-Maastricht Era. *J. Common Mark. Stud.* 53: 703–722.

Bieber, Roland. 2015. Art. 314 AEUV. In *Europäisches Unionsrecht. Vertrag über die Europäische Union, Vertrag über die Arbeitsweise der Europäischen Union, Charta der Grundrechte der Europäischen Union,* Hrsg. Hans von der Groeben, Jürgen Schwarze, und Armin Hatje. Baden-Baden: Nomos.

Bieber, Roland, Astrid Epiney, Marcel Haag, und Markus Kotzur. 2016. *Die Europäische Union.* Europarecht und Politik. Baden-Baden/Basel: Nomos.

Bieling, Hans-Jürgen, und Marika Lerch. 2013. Theorien der europäischen Integration: ein Systematisierungsversuch. In dies.: *Theorien der europäischen Integration,* 9–31. Wiesbaden: Springer.

Blatter, Joachim. 2000. *Entgrenzung der Staatenwelt?* Politische Institutionenbildung in grenzüberschreitenden Regionen in Europa und Nordamerika. Baden-Baden: Nomos.

Blatter, Joachim. 2001. Debordering the World of States. *Eur. J. Int. Relat.* 7: 175–209.

Blatter, Joachim. 2004. From 'spaces of place' to 'spaces of flows'? Territorial and functional governance in cross-border regions in Europe and North America. *Int. J. Urban Reg. Res.* 28: 530–548.

Blauberger, Michael, und Berthold Rittberger. 2015. Conceptualizing and theorizing EU regulatory networks. *Regul. Gov.* 9: 367–376.

Blecker, Robert A. 2014. The Mexican and U.S. Economies After Twenty Years of NAFTA. *Int. J. Political Econ.* 43: 5–26.

Blom-Hansen, Jens. 2011. *The EU Comitology System in Theory and Practice.* Keeping an Eye on the Commission? Basingstoke/New York: Palgrave Macmillan.

Blue, Ian. 2009. Off the Grid: Jurisdiction and the Canadian Electricity Sector. *Dalhousie Law J.*: 339–366.

Blumenthal, Julia von. 2005. Governance – eine kritische Zwischenbilanz. *Z. Politikwissenschaft* 15: 1149–1180.

Boasson, Elin Lerum, und Jørgen Wettestad. 2013. *EU Climate Policy.* Industry, Policy Interaction and External Environment. Farnham/Burlington (VT): Ashgate.

Böllhoff, Dominik. 2005. Developments in regulatory regimes: comparison of telecommunications, energy and rail. In *Refining Regulatory Regimes. Utilities in Europe*, Hrsg. David Coen, und Adrienne Héritier, 15–52. Cheltenham/Northampton (MA): Elgar.

Börzel, Tanja A. 2008a. Der Schatten der Hierarchie – ein Governance-Paradox? In *Governance in einer sich wandelnden Welt*, Hrsg. Gunnar Folke Schuppert, und Michael Zürn, 118–131. Wiesbaden: VS.

Börzel, Tanja A. 2008b. European Governance – Verhandlungen und Wettbewerb im Schatten der Hierarchie. In *Die Europäische Union. Governance und Policy-Making.* PVS Sonderheft 40, Hrsg. Ingeborg Tömmel, 61–91. Wiesbaden: VS.

Börzel, Tanja A. 2010. European Governance:. Negotiation and Competition in the Shadow of Hierarchy. *J. Common Mark. Stud.* 48: 191–219.

Boulatoff, Catherine, Carol Boyer, und Stephen J. Ciccone. 2012. Voluntary Environmental Regulation and Firm Performance: The Chicago Climate Exchange. *J. Alternative Invest.* 15: 114–122.

Bouwen, Pieter. 2004. Exchanging access goods for access. A comparative study of business lobbying in the European Union institutions. *Eur. J. Political Res.* 43: 337–369.

Bouwen, Pieter. 2009. The European Commission. In *Lobbying the European Union. Institutions, Actors, and Issues*, Hrsg. David Coen, und Jeremy J. Richardson, 19–38. Oxford/New York: Oxford University Press.

Bradley, Paul G., und G. Campbell Watkins. 2003. *Canada and the U.S.: A Seamless Energy Border?* https://www.cdhowe.org/sites/default/files/attachments/research_papers/mixed/commentary_178.pdf. Zugegriffen: 29.12.2014.

Braig, Marianne, und Markus-Michael Müller. 2008. Das politische System Mexikos. In *Die politischen Systeme in Nord- und Lateinamerika. Eine Einführung*, Hrsg. Klaus Stüwe, und Stefan Rinke, 389–416. Wiesbaden: VS.

Brandsma, Gijs Jan. 2019. Transparency of EU informal trilogues through public feedback in the European Parliament: promise unfulfilled. *J. Eur. Public Policy* 26: 1464–1483.

Brandsma, Gijs Jan, und Jens Blom-Hansen. 2012. Negotiating the Post-Lisbon Comitology System. Institutional Battles over Delegated Decision-Making. *J. Common Mark. Stud.* 50: 939–957.

Brandsma, Gijs Jan, und Jens Blom-Hansen. 2016. Controlling Delegated Powers in the Post-Lisbon European Union. *J. Eur. Public Policy* 23: 531–549.

Braun, Marcel. 2009. The evolution of emissions trading in the European Union—The role of policy networks, knowledge and policy entrepreneurs. *Account. Org. Soc.* 34: 469–487.

Bressanelli, E., C. Koop, und C. Reh. 2016. The impact of informalisation. Early agreements and voting cohesion in the European Parliament. *EU Politics* 17: 91–113.

Bruijn, Hans A. de, und Hans A.M. Hufen. 1998. The Traditional Approach to Policy Instruments. In *Public Policy Instruments. Evaluating the Tools of Public Administration*, Hrsg. B. Guy Peters, und Nispen, Frans K. M. van, 11–32. Cheltenham: Edward Elgar.

Brunnengräber, Achim. 2007. *Multi-Level-Governance.* Klima-, Umwelt- und Sozialpolitik in einer interdependenten Welt. Baden-Baden: Nomos.

Brunnengräber, Achim, und Tobias Haas. 2013. Die Klima- und Energiepolitik in der Krise? Zu Kohärenzproblemen am Beispiel der EU. *Z. Außen. Sicherheitspolit* 6: 211–230.

Buchan, David. 2010. Energy Policy. Sharp Challenges and Rising Ambitions. In *Policy-Making in the European Union*, Hrsg. Helen Wallace, Mark A. Pollack, und Alasdair R. Young, 357–379. Oxford: Oxford University Press.

Buchan, David. 2012. *Europe's Misshapen Market:.* Why Progress Towards a Single Energy Market is Proving Uneven. Oxford. http://www.oxfordenergy.org/wpcms/wp-content/uploads/2012/11/Europes-misshapen-market.pdf. Zugegriffen: 28.11.2014.

Burfisher, Mary E., Frederic Lambert, und Troy Matheson. 2019. *NAFTA to USMCA: What is Gained?* Washington D.C. https://www.imf.org/~/media/Files/Publications/WP/2019/WPIEA2019073.ashx. Zugegriffen: 26.02.2020.

Bürgin, Alexander. 2014. National binding renewable energy targets for 2020, but not for 2030 anymore. Why the European Commission developed from a supporter to a brakeman. *J. Eur. Public Policy* 22: 690–707.

Burns, Charlotte. 2005. The European Parliament: The European Union's Environmental Champion? In *Environmental Policy in the European Union. Actors, Institutions, and Processes*, Hrsg. Andrew Jordan, 87–105. London: Earthscan Publications.

Burns, Charlotte, Neil Carter, und Nicholas Worsfold. 2012. Enlargement and the Environment. The Changing Behaviour of the European Parliament. *J. Common Mark. Stud.* 50: 54–70.

Busch, Per-Olof, und Helge Jörgens. 2012. Europeanization through diffusion? Renewable energy policies and alternative sources for convergence. In European Energy Policy. An Environmental Approach, Hrsg. Francesc Morata, und Israel Solorio Sandoval, 66–84. Cheltenham/Northampton (MA): Edward Elgar.

Busuioc, Madalina. 2009. Accountability, Control and Independence: The Case of European Agencies. *Eur. Law J.* 15: 599–615.

Cabau, Emmanuel. 2010. Unbundling of Transmissions System Operators. In *The Internal Energy Market. The Third Liberalisation Package*, Hrsg. Christopher Jones, 87–216. Leuven: Claeys & Casteels.

Cafaggi, Fabrizio, Andrea Renda, und Rebecca Schmidt. 2013. Transnational Private Regulation. In *International Regulatory Co-operation: Case Studies, Vol. 3:. Transnational Private Regulation and Water Management*, Hrsg. OECD, 9–58. Paris: OECD Publishing.

Caldés, Natalia, Yolanda Lechón, Irene Rodríguez, und Pablo del Río. 2018. Analysis of the barriers to the use of the cooperation mechanisms for renewable energy in the EU. Madrid.

Callanan, Mark. 2011. EU decision-making. Reinforcing interest group relationships with national governments? *J. Eur. Public Policy* 18: 17–34.

Calvert, Randall L. 1995. The Rational Choice Theory of Institutions. Implications for Design. In *Institutional Design*, Hrsg. David Leo Weimer, 63–94. Boston/Dordrecht/London: Kluwer Academic Publishers.

Cameron, Peter D. 2007. *Competition in Energy Markets*. Law and Regulation in the European Union. Oxford: Oxford University Press.

Cameron, Peter D. 2016. The Internal Energy Market – Redefining Objectives. In *Legal Aspects of EU Energy Regulation. The Consolidation of Energy Law Across Europe*, Hrsg. Peter D. Cameron, und Raphael J. Heffron, 3–31. Oxford: Oxford University Press.

Cameron, Peter D., und Raphael J. Heffron (Hrsg.). 2016. *Legal Aspects of EU Energy Regulation*. The Consolidation of Energy Law Across Europe. Oxford: Oxford University Press.

Camilleri, Joseph A., und Jim Falk. 1992. *The End of Sovereignty?* The Politics of a Shrinking and Fragmenting World. Aldershot/Brookfield (VT): Edward Elgar.

Caporaso, James A. 1996. The European Union and Forms of State:. Westphalian, Regulatory or Post-Modern? *J. Common Mark. Stud.*34: 29–52.

Carammia, Marcello, Sebastiaan Princen, und Arco Timmermans. 2016. From Summitry to EU Government. An Agenda Formation Perspective on the European Council. *J. Common Mark. Stud.* 54: 809–825.

Carpentier, Deborah. 2013. NERC Matters: NERC Followed in Canada. *Nat. Gas Electr.* 29: 26–30.

Carpentier, Deborah A. 2014. NERC Matters: NERC and FERC Attempt to Eliminate Reliability Gap in Tie Lines. *Nat. Gas Electr.* 30: 27–29.

Castro-Ruíz, José Luis, und Vicente Sánchez-Munguía. 2008. Water Management in the San Diego-Tijuana Region: What Lessons Can Be Learned? In *Transboundary Policy Challenges in the Pacific Border Regions of North America*, Hrsg. James Loucky, Donald K. Alper, und J. C. Day, 171–193. Calgary: University of Calgary Press.

Cerny, Philip G. 1997. Paradoxes of the Competition State:. The Dynamics of Political Globalization. *Gov. Oppos.* 32: 251–274.

Chaloux, Annie. 2017. The Implementation of the Western Climate Initiative: How North American States and Provinces Lead International Climate Negotiations. *Int. Negot.* 22: 239–258.

Chaloux, Annie, und Stéphane Paquin. 2012. Green Paradiplomacy in North America: Successes and Limits of the NEG-ECP. In *Sustainable Development and Subnational Governments. Policy-Making and Multi-Level Interactions*, Hrsg. Hans Bruyninckx, Sander Happaerts, und Karoline van den Brande, 217–236. London: Palgrave Macmillan.

Chaumeil, Thierry. 2005. *Slow progress in liberalization if France's gas market*. London. https://www.hoganlovells.com/~/media/hogan-lovells/pdf/publication/2114chaumeil_pdf.pdf. Zugegriffen: 06.01.2018.

Chisholm, Donald W. 1989. *Coordination Without Hierarchy*. Informal Structures in Multiorganizational Systems. Berkeley: University of California Press.

Christiansen, Thomas. 2002. Relations between the European Commission and the Council Secretariat: The administrative complex of European governance. Introduction. *Politique Eur.* 5: 11–24.

Christiansen, Thomas, und Mathias Dobbels. 2013. Non-Legislative Rule Making after the Lisbon Treaty: Implementing the New System of Comitology and Delegated Acts. *Eur. Law J.* 19: 42–56.

Christiansen, Thomas, und Christine Reh. 2009. *Constitutionalizing the European Union.* Basingstoke: Palgrave Macmillan.

Ciepley, David. 2013. Beyond Public and Private:. Toward a Political Theory of the Corporation. *Am. Political Sci. Rev.* 107: 139–158.

Cini, Michelle, und Lee McGowan. 2009. *Competition Policy in the European Union.* Basingstoke: Palgrave Macmillan.

Clarkson, Stephen. 2005. The Primitive Realities of North America's Transnational Governance. In *Complex sovereignty. Reconstituting Political Authority in the Twenty-First Century*, Hrsg. Edgar Grande, und Louis W. Pauly, 168–194. Toronto: University of Toronto Press.

Clarkson, Stephen. 2008. *Does North America Exist?* Governing the Continent after NAFTA and 9/11. Toronto/Buffalo (NY)/London/Washington D.C.: University of Toronto Press; Woodrow Wilson Center Press.

Clarkson, Stephen. 2009. The Governance of Energy in North America:. The United States and Its Continental Periphery. In *Governing the Energy Challenge. Canada and Germany in a Multi-Level Regional and Global Context*, Hrsg. G. Bruce Doern, und Burkard Eberlein, 99–121. Toronto: University of Toronto Press.

Clarkson, Stephen. 2010. Multi-modal governance in North America. In *Handbook on Multi-Level Governance*, Hrsg. Henrik Enderlein, Sonja Wälti, und Michael Zürn, 279–291. Cheltenham, UK/Northampton, MA: Edward Elgar.

Clarkson, Stephen, und Roopa Rangaswami. 2008. The Governance of North America. NAFTA's Complex Institutional Structure. In *Politics in North America. Redefining Continental Relations*, Hrsg. François Rocher, Yasmeen Abu-Laban, und Radha Jhappan, 101–113. Peterborough, Ont.: Broadview Press.

Clifton, Judith, Francisco A. Comín, und Daniel Díaz Fuentes. 2007a. Towards Understanding Network Service Transnationalisation. In dies.: *Transforming Public Enterprise in Europe and North America. Networks, Integration and Transnationalisation,* 221–231. Basingstoke: Palgrave/Macmillan.

Clifton, Judith, Francisco A. Comín, und Daniel Díaz Fuentes. 2007b. Transforming Network Services in Europe and the Americas: From Ugly Ducklings to Swans? In dies.: *Transforming Public Enterprise in Europe and North America. Networks, Integration and Transnationalisation,* 3–15. Basingstoke: Palgrave/Macmillan.

Coase, Ronald H. 1960. The Problem of Social Cost. *J. Law Econ.* 3: 1–44.

Coen, David. 1998. The European Business Interest and the Nation State: Large-firm Lobbying in the European Union and Member States. *J. Public Policy* 18: 75–100.

Coen, David. 2005. Introduction: Redefining and refining regulation. In *Refining Regulatory Regimes. Utilities in Europe*, Hrsg. David Coen, und Adrienne Héritier, 1–11. Cheltenham/Northampton (MA): Elgar.

Coen, David, und Mark Thatcher. 2008. Network Governance and Multi-level Delegation: European Networks of Regulatory Agencies. *J. Public Policy* 28: 49–71.

Cohen, Marjorie Griffin. 2007. Imperialist Regulation: US Electricity Market Designs and Their Problems for Canada and Mexico. In *Whose Canada? Continental Integration, Fortress North America, and the Corporate Agenda*, Hrsg. Ricardo Grinspun, und Yasmine Shamsie, 439–458. Montreal [Que.]: McGill-Queen's University Press.

Coll-Mayor, Debora, Mia Paget, und Eric Lightner. 2007. Future intelligent power grids: Analysis of the vision in the European Union and the United States. *Energy Policy* 35: 2453–2465.

Conolly, Sarah, und Hussein Kassim. 2016. ‚Supranationalism' in Question. Beliefs, Values, and the Socializing Power of the European Commission Revisited. *Public Admin.* 94: 717–737.

Convery, Frank J. 2009. Origins and Development of the EU ETS. *Environ. Resour. Econ.* 43: 391–412.

Conzelmann, Thomas. 2008. A New Mode of Governing? Multi-Level Governance Between Cooperation and Conflict. In *Multi-Level Governance in the European Union. Taking Stock and Looking Ahead*, Hrsg. Thomas Conzelmann, und Randall Smith, 11–30. Baden-Baden: Nomos.

Cornwall, Nigel. 2008. Achieving Electricity Market Integration in Europe. In *Competitive Electricity Markets. Design, Implementation, Performance*, Hrsg. Fereidoon P. Sioshansi, 95–137. Burlington: Elsevier Science.

Costa, Olivier. 2011. The European Parliament and the Community Method. In *The ‚Community Method'. Obstinate or Obsolete?*, Hrsg. Renaud Dehousse, 60–75. Basingstoke/New York: Palgrave Macmillan.

Cowles, Maria Green, und Stephanie Curtis. 2004. Developments in European Integration Theory: The EU as „Other". In *Developments in the European Union*, Hrsg. Maria Green Cowles, und Desmond Dinan. Basingstoke, Hampshire: Palgrave Macmillan.

Cox, Robert Henry, und Mariam Dekanozishvili. 2015. German Efforts to Shape European Renewable Energy Policy. In *Energy policy making in the EU. Building the agenda*, Hrsg. Jale Tosun, Sophie Biesenbender, und Kai Schulze, 167–184. London: Springer.

Craig, Paul. 2010. *The Lisbon Treaty.* Law, Politics, and Treaty Reform. Oxford: Oxford University Press.

Craig, Paul, und Grainne de Búrca. 2011. *The Evolution of EU Law.* Oxford/New York: Oxford University Press.

Craik, Neil. 2013. Regional Climate Policy Facilitation: The Role of the North American Commission on Environmental Cooperation. In *Climate Change Policy in North America. Designing Integration in a Regional System*, Hrsg. Debora VanNijnatten, Neil Craik, und Isabel Studer, 213–245. Toronto/Buffalo (NY)/London: University of Toronto Press.

Craik, Neil, und Joseph DiMento. 2008. Environmental Cooperation in the (Partially) Disaggregated State: Lessons from the Security and Prosperity Partnership of North America. *Chic. J. Int. Law* 8: 479–512.

Craik, Neil, und Joseph DiMento. 2009. Climate Law and Policy in North America: Prospects for Regionalism. *San Diego J. Clim. Energy Law* 1: 195–258.

Crouch, Colin. 2008. *Postdemokratie.* Berlin: Suhrkamp.

Cubasch, Ulrich, und Dieter Kasang. 2000. *Anthropogener Klimawandel.* Gotha: Klett-Perthes.

Czada, Roland. 1994. Konjunkturen des Korporatismus:. Zur Geschichte eines Paradigmenwechsels in der Verbändeforschung. In *Staat und Verbände*, Hrsg. Wolfgang Streeck, 37–64. Wiesbaden: Westdeutscher Verlag.

Czempiel, Ernst Otto. 1992. Governance and Democratization. In *Governance without government. Order and change in world politics*, Hrsg. James N. Rosenau, und Ernst Otto Czempiel, 250–271. Cambridge/New York: Cambridge University Press.

da Conceição-Heldt, Eugénia. 2011. Variation in EU member states' preferences and the Commission's discretion in the Doha Round. *J. Eur. Public Policy* 18: 403–419.

Danwitz, Thomas von. 2006. Regulation and Liberalization of the European Electricity Market—A German View. *Energy Law J.* 27: 423–450.

Daskalakis, George. 2018. Temporal restrictions on emissions trading and the implications for the carbon futures market: Lessons from the EU emissions trading scheme. *Energy Policy* 115: 88–91.

Dehousse, Renaud (Hrsg.). 2011a. *The ‚Community Method'*. Obstinate or Obsolete? Basingstoke/New York: Palgrave Macmillan.

Dehousse, Renaud. 2011b. The ‚Community Method' at Sixty. In ders.: *The ‚Community Method'. Obstinate or Obsolete?*, 3–15. Basingstoke/New York: Palgrave Macmillan.

Dehousse, Renaud, und Paul Magnette. 2012. Institutional Change in the European Union. In *The Institutions of the European Union*, Hrsg. John Peterson, und Michael Shackleton, 20–40. Oxford: Oxford University Press.

Dehousse, Renaud, A. Fernández Pasarín, und Joan Pere Plaza. 2014. How Consensual is Comitology? *J. Eur. Public Policy* 21: 842–859.

Dequech, David. 2001. Bounded Rationality, Institutions, and Uncertainty. *J. Econ. Issues* 35: 911–929.

Díaz-Bautista, Alejandro, Donald K. Alper, und Krista Martinez. 2008. Energy Policy and Economic Growth in the Pacific Border Regions of North America. In *Transboundary Policy Challenges in the Pacific Border Regions of North America*, Hrsg. James Loucky, Donald K. Alper, und J. C. Day, 63–92. Calgary: University of Calgary Press.

Diedrichs, Udo, Wulf Reiners, und Wolfgang Wessels. 2010. New Modes of Governance. Policy Developments and the Hidden Steps of EU Integration. In *New Modes of Governance in Europe. Governing in the Shadow of Hierarchy*, Hrsg. Adrienne Héritier, und Martin Rhodes, 19–47. New York: Palgrave Macmillan.

Dinan, Desmond. 2014. Governance and Institutions. The Unrelenting Rise of the European Parliament. *J. Common Mark. Stud.* 52: 109–124.

Dingwerth, Klaus. 2003. Globale Politiknetzwerke und ihre demokratische Legitimation. Eine Analyse der Weltstaudammkommission. *Z. Int. Bezieh.* 10: 69–109.

Dolowitz, David, und David Marsh. 2000. Learning from Abroad: The Role of Policy Transfer in Contemporary Policy-Making. *Governance* 13: 5–24.

Dose, Nicolai. 2003. Trends und Herausforderungen der politischen Steuerungstheorie. In *Politische Steuerung und neue Staatlichkeit*, Hrsg. Edgar Grande, und Rainer Prätorius, 19–55. Baden-Baden: Nomos.

Dose, Nicolai. 2008a. Governance als problemorientierte Steuerung. Steuerung angesichts alter Probleme und neuer Herausforderungen. In *Governance in einer sich wandelnden Welt*, Hrsg. Gunnar Folke Schuppert, und Michael Zürn, 77–94. Wiesbaden: VS.

Dose, Nicolai. 2008b. *Problemorientierte staatliche Steuerung*. Ansatz für ein reflektiertes Policy-Design. Baden-Baden: Nomos.

Dowding, Keith. 1994. The Compatibility of Behavioralism, Rational Choice and ‚New Institutionalism'. *J. Theor. Politics* 6: 105–117.

Dreger, Jonas. 2014. *The European Commission's Energy and Climate Policy.* A Climate for Expertise? Basingstoke: Palgrave Macmillan.

Drezner, Daniel W. 2000. Globalization and Policy Convergence. *Int. Stud. Rev.* 3: 53–78.

Droste-Franke, Bert, Boris P. Paal, Christian Rehtanz, Dirk Uwe Sauer, Jens-Peter Schneider, Miranda Schreurs, und Thomas Ziesemer. 2012. *Balancing Renewable Electricity.* Energy Storage, Demand Side Management, and Network Extension from an Interdisciplinary Perspective. Heidelberg: Springer.

Dukert, Joseph M. 2000. The Evolution of the North American Energy Market: Implications of Continentalization for a Strategic Sector of the Canadian Economy. *Am. Rev. Can. Stud.* 30: 349–359.

Dukert, Joseph M. 2007a. North America. In *Energy Cooperation in the Western Hemisphere. Benefits and Impediments*, Hrsg. Sidney Weintraub, 132–165. Washington D.C.: CSIS Press, Center for Strategic and International Studies.

Dukert, Joseph M. 2007b. North American Energy, 2000–2007: What a Difference Those Years Make! *Am. Rev. Can. Stud.* 37: 57–76.

Dunn, David Hastings, und Mark J. L. McClelland. 2013. Shale gas and the revival of American power: debunking decline? *Int. Aff.* 89: 1411–1428.

Easton, David. 1965. *A Systems Analysis of Political Life.* New York/London/Sydney: Wiley.

Eberlein, Burkard. 2008. The Making of the European Energy Market: The Interplay of Governance and Government. *J. Public Policy* 28: 73–92.

Eberlein, Burkard. 2016. Regulation by Cooperation. In *Legal Aspects of EU Energy Regulation. The Consolidation of Energy Law Across Europe*, Hrsg. Peter D. Cameron, und Raphael J. Heffron. Oxford: Oxford University Press.

Eberlein, Burkard, und Edgar Grande. 2005. Reconstituting Political Authority in Europe. Transnational Regulatory Networks and the Informalization of Governance in the European Union. In *Complex sovereignty. Reconstituting Political Authority in the Twenty-First Century*, Hrsg. Edgar Grande, und Louis W. Pauly, 146–167. Toronto: University of Toronto Press.

Eberlein, Burkard, und Abraham L. Newman. 2008. Escaping the International Governance Dilemma? Incorporated Transgovernmental Networks in the European Union. *Governance* 21: 25–52.

Eckersley, Robyn. 2012. Moving Forward in the Climate Negotiations:. Multilateralism or Minilateralism? *Glob. Environ. Politics* 12: 24–42.

Egan, Michelle. 2009. Governing the Single Market: From Private Coordination to Public Regulation. In *Innovative Governance in the European Union. The Politics of Multilevel Policymaking*, Hrsg. Ingeborg Tömmel, und Amy Verdun, 159–178. Boulder, CO: Rienner.

Egeberg, Morten. 1999. Transcending intergovernmentalism? Identity and role perceptions of national officials in EU decision making. *J. Eur. Public Policy* 6: 456–474.

Egeberg, Morten. 2006. Europe's Executive Branch of Government in the Melting Pot: an Overview. In ders.: *Multilevel Union Administration. The Transformation of Executive Politics in Europe,* 1–16. Basingstoke England, New York: Palgrave Macmillan.

Egeberg, Morten, und Andreas Heskestad. 2010. The Denationalization of Cabinets in the European Commission. *J. Common Mark. Stud.* 48: 775–786.

Egeberg, Morten, Günther Schaefer, und Jarle Trondal. 2003. The Many Faces of EU Committee Governance. *West Eur. Politics* 26: 19–40.

Egeberg, Morten, und Jarle Trondal. 2012. EU-level agencies: new executive centre formation or vehicles for national control? In *Agency Governance in the EU*, Hrsg. Berthold Rittberger, und Arndt Wonka, 90–109. London/New York: Routledge.

Egenhofer, Christian. 2013. The Growing Importance of Carbon Pricing in Energy Markets. In *The Handbook of Global Energy Policy*, Hrsg. Andreas Goldthau, 358–372. Oxford: John Wiley & Sons.

Eikeland, Per Ove. 2008. EU Internal Energy Market Policy. New Dynamics in the Brussels Policy Game? *FNI Report 14/2008.* Oslo: Fridtjof Nansen Institute.

Eikeland, Per Ove. 2011a. EU Internal Energy Market Policy: Achievements and Hurdles. In *Toward a Common European Union Energy Policy. Progress, Problems, and Prospects*, Hrsg. Vicki L. Birchfield, und John S. Duffield, 13–40. New York: Palgrave Macmillan.

Eikeland, Per Ove. 2011b. The Third Internal Energy Market Package:. New Power Relations among Member States, EU Institutions and Non-state Actors? *J. Common Mark. Stud.* 49: 243–263.

Eikeland, Per Ove, Jon Birger Skjærseth, und Lars H. Gulbrandsen. 2016. Initiating the package for 2020. In *Linking EU climate and energy policies. Decision-making, implementation and reform*, Hrsg. Jon Birger Skjærseth, Per Ove Eikeland, Lars H. Gulbrandsen, und Torbjørg Jevnaker, 51–70. Northampton, MA: Edward Elgar.

Eilstrup-Sangiovanni, Mette, und Stephanie C. Hofmann. 2019. Of the contemporary global order, crisis, and change. *J. Eur. Public Policy* 92: 1–13.

Eising, Rainer. 2000. *Liberalisierung und Europäisierung.* Die regulative Reform der Elektrizitätsversorgung in Großbritannien, der Europäischen Gemeinschaft und der Bundesrepublik Deutschland. Opladen: Leske + Budrich.

Eising, Rainer. 2007. The access of business interests to EU institutions: towards élite pluralism? In *EU Lobbying: Empirical and Theoretical Studies*, Hrsg. David Coen, 52–71. London/New York: Routledge.

Eisner, Marc Allen, Jeffrey Worsham, und Evan J. Ringquist. 2000. *Contemporary Regulatory Policy.* Boulder, Colo.: Lynne Rienner Publishers.

Eldersveld, Samuel James. 1964. *Political Parties.* A Behavioral Analysis. Chicago: Rand McNally.

Ellerman, A. Denny, Frank J. Convery, und Christian de Perthuis. 2010. *Pricing Carbon.* The European Union Emissions Trading Scheme. Cambridge (UK)/New York: Cambridge University Press.

Elster, Jon. 2000. Arguing and Bargaining in Two Constituent Assemblies. *U. Pa. J. Const. Law* 2: 345–421.

Erlei, Mathias, Martin Leschke, und Dirk Sauerland. 2007. *Neue Institutionenökonomik.* Stuttgart: Schäffer-Poeschel Verlag.

Esping-Andersen, Gøsta. 1990. *The Three Worlds of Welfare Capitalism.* Princeton (NJ): Princeton University Press.

Essl, Franz, Hannes Knapp, Manfred J. Lexer, Rupert Seidl, Uwe Riecken, Anke Höltermann, und Christian Großheim. 2013. Naturschutz als Beitrag zum Klimaschutz. In *Biodiversität und Klimawandel. Auswirkungen und Handlungsoptionen für den Naturschutz in Mitteleuropa*, Hrsg. Franz Essl, und Wolfgang Rabitsch, 263–281. Berlin/Heidelberg: Springer.

Etcheverry, José. 2013. New Approaches to Climate Mitigation: Collaborative Strategies for Developing Renewable Energy in North America. In *Climate Change Policy in North America. Designing Integration in a Regional System*, Hrsg. Debora VanNijnatten, Neil Craik, und Isabel Studer, 157–181. Toronto/Buffalo (NY)/London: University of Toronto Press.

Evans, Peter. 1997. The Eclipse of the State? Reflections on Stateness in an Era of Globalization. *World Politics* 50: 62–87.

Fabbrini, Sergio. 2013. The Outcomes of Intergovernmentalism: The Euro Crisis and the Transformation of the European Union. In , Hrsg. Adrienne Héritier, Alexander H. Trechsel, und Bruno de Witte, 101–128. Florenz: European University Institute.

Fabbrini, Sergio, und Uwe Puetter. 2016. Integration without supranationalisation: studying the lead roles of the European Council and the Council in post-Lisbon EU politics. *J. Eur. Integr.* 38: 481–495.

Falkner, Gerda. 2011. Introduction: The EU's Decision Traps and Their Exits. A Concept for Comparative Analysis. In dies.: *The EU's Decision Traps. Comparing Policies,* 1–17. Oxford/New York: Oxford University Press.

Farrell, David M., Simon Hix, und Roger Scully. 2011. EPRG MEP Survey Dataset: 2011 Release. London: The London School of Economics and Political Science.

Farrell, Henry, und Adrienne Héritier. 2003. Formal and Informal Institutions Under Codecision: Continuous Constitution-Building in Europe. *Governance* 16: 577–600.

Farrell, Henry, und Adrienne Héritier. 2007. Codecision and Institutional Change. *West Eur. Politics* 30: 285–300.

Farrell, Jerry H., und Paul F. Forshay. 1994. Competition Versus Regulation: Reform of Energy Regulation in North America. *J. Energy Nat. Resour. Law* 12: 385–405.

Favoino, Marieva, Christoph Knill, und Andrea Lenschow. 2000. New Structures for Environmental Governance in the European Commission:. The Institutional Limits of Governance Change. In *Implementing EU Environmental Policy. New Directions and Old Problems*, Hrsg. Christoph Knill, und Andrea Lenschow, 39–61. Manchester/New York: Manchester University Press.

Fernández Jilberto, Alex E., und André Mommen. 2002. Globalization vs. Regionalization. In dies.: *Regionalization and Globalization in the Modern World Economy. Perspectives on the Third World and Transitional Economies,* 1–26. London/New York: Routledge.

Finnoff, David, Curtis Cramer, und Sherrill Shaffer. 2004. The Financial and Operational Impacts of FERC Order 636 on the Interstate Natural Gas Pipeline Industry. *J. Regul. Econ.* 25: 243–270.

Fischer, Klemens H. 2007. Die Legitimation von supranationalen Organisationen. *Z. öff. Recht* 62: 323–370.

Fischer, Severin. 2011. *Auf dem Weg zur gemeinsamen Energiepolitik.* Strategien, Instrumente und Politikgestaltung in der Europäischen Union. Baden-Baden: Nomos.

Fischer, Severin. 2014. Der neue EU-Rahmen für die Energie- und Klimapolitik bis 2030. Handlungsoptionen für die deutsche Energiewende-Politik. *SWP-Aktuell 2014/A73.* Berlin: SWP Berlin. https://www.swp-berlin.org/fileadmin/contents/products/aktuell/2014A73_fis.pdf. Zugegriffen: 18.07.2017.

Fischer, Severin. 2015. Was kommt nach 2020? – Europas Energie- und Klimapolitik am Scheideweg. In *Erneuerbare Energien in Europa*, Hrsg. Thorsten Müller, und Hartmut Kahl, 11–22: Nomos.

Fischer, Severin. 2017. Energiepolitik. In *Jahrbuch der Europäischen Integration 2017*, Hrsg. Werner Weidenfeld, und Wolfgang Wessels, 255–260. Baden-Baden: Nomos Verlagsgesellschaft.

Fishkin, James S. 2009. *When the People Speak.* Deliberative Democracy and Public Consultation. Oxford/New York: Oxford University Press.

Flåm, Karoline Hægstad. 2009. Restricting the import of 'emission credits' in the EU. A power struggle between states and institutions. *Int. Environ. Agreements: Politics, Law and Economics* 9: 23–38.

Franchino, Fabio. 2006. *The Powers of the Union.* Delegation in the EU. Cambridge (UK)/New York: Cambridge University Press.

Frederickson, Horace George, und Kevin B. Smith. 2003. *The Public Administration Theory Primer.* Boulder, CO: Westview Press.

Frieden, Jeffrey. 2019. The Backlash Against Globalization and the Future of the International Economic Order. In *The crisis of globalization. Democracy, capitalism and inequality in the twenty-first century*, Hrsg. Patrick Diamond, 43–52. London/New York: I.B. Tauris.

Fröhlich, Stefan. 2014. *Die Europäische Union als globaler Akteur.* Eine Einführung. Wiesbaden: Springer VS.

Füglister, Katharina. 2012. Where does learning take place? The role of intergovernmental cooperation in policy diffusion. *Eur. J. Political Res.* 51: 316–349.

Gans, Will, und Beat Hintermann. 2013. Market Effects of Voluntary Climate Action by Firms. Evidence from the Chicago Climate Exchange. *Environ. Resource Econ.* 55: 291–308.

Gattinger, Monica. 2010. Canada's Energy Policy Relations in North America:. Toward Harmonization and Supranational Approaches? In *Borders and Bridges. Canada's Policy Relations in North America*, Hrsg. Geoffrey E. Hale, und Monica Gattinger, 139–157. Don Mills, Ont.: Oxford University Press.

Gattinger, Monica. 2011. Canada-United States Electricity Relations:. Test-Bed for North American Policy-Making? *Can.-Am. Public Policy:* 1–41.

Gattinger, Monica. 2012. Canada–United States Energy Relations:. Making a MESS of Energy Policy. *Am. Rev.Can. Stud.* 42: 460–473.

Gattinger, Monica, und Rafael Aguirre. 2016. The Shale Revolution and Canada-United States Energy Relations: Game Changer or Déjà Vu All Over Again? In *International political economy*, Hrsg. Greg Anderson, und ChristopherJ. Kukucha, 409–435. Don Mills: Oxford University Press.

Gbikpi, Bernard, und Jürgen R. Grote. 2002. From Democratic Government to Participatory Governance. In *Participatory Governance. Political and Societal Implications*, Hrsg. Jürgen R. Grote, und Bernard Gbikpi, 17–34. Opladen: Leske + Budrich.

Geden, Oliver, und Severin Fischer. 2008. *Die Energie- und Klimapolitik der Europäischen Union.* Bestandsaufnahme und Perspektiven. Baden-Baden: Nomos.

Geden, Oliver, und Severin Fischer. 2014. Moving Targets. Die Verhandlungen über die Energie- und Klimapolitik-Ziele der EU nach 2020. *SWP-Studie 2014/S1:* SWP Berlin. https://www.swp-berlin.org/fileadmin/contents/products/studien/2014_S01_fis_gdn.pdf. Zugegriffen: 18.07.2017.

Gellermann, Martin. 2003. Art. 251 [Verfahren der Mitentscheidung]. In *EUV/EGV. Vertrag über die Europäische Union und Vertrag zur Gründung der Europäischen Gemeinschaft*, Hrsg. Rudolf Streinz, 2215–2225. München: C.H.Beck.

Gemmer, Christian. 2017. *Die Energieaußenhandelspolitik der Europäischen Union*. Frankfurt a. M.: Peter Lang.

Giddens, Anthony. 1999. *Der dritte Weg*. Die Erneuerung der sozialen Demokratie. Frankfurt: Suhrkamp.

Gisselquist, Rachel M., und Danielle Resnick. 2014. Aiding Government Effectiveness in Developing Countries. *Public Admin. Dev.* 34: 141–148.

Globerman, Steven, und Michael Walker (Hrsg.). 1993. *Assessing NAFTA*. A trinational analysis. Vancouver: Fraser.

Gluszek, Alicja. 2014. The Security and Prosperity Partnership and the Pitfalls of North American Regionalism. *Norteamérica* 9: 7–54.

Godzimirski, Jakub M., und Zuzanna Nowak. 2018. EU Gas Supply Security: The Power of the Importer. In *Energy Security in Europe*, Hrsg. Kacper Szulecki, 221–249. Cham: Springer.

Gollata, Judith A.M., und Jens Newig. 2017. Policy implementation through multi-level governance: analysing practical implementation of EU air quality directives in Germany. *J. Eur. Public Policy* 24: 1308–1327.

Grabau, Martina. 2016. *Gas Games: Der Wandel der europäischen Erdgasaußenpolitik infolge der Ukraine-Krise*. Wiesbaden: Springer VS.

Gramelsberger, Gabriele, und Johann Feichter (Hrsg.). 2011a. *Climate change and policy*. The calculability of climate change and the challenge of uncertainty. Berlin: Springer.

Gramelsberger, Gabriele, und Johann Feichter. 2011b. Modelling the Climate System: An Overview. In dies.: *Climate change and policy. The calculability of climate change and the challenge of uncertainty*, 9–90. Berlin: Springer.

Grande, Edgar. 2000. Multi-Level Governance. Institutionelle Besonderheiten und Funktionsbedingungen des europäischen Mehrebenensystems. In *Wie problemlösungsfähig ist die EU? Regieren im europäischen Mehrebenensystem*, Hrsg. Edgar Grande, und Markus Jachtenfuchs, 11–31. Baden-Baden: Nomos.

Grande, Edgar. 2011. De-Regulation and Re-Regulation of Public Utilities. The New Regulatory State in the European System of Multi-Level Governance. In *The New Regulatory State. Regulating Pensions in Germany and the UK*, Hrsg. Lutz Leisering, 57–79. Houndmills/New York: Palgrave Macmillan.

Grande, Edgar. 2012. Governance-Forschung in der Governance-Falle? Eine kritische Bestandsaufnahme. *Politische Vierteljahresschrift* 53: 565–592.

Grande, Edgar, Markus König, Patrick Pfister, und Paul Sterzel. 2006. Politische Transnationalisierung: Die Zukunft des Nationalstaats – Transnationale Politikregime im Vergleich. In *Globalisierung. Forschungsstand und Perspektiven*, Hrsg. Stefan A. Schirm, 119–145. Baden-Baden: Nomos.

Grande, Edgar, und Louis W. Pauly (Hrsg.). 2005. *Complex sovereignty*. Reconstituting Political Authority in the Twenty-First Century. Toronto: University of Toronto Press.

Grande, Edgar, und Thomas Risse. 2000. Bridging the Gap. Konzeptionelle Anforderungen an die politikwissenschaftliche Analyse von Globalisierungsprozessen. *Z. Int. Bezieh.*: 235–266.

Gräper, Floris, und Christof Schoser. 2010. Third party access. In *The Internal Energy Market. The Third Liberalisation Package*, Hrsg. Christopher Jones, 29–86. Leuven: Claeys & Casteels.

Gray, John. 1999. *Die falsche Verheißung*. Der globale Kapitalismus und seine Folgen Übs. Klaus Binder und Bernd Leinweber. Frankfurt am Main: Fest.

Green, Richard. 2009. European Union Regulation and Competition Policy among the Energy Utilities. In *Competition policy in the EU. Fifty years on from the Treaty of Rome*, Hrsg. Xavier Vives, 284–313. Oxford: Oxford University Press.

Greenwood, Justin. 1997. *Representing Interests in the European Union*. New York: St. Martin's Press.

Greenwood, Justin. 2011. *Interest Representation in the European Union*. Basingstoke: Palgrave Macmillan.

Greenwood, Justin, und Christilla Roederer-Rynning. 2019. Taming Trilogues: The EU's Law-Making Process in a Comparative Perspective. In *The European Parliament in Times of EU Crisis*, Hrsg. Olivier Costa, 121–141. Cham: Springer.

Greven, Michael Th. 2007. „Politik" als Problemlösung und als vernachlässigte Problemursache. Anmerkungen zum Verhältnis zwischen der Policy-Forschung und einem veränderten Reformverständnis in Gesellschaft und Politikwissenschaft. In *Staat und Gesellschaft – fähig zur Reform?* 23. wissenschaftlicher Kongress der Deutschen Vereinigung für politische Wissenschaft, Hrsg. Klaus Dieter Wolf, 329–339. Baden-Baden: Nomos.

Greven, Thomas. 2015. Nordamerikanisches Freihandelsabkommen (NAFTA). In *Regionale Integration. Erklärungsansätze und Analysen zu den wichtigsten Integrationszusammenschlüssen in der Welt*, Hrsg. Andreas Grimmel, und Cord Jakobeit, 300–321. Baden-Baden: Nomos.

Griller, Stefan, Ziller, und Jacques (Hrsg.). 2008. *The Lisbon Treaty*. EU Constitutionalism without a Constitutional Treaty? Wien/New York: Springer.

Grover, Scott. 2009. FERC Guidance Order Shows Inter-Agency Tension Insights. *Nat. Resour. Environ.*: 61–63.

Gullberg, Anne Therese. 2013. Pressure or Information? Lobbying for Binding Renewable Energy Targets in the European Union. *Rev. Policy Research* 30: 611–628.

Gummer, John, und Robert Moreland. 2000. The European Union & Global climate change. A Review of Five National Programmes. Arlington (VA): Center for Climate and Energy Solutions. https://www.c2es.org/site/assets/uploads/2000/06/pol_review.pdf. Zugegriffen: 22.04.2017

Gutiérrez-Haces, Teresa. 2008. The Roots of North American Economic Development. In *Politics in North America. Redefining Continental Relations*, Hrsg. François Rocher, Yasmeen Abu-Laban, und Radha Jhappan, 71–96. Peterborough, Ont.: Broadview Press.

Haas, Simon. 2015. The European Energy Union. Exploiting a Window of Opportunity for the Internal Energy Market. *FRP Working Pap. 2/2015*. Regensburg: Universität Regensburg. http://www.uni-regensburg.de/philosophie-kunst-geschichte-gesellschaft/forum-rp/medien/frp_working_paper_02_2015.pdf. Zugegriffen: 21.11.2015

Habermas, Jürgen. 1996. *Die Einbeziehung des Anderen*. Studien zur politischen Theorie. Frankfurt am Main: Suhrkamp.

Häge, Frank M. 2013. Coalition Building and Consensus in the Council of the European Union. *Brit. J. Political Sci.* 43: 481–504.

Hagemann, Sara, und Bjorn Hoyland. 2010. Parties in the Council? In *The Role of Political Parties in the European Union*, Hrsg. Björn Lindberg, Anne Rasmussen, und Andreas Warntjen, 99–115. London: Routledge.

Hakelberg, Lukas. 2011. Governing climate change by diffusion. Transnational municipal networks as catalysts of policy spread. Berlin.

Hale, Geoffrey. 2011. Politics, People and Passports: Contesting Security, Travel and Trade on the US-Canadian Border. *Geopolitics* 16: 27–69.

Hale, Geoffrey E. 2012. *So near yet so far.* The public and hidden worlds of Canada-US relations. Vancouver: UBC Press.

Hale, Geoffrey. 2013. Transnationalism, Transgovernmentalism and Canada–US Relations in the Twenty-first Century. *Am. Rev. Can. Stud.* 43: 494–511.

Hancher, Leigh, und Iñigo del Guayo. 2006. The European Electricity and Gas Regulatory Forums. In *Regulating Energy and Natural Resources*, Hrsg. Barry Barton, 243–261. New York: Oxford University Press.

Hansen, Hanne Foss. 2005. Choosing Evaluation Models:. A Discussion on Evaluation Design. *Evaluation* 11: 447–462.

Hansen, James, Reto Ruedy, und Makiko Sato. 2010. Global Surface Temperature Change. *Rev. Geophys.* 48: 644–672.

Hardacre, Alan, und Michael Kaeding. 2013. Delegated & Implementing Acts. The New Comitology. *EIPA Essential Guide.* Maastricht: European Institute of Public Administration. http://www.eipa.eu/files/repository/product/20130904094203_Comitology_Brochure5EN_web.pdf. Zugegriffen: 05.07.2016.

Hartlapp, Miriam, Julia Metz, und Christian Rauh. 2014. *Which policy for Europe?* Power and conflict inside the European Commission. Oxford: Oxford Univ. Press.

Hay, Colin. 2000. Contemporary Capitalism, Globalization, Regionalization and the Persistence of National Variation. *Rev. Int. Stud.* 26: 509–531.

Hay, Colin. 2004. Re-Stating Politics, Re-Politicising the State:. Neo-liberalism, Economic Imperatives and the Rise of the Competition State. *Political Q.* 75: 38–50.

Hayes-Renshaw, Fiona, und Helen Wallace. 2006. *The Council of Ministers.* Basingstoke: Palgrave Macmillan.

Hayes-Renshaw, Fiona. 2012. The Council of Ministers. In *The Institutions of the European Union*, Hrsg. John Peterson, und Michael Shackleton, 68–95. Oxford: Oxford University Press.

Healy, Robert G., Debora L. VanNijnatten, und Marcela López-Vallejo. 2014. *Environmental Policy in North America.* Approaches, Capacity, and the Management of Transboundary Issues. Toronto: University of Toronto Press.

Hefele, Peter, Michael Palocz-Andresen, Maximilian Rech, und Jan-Henrik Kohler (Hrsg.). 2019. *Climate and Energy Protection in the EU and China.* 5th Workshop on EU-Asia Relations in Global Politics. Cham: Springer.

Heffron, Raphael J. 2016. ‚Shared Governance'. ACER and the Roles of the National Energy and Competition Regulators in the EU. In *Legal Aspects of EU Energy Regulation. The Consolidation of Energy Law Across Europe*, Hrsg. Peter D. Cameron, und Raphael J. Heffron, 49–65. Oxford: Oxford University Press.

Heinelt, Hubert, und Michèle Knodt. 2008. Zusammenwirken territorialer und funktionaler politischer Einheiten und Veränderungen politischer Steuerung im EU-Mehrebenensystem. In dies.: *Politikfelder im EU-Mehrebenensystem. Instrumente und Strategien europäischen Regierens,* 311–332. Baden-Baden: Nomos.

Helm, Carsten, und Detlef Sprinz. 2000. Measuring the Effectiveness of International Environmental Regimes. *J. Confl. Resolut.* 44: 630–652.

Helman, Udi, Benjamin F. Hobbs, und Richard P. O'Neill. 2008. The Design of US Wholesale Energy and Ancillary Service Auction Markets: Theory and Practice. In *Competitive Electricity Markets. Design, Implementation, Performance*, Hrsg. Fereidoon P. Sioshansi, 179–243. Burlington: Elsevier Science.

Helpman, Elhanan. 2018. *Globalization and Inequality.* Cambridge (MA): Harvard University Press.

Hendrickson, Barbara, und Wendy Chun. 2007. The Canadian climate exchanges—the future of Canadian emissions trading. Toronto: MacMillan LLP. https://www.lexology.com/library/detail.aspx?g=b4ef83bc-ba48-4931-9deb-e243d5e1defc. Zugegriffen: 26.01.2019.

Héritier, Adrienne. 1995. Die Koordination von Interessenvielfalt im europäischen Einigungsprozeß und deren Ergebnis: Regulative Politik als „Patchwork". *MPIFG Discussion Pap. 95/4.* Köln: Max-Planck-Institut für Gesellschaftsforschung. http://www.mpifg.de/pu/mpifg_dp/dp95-4.pdf. Zugegriffen: 25.06.2016

Héritier, Adrienne. 2002. Public-interest services revisited. *J. Eur. Public Policy* 9: 995–1019.

Héritier, Adrienne, und Dirk Lehmkuhl. 2008. The Shadow of Hierarchy and New Modes of Governance. *J. Public Policy* 28: 1–17.

Héritier, Adrienne, und Dirk Lehmkuhl. 2010. Governing in the Shadow of Hierarchy. New Modes of Governance in Regulation. In *New Modes of Governance in Europe. Governing in the Shadow of Hierarchy*, Hrsg. Adrienne Héritier, und Martin Rhodes, 48–74. New York: Palgrave Macmillan.

Héritier, Adrienne, und Catherine Moury. 2010. Contested Delegation. The Impact of Codecision on Comitology. *West Eur. Politics* 34: 145–166.

Héritier, Adrienne, Catherine Moury, Carina Bischoff, und Carl-Fredrik Bergström. 2013. *Changing Rules of Delegation.* A Contest for Power in Comitology. Oxford: Oxford University Press.

Hildingsson, Roger, Johannes Stripple, und Andrew Jordan. 2012. Governing Renewable Energy in the EU: Confronting a Governance Dilemma. *Eur. Political Sci.* 11: 18–30.

Hill, Carla A. 2014. NAFTA's Economic Upsides. The View From the United States. *For. Aff.* 93: 122–127.

Hill, Carolyn J., und Laurence E. Lynn. 2004. Is Hierarchical Governance in Decline? Evidence from Empirical Research. *J. Public Admin. Res. Theory* 15: 173–195.

Hill, Malcolm R. 2007. The European Union's Emissions Trading Scheme. A Policy Response to the Kyoto Protocol. *J. Contemporary Eur. Stud.* 14: 393–410.

Hillebrandt, Maarten, und Stéphanie Novak. 2016. 'Integration without transparency'? Reliance on the space to think in the European Council and Council. *J. Eur. Integr.* 38: 527–540.

Hilt, David W. 2018. NERC Reliability Standards and Compliance Adjust With Experience. *Nat. Gas Electr.* 34: 1–7.

Hirschl, Bernd. 2008. *Erneuerbare Energien-Politik.* Eine Multi-Level Policy-Analyse mit Fokus auf den deutschen Strommarkt. Wiesbaden: VS.

Hirschman, Albert O. 1970. *Exit, Voice, and Loyalty: Responses to Decline in Firms, Organizations, and States.* Cambridge (MA)/London: Harvard University Press.

Hirst, Paul Q., Grahame Thompson, und Simon Bromley. 2009. *Globalization in Question.* Cambridge (UK)/Malden (MA): Polity Press.

Hirth, Lion, Jonathan Mühlenpfordt, und Marisa Bulkeley. 2018. The ENTSO-E Transparency Platform—A review of Europe's most ambitious electricity data platform. *Appl. Energy* 225: 1054–1067.

Hix, Simon, und Bjørn Høyland. 2011. *The Political System of the European Union*. Basingstoke/New York: Palgrave Macmillan.

Hofmann, Herwig. 2009. Legislation, Delegation and Implementation Under the Treaty of Lisbon: Typology Meets Reality. *Eur. Law J.* 15: 482–505.

Holzinger, Katharina, Helge Jörgens, und Christoph Knill. 2007. Transfer, Diffusion und Konvergenz:. Konzepte und Kausalmechanismen. In dies.: *Transfer, Diffusion und Konvergenz von Politiken,* 11–35. Wiesbaden: VS.

Holzinger, Katharina, Christoph Knill, und Ansgar Schäfer. 2006. Rhetoric or Reality? 'New Governance' in EU Environmental Policy. *Eur. Law J.* 12: 403–420.

Hönnige, Christoph, und Diana Panke. 2013. The Committee of the Regions and the European Economic and Social Committee. How Influential are Consultative Committees in the European Union? *J. Common Mark. Stud.* 51: 452–471.

Hooghe, Liesbet, und Hussein Kassim. 2012. The Commission's Services. In *The Institutions of the European Union*, Hrsg. John Peterson, und Michael Shackleton, 173–198. Oxford: Oxford University Press.

Houle, David, Erick Lachapelle, und Mark Purdon. 2015. Comparative Politics of Sub-Federal Cap-and-Trade. Implementing the Western Climate Initiative. *Glob. Environ. Politics* 15: 49–73.

Howarth, David, und Lucia Quaglia. 2015. The New Intergovernmentalism in Financial Regulation and European Banking Union. In *The new intergovernmentalism. States and supranational actors in the post-Maastricht era*, Hrsg. Christopher J. Bickerton, Dermot Hodson, und Uwe Puetter, 146–163. Oxford: Oxford University Press.

Howarth, David, und Tal Sadeh. 2010. The Ever Incomplete Single Market:. Differentiation and the Evolving Frontier of Integration. *J. Eur. Public Policy* 17: 922–935.

Howes, Tom. 2010. The EU's New Renewable Energy Directive (2009/28/EC). In *The New Climate Policies of the European Union. International Legislation and Climate Diplomacy*, Hrsg. Sebastian Oberthür, und Marc Pallemaerts, 117–150. Brussels: Vub Press.

Hu, Fred, und Michael Spence. 2017. Why Globalization Stalled. And How to Restart It. *For. Aff.* 96: 54–63.

Hufbauer, Gary Clyde, und Jeffrey J. Schott. 1994. *NAFTA*. An assessment. Washington D.C.: Peterson Institute.

Hufbauer, Gary Clyde, und Jeffrey J. Schott. 2005. *NAFTA revisited.* Achievements and challenges. Washington D.C.: Institute For International Economics.

Hummer, Waldemar. 2003. Art. 208 [Aufforderung an die Kommission]. In *EUV/EGV. Vertrag über die Europäische Union und Vertrag zur Gründung der Europäischen Gemeinschaft*, Hrsg. Rudolf Streinz, 1938–1942. München: C.H. Beck.

Hunter, David B. 2010. The Future of U.S. Climate Change Policy. In *A globally integrated climate policy for Canada*, Hrsg. Steven F. Bernstein, 79–103. Toronto: University of Toronto Press.

Hurrelmann, Achim, Stephan Leibfried, Kerstin Martens, und Peter Mayer. 2008. Die Zerfaserung des Nationalstaates: Ein analytischer Rahmen. In dies.: *Die Transformation des Nationalstaates. Ergebnisse und Perspektiven,* 21–54. Frankfurt am Main [etc.]: Campus Verlag.

Hustedt, Thurid, Arndt Wonka, Michael Blauberger, Annette Elisabeth Töller, und Renate Reiter. 2014. *Verwaltungsstrukturen in der Europäischen Union*. Kommission, Komitologie, Agenturen und Verwaltungsnetzwerke. Wiesbaden: Springer VS.

Ibarra-Yunez, Alejandro. 2015. Energy reform in Mexico: Imperfect unbundling in the electricity sector. *Utilities Policy* 35: 19–27.

Iborra, Susanna Salvador, Angel Saz-Carranza, Xavier Fernández-i-Marín, und Adrià Albareda. 2018. The Governance of Goal-Directed Networks and Network Tasks: An Empirical Analysis of European Regulatory Networks. *J. Public Admin. Res. Theory* 28: 270–292.

Ikenberry, G. John. 1990. The International Spread of Privatization Policies:. Inducements, Learning, and ‚Policy Bandwagoning'. In *The Political Economy of Public Sector Reform and Privatization*, Hrsg. Ezra N. Suleiman, und John Waterbury, 88–110. Boulder, CO: Westview Press.

Jaccard, Mark. 1995. Oscillating Currents. The Changing Rationale for Government Intervention in the Electricity Industry. *Energy Policy* 23: 579–592.

Jachtenfuchs, Markus. 2010. The institutional framework of the European Union. In *Handbook on Multi-Level Governance*, Hrsg. Henrik Enderlein, Sonja Wälti, und Michael Zürn, 203–213. Cheltenham, UK/Northampton, MA: Edward Elgar.

Jachtenfuchs, Markus, und Beate Kohler-Koch. 2006. Regieren und Institutionenbildung. In dies.: *Europäische Integration,* 11–46. Wiesbaden: VS.

Jachtenfuchs, Markus, und Beate Kohler-Koch. 2010. Governance in der Europäischen Union. In *Governance – Regieren in komplexen Regelsystemen. Eine Einführung*, Hrsg. Arthur Benz, und Nicolai Dose, 69–92. Wiesbaden: VS.

Jacob, Klaus, Stella Schaller, und Alexander Carius. 2020. Populismus und Klimapolitik in Europa. In *Die Europawahl 2019. Ringen um die Zukunft Europas*, Hrsg. Matthias Kaeding, Manuel Müller, und Julia Schmälter, 301–311. Wiesbaden: Springer VS.

Jacobs, David. 2012. *Renewable Energy Policy Convergence in the EU*. The Evolution of Feed-in Tariffs in Germany, Spain and France. Farnham, UK: Ashgate Publishing.

Jacobsson, Staffan, Anna Bergek, Dominique Finon, Volkmar Lauber, Catherine Mitchell, David Toke, und Aviel Verbruggen. 2009. EU renewable energy support policy. Faith or facts? *Energy Policy* 37: 2143–2146.

Jamasb, Tooraj, und Michael Pollitt. 2005. Electricity Market Reform in the European Union: Review of Progress toward Liberalization & Integration. *CEEPR Working Paper.* Cambridge (MA): Center for Energy and Environmental Policy Research. https://dspace.mit.edu/bitstream/handle/1721.1/45033/2005-003.pdf?sequence=1. Zugegriffen: 14.05.2018

Jänicke, Martin. 2014. Multi-Level Reinforcement in Climate Governance. In *Im Hürdenlauf zur Energiewende. Von Transformationen, Reformen und Innovationen*, Hrsg. Achim Brunnengräber, und Di Nucci, Maria Rosaria, 35–47. Wiesbaden: Springer VS.

Jessop, Bob. 2004. Multi-level Governance and Multi-level Metagovernance. Changes in the European Union as Integral Moments in the Transformation and Reorientation of Contemporary Statehood. In *Multi-Level Governance*, Hrsg. Ian Bache, und Matthew V. Flinders, 49–74. Oxford/New York: Oxford University Press.

Jevnaker, Torbjørg. 2014. Pushing Administrative EU Integration. The Path Towards European Network Codes for Electricity. *J. Eur. Public Policy* 22: 927–947.

Jiménez, Jimena. 2012. The Security and Prosperity Partnership. Made in North America Integration or Co-operation? In *Our North America. Social and Political Issues Beyond NAFTA*, Hrsg. Julián Castro Rea, 67–83. Farnham/Burlington, VT: Ashgate.

Jinnah, Sikina, und Abby Lindsay. 2015. Secretariat Influence on Overlap Management Politics in North America. NAFTA and the Commission for Environmental Cooperation. *Rev. Policy Res.* 32: 124–145.

Joerges, Christian, und Jürgen Neyer. 1997. From Intergovernmental Bargaining to Deliberative Political Processes:. The Constitutionalisation of Comitology. *Eur. Law J.* 3: 273–299.

Johnston, Angus, Karsten Neuhoff, Dörte Fouquet, Mario Ragwitz, und Gustav Resch. 2008. The Proposed New EU Renewables Directive: Interpretation, Problems and Prospects. Interpretation, Problems and Prospects. *Eur. Energy Environ. Law Rev.* 17: 126–145.

Joltreau, Eugénie, und Katrin Sommerfeld. 2019. Why does emissions trading under the EU Emissions Trading System (ETS) not affect firms' competitiveness? Empirical findings from the literature. *Clim. Policy* 19: 453–471.

Jones, Bryan D. 2001. *Politics and the Architecture of Choice.* Bounded Rationality and Governance. Chicago/London: University of Chicago Press.

Jones, Christopher. 2010a. Creating a common electricity and gas wholesale market. In ders.: *The Internal Energy Market. The Third Liberalisation Package,* 15–28. Leuven: Claeys & Casteels.

Jones, Christopher. 2010b. Introduction. In ders.: *The Internal Energy Market. The Third Liberalisation Package,* 1–13. Leuven: Claeys & Casteels.

Jones, Erik, R. Daniel Kelemen, und Sophie Meunier. 2016. Failing Forward? The Euro Crisis and the Incomplete Nature of European Integration. *Comp. Political Stud.* 49: 1010–1034.

Jong, Jacques de. 2004. *The ‚Regional Approach' in Establishing the Internal EU Electricity Market.* A contribution to regulatory debates in the EU and the US on Standardised Market Designs and Regional Markets. Den Haag: Clingendael – the Netherlands Institute of International Relations.

Jordan, Andrew, und Tim Rayner. 2010. The evolution of climate policy in the European Union: an historical overview. In *Climate Change Policy in the European Union. Confronting the Dilemmas of Adaptation and Mitigation?*, Hrsg. Andrew Jordan, Dave Huitema, Harro van Asselt, und Tim Rayner, 52–80. Cambridge: Cambridge University Press.

Joskow, Paul L. 2013. Natural Gas: From Shortages to Abundance in the United States. *Am. Econ. Rev.* 103: 338–343.

Kaeding, Michael, und Esther Versluis. 2014. EU Agencies as a Solution to Pan-European Implementation Problems. In *European Agencies in between Institutions and Member States*, Hrsg. Michelle Everson, Cosimo Monda, und Ellen Vos, 73–86. Alphen aan den Rijn/Frederick (MD): Kluwer Law International.

Kahl, Wolfgang. 2009. Die Kompetenzen der EU in der Energiepolitik nach Lissabon. *Europarecht* 44: 601–621.

Kaufmann-Kohler, Gabrielle. 2011. Interpretive Powers of the Free Trade Commission and the Rule of Law. In *Fifteen years of NAFTA Chapter 11 arbitration,* 175–194. Huntington (NY): JurisNet.

Kelbel, Camille. 2013. A Mile Wide and an Inch Deep? Energy Solidarity and the European Commission's Leadership post-Lisbon. In *The European Commission in the Post-Lisbon*

Era of Crises. Between Political Leadership and Policy Management, Hrsg. Michele Chang, und Jörg Monar, 203–227. Brüssel: Lang.

Kemper, Ulf. 2015. *Politische Legitimität und politischer Raum im Wandel.* Eine historisch-systematische Studie zu einem Kontextverhältnis. Wiesbaden: Springer VS.

Keohane, Robert O. 1998. International Institutions: Can Interdependence Work? *Foreign Policy* 110: 82–96.

Keohane, Robert O., Peter M. Haas, und Marc A. Levy. 1993. The Effectiveness of International Environmental Institutions. In *Institutions for the Earth. Sources of Effective International Environmental Protection*, Hrsg. Peter M. Haas, Robert O. Keohane, und Marc A. Levy, 3–24. Cambridge (MA): MIT Press.

Kern, Kristine. 2019. Cities as leaders in EU multilevel climate governance: embedded upscaling of local experiments in Europe. *Environ. Politics* 28: 125–145.

Kern, Kristine, und Harriet Bulkeley. 2009. Cities, Europeanization and Multi-level Governance:. Governing Climate Change through Transnational Municipal Networks. *J. Common Mark. Stud.* 47: 309–332.

Kettl, Donald F. 1993. *Sharing Power.* Public Governance and Private Markets. Washington, D.C.: Brookings Institution.

Kettl, Donald F. 2002. *The Transformation of Governance.* Public Administration for Twenty-First Century America. Baltimore: Johns Hopkins University Press.

Kimmel, Jens. 2018. Assessing the Democratic Quality of New Modes of EU Governance: The Industrial Emissions Directive as a Test Case. *Eur. Political Sci.* 17: 240–257.

Kingdon, John W. 2011 [1984]. *Agendas, Alternatives, and Public Policies.* Boston, MA: Longman Pearson.

Kiser, Larry, und Elinor Ostrom. 1982. The Three Worlds of Action. A Metatheoretical Synthesis of Institutional Approaches. In *Strategies of Political Inquiry*, Hrsg. Elinor Ostrom, 179–222. Beverly Hills: Sage Publications.

Kitzing, Lena, Catherine Mitchell, und Poul Erik Morthorst. 2012. Renewable energy policies in Europe. Converging or diverging? *Energy Policy* 51: 192–201.

Kjær, Anne Mette. 2004. *Governance.* Cambridge (MA): Polity Press.

Klamert, Marcus. 2015. Altes und Neues zur Harmonisierung im Binnenmarkt. *Eur. Z. Wirtschaftsrecht* 26: 265–267.

Klenk, Tanja, und Frank Nullmeier. 2004. *Public Governance als Reformstrategie.* Düsseldorf: Hans-Böckler-Stiftung.

Klessmann, Corinna. 2015. Lessons Learned? Zur Umsetzung der Europäischen Erneuerbare-Energien-Richtlinie. In *Erneuerbare Energien in Europa*, Hrsg. Thorsten Müller, und Hartmut Kahl, 87–94: Nomos.

Klinsky, Sonja. 2013. Bottom-up policy lessons emerging from the Western Climate Initiative's development challenges. *Clim. Policy* 13: 143–169.

Klüver, Heike. 2010. Europeanization of Lobbying Activities. When National Interest Groups Spill Over to the European Level. *J. Eur. Integr.* 32: 175–191.

Knill, Christoph. 2004. *Europäische Umweltpolitik.* Hagen: Fernuniversität.

Koch, Nicolas, und Houdou Basse Mama. 2019. Does the EU Emissions Trading System induce investment leakage? Evidence from German multinational firms. *Energy Econ.* 81: 479–492.

Kohler-Koch, Beate. 1998. Einleitung: Effizienz und Demokratie. Probleme des Regierens in entgrenzten Räumen. In dies.: *Regieren in entgrenzten Räumen,* 11–25. Opladen [u. a.]: Westdt. Verl.

Kohler-Koch, Beate, Thomas Conzelmann, und Michèle Knodt. 2004. *Europäische Integration – Europäisches Regieren.* Wiesbaden: VS.

Kollmuss, Anja, Helge Zink, und Clifford Polycarp. 2008. Making Sense of the Voluntary Carbon Market. A Comparison of Carbon Offset Standards. *Stockholm Environment Institute Report.* Frankfurt am Main. https://mediamanager.sei.org/documents/Publications/SEI-Report-WWF-ComparisonCarbonOffset-08.pdf. Zugegriffen: 24.01.2019.

Kooiman, Jan. 2003. *Governing as Governance.* Thousand Oaks: SAGE.

Kopp, Sandu-Daniel. 2015. *Politics, Markets and EU Gas Supply Security.* Case Studies of the UK and Germany. Wiesbaden: Springer VS.

Kotzian, Peter, und Christine Quittkat. 2014. Konsultationsprozess der Kommission: Steuerung von EU-Lobbying? In *Lobbying in der Europäischen Union. Zwischen Professionalisierung und Regulierung*, Hrsg. Doris Dialer, und Margarethe Richter, 73–89. Wiesbaden: Springer VS.

Koutrakos, Panos. 2017. The European Union's Common Foreign and Security Policy After the Treaty of Lisbon. Stockholm: Swedish Institute for European Policy Studies. https://openaccess.city.ac.uk/id/eprint/19123/1/. Zugegriffen: 15.12.2019.

Krause, Rachel M. 2012. An Assessment of the Impact that Participation in Local Climate Networks Has on Cities' Implementation of Climate, Energy, and Transportation Policies. *Rev. Policy Res.* 29: 585–604.

Krick, Eva. 2014. Je strenger, desto besser? Lobbyismusregulierung in den USA und der EU. In *Interessengruppen und Parlamente*, Hrsg. Thomas von Winter, und Julia von Blumenthal, 235–274. Wiesbaden: Springer VS.

Kröger, James. 2015. *Die Förderung erneuerbarer Energien im Europäischen Elektrizitätsbinnenmarkt.* Binnenmarktintegration erneuerbarer Energien durch Europäisierung nationaler Fördersysteme. Baden-Baden: Nomos.

Kuch, Declan. 2015. *The Rise and Fall of Carbon Emissions Trading.* Basingstoke: Palgrave Macmillan.

Langniß, Ole. 2003. *Governance Structures for Promoting Renewable Energy Sources.* Lund: Lund University.

Lanthier, Pierre. 2007. Internationalising Electricity Companies in Canada. In *Transforming Public Enterprise in Europe and North America. Networks, Integration and Transnationalisation*, Hrsg. Judith Clifton, Francisco A. Comín, und Daniel Díaz Fuentes, 190–206. Basingstoke: Palgrave/Macmillan.

Lauber, Volkmar, und Elisa Schenner. 2011. The struggle over support schemes for renewable electricity in the European Union. A discursive-institutionalist analysis. *Environ. Politics* 20: 508–527.

Lazarus, Richard J. 2009. Super Wicked Problems and Climate Change: Restraining the Present to Liberate the Future. *Cornell Law Rev.:* 1153–1233.

Lefevere, Jürgen. 2003. Linking Emissions Trading and Project-Based Mechanisms. *Emissions Trading Policy Briefs 5.* Dublin.

Lefevere, Jürgen. 2005. The EU Greenhouse Gas Emission Allowance Trading Scheme. In *Climate Change and Carbon Markets. A Handbook of Emission Reduction Mechanisms*, Hrsg. Farhana Yamin, 75–150. London: Earthscan.

Lehmbruch, Gerhard. 2000. *Parteienwettbewerb im Bundesstaat.* Wiesbaden: Westdeutscher Verlag.

Leibfried, Stephan, und Michael Zürn. 2006. Von der nationalen zur post-nationalen Konstellation. In dies.: *Transformationen des Staates?,* 19–65. Frankfurt a.M.: Suhrkamp.

Lempp, Jakob. 2009. *Die Evolution des Rats der Europäischen Union.* Institutionenevolution zwischen Intergouvernementalismus und Supranationalismus. Baden-Baden: Nomos.

Levi-Faur, David. 2003. The Politics of Liberalisation:. Privatisation and Regulation-For-Competition in Europe's and Latin America's Telecoms and Electricity Industries. *Eur. J. Political Res.* 42: 705–740.

Levi-Faur, David. 2010. Regulatory Networks & Regulatory Agencification: Toward a Single European Regulatory Space. *Jerus. Pap. Regulat. Gov. 30.* Jerusalem.

Levi-Faur, David. 2012. Regulatory networks and regulatory agencification: towards a Single European Regulatory Space. In *Agency Governance in the EU*, Hrsg. Berthold Rittberger, und Arndt Wonka, 32–51. London/New York: Routledge.

Levy, Marc A., Oran R. Young, und Michael Zürn. 1995. The Study of International Regimes. *Eur. J. Int. Relat.* 1: 267–330.

Lindberg, Björn, Anne Rasmussen, und Andreas Warntjen. 2010. Party politics as usual? The role of political parties in EU legislative decision-making. In dies.: *The Role of Political Parties in the European Union,* 1–20. London: Routledge.

Lindblom, Charles Edward. 1980. *Jenseits von Markt und Staat.* Eine Kritik der politischen und ökonomischen Systeme. Stuttgart: Klett-Cotta.

Lindner, Johannes, und Berthold Rittberger. 2003. The Creation, Interpretation and Contestation of Institutions—Revisiting Historical Institutionalism. *J. Common Mark. Stud.* 41: 445–473.

Lippert, Barbara, und Nicolai von Ondarza. 2016. Scheitern? Bestehen? Weitergehen? Die europäische Integration in der Krise. In *Ausblick 2016: Begriffe und Realitäten internationaler Politik*, Hrsg. Volker Perthes, 9–13. Berlin: SWP.

Lipset, Seymour Martin. 1981. *Political Man.* The Social Bases of Politics. Baltimore: Johns Hopkins University Press.

Lopez-Velarde, Rogelio, Amanda Valdez, und Jorge Jiménez. 2019. Mexico: Test Program For The New Emissions Trading System In Mexico. New York: Mondaq. https://www.mondaq.com/mexico/climate-change/819188/test-program-for-the-new-emissions-trading-system-in-mexico. Zugegriffen: 19.12.2019.

Lovei, Lazlo. 2000. The Single-Buyer Model. A Dangerous Path toward Competitive Electricity Markets. *Viewpoint.* Washington D.C.: World Bank. https://openknowledge.worldbank.org/bitstream/handle/10986/11409/multi0page.pdf?sequence=1&isAllowed=y. Zugegriffen: 14.03.2018.

Luhmann, Niklas. 1982. *The Differentiation of Society.* New York: Columbia University Press.

Luhmann, Niklas. 1984. *Soziale Systeme.* Grundriß einer allgemeinen Theorie. Frankfurt am Main: Suhrkamp.

Luhmann, Niklas. 1995. *Social Systems.* Stanford: Stanford University Press.

Lüpke, Heiner von, und Johanna Wietschel. 2021. Deutsche Klimapolitik im Wechselspiel mit der Europäischen Union. In *Handbuch zur deutschen Europapolitik*, Hrsg. Katrin Böttger, und Mathias Jopp, 329–350. Baden-Baden: Nomos.

MacArthur, Julie L. 2017. *Empowering Electricity.* Vancouver: University of British Columbia Press.

MacAvoy, Paul W. 2001. *The Natural Gas Market. Sixty Years of Regulation and Deregulation.* New Haven: Yale University Press.

Mackert, Jürgen. 2006. *Ohnmächtiger Staat?* Über die sozialen Mechanismen staatlichen Handelns. Wiesbaden.

Maggetti, Martino. 2014. The Rewards of Cooperation: The Effects of Membership in European Regulatory Networks. *Eur. J. Political Res.* 53: 480–499.

Maggetti, Martino, und Fabrizio Gilardi. 2011. The Policy-Making Structure of European Regulatory Networks and the Domestic Adoption of Standards. *J. Eur. Public Policy* 18: 830–847.

Magnette, Paul, und Kalypso Nicolaïdis. 2004. The European Convention. Bargaining in the Shadow of Rhetoric. *West Eur. Politics* 27: 381–404.

Mähner, Tobias. 2011. *Der Europäische Gerichtshof als Gericht.* Berlin: Duncker & Humblot.

Majone, Giandomenico. 1990. Introduction. In ders.: *Deregulation or Re-Regulation? Regulatory Reform in Europe and the United States,* 1–10. London/New York: Pinter; St. Martin's Press.

Majone, Giandomenico. 1997. From the Positive to the Regulatory State. Causes and Consequences of Changes in the Mode of Governance. *J. Public Policy* 17: 139–167.

Majone, Giandomenico. 2002. Delegation of Regulatory Powers in a Mixed Polity. *Eur. Law J.* 8: 319–339.

Majone, Giandomenico. 2005. *Dilemmas of European Integration.* The Ambiguities and Pitfalls of Integration by Stealth. Oxford/New York: Oxford University Press.

Makholm, J. D. 2015. Regulation of Natural Gas in the United States, Canada, and Europe: Prospects for a Low Carbon Fuel. *Rev. Environ. Econ. Policy* 9: 107–127.

March, James G., und Johan P. Olsen. 1984. The New Institutionalism. Organizational Factors in Political Life. *Am. Political Sci. Rev.* 78: 734–749.

March, James G., und Johan P. Olsen. 1989. *Rediscovering Institutions.* The Organizational Basis of Politics. New York: The Free Press.

Marks, Gary. 1992. Structural Policy in the European Community. In *Euro-Politics. Institutions and Policymaking in the „New" European Community,* Hrsg. Alberta M. Sbragia, 191–224. Washington, D.C.: Brookings Institution.

Marks, Gary, Liesbet Hooghe, und Kermit Blank. 1996. European Integration From the 1980s:. State-Centric v. Multi-Level Governance. *J. Common Mark. Stud.* 34: 341–378.

Marks, Gary, und Liesbet Hooghe. 2004. Contrasting Visions of Multi-level Governance. In *Multi-Level Governance,* Hrsg. Ian Bache, und Matthew V. Flinders, 15–30. Oxford/New York: Oxford University Press.

Marsh, David, und Roderick Arthur William Rhodes. 1992. *Policy Networks in British Government.* Oxford/New York: Clarendon Press; Oxford University Press.

Marsh, David, Nicola J. Smith, und Nicola Hothi. 2006. Globalization and the State. In *The State. Theories and Issues,* Hrsg. Colin Hay, Michael Lister, und David Marsh, 172–189. Houndmills/New York: Palgrave Macmillan.

Marshall, David. 2015. Explaining Interest Group Interactions with Party Group Members in the European Parliament. Dominant Party Groups and Coalition Formation. *J. Common Mark. Stud.* 53: 311–329.

Mathieu, Emmanuelle. 2016a. *Regulatory delegation in the European Union.* Networks, committees and agencies. London: Palgrave Macmillan.

Mathieu, Emmanuelle. 2016b. When Europeanization Feeds Back Into EU Governance. EU Legislation, National Regulatory Agencies, and EU Regulatory Networks. *Public Admin.* 94: 25–39.

Matlary, Janne Haaland. 1997. *Energy Policy in the European Union.* New York: St. Martin's Press.

Mattila, Mikko. 2008. Voting and Coalitions in the Council After the Enlargement. In *Unveiling the Council of the European Union. Games Governments Play in Brussels*, Hrsg. Daniel Naurin, und Helen Wallace, 23–35. Basingstoke/New York: Palgrave Macmillan.

Mayntz, Renate. 1987. Politische Steuerung und gesellschaftliche Steuerungsprobleme. Anmerkungen zu einem theoretischen Paradigma. In *Jahrbuch zur Staats- und Verwaltungswissenschaft*, Hrsg. Thomas Ellwein, Joachim Jens Hesse, Renate Mayntz, und Fritz W. Scharpf, 89–110. Baden-Baden: Nomos.

Mayntz, Renate. 1997. Politische Steuerung und gesellschaftliche Steuerungsprobleme. In dies.: *Soziale Dynamik und politische Steuerung. Theoretische und methodologische Überlegungen,* 186–208. Frankfurt/Main: Campus.

Mayntz, Renate. 2001. Zur Selektivität der steuerungstheoretischen Perspektive. In *Politische Steuerung in Theorie und Praxis*, Hrsg. Hans-Peter Burth, und Axel Görlitz, 17–27. Baden-Baden: Nomos.

Mayntz, Renate. 2009a. Governance Theory als fortentwickelte Steuerungstheorie? In dies.: *Über Governance. Institutionen und Prozesse politischer Regelung,* 41–52. Frankfurt Main u. a: Campus-Verl.

Mayntz, Renate. 2009b. The Changing Governance of Large Technical Infrastructure Systems. In dies.: *Über Governance. Institutionen und Prozesse politischer Regelung,* 121–150. Frankfurt Main u.a: Campus-Verl.

Mayntz, Renate. 2010. Governance im modernen Staat. In *Governance – Regieren in komplexen Regelsystemen. Eine Einführung*, Hrsg. Arthur Benz, und Nicolai Dose, 37–48. Wiesbaden: VS.

Mayntz, Renate, und Fritz W. Scharpf. 1995. Der Ansatz des akteurzentrierten Institutionalismus. In dies.: *Gesellschaftliche Selbstregelung und politische Steuerung,* 39–72. Frankfurt a. M.: Campus.

McElroy, Gail, und Kenneth Benoit. 2010. Party Policy and Group Affiliation in the European Parliament. *Brit. J. Political Sci.* 40: 377–398.

McLean, Elena V., und Randall W. Stone. 2012. The Kyoto Protocol:. Two-Level Bargaining and European Integration. *Int. Stud. Q.* 56: 99–113.

Mertins-Kirkwood, Hadrian. 2019. Heating Up, Backing Down. Evaluating recent climate policy progress in Canada. *CCPA Working Pap. 203.* Ottawa. https://adaptingcanadianwork.ca/wp-content/uploads/2019/06/203_Mertins-Kirkwood-Hadrian_Heating-Up-Backing-Down.pdf. Zugegriffen: 30.01.2020.

Messner, Dirk. 1995. *Die Netzwerkgesellschaft.* Wirtschaftliche Entwicklung und internationale Wettbewerbsfähigkeit als Probleme gesellschaftlicher Steuerung. Köln: Weltforum.

Mestmäcker, Ernst-Joachim, und Heike Schweitzer. 2014. *Europäisches Wettbewerbsrecht.* München: Beck.

Mestral, Armand de. 2011. NAFTA: The Unfulfilled Promise of the FTA. *Eur. Law J.* 17.

Meyer, Niels I. 2003. European schemes for promoting renewables in liberalised markets. *Energy Policy* 31: 665–676.

Meyers, Marcia K., und Susan Vorsanger. 2003. Street-Level Bureaucrats and the Implementation of Public Policy. In *Handbook of Public Administration*, Hrsg. B. Guy Peters, und Jon Pierre, 245–255. London/Thousand Oaks, Calif: Sage Publications.

Mez, Lutz (Hrsg.). 2007. *Green Power Markets.* Support Schemes, Case Studies and Perspectives. Essex: Multi-Science Publishing.

Mez, Lutz. 2016. Energiewende in Germany—the dawn of a new energy era. In *Delivering energy law and policy in the EU and the US. A reader*, Hrsg. Raphael J. Heffron, und Gavin F.M. Little. Edinburgh: Edinburgh University Press.

Mintrom, Michael. 1997. Policy Entrepreneurs and the Diffusion of Innovation. *Am. J. Political Sci.* 41: 738–770.

Missiroli, Antonio. 2017. The New EU „Foreign Policy" System after Lisbon: A Work in Progress. In *Foreign policy of the European Union. Volume 1: Foundations and design*, Hrsg. Ben Tonra, Richard G. Whitman, und Alasdair R. Young, 193–218. Los Angeles: SAGE.

Mittra, Bikash, Nigel Lucas, und Ian Fells. 1995. European Energy. Balancing Markets and Policy. *Energy Policy* 23: 689–701.

Mögele, Rudolf. 2003. Art. 300 [Abkommen mit dritten Staaten oder Organisationen; Beteiligung des EP]. In *EUV/EGV. Vertrag über die Europäische Union und Vertrag zur Gründung der Europäischen Gemeinschaft*, Hrsg. Rudolf Streinz, 2470–2496. München: C.H.Beck.

Montpetit, Éric. 2009. Governance and policy learning in the European Union: a comparison with North America. *J. Eur. Public Policy* 16: 1185–1203.

Moot, John S. 2010. When Should the FERC Differ to the NERC. *Energy Law J.:* 317–336.

Morales, Isidro. 2008. *Post-NAFTA North America.* Reshaping the Economic and Political Governance of a Changing Region. Basingstoke/New York: Palgrave Macmillan.

Moravcsik, Andrew. 1998. *The Choice for Europe.* Social Purpose and State Power from Messina to Maastricht. Ithaca (NY): Cornell University Press.

Moravcsik, Andrew, und Kalypso Nicolaïdis. 1999. Explaining the Treaty of Amsterdam: Interests, Influence, Institutions. *J. Common Mark. Stud.* 37: 59–85.

Moravcsik, Andrew, und Frank Schimmelfennig. 2009. Liberal Intergovernmentalism. In *European Integration Theory*, Hrsg. Antje Wiener, und Thomas Diez, 67–87. Oxford: Oxford University Press.

Mortensen, Bent Ole Gram. 2004. The EU Emission Trading Directive. *Eur. Energy Environ. Law Rev.* 13: 275–284.

Mörth, Ulrika. 2004. Introduction. In dies.: *Soft Law in Governance and Regulation. An Interdisciplinary Analysis,* 1–9. Cheltenham u. a.: Elgar.

Mühlböck, Monika, und Berthold Rittberger. 2015. The Council, the European Parliament, and the paradox of inter-institutional cooperation. *Eur. Integr. Online Pap.* 19: 1–20.

Müller, Henriette. 2020. *Political leadership and the European Commission presidency.* Oxford: Oxford University Press.

Müller, Markus M. 2008. Wirtschaftspolitik. In *Die EU-Staaten im Vergleich*, Hrsg. Oscar W. Gabriel, und Sabine Kropp, 690–710. Wiesbaden: VS.

Müngersdorff, Maximilian. 2009. Evaluating EU Decision-Making Processes. A Case Study on the 'Renewable Energy in Transport Target' and the 'Sustainability Criteria for Biofuel Production' in the Context of the EU's Climate and Energy Package. Stockholm: Stockholm Environment Institute. https://www.sei-international.org/mediamanager/documents/Publications/Sustainable-livelihoods/Evaluating-EU-WP-100319.pdf. Zugegriffen: 04.07.2017.

Nash, John Forbes. 1953. Two-Person Cooperative Games. *Econometrica* 21: 128–140.

Nasshoven, Yvonne M. 2011. *The Appointment of the President of the European Commission.* Pattern in Choosing the Head of Europe's Executive. Baden-Baden: Nomos.

Naurin, Daniel, und Helen Wallace (Hrsg.). 2008. *Unveiling the Council of the European Union.* Games Governments Play in Brussels. Basingstoke/New York: Palgrave Macmillan.

Nelson, Garrett Dash, und Alasdair Rae. 2016. An Economic Geography of the United States: From Commutes to Megaregions. *PLOS ONE* 11.

Neshkova, Milena. 2010. The impact of subnational interests on supranational regulation. *J. Eur. Public Policy* 17: 1193–1211.

Neu, Claudia. 2009. Daseinsvorsorge – eine Einführung. In dies.: *Daseinsvorsorge. Eine gesellschaftswissenschaftliche Annäherung,* 9–19. Wiesbaden: VS.

Newbery, David. 2017. Tales of two islands—Lessons for EU energy policy from electricity market reforms in Britain and Ireland. *Energy Policy* 105: 597–607.

Nicholls, Robert J., und Anny Cazenave. 2010. Sea-level rise and its impact on coastal zones. *Sci.* 328: 1517–1520.

Nillesen, P., und M. Pollitt. 2019. Ownership Unbundling of Electricity Distribution Networks. *Camb. Working Pap. Econ.* 1905. Cambridge (UK).

Nilsson, Måns, Tony Zamparutti, Jan Erik Petersen, Björn Nykvist, Peter Rudberg, und Jennifer McGuinn. 2012. Understanding Policy Coherence: Analytical Framework and Examples of Sector-Environment Policy Interactions in the EU. *Environmental Policy and Governance* 22: 395–423.

Nørgaard, Rikke Wetendorff, Peter Nedergaard, und Jens Blom-Hansen. 2014. Lobbying in the EU Comitology System. *J. Eur. Integr.* 36: 491–507.

North, Douglass C. 1990. *Institutions, Institutional Change, and Economic Performance.* Cambridge (UK)/New York: Cambridge University Press.

Nowak, Bartlomiej. 2010. Equal access to the energy infrastructure as a precondition to promote competition in the energy market. The case of European Union. *Energy Policy* 38: 3691–3700.

Nugent, Neill. 2010. *The Government and Politics of the European Union.* Basingstoke: Palgrave Macmillan.

Nugent, Neill, und Mark Rhinard. 2016. Is the European Commission Really in Decline? *J. Common Mark. Stud.* 54: 1199–1215.

Nullmeier, Frank. 2009. Formen der Staatlichkeit:. Zu einer Analytik politischer Einheiten. In *Was bleibt vom Staat? Demokratie, Recht und Verfassung im globalen Zeitalter*, Hrsg. Nicole Deitelhoff, und Jens Steffek, 35–56. Frankfurt am Main/New York: Campus.

Oberthür, Sebastian, und Claire Dupont. 2011. The Council, the European Council and international climate policy. From symbolic leadership to leadership by example. In *The European Union as a Leader in International Climate Change Politics*, Hrsg. Rüdiger Wurzel, und James Connelly, 74–91. London: Routledge.

Oberthür, Sebastian, und Hermann E. Ott. 2000. *Das Kyoto-Protokoll.* Internationale Klimapolitik für das 21. Jahrhundert. Opladen: Leske + Budrich.

Obinger, Herbert, Francis G. Castles, und Stephan Leibfried. 2005. Introduction: Federalism and the Welfare State. In *Federalism and the Welfare State. New World and European Experiences*, Hrsg. Herbert Obinger, Stephan Leibfried, und Francis Geoffrey Castles, 1–48. Cambridge (UK)/New York: Cambridge University Press.

Ohlhorst, Dörte, Kerstin Tews, und Miranda Schreurs. 2013. Energiewende als Herausforderung der Koordination im Mehrebenensystem. *Technikfolgenabschätzung: Theorie und Praxis* 22: 48–55.

O'Keefe, Thomas Andrew. 2011. Building on Sub-Regional Economic Integration Projects to Forge an Energy and Climate Partnership for the Americas. In *Inter-American cooperation at a crossroads*, Hrsg. Andrew Fenton Cooper, Gordon Mace, und Timothy M. Shaw, 95–110. New York: Palgrave Macmillan.

Olson, Mancur. 1982. *The Rise and Decline of Nations.* Economic Growth, Stagflation, and Social Rigidities. New Haven/London: Yale University Press.

Ōmae, Kenichi. 2006. *Was kommt nach der Globalisierung?* Berlin: Econ.

Ōmae, Kenichi. 2008. The End of the Nation State. In *The Globalization Reader*, Hrsg. Frank J. Lechner, und John Boli, 223–227. Malden (MA)/Oxford/Carlton: Blackwell.

Ostrom, Elinor. 1986. An Agenda for the Study of Institutions. *Public Choice* 48: 3–25.

Ostrom, Elinor. 1990. *Governing the Commons.* The Evolution of Institutions for Collective Action. Cambridge (UK)/New York: Cambridge University Press.

O'Toole, Laurence J. 1997a. Implementing Public Innovations in Network Settings. *Admin. Soc.* 29: 115–138.

O'Toole, Laurence J. 1997b. Treating Networks Seriously: Practical and Research-Based Agendas in Public Administration. *Public Admin. Rev.* 57: 45–52.

O'Toole, Laurence J., und Kenneth J. Meier. 2010. Implementation and Managerial Networking in the New Public Governance. In *The New Public Governance? Emerging Perspectives on the Theory and Practice of Public Governance*, Hrsg. Stephen P. Osborne, 322–336. London/New York: Routledge.

Painter, David S. 2014. Oil and Geopolitics: The Oil Crises of the 1970s and the Cold War. *Hist. Soc. Res.* 39: 186–208.

Palle, Angelique. 2013. Regional Dimensions to Europe's energy integration. Oxford: Oxford Institute for Energy Studies. https://www.oxfordenergy.org/wpcms/wp-content/uploads/2013/11/SP-29.pdf. Zugegriffen: 17.09.2018.

Pappi, Franz-Urban. 1993. Policy-Netze: Erscheinungsformen moderner Politiksteuerung oder methodischer Ansatz? In *Policy-Analyse. Kritik und Neuorientierung*, Hrsg. Adrienne Héritier, 84–95. Wiesbaden: VS.

Parker, David. 2004. The UK's Privatisation Experiment: The Passage of Time Permits a Sober Assessment. *CESifo Working Pap. 1126.* München. https://www.ifo.de/DocDL/cesifo1_wp1126.pdf. Zugegriffen: 13.11.2019.

Parsons, Talcott. 1991 [1951]. *The Social System.* London: Routledge.

Pauly, Louis W., und Edgar Grande. 2005. Reconstituting Political Authority. Sovereignty, Effectiveness, and Legitimacy in a Transnational Order. In *Complex sovereignty. Reconstituting Political Authority in the Twenty-First Century*, Hrsg. Edgar Grande, und Louis W. Pauly, 3–21. Toronto: University of Toronto Press.

Pedersen, Sigurd Lauge. 2001. The Danish CO2 Emissions Trading System. *Rev. EC Int. Environ. Law* 9: 223–231.

Perathoner, Christoph. 2016. Die Region in der Europäischen Union. Ist-Zustand und Ausblick. In *Europa der Regionen*, Hrsg. Peter Hilpold, Walter Steinmair, und Christoph Perathoner, 49–92. Berlin, Heidelberg: Springer Berlin Heidelberg.

Peters, B. Guy. 2012. *Institutional Theory in Political Science.* The New Institutionalism. London/New York: Continuum.

Peters, B. Guy, Jon Pierre, und Desmond S. King. 2005. The Politics of Path Dependency: Political Conflict in Historical Institutionalism. *J. Politics* 67: 1275–1300.

Peters, B. Guy, Roderick Arthur William Rhodes, und Vincent Wright (Hrsg.). 2000. *Administering the Summit.* Administration of the Core Executive in Developed Countries. Houndmills: Macmillan.

Petersen, Malte. 2008. The Legality of the EU's Stand-Alone Approach to the Climate Impact of Aviation. The Express Role Given to the ICAO by the Kyoto Protocol.. *Rev. EC Int. Environ. Law* 17: 196–204.

Peterson, John. 2012. The College of Commissioners. In *The Institutions of the European Union*, Hrsg. John Peterson, und Michael Shackleton, 96–123. Oxford: Oxford University Press.

Peterson, John, und Michael Shackleton (Hrsg.). 2012. *The Institutions of the European Union.* Oxford: Oxford University Press.

Piattoni, Simona. 2010. *The Theory of Multi-Level Governance.* Conceptual, Empirical, and Normative Challenges. Oxford/New York: Oxford University Press.

Pierre, Jon. 2013. *Globalization and Governance.* Cheltenham/Northampton (MA): Edward Elgar.

Pierre, Jon, und B. Guy Peters. 2000. *Governance, Politics, and the State.* New York: St. Martin's Press.

Pierre, Jon, und B. Guy Peters. 2005. *Governing Complex Societies.* Trajectories and Scenarios. Houndmills/New York: Palgrave Macmillan.

Pierrehumbert, Raymond T. 2006. Climate Change: A Catastrophe in Slow Motion. *Chic. J. Int. Law* 6: 573–596.

Pierson, Paul. 1994. *Dismantling the Welfare State?* Reagan, Thatcher, and the Politics of Retrenchment. Cambridge (UK)/New York: Cambridge University Press.

Pierson, Paul. 1996. The Path to European Integration. A Historical Institutionalist Analysis. *Comp. Political Stud.* 29: 123–163.

Plechanovová, Běla. 2013. National Actors in the Post-Lisbon EU. Should We Expect a Change of National Strategies? *West Eur. Politics* 36: 1199–1220.

Plourde, André. 2005. The Changing Nature of National and Continental Energy Markets. In *Canadian Energy Policy and the Struggle for Sustainable Development*, Hrsg. G. Bruce Doern, 51–82. Toronto: University of Toronto Press.

Pollak, Johannes, Samuel Schubert, und Peter Slominski. 2010. *Die Energiepolitik der EU.* Wien: Facultas.

Pollak, Johannes, und Peter Slominski. 2011. Liberalising the EU's Energy Market:. Hard and Soft Power Combined. In *The EU's Decision Traps. Comparing Policies*, Hrsg. Gerda Falkner, 92–109. Oxford/New York: Oxford University Press.

Poluha, Eva, und Mona Rosendahl. 2002. Introduction: People, Power and Public Spaces. In dies.: *Contesting ‚Good‘ Governance. Crosscultural Perspectives on Representation, Accountability and Public Space,* 1–36. London: Routledge Curzon.

Posaner, Joshua. 2020. *Held captive by gas.* The price of politics in Gazprom's long-term contracts with Central European buyers (2009 to 2014). Wiesbaden: Springer VS.

Ponzano, Paolo. 2008. ‚Executive‘ and ‚Delegated‘ Acts: The Situation After the Lisbon Treaty. In *The Lisbon Treaty. EU Constitutionalism without a Constitutional Treaty?*, Hrsg. Stefan Griller, Ziller, und Jacques, 135–141. Wien/New York: Springer.

Ponzano, Paolo. 2011. Community and intergovernmental method: an irrelevant debate? Paris: Institut Jacques Delors. https://institutdelors.eu/wp-content/uploads/2018/01/bref23-ponzano-en.pdf. Zugegriffen: 13.10.2016.

Powell, Walter W. 1990. Neither Market Nor Hierarchy. Network Forms of Organization. *Res. Organ. Behav.* 12.

Prat, Patricia. 2020. Mexico's Well Established Carbon Tax and Pilot Emissions Trading System with California and Quebec. Milton: Climate Scorecard. https://www.climatescorecard.org/2020/03/mexicos-well-established-carbon-tax-and-pilot-emissions-trading-system-with-california-and-quebec. Zugegriffen: 24.02.2020.

Pressman, Jeffrey L., und Aaron B. Wildavsky. 1974. *Implementation.* How Great Expectations in Washington Are Dashed in Oakland; Or, Why It's Amazing that Federal Programs Work at All, This Being a Saga of the Economic Development Administration as Told by Two Sympathetic Observers Who Seek to Build Morals on a Foundation. Berkeley/Los Angeles/London: University of California Press.

Price, Monroe Edwin. 2002. *Media and Sovereignty.* The Global Information Revolution and its Challenge to State Power. Cambridge (MA): MIT Press.

Proff, Harald Victor. 1994. *Freihandelszonen in Nordamerika.* Ursachen und ökonomische Auswirkungen. Wiesbaden: Deutscher Universitätsverlag.

Puetter, Uwe. 2014. *The European Council and the Council.* New intergovernmentalism and institutional change. Oxford: Oxford University Press.

Puetter, Uwe. 2016. The centrality of consensus and Deliberation in Contemporary EU Politics and the new intergovernmentalism. *J. Eur. Integr.* 38: 601–615.

Purdon, Mark, David Houle, und Erick Lachapelle. 2014. The Political Economy of California and Québec's Cap-and-Trade Systems. *Sustainable Prosperity Research Report.* Ottawa: Sustainable Prosperity Institute.

Raab, Jörg. 2002. *Steuerung von Privatisierung.* Eine Analyse der Steuerungsstrukturen der Privatisierung der ostdeutschen Werft- und Stahlindustrie 1990–1994. Wiesbaden: Westdeutscher Verlag.

Rabe, Barry G. 2013. Building on Sub-Federal Climate Strategies: The Challenges of Regionalism. In *Climate Change Policy in North America. Designing Integration in a Regional System,* Hrsg. Debora VanNijnatten, Neil Craik, und Isabel Studer, 71–107. Toronto/Buffalo (NY)/London: University of Toronto Press.

Rabe, Barry G. 2016. The Durability of Carbon Cap-and-Trade Policy. *Governance* 29: 103–119.

Radaelli, Claudio M. 2008. Europeanization, Policy Learning, and New Modes of Governance. *J. Comp. Policy Anal.* 10: 239–254.

Radkau, Joachim. 2012. Eine kurze Geschichte der deutschen Antiatomkraftbewegung. In *Biotechnologie-Kommunikation. Kontroversen, Analysen, Aktivitäten,* Hrsg. Marc-Denis

Weitze, Alfred Pühler, Wolfgang M. Heckl, Bernd Müller-Röber, Ortwin Renn, Peter Weingart, und Günther Wess, 191–202. Heidelberg: Springer.

Radtke, Jörg, und Weert Canzler. 2019. *Energiewende.* Eine sozialwissenschaftliche Einführung. Wiesbaden: Springer VS.

Ragwitz, Mario, Anne Held, Gustav Resch, Thomas Faber, Reinhard Haas, Claus Huber, Rogier Coenraads, Monique Voogt, Gemma Reece, Poul Erik Morthorst, Stine Grenaa Jensen, und Bernhard Heyder. 2007. OPTRES—Final Report. Assessment and optimisation of renewable energy support schemes in the European electricity market. Karlsruhe. https://ec.europa.eu/energy/sites/ener/files/documents/2007_02_optres.pdf. Zugegriffen: 22.04.2017.

Randall, Stephen J., und Herman W. Konrad. 1995. *NAFTA in Transition.* Calgary: University of Calgary Press.

Rangoni, Bernardo. 2019. Architecture and policy-making: comparing experimentalist and hierarchical governance in EU energy regulation. *J. Eur. Public Policy* 26: 63–82.

Rasmussen, A. 2011. Early conclusion in bicameral bargaining. Evidence from the co-decision legislative procedure of the European Union. *EU Politics* 12: 41–64.

Rausch, Sebastian, und Valerie J. Karplus. 2014. Markets versus Regulation:. The Efficiency and Distributional Impacts of U.S. Climate Policy Proposals. Cambridge (MA): Massachusetts Institute of Technology. http://globalchange.mit.edu/files/document/MITJPSPGC_Rpt263.pdf. Zugegriffen: 01.07.2015.

Rausch, Sebastian, und Matthew Mowers. 2014. Distributional and Efficiency Impacts of Clean and Renewable Energy Standards for Electricity. *Res. Energy Econ.* 36: 556–585.

Rausch, Ulrike. 2000. *Grenzüberschreitende Kooperationen.* Der kanadisch-US-amerikanische Nordosten und die Oberrheinregion im Vergleich. Wiesbaden: VS.

Rayner, Tim, und Andrew Jordan. 2011. The United Kingdom. A paradoxical leader? In *The European Union as a Leader in International Climate Change Politics*, Hrsg. Rüdiger Wurzel, und James Connelly, 95–111. London: Routledge.

Reh, Christine. 2014. Is informal politics undemocratic? Trilogues, early agreements and the selection model of representation. *J. Eur. Public Policy* 21: 822–841.

Reh, Christine, Adrienne Héritier, Edoardo Bressanelli, und Christel Koop. 2013. The Informal Politics of Legislation. *Comp. Political Stud.* 46: 1112–1142.

Reiche, Danyel T. (Hrsg.). 2005. *Grundlagen der Energiepolitik.* Frankfurt am Main et al.: Peter Lang.

Reiche, Danyel (Hrsg.). 2005. *Handbook of Renewable Energies in the European Union.* Case studies of the EU-15 States. Frankfurt am Main: Peter Lang.

Reinalda, Bob. 2011. Non-State Actors in the International System of States. In ders.: *The Ashgate Research Companion to Non-State Actors,* 3–18. Farnham: Ashgate.

Reinicke, Wolfgang H. 1999. The Other World Wide Web. Global Public Policy Networks. *Foreign Policy* 117: 44–57.

Rhodes, Martin, und Jelle Visser. 2010. Seeking Commitment and Legitimacy. New Modes of Socio-Economic Governance in Europe. In *New Modes of Governance in Europe. Governing in the Shadow of Hierarchy*, Hrsg. Adrienne Héritier, und Martin Rhodes, 104–134. New York: Palgrave Macmillan.

Rhodes, Roderick Arthur William. 1996. The New Governance. Governing Without Government. *Political Stud.* 44: 652–667.

Rhodes, Roderick Arthur William. 1997. *Understanding Governance.* Policy Networks, Governance, Reflexivity and Accountability. Buckingham/Bristol: Open University Press.

Rhodes, Roderick Arthur William. 2007. Understanding Governance: Ten Years On. *Organ. Stud.* 28: 1243–1264.

Richert, Jörn. 2012. Energiepolitik unter Barack Obama. Zur Transformation des Energiesystems in kleinen Schritten? In *What a President Can. Barack Obama und Reformpolitik im Systemkorsett der USA. Macht und Ohnmacht des amerikanischen Präsidenten*, Hrsg. Christoph Haas, und Wolfgang Jäger, 129–146. Baden-Baden: Nomos.

Richter, Rudolf, und Eirik Grundtvig Furubotn. 2003. *Neue Institutionenökonomik.* Eine Einführung und kritische Würdigung. Tübingen: Mohr Siebeck.

Riker, William H. 1980. Implications from the Disequilibrium of Majority Rule for the Study of Institutions. *Am. Political Sci. Rev.* 74: 432–446.

Riley, Alan. 2008. Editorial—EU Energy Liberalisation: Coming to a Member State Near You! *Competition Law Rev.* 4: 73–75.

Ringquist, Evan J., und Tatiana Kostadinova. 2005. Assessing the Effectiveness of International Environmental Agreements. The Case of the 1985 Helsinki Protocol. *AM. J. Political Sci.* 49: 86–102.

Ripoll Servent, Ariadna. 2015. *Institutional and policy change in the European Parliament.* Deciding on freedom, security and justice. Basingstoke/New York: Palgrave Macmillan.

Risse, Thomas, und Stephan Leibfried. 2011. Wie viel Staat braucht Governance? Ein kritischer Kommentar. In *Wozu Staat? Governance in Räumen begrenzter und konsolidierter Staatlichkeit*, Hrsg. Marianne Beisheim, Tanja A. Börzel, Philipp Genschel, und Bernhard Zangl, 267–279. Baden-Baden: Nomos.

Rittberger, Berthold. 2010. Multi-level governance and parliaments in the European Union. In *Handbook on Multi-Level Governance*, Hrsg. Henrik Enderlein, Sonja Wälti, und Michael Zürn, 239–252. Cheltenham, UK/Northampton, MA: Edward Elgar.

Rittberger, Berthold, und Frank Schimmelfennig. 2006. Explaining the constitutionalization of the European Union. *J. Eur. Public Policy* 13: 1148–1167.

Rittberger, Berthold, und Arndt Wonka. 2012. Agency governance in the European Union. In dies.: *Agency Governance in the EU,* 2–11. London/New York: Routledge.

Rocher, François, und Gordon DiGiacomo. 2008. National Institutions in North America. US, Canadian, and Mexican Federalism. In *Politics in North America. Redefining Continental Relations*, Hrsg. François Rocher, Yasmeen Abu-Laban, und Radha Jhappan, 195–220. Peterborough, Ont.: Broadview Press.

Romppanen, Seita. 2013. The Role and Relevance of Private Actors in EU Biofuel Governance. *Rev. EC Int. Environ. Law* 22.

Rosenau, James N. 1992. Governance, Order, and Change in World Politics. In *Governance without government. Order and change in world politics*, Hrsg. James N. Rosenau, und Ernst Otto Czempiel, 1–29. Cambridge (UK)/New York: Cambridge University Press.

Rothkopf, David J. 2012. *Power, Inc.* The Epic Rivalry Between Big Business and Government—and the Reckoning that Lies Ahead. New York: Farrar, Straus and Giroux.

Roussel, Stéphane. 2010. A North American Peace? Canada-United States Security Relations since 1867. In *Transnationalism. Canada-United States history into the twenty-first century*, Hrsg. Organization for the History of Canada, 183–202. Montreal/Ithaca: McGill-Queen's University Press.

Rowlands, Ian H. 2009. Promotion of Renewable Electricity in the United States and the European Union: Policy Progress and Prospects. In *Transatlantic Environment and Energy Politics. Comparative and International Perspectives*, Hrsg. Miranda Schreurs, Stacy VanDeveer, und Henrik Selin, 145–164. Farnham/Burlington: Ashgate Press.

Rugman, Alan. 2000. *The End of Globalization*. London: Random House.

Rusche, Tim Maxian. 2015. *EU renewable electricity law and policy.* From national targets to a common market. Cambridge (UK): Cambridge University Press.

Sabatier, Paul A. 1993. Advocacy-Koalitionen, Policy-Wandel und Policy-Lernen: Eine Alternative zur Phasenheuristik. In *Policy-Analyse. Kritik und Neuorientierung*, Hrsg. Adrienne Héritier, 116–149. Wiesbaden: VS.

Sabatier, Paul A., und Hank C. Jenkins-Smith (Hrsg.). 1993. *Policy Change and Learning.* An Advocacy Coalition Approach. Boulder (CO): Westview Press.

Sabbaghi, Omid, und Navid Sabbaghi. 2011. Carbon Financial Instruments, thin trading, and volatility. Evidence from the Chicago Climate Exchange. *Q. Rev. Econ. Fin.* 51: 399–407.

Sabel, Charles F., und Jonathan Zeitlin. 2010. Learning From Difference: The New Architecture of Experimentalist Governance in the EU. In dies.: *Experimentalist Governance in the European Union. Towards a New Architecture,* 1–28. Oxford/New York: Oxford University Press.

Säcker, Franz-Jürgen, Lydia Scholz, und Thea Sveen. 2015. *Renewable energy law in Europe.* Challenges and perspectives. Frankfurt am Main: Peter Lang.

Saerbeck, Barbara. 2014. *Unabhangige europaische Regulierungsagenturen.* Ihr Einflusspotenzial am Beispiel der Europaischen Umweltagentur. Wiesbaden: Springer VS.

Saerbeck, Barbara, und Helge Jörgens. 2021. Deutsche Interessen und Prioritäten in der Europäischen Umweltpolitik. In *Handbuch zur deutschen Europapolitik*, Hrsg. Katrin Böttger, und Mathias Jopp, 351–364. Baden-Baden: Nomos.

Salazar, Mayuca. 2007. The North American Gas Markets and the Role of the Regulatory Agencies (NEB/Canada, FERC/USA, and CRE/Mexico). *Tex. J. Oil Gas Energy Law:* 167–210.

Sandholtz, Wayne, und John Zysman. 1989. Recasting the European Bargain. *World Politics* 42: 95–128.

Sandler, Todd. 1998. *Global Challenges.* An Approach to Environmental, Political, and Economic Problems. Cambridge (UK): Cambridge University Press.

Sandor, Richard L. 2006. Creating New Markets. The Chicago Climate Exchange. In *The new public finance. Responding to global challenges*, Hrsg. Inge Kaul, und Pedro Conceição, 389–416. New York: Oxford University Press.

Saunders, J. Owen. 2004. Canada-U.S. Energy Issues: Electricity and Regulatory Sovereignty. Victoria: University of Victoria Centre for Global Studies. https://www.uvic.ca/research/centres/globalstudies/assets/docs/publications/CanadaUSEnergyIssuesElectricityandRegulatorySovereignty.pdf. Zugegriffen: 15.09.2017.

Saurugger, Sabine, und Fabien Terpan. 2016. Resisting 'new modes of governance': An agency-centred approach. *Comp. Eur. Politics* 14: 53–70.

Scharpf, Fritz W. 1985. Die Politikverflechtungs-Falle:. Europäische Integration und deutscher Föderalismus im Vergleich. *PVS* 26: 323–356.

Scharpf, Fritz W. 1991. Die Handlungsfähigkeit des Staates am Ende des zwanzigsten Jahrhunderts. *PVS* 32: 621–634.

Scharpf, Fritz W. 1992a. Einführung: Zur Theorie von Verhandlungssystemen. In *Horizontale Politikverflechtung. Zur Theorie von Verhandlungssystemen*, Hrsg. Arthur Benz, Fritz W. Scharpf, und Reinhard Zintl, 11–27. Frankfurt am Main/New York: Campus.

Scharpf, Fritz W. 1992b. Koordination durch Verhandlungssysteme:. Analytische Konzepte und institutionelle Lösungen. In *Horizontale Politikverflechtung. Zur Theorie von Verhandlungssystemen*, Hrsg. Arthur Benz, Fritz W. Scharpf, und Reinhard Zintl, 51–96. Frankfurt am Main/New York: Campus.

Scharpf, Fritz W. 1996. Politische Optionen im vollendeten Binnenmarkt. In *Europäische Integration*, Hrsg. Markus Jachtenfuchs, und Beate Kohler-Koch, 109–140. Opladen: Leske + Budrich.

Scharpf, Fritz W. 1998. Die Problemlösungsfähigkeit der Mehrebenenpolitik in Europa. In *Regieren in entgrenzten Räumen*, Hrsg. Beate Kohler-Koch, 121–144. Opladen: Westdeutscher Verlag.

Scharpf, Fritz W. 2000. *Interaktionsformen*. Akteurzentrierter Institutionalismus in der Politikforschung. Opladen: Leske + Budrich.

Scharpf, Fritz W. 2009. Legitimacy in the Multilevel European Polity. *Eur. Political Sci. Rev.* 1: 173–204.

Schimank, Uwe. 2002. Theoretische Modelle sozialer Strukturdynamiken:. Ein Gefüge von Generalisierungsniveaus. In *Akteure – Mechanismen – Modelle. Zur Theoriefähigkeit makro-sozialer Analysen*, Hrsg. Renate Mayntz, 151–178. Frankfurt am Main: Campus.

Schimmelfennig, Frank. 2018. European integration (theory) in times of crisis. A comparison of the euro and Schengen crises. *J. Eur. Public Policy* 25: 969–989.

Schirm, Stefan A. 2006. Analytischer Überblick:. Stand und Perspektiven der Globalisierungsforschung. In ders.: *Globalisierung. Forschungsstand und Perspektiven*, 11–34. Baden-Baden: Nomos.

Schmid, Josef. 2008. Der Wohlfahrtsstaat in Europa – Divergenz und Integration. In *Die EU-Staaten im Vergleich*, Hrsg. Oscar W. Gabriel, und Sabine Kropp, 711–739. Wiesbaden: VS.

Schmidt, Manfred G. 2000. Der konsoziative Staat. Hypothesen zur politischen Struktur und zum politischen Leistungsprofil der Europäischen Union. In *Wie problemlösungsfähig ist die EU? Regieren im europäischen Mehrebenensystem*, Hrsg. Grande, Edgar, und Jachtenfuchs, Markus, 33–58. Baden-Baden: Nomos.

Schmidt, Susanne K. 2000. Only an Agenda Setter? The European Commissions Power over the Council of Ministers. *EU Politics* 1: 37–61.

Schmidt, Susanne K. 2011. Law-Making in the Shadow of Judicial Politics. In *The ‚Community Method'. Obstinate or Obsolete?*, Hrsg. Renaud Dehousse, 43–59. Basingstoke/New York: Palgrave Macmillan.

Schmidt, Vivien Ann. 2006. *Democracy in Europe*. The EU and National Polities. Oxford: Oxford University Press.

Schmidt am Busch, Birgit. 2007. Die Beleihung: Ein Rechtsinstitut im Wandel. *Öff. Verwalt.* 60: 533–542.

Schneider, Gerald, und Konstantin Baltz. 2004. The Power of Specialization: How Interest Groups Influence EU Legislation. In *The Role of Organized Interest Groups in Policy Making*, Hrsg. Debora Di Gioacchino, Sergio Ginebri, und Laura Sabani, 253–283. Basingstoke/New York: Palgrave Macmillan.

Schneider, Jonathan. 2016. Lights Out. By Ted Koppel. *Energy Law J.* 37: 433–443.

Schneider, Jonathan, und Jonathan Trotta. 2018. What we talk about when we talk about resilience. *Energy Law J.* 39: 353–400.

Schneider, Volker. 2009. Akteurskonstellationen und Netzwerke in der Politikentwicklung. In *Lehrbuch der Politikfeldanalyse 2.0*, Hrsg. Klaus Schubert, und Nils C. Bandelow, 191–218. München: Oldenbourg.

Schneider, Volker, und Frank Janning. 2006. *Politikfeldanalyse.* Akteure, Diskurse und Netzwerke in der öffentlichen Politik. Wiesbaden: VS.

Schneider, Volker, und Patrick Kenis. 1996. Verteilte Kontrolle. Institutionelle Steuerung in modernen Gesellschaften. In *Organisation und Netzwerk. Institutionelle Steuerung in Wirtschaft und Politik*, Hrsg. Patrick Kenis, und Volker Schneider, 9–43. Frankfurt am Main/New York: Campus.

Schneiker, Till. 2010. Energie und Integration in Nordmerika innerhalb und jenseits von NAFTA. In *Energie und Integration in Nord- und Südamerika*, Hrsg. Günther Maihold, und Jörg Husar, 85–105. Opladen/Farmington Hills (MI): Barbara Budrich.

Scholte, Jan Aart. 2005. *Globalization.* A Critical Introduction. Basingstoke: Palgrave Macmillan.

Scholz, Ulrich, und Stephan Purps. 2010. The Application of EU Competition Law in the Energy Sector. *J. Eur. Competition Law Pract.* 1: 37–51.

Schoo, Johann. 2015. Art. 294 AEUV. In *Europäisches Unionsrecht. Vertrag über die Europäische Union, Vertrag über die Arbeitsweise der Europäischen Union, Charta der Grundrechte der Europäischen Union*, Hrsg. Hans von der Groeben, Jürgen Schwarze, und Armin Hatje. Baden-Baden: Nomos.

Schoutheete, Philippe de. 2012. The European Council. In *The Institutions of the European Union*, Hrsg. John Peterson, und Michael Shackleton, 43–67. Oxford: Oxford University Press.

Schreurs, Miranda A. 2008. From the Bottom Up. *J. Environ. Dev.* 17: 343–355.

Schröder, Mirja. 2019. *EU gas supply security.* A geopolitical vision of the southern gas corridor. Baden-Baden: Nomos.

Schubert, Samuel R., Johannes Pollak, und Maren Kreutler. 2016. *Energy policy of the European Union.* London/New York: Macmillan Education Palgrave.

Schumann, Diana. 2003. Netzwerke und Koppelgeschäfte in der europäischen Elektrizitätspolitik. *PVS* 44: 325–347.

Schuppert, Gunnar Folke. 2006. Governance im Spiegel der Wissenschaftsdisziplinen. In ders.: *Governance-Forschung. Vergewisserung über Stand und Entwicklungslinien*, 371–460. Baden-Baden: Nomos.

Schuppert, Gunnar Folke. 2010. *Staat als Prozess.* Eine staatstheoretische Skizze in sieben Aufzügen. Frankfurt am Main: Campus Verlag GmbH.

Schuppert, Gunnar Folke. 2011. *Alles Governance oder was?* Baden-Baden: Nomos.

Scully, Roger, Simon Hix, und David M. Farrell. 2012. National or European Parliamentarians? Evidence from a New Survey of the Members of the European Parliament. *J. Common Mark. Stud.* 50: 670–683.

Selin, Henrik, und Stacy VanDeveer. 2005. Canadian-U.S. Environmental Cooperation: Climate Change Networks and Regional Action. *Am. Rev. Can. Stud.* 35: 353–378.

Selin, Henrik, und Stacy D. VanDeveer (Hrsg.). 2009. *Changing Climates in North American Politics.* Institutions, Policymaking, and Multilevel Governance. Cambridge (MA)/London: MIT Press.

Selin, Henrik, und Stacy VanDeveer. 2016. Canadian-U.S. Cooperation: Regional Climate Change Action in the Northeast. In *Bilateral Ecopolitics. Continuity and Change in Canadian-American Environmental Relations*, Hrsg. Philippe G. LePrestre, und Peter J. Stoett, 93–115. Aldershot: Ashgate.

Sened, Itai. 1991. Contemporary Theory of Institutions in Perspective. *J. Theor. Politics* 3: 179–402.

Settembrini, Pierpaolo, und Christine Neuhold. 2009. Achieving Consensus Through Committees: Does the European Parliament Manage?. *J. Common Mark. Stud.* 47: 127–151.

Shackleton, Michael. 2012. The European Parliament. In *The Institutions of the European Union*, Hrsg. John Peterson, und Michael Shackleton, 124–147. Oxford: Oxford University Press.

Shaffer, Brenda. 2009. *Energy Politics*. Philadelphia: University of Pennsylvania Press.

Shaffer, Gregory C., und Mark A. Pollack. 2009. Hard Law vs. Soft Law:. Alternatives, Complements, and Antagonists in International Governance. *Minn. Law Rev.* 94: 706–799.

Shuibhne, Niam Nic. 2012. The Court of Justice of the European Union. In *The Institutions of the European Union*, Hrsg. John Peterson, und Michael Shackleton, 148–172. Oxford: Oxford University Press.

Shurtz, Nancy. 2015. Carbon Pricing Initiatives in Western North America: Blueprint for Global Climate Change Policy. *San Diego J. Clim. Energy Law* 7: 61–140.

Simon, Herbert A. 1969. *The Sciences of the Artificial*. Cambridge (MA)/London: MIT Press.

Simon, Herbert A. 1985. Human Nature in Politics: The Dialogue of Psychology with Political Science. *Am. Political Sci. Rev.* 79: 293–304.

Simon, Herbert A. 1991. Organizations and Markets. *J. Econ. Persp.* 5: 25–44.

Simon, Herbert A. 2002. Near Decomposability and the Speed of Evolution. *Ind. Corp. Change* 11: 587–599.

Skjærseth, Jon Birger, Per Ove Eikeland, und Lars H. Gulbrandsen. 2016. Deciding the package for 2020. In *Linking EU climate and energy policies. Decision-making, implementation and reform*, Hrsg. Jon Birger Skjærseth, Per Ove Eikeland, Lars H. Gulbrandsen, und Torbjørg Jevnaker, 71–90. Northampton, MA: Edward Elgar.

Skjærseth, Jon Birger, und Jørgen Wettestad. 2008. *EU Emissions Trading*. Initiation, Decision-Making and Implementation. Aldershor/Burlington: Ashgate.

Skjærseth, Jon Birger, und Jørgen Wettestad. 2010. Fixing the EU Emssions Trading System? Understanding the Post-2012 Changes. *Glob. Environ. Politics* 10: 101–123.

Smeets, Sandrino, und Derek Beach. 2019. Intergovernmentalism and its implications—new institutional leadership in major EU reforms. *J. Eur. Public Policy:* 1–20.

Smith, C. Mark, und Luke J. Trip. 2005. Mercury policy and science in northeastern North America: the Mercury Action Plan of the New England Governors and Eastern Canadian Premiers. *Ecotoxicology* 14: 19–35.

Smith, Mike. 2018. The EU, the US and the crisis of contemporary multilateralism. *J. Eur. Integr.* 40: 539–553.

Smith, Stephen, und Joseph Swierzbinski. 2007. Assessing the performance of the UK Emissions Trading Scheme. *Environ. Resour. Econ.* 37: 131–158.

Snyder, Francis. 1994. Soft Law and Institutional Practice in the European Community. In *The Construction of Europe. Essays in Honour of Emile Noel*, Hrsg. Stephen Martin, 197–225. Dordrecht: Kluwer Academic Publishers.

Sonnicksen, Jared. 2014. *Ein Präsident für Europa*. Zur Demokratisierung der Europäischen Union. Wiesbaden: Springer VS.

Sørensen, Georg. 2006. The Transformation of the State. In *The State. Theories and Issues*, Hrsg. Colin Hay, Michael Lister, und David Marsh, 190–208. Houndmills/New York: Palgrave Macmillan.

Sprinz, Detlef. 2007. Die neue Agenda: Zukünftige Forschung zur Effektivität internationaler Institutionen. In *Politik und Umwelt*, Hrsg. Klaus Jacob, Frank Biermann, Per-Olof Busch, und Peter H. Feindt, 60–72. Wiesbaden: VS.

Squicciarini, Giuseppina, Guido Cervigni, Dmitri Perkhodtsev, und Clara Poletti. 2010. The Integration of the European Electricity Markets at a Turning Point: From the Regional Model to the Third Legislative Package. *EUI Working Pap. 2010/56*. Florenz: European University Institute. http://cadmus.eui.eu/bitstream/handle/1814/14294/RSCAS_2010_56.pdf?sequence=1&isAllowed=y. Zugegriffen: 17.02.2018.

Stefan, Oana, und Marina Petri. 2018. Too Weak to Be Controlled: Judicial Review of ACER Soft Law. *Yearb. Eur. Law* 37: 525–550.

Steinmo, Sven. 2010. *The Evolution of Modern States*. Sweden, Japan, and the United States. New York: Cambridge University Press.

Stephan, Benjamin. 2009. A Comparative Analysis of the Regional Greenhouse Gas Initiative and the Western Climate Initiative. *Global Transformations Towards a Low Carbon Economy Working Paper 1*. Hamburg: Universität Hamburg. https://www.wiso.uni-hamburg.de/fachbereich-sowi/professuren/engels/archiv/working-papers/wps-no01.pdf. Zugegriffen: 03.01.2018.

Stern, Jonathan. 2006. Natural gas security problems in Europe: The Russian–Ukrainian crisis of 2006. *Asia-Pac. Rev.* 13: 32–59.

Steunenberg, Bernard, und Thorsten J. Selck. 2006. Testing Procedural Models of EU Legislative Decision Making. In *The European Union Decides*, Hrsg. Robert Thomson, Frans Stokman, Christopher H. Achen, und Thomas König, 54–85. Cambridge (UK)/New York: Cambridge University Press.

Stickley, Dennis C. 1990. Toward the Integration of Canadian and United States Natural Gas Import Policies. *Land Water Law Rev.* 24: 335–374.

Stockmann, Reinhard, und Wolfgang Meyer. 2010. *Evaluation*. Eine Einführung. Opladen/Farmington Hills (MI): Barbara Budrich.

Stoft, Steven. 2002. *Power System Economics*. Designing Markets for Electricity. New York: Wiley.

Strange, Susan. 1994. Rethinking Structural Change in the International Political Economy:. States, Firms, and Diplomacy. In *Political Economy and the Changing Global Order*, Hrsg. Richard Stubbs, und Underhill, Geoffrey R. D., 103–115. Basingstoke: Macmillan.

Strange, Susan. 1996. *The Retreat of the State*. The Diffusion of Power in the World Economy. Cambridge (UK)/New York: Cambridge University Press.

Streeck, Wolfgang, und Philippe C. Schmitter. 1996. Gemeinschaft, Markt, Staat – und Verbände? Der mögliche Beitrag von privaten Interessenregierungen zu sozialer Ordnung. In *Organisation und Netzwerk. Institutionelle Steuerung in Wirtschaft und Politik*, Hrsg. Patrick Kenis, und Volker Schneider, 123–164. Frankfurt am Main/New York: Campus.

Strunz, Sebastian, Erik Gawel, Paul Lehmann, und Patrik Söderholm. 2017. Policy convergence as a multifaceted concept. The case of renewable energy policies in the European Union. *J. Public Policy* 22: 1–27.

Stuart, Reginald C. 2007. *Dispersed Relations*. Americans and Canadians in Upper North America. Washington D.C./Baltimore: Woodrow Wilson Center Press; Johns Hopkins University Press.

Studer-Noguez, Isabel. 2007. Obstacles to Integration. NAFTA's Institutional Weakness. In *Requiem or revival? The promise of North American integration*, Hrsg. Isabel Studer-Noguez, und Carol Wise, 53–75. Washington D.C.: Brookings Institution Press.

Sullivan, Jonathan, und Tim Veen. 2009. The EU Council. Shedding Light on an Opaque Institution. *Gov. Oppos.* 44: 113–123.

Szulecki, Kacper, Severin Fischer, Anne Therese Gullberg, und Oliver Sartor. 2016. Shaping the 'Energy Union': between national positions and governance innovation in EU energy and climate policy. *Clim. Policy* 16: 548–567.

Taminiau, Yvette, und Arnold Wilts. 2006. Corporate lobbying in Europe, managing knowledge and information strategies. *J. Public Aff.* 6: 122–130.

Tamtik, Merli. 2016. Institutional Change Through Policy Learning. The Case of the European Commission and Research Policy. *Rev. Policy Res.* 33: 5–21.

Tanasescu, Irina. 2009. *The European Commission and Interest Groups.* Towards a Deliberative Interpretation of Stakeholder Involvement in EU Policy-making. Brüssel: Vub Press.

Tarrant, Andrew, und R. Daniel Kelemen. 2017. Reconceptualizing European Union regulatory networks: A response to Blauberger and Rittberger. *Regul. Gov.* 11: 213–222.

Terpan, Fabien. 2015. Soft Law in the European Union-The Changing Nature of EU Law. *Eur. Law J.* 21: 68–96.

Teubner, Gunther, und Helmut Willke. 1987. Kontext und Autonomie: Gesellschaftliche Selbststeuerung durch reflexives Recht. *Z. Rechtssoziol.* 6: 4–35.

Thatcher, Mark. 2002. Regulation After Delegation: Independent Regulatory Agencies in Europe. *J. Eur. Public Policy* 9: 954–972.

Thatcher, Mark, und David Coen. 2008. Reshaping european regulatory space: An evolutionary analysis. *West Eur. Politics* 31: 806–836.

Tholoniat, Luc. 2010. The Career of the Open Method of Coordination. Lessons from a 'Soft' EU Instrument. *West Eur. Politics* 33: 93–117.

Thomson, Robert. 2013. Double versus Triple Majorities. Will the New Voting Rules in the Council of the European Union Make a Difference? *West Eur. Politics* 36: 1221–1238.

Thomson, Robert, und Madeleine Hosli. 2006. Who Has Power in the EU? The Commission, Council and Parliament in Legislative Decision-making. *J. Common Mark. Stud.* 44: 391–417.

Todd, Douglas. 2014. Introduction. In ders.: *Cascadia. The elusive Utopia: exploring the spirit of the Pacific Northwest*, 1–31. Vancouver/Ottawa: Ronsdale Press.

Töller, Annette Elisabeth. 2012. Regieren als Problemlösung oder als eigendynamischer Prozess? Überlegungen zu einer Überwindung des Problemlösungsbias in der Politikfeldanalyse. In *Regieren. Festschrift für Hubert Heinelt*, Hrsg. Björn Egner, Michael Haus, und Georgios Terizakis, 171–190. Wiesbaden: Springer VS.

Töller, Annette Elisabeth. 2014. Europäisierung der deutschen Gesetzgebung. Wissenschaftliches Kurzgutachten. Hagen: Fernuniversität Hagen. https://www.fernuni-hagen.de/polis/download/lg3/kurzgutachten_europa.pdf. Zugegriffen: 15.09.2016.

Tomblin, Stephen G., und Charles S. Colgan. 2014. Myth and Reality in Eastern Canada-Northeastern U.S. Regionalism. *Can.-Am. Public Policy* 82: 1–38.

Tömmel, Ingeborg. 2008. Governance und Policy-Making im Mehrebenensystem der EU. In dies.: *Die Europäische Union. Governance und Policy-Making.* PVS Sonderheft 40, 13–35. Wiesbaden: VS.

Tömmel, Ingeborg. 2014. *Das politische System der EU.* München: Oldenbourg.

Tosun, Jale, Sophie Biesenbender, und Kai Schulze (Hrsg.). 2015. Energy policy making in the EU. Building the agenda. London: Springer.

Trabish, Herman K. 2016. *Charts: How Will the Clean Power Plan Stay Affect the Utility Power Mix Transition?* Washington D.C. http://www.utilitydive.com/news/charts-how-will-the-clean-power-plan-stay-affect-the-utility-power-mix-tra/415090/. Zugegriffen: 17.03.2016.

Trubek, David M., und Louise G. Trubek. 2005. Hard and Soft Law in the Construction of Social Europe:. The Role of the Open Method of Co-Ordination. *Eur. Law J.* 11: 343–364.

Truijens, Douwe G. 2019. *New modes of lobbying for new modes of governance.* Interest groups and experimentalist governance in the European Union. Amsterdam: Ipskamp printing.

Tsebelis, George. 2002. *Veto Players.* How Political Institutions Work. Princeton (NJ): Princeton University Press.

Underdal, Arild. 2002a. Conclusions: Patterns of Regime Effectiveness. In *Environmental Regime Effectiveness. Confronting Theory with Evidence*, Hrsg. Edward L. Miles, Arild Underdal, Steinar Andresen, Jørgen Wettestad, Jon Birger Skjærseth, und Elaine M. Carlin, 433–465. Cambridge (MA)/London: MIT Press.

Underdal, Arild. 2002b. One Question, Two Answers. In *Environmental Regime Effectiveness. Confronting Theory with Evidence*, Hrsg. Edward L. Miles, Arild Underdal, Steinar Andresen, Jørgen Wettestad, Jon Birger Skjærseth, und Elaine M. Carlin, 3–45. Cambridge (MA)/London: MIT Press.

Vaks, A., O. S. Gutareva, Sebastian F. M. Breitenbach, E. Avirmed, A. J. Mason, A. L. Thomas, A. V. Osinzev, A. M. Kononov, und G. M. Henderson. 2013. Speleothems reveal 500,000-year history of Siberian permafrost. *Sci.* 340: 183–186.

van den Hoven, Adrian, und Karl Froschauer. 2004. Limiting Regional Electricity Sector Integration and Market Reform: The Cases of France in the EU and Canada in the NAFTA Region. *Comp. Political Stud.* 37: 1079–1103.

VanNijnatten, Debora. 2006. Regional Cross-border Environmental Policy Spaces in North America: Province-State Linkages in the post-NAFTA Era. *AmeriQuests* 3: 1–19.

VanNijnatten, Debora, und Neil Craik. 2012. Environment and Energy: Prospects for New Forms of Continental Governance. In *North America in Question. Regional Integration in an Era of Economic Turbulence*, Hrsg. Jeffrey Ayres, und Laura MacDonald, 171–195. Toronto/Buffalo (NY)/London: University of Toronto Press.

Vany, Arthur D. E., und W. David Walls. 1994. Open Access and the Emergence of a Competitive Natural Gas Market. *Contemp. Econ. Policy* 12: 77–96.

Veen, Tim. 2011. The dimensionality and nature of conflict in European Union politics. On the characteristics of intergovernmental decision-making. *EU Politics* 12: 65–86.

Vihma, Antto, und Harro van Asselt. 2014. The Conflict over Aviation Emissions. A Case of Retreating EU Leadership? *FIIA Briefing Pap. 150.* Helsinki: Finnish Institute of International Affairs. https://www.sei-international.org/mediamanager/documents/Publications/Climate/FIIA-2014-EU-aviation-emissions.pdf. Zugegriffen: 21.05.2017.

Villareal, M. Angeles, und Ian F. Fergusson. 2013. NAFTA at 20: Overview and Trade Effects. Ithaca (NY): Cornell University. http://digitalcommons.ilr.cornell.edu/cgi/viewcontent.cgi?article=2272&context=key_workplwor. Zugegriffen: 19.08.2017.

Vos, Ellen. 2014. European Agencies and the Composite EU Executive. In *European Agencies in between Institutions and Member States*, Hrsg. Michelle Everson, Cosimo Monda, und Ellen Vos, 11–47. Alphen aan den Rijn/Frederick (MD): Kluwer Law International.

Wade, Robert. 1996. Globalization and its Limits. Reports of the Death of the National Economy Are Greatly Exaggerated. In *National Diversity and Global Capitalism*, Hrsg. Suzanne Berger, und Ronald Dore, 60–97. Ithaca (NY): Cornell University Press.

Walker, Benedikt. 2017. *Klimaschutz in föderalen Mehrebenensystemen*. Das Recht der nachfrageorientierten Energieeffizienzförderung in der Europäischen Union und den USA. Baden-Baden: Nomos Verlagsgesellschaft.

Wallace, Helen, und Christine Reh. 2015. An Institutional Anatomy and Five Policy Modes. In *Policy-Making in the European Union*, Hrsg. Helen Wallace, Mark A. Pollack, und Alasdair R. Young, 72–112. Oxford: Oxford University Press.

Wälti, Sonja. 2004. How Multilevel Structures Affect Environmental Policy in Industrialized Countries. *Eur. J. Political Res.* 43: 599–634.

Warleigh-Lack, Alex, und Ralf Drachenberg. 2011. Spillover in a soft policy era? Evidence from the Open Method of Co-ordination in education and training. *J. Eur. Public Policy* 18: 999–1015.

Warren, David P., und Scott Tomashefsky. 2009. The Western Climate Initiative. *State Local Gov. Rev.* 41: 55–60.

Weber, Max. 1976. *Wirtschaft und Gesellschaft*. Grundriß der verstehenden Soziologie. Tübingen: Mohr.

Wegener, Bernhard W. 2009. Die Novelle des EU-Emissionshandelssystems. *Z. Umweltrecht:* 283–288.

Weigt, Jürgen. 2009. *Die Förderung der Stromerzeugung aus erneuerbaren Energien in der Europäischen Union*. Probleme und Herausforderungen im Spannungsfeld zwischen Binnenmarkt und Umweltschutz. Frankfurt am Main et al.: Lang.

Weimer, David Leo, und Aidan R. Vining. 2011. *Policy Analysis*. Concepts and Practice. Boston Mass. u. a: Longman.

Weinberg, Catherine. 2015. *Das europäische Emissionshandelssystem in der dritten Handelsperiode unter Berücksichtigung der Einbeziehung des Luftverkehrs*. Eine umfassende Darstellung und Evaluation der europäischen Rechtsgrundlagen des Emissionshandels. Frankfurt am Main: PL Academic Research.

Weiss, Linda. 2003. Introduction: Bringing Domestic Institutions Back In. In dies.: *States in the Global Economy. Bringing Domestic Institutions Back In,* 1–33. Cambridge (UK): Cambridge University Press.

Wessels, Wolfgang. 2008a. *Das politische System der Europäischen Union*. Wiesbaden: VS.

Wessels, Wolfgang. 2008b. The European Council: A Bigger Club, a Similar Role? In *The Institutions of the Enlarged European Union. Continuity and Change*, Hrsg. Edward Best, Thomas Christiansen, und Pierpaolo Settembri, 16–33. Cheltenham/Northampton (MA): Edward Elgar.

Wettestad, Jørgen. 2014. Rescuing EU Emissions Trading. Mission Impossible? *Glob. Environ. Politics* 14: 64–81.

Wettestad, Jørgen. 2015. EU emissions trading. In *Research Handbook on Climate Governance*, Hrsg. Karin Bäckstrand, und Eva Løvbrand, 345–355. Cheltenham, UK: Edward Elgar Publishing Limited.

Wettestad, Jørgen, Per Ove Eikeland, und Måns Nilsson. 2012. EU Climate and Energy Policy:. A Hesitant Supranational Turn? *Glob. Environ. Politics* 12: 67–86.

Wettestad, Jørgen, und Torbjørg Jevnaker. 2016. *Rescuing EU emissions trading*. The climate policy flagship. London: Palgrave Macmillan.

White, Josh. 2018. No Room for Doubt: The Race to the Bottom Is on Race to the Bottom. *Int. Tax Rev.:* 17–19.

Wicke, Birka, Pita Verweij, Hans van Meijl, Detlef P. van Vuuren, und Andre P. C. Faaij. 2012. Indirect land use change: review of existing models and strategies for mitigation. *Biofuels* 3: 87–100.

Wilks, Stephen, und Maurice Wright (Hrsg.). 1987. *Comparative Government-Industry Relations*. Western Europe, the United States, and Japan. Oxford/New York: Clarendon Press; Oxford University Press.

Williamson, Oliver E. 1975. *Markets and Hierarchies*. Analysis and Antitrust Implications. New York/London: Free Press.

Willke, Helmut. 2006. *Systemtheorie I: Grundlagen*. Eine Einführung in die Grundprobleme der Theorie sozialer Systeme. Stuttgart: Lucius & Lucius.

Willke, Helmut. 2014. *Systemtheorie III: Steuerungstheorie*. Grundzüge einer Theorie der Steuerung komplexer Sozialsysteme. Stuttgart: UVK.

Wilson, Michael. 2014. NAFTA's Unfinished Business. The View From Canada. *Foreign Aff.* 93: 128–133.

Winfield, Mark S. 2010. Climate Change and Canadian Energy Policy. In *A globally integrated climate policy for Canada*, Hrsg. Steven F. Bernstein, 261–292. Toronto: University of Toronto Press.

Witte, Jan Martin, Wolfgang H. Reinicke, und Thorsten Benner. 2000. Beyond Multilateralism: Global Public Policy Networks. *Int. Polit. Ges.:* 176–188.

Wobst, Peter, Niels Anger, Paul Veenendaal, Victoria Alexeeva-Talebi, Stefan Boeters, Nico van Leeuwen, Tim Mennel, Ulrich Oberndorfer, und Hugo Rojas-Romagoza. 2007. Competitiveness Effects of Trading Emissions and Fostering Technologies to Meet the EU Kyoto Targets: A Quantitative Economic Assessment. Brüssel. https://ec.europa.eu/docsroom/documents/1925/attachments/1/translations/en/renditions/native. Zugegriffen: 22.04.2017.

Wonka, Arndt. 2008. *Die Europäische Kommission*. Supranationale Bürokratie oder Agent der Mitgliedstaaten? Baden-Baden: Nomos.

Wonka, Arndt, und Berthold Rittberger. 2012. Perspectives on EU governance: an empirical assessment of the political attitudes of EU agency professionals. In *Agency Governance in the EU*, Hrsg. Berthold Rittberger, und Arndt Wonka, 110–130. London/New York: Routledge.

Wood, Duncan. 2014. Integrating North America's Energy Markets: A Call for Action. Washington D.C.: Wilson Center. https://www.wilsoncenter.org/sites/default/files/Integrating%20North%20America's%20Energy%20Markets.pdf. Zugegriffen: 30.09.2019.

Wurzel, Rüdiger. 2006. *Environmental policy-making in Britain, Germany and the European Union*. The Europeanisation of air and water pollution control. Manchester: Manchester University Press.

Wurzel, Rüdiger, und James Connelly (Hrsg.). 2011. *The European Union as a Leader in International Climate Change Politics*. London/New York: Routledge.

Wyns, Tomas, und Arianna Khatchadourian. 2016. Situational analysis of EU renewable energy legislation. *Clim. Policy* 16: 568–585.

Yang, Tseming. 2006. The Problem of Maintaining Emission „Caps" in Carbon Trading Programs without Federal Government Involvement: A Brief Examination of the Chicago Climate Exchange and the Northeast Regional Greenhouse Gas Initiative. *Fordham Environ. Law Rev.* 17: 271–286.

Yegorov, Yuri, und Franz Wirl. 2009. Ukrainian gas transit game. *Z. Energiewirtsch.* 33: 147–155.

Young, Oran R. 2004. The Consequences of International Regimes. A Framework for Analysis. In *Regime Consequences. Methodological Challenges and Research Strategies*, Hrsg. Arild Underdal, und Oran R. Young, 3–23. Dordrecht/Boston/London: Kluwer Academic Publishers.

Youngs, Richard. 2009. *Energy Security.* Europe's New Foreign Policy Challenge. London/New York: Routledge.

Zapfel, Peter. 2005. Greenhouse gas emissions trading in the EU: building the world's largest cap-and-trade scheme. In *Emissions Trading for Climate Policy. US and European Perspectives*, Hrsg. Bernd Hansjürgens, 162–176. Cambridge (UK): Cambridge University Press.

Zapfel, Peter. 2007. A brief but lively chapter in EU climate policy: the Commission's perspective. In *Allocation in the European Emissions Trading Scheme. Rights, Rents and Fairness*, Hrsg. Barbara Buchner, Carlo Carraro, und A. Denny Ellerman, 13–38. Cambridge (UK): Cambridge University Press.

Zartaloudis, Sotirios. 2014. *The Impact of European Employment Strategy in Greece and Portugal.* Europeanization in a World of Neglect. Basingstoke: Palgrave Macmillan.

Zeitlin, Jonathan. 2011. Is the Open Method of Coordination an Alternative to the Community Method. In *The ‚Community Method'. Obstinate or Obsolete?*, Hrsg. Renaud Dehousse, 135–147. Basingstoke/New York: Palgrave Macmillan.

Zepeda, Eduardo, Timothy A. Wise, und Kevin P. Gallagher. 2009. Rethinking Trade Policy for Development: Lessons From Mexico Under NAFTA. *Policy Outlook.* Washington D.C.: Carnegie Endowment for International Peace. https://carnegieendowment.org/files/nafta_trade_development.pdf. Zugegriffen: 26.09.2019.

Zimmer, Christina, Gerald Schneider, und Michael Dobbins. 2005. The Contested Council: Conflict Dimensions of an Intergovernmental EU Institution. *Political Stud.* 53: 403–422.

Zimmermann, Charles F., und Kim Talus. 2008. Regulation of Electricity Markets at the EU Level. *Eur. Energy Environ. Law Rev.* 17: 12–22.

Zürn, Michael. 1998a. Gesellschaftliche Denationionalisierung und Regieren in der OECD-Welt. In *Regieren in entgrenzten Räumen*, Hrsg. Beate Kohler-Koch, 91–120. Opladen: Westdeutscher Verlag.

Zürn, Michael. 1998b. *Regieren jenseits des Nationalstaates.* Globalisierung und Denationalisierung als Chance. Frankfurt a. M.: Suhrkamp.

Interviews

Interview 1. Hochrangiger Angehöriger der EU-Kommission. Geführt am 28.3.2017 per Telefon.

Interview 2. Peter Zapfel, Abteilungsleiter EU-Kommission, DG Klima. Geführt am 1.8.2017 per Telefon.

Interview 3. Jessica Youle, ehemalige Vertreterin des Energieministeriums von Arizona in der Western Climate Initiative. Geführt am 28.2.2018 per Telefon.

Interview 4. Sarah Cottrell Propst, ehemalige energie- und umweltpolitische Beraterin für Gouverneur Bill Richardson, New Mexico. Geführt am 6.3.2018 per Telefon.

Interview 5. Vertreter einer kanadischen Provinz in der Western Climate Initiative. Geführt am 8.3.2018 per Telefon.

Interview 6. Tony Usibelli, Abteilungsleiter für Energiepolitik im Büro von Gouverneur Jay Inslee, Washington. Geführt am 14.4.2018 per Telefon.

Interview 7. Abteilungsleiter für Klimapolitik im Umweltministerium einer kanadischen Provinz. Geführt am 4.5.2018 per Telefon.

Interview 8. Mitglied des Europäischen Parlaments, Ausschuss für Umweltfragen, öffentliche Gesundheit und Lebensmittelsicherheit. Geführt am 10.5.2019 per Telefon.

Interview 9. Für Energie und Ressourcenmanagement zuständiger Mitarbeiter des kanadischen Energieministeriums. Geführt am 30.10.2019 per Telefon.

Interview 10. Vertreter einer kanadischen Provinz im Northeast International Committee on Energy und Climate Change Steering Committee der Conference of New England Governors and Eastern Canadian Premiers. Geführt am 17.1.2020 per Telefon.

Interview 11. Marc DeBlois, Vertreter der Regierung von Quebec im Climate Change Steering Committee der Conference of New England Governors and Eastern Canadian Premiers. Schriftlich geführt am 3.2.2020.

Rechtsquellen

Nationale Gesetze

Energy Policy Act of 2005 vom 8. August 2005. 42 USC, Sec. 15801.

Gesetz über den Nationalen Zuteilungsplan für Treibhausgas-Emissionsberechtigungen in der Zuteilungsperiode 2008 bis 2012 vom 7. August 2007, BGBl I/38 vom 10. August 2007, S. 1788–1803 (abgekürzt als ZuG 2012).

Internationale Abkommen

Agreement between the United States of America, the United Mexican States, and Canada. Office of the United States Trade Representative. https://ustr.gov/trade-agreements/free-trade-agreements/united-states-mexico-canada-agreement/agreement-between. Zugegriffen: 03.07.2020 (abgekürzt als: USMCA).

North American Agreement on Environmental Cooperation (abgekürzt als: NAAEC). https://www.nafta-sec-alena.org/Home/Texts-of-the-Agreement/NAAEC.htm. Zugegriffen: 06.09.2017.

North American Agreement on Labor Cooperation (abgekürzt als: NAALC). https://www.nafta-sec-alena.org/Home/Texts-of-the-Agreement/NAALC.htm. Zugegriffen: 06.09.2017.

North American Free Trade Agreement (abgekürzt als: NAFTA). https://www.nafta-sec-alena.org/Home/Texts-of-the-Agreement/NAFTA.htm. Zugegriffen: 06.09.2017.

Protokoll von Kyoto zum Rahmenübereinkommen der Vereinten Nationen über Klimaänderungen vom 11. Dezember 1997, BGBl 2002 II/16 vom 2. Mai 2002, S. 967–997 (abgekürzt als: Kyoto-Protokoll).

Rahmenübereinkommen der Vereinten Nationen über Klimaänderungen vom 9. Mai 1992, BGBl 1993 II/33 vom 16. September 1993, S. 1784–1812 (abgekürzt als: UNFCCC).

EU-Recht

Vertrag über die Europäische Union -konsolidierte Fassung-, Amtsblatt Nr. 16/C 202 vom 07. Juni 2016, S. 13–46 (abgekürzt als: EUV).

Vertrag über die Arbeitsweise der Europäischen Union -konsolidierte Fassung-, Amtsblatt Nr. 16/C 202 vom 07. Juni 2016, S. 47–199 (abgekürzt als: AEUV).

Einheitliche Europäische Akte, Amtsblatt Nr. 87/L 169 vom 29. Juni 1987, S. 1–28 (abgekürzt als: EEA).

Vertrag über die Europäische Union, Amtsblatt Nr. 92/C 224 vom 31.August 1992, S. 1–130 (abgekürzt als: EUV Maastricht).

Vertrag über die Europäische Union -konsolidierte Fassung-, Amtsblatt Nr. 97/C 340 vom 10. November 1997, S. 145–172 (abgekürzt als: EUV Amsterdam).

Vertrag über die Europäische Union -konsolidierte Fassung-, Amtsblatt Nr. 02/C 325 vom 24. Dezember 2002, S. 5–32 (abgekürzt als: EUV Nizza).

Vertrag zur Gründung der Europäischen Gemeinschaft -konsolidierte Fassung-, Amtsblatt Nr. 97/C 340 vom 10. November 1997, S. 173–306 (abgekürzt als: EGV Amsterdam).

Vertrag zur Gründung der Europäischen Gemeinschaft -konsolidierte Fassung-, Amtsblatt Nr. 02/C 325 vom 24. Dezember 2002, S. 33–154 (abgekürzt als: EGV Nizza).

Verordnung (EG) Nr. 1/2003 des Rates vom 16. Dezember 2002 zur Durchführung der in den Artikeln 81 und 82 des Vertrags niedergelegten Wettbewerbsregeln, Amtsblatt Nr. 03/L 1 vom vom 4. Januar 2003, S. 1–25 (abgekürzt als: VO 1/2003).

Verordnung (EG) Nr. 1228/2003 des Europäischen Parlaments und des Rates vom 26. Juni 2003 über die Netzzugangsbedingungen für den grenzüberschreitenden Stromhandel, Amtsblatt Nr. 03/L 176, S. 1–10 (abgekürzt als: VO 1228/2003).

Verordnung (EG) Nr. 2216/2004 der Kommission vom 21. Dezember 2004 über ein standardisiertes und sicheres Registrierungssystem gemäß der Richtlinie 2003/87/EG des Europäischen Parlaments und des Rates sowie der Entscheidung 280/2004/EG des Europäischen Parlaments und des Rates, Amtsblatt Nr. 04/ L 386 vom 29. Dezember 2004, S. 1–77 (abgekürzt als: VO 2216/2004).

Verordnung (EG) Nr. 1775/2005 des Europäischen Parlaments und des Rates vom 28. September 2005 über die Bedingungen für den Zugang zu den Erdgasfernleitungsnetzen, Amtsblatt Nr. 05/L 289 vom 3. November 2005, S. 1–13 (abgekürzt als: VO 1775/2005).

Verordnung (EG) Nr. 916/2007 der Kommission vom 31. Juli 2007 zur Änderung der Verordnung (EG) Nr. 2216/2004 über ein standardisiertes und sicheres Registrierungssystem gemäß der Richtlinie 2003/87/EG des Europäischen Parlaments und des Rates sowie der Entscheidung 280/2004/EG des Europäischen Parlaments und des Rates, Amtsblatt Nr. 07/L 200 vom 1. August 2007, S. 5–39 (abgekürzt als: VO 916/2007).

Verordnung (EG) Nr. 994/2008 der Kommission vom 8. Oktober 2008 über ein standardisiertes und sicheres Registrierungssystem gemäß der Richtlinie 2003/87/EG des Europäischen Parlaments und des Rates und Entscheidung Nr. 280/2004/EG des Europäischen Parlaments und des Rates, Amtsblatt Nr. 08/L 271 vom 11. Oktober 2008, S. 3–40 (abgekürzt als: VO 994/2008).

Verordnung (EU) Nr. 219/2009 des Europäischen Parlaments und des Rates vom 11. März 2009 zur Anpassung einiger Rechtsakte, für die das Verfahren des Artikels 251 des Vertrags gilt, an den Beschluss 1999/468/EG des Rates in Bezug auf das Regelungsverfahren mit Kontrolle, Amtsblatt Nr. 09/L 87 vom 31. März 2009, S. 109–154 (abgekürzt als: VO 219/2009).

Verordnung (EG) Nr. 443/2009 des Europäischen Parlaments und des Rates vom 23. April 2009 zur Festsetzung von Emissionsnormen für neue Personenkraftwagen im Rahmen des Gesamtkonzepts der Gemeinschaft zur Verringerung der CO2-Emissionen von Personenkraftwagen und leichten Nutzfahrzeugen, Amtsblatt Nr. 09/L 140 vom 5. Juni 2009, S. 1–15 (abgekürzt als: VO 443/2009).

Verordnung (EG) Nr. 713/2009 des Europäischen Parlaments und des Rates vom 13. Juli 2009 zur Gründung einer Agentur für die Zusammenarbeit der Energieregulierungsbehörden, Amtsblatt Nr. 09/L 211 vom 14. August 2009, S. 1–14 (abgekürzt als: VO 713/2009).

Verordnung (EG) Nr. 714/2009 des Europäischen Parlaments und des Rates vom 13. Juli 2009 über die Netzzugangsbedingungen für den grenzüberschreitenden Stromhandel und zur Aufhebung der Verordnung (EG) Nr. 1228/2003, Amtsblatt Nr. 09/L 211 vom 14. August 2009, S. 15–35 (abgekürzt als: VO 714/2009).

Verordnung (EG) Nr. 715/2009 des Europäischen Parlaments und des Rates vom 13. Juli 2009 über die Bedingungen für den Zugang zu den Erdgasfernleitungsnetzen und zur Aufhebung der Verordnung (EG) Nr. 1775/2005, Amtsblatt Nr. 09/L 211 vom 14. August 2009, S. 36–54 (abgekürzt als: VO 715/2009).

Verordnung (EU) Nr. 774/2010 der Kommission vom 2. September 2010 zur Festlegung von Leitlinien für den Ausgleich zwischen Übertragungsnetzbetreibern und für einen gemeinsamen Regelungsrahmen im Bereich der Übertragungsentgelte, Amtsblatt Nr. 10/L 233 vom 3. September 2010, S. 1–6 (abgekürzt als VO 774/2010).

Verordnung (EU) Nr. 838/2010 der Kommission vom 23. September 2010 zur Festlegung von Leitlinien für den Ausgleichsmechanismus zwischen Übertragungsnetzbetreibern und für einen gemeinsamen Regelungsrahmen im Bereich der Übertragungsentgelte, Amtsblatt Nr. 10/L 250 vom 24. September 2010, S. 5–11 (abgekürzt als: VO 838/2010).

Verordnung (EU) Nr. 920/2010 der Kommission vom 7. Oktober 2010 über ein standardisiertes und sicheres Registrierungssystem gemäß der Richtlinie 2003/87/EG des Europäischen Parlaments und des Rates sowie der Entscheidung Nr. 280/2004/EG des Europäischen Parlaments und des Rates, Amtsblatt Nr. 10/L 270 vom 14. Oktober 2010, S. 1-52.

Verordnung (EU) Nr. 1031/2010 der Kommission vom 12. November 2010 über den zeitlichen und administrativen Ablauf sowie sonstige Aspekte der Versteigerung von Treibhausgasemissionszertifikaten gemäß der Richtlinie 2003/87/EG des Europäischen Parlaments und des Rates über ein System für den Handel mit Treibhausgasemissionszertifikaten in der Gemeinschaft, Amtsblatt Nr. 10/302 vom 18. November 2010, S. 1–41 (abgekürzt als: VO 1031/2010).

Verordnung (EU) Nr. 510/2011 des Europäischen Parlaments und des Rates vom 11. Mai 2011 zur Festsetzung von Emissionsnormen für neue leichte Nutzfahrzeuge im Rahmen des Gesamtkonzepts der Union zur Verringerung der CO_2 -Emissionen von Personenkraftwagen und leichten Nutzfahrzeugen, Amtsblatt Nr. 11/L 145 vom 31. Mai 2011, S. 1–18 (abgekürzt als: VO 510/2011).

Verordnung (EU) Nr. 1193/2011 der Kommission vom 18. November 2011 zur Festlegung eines Unionsregisters für den am 1. Januar 2013 beginnenden Handelszeitraum des EU-Emissionshandelssystems und die darauffolgenden Handelszeiträume gemäß der Richtlinie 2003/87/EG des Europäischen Parlaments und des Rates und der Entscheidung Nr. 280/2004/EG des Europäischen Parlaments und des Rates sowie zur Änderung der Verordnungen (EG) Nr. 2216/2004 und (EU) Nr. 920/2010, Amtsblatt Nr. 11/L 315 vom 29. November 2011, S. 1–54 (abgekürzt als: VO 1193/2011).

Verordnung (EU) Nr. 1227/2011 des Europäischen Parlaments und des Rates vom 25. Oktober 2011 über die Integrität und Transparenz des Energiegroßhandelsmarkts, Amtsblatt Nr. 11/L 326 vom 8. Dezember 2011, S. 1–16 (abgekürzt als: VO 1227/2011).

Verordnung (EU) Nr. 1210/2011 der Kommission vom 23. November 2011 zur Änderung der Verordnung (EU) Nr. 1031/2010 insbesondere zur Festlegung der vor 2013 zu versteigernden Menge Treibhausgasemissionszertifikate, Amtsblatt Nr. 11/L 308 vom 24.11.2011, S. 2–14 (abgekürzt als: VO 1210/2011).

Verordnung (EU) Nr. 600/2012 der Kommission vom 21. Juni 2012 über die Prüfung von Treibhausgasemissionsberichten und Tonnenkilometerberichten sowie die Akkreditierung von Prüfstellen gemäß der Richtlinie 2003/87/EG des Europäischen Parlaments und des Rates, Amtsblatt Nr. 12/L 181 vom 12. Juli 2012, S. 1–29 (abgekürzt als: VO 600/2012).

Verordnung (EU) Nr. 601/2012 der Kommission vom 21. Juni 2012 über die Überwachung von und die Berichterstattung über Treibhausgasemissionen gemäß der Richtlinie 2003/87/EG des Europäischen Parlaments und des Rates, Amtsblatt Nr. 12/L 181 vom 12. Juli 2012, S. 30–104 (abgekürzt als: VO 601/2012).

Verordnung (EU) Nr. 389/2013 der Kommission vom 2. Mai 2013 zur Festlegung eines Unionsregisters gemäß der Richtlinie 2003/87/EG des Europäischen Parlaments und des Rates und den Entscheidungen Nr. 280/2004/EG und Nr. 406/2009/EG des Europäischen Parlaments und des Rates sowie zur Aufhebung der Verordnungen (EU) Nr. 920/2010 und (EU) Nr. 1193/2011 der Kommission, Amtsblatt Nr. 13/L 122 vom 3. Mai 2013, S. 1–59 (abgekürzt als: VO 389/2013).

Verordnung (EU) Nr. 525/2013 des Europäischen Parlaments und des Rates vom 21. Mai 2013 über ein System für die Überwachung von Treibhausgasemissionen sowie für die Berichterstattung über diese Emissionen und über andere klimaschutzrelevante Informationen auf Ebene der Mitgliedstaaten und der Union und zur Aufhebung der Entscheidung Nr. 280/2004/EG, Amtsblatt Nr. 13/L 165 vom 18. Juni 2013, S. 13–40 (abgekürzt als: VO 525/2013).

Verordnung (EU) Nr. 543/2013 der Kommission vom 14. Juni 2013 über die Übermittlung und die Veröffentlichung von Daten in Strommärkten und zur Änderung des Anhangs I der Verordnung (EG) Nr. 714/2009 des Europäischen Parlaments und des Rates, Amtsblatt Nr. 13/L 163 vom 15.6.2013, S. 1–12 (abgekürzt als: VO 543/2013).

Verordnung (EU) Nr. 984/2013 der Kommission vom 14. Oktober 2013 zur Festlegung eines Netzkodex über Mechanismen für die Kapazitätszuweisung in Fernleitungsnetzen und zur Ergänzung der Verordnung (EG) Nr. 715/2009 des Europäischen Parlaments und des Rates, Amtsblatt Nr. 13/L 273 vom 15. Oktober 2013, S. 5–17 (abgekürzt als: VO 984/2013).

Verordnung (EU) Nr. 176/2014 der Kommission vom 25. Februar 2014 zur Änderung der Verordnung (EU) Nr. 1031/2010 insbesondere zur Festlegung der im Zeitraum 2013–2020 zu versteigernden Mengen Treibhausgasemissionszertifikate, Amtsblatt Nr. 14/L 56 vom 26. Februar 2014, S. 11–13 (abgekürzt als: VO 176/2014)

Verordnung (EU) Nr. 206/2014 der Kommission vom 4. März 2014 zur Änderung der Verordnung (EU) Nr. 601/2012 hinsichtlich der Treibhauspotenziale von anderen Treibhausgasen als CO_2, Amtsblatt Nr. 14/L 65 vom 5. März 2014, S. 27–28 (abgekürzt als: VO 206/2014).

Verordnung (EU) Nr. 312/2014 der Kommission vom 26. März 2014 zur Festlegung eines Netzkodex für die Gasbilanzierung in Fernleitungsnetzen, Amtsblatt Nr. 14/L 91 vom 27. März 2014, S. 15–35 (abgekürzt als VO 312/2014).

Verordnung (EU) Nr. 743/2014 der Kommission vom 4. März 2014 zur Änderung der Verordnung (EU) Nr. 601/2012 hinsichtlich der Treibhauspotenziale von anderen Treibhausgasen als CO_2, Amtsblatt Nr. 14/L 201 vom 10. Juli 2014, S. 1–2 (abgekürzt als: VO 743/2014).

Verordnung (EU) Nr. 1307/2014 der Kommission vom 8. Dezember 2014 zur Festlegung der Kriterien und geografischen Verbreitungsgebiete zur Bestimmung von Grünland mit großer biologischer Vielfalt für die Zwecke des Artikels 7b Absatz 3 Buchstabe c der Richtlinie 98/70/EG des Europäischen Parlaments und des Rates über die Qualität von Otto- und Dieselkraftstoffen und des Artikels 17 Absatz 3 Buchstabe c der Richtlinie 2009/28/EG des Europäischen Parlaments und des Rates zur Förderung der Nutzung von Energie aus erneuerbaren Quellen, Amtsblatt Nr. 14/L 351 vom 9. Dezember 2014, S. 3–5 (abgekürzt als: VO 1307/2014).

Verordnung (EU) 2015/703 der Kommission vom 30. April 2015 zur Festlegung eines Netzkodex mit Vorschriften für die Interoperabilität und den Datenaustausch, Amtsblatt Nr. 15/L 113 vom 1. Mai 2015, S. 13–26 (abgekürzt als: VO 2015/703).

Verordnung (EU) 2015/1222 der Kommission vom 24. Juli 2015 zur Festlegung einer Leitlinie für die Kapazitätsvergabe und das Engpassmanagement, Amtsblatt Nr. 15/L 197 vom 25. Juli 2015, S. 24–72 (abgekürzt als: VO 2015/1222).

Verordnung (EU) 2016/631 der Kommission vom 14. April 2016 zur Festlegung eines Netzkodex mit Netzanschlussbestimmungen für Stromerzeuger, Amtsblatt Nr. 16/L 112 vom 27. April 2016, S. 1–68 (abgekürzt als: VO 2016/631).

Verordnung (EU) 2016/1388 der Kommission vom 17. August 2016 zur Festlegung eines Netzkodex für den Lastanschluss, Amtsblatt Nr. 16/L 223, S. 10–54 (abgekürzt als: VO 2016/1388).

Verordnung (EU) 2016/1447 der Kommission vom 26. August 2016 zur Festlegung eines Netzkodex mit Netzanschlussbestimmungen für Hochspannungs-Gleichstrom-Übertragungssysteme und nichtsynchrone Stromerzeugungsanlagen mit Gleichstromanbindung, Amtsblatt Nr. 16/L 241 vom 8. September 2016, S. 1–65 (abgekürzt als VO 2016/1447).

Verordnung (EU) 2016/1719 der Kommission vom 26. September 2016 zur Festlegung einer Leitlinie für die Vergabe langfristiger Kapazität, Amtsblatt Nr. 16/L 259 vom 27. September 2016, S. 42–68 (abgekürzt als: VO 2016/1719).

Verordnung (EU) 2017/459 der Kommission vom 16. März 2017 zur Festlegung eines Netzkodex über Mechanismen für die Kapazitätszuweisung in Fernleitungsnetzen und zur Aufhebung der Verordnung (EU) Nr. 984/2013, Amtsblatt Nr. 17/L 72 vom 17. März 2017, S. 1–28 (abgekürzt als: VO 2017/459).

Verordnung (EU) 2017/460 der Kommission vom 16. März 2017 zur Festlegung eines Netzkodex über harmonisierte Fernleitungsentgeltstrukturen, Amtsblatt Nr. 17/L 72 vom 17. März 2017, S. 29–56 (abgekürzt als: VO 2017/460).

Verordnung (EU) 2017/1485 der Kommission vom 2. August 2017 zur Festlegung einer Leitlinie für den Übertragungsnetzbetrieb, Amtsblatt Nr. 17/L220 vom 25. August 2017, S. 1–120 (abgekürzt als: VO 2017/1485).

Verordnung (EU) 2017/2195 der Kommission vom 23. November 2017 zur Festlegung einer Leitlinie über den Systemausgleich im Elektrizitätsversorgungssystem, Amtsblatt Nr. 17/L 312 vom 28. November 2017, S. 6–53 (abgekürzt als: VO 2017/2195).

Verordnung (EU) 2017/2196 der Kommission vom 24. November 2017 zur Festlegung eines Netzkodex über den Notzustand und den Netzwiederaufbau des Übertragungsnetzes, Amtsblatt Nr. 17/L 312 vom 28. November 2017, S. 54–85 (abgekürzt als: VO 2017/2196).

Verordnung (EU) 2017/2392 des Europäischen Parlaments und des Rates vom 13. Dezember 2017 zur Änderung der Richtlinie 2003/87/EG zur Aufrechterhaltung der derzeitigen Einschränkung ihrer Anwendung auf Luftverkehrstätigkeiten und zur Vorbereitung der Umsetzung eines globalen marktbasierten Mechanismus ab 2021, Amtsblatt Nr. 17/L350 vom 29. Dezember 2017, S. 7–14 (abgekürzt als: VO 2017/2392).

Verordnung (EU) 2019/631 des Europäischen Parlaments und des Rates vom 17. April 2019 zur Festsetzung von CO_2-Emissionsnormen für neue Personenkraftwagen und für neue leichte Nutzfahrzeuge und zur Aufhebung der Verordnungen (EG) Nr. 443/2009 und (EU) Nr. 510/2011, Amtsblatt Nr. 19/L 111 vom 25. April 2019, S. 13–53 (abgekürzt als VO 2019/631).

Verordnung (EU) 2019/942 des Europäischen Parlaments und des Rates vom 5. Juni 2019 zur Gründung einer Agentur der Europäischen Union für die Zusammenarbeit der Energieregulierungsbehörden, Amtsblatt 19/L 158 vom 14. Juni 2019, S. 22–53 (abgekürzt als: VO 2019/942).

Verordnung (EU) 2019/943 des Europäischen Parlaments und des Rates vom 5. Juni 2019 über den Elektrizitätsbinnenmarkt, Amtsblatt 19/L 158 vom 14. Juni 2019, S. 54–124 (abgekürzt als VO 2019/943).

Richtlinie 90/377/EWG des Rates vom 29. Juni 1990 zur Einführung eines gemeinschaftlichen Verfahrens zur Gewährleistung der Transparenz der vom industriellen Endverbraucher zu zahlenden Gas- und Strompreise, Amtsblatt Nr. 90/L 185 vom 17. Juli 1990, S. 16–24 (abgekürzt als: RL 90/377/EWG).

Richtlinie 90/547/EWG des Rates vom 29. Oktober 1990 über den Transit von Elektrizitätslieferungen über große Netze, Amtsblatt Nr. 90/L 313 vom 13.11.1990, S. 30–33 (abgekürzt als: RL 90/547/EWG).

Richtlinie 91/296/EWG des Rates vom 31. Mai 1991 über den Transit von Erdgas über große Netze, Amtsblatt Nr. 91/L147 vom 12. Juni 1991, S. 37–40 (abgekürzt als: RL 91/296/EWG).

Richtlinie 96/92/EG des Europäischen Parlaments und des Rates vom 19. Dezember 1996 betreffend gemeinsame Vorschriften für den Elektrizitätsbinnenmarkt, Amtsblatt Nr. 97/L 27 vom 30. Januar 1997, S. 20–29 (abgekürzt als: RL 96/92/EG).

Richtlinie 98/30/EG des Europäischen Parlaments und des Rates vom 22. Juni 1998 betreffend gemeinsame Vorschriften für den Erdgasbinnenmarkt, Amtsblatt Nr. 98/L 204 vom 21. Juli 1998, S. 1–12 (abgekürzt als: RL 98/30/EG).

Richtlinie 2001/77/EG des Europäischen Parlaments und des Rates vom 27. September 2001 zur Förderung der Stromerzeugung aus erneuerbaren Energiequellen im Elektrizitätsbinnenmarkt, Amtsblatt Nr. 01/L 283 vom 27. Oktober 2001, S. 33–40 (abgekürzt als: RL 2001/77/EG).
Richtlinie 2003/30/EG des Europäischen Parlaments und des Rates vom 8. Mai 2003 zur Förderung der Verwendung von Biokraftstoffen oder anderen erneuerbaren Kraftstoffen im Verkehrssektor, Amtsblatt Nr. 03/L 123 vom 17. Mai 2003, S. 42–46 (abgekürzt als: RL 2003/30/EG).
Richtlinie 2003/54/EG des Europäischen Parlaments und des Rates vom 26. Juni 2003 über gemeinsame Vorschriften für den Elektrizitätsbinnenmarkt und zur Aufhebung der Richtlinie 96/92/EG, Amtsblatt Nr. 03/L 176 vom 15. Juli 2003, S. 37–55 (abgekürzt als: RL 2003/54 EG).
Richtlinie 2003/55/EG des Europäischen Parlaments und des Rates vom 26. Juni 2003 über gemeinsame Vorschriften für den Erdgasbinnenmarkt und zur Aufhebung der Richtlinie 98/30/EG, Amtsblatt Nr. 03/L 176 vom 15. Juli 2003, S. 57–78 (abgekürzt als: RL 2003/55/EG).
Richtlinie 2003/87/EG des Europäischen Parlaments und des Rates vom 13. Oktober 2003 über ein System für den Handel mit Treibhausgasemissionszertifikaten in der Gemeinschaft und zur Änderung der Richtlinie 96/61/EG des Rates, Amtsblatt Nr. 03/L 275 vom 25.Oktober 2003, S. 32–46 (abgekürzt als: RL 2003/87/EG).
Richtlinie 2004/101/EG des Europäischen Parlaments und des Rates vom 27. Oktober 2004 zur Änderung der Richtlinie 2003/87/EG über ein System für den Handel mit Treibhausgasemissionszertifikaten in der Gemeinschaft im Sinne der projektbezogenen Mechanismen des Kyoto-Protokolls, Amtsblatt Nr. 04/L 338 vom 13. November 2004, S. 18–23 (abgekürzt als: RL 2004/101/EG).
Richtlinie 2008/101/EG des Europäischen Parlaments und des Rates vom 19. November 2008 zur Änderung der Richtlinie 2003/87/EG zwecks Einbeziehung des Luftverkehrs in das System für den Handel mit Treibhausgasemissionszertifikaten in der Gemeinschaft, Amtsblatt Nr. 09/L 8 vom 13. Januar 2009, S. 3–21 (abgekürzt als: RL 2008/101/EG).
Richtlinie 2009/28/EG des Europäischen Parlaments und des Rates vom 23. April 2009 zur Förderung der Nutzung von Energie aus erneuerbaren Quellen und zur Änderung und anschließenden Aufhebung der Richtlinien 2001/77/EG und 2003/30/EG, Amtsblatt Nr. 09/L 140, S. 16–62 (abgekürzt als: RL 2009/28/EG).
Richtlinie 2009/29/EG des Europäischen Parlaments und des Rates vom 23. April 2009 zur Änderung der Richtlinie 2003/87/EG zwecks Verbesserung und Ausweitung des Gemeinschaftssystems für den Handel mit Treibhausgasemissionszertifikaten, Amtsblatt Nr. 09/L 140, S. 63–87 (abgekürzt als: RL 2009/29/EG).
Richtlinie 2009/72/EG des Europäischen Parlaments und des Rates vom 13. Juli 2009 über gemeinsame Vorschriften für den Elektrizitätsbinnenmarkt und zur Aufhebung der Richtlinie 2003/54/EG, Amtsblatt Nr. 09/L 211 vom 14. August 2009, S. 55–93 (abgekürzt als: RL 2009/72/EG).
Richtlinie 2009/73/EG des Europäischen Parlaments und des Rates vom 13. Juli 2009 über gemeinsame Vorschriften für den Erdgasbinnenmarkt und zur Aufhebung der Richtlinie 2003/55/EG, Amtsblatt Nr. 09/L 211 vom 14. August 2009, S. 94–136 (abgekürzt als: RL 2009/73/EG).

Richtlinie (EU) 2015/1513 des Europäischen Parlaments und des Rates vom 9. September 2015 zur Änderung der Richtlinie 98/70/EG über die Qualität von Otto- und Dieselkraftstoffen und zur Änderung der Richtlinie 2009/28/EG zur Förderung der Nutzung von Energie aus erneuerbaren Quellen, Amtsblatt Nr. 15/L 239 vom 15. September 2015, S. 1–29 (abgekürzt als: RL 2015/1513).

Richtlinie (EU) 2018/410 des Europäischen Parlaments und des Rates vom 14. März 2018 zur Änderung der Richtlinie 2003/87/EG zwecks Unterstützung kosteneffizienter Emissionsreduktionen und zur Förderung von Investitionen mit geringem CO_2-Ausstoß und des Beschlusses (EU) 2015/1814, Amtsblatt Nr. 18/L 76 vom 19. März 2018, S. 3–27 (abgekürzt als: RL 2018/410).

Richtlinie (EU) 2018/2001 des Europäischen Parlaments und des Rates vom 11. Dezember 2018 zur Förderung der Nutzung von Energie aus erneuerbaren Quellen, Amtsblatt Nr. 18/L328 vom 21. Dezember 2018, S. 82–209 (abgekürzt als RL 2018/2001).

Richtlinie (EU) 2019/692 des Europäischen Parlaments und des Rates vom 17. April 2019 zur Änderung der Richtlinie 2009/73/EG über gemeinsame Vorschriften für den Erdgasbinnenmarkt, Amtsblatt Nr. 19/L 117 vom 3. Mai 2019, S. 1–7 (abgekürzt als: RL 2019/692).

Richtlinie (EU) 2019/944 des Europäischen Parlaments und des Rates vom 5. Juni 2019 mit gemeinsamen Vorschriften für den Elektrizitätsbinnenmarkt und zur Änderung der Richtlinie 2012/27/EU, Amtsblatt Nr. 19/158 vom 14. Juni 2019, S. 125–199 (abgekürzt als RL 2019/944).

Beschluss des Rates vom 13. Juli 1987 zur Festlegung der Modalitäten für die Ausübung der der Kommission übertragenen Durchführungsbefugnisse (87/373/EWG), Amtsblatt Nr. 87/L 197 vom 18. Juli 1987, S. 33–35 (abgekürzt als: B 87/373/EWG).

Entscheidung des Rates vom 24. Juni 1993 über ein System zur Beobachtung der Emissionen von CO2 und anderen Treibhausgasen in der Gemeinschaft (93/389/EWG), Amtsblatt Nr. 93/L 167 vom 9. Juli 1993, S. 31–33 (abgekürzt als: E 93/389 EWG).

Entscheidung Nr. 1254/96/EG des Europäischen Parlaments und des Rates vom 5. Juni 1996 über eine Reihe von Leitlinien betreffend die transeuropäischen Netze im Energiebereich, Amtsblatt 96/L 161 vom 29. Juni 1996, S. 147–153 (abgekürzt als: E 1254/96/EG).

Beschluss des Rates vom 28. Juni 1999 zur Festlegung der Modalitäten für die Ausübung der der Kommission übertragenen Durchführungsbefugnisse (99/468/EG), Amtsblatt Nr. 99/L 184 vom 17. Juli 1999, S. 23–26 (abgekürzt als: B 99/468/EG).

Entscheidung des Rates vom 25. April 2002 über die Genehmigung des Protokolls von Kyoto zum Rahmenübereinkommen der Vereinten Nationen über Klimaänderungen im Namen der Europäischen Gemeinschaft sowie die gemeinsame Erfüllung der daraus erwachsenden Verpflichtungen (2002/358/EG), Amtsblatt Nr. 02/L 130 vom 15. Mai 2002, S. 1–20 (abgekürzt als: E 2002/358/EG).

Entscheidung Nr. 1229/2003/EG des Europäischen Parlaments und des Rates vom 26. Juni 2003 über eine Reihe von Leitlinien betreffend die transeuropäischen Netze im Energiebereich und zur Aufhebung der Entscheidung Nr. 1254/96/EG, Amtsblatt Nr. 03/L 176, S. 11–28 (abgekürzt als: E 1229/2003/EG).

Entscheidung Nr. 1230/2003/EG des Europäischen Parlaments und des Rates vom 26. Juni 2003 zur Festlegung eines mehrjährigen Programms für Maßnahmen im Energiebereich: “Intelligente Energie – Europa” (2003–2006), Amtsblatt Nr. 03/L 176, S. 29–36 (abgekürzt als: E 1230/2003/EG).

Entscheidung der Kommission vom 29. Januar 2004 zur Festlegung von Leitlinien für Überwachung und Berichterstattung betreffend Treibhausgasemissionen gemäß der Richtlinie 2003/87/EG des Europäischen Parlaments und des Rates (2004/156/EG), Amtsblatt Nr. 04/L 59 vom 26. Februar 2004, S. 1–74 (abgekürzt als: E 2004/156/EG).

Entscheidung der Kommission vom 4. Mai 2005 zur Einführung eines Fragebogens für die Berichterstattung über die Umsetzung der Richtlinie 2003/87/EG des Europäischen Parlaments und des Rates über ein System für den Handel mit Treibhausgasemissionszertifikaten in der Gemeinschaft und zur Änderung der Richtlinie 96/61/EG des Rates (2005/381/EG), Amtsblatt Nr. 05/L 126 vom 19. Mai 2005, S. 43–54 (abgekürzt als: E 2005/381/EG).

Beschluss des Rates vom 17. Juli 2006 zur Änderung des Beschlusses 1999/468/EG zur Festlegung der Modalitäten für die Ausübung der der Kommission übertragenen Durchführungsbefugnisse (2006/512/EG), Amtsblatt Nr. 06/L 200 vom 22. Juli 2006, S. 11–13 (abgekürzt als: B 2006/512/EG).

Beschluss der Kommission vom 9. November 2006 zur Änderung des Anhangs zur Verordnung (EG) Nr. 1228/2003 über die Netzzugangsbedingungen für den grenzüberschreitenden Stromhandel (2006/770/EG), Amtsblatt Nr. 06/L 312 vom 11. November 2006, S. 59–65 (abgekürzt als: B 2006/770/EG).

Entscheidung der Kommission vom 14. Dezember 2006 über die gemäß der Entscheidung 2002/358/EG des Rates erfolgende Festlegung der Emissionsmengen, die der Gemeinschaft und jedem ihrer Mitgliedstaaten im Rahmen des Kyoto-Protokolls zugeteilt werden (2006/944/EG), Amtsblatt Nr. 06/L 358 vom 16. Dezember 2006, S. 87–89 (abgekürzt als: E 2006/944/EG).

Entscheidung der Kommission vom 18. Juli 2007 zur Festlegung von Leitlinien für die Überwachung und Berichterstattung betreffend Treibhausgasemissionen im Sinne der Richtlinie 2003/87/EG des Europäischen Parlaments und des Rates (Monitoring-Leitlinien) (2007/589/EG), Amtsblatt Nr. 07/L 229 vom 31. August 2007, S. 1–85 (abgekürzt als: E 2007/589/EG).

Entscheidung der Kommission vom 16. April 2009 zur Änderung der Entscheidung 2007/589/EG zwecks Einbeziehung von Leitlinien für die Überwachung und Berichterstattung betreffend Emissionen und Tonnenkilometerdaten aus Luftverkehrstätigkeiten (2009/339/EG), Amtsblatt Nr. 09/L 103 vom 23. April 2009, S. 10–29 (abgekürzt als: E 2009/339/EG).

Entscheidung Nr. 406/2009/EG des Europäischen Parlaments und des Rates vom 23. April 2009 über die Anstrengungen der Mitgliedstaaten zur Reduktion ihrer Treibhausgasemissionen mit Blick auf die Erfüllung der Verpflichtungen der Gemeinschaft zur Reduktion der Treibhausgasemissionen bis 2020, Amtsblatt Nr. 09/L 140 vom 5. Juni 2009, S. 136–148 (abgekürzt als: E 406/2009/EG).

Beschluss der Kommission vom 24. Dezember 2009 zur Festlegung eines Verzeichnisses der Sektoren und Teilsektoren, von denen angenommen wird, dass sie einem erheblichen Risiko einer Verlagerung von CO_2-Emissionen ausgesetzt sind, gemäß der Richtlinie 2003/87/EG des Europäischen Parlaments und des Rates (2010/2/EU), Amtsblatt Nr. 10/L 1 vom 5. Januar 2010, S. 10–18 (abgekürzt als: B 2010/2/EU).

Beschluss der Kommission vom 9. Juli 2010 über die gemeinschaftsweite Menge der im Rahmen des EU-Emissionshandelssystems für 2013 zu vergebenden Zertifikate

(2010/384/EU), Amtsblatt Nr. 10/L 175 vom 10. Juli 2010, S. 36–37 (abgekürzt als: B 2010/384/EU).

Beschluss der Kommission vom 10. November 2010 zur Änderung von Kapitel 3 des Anhangs I der Verordnung (EG) Nr. 715/2009 des Europäischen Parlaments und des Rates über die Bedingungen für den Zugang zu den Erdgasfernleitungsnetzen (2010/685/EU), Amtsblatt Nr. 10/L 293 vom 11. November 2010, S. 67–71 (abgekürzt als: B 2010/685).

Beschluss der Kommission vom 12. Januar 2011 über bestimmte Arten von Informationen über Biokraftstoffe und flüssige Biobrennstoffe, die den Mitgliedstaaten von den Wirtschaftsbeteiligten zu übermitteln sind (2011/13/EU), Amtsblatt Nr. 11/L 9 vom 13. Januar 2011, S. 11–12 (abgekürzt als: B 2011/13/EU).

Beschluss der Kommission vom 11. November 2011 zur Änderung der Beschlüsse 2010/2/EU und 2011/278/EU hinsichtlich der Sektoren und Teilsektoren, von denen angenommen wird, dass sie einem erheblichen Risiko einer Verlagerung von CO_2-Emissionen ausgesetzt sind (2011/745/EU), Amtsblatt Nr. 11/L 299 vom 17.11.2011, S. 9–12 (abgekürzt als: B 2011/745/EU).

Beschluss der Kommission vom 24. August 2012 zur Änderung von Anhang I der Verordnung (EG) Nr. 715/2009 des Europäischen Parlaments und des Rates über die Bedingungen für den Zugang zu den Erdgasfernleitungsnetzen (2012/490/EU), Amtsblatt Nr. 12/L 231 vom 28. August 2012, S. 16–20 (abgekürzt als: B 2012/490).

Beschluss der Kommission vom 17. August 2012 zur Änderung der Beschlüsse 2010/2/EU und 2011/278/EU hinsichtlich der Sektoren und Teilsektoren, von denen angenommen wird, dass sie einem erheblichen Risiko einer Verlagerung von CO_2-Emissionen ausgesetzt sind (2012/498/EU), Amtsblatt Nr. 12/L 241 vom 7. September 2012, S. 52–54 (abgekürzt als: B 2012/498/EU).

Beschluss Nr. 377/2013/EU des Europäischen Parlaments und des Rates vom 24. April 2013 über die vorübergehende Abweichung von der Richtlinie 2003/87/EG über ein System für den Handel mit Treibhausgasemissionszertifikaten in der Gemeinschaft, Amtsblatt Nr. 13/L 113 vom 25. April 2013, S. 1–4 (abgekürzt als: B 377/2013/EU).

Beschluss Nr. 1359/2013/EU des Europäischen Parlaments und des Rates vom 17. Dezember 2013 zur Änderung der Richtlinie 2003/87/EG zur Klarstellung der Bestimmungen über den zeitlichen Ablauf von Versteigerungen von Treibhausgasemissionszertifikaten, Amtsblatt Nr. 13/L 343 vom 19. Dezember 2013, S. 1 (abgekürzt als: B 1359/2013 EU).

Beschluss der Kommission vom 27. Oktober 2014 zur Festlegung eines Verzeichnisses der Sektoren und Teilsektoren, von denen angenommen wird, dass sie im Zeitraum 2015–2019 einem erheblichen Risiko einer Verlagerung von CO_2-Emissionen ausgesetzt sind, gemäß der Richtlinie 2003/87/EG des Europäischen Parlaments und des Rates (2014/746/EU), Amtsblatt Nr. 14/L 308 vom 29. Oktober 2014, S. 114–124 (abgekürzt als: B 2014/746/EU).

Beschluss (EU) 2015/715 der Kommission vom 30. April 2015 zur Änderung von Anhang I der Verordnung (EG) Nr. 715/2009 des Europäischen Parlaments und des Rates über die Bedingungen für den Zugang zu den Erdgasfernleitungsnetzen, Amtsblatt Nr. 15/L 114 vom 5. Mai 2015, S. 9–10 (abgekürzt als: B 2015/715).

Beschluss (EU) 2015/1814 des Europäischen Parlaments und des Rates vom 6. Oktober 2015 über die Einrichtung und Anwendung einer Marktstabilitätsreserve für das System für den Handel mit Treibhausgasemissionszertifikaten in der Union und zur Änderung der

Richtlinie 2003/87/EG, Amtsblatt Nr. 15/L 264 vom 9. Oktober 2015, S. 1–5 (abgekürzt als: B 2015/1814).
Geschäftsordnung Ausschuss der Regionen, Amtsblatt Nr. 14/L 65 vom 5. März 2014, S. 41–64 (abgekürzt als: GO COR).
Geschäftsordnung Europäisches Parlament, 7. Wahlperiode, Amtsblatt Nr. 11/L 116 vom 5. Mai 2011, S. 1–151 (abgekürzt als: GO EP WP7).
Geschäftsordnung Europäisches Parlament, 8. Wahlperiode, (abgekürzt als: GO EP WP8), Website des Europäischen Parlaments, 28. September 2015. http://www.europarl.europa.eu/sides/getDoc.do?pubRef=-//EP//NONSGML+RULES-EP+20150909+0+DOC+PDF+V0//DE&language=DE. Zugegriffen: 16.07.2016.
Geschäftsordnung Europäisches Parlament, 9. Wahlperiode, (abgekürzt als: GO EP WP9), Website des Europäischen Parlaments, Dezember 2019. http://www.europarl.europa.eu/doceo/document/RULES-9-2019-07-02_DE.pdf. Zugegriffen: 16.07.2016.
Protokoll über die Erweiterung der Europäischen Union, Amtsblatt Nr. 02/C 325 vom 24. Dezember 2002, S. 163–166 (abgekürzt als: Erweiterungsprotokoll Nizza).
Protokoll (Nr. 1) über die Rolle der nationalen Parlamente in der Europäischen Union, Amtsblatt Nr. 16/C 202 vom 7.6.2016, S. 203–205 (abgekürzt als: Protokoll Nr. 1 Lissabon).
Rahmenvereinbarung über die Beziehungen zwischen dem Europäischen Parlament und der Europäischen Kommission, Amtsblatt Nr. 10/L 304 vom 20. November 2010, S. 47–62 (abgekürzt als: RahmenVE 2010).

Gerichtsentscheidungen

Europäischer Gerichtshof, Urteil des Gerichtshofes (Sechste Kammer) vom 28. November 2002 in der Rechtssache C-259/01 (abgekürzt als: EuGH, C-259/01).
Europäischer Gerichtshof, Urteil des Gerichtshofes (Fünfte Kammer) vom 12. Januar 2006 in der Rechtssache C-107/05 (abgekürzt als: EuGH, C-107/05).
Europäischer Gerichtshof, Urteil des Gerichtshofes (Fünfte Kammer) vom 18. Mai 2006 in der Rechtssache C-122/05 (abgekürzt als: EuGH, C-122/05).
Europäischer Gerichtshof, Urteil des Gerichtshofes (Fünfte Kammer) vom 18. Mai 2006 in der Rechtssache C-354/05 (abgekürzt als: EuGH, C-354/05).
Europäischer Gerichtshof, Urteil des Gerichtshofes (Vierte Kammer) vom 28. September 2006 in der Rechtssache C-353/05 (abgekürzt als: EuGH, C353/05).
Europäischer Gerichtshof, Urteil des Gerichtshofes (Fünfte Kammer) vom 16. November 2006 in der Rechtssache C-357/05 (abgekürzt als: EuGH, C-357/05).
Europäischer Gerichtshof, Urteil des Gerichtshofes (Achte Kammer) vom 21. Juni 2007 in der Rechtssache C-358/05 (abgekürzt als: EuGH, C-358/05).
Europäischer Gerichtshof, Urteil des Gerichtshofes (Große Kammer) vom 18. März 2014 in der Rechtssache C-427/12 (abgekürzt als: EuGH, C-427/12).
Europäischer Gerichtshof, Urteil des Gerichtshofs (Fünfte Kammer) vom 5. Juni 2014 in der Rechtssache C-198/12 (abgekürzt als: EuGH, C-198/12).
Europäischer Gerichtshof, Urteil des Gerichtshofs (Sechste Kammer) vom 10. September 2015 in der Rechtssache C-36/14 (abgekürzt als: EuGH, C-36/14)

Gericht Erster Instanz der Europäischen Gemeinschaften, Urteil des Gerichts erster Instanz (Zweite Kammer) vom 21. September 2005 in der Rechtssache T-87/05 (abgekürzt als: GEI, T-87/05).

Gericht Erster Instanz der Europäischen Gemeinschaften, Urteil des Gerichts erster Instanz (Erste Kammer) vom 23. November 2005 in der Rechtssache T-178/05 (abgekürzt als: GEI, T-178/05).

Gericht Erster Instanz der Europäischen Gemeinschaften, Urteil des Gerichts erster Instanz vom 7. November 2007 in der Rechtssache T-374/04 (abgekürzt als: GEI, T-374/04).

Gericht der Europäischen Union, Beschluss des Gerichts vom 19. Oktober 2016 in der Rechtssache T-671/15 (abgekürzt als: EuG, T-671/15).

Presseberichterstattung

Abkehr von der Steuerbefreiung. *Süddeutsche Zeitung*. 19.01.1999. S. 5.

Baker, Peter, und Elisabeth Malkin. 19.02.2014. In Mexico Meeting, a Show of Friendship With Few Results on Immigration and Trade. *New York Times*. https://www.nytimes.com/2014/02/20/world/americas/in-obama-trip-to-mexico-a-show-of-friendship-with-little-results-on-issues.html. Zugegriffen: 17.10.2019.

Becker, Lisa. 11.09.2010. Allein kann Deutschland das Klima nicht retten. *Frankfurter Allgemeine Zeitung*. S. 1.

Becker, Markus. 19.12.2017. Polens schmutziger Kohle-Trick. *Spiegel Online*. https://www.spiegel.de/wirtschaft/unternehmen/europaeische-union-polen-will-mit-trick-kohleindustrie-schuetzen-a-1183922.html. Zugegriffen: 19.12.2017.

Beisel, Karoline Meta, und Matthias Kolb. 03.07.2019. Aus der Mitte des Knotens. *Süddeutsche Zeitung:* 2.

Bhanoo, Sindya N. 11.02.2010. Arizona Quits Western Cap-and-Trade Program. *New York Times*. http://www.nytimes.com/2010/02/12/science/earth/12climate.html. Zugegriffen: 11.12.2017.

Bhanoo, Sindya N. 12.02.2010. Arizona, in Switch, Pulls Out Of Regional Emissions Plan. *New York Times*. http://query.nytimes.com/gst/fullpage.html?res=9800E7DF1531F931A25751C0A9669D8B63. Zugegriffen: 11.12.2017.

Bloomberg. 07.02.2020. Carbon Pollution Costs are Likely to Rise Again in Europe. New York: *Bloomberg*. https://www.bloomberg.com/news/articles/2020-02-07/carbon-prices-headed-higher-in-2020-tightening-eu-climate-policy. Zugegriffen: 19.02.2020.

Bloomberg. 20.02.2017. Europe Needs a Higher Price on Carbon. New York: *Bloomberg*. https://www.bloomberg.com/view/articles/2017-02-20/europe-needs-a-higher-price-on-carbon. Zugegriffen: 15.04.2017.

Bonn muß Emissionen um 21 Prozent senken. *Süddeutsche Zeitung*. 18.06.1998. S. 1.

Bonn verbessert Klimaschutz. *Süddeutsche Zeitung*. 07.11.1997. S. 6.

Busse, Nikolas. 06.05.2014. Aus dem Brüsseler Klüngel. *Frankfurter Allgemeine Zeitung:* 1.

Cohen, Roger. 17.11.1996. Global Forces Batter Politics. *New York Times*. S. 4.

Craig, Geoffrey. 18.11.2011. Six US states leave the Western Climate Initiative. *Platts*. https://www.platts.com/latest-news/electric-power/washington/six-us-states-leave-the-western-climate-initiative-6695863. Zugegriffen: 03.12.2017.

Die EU ringt sich zu teilweiser Öffnung des Strommarktes durch. *Süddeutsche Zeitung*. 22.06.1996. S. 21.

EU-Kommission will Corona-Eurobonds. *Frankfurter Allgemeine Zeitung*. 21.03.2020. S. 17.

EU will Kontrolle über nationale Netzregulierung. *Zeit Online*. 23.11.2016. http://www.zeit.de/wirtschaft/2016-11/erneuerbare-energien-eu-kommission-energiepaket-strom-vorbereitungen. Zugegriffen: 07.12.2016.

Frankreich stellt sich gegen Nord Stream 2. *Spiegel Online*. 07.02.2019. https://www.spiegel.de/wirtschaft/soziales/nord-stream-2-frankreich-will-offenbar-gegen-ostseepipeline-stimmen-a-1252144.html. Zugegriffen: 19.06.2019.

Friedman, Lisa, und Brad Plumer. 09.10.2017. E.P.A. Announces Repeal of Major Obama-Era Carbon Emissions Rule. *New York Times*. https://www.nytimes.com/2017/10/09/climate/clean-power-plan.html. Zugegriffen: 26.01.2019.

Friedman, Lisa. 06.07.2017. Jerry Brown Announces a Climate Summit Meeting in California. *New York Times*. https://www.nytimes.com/2017/07/06/climate/jerry-brown-california-climate-summit.html. Zugegriffen: 30.11.2017.

Grassmann, Philip. 18.09.2001. Trittin für Emissionshandel. *Süddeutsche Zeitung:* 24.

Gronewold, Nathanial. 03.01.2011. Chicago Climate Exchange Closes Nation's First Cap-And-Trade System but Keeps Eye to the Future. *New York Times*.

Harvey, Fiona. 23.02.2012. Sanctions threat to European airlines over emissions trading. *The Guardian*. https://www.theguardian.com/environment/2012/feb/23/european-airlines-emissions-trading-sanctions-threat. Zugegriffen: 23.02.2017.

Invasive mussel larvae found for first time in US Northwest. *Seattle Times*. 19.11.2016. https://www.seattletimes.com/nation-world/invasive-mussel-larvae-found-for-first-time-in-northwest/. Zugegriffen: 17.11.2017

Kirchner, Thomas. 20.07.2016. EU verhängt Rekordbuße gegen Lastwagen-Kartell. *Süddeutsche Zeitung:* 1.

Kirchner, Thomas. 28.06.2017. EU verhängt Rekordstrafe gegen Google. *Süddeutsche Zeitung:* 1.

Kirkland, Joel. 03.05.2010. Sale of Chicago Climate Exchange to ICE Reinforces Weak Carbon Market. *New York Times*. https://archive.nytimes.com/www.nytimes.com/cwire/2010/05/03/03climatewire-sale-of-chicago-climate-exchange-to-ice-reinfo-362.html?pagewanted=all. Zugegriffen: 22.01.2019.

Klimakompromiß von Kyoto angenommen. *Frankfurter Allgemeine Zeitung*. 12.12.1997. S. 7.

Klimm, Leo, und Alexander Mühlauer. 07.02.2019. Angriff aus Paris. *Süddeutsche Zeitung:* 20.

Lewis, Barbara, und Valerie Volcovici. 10.12.2012. Insight: U.S., China turned EU powers against airline pollution law. *Reuters*. http://www.reuters.com/article/us-eu-airlines-climate-idUSBRE8B801H20121210. Zugegriffen: 23.02.2017.

Lewis, Barbara. 12.05.2013. Exclusive—Airbus to China: We support you, please buy our jets. *Reuters*. http://www.reuters.com/article/us-china-airbus-exclusive-idUSBRE94C00020130513. Zugegriffen: 23.02.2017.

Maize, Kennedy. 19.09.2019. FERC GOP Majority Flexes Partisan Muscles for PURPA Reform. *Power Magazine*. https://www.powermag.com/ferc-gop-majority-flexes-partisan-muscles-for-purpa-reform/. Zugegriffen: 06.01.2020.

Montalbano, Elizabeth. 01.02.2019. Updated: Secrecy Reigns as NERC Fines Utilities $10M citing Serious Cyber Risks. *The Security Ledger*. https://securityledger.com/2019/02/secrecy-reigns-as-nerc-fines-utilities-10m-citing-serious-cyber-risks/. Zugegriffen: 19.11.2019.

Ontario set for last cap-and-trade auction before joining Quebec and California. *Times Colonist*. 29.11.2017. http://www.timescolonist.com/ontario-set-for-last-cap-and-trade-auction-before-joining-quebec-and-california-1.23107415. Zugegriffen: 05.12.2017.

Pursaga, Joyanne. 05.07.2017. Manitobans oppose carbon tax: poll. *Winnipeg Sun*. http://winnipegsun.com/2017/07/05/manitobans-oppose-carbon-tax-poll/wcm/8203cfd4-3116-42fd-832a-02426d159446. Zugegriffen: 06.12.2017.

Rabson, Mia, und Larry Kusch. 03.10.2016. Pallister pulls plug on NDP's carbon cap-and-trade plan. *Winnipeg Free Press*. https://www.winnipegfreepress.com/local/pallister-pulls-plug-on-ndps-carbon-cap-and-trade-plan-395729621.html. Zugegriffen: 06.12.2017.

Rao, Prashant S. 01.09.2017. Nafta Negotiations: What's at Stake in the Second Round. *New York Times*. https://www.nytimes.com/2017/09/01/business/economy/nafta-talks-trump.html?mcubz=0. Zugegriffen: 27.09.2017.

Russland gibt Pipeline-Projekt South Stream auf. *Spiegel Online*. 02.12.2014. https://www.spiegel.de/wirtschaft/unternehmen/southstream-putin-droht-mit-stopp-der-pipeline-nach-suedeuropa-a-1006044.html. Zugegriffen: 19.06.2019.

San Diego, Tijuana Mayors Reaffirm Cross-Border Commitment. *San Diego Business Journal*. 13.03.2017. http://www.sdbj.com/news/2017/mar/13/san-diego-tijuana-mayors-reaffirm-cross-border-com/. Zugegriffen: 11.10.2017.

Schachar, Natalie. 16.08.2016. *Mexico announces launch of cap-and-trade pilot program*. Mexiko Stadt: Reuters. https://www.reuters.com/article/us-mexico-environment/mexico-announces-launch-of-cap-and-trade-pilot-program-idUSKCN10R00B. Zugegriffen: 19.12.2017.

Sorge, Nils-Viktor. 19.01.2016. Windkraft kommt in Spanien jetzt ohne Subventionen aus. *Manager Magazin*. http://www.manager-magazin.de/unternehmen/energie/windkraft-in-spanien-benoetigt-keine-subventionen-mehr-a-1072810.html. Zugegriffen: 13.05.2017.

Weissmann, Jordan. 20.11.2012. Why the U.S. Alone Can't Stop Climate Change (in 2 Graphs). *The Atlantic*. https://www.theatlantic.com/business/archive/2012/11/why-the-us-alone-cant-stop-climate-change-in-2-graphs/265490/. Zugegriffen: 03.06.2020.

Ziedler, Christopher, und Jahel Melke. 12.09.2013. Agrarlobby bremst die Spritreform. *Der Tagesspiegel*. https://www.tagesspiegel.de/wirtschaft/biokraftstoffe-agrarlobby-bremst-die-spritreform/8776222.html. Zugegriffen: 29.04.2017.

Weitere Dokumente

ACER. 2016a. *Board of Regulators*. Agency for the Cooperation of Energy Regulators. Ljubljana. http://www.acer.europa.eu/en/The_agency/Organisation/Board_of_Regulators/Pages/default.aspx. Zugegriffen: 29.03.2018.

ACER. 2016b. *Definition of the Capacity Calculation Regions (CCRs) in accordance with Article 15(1) of the Commission Regulation (EU) 2015/1222 of 24 July 2015 establishing a Guideline on Capacity Allocation and Congestion Management (CACM Regulation)*. Agency for the Cooperation of Energy Regulators. Ljubljana. https://www.acer.europa.eu/Official_documents/Acts_of_the_Agency/ANNEXES_CCR_DECISION/Annex%20I.pdf. Zugegriffen: 29.03.2018.

ACER. 2016c. *Market Monitoring*. Agency for the Cooperation of Energy Regulators. Ljubljana. http://www.acer.europa.eu/de/Electricity/Market%20monitoring/Seiten/default.aspx. Zugegriffen: 29.03.2018.

ACER. 2016d. *The Rules of Procedure of the Board of Regulators of the Agency*. Ljubljana. Agency for the Cooperation of Energy Regulators. https://www.acer.europa.eu/en/The_agency/Organisation/Board_of_Regulators/Documents/BoR58-03.1_Revised%20RoP_approved_public.pdf. Zugegriffen: 29.03.2018.

Amprion. 2015. *Response to public consultation on a new energy market design*. Brüssel. https://ec.europa.eu/energy/sites/ener/files/documents/Replies.zip. Zugegriffen: 29.04.2019.

Ausschuss der Regionen. 2000. *Stellungnahme des Ausschusses der Regionen vom 21. September 2000 zu dem „Vorschlag der Kommission für eine Richtlinie des Europäischen Parlaments und des Rates zur Förderung der Stromerzeugung aus erneuerbaren Energiequellen im Elektrizitätsbinnenmarkt“* Brüssel. https://webapi.cor.europa.eu/documentsanonymous/cdr191-2000_fin_ac_de.doc. Zugegriffen: 13.12.2016.

Ausschuss der Regionen. 2002. *Stellungnahme des Ausschusses der Regionen zu dem Vorschlag für eine Entscheidung des Rates über die Genehmigung des Protokolls von Kyoto zum Rahmenübereinkommen der Vereinten Nationen über Klimaänderungen im Namen der Europäischen Gemeinschaft sowie die gemeinsame Erfüllung der daraus erwachsenden Verpflichtungen*. Brüssel. https://webapi.cor.europa.eu/documentsanonymous/cdr458-2001_fin_ac_de.doc. Zugegriffen: 19.12.2016.

Ausschuss der Regionen. 2008. *Opinion of the Committee of the Regions on the Third Legislative Package on Europen Electricity and Gas Markets*. Brüssel. https://webapi.cor.europa.eu/documentsanonymous/cdr21-2008_fin_ac_en.doc. Zugegriffen: 19.01.2018.

Ausschuss der Regionen. 2016. *117th plenary session, 7–8 April 2016*. Opinion. Cost-effective emission reductions and low-carbon investments. Brüssel. https://webapi.cor.europa.eu/documentsanonymous/cor-2015-05368-00-01-ac-tra-en.docx. Zugegriffen: 12.05.2017.

Ausschuss der Regionen. 2017. *Opinion on Renewable energy and the internal market in electricity*. Brüssel. https://webapi2016.cor.europa.eu/v1/documents/cor-2017-00832-00-01-ac-tra-en.docx/content. Zugegriffen: 18.11.2019.

BC Hydro. 2002. *A Briefing on BC Hydro's Transmission Capacity Requirements*. Vancouver. https://www.bchydro.com/content/dam/hydro/medialib/internet/documents/rev_reqs_bch/pdf/bcuc_2_118_03_01_att1_pdf.pdf. Zugegriffen: 30.01.2018.

Blake, Eric S., und Ethan J. Gibney. 2011. *The Deadliest, Costliest, and Most Intense Tropical Cyclones from 1851 to 2010 (and Other Frequently Requested Hurricane Facts)*. Washington D.C. http://www.nhc.noaa.gov/pdf/nws-nhc-6.pdf. Zugegriffen: 07.02.2016.

BMWi. 2016. *Das deutsche Stromnetz*. Bundesministerium für Wirtschaft und Energie. Berlin. https://www.bmwi.de/Redaktion/DE/Infografiken/Energie/abbildung-das-deutsche-stromnetz.html. Zugegriffen: 31.05.2018.

BusinessEurope. 2009. *Letter to the the Deputy Permanent Representatives of the Member States vis à vis the European Union*. Brüssel. https://www.businesseurope.eu/publications/emission-trading-scheme-sectors-deemed-be-exposed-significant-risk-carbon-leakage. Zugegriffen: 29.04.2017.

BusinessEurope. 2013a. *Don't Meddle With ETS, Start a Democratic Debate on the Reform of EU Energy and Climate Policy.* Press Release. Brüssel. https://www.businesseurope.eu/sites/buseur/files/media/imported/2013-00173-E.pdf. Zugegriffen: 25.04.2017.

BusinessEurope. 2013b. *Implementation of the EU Emission Trading Scheme Directive.* Letter from Markus J. Beyrer, BusinessEurope's Director General, to Commissioner Hedegaard. Brüssel. https://www.businesseurope.eu/sites/buseur/files/media/imported/2013-00839-E.pdf. Zugegriffen: 06.05.2017.

BusinessEurope. 2013c. *Letter to Commission President José Manuel Barroso.* Brüssel. https://www.businesseurope.eu/sites/buseur/files/media/imported/2013-00456-E.pdf. Zugegriffen: 25.04.2017.

BusinessEurope. 2013d. *Letter to Members of the European Parliament.* Brüssel. https://www.businesseurope.eu/sites/buseur/files/media/imported/2013-00707-E.pdf. Zugegriffen: 25.04.2017.

BusinessEurope. 2013e. *Letter to the Members of ENVI-Committee.* Brüssel. https://www.businesseurope.eu/sites/buseur/files/media/imported/2013-00147-E.pdf. Zugegriffen: 25.04.2017.

BusinessEurope. 2014. *BusinessEurope Response to the Consultation on ETS Post-2020 Carbon Leakage Provisions.* Position Paper. Brüssel. https://www.businesseurope.eu/sites/buseur/files/media/imported/2014-00729-E.pdf. Zugegriffen: 06.05.2017.

BusinessEurope. 2015. *BusinessEurope Response to public consultation on a new energy market design.* Brüssel. Zugegriffen: 12.05.2018.

BusinessEurope. 2017. *EU emission trading system (ETS)—Letter from Markus J. Beyrer to MEP Ian Duncan ahead of the European Parliament plenary vote.* Brüssel. https://www.businesseurope.eu/sites/buseur/files/media/public_letters/iaco/2017-01-30_mbe-ian_duncan_mep_-_eu_ets_reform_ahead_of_plenary_vote.pdf. Zugegriffen: 23.05.2017.

BusinessEurope. 2018. *Trialogue negotiations on Electricity Market Regulation and Energy Efficiency Directive.* Brüssel. https://www.businesseurope.eu/sites/buseur/files/media/public_letters/iaco/2018-06-07_mbe-t.petkova_-_electricity_regulation_and_energy_efficiency_directive.pdf. Zugegriffen: 21.06.2019.

CalEPA. 2016. *California-Mexico Memorandum of Understanding on Climate Change & the Environment.* 2015 Progress Report. Californian Environmental Protection Agency. Sacramento (CA). https://calepa.ca.gov/wp-content/uploads/sites/34/2017/03/CA-MX-MOU-Progress-2015.pdf. Zugegriffen: 30.10.2017.

California Legislative Information. 2006. *AB-32 Air pollution: greenhouse gases: California Global Warming Solutions Act of 2006.* Sacramento (CA). https://leginfo.legislature.ca.gov/faces/billVotesClient.xhtml?bill_id=200520060AB32. Zugegriffen: 21.09.2017.

CAP. 2006. *Resolution 30-2. Resolution Concerning Energy.* Council of Atlantic Premiers. Newport (RI). http://www.cap-cpma.ca/images/CAP/30-2%20Energy%20E.pdf. Zugegriffen: 13.12.2017.

CAP. 2007. *Resolution 31-1. Resolution Concerning Energy and the Environment.* Council of Atlantic Premiers. Brudenell. https://immediac.blob.core.windows.net/cap-cmha/images/CAP/31_1%20Energy%20and%20Environment_e.pdf. Zugegriffen: 13.03.2020.

CAP. 2008a. *Resolution 32-4. Resolution Concerning Energy.* Council of Atlantic Premiers. Bar Harbor. https://immediac.blob.core.windows.net/cap-cmha/images/CAP/Res%2032-4%20Energy%20E.pdf. Zugegriffen: 13.12.2017.

CAP. 2008b. *Resolution 32-5. Resolution Concerning Climate Change Adaptation.* Council of Atlantic Premiers. Bar Harbor. http://www.cap-cpma.ca/images/CAP/2008%2032_5%20Adaptation_e.pdf. Zugegriffen: 13.12.2017.

CAP. 2008c. *Transportation & Air Quality Action Plan.* Council of Atlantic Premiers. Bar Harbor.

CAP. 2009a. *Resolution 33-2. Resolution Concerning Renewable Energy.* Council of Atlantic Premiers. Saint John. http://www.cap-cpma.ca/images/CAP/Resolution%2033-2%20Renewable%20Energy%20E.pdf. Zugegriffen: 12.12.2017.

CAP. 2009b. *Resolution 33-3. Resolution Concerning Climate Change.* Council of Atlantic Premiers. Saint John. http://www.cap-cpma.ca/images/CAP/Resolution%2033-3%20Climate%20Change%20E.pdf. Zugegriffen: 12.12.2017.

CAP. 2011a. *Resolution 35-3. Resolution Concerning Energy.* Council of Atlantic Premiers. Halifax. http://www.cap-cpma.ca/images/Newsroom/Photo%20Gallery/NEG/35-3_e.pdf. Zugegriffen: 12.12.2017.

CAP. 2011b. *Resolution Concerning Energy.* Council of Atlantic Premiers. Halifax. https://www.cap-cpma.ca/images/Newsroom/Photo%20Gallery/NEG/35-3_e.pdf. Zugegriffen: 13.12.2017.

CAP. 2012a. *Alternative Fuel Vehicles Conference.* Council of Atlantic Premiers. Montreal. https://www.cap-cpma.ca/about/new-england-governors-and-eastern-canadian-premiers-annual-conference-negecp/negecp-documents/alternative-fuel-vehicles-conference. Zugegriffen: 31.12.2017.

CAP. 2012b. *Resolution 36-1. Resolution Concerning Energy.* Council of Atlantic Premiers. Burlington (VT). http://www.cap-cpma.ca/images/Newsroom/Photo%20Gallery/NEG/36-1%20Energy%20E.PDF. Zugegriffen: 12.12.2017.

CAP. 2012c. *Resolution 36-3. Resolution Concerning Climate Change.* Council of Atlantic Premiers. Burlington (VT). http://www.cap-cpma.ca/images/Newsroom/Photo%20Gallery/NEG/36-3%20Climate%20E.PDF. Zugegriffen: 12.12.2017.

CAP. 2013. *Resolution 37-1. Resolution Concerning Energy.* Council of Atlantic Premiers. La Malbaie. http://www.cap-cpma.ca/images/ECP%20Documents/NEG-ECP%20Resolution%2037-1%20Energy%20EN.PDF. Zugegriffen: 12.12.2017.

CAP. 2014. *Resolution 38-1. Resolution concerning Regional Energy Markets.* Council of Atlantic Premiers. Bretton Woods. https://immediac.blob.core.windows.net/cap-cmha/images/Newsroom/Photo%20Gallery/NEG/Res38-1EnergyMarkets.pdf. Zugegriffen: 14.12.2017.

CAP. 2015. *Resolution 39-1. Resolution Concerning Climate Change.* Council of Atlantic Premiers. St. John's. https://immediac.blob.core.windows.net/cap-cmha/images/Signed%2039-1En.pdf. Zugegriffen: 13.03.2020.

CAP. 2019. *NEG/ECP Resolutions.* Council of Atlantic Premiers. Halifax. https://www.cap-cpma.ca/about/new-england-governors-and-eastern-canadian-premiers-annual-conference-negecp/negecp-resolutions. Zugegriffen: 20.01.2020.

CARB. 2013. *Agreement between the California Air Resources Board and the Gouvernement du Québec Concerning the Harmonization and Integration of Cap-and-Trade Programs for Reducing Greenhouse Gas Emissions.* California Air Resources Board. Sacramento (CA). https://www.arb.ca.gov/cc/capandtrade/linkage/ca_quebec_linking_agreement_english.pdf. Zugegriffen: 30.10.2017.

CARB. 2014. *Participation in the Western Climate Initiative.* California Air Resources Board. Sacramento (CA). https://www.arb.ca.gov/cc/capandtrade/wci/agreement.htm. Zugegriffen: 30.10.2017.

CARB. 2017. *California-Ontario-Quebec Agreement on the Harmonization and Integration of Cap-and-Trade Programs for Reducing Greenhouse Gas Emissions.* California Air Resources Board. Sacramento (CA). https://www.arb.ca.gov/cc/capandtrade/linkage/2017_linkage_agreement_ca-qc-on.pdf. Zugegriffen: 30.10.2017.

CEC. 1995a. *1995 Regular Session of Council.* Summary Record. Commission for Environmental Cooperation. Oaxaca. http://www.cec.org/sites/default/files/documents/council_sessions/1677_95-00-Council-Session.pdf. Zugegriffen: 19.09.2017.

CEC. 1995b. *2nd Annual Regular Session of the Council of Ministers Commission for Environmental Cooperation (CEC).* Commission for Environmental Cooperation. Oaxaca. http://www.cec.org/sites/default/files/documents/council_statements/1675_95-comm-e.pdf. Zugegriffen: 27.10.2017.

CEC. 1995c. *Council Resolution 95-06.* Commission for Environmental Cooperation. Oaxaca. http://www.cec.org/about-us/council/council-resolutions/council-resolution-95-06. Zugegriffen: 18.09.2017.

CEC. 1995d. *Council Session 95-5.* Summary Record. Commission for Environmental Cooperation. Montreal. http://www.cec.org/sites/default/files/documents/council_sessions/1872_sr95-05e_EN.pdf. Zugegriffen: 18.09.2017.

CEC. 1996a. *1995 Annual Report.* Commission for Environmental Cooperation. Montreal. http://www.cec.org/sites/default/files/documents/annual_reports/9082_ar95_en.pdf. Zugegriffen: 18.09.2017.

CEC. 1996b. *Council Session 96-4.* Summary Record. Commission for Environmental Cooperation. Montreal. http://www.cec.org/sites/default/files/documents/council_sessions/1682_Council_Session_96-04.pdf. Zugegriffen: 18.09.2017.

CEC. 1997. *1996 Annual Report.* Commission for Environmental Cooperation. Montreal. http://www.cec.org/sites/default/files/documents/annual_reports/9085_ar96_en.pdf. Zugegriffen: 18.09.2017.

CEC. 1998a. *1997 Annual Report.* Commission for Environmental Cooperation. Montreal. http://www.cec.org/sites/default/files/documents/annual_reports/9088_ar97_en.pdf. Zugegriffen: 18.09.2017.

CEC. 1998b. *Annual Program and Budget 1998.* Commission for Environmental Cooperation. Ottawa. http://www.cec.org/sites/default/files/documents/operational_plans/1797_1998_annual_program_and_budget.pdf . Zugegriffen: 27.10.2017.

CEC. 2002. *Design and Legal Considerations for North American Emissions Trading.* Commission for Environmental Cooperation. Montreal. http://www3.cec.org/islandora/en/item/1825-design-and-legal-consideration-north-american-emissions-trading-en.pdf. Zugegriffen: 18.09.2017.

CEC. 2004. *North American Renewable Energy Database.* Technical Project Report. Commission for Environmental Cooperation. Montreal. http://www3.cec.org/islandora/en/item/2089-north-american-renewable-energy-database-nared-en.pdf. Zugegriffen: 18.09.2017.

CEC. 2006. *Renewable Energy Financing Case Studies: Lessons to be Learned from Successful Initiatives.* Commission for Environmental Cooperation. Montreal. http://www3.cec.org/islandora/en/item/2295-renewable-energy-financing-case-studies-lessons-be-learned-from-successful-initiatives-en. Zugegriffen: 18.09.2017.

CEC. 2009. *Advice to Council 09–01.* JPAC Workshop on Climate Policy Coherence in North America. Commission for Environmental Cooperation. Montreal. http://www.cec.org/about-us/jpac-advice-council/advice-council-09-01. Zugegriffen: 18.09.2017.

CEC. 2010a. *Advice to Council 10–01.* Roundtable Discussion on the CEC's Priorities for 2010 and Beyond. Montreal. http://www.cec.org/about-us/jpac-advice-council/advice-council-10-01. Zugegriffen: 26.09.2017.

CEC. 2010b. *Response from Council to JPAC Advice 09–01.* Commission for Environmental Cooperation. Mexiko Stadt. http://www.cec.org/sites/default/files/documents/jpac_advice_council/8889_UCAI-000934-10.pdf. Zugegriffen: 26.09.2017.

CEC. 2010c. *Seventeenth Regular Session of the Council.* 17 August 2010. Commission for Environmental Cooperation. Guanajuato. http://www.cec.org/sites/default/files/documents/council_sessions/15561_SR-10-00-en3.pdf. Zugegriffen: 26.09.2017.

CEC. 2010d. *Strategic Plan of the Commission for Environmental Cooperation 2010–2015.* Commission for Environmental Cooperation. Denver. http://www.cec.org/sites/default/files/documents/strategic_plans/10115_strategic_plan_2011_en.pdf. Zugegriffen: 27.10.2017.

CEC. 2011a. *Operational Plan of the Commission for Environmental Cooperation 2011–2012.* Commission for Environmental Cooperation. Montreal. http://www.cec.org/sites/default/files/documents/operational_plans/16099_operational_plan_2011-2012-web-en.pdf. Zugegriffen: 27.10.2017.

CEC. 2011b. *Response to JPAC Advice 11–02.* Commission for Environmental Cooperation. Montreal. http://www.cec.org/sites/default/files/documents/jpac_advice_council/15206_Letter_from_Council_-_JPAC_Advice_11-02.pdf. Zugegriffen: 27.10.2017.

CEC. 2013a. *Operational Plan of the Commission for Environmental Cooperation 2013–2014.* Commission for Environmental Cooperation. Montreal. http://www.cec.org/sites/default/files/documents/operational_plans/18291_cec_op_plan_and_budget_22jan14_en_0.pdf. Zugegriffen: 27.10.2017.

CEC. 2013b. *Project 1: North America's Blue Carbon: Assessing the Role of Coastal Habitats in the Continent's Carbon Budget.* Montreal. http://www.cec.org/sites/default/files/documents/activities_budget/OP13-14_1.pdf. Zugegriffen: 27.10.2017.

CEC. 2013c. *Project 14: North American Collaboration for Conservation of Transboundary Protected Areas.* Commission for Environmental Cooperation. Montreal. http://www.cec.org/sites/default/files/documents/activities_budget/OP13-14_14.pdf. Zugegriffen: 27.10.2017.

CEC. 2013d. *Project 5: North American Online, Interactive Platform on Climate Change.* Commission for Environmental Cooperation. Montreal. http://www.cec.org/sites/default/files/documents/activities_budget/OP13-14_5.pdf. Zugegriffen: 27.10.2017.

CEC. 2013e. *Response from Council to JPAC Avice 13-03.* Commission for Environmental Cooperation. Montreal. http://www.cec.org/sites/default/files/documents/jpac_advice_council/17777_Response_to_JPAC_1303.pdf. Zugegriffen: 27.10.2017.

CEC. 2013f. *The urgent need to shift to a sustainable energy economy in North America.* Commission for Environmental Cooperation. Montreal. http://www.cec.org/sites/default/files/documents/jpac_advice_council/17443_JPAC_Advice_to_Council_13-02_en.pdf. Zugegriffen: 18.09.2017.

CEC. 2015a. *Operational Plan of the Commission for Environmental Cooperation 2015–2016.* Commission for Environmental Cooperation. Montreal. http://www.cec.org/sites/default/files/documents/operational_plans/operational-plan_2015-2016_0.pdf. Zugegriffen: 18.09.2017.

CEC. 2015b. *Project 6: Reducing Emissions from Goods Movement via Maritime Transportation in North America—Phase II.* Commission for Environmental Cooperation. Montreal. http://www.cec.org/sites/default/files/documents/activities_budget/op15-16-project6.pdf. Zugegriffen: 27.10.2017.

CEC. 2015c. *Strategic Plan of the Commission for Environmental Cooperation 2015–2020.* Commission for Environmental Cooperation. Montreal. http://www.cec.org/sites/default/files/documents/strategic_plans/strategic_plan_2015_2020.pdf. Zugegriffen: 18.09.2017.

CEC. 2016. *Climate Change.* Commission for Environmental Cooperation. Montreal. http://www.cec.org/our-work/climate-change. Zugegriffen: 25.09.2017.

CEC. 2017a. *Council Resolution 17-04.* Commission for Environmental Cooperation. Montreal. http://www.cec.org/about-us/council/council-resolutions/council-resolution-17-04. Zugegriffen: 18.09.2017.

CEC. 2017b. *Strategic Plans.* Commission for Environmental Cooperation. Montreal. http://www.cec.org/our-work/strategic-plans. Zugegriffen: 18.09.2017.

CEC. 2018. *Negotiations on a new Agreement on Environmental Cooperation (ECA) completed.* Commission for Environmental Cooperation. Montreal. http://www.cec.org/news-and-outreach/press-releases/negotiations-new-agreement-environmental-cooperation-eca-completed. Zugegriffen: 26.02.2020.

CEC. 2019. *Operational Plan 2019–2020.* Commission for Environmental Cooperation. Montreal. http://www.cec.org/sites/default/files/documents/operational_plans/operational-plan_19-20.pdf. Zugegriffen: 04.03.2020.

CEER. 2016. *About CEER.* Council of European Energy Regulators. Brüssel. http://www.ceer.eu/portal/page/portal/EER_HOME/EER_ABOUT/CEER. Zugegriffen: 16.03.2018.

CEFIC. 2007a. *Cefic Contribution.* 3rd ETS Review Group Meeting on 21/22 May 2007. European Chemical Industry Council. Brüssel. https://ec.europa.eu/clima/sites/clima/files/docs/0065/cefic20070521fin_en.pdf. Zugegriffen: 14.01.2017.

CEFIC. 2007b. *Update on European Emissions Trading System (ETS).* Sectoral Social Dialogue Committee "Chemical Industry" on 4 July 2007. European Chemical Industry Council Brüssel. https://circabc.europa.eu/webdav/CircaBC/empl/Dialogue%20social%20sectoriel/Library/chemical_industry/2007/070704_arbeitsgruppe/chimie_070704_european_emissions_trading_system_presentation_en.pdf. Zugegriffen: 12.04.2017.

CEPI. 2013. *Position on the Commission proposal to back-load (set-aside) EU ETS allowances.* Confederation of European Paper Industries. Brüssel. http://www.cepi.org/node/13810. Zugegriffen: 14.04.2017.

CEPI. 2016. *Reaction to the tiered approach to carbon leakage protection.* Confederation of European Paper Industries. Brüssel. http://www.cepi.org/system/files/public/documents/news/2016/AEIITieredApproach_Final.pdf. Zugegriffen: 14.04.2017.

CER. 2004. *Memorandum of Understanding Between National Energy Board and Federal Energy Regulatory Commission.* Canadian Energy Regulator. Calgary. https://www.cer-rec.gc.ca/bts/ctrg/mmrndm/2004fdrlrgltrcmmssn-eng.pdf. Zugegriffen: 12.02.2019.

City of San Diego. 2014. *San Diego & Tijuana Mayors Forge Shared Vision for Creating Opportunities.* San Diego. https://www.sandiego.gov/sites/default/files/news141118.pdf. Zugegriffen: 12.09.2017.

Climate Action Network Europe, WWF, Greenpeace, und Friends of the Earth Europe. 2007. *ECCP EU ETS Review Process: Written Comments.* Brüssel. https://ec.europa.eu/clima/sites/clima/files/docs/0065/caneurope_ngo_en.pdf. Zugegriffen: 12.01.2017.

CONEG. 2013a. *2013 Regional Climate Change Action Plan Blueprint.* Report to the 37th Conference of New England Governors and Eastern Canadian Premiers. Coalition of Northeastern Governors. Charlevoix. http://coneg.org/data/documents/2013%20Blueprint%20Final.pdf. Zugegriffen: 12.12.2017.

CONEG. 2013b. *The Transportation and Air Quality Action Plan 2013–2020.* 37th Conference of the New England Governors and Eastern Canadian Premiers. Coalition of Northeastern Governors. La Malbaie. https://www.coneg.org/wp-content/uploads/2019/01/2013-Final-TAQC-Air-Quality-Action-Plan_recd-9-6-13.pdf. Zugegriffen: 19.11.2019.

CONEG. 2015. *New England Governors/Eastern Canadian Premiers (NEG/ECP) Annual Committee Report.* Coalition of Northeastern Governors. St. John's. http://coneg.org/Data/Sites/1/media/tab-6cii---neg-ecp-annual-committee-report-upd-8–28-15.pdf. Zugegriffen: 14.12.2017.

CONEG. 2017a. *Building on Solid Foundations.* 2017 Update of the Regional Climate Change Action Plan. Coalition of Northeastern Governors. Charlottetown. http://coneg.org/Data/Sites/1/media/documents/reports/2017-rccap-final.pdf. Zugegriffen: 14.12.2017.

CONEG. 2017b. *Regional Strategies, Policies and Measures. Potential Options for Consideration.* Coalition of Northeastern Governors. Washington D.C. https://www.coneg.org/wp-content/uploads/2019/01/neg-ecp-comprehensive-draft-options.170216.pdf. Zugegriffen: 26.12.2017.

CONEG. 2018. *Resolution Concerning Adaptation.* Coalition of Northeastern Governors. Stowe. https://www.coneg.org/wp-content/uploads/2018/12/42-1_en.pdf. Zugegriffen: 25.03.2019.

Council of Canadians. 2009. *WIN! The SPP has been defeated!* Ottawa. https://canadians.org/node/5013. Zugegriffen: 12.09.2017.

Deloitte. 2015. *European energy market reform.* Country profile: Italy. Zürich. https://www2.deloitte.com/content/dam/Deloitte/global/Documents/Energy-and-Resources/gx-er-market-reform-italy.pdf. Zugegriffen: 29.05.2018.

Department of Energy. 2015. *North American Energy Ministers Establish a Working Group on Climate Change and Energy.* Washington D.C. https://www.energy.gov/articles/north-american-energy-ministers-establish-working-group-climate-change-and-energy. Zugegriffen: 08.09.2017.

Department of Energy. 2017. *North American Energy Ministerial Joint Summary.* Washington D.C. https://www.energy.gov/sites/prod/files/2017/11/f46/North%20American%20Energy%20Ministerial%20Joint%20Summary.pdf. Zugegriffen: 12.09.2019.

E.ON. 2007. *Towards an Increased Harmonization of European Emissions Trading.* Position paper on the EU Emission Trading Scheme Review. Brüssel. https://ec.europa.eu/clima/sites/clima/files/docs/0065/e_on_ets_en.pdf. Zugegriffen: 13.01.2017.

EFTA. 2002. *Report & Resolution on Liberalisation of Energy Markets in the EEA.* Reykjavik. http://www.efta.int/sites/default/files/documents/advisory-bodies/parliamentary-committee/jpc-resolutions/27May2002LiberalisationEnergyEEA.pdf. Zugegriffen: 01.05.2018.

EIA. 2012. *Canada Week: Integrated electric grid improves reliability for United States, Canada.* Washington D.C. https://www.eia.gov/todayinenergy/detail.php?id=8930. Zugegriffen: 03.02.2019.

EIA. 2017a. *Arizona. State Profile and Energy Estimates.* Washington D.C. https://www.eia.gov/state/?sid=AZ. Zugegriffen: 02.02.2018.

EIA. 2017b. *California imports about a quarter of its electricity on average.* Washington D.C. https://www.eia.gov/todayinenergy/detail.php?id=30192#tab2. Zugegriffen: 21.02.2018.

EIA. 2017c. *Levelilzed Cost and Levelized Avoided Cost of New Generation Resources in the Annual Energy Outlook 2017.* Washington D.C. https://www.eia.gov/outlooks/aeo/pdf/electricity_generation.pdf. Zugegriffen: 18.07.2017.

EIA. 2017d. *Montana. State Profile and Energy Estimates.* Washington D.C. https://www.eia.gov/state/?sid=MT#tabs-3. Zugegriffen: 18.07.2017.

EIA. 2017e. *New Mexico. State Profile and Energy Estimates.* Washington D.C. https://www.eia.gov/state/?sid=NM. Zugegriffen: 05.12.2017.

EIA. 2017f. *Utah. State Profile and Energy Estimates.* Washington D.C. https://www.eia.gov/state/?sid=UT#tabs-3. Zugegriffen: 05.12.2017.

EIA. 2019. *Canada.* Washington D.C. https://www.eia.gov/beta/international/analysis.php?iso=CAN. Zugegriffen: 10.11.2019.

ENTSO-E. 2015a. *All TSOs' proposal for Capacity Calculation Regions (CCRs) in accordance with Article 15(1) of the Commission Regulation (EU) 2015/1222 of 24 July 2015 establishing a Guideline on Capacity Allocation and Congestion Management.* European Network of Transmission System Operators for Electricity. Brüssel. https://docstore.entsoe.eu/Documents/Network%20codes%20documents/Implementation/cacm/151103_CCRs%20Proposal_approved_updated_clean%20and%20final%20for%20submision.pdf. Zugegriffen: 21.02.2019.

ENTSO-E. 2015b. *ENTSO-E Response to EC Consultation on Market Design.* European Network of Transmission System Operators for Electricity. Brüssel. https://ec.europa.eu/energy/sites/ener/files/documents/Replies.zip. Zugegriffen: 29.04.2019.

ENTSO-E. 2015c. *European Transmission System Operators (ETSO).* European Network of Transmission System Operators for Electricity. Brüssel. https://www.entsoe.eu/news-events/former-associations/etso/Pages/default.aspx. Zugegriffen: 24.01.2018.

ENTSO-E. 2015d. *Explanatory document to all TSOs' proposal for Capacity Calculation Regions (CCRs) in accordance with Article 15(1) of the Commission Regulation (EU) 2015/1222 of 24 July 2015 establishing a Guideline on Capacity Allocation and Congestion Management.* European Network of Transmission System Operators for Electricity. Brüssel. https://docstore.entsoe.eu/Documents/Network%20codes%20documents/Implementation/cacm/151103_CCRs_explanatory%20document_approved_final%20and%20clean%20for%20submission.pdf. Zugegriffen: 23.01.2018.

ENTSO-E. 2016. *16 TSOs Launched Cooperative Work to Set Up the Core Capacity Calculation Region.* European Network of Transmission System Operators for Electricity. Brüssel. https://docstore.entsoe.eu/Documents/Network%20codes%20documents/Implementation/cacm/20161209_CORE_CCR_TSOs_communication_note_PR_(FV).pdf. Zugegriffen: 20.01.2018.

ENTSO-E. 2017. *Clean Energy Package: Promising market proposals, but some issues to be solved.* European Network of Transmission System Operators for Electricity. Brüssel. https://docstore.entsoe.eu/Documents/Publications/Position%20papers%20and%20reports/CEP/170315_CEP_Market_Design_one-pager.pdf. Zugegriffen: 24.01.2018.

ENTSO-E. 2018a. *First Joint Report on the Progress and Potential Problems with the Implementation of Intraday and Day-Ahead Coupling as well as Forward*

Capacity Allocation. European Network of Transmission System Operators for Electricity. Brüssel. https://docstore.entsoe.eu/Documents/Network%20codes%20documents/NC%20CACM/First_Joint_Report_FCA_and_CACM.PDF. Zugegriffen: 20.02.2019.

ENTSO-E. 2018b. *Regions*. European Network of Transmission System Operators for Electricity. Brüssel. https://www.entsoe.eu/regions/. Zugegriffen: 18.05.2019.

ENTSO-E. 2019. *Inside ENTSO-E*. European Network of Transmission System Operators for Electricity. Brüssel. https://www.entsoe.eu/about-entso-e/inside-entso-e/Pages/default.aspx. Zugegriffen: 22.05.2019.

ENTSO-G. 2019. *Structure*. European Network of Transmission System Operators for Gas. Brüssel. https://www.entsog.eu/structure. Zugegriffen: 14.05.2019.

EREF, Wind Europe, AEBIOM, EBA, EUREC, und Solar Power Europe. 2017. *Higher renewable energy ambition required to avoid deployment slowdown*. Brüssel. https://windeurope.org/wp-content/uploads/files/policy/position-papers/Higher-renewable-energy-ambition-required-to-avoid-deployment-slowdown.pdf. Zugegriffen: 19.11.2019.

ERGEG, und CEER. 2007. *"Time to Deliver"—European Energy Regulators call for new legislation to put Single Energy Market back on track*. Brüssel. https://www.ceer.eu/documents/104400/-/-/a13270a3-995e-c50c-9f6d-09ab07e111f8. Zugegriffen: 18.02.2018.

ETSO. 2009. *ETSO Response to Consultation Paper on the Inter-TSO Compensation Mechanism*. European Transmission System Operators. Brüssel. https://www.entsoe.eu/fileadmin/user_upload/_library/publications/etso/Inter_TSO_Compensation/etsoresponsetoitcconsultation_20093191l1928.pdf. Zugegriffen: 26.05.2018.

ETUC. 2008. *ETUC's position on the Climate change and energy package*. European Trade Union Congress. Brüssel. https://www.etuc.org/sites/default/files/Paquet_ETUCposition_EN4-5-03-08_2.pdf. Zugegriffen: 17.03.2017.

Eurelectric, Solar Power Europe, Wind Europe, AIB, RECS, und EFET. 2018. *Joint Statement on Guarantees of Origin*. Brüssel. https://www.aib-net.org/sites/default/files/assets/news-events/press-releases/2018/Joint%20Statement%20on%20Guarantees%20of%20Origin%20-%20Feb2018.pdf. Zugegriffen: 25.11.2019.

Eurelectric. 2007. *Position Paper*. Review of the EU Emissions Trading Directive (2003/87/EC) and the Linking Directive (2004/101/EC). Brüssel. https://ec.europa.eu/clima/sites/clima/files/docs/0065/eurelectric_072007fin_en.pdf. Zugegriffen: 14.01.2017.

Eurelectric. 2012. *EURELECTRIC calls on Commission to take immediate action to boost ETS and deliver low-carbon investment*. Malta. http://www.eurelectric.org/media/34784/press_release_malta_final_clean_.pdf. Zugegriffen: 19.01.2017.

Eurelectric. 2015. *European Commission's Public consultation on a new energy market design. A EURELECTRIC response paper*. Brüssel. Zugegriffen: 20.01.2017.

Eurelectric. 2017. *Proposal for a Directive of the European Parliament and of the Council on the promotion of the use of energy from renewable sources (recast)—EURELECTRIC voting recommendations (ITRE Committee)*. Brüssel. https://cdn.eurelectric.org/media/2428/voting_recommendations_res-itre_committee-2017-030-0670-01-e-h-BE3A5CDB.pdf. Zugegriffen: 26.11.2019.

Eurelectric. 2018. *Letter for the 2nd trilogue meeting on Market Design—Eurelectric recommendations*. Brüssel. https://cdn.eurelectric.org/media/3319/eurelectric_recommendations_letter_market_design_trilogues-2018-030-0501-01-e-h-BE56671A.pdf. Zugegriffen: 22.02.2019.

Eurochambres. 2007. *Renewable Energy.* Position Paper. Brüssel. http://www.eurochambres.eu/DocShare/docs/1/NAIDHAACFEPEKJFBIKGFBALKB3WY4LUJRTX4MNVLGCVL/EUROCHAMBRES/docs/DLS/0711_EUROCHAMBRES_RES-2008-00211-01-EN.pdf. Zugegriffen: 05.07.2017.

Eurofer. 2013. *Backloading remains unnecessary intervention. Focus on industrial competitiveness needed.* Brüssel. www.eurofer.org/News%26Events/Pressreleases/Backloading2013.fhtml. Zugegriffen: 25.04.2017.

Europäische Kommission. 1990. *Der Binnenmarkt für Energie.* Brüssel. https://publications.europa.eu/en/publication-detail/-/publication/649e0c86-e8da-4ce9-8865-b331d7035ea4/language-de. Zugegriffen: 22.04.2018.

Europäische Kommission. 1991. *A Community Strategy to limit Carbon Dioxide emissions and to improve energy efficiency.* Brüssel. http://aei.pitt.edu/4931/. Zugegriffen: 20.02.2017.

Europäische Kommission. 1992a. *Proposal for a Council Directive Introducing a Tax on Carbon Dioxide Emissions and Energy (presented by the Commission).* Brüssel. http://aei.pitt.edu/4830/1/4830.pdf. Zugegriffen: 10.01.2017.

Europäische Kommission. 1992b. *Vorschlag für eine Richtlinie des Rates betreffend gemeinsame Vorschriften für den Elektrizitätsbinnenmarkt.* Brüssel. http://eur-lex.europa.eu/legal-content/DE/TXT/PDF/?uri=CELEX:51991PC0548(01)&from=EN. Zugegriffen: 20.03.2018.

Europäische Kommission. 1992c. *Vorschlag für eine Richtlinie des Rates betreffend gemeinsame Vorschriften für den Erdgasbinnenmarkt.* Brüssel. http://eur-lex.europa.eu/legal-content/DE/TXT/PDF/?uri=CELEX:51991PC0548(02)&from=EN. Zugegriffen: 20.03.2018.

Europäische Kommission. 1993a. *Abgeänderter Vorschlag für eine Richtlinie des Europäischen Parlaments und des Rates betreffend gemeinsame Vorschriften für den Elektrizitätsbinnenmarkt.* Brüssel. http://eur-lex.europa.eu/legal-content/DE/TXT/PDF/?uri=CELEX:51993PC0643(01)&from=EN. Zugegriffen: 13.05.2020.

Europäische Kommission. 1993b. *Abgeänderter Vorschlag für eine Richtlinie des Europäischen Parlaments und des Rates betreffend gemeinsame Vorschriften für den Erdgasbinnenmarkt.* Brüssel. http://eur-lex.europa.eu/legal-content/DE/TXT/PDF/?uri=CELEX:51993PC0643(01)&from=EN. Zugegriffen: 13.05.2020.

Europäische Kommission. 1993c. *Übersicht über die zum 31. Oktober 1993 dem Rat vorliegenden Vorschläge, deren Rechtsgrundlage und/oder Verfahren aufgrund des Inkrafttretens des Vertrags über die Europäische Union geändert werden muss.* Brüssel. http://eur-lex.europa.eu/legal-content/DE/TXT/PDF/?uri=CELEX:51993DC0570&from=EN. Zugegriffen: 13.05.2019.

Europäische Kommission. 1997. *Energy for the Future: Renewable Sources of Energy.* White Paper for a Community Strategy and Action Plan. Communication from the Commission. Brüssel. http://europa.eu/documents/comm/white_papers/pdf/com97_599_en.pdf. Zugegriffen: 13.02.2019.

Europäische Kommission. 1999. *Electricity from renewable energy sources and the internal electricity market.* Commission Working Document. Brüssel. http://aei.pitt.edu/4923/1/4923.pdf. Zugegriffen: 27.01.2017.

Europäische Kommission. 2000a. *Grünbuch zum Handel mit Treibhausgasemissionen in der Europäischen Union.* http://eur-lex.europa.eu/legal-content/DE/TXT/PDF/?uri=CELEX:52000DC0087&from=DE. Zugegriffen: 20.12.2016.

Europäische Kommission. 2000b. *State of Implementation of the EU Gas Directive.* An Overview. Brüssel. https://ec.europa.eu/energy/sites/ener/files/documents/2000_98_30_dir.pdf. Zugegriffen: 11.05.2018.

Europäische Kommission. 2000c. *Vorschlag für eine Richtlinie des Europäischen Parlaments und des Rates zur Förderung der Stromerzeugung aus erneuerbaren Energiequellen im Elektrizitätsbinnenmarkt.* Brüssel. http://eur-lex.europa.eu/legal-content/DE/TXT/?uri=COM:2000:0279:FIN. Zugegriffen: 06.06.2017.

Europäische Kommission. 2000d. *Vorschlag für eine Richtlinie des Europäischen Parlaments und des Rates zur Förderung der Stromerzeugung aus erneuerbaren Energiequellen im Elektrizitätsbinnenmarkt.* Brüssel. http://eur-lex.europa.eu/legal-content/DE/TXT/PDF/?uri=CELEX:52000PC0279&from=EN. Zugegriffen: 07.06.2017.

Europäische Kommission. 2001a. *Chairman's Summary Record of Stakeholder Consultation Meeting (with Industry and Environmental NGOs).* 4 September 2001. Brüssel. https://ec.europa.eu/clima/sites/clima/files/ets/docs/record_of_stakeholder_consultation_meeting_en.pdf. Zugegriffen: 27.01.2017.

Europäische Kommission. 2001b. *Conclusions of the 4th meeting of the European Gas Regulatory Forum. Madrid, 2–3 July 2001.* Madrid. Zugegriffen: 10.05.2019.

Europäische Kommission. 2001c. *Europäisches Regieren – Ein Weißbuch.* Mitteilung der Kommission. Brüssel. http://eur-lex.europa.eu/legal-content/DE/TXT/PDF/?uri=CELEX:52001DC0428&rid=1. Zugegriffen: 12.10.2016.

Europäische Kommission. 2001d. *First benchmarking report on the implementation of the internal electricity and gas market.* Commission Staff Working Paper. Brüssel. https://ec.europa.eu/energy/sites/ener/files/documents/2001_report_bencmarking.pdf. Zugegriffen: 21.06.2018.

Europäische Kommission. 2001e. *Pressemitteilung. Endgültige Einigung über die Förderung erneuerbarer Energien im Elektrizitätsbinnenmarkt.* Brüssel. http://europa.eu/rapid/press-release_IP-01-1255_de.pdf. Zugegriffen: 06.06.2017.

Europäische Kommission. 2001f. *Stellungnahme der Kommission zu den Abänderungen des Europäischen Parlaments am Gemeinsamen Standpunkt des Rates zum Vorschlag für eine Richtlinie des Europäischen Parlaments und des Rates zur Förderung der Stromerzeugung aus erneuerbaren Energiequellen im Elektrizitätsbinnenmarkt.* Brüssel. http://eur-lex.europa.eu/legal-content/DE/TXT/PDF/?uri=CELEX:52001PC0445&from=EN. Zugegriffen: 07.06.2017.

Europäische Kommission. 2001g. *Vollendung des Energiebinnenmarktes.* Mitteilung der Kommission an den Rat und das Europäische Parlament. Brüssel. http://eur-lex.europa.eu/legal-content/DE/TXT/PDF/?uri=CELEX:52001DC0125&from=EN. Zugegriffen: 29.04.2018.

Europäische Kommission. 2001h. *Vorschlag für eine Entscheidung des Rates über die Genehmigung des Protokolls von Kyoto zum Rahmenübereinkommen der Vereinten Nationen über Klimaänderungen im Namen der Europäischen Gemeinschaft sowie die gemeinsame Erfüllung der daraus erwachsenden Verpflichtungen.* Brüssel. http://eur-lex.europa.eu/legal-content/DE/TXT/PDF/?uri=OJ:JOC_2002_075_E_0017_01&from=DE. Zugegriffen: 18.12.2016.

Europäische Kommission. 2001i. *Vorschlag für eine Richtlinie des Europäischen Parlaments und des Rates über ein System für den Handel mit Treibhausgasemissionsberechtigungen in der Gemeinschaft und zur Änderung der Richtlinie 96/61/EG des Rates.* Brüssel. http://www.europarl.europa.eu/meetdocs/committees/envi/20020422/581581de.pdf. Zugegriffen: 11.01.2017.

Europäische Kommission. 2002a. *Conclusions of the 5th meeting of the European Gas Regulatory Forum. Madrid, 7–8 February 2002.* Madrid. Zugegriffen: 10.05.2019.

Europäische Kommission. 2002b. *Geänderter Vorschlag für eine Richtlinie des Europäischen Parlaments und des Rates über ein System für den Handel mit Treibhausgasemissionsberechtigungen in der Gemeinschaft und zur Änderung der Richtlinie 96/61/EG des Rates.* Brüssel. http://eur-lex.europa.eu/legal-content/DE/TXT/PDF/?uri=CELEX:52002PC0680&from=EN. Zugegriffen: 29.01.2017.

Europäische Kommission. 2002c. *Geänderter Vorschlag für eine Richtlinie des Europäischen Parlaments und des Rates zur Änderung der Richtlinien 96/92/EG und 98/30/EG über Vorschriften für den Elektrizitätsbinnenmarkt und den Erdgasbinnenmarkt. Geänderter Vorschlag für eine Verordnung des Europäischen Parlaments und des Rates über die Netzzugangsbedingungen für den grenzüberschreitenden Stromhandel.* Brüssel. http://eur-lex.europa.eu/legal-content/DE/TXT/PDF/?uri=COM:2002:304:FIN&from=EN. Zugegriffen: 29.04.2018.

Europäische Kommission. 2002d. *Mitteilung der Kommission an den Rat und das Europäische Parlament.* Abschlussbericht über das Grünbuch „Hin zu einer europäischen Strategie für Energieversorgungssicherheit". Brüssel. https://eur-lex.europa.eu/LexUriServ/LexUriServ.do?uri=COM:2002:0321:FIN:DE:PDF. Zugegriffen: 30.11.2018.

Europäische Kommission. 2002e. *Vorschlag für eine Richtlinie des Europäischen Parlaments und des Rates über ein System für den Handel mit Treibhausgasemissionsberechtigungen in der Gemeinschaft und zur Änderung der Richtlinie 96/61/EG des Rates.* Brüssel. http://eur-lex.europa.eu/legal-content/DE/TXT/PDF/?uri=CELEX:52001PC0581&from=EN. Zugegriffen: 13.12.2016.

Europäische Kommission. 2003a. *Communication from the Commission to the European Parliament pursuant to the second subparagraph of Article 251 (2) of the EC Treaty concerning the common position of the Council on the adoption of a Directive of the European Parliament and of the Council concerning common rules for the internal market in electricity and repealing Directive 96/92/EC and concerning the common position of the Council on the adoption of a Directive of the European Parliament and of the Council concerning common rules for the internal market in natural gas and repealing Directive 98/30/EC.* Brüssel. http://www.europarl.europa.eu/RegData/docs_autres_institutions/commission_europeenne/sec/2003/0161/COM_SEC(2003)0161_EN.pdf. Zugegriffen: 21.12.2018.

Europäische Kommission. 2003b. *Conclusions. Tenth Meeting of the European Electricity Regulatory Forum. Rome, 8–9 July 2003.* Rom. Zugegriffen: 10.05.2019.

Europäische Kommission. 2003c. *Draft Commission Decision of xx/xx/2003 establishing guidelines for the monitoring and reporting of greenhouse gas emissions pursuant to Directive 2003/87/EC of the European Parliament and of the Council.* Brüssel. http://ec.europa.eu/transparency/regcomitology/index.cfm?do=Search.getarchivepdf&doc_id=5706&AttLang=en&version=4&docType=OTHER&doc_year=2003&doc_number=5512. Zugegriffen: 15.02.2017.

Europäische Kommission. 2003d. *Minutes of the Meeting of the Committee under the Council Decision 93/389/EEC for a Monitoring Mechanism of Community CO2 and other Greenhouse Gas Emissions*. Monday 24th November 2003. Brüssel. http://ec.europa.eu/transparency/regcomitology/index.cfm?do=Search.getarchivepdf&doc_id=5696&AttLang=en&version=1&docType=SUMMARY_RECORD&doc_year=2003&doc_number=5510. Zugegriffen: 15.02.2017.

Europäische Kommission. 2003e. *The EU Emissions Trading Scheme: How to develop a National Allocation Plan*. (Non-Paper). Brüssel. http://klima.mzoip.hr/UserDocsImages/Primjena_kriterija_NAP.pdf. Zugegriffen: 14.12.2016.

Europäische Kommission. 2003f. *Vorschlag für eine Richtlinie des Europäischen Parlaments und des Rates zur Änderung der Richtlinie über ein System für den Handel mit Treibhausgasemissionsberechtigungen in der Gemeinschaft im Sinne der projektbezogenen Mechanismen des Kyoto-Protokolls*. Brüssel. http://eur-lex.europa.eu/legal-content/DE/TXT/PDF/?uri=CELEX:52003PC0403&from=EN. Zugegriffen: 26.01.2017.

Europäische Kommission. 2003g. *Vorschlag für eine Verordnung des Europäischen Parlaments und des Rates über die Bedingungen für den Zugang zu den Erdgasfernleitungsnetzen*. Brüssel. http://eur-lex.europa.eu/legal-content/DE/TXT/PDF/?uri=CELEX:52003PC0741&from=EN. Zugegriffen: 28.04.2018.

Europäische Kommission. 2004a. *Conclusions. Eleventh Meeting of the European Electricity Regulatory Forum. Rome, 16–17 September 2004*. Rom. Zugegriffen: 10.05.2019.

Europäische Kommission. 2004b. *Der Anteil erneuerbarer Energien in der EU*. Mitteilung der Kommission an den Rat und das Europäische Parlament. Bericht der Kommission gemäß Artikel 3 der Richtlinie 2001/77/EG, Bewertung der Auswirkung von Rechtsinstrumenten und anderen Instrumenten der Gemeinschaftspolitik auf die Entwicklung des Beitrags erneuerbarer Energiequellen in der EU und Vorschläge für konkrete Maßnahmen. Brüssel. http://www.europarl.europa.eu/meetdocs/2004_2009/documents/com/com_com(2004)0366_/com_com(2004)0366_de.pdf. Zugegriffen: 18.01.2017.

Europäische Kommission. 2004c. *Medium Term Vision for the Internal Electricity Market*. Strategy Paper. Brüssel. http://www.rae.gr/old/K2/strategy_paper_march_2004.pdf. Zugegriffen: 27.04.2018.

Europäische Kommission. 2004d. *Mitteilung der Kommission über Hinweise zur Unterstützung der Mitgliedstaaten bei der Anwendung der in Anhang III der Richtlinie 2003/87/EG über ein System für den Handel mit Treibhausgasemissionszertifikaten in der Gemeinschaft und zur Änderung der Richtlinie 96/61/EG des Rates aufgelisteten Kriterien sowie über die Bedingungen für den Nachweis höherer Gewalt*. Brüssel. http://eur-lex.europa.eu/legal-content/DE/TXT/PDF/?uri=CELEX:52003DC0830&from=en. Zugegriffen: 16.02.2017.

Europäische Kommission. 2004e. *Öffnung der Energiemärkte: Achtzehn Mitgliedstaaten müssen die neuen europäischen Rechtsvorschriften noch in nationales Recht umsetzen*. Brüssel. http://europa.eu/rapid/press-release_IP-04-1216_de.pdf. Zugegriffen: 06.05.2018.

Europäische Kommission. 2005a. *Draft Commission Decision establishing a questionnaire for reporting on the application of Directive 2003/87/EC of the European Parliament and of the Council establishing a scheme for greenhouse gas emission allowance trading within the Community and amending Council Directive 96/61/EC*. Brüssel. Zugegriffen: 16.02.2017.

Europäische Kommission. 2005b. *Evaluation of the Monitoring and Reporting Guidelines.* Process and first results of Stakeholder Consultation. Brüssel. https://ec.europa.eu/clima/sites/clima/files/docs/0002/evaluation_guidelines_en.ppt. Zugegriffen: 21.03.2017.

Europäische Kommission. 2005c. *Terms of reference for the aviation working group set up under the European climate change programme.* Brüssel. https://ec.europa.eu/clima/sites/clima/files/docs/0003/eccp_aviation_en.pdf. Zugegriffen: 21.02.2017.

Europäische Kommission. 2005d. *The Support of Electricity from Renewable Energy Sources.* Communication from the Commission. Brüssel. http://eur-lex.europa.eu/LexUriServ/LexUriServ.do?uri=COM:2005:0627:FIN:EN:PDF. Zugegriffen: 13.12.2016.

Europäische Kommission. 2006a. *Building a global carbon market—Report pursuant to Article 30 of Directive 2003/87/EC.* Communication from the Commission to the Council, the European Parliament, the European Economic and Social Committee and the Committee of the Regions. Brüssel. http://www.europarl.europa.eu/registre/docs_autres_institutions/commission_europeenne/com/2006/0676/COM_COM(2006)0676_EN.pdf. Zugegriffen: 11.01.2017.

Europäische Kommission. 2006b. *Comitology. Overall Voting Results on a Formal Opinion.* 03/11/2006. Brüssel. http://ec.europa.eu/transparency/regcomitology/index.cfm?do=Search.getarchivepdf&doc_id=26811&AttLang=en&version=1&docType=VOTING_SHEET&doc_year=2006&doc_number=2877. Zugegriffen: 12.01.2017.

Europäische Kommission. 2006c. *Draft Commission Decision of xx December 2006 determining the respective emission levels allocated to the Community and each of its Member States under the Kyoto Protocol pursuant to Council Decision 2002/358/EC.* Brüssel. http://ec.europa.eu/transparency/regcomitology/index.cfm?do=Search.getarchivepdf&doc_id=26812&AttLang=en&version=1&docType=DRAFT_MEASURE&doc_year=2006&doc_number=2878. Zugegriffen: 12.01.2017.

Europäische Kommission. 2006d. *Eine europäische Strategie für nachhaltige, wettbewerbsfähige und sichere Energie.* Grünbuch. Brüssel. http://europa.eu/documents/comm/green_papers/pdf/com2006_105_de.pdf. Zugegriffen: 18.01.2017.

Europäische Kommission. 2006e. *Emissionshandel: Kommission entscheidet über erste Serie von nationalen Zuteilungsplänen für 2008 bis 2012.* Pressemitteilung. Brüssel. http://europa.eu/rapid/press-release_IP-06-1650_de.pdf. Zugegriffen: 17.02.2017.

Europäische Kommission. 2006f. *EU ETS Review.* Report on International Competitiveness. Brüssel. https://ec.europa.eu/clima/sites/clima/files/ets/docs/report_int_competitiveness_20061222_en.pdf. Zugegriffen: 12.01.2017.

Europäische Kommission. 2006g. *Impact Assessment of the inclusion of aviation activities in the scheme for greenhouse gas emission allowance trading within the Community.* Commission Staff Working Document. Brüssel. https://ec.europa.eu/clima/sites/clima/files/transport/aviation/docs/sec_2006_1684_en.pdf. Zugegriffen: 23.02.2017.

Europäische Kommission. 2006h. *Kommission fordert im Kampf gegen den Klimawandel wichtige Informationen von den Mitgliedstaaten.* Pressemitteilung. Brüssel. http://europa.eu/rapid/press-release_IP-06-1364_de.pdf. Zugegriffen: 17.02.2017.

Europäische Kommission. 2006i. *Review of EU Emissions Trading Scheme.* Survey Results. Brüssel. https://ec.europa.eu/clima/sites/clima/files/docs/0065/results_en.pdf. Zugegriffen: 12.01.2017.

Europäische Kommission. 2006j. *Vorschlag für eine Richtlinie des Europäischen Parlaments und des Rates zur Änderung der Richtlinie 2003/87/EG zwecks Einbeziehung des Luftverkehrs in das System für den Handel mit Treibhausgasemissionszertifikaten in der Gemeinschaft*. Brüssel. http://eur-lex.europa.eu/legal-content/DE/TXT/PDF/?uri=CELEX:52006PC0818&from=EN. Zugegriffen: 21.02.2017.

Europäische Kommission. 2007a. *4th meeting of the ECCP working group on emissions trading*. Brüssel. http://ec.europa.eu/clima/events/articles/0068_en. Zugegriffen: 13.03.2017.

Europäische Kommission. 2007b. *Aussichten für den Erdgas- und den Elektrizitätsbinnenmarkt*. Mitteilung der Kommission an den Rat und das Europäische Parlament. Brüssel. http://eur-lex.europa.eu/legal-content/DE/TXT/PDF/?uri=CELEX:52006DC0841&from=EN. Zugegriffen: 12.05.2018.

Europäische Kommission. 2007c. *DG Competition Report on Energy Sector Inquiry*.http://ec.europa.eu/competition/sectors/energy/inquiry/. Zugegriffen: 11.02.2015.

Europäische Kommission. 2007d. *Maßnahmen im Anschluss an das Grünbuch. Bericht über den Stand der Maßnahmen für die Stromerzeugung aus erneuerbaren Energiequellen*. Mitteilung der Kommission an den Rat und das Europäische Parlament. Brüssel. http://eur-lex.europa.eu/legal-content/DE/TXT/PDF/?uri=CELEX:52006DC0849&from=de. Zugegriffen: 18.01.2017.

Europäische Kommission. 2007e. *Vorschlag für eine Richtlinie des Europäischen Parlament und des Rates zur Änderung der Richtlinie 2003/54/EG über gemeinsame Vorschriften für den Elektrizitätsbinnenmarkt*. Brüssel. http://eur-lex.europa.eu/legal-content/DE/TXT/PDF/?uri=CELEX:52007PC0528&from=EN. Zugegriffen: 17.04.2018.

Europäische Kommission. 2007f. *Vorschlag für eine Richtlinie des Europäischen Parlaments und des Rates zur Änderung der Richtlinie 2003/55/EG über gemeinsame Vorschriften für den Erdgasbinnenmarkt*. Brüssel. http://eur-lex.europa.eu/legal-content/DE/TXT/PDF/?uri=CELEX:52007PC0529&from=DE. Zugegriffen: 17.04.2018.

Europäische Kommission. 2007g. *Vorschlag für eine Verordnung des Europäischen Parlaments und des Rates zur Änderung der Verordnung (EG) Nr. 1228/2003 über die Netzzugangsbedingungen für den grenzüberschreitenden Stromhandel*. Brüssel. http://eur-lex.europa.eu/legal-content/DE/TXT/PDF/?uri=CELEX:52007PC0531&from=EN. Zugegriffen: 17.04.2018.

Europäische Kommission. 2007h. *Vorschlag für eine Verordnung des Europäischen Parlaments und des Rates zur Änderung der Verordnung (EG) Nr. 1775/2005 über die Bedingungen für den Zugang zu den Erdgasfernleitungsnetzen*. Brüssel. http://eur-lex.europa.eu/legal-content/DE/TXT/PDF/?uri=CELEX:52007PC0532&from=DE. Zugegriffen: 17.04.2018.

Europäische Kommission. 2007i. *Vorschlag für eine Verordnung des Europäischen Parlaments und des Rates zur Gründung einer Agentur für die Zusammenarbeit der Energieregulierungsbehörden*. Brüssel. http://eur-lex.europa.eu/legal-content/DE/TXT/PDF/?uri=CELEX:52007PC0530&from=DE. Zugegriffen: 17.04.2018.

Europäische Kommission. 2008a. *Antitrust: Commission welcomes E.ON proposals for structural remedies to increase competition in German electricity market*. Press Release. Brüssel. http://europa.eu/rapid/press-release_MEMO-08-132_en.pdf. Zugegriffen: 06.06.2016.

Europäische Kommission. 2008b. *Climate Change Committee—25th Session, 30 July 2008*. Summary Record. Brüssel. http://ec.europa.eu/transparency/regcomitology/index.cfm?do=Search.getPDF&ds_id=1527&version=1&AttLang=en&db_number=1&docType=SUMMARY_RECORD. Zugegriffen: 24.02.2017.

Europäische Kommission. 2008c. *Mitteilung der Kommission an das Europäische Parlament zu dem Gemeinsamen Standpunkt des Rates über die Annahme einer Richtlinie des Europäischen Parlaments und des Rates zur Änderung der Richtlinie 2003/87/EG hinsichtlich der Einbeziehung des Luftverkehrs in das System für den Handel mit Treibhausgasemissionszertifikaten in der Gemeinschaft.* Brüssel. http://eur-lex.europa.eu/legal-content/DE/TXT/PDF/?uri=CELEX:52008PC0221&from=EN. Zugegriffen: 23.02.2017.

Europäische Kommission. 2008d. *Overall Voting Result on a Formal Opinion.* Brüssel. http://ec.europa.eu/transparency/regcomitology/index.cfm?do=Search.getPDF&ds_id=1537&version=1&AttLang=en&db_number=1&docType=VOTING_SHEET. Zugegriffen: 24.02.2017.

Europäische Kommission. 2008e. *Report of the ad hoc meeting of the ECCP working group on emissions trading on carbon leakage and auctioning 11 April 2008.* Brüssel. https://ec.europa.eu/clima/sites/clima/files/docs/0041/finrep_en.pdf. Zugegriffen: 19.01.2017.

Europäische Kommission. 2008f. *Report of the ad-hoc stakeholders meeting of the ECCP Working Group on ETS on carbon leakage, 26 September 2008, Brussels.* Brüssel. https://ec.europa.eu/clima/sites/clima/files/docs/0042/etspost2012_report_en.pdf. Zugegriffen: 19.01.2017.

Europäische Kommission. 2008g. *Stellungnahme der Kommission zu den vom Europäischen Parlament vorgeschlagenen Abänderungen des gemeinsamen Standpunktes des Rates betreffend den Vorschlag für eine Richtlinie des Europäischen Parlaments und des Rates zur Änderung der Richtlinie 2003/87/EG zwecks Einbeziehung des Luftverkehrs in das System für den Handel mit Treibhausgasemissionszertifikaten in der Gemeinschaft.* Brüssel. http://eur-lex.europa.eu/legal-content/DE/TXT/PDF/?uri=CELEX:52008PC0548&from=EN. Zugegriffen: 23.02.2017.

Europäische Kommission. 2008h. *Vorschlag für eine Richtlinie des Europäischen Parlaments und des Rates zur Änderung der Richtlinie 2003/87/EG zwecks Verbesserung und Ausweitung des EU-Systems für den Handel mit Treibhausgasemissionszertifikaten.* Brüssel. http://ec.europa.eu/transparency/regdoc/rep/1/2008/DE/1-2008-16-DE-F1-1.Pdf. Zugegriffen: 11.01.2017.

Europäische Kommission. 2008i. *Vorschlag für eine Richtlinie des Europäischen Parlaments und des Rates zur Förderung der Nutzung von Energie aus erneuerbaren Quellen.* Brüssel. http://eur-lex.europa.eu/legal-content/DE/TXT/PDF/?uri=CELEX:52008PC0019&from=EN. Zugegriffen: 18.01.2017.

Europäische Kommission. 2009a. *Bericht über die Fortschritte bei der Verwirklichung des Erdgas- und Elektrizitätsbinnenmarktes.* Mitteilung der Kommission an den Rat und das Europäische Parlament. Brüssel. http://ec.europa.eu/transparency/regdoc/rep/1/2009/DE/1-2009-115-DE-F1-1.Pdf. Zugegriffen: 03.06.2018.

Europäische Kommission. 2009b. *Climate Change Committee—27th Session. 29 January 2009.* Summary Record. Brüssel. http://ec.europa.eu/transparency/regcomitology/index.cfm?do=Search.getPDF&ds_id=4693&version=1&AttLang=en&db_number=1&docType=SUMMARY_RECORD. Zugegriffen: 27.04.2017.

Europäische Kommission. 2009c. *Climate Change Committee—31st Session. 18 September 2009.* Summary Record. Brüssel. http://ec.europa.eu/transparency/regcomitology/index.cfm?do=Search.getPDF&ds_id=6621&version=1&AttLang=en&db_number=1&docType=SUMMARY_RECORD. Zugegriffen: 26.04.2017.

Europäische Kommission. 2009d. *Draft Commission Regulation laying down guidelines establishing a mechanism for the compensation of transmission system operators for the costs of hosting cross border flows of electricity and a common regulatory approach to transmission charging.* Brüssel. http://ec.europa.eu/transparency/regcomitology/index.cfm?do=Search.getPDF&ds_id=7586&version=1&AttLang=en&db_number=1&docType=DRAFT_MEASURE. Zugegriffen: 09.04.2019.

Europäische Kommission. 2009e. *Entwurf einer Entscheidung der Kommission zur Festlegung eines Verzeichnisses der Sektoren und Teilsektoren, von denen angenommen wird, dass sie einem erheblichen Risiko einer Verlagerung von CO2-Emissionen ausgesetzt sind, gemäß der Richtlinie 2003/87/EG des Europäischen Parlaments und des Rates.* Brüssel. http://ec.europa.eu/transparency/regcomitology/index.cfm?do=Search.getPDF&ds_id=6234&version=2&AttLang=de&db_number=1&docType=DRAFT_MEASURE. Zugegriffen: 05.05.2017.

Europäische Kommission. 2009f. *Kartellrecht: Kommission nimmt Verpflichtungszusage von RWE zur Veräußerung seines Gasfernleitungsnetzes an und öffnet so den deutschen Gasmarkt für mehr Wettbewerb.* Pressemitteilung. Brüssel. http://europa.eu/rapid/press-release_IP-09-410_de.pdf. Zugegriffen: 06.06.2016.

Europäische Kommission. 2009g. *Kartellrecht: Kommission verhängt je € 553 Millionen Geldbußen gegen E.ON und GDF Suez für Aufteilung von Gasmärkten in Frankreich und Deutschland.* Pressemitteilung. Brüssel. http://europa.eu/rapid/press-release_IP-09-1099_de.pdf. Zugegriffen: 06.06.2016.

Europäische Kommission. 2009h. *Mitteilung der Kommission an das Europäische Parlament zum Gemeinsamen Standpunkt des Rates im Hinblick auf die Annahme einer Verordnung des Rates zur Gründung einer Agentur für die Zusammenarbeit der Energieregulierungsbehörden.* Brüssel. https://eur-lex.europa.eu/legal-content/DE/TXT/PDF/?uri=CELEX:52008PC0908&from=EN. Zugegriffen: 28.05.2018.

Europäische Kommission. 2009i. *Mitteilung der Kommission an das Europäische Parlament zum Gemeinsamen Standpunkt des Rates zur Annahme einer Richtlinie des Europäischen Parlaments und des Rates über gemeinsame Vorschriften für den Elektrizitätsbinnenmarkt und zur Aufhebung der Richtlinie 2003/54/EG.* Brüssel. http://eur-lex.europa.eu/legal-content/DE/TXT/PDF/?uri=CELEX:52008PC0906&from=EN. Zugegriffen: 27.05.2018.

Europäische Kommission. 2009j. *Mitteilung der Kommission an das Europäische Parlament zum Gemeinsamen Standpunkt des Rates zur Annahme einer Richtlinie des Europäischen Parlaments und des Rates über gemeinsame Vorschriften für den Erdgasbinnenmarkt und zur Aufhebung der Richtlinie 2003/55/EG.* Brüssel. https://eur-lex.europa.eu/legal-content/DE/TXT/PDF/?uri=CELEX:52008PC0907&from=EN. Zugegriffen: 28.05.2018.

Europäische Kommission. 2009k. *Report of the ad-hoc stakeholders meeting of the ECCP Working Group on ETS on carbon leakage and benchmarking, 30 March 2009.* Brüssel. https://ec.europa.eu/clima/sites/clima/files/docs/0092/finrep_en.pdf. Zugegriffen: 27.04.2017.

Europäische Kommission. 2009l. *Seventh Meeting of the Cross-border Electricity Committee on 29 June 2009.* Summary Record. Brüssel. http://ec.europa.eu/transparency/regcomitology/index.cfm?do=Search.getPDF&ds_id=5668&version=1&AttLang=en&db_number=1&docType=SUMMARY_RECORD. Zugegriffen: 29.06.2018.

Europäische Kommission. 2010a. *1st Meeting of the Committee on the Sustainability of Biofuels and Bioliquids. 07 October 2010.* Summary Report. Brüssel. http://ec.europa.eu/transparency/regcomitology/index.cfm?do=search.documentdetail&Dos_ID=3371&DS_ID=11711&Version=1. Zugegriffen: 03.07.2017.

Europäische Kommission. 2010b. *Bericht über die Fortschritte bei der Verwirklichung des Erdgas- und Elektrizitätsbinnenmarktes*. Mitteilung der Kommission an den Rat und das Europäische Parlament. Brüssel. http://ec.europa.eu/transparency/regdoc/rep/1/2010/DE/1-2010-84-DE-F1-1.Pdf. Zugegriffen: 12.06.2018.

Europäische Kommission. 2010c. *Climate Change Committee—36th Session, 16 April 2010*. Summary Report. Brüssel. http://ec.europa.eu/transparency/regcomitology/index.cfm?do=Search.getPDF&ds_id=9604&version=1&AttLang=en&db_number=1&docType=SUMMARY_RECORD. Zugegriffen: 24.02.2017.

Europäische Kommission. 2010d. *Climate Change Committee—37th Session. 18 May 2010*. Summary Report. Brüssel. http://ec.europa.eu/transparency/regcomitology/index.cfm?do=Search.getPDF&ds_id=10007&version=1&AttLang=en&db_number=1&docType=SUMMARY_RECORD. Zugegriffen: 27.04.2017.

Europäische Kommission. 2010e. *Climate Change Committee—38th Session. 9 June 2010*. Summary Report. Brüssel. http://ec.europa.eu/transparency/regcomitology/index.cfm?do=Search.getPDF&ds_id=10372&version=1&AttLang=en&db_number=1&docType=SUMMARY_RECORD. Zugegriffen: 27.04.2017.

Europäische Kommission. 2010f. *Climate Change Committee—39th Session. 14 July 2010*. Summary Report. Brüssel. http://ec.europa.eu/transparency/regcomitology/index.cfm?do=Search.getPDF&ds_id=10735&version=1&AttLang=en&db_number=1&docType=SUMMARY_RECORD. Zugegriffen: 27.04.2017.

Europäische Kommission. 2010g. *Europa 2020. Eine Strategie für intelligentes, nachhaltiges und integratives Wachstum*. Mitteilung der Kommission. Brüssel. http://ec.europa.eu/eu2020/pdf/COMPLET%20%20DE%20SG-2010-80021-06-00-DE-TRA-00.pdf. Zugegriffen: 05.06.2016.

Europäische Kommission. 2010h. *Interpretative Note on Directive 2009/72/EC Concerning Common Rules for the Internal Market in Electricity and Directive 2009/73/EC Concerning Common Rules for the Internal Market in Natural Gas: The Unbundling Regime*. Brüssel. https://ec.europa.eu/energy/sites/ener/files/documents/2010_01_21_the_unbundling_regime.pdf. Zugegriffen: 13.04.2019.

Europäische Kommission. 2010i. *Overall Voting Result on a Formal Opinion*. Brüssel. Zugegriffen: 24.02.2017.

Europäische Kommission. 2010j. *Press Release: EU-Kommission richtet zwei neue Generaldirektionen für Energie und Klimapolitik ein*. Brüssel. http://europa.eu/rapid/press-release_IP-10-164_de.htm?locale=de. Zugegriffen: 13.09.2016.

Europäische Kommission. 2010k. *Stakeholder meeting of the European Climate Change Programme (ECCP) Working Group on Emissions trading, Monday 13 December 2010*. Brüssel. https://ec.europa.eu/clima/sites/clima/files/docs/0018/minutes_meeting_101213_en.pdf. Zugegriffen: 28.04.2017.

Europäische Kommission. 2010l. *Summary Gas Committee Meeting. 24.3.2010*. Brüssel. http://ec.europa.eu/transparency/regcomitology/index.cfm?do=Search.getPDF&ds_id=9367&version=1&AttLang=en&db_number=1&docType=SUMMARY_RECORD. Zugegriffen: 12.04.2019.

Europäische Kommission. 2010m. *Vorschlag für eine Verordnung des Europäischen Parlaments und des Rates über die Integrität und Transparenz des Energiemarkts*. Brüssel. http://eur-lex.europa.eu/legal-content/DE/TXT/PDF/?uri=CELEX:52010PC0726&from=EN. Zugegriffen: 05.05.2018.

Europäische Kommission. 2011a. *2nd Meeting of the Committee on the Sustainability of Biofuels and Bioliquids. 27 May 2011.* Summary Report. Brüssel. http://ec.europa.eu/transparency/regcomitology/index.cfm?do=Search.getPDF&ds_id=15100&version=1&AttLang=en&db_number=1&docType=SUMMARY_RECORD. Zugegriffen: 04.07.2017.
Europäische Kommission. 2011b. *Climate Change Committee—45th Session. Wednesday 16 March 2011.* Summary Record. Brüssel. http://ec.europa.eu/transparency/regcomitology/index.cfm?do=Search.getPDF&ds_id=13899&version=1&AttLang=en&db_number=1&docType=SUMMARY_RECORD. Zugegriffen: 28.04.2017.
Europäische Kommission. 2011c. *Climate Change Committee—47th Session, Thursday 19 May 2011.* Brüssel. http://ec.europa.eu/transparency/regcomitology/index.cfm?do=Search.getPDF&ds_id=15447&version=1&AttLang=en&db_number=1&docType=SUMMARY_RECORD. Zugegriffen: 28.02.2017.
Europäische Kommission. 2011d. *Climate Change Committee—48th Session, Friday 17 June 2011.* Summary Record. Brüssel. http://ec.europa.eu/transparency/regcomitology/index.cfm?do=Search.getPDF&ds_id=15448&version=2&AttLang=en&db_number=1&docType=SUMMARY_RECORD. Zugegriffen: 28.02.2017.
Europäische Kommission. 2011e. *Climate Change Committee—52nd Session, Tuesday, 22. November 2011.* Summary Record. Brüssel. http://ec.europa.eu/transparency/regcomitology/index.cfm?do=Search.getPDF&ds_id=18281&version=1&AttLang=en&db_number=1&docType=SUMMARY_RECORD. Zugegriffen: 06.03.2017.
Europäische Kommission. 2011f. *Climate Change Committee—53rd Session, Wednesday, 14 December 2011.* Summary Record. Brüssel. http://ec.europa.eu/transparency/regcomitology/index.cfm?do=Search.getPDF&ds_id=18667&version=1&AttLang=en&db_number=1&docType=SUMMARY_RECORD. Zugegriffen: 06.03.2017.
Europäische Kommission. 2011g. *Climate Change Committee—46th Session. Thursday 14 April 2011.* Summary Record. Brüssel. http://ec.europa.eu/transparency/regcomitology/index.cfm?do=Search.getPDF&ds_id=14304&version=1&AttLang=en&db_number=1&docType=SUMMARY_RECORD. Zugegriffen: 28.04.2017.
Europäische Kommission. 2011h. *Climate Change Committee—49th Session. Wednesday, 13 July 2011.* Summary Record. Brüssel. http://ec.europa.eu/transparency/regcomitology/index.cfm?do=search.documentdetail&Dos_ID=4555&DS_ID=15815&Version=1. Zugegriffen: 28.04.2017.
Europäische Kommission. 2011i. *Draft Commission Decision on amending Annex I to Regulation (EC) No 715/2009 of the European Parliament and of the Council on conditions for access to the natural gas transmission networks.* Brüssel. Zugegriffen: 22.05.2019.
Europäische Kommission. 2011j. *Draft Commission Decision on amending Annex I to Regulation (EC) No 715/2009 of the European Parliament and of the Council on conditions for access to the natural gas transmission networks.* Brüssel. Zugegriffen: 22.05.2019.
Europäische Kommission. 2011k. *Draft Commission Regulation establishing a Union Registry for the trading period commencing on 1 January 2013, and subsequent trading periods, of the Union emissions trading scheme pursuant to Directive 2003/87/EC of the European Parliament and of the Council and Decision 280/2004/EC of the European Parliament and of the Council and amending Regulations (EC) No 2216/2004 and (EU) No 920/2010.* Stand: 19.05.2011. Brüssel. http://ec.europa.eu/transparency/regcomitology/index.cfm?do=Search.getPDF&ds_id=14394&version=1&AttLang=en&db_number=1&docType=DRAFT_MEASURE. Zugegriffen: 28.02.2017.

Europäische Kommission. 2011l. *EU gas market: Commission refers Bulgaria and Romania to court to ensure European law is properly implemented.* Press Release. Brüssel. http://europa.eu/rapid/press-release_IP-11-1437_en.pdf. Zugegriffen: 21.02.2019.

Europäische Kommission. 2011m. *Overall Voting Result on a Formal Opinion.* Brüssel. http://ec.europa.eu/transparency/regcomitology/index.cfm?do=Search.getPDF&ds_id=15809&version=1&AttLang=en&db_number=1&docType=VOTING_SHEET. Zugegriffen: 28.02.2017.

Europäische Kommission. 2011n. *Overall Voting Result on a Formal Opinion.* Brüssel. http://ec.europa.eu/transparency/regcomitology/index.cfm?do=Search.getPDF&ds_id=15816&version=1&AttLang=en&db_number=1&docType=VOTING_SHEET. Zugegriffen: 28.04.2017.

Europäische Kommission. 2012a. *Climate Change Committee—57th Session. Wednesday 25 April 2012.* Summary Record. Brüssel. http://ec.europa.eu/transparency/regcomitology/index.cfm?do=search.documentdetail&Dos_ID=5872&DS_ID=20764&Version=1. Zugegriffen: 08.05.2017.

Europäische Kommission. 2012b. *Climate Change Committee—59th Session, Thursday 7 June 2012.* Summary Record. Brüssel. http://ec.europa.eu/transparency/regcomitology/index.cfm?do=Search.getPDF&ds_id=21716&version=1&AttLang=en&db_number=1&docType=SUMMARY_RECORD. Zugegriffen: 06.03.2017.

Europäische Kommission. 2012c. *Climate Change Committee—59th Session. Wednesday 11 July 2012.* Summary Record. Brüssel. http://ec.europa.eu/transparency/regcomitology/index.cfm?do=Search.getPDF&ds_id=22278&version=1&AttLang=en&db_number=1&docType=SUMMARY_RECORD. Zugegriffen: 08.05.2017.

Europäische Kommission. 2012d. *Climate Change Committee—62nd Session. Thursday 15 November 2012.* Summary Record. Brüssel. http://ec.europa.eu/transparency/regcomitology/index.cfm?do=Search.getPDF&ds_id=24714&version=1&AttLang=en&db_number=1&docType=SUMMARY_RECORD. Zugegriffen: 23.01.2017.

Europäische Kommission. 2012e. *Climate Change Committee—61st Session. Wednesday 17 October 2012.* Summary Record. Brüssel. http://ec.europa.eu/transparency/regcomitology/index.cfm?do=Search.getPDF&ds_id=24083&version=1&AttLang=en&db_number=1&docType=SUMMARY_RECORD. Zugegriffen: 08.05.2017.

Europäische Kommission. 2012f. *Cross-border Committee—12 November 2012.* Summary Record. Brüssel. http://ec.europa.eu/transparency/regcomitology/index.cfm?do=Search.getPDF&ds_id=24863&version=1&AttLang=en&db_number=1&docType=SUMMARY_RECORD. Zugegriffen: 04.03.2019.

Europäische Kommission. 2012g. *EU gas market: Commission refers Ireland and the United Kingdom to Court to ensure European law is properly implemented.* Press Release. Brüssel. http://europa.eu/rapid/press-release_IP-12-52_en.pdf. Zugegriffen: 21.02.2019.

Europäische Kommission. 2012h. *Internal energy market: Commission refers Poland and Finland to Court for failing to fully transpose EU rules.* Press Release. Brüssel. http://europa.eu/rapid/press-release_IP-12-1236_en.pdf. Zugegriffen: 21.02.2019.

Europäische Kommission. 2012i. *Internal energy market: Commission refers Poland and Slovenia to Court for failing to fully transpose EU rules.* Press Release. Brüssel. http://europa.eu/rapid/press-release_IP-12-1139_en.pdf. Zugegriffen: 21.02.2019.

Europäische Kommission. 2012j. *Note to the Members of the Committee on the Sustainability of Biofuels and Bioliquids.* Brüssel. http://ec.europa.eu/transparency/regcomitology/index.cfm?do=Search.getPDF&ds_id=21598&version=1&AttLang=en&db_number=1&docType=OTHER. Zugegriffen: 04.07.2017.

Europäische Kommission. 2012k. *Proposal for a Decision of the European Parliament and of the Council derogating temporarily from Directive 2003/87/EC of the European Parliament and of the Council establishing a scheme for greenhouse gas emission allowance trading within the Community.* Brüssel. https://ec.europa.eu/clima/sites/clima/files/transport/aviation/docs/com_2012_697_en.pdf. Zugegriffen: 08.05.2017.

Europäische Kommission. 2012l. *Stopping the clock of ETS and aviation emissions following last week's International Civil Aviation Organisation (ICAO) Council.* Brüssel. http://europa.eu/rapid/press-release_MEMO-12-854_en.pdf. Zugegriffen: 06.05.2017.

Europäische Kommission. 2012m. *Vorschlag für eine Richtlinie des Europäischen Parlaments und des Rates zur Änderung der Richtlinie 98/70/EG über die Qualität von Otto- und Dieselkraftstoffen und zur Änderung der Richtlinie 2009/28/EG zur Förderung der Nutzung von Energie aus erneuerbaren Quellen.* Brüssel. https://eur-lex.europa.eu/legal-content/DE/TXT/PDF/?uri=CELEX:52012PC0595&from=EN. Zugegriffen: 26.04.2017.

Europäische Kommission. 2013a. *3rd Meeting of the Committee on the Sustainability of Biofuels and Bioliquids. 22 March 2013.* Summary Report. Brüssel. Zugegriffen: 06.07.2017.

Europäische Kommission. 2013b. *4th Meeting of the Committee on the Sustainability of Biofuels and Bioliquids. 11 December 2013.* Summary Report. Brüssel. http://ec.europa.eu/transparency/regcomitology/index.cfm?do=search.documentdetail&Dos_ID=8709&DS_ID=31560&Version=1. Zugegriffen: 04.07.2017.

Europäische Kommission. 2013c. *A Competitive EU Climate and Energy Policy. Business Europe Recommendations for a 2030 Framework for Energy and Climate Policies.* Public Consultation on Climate and Energy Policies Until 2030. Brüssel. http://ec.europa.eu/energy/sites/ener/files/documents/20130702_green_paper_2030_contributions_registered_part1.zip. Zugegriffen: 24.05.2017.

Europäische Kommission. 2013d. *Cefic answer to the European Commission's "Green Paper—A 2030 framework for climate and energy policies".* Public Consultation on Climate and Energy Policies Until 2030. Brüssel. http://ec.europa.eu/energy/sites/ener/files/documents/20130702_green_paper_2030_contributions_registered_part1.zip. Zugegriffen: 24.05.2017.

Europäische Kommission. 2013e. *Cleaner, simpler, smarter: cost-efficient energy for Europe's business and consumers. Green Paper on a 2030 framework for climate and energy policies.* Public Consultation on Climate and Energy Policies Until 2030. Brüssel. http://ec.europa.eu/energy/sites/ener/files/documents/20130702_green_paper_2030_contributions_registered_part2.zip. Zugegriffen: 24.05.2017.

Europäische Kommission. 2013f. *Climate Change Committee—64th Session, Wednesday, 23 January 2013.* Brüssel. http://ec.europa.eu/transparency/regcomitology/index.cfm?do=Search.getPDF&ds_id=25670&version=1&AttLang=en&db_number=1&docType=SUMMARY_RECORD. Zugegriffen: 28.02.2017.

Europäische Kommission. 2013g. *Climate Change Committee—72nd session. Tuesday 15 October 2013.* Summary record. Brüssel. http://ec.europa.eu/transparency/regcomitology/index.cfm?do=Search.getPDF&ds_id=30251&version=1&AttLang=en&db_number=1&docType=SUMMARY_RECORD. Zugegriffen: 25.04.2017.

Europäische Kommission. 2013h. *Climate Change Committee—68th Session. Wednesday 22 May 2013.* Summary Record. Brüssel. http://ec.europa.eu/transparency/regcomitology/index.cfm?do=Search.getPDF&ds_id=27527&version=1&AttLang=en&db_number=1&docType=SUMMARY_RECORD. Zugegriffen: 08.05.2017.

Europäische Kommission. 2013i. *Climate Change Committee—67th Session. Thursday 18 April 2013.* Summary Record. Brüssel. http://ec.europa.eu/transparency/regcomitology/index.cfm?do=Search.getPDF&ds_id=26998&version=1&AttLang=en&db_number=1&docType=SUMMARY_RECORD. Zugegriffen: 08.05.2017.

Europäische Kommission. 2013j. *Contribution by Estonia.* Public Consultation on Climate and Energy Policies Until 2030. Brüssel. http://ec.europa.eu/energy/sites/ener/files/documents/20130702_green_paper_2030_contributions_public_authorities.zip. Zugegriffen: 24.05.2017.

Europäische Kommission. 2013k. *Contribution by Poland.* Public Consultation on Climate and Energy Policies Until 2030. Brüssel. http://ec.europa.eu/energy/sites/ener/files/documents/20130702_green_paper_2030_contributions_public_authorities.zip. Zugegriffen: 24.05.2017.

Europäische Kommission. 2013l. *Contribution by the Czech Republic.* Public Consultation on Climate and Energy Policies Until 2030. Brüssel. http://ec.europa.eu/energy/sites/ener/files/documents/20130702_green_paper_2030_contributions_public_authorities.zip. Zugegriffen: 24.05.2017.

Europäische Kommission. 2013m. *Cross-border Committee—31 May 2013.* Brüssel. http://ec.europa.eu/transparency/regcomitology/index.cfm?do=Search.getPDF&ds_id=30995&version=1&AttLang=en&db_number=1&docType=SUMMARY_RECORD. Zugegriffen: 04.03.2019.

Europäische Kommission. 2013n. *Delivering the internal electricity market and making the most of public intervention.* Communication from the Commission. Brüssel. https://ec.europa.eu/energy/sites/ener/files/documents/com_2013_public_intervention_en.pdf. Zugegriffen: 01.08.2017.

Europäische Kommission. 2013o. *Draft Commission Regulation establishing a Network Code on Capacity Allocation Mechanisms in Gas Transmission Systems and supplementing Regulation (EC) No 715/2009.* Brüssel. http://ec.europa.eu/transparency/regcomitology/index.cfm?do=Search.getPDF&ds_id=25104&version=2&AttLang=en&db_number=1&docType=DRAFT_MEASURE. Zugegriffen: 18.04.2019.

Europäische Kommission. 2013p. *Ein Rahmen für die Klima- und Energiepolitik bis 2030.* Grünbuch. Brüssel. http://eur-lex.europa.eu/legal-content/DE/TXT/PDF/?uri=CELEX:52013DC0169&from=DE. Zugegriffen: 23.01.2017.

Europäische Kommission. 2013q. *EREF's reply to the European Commission Green paper on 2030 Climate and Energy Framework.* Brüssel. http://ec.europa.eu/energy/sites/ener/files/documents/20130702_green_paper_2030_contributions_registered_part2.zip. Zugegriffen: 18.08.2017.

Europäische Kommission. 2013r. *EUROCHAMBRES' response to the European Commission's Consultation on the Green Paper on a 2030 framework for climate and energy policies.* Brüssel. http://ec.europa.eu/energy/sites/ener/files/documents/20130702_green_paper_2030_contributions_registered_part2.zip. Zugegriffen: 18.08.2017.

Europäische Kommission. 2013s. *Green Paper on a 2030 framework for climate and energy policies. EURELECTRIC consultation response.* Brüssel. http://ec.europa.eu/energy/sites/ener/files/documents/20130702_green_paper_2030_contributions_registered_part2.zip. Zugegriffen: 18.08.2017.

Europäische Kommission. 2013t. *Greenpeace Submission to the European Commission public consultation on a 2030 framework for climate and energy policies.* Brüssel. http://ec.europa.eu/energy/sites/ener/files/documents/20130702_green_paper_2030_contributions_registered_part2.zip. Zugegriffen: 17.08.2017.

Europäische Kommission. 2013u. *Internal energy market: Commission refers Bulgaria, Estonia and the United Kingdom to Court for failing to fully transpose EU rules.* Press Release. Brüssel. http://europa.eu/rapid/press-release_IP-13-42_en.pdf. Zugegriffen: 21.02.2019.

Europäische Kommission. 2013v. *Internal energy market: Commission refers Romania to Court for failing to fully transpose EU rules.* Press Release. Brüssel. http://europa.eu/rapid/press-release_IP-13-260_en.pdf. Zugegriffen: 21.02.2019.

Europäische Kommission. 2013w. *Internal gas market: the Commission takes Poland to Court over regulated gas prices for business consumers.* Press Release. Brüssel. http://europa.eu/rapid/press-release_IP-13-580_en.pdf. Zugegriffen: 21.02.2019.

Europäische Kommission. 2013x. *Overall Voting Result on a Formal Opinion.* Brüssel. http://ec.europa.eu/transparency/regcomitology/index.cfm?do=Search.getPDF&ds_id=25595&version=1&AttLang=en&db_number=1&docType=VOTING_SHEET. Zugegriffen: 28.02.2017.

Europäische Kommission. 2013y. *Proposals for a 2030 Framework for Climate and Energy Policies: Consultation Response by ClientEarth.* Brüssel. http://ec.europa.eu/energy/sites/ener/files/documents/20130702_green_paper_2030_contributions_registered_part1.zip. Zugegriffen: 24.05.2017.

Europäische Kommission. 2013z. *Report from the Commission to the European Parliament, the Council, the European Economic and Social Committee and the Committee of the Regions.* Renewable Energy Progress Report. Brüssel. http://eur-lex.europa.eu/resource.html?uri=cellar:4f8722ce-1347-11e5-8817-01aa75ed71a1.0001.02/DOC_1&format=PDF. Zugegriffen: 18.07.2017.

Europäische Kommission. 2013aa. *Response to Consultation. A 2030 framework for climate and energy policies.* Contribution by Climate Alliance. Public Consultation on Climate and Energy Policies Until 2030. Brüssel. http://ec.europa.eu/energy/sites/ener/files/documents/20130702_green_paper_2030_contributions_registered_part1.zip. Zugegriffen: 24.05.2017.

Europäische Kommission. 2013ab. *Submission on the European Commission's Green Paper on a 2030 framework for climate and energy policies. Friends of the Earth Europe.* Brüssel. http://ec.europa.eu/energy/sites/ener/files/documents/20130702_green_paper_2030_contributions_registered_part2.zip. Zugegriffen: 24.05.2017.

Europäische Kommission. 2013ac. *The ETUC response to the EC consultation on "A 2030 framework for climate and energy policies".* Public Consultation on Climate and Energy Policies Until 2030. Brüssel. http://ec.europa.eu/energy/sites/ener/files/documents/20130702_green_paper_2030_contributions_registered_part2.zip. Zugegriffen: 24.05.2017.

Europäische Kommission. 2013ad. *The European Union's future climate change and energy policies to 2030—what would be the most competitive direction?* Contribution by Eurometaux. Public Consultation on Climate and Energy Policies Until 2030. Brüssel. http://ec.europa.eu/energy/sites/ener/files/documents/20130702_green_paper_2030_contributions_registered_part2.zip. Zugegriffen: 24.05.2017.

Europäische Kommission. 2013ae. *Vorschlag für eine Richtlinie des Europäischen Parlaments und des Rates zur Änderung der Richtlinie 2003/87/EG über ein System für den Handel mit Treibhausgasemissionszertifikaten in der Gemeinschaft zur Umsetzung bis 2020 eines internationalen Übereinkommens über die Anwendung eines einheitlichen globalen marktbasierten Mechanismus auf Emissionen aus dem internationalen Luftverkehr.* Brüssel. http://eur-lex.europa.eu/legal-content/DE/TXT/PDF/?uri=CELEX:52013PC0722&from=DE. Zugegriffen: 08.05.2017.

Europäische Kommission. 2014a. *5th Meeting of the Committee on the Sustainability of Biofuels and Bioliquids. 9 December 2014.* Summary Report. Brüssel. http://ec.europa.eu/transparency/regcomitology/index.cfm?do=search.documentdetail&Dos_ID=10284&DS_ID=37718&Version=1. Zugegriffen: 04.07.2017.

Europäische Kommission. 2014b. *Climate Change Committee—77th session. Wednesday 12 March 2014.* Summary Report. Brüssel. http://ec.europa.eu/transparency/regcomitology/index.cfm?do=Search.getPDF&ds_id=32937&version=2&AttLang=en&db_number=1&docType=SUMMARY_RECORD. Zugegriffen: 25.04.2017.

Europäische Kommission. 2014c. *Climate Change Committee—80th Session. Wednesday 4 June 2014.* Summary Record. Brüssel. http://ec.europa.eu/transparency/regcomitology/index.cfm?do=Search.getPDF&ds_id=34257&version=1&AttLang=en&db_number=1&docType=SUMMARY_RECORD. Zugegriffen: 06.05.2017.

Europäische Kommission. 2014d. *Climate Change Committee—81st session. 9th July 2014.* Summary Record. Brüssel. http://ec.europa.eu/transparency/regcomitology/index.cfm?do=Search.getPDF&ds_id=34919&version=1&AttLang=en&db_number=1&docType=SUMMARY_RECORD. Zugegriffen: 25.04.2017.

Europäische Kommission. 2014e. *Draft Commission Regulation establishing a Network Code on Interoperability and Data Exchange Rules.* Brüssel. http://ec.europa.eu/transparency/regcomitology/index.cfm?do=Search.getPDF&ds_id=34450&version=3&AttLang=en&db_number=1&docType=DRAFT_MEASURE. Zugegriffen: 18.04.2019.

Europäische Kommission. 2014f. *Ein Rahmen für die Klima- und Energiepolitik im Zeitraum 2020–2030.* Mitteilung der Kommission an das Europäische Parlament, den Rat, den Europäischen Wirtschafts- und Sozialausschuss und den Ausschuss der Regionen. Brüssel. http://eur-lex.europa.eu/legal-content/DE/TXT/PDF/?uri=CELEX:52014DC0015&from=BG. Zugegriffen: 23.01.2017.

Europäische Kommission. 2014g. *Entwurf eines Beschlusses der Kommission zur Festlegung eines Verzeichnisses der Sektoren und Teilsektoren, von denen angenommen wird, dass sie im Zeitraum 2015–2019 einem erheblichen Risiko einer Verlagerung von CO2-Emissionen ausgesetzt sind, gemäß der Richtlinie 2003/87/EG des Europäischen Parlaments und des Rates.* Brüssel. http://ec.europa.eu/transparency/regcomitology/index.cfm?do=Search.getPDF&ds_id=34266&version=1&AttLang=de&db_number=1&docType=DRAFT_MEASURE. Zugegriffen: 06.05.2017.

Europäische Kommission. 2014h. *Entwurf: Anhang zu dem Beschluss der Kommission zur Festlegung eines Verzeichnisses der Sektoren und Teilsektoren, von denen angenommen wird, dass sie im Zeitraum 2015–2019 einem erheblichen Risiko einer Verlagerung von CO2-Emissionen ausgesetzt sind, gemäß der Richtlinie 2003/87/EG des Europäischen Parlaments und des Rates.* Brüssel. http://ec.europa.eu/transparency/regcomitology/index.cfm?do=Search.getPDF&ds_id=34266&version=1&AttLang=de&db_number=2&docType=DRAFT_MEASURE. Zugegriffen: 06.05.2017.

Europäische Kommission. 2014i. *Internal energy market: Commission refers Ireland to Court for failing to transpose EU rules*. Press Release. Brüssel. http://europa.eu/rapid/press-release_IP-14-155_en.pdf. Zugegriffen: 21.02.2019.

Europäische Kommission. 2014j. *Note to the Members of the Committee on the Sustainability of Biofuels and Bioliquids*. Brüssel. http://ec.europa.eu/transparency/regcomitology/index.cfm?do=Search.getPDF&ds_id=33451&version=1&AttLang=en&db_number=1&docType=OTHER. Zugegriffen: 04.07.2017.

Europäische Kommission. 2014k. *Overall Voting Result on a Formal Opinion*. Committee on the Sustainability of Biofuels and Bioliquids. Brüssel. http://ec.europa.eu/transparency/regcomitology/index.cfm?do=search.documentdetail&Dos_ID=9420&DS_ID=34077&Version=1. Zugegriffen: 04.07.2017.

Europäische Kommission. 2014l. *Overall Voting Result on a Formal Opinion*. Related to draft measures for implementation of basic legal acts adopted by ordinary legislative procedure (codecision) Regulation (EC) No 443/2009. Brüssel. http://ec.europa.eu/transparency/regcomitology/index.cfm?do=Search.getPDF&ds_id=31515&version=1&AttLang=en&db_number=1&docType=VOTING_SHEET. Zugegriffen: 23.01.2017.

Europäische Kommission. 2014m. *President Juncker's Mission Letter to Maroš Šefčovič*. Brüssel. https://ec.europa.eu/commission/sites/cwt/files/commissioner_mission_letters/sefcovic_en.pdf. Zugegriffen: 13.09.2016.

Europäische Kommission. 2014n. *Summary record of the Electricity Cross-border Committee meeting of 9 October 2014*. Brüssel. http://ec.europa.eu/transparency/regcomitology/index.cfm?do=Search.getPDF&ds_id=42937&version=1&AttLang=en&db_number=1&docType=SUMMARY_RECORD. Zugegriffen: 09.04.2019.

Europäische Kommission. 2014o. *Summary record of the Electricity Cross-border Committee meeting on 10th September 2014*. Brüssel. http://ec.europa.eu/transparency/regcomitology/index.cfm?do=Search.getPDF&ds_id=42935&version=1&AttLang=en&db_number=1&docType=SUMMARY_RECORD. Zugegriffen: 09.04.2019.

Europäische Kommission. 2014p. *Summary record of the Electricity Cross-border Committee meeting on 7th November 2014*. Brüssel. http://ec.europa.eu/transparency/regcomitology/index.cfm?do=Search.getPDF&ds_id=43031&version=1&AttLang=en&db_number=1&docType=SUMMARY_RECORD. Zugegriffen: 09.04.2019.

Europäische Kommission. 2014q. *Vorschlag für einen Beschluss des Europäischen Parlaments und des Rates über die Einrichtung und Anwendung einer Marktstabilitätsreserve für das EU-System für den Handel mit Treibhausgasemissionszertifikaten und zur Änderung der Richtlinie 2003/87/EG*. Brüssel. http://ec.europa.eu/transparency/regdoc/rep/1/2014/DE/1-2014-20-DE-F1-1.Pdf. Zugegriffen: 23.01.2017.

Europäische Kommission. 2015a. *6th Meeting of the Committee on the Sustainability of Biofuels and Bioliquids. 15 December 2015*. Summary Report. Brüssel. http://ec.europa.eu/transparency/regcomitology/index.cfm?do=Search.getPDF&ds_id=45078&version=1&AttLang=en&db_number=1&docType=SUMMARY_RECORD. Zugegriffen: 04.07.2017.

Europäische Kommission. 2015b. *Evaluation of the EU ETS Directive*. Carried out within the project "Support for the Review of the EU Emissions Trading System". Brüssel. https://ec.europa.eu/clima/sites/clima/files/ets/revision/docs/review_of_eu_ets_en.pdf. Zugegriffen: 11.05.2017.

Europäische Kommission. 2015c. *Impact Assessment.* Accompanying the document Proposal for a Directive of the European Parliament and of the Council amending Directive 2003/87/EC to enhance cost-effective emission reductions and lowcarbon investments. Brüssel. https://ec.europa.eu/clima/sites/clima/files/ets/revision/docs/impact_assessment_en.pdf. Zugegriffen: 24.05.2017.

Europäische Kommission. 2015d. *Preliminary Results from the public consultation on Electricity Market Design.* Brüssel. https://ec.europa.eu/energy/sites/ener/files/documents/First%20Results%20of%20Market%20Design%20Consultation.pdf. Zugegriffen: 29.05.2018.

Europäische Kommission. 2015e. *Proposal for a Directive of the European Parliament and of the Council amending Directive 2003/87/EC to enhance cost-effective emissions reductions and low carbon investments.* The cement industry's contribution to the 8 weeks consultation. 15 July 2015 – 9 September 2015. Brüssel. https://ec.europa.eu/clima/sites/clima/files/docs/0028/contributions.zip. Zugegriffen: 17.08.2017.

Europäische Kommission. 2015f. *Vorschlag für eine Richtlinie des Europäischen Parlaments und des Rates zur Änderung der Richtlinie 2003/87/EG zwecks Verbesserung der Kosteneffizienz von Emissionsminderungsmaßnahmen und zur Förderung von Investitionen in CO2effiziente Technologien.* Brüssel. http://eur-lex.europa.eu/resource.html?uri=cellar:33f82bac-2bc2–11e5–9f85–01aa75ed71a1.0022.02/DOC_1&format=PDF. Zugegriffen: 23.01.2017.

Europäische Kommission. 2016a. *Die Kommissare.* Brüssel. http://ec.europa.eu/commission/2014-2019_de. Zugegriffen: 11.11.2016.

Europäische Kommission. 2016b. *Draft Commission Regulation establishing a guideline on electricity transmission system operation.* Brüssel. http://ec.europa.eu/transparency/regcomitology/index.cfm?do=Search.getPDF&ds_id=42907&version=4&AttLang=en&db_number=1&docType=DRAFT_MEASURE. Zugegriffen: 09.04.2019.

Europäische Kommission. 2016c. *Draft Commission Regulation establishing a guideline on electricity transmission system operation.* Brüssel. Zugegriffen: 13.04.2019.

Europäische Kommission. 2016d. *EU Annual Budget Life-Cycle: Figures.* 2015. Brüssel. http://ec.europa.eu/budget/annual/index_en.cfm. Zugegriffen: 13.11.2016.

Europäische Kommission. 2016e. *Vorschlag für eine Verordnung des Europäischen Parlaments und des Rates zur Gründung einer Agentur der Europäischen Union für die Zusammenarbeit der Energieregulierungsbehörden (Neufassung).* Brüssel. https://eur-lex.europa.eu/resource.html?uri=cellar:2f0ae213-b7b3-11e6-9e3c-01aa75ed71a1.0016.02/DOC_1&format=PDF. Zugegriffen: 11.01.2019.

Europäische Kommission. 2017a. *Annexes to the Proposal for a Directive of the European Parliament and the Council on the promotion of the use of energy from renewable sources (recast).* Brüssel. https://ec.europa.eu/transparency/regdoc/rep/1/2016/EN/COM-2016-767-2-EN-ANNEX-1-PART-1.PDF. Zugegriffen: 02.03.2019.

Europäische Kommission. 2017b. *Vorschlag für eine Richtlinie des Europäischen Parlaments und des Rates mit gemeinsamen Vorschriften für den Elektrizitätsbinnenmarkt (Neufassung).* Brüssel. https://eur-lex.europa.eu/resource.html?uri=cellar:c7e47f46-faa4-11e6-8a35-01aa75ed71a1.0009.02/DOC_1&format=PDF. Zugegriffen: 13.03.2019.

Europäische Kommission. 2017c. *Vorschlag für eine Richtlinie des Europäischen Parlaments und des Rates zur Änderung der Richtlinie 2009/73/EG über gemeinsame Vorschriften für den Erdgasbinnenmarkt.* Brüssel. https://eur-lex.europa.eu/legal-content/DE/TXT/PDF/?uri=CELEX:52017PC0660&qid=1560519005784&from=DE. Zugegriffen: 13.03.2019.

Europäische Kommission. 2017d. *Vorschlag für eine Richtlinie des Europäischen Parlaments und des Rates zur Förderung der Nutzung von Energie aus erneuerbaren Quellen (Neufassung).* Brüssel. https://ec.europa.eu/transparency/regdoc/rep/1/2016/DE/COM-2016-767-F1-DE-MAIN-PART-1.PDF. Zugegriffen: 18.11.2019.

Europäische Kommission. 2017e. *Vorschlag für eine Verordnung des Europäischen Parlaments und des Rates über das Governance-System der Energieunion.* Brüssel. https://eur-lex.europa.eu/legal-content/DE/TXT/PDF/?uri=CELEX:52016PC0759R(01)&from=EN. Zugegriffen: 13.03.2019.

Europäische Kommission. 2017f. *Vorschlag für eine Verordnung des Europäischen Parlaments und des Rates über den Elektrizitätsbinnenmarkt (Neufassung).* Brüssel. http://ec.europa.eu/transparency/regdoc/rep/1/2016/DE/COM-2016-861-F1-DE-MAIN-PART-1.PDF. Zugegriffen: 13.03.2019.

Europäische Kommission. 2017g. *Vorschlag für eine Verordnung des Europäischen Parlaments und des Rates zur Änderung der Richtlinie 2003/87/EG zur Aufrechterhaltung der derzeitigen Einschränkung ihrer Anwendung auf Luftverkehrstätigkeiten und zur Vorbereitung der Umsetzung eines globalen marktbasierten Mechanismus ab 2021.* Brüssel. http://eur-lex.europa.eu/legal-content/DE/TXT/PDF/?uri=CELEX:52017PC0054&qid=1494153482519&from=EN. Zugegriffen: 07.05.2017.

Europäische Kommission. 2017h. *Vorschlag für eine Verordnung des Europäischen Parlaments und des Rates zur Änderung der Verordnung (EU) Nr. 182/2011 zur Festlegung der allgemeinen Regeln und Grundsätze, nach denen die Mitgliedstaaten die Wahrnehmung der Durchführungsbefugnisse durch die Kommission kontrollieren.* Brüssel. https://ec.europa.eu/transparency/regdoc/rep/1/2017/DE/COM-2017-85-F1-DE-MAIN-PART-1.PDF. Zugegriffen: 13.03.2019.

Europäische Kommission. 2018a. *Bericht der Kommission an das Europäische Parlament und den Rat über die Entwicklung der einheitlichen Day-Ahead-Marktkopplung und der einheitlichen Intraday-Marktkopplung in den Mitgliedstaaten sowie über die Entwicklung des Wettbewerbs zwischen NEMOs gemäß Artikel 5 Absatz 3 der Verordnung (EU) 2015/1222 der Kommission (CACM-Verordnung).* Brüssel. https://ec.europa.eu/transparency/regdoc/rep/1/2018/DE/COM-2018-538-F1-DE-MAIN-PART-1.PDF. Zugegriffen: 02.02.2019.

Europäische Kommission. 2018b. *Infringement—Internal energy market: Commission refers Germany and Hungary to the Court of Justice of the EU for failure to fully comply with the Third Energy Package.* Press Release. Brüssel. http://europa.eu/rapid/press-release_IP-18-4487_en.pdf. Zugegriffen: 03.03.2019.

Europäische Kommission. 2018c. *Past Events – Energy.* Brüssel. https://ec.europa.eu/energy/en/events#past-events. Zugegriffen: 02.01.2019.

Europäische Kommission. 2019a. *Bericht der Kommission an das Europäische Parlament, den Rat, den Europäischen Wirtschafts- und Sozialausschuss und den Ausschuss der Regionen.* Fortschrittsbericht „Erneuerbare Energiequellen". Brüssel. https://ec.europa.eu/transparency/regdoc/rep/1/2019/DE/COM-2019-225-F1-DE-MAIN-PART-1.PDF. Zugegriffen: 03.02.2020.

Europäische Kommission. 2019b. *Bericht der Kommission über die Tätigkeit der Ausschüsse im Jahr 2018.* Brüssel. https://ec.europa.eu/transparency/regcomitology/docs/annual_report_2018_de.pdf. Zugegriffen: 03.02.2020.

Europäische Kommission. 2019c. *Die Kommissionsmitglieder.* Brüssel. https://ec.europa.eu/commission/commissioners/2019-2024_de. Zugegriffen: 03.02.2020.

Europäische Kommission. 2019d. *Jahresbericht über das Transparenz-Register 2018.* Brüssel. http://ec.europa.eu/transparencyregister/public/openFile.do?fileName=ar_2018_de.pdf. Zugegriffen: 30.11.2019.

Europäische Kommission. 2020. *Voluntary Schemes.* Brüssel. https://ec.europa.eu/energy/topics/renewable-energy/biofuels/voluntary-schemes_en?redir=1. Zugegriffen: 02.03.2020.

Europäische Union. 2019. *Statistiken zu Rechtsakten. 2019.* Brüssel. https://eur-lex.europa.eu/statistics/legal-acts/2019/legislative-acts-statistics-by-author.html. Zugegriffen: 04.01.2020.

Europäischer Rat. 2014a. *Europäischer Rat (Tagung vom 20./21. März 2014).* Schlussfolgerungen. Brüssel. http://data.consilium.europa.eu/doc/document/ST-7-2014-REV-1/de/pdf. Zugegriffen: 27.09.2016.

Europäischer Rat. 2014b. *Europäischer Rat (Tagung vom 26./27. Juni 2014).* Schlussfolgerungen. Brüssel. http://data.consilium.europa.eu/doc/document/ST-79-2014-INIT/de/pdf. Zugegriffen: 27.09.2016.

Europäischer Rat. 2014c. *Tagung des Europäischen Rates (23./24. Oktober 2014) – Schlussfolgerungen.* Brüssel. http://data.consilium.europa.eu/doc/document/ST-169-2014-INIT/de/pdf. Zugegriffen: 27.09.2016.

Europäischer Wirtschafts- und Sozialausschuss. 2000. *Stellungnahme des Wirtschafts- und Sozialausschusses zu dem „Vorschlag für eine Richtlinie des Europäischen Parlaments und des Rates zur Förderung der Stromerzeugung aus erneuerbaren Energiequellen im Elektrizitätsbinnenmarkt".* Brüssel. http://eur-lex.europa.eu/legal-content/DE/TXT/PDF/?uri=CELEX:52000AC0999&from=DE. Zugegriffen: 13.12.2016.

Europäischer Wirtschafts- und Sozialausschuss. 2001. *Stellungnahme des Wirtschafts- und Sozialausschusses zu dem „Vorschlag für eine Richtlinie des Europäischen Parlaments und des Rates zur Änderung der Richtlinien 96/92/EG und 98/30/EG über gemeinsam Vorschriften für den Elektrizitätsbinnenmarkt und den Erdgasbinnenmarkt" und dem „Vorschlag für eine Verordnung des Europäischen Parlaments und des Rates über die Netzzugangsbedingungen für den grenzüberschreitenden Stromhandel".* Brüssel. http://eur-lex.europa.eu/legal-content/DE/TXT/PDF/?uri=CELEX:52001AE1311&from=DE. Zugegriffen: 06.05.2018.

Europäischer Wirtschafts- und Sozialausschuss. 2002. *Recommendations on guidelines for good practice regarding necessary TPA services, tarifications, balancing etc.* Madrid. https://www.eesc.europa.eu/sites/default/files/resources/docs/101-private-act.pdf. Zugegriffen: 01.02.2019.

Europäischer Wirtschafts- und Sozialausschuss. 2002. *Stellungnahme des Wirtschafts- und Sozialausschusses zu dem „Vorschlag für eine Richtlinie des Europäischen Parlaments und des Rates über ein System für den Handel mit Treibhausgasemissionsberechtigungen in der Gemeinschaft und zur Änderung der Richtlinie 96/61/EG des Rates".* Brüssel. http://eur-lex.europa.eu/legal-content/DE/TXT/PDF/?uri=CELEX:52002AE0680&from=DE. Zugegriffen: 22.12.2016.

Europäischer Wirtschafts- und Sozialausschuss. 2008. *Third legislative package on electricity and gas markets. Opinion of the European Economic and Social Committee.* Brüssel. https://webapi.eesc.europa.eu/documentsanonymous/ces758-2008_ac_en.doc. Zugegriffen: 19.01.2018.

Europäischer Wirtschafts- und Sozialausschuss. 2017. *Stellungnahme zum Vorschlag für eine Richtlinie des Europäischen Parlaments und des Rates zur Förderung der Nutzung von Energie aus erneuerbaren Quellen (Neufassung).* Brüssel. https://webapi2016.eesc.europa.eu/v1/documents/EESC-2016-06926-00-00-AC-TRA-DE.docx/content. Zugegriffen: 18.11.2019.

Europäischer Wirtschafts- und Sozialausschuss. 2015. *Opinion of the European Economic and Social Committee on the Proposal for a Directive of the European Parliament and of the Council amending Directive 2003/87/EC to enhance cost-effective emission reductions and low-carbon investments.* Brüssel. https://webapi.eesc.europa.eu/documentsanonymous/eesc-2015-04053-00-00-ac-tra-en.docx. Zugegriffen: 12.05.2017.

Europäisches Parlament, Rat der EU, und Europäische Kommission. 2007. *Gemeinsame Erklärung zu den praktischen Modalitäten des neuen Mitentscheidungsverfahrens (Artikel 251 EG-Vertrag).* Brüssel. https://eur-lex.europa.eu/legal-content/DE/TXT/PDF/?uri=CELEX:32007C0630(01)&from=DE. Zugegriffen: 13.11.2016.

Europäisches Parlament, Rat der EU, und Europäische Kommission. 2016. *Interinstitutionelle Vereinbarung zwischen dem Europäischen Parlament, dem Rat der Europäischen Union und der Europäischen Kommission über bessere Rechtsetzung.* Brüssel. https://eur-lex.europa.eu/legal-content/DE/TXT/PDF/?uri=CELEX:32016Q0512(01)&from=DE. Zugegriffen: 13.11.2016.

Europäisches Parlament. 1986. *Entschließung zu Maßnahmen gegen die zunehmende CO2-Konzentration in der Atmosphäre („Treibhauseffekt"). Zugegriffen:* 08.12.2016.

Europäisches Parlament. 1993a. *Bericht des Auschusses für Energie, Forschung und Technologie über den Vorschlag für eine Richtlinie des Rates betreffend gemeinsame Vorschriften für den Elektrizitätsbinnenmarkt und über den Vorschlag für eine Richtlinie des Rates betreffend gemeinsame Vorschriften für den Erdgasbinnenmarkt.* Teil A: Änderungsanträge. Entwürfe für legislative Entschließungen. Straßburg. Zugegriffen: 19.03.2018.

Europäisches Parlament. 1993b. *Bericht des Ausschusses für Energie, Forschung und Technologie Technologie über den Vorschlag für eine Richtlinie des Rates betreffend gemeinsame Vorschriften für den Elektrizitätsbinnenmarkt und über den Vorschlag für eine Richtlinie des Rates betreffend gemeinsame Vorschriften für den Erdgasbinnenmarkt.* Teil B: Begründung. Straßburg. Zugegriffen: 21.03.2018.

Europäisches Parlament. 1993c. *Legislative Entschließung mit der Stellungnahme des Europäischen Parlaments zu dem Vorschlag für eine Richtlinie des Parlaments und des Rates betreffend gemeinsame Vorschriften für den Elektrizitätsbinnenmarkt.* Straßburg. http://eur-lex.europa.eu/legal-content/DE/TXT/PDF/?uri=OJ:JOC_1993_329_R_0084_01&from=EN.

Europäisches Parlament. 1993d. *Legislative Entschließung mit der Stellungnahme des Europäischen Parlaments zu dem Vorschlag für eine Richtlinie des Parlaments und des Rates betreffend gemeinsame Vorschriften für den Erdgasbinnenmarkt.* Straßburg. http://eur-lex.europa.eu/legal-content/DE/TXT/PDF/?uri=OJ:JOC_1993_329_R_0084_01&from=EN. Zugegriffen: 29.04.2018.

Europäisches Parlament. 1996. *Protokoll der Sitzung vom Mittwoch, 11. Dezember 1996.* Teil I – Ablauf der Sitzung. Straßburg. http://eur-lex.europa.eu/legal-content/DE/TXT/PDF/?uri=OJ:JOC_1997_020_R_0042_01&from=EN. Zugegriffen: 29.04.2018.

Europäisches Parlament. 1998. *Protokoll der Sitzung vom Donnerstag, 30. April 1998.* Teil I - Ablauf der Sitzung. Straßburg. http://eur-lex.europa.eu/legal-content/DE/TXT/PDF/?uri=OJ:JOC_1998_152_R_0013_01&from=EN. Zugegriffen: 29.04.2018.

Europäisches Parlament. 2000a. *Bericht über den Vorschlag für eine Richtlinie des Europäischen Parlaments und des Rates zur Förderung der Stromerzeugung aus erneuerbaren Energiequellen im Elektrizitätsbinnenmarkt.* (Ausschuss für Industrie, Außenhandel, Forschung und Energie). Straßburg. http://www.europarl.europa.eu/sides/getDoc.do?pubRef=-//EP//NONSGML+REPORT+A5-2000-0320+0+DOC+PDF+V0//DE. Zugegriffen: 13.12.2016.

Europäisches Parlament. 2000b. *Sitzungsprotokoll (Ablauf der Sitzung).* 16/11/2000. Straßburg. Straßburg. https://www.europarl.europa.eu/calendar/calendar?APP=PDF&TYPE=PV1&FILE=20001116DE.pdf&LANGUE=DE. Zugegriffen: 26.02.2017.

Europäisches Parlament. 2001a. *Legislative Entschließung des Europäischen Parlaments zu dem Gemeinsamen Standpunkt des Rates im Hinblick auf den Erlass der Richtlinie des Europäischen Parlaments und des Rates zur Förderung der Stromerzeugung aus erneuerbaren Energiequellen im Elektrizitätsbinnenmarkt.* Straßburg. http://eur-lex.europa.eu/legal-content/DE/TXT/PDF/?uri=CELEX:52001AP0227&from=EN. Zugegriffen: 06.06.2017.

Europäisches Parlament. 2001b. *Legislative Entschließung des Europäischen Parlaments zu dem Gemeinsamen Standpunkt des Rates im Hinblick auf den Erlass der Richtlinie des Europäischen Parlaments und des Rates zur Förderung der Stromerzeugung aus erneuerbaren Energiequellen im Elektrizitätsbinnenmarkt.* Straßburg. https://www.europarl.europa.eu/sides/getDoc.do?pubRef=-//EP//TEXT+TA+P5-TA-2001–0380+0+DOC+XML+V0//DE&language=DE. Zugegriffen: 21.07.2017.

Europäisches Parlament. 2002a. *Bericht über den Vorschlag für eine Entscheidung des Rates über die Genehmigung des Protokolls von Kyoto zum Rahmenübereinkommen der Vereinten Nationen über Klimaänderungen im Namen der Europäischen Gemeinschaft sowie die gemeinsame Erfüllung der daraus erwachsenden Verpflichtungen.* Straßburg. http://www.europarl.europa.eu/sides/getDoc.do?pubRef=-//EP//NONSGML+REPORT+A5-2002-0025+0+DOC+PDF+V0//DE. Zugegriffen: 20.02.2017.

Europäisches Parlament. 2002b. *Bericht über den Vorschlag für eine Richtlinie des Europäischen Parlaments und des Rates über ein System für den Handel mit Treibhausgasemissionsberechtigungen in der Gemeinschaft und zur Änderung der Richtlinie 96/61/EG des Rates.* Teil 1: Entschließungsantrag. Straßburg. http://www.europarl.europa.eu/sides/getDoc.do?pubRef=-//EP//NONSGML+REPORT+A5–2002–0303+0+DOC+PDF+V0//DE. Zugegriffen: 18.01.2017.

Europäisches Parlament. 2002c. *Bericht über den Vorschlag für eine Richtlinie des Europäischen Parlaments und des Rates zur Änderung der Richtlinien 96/92/EG und 98/30/EG über gemeinsame Vorschriften für den Elektrizitätsbinnenmarkt und den Erdgasbinnenmarkt.* Ausschuss für Industrie, Außenhandel, Forschung und Energie. Straßburg. http://www.europarl.europa.eu/sides/getDoc.do?pubRef=-//EP//NONSGML+REPORT+A5-2002-0077+0+DOC+PDF+V0//DE. Zugegriffen: 29.04.2018.

Europäisches Parlament. 2002d. *Bericht über den Vorschlag für eine Verordnung des Europäischen Parlaments und des Rates über die Netzzugangsbedingungen für den grenzüberschreitenden Stromhandel.* Brüssel. http://www.europarl.europa.eu/sides/getDoc.do?pubRef=//EP//NONSGML+REPORT+A5-2002-0074+0+DOC+PDF+V0//DE. Zugegriffen: 30.06.2018.

Europäisches Parlament. 2002e. *Legislative Entschließung des Europäischen Parlaments zu dem Vorschlag für eine Entscheidung des Rates über die Genehmigung des Protokolls von Kyoto zum Rahmenübereinkommen der Vereinten Nationen über Klimaänderungen im Namen der Europäischen Gemeinschaft sowie die gemeinsame Erfüllung der daraus erwachsenden Verpflichtungen.* (Amtsblatt Nr. 02/C 284 vom 21.11.2002, S. 192). Brüssel. http://eur-lex.europa.eu/legal-content/DE/TXT/PDF/?uri=CELEX:52002AP0042&from=DE. Zugegriffen: 19.12.2016.

Europäisches Parlament. 2002f. *Protokoll der Sitzung vom 13. März 2002.* Anlage I: Ergebnisse der Abstimmungen. Straßburg. http://www.europarl.europa.eu/calendar/calendar?APP=PDF&TYPE=PV1&FILE=2002-03-13dea1.pdf&LANGUE=DE. Zugegriffen: 27.06.2017.

Europäisches Parlament. 2002g. *Protokoll der Sitzung vom 6. Februar 2002.* Anlage I: Ergebnisse der Abstimmungen. Straßburg. http://www.europarl.europa.eu/calendar/calendar?APP=PDF&TYPE=PV1&FILE=2002-02-06dea1.pdf&LANGUE=DE. Zugegriffen: 20.02.2017.

Europäisches Parlament. 2002h. *Protokoll der Sitzung vom Donnerstag 10. Oktober 2002.* Anlage 1: Ergebnisse der Abstimmungen. Brüssel. http://www.europarl.europa.eu/calendar/calendar?APP=PDF&TYPE=PV1&FILE=2002-10-10dea1.pdf&LANGUE=DE. Zugegriffen: 01.02.2017.

Europäisches Parlament. 2002i. *Protokoll der Sitzung vom Donnerstag, 10. Oktober 2002.* Brüssel. https://www.europarl.europa.eu/calendar/calendar?APP=PDF&TYPE=PV1&FILE=20021010DE.pdf&LANGUE=DE. Zugegriffen: 01.02.2017.

Europäisches Parlament. 2002j. *Protokoll der Sitzung vom Mittwoch, 13. März 2002.* Straßburg. http://www.europarl.europa.eu/calendar/calendar?APP=PDF&TYPE=PV1&FILE=20020313DE.pdf&LANGUE=DE. Zugegriffen: 30.06.2017.

Europäisches Parlament. 2002k. *Sitzungsprotokoll (Ablauf der Sitzung).* Endgültige Ausgabe – 10.10.2002. Brüssel. http://www.europarl.europa.eu/pv1/pv1?PRG=NAVIG&FILE=20021010&LANGUE=DE&TPV=DEF&TYPE=PARTIE_1. Zugegriffen: 01.02.2017.

Europäisches Parlament. 2002l. *Standpunkt des Europäischen Parlaments festgelegt in erster Lesung am 13. März 2002 im Hinblick auf den Erlass der Richtlinie 2002/.../EG des Europäischen Parlaments und des Rates zur Änderung der Richtlinie 96/92/EG betreffend gemeinsame Vorschriften für den Elektrizitätsbinnenmarkt.* Straßburg. http://www.europarl.europa.eu/sides/getDoc.do?pubRef=-%2f%2fEP%2f%2fNONSGML%2bTC%2bP5-TC1-COD-2001-0077%2b0%2bDOC%2bPDF%2bV0%2f%2fDE. Zugegriffen: 10.05.2018.

Europäisches Parlament. 2002m. *Standpunkt des Europäischen Parlaments festgelegt in erster Lesung am 13. März 2002 im Hinblick auf den Erlass der Richtlinie 2002/.../EG des Europäischen Parlaments und des Rates zur Änderung der Richtlinie 98/30/EG betreffend gemeinsame Vorschriften für den Erdgasbinnenmarkt.* Straßburg. http://www.europarl.europa.eu/sides/getDoc.do?pubRef=-%2f%2fEP%2f%2fNONSGML%2bTC%2bP5-TC1-COD-20011-0077A%2b0%2bDOC%2bPDF%2bV0%2f%2fDE. Zugegriffen: 10.05.2018.

Europäisches Parlament. 2002n. *Treibhausgasemissionsberechtigungen.* Legislative Entschließung des Europäischen Parlaments zu dem Vorschlag für eine Richtlinie des Europäischen Parlaments und des Rates über ein System für den Handel mit Treibhausgasemissionsberechtigungen in der Gemeinschaft und zur Änderung der Richtlinie 96/61/EG des Rates. Brüssel. http://www.europarl.europa.eu/sides/getDoc.do?pubRef=-//EP//NONSGML+TA+P5-TA-2002-0461+0+DOC+PDF+V0//DE. Zugegriffen: 26.01.2017.

Europäisches Parlament. 2003a. *Empfehlung für die Zweite Lesung betreffend den Gemeinsamen Standpunkt des Rates im Hinblick auf den Erlass der Richtlinie des Europäischen Parlaments und des Rates über ein System für den Handel mit Treibhausgasemissionszertifikaten in der Gemeinschaft und zur Änderung der Richtlinie 96/61/EG des Rates.* Straßburg. http://www.europarl.europa.eu/sides/getDoc.do?pubRef=-//EP//NONSGML+REPORT+A5-2003-0207+0+DOC+PDF+V0//DE. Zugegriffen: 26.01.2017.

Europäisches Parlament. 2003b. *Empfehlung für die zweite Lesung betreffend den Gemeinsamen Standpunkt des Rates im Hinblick auf den Erlass der Richtlinie des Europäischen Parlaments und des Rates über gemeinsame Vorschriften für den Elektrizitätsbinnenmarkt und zur Aufhebung der Richtlinie 96/92/EG.* Straßburg. http://www.europarl.europa.eu/sides/getDoc.do?pubRef=-//EP//NONSGML+REPORT+A5-2003-0136+0+DOC+PDF+V0//DE. Zugegriffen: 06.04.2018.

Europäisches Parlament. 2003c. *Empfehlung für die Zweite Lesung betreffend den Gemeinsamen Standpunkt des Rates im Hinblick auf den Erlass der Richtlinie des Europäischen Parlaments und des Rates über gemeinsame Vorschriften für den Erdgasbinnenmarkt und zur Aufhebung der Richtlinie 98/30/EG.* Brüssel. http://www.europarl.europa.eu/sides/getDoc.do?pubRef=-//EP//NONSGML+REPORT+A5-2003-0135+0+DOC+PDF+V0//DE. Zugegriffen: 06.04.2018.

Europäisches Parlament. 2003d. *Protokoll der Sitzung vom Mittwoch, 4. Juni 2003.* Ergebnisse der Abstimmungen. Anlage 1. Straßburg. http://www.europarl.europa.eu/calendar/calendar?APP=PDF&TYPE=PV1&FILE=2003–06–04dea1.pdf&LANGUE=DE. Zugegriffen: 13.05.2018.

Europäisches Parlament. 2004a. *Bericht über den Vorschlag für eine Richtlinie des Europäischen Parlaments und des Rates zur Änderung der Richtlinie über ein System für den Handel mit Treibhausgasemissionsberechtigungen in der Gemeinschaft im Sinne der projektbezogenen Mechanismen des Kyoto-Protokolls.* (Ausschuss für Umweltfragen, Volksgesundheit und Verbraucherpolitik). Straßburg. http://www.europarl.europa.eu/sides/getDoc.do?pubRef=//EP//NONSGML+REPORT+A5–2004–0154+0+DOC+PDF+V0//DE. Zugegriffen: 26.01.2017.

Europäisches Parlament. 2004b. *Standpunkt des Europäischen Parlaments festgelegt in erster Lesung am 20. April 2004 im Hinblick auf den Erlass der Richtlinie 2004/…/EG des Europäischen Parlaments und des Rates zur Änderung der Richtlinie 2003/87/EG über ein System für den Handel mit Treibhausgasemissionszertifikaten in der Gemeinschaft im Sinne der projektbezogenen Mechanismen des Kyoto-Protokolls.* Brüssel. http://eur-lex.europa.eu/resource.html?uri=cellar:44ed0b85-3f26-4b8a-9851-b0138b5ce887.0002.02/DOC_124&format=PDF. Zugegriffen: 26.01.2017.

Europäisches Parlament. 2005. *Protokoll der Sitzung vom Dienstag, 8. März 2005.* Ergebnisse der Abstimmungen. Anlage 1. Straßburg. http://www.europarl.europa.eu/sides/getDoc.do?pubRef=-//EP//NONSGML+PV+20050308+RES-VOT+DOC+PDF+V0//DE&language=DE. Zugegriffen: 03.07.2018.

Europäisches Parlament. 2007a. *Änderung der Richtlinie 2003/87/EG zwecks Einbeziehung des Luftverkehrs in das System für den Handel mit Treibhausgasemissionszertifikaten.* Legislative Entschließung des Europäischen Parlaments vom 13. November 2007 zu dem Vorschlag für eine Richtlinie des Europäischen Parlaments und des

Rates zur Änderung der Richtlinie 2003/87/EG zwecks Einbeziehung des Luftverkehrs in das System für den Handel mit Treibhausgasemissionszertifikaten in der Gemeinschaft. Straßburg. http://www.europarl.europa.eu/sides/getDoc.do?pubRef=-//EP//NONSGML+TA+P6-TA-2007-0505+0+DOC+WORD+V0//DE. Zugegriffen: 21.02.2017.

Europäisches Parlament. 2007b. *Bericht über den Vorschlag für eine Richtlinie des Europäischen Parlaments und des Rates zur Änderung der Richtlinie 2003/87/EG zwecks Einbeziehung des Luftverkehrs in das System für den Handel mit Treibhausgasemissionszertifikaten in der Gemeinschaft.* Straßburg. http://www.europarl.europa.eu/sides/getDoc.do?pubRef=-//EP//NONSGML+REPORT+A6-2007-0402+0+DOC+PDF+V0//DE. Zugegriffen: 23.02.2017.

Europäisches Parlament. 2008a. *Änderung der Richtlinie 2003/87/EG zwecks Einbeziehung des Luftverkehrs in das System für den Handel mit Treibhausgasemissionszertifikaten in der Gemeinschaft.* Legislative Entschließung des Europäischen Parlaments vom 8. Juli 2008 zu dem Gemeinsamen Standpunkt des Rates im Hinblick auf den Erlass der Richtlinie des Europäischen Parlaments und des Rates zur Änderung der Richtlinie 2003/87/EG zwecks Einbeziehung des Luftverkehrs in das System für den Handel mit Treibhausgasemissionszertifikaten in der Gemeinschaft. Brüssel. http://www.europarl.europa.eu/sides/getDoc.do?pubRef=-//EP//NONSGML+TC+P6-TC2-COD-2006-0304+0+DOC+PDF+V0//DE. Zugegriffen: 21.02.2017.

Europäisches Parlament. 2008b. *Bericht über den Vorschlag für eine Richtlinie des Europäischen Parlaments und des Rates zur Änderung der Richtlinie 2003/54/EG über gemeinsame Vorschriften für den Elektrizitätsbinnenmarkt.* Straßburg. http://www.europarl.europa.eu/sides/getDoc.do?pubRef=-//EP//NONSGML+REPORT+A6-2008-0191+0+DOC+PDF+V0//DE. Zugegriffen: 06.05.2018.

Europäisches Parlament. 2008c. *Bericht über den Vorschlag für eine Richtlinie des Europäischen Parlaments und des Rates zur Änderung der Richtlinie 2003/55/EG über gemeinsame Vorschriften für den Erdgasbinnenmarkt.* Straßburg. http://www.europarl.europa.eu/sides/getDoc.do?pubRef=-//EP//NONSGML+REPORT+A6-2008-0257+0+DOC+PDF+V0//DE. Zugegriffen: 06.05.2018.

Europäisches Parlament. 2008d. *Bericht über den Vorschlag für eine Richtlinie des Europäischen Parlaments und des Rates zur Änderung der Richtlinie 2003/87/EG zwecks Verbesserung und Ausweitung des EU-Systems für den Handel mit Treibhausgasemissionszertifikaten.* Straßburg. http://www.europarl.europa.eu/sides/getDoc.do?pubRef=-//EP//NONSGML+REPORT+A6-2008-0406+0+DOC+PDF+V0//DE. Zugegriffen: 19.01.2017.

Europäisches Parlament. 2008e. *Bericht über den Vorschlag für eine Richtlinie des Europäischen Parlaments und des Rates zur Förderung der Nutzung von Energie aus erneuerbaren Quellen.* Straßburg. http://www.europarl.europa.eu/sides/getDoc.do?pubRef=-//EP//NONSGML+REPORT+A6-2008-0369+0+DOC+PDF+V0//DE. Zugegriffen: 05.07.2017.

Europäisches Parlament. 2008f. *Plenardebatten – Dienstag 16. Dezember 2008 – Straßburg.* 11. Handel mit Treibhausgasemissionszertifikaten (Aussprache). Straßburg. http://www.europarl.europa.eu/sides/getDoc.do?type=CRE&reference=20081216&secondRef=ITEM-011&language=DE&ring=A6-2008-0406. Zugegriffen: 17.01.2017.

Europäisches Parlament. 2008g. *Plenardebatten – Dienstag, 17. Juni 2008 – Straßburg.* 11. Elektrizitätsbinnenmarkt – Netzzugangsbedingungen für den grenzüberschreitenden

Stromhandel – Agentur für die Zusammenarbeit der Energieregulierungsbehörden – Auf dem Weg zu einer Europäischen Charta der Rechte der Energieverbraucher (Aussprache). Straßburg. https://www.europarl.europa.eu/sides/getDoc.do?type=CRE&reference=20080617&secondRef=ITEM-011&language=DE&ring=A6-2008-0191. Zugegriffen: 19.03.2019.

Europäisches Parlament. 2008h. *Plenardebatten – Dienstag, 8. Juli 2008 – Straßburg*. 12. Bedingungen für den Zugang zu den Erdgasfernleitungsnetzen – Erdgasbinnenmarkt – Europäischer Strategieplan für Energietechnologie (Aussprache). Straßburg. https://www.europarl.europa.eu/sides/getDoc.do?type=CRE&reference=20080708&secondRef=ITEM-012&language=DE&ring=A6-2008-0257. Zugegriffen: 19.06.2018.

Europäisches Parlament. 2008i. *Plenardebatten – Mittwoch, 17. Dezember 2008 – Straßburg*. 5.2. Handel mit Treibhausgasemissionszertifikaten (Abstimmung). Straßburg. http://www.europarl.europa.eu/sides/getDoc.do?type=CRE&reference=20081217&secondRef=ITEM-005-02&language=DE&ring=A6-2008-0406. Zugegriffen: 17.01.2017.

Europäisches Parlament. 2008j. *Plenardebatten. Dienstag, 16. Dezember 2008 – Straßburg*. 10. Energie aus erneuerbaren Quellen (Aussprache). Straßburg. http://www.europarl.europa.eu/sides/getDoc.do?type=CRE&reference=20081216&secondRef=ITEM-010&language=DE&ring=A6-2008-0369.

Europäisches Parlament. 2008k. *Protokoll – 17.12.2008*. Ergebnis der namentlichen Abstimmungen – Anlage. Straßburg. http://www.europarl.europa.eu/sides/getDoc.do?pubRef=-//EP//NONSGML+PV+20081217+RES-RCV+DOC+PDF+V0//DE&language=DE. Zugegriffen: 22.02.2017.

Europäisches Parlament. 2008l. *Protokoll. Mittwoch, 17. Dezember 2008 – Straßburg*. 5.2. Handel mit Treibhausgasemissionszertifikaten (Abstimmung). Straßburg. http://www.europarl.europa.eu/sides/getDoc.do?type=PV&reference=20081217&secondRef=ITEM-005-02&language=DE&ring=A6-2008-0406. Zugegriffen: 18.01.2017.

Europäisches Parlament. 2008m. *Protokoll. Mittwoch, 17. Dezember 2008 – Straßburg*. Ergebnisse der Abstimmungen. Straßburg. http://www.europarl.europa.eu/sides/getDoc.do?pubRef=-//EP//NONSGML+PV+20081217+RES-VOT+DOC+PDF+V0//DE&language=DE. Zugegriffen: 07.07.2017.

Europäisches Parlament. 2008n. *Protokoll. Mittwoch, 18. Juni 2008 – Straßburg*. Ergebnis der namentlichen Abstimmungen. Straßburg. https://www.europarl.europa.eu/sides/getDoc.do?pubRef=-//EP//NONSGML+PV+20080618+RES-RCV+DOC+PDF+V0//DE&language=DE. Zugegriffen: 10.01.2020.

Europäisches Parlament. 2008o. *Protokoll. Mittwoch, 18. Juni 2008*. Ergebnisse der Abstimmungen – Anlage. Straßburg. http://www.europarl.europa.eu/sides/getDoc.do?pubRef=-//EP//NONSGML+PV+20080618+RES-VOT+DOC+PDF+V0//DE&language=DE. Zugegriffen: 18.01.2017.

Europäisches Parlament. 2008p. *Protokoll. Mittwoch, 9. Juli 2008 – Straßburg*. Ergebnis der namentlichen Abstimmungen – Anlage. Straßburg. https://www.europarl.europa.eu/sides/getDoc.do?pubRef=-//EP//NONSGML+PV+20080709+RES-RCV+DOC+PDF+V0//DE&language=DE. Zugegriffen: 10.01.2020.

Europäisches Parlament. 2008q. *Protokoll. Mittwoch, 9. Juli 2008*. Ergebnisse der Abstimmungen – Anlage. Straßburg. http://www.europarl.europa.eu/sides/getDoc.do?pubRef=-//EP//NONSGML+PV+20080709+RES-VOT+DOC+PDF+V0//DE&language=DE. Zugegriffen: 17.01.2017.

Europäisches Parlament. 2008r. *Standpunkt des Europäischen Parlaments festgelegt in erster Lesung am 18. Juni 2008 im Hinblick auf den Erlass der Richtlinie Nr. 2008/…/EG des Europäischen Parlaments und des Rates zur Änderung der Richtlinie 2003/54/EG über gemeinsame Vorschriften für den Elektrizitätsbinnenmarkt.* Straßburg. http://www.europarl.europa.eu/sides/getDoc.do?pubRef=-//EP//NONSGML+TC+P6-TC1-COD-2007-0195+0+DOC+PDF+V0//DE. Zugegriffen: 06.05.2018.

Europäisches Parlament. 2008s. *Standpunkt des Europäischen Parlaments festgelegt in erster Lesung am 18. Juni 2008 im Hinblick auf den Erlass der Verordnung (EG) Nr. …/2008 des Europäischen Parlaments und des Rates zur Gründung einer Agentur für die Zusammenarbeit der Energieregulierungsbehörden.* Straßburg. http://www.europarl.europa.eu/sides/getDoc.do?pubRef=-//EP//NONSGML+TC+P6-TC1-COD-2007–0197+0+DOC+PDF+V0//DE. Zugegriffen: 06.05.2018.

Europäisches Parlament. 2008t. *Standpunkt des Europäischen Parlaments festgelegt in erster Lesung am 9. Juli 2008 im Hinblick auf den Erlass der Richtlinie 2008/…/EG des Europäischen Parlaments und des Rates zur Änderung der Richtlinie 2003/55/EG über gemeinsame Vorschriften für den Erdgasbinnenmarkt.* Straßburg. http://www.europarl.europa.eu/sides/getDoc.do?pubRef=-//EP//NONSGML+TC+P6-TC1-COD-2007-0196+0+DOC+PDF+V0//DE. Zugegriffen: 06.05.2018.

Europäisches Parlament. 2008u. *Standpunkt des Europäischen Parlaments, festgelegt in erster Lesung am 17. Dezember 2008 im Hinblick auf den Erlass der Richtlinie 2009/…/EG des Europäischen Parlaments und des Rates zur Änderung der Richtlinie 2003/87/EG zwecks Verbesserung und Ausweitung des EU-Systems für den Handel mit Treibhausgasemissionszertifikaten.* Straßburg. http://www.europarl.europa.eu/sides/getDoc.do?pubRef=-//EP//NONSGML+TC+P6-TC1-COD-2008-0013+0+DOC+PDF+V0//DE. Zugegriffen: 18.01.2017.

Europäisches Parlament. 2009a. *Änderungsanträge 156–193.* Entwurf einer Empfehlung für die zweite Lesung zu dem Gemeinsamen Standpunkt des Rates im Hinblick auf die Annahme einer Richtlinie des Europäischen Parlaments und des Rates über gemeinsame Vorschriften für den Erdgasbinnenmarkt und zur Aufhebung der Richtlinie 2003/55/EG. Straßburg. http://www.europarl.europa.eu/RegData/commissions/itre/amendments/2009/421278/ITRE_AM(2009)421278_DE.pdf. Zugegriffen: 02.06.2018.

Europäisches Parlament. 2009b. *Änderungsanträge 157–179.* Entwurf einer Empfehlung für die zweite Lesung. Gemeinsamer Standpunkt des Rates zur Annahme einer Richtlinie des Europäischen Parlaments und des Rates über gemeinsame Vorschriften für den Elektrizitätsbinnenmarkt und zur Aufhebung der Richtlinie 2003/54/EG. Straßburg. http://www.europarl.europa.eu/RegData/commissions/itre/amendments/2009/421270/ITRE_AM(2009)421270_DE.pdf. Zugegriffen: 12.06.2018.

Europäisches Parlament. 2009c. *Entwurf einer Empfehlung für die zweite Lesung betreffend den Gemeinsamen Standpunkt des Rates im Hinblick auf den Erlass der Verordnung des Europäischen Parlaments und des Rates zur Gründung einer Agentur für die Zusammenarbeit der Energieregulierungsbehörden.* Ausschuss für Industrie, Forschung und Energie. Straßburg. http://www.europarl.europa.eu/RegData/commissions/itre/projet_rapport/2009/421214/ITRE_PR(2009)421214_DE.doc. Zugegriffen: 12.06.2018.

Europäisches Parlament. 2009d. *Plenardebatten. Dienstag, 21. April 2009 – Straßburg.* Straßburg. http://www.europarl.europa.eu/sides/getDoc.do?pubRef=-//EP//TEXT+CRE+20090421+ITEM-017+DOC+XML+V0//DE. Zugegriffen: 01.09.2018.

Europäisches Parlament. 2009e. *Plenardebatten. Mittwoch, 22. April 2009 – Straßburg*. Straßburg. http://www.europarl.europa.eu/sides/getDoc.do?type=CRE&reference=20090422&secondRef=ITEM-007&language=DE&ring=A6-2009-0213#3-225. Zugegriffen: 02.05.2018.

Europäisches Parlament. 2009f. *Protokoll. Mittwoch, 22. April 2009*. Ergebnisse der Abstimmungen. Anlage. Straßburg. http://www.europarl.europa.eu/sides/getDoc.do?pubRef=-//EP//NONSGML+PV+20090422+RES-VOT+DOC+PDF+V0//DE&language=DE. Zugegriffen: 16.09.2017.

Europäisches Parlament. 2011a. *Entwurf eines Berichts über den Vorschlag für eine Verordnung des Europäischen Parlaments und des Rates über die Integrität und Transparenz des Energiemarkts*. Straßburg. http://www.europarl.europa.eu/RegData/commissions/itre/projet_rapport/2011/460835/ITRE_PR(2011)460835_DE.pdf. Zugegriffen: 03.02.2019.

Europäisches Parlament. 2011b. *Protokoll der Sitzung vom Mittwoch, 14. September 2011*. Ergebnisse der Abstimmungen. Anlage. Straßburg. http://www.europarl.europa.eu/sides/getDoc.do?pubRef=-//EP//NONSGML+PV+20110914+RES-VOT+DOC+PDF+V0//DE&language=DE. Zugegriffen: 03.02.2019.

Europäisches Parlament. 2012. *Bericht über den Vorschlag für eine Richtlinie des Europäischen Parlaments und des Rates zur Energieeffizienz und zur Aufhebung der Richtlinien 2004/8/EG und 2006/32/EG*. Brüssel. https://www.europarl.europa.eu/RegData/seance_pleniere/textes_deposes/rapports/2012/0265/P7_A(2012)0265_DE.pdf. Zugegriffen: 23.03.2017.

Europäisches Parlament. 2013a. *Bericht über den Vorschlag für eine Richtlinie des Europäischen Parlaments und des Rates über die Qualität von Otto- und Dieselkraftstoffen und zur Änderung der Richtlinie 2009/28/EG zur Förderung der Nutzung von Energie aus erneuerbaren Quellen*. Brüssel. https://www.europarl.europa.eu/RegData/seance_pleniere/textes_deposes/rapports/2013/0279/P7_A(2013)0279_DE.pdf. Zugegriffen: 29.04.2017.

Europäisches Parlament. 2013b. *Entwurf eines Berichts über den Vorschlag für eine Richtlinie des Europäischen Parlaments und des Rates über die Qualität von Otto- und Dieselkraftstoffen und zur Änderung der Richtlinie 2009/28/EG zur Förderung der Nutzung von Energie aus erneuerbaren Quellen – Änderungsanträge 226–363*. Brüssel. http://www.europarl.europa.eu/RegData/commissions/envi/amendments/2013/513033/ENVI_AM(2013)513033_DE.doc. Zugegriffen: 29.04.2017.

Europäisches Parlament. 2013c. *Legislative Entschließung des Europäischen Parlaments vom 11. September 2013 zu dem Vorschlag für eine Richtlinie des Europäischen Parlaments und des Rates zur Änderung der Richtlinie 98/70/EG über die Qualität von Otto- und Dieselkraftstoffen und zur Änderung der Richtlinie 2009/28/EG zur Förderung der Nutzung von Energie aus erneuerbaren Quellen*. Straßburg. https://www.europarl.europa.eu/sides/getDoc.do?pubRef=-//EP//NONSGML+TA+P7-TA-2013-0357+0+DOC+PDF+V0//DE. Zugegriffen: 27.04.2017.

Europäisches Parlament. 2013d. *Plenardebatten. Montag, 15. April 2013 – Straßburg*. 16. Zeitlicher Ablauf von Versteigerungen von Treibhausgasemissionszertifikaten (Aussprache). Straßburg. http://www.europarl.europa.eu/sides/getDoc.do?type=CRE&reference=20130415&secondRef=ITEM-016&language=DE&ring=A7-2013-0046. Zugegriffen: 25.01.2017.

Europäisches Parlament. 2013e. *Protokoll. Ergebnis der namentlichen Abstimmungen – Anlage*. 10/12/2013. http://www.europarl.europa.eu/sides/getDoc.do?pubRef=-//EP//NONSGML+PV+20131210+RES-RCV+DOC+PDF+V0//DE&language=DE. Zugegriffen: 25.01.2017.

Europäisches Parlament. 2013f. *Protokoll. Mittwoch, 11. September 2013 – Straßburg.* Ergebnis der namentlichen Abstimmungen – Anlage. Straßburg. https://www.europarl.europa.eu/sides/getDoc.do?pubRef=-//EP//NONSGML+PV+20130911+RES-RCV+DOC+PDF+V0//DE&language=DE. Zugegriffen: 27.04.2017.

Europäisches Parlament. 2013g. *Protokoll. Mittwoch, 3. Juli 2013 – Straßburg.* 8.3. Zeitlicher Ablauf von Versteigerungen von Treibhausgasemissionszertifikaten (Abstimmung). Straßburg. http://www.europarl.europa.eu/sides/getDoc.do?pubRef=-//EP//TEXT+PV+20130703+ ITEM-008–03+DOC+XML+V0//DE. Zugegriffen: 26.01.2017.

Europäisches Parlament. 2013h. *Protokoll. Ergebnis der namentlichen Abstimmungen – Anlage.* 16/04/2013. Straßburg. http://www.europarl.europa.eu/sides/getDoc.do?pubRef=-//EP//NONSGML+PV+20130416+RES-RCV+DOC+PDF+V0//DE&language=DE. Zugegriffen: 08.05.2017.

Europäisches Parlament. 2013i. *Zeitlicher Ablauf von Versteigerungen von Treibhausgasemissionszertifikaten.* Abänderungen des Europäischen Parlaments vom 3. Juli 2013 zu dem Vorschlag für einen Beschluss des Europäischen Parlaments und des Rates zur Änderung der Richtlinie 2003/87/EG zur Klarstellung der Bestimmungen über den zeitlichen Ablauf von Versteigerungen von Treibhausgasemissionszertifikaten. Straßburg. http://www.europarl.europa.eu/sides/getDoc.do?pubRef=-//EP//NONSGML+TA+P7-TA-2013-0310+0+DOC+PDF+V0//DE. Zugegriffen: 23.01.2017.

Europäisches Parlament. 2014a. *Ausschuss für Umweltfragen, öffentliche Gesundheit und Lebensmittelsicherheit. Sitzung vom 24. September 2014.* Protokoll. Brüssel. http://www.europarl.europa.eu/sides/getDoc.do?pubRef=-%2f%2fEP%2f%2fNONSGML%2bCOMPARL%2bPE-539.513%2b01%2bDOC%2bPDF%2bV0%2f%2fDE. Zugegriffen: 07.03.2017.

Europäisches Parlament. 2014b. *Bericht über den Vorschlag für eine Richtlinie des Europäischen Parlaments und des Rates zur Änderung der Richtlinie 2003/87/EG über ein System für den Handel mit Treibhausgasemissionszertifikaten in der Gemeinschaft zur Umsetzung bis 2020 eines internationalen Übereinkommens über die Anwendung eines einheitlichen globalen marktbasierten Mechanismus auf Emissionen aus dem internationalen Luftverkehr.* (Ausschuss für Umweltfragen, öffentliche Gesundheit und Lebensmittelsicherheit). Straßburg. http://www.europarl.europa.eu/sides/getDoc.do?pubRef=-//EP//NONSGML+REPORT+A7-2014-0079+0+DOC+PDF+V0//DE. Zugegriffen: 08.05.2017.

Europäisches Parlament. 2014c. *Ein Rahmen für die Klima- und Energiepolitik bis 2030.* Entschließung des Europäischen Parlaments vom 5. Februar 2014. Straßburg. http://www.europarl.europa.eu/sides/getDoc.do?pubRef=-//EP//NONSGML+TA+P7-TA-2014-0094+0+DOC+PDF+V0//DE. Zugegriffen: 19.07.2017.

Europäisches Parlament. 2014d. *Entwurf einer Stellungnahme des Ausschusses für Industrie, Forschung und Energie für den Ausschuss für Umweltfragen, öffentliche Gesundheit und Lebensmittelsicherheit zu dem Vorschlag für einen Beschluss des Europäischen Parlaments und des Rates über die Einrichtung und Anwendung einer Marktstabilitätsreserve für das EU-System für den Handel mit Treibhausgasemissionszertifikaten und zur Änderung der Richtlinie 2003/87/EG.* Brüssel. http://www.europarl.europa.eu/sides/getDoc.do?pubRef=-%2f%2fEP%2f%2fNONSGML%2bCOMPARL%2bPE-539.807%2b01%2bDOC%2bPDF%2bV0%2f%2fDE. Zugegriffen: 12.05.2017.

Europäisches Parlament. 2014e. *Keine Einwände gegen eine Durchführungsmaßnahme: Ausstellung von Treibhausgasemissionszertifikaten für den Zeitraum 2013–2020.*

Straßburg. http://www.europarl.europa.eu/sides/getDoc.do?pubRef=-//EP//NONSGML+TA+P7-TA-2014-0097+0+DOC+PDF+V0//DE. Zugegriffen: 24.01.2017.

Europäisches Parlament. 2014f. *Plenardebatten. Mittwoch, 2. April 2014 – Brüssel.* 25. Handel mit Treibhausgasemissionszertifikaten in der Gemeinschaft (Aussprache). Brüssel. http://www.europarl.europa.eu/sides/getDoc.do?type=CRE&reference=20140402&secondRef=ITEM-025&language=DE&ring=A7-2014-0079. Zugegriffen: 07.03.2017.

Europäisches Parlament. 2014g. *Protokoll. Donnerstag, 3. April 2014 – Brüssel.* Ergebnisse der Abstimmungen. Brüssel. http://www.europarl.europa.eu/sides/getDoc.do?pubRef=-//EP//NONSGML+PV+20140403+RES-VOT+DOC+PDF+V0//DE&language=DE. Zugegriffen: 09.05.2017.

Europäisches Parlament. 2014h. *Protokoll. Ergebnis der namentlichen Abstimmungen – Anlage.* 03/04/2014. Brüssel. http://www.europarl.europa.eu/sides/getDoc.do?pubRef=-//EP//NONSGML+PV+20140403+RES-RCV+DOC+PDF+V0//DE&language=DE. Zugegriffen: 09.05.2017.

Europäisches Parlament. 2014i. *Protokoll. Ergebnis der namentlichen Abstimmungen – Anlage.* 05/02/2014. Straßburg. http://www.europarl.europa.eu/sides/getDoc.do?pubRef=-//EP//NONSGML+PV+20140205+RES-RCV+DOC+PDF+V0//DE&language=DE. Zugegriffen: 19.07.2017.

Europäisches Parlament. 2014j. *Protokoll. Mittwoch, 5. Februar 2014 – Straßburg.* Ergebnisse der Abstimmungen. Straßburg. http://www.europarl.europa.eu/sides/getDoc.do?pubRef=-//EP//NONSGML+PV+20140205+RES-VOT+DOC+PDF+V0//DE&language=DE. Zugegriffen: 19.07.2017.

Europäisches Parlament. 2014k. *Tätigkeitsbericht über Verfahren der Mitentscheidung und Vermittlungsverfahren.* 14. Juli 2009 – 30. Juni 2014 (7.Wahlperiode). Brüssel. http://www.europarl.europa.eu/code/information/activity_reports/activity_report_2009_2014_de.pdf. Zugegriffen: 28.10.2016.

Europäisches Parlament. 2015a. *Bericht über den Vorschlag für einen Beschluss des Europäischen Parlaments und des Rates über die Einrichtung und Anwendung einer Marktstabilitätsreserve für das EU-System für den Handel mit Treibhausgasemissionszertifikaten und zur Änderung der Richtlinie 2003/87/EG.* (Ausschuss für Umweltfragen, öffentliche Gesundheit und Lebensmittelsicherheit). Brüssel. http://www.europarl.europa.eu/sides/getDoc.do?pubRef=-//EP//NONSGML+REPORT+A8-2015-0029+0+DOC+PDF+V0//DE. Zugegriffen: 13.05.2017.

Europäisches Parlament. 2015b. *Legislative Entschließung des Europäischen Parlaments vom 28. April 2015 zu dem Standpunkt des Rates in erster Lesung im Hinblick auf die Annahme einer Richtlinie des Europäischen Parlaments und des Rates zur Änderung der Richtlinie 98/70/EG über die Qualität von Otto- und Dieselkraftstoffen und zur Änderung der Richtlinie 2009/28/EG zur Förderung der Nutzung von Energie aus erneuerbaren Quellen.* Straßburg. https://www.europarl.europa.eu/doceo/document/TA-8-2015-0100_DE.pdf. Zugegriffen: 27.04.2017.

Europäisches Parlament. 2015c. *Protokoll. Ergebnis der namentlichen Abstimmungen – Anlage.* 08/07/2015. Straßburg. http://www.europarl.europa.eu/sides/getDoc.do?pubRef=-//EP//NONSGML+PV+20150708+RES-RCV+DOC+PDF+V0//DE&language=DE. Zugegriffen: 13.05.2017.

Europäisches Parlament. 2015d. *Protokoll. Mittwoch, 8. Juli 2015 – Straßburg*. Ergebnisse der Abstimmungen. Straßburg. http://www.europarl.europa.eu/sides/getDoc.do?pubRef=-//EP//NONSGML+PV+20150708+RES-VOT+DOC+PDF+V0//DE&language=DE. Zugegriffen: 13.05.2017.

Europäisches Parlament. 2016a. *Außerordentliche Sitzung am Dienstag, 15. Dezember 2016, in Straßburg*. (Ausschuss für Umweltfragen, öffentliche Gesundheit und Lebensmittelsicherheit). Straßburg. http://www.emeeting.europarl.europa.eu/committees/agenda/201612/ENVI/ENVI(2016)1215_1/sitt-3968209. Zugegriffen: 06.05.2017.

Europäisches Parlament. 2016b. *Bericht über den Vorschlag für eine Richtlinie des Europäischen Parlaments und des Rates zur Änderung der Richtlinie 2003/87/EG zwecks Verbesserung der Kosteneffizienz von Emissionsminderungsmaßnahmen und zur Förderung von Investitionen in CO2-effiziente Technologien*. (Ausschuss für Umweltfragen, öffentliche Gesundheit und Lebensmittelsicherheit). Straßburg. http://www.europarl.europa.eu/sides/getDoc.do?pubRef=-//EP//NONSGML+REPORT+A8–2017-0003+0+DOC+PDF+V0//DE. Zugegriffen: 23.05.2017.

Europäisches Parlament. 2016c. *Letter from the Chair of the Conference of Committee Chairs to President Schulz – Request for association by ITRE regarding a legislative report of ENVI*. Straßburg. http://www.europarl.europa.eu/RegData/courrier_officiel/depart/2016/EP-PE_LTD(2016)300736_XL.pdf. Zugegriffen: 19.02.2019.

Europäisches Parlament. 2016d. *The European Parliament: Historical Background*. Brüssel. http://www.europarl.europa.eu/ftu/pdf/en/FTU_1.3.1.pdf. Zugegriffen: 03.10.2016.

Europäisches Parlament. 2017a. *Angenommene Texte*. Kosteneffizienz von Emissionsminderungsmaßnahmen und Investitionen in CO2-effiziente Technologien. Abänderungen des Europäischen Parlaments vom 15. Februar 2017 zu dem Vorschlag für eine Richtlinie des Europäischen Parlaments und des Rates zur Änderung der Richtlinie 2003/87/EG zwecks Verbesserung der Kosteneffizienz von Emissionsminderungsmaßnahmen und zur Förderung von Investitionen in CO2effiziente Technologien. Straßburg. http://www.europarl.europa.eu/sides/getDoc.do?pubRef=-//EP//NONSGML+TA+P8-TA-2017-0035+0+DOC+PDF+V0//DE. Zugegriffen: 23.05.2017.

Europäisches Parlament. 2017b. *Ausführliche Sitzungsberichte. Montag, 13.02.2017*. Straßburg. http://www.europarl.europa.eu/doceo/document/CRE-8-2017-02-13_DE.pdf. Zugegriffen: 02.02.2019.

Europäisches Parlament. 2017c. *Bericht über den Vorschlag für eine Richtlinie des Europäischen Parlaments und des Rates zur Förderung der Nutzung von Energie aus erneuerbaren Quellen (Neufassung)*. Brüssel. https://www.europarl.europa.eu/RegData/seance_pleniere/textes_deposes/rapports/2017/0392/P8_A(2017)0392_DE.pdf. Zugegriffen: 18.11.2019.

Europäisches Parlament. 2017d. *Bericht über den Vorschlag für eine Verordnung des Europäischen Parlaments und des Rates über das Governance-System der Energieunion zur Änderung der Richtlinie 94/22/EG, der Richtlinie 98/70/EG, der Richtlinie 2009/31/EG, der Verordnung (EG) Nr. 663/2009, der Verordnung (EG) Nr. 715/2009, der Richtlinie 2009/73/EG, der Richtlinie 2009/119/EG des Rates, der Richtlinie 2010/31/EU, der Richtlinie 2012/27/EU, der Richtlinie 2013/30/EU und der Richtlinie (EU) 2015/652 des Rates und zur Aufhebung der Verordnung (EU) Nr. 525/2013*. Brüssel. http://www.europarl.europa.eu/RegData/seance_pleniere/textes_deposes/rapports/2017/0402/P8_A(2017)0402_DE.pdf. Zugegriffen: 26.09.2019.

Europäisches Parlament. 2017e. *Bericht über den Vorschlag für eine Verordnung des Europäischen Parlaments und des Rates zur Änderung der Richtlinie 2003/87/EG zur Aufrechterhaltung der derzeitigen Einschränkung ihrer Anwendung auf Luftverkehrstätigkeiten und zur Vorbereitung der Umsetzung eines globalen marktbasierten Mechanismus ab 2021*. Brüssel. https://www.europarl.europa.eu/RegData/seance_pleniere/textes_deposes/rapports/2017/0258/P8_A(2017)0258_DE.pdf. Zugegriffen: 26.09.2019.

Europäisches Parlament. 2017f. *Protokoll. Dienstag, 12. Dezember 2017 – Straßburg. Ergebnisse der Abstimmungen*. Straßburg. https://www.europarl.europa.eu/doceo/document/PV-8-2017-12-12-VOT_DE.pdf. Zugegriffen: 13.06.2019.

Europäisches Parlament. 2017g. *Protokoll. Mittwoch, 15. Februar 2017 – Straßburg*. Ergebnis der namentlichen Abstimmungen. Straßburg. https://www.europarl.europa.eu/doceo/document/PV-8-2017-02-15-RCV_DE.pdf. Zugegriffen: 23.05.2017.

Europäisches Parlament. 2017h. *Protokoll. Mittwoch, 15. Februar 2017 – Straßburg*. Ergebnisse der Abstimmungen. Straßburg. http://www.europarl.europa.eu/sides/getDoc.do?pubRef=-//EP//NONSGML+PV+20170215+RES-VOT+DOC+PDF+V0//DE&language=DE. Zugegriffen: 23.05.2017.

Europäisches Parlament. 2018a. *Bericht über den Vorschlag für eine Richtlinie des Europäischen Parlaments und des Rates mit gemeinsamen Vorschriften für den Elektrizitätsbinnenmarkt (Neufassung)*. Brüssel. http://www.europarl.europa.eu/RegData/seance_pleniere/textes_deposes/rapports/2018/0044/P8_A(2018)0044_DE.pdf. Zugegriffen: 23.11.2019.

Europäisches Parlament. 2018b. *Bericht über den Vorschlag für eine Richtlinie des Europäischen Parlaments und des Rates zur Änderung der Richtlinie 2009/73/EG über gemeinsame Vorschriften für den Erdgasbinnenmarkt*. Brüssel. http://www.europarl.europa.eu/RegData/seance_pleniere/textes_deposes/rapports/2018/0143/P8_A(2018)0143_DE.pdf. Zugegriffen: 23.11.2019.

Europäisches Parlament. 2018c. *Bericht über den Vorschlag für eine Verordnung des Europäischen Parlaments und des Rates über den Elektrizitätsbinnenmarkt (Neufassung)*. Brüssel. http://www.europarl.europa.eu/RegData/seance_pleniere/textes_deposes/rapports/2018/0042/P8_A(2018)0042_DE.pdf. Zugegriffen: 19.11.2019.

Europäisches Parlament. 2018d. *Bericht über den Vorschlag für eine Verordnung des Europäischen Parlaments und des Rates zur Gründung einer Agentur der Europäischen Union für die Zusammenarbeit der Energieregulierungsbehörden (Neufassung)*. Brüssel. http://www.europarl.europa.eu/RegData/seance_pleniere/textes_deposes/rapports/2018/0040/P8_A(2018)0040_DE.pdf. Zugegriffen: 21.11.2019.

Europäisches Parlament. 2018e. *Legislative Entschließung des Europäischen Parlaments vom 13. November 2018 zu dem Vorschlag für eine Richtlinie des Europäischen Parlaments und des Rates zur Förderung der Nutzung von Energie aus erneuerbaren Quellen (Neufassung)*. Straßburg. https://www.europarl.europa.eu/doceo/document/TA-8-2018-0444_DE.pdf. Zugegriffen: 18.11.2019.

Europäisches Parlament. 2018f. *Plenardebatten. Montag, 12. November 2018 – Straßburg*. 14. Energieeffizienz – Governance-System der Energieunion – Förderung der Nutzung von Energie aus erneuerbaren Quellen (Aussprache). Straßburg. https://www.europarl.europa.eu/doceo/document/CRE-8-2018-11-12-ITM-014_DE.html. Zugegriffen: 19.11.2019.

Europäisches Parlament. 2018g. *Protokoll der Sitzung vom Dienstag, 6. Februar 2018.* Anlage: Ergebnisse der Abstimmungen. Straßburg. http://www.europarl.europa.eu/doceo/document/PV-8-2018-02-06-VOT_DE.pdf. Zugegriffen: 19.11.2019.

Europäisches Parlament. 2018h. *Protokoll. Mittwoch, 17. Januar 2018 – Straßburg.* Ergebnis der namentlichen Abstimmungen – Anlage. Straßburg. https://www.europarl.europa.eu/doceo/document/PV-8-2018-01-17-RCV_DE.pdf. Zugegriffen: 18.11.2019.

Europäisches Parlament. 2018i. *Protokoll. Mittwoch, 17. Januar 2018 – Straßburg.* Anlage: Ergebnisse der Abstimmungen. Straßburg. https://www.europarl.europa.eu/doceo/document/PV-8-2018-01-17-VOT_DE.pdf. Zugegriffen: 18.11.2019.

Europäisches Parlament. 2019. *Legislative Procedures voted in plenary. 8th parliamentary term 2014–2019.* Straßburg. https://www.europarl.europa.eu/sed/doc/news/previoustermstatistic/22586/8LEG_nbre_leg_proc_en.pdf. Zugegriffen: 20.02.2020.

Europäisches Parlament. 2020. *The European Parliament after Brexit.* Straßburg. http://www.europarl.europa.eu/thinktank/de/document.html?reference=EPRS_ATA%282020%29642259. Zugegriffen: 20.02.2020.

Eurostat. 2016. *BIP und Hauptkomponenten (Produktionswert, Ausgaben und Einkommen).* Luxemburg. http://appsso.eurostat.ec.europa.eu/nui/show.do?dataset=nama_10_gdp&lang=de. Zugegriffen: 12.11.2016.

Eurostat. 2020. *Reales BIP pro Kopf.* Brüssel. https://ec.europa.eu/eurostat/databrowser/view/sdg_08_10/default/table?lang=de. Zugegriffen: 21.02.2020.

EurWORK. 1999. *Energy unions express concern over liberalisation of markets.* Dublin. https://www.eurofound.europa.eu/ga/observatories/eurwork/articles/energy-unions-express-concern-over-liberalisation-of-markets. Zugegriffen: 08.03.2018.

FERC. 1996. *Order No. 888. Final Rule.* Federal Energy Regulatory Commission. Washington D.C. https://www.ferc.gov/legal/maj-ord-reg/land-docs/rm95-8-00w.txt. Zugegriffen: 27.11.2019.

FERC. 1999. *Order No. 2000. Regional Transmission Organizations.* Federal Energy Regulatory Commission. Washington D.C. https://www.ferc.gov/legal/maj-ord-reg/land-docs/RM99-2-00K.pdf. Zugegriffen: 27.11.2019.

FERC. 2006a. *Order Certifying North American Electric Reliability Corporation as the Electric Reliability Organization and Ordering Compliance Filing.* Federal Energy Regulatory Commission. Washington D.C. https://www.ferc.gov/whats-new/comm-meet/072006/E-5.pdf. Zugegriffen: 27.11.2019.

FERC. 2006b. *Rules Concerning Certification of the Electric Reliability Organization; and Procedures for the Establishment, Approval, and Enforcement of Electric Reliability Standards.* Federal Energy Regulatory Commission. Washington D.C. https://www.nerc.com/pa/Stand/Resources/Documents/FERC_Order_18_CRF_Part_39_Rules_Concerning_Cert_of_ERO.pdf. Zugegriffen: 27.11.2019.

FERC. 2007. *Order No. 693: Mandatory Reliability Standards for the Bulk-Power-System.* Federal Energy Regulatory Commission. Washington D.C. https://www.ferc.gov/whats-new/comm-meet/2007/031507/E-13.pdf. Zugegriffen: 20.03.2020.

FERC. 2008. *Order No. 706: Mandatory Reliability Standards for Critical Infrastructure Protection.* Federal Energy Regulatory Commission. Washington D.C. https://www.ferc.gov/whats-new/comm-meet/2008/011708/E-2.pdf. Zugegriffen: 20.03.2020.

FERC. 2012. *Order No. 761: Version 4 Critical Infrastructure Protection Reliability Standards.* Federal Energy Regulatory Commission. Washington D.C. https://www.ferc.gov/whats-new/comm-meet/2012/041912/E-6.pdf. Zugegriffen: 20.03.2020.

FERC. 2013. *Order No. 791: Version 5 Critical Infrastructure Protection Reliability Standards.* Federal Energy Regulatory Commission. Washington D.C. https://www.ferc.gov/whats-new/comm-meet/2013/112113/E-2.pdf. Zugegriffen: 20.03.2020.

FERC. 2015a. *Order No. 808. Communications Reliability Standards.* Federal Energy Regulatory Commission. Washington D.C. https://www.nerc.com/FilingsOrders/us/FERCOrdersRules/Order%20No.%20808%20Approving%20Reliability%20Standards%20COM-001-2%20and%20COM-002-4.pdf. Zugegriffen: 20.03.2020.

FERC. 2015b. *Order No. 810. Real Power Balancing Control Performance Reliability Standard.* Federal Energy Regulatory Commission. Washington D.C. https://www.nerc.com/FilingsOrders/us/FERCOrdersRules/Order%20No.%20810%20Approving%20Reliability%20Standard%20BAL-001-2.pdf. Zugegriffen: 20.03.2020.

FERC. 2016a. *Order No. 822: Revised Critical Infrastructure Protection Reliability Standards.* Federal Energy Regulatory Commission. Washington D.C. https://www.ferc.gov/whats-new/comm-meet/2016/012116/E-2.pdf. Zugegriffen: 20.03.2020.

FERC. 2016b. *Petition of the North American Electric Reliability Corporation for Approval of Proposed Reliability Standard COM-001–3.* Federal Energy Regulatory Commission. Washington D.C. https://www.nerc.com/FilingsOrders/us/FERCOrdersRules/COM-001-3%20DELEGATED%20ORDER.pdf. Zugegriffen: 20.03.2020.

FERC. 2018a. *2018 Reliability Technical Conference. Docket No. AD18–11–000.* Federal Energy Regulatory Commission. Washington D.C. https://www.ferc.gov/CalendarFiles/20180731083631-Madrigal,%20CRE.pdf. Zugegriffen: 20.03.2020.

FERC. 2018b. *Office of Electric Reliability (OER).* Federal Energy Regulatory Commission. Washington D.C. https://www.ferc.gov/about/offices/oer.asp. Zugegriffen: 20.03.2020.

FERC. 2018c. *Order No. 843: Revised Critical Infrastructure Protection Reliability Standard CIP-003-7—Cyber Security—Security Management Controls.* Federal Energy Regulatory Commission. Washington D.C. https://www.ferc.gov/whats-new/comm-meet/2018/041918/E-3.pdf. Zugegriffen: 20.03.2020.

FERC. 2019a. *About FERC.* Federal Energy Regulatory Commission. Washington D.C. https://www.ferc.gov/about/about.asp. Zugegriffen: 20.03.2020.

FERC. 2019b. *Regional Transmission Organizations (RTO)/Independent System Operators (ISO).* Federal Energy Regulatory Commission. Washington D.C. https://www.ferc.gov/industries/electric/indus-act/rto.asp. Zugegriffen: 20.03.2020.

Georgetown Climate Center. 2019. *State and Local Adaptation Plans.* Washington D.C. https://www.georgetownclimate.org/adaptation/plans.html. Zugegriffen: 19.01.2020.

GIZ. 2020. *Preparation of an Emissions Trading System (ETS) in Mexico.* Berlin. https://www.giz.de/en/worldwide/68789.html. Zugegriffen: 04.03.2020.

Government of Canada. 2002. *Final Text of the Safe Third Country Agreement.* Ottawa. http://www.cic.gc.ca/english/department/laws-policy/safe-third.asp. Zugegriffen: 10.10.2017.

Government of Canada. 2007. *Joint Statement.* 2007 NAFTA Commission Meeting. Vancouver, Canada—August 14, 2007. Vancouver. http://www.international.gc.ca/trade-agreements-accords-commerciaux/agr-acc/nafta-alena/JS-Vancouver.aspx?lang=en. Zugegriffen: 16.09.2017.

Government of Canada. 2009. *Joint Statement.* 2009 NAFTA Commission Meeting. Dallas, Texas, October 19, 2009. Dallas. http://www.international.gc.ca/trade-agreements-accords-commerciaux/agr-acc/nafta-alena/js-dallas.aspx?lang=en. Zugegriffen: 16.09.2017.

Government of Canada. 2012. *Joint Statement.* 2012 NAFTA Commission Meeting. Washington D.C. http://www.international.gc.ca/trade-commerce/trade-agreements-accords-commerciaux/agr-acc/nafta-alena/fta-ale/js-washington-dc.aspx?lang=eng. Zugegriffen: 16.09.2017.

Government of Canada. 2017. *Canadian Environmental Sustainability Indicators. Greenhouse Gas Emissions.* Ottawa. https://www.canada.ca/content/dam/eccc/migration/main/indicateurs-indicators/18f3bb9c-43a1-491e-9835-76c8db9ddfa3/ghgemissions_en.pdf. Zugegriffen: 16.09.2017.

Government of Connecticut. 2019. *Climate Action Timeline for Connecticut.* Hartford. https://portal.ct.gov/DEEP/Climate-Change/Climate-Action-Timeline-for-Connecticut#:~:text=An%20Act%20Concerning%20Climate%20Change,Integrated%20Resource%20Plan(IRP). Zugegriffen: 03.01.2020.

Government of Maine. 2019a. *Governor Mills Signs Major Renewable Energy and Climate Change Bills Into Law.* Augusta. https://www.maine.gov/governor/mills/news/governor-mills-signs-major-renewable-energy-and-climate-change-bills-law-2019-06-26#:~:text=LD%201679%20An%20Act%20To,levels%20by%202030%20and%20at. Zugegriffen: 03.01.2020.

Government of Maine. 2019b. *Maine Prepares for Climate Change.* 2019 Update. Augusta. https://www1.maine.gov/dep/sustainability/climate/MainePreparesforClimateChange2019Update.pdf. Zugegriffen: 20.01.2020.

Government of Manitoba. 2011. *Public Consultation on a Proposed Cap and Trade System for Manitoba.* Winnipeg. http://www.gov.mb.ca/sd/climate/pdf/cap_and_trade_consultation_final_rpt.pdf. Zugegriffen: 14.11.2017.

Government of Massachusetts. 2015. *Massachusetts Clean Energy and Climate Plan for 2020.* Boston. https://www.mass.gov/files/documents/2017/12/06/Clean%20Energy%20and%20Climate%20Plan%20for%202020.pdf. Zugegriffen: 24.01.2019.

Government of Massachusetts. 2020. *GWSA Implementation Progress.* Boston. https://www.mass.gov/service-details/gwsa-implementation-progress. Zugegriffen: 16.02.2020.

Government of New Hampshire. 2009. *The New Hampshire Climate Action Plan.* A Plan for New Hampshire's Energy, Environmental and Economic Development Future. Concord. https://www.des.nh.gov/organization/divisions/air/tsb/tps/climate/action_plan/documents/nhcap_final.pdf. Zugegriffen: 20.03.2020.

Government of Newfoundland and Labrador. 2011. *Charting Our Course. Climate Change Action Plan 2011.* St. John's. http://www.exec.gov.nl.ca/exec/occ/publications/climate_change.pdf. Zugegriffen: 20.03.2020.

Government of Ontario. 2009. *Green Energy Act Will Attract Investment, Create Jobs.* Toronto. https://news.ontario.ca/opo/en/2009/09/green-energy-act-will-attract-investment-create-jobs.html. Zugegriffen: 06.12.2017.

Government of Ontario. 2017. *Cap and Trade. Overview.* Toronto. https://www.ontario.ca/page/cap-and-trade. Zugegriffen: 06.12.2017.

Government of Ontario. 2018. *Ontario Introduces Legislation to End Cap and Trade Carbon Tax Era in Ontario.* Toronto. https://news.ontario.ca/ene/en/2018/07/ontario-introduces-legislation-to-end-cap-and-trade-carbon-tax-era-in-ontario.html. Zugegriffen: 12.03.2019.

Government of Prince Edward Island. 2018. *Taking Action. A Climate Change Action Plan for Prince Edward Island.* Charlottetown. https://www.princeedwardisland.ca/sites/default/files/publications/climatechange2018_f8.pdf. Zugegriffen: 20.03.2020.

Government of Quebec. 2013. *2013–2020 Climate Change Action Plan.* Montreal. http://www.mddelcc.gouv.qc.ca/changements/plan_action/pacc2020-en.pdf. Zugegriffen: 20.03.2020.

Government of Quebec. 2017. *A Brief Look at the Québec Cap-and-Trade-System for Emission Allowances.* Quebec. http://www.mddelcc.gouv.qc.ca/changements/carbone/documents-spede/in-brief.pdf. Zugegriffen: 20.03.2020.

Green Growth Group. 2014a. *Green Growth Group Joint Statement 3rd March 2014 on a climate and energy framework for 2030.*http://www.bmub.bund.de/fileadmin/Daten_BMU/Download_PDF/Europa___International/green_growth_group_erklaerung_en_bf.pdf. Zugegriffen: 27.02.2017.

Green Growth Group. 2014b. *Green Growth Group Ministers' statement—next steps on the EU 2030 Climate and Energy Policy Framework.*https://www.gov.uk/government/news/green-growth-group-ministers-statement-on-2030-energy-climate-policy-framework. Zugegriffen: 12.05.2017.

Hydro One. 2006. *Report to Hydro One Networks, Inc. Regarding A Jurisdictional Survey of Export and Wheel Through Service Rates.* Toronto. https://www.hydroone.com/abouthydroone/RegulatoryInformation/txrates/Documents/2007%202008%20files/Tab_5_Sched_2-Rev_of_Export_Tariff_in_Other_Jurisdictions.pdf. Zugegriffen: 12.10.2017.

HydroQuébec. 2017. *Historical Overview of HydroQuébec's Electricity Exports.* Montreal. http://www.hydroquebec.com/international/en/exports/historical-overview.html. Zugegriffen: 12.11.2017.

ICAO. 2013. *Report of the Executive Committee on Agenda Item 17 (Section on Climate Change).* Assembly—38th Session. International Civil Aviation Organization. Montréal. http://www.icao.int/Meetings/a38/Documents/WP/wp430_en.pdf. Zugegriffen: 08.05.2017.

ICAO. 2016. *Resolution Adopted by the Assembly.* Assembly—39th Session. Montréal, 27 September–6 October 2016. International Civil Aviation Organization. Montréal. http://www.icao.int/Meetings/a39/Documents/Resolutions/a39_res_prov_en.pdf. Zugegriffen: 07.05.2017.

ICE. 2011. *CCX Fact Sheet.* December 2011. Chicago. https://www.theice.com/publicdocs/ccx/CCX_Fact_Sheet.pdf. Zugegriffen: 24.01.2019.

IEA. 2008. *The United States—2007 Review.* International Energy Agency. Paris. https://www.iea.org/publications/freepublications/publication/US_2008.pdf. Zugegriffen: 23.06.2014.

IEA. 2014. *Energy Policies of IEA Countries. European Union.* 2014 Review. International Energy Agency. Paris. https://www.iea.org/publications/freepublications/publication/EuropeanUnion_2014.pdf.

IEA. 2017. *Energy Policies Beyond IEA Countries. Mexico 2017.* International Energy Agency. Paris. https://www.iea.org/publications/freepublications/publication/EnergyPoliciesBeyondIEACountriesMexico2017.pdf. Zugegriffen: 13.03.2018.

IEMG. 2017. *International Emergency Management Compact—Operations Manual.* International Emergency Management Group. Halifax. http://www.iemg-gigu-web.org/PDF/GOM-e.pdf. Zugegriffen: 19.01.2019.

IESO. 2019. *About the IESO.* Independent Electricity System Operator. Toronto. http://www.ieso.ca/en/Learn/About-the-IESO/What-We-Do. Zugegriffen: 11.08.2019.

IFIEC Europe. 2007a. *Contribution Paper for the EU ETS Review.* Alliance of Energy Intensive Industries + CEFIC/IFIEC. International Federation of Industrial Energy Consumers. Brüssel. https://ec.europa.eu/clima/sites/clima/files/docs/0065/alliance070629jointcontrib_en.pdf. Zugegriffen: 12.01.2017.

IFIEC Europe. 2007b. *Response to the Communication from the Commission to the Council and the European Parliament 'An Energy Policy for Europe'.* International Federation of Industrial Energy Consumers. Brüssel. https://www.ifieceurope.org/fileadmin/Downloads/Other_documents/Energy_policy_reponse_220207.pdf. Zugegriffen: 17.02.2017.

IFIEC Europe. 2013a. *Carbon Leakage List 2015–2019. Presentation on behalf of the Alliance of Energy Intensive Industries (AEII).* Consultation Meeting, Brussels, 23 May 2013. International Federation of Industrial Energy Consumers. Brüssel. https://ec.europa.eu/clima/sites/clima/files/docs/0076/schyns_en.pdf. Zugegriffen: 06.05.2017.

IFIEC Europe. 2013b. *Response to the Consultation on Structural Measures for the EU ETS.* International Federation of Industrial Energy Consumers. Brüssel. http://www.ifieceurope.org/fileadmin/Downloads/Climate/2_IE_Position_Carbon_Market_Report_20_02_13.pdf. Zugegriffen: 23.01.2017.

IISD. 2014. *Mexico, California Enhance Cooperation on Climate Change.* International Institute for Sustainable Development. Winnipeg. http://sdg.iisd.org/news/mexico-california-enhance-cooperation-on-climate-change/. Zugegriffen: 10.11.2017.

IPCC. 2013. *Climate Change 2013: The Physical Science Basis.* Working Group I Contribution to the Fifth Assessment Report of the Intergovernmental Panel on Climate Change. Intergovernmental Panel on Climate Change. New York. http://www.ipcc.ch/report/ar5/wg1/. Zugegriffen: 12.05.2017.

IPCC. 2014. *Climate Change 2014: Impacts, Adaption, and Vulnerability.* Working Group II Contribution to the Fifth Assessment Report of the Intergovernmental Panel on Climate Change. Intergovernmental Panel on Climate Change. New York. http://www.ipcc.ch/report/ar5/wg2/. Zugegriffen: 12.05.2017.

Lofsnaes, Ole. Guarantees of origin for renewable power set for (overdue) scrutiny. Brüssel: Euractiv. https://www.euractiv.com/section/energy/opinion/guarantees-of-origin-for-renewable-power-set-for-overdue-scrutiny/. Zugegriffen: 26.11.2019.

MacDonald, Phil. 2016. *EU carbon price falls below €4.* Brüssel/London. https://sandbag.org.uk/2016/09/02/eu-carbon-price-falls-below-e4-2/. Zugegriffen: 11.05.2017.

Manitoba Hydro. 2018. *Transmission System Operations Division.* Winnipeg. https://www.hydro.mb.ca/regulatory_affairs/standards_pdfs/transmission_system_operations.pdf. Zugegriffen: 25.11.2019.

Marlon, Jennifer, Peter Howe, Matto Mildenberger, und Anthony Leiserrowitz. 2017. *Yale Climate Opinion Maps—U.S. 2016.* New Haven. http://climatecommunication.yale.edu/visualizations-data/ycom-us-2016/?est=human&type=value&geo=state. Zugegriffen: 01.12.2017.

NACEI. 2015. *About NACEI.* North American Cooperation on Energy Information. Washington D.C.. http://www.nacei.org/#!/about. Zugegriffen: 11.11.2019.

NACEI. 2019. *North American Infrastructure Map.* North American Cooperation on Energy Information. Washington D.C./Ottawa/Mexiko Stadt. http://www.nacei.org/#!/maps. Zugegriffen: 11.11.2019.

NAEWG. 2006. *North America—The Energy Picture II*. Prepared by North American Energy Working Group; Security and Prosperity Partnership; Energy Picture Experts Group. North American Energy Working Group. Washington D.C. http://co2.egi.utah.edu/news/PDFs/NorthAmericaEnergyPictureII.pdf. Zugegriffen: 16.10.2017.

NAFTA Arbitral Panel. 2001. *Final Report of the Panel*. In the Matter of Cross-Border Trucking Services. North American Free Trade Agreement. Washington D.C. https://www.nafta-sec-alena.org/DesktopModules/NAFTA_DecisionReport/pdf.ashx?docID=18355&lang=1. Zugegriffen: 19.09.2017.

NAFTA Secretariat. 2016. *Minutes of Committee Meetings*. North American Free Trade Agreement. Ottawa/Mexico Stadt/Washington D.C. https://www.nafta-sec-alena.org/Home/Alternative-Dispute-Resolution/Advisory-Committee/Minutes-of-Committee-Meeting. Zugegriffen: 14.10.2017.

National Grid. 2015. *Response to Public consultation on a new energy market design*. Brüssel. https://ec.europa.eu/energy/sites/ener/files/documents/Replies.zip. Zugegriffen: 29.04.2019.

NB Power. 2014. *Standards of Conduct*. Fredericton. https://tso.nbpower.com/Public/en/op/transmission/standards.aspx. Zugegriffen: 05.11.2019.

NEB. 2016. *Canada's Renewable Power Landscape*. Energy Market Analysis. National Energy Board.Ottawa. https://www.cer-rec.gc.ca/nrg/sttstc/lctrct/rprt/2016cndrnwblpwr/2016cndrnwblpwr-eng.pdf. Zugegriffen: 11.11.2019.

NEB. 2017a. *Estimated Production of Canadian Crude Oil and Equivalent*. National Energy Board. Ottawa. http://www.neb-one.gc.ca/nrg/sttstc/crdlndptrlmprdct/stt/2017/stmtdprdtncdncrdlqvlnt2017.xls. Zugegriffen: 05.11.2019.

NEB. 2017b. *Marketable Natural Gas Production in Canada*. National Energy Board. Ottawa. https://www.neb-one.gc.ca/nrg/sttstc/ntrlgs/stt/mrktblntrlgsprdctn2017.xls. Zugegriffen: 05.11.2019.

NEG-ECP. 2000. *Resolution Concerning the Northeast International Committee on Energy (NICE)*.https://scics.ca/en/product-produit/resolution-resolution-concerning-the-northeast-international-committee-on-energy-nice/. Zugegriffen: 12.11.2019.

NEG-ECP. 2001. *Climate Change Action Plan 2001*. Halifax. http://www.climate-talks.net/2004-ENVRE130/PDF/20010800-NEG-ECP-CCAP.pdf. Zugegriffen: 31.10.2017.

NERC. 2007. *Memorandum of Understanding Between the National Energy Board and the North American Electric Reliability Corporation*. North American Electric Reliability Corporation. Atlanta (GA). https://www.nerc.com/FilingsOrders/ca/Canadian%20mous%20DL/NEB-NERCMOU091406.pdf. Zugegriffen: 20.03.2020.

NERC. 2009a. *CIP-003–2. Cyber Security—Security Management Controls*. North American Electric Reliability Corporation. Atlanta (GA). http://www.nerc.com/files/CIP-003-2.pdf. Zugegriffen: 20.03.2020.

NERC. 2009b. *CIP-003–3. Cyber Security—Security Management Controls*. North American Electric Reliability Corporation. Atlanta (GA). http://www.nerc.com/files/CIP-003-3.pdf. Zugegriffen: 20.03.2020.

NERC. 2009c. *Consideration of Comments on Reliability Coordination—Project 2006–06*. North American Electric Reliability Corporation. Atlanta (GA). https://www.nerc.com/pa/Stand/Project200606%20Relaibility%20Coordination/C_of_C_Project2006-06_RCSDT_2010Jan4.pdf. Zugegriffen: 20.03.2020.

NERC. 2010. *Consideration of Comments on Reliability Coordination (Project 2006–06).* North American Electric Reliability Corporation. Atlanta (GA). https://www.nerc.com/pa/Stand/Project200606%20Relaibility%20Coordination/Project_2006-06_Consideration_of_Comments_RCSDT_2010Aug09.pdf. Zugegriffen: 20.03.2020.

NERC. 2011a. *CIP Standards Development Overview.* North American Electric Reliability Corporation. Atlanta (GA). https://www.nerc.com/pa/Stand/Project20086CyberSecurityOrder706Version5CIPStanda/CIP%20Standards%20Version%205%20Presentations%20-%20August%202011-0817-mtg-r2.pdf. Zugegriffen: 20.03.2020.

NERC. 2011b. *CIP-003-4. Cyber Security—Security Management Controls.* North American Electric Reliability Corporation. Atlanta (GA). http://www.nerc.com/pa/Stand/Reliability%20Standards/CIP-003-4.pdf. Zugegriffen: 20.03.2020.

NERC. 2011c. *COM-001-2. Draft 4.* North American Electric Reliability Corporation. Atlanta (GA). https://www.nerc.com/pa/Stand/Project200606%20Relaibility%20Coordination/Project_2006-06_COM-001-2_redline_to_third_posting_2010Nov23.pdf. Zugegriffen: 20.03.2020.

NERC. 2011d. *Registered Ballot Body Criteria.* Rules of Procedure, Appendix 3D. North American Electric Reliability Corporation. Atlanta (GA). https://www.nerc.com/pa/Stand/Standards/Appendix_3D_Registered_Ballot_Body_Criteria_20111117.pdf. Zugegriffen: 20.03.2020.

NERC. 2012a. *BAL-001-01. Draft 1. Comments Received.* North American Electric Reliability Corporation. Atlanta (GA). https://www.nerc.com/pa/Stand/Project%202010141%20%20Phase%201%20of%20Balancing%20Authority%20Re/Comments_received_BAL-001-1_070312.pdf. Zugegriffen: 20.03.2020.

NERC. 2012b. *CIP-003-5—Cyber Security—Security Management Controls—Draft 3.* North American Electric Reliability Corporation. Atlanta (GA). https://www.nerc.com/pa/Stand/Project20086CyberSecurityOrder706Version5CIPStanda/CIP-003-5_Redline_from_Last_Posting(2012-0914).pdf. Zugegriffen: 20.03.2020.

NERC. 2012c. *CIP-003-5 Final Ballot.* North American Electric Reliability Corporation. Atlanta (GA). https://www.nerc.com/pa/Stand/Project%20200806%20Cyber%20Security%20Order%20706%20DL/2008-06_CIP-003-5_060712.pdf. Zugegriffen: 20.03.2020.

NERC. 2012d. *CIP-003-5 Initial Ballot.* North American Electric Reliability Corporation. Atlanta (GA). https://www.nerc.com/pa/Stand/Project20086CyberSecurityOrder706Version5CIPStanda/full_record_CIP-003-5_010612.pdf. Zugegriffen: 20.03.2020.

NERC. 2012e. *COM-001-2 Final Ballot.* North American Electric Reliability Corporation. Atlanta (GA). https://www.nerc.com/pa/Stand/Project200606%20Relaibility%20Coordination/2006-06_Ballot_Results_091712.pdf. Zugegriffen: 20.03.2020.

NERC. 2012f. *Consideration of Comments. Cyber Security Order 706 Version 5 CIP Standards, Draft 3.* North American Electric Reliability Corporation. Atlanta (GA). https://www.nerc.com/pa/Stand/Project20086CyberSecurityOrder706Version5CIPStanda/Consideration_of_Comments_A_2008-06_091012.pdf. Zugegriffen: 20.03.2020.

NERC. 2012g. *Consideration of Comments. Cyber Security Order 706 Version 5 CIP Standards, Draft 4.* North American Electric Reliability Corporation. Atlanta (GA). https://www.nerc.com/pa/Stand/Project%20200806%20Cyber%20Security%20Order%20706%20DL/Consideration_of_Comments_to_draft_3_102612_final.pdf. Zugegriffen: 20.03.2020.

NERC. 2013a. *BAL-001–2 Final Ballot.* North American Electric Reliability Corporation. Atlanta (GA). https://www.nerc.com/pa/Stand/Project2010141Phase1ofBalancingAuthorityRe/2010-14.1_ballot_results_072613.pdf. Zugegriffen: 20.03.2020.

NERC. 2013b. *BAL-001–2 Initial Ballot.* North American Electric Reliability Corporation. Atlanta (GA). https://www.nerc.com/pa/Stand/Project%202010141%20%20Phase%201%20of%20Balancing%20Authority%20Re/BAL-001-2_ballot_results_042513.pdf. Zugegriffen: 20.03.2020.

NERC. 2014a. *Consideration of Issues and Directives.* North American Electric Reliability Corporation. Atlanta (GA). https://www.nerc.com/pa/Stand/Prjct2014XXCrtclInfraPrtctnVr5Rvns/CIP_V5_Consideration_of_Issues_and_Directives_06022014.pdf. Zugegriffen: 20.03.2020.

NERC. 2014b. *Project 2014–02. CIP Version 5 Revisions: Consideration of Comments.* North American Electric Reliability Corporation. Atlanta (GA). https://www.nerc.com/pa/Stand/Prjct2014XXCrtclInfraPrtctnVr5Rvns/Consideration_of_Comments_to_Additional_Posting_of_CIP_V5_Revisions_Third_Posting.pdf. Zugegriffen: 20.03.2020.

NERC. 2015. *Project 2014–02. CIP Version 5 Revisions: Consideration of Comments.* North American Electric Reliability Corporation. Atlanta (GA). https://www.nerc.com/pa/Stand/Prjct2014XXCrtclInfraPrtctnVr5Rvns/Consideration_of_Comments_to_Additional_Posting_of_CIP_V5_Revisions_January_23_FB.pdf. Zugegriffen: 20.03.2020.

NERC. 2018. *Bylaws.* North American Electric Reliability Corporation. Atlanta (GA). https://www.nerc.com/gov/Annual%20Reports/NERC%20Bylaws_Effective%20September%2025,%202018.pdf. Zugegriffen: 20.03.2020.

NERC. 2019a. *Board of Trustees.* North American Electric Reliability Corporation. Atlanta (GA). https://www.nerc.com/gov/bot/Pages/default.aspx. Zugegriffen: 20.03.2020.

NERC. 2019b. *Key Players.* North American Electric Reliability Corporation. Atlanta (GA). https://www.nerc.com/AboutNERC/keyplayers/Pages/default.aspx. Zugegriffen: 20.03.2020.

NERC. 2019c. *Mandatory Standards Subject to Enforcement.* North American Electric Reliability Corporation. Atlanta (GA). https://www.nerc.net/standardsreports/standardssummary.aspx. Zugegriffen: 20.03.2020.

NERC. 2019d. *NERC Roster.* North American Electric Reliability Corporation. Atlanta (GA). https://www.nerc.com/AboutNERC/Resource%20Documents/roster.pdf. Zugegriffen: 20.03.2020.

NERC. 2019e. *Rules of Procedure.* North American Electric Reliability Corporation. Atlanta (GA). https://www.nerc.com/FilingsOrders/us/RuleOfProcedureDL/NERC_ROP_Effective_20190125.pdf. Zugegriffen: 20.03.2020.

NERC. 2019f. *Standard Proceses Manual.* Rules of Procedure, Appendix 3A. North American Electric Reliability Corporation. Atlanta (GA). https://www.nerc.com/FilingsOrders/us/RuleOfProcedureDL/SPM_Clean_Mar2019.pdf. Zugegriffen: 20.03.2020.

NERC. 2019g. *Standards Committee.* North American Electric Reliability Corporation. Atlanta (GA). https://www.nerc.com/comm/SC/Pages/default.aspx. Zugegriffen: 20.03.2020.

New Mexico Department of Transportation. 2015. *New Mexico—Chihuahua Border Master Plan (BMP).* Santa Fe. http://dot.state.nm.us/content/nmdot/en/InternationalPrograms.html. Zugegriffen: 11.10.2017.

NOAA. 2014. *The thirty costliest mainland United States tropical cyclones 1900–2013.* Washington D.C. http://www.aoml.noaa.gov/hrd/tcfaq/costliesttable.html. Zugegriffen: 11.01.2017.

Norton Rose Fulbright. 2018. *USMCA—Impact on labour principles and rights.* London. https://www.nortonrosefulbright.com/en/knowledge/publications/7fa2f9da/usmca---impact-on-labour-principles-and-rights. Zugegriffen: 31.01.2020.

Nuclear Regulatory Commission. 2001. *Report of the National Energy Policy Development Group.* Washington D.C. https://www.nrc.gov/docs/ML0428/ML042800056.pdf. Zugegriffen: 31.08.2019.

OAS. 2017. *Trade Policy Developments.* Organization of American States. Washington D.C. http://www.sice.oas.org/TPD/NAFTA/NAFTA_e.ASP. Zugegriffen: 12.08.2019.

OECD. 2016. *Emission trading systems.* Paris. http://www.oecd.org/env/tools-evaluation/emissiontradingsystems.htm. Zugegriffen: 27.01.2017.

OECD. 2017a. *Greenhouse gas emissions.* Paris. https://stats.oecd.org/Index.aspx?DataSetCode=AIR_GHG. Zugegriffen: 26.09.2019.

OECD. 2017b. *Primary Energy Supply.* Paris. https://data.oecd.org/energy/primary-energy-supply.htm. Zugegriffen: 26.09.2019.

OECD. 2019a. *Gross Domestic Product.* Paris. https://data.oecd.org/gdp/gross-domestic-product-gdp.htm. Zugegriffen: 29.01.2020.

OECD. 2019b. *OECD International Direct Investment Statistics.* 2008–2017. Paris. https://www.oecd-ilibrary.org/docserver/bb55ccaf-en.pdf?expires=1579541154&id=id&accname=ocid54022192&checksum=7611BD8FEA3CDE5726700EFB58B297AD. Zugegriffen: 29.01.2020.

OECD. 2019c. *Population.* Paris. https://data.oecd.org/pop/population.htm. Zugegriffen: 29.01.2020.

OVB. 2013. *Summary: The Environment. 2013 Oregon Values & Beliefs Study.* Oregon Values and Beliefs Project. Portland (OR). http://oregonvaluesproject.org/ovp-content/uploads/2013/10/OVB_Environment_Summary.pdf. Zugegriffen: 25.10.2017.

PCC. 2010. *Action Plan on Ocean Observation and Coastal Climate Change Adaptation.* Pacific Coast Collaborative. Vancouver. http://pacificcoastcollaborative.org/wp-content/uploads/2016/02/Pages/Agreements/Q006922%20Action%20Plan%20CCCA_MOU_WEB.pdf. Zugegriffen: 31.10.2017.

PCC. 2013. *Pacific Coast Action Plan on Climate and Energy.* Pacific Coast Collaborative. San Francisco. http://pacificcoastcollaborative.org/wp-content/uploads/2016/02/Pages/Agreements/Pacific%20Coast%20Climate%20Action%20Plan.pdf. Zugegriffen: 31.10.2017.

PCC. 2016. *Pacific Coast Climate Leadership Action Plan.* Pacific Coast Collaborative. San Francisco. http://pacificcoastcollaborative.org/wp-content/uploads/2016/06/PCC_Leadership_Action_Plan_060116_Signed.pdf. Zugegriffen: 31.10.2017.

Pentalaterales Energieforum. 2007. *Memorandum of Understanding of the Pentalateral Energy Forum on Market Coupling and Security of Supply in Central Western Europe.* Luxemburg. http://www.benelux.int/files/3214/2554/2929/Memorandum_of_understanding_Pentalateral_2007_-_EN.pdf. Zugegriffen: 04.02.2019.

Plan Washington. 2016. *Washington State Opinion Polling Shows Strong Support for Climate Action.* Port Angeles (WA). https://planwashington.org/blog/archive/washington-state-opinion-polling-shows-strong-support-for-climate-action/. Zugegriffen: 02.12.2017.

PNWER. 2005. *A Comprehensive Approach to Bi-National Regional Energy Planning in the Pacific Northwest.* Pacific Northwest Economic Region. Seattle. https://www.osti.gov/servlets/purl/992254. Zugegriffen: 15.11.2019.

PNWER. 2014a. *2014 Whistler Summit Action Items.* Pacific Northwest Economic Region. Whistler. http://www.weebly.com/uploads/2/3/2/9/23295822/2014_pnwer_summit_action_items_final.pdf. Zugegriffen: 17.11.2019.

PNWER. 2014b. *Roadmap to Resilient, Ultra-Low Energy Buildings in the Pacific Northwest.* Pacific Northwest Economic Region. Whistler. http://www.pnwer.org/uploads/2/3/2/9/23295822/pnwer_roadmap_to_resilient_ulta-law_energy_buildings_in_the_pacific_northwest.pdf. Zugegriffen: 17.11.2019.

PNWER. 2017a. *2016 Annual Report.* Pacific Northwest Economic Region. Seattle. https://issuu.com/pacificnorthwesteconomicregion/docs/2016_annual_report__98c50e806d9d3d. Zugegriffen: 13.10.2017.

PNWER. 2017b. *Background & History.* Pacific Northwest Economic Region. Seattle. http://www.pnwer.org/background--history.html. Zugegriffen: 15.11.2019.

PNWER. 2018. *Ultra-Low Energy Buildings in the Pacific Northwest.* Pacific Northwest Economic Region. Seattle. http://www.pnwer.org/low-energy-buildings.html. Zugegriffen: 15.11.2019.

PNWER. 2019a. *Governance Structure.* Pacific Northwest Economic Region. Seattle. http://www.pnwer.org/governance-structure.html. Zugegriffen: 09.11.2019.

PNWER. 2019b. *Legislative Energy Horizon Institute.* Pacific Northwest Economic Region. Seattle. http://www.pnwer.org/energyhorizon.html. Zugegriffen: 15.11.2019.

Public Citizen. 2018. *Table of Foreign Investor-State Cases and Claims Under NAFTA and Other U.S. "Trade" Deals.* Washington D.C. https://www.citizen.org/wp-content/uploads/investor-state-chart-aug-2018.pdf. Zugegriffen: 12.01.2020.

Ragwitz, Mario, Anne Held, Gustav Resch, Thomas Faber, Reinhard Haas, Claus Huber, Rogier Coenraads, Monique Voogt, Gemma Reece, Poul Erik Morthorst, Stine Grenaa Jensen, und Bernhard Heyder. OPTRES—Final Report. Assessment and optimisation of renewable energy support schemes in the European electricity market. Karlsruhe. https://ec.europa.eu/energy/sites/ener/files/documents/2007_02_optres.pdf. Zugegriffen: 22.04.2017.

Rasch, Christoph. 2018. *EU-Energiepaket: Drohendes Greenwashing durch Flut von Ökostrom-Zertifikaten.* Brüssel. https://www.greenpeace-energy.de/blog/wissen/energiepolitik/eu-energiepaket-kommt-die-massenweise-ausstellung-von-oekostrom-zertifkaten/. Zugegriffen: 25.04.2020.

Rat der EU, und Europäische Kommission. 2015. *Submission by Latvia and the European Commission on Behalf of the European Union and its Member States.* Brüssel. https://www4.unfccc.int/sites/submissions/INDC/Published%20Documents/Latvia/1/LV-03-06-EU%20INDC.pdf. Zugegriffen: 12.01.2017.

Rat der EU. 1992a. *Aufzeichnung des Vorsitzes.* Betr.: Liberalisierung des Elektrizitäts- und Erdgasbinnenmarktes [5909/92]. Brüssel.

Rat der EU. 1992b. *Beratungsergebnisse der Gruppe "Energiefragen".* Betr: Vorschläge für Richtlinien des Rates betreffend gemeinsame Vorschriften für den Elektrizitäts- und Erdgasbinnenmarkt [5260/92]. Brüssel.

Rat der EU. 1994a. *Beratungsergebnisse der Gruppe "Energiefragen"*. Betr.: Geänderter Vorschlag für eine Richtlinie des Europäischen Parlaments und des Rates betreffend gemeinsame Vorschriften für den Elektrizitätsbinnenmarkt [8038/94]. Brüssel.

Rat der EU. 1994b. *Report from Working Party on Energy to Permanent Representatives Committee*. Subject: Amended Proposal for a European Parliament and Council Directive concerning common rules for the internal market in electricity [11156/94]. Brüssel.

Rat der EU. 1994c. *Schreiben (Übersetzung) der Ständigen Vertretung Frankreichs bei der Europäischen Union, unterzeichnet von Herrn J.F. Corallo*. Betr.: Vorschlag für eine Richtlinie über den Elektrizitätsbinnenmarkt [9606/94]. Brüssel.

Rat der EU. 1995. *1894th Council Meeting—Energy*. Press Release. Brüssel. http://europa.eu/rapid/press-release_PRES-95-372_en.htm. Zugegriffen: 17.01.2018.

Rat der EU. 1996a. *Beratungsergebnisse des Rates "Energie"* Betr.: Geänderter Vorschlag für eine Richtlinie des Europäischen Parlaments und des Rates betreffend gemeinsame Regeln für den Elektrizitätsbinnenmarkt [7153/96]. Brüssel.

Rat der EU. 1996b. *Gemeinsamer Standpunkt (EG) Nr. 56/96 vom Rat festgelegt am 25. Juli 1996 im Hinblick auf den Erlaß der Richtlinie 96/.../EG des Europäischen Parlaments und des Rates vom... betreffend gemeinsame Vorschriften für den Elektrizitätsbinnenmarkt*. Brüssel. http://eur-lex.europa.eu/legal-content/DE/TXT/PDF/?uri=CELEX:51996AG1024(05)&from=EN. Zugegriffen: 19.04.2018.

Rat der EU. 1996c. *Outcome of Proceedings of Working Party on Energy*. Subject: Amended proposal for a Directive of the European Parliament and of the Council concerning common rules for the internal market on electricity [5417/96]. Brüssel.

Rat der EU. 1997a. *Beratungsergebnisse der Gruppe "Energiefragen"*. Betr.: Geänderter Vorschlag für eine Richtlinie des Europäischen Parlaments und des Rates betreffend gemeinsame Vorschriften für den Erdgasbinnenmarkt [5097/97]. Brüssel.

Rat der EU. 1997b. *Natural gas and electricity*. Common position agreed by the Council [Bulletin 1997/12/1.2.137]. Brüssel. http://ec.europa.eu/archives/bulletin/en/9712/p102137.htm. Zugegriffen: 17.01.2018.

Rat der EU. 1997c. *Pressemitteilung*. 1990. Tagung des Rates – Umwelt [C/97/60]. http://europa.eu/rapid/press-release_PRES-97-60_de.htm. Zugegriffen: 11.01.2017.

Rat der EU. 1998a. *Gemeinsamer Standpunkt (EG) Nr. 17/98 vom Rat festgelegt am 12. Februar 1998 im Hinblick auf den Erlaß der Richtlinie 98/.../EG des Europäischen Parlaments und des Rates vom... betreffend gemeinsame Vorschriften für den Erdgasbinnenmarkt*. Brüssel. http://eur-lex.europa.eu/legal-content/DE/TXT/PDF/?uri=CELEX:51998AG0326(05)&from=EN. Zugegriffen: 19.02.2018.

Rat der EU. 1998b. *Pressemitteilung*. 2106. Tagung des Rates – Umwelt [C/98/205]. Luxemburg. http://europa.eu/rapid/press-release_PRES-98-205_de.pdf. Zugegriffen: 18.12.2016.

Rat der EU. 1999. *Pressemitteilung. 2176. Tagung des Rates – Energie – Brüssel, 11. Mai 1999* [8013/99]. Brüssel. http://europa.eu/rapid/press-release_PRES-99-143_de.pdf. Zugegriffen: 07.06.2017.

Rat der EU. 2000a. *Beratungsergebnisse der Gruppe "Energie" vom 17. Oktober 2000*. Betr.: Vorschlag für eine Richtlinie des Europäischen Parlaments und des Rates zur Förderung der Stromerzeugung aus erneuerbaren Energiequellen im Elektrizitätsbinnenmarkt [12566/00]. Brüssel. https://data.consilium.europa.eu/doc/document/ST-12566-2000-INIT/de/pdf. Zugegriffen: 19.07.2017.

Rat der EU. 2000b. *Beratungsergebnisse der Gruppe "Energie" vom 6., 12. und 19. September 2000.* Betr.: Vorschlag für eine Richtlinie des Europäischen Parlaments und des Rates zur Förderung der Stromerzeugung aus erneuerbaren Energiequellen im Elektrizitätsbinnenmarkt [11549/00]. Brüssel. https://data.consilium.europa.eu/doc/document/ST-11549-2000-INIT/de/pdf. Zugegriffen: 19.07.2017.

Rat der EU. 2000c. *Schlussfolgerungen des Vorsitzes.* Europäischer Rat (Lissabon). 23. und 24. März 2000. Brüssel. http://www.consilium.europa.eu/de/european-council/conclusions/pdf-1993-2003/EUROP%C3%84ISCHER-RAT-(LISSABON)--SCHLUSSFOLGERUNGEN-DES-VORSITZES---Council-documents-(en-fr)-mentioned-in-the-Annex-to-be-found-under-Presse-Release-LibraryMiscellaneous;-Commission-documents-under-httpe/. Zugegriffen: 28.09.2016.

Rat der EU. 2001a. *2347th Council Meeting—Energy/Industry.* Press Release. Brüssel. http://europa.eu/rapid/press-release_PRES-01-181_en.htm?locale=en. Zugegriffen: 17.01.2018.

Rat der EU. 2001b. *Einleitende Aufzeichnung des Generalsekretariats des Rates für AStV/Rat.* Betr.: Elektrizitäts- und Erdgasbinnenmarkt [14047/01]. Brüssel. http://data.consilium.europa.eu/doc/document/ST-14047-2001-INIT/de/pdf. Zugegriffen: 19.02.2018.

Rat der EU. 2001c. *Einleitender Vermerk des Generalsekretariats des Rates für den AStV.* Betr.: Vorbereitung der Tagung des Rates (Industrie und Energie) am 14./15. Mai 2001 – Mitteilung der Kommission: Vollendung des Erdgasbinnenmarkts [8172/01]. Brüssel. http://data.consilium.europa.eu/doc/document/ST-8172-2001-INIT/de/pdf. Zugegriffen: 13.07.2018.

Rat der EU. 2001d. *Gemeinsamer Standpunkt (EG) Nr. 18/2001 vom Rat festgelegt am 23. März 2001 im Hinblick auf den Erlass der Richtlinie des Europäischen Parlaments und des Rates vom zur Förderung der Stromerzeugung aus erneuerbaren Energiequellen im Elektrizitätsbinnenmark.* Brüssel. http://eur-lex.europa.eu/legal-content/DE/TXT/PDF/?uri=CELEX:52001AG0018&from=EN. Zugegriffen: 06.06.2017.

Rat der EU. 2001e. *Gemeinsamer Standpunkt des Rates im Hinblick auf den Erlass der Richtlinie des Europäischen Parlaments und des Rates zur Förderung der Stromerzeugung aus erneuerbaren Energiequellen im Elektrizitätsbinnenmarkt* [5583/01]. Brüssel. https://data.consilium.europa.eu/doc/document/ST-5583-2001-INIT/de/pdf. Zugegriffen: 22.04.2017.

Rat der EU. 2001f. *Schlussfolgerungen des Vorsitzes.* Europäischer Rat (Stockholm). 23. und 24. März 2001. Brüssel. http://www.consilium.europa.eu/de/european-council/conclusions/pdf-1993-2003/EUROP%C3%84ISCHER-RAT-(STOCKHOLM)—SCHLUSSFOLGERUNGEN-DES-VORSITZES/. Zugegriffen: 28.09.2016.

Rat der EU. 2001g. *Übermittlungsvermerk.* Betr.: Vorschlag für eine Richtlinie des Europäischen Parlaments und des Rates zur Änderung der Richtlinie 96/92/EG betreffend gemeinsame Vorschriften für den Elektrizitätsbinnenmarkt [15496/01]. Brüssel. http://data.consilium.europa.eu/doc/document/ST-15496-2001-INIT/de/pdf. Zugegriffen: 16.02.2018.

Rat der EU. 2002a. *2549. Tagung des Rates – Beschäftigung, Sozialpolitik, Gesundheit und Verbraucherschutz.* Mitteilung an die Presse. Brüssel. http://europa.eu/rapid/press-release_PRES-02-354_de.htm?locale=de. Zugegriffen: 22.01.2018.

Rat der EU. 2002b. *Amended proposal for a Directive of the European Parliament and of the Council establishing a scheme for greenhouse gas emission allowance trading within the Community and amending Council Directive 96/61/EC—Recitals.* Information Note from General Secretariat to Delegations [15536/1/02]. Brüssel. https://www.eumonitor.eu/9353000/1/j4nvgs5kjg27kof_j9vvik7m1c3gyxp/vj6ipaynv0zx/f=/15536_1_02_rev_1.pdf. Zugegriffen: 26.01.2017.

Rat der EU. 2002c. *Beratungsergebnisse der Gruppe "Energie"* [11766/02]. Brüssel. http://data.consilium.europa.eu/doc/document/ST-11766-2002-INIT/de/pdf. Zugegriffen: 14.03.2018.

Rat der EU. 2002d. *Beratungsergebnisse der Gruppe "Energie"* [7550/02]. Brüssel. http://data.consilium.europa.eu/doc/document/ST-7550-2002-INIT/de/pdf. Zugegriffen: 14.02.2018.

Rat der EU. 2002e. *Beratungsergebnisse der Gruppe "Energie" vom 15. Januar 2002* [5338/02]. Brüssel. http://data.consilium.europa.eu/doc/document/ST-5338-2002-INIT/de/pdf. Zugegriffen: 14.03.2018.

Rat der EU. 2002f. *Beratungsergebnisse der Gruppe "Energie" vom 8. Januar 2002* [5340/02]. Brüssel. http://data.consilium.europa.eu/doc/document/ST-5340-2002-INIT/de/pdf. Zugegriffen: 14.03.2018.

Rat der EU. 2002g. *Beratungsergebnisse der Gruppe Energie* [7218/02]. Brüssel. http://data.consilium.europa.eu/doc/document/ST-7218-2002-INIT/de/pdf. Zugegriffen: 14.03.2018.

Rat der EU. 2002h. *Bericht des AStV an den Rat* [14388/02]. Brüssel. http://data.consilium.europa.eu/doc/document/ST-14388-2002-INIT/de/pdf. Zugegriffen: 15.09.2018.

Rat der EU. 2002i. *Bericht des AStV an den Rat.* Betrifft: Elektrizitäts- und Erdgasbinnenmarkt [14392/02]. Brüssel. http://data.consilium.europa.eu/doc/document/ST-14392-2002-INIT/de/pdf. Zugegriffen: 15.09.2018.

Rat der EU. 2002j. *Bericht des Generalsekretariats an den AStV* [12682/1/02]. Brüssel. https://data.consilium.europa.eu/doc/document/ST-12682-2002-REV-1/de/pdf. Zugegriffen: 26.01.2017.

Rat der EU. 2002k. *Bericht des Generalsekretariats des Rates für den AStV/Rat.* Betrifft: Vorbereitung der Tagung des Rates [12073/02]. Brüssel. http://data.consilium.europa.eu/doc/document/ST-12073-2002-INIT/de/pdf. Zugegriffen: 27.09.2018.

Rat der EU. 2002l. *Information Note from General Secretariat to Delegations.* Subject: Amended proposal for a Directive of the European Parliament and of the Council establishing a scheme for greenhouse gas emission allowance trading within the Community and amending Council Directive 96/61/EC—Political agreement [14935/02]. Brüssel. https://www.eumonitor.eu/9353000/1/j4nvgs5kjg27kof_j9vvik7m1c3gyxp/vj6ipaws2rzm/f=/14935_02.pdf. Zugegriffen: 30.01.2017.

Rat der EU. 2002m. *Introductory Note from General Secretariat to Coreper.* Subject: Proposal for a Directive of the European Parliament and of the Council establishing a scheme for greenhouse gas emission allowance trading within the Community and amending Council Directive 96/61/EC [14207/02]. Brüssel. https://data.consilium.europa.eu/doc/document/ST-14207-2002-INIT/en/pdf. Zugegriffen: 23.01.2017.

Rat der EU. 2002n. *Outcome of Proceedings of Working Party on Energy* [7415/02]. Brüssel. http://data.consilium.europa.eu/doc/document/ST-7415-2002-INIT/en/pdf. Zugegriffen: 09.05.2018.

Rat der EU. 2002o. *Schlussfolgerungen des Vorsitzes*. Europäischer Rat (Barcelona). 15. und 16. März 2002. Brüssel. http://www.consilium.europa.eu/de/european-council/conclu sions/pdf-1993-2003/SCHLUSSFOLGERUNGEN-DES-VORSITZES_EUROP%C3%84ISCHER-RAT-(BARCELONA)15_-UND-16_-M%C3%84RZ-2002/. Zugegriffen: 28.09.2016.

Rat der EU. 2002p. *Übermittlungsvermerk der Gruppe "Energie"*. Betr.: Vorschlag für eine Richtlinie des Europäischen Parlaments und des Rates zur Änderung der Richtlinie 96/92/EG betreffend gemeinsame Vorschriften für den Elektrizitätsbinnenmarkt [8411/02]. Brüssel. http://data.consilium.europa.eu/doc/document/ST-8411-2002-INIT/de/pdf. Zugegriffen: 31.05.2018.

Rat der EU. 2002q. *Übermittlungsvermerk des Generalsekretariats für die Delegationen*. Betr.: Geänderter Vorschlag für eine Richtlinie des Europäischen Parlaments und des Rates zur Änderung der Richtlinien 96/92/EG (Elektrizität) und 98/30/EG (Erdgas) betreffend gemeinsame Vorschriften für den Elektrizitätsbinnenmarkt und den Erdgasbinnenmarkt [14386/1/02]. Brüssel. http://data.consilium.europa.eu/doc/document/ST-14386-2002-REV-1/de/pdf. Zugegriffen: 31.05.2018.

Rat der EU. 2002r. *Übermittlungsvermerk*. Betr.: Vorschlag für eine Richtlinie des Europäischen Parlaments und des Rates zur Änderung der Richtlinie 98/30/EG betreffend gemeinsame Vorschriften für den Erdgasbinnenmarkt [7349/02]. Brüssel. http://data.con silium.europa.eu/doc/document/ST-7349-2002-INIT/de/pdf. Zugegriffen: 02.06.2018.

Rat der EU. 2002s. *Übermittlungsvermerk*. Betr.: Vorschlag für eine Richtlinie des Europäischen Parlaments und des Rates zur Änderung der Richtlinie 98/30/EG betreffend gemeinsame Vorschriften für den Erdgasbinnenmarkt [8419/02]. Brüssel. http://data.con silium.europa.eu/doc/document/ST-8419-2002-INIT/de/pdf. Zugegriffen: 07.06.2018.

Rat der EU. 2002t. *Übermittlungsvermerk*. Betr.: Vorschlag für eine Richtlinie des Europäischen Parlaments und des Rates zur Änderung der Richtlinie 96/92/EG betreffend gemeinsame Vorschriften für den Elektrizitätsbinnenmarkt [6461/02]. Brüssel. http://data.consilium.europa.eu/doc/document/ST-6461–2002-INIT/de/pdf. Zugegriffen: 01.06.2018.

Rat der EU. 2002u. *Übermittlungsvermerk*. Betr.: Vorschlag für eine Richtlinie des Europäischen Parlaments und des Rates zur Änderung der Richtlinie 98/30/EG betreffend gemeinsame Vorschriften für den Erdgasbinnenmarkt [5827/02]. Brüssel. http://data.con silium.europa.eu/doc/document/ST-5827–2002-INIT/de/pdf. Zugegriffen: 01.06.2018.

Rat der EU. 2002v. *Vermerk des Vorsitzes*. Betr.: Elektrizitäts- und Erdgasbinnenmarkt [9400/02]. Brüssel. http://data.consilium.europa.eu/doc/document/ST-9400-2002-INIT/de/pdf. Zugegriffen: 31.05.2018.

Rat der EU. 2003a. *2518. Tagung des Rates – Aussenbeziehungen*. Mitteilung an die Presse. Luxemburg. http://europa.eu/rapid/press-release_PRES-03-166_de.pdf. Zugegriffen: 02.12.2018.

Rat der EU. 2003b. *Addendum zum I/A-Punkt-Vermerk des Generalsekretariats für den Ausschuss der Ständigen Vertreter/Rat*. Betr.: Geänderter Vorschlag für eine Richtlinie des Europäischen Parlaments und des Rates über ein System für den Handel mit Treibhausgasemissionsberechtigungen in der Gemeinschaft und zur Änderung der Richtlinie 96/61/EG des Rates [11263/03 ADD 1 REV 1]. Brüssel. https://data.consilium.europa.eu/doc/document/ST-11263-2003-ADD-1-REV-1/de/pdf. Zugegriffen: 26.01.2017.

Rat der EU. 2003c. *Gemeinsamer Standpunkt (EG) Nr. 5/2003 vom Rat festgelegt am 3. Februar 2003 im Hinblick auf den Erlass der Richtlinie 2003/.../EG des Europäischen Parlaments und des Rates vom... über gemeinsame Vorschriften für den Elektrizitätsbinnenmarkt und zur Aufhebung der Richtlinie 96/92/EG.* Brüssel. http://eur-lex.europa.eu/legal-content/DE/TXT/PDF/?uri=CELEX:52003AG0005&from=EN. Zugegriffen: 03.02.2018.

Rat der EU. 2003d. *Gemeinsamer Standpunkt (EG) Nr. 6/2003 vom Rat festgelegt am 3. Februar 2003 im Hinblick auf den Erlass der Richtlinie 2003/.../EG des Europäischen Parlaments und des Rates vom... über gemeinsame Vorschriften für den Erdgasbinnenmarkt und zur Aufhebung der Richtlinie 98/30/EG.* Brüssel. http://eur-lex.europa.eu/legal-content/DE/TXT/PDF/?uri=CELEX:52003AG0006&from=EN. Zugegriffen: 03.02.2018.

Rat der EU. 2003e. *Gemeinsamer Standpunkt des Rates im Hinblick auf den Erlass der Richtlinie des Europäischen Parlaments und des Rates über gemeinsame Vorschriften für den Elektrizitätsbinnenmarkt und zur Aufhebung der Richtlinie 96/92/EG* [15528/2/02] REV 2. Brüssel. http://data.consilium.europa.eu/doc/document/ST-15528-2002-REV-2/de/pdf. Zugegriffen: 10.05.2018.

Rat der EU. 2003f. *Gemeinsamer Standpunkt des Rates im Hinblick auf den Erlass der Richtlinie des Europäischen Parlaments und des Rates über gemeinsame Vorschriften für den Erdgasbinnenmarkt und zur Aufhebung der Richtlinie 98/30/EG* [15531/02]. Brüsssel. http://data.consilium.europa.eu/doc/document/ST-15531-2002-INIT/de/pdf. Zugegriffen: 10.05.2018.

Rat der EU. 2003g. *Note from the General Secretariat to the Committee of Permanent Representatives.* Subject: Common Positions adopted by the Council on 3 February 2003 [8809/03]. Brüssel. http://data.consilium.europa.eu/doc/document/ST-8809-2003-INIT/en/pdf. Zugegriffen: 10.05.2018.

Rat der EU. 2003h. *Note from the General Secretariat to the Committee of Permanent Representatives.* Subject: Common Positions adopted by the Council on 3 February 2003 [9264/03]. Brüssel. http://data.consilium.europa.eu/doc/document/ST-9264-2003-INIT/en/pdf. Zugegriffen: 12.05.2018.

Rat der EU. 2003i. *Pressemitteilung. 2556. Tagung des Rates – Umwelt – am 22. Dezember 2003 in Brüssel.* Brüssel. http://europa.eu/rapid/press-release_PRES-03-376_de.htm. Zugegriffen: 12.01.2017.

Rat der EU. 2004a. *2603ème session du Conseil de l'Union Euopéenne (Affaires Générales et Relations Extérieures) à Bruxelles, lundi 13 septembre 2004* [12224/04]. Brüssel. http://data.consilium.europa.eu/doc/document/ST-12224-2004-INIT/fr/pdf. Zugegriffen: 26.01.2017.

Rat der EU. 2004b. *Bericht des Ausschusses der Ständigen Vertreter an den Rat.* Betr.: Vorschlag für eine Verordnung des Europäischen Parlaments und des Rates über die Bedingungen für den Zugang zu den Erdgasfernleitungsnetzen [10076/04]. Brüssel. http://data.consilium.europa.eu/doc/document/ST-10076-2004-INIT/de/pdf. Zugegriffen: 26.05.2018.

Rat der EU. 2004c. *Note from General Secretariat to Delegations.* Subject: Proposal for a Regulation of the European Parliament and of the Council on conditions for access to the gas transmission networks [8287/04]. Brüssel. http://data.consilium.europa.eu/doc/document/ST-8287-2004-INIT/en/pdf. Zugegriffen: 04.06.2018.

Rat der EU. 2004d. *Note from General Secretariat to Delegations.* Subject: Proposal for a Regulation of the European Parliament and of the Council on conditions for access to the gas transmission networks [8287/04]. Brüssel. http://data.consilium.europa.eu/doc/document/ST-8287-2004-INIT/en/pdf. Zugegriffen: 16.09.2018.

Rat der EU. 2004e. *Vermerk des Generalsekretariats des Rates für die Delegationen.* Betr.: Annahme der Richtlinie des Europäischen Parlaments und des Rates zur Änderung der Richtlinie 2003/87/EG über ein System für den Handel mit Treibhausgasemissionszertifikaten in der Gemeinschaft im Sinne der projektbezogenen Mechanismen des Kyoto-Protokolls [12359/04]. Brüssel. https://data.consilium.europa.eu/doc/document/ST-12359-2004-INIT/de/pdf. Zugegriffen: 14.01.2017.

Rat der EU. 2004f. *Vermerk des Generalsekretariats für den Ausschuss der Ständigen Vertreter/Rat.* Betr.: Vorschlag für eine Verordnung des Europäischen Parlaments und des Rates über die Bedingungen für den Zugang zu den Erdgasfernleitungsnetzen [8497/04]. Brüssel. http://data.consilium.europa.eu/doc/document/ST-8497-2004-INIT/de/pdf. Zugegriffen: 27.04.2018.

Rat der EU. 2005a. *2672. Tagung des Rates – Wirtschaft und Finanzen.* Mitteilung an die Presse. Brüssel. http://europa.eu/rapid/press-release_PRES-05-181_de.pdf. Zugegriffen: 16.09.2018.

Rat der EU. 2005b. *Gemeinsamer Standpunkt (EG) Nr. 5/2005 vom Rat festgelegt am 12. November 2004 im Hinblick auf den Erlass der Verordnung (EG) Nr. …/2005 des Europäischen Parlaments und des Rates vom … über die Bedingungen für den Zugang zu den Erdgasfernleitungsnetzen.* Brüssel. http://eur-lex.europa.eu/legal-content/DE/TXT/PDF/?uri=CELEX:52005AG0005&from=EN. Zugegriffen: 16.06.2018.

Rat der EU. 2005c. *Vermerk des Generalsekretariats für den AStV.* Betr.: Vorschlag für eine Verordnung des Europäischen Parlaments und des Rates über die Bedingungen für den Zugang zu den Erdgasfernleitungsnetzen – Einigung mit dem Europäischen Parlament in zweiter Lesung [6105/05]. Brüssel. http://data.consilium.europa.eu/doc/document/ST-6105-2005-INIT/de/pdf. Zugegriffen: 11.06.2018.

Rat der EU. 2006. *Europäischer Rat (Brüssel) 15./16. Dezember 2005.* Schlussfolgerungen des Vorsitzes. Brüssel. http://data.consilium.europa.eu/doc/document/ST-15914-2005-REV-1/de/pdf. Zugegriffen: 28.09.2016.

Rat der EU. 2007a. *2835. Tagung des Rates. Verkehr, Telekommunikation und Energie.* Mitteilung an die Presse [15891/07]. Brüssel. http://europa.eu/rapid/press-release_PRES-07-274_de.pdf. Zugegriffen: 19.09.2018.

Rat der EU. 2007b. *Europäischer Rat (Brüssel) 8./9. März 2007.* Schlussfolgerungen des Vorsitzes. Brüssel. http://data.consilium.europa.eu/doc/document/ST-7224-2007-REV-1/de/pdf. Zugegriffen: 28.09.2016.

Rat der EU. 2007c. *Note from General Secretariat to Committee of Permanent Representatives.* Subject: Preparation of the Council (Environment) meeting on 20 December 2007 [15993/07]. Brüssel. https://data.consilium.europa.eu/doc/document/ST-15993-2007-INIT/en/pdf. Zugegriffen: 18.11.2018.

Rat der EU. 2007d. *Note from Presidency to Delegations.* Subject: Proposal for a Directive of the European Parliament and of the Council amending Directive 2003/87/EC so as to include aviation activities in the scheme for greenhouse gas emission allowance trading within the Community—Information from the Presidency [9407/07].

Brüssel. https://data.consilium.europa.eu/doc/document/ST-9407–2007-INIT/en/pdf. Zugegriffen: 18.11.2018.

Rat der EU. 2007e. *Note*. Subject: Proposal for a Directive of the EP and the Council amending Directive 2003/54/EC concerning common rules for the internal market in electricity and repealing Directive 96/92/EC [16613/07]. Brüssel. http://data.consilium.europa.eu/doc/document/ST-16613-2007-INIT/en/pdf. Zugegriffen: 12.05.2018.

Rat der EU. 2007f. *Vermerk des Generalsekretariats des Rates für die Delegationen*. Betr.: Vorbereitung der Tagung des Rates (Verkehr, Telekommunikation und Energie) am 3. Dezember 2007 [15193/1/07]. Brüssel. http://data.consilium.europa.eu/doc/document/ST-15193-2007-REV-1/de/pdf. Zugegriffen: 03.08.2018.

Rat der EU. 2008a. *Addendum to Note from General Secretariat to Delegations*. Subject: Climate-Energy Legislative Package—Progress Report—Policy Debate [10236/08 ADD 2]. Brüssel. https://data.consilium.europa.eu/doc/document/ST-10236-2008-ADD-2/en/pdf. Zugegriffen: 23.04.2017.

Rat der EU. 2008b. *Gemeinsamer Standpunkt (EG) Nr. 13/2008*. vom Rat festgelegt am 18. April 2008 im Hinblick auf den Erlass der Richtlinie 2008/…/EG des Europäischen Parlaments und des Rates vom … zur Änderung der Richtlinie 2003/87/EG zwecks Einbeziehung des Luftverkehrs in das System für den Handel mit Treibhausgasemissionszertifikaten in der Gemeinschaft (Amtsblatt Nr. 08/C 122E, S. 19–38). Brüssel. http://eur-lex.europa.eu/legal-content/DE/TXT/PDF/?uri=CELEX:52008AG0013&from=EN. Zugegriffen: 21.02.2017.

Rat der EU. 2008c. *Gemeinsamer Standpunkt des Rates im Hinblick auf die Annahme einer Richtlinie des Europäischen Parlaments und des Rates über gemeinsame Vorschriften für den Elektrizitätsbinnenmarkt und zur Aufhebung der Richtlinie 2003/54/EG* [14539/08]. Brüssel. http://data.consilium.europa.eu/doc/document/ST-14539-2008-INIT/de/pdf. Zugegriffen: 06.05.2018.

Rat der EU. 2008d. *Gemeinsamer Standpunkt des Rates im Hinblick auf die Annahme einer Richtlinie des Europäischen Parlaments und des Rates über gemeinsame Vorschriften für den Erdgasbinnenmarkt und zur Aufhebung der Richtlinie 2003/55/EG* [14540/08]. Brüssel. http://data.consilium.europa.eu/doc/document/ST-14540-2008-INIT/de/pdf. Zugegriffen: 06.05.2018.

Rat der EU. 2008e. *Gemeinsamer Standpunkt des Rates vom 9. Januar 2008 zur Annahme einer Verordnung des Europäischen Parlaments und des Rates über die Bedingungen für den Zugang zu den Erdgasfernleitungsnetzen und zur Aufhebung der Verordnung (EG) Nr. 1775/2005* [14548/2/08]. Brüssel. https://data.consilium.europa.eu/doc/document/ST-14548-2008-REV-2/de/pdf. Zugegriffen: 09.05.2018.

Rat der EU. 2008f. *Mitteilung an die Presse*. 2898. Tagung des Rates. Umwelt. Luxemburg, den 20. Oktober 2008. Luxemburg. http://europa.eu/rapid/press-release_PRES-08-282_de.pdf. Zugegriffen: 18.01.2017.

Rat der EU. 2008g. *Mitteilung an die Presse*. 2899. Tagung des Rates. Justiz und Inneres. Luxemburg, den 24. Oktober 2008. Luxemburg. http://europa.eu/rapid/press-release_PRES-08-299_de.pdf. Zugegriffen: 21.02.2017.

Rat der EU. 2008h. *Note de la Présidence au Comité des représentants permanents*. Objet: Proposition de directive du Parlement européen et du Conseil modifiant la directive 2003/87/CE afin d'améliorer et d'étendre le système communautaire d'échange de quotas d'émission de gaz à effet de serre [16723/08]. Brüssel. https://data.consilium.europa.eu/doc/document/ST-16723-2008-INIT/x/pdf. Zugegriffen: 18.11.2018.

Rat der EU. 2008i. *Note du Secrétariat du Conseil aux délégations*. Objet: Paquet législatif "climat-énergie" – Résultat du trilogue informel du 3 décembre [16935/08]. Brüssel. https://data.consilium.europa.eu/doc/document/ST-16935-2008-INIT/x/pdf. Zugegriffen: 25.04.2017.

Rat der EU. 2008j. *Note du Secrétariat Général du Conseil aux délégations*. Objet: Paquet législatif "climat-énergie" – Préparation des trilogues informels [15724/08]. Brüssel. https://data.consilium.europa.eu/doc/document/ST-15724-2008-INIT/x/pdf. Zugegriffen: 26.04.2017.

Rat der EU. 2008k. *Note from General Secretariat of the Council to Delegations*. Subject: Climate/Energy Legislative Package—Policy debate—Contribution from Italy [7010/1/08 ADD 1]. Brüssel. https://data.consilium.europa.eu/doc/document/ST-7010-2008-REV-1-ADD-1/en/pdf. Zugegriffen: 16.04.2017.

Rat der EU. 2008l. *Note from General Secretariat of the Council to Delegations*. Subject: Climate-Energy Legislative Package—Policy debate—Contribution from Finland [7010/1/08 ADD 13]. Brüssel. https://data.consilium.europa.eu/doc/document/ST-7010-2008-REV-1-ADD-13/en/pdf. Zugegriffen: 17.04.2017.

Rat der EU. 2008m. *Note from General Secretariat of the Council to Delegations*. Subject: Climate-Energy Legislative Package—Policy debate—Contribution from Lithuania [7010/1/08 ADD7]. Brüssel. https://data.consilium.europa.eu/doc/document/ST-7010-2008-REV-1-ADD-7/en/pdf. Zugegriffen: 17.04.2017.

Rat der EU. 2008n. *Note from General Secretariat of the Council to Delegations*. Subject: Climate-Energy Legislative Package—Policy debate—Contribution from Romania [7010/1/08 ADD 5]. Brüssel. https://data.consilium.europa.eu/doc/document/ST-7010-2008-REV-1-ADD-5/en/pdf. Zugegriffen: 17.04.2017.

Rat der EU. 2008o. *Note from General Secretariat of the Council to Delegations*. Subject: Climate-Energy Legislative Package—Policy debate—Contribution from Spain [7010/1/08 ADD 12]. Brüssel. https://data.consilium.europa.eu/doc/document/ST-7010-2008-REV-1-ADD-12/en/pdf. Zugegriffen: 17.04.2017.

Rat der EU. 2008p. *Note from General Secretariat of the Council to Delegations*. Subject: Climate-Energy Legislative Package—Policy debate—Contribution from the United Kingdom [7010/08]. Brüssel. https://data.consilium.europa.eu/doc/document/ST-7010-2008-INIT/en/pdf. Zugegriffen: 16.04.2017.

Rat der EU. 2008q. *Note from General Secretariat of the Council to Delegations*. Subject: Climate-Energy Legislative Package—Policy Debate—Contribution from Belgium [7010/1/08 ADD 3]. Brüssel. https://data.consilium.europa.eu/doc/document/ST-7010-2008-REV-1-ADD-3/en/pdf. Zugegriffen: 16.04.2017.

Rat der EU. 2008r. *Note from General Secretariat of the Council to Delegations*. Subject: Climate-Energy Legislative Package—Policy debate—Contribution from France [7010/1/08 ADD 10]. Brüssel. https://data.consilium.europa.eu/doc/document/ST-7010-2008-REV-1-ADD-10/en/pdf. Zugegriffen: 17.04.2017.

Rat der EU. 2008s. *Note from General Secretariat of the Council to Delegations*. Subject: Climate-Energy Legislative Package—Policy debate—Contribution from Germany [7010/1/08 ADD 11]. Brüssel. https://data.consilium.europa.eu/doc/document/ST-7010-2008-REV-1-ADD-11/en/pdf. Zugegriffen: 17.04.2017.

Rat der EU. 2008t. *Note from General Secretariat of the Council to Delegations*. Subject: Climate-Energy Legislative Package—Policy debate—Contribution from Portugal [7010/1/08 ADD 15]. Brüssel. https://data.consilium.europa.eu/doc/document/ST-7010-2008-REV-1-ADD-15/en/pdf. Zugegriffen: 17.04.2017.

Rat der EU. 2008u. *Note from General Secretariat of the Council to Delegations*. Subject: Climate-Energy Legislative Package—Policy debate—Contribution from Poland [7010/1/08 ADD 14]. Brüssel. https://data.consilium.europa.eu/doc/document/ST-7010-2008-REV-1-ADD-14/en/pdf. Zugegriffen: 17.04.2017.

Rat der EU. 2008v. *Note from General Secretariat to Committee of Permanent Representatives*. Subject: Presidency suggestions for a common sustainability scheme [8847/08]. Brüssel. https://data.consilium.europa.eu/doc/document/ST-8847-2008-INIT/en/pdf. Zugegriffen: 10.04.2017.

Rat der EU. 2008w. *Note from General Secretariat to Delegations* [15430/08]. Brüssel. https://data.consilium.europa.eu/doc/document/ST-15430-2008-INIT/en/pdf. Zugegriffen: 23.01.2017.

Rat der EU. 2008x. *Note from Presidency to Coreper*. Subject: Proposal for a Directive of the European Parliament and the Council amending Directive 2003/87/EC so as to improve and extend the greenhouse fas emission allowance trading system of the Community—Key issues [15713/08]. Brüssel. https://data.consilium.europa.eu/doc/document/ST-15713-2008-INIT/en/pdf. Zugegriffen: 19.11.2018.

Rat der EU. 2008y. *Note from Presidency to Coreper*. Subject: Climate-Energy Legislative Package—Policy report [12883/08]. Brüssel. https://data.consilium.europa.eu/doc/document/ST-12883-2008-INIT/en/pdf. Zugegriffen: 19.11.2018.

Rat der EU. 2008z. *Note from Presidency to Delegations* [10029/08]. Brüssel. http://data.consilium.europa.eu/doc/document/ST-10029-2008-INIT/en/pdf. Zugegriffen: 17.05.2018.

Rat der EU. 2008aa. *Note from Presidency to Delegations* [9512/08]. Brüssel. http://data.consilium.europa.eu/doc/document/ST-9512-2008-INIT/en/pdf. Zugegriffen: 03.05.2018.

Rat der EU. 2008ab. *Note from Presidency to Permanent Representatives Committee*. Subject: Proposal for a Directive of the European Parliament and of the Council on the promotion of the use of energy from renewable sources—Sustainability criteria for biofuels [12157/08]. Brüssel. https://data.consilium.europa.eu/doc/document/ST-12157-2008-INIT/en/pdf. Zugegriffen: 23.09.2017.

Rat der EU. 2008ac. *Press Release. 2856th Council meeting. Environment. Brussels, 3 March 2008*. Brüssel. http://europa.eu/rapid/press-release_PRES-08-50_en.pdf. Zugegriffen: 19.01.2017.

Rat der EU. 2008ad. *Projet de Procès-Verbal*. 2856ème session du Conseil de l'Union européenne (ENVIRONNEMENT) qui s'est tenue à Bruxelles le 3 mars 2008. Brüssel. http://data.consilium.europa.eu/doc/document/ST-7184-2008-INIT/fr/pdf. Zugegriffen: 18.01.2017.

Rat der EU. 2008ae. *Vermerk des Generalsekretariats des Rates für die Delegationen* [13442/08]. Brüssel. http://data.consilium.europa.eu/doc/document/ST-13442-2008-INIT/de/pdf. Zugegriffen: 16.05.2018.

Rat der EU. 2008af. *Vermerk des Generalsekretariats des Rates für die Delegationen*. Betr. Tagung des Rates (Verkehr, Telekommunikation und Energie) am 6. Juni 2008 – Energiebinnenmarkt [10513/08]. Brüssel. https://data.consilium.europa.eu/doc/document/ST-10513-2008-INIT/de/pdf. Zugegriffen: 03.08.2018.

Rat der EU. 2008ag. *Vermerk des Generalsekretariats des Rates für die Delegationen.* Energie und Klimawandel – Bestandteile des endgültigen Kompromisses [17215/08]. Brüssel. http://register.consilium.europa.eu/doc/srv?l=DE&f=ST%2017215%202008%20INIT. Zugegriffen: 24.01.2017.

Rat der EU. 2008ah. *Vermerk des Generalsekretariats für die Delegationen.* Betr.: Vorschlag für eine Richtlinie des Europäischen Parlaments und ds Rates zur Änderung der Richtlinie 2003/87/EG zwecks Verbesserung und Ausweitung des Systems für den Handel mit Treibhausgasemissionszertifikaten in der Gemeinschaft [9327/08]. Brüssel. https://data.consilium.europa.eu/doc/document/ST-9327–2008-INIT/de/pdf. Zugegriffen: 18.11.2018.

Rat der EU. 2008ai. *Vermerk des Vorsitzes für den AStV.* Betr.: Legislativpaket "Klima-Energie" – Vorbereitung des informellen Trilogs [14673/08]. Brüssel. https://data.consilium.europa.eu/doc/document/ST-14673-2008-INIT/de/pdf. Zugegriffen: 26.04.2017.

Rat der EU. 2008aj. *Vermerk des Vorsitzes für den AStV/Rat.* Betr.: Vorbereitung der Tagung des Rates (Umwelt) am 5. Juni 2008 und der Tagung des Rates (Verkehr, Telekommunikation und Energie) (Tagungsteil Energie) am 6. Juni 2008 – Legislativpaket "Klima – Energie" – Sachstandsbericht – Orientierungsaussprache [9648/0/]. Brüssel. https://data.consilium.europa.eu/doc/document/ST-9648-2008-INIT/de/pdf. Zugegriffen: 17.04.2017.

Rat der EU. 2008ak. *Vermerk des Vorsitzes für die Delegationen.* Betr.: Legislativpaket "Klima-Energie" – Informationen des Vorsitzes zum Stand der Beratungen [13401/08]. Brüssel. https://data.consilium.europa.eu/doc/document/ST-13401-2008-INIT/de/pdf. Zugegriffen: 19.04.2017.

Rat der EU. 2008al. *Vermerk des Vorsitzes für die Delegationen.* Betr.: Energiebinnenmarkt [9968/08]. Brüssel. http://data.consilium.europa.eu/doc/document/ST-9968-2008-INIT/de/pdf. Zugegriffen: 02.08.2018.

Rat der EU. 2008am. *Vermerk des Vorsitzes für die Delegationen.* Betr.: Vorbereitung der Tagung des Rates (Verkehr, Telekommunikation und Energie) am 28. Februar 2008 [6324/08]. Brüssel. http://data.consilium.europa.eu/doc/document/ST-6324-2008-INIT/de/pdf. Zugegriffen: 03.08.2018.

Rat der EU. 2008an. *Vermerk.* Betr.: Vorschlag für eine Richtlinie des Europäischen Parlaments und des Rates zur Änderung der Richtlinie 2003/55/EG über gemeinsame Vorschriften für den Erdgasbinnenmarkt und zur Aufhebung der Richtlinie 98/30/EG [9354/08]. Brüssel. http://data.consilium.europa.eu/doc/document/ST-9354-2008-INIT/de/pdf. Zugegriffen: 03.05.2018.

Rat der EU. 2008ao. *Vermerk.* Betr.: Vorschlag für eine Verordnung des Europäischen Parlaments und des Rates zur Gründung einer Agentur für die Zusammenarbeit der Energieregulierungsbehörden [5193/08]. Brüssel. http://data.consilium.europa.eu/doc/document/ST-5193-2008-INIT/de/pdf. Zugegriffen: 06.05.2018.

Rat der EU. 2008ap. *Vermerk.* Betr.: Vorschlag für eine Verordnung des Europäischen Parlaments und des Rates zur Gründung einer Agentur für die Zusammenarbeit der Energieregulierungsbehörden [9965/08]. Brüssel. http://data.consilium.europa.eu/doc/document/ST-9965-2008-INIT/de/pdf. Zugegriffen: 03.05.2018.

Rat der EU. 2008aq. *Vermerk.* Vorschlag für eine Richtlinie des Europäischen Parlaments und des Rates zur Betr.: Änderung der Richtlinie 2003/54/EG über gemeinsame Vorschriften für den Elektrizitätsbinnenmarkt und zur Aufhebung der Richtlinie 96/92/EG

[9355/08]. Brüssel. http://data.consilium.europa.eu/doc/document/ST-9355-2008-INIT/de/pdf. Zugegriffen: 03.05.2018.

Rat der EU. 2009a. *2936. Tagung des Rates – Justiz und Inneres. Luxemburg, 6. April 2009.* Mitteilung an die Presse [8478/09]. Brüssel. http://europa.eu/rapid/press-release_PRES-09-83_de.pdf. Zugegriffen: 07.07.2017.

Rat der EU. 2009b. *2953. Tagung des Rates. Umwelt.* Mitteilung an die Presse. Luxemburg. http://europa.eu/rapid/press-release_PRES-09-190_de.pdf. Zugegriffen: 17.02.2017.

Rat der EU. 2009c. *Addendum to Note from General Secretariat of the Council to Delegations.* Subject: Draft Directive of the European Parliament and of the Council concerning common rules for the internal market in electricity and repealing Directive 2003/54/EC [7809/09 ADD 1]. Brüssel. http://data.consilium.europa.eu/doc/document/ST-7809-2009-ADD-1/en/pdf. Zugegriffen: 03.08.2018.

Rat der EU. 2009d. *Gemeinsamer Standpunkt des Rates vom 9. Januar 2009 im Hinblick auf die Annahme einer Verordnung des Europäischen Parlaments und des Rates über die Netzzugangsbedingungen für den grenzüberschreitenden Stromhandel und zur Aufhebung der Verordnung (EG) Nr. 1228/2003* [14546/2/08]. Brüssel. http://data.consilium.europa.eu/doc/document/ST-14546-2008-REV-2/de/pdf. Zugegriffen: 03.02.2019.

Rat der EU. 2009e. *Gemeinsamer Standpunkt des Rates vom 9. Januar 2009 im Hinblick auf die Annahme der Verordnung des Rates zur Gründung einer Agentur für die Zusammenarbeit der Energieregulierungsbehörden* [14541/1/08]. Brüssel. http://data.consilium.europa.eu/doc/document/ST-14541-2008-REV-1/de/pdf. Zugegriffen: 03.02.2019.

Rat der EU. 2009f. *Item Note from General Secretariat of the Council to COREPER/Council* [8037/09]. Brüssel. http://data.consilium.europa.eu/doc/document/ST-8037-2009-INIT/en/pdf. Zugegriffen: 07.07.2017.

Rat der EU. 2009g. *Note from General Secretariat of the Council to Delegations.* Subject: Internal Energy Market Legislative Package [7809/09]. Brüssel. http://data.consilium.europa.eu/doc/document/ST-7809-2009-INIT/en/pdf. Zugegriffen: 13.05.2018.

Rat der EU. 2009h. *Note from General Secretariat of the Council to Delegations.* Subject: Proposal for a Directive of the European Parliament and the Council amending Directive 2003/55/EC concerning rules for the internal market in natural gas [5438/1/09]. Brüssel. http://data.consilium.europa.eu/doc/document/ST-5438-2009-REV-1/en/pdf. Zugegriffen: 06.05.2018.

Rat der EU. 2009i. *Note from General Secretariat of the Council to Delegations.* Subject: Proposal for a Regulation of the European Parliament and the Council establishing an Agency for the Cooperation of Energy Regulators [5583/09]. Brüssel. http://data.consilium.europa.eu/doc/document/ST-5583-2009-INIT/en/pdf. Zugegriffen: 15.05.2018.

Rat der EU. 2009j. *Note from General Secretariat of the Council to Delegations.* Subject: Proposal for a Regulation of the European Parliament and the Council establishing an Agency for the Cooperation of Energy Regulators [5583/2/09]. Brüssel. http://data.consilium.europa.eu/doc/document/ST-5583–2009-REV-2/en/pdf. Zugegriffen: 15.05.2018.

Rat der EU. 2009k. *Note from General Secretariat of the Council to Delegations.* Subject: Proposal for a Regulation of the European Parliament and the Council establishing an Agency for the Cooperation of Energy Regulators [5583/4/09]. Brüssel. http://data.consilium.europa.eu/doc/document/ST-5583–2009-REV-4/en/pdf. Zugegriffen: 15.05.2018.

Rat der EU. 2009l. *Note from General Secretariat of the Council to delegations.* Subject: Proposal for a Directive of the European Parliament and the Council amending Directive

2003/54/EC concerning common rules for the internal market in electricity—Preparation of informal trilogue [5437/8/09]. Brüssel. http://data.consilium.europa.eu/doc/document/ST-5437–2009-REV-8/en/pdf. Zugegriffen: 03.08.2018.

Rat der EU. 2009m. *Note from the General Secretariat of the Council to Delegations.* Subject: Proposal for a Directive of the European Parliament and the Council amending Directive 2003/54/EC concerning rules for the internal market in electricity [5437/10/09]. Brüssel. http://data.consilium.europa.eu/doc/document/ST-5437-2009-REV-10/en/pdf. Zugegriffen: 04.05.2018.

Rat der EU. 2011a. *3118. Tagung des Rates – Umwelt.* Mitteilung an die Presse. Luxemburg. http://europa.eu/rapid/press-release_PRES-11-359_de.pdf. Zugegriffen: 27.02.2017.

Rat der EU. 2011b. *Cover Note.* Subject: Common Understanding on Delegated Acts. Brüssel. http://data.consilium.europa.eu/doc/document/ST-8640-2011-INIT/en/pdf. Zugegriffen: 02.11.2016.

Rat der EU. 2011c. *Note from General Secretariat of the Council to COREPER.* Subject: Proposal for a Regulation of the European Parliament and the Council on energy market integrity and transparency (First Reading)—Analysis of the final compromise text with a view to agreement [12057/11]. Brüssel. http://data.consilium.europa.eu/doc/document/ST-12057-2011-INIT/en/pdf. Zugegriffen: 16.09.2018.

Rat der EU. 2011d. *Note from General Secretariat of the Council to Delegations.* Subject: Proposal for a Regulation of the European Parliament and of the Council on energy market integrity and transparency [10677/1/11]. Brüssel. http://data.consilium.europa.eu/doc/document/ST-10677–2011-REV-1/en/pdf. Zugegriffen: 14.09.2017.

Rat der EU. 2011e. *Note from General Secretariat of the Council to Delegations.* Subject: Proposal for a Regulation of the European Parliament and of the Council on energy market integrity and transparency [5115/8/11]. Brüssel. http://data.consilium.europa.eu/doc/document/ST-5115-2011-REV-8/en/pdf. Zugegriffen: 13.09.2018.

Rat der EU. 2011f. *Vermerk des Generalsekretariats des Rats für den AStV/Rat.* Betr.: Vorschlag für eine Verordnung des Europäischen Parlaments und des Rates über die Integrität und Transparenz des Energiemarkts [5970/11]. Brüssel. http://data.consilium.europa.eu/doc/document/ST-5970–2011-INIT/de/pdf. Zugegriffen: 17.09.2018.

Rat der EU. 2012. *Note from General Secretariat of the Council to Delegations.* Subject: Proposal for a Directive of the European Parliament and of the Council on energy efficiency and repealing Directives 2004/8/EC and 2006/32/EC—Presidency suggestions for preliminary Council views on ITRE amendments [8943/12]. Brüssel. https://data.consilium.europa.eu/doc/document/ST-8943–2012-INIT/en/pdf. Zugegriffen: 23.03.2017.

Rat der EU. 2013a. *Addendum to "I/A" Item Note from General Secretariat of the Council to COREPER/Council* [2012/0328 (COD)]. Brüssel. http://data.consilium.europa.eu/doc/document/ST-8352-2013-ADD-2/en/pdf. Zugegriffen: 08.05.2017.

Rat der EU. 2013b. *Communiqué de Presse.* 3234e Session du Conseil. Agriculture et pêche. Luxembourg, le 22 avril 2013. Luxemburg. http://data.consilium.europa.eu/doc/document/ST-8472-2013-INIT/fr/pdf. Zugegriffen: 08.05.2017.

Rat der EU. 2013c. *Corrigendum to Note from General Secretariat to Permanent Representatives Committee* [2012/0328/EU]. Brüssel. http://data.consilium.europa.eu/doc/document/ST-6918–2013-COR-1/en/pdf. Zugegriffen: 08.05.2017.

Rat der EU. 2013d. *Informatorischer Vermerk des Generalsekretariats für den Ausschuss der Ständigen Vertreter/Rat.* Betr.: Vorschlag für eine Richtlinie des Europäischen Parlaments und des Rates zur Änderung der Richtlinie 98/70/EG über die Qualität von Otto- und Dieselkraftstoffen und zur Änderung der Richtlinie 2009/28/EG zur Förderung der Nutzung von Energie aus erneuerbaren Quellen – Ergebnisse der ersten Lesung des Europäischen Parlaments [12900/13]. Brüssel. https://data.consilium.europa.eu/doc/document/ST-12900-2013-INIT/de/pdf. Zugegriffen: 21.06.2017.

Rat der EU. 2013e. *Note from General Secretariat of the Council to Council.* Subject: Proposal for a Directive of the European Parliament and of the Council amending Directive 98/70/EC relating to the quality of petrol and diesel fuels and amending Directive 2009/28/EC on the promotion of the use of energy from renewable sources (First reading)—Orientation debate—Contribution from the Polish delegation [6208/13 ADD 3]. Brüssel. https://data.consilium.europa.eu/doc/document/ST-6208-2013-ADD-3/en/pdf. Zugegriffen: 29.04.2017.

Rat der EU. 2013f. *Note from General Secretariat of the Council to Council.* Subject: Proposal for a Directive of the European Parliament and of the Council amending Directive 98/70/EC relating to the quality of petrol and diesel fuels and amending Directive 2009/28/EC on the promotion of the use of energy from renewable sources (first reading)—Orientation debate—Contribution from the United Kingdom delegation [6208/13 ADD 1]. Brüssel. https://data.consilium.europa.eu/doc/document/ST-6208-2013-ADD-1/en/pdf. Zugegriffen: 29.04.2017.

Rat der EU. 2013g. *Note from General Secretariat of the Council to Council.* Subject: Proposal for a Directive of the European Parliament and of the Council amending Directive 98/70/EC relating to the quality of petrol and diesel fuels and amending Directive 2009/28/EC on the promotion of the use of energy from renewable sources (first reading)—Orientation debate—Contributions from Member States [7466/13]. Brussel. https://data.consilium.europa.eu/doc/document/ST-7466-2013-INIT/en/pdf. Zugegriffen: 29.04.2017.

Rat der EU. 2013h. *Note from Presidency to Coreper.* Subject: Proposal for a Directive of the European Parliament and of the Council amending Directive 98/70/EC relating to the quality of petrol and diesel fuels and amending Directive 2009/28/EC on the promotion of the use of energy from renewable sources (First reading)—Guidance on key principles 14360/13. Brüssel. https://data.consilium.europa.eu/doc/document/ST-14360-2013-INIT/en/pdf. Zugegriffen: 29.04.2017.

Rat der EU. 2013i. *Vermerk.* Betr.: Abstimmungsergebnis. Beschluss des Europäischen Parlaments und des Rates zur Änderung der Richtlinie 2003/87/EG zur Klarstellung der Bestimmungen über den zeitlichen Ablauf von Versteigerungen von Treibhausgasemissionszertifikaten [18094/13]. Brüssel. https://data.consilium.europa.eu/doc/document/ST-18094–2013-INIT/de/pdf. Zugegriffen: 12.02.2017.

Rat der EU. 2014a. *"I/A" Item Note from General Secretariat of the Council to Permanent Representatives Committee/Council.* Subject: Proposal for a Directive of the European Parliament and of the Council amending Directive 98/70/EC relating to the quality of petrol and diesel fuels and amending Directive 2009/28/EC on the promotion of the use of energy from renewable sources (first reading)—Adoption a) of the Council's position at first reading b) of the statement of the Council's reasons—Statements [15884/14

ADD 1]. Brüssel. https://data.consilium.europa.eu/doc/document/ST-15884-2014-ADD-1/en/pdf. Zugegriffen: 29.04.2017.

Rat der EU. 2014b. *Note from General Secretariat of the Council to Delegations* [16360/14]. Brüssel. http://register.consilium.europa.eu/doc/srv?l=EN&f=ST%2016360%202014%20INIT. Zugegriffen: 13.05.2017.

Rat der EU. 2014c. *Note from General Secretariat of the Council to Permanent Representatives Committee.* Brüssel. http://data.consilium.europa.eu/doc/document/ST-7271-2014-INIT/en/pdf. Zugegriffen: 09.05.2017.

Rat der EU. 2014d. *Vermerk des Ausschusses der Ständigen Vertreter an den Rat.* Betr.: Vorschlag für eine Richtlinie des Europäischen Parlaments und des Rates zur Änderung der Richtlinie 98/70/EG über die Qualität von Otto- und Dieselkraftstoffen und zur Änderung der Richtlinie 2009/28/EG zur Förderung der Nutzung von Energie aus erneuerbaren Quellen (erste Lesung) – Politische Einigung [10300/14]. Brüssel. https://data.consilium.europa.eu/doc/document/ST-10300-2014-INIT/de/pdf. Zugegriffen: 27.04.2017.

Rat der EU. 2015a. *2539th Meeting of the Permanent Representatives Committee held in Brussels on 29 April 2015.* Summary Record [8382/15]. Brüssel. http://data.consilium.europa.eu/doc/document/ST-8382-2015-INIT/en/pdf. Zugegriffen: 13.05.2017.

Rat der EU. 2015b. *Abstimmungsergebnis* [12155/15]. Brüssel. https://data.consilium.europa.eu/doc/document/ST-12155-2015-INIT/de/pdf. Zugegriffen: 02.12.2018.

Rat der EU. 2015c. *Note from General Secretariat of the Council to Delegations.* Subject: Proposal for a Directive of the European Parliament and of the Council amending Directive 98/70/EC relating to the quality of petrol and diesel fuels and amending Directive 2009/28/EC on the promotion of the use of energy from renewable sources—Preparation for the informal trilogue [7336/15]. Brüssel. https://data.consilium.europa.eu/doc/document/ST-7336-2015-INIT/en/pdf. Zugegriffen: 29.04.2017.

Rat der EU. 2015d. *Note from General Secretariat of the Council to Delegations.* Subject: Proposal for a Directive of the European Parliament and of the Council amending Directive 2003/87/EC to enhance cost-effective emission reductions and low-carbon investments—Comments from delegations [13452/15]. Brüssel. https://data.consilium.europa.eu/doc/document/ST-13452-2015-INIT/en/pdf. Zugegriffen: 12.12.2018.

Rat der EU. 2015e. *Note from General Secretariat of the Council to Delegations.* Subject: Proposal for a Directive of the European Parliament and of the Council amending Directive 2003/87/EC to enhance cost-effective emission reductions and low-carbon investments—V4+2 common lines on the draft revision of the EU ETS [13455/15]. Brüssel. https://data.consilium.europa.eu/doc/document/ST-13455-2015-INIT/en/pdf. Zugegriffen: 13.05.2017.

Rat der EU. 2015f. *Note from General Secretariat of the Council to Permanent Representatives Committee* [8162/15]. Brüssel. http://data.consilium.europa.eu/doc/document/ST-8162-2015-INIT/en/pdf. Zugegriffen: 13.05.2017.

Rat der EU. 2015g. *Note from General Secretariat of the Council to Permanent Representatives Committee.* Subject: Proposal for a Directive of the European Parliament and of the Council amending Directive 98/70/EC relating to the quality of petrol and diesel fuels and amending Directive 2009/28/EC on the promotion of the use of energy from renewable sources—Analysis of the final compromise text with a view to agreement [7547/15]. Brüssel. https://data.consilium.europa.eu/doc/document/ST-7547-2015-INIT/en/pdf. Zugegriffen: 27.04.2017.

Rat der EU. 2015h. *Vermerk.* Betr.: Abstimmungsergebnis [10902/15]. Brüssel. https://data.consilium.europa.eu/doc/document/ST-10902-2015-INIT/de/pdf. Zugegriffen: 27.04.2017.

Rat der EU. 2016a. *Note from General Secretariat of the Council to Delegations.* Subject: Proposal for a Directive of the European Parliament and of the Council amending Directive 2003/87/EC to enhance cost-effective emission reductions and low-carbon investments—Comments from delegations [6474/16 ADD 2]. Brüssel. https://data.consilium.europa.eu/doc/document/ST-6474–2016-ADD-2/en/pdf. Zugegriffen: 21.04.2017.

Rat der EU. 2016b. *Note from General Secretariat of the Council to Delegations.* Subject: Proposal for a Directive of the European Parliament and of the Council amending Directive 2003/87/EC to enhance cost-effective emission reductions and low-carbon investments—Policy debate [10237/16 ADD 2]. Brüssel. http://eur-lex.europa.eu/legal-content/EN/TXT/PDF/?uri=CONSIL:ST_10237_2016_ADD_2&from=EN. Zugegriffen: 23.05.2017.

Rat der EU. 2016c. *Note from General Secretariat of the Council to Delegations.* Subject: Proposal for a Directive of the European Parliament and of the Council amending Directive 2003/87/EC to enhance cost-effective emission reductions and low-carbon investments—Policy debate [10237/16 ADD 1]. Brüssel. http://eur-lex.europa.eu/legal-content/EN/TXT/PDF/?uri=CONSIL:ST_10237_2016_ADD_1&from=EN. Zugegriffen: 23.05.2017.

Rat der EU. 2016d. *Vermerk vom Generalsekretariat des Rates an den Ausschuss der Ständigen Vertreter.* Betrifft: Vorbereitung der Tagung des Rates (Umwelt) am 19. Dezember 2016. [15055/16]. Brüssel. https://data.consilium.europa.eu/doc/document/ST-15055-2016-INIT/de/pdf. Zugegriffen: 14.05.2017.

Rat der EU. 2016e. *Vermerk. Absender: Generalsekretariat des Rates. Empfänger: Ausschuss der Ständigen Vertreter/Rat* [9719/16]. Brüssel. http://eur-lex.europa.eu/legal-content/DE/TXT/PDF/?uri=CONSIL:ST_9719_2016_INIT&from=EN. Zugegriffen: 23.05.2017.

Rat der EU. 2017a. *Abstimmungsergebnis* [15827/17]. Brüssel. https://data.consilium.europa.eu/doc/document/ST-15827–2017-INIT/de/pdf. Zugegriffen: 14.04.2019.

Rat der EU. 2017b. *Beratungsergebnisse* [15879/17]. Brüssel. https://data.consilium.europa.eu/doc/document/ST-15879-2017-INIT/de/pdf. Zugegriffen: 14.04.2019.

Rat der EU. 2017c. *Beratungsergebnisse* [15886/17]. Brüssel. https://data.consilium.europa.eu/doc/document/ST-15886–2017-INIT/de/pdf. Zugegriffen: 14.04.2019.

Rat der EU. 2017d. *Beratungsergebnisse.* Vorschlag für eine Richtlinie des Europäischen Parlaments und des Rates zur Änderung der Richtlinie 2003/87/EG zwecks Verbesserung der Kosteneffizienz von Emissionsminderungsmaßnahmen und zur Förderung von Investitionen zur Verringerung des CO2-Ausstoßes – Allgemeine Ausrichtung [6841/17]. Brüssel. https://data.consilium.europa.eu/doc/document/ST-6841-2017-INIT/de/pdf. Zugegriffen: 18.05.2017.

Rat der EU. 2017e. *Clean Energy for all Europeans package. Main inter-linkages between the different legislative proposals.* Note from General Secretariat of the Council to Delegations [6395/17]. Brüssel. https://data.consilium.europa.eu/doc/document/ST-6395-2017-INIT/en/pdf. Zugegriffen: 21.03.2019.

Rat der EU. 2017f. *Note from General Secretariat of the Council to Delegations* [12953/2/17]. Brüssel. https://data.consilium.europa.eu/doc/document/ST-12953-2017-REV-2/en/pdf.

Rat der EU. 2017g. *Note from General Secretariat of the Council to Delegations* [12994/17]. Brüssel. https://data.consilium.europa.eu/doc/document/ST-12994-2017-INIT/en/pdf.

Rat der EU. 2017h. *Note from General Secretariat of the Council to Delegations* [6675/17 ADD 1]. Brüssel. https://data.consilium.europa.eu/doc/document/ST-6675-2017-ADD-1/en/pdf.

Rat der EU. 2017i. *Note from General Secretariat of the Council to Delegations*. Subject: Proposal for a Regulation of the European Parliament and the Council establishing a European Union Agency for the Cooperation of Energy Regulators (Recast) [12953/1/17]. Brüssel. https://data.consilium.europa.eu/doc/document/ST-12953-2017-REV-1/en/pdf. Zugegriffen: 03.03.2019.

Rat der EU. 2017j. *Note from General Secretariat of the Council to Delegations*. Subject: Proposal for a Regulation of the European Parliament and the Council on the internal market for electricity (recast) [10681/17]. Brüssel. https://data.consilium.europa.eu/doc/document/ST-10681-2017-INIT/en/pdf. Zugegriffen: 17.03.2019.

Rat der EU. 2017k. *Note from General Secretariat of the Council to General Representatives Committee*. Subject: Proposal for a Directive of the European Parliament and the Council on the promotion of the use of energy from renewable sources (recast)—Guidance for further work [8697/2/17]. Brüssel. https://data.consilium.europa.eu/doc/document/ST-8697-2017-REV-2/en/pdf. Zugegriffen: 18.11.2019.

Rat der EU. 2017l. *Note from General Secretariat of the Council to Permanent Representatives Committee*. Subject: Proposal for a Directive of the European Parliament and of the Council amending Directive 2003/87/EC to enhance cost-effective emission reductions and low-carbon investment—Preparation for the trilogue [11517/17]. Brüssel. https://data.consilium.europa.eu/doc/document/ST-11517-2017-INIT/en/pdf. Zugegriffen: 02.12.2018.

Rat der EU. 2017m. *Note from General Secretariat of the Council to Permanent Representatives Committee*. Subject: Proposal for a Directive of the European Parliament and of the Council amending Directive 2003/87/EC to enhance cost-effective emission reductions and low-carbon investments—Preparation for the trilogue [12850/17]. Brüssel. https://data.consilium.europa.eu/doc/document/ST-12580-2017-INIT/en/pdf. Zugegriffen: 09.12.2018.

Rat der EU. 2017n. *Note from General Secretariat of the Council to Permanent Representatives Committee*. Subject: Proposal for a Regulation of the European Parliament and of the Council amending Directive 2003/87/EC to continue current limitations of scope for aviation activities and to prepare to implement a global market-based measure from 2021—Preparation for the trilogue [12827/17]. Brüssel. https://data.consilium.europa.eu/doc/document/ST-12827-2017-INIT/en/pdf. Zugegriffen: 21.01.2020.

Rat der EU. 2017o. *Note from General Secretariat of the Council to Permanent Representatives Committee*. Subject: Proposal for a Directive of the European Parliament and of the Council amending Directive 2003/87/EC to enhance cost-effective emission reductions and low-carbon investments—Analysis of the final compromise text with a view to agreement [14395/17]. Brüssel. https://data.consilium.europa.eu/doc/document/ST-14395-2017-INIT/en/pdf. Zugegriffen: 02.12.2018.

Rat der EU. 2017p. *Note from General Secretariat of the Council to Permanent Representatives Committee*. Subject: Proposal for a Directive of the European Parliament and of the Council amending Directive 2003/87/EC to enhance cost-effective emission reductions and low-carbon investments—Preparation for the trilogue [12580/17]. Brüssel. https://data.consilium.europa.eu/doc/document/ST-12580-2017-INIT/en/pdf. Zugegriffen: 02.12.2018.

Rat der EU. 2017q. *Note from General Secretariat of the Council to Permanent Representatives Committee.* Subject: Proposal for a Directive of the European Parliament and of the Council amending Directive 2003/87/EC to enhance cost-effective emission reductions and low-carbon investments—State of play and guidance for further work [5290/17]. Brüssel. https://data.consilium.europa.eu/doc/document/ST-5290-2017-INIT/en/pdf. Zugegriffen: 12.12.2018.

Rat der EU. 2017r. *Note from General Secretariat of the Council to Permanent Representatives Committee.* Subject: Proposal for a Directive of the European Parliament and of the Council on the promotion of the use of energy from renewable sources (recast)—General approach [8697/5/17]. Brüssel. https://data.consilium.europa.eu/doc/document/ST-8697-2017-REV-5/en/pdf. Zugegriffen: 01.03.2019.

Rat der EU. 2017s. *Note from General Secretariat of the Council to Permanent Representatives Committee.* Subject: Proposal for a Regulation of the European Parliament and of the Council amending Directive 2003/87/EC to continue current limitations of scope for aviation activities and to prepare to implement a global market-based measure from 2021—Analysis of the final compromise text with a view to agreement [13400/17]. Brüssel. https://data.consilium.europa.eu/doc/document/ST-13400-2017-INIT/en/pdf. Zugegriffen: 22.01.2020.

Rat der EU. 2017t. *Note from General Secretariat of the Council to Permanent Representatives Committee.* Subject: Proposal for a Regulation of the European Parliament and of the Council amending Directive 2003/87/EC to continue current limitations of scope for aviation activities and to prepare to implement a global market-based measure from 2021—Mandate for negotiations with the European Parliament [10285/17]. Brüssel. https://data.consilium.europa.eu/doc/document/ST-10285-2017-INIT/en/pdf. Zugegriffen: 21.01.2020.

Rat der EU. 2017u. *Note from General Secretariat of the Council to Delegations.* Subject: Proposal for a Directive of the European Parliament and of the Council on common rules for the internal market in electricity (recast) [10691/1/17]. Brüssel. https://data.consilium.europa.eu/doc/document/ST-10691-2017-REV-1/en/pdf. Zugegriffen: 17.03.2019.

Rat der EU. 2017v. *Vermerk des Ausschusses der Ständigen Vertreter (1.Teil) an den Rat.* Betr.: Vorschlag für eine Richtlinie des Europäischen Parlaments und des Rates zur Förderung der Nutzung von Energie aus erneuerbaren Quellen (Neufassung) – Allgemeine Ausrichtung [15236/17]. Brüssel. https://data.consilium.europa.eu/doc/document/ST-15236-2017-INIT/de/pdf. Zugegriffen: 18.11.2019.

Rat der EU. 2017w. *Vermerk des Generalsekretariats des Rates an den Ausschuss der Ständigen Vertreter.* Betr.: Vorschlag für eine Richtlinie des Europäischen Parlament und des Rates mit gemeinsamen Vorschriften für den Elektrizitätsbinnenmarkt (Neufassung) – Allgemeine Ausrichtung [14572/17]. Brüssel. https://data.consilium.europa.eu/doc/document/ST-14572–2017-INIT/de/pdf. Zugegriffen: 22.03.2019.

Rat der EU. 2017x. *Vermerk des Generalsekretariats des Rates an den Ausschuss der Ständigen Vertreter.* Betr.: Paket „Saubere Energie" (erste Lesung) – Sachstandsbericht [9578/17]. Brüssel. https://data.consilium.europa.eu/doc/document/ST-9578-2017-INIT/de/pdf. Zugegriffen: 22.03.2019.

Rat der EU. 2017y. *Vermerk des Generalsekretariats des Rates an den Rat.* Betr.: Vorschlag für eine Richtlinie des Europäischen Parlaments und des Rates zur Änderung der Richtlinie 2003/87/EG zwecks Verbesserung der Kosteneffizienz von Emissionsminderungsmaßnahmen und zur Förderung von Investitionen zur Verringerung des CO2-Ausstoßes – Allgemeine Ausrichtung [6307/17]. Brüssel. http://data.consilium.europa.eu/doc/document/ST-6307-2017-INIT/de/pdf. Zugegriffen: 18.05.2018.

Rat der EU. 2017z. *Vermerk. Ausschuss der Ständigen Vertreter (1. Teil) an den Rat.* Betr.: Vorschlag für eine Richtlinie des Europäischen Parlaments und des Rates mit gemeinsamen Vorschriften für den Elektrizitätsbinnenmarkt (Neufassung) – Allgemeine Ausrichtung [15239/17]. Brüssel. https://data.consilium.europa.eu/doc/document/ST-15239-2017-INIT/de/pdf. Zugegriffen: 22.03.2019.

Rat der EU. 2017aa. *Vermerk. Ausschuss der Ständigen Vertreter (1. Teil) an den Rat.* Betr.: Vorschlag für eine Verordnung des Europäischen Parlaments und des Rates über das Governance-System der Energieunion zur Änderung der Richtlinie 94/22/EG, der Richtlinie 98/70/EG, der Richtlinie 2009/31/EG, der Verordnung (EG) Nr. 663/2009, der Verordnung (EG) Nr. 715/2009, der Richtlinie 2009/73/EG, der Richtlinie 2009/119/EG des Rates, der Richtlinie 2010/31/EU, der Richtlinie 2012/27/EU, der Richtlinie 2013/30/EU und der Richtlinie (EU) 2015/652 des Rates und zur Aufhebung der Verordnung (EU) Nr. 525/2013 – Allgemeine Ausrichtung [15235/17]. Brüssel. https://data.consilium.europa.eu/doc/document/ST-15235–2017-INIT/de/pdf. Zugegriffen: 29.03.2019.

Rat der EU. 2018a. *I/A-Punkt-Vermerk des Generalsekretariats des Rates an den Ausschuss der Ständigen Vertreter/Rat.* Betr.: Entwurf eines Vorschlags für eine Richtlinie des Europäischen Parlaments und des Rates zur Förderung der Nutzung von Energie aus erneuerbaren Quellen (erste Lesung) – Annahme des Gesetzgebungsakts – Erklärungen [14286/18 ADD 1]. Brüssel. https://data.consilium.europa.eu/doc/document/ST-14286-2018-ADD-1/de/pdf. Zugegriffen: 22.11.2019.

Rat der EU. 2018b. *Information Note from General Secretariat of the Council to Council.* Subject: Proposal for a Directive of the European Parliament and of the Council amending Directive 2009/73/EC concerning common rules for the internal market in natural gas [15029/18]. Brüssel. https://data.consilium.europa.eu/doc/document/ST-15029-2018-INIT/en/pdf. Zugegriffen: 24.04.2019.

Rat der EU. 2018c. *Note from General Secretariat of the Council to Council.* Subject: Information from the Presidency on the state of play [9287/18]. Brüssel. https://data.consilium.europa.eu/doc/document/ST-9287-2018-INIT/en/pdf. Zugegriffen: 18.11.2019.

Rat der EU. 2018d. *Note from General Secretariat of the Council to Delegations.* Proposal for a Directive of the European Parliament and of the Council on common rules for the internal market in electricity (recast) [7506/1/18]. Brüssel. https://data.consilium.europa.eu/doc/document/ST-7506-2018-REV-1/en/pdf. Zugegriffen: 12.03.2019.

Rat der EU. 2018e. *Note from General Secretariat of the Council to Delegations.* Subject: Proposal for a Directive of the European Parliament and of the Council on the promotion of the use of energy from renewable sources (recast) [7244/18]. Brüssel. https://data.consilium.europa.eu/doc/document/ST-7244-2018-INIT/en/pdf. Zugegriffen: 18.11.2019.

Rat der EU. 2018f. *Note from General Secretariat of the Council to Permanent Representatives Committee.* Subject: Proposal for a Directive of the European Parliament and of the

Council on common rules for the internal market in electricity (recast) [5834/5/18]. Brüssel. https://data.consilium.europa.eu/doc/document/ST-5834-2018-REV-5/en/pdf. Zugegriffen: 12.03.2019.

Rat der EU. 2018g. *Note from General Secretariat of the Council to Permanent Representatives Committee.* Subject: Proposal for a Directive of the European Parliament and of the Council on common rules for the internal market in electricity (recast) [5834/6/18]. Brüssel. https://data.consilium.europa.eu/doc/document/ST-5834-2018-REV-6/en/pdf. Zugegriffen: 12.03.2019.

Rat der EU. 2018h. *Note from General Secretariat of the Council to Permanent Representatives Committee.* Subject: Proposal for a Directive of the European Parliament and of the Council on common rules for the internal market in electricity (recast) [7506/5/18]. Brüssel. https://data.consilium.europa.eu/doc/document/ST-7506-2018-REV-5/en/pdf. Zugegriffen: 12.03.2019.

Rat der EU. 2018i. *Note from General Secretariat of the Council to Permanent Representatives Committee.* Subject: Proposal for a Directive of the European Parliament and of the Council on common rules for the internal market in electricity (recast) [7506/7/18]. Brüssel. https://data.consilium.europa.eu/doc/document/ST-7506-2018-REV-7/en/pdf. Zugegriffen: 12.03.2019.

Rat der EU. 2018j. *Note from General Secretariat of the Council to Permanent Representatives Committee.* Subject: Proposal for a Regulation of the European Parliament and of the Council establishing a European Union Agency for the Cooperation of Energy Regulators (recast)—Analysis of the final compromise text with a view to agreement [15495/18]. Brüssel. https://data.consilium.europa.eu/doc/document/ST-15495-2018-INIT/en/pdf. Zugegriffen: 19.03.2019.

Rat der EU. 2018k. *Note from General Secretariat of the Council to Permanent Representatives Committee.* Subject: Proposal for a Regulation of the European Parliament and of the Council on the Governance of the Energy Union—Analysis of the final compromise text with a view to agreement [10307/18]. Brüssel. https://data.consilium.europa.eu/doc/document/ST-10307-2018-INIT/en/pdf. Zugegriffen: 29.10.2019.

Rat der EU. 2018l. *Note from General Secretariat of the Council to Permanent Representatives Committee.* Subject: Proposal for a Regulation of the European Parliament and of the Council on the Governance of the Energy Union—Preparation of final trilogue [9566/18]. Brüssel. https://data.consilium.europa.eu/doc/document/ST-9566-2018-INIT/en/pdf. Zugegriffen: 29.10.2019.

Rat der EU. 2018m. *Note from General Secretariat of the Council to Permanent Representatives Committee.* Subject: Proposal for a Regulation of the European Parliament and of the Council on the Governance of the Energy Union—Preparation of third trilogue [8536/18]. Brüssel. https://data.consilium.europa.eu/doc/document/ST-8536-2018-INIT/en/pdf. Zugegriffen: 29.10.2019.

Rat der EU. 2018n. *Note from General Secretariat of the Council to Permanent Representatives Committee.* Subject: Proposal for a Directive of the European Parliament and of the Council on the promotion of the use of energy from renewable sources—Analysis of the final compromise text with a view to agreement [10308/18]. Brüssel. https://data.consilium.europa.eu/doc/document/ST-10308-2018-INIT/en/pdf. Zugegriffen: 18.11.2019.

Rat der EU. 2018o. *Note from General Secretariat of the Council to Permanent Representatives Committee/Council.* Subject: Proposal for a Directive of the European Parliament and of the Council on the promotion of the use of energy from renewable sources (recast) [8392/18]. Brüssel. https://data.consilium.europa.eu/doc/document/ST-8392-2018-INIT/en/pdf. Zugegriffen: 18.11.2019.

Rat der EU. 2018p. *Note from Presidency to Permanent Representatives Committee.* Subject: Proposal for a Directive of the European Parliament and of the Council on common rules for the internal market in natural gas [10228/18]. Brüssel. https://data.consilium.europa.eu/doc/document/ST-10228-2018-INIT/en/pdf. Zugegriffen: 27.02.2019.

Rat der EU. 2018q. *Opinion of the Legal Service.* Subject: Directive 2009/73/EC of the European Parliament and of the Council of 13 July 2009 concerning common rules for the internal market in natural gas and repealing Directive 2003/55/EC [6738/18]. Brüssel. https://data.consilium.europa.eu/doc/document/ST-6738-2018-INIT/en/pdf. Zugegriffen: 27.02.2019.

Rat der EU. 2018r. *Vermerk.* Betr.: Abstimmungsergebnis – Richtlinie des Europäischen Parlaments und des Rates zur Förderung der Nutzung von Energie aus erneuerbaren Quellen (Neufassung) (erste Lesung) – Annahme des Gesetzgebungsakts 15000/18. Brüssel. https://data.consilium.europa.eu/doc/document/ST-15000-2018-INIT/de/pdf. Zugegriffen: 18.11.2019.

Rat der EU. 2018s. *Vermerk: Abstimmungsergebnis* [6601/18]. Brüssel. https://data.consilium.europa.eu/doc/document/ST-6601-2018-INIT/de/pdf. Zugegriffen: 27.10.2019.

Rat der EU. 2019a. *Note from General Secretariat of the Council to Delegations.* Proposal for a Directive of the European Parliament and of the Council amending Directive 2009/73/EC concerning common rules for the internal market in natural gas—Mandate for negotiations with the European Parliament [5874/1/19]. Brüssel. https://data.consilium.europa.eu/doc/document/ST-5874-2019-REV-1/en/pdf. Zugegriffen: 27.02.2019.

Rat der EU. 2019b. *Note from General Secretariat of the Council to Permanent Representatives Committee.* Proposal for a Directive of the European Parliament and of the Council amending Directive 2009/73/EC concerning common rules for the internal market in natural gas—Analysis of the final compromise text with a view to agreement [6351/19]. Brüssel. https://data.consilium.europa.eu/doc/document/ST-6351-2019-INIT/en/pdf.

Rat der EU. 2019c. *Note from General Secretariat of the Council to Permanent Representatives Committee.* Subject: Proposal for a Directive of the European Parliament and of the Council on common rules for the internal market in electricity (recast)—Analysis of the final compromise text with a view to agreement [5070/19]. Brüssel. https://data.consilium.europa.eu/doc/document/ST-5070-2019-INIT/en/pdf. Zugegriffen: 12.03.2019.

Rat der EU. 2019d. *Note from General Secretariat of the Council to Permanent Representatives Committee.* Subject: Proposal for a Directive of the European Parliament and of the Council on common rules for the internal market in electricity (recast)—Analysis of the final compromise text with a view to agreement [5076/19]. Brüssel. https://data.consilium.europa.eu/doc/document/ST-5076-2019-INIT/en/pdf. Zugegriffen: 12.03.2019.

RGI. 2015. *Response to Public consultation on a new energy market design.* Brüssel. https://ec.europa.eu/energy/sites/ener/files/documents/Replies.zip. Zugegriffen: 29.04.2019.

Skånlund, Anders Berg. 2013. Loop flows – Final advice. Prepared for The European Commission. Brüssel: THEMA Consulting Group. https://ec.europa.eu/energy/sites/ener/files/documents/201310_loop-flows_study.pdf. Zugegriffen: 15.04.2018.

State of Oregon. 2008. *Remarks by Governor Ted Kulongoski.* Salem (OR). http://archivedwebsites.sos.state.or.us/Governor_Kulongoski_2011/governor.oregon.gov/Gov/speech/2008_0617.shtml. Zugegriffen: 07.12.2017.

T&DWorld. 2011. *TransAmerica Interconnections. Mexico Strengthens and Expands Ties With the United States and Central America.* Overland Park (KS). https://www.tdworld.com/overhead-transmission/transamerica-interconnections. Zugegriffen: 18.10.2019.

The European Cement Association. 2007. *Climate Change—CO2 Emissions Trading.* Points of Convergence within the Cement Industry. Brüssel. https://ec.europa.eu/clima/sites/clima/files/docs/0065/cembureau20070629a5057fin_en.pdf. Zugegriffen: 14.01.2017.

Under2. 2017. *Under2 Coalition.* Sacramento (CA). http://under2mou.org/coalition/. Zugegriffen: 30.11.2017.

UNFCCC. 2005. *Chicago Climate Exchange.* United Nations Framework Convention on Climate Change. Bonn. https://62.225.2.61/files/meetings/cop_11/climate_talk_series/application/pdf/cop11_kiosk_clark.pdf. Zugegriffen: 22.01.2019.

UNFCCC. 2010. *Submission of Canada. Copenhagen Accord.* Quantified economy-wide emission targets for 2020. United Nations Framework Convention on Climate Change. Bonn. http://unfccc.int/files/meetings/cop_15/copenhagen_accord/application/pdf/canadacphaccord_app1.pdf. Zugegriffen: 19.10.2017.

UNFCCC. 2015a. *Canada's INDC Submission to the UNFCCC.* United Nations Framework Convention on Climate Change. Bonn. http://www4.unfccc.int/submissions/INDC/Published%20Documents/Canada/1/INDC%20-%20Canada%20-%20English.pdf. Zugegriffen: 19.10. 2017.

UNFCCC. 2015b. *Intended Nationally Determined Contribution (Mexico).* United Nations Framework Convention on Climate Change. Bonn. http://www4.unfccc.int/submissions/INDC/Published%20Documents/Mexico/1/MEXICO%20INDC%2003.30.2015.pdf. Zugegriffen: 30.10.2017.

UNFCCC. 2015c. *U.S. Intended Nationally Determined Contribution.* United Nations Framework Convention on Climate Change. Bonn. http://www4.unfccc.int/ndcregistry/PublishedDocuments/United%20States%20of%20America%20First/U.S.A.%20First%20NDC%20Submission.pdf. Zugegriffen: 30.10.2017.

United States Senate. 2009. *Statement of Governor Chris Gregoire, State of Washington, Before the Senate Environment and Public Works (EPW) Committee.* Washington D.C. https://www.epw.senate.gov/public/_cache/files/d/8/d8fc8aee-8ba7-42c5-858a-6bb6bb3e6a79/01AFD79733D77F24A71FEF9DAFCCB056.govgregoiretestimonysenateepwcommitteejuly212009.pdf. Zugegriffen: 21.02.2018.

US Trade Representative. 2019. *United States—Mexico—Canada Trade Fact Sheet.* Rebalancing Trade to Support Manufacturing. Washington D.C. https://ustr.gov/trade-agreements/free-trade-agreements/united-states-mexico-canada-agreement/fact-sheets/rebalancing. Zugegriffen: 30.01.2020.

USPTO. 2008. *Sandor et al.—Systems and Methods for Trading Emissions Reductions.* United States Patent and Trademark Office. Alexandria (VA). https://patentimages.storage.googleapiscom/ea/0e/85/b7563863e3fb55/US7343341.pdf. Zugegriffen: 24.03.2019.

WCI. 2007a. *Statement of Regional Goal.* Western Climate Initiative. http://www.westernclimateinitiative.org/document-archives/func-download/91/chk,1fdddd60b9174045be132f6affa0ee18/no_html,1/. Zugegriffen: 30.11.2017.

WCI. 2007b. *Western Regional Climate Action Initiative.* Western Climate Initiative. Washington D.C. http://www.westernclimateinitiative.org/document-archives/func-download/12/chk,670b370b965788e2d2a40363bd262674/no_html,1/. Zugegriffen: 30.11.2017.

WCI. 2008a. *Design Recommendations for the WCI Regional Cap.* Western Climate Initiative. Sacramento (CA). http://www.westernclimateinitiative.org/document-archives/func-download/14/chk,dbdf628cf1494d26e9cdf23e38289fef/no_html,1/. Zugegriffen: 07.12.2017.

WCI. 2008b. *Design Recommendations for the WCI Regional Cap-and-Trade Program.* Western Climate Initiative. Sacramento (CA). http://www.westernclimateinitiative.org/component/remository/general/design-recommendations/Design-Recommendations-Section-1/. Zugegriffen: 25.10.2017.

WCI. 2009a. *EU ETS: Setting the Cap.* Western Climate Initiative. Sacramento (CA). http://www.westernclimateinitiative.org/document-archives/func-download/143/chk,e495861a50e61af72185036397b1c8c9/no_html,1/. Zugegriffen: 13.12.2017.

WCI. 2009b. *Western Climate Initiative 2009–10 Work Plan.* Western Climate Initiative. Sacramento (CA). http://www.westernclimateinitiative.org/document-archives/func-download/113/chk,8e2ffde7b0eac7f61321573a17fe2d19/no_html,1/. Zugegriffen: 08.12.2017.

WCI. 2010a. *Auction Design White Paper.* Western Climate Initiative. Sacramento (CA). http://westernclimateinitiative.org/index.php?option=com_remository&Itemid=37&func=download&id=231&chk=4e051671fe68daffc52c348fd722fca2&no_html=1. Zugegriffen: 13.01.2018.

WCI. 2010b. *Design Summary.* Western Climate Initiative. Sacramento (CA). http://www.westernclimateinitiative.org/component/remository/general/program-design/Design-Summary. Zugegriffen: 13.01.2018.

WCI. 2012. *Events Archive.* Western Climate Initiative. Sacramento (CA). http://www.westernclimateinitiative.org/component/eventlist/categoriesdetailed/archive. Zugegriffen: 16.12.2017.

White House. 2009. *North American Leaders' Declaration on Climate Change and Clean Energy.* Washington D.C. https://obamawhitehouse.archives.gov/the-press-office/north-american-leaders-declaration-climate-change-and-clean-energy. Zugegriffen: 27.10.2017.

White House. 2016. *North American Climate, Clean Energy, and Environment Partnership Action Plan.* Washington D.C. https://obamawhitehouse.archives.gov/the-press-office/2016/06/29/north-american-climate-clean-energy-and-environment-partnership-action. Zugegriffen: 17.10.2019.

White House. 2017. *Statement by President Trump on the Paris Climate Accord.* Washington D.C. https://www.whitehouse.gov/the-press-office/2017/06/01/statement-president-trump-paris-climate-accord. Zugegriffen: 30.10.2017.

WRI. 2003. *WRI Joins Chicago Climate Exchange.* Washington D.C. https://www.csrwire.com/press_releases/22213-WRI-Joins-Chicago-Climate-Exchange. Zugegriffen: 24.01.2019.

WWF. 2015. *WWF European Policy Office response to the European Commission's Consultation on a new energy market design for Europe.* Brüssel. Zugegriffen: 24.03.2019.

The manufacturer's authorised representative in the EU is Springer Nature Customer Service Centre GmbH, Europaplatz 3, 69115 Heidelberg, Germany. If you have any concerns regarding our products, please contact ProductSafety@springernature.com

Printed and bound by CPI Group (UK) Ltd, Croydon, CR0 4YY
21/10/2026
02237102-0001